现代化学基础丛书 43

有机反应与有机合成

（第二版）

陆国元　主　编

朱成建　副主编

科学出版社

北　京

内 容 简 介

　　本书第二版保持了第一版的体系和基本章节，按由浅入深、循序渐进的原则编写，内容丰富，注重介绍有机反应和有机合成基本方法，并反映当代有机合成新进展。全书共分 11 章，第 1 章绪论，第 2 章和第 3 章介绍官能团的互相转变，第 4 章至第 6 章阐述碳碳键的形成，第 7 章为重排反应，第 8 章为官能团的保护及多肽和寡核苷酸的合成，第 9 章为不对称合成，第 10 章为有机合成设计，第 11 章为复杂分子合成实例。本书在各章节后嵌入思考题，各章末附有一定数量的习题，书末附有参考答案或提示。

　　本书适合作为高等院校有机化学、药物化学、高分子化学、材料化学、农林化学、化学生物学、配位化学及精细化工等专业的硕士研究生和高年级本科生的有机合成课程教材，也适合用作药物和材料研发公司的有机合成技术人员的培训教材或参考书。

图书在版编目（CIP）数据

有机反应与有机合成/陆国元主编. —2 版. —北京：科学出版社，2022.3
（现代化学基础丛书；43 / 朱清时主编）
ISBN 978-7-03-071772-6

Ⅰ. ①有⋯　Ⅱ. ①陆⋯　Ⅲ. ①有机化合物－化学反应 ②有机合成
Ⅳ. ①O621.25 ②O621.3

中国版本图书馆 CIP 数据核字（2022）第 038859 号

责任编辑：周巧龙　李明楠　高　微 / 责任校对：杜子昂
责任印制：赵　博 / 封面设计：蓝正设计

科 学 出 版 社 出版
北京东黄城根北街 16 号
邮政编码：100717
http://www.sciencep.com
滁州市般阅文化传播有限公司 印刷
科学出版社发行　各地新华书店经销

*

2009 年 5 月第 一 版　开本：720 × 1000　1/16
2022 年 3 月第 二 版　印张：37 1/2
2024 年 3 月第二十六次印刷　字数：756 000

定价：138.00 元
（如有印装质量问题，我社负责调换）

《现代化学基础丛书》编委会

《现代化学基础丛书》序

如果把牛顿发表"自然哲学的数学原理"的 1687 年作为近代科学的诞生日，仅 300 多年中，知识以正反馈效应快速增长：知识产生更多的知识，力量导致更大的力量。特别是 20 世纪的科学技术对自然界的改造特别强劲，发展的速度空前迅速。

在科学技术的各个领域中，化学与人类的日常生活关系昀为密切，对人类社会的发展产生的影响也特别巨大。从合成 DDT 开始的化学农药和从合成氨开始的化学肥料，把农业生产推到了前所未有的高度，以致人们把 20 世纪称为"化学农业时代"。不断发明出的种类繁多的化学材料极大地改善了人类的生活，使材料科学成为了 20 世纪的一个主流科技领域。化学家们对在分子层次上的物质结构和"态-态化学"、单分子化学等基元化学过程的认识也随着可利用的技术工具的迅速增多而快速深入。

也应看到，化学虽然创造了大量人类需要的新物质，但是在许多场合中却未有效地利用资源，而且产生大量排放物造成严重的环境污染。以至于目前有不少人把化学化工与环境污染联系在一起。

在 21 世纪开始之时，化学正在两个方向上迅速发展。一是在 20 世纪迅速发展的惯性驱动下继续沿各个有强大生命力的方向发展；二是全方位的"绿色化"，即使整个化学从"粗放型"向"集约型"转变，既满足人们的需求，又维持生态平衡和保护环境。

为了在一定程度上帮助读者熟悉现代化学一些重要领域的现状，科学出版社组织编辑出版了这套《现代化学基础丛书》。丛书以无机化学、分析化学、物理化学、有机化学和高分子化学五个二级学科为主，介绍这些学科领域目前发展的重点和热点，并兼顾学科覆盖的全面性。丛书计划为有关的科技人员、教育工作者和高等院校研究生、高年级学生提供一套较高水平的读物，希望能为化学在新世纪的发展起积极的推动作用。

朱清时

第二版序

　　有机合成化学是创造新物质的科学，它所创造的数目繁多的功能性物质持续地满足了人类对美好生活的需求。同时有机合成化学也推动并促进了生命科学、材料科学、信息科学和环境科学的不断进步。

　　有机反应是有机合成的基石。发展高效和高选择性反应是实现"精准""绿色""可持续发展"的有机合成的必要条件。《有机反应与有机合成》第二版系统地介绍了官能团互变、碳碳键和碳-杂原子键的形成、重排和环化等经典的有机反应，同时重点阐述有机新反应的机理和合成应用，特别专章论述了最近半个世纪迅速发展的过渡金属催化和对映选择性反应；接着介绍了有机合成设计和有机反应在复杂分子合成中的综合应用，展示了有机合成的最新动态；同时，该书也介绍了中国学者对有机反应和有机合成发展的一些重要贡献。全书内容由浅入深、循序渐进，简单和复杂分子的反应示例与合成实例并重，内容丰富，具有一定的深度和广度。全书各章节后嵌入思考题，各章末附有一定数量的习题，适合有机化学、应用化学、药物化学、材料化学等专业的硕士研究生和高年级本科生教学使用或参考。

马大为

中国科学院院士

2021 年 10 月 6 日

第二版前言

本书第二版在保持第一版的体系和基本章节基础上,根据近年有机合成的发展对内容作了全面的修订和增补。

进入 21 世纪以来,有机合成方法学在过渡金属催化交叉偶联和不对称催化方面取得突破性进展和辉煌成就,高效、高选择性催化剂不断涌现,促进有机合成向精准、经济、绿色、安全的方向迅猛发展。据此,本书第二版第 2 章增加氟化学的反应和过渡金属催化芳环上的取代反应;第 5 章大幅增补过渡金属催化交叉偶联反应的原理和应用,并介绍催化碳氢键活化的交叉偶联和官能化反应的最新发展;第 8 章增补多肽和寡核苷酸的合成,以利于学生掌握官能团保护的策略和意义;第 9 章重点增补不对称催化反应,包括手性配体/过渡金属不对称催化和手性有机小分子催化反应的原理和应用。有机合成设计的目标不仅是提高创新物质的功能,而且必须赋予有机产品和合成过程可持续发展的特性,因此,本书继续在第 10 章增补绿色有机合成的内容,且第 11 章复杂分子合成实例大部分已更新,其余各章的反应和合成示例也全面修订和更新。第二版对有机化合物的名称和立体化学有关术语也按照中国化学会颁布的《有机化合物命名原则 2017》做了相应的修订。第二版对各章的思考题和习题也做了部分修改、删减或增补,书末附有参考答案或提示。

参加本书修订编写的工作人员包括:第 1 章,南京大学陆国元、朱成建;第 2 章、第 10 章,南京大学陆国元;第 3 章,扬州大学俞磊;第 4 章,南京信息工程大学李英;第 5 章,南京大学朱少林;第 6 章,南京大学王毅;第 7 章,南京大学陆红健;第 8 章,常州大学邵鸢;第 9 章、第 11 章,南京大学朱成建、谢劲。全书由陆国元和朱成建统编和审定。

我们对参与本书修订编写的学者表示衷心感谢,对广大读者多年来对本书的支持和帮助表示衷心感谢。由于编者水平有限,书中难免有疏漏和不妥之处,敬请读者批评指正。

陆国元　朱成建

2021 年 10 月于南京

第一版前言

有机合成是一门极具创造性的科学，是化学家改造世界、创造物质世界的重要手段。有机合成不仅是有机化学专业学生的重点基础课程，而且也是应用化学、药物合成、精细化工、化学生物学、高分子化学、配位化学等专业学生的重要课程。随着化学和材料科学、生命科学的交叉融合，有机合成作为设计合成功能性物质的重要手段显得越来越重要。由于有机合成在药物、农药及农用化学品、染料及纺织化学品、日用化学品、光电材料、新能源等领域应用极为广泛，有机合成人才的社会需求面广量大，因此化学各专业和材料科学、生命科学等相关专业的学生，尤其是硕士研究生掌握一定的有机合成知识和方法十分必要。有机合成的基础是有机反应，有机合成是通过设计和实施一系列有机反应实现由易得的原料制备期望的化合物的过程，有机合成的不断发展和进步是和新的有机反应和试剂的不断发现和研究紧密结合在一起的。为此作者编写了《有机反应与有机合成》讲义，并在化学一级学科及材料化学、生命科学、林产化学等相关专业硕士研究生的有机合成公共基础课教学中使用，历经数年的教学实践，并广泛听取意见，吸取国内外新知识、补充新资料，不断修改编写成本书。

本书强调基础有机反应和合成的基本方法，同时注重反映当代有机合成新成就，按由浅入深、循序渐进的原则编写，注意与基础有机化学教学内容的衔接和各学科教学的需求。在本书的反应示例和合成实例中，结构简单和结构较复杂的化合物并用，以便供具有不同程度、不同需求的学生学习阅读。

本书在大多数内容的节后附有一些思考题，各章后附有一定数量的习题，书末附有问题和习题的参考答案或提示以及解答这些问题和习题的推荐参考文献。

编者衷心感谢南京大学重点课程建设项目的资助和有关老师提供的建议、帮助和支持；衷心感谢南京大学化学化工学院、材料科学与工程系、生命科学学院及中国林业科学研究院林产化学工业研究所参与有机反应与有机合成教学的研究生提供的建议、帮助和支持，特别感谢他们为本书绘制化合物结构式和反应式所付出的努力。

由于编者水平有限，书中难免有不妥和错误之处，恳请读者批评指正。

编者 陆国元

2009 年 4 月于南京

目　　录

第1章 绪 论

有机合成是通过形成共价键和官能团变换从简单易得的小分子化合物制备较复杂的有机化合物的过程，是创造有机新物质的过程。自 1828 年德国化学家维勒（Wöhler）由氰酸铵成功合成尿素以来，合成化学家已经合成了数千万种有机化合物，在自然界物质世界外建造了一个丰富多彩的人工合成物质世界。有机合成创造了难以计数的合成药物、农用化学品、光电功能材料、化纤和染料、日用化学品和食品添加剂等。有机合成的创造性对守护人类健康、护航粮食丰产、保障能源供给、维护通信信息、呵护美化环境作出了卓越贡献，不断满足人类追求美好生活的需求，促进了人类物质文明的不断繁荣和进步。

1.1 有机合成历史

有机合成已发展了近 200 年。有机合成发展的初期主要是以煤焦油为原料的染料和药物的合成。例如，英国化学家珀金（Perkin）合成了第一个人工染料苯胺紫（1856 年），德国化学家格雷贝（Graebe）合成了茜红（1869 年），拜耳（Baeyer）合成了靛蓝（1878 年），德国化学家霍夫曼（Hofmann）合成了第一个合成药物阿司匹林（1889 年），1890 年费歇尔（E. Fisher）合成糖类并确定了糖的相对构型（1902 年诺贝尔化学奖）。

| 苯胺紫 | 茜红 | 靛蓝 | 阿司匹林 |

20 世纪初期，石油化学工业逐渐兴起，合成化学家在石油裂解产生的烯烃和重整得到的芳烃分子中导入官能团和通过官能团互变建立了基本有机原料工业。同时合成化学家创建了系统的有机合成方法，形成了被称为"石油树"（petroleum tree）的密集的有机合成网络，人工合成的有机化合物数目迅猛增长，有机合成进入蓬勃发展时期。

合成化学家向自然学习，特别重视生命活性物质的研究，合成了许多结构相当复杂的天然产物。例如，文道斯（Windaus）合成了维生素 D（1928 年诺贝尔化学奖）。费歇尔合成了血红素（1930 年诺贝尔化学奖）。哈沃斯（Haworth）合成了维生素 C 并确定了碳水化合物的环状结构（1937 年诺贝尔化学奖）。库恩（Kuhn）合成了维生素 A_1 和维生素 B_2（1938 年诺贝尔化学奖）。罗宾逊（Robinson）发明了成环反应并用于构建立体构型的甾核，合成了胆固醇及生物碱吗啡等（1947 年诺贝尔化学奖）。迪维尼奥（du Vigneaud）合成了多肽催产激素（1953 年诺贝尔化学奖）。尤其是 20 世纪中叶，美国化学家有机合成大师伍德沃德（Woodward，1965 年诺贝尔化学奖）完成了复杂分子生物碱马钱子碱（1954 年）、麦角新碱（1956 年）、利血平（1956 年）、甾族化合物羊毛甾醇（1957 年）、叶绿素（1960 年）、抗生素四环素（1962 年）、青霉素（1965 年）、黄体酮（1971 年）和维生素 B_{12}（1973 年）等的全合成。特别是维生素 B_{12}（图 1.1），含有 9 个手性碳原子，是一项高难度的有机合成，Woodward 组织了一百多位合成工作者花费 15 年时间完成其全合成[1]。在这一合成工作中，他和 Hofmann 共同提出了分子轨道对称守恒原理。分子轨道对称守恒原理和福井谦一提出的前线轨道理论（1981 年诺贝尔化学奖）标志着有机合成走向理论研究和实验科学的融合。随后科里（Corey，1990 年诺贝尔化学奖）在完成复杂分子银杏内酯、白三烯、前列腺素等的合成过程中，提出了逆向合成分析的基本原理[2]，为有机合成的逻辑设计奠定了理论基础。

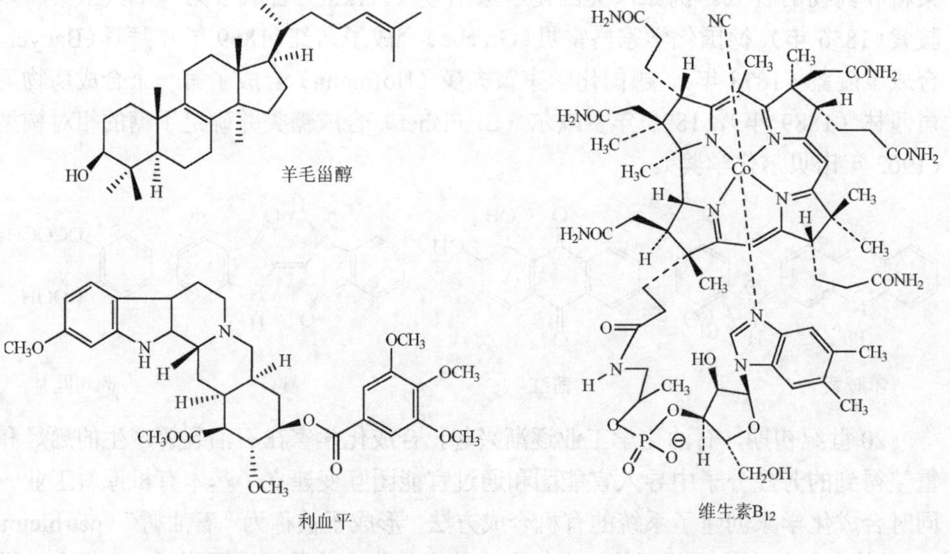

图 1.1　羊毛甾醇、利血平、维生素 B_{12} 的结构

　　20 世纪 90 年代以来，有机合成又进入崭新的时代。其代表性的成果当属海洋天然产物软海绵素 B（halichondrin B）化合物的全合成。软海绵素 B 是聚醚大

环内酯类化合物,分子内有 32 个手性中心、14 个醚环桥联和螺联结构(图 1.2),其合成的难度可想而知。1992 年,Kishi 等[3]完成了软海绵素 B 的全合成。在研究软海绵素 B 的中间体时发现,右侧结构的大环中间体的抗癌活性非常高。通过一系列的结构改进和研究,抗癌药艾日布林(Eribulin)作为治疗转移性乳腺癌的药物已成功上市。与软海绵素 B 相比,艾日布林的结构相对简单,但仍有 19 个手性中心,艾日布林的最终商业合成路线长达 62 步,这是迄今采用纯化学合成方法生产的结构最为复杂、合成路线最长的非肽类药物[4a]。最近软海绵素类化合物的合成又取得重大进展,Kishi 等[4b]以 92 步实现了软海绵素 B 胺 halichondrin B amine(E7130)的全合成,其中关键的四步都采用过渡金属 Ni/Cr 催化的不对称催化反应[4c]。软海绵素类化合物等极为复杂分子的合成标志着有机合成进入了一个不对称催化的新时期。

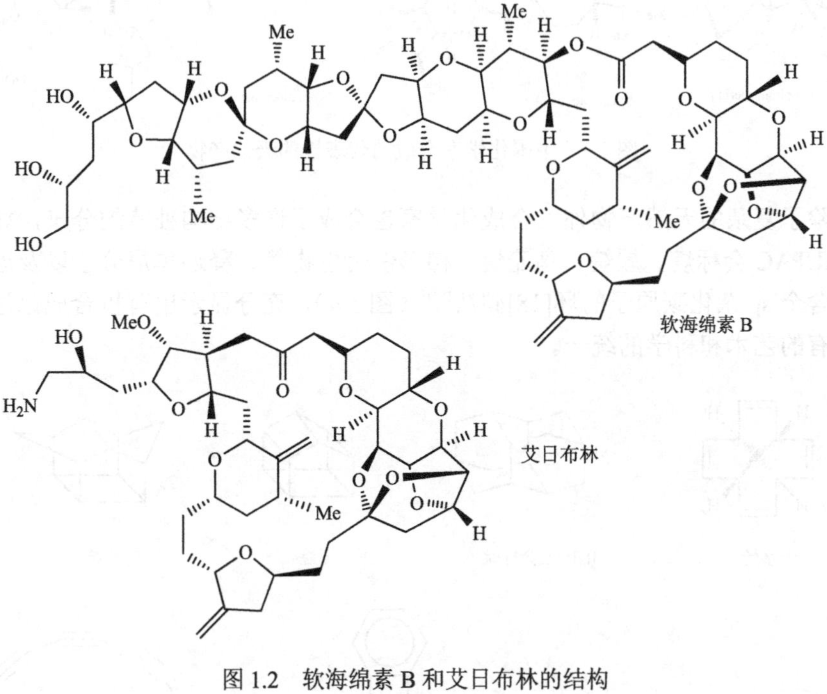

图 1.2　软海绵素 B 和艾日布林的结构

我国化学家在天然产物合成方面也作出了重要贡献。早在 20 世纪 60～80 年代就成功人工全合成了由 51 个氨基酸组成的结晶牛胰岛素和 76 个核苷酸(其中 9 个为稀有核苷酸)组成的酵母丙氨酸转移核糖核酸。我国化学家从植物和中草药中分离纯化并结构鉴定、全合成的青蒿素(抗疟药)、喜树碱(抗癌药)、石杉碱甲(治疗阿尔茨海默病药物)、亮菌甲素(治疗胆囊炎药)等(图 1.3)都是经久不衰的临床治疗药物。近 20 年来我国化学家已成功全合成如(+)-plumisclerin A[5a]、 schindilactone A[5b]、didemnaketal A[5c]等多环、多手性中心和官能团密集的复杂分子天然产物（图 1.3），其合成策略和方法都颇具特色。

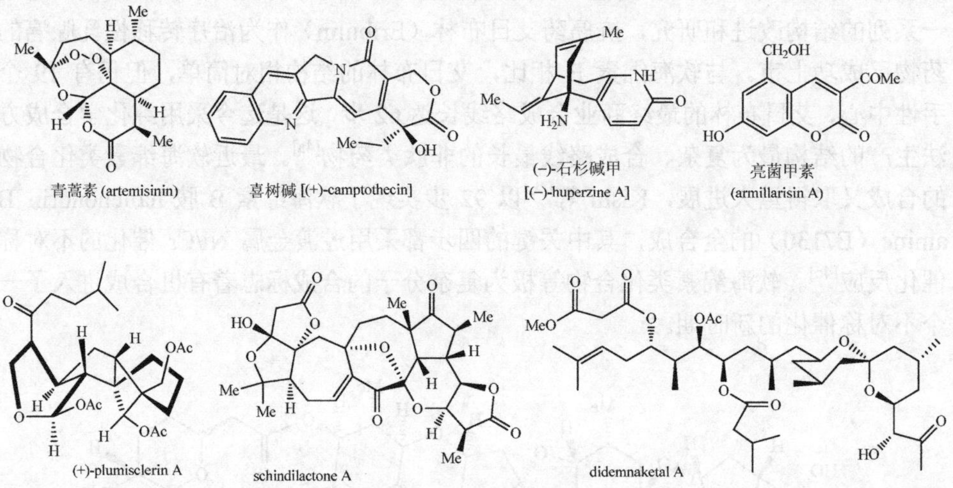

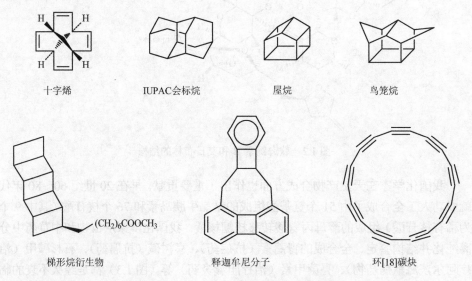

青蒿素 (artemisinin)　　喜树碱 [(+)-camptothecin]　　(−)-石杉碱甲 [(−)-huperzine A]　　亮菌甲素 (armillarisin A)

(+)-plumisclerin A　　schindilactone A　　didemnaketal A

图 1.3　中国化学家合成的代表性的天然产物

除了复杂的天然产物外，合成化学家也合成了许多结构独特的分子，如十字烯、IUPAC 会标烷、屋烷、鸟笼烷、梯形烷衍生物[6a]、释迦牟尼分子以及近年合成的含全 sp 杂化碳原子的环[18]碳炔[6b]（图 1.4），充分显示出有机合成已达到前所未有的艺术和科学的统一。

十字烯　　　　IUPAC会标烷　　　　屋烷　　　　鸟笼烷

梯形烷衍生物　　　　释迦牟尼分子　　　　环[18]碳炔

图 1.4　一些人工合成的艺术分子的结构

1.2 有机反应与有机合成

有机化合物尤其是结构较复杂分子的合成是通过一系列的有机反应实现的。因此，有机反应是有机合成的基础，是合成中形成碳碳键和碳-杂原子键等构建有机分子骨架和实现官能团互相转化的根本手段。有机化学家已发明并应用数目众多的有机反应，其中人名反应 600 多种。这些反应大多是在有机化合物的反应性研究和一定结构的化合物的合成过程中发现的。与此同时，新反应、新试剂的发现和应用又促进了有机合成的发展。例如，熟知的格利雅（Grignard）试剂及其反应（1912 年诺贝尔化学奖）一直是形成碳碳键的最基本方法。萨巴蒂埃（Sabatier）发明的过渡金属催化加氢和氢解反应始终是还原不饱和键和脱苄、脱卤等高效而洁净的反应（与 Grignard 共享 1912 年诺贝尔化学奖）。第尔斯-阿尔德（Diels-Alder）反应（1950 年诺贝尔化学奖）广泛应用于六元碳环的合成。威尔金森（Wilkinson）发明的均相加氢催化剂[Rh(PPh$_3$)$_3$Cl]以及二茂铁合成（1973 年诺贝尔化学奖）奠定了金属有机化学的基础。布朗（Brown）发现的有机硼试剂及其反应（1979 年诺贝尔化学奖），维蒂希（Wittig）发现的维蒂希试剂和维蒂希反应（1979 年诺贝尔化学奖）为元素有机化合物在有机合成中官能团转化和碳碳键的形成提供了多种手段。梅里菲尔德（Merrifield）发明的负载固相合成法为多肽、核酸等大分子的自动化合成及随后发展的组合化学提供了基础方法（1984 年诺贝尔化学奖）。

由于手性药物合成的需求，20 世纪 80 年代以来立体选择性已引起广泛的重视，尤其是发展具有高对映选择性和非对映选择性的不对称合成方法一直是研究的前沿热点。除了传统的手性源途径和手性辅基导向的不对称合成外，不对称催化领域发展迅速。借助少量手性催化剂将大量潜手性底物转化为具有特定构型的旋光纯产物，具有很高的原子经济性。20 世纪下半叶，夏普莱斯（Sharpless）发现酒石酸酯/异丙基钛手性催化剂催化碳碳双键的不对称环氧化、不对称双羟基化等反应并应用于复杂分子的合成，诺尔斯（Knowles）和野依良治（Noyori）用手性双膦铑催化剂等实现了不对称催化氢化反应并应用于药物 L-多巴和香料(−)-薄荷醇的合成且实现了工业化生产。由于在不对称催化有机反应方面的开创性工作，他们被授予2001 年诺贝尔化学奖[7]。21 世纪初，利斯特（List）和麦克米伦（MacMillan）分别以有机小分子为催化剂，高效催化 Aldol、Diels-Alder、Mannich、Michael、Friedel-Crafts 反应等多种反应，并实现高度对映选择性，驱动和引领了不对称有机催化(asymmetric organocatalysis)的迅速发展[8]。有机小分子催化剂（如脯氨酸）无毒、价廉、设计灵活，同时反应时无需严格的无氧无水条件，操作简便，使有机合成过程更安全、更绿色环保。由于在不对称有机催化方面的贡献，利斯特和麦克米伦被授予 2021 年诺贝尔化学奖。不对称催化技术已广泛用于手性药物、手性农药、手性香料等有机产品的工业化生产中，代表性的产品如治疗阿尔茨海默病的药物 L-多巴、镇痛消炎药(S)-布洛芬、抗风湿药(S)-萘普生、抗菌药左氧氟沙星、香料 L-薄荷醇和除草剂(S)-金都尔等（图 1.5）。

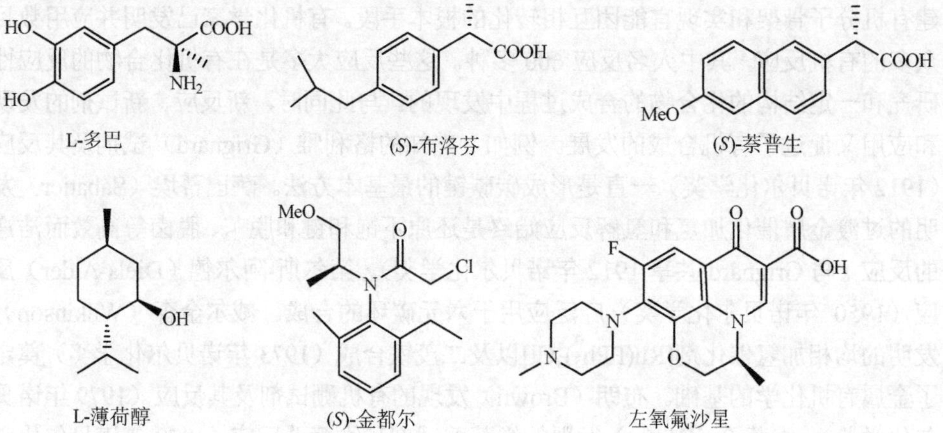

L-多巴

(S)-布洛芬

(S)-萘普生

L-薄荷醇

(S)-金都尔

左氧氟沙星

图 1.5　过渡金属不对称催化合成的代表性手性药物、手性农药和手性香料

烯烃复分解反应（olefin metathesis）是在钌、铑等过渡金属的卡宾配合物催化下，高效实现两个烯键间的 sp^2 杂化碳原子的重新组合而获得新的烯烃的方法，目前已广泛用于药物和天然产物复杂分子的合成中[9]。例如，天然产物 (+)-asteriscanolide 合成中关键的关环一步就是采用了烯烃复分解反应。由于化学家肖万（Chauvin）、格拉布（Grubbs）和施罗克（Schrock）对烯烃和炔烃的复分解反应的杰出贡献，他们被授予 2005 年诺贝尔化学奖。

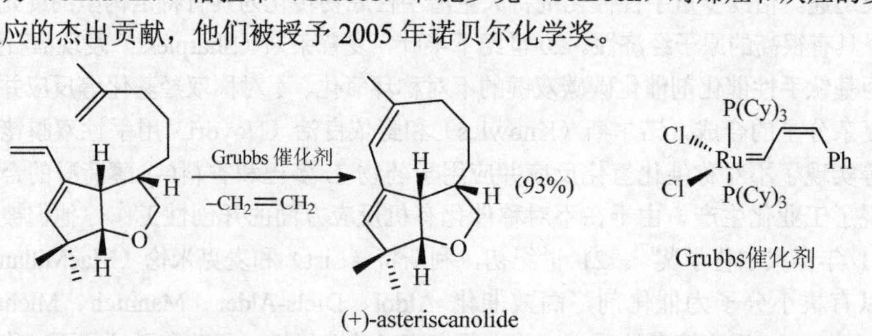

Grubbs 催化剂

$-CH_2=CH_2$

(93%)

(+)-asteriscanolide

Grubbs催化剂

过渡金属催化的碳碳单键形成的赫克（Heck）反应、根岸（Negishi）反应和铃木（Suzuki）反应的发现提供了芳环/芳环/烯键间（ C_{sp^2}-C_{sp^2} 偶联）交叉偶联的有力工具。由于 Heck、Negishi 和 Suzuki 对过渡金属催化的交叉偶联反应的杰出贡献，被授予 2010 年诺贝尔化学奖。这些反应不仅官能团兼容性好，并且区域和

立体选择高、反应条件温和，因而已广泛用于药物、光电材料的合成中，其中一些已实现工业化，产生了巨大的经济效益[10]。例如，抗癌药紫杉醇的全合成中关键的关环一步采用了 Heck 偶联反应，β-胡萝卜素合成中反复应用了 Negishi 偶联反应[11]。农药啶酰菌胺（boscalid）工业生产中应用了 Suzuki 偶联反应[12]。

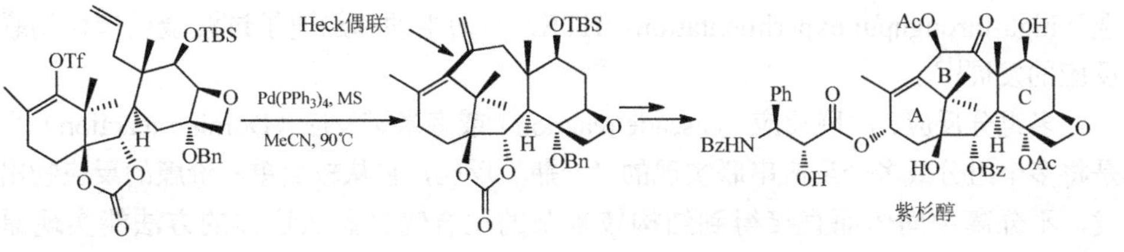

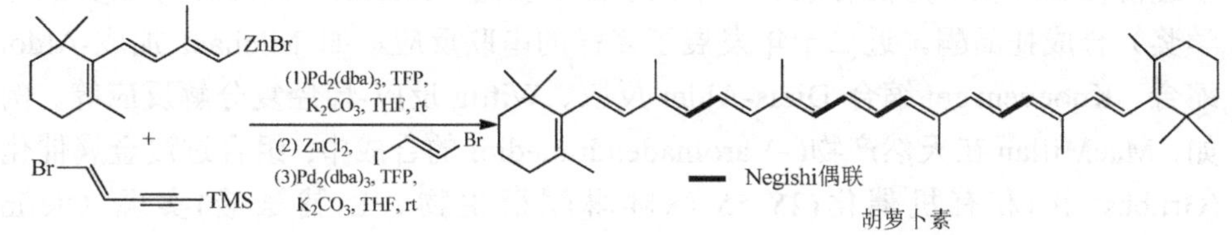

紫杉醇

胡萝卜素

啶酰菌胺

近十余年来，过渡金属催化的交叉偶联反应已发展到烷基/烷基（C_{sp^3}-C_{sp^3} 偶联）之间的交叉偶联，并且在手性配体(L^*)/过渡金属催化下实现不对称合成[12]。例如：

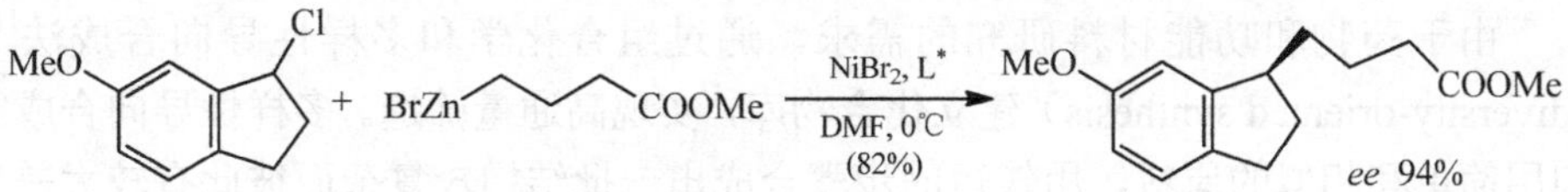

近二十年来，过渡金属催化形成碳-杂原子键（C—N、C—O、C—S 等）的交叉偶联反应迅猛发展，在药物和光电材料合成中获得广泛应用。特别是中国科学家以廉价的铜和易得的氨基酸或草酸二酰胺衍生物为配体的催化体系提供了温和、高效、高选择性构建碳-杂原子键的方法[13]。例如，在药物 perindopril 的工业合成中应用铜催化实现了关键的 C—N 偶联。

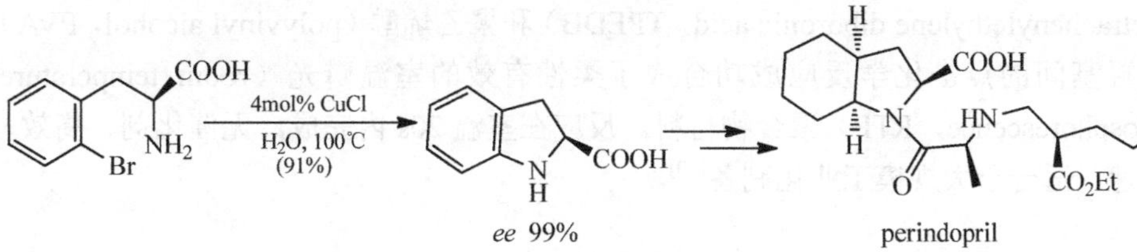

perindopril

过渡金属催化交叉偶联反应的最新发展是通过碳氢键活化形成碳碳键或官能团化，过去十年的过渡金属催化工作主要有各种导向基的特定位置的活化，实现选择性偶联及官能化[14]。无导向基的碳氢键活化直接形成碳碳键和官能化的交叉偶联反应极具挑战性，被誉为有机合成的"圣杯"。对配体和催化剂的高通量筛选（high-throughput experimentation，HTE）有力推动和加速了过渡金属催化偶联反应的发展[15]。

多组分反应、串联反应（cascade reaction）或多米诺反应（Domino reaction）[16]是将多个组分或多个反应串联实现的"一瓶"反应，它从较简单、价廉的反应物出发，不分离中间体而直接得到结构较复杂的化合物。显然这样的方法能实现原子经济性和环境友好的合成。早年例子是罗宾逊（Robinson，1947 年诺贝尔化学奖）合成托品酮。近二十年发展了多样的串联反应，如 Michael 加成-Aldol缩合、Knoevenagel 缩合-Diels-Alder 反应、Wittig 反应-烯烃复分解反应等。例如，MacMillan 在天然产物(–)-aromadendranediol 的合成中，组合过渡金属催化(Grubbs Ⅱ)和有机催化(2S, 5S-咪唑啉酮衍生物、L-脯氨酸)实现 Olefin cross-metathesis 反应/Mukaiyama-Michael 反应/Aldol 反应的串联反应，"一瓶"合成了 4 个立体中心的化合物[17]。

由于药物和功能材料研究的需求，通过组合化学和多样性导向合成法[18]（diversity-oriented synthesis）建立化合物库，实现高通量筛选。多样性导向合成能利用简单和相似的原料，用较短的步骤合成出一批结构较复杂而彼此有较大差异的化合物。值得一提的是，Sharpless 等[19a]提出点击化学（click chemistry）的合成方法，由一些简单而又高效的碳杂原子反应以快速合成一类新化合物。点击化学的反应易于操作、高效、产率高，无需严格的反应条件，适合用于多样性导向的化合物库合成[19b]。如今"点击化学"的合成方法已广泛应用于光电功能分子材料、新药研发和化学生物学等领域。例如，最近中国学者利用四苯基乙烯二硼酸（tetraphenylethylene diboronic acid，TPEDB）和聚乙烯醇（polyvinyl alcohol，PVA）的羟基间的点击化学反应成功合成了柔性有效的室温磷光（room temperature phosphorescence，RTP）聚合物材料。反应在室温 20s 内完成，无催化剂、高效、快速、适合于大规模工业化制备[20]。

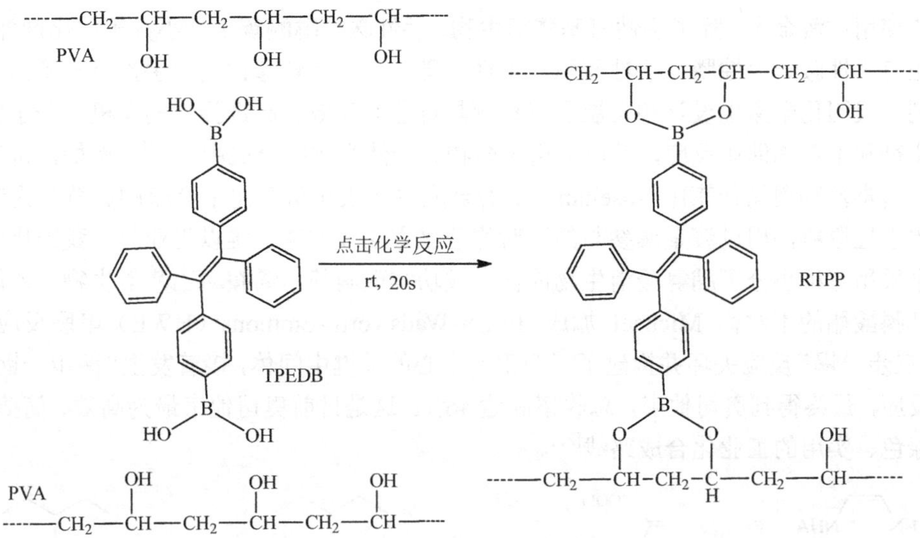

21 世纪以来，我国化学家和国际同行并驾齐驱，在过渡金属催化碳碳键和碳-杂原子键形成、不对称催化合成手性化合物方面的研究作出了令人瞩目的贡献[21, 22]。过渡金属催化反应的关键是催化剂中的配体。中国化学家设计和创造了一大批新型、高效、高选择性、优势手性的催化剂配体（图 1.6）[23, 24]，其中手性螺环配体和手性双氮氧配体尤为突出，与多种过渡金属配位的催化剂有很高的催化活性和对映选择性，可以实现碳碳双键的不对称氢化、羰基和亚氨基的不对称还原及不对称 Michael 加成、不对称 Aldol 缩合、不对称烯丙基化、不对称环加成和不对称 Heck 反应等范围广泛的有机反应[23, 24]。

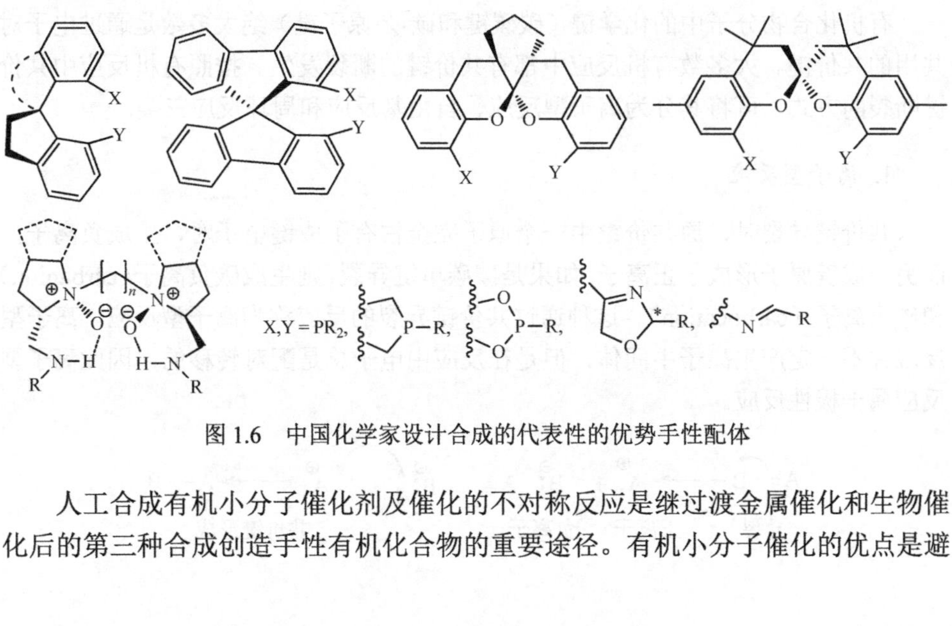

图 1.6 中国化学家设计合成的代表性的优势手性配体

人工合成有机小分子催化剂及催化的不对称反应是继过渡金属催化和生物催化后的第三种合成创造手性有机化合物的重要途径。有机小分子催化的优点是避免使用过渡金属。除了手性氨基酸衍生物、手性咪唑啉酮等手性小分子催化剂外，还有手性胺、手性膦、手性硫脲、手性二醇、手性相转移试剂等手性小分子催化剂。我国化学家也设计和发展了多种颇具特色的高效、高选择性的有机小分子催化剂和不对称催化反应，并已应用于药物和天然产物的合成中[21, 22]。例如，抗流感病毒药物奥司他韦[(–)-oseltamivir]的合成主要依靠从八角中提取的莽草酸为起始手性原料，用过渡金属参与的不对称催化方法成本高、难以工业化。我国化学家采用有机小分子脯氨酸衍生物催化，成功实现硝基乙烯胺、乙醛衍生物、乙烯基膦酸酯的不对称 Michael 加成/Horner-Wadsworth-Emmons（HWE）串联反应，"三步一锅"反应关环并构建了三个手性中心的关键中间体，接着发生"两步一锅"反应，最终得到奥司他韦，总收率高达 46%。这是目前奥司他韦最为高效、简捷、绿色、实用的工业化合成路线[25]。

(Np = 萘基)

1.3 有机反应概览

1.3.1 有机反应机理的类型

有机化合物分子中的化学键（碳碳键和碳-杂原子键）绝大多数是通过电子对共用的共价键。大多数有机反应中都有共价键的断裂发生。按照有机反应中共价键断裂的方式，可将其分为离子型反应、自由基反应和周环反应三类。

1. 离子型反应

共价键异裂时，原共价键中一个原子完全占有了成键电子对，生成负离子，而另一成键原子形成了正离子。如果是碳碳单键异裂，则生成碳负离子（carbanion）和碳正离子（carbocation）。这种通过共价键异裂的反应称为离子型反应。离子型反应并不一定产生离子中间体，但是在反应中电子总是配对转移的，因此离子型反应属于极性反应。

异裂　　　正离子　负离子　　　　　　共价键形成

在极性反应中，能提供一对电子与底物的正电性原子或基团发生反应形成共价键的原子或原子团称为亲核试剂或亲核体（nucleophile），相应的反应称为亲核反应。反应中接受底物的负电性原子或基团的一对电子形成共价键的物种称为亲电试剂或亲电体（electrophile），相应的反应称为亲电反应。

2. 自由基反应

共价键均裂时，原成键的两个电子分别由两个成键原子占有，生成自由基。通过共价键均裂或自由基参与的反应称为自由基反应。自由基反应涉及单电子的转移，属于非极性反应。

$$A\!-\!B \longrightarrow A\cdot + B\cdot \qquad\qquad A\cdot + \cdot B \longrightarrow A\!-\!B$$

均裂　　自由基 自由基　　　　　　　共价键形成

3. 周环反应

在某些有机反应中，共价键的断裂和形成是协同进行的。反应时过渡态的电子在闭环中运动，既没有离子也没有自由基中间体生成，这类反应称为周环反应。周环反应属于非极性反应。例如，环戊二烯在室温时二聚成双环戊二烯、双环戊二烯在受热时又裂解成环戊二烯，这些都属于周环反应。

环戊二烯　　　　双环戊二烯　　　　双环戊二烯　　　　环戊二烯

1.3.2 有机反应的类型

有机反应数目众多，范围广泛，让人十分困惑。但是实际上根据共价键断裂方式和反应前后分子结构变化，所有有机反应可以归纳为六类反应。

（1）取代反应（第2章）

亲核取代反应
（异裂）
$$Nu\!:\!^{\ominus} + A\!-\!L \longrightarrow A\!-\!Nu + L\!:\!^{\ominus}$$

亲电取代反应
（异裂）
$$E^{\oplus} + A\!-\!L \longrightarrow A\!-\!E + L^{\oplus}$$

自由基取代反应
（均裂）
$$R\cdot + A\!-\!Y \longrightarrow A\!-\!R + Y\cdot$$

（2）加成反应（第 2 章）

亲电加成反应
（异裂）

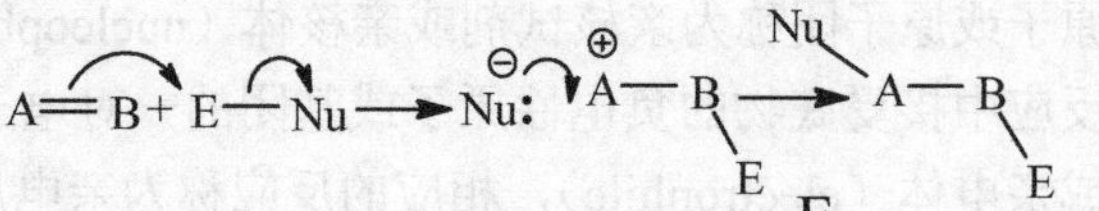

亲核加成反应
（异裂）

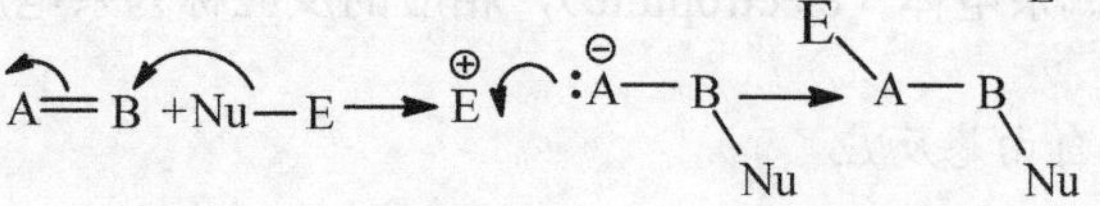

自由基加成反应
（均裂）

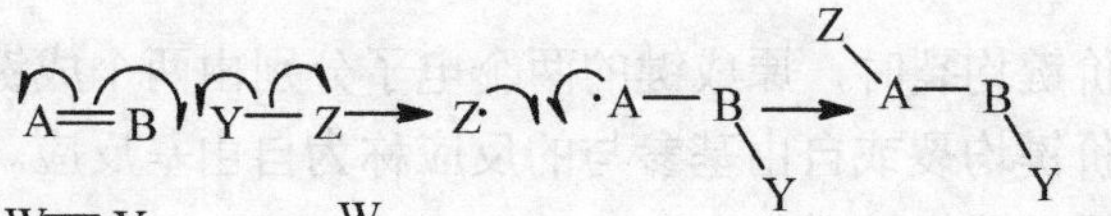

协同加成反应

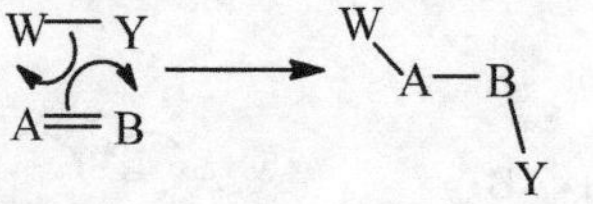

（3）消去反应（第 2 章）

（异裂、协同）

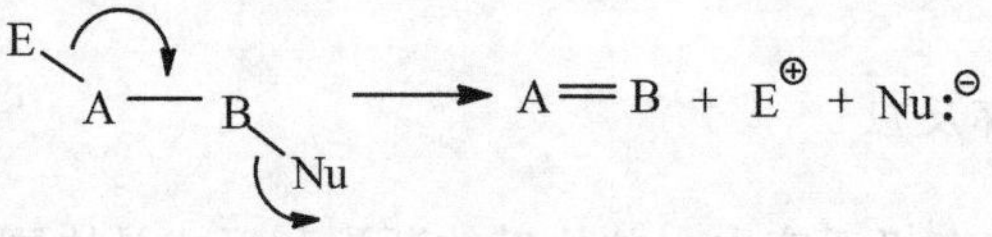

（4）重排反应（第 7 章）

亲核重排反应

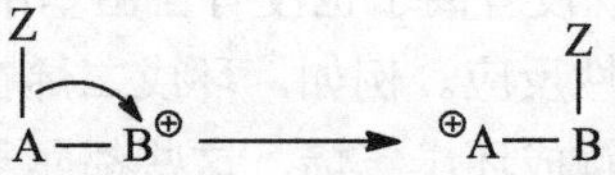

亲核重排反应

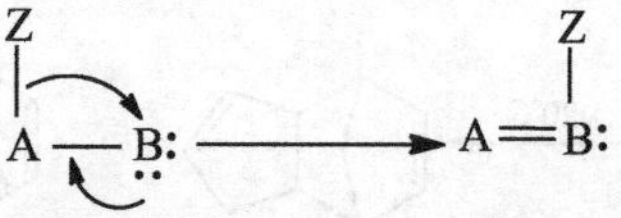

亲电重排反应

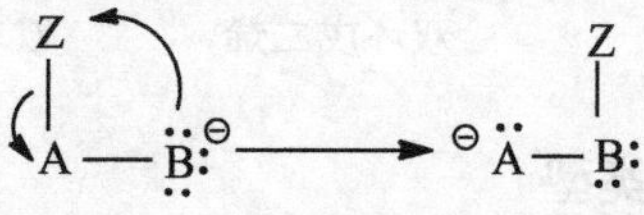

自由基重排反应

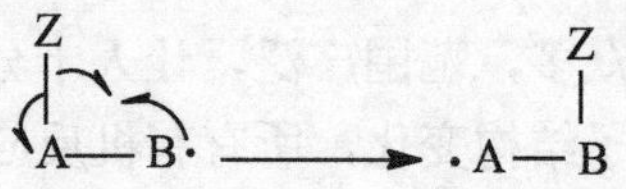

协同重排反应

（5）氧化和还原反应（第 3 章）。氧化还原反应是改变碳原子和官能团氧化数的反应，是有机合成中官能团互相转变的重要方法。大多数氧化还原反应本质上属于上述四类反应之一。例如，金属氢化物（硼氢化钠、氢化铝锂）还原羰基为羟基的反应本质上是氢负离子和羰基的亲核加成反应。

（6）过渡金属催化的有机反应（第 5 章）。20 世纪 80 年代以来，钯、铜、镍等过渡金属催化的有机反应，特别是零价钯配合物催化的交叉偶联反应的研究取得重大进展，已成为芳基、烯基间交叉偶联形成碳碳键或碳-杂原子键的重要方法。

$$R^1\text{—}M + R^2\text{—}X \xrightarrow{Pd(0)} R^1\text{—}R^2$$

R^1=芳基、烯基　　　R^2=芳基、烯基

X=I, Br, Cl, OTf, OTs

M = B(OH)$_2$, B(OR)$_2$　　　Suzuki反应

M = Si(OR)$_3$　　　Hiyama反应

M = SnR$_3$　　　Stille反应

M = ZnR　　　Negishi反应

M = Li, MgX　　　Kumada反应

$$Ar\text{—}X + \begin{array}{c}H \\ R\end{array}\!\!>\!\!=\!\!<\!\!\begin{array}{c}R \\ R\end{array} \xrightarrow{Pd(0)} \begin{array}{c}Ar \\ R\end{array}\!\!>\!\!=\!\!<\!\!\begin{array}{c}R \\ R\end{array}$$ Heck反应

$$Ar\text{—}X + H\!\!\equiv\!\!\equiv\!\!R \xrightarrow{Pd(0)} Ar\!\!\equiv\!\!\equiv\!\!R$$ Sonogashira反应

$$Ar\text{—}X + HN\!\!<\!\!\begin{array}{c}R^1 \\ R^2\end{array} \xrightarrow{Pd(0)} Ar\text{—}N\!\!<\!\!\begin{array}{c}R^1 \\ R^2\end{array}$$ Buchwald-Hartwig反应

过渡金属催化的交叉偶联反应涉及氧化加成、迁移重排、还原消去、转金属化、β-氢消去等基元反应，实际上是以上反应类型的综合。

1.3.3　亲核试剂和亲电试剂

在有机合成中，虽然非极性的自由基反应和周环反应有其重要的地位，但是极性反应（亲核反应和亲电反应）在构建碳架和官能团互相转变中占据主导地位，是最重要、应用最广泛的反应。

亲核试剂是富电子的中性分子或带负电荷的阴离子，在极性反应中是电子对的给予体（donor, d）。亲电试剂是具有正电性偶极或诱导偶极的中性分子或带正电荷的阳离子，在极性反应中它们是电子对的接受体（acceptor, a）。本书中用 d 和 a 分别表示分子中的亲核中心和亲电中心。根据亲核/亲电试剂中的亲核/亲电中心原子种类可分为杂原子（X、O、S、N、P 等）亲核/亲电试剂、氢亲核/亲电试剂和碳亲核/亲电试剂。

1. 杂原子和氢亲核/亲电试剂

杂原子亲核试剂是以杂原子（X、O、S、N、P 等）为亲核中心的负离子和中性分子（如 RO⁻、ROH），亲核中心是带负电荷或具有未共用电子对的杂原子。杂原子亲电试剂是以杂原子（X、S、N、P 等）为亲电中心的正离子（如 ArN_2^+）和杂原子上具有空轨道（如 SO_3）或具有正电性偶极或诱导偶极的中性分子（如 HO—Cl、Br—Br），亲电中心是带正电荷和具有空轨道或正电性偶极的杂原子。氢亲核/亲电试剂是分别提供氢负离子（H⁻）或质子（H⁺）的亲核体（如 $NaBH_4$）和亲电体（如 CF_3COOH）。常见的杂原子和氢亲核/亲电试剂见表1.1。

表 1.1　常见的杂原子和氢亲核/亲电试剂

卤素亲核试剂	$\overset{\ominus}{I}:$　$\overset{\ominus}{Br}:$　$\overset{\ominus}{Cl}:$　$\overset{\ominus}{F}:$	卤素亲电试剂
氧亲核试剂	$HO^{\ominus}:$　$H_2O:$　$RO^{\ominus}:$　$R\ddot{O}H$ $\underset{\parallel}{R}-\overset{O}{C}-O^{\ominus}:$　$\underset{\parallel}{R}-\overset{O}{C}-\ddot{O}H$　$R\ddot{O}R'$	氧亲电试剂	由于氧原子上不容易容纳正电荷，因而氧亲电试剂极为少见
硫亲核试剂	$HS^{\ominus}:$　$H_2S:$　$RS^{\ominus}:$　$R\ddot{S}H$ $\underset{\parallel}{R}-\overset{O}{C}-S^{\ominus}:$　$\underset{\parallel}{R}-\overset{O}{C}-\ddot{S}H$ $R\ddot{S}R'$　$HO-\underset{\parallel}{\overset{O}{S}}-ONa$ $R-\underset{\parallel}{\overset{O}{S}}-R$　$H_2N-\underset{\parallel}{\overset{O}{S}}-NH_2$	硫亲电试剂	$H_2\overset{a}{S}O_4$　$\overset{a}{S}O_3$　$\overset{a}{S}Cl_2$　$R\overset{a}{S}Cl$ $Cl-\underset{\parallel}{\overset{O}{\overset{a}{S}}}-Cl$　$Cl-\overset{a}{S}O_3H$　$R-\overset{a}{S}O_2Cl$

表格续：

卤素亲电试剂	$\overset{X}{X}-X(X^{\oplus})$		$X = I, Br, Cl$
	$X-OH(X_2+H_2O)$		$X = Br, Cl$

由于氧亲电试剂极为少见内容见上。

氮亲核试剂	$\overset{\ominus}{:}NH_2\,(NaNH_2)$　$:NH_3$　$R\ddot{N}H_2$ $\overset{\ominus}{:}NR_2\,(LiNR_2)$　$R_2\ddot{N}H$　$R_3N:$ $RCN:$　$:NH_2OH$　$R\ddot{N}H-\ddot{N}H_2$　$N_3^{\ominus}$	氮亲电试剂	$\overset{\oplus}{N}O_2\ (HNO_3/H_2SO_4,\ HNO_3/Ac_2O)$ $\overset{\oplus}{N}O\ (NaNO_2/HX)$　$Ar\overset{\oplus}{N_2}X^{\ominus}$
磷亲核试剂	$R\ddot{P}H_2$　$R_2\ddot{P}H$　$R_3P:$　$(RO)_3P:$	磷亲电试剂	$\overset{a}{P}Cl_3$　$R\overset{a}{P}Cl_2$　$R_2\overset{a}{P}Cl$　$\overset{a}{P}OCl_3$
氢亲核试剂 $(H^{\ominus})$	$NaBH_4$　$LiBH_4$　$LiAlH_4$	氢亲电试剂 $(H^{\oplus})$	$\overset{a}{H}-X\,(X=F,Cl,Br,I)$　$\overset{a}{H}-OSO_3H$　$\overset{a}{H}-O\underset{\parallel}{\overset{O}{C}}-R$

卤素亲电试剂栏补充：

$$\underset{O}{\underset{\parallel}{\underset{}{}}} \overset{O}{\underset{}{N}}-X^a \quad X = Br, Cl, F$$

（吡啶鎓 $\overset{\oplus}{N}-X^a$ 及丁二酰亚胺 $N-X^a$）

　　杂原子亲核试剂亲核性的强弱有如下规律：①带负电荷的亲核试剂的亲核性总是比其共轭酸强（如 $OH^- > H_2O$，$NH_2^- > NH_3$）；②含同一族元素的亲核试剂的亲核性按元素周期表中的顺序从上往下增强（如 $Et_2S > Et_2O$，$Et_3P > Et_3N$）；③在非质子极性溶剂中，亲核试剂的亲核性增强；④位阻大的亲核试剂的亲核性减弱（如 $t\text{-}BuO^- < EtO^-$）。

　　杂原子偶极和诱导偶极分子亲电试剂中，路易斯（Lewis）酸能促进共价键的异裂（如 $Br—Br/FeBr_3$），亲电性增强。

　　由于氧原子上不容易容纳正电荷，因而氧亲电试剂极为少见。

硫和磷亲核/亲电试剂中，由于硫或磷原子既具有未共用电子对，又具有可接受电子对的空的 3d 轨道，因此一些硫、磷杂原子试剂既有亲核性，又有亲电性。例如，亚磷酸酯在有机合成中主要用作亲核试剂，但是有时也用作亲电试剂。

$$[(CH_3)_2CHO]_3P \colon + CH_3—I \longrightarrow [(CH_3)_2CHO]_2\overset{CH_3}{\underset{CH(CH_3)_2}{P}}—O \colon \overset{\ominus}{I} \longrightarrow [(CH_3)_2CHO]_2\overset{CH_3}{P}=O + (CH_3)_2CHI$$

亲核试剂

$$(CH_3CH_2O)_2P \quad + Ph—MgBr \xrightarrow[65℃]{THF} Ph—P(OCH_2CH_3)_2 + CH_3CH_2OMgBr$$
$$CH_3CH_2—O \qquad\qquad\qquad\qquad (74\%)$$

亲电试剂

必须注意到，氨基、羟基、巯基等的氮、氧、硫等杂原子是亲核性的，是亲核试剂，但是当同种原子以单键或双键相连时，如 PhS—SPh、EtOOCN=NCOOEt，其杂原子 S、N 是亲电性的，是亲电试剂；或者杂原子与电负性更大的原子相连时，如 RS—Cl、R_2N—OR′，其杂原子 S、N 则是亲电性的，是亲电试剂。例如：

2. 碳亲核/亲电试剂

碳亲核/亲电试剂中，根据亲核/亲电中心碳原子的成键形式可以分为路易斯碱/酸型（碳负离子/碳正离子）碳亲核/亲电试剂、σ 键型碳亲核/亲电试剂和 π 键型碳亲核/亲电试剂。常见的碳亲核/亲电试剂见表 1.2。

1）碳亲核试剂

（1）碳负离子亲核试剂

碳负离子因碳原子上的未共用电子对而具有较高的亲核性，是常用的亲核试剂，一般可通过适当的碱与其共轭酸反应获得。下面简单罗列产生碳负离子的方法。

（a）离子键的金属有机化合物（有机钠化合物、有机钾化合物等）是直接碳负离子源。

（b）具有一个吸电子基（EWG）的含 α-氢的化合物（醛酮和羧酸衍生物）和在同一碳原子上具有两个吸电子基的含 α-氢的化合物（活性亚甲基化合物）在碱性条件下，在 α-碳上失去质子生成 α-碳负离子（其共振结构为烯醇负离子）（第 4 章）。

表 1.2 常见的碳亲核/亲电试剂

碳负离子 亲核试剂	碳正离子 亲电试剂

碳负离子亲核试剂：

$Na^{\oplus}:\overset{\ominus}{C}N$　　$RC\equiv C:\overset{\oplus}{M}$　　$\overset{\ominus}{R}\overset{\oplus}{M}$ (M=Li, Na, K)

$\overset{\ominus}{R}CH-EWG$ （ RCH_2-EWG / 碱 ）

$\overset{\ominus}{C}H\overset{EWG}{\underset{EWG'}{<}}$ （ $CH_2\overset{EWG}{\underset{EWG'}{<}}$ / 碱 ）

(EWG=COR, COOR, CONR$_2$, CN, NO$_2$, CX$_3$)

$\overset{M^{\oplus}}{R\overset{\cdot\cdot}{C}H}-SiR_3$　　$\overset{\ominus}{R\overset{\cdot\cdot}{C}H}-\overset{\oplus}{P}R_3$　　$\overset{M^{\oplus}}{R\overset{\cdot\cdot}{C}H}-\overset{O}{\overset{\|}{P}}(OR)_2$

$\overset{\cdot\cdot}{R\overset{\cdot\cdot}{C}H}-\overset{\oplus}{S}R_2$　　$\overset{\ominus}{R\overset{\cdot\cdot}{C}H}-\overset{O}{\underset{O}{\overset{\|}{S}}}R_2$　　（二硫杂环-R Na）

碳正离子亲电试剂：

$R_3C^{\oplus}$　（ $R_3\overset{a}{C}-L$ ）　 L = X, OH, OTs

$ArCH_2^{\oplus}$　（ $Ar\overset{a}{C}H_2-L$ ）

$R\diagdown\diagup^{\oplus}$　（ $R\diagdown\diagup\overset{a}{\diagdown}L$ ）

RCH_2CH_2-E （ $R\overset{d}{C}H=CH_2$ / $E^{\oplus}$ ）

$\overset{\oplus}{\diagup}OH$　（ 环氧 / $H^{\oplus}$ ）

σ 键型碳 亲核试剂

$\overset{d}{R}-M$ 　(M = MgX, Cu)

$\overset{d}{R_2}-M$ (M = Cu, Li, Zn, Cd)　 $XZn\overset{d}{C}H_2COOR$

σ 键型碳 亲电试剂

$\overset{a}{R}-X$ 　(X = I, Br, Cl)

$\overset{a}{R}-L$ 　(L = OTs, OMs, OTf, OSO$_2$R$_2'$, ONO$_2$, OP(OR)$_2'$, O$-\overset{\oplus}{P}R_3$, $\overset{\oplus}{N}R_3'$, $\overset{\oplus}{S}R_2'$)

$\overset{a}{R}-\overset{\oplus}{O}H_2$　$\overset{a}{R}-\overset{\oplus}{\underset{H}{O}}-R'$　$\overset{a}{R}-OH/MX_n$　$\overset{a}{R}-O-\overset{a}{R'}/MX_n$

$EWG-Ar-L$　$\overset{a}{\triangle}\overset{a}{O}$　$\overset{a}{\triangle}\overset{a}{S}$　$\overset{a}{\underset{N}{\triangle}}\overset{a}{}$

π 键型碳 亲核试剂

$Ph-\overset{d}{}$　$Ar-\overset{d}{}$　$\diagup\overset{d}{=}\diagdown$　$-\equiv-$

$\overset{NR_2}{\diagup=}\overset{d}{}$　$\overset{OLi}{\diagup=}\overset{d}{}$　$\overset{OSiR_3}{\diagup=}\overset{d}{}$　$\overset{OBR_2}{\diagup=}\overset{d}{}$

π 键型碳 亲电试剂

$\overset{O}{\overset{\|}{R}}\overset{}{R'}$　$\overset{O}{\overset{\|}{R}}\overset{}{L}$　(L = X, OCOR', OR', NR$_2'$, OH)

$\overset{a}{R_2}C=NH$　$\overset{a}{R}C\equiv N$　$R-\overset{a}{N}=C=O$　$O=\overset{a}{C}=O$

$\overset{O}{\overset{\|}{a\diagdown}}\overset{}{L}$　(L = H, R, X, OR', OH, NR$_2'$, SR)

$\overset{a}{\diagdown=}Z$　(Z = CN, NO$_2$, SR', SO$_2$R)

（c）在碱性条件下，与硅、硫、磷等相邻的碳原子易失去质子生成碳负离子。使碳负离子稳定的原因是这些元素原子具有空的 3d 轨道，可以与相邻碳负离子的电子对所占据的 p 轨道重叠。硅、硫、磷等元素有机化合物的反应和在有机合成中的应用将在第 5 章中详细讨论。

（d）亲核试剂共轭加成时生成 α-碳负离子（第 4 章）。

$$Nu: \curvearrowright CH_2=CH-\underset{\underset{Nu}{|}}{\overset{\overset{R}{|}}{C}}=O \longrightarrow \left[H_2C-CH\curvearrowright\overset{R}{\underset{|}{C}}\curvearrowright\overset{\ominus}{\ddot{O}}: \longleftrightarrow \overset{\ominus}{CH_2}-\underset{Nu}{\overset{|}{\ddot{C}}H_2}\curvearrowright\overset{R}{\underset{|}{C}}=O \right]$$

此外，有强吸电基的芳环上的亲核取代反应（第 2 章）、还原金属化反应（第 3 章）中也生成碳负离子中间体。

（2）σ 键型碳亲核试剂

σ 键型碳亲核试剂主要包括格氏试剂、有机锂、有机铜、有机镉、有机锌等有机金属化合物（第 4 章）。碳-金属极性共价键使与金属相连的碳原子呈负电性。

（3）π 键型碳亲核试剂

π 键型碳亲核试剂包括含有富电子的碳碳不饱和键和芳环的化合物，以及烯胺、烯醇硅醚等。烯醇盐是羰基化合物的 α-碳负离子的共振结构，也可以看作 π 键型碳亲核试剂。

2）碳亲电试剂

（1）碳正离子亲电试剂

碳正离子一般可通过碳-杂原子共价键的异裂或与亲电试剂作用等产生。下面总结一些产生碳正离子的常用方法。

（a）在溶液中通过溶剂化或路易斯酸催化作用使碳-杂原子共价键直接异裂，一般生成仲、叔碳正离子或 p-π 共轭稳定的碳正离子（烯丙式、苄基式碳正离子）。

$$R-L \longrightarrow R^{\oplus}$$

$$R-L + MX_n \longrightarrow R^{\oplus}MX_nL^{\ominus}$$

$$R=R'_3C, R'CH=CHCH_2, ArCH_2$$

$$R^{\oplus}=R'_3C^{\oplus}, R'CH=\overset{\oplus}{C}HCH_2, Ar\overset{\oplus}{C}H_2$$

（b）质子或其他阳离子与碳碳不饱和键加成生成碳正离子。

$$RCH=CH_2 + E^{\oplus} \longrightarrow R\overset{\oplus}{C}H-\underset{\underset{E}{|}}{C}H_2 \quad E^{\oplus}=H^{\oplus}, X^{\oplus}, R\overset{\oplus}{C}=O, R'\overset{\oplus}{C}HOH, R'^{\oplus}$$

（c）环氧化合物在酸性条件下开环形成 β-羟基碳正离子（ $HOCH_2CH_2^+$ ）。

（d）羰基质子化或与路易斯酸作用的共振结构：

$$\left[\begin{array}{c} R \\ C=\overset{\oplus}{O}H \\ R \end{array} \longleftrightarrow \begin{array}{c} R \\ \overset{\oplus}{C}-OH \\ R \end{array} \right]$$

此外，重氮盐分解也常形成碳正离子。

（2）σ 键型碳亲电试剂

σ 键型碳亲电试剂主要包括卤代烃、磺酸酯、质子化或路易斯酸结合的醇和醚以及烷氧基膦盐（alkoxyphosphonium）等。σ 键型碳亲电试剂是亲核取代反应的底物，其反应活性与离去基的稳定性有关（第 2 章）。

（3）π 键型碳亲电试剂

π 键型碳亲电试剂主要是含极性不饱和键的物质，如羰基化合物（醛酮和羧酸及其衍生物）、亚胺、腈等。羰基化合物是亲核加成反应、亲核加成-取代反应和亲核加成-消去反应（缩合反应）的底物（第 4 章）。羰基碳的亲电性受与其相连的基团的电子效应和位阻效应影响。通常情况下，羰基碳的亲电性大小次序如下：

$$\underset{R}{\overset{O}{\underset{}{\parallel}}}\underset{Cl}{} > \underset{R}{\overset{O}{\underset{}{\parallel}}}\underset{OCOR'}{} > \underset{R}{\overset{O}{\underset{}{\parallel}}}\underset{H}{} > \underset{R}{\overset{O}{\underset{}{\parallel}}}\underset{R'}{} > \underset{R}{\overset{O}{\underset{}{\parallel}}}\underset{Ar}{}$$

$$> \underset{R}{\overset{O}{\underset{}{\parallel}}}\underset{OR'}{} > O=C=O > \underset{R}{\overset{O}{\underset{}{\parallel}}}\underset{NR_2'}{} > \underset{R}{\overset{O}{\underset{}{\parallel}}}\underset{OH}{}$$

π 键型碳亲电试剂也包括 α, β-不饱和羰基化合物和 α, β-不饱和腈、亚砜、砜、磺酸酯、硝基化合物等。由于羰基等基团强吸电子共轭效应作用，其 β 碳呈正电性，具有亲电性，可以和亲核试剂发生共轭加成（第 4 章）。

1.3.4　亲核反应和亲电反应

有机合成中的亲核反应和亲电反应的本质是亲核试剂的亲核中心（电子对给予体，d）和亲电试剂的亲电中心（电子对接受体，a）之间的成键（碳-杂原子键和碳碳键）反应。杂原子亲核/亲电试剂分别与碳亲电/亲核试剂反应生成碳-杂原子键，这是有机合成中导入官能团和官能团互相转变的主要反应。碳亲核试剂和碳亲电试剂反应形成碳碳键，这是有机合成中构建有机分子碳架的主要方法。在碳-杂原子键形成的反应中，一般把提供碳形成新键的化合物称为反应底物，杂原子亲核/亲电试剂称为进攻试剂。

1. 杂原子亲核试剂与碳亲电试剂反应

杂原子亲核试剂与碳亲电试剂反应主要包括杂原子亲核试剂进攻引起的饱和碳原子上和羰基碳原子上的亲核取代反应与羰基上的亲核加成反应（第 2 章）。例如：

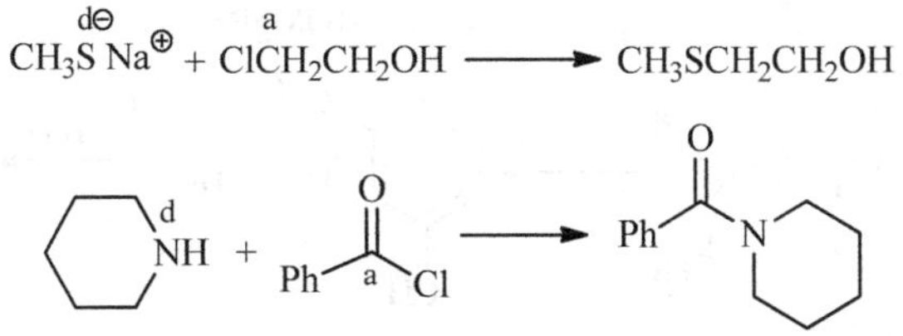

$$CH_3\overset{d\ominus}{S}\ Na^{\oplus} + \overset{a}{Cl}CH_2CH_2OH \longrightarrow CH_3SCH_2CH_2OH$$

2. 杂原子亲电试剂与碳亲核试剂反应

杂原子亲电试剂与碳亲核试剂反应主要包括杂原子亲电试剂进攻引起的芳环上的亲电取代反应和碳碳不饱和键上的亲电加成反应（第2章）。例如：

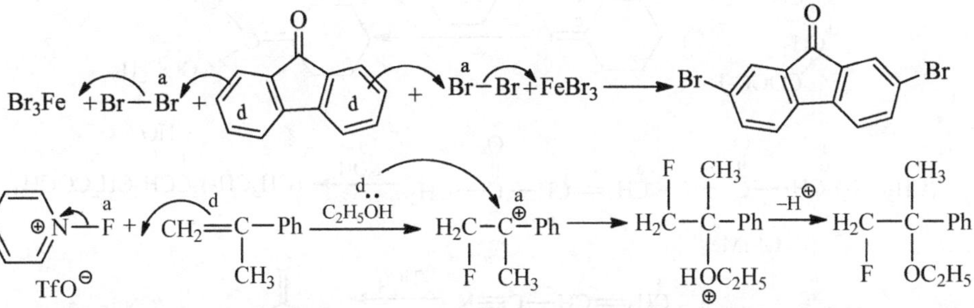

质子和杂原子亲电试剂进攻引起的亲电加成反应中，一般生成碳正离子（新的碳亲电体）中间体，碳正离子与杂原子亲核体结合生成碳-杂原子键。

3. 碳亲核试剂与碳亲电试剂反应

碳亲核试剂与碳亲电试剂反应形成碳碳键，涉及的反应很广，主要包括亲核/亲电取代反应和亲核/亲电加成反应（第4章）。例如：

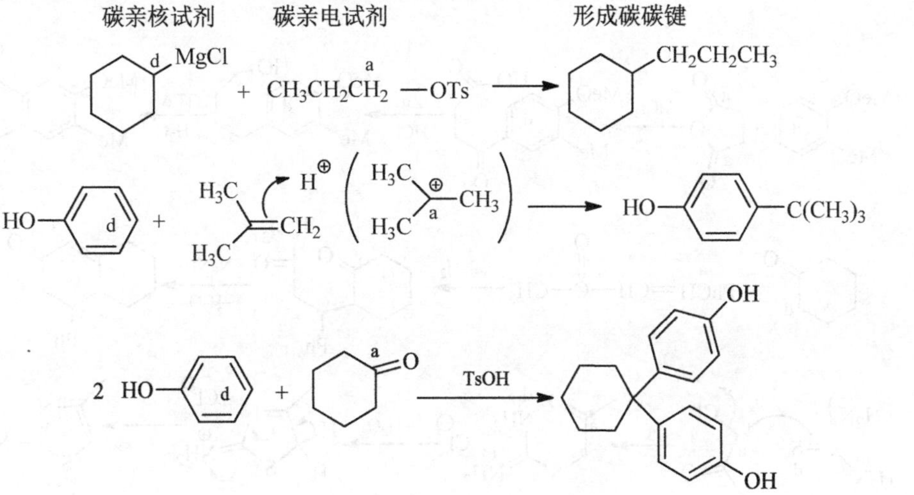

碳亲核试剂　　　碳亲电试剂　　　　　　形成碳碳键

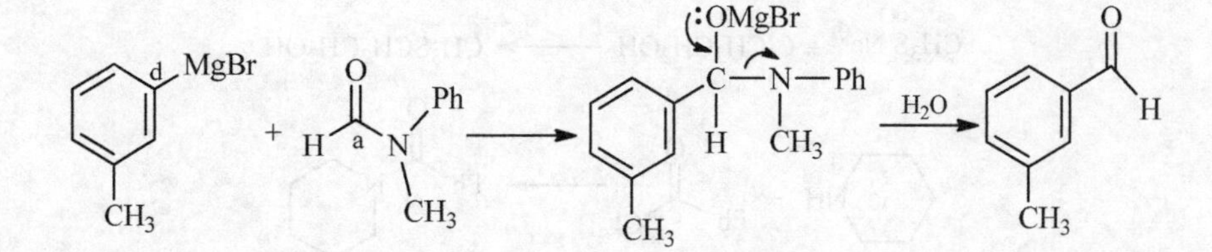

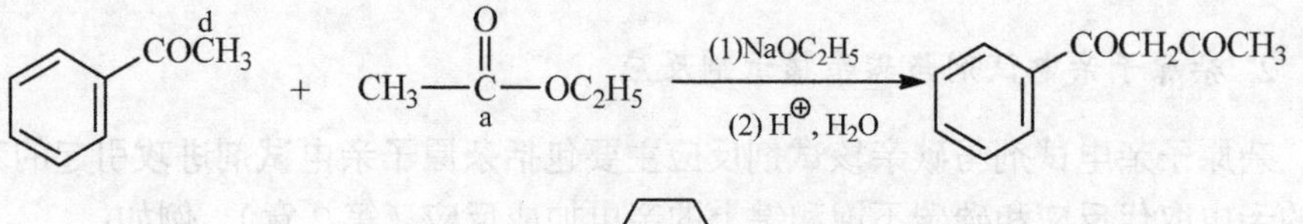

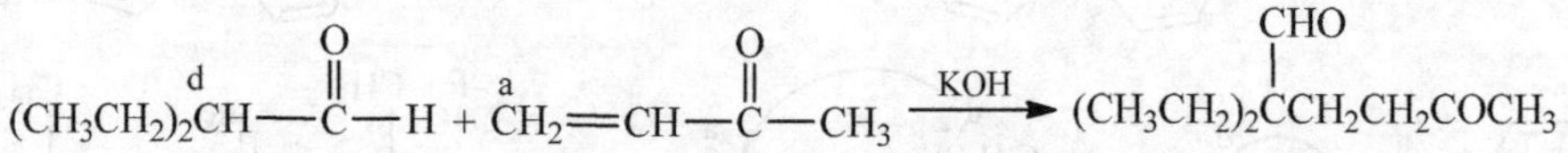

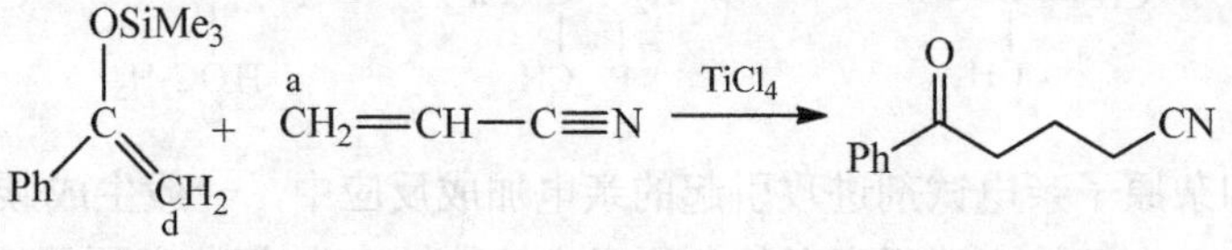

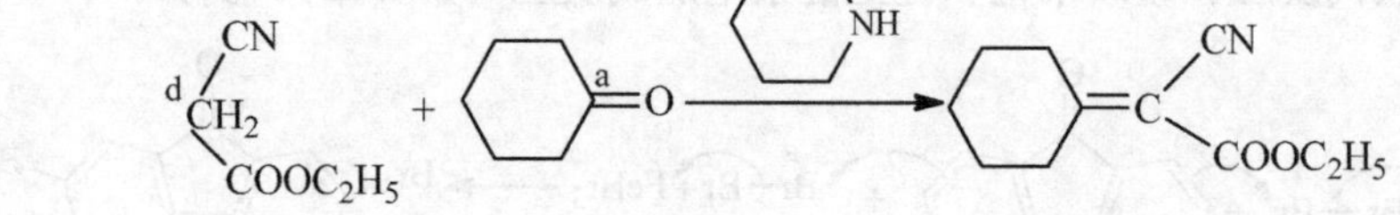

4. 亲核/亲电环化反应

如果亲核中心和亲电中心在同一分子内或者两个分子分别含有两个亲核/亲电中心，则分子间或分子内的亲核中心和亲电中心在一定条件下相互作用生成环状化合物。亲核/亲电环化是合成碳环和杂环化合物的重要方法（第 6 章）。例如：

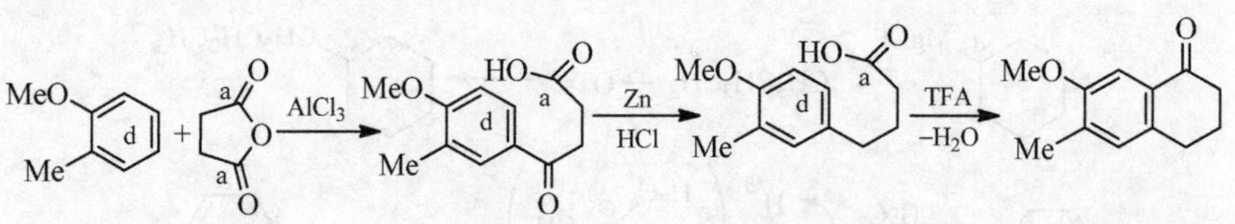

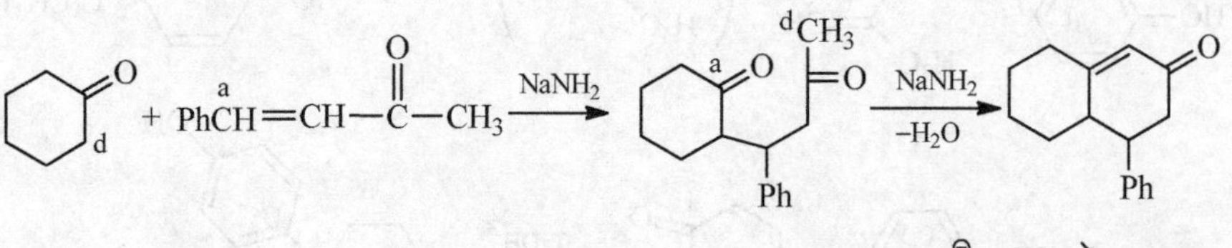

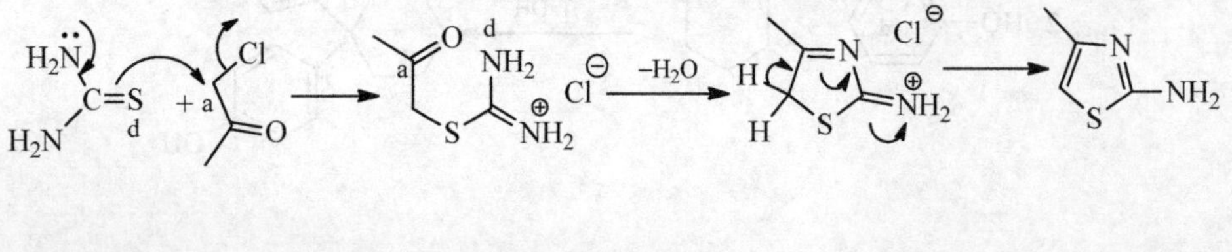

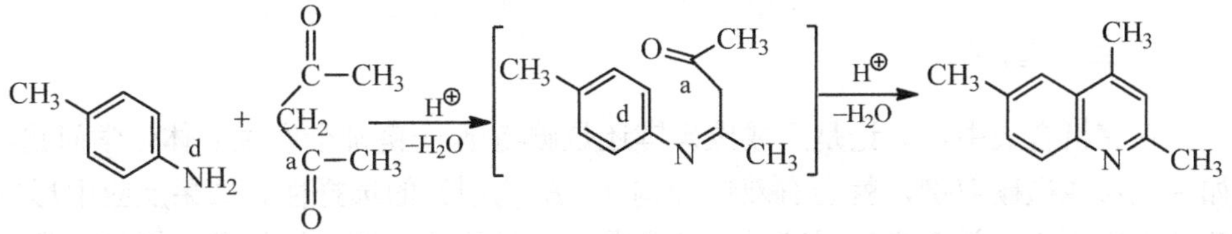

1.3.5 有机反应的选择性

在有机合成中，一个反应或试剂应用于合成时，尤其在多官能团的化合物的合成中，往往生成两种产物甚至多种产物。为了获得单一的产物，理想的解决办法是采用高选择性反应。有机反应的选择性可以分为化学选择性（chemoselectivity）、区域选择性（regioselectivity）和立体选择性（stereoselectivity）三类。在结构较复杂分子的合成中往往涉及以上三种选择性。尽管已有不少高效、高选择性的有机反应，但仍有大量的合成路线不得不采用官能团保护等迂回的策略实现。关于官能团保护和合成策略将分别在第9章和第10章详细讨论。

1. 化学选择性

化学选择性是指不使用官能团保护和活化基等策略，使具有多个相同官能团（化学环境不同）或不同官能团的分子中的某个官能团发生选择性反应。例如：

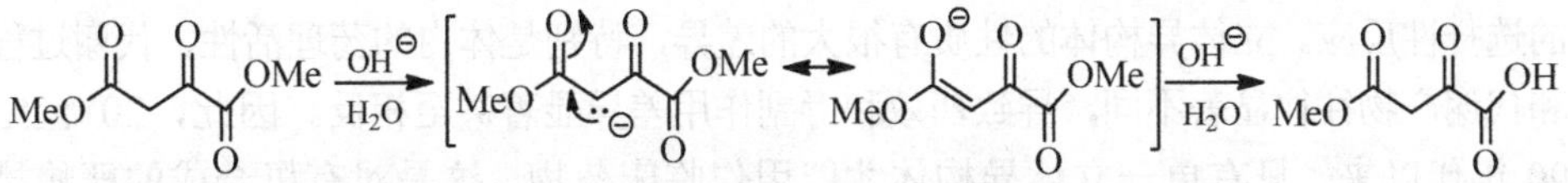

草酰乙酸二甲酯在碱性条件下选择性水解草酰的酯基。

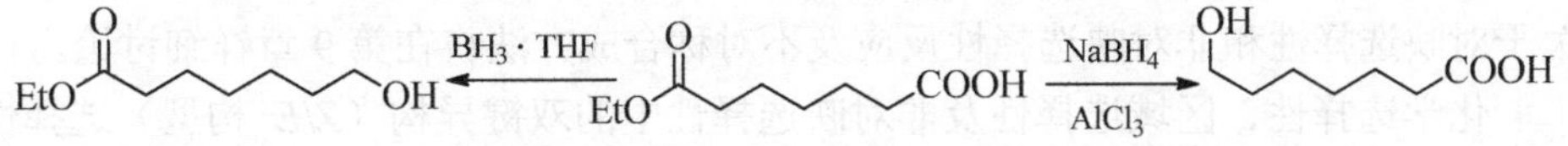

在有机合成中，选用不同的氧化剂或还原剂，常可氧化或还原分子中的某一官能团。氧化还原反应的选择性将在第3章中讨论。

2. 区域选择性

区域选择性是指试剂对底物分子中两个不同部位的进攻，生成不同产物的选择性。例如，2-甲基环己酮在不同碱和反应条件下生成烯键位置不同的两种烯醇硅醚，后者与卤代烷反应生成不同位置的烃化产物。

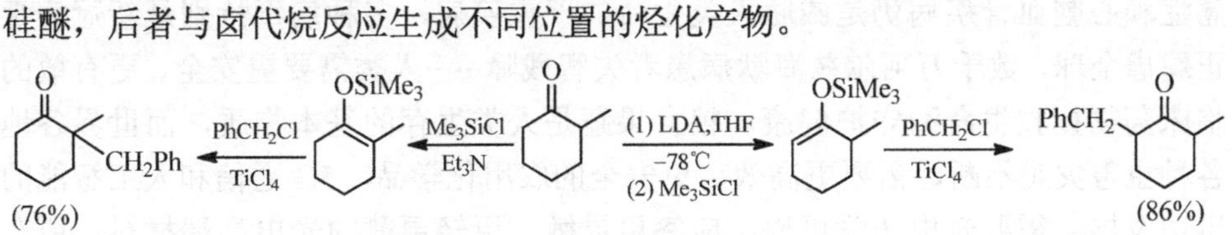

3. 立体选择性

在有机合成中，无论是形成碳碳键还是碳-杂原子键都会产生立体化学问题。如果是形成碳碳双键，就会有双键异构（Z/E 构型）的选择性。如果反应中形成新的手性中心，就会产生对映异构体和非对映异构体的选择性问题。例如，常见的醇醛（Aldol）缩合反应就可能生成两个手性中心，具有四个立体异构体（一对顺式对映体和一对反式对映体，顺式和反式分别为非对映体）。

顺式(syn)　　　　　　　　反式(anti)

因此，立体构型控制（立体选择性）贯穿于有机合成的始终。立体选择性可分为非对映选择性（diastereoselectivity）和对映选择性（enantioselectivity）。对映选择性是指反应中主要生成一种对映体的选择性反应；非对映选择性是主要生成一种非对映体的选择性反应。立体异构体的性质有很大的差异，特别是体内的药理活性、代谢过程和代谢产物往往显著不同，导致药效和毒副作用差异显著甚至相反。因此，20 世纪90 年代以来，只有单一立体异构体才能用作临床药物，这是对有机合成的严峻挑战。近 20 年来，立体选择性反应和不对称合成方法学迅速发展并取得重大成就。关于对映选择性和非对映选择性反应及不对称合成方法将在第 9 章详细讨论。

化学选择性、区域选择性及非对映选择性中的双键异构（Z/E 构型）选择性将在各章相关反应中讨论。

1.4　有机合成发展的机遇和挑战

近 200 年来，有机合成为人类创造了丰富多彩的物质财富，但是仍不能满足社会经济的迅速发展以及人们对美好生活的追求和对健康长寿的向往。当今，癌症和心脑血管疾病仍是威胁人类生命的严重疾病，多种病毒特别是新冠病毒正肆虐全球，数千万阿尔兹海默病患者失智残障……人类需要更安全、更有效的临床药物拯救生命和守护健康。粮食果蔬是人类生存的基本物质，而世界各地各种虫害灾难不断，需要更高效、更安全的农用化学品。5G 通信和人工智能的迅速发展，需要光电传输更快、应答更灵敏、更轻更薄的光电高端材料。所有这一切都离不开有机合成，有机合成是研发高效安全的医用和农用药物及各种功能材料的中心学科。

传统化学品的生产和使用以及对石油、煤、天然气等化石碳资源的过度依赖，对环境和人类健康已产生负面影响。我国已把节约资源和保护环境作为基本国策，实行严格的环境保护制度，要求源头防治、节能减排、清洁生产，实行可持续发展的绿色低碳循环经济。因此，有机合成工作者的重要使命是必须从有机合成的源头上消除污染生成，从产品的设计、原料的来源、反应过程、生产工艺、副产物再利用以及产品的循环使用等方面实现绿色和可持续发展。最近 Anastas 和 Leitner 等[26]提出未来化学化工绿色发展十二原则，得到各国化学家普遍认同。因此，有机合成面临前所未有的巨大挑战：

（1）有机合成设计的目标是不仅要保持和提高有机产品的技术性能，并且必须无毒、易降解、可再生、可循环利用，对环境和人畜无害。

（2）有机合成的原料必须从化石碳资源逐步转向非化石碳资源，以二氧化碳[27, 28]、可再生的生物质纤维素和木质素[29-31]等为基本原料合成有机产品，减少对石油等化石碳资源的依赖，对冲并减少碳排放。为此有机合成方法学必须系统创新。

（3）有机合成必须继续发展高选择性和原子经济性有机反应，以最低的能耗和100%的收率得到所需化合物，避免副反应，减少废弃物，实现"精准完美"的合成。

（4）有机合成必须发展水相合成、固相合成、离子液体、超临界介质、微通道反应（microchannel reaction）和连续流动化学（continuous flow chemistry）[32]等新方法和新技术，以实现洁净、环境友好的合成工艺。

（5）有机合成必须设计副产物利用、"废物"和"使用期中止产品"转化过程，以循环路线代替线性路线[26]。

有机合成是富有创造性的科学，为人类创造了巨大的物质财富，推动和促进了生命科学、材料科学、信息科学、环境科学及其他学科的发展。但是科学的发展没有尽头，有机合成工作者必将以"可持续发展"为基本理念，以"精准完美"的有机合成为人类创造更有效、更安全的新药物、新材料和各种新物质，为人类生活更加美好的未来作出重要贡献。

参 考 文 献

[1] Eschenmoser A，Wintner C E. Natural product synthesis and vitamin B$_{12}$. Science，1977，196：1410-1420.

[2] （a）Corey E J，Wipke W T. Computer-assisted design of complex organic syntheses. Science, 1969, 166: 178-192.
（b）Corey E J，Cheng X M. The Logic of Chemical Synthesis. New York：John Wiley and Sons Inc.，1989.

[3] Aicher T D，Buszek K R，Kishi Y，et al. Total synthesis of halichondrin B and norhalichondrin B. J Am Chem Soc，1992，114：3162-3164.

[4] （a）Fukuyama T，Kishi Y，Ai Y，et al. Synthesis of halichondrins via nickel/zirconium-mediated coupling reaction. 2019，WO 2019010363.（b）Kawano1 S，Ito K，Kishi Y，et al. A landmark in drug discovery based on complex

natural product synthesis. Scientific Reports, 2019, 9: 8656. （c）Fukuyama T, Chiba H, Tagami K, et al. Application of a rotor-stator high-shear system for Cr/Mn-mediated reactions in eribulin mesylate synthesis. Org Process Res Dev, 2016, 20: 100-104.

[5] （a）Gao M, Wang Y C, Yao Z J, et al. Enantioselective total synthesis of (+)-plumisclerin A. Angew Chem Int Ed, 2018, 57: 13313-13318. （b）Xiao Q, Ren W W, Chen Z X, et al. Diasterreoselective total synthesis of schindilactone A. Angew Chem Int Ed, 2011, 50: 7373-7377. （c）Zhang F M, Peng L, Tu Y Q, et al. Total synthesis of nominal didemnaketal A. Angew Chem Int Ed, 2012, 52: 10846-10851.

[6] （a）Mascitti V, Corey E J. Total synthesis of (+/−)-pentacycloanammoxic acid. J Am Chem Soc, 2004, 126: 15664-15665. （b）Kaiser K, Scriven L M, SchulzScience F, et al. An sp-hybridized molecular carbon allotrope, cyclo[18]carbon. Science, 2019, 365: 1299-1301.

[7] （a）Knowles W S. Asymmetric hydrogenations（Nobel Lecture）. Angew Chem Int Ed, 2002, 41: 1998-2007. （b）Noyori R. Asymmetric catalysis: science and opportunities（Nobel Lecture）. Angew Chem Int Ed, 2002, 41: 2008-2022. （c）Sharpless K B. Searching for new reactivity（Nobel Lecture）. Angew Chem Int Ed, 2002, 41: 2024-2032.

[8] （a）List B, Lerner R A, Barbas C F, et al. Proline-catalyzed direct asymmetric Aldol reactions. J Am Chem Soc, 2000, 122: 2395-2396. （b）Yang J W, Chandler C, List B. Proline-catalysed Mannich reactions of acetaldehyde. Nature, 2008, 452: 453-455. （c）Bae H Y, Höfler D, List B, et al. Approaching sub-ppm-level asymmetric organocatalysis of a highly challenging and scalable carbon-arbon bond forming reaction. Nat Chem, 2018, 10: 888-894. （d）Schreyer L, Kaib P S J, List B, et al. Confined acids catalyze asymmetric single aldolizations of acetaldehyde enolates. Science, 2018, 362: 216-219. （e）Ahrendt K A, Borths C J, MacMillan D W C. New strategies for organic catalysis: the first highly enantioselective organocatalytic Diels-Alder reaction. J Am Chem Soc, 2000, 122: 4243-4244. （f）Northrup A B, MacMillan D W C. The first direct and enantioselective cross-Aldol reaction of aldehydes. J Am Chem Soc, 2002, 124: 6798-6799. （g）Northrup A B, MacMillan D W C. Two-step synthesis of carbohydrates by selective Aldol reactions. Science, 305: 1752-1755.

[9] Grubbs R H. Handbook of Metathesis. Weinheim: Wiley-VCH Verlag GmbH & Co., 2003.

[10] Shalu S, Sonika J, Manish S, et al. Application of palladium-catalyzed cross-coupling reactions in organic synthesis. Curr Org Syn, 2019, 16: 1105-1142.

[11] （a）Danishefsky S J, Masters J J, Young W B, et al. Total synthesis of baccatin III and taxol. J Am Chem Soc, 1996, 118: 2843-2859. （b）Wu X F, Anbarasan P, Neumann H, et al. From Nobel metal to Nobel Prize: palladium-catalyzed coupling reactions as key methods in organic synthesis. Angew Chem Int Ed, 2010, 49: 9047-9050.

[12] Choi J, Fu G C. Transition metal-catalyzed alkyl-alkyl bond formation: another dimension in cross-coupling chemistry. Science, 2017, 356: 152.

[13] （a）Cai Q, Zhou W. Ullmann-Ma reaction: development, scopeand applications in organic synthesis. Chin J Chem, 2020, 38: 879-893. （b）Bhunia S, Pawar G G, Ma D, et al. Selected copper-based reactions for C—N, C—O, C—S and C—C bond formation. Angew Chem Int Ed, 2017, 56: 16136-16179.

[14] Engle K M, Mei T S, Yu J Q. Weak coordination as a powerful means for developing broadly useful C—H functionalization reactions. Acc Chem Res, 2012, 45: 788-802.

[15] Campos K R, Coleman P J, Alvarez J C, et al. The importance of synthetic chemistry in the pharmaceutical industry. Science, 2019, 363: 244.

[16] （a）Pagar V V, RajanBabu T V. Tandem catalysis for asymmetric coupling of ethylene and enynes to functionalized cyclobutanes. Science, 2018, 361: 68-72. （b）Tietze L F. Domino reactions in organic synthesis. Chem Rev,

1996，96：115-163.

[17] Simmons B，Walji A M，MacMillan D W C. Cycle-specific organocascade catalysis：application to olefin hydroamination，hydro-oxidation，and amino-oxidation，and to natural product synthesis. Angew Chem Int Ed，2009，48：4349-4353.

[18] (a) Schreiber S L. Target-oriented and diversity-oriented organic synthesis in drug discovery. Science，2000，287：1964-1969. (b) Hoffer L，Voitovich Y V，Raux B. Integrated strategy for lead optimization based on fragment growing：the diversity-oriented-target-focused-synthesis approach. J Med Chem，2018，61：5719-5732.(c) Burke M D，Schreiber S L. A planning strategy for diversity-oriented synthesis.Angew Chem Int Ed Engl，2004，43：46-58.

[19] (a) Kolb H C，Finn M G，Sharpless K B. Click chemistry：diverse chemical function from a few good reactions. Angew Chem Int Ed，2001，40：2004-2021. (b) Kolb H C，Sharpless K B. The growing impact of chemistry on drug discovery. Drug Discovery Today，2003，8：1128-1137.

[20] Tian R，Xu S M，Lu C. Large-scale preparation for efficient polymer-based room-temperature phosphorescence via click chemistry. Sci Adv，2020，6：eaaz6107.

[21] 中国科学院. 中国学科发展战略·合成化学. 北京：科学出版社，2016.

[22] 国家自然科学基金委员会，中国科学院. 中国学科发展战略·手性物质化学. 北京：科学出版社，2020.

[23] 谢建华，周其林. 手性物质创造的昨天、今天和明天. 科学通报，2015，60：2679-2696.

[24] (a) Zhu S F，Zhou Q L. Iridium-catalyzed asymmetric hydrogenation of unsaturated carboxylic acids. Acc Chem Res，2017，50：988-1001.(b)Zhu S F，Zhou Q L. Transition-metal-catalyzed enantioselective heteroatom-hydrogen bond insertion reactions. Acc Chem Res，2012，45：1365-1377.(c)Zheng K，Liu X H，Feng X M. Recent advances in metal-catalyzed asymmetric 1, 4-conjugate addition (ACA) of nonorganometallic nucleophiles. Chem Rev，2018，118：7586-7656. (d) Liu X H，Lin L，Feng X M. Chiral N, N'-dioxides：new ligands and organocatalysts for catalytic asymmetric reactions. Acc Chem Res，2011，44：574-587.

[25] Zhu S L，Yu S Y，Ma D W，et al. Organocatalytic michael addition of aldehydes to protected 2-amino-1-nitroethenes：the practical syntheses of oseltamivir(tamiflu)and substituted 3-aminopyrrolidines. Angew Chem Int Ed，2010，49：4656-4660.

[26] Zimmerman J B，Anastas P，Erythropel H C，et al. Designing for a green chemistry future. Science，2020，367：397-400.

[27] Klankermayer J，Leitner W. Love at second sight for CO_2 and H_2 in organic synthesis. Science，2015，350：629-630.

[28] Artz J，Müller TE，Thenert K，et al. Sustainable conversion of carbon dioxide，an integrated review of catalysis and life cycle assessment. Chem Rev，2018，118：434-504.

[29] Corma A，Iborra S，Velty A. Chemical routes for the transformation of biomass into chemicals. Chem Rev，2007，107：2411-2502.

[30] Delidovich I，Peter J C，Hausoul Li D，et al. Alternative monomers based on lignocellulose and their use for polymer production. Chem Rev，2016，116：1540-1599.

[31] Gillet S，Aguedo M，Petitjean L，et al. Lignin transformations for high value applications：towards targeted modifications using green chemistry. Green Chem，2017，19：4200-4233.

[32] Plutschack M B，Pieber B，Gilmore K，et al.The Hitchhiker's guide to flow chemistry. Chem Rev，2017，117：11796-11893.

第 2 章 官能团的互相转变——取代、加成和消去反应

有机化合物是由碳架和附在碳架上的官能团组成的。官能团的互相转变是有机合成的重要内容。官能团互相转变的方法有取代反应、加成反应、消去反应、氧化还原反应等。本章讨论除氧化还原反应（第 3 章）外的官能团互相转变。

2.1 饱和碳原子上的亲核取代反应

饱和碳原子上亲核取代反应是杂原子亲核试剂与 σ 键型碳亲电试剂的反应。反应的结果是亲核体被烃基化，因而在有机合成中又称烃化反应（alkylation），σ键型碳亲电试剂被称为烃化试剂，烃化试剂是亲核取代反应的底物（substrate）。

2.1.1 亲核取代反应底物的离去基

在饱和碳原子上的亲核取代反应中，反应底物的离去基团（leaving group，以下简称离去基）带着一对电子离去，离去基团和进攻的亲核试剂一样也是带负电荷的离子或具有未共用电子对的分子。

$$R—L + Nu: \longrightarrow R—Nu + L:$$

饱和碳原子上的亲核取代反应的速率不仅与亲核试剂的亲核性大小有关，也与底物中离去基的离去能力及烃基的结构有关。离去基（L）的碱性越弱[其共轭酸（LH）的酸性越强（pK_a 值越小）]，则离去基的稳定性越高，其离去能力越大。表 2.1 是一些离去基的共轭酸的 pK_a 值。从表 2.1 可知：①负离子 OH^-、RO^-、RS^-、$RCOO^-$ 等的离去能力很差，而相应的中性分子 H_2O、ROH、ROR、RSH、RCOOH 等是良好的离去基。因此常将醇羟基或醚的氧原子质子化转变成 ROH_2^+ 或 R_2OH^+，这样离去基就转变成易离去的中性分子 H_2O 和 ROH 等。②卤素负离子的离去能力 $I^->Br^->Cl^->F^-$。氟负离子的半径小，电荷密度高，是很差的离去基，因此饱和氟代烃化学性质不活泼，一般不用作烃化剂。③磺酸根负离子中负电荷共振分散在多原子的酸根体系中，是相当好的离去基，因而常将醇羟基转变成磺酸酯用作烃化剂。按离去基的离去能力，饱和碳上的亲核取代反应的底物的反应活性顺序一般为：碘代烃≈三氟甲磺酸酯＞对甲苯磺酸酯≈溴代烃＞氯代烃。

表 2.1　一些离去基的共轭酸（LH）的 pK_a 值

离去基（L）	pK_a（LH）	离去基（L）	pK_a（LH）
TfO$^-$	<−10	EtOH	−2.5
I$^-$	−10	H$_2$O	−1.5
Br$^-$	−9	F$^-$	+3.0
TsO$^-$	−8	RCOO$^-$	+4.7
Cl$^-$	−7	EtS$^-$	+10.6
RCOOH	−6	OH$^-$	+15.7
RSH	−5.5	EtO$^-$	+15.9
EtOEt	−5	R$_2$N$^-$	+35

必须注意，如离去基的杂原子在小环内（如环氧乙烷、环丙啶等），由于亲核试剂进攻引起的开环反应可以解除小环张力，因而内部离去基（如烷氧基 RO$^-$）可以成为易离去基团。例如：

在饱和碳上的亲核取代反应中，底物的烃基的结构对反应也有重要影响，其活性顺序一般为苄基、烯丙基＞甲基＞伯烃基＞仲烃基。α-卤代酯、α-卤代酮及 α-卤代腈等对亲核试剂有较高的活性，易于发生亲核取代反应。

2.1.2　烃化试剂的形成

醇是易得的重要的有机合成原料。但醇羟基不易被直接亲核取代，有机合成中常使醇羟基质子化或将醇转变为卤代烃或磺酸酯。

1. 醇转变为卤代烃

伯醇用浓盐酸与氯化锌处理可制备氯代烃，用浓氢溴酸可制备溴代烃，反应按 S$_N$2 机理进行。叔醇按 S$_N$1 机理进行，但只有当形成的碳正离子不易发生重排或消去反应时才有实用价值。此外，将醇转变成卤代烃的卤化剂还有亚硫酰氯、三氯化磷和三溴化磷等。

显然上述的方法不适用于对酸敏感的醇。将醇在温和条件下转变为卤代烃的方法是将醇先转变成烷氧基膦盐（alkoxyphosphonium）中间体。例如，三苯基膦与溴按 1∶1 的比例混合形成溴代三苯基膦盐，然后与醇反应生成烷氧基膦盐，接着卤素负离子作为亲核试剂取代氧化三苯基膦（triphenylphosphine oxide）生成溴化物。由于氧化三苯基膦是中性稳定的化合物，是良好的离去基，所以反应在较温和的条件下实现。

$$Ph_3P + Br_2 \longrightarrow Ph_3\overset{\oplus}{P}-Br \xrightarrow{\overset{..}{R}\overset{..}{O}H} \left[Ph_3\overset{\oplus}{P}-\overset{..}{O}R \longleftrightarrow Ph_3P\overset{\oplus}{=}\overset{\oplus}{O}-R \right] \overset{:\overset{..}{Br}:^{\ominus}}{\longrightarrow} R-Br + Ph_3P=O$$

溴代三苯基膦盐　　　　　烷氧基膦盐

由于烷氧基膦盐形成时烷氧键并不断裂，溴负离子从手性醇背面进攻导致构型翻转。例如：

三苯基膦与四氯化碳、四溴化碳或六氯丙酮等作用也生成卤代三苯基膦盐，后者与醇反应形成烷氧基三苯基膦盐，因此它们可作为卤素来源制备相应的卤化物。

$$Ph_3P + CCl_4 \longrightarrow Ph_3\overset{\oplus}{P}-Cl + \overset{\ominus}{C}Cl_3$$

$$R\overset{..}{O}H + Ph_3\overset{\oplus}{P}-Cl \longrightarrow \left[Ph_3\overset{\oplus}{P}-\overset{..}{O}R \longleftrightarrow Ph_3P\overset{\oplus}{=}\overset{\oplus}{O}-R \right] + HCl$$

$$Ph_3\overset{\oplus}{P}-\overset{\oplus}{O}-R + :\overset{..}{Cl}:^{\ominus} \longrightarrow R-Cl + Ph_3P=O$$

例如：

以烷氧基三苯基膦盐为中间体的亲核卤代反应一般按 S_N2 机理进行，反应产物发生构型翻转。除了酸性氢外，其他的官能团不受影响，同时也没有重排副反应发生。

氯化三甲基硅烷/卤化锂也能将醇转变为卤代烃，离去基是硅醇中性分子，反应条件温和，产率高。

$$R\!-\!\overset{\cdot\cdot}{\underset{\cdot\cdot}{O}}H + Me_3Si\!-\!Cl \longrightarrow R\!-\!\overset{\oplus}{\underset{\underset{H}{|}}{O}}\!-\!SiMe_3 + Cl^{\ominus}$$

$$:\!\overset{\cdot\cdot}{\underset{\cdot\cdot}{Br}}\!:^{\ominus} + R\!-\!\overset{\oplus}{\underset{\underset{H}{|}}{O}}\!-\!SiMe_3 \xrightarrow{\ H^{\oplus}\ } R\!-\!Br + HOSiMe_3$$

例如：

$$\text{(苯基)}\!-\!CH\!=\!CH\!-\!CH_2OH \xrightarrow{\ Me_3SiCl/LiCl\ } \text{(苯基)}\!-\!CH\!=\!CH\!-\!CH_2Cl$$
$$(92\%)$$

2. 醇转变为磺酸酯

磺酸根是良好的离去基，因而在有机合成中常将醇转变为磺酸酯。常用的磺酸酯有对甲苯磺酸酯（tosylate，TsOR）、甲磺酸酯（mesylate，MsOR）和三氟甲磺酸酯（triflate，TfOR）。例如：

$$\underset{\text{}}{CH_2OH} \xrightarrow[\text{Py}]{\ TsCl\ } \underset{\text{}}{CH_2OTs} \xrightarrow[\substack{CH_3COCH_3\\(94\%)}]{\ LiBr\ } \underset{\text{}}{CH_2Br}$$

磺酸酯的制备方法是由磺酰氯和醇在吡啶或三乙胺存在下反应。三氟甲磺酸酯最活泼，它由三氟甲磺酸酐（Tf$_2$O）与醇在吡啶存在下反应得到。

问题 2.1　写出下列反应的产物：

(1) $\underset{O}{\overset{}{\text{(四氢呋喃基)}}}\!-\!CH_2OH \xrightarrow[\text{Py}]{\ PBr_3\ }$

(2) $(CH_3)_3CCH_2OH \xrightarrow[\text{Ph}_3\text{P}]{\ Cl_2\ }$

(3) $\overset{CH_2OH}{\text{(双环结构)}} \xrightarrow[\ (2)\ LiCl\ ]{\ (1)\ TsCl\ }$

(4) $HO\!-\!\overset{CH_3}{\text{(十氢萘结构)}} \xrightarrow[\text{Im}]{\ I_2,\ Ph_3P\ }$

2.1.3　饱和碳原子上亲核取代反应的产物

氮亲核试剂（氨、胺、叠氮离子）、氧亲核试剂（氢氧根、烃氧基负离子、羧酸根负离子、水、醇、酚、羧酸）、硫亲核试剂（硫氢根负离子、硫醇、硫醚、硫脲、亚砜）和磷亲核试剂（膦、亚磷酸酯）等杂原子亲核试剂与烃化试剂（卤代烃、磺酸酯等）发生亲核取代反应形成碳-杂原子键，生成各种含杂原子的官能团化合物（图 2.1）。多数饱和碳原子上的亲核取代反应按 S_N2 机理进行，得到构型翻转的产物。碳亲核试剂与烃化试剂发生亲核取代反应形成碳碳键偶联的产物将在第 4 章讨论。

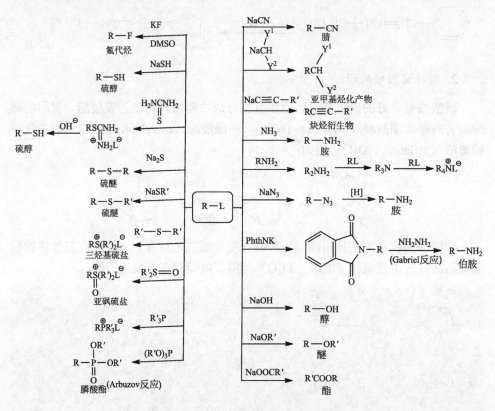

图 2.1　饱和碳原子上亲核取代反应

　　亚磷酸三酯分子中磷原子上有未共用电子对，具有亲核性，能与卤代烃和磺酸酯等发生 S_N2 反应。Arbuzov 反应中实际上是发生连续两次 S_N2 反应，生成烃基膦酸二酯。例如：

$(CH_3CH_2O)_3P:$ ＋ $CH_3—I$ ⟶ $(CH_3CH_2O)_2\overset{\oplus}{P}—CH_3$ ⟶ $(CH_3CH_2O)_2\overset{O}{P}CH_3 + CH_3CH_2I$

亚磷酸三乙酯　　　　　　　　　　　　　　　　　　　　　　　　　　　甲膦酸二乙酯

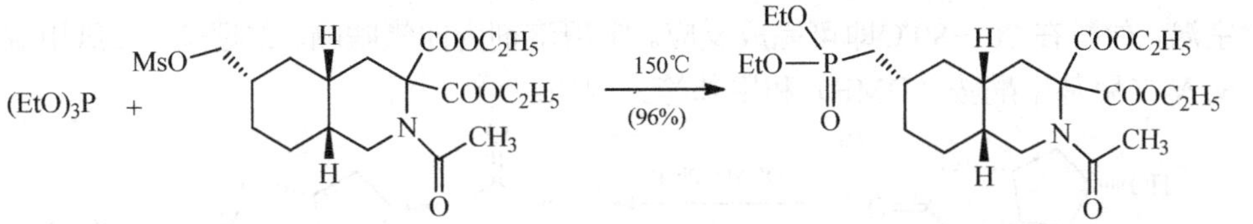

Gabriel 反应是制备伯胺的重要方法，反应通过 S_N2 亲核取代反应机理进行，因而得到与反应物构型相反的手性伯胺（Phth 是邻苯二甲酰基的缩写）。例如：

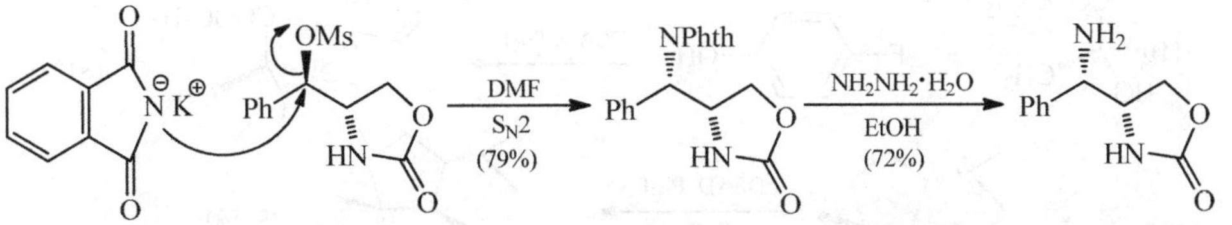

除了卤代烃和磺酸酯外，烷氧基三苯基鏻盐也是饱和碳原子上亲核取代反应的重要底物。将伯醇或仲醇转变成烷氧基三苯基鏻盐的方法是应用三苯基鏻/偶氮二甲酸二乙酯（diethyl azodicarboxylate，DEAD）组合试剂。烷氧基三苯基鏻盐一经生成，立即受到亲核试剂的亲核进攻，取代氧化三苯基鏻生成产物。反应中偶氮二甲酸二乙酯的作用是活化三苯基鏻，它被还原成肼的衍生物，三苯基鏻被氧化为氧化三苯基鏻。该反应称为 Mitsunobu 反应。

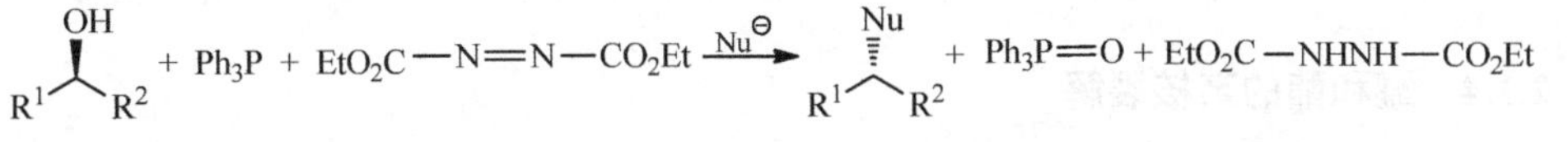

Mitsunobu 反应按 S_N2 机理进行，反应中手性中心发生构型翻转。

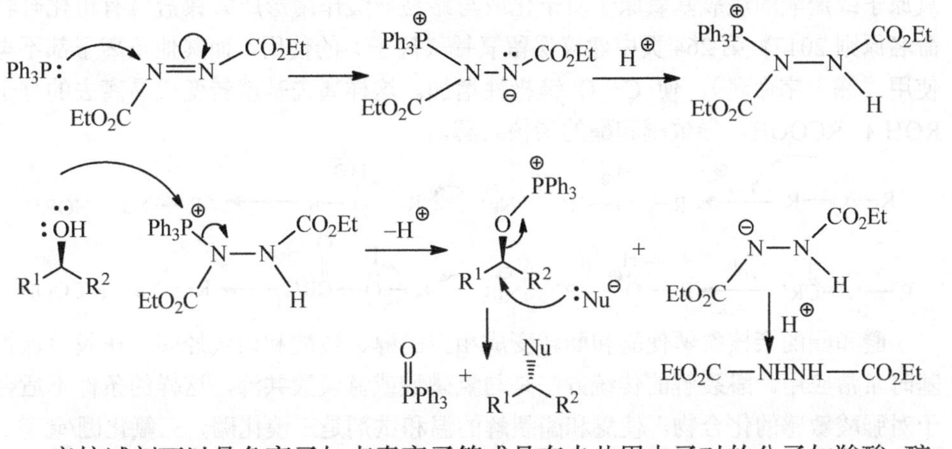

亲核试剂可以是负离子如卤素离子等或具有未共用电子对的分子如羧酸、醇、酚、胺、硫醇等，因此 Mitsunobu 反应可以将醇转变成构型翻转的各种官能团的化合物，应用范围十分广泛。并且 Mitsunobu 反应条件温和，产率高，伯醇在 0℃～

室温，仲醇在 70～80℃即可完成反应。常用溶剂为四氢呋喃、二噁烷、二氯甲烷、N, N-二甲基甲酰胺（DMF）和甲苯等。例如：

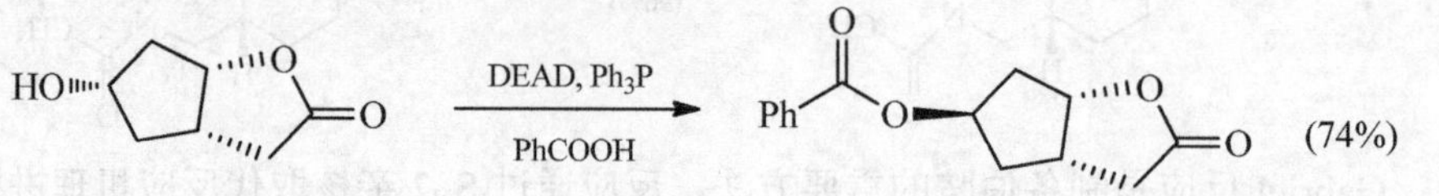

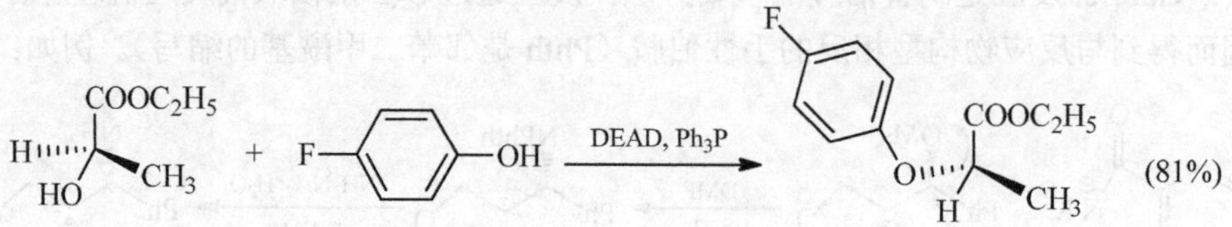

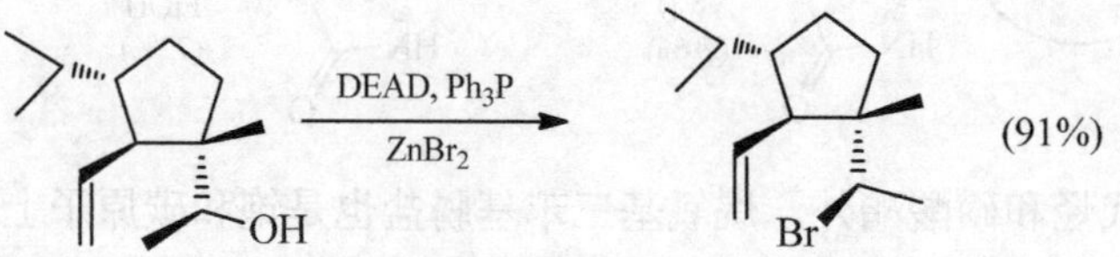

（74%）

（81%）

（91%）

使用对硝基苯甲酸或 3, 5-二硝基苯甲酸为亲核试剂发生 Mitsunobu 反应后生成的酯易于水解，水解后可得到与原料构型相反的醇。例如：

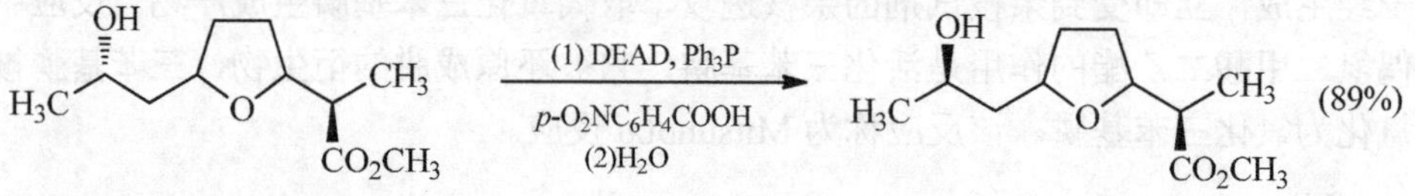

（89%）

2.1.4　醚和酯的亲核裂解

烷氧基负离子（RO⁻）、羧酸根负离子（RCOO⁻）是不良离去基，因此将醚的氧原子或羧酸的烷氧基氧原子质子化或与路易斯酸作用形成氧鎓盐（《有机化合物命名原则 2017》第 264 页中建议保留氧鎓（离子）的使用，而其他正离子都不再使用"鎓"字命名），使 C—O 键极性增加。这样离去基就转变成易离去的分子 ROH 和 RCOOH，导致醚和酯的亲核裂解。

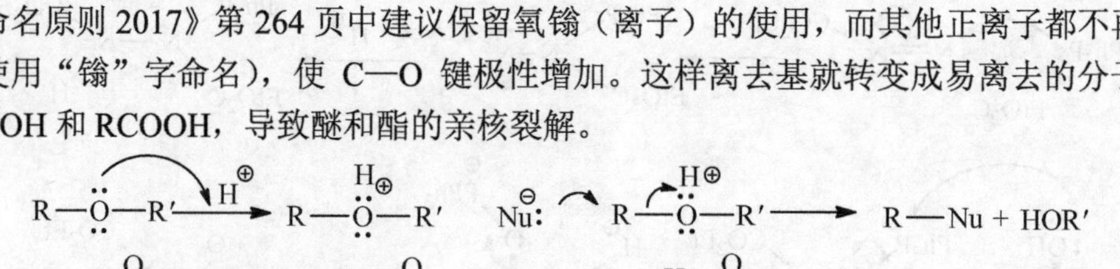

醚和酯的亲核裂解使醚和酯转变成相应的醇、羧酸和卤代烃等，在脱除保护基时常常应用。醚裂解的传统方法是与氢碘酸或氢溴酸共沸，这样的条件不适合于对强酸敏感的化合物。使醚和酯裂解的温和试剂是三溴化硼、三氟化硼/硫醇、路易斯酸/乙酐、碘代三甲基硅烷等。这些试剂裂解醚或酯的共同特点是试剂接受烃氧基的氧原子的未共用电子对形成氧鎓盐。例如，三溴化硼裂解醚的机理是先与醚形成加成物（氧鎓盐），然后溴离子进行亲核进攻。

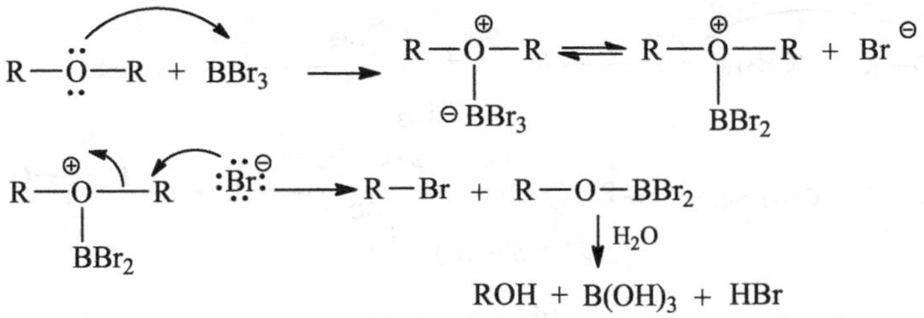

例如：

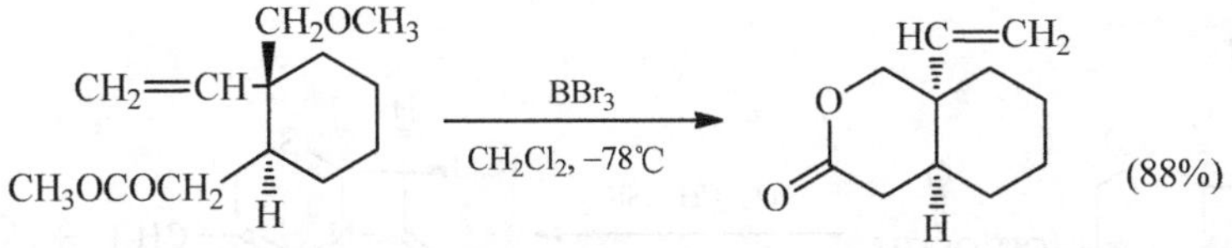

(88%)

三氟化硼/硫醇组合试剂裂解烷氧键的机理与三溴化硼作用机理类似，不过亲核试剂是硫醇而不是卤离子。

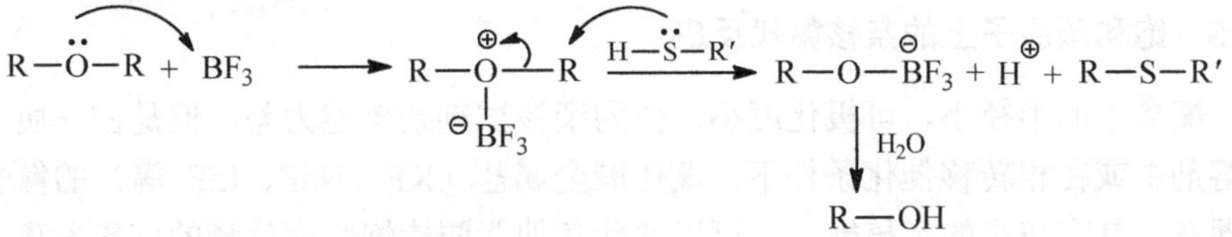

例如：

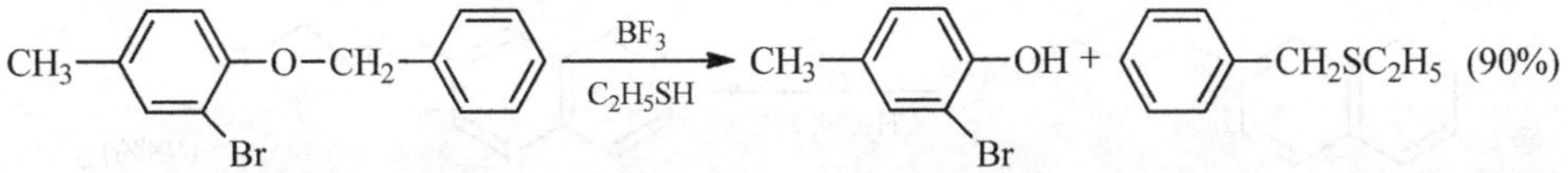

在路易斯酸如三氟化硼、三氯化铁或溴化镁等与乙酐组合试剂裂解醚或酯的反应中，活性中间体乙酰正离子作为亲电试剂接受烃氧原子的未共用电子对形成氧鎓盐，然后发生亲核取代反应。

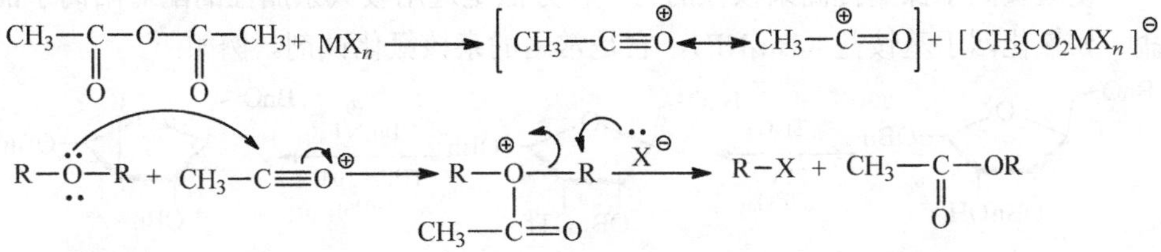

例如：

$$(CH_3)_2CH-O-CH(CH_3)_2 \xrightarrow[FeCl_3]{(CH_3CO)_2O} (CH_3)_2CH-Cl + CH_3COOCH(CH_3)_2 \quad (83\%)$$

碘代三甲基硅烷（或 Me$_3$SiCl+I$_2$）也是亲核裂解醚和酯的有效试剂，其机理是首先形成硅氧鎓盐，然后碘离子进行亲核进攻。苄基、叔丁基、甲基的醚和酯的裂解十分迅速，一般室温即可完成裂解。

$$R-\overset{\cdot\cdot}{\underset{\cdot\cdot}{O}}-R + (CH_3)_3Si-I \longrightarrow R-\overset{\oplus}{\underset{\underset{Si(CH_3)_3}{|}}{O}}-R \quad :\overset{\cdot\cdot}{\underset{\cdot\cdot}{I}}{}^{\ominus} \longrightarrow R-O-Si(CH_3)_3 + RI$$

$$R-\overset{\underset{\parallel}{O}}{C}-OR' + (CH_3)_3SiI \longrightarrow R-\overset{\overset{\oplus}{O}-Si(CH_3)_3}{\underset{\underset{O}{|}}{C}}-\overset{\cdot\cdot}{O}-R' \longrightarrow R'-I + R-\overset{\underset{\parallel}{O}}{C}-O-Si(CH_3)_3$$

$$R-\overset{\underset{\parallel}{O}}{C}-O-Si(CH_3)_3 \xrightarrow{H_2O} R-\overset{\underset{\parallel}{O}}{C}-OH + HO-Si(CH_3)_3$$

例如:

$$\text{结构式} \xrightarrow[\substack{(2) H_2O \\ (85\%)}]{(1) (CH_3)_3SiI} \text{产物} + CH_3COOH$$

2.1.5　饱和碳原子上的亲核氟代反应

氟离子的半径小,可极化度小,作为亲核试剂亲核能力差。但是在非质子极性溶剂中或在相转移催化条件下,氟化碱金属盐(KF、NaF、LiF 等)的氟负离子裸露,具有较高的亲核能力,可以取代其他脂肪族饱和卤代烃的卤素负离子和磺酸酯的磺酸根生成氟代烃,这是在饱和碳原子上导入氟的重要方法。例如:

$$\text{萘-CH}_2\text{CH}_2\text{CH}_2\text{OMs} \xrightarrow[CH_3CN, 75℃]{KF} \text{萘-CH}_2\text{CH}_2\text{CH}_2\text{F} \quad (98\%)$$

$$\text{苯-CH}_2\text{Br} \xrightarrow[18\text{-冠-}6, CH_3CN]{KF} \text{苯-CH}_2\text{F} \quad (100\%)$$

使氟负离子裸露提高亲核性的另一种方法是选用较大亲脂性的配对阳离子的盐,如氟化四丁基铵盐(Bu$_4$NF),它是常用的亲核氟化试剂。例如:

$$\text{糖环-OBnOH} \xrightarrow[\substack{25℃ \\ (90\%)}]{Tf_2O} \text{糖环-OBnOTf} \xrightarrow[\substack{THF, -10℃ \\ (50\%)}]{Bu_4\overset{\oplus}{N} F^{\ominus}} \text{糖环-F}$$

四氟化硫(SF$_4$)是一种亲核能力很强的氟化试剂,它可直接氟代醇羟基转化为单氟代烃。四氟化硫首先使羟基转变为易离去基团,同时产生氟离子,后者进攻与氧相连的碳原子发生 S_N2 反应。

$$R-\overset{\overset{\cdot\cdot}{O}}{\underset{H}{|}} + F-\overset{\overset{F}{|}}{\underset{F}{|}}-F \longrightarrow R-\overset{\cdot\cdot}{O}-\overset{F^{\ominus}}{\underset{SF_3}{}} \xrightarrow{S_N2} R-F + HF + \overset{F}{\underset{F}{}}S=O$$

但是四氟化硫有毒，沸点−38℃，使用不便。因此，一般将四氟化硫制备成三氟化硫仲胺衍生物[二乙氨基三氟化硫（DAST）、双（2-甲氧基乙基）氨基三氟化硫（BAST）]作为氟化试剂。

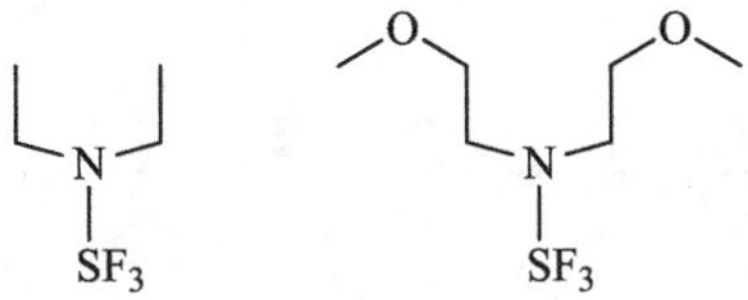

DAST　　　　　　**BAST**

四氟化硫、DAST 和 BAST 不仅可将醇转化为一氟代烃，也可将醛酮转化为偕二氟代物，把羧酸的羧基转化为三氟甲基。

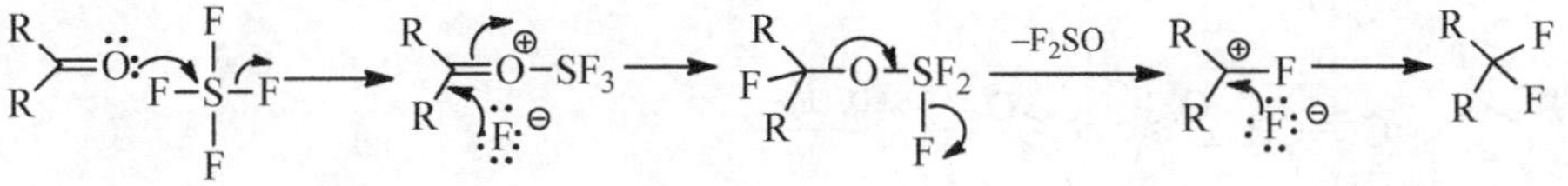

例如：

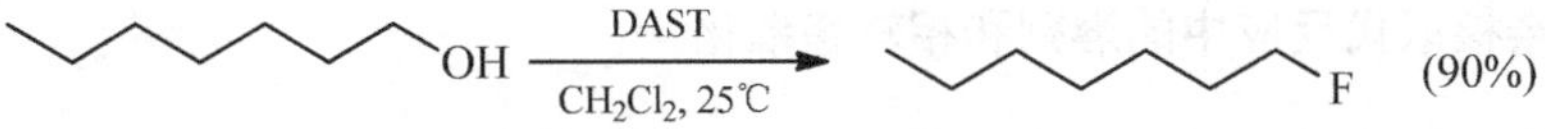

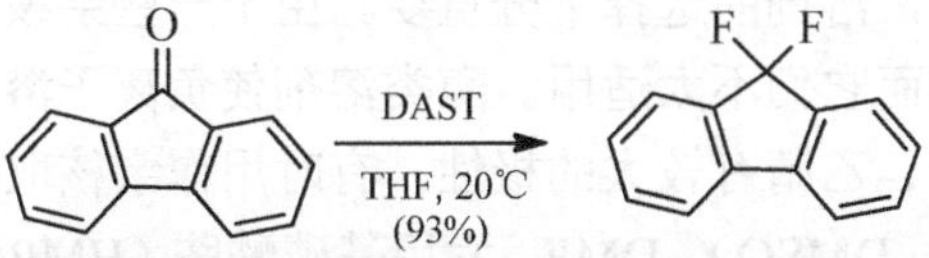

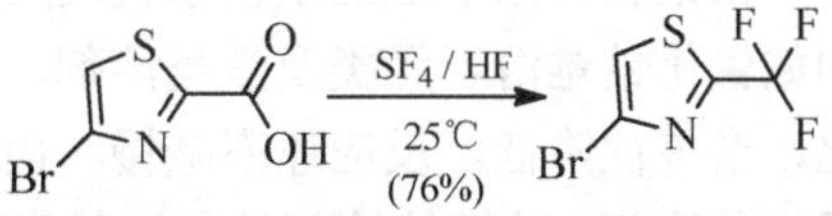

问题 2.2　写出下列反应的产物：

(1)

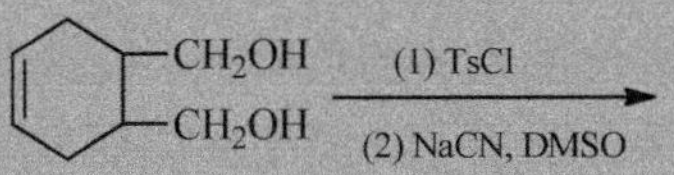

(2)

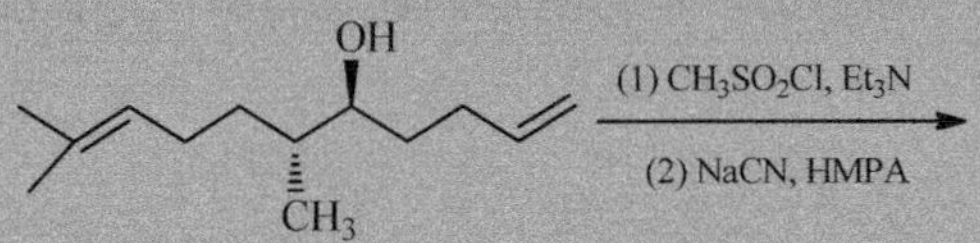

(3) 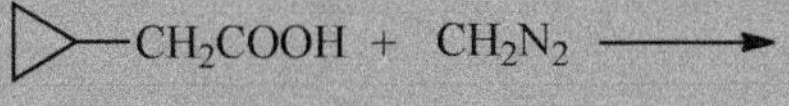　▷—CH₂COOH ＋ CH₂N₂ ⟶

(4)　[(CH₃)₂CHO]₃P ＋ CH₃I ⟶

(5)

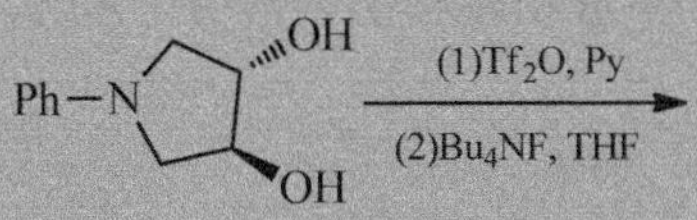

(6)

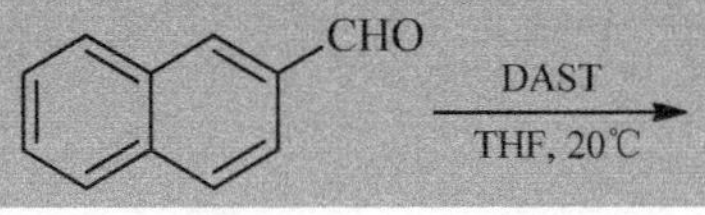

问题 2.3　写出下列反应的产物：

(1)
$$\xrightarrow[\text{PhCOOH}]{\text{DEAD, Ph}_3\text{P}}$$

(2)
$$\xrightarrow[\text{NaI}]{\text{DEAD, Ph}_3\text{P}}$$

(3)
$$\xrightarrow[\text{TsOH}]{\text{DEAD, Ph}_3\text{P}}$$

(4)
$$\xrightarrow{\text{DEAD, Ph}_3\text{P}}$$

2.1.6　亲核取代反应中的溶剂和相转移催化

在饱和碳原子上的亲核取代反应中，溶剂的选择十分重要。由于一些亲核试剂如氰化钠难溶于烃类及醚类溶剂，因而它们不太适用。醇类溶剂使负离子溶剂化，亲核性降低，反应速率减慢。丙酮、乙腈有较大的极性，有时用作亲核取代反应的溶剂。较好的溶剂是二甲基亚砜（DMSO）、DMF、六甲基磷酰胺（HMPA）等极性非质子溶剂（polar aprotic solvent），它们对盐类有较好的溶解度。同时这些溶剂分子带正电荷的一端被甲基包围，空间障碍使亲核试剂负离子不能接近，而带负电荷的一端却暴露在外。显然这些溶剂只缔合正离子，使亲核试剂负离子裸露，因此保持并增强了亲核试剂的亲核能力。但这些溶剂也有与水互溶、沸点高而难以处理的缺点。

为了提高亲核取代反应的速率，可以采用相转移催化法。常用的相转移催化剂是季铵盐、季鏻盐和冠醚（crown ether）等。液-液相转移催化常用甲苯/水、二氯甲烷/水等溶剂。例如：

$$\xrightarrow[\text{CH}_2\text{Cl}_2/\text{H}_2\text{O, rt}]{\text{NaOH, Bu}_4\text{Br}}$$

(82%)

$$(CH_3)_3C\text{—COONa} + BrCH_2\text{—}C(=O)\text{—}\bigcirc\text{—}Br \xrightarrow[\text{PhCH}_3/\text{H}_2\text{O, rt}]{\text{18-冠-6}} (CH_3)_3CCOOCH_2\text{—}C(=O)\text{—}\bigcirc\text{—}Br$$

(95%)

对水敏感的反应采用固-液相转移催化方法,可以避免使用水溶性极性溶剂并提高产率。例如:

(85%)

相转移催化法也常用于氧化还原反应、烃化、酰化和缩合等反应中。

2.2 酰基碳原子上的亲核取代反应

2.2.1 羧酸及其衍生物的互相转变和反应机理

酰基碳原子上的亲核取代反应与饱和碳原子上的亲核取代反应类似,反应的结果是亲核体被酰基化,因而相应的反应又称为酰化(acylation)反应,反应中的 π 键型碳亲电试剂(酰基衍生物)被称为酰化试剂。与饱和碳原子上的亲核取代反应不同的是酰基碳原子上的亲核取代反应按亲核加成-消去机理(nucleophilic addition-elimination mechanism)进行。亲核试剂首先与羰基亲核加成,然后氧原子上未共用电子对反馈恢复碳氧双键,促使离去基带着一对电子离去。因此即使是差的离去基如烷氧基(RO^-)在一定条件下也成为易离去基团。酰化试剂的反应活性与羰基碳的亲电性大小和离去基的离去能力有关,常见的酰化试剂(羧酸衍生物)的活性次序为:酰卤>酸酐>酯>酰胺。

四面体中间体

羧酸及其衍生物之间互相转化可以通过它们的水解、醇解、氨解、酸解以及酯化等反应实现(图 2.2),这些反应都是酰基碳原子上的亲核取代反应。

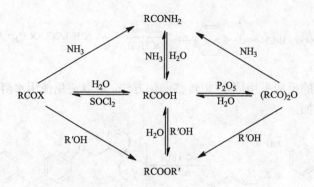

图 2.2　羧酸及其衍生物之间的互相转化

2.2.2　酰化试剂的形成和合成中的应用

羧酸广泛存在于自然界，同时也是有机化合物氧化的终产物，因而羧酸是有机合成的重要原料。在有机合成中，尤其是在多步合成（如多肽合成）和复杂分子的合成中，常需在温和的条件下将羧酸转化为羧酸衍生物。但是羧基中的羟基（—OH）是不良的离去基，即使第一步亲核加成后有邻位负电荷电子对的参与，仍需要在较剧烈的条件下反应。因此需要将它转变成易离去基，即使羧基活化。本节主要介绍活化羧基的方法及合成酯和酰胺的反应。

1. 酰卤

由于卤素有较强的吸电子诱导效应，能提高羰基碳的亲电性，同时卤素负离子是良好的离去基，因而将羧酸转变成酰卤是活化羧基的重要方法。酰卤的经典制备方法是由羧酸与亚硫酰氯或三卤化磷、五卤化磷等试剂反应。如果以草酰氯为氯化剂与羧酸作用，反应可在温和的反应条件下进行，并且反应的副产物都是气体，产物易于提纯。

例如：

活化醇羟基的一些方法也能活化羧基。羧酸和三苯基膦、四氯化碳（或四溴化碳）反应形成烃酰氧基三苯基䣛盐中间体，然后卤素离子进行亲核进攻，反应的总结果是卤素取代了中性的易离去基氧化三苯基䣛得到酰卤。

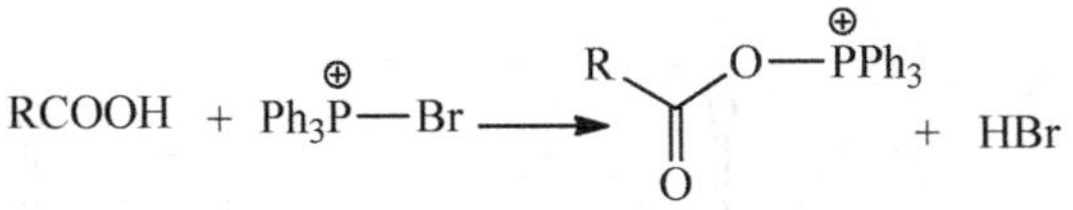

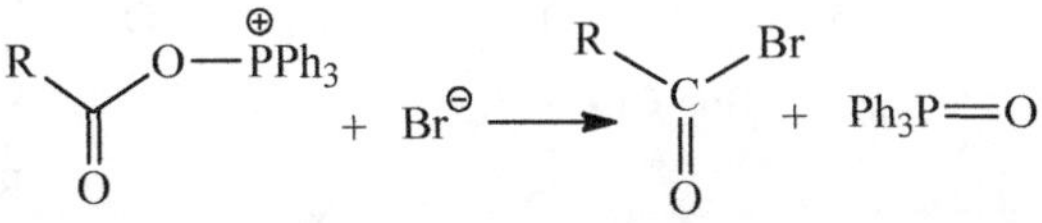

酰卤是活泼的酰化剂，可以与醇或伯胺和仲胺作用，迅速得到酯和酰胺。制备酯时，常加入吡啶作为亲核催化剂，因为吡啶的亲核性比醇大，生成的酰基吡啶盐比酰卤更活泼。

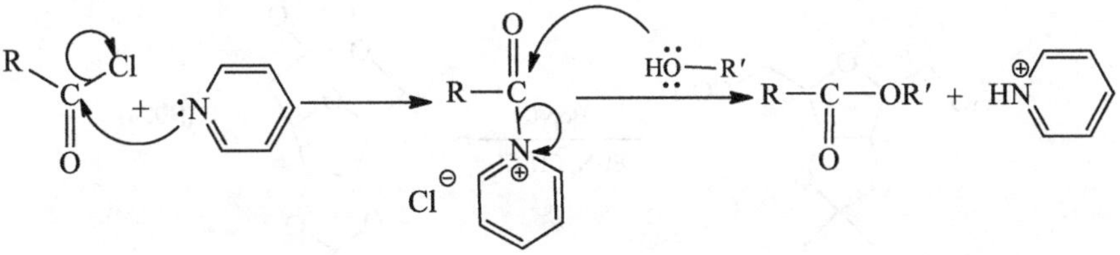

4-二甲基氨基吡啶（DMAP）的亲核性和碱性均比吡啶强，因而是更好的亲核催化剂，它可提高酰化反应的速率，并适合于叔醇和大位阻醇的酰化。

2. 酸酐

将羧酸转变成酸酐是活化羧基的另一种重要方法。普通酸酐的制备方法是羧酸双分子脱水或在有机碱如三乙胺存在下用酰卤和羧酸反应。酸酐是常用的酰化剂，吡啶和 DMAP 常用作亲核催化剂。例如：

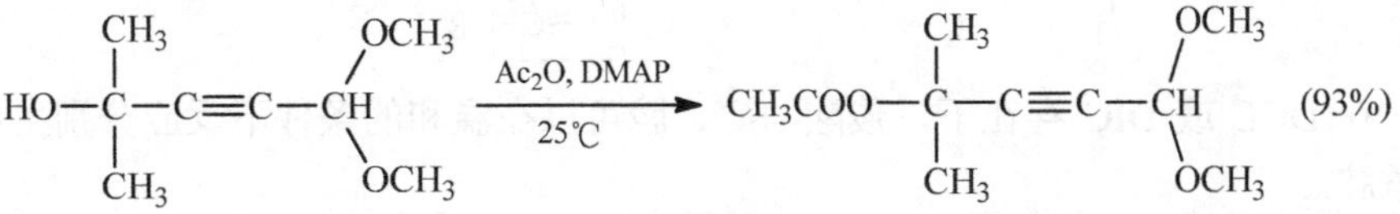

三氟甲磺酸三甲基硅酯也是酸酐为酰化剂时的催化剂，反应条件温和，适用于大位阻醇的酰化。例如：

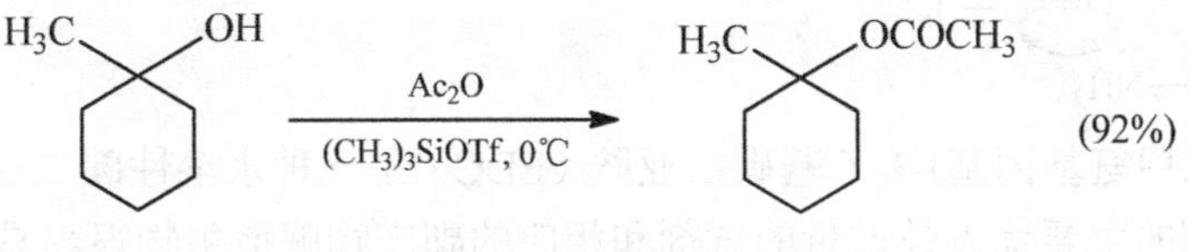

羧酸和二（2-羰基-3-噁唑烷基）磷酰氯[bis(2-oxo-3-oxazolidinyl)phosphinic

chloride，Bop-Cl 或 BOPDCl]作用生成混合酸酐。这种混合酸酐在十分温和的条件下就可与醇或胺生成酯或酰胺，因此 Bop-Cl 广泛用于多肽和一些天然产物的合成中。

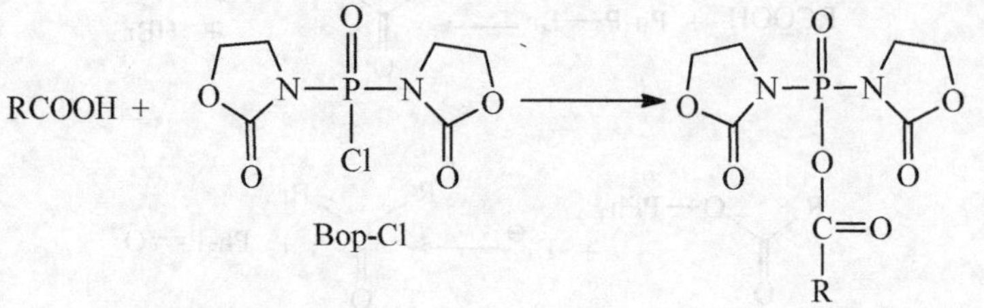

例如：

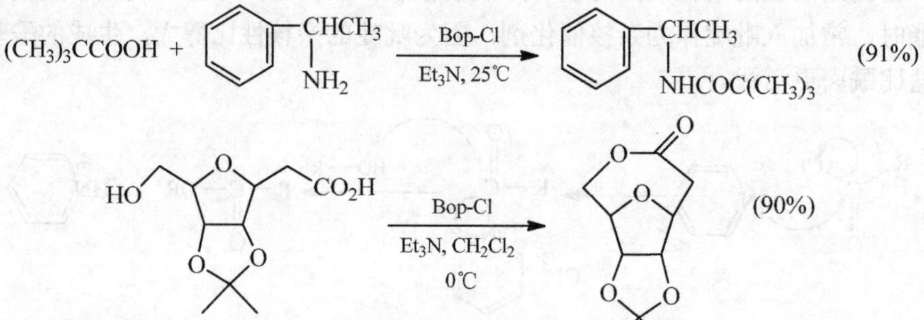

碳二亚胺（carbodiimide）与羧酸作用形成类似酸酐的中间体，不仅提高了反应中心羰基碳的亲电性，并且形成中性的易离去基脲衍生物，因此碳二亚胺是活化羧酸的试剂。有机合成中常用的有 N, N'-二环己基碳二亚胺（DCC）和 N, N'-二异丙基碳二亚胺（DIC）。

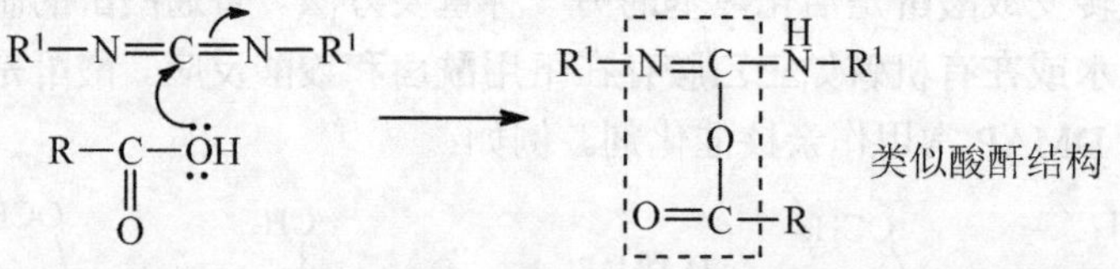

在 DCC 或 DIC 存在下，羧酸与醇、胺可以在温和的条件下反应分别生成酯和酰胺。

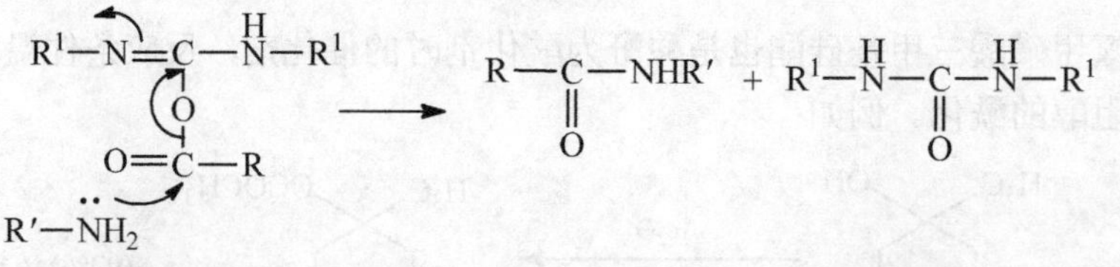

1-(3-二甲氨基丙基)-3-乙基碳二亚胺（EDC）是一种水溶性碳二亚胺，用作羧酸的活化剂的主要优点是过量的试剂和相应的副产物脲衍生物很容易被除去，反应混合物用稀酸或水洗即可。例如：

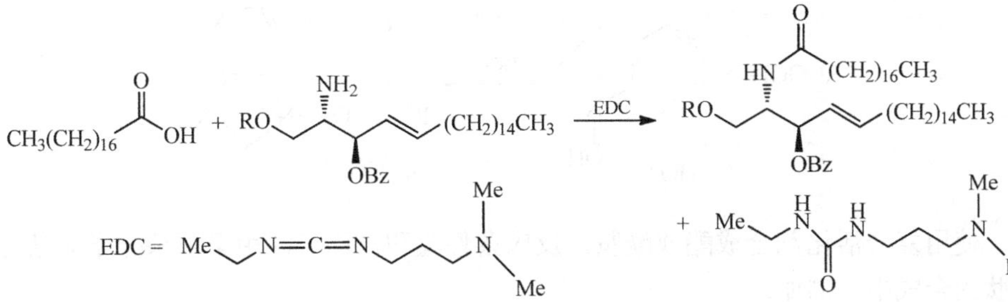

3. 活性酯

另一个活化羧基的重要方法是使其转变成活性酯（active ester）。活性酯的结构特点是酯基的烃氧基（—OR）的烃基（R）为吸电子基团（如丁二酰亚胺基、苯并三氮唑基、对硝基苯基等），提高羧基碳上的亲电性，同时形成易离去基（中性分子或电荷分散稳定的负离子）。N-羟基丁二酰亚胺（N-hydroxysuccinimide，HOSu）、1-羟基苯并三氮唑（1-hydroxy benzotriazole，HOBT）和 1-羟基吡啶并三氮唑（HOAT）的羟胺衍生的酯是有机合成中常用的活性酯。为了抑制重排和消旋等副反应和提高收率，常使用复合试剂如 DCC/HOSu、EDC/HOBT 等，反应中可以形成反应活性适中的活性酯中间体。这些活性酯一般在温和条件下（室温）和胺或醇作用生成酰胺或酯。

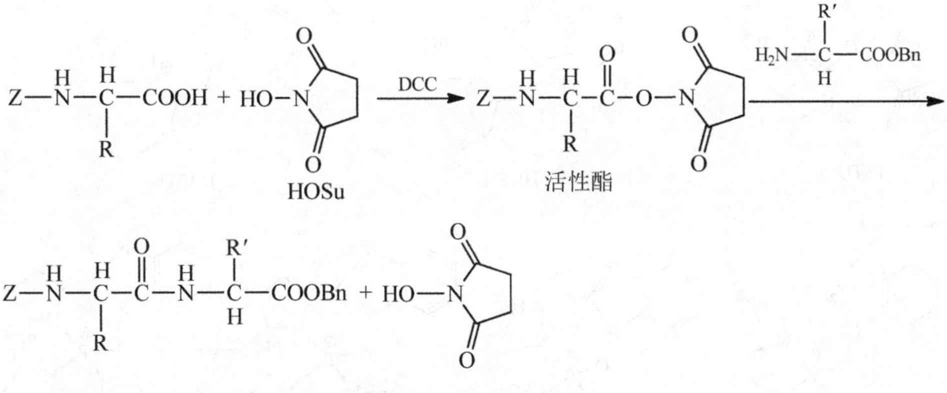

用 HOBT 或 HOAT 代替 HOSu 也可形成活性酯。

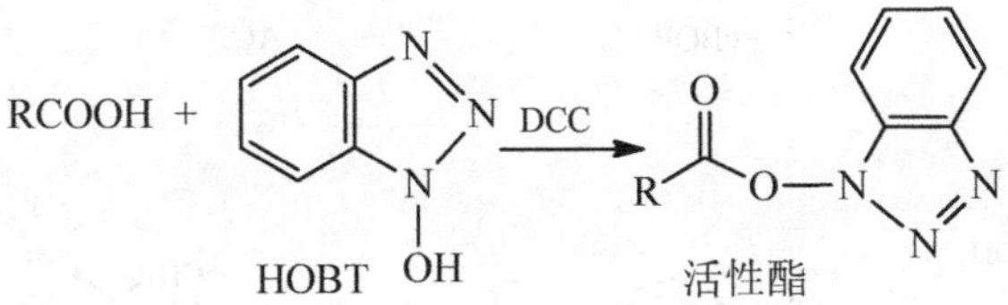

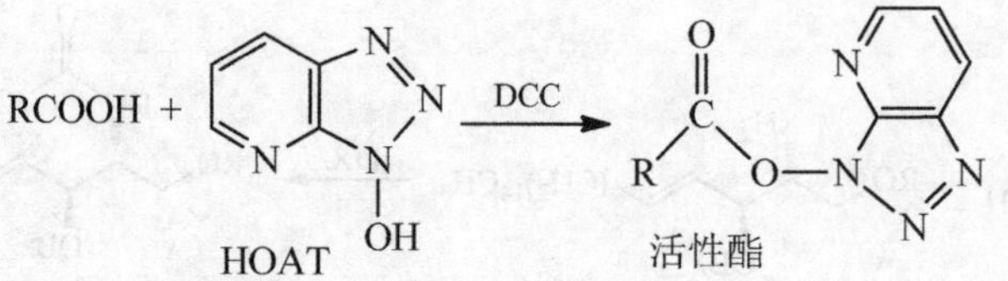

$$\text{RCOOH} + \text{HOAT} \xrightarrow{\text{DCC}} \text{活性酯}$$

使用复合活化剂合成酯或酰胺，反应条件温和，已广泛用于复杂分子尤其是多肽的合成中。例如：

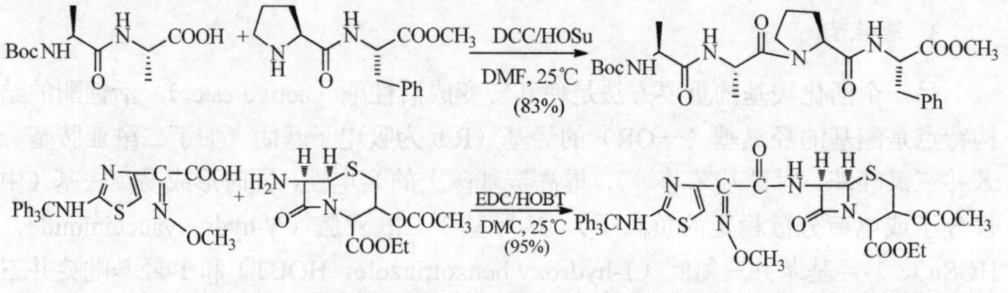

使用 HOSu 和 1-羟基苯（吡啶）并三氮唑（HOBT、HOAT）的羟胺分别衍生的四甲基脒盐、三（二甲氨基）磷盐、三环戊氨基磷盐为活化试剂（TSTU、HBTU、HATU、BOP、PyBOP、AOP、PyAOP）可以缩短反应时间并获得很高的收率。反应中需要加入有机碱，常用二异基乙胺（DIEA）或三乙胺（TEA）。

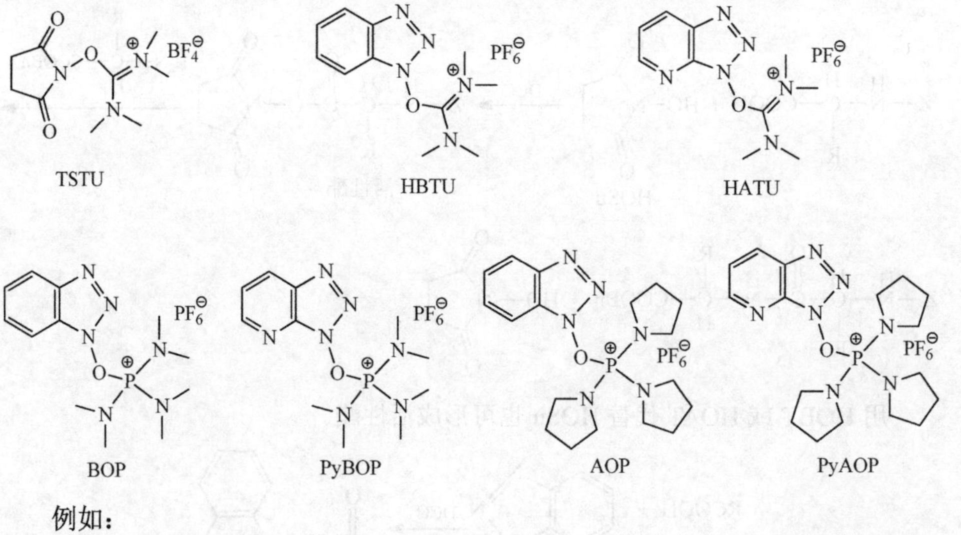

TSTU　　　　　　　　　HBTU　　　　　　　　　HATU

BOP　　　　　　PyBOP　　　　　　AOP　　　　　　PyAOP

例如：

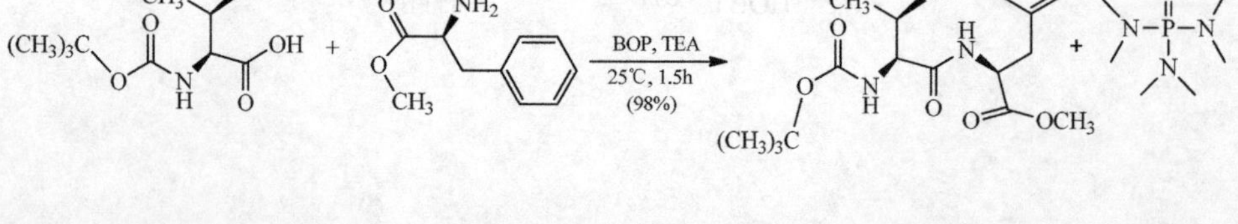

　　2-氯-1-甲基吡啶盐（Mukaiyama 试剂）与羧酸作用，羧酸根取代了吡啶环上的氯原子形成的酯也是一种活性酯。

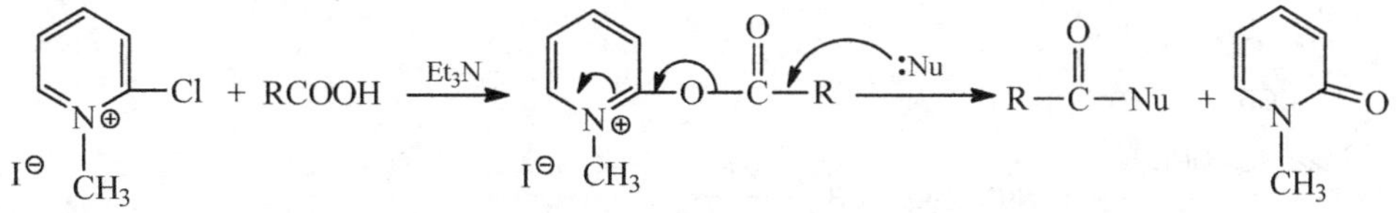

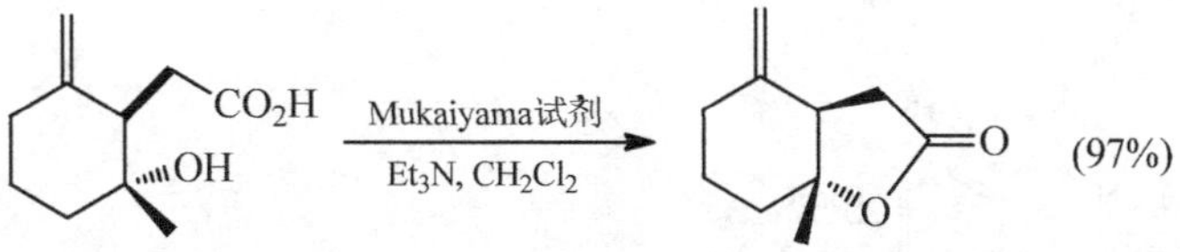

　　此外，常用的活性酯还有对硝基苯酚酯、2, 4, 6-三氯苯酚酯、五氯苯酚酯等。

4. N-酰基咪唑

　　N, N'-羰基二咪唑（N, N'-carbonyldiimidazole，CDI）在四氢呋喃、氯仿等溶剂中与羧酸反应形成 N-酰基咪唑，后者易于受到亲核试剂的进攻，咪唑分子作为离去基团被取代。

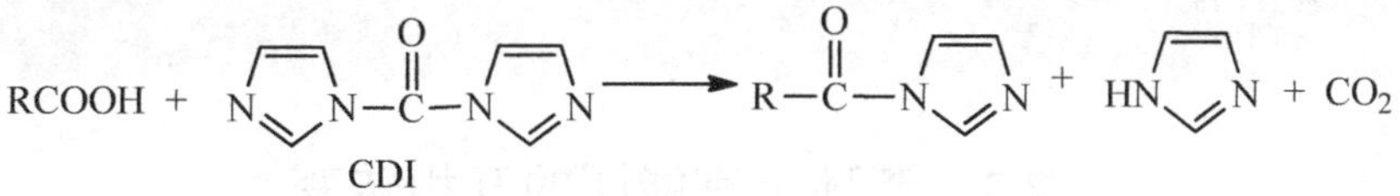

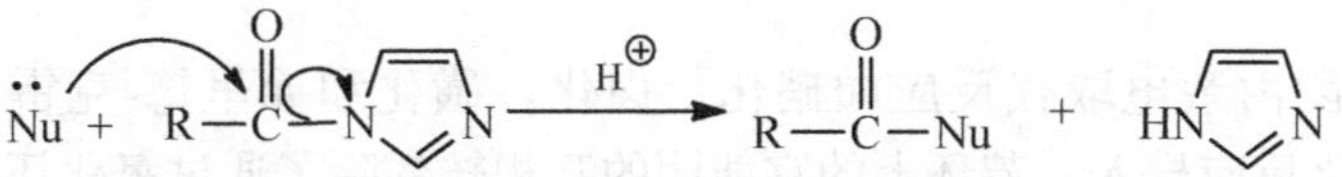

　　N-酰基咪唑和醇反应生成酯，和胺反应生成酰胺，反应一般在室温下进行。副产物是咪唑和二氧化碳，产物易于分离。因此，CDI 是羧酸的良好活化剂，特别适用于对酸敏感的化合物的合成。例如：

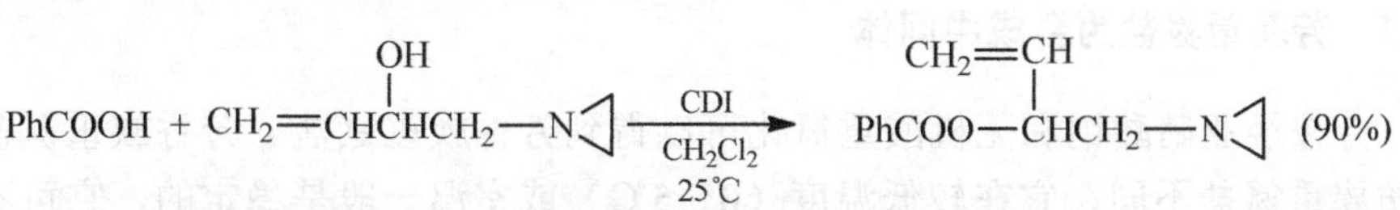

　　问题 2.4　写出下列反应的产物：

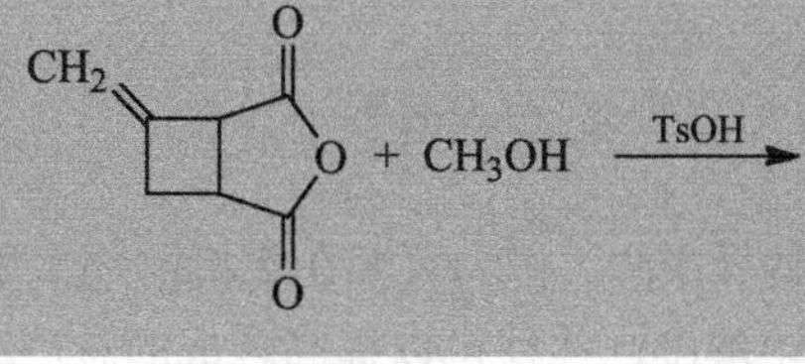

(2)

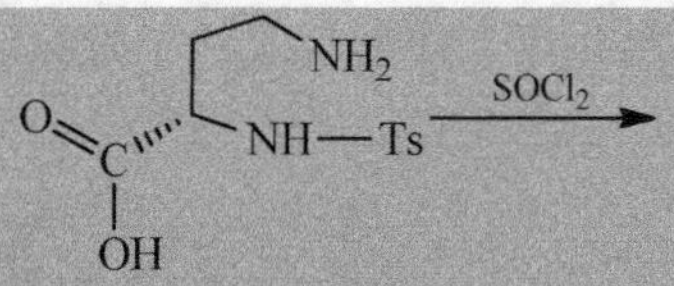

(3)

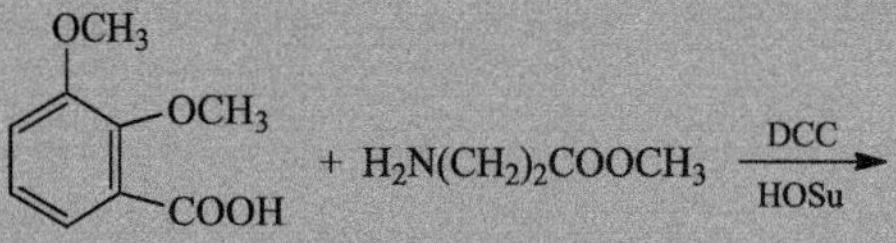

(4)

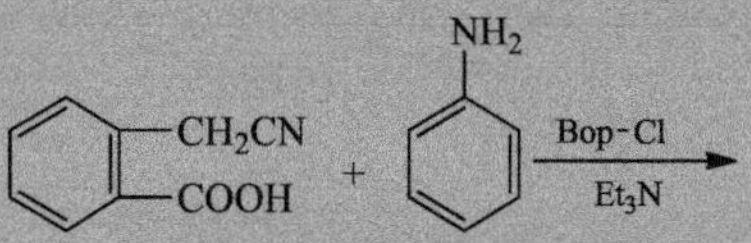

(5)

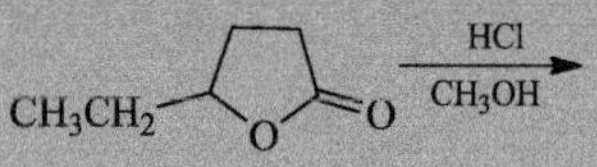

(6)

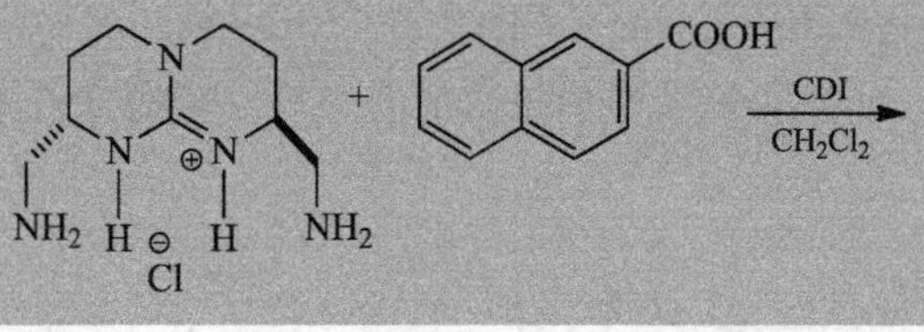

2.3　芳环上官能团的互相转变

芳环上的官能团由亲电取代反应如硝化、卤化、磺化和弗里德-克雷夫茨（Friedel-Crafts）酰化反应导入。芳环上的官能团的互相转变除了通过氧化还原反应实现，也可以通过取代反应实现。但是由于芳环上的官能团与芳环的 sp^2 杂化碳原子相连，所以芳环上的取代反应与饱和碳原子上的取代反应有许多不同。

2.3.1　芳基重氮盐为合成中间体

芳胺经亚硝酸钠和无机酸重氮化可以得到芳香族重氮盐。芳香族重氮盐与脂肪族重氮盐不同，它在较低温度（0~5℃）或室温一般是稳定的，它可不经分离直接用于合成中。芳基重氮盐也可以作为氟硼酸盐固体从重氮化溶液中游离出来。

$$ArNH_2 \xrightarrow[\text{HCl},0\sim5℃]{\text{NaNO}_2} Ar\overset{\oplus}{N_2}\overset{\ominus}{Cl} \xrightarrow{\text{HBF}_4} Ar\overset{\oplus}{N_2}BF_4^{\ominus}$$

芳基重氮盐也可以用亚硝酸酯（如亚硝酸异戊酯）作为氮源在有机溶剂中重氮化制备。由于反应物在有机溶剂中有良好的溶解度，往往可以提高合成的总产率。

由于氮分子（N_2）是十分好的离去基，因而芳基重氮盐的重氮基可以被许多基团取代。芳基重氮盐是合成芳香族化合物的重要中间体。

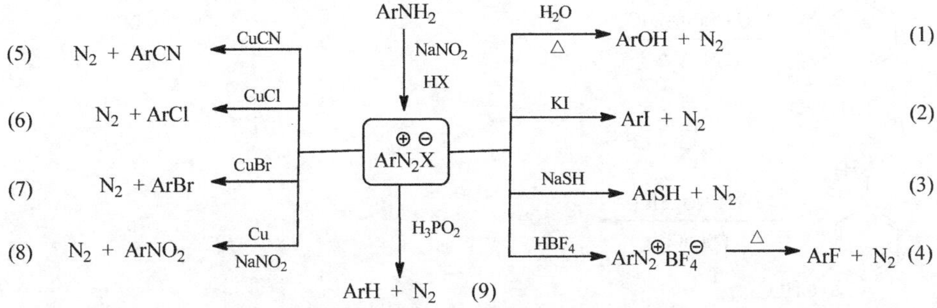

重氮基被取代放出氮气的反应机理比较复杂，但主要有 S_N1 和自由基反应两种。

由于 N_2 是良好的离去基团，因而芳香族重氮盐易生成芳基碳正离子，然后与溶液中的亲核试剂结合生成取代产物。反应（1）、（2）、（3）属于 S_N1 反应。芳香族重氮盐与亚铜盐发生氧化还原反应生成芳基自由基，后者与反应中生成的铜盐作用生成取代产物。

$$ArN_2\overset{\oplus}{}\overset{\ominus}{X} + CuX \longrightarrow Ar\cdot + N_2 + CuX_2$$

$$Ar\cdot + CuX_2 \longrightarrow ArX + CuX$$

反应（5）、（6）、（7）属于自由基反应。这类反应称为 Sandmeyer 反应。

芳香族重氮盐与次磷酸（H_3PO_2）的反应也是自由基反应，这是重氮基被氢取代的反应[反应（9）]，一般称为还原脱氨基反应（reductive deamination）。除了用次磷酸外，还可以用硼氢化钠作为还原剂。例如：

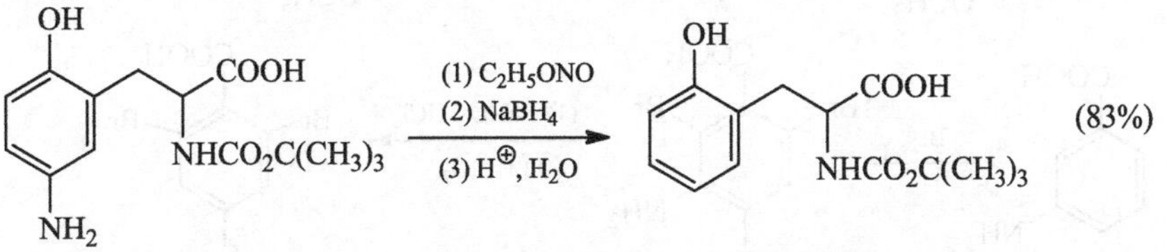

芳香伯胺通过氟硼酸重氮盐热解是合成芳香族氟化物的重要方法。一般情况下将重氮盐转变为不溶于水的硼氟酸盐 ArN_2BF_4，或直接在硼氟酸存在下重氮化，再加热分解重氮盐，便得到芳香族氟化物。例如：

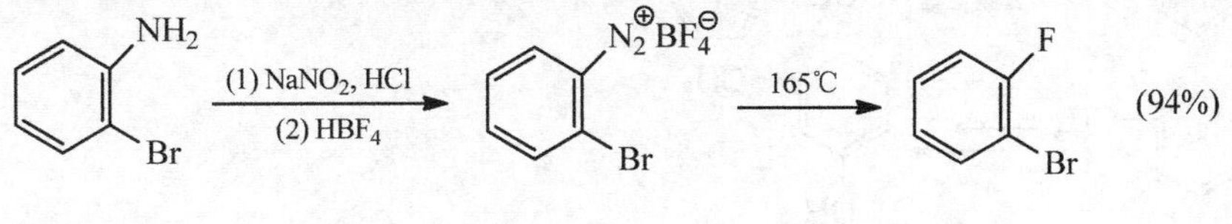

问题 2.5　写出下列反应的产物：

(1)

$$\xrightarrow[\text{(2)}H_2O, \triangle]{\text{(1) NaNO}_2, \text{HCl}}$$

(2)

$$\xrightarrow[\text{(2)CuCl}]{\text{(1) NaNO}_2, \text{HCl}}$$

(3)

$$H_2N-\!\!\!\langle\!\!\!\bigcirc\!\!\!\rangle-\!\!\!\langle\!\!\!\bigcirc\!\!\!\rangle-NH_2 \xrightarrow[\text{(2)HBF}_4, \triangle]{\text{(1) NaNO}_2, \text{HCl}}$$

(4)

$$\xrightarrow[\substack{\text{(2) NaBH}_4 \\ \text{(3) H}^{\oplus}, H_2O}]{\text{(1) C}_2H_5ONO}$$

利用芳香族重氮盐的取代反应，可以合成一般亲电取代反应难以制备的化合物。例如：

(87%)

问题 2.6　实现下列转变：

(1)

(2)

2.3.2 芳环上的亲核取代反应

芳环上的卤素、磺酸酯基由于与 sp^2 杂化碳原子相连，一般不易被其他亲核试剂取代。但芳环上有强烈的吸电子基如硝基、氰基、三氟甲基等取代基时，或者芳环是缺电子芳环如吡啶、嘧啶等时可以发生亲核取代反应，常见的离去基团是卤素、磺酸酯基，有时也可以是烷氧基、硝基等。例如：

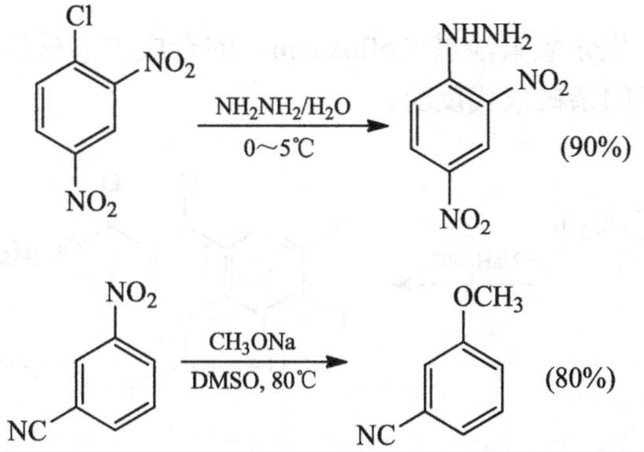

在非质子极性溶剂中或在相转移催化条件下，氟负离子也可亲核取代有吸电子基的芳环上的其他卤素，这种氟-卤交换的反应也是合成芳香族氟化物的重要方法。例如：

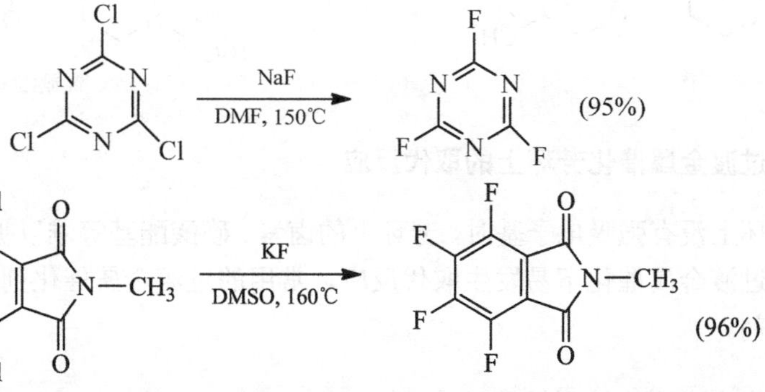

芳环上的亲核取代反应的速率与底物的浓度和亲核试剂的浓度成正比，为双分子反应。它与饱和碳原子上的 S_N2 反应不同之处在于反应是分步进行的。反应物与亲核试剂先生成加成产物，然后离去基团带着一对电子离开，即为加成-消去机理。在这类反应中，加成的一步是决定反应速率的步骤。

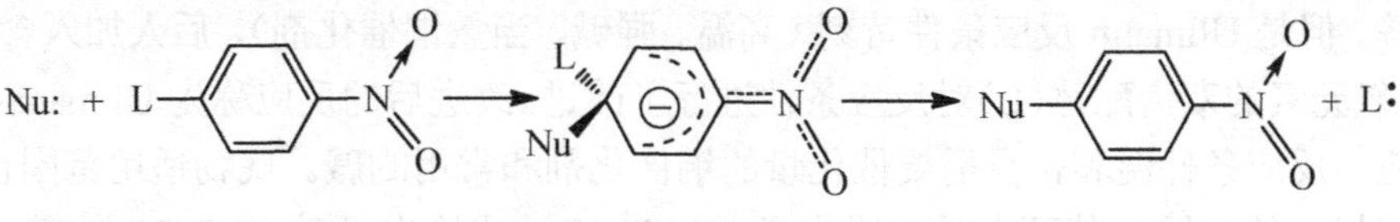

在饱和碳原子上的 S_N2 反应中，卤代烃的反应活性大小的顺序是 RI>RBr>

RCl＞RF。而在芳环上的亲核取代反应中，反应活性大小的顺序是 RF＞RCl＞RBr＞RI。氟化物的反应活性比其他的卤化物大得多，这是由于氟的电负性特别强，使加成的活性中间体碳负离子稳定性增加。因此，芳环上有吸电子基的氟化物的氟原子易被亲核基团取代。例如：

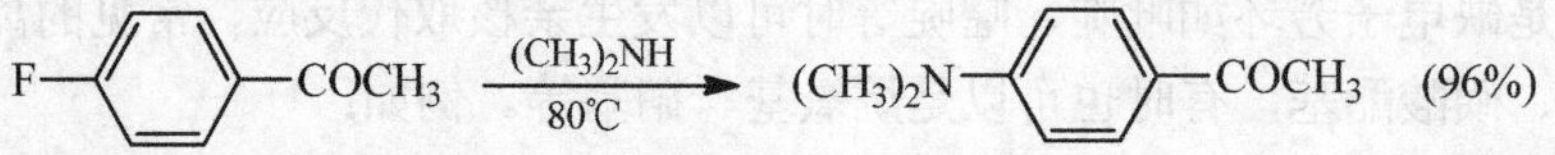

在喹诺酮类抗生素氧氟沙星（ofloxacin）的合成中，最后三步都是亲核基团取代芳环上氟原子的亲核取代反应。

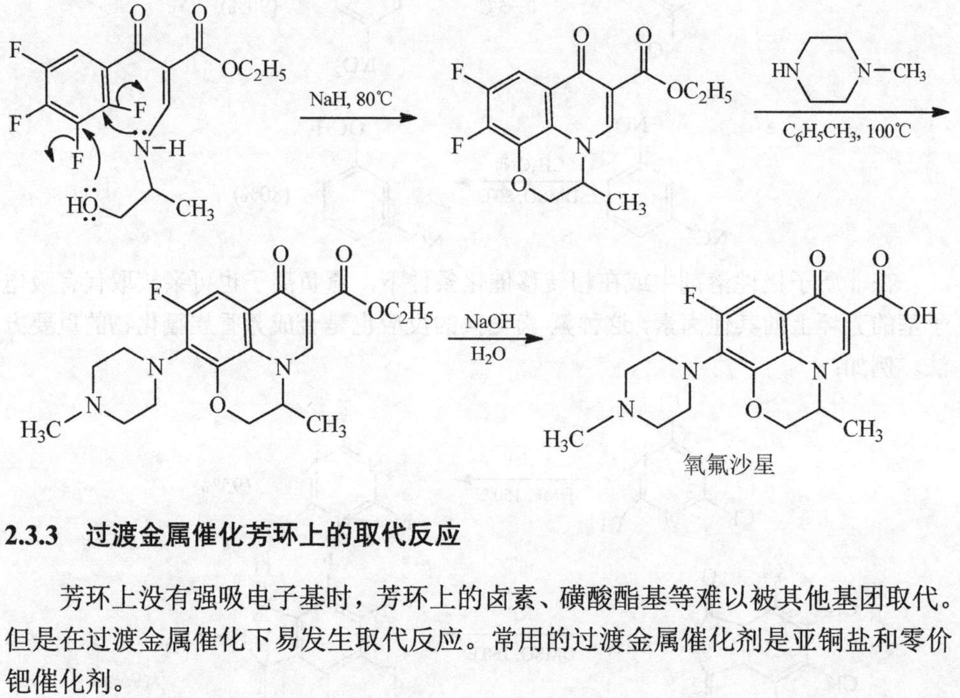

2.3.3 过渡金属催化芳环上的取代反应

芳环上没有强吸电子基时，芳环上的卤素、磺酸酯基等难以被其他基团取代。但是在过渡金属催化下易发生取代反应。常用的过渡金属催化剂是亚铜盐和零价钯催化剂。

1. 铜催化芳环上的取代反应

廉价金属铜或亚铜盐促进的形成 sp^2 C—C 键的芳基-芳基偶联反应为熟知的 Ullmann 反应。在 Ullmann 反应条件下，亲核试剂（如胺、酚、醇等）可以取代芳基卤化物或磺酸酯的离去基构建碳-杂原子键（C—N、C—O），生成芳胺、芳醚等。但是 Ullmann 反应条件苛刻（高温、强碱、当量铜催化剂），后人加入含氮、磷、氧元素的双齿配体(L)对反应条件进行了改进。改进后的反应称为 Ullmann-Ma 反应，反应条件温和，只需要催化量的铜催化剂和常用的碱。底物适用范围也得到了极大的拓展，芳环上具有吸电子基（EWG）或给电子基（ERG）的芳基卤化物或磺酸酯都可以顺利反应。反应机理（见第 5 章）包括反应底物对亲核试剂结合的活性亚铜中间体的氧化加成，随后还原消除生成产物，再生 Cu(Ⅰ)，完成催化循环。底物的反应活性顺序为 RI＞RBr，ArOTf＞RCl。常用的双齿配体有二醇（如乙二醇）、二胺（如环己-1, 2-二胺、2, 2′-联吡啶）、双膦配体（如 P, P'-四苯基乙二膦）以及氨基酸衍生物等。

$$Ar—X \; + \; NuH \xrightarrow[\text{碱}]{\text{cat. Cu(Ⅰ)/L}} Ar—Nu$$

$$X = Cl, Br, I, OTf \qquad\qquad Nu = RNH, RR'N, RO, RS$$

例如：

$$L = (CH_3)_2NCH_2CH_2N(CH_3)_2$$

2. 钯催化芳环上的取代反应

在零价钯催化剂和碱性反应条件下，亲核试剂（如胺、酚、醇等）可以取代芳基卤化物或磺酸酯的离去基构建 sp^2 碳-杂原子键（C—N、C—O），生成胺的 N-芳基化或者酚与醇的 O-芳基化产物，反应条件温和，官能团兼容性好，是合成芳胺或者芳醚的重要方法。该反应称为 Buchwald-Hartwig 交叉偶联反应。

$$Ar—X \; + \; H—N\begin{matrix}R^2\\R^1\end{matrix} \xrightarrow[\text{碱}]{\text{催化剂Pd(0)/L}} Ar—N\begin{matrix}R^2\\R^1\end{matrix}$$

$$Ar—X \; + \; H—O—R^3 \xrightarrow[\text{碱}]{\text{催化剂Pd(0)/L}} Ar—O—R^3$$

　　Buchwald-Hartwig 交叉偶联反应的机理与零价钯催化碳碳键形成的机理类似（见第 5 章 5.2 节）。常用的零价钯催化剂有两类：一类是由二价钯盐（常用氯化钯或乙酸钯）和配体[常用膦配体如三苯基膦（PPh$_3$）]在反应中原位生成零价钯；另一类是零价钯配合物如四（三苯基膦）钯[Pd(PPh$_3$)$_4$]、二氯二（三苯基膦）钯[Pd(PPh$_3$)$_2$Cl$_2$]，反应中无需再加入配体。近二十年来，双齿配体尤其是双膦配体不断地改进，使得 Buchwald-Hartwig 偶联反应条件更温和，适用范围更广，在药物和光电材料合成等方面已获得广泛应用。反应可以在分子内和分子间发生。例如：（配体的结构式见第 5 章 5.2 节）

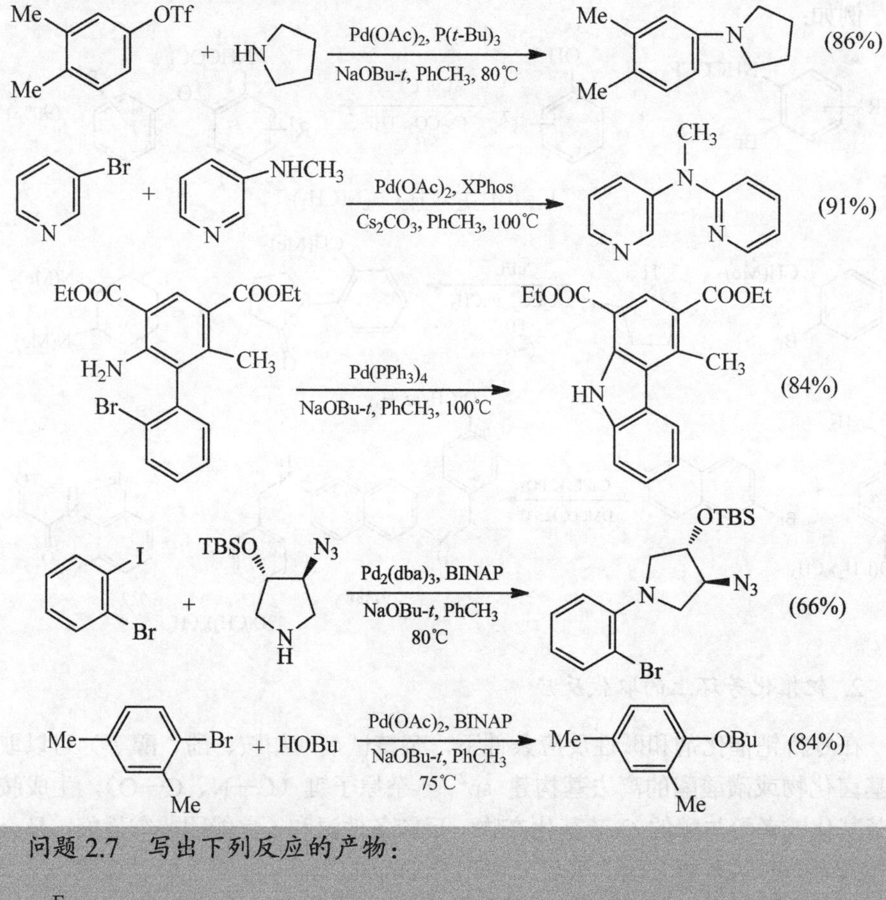

问题 2.7　写出下列反应的产物：

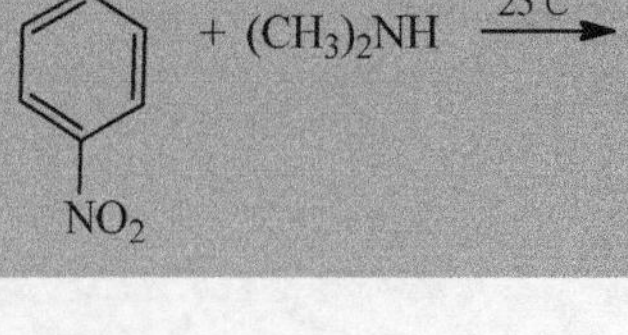

(2)

$$\text{(吡咯烷基环己烯)} + \text{(2,4-二硝基氯苯)} \xrightarrow[\text{(2) H}_2\text{O, H}^\oplus \quad 25℃]{\text{(1) Et}_3\text{N}}$$

(3)

$$\text{(4-氯苯甲醚)} + HN\begin{smallmatrix}n\text{-Bu}\\n\text{-Bu}\end{smallmatrix} \xrightarrow[\text{LiHMDS, THF} \quad \text{rt}]{\text{Pd}_2(\text{dba})_3,\ \text{XPhos}}$$

(4)

$$\text{(4-碘苯甲醚)} + CH_2=CCH_2OH\ (CH_3) \xrightarrow[\text{K}_2\text{CO}_3,\ \text{PhCH}_3 \quad 100℃]{\text{CuI, 2, 2'-联吡啶}}$$

(5)

$$\text{MeO—}\bigcirc\text{—Br} + \text{(吲哚)} \xrightarrow[\text{NaOBu-}t,\ \text{PhCH}_3 \quad 105℃]{\text{Pd(OAc)}_2,\ \text{BINAP}}$$

(6)

$$\text{Me—}\bigcirc\text{—Br} + \text{HO—}\bigcirc\text{—OMe} \xrightarrow[\text{K}_3\text{PO}_4,\ \text{PhCH}_3 \quad 100℃]{\text{Pd(OAc)}_2,\ \text{BINAP}}$$

2.4　碳碳重键上的加成反应

通过碳碳双键上的亲电加成反应可以将烯烃转变成各种单官能团和邻二官能团化合物。

在碳碳双键上的亲电加成反应中，碳正离子是主要活性中间体，反应的区域选择性遵循 Markovnikov 规则。亲电试剂为卤化氢、次卤酸、卤素等时，反应的立体化学一般为反式加成。在强酸催化下，亲核性溶剂如水、醇、羧酸等都可与烯键发生亲电加成反应生成相应的醇、醚和酯。例如：

$$ClCH_2CH_2CH_2CH=CH_2 + CH_3COOH \xrightarrow{HBF_4} ClCH_2CH_2CH_2CH\underset{OAc}{|}CH_3 \quad (87\%)$$

　　碳碳双键与卤素亲电加成时，亲核性溶剂水、醇、羧酸等也可以与反应中生成的 α-卤碳正离子或环卤正离子结合形成相应的加成产物。

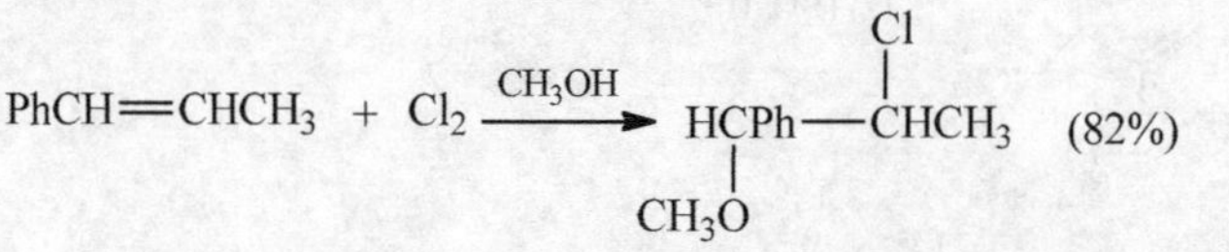

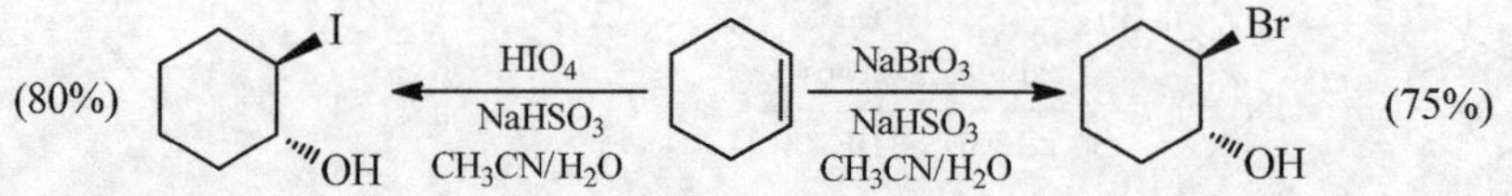

　　除了元素卤素外，N-溴代丁二酰亚胺（NBS）和 N-氯代丁二酰亚胺可以分别作为"溴正离子"和"氯正离子"的来源。例如：

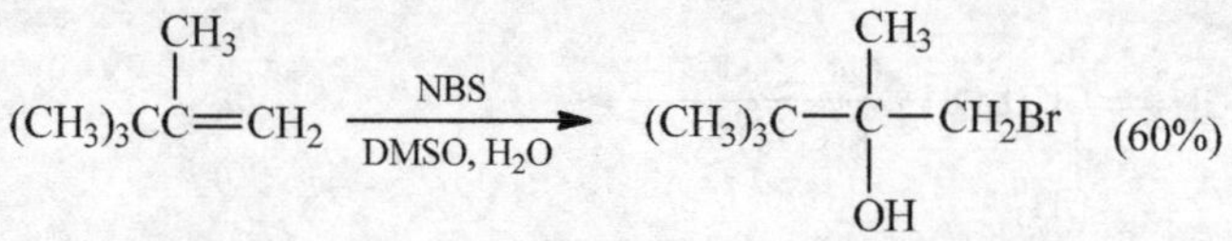

　　羰基化合物的烯醇异构体或烯醇硅醚的烯键也可与亲电试剂发生亲电加成反应，生成 α-取代产物。

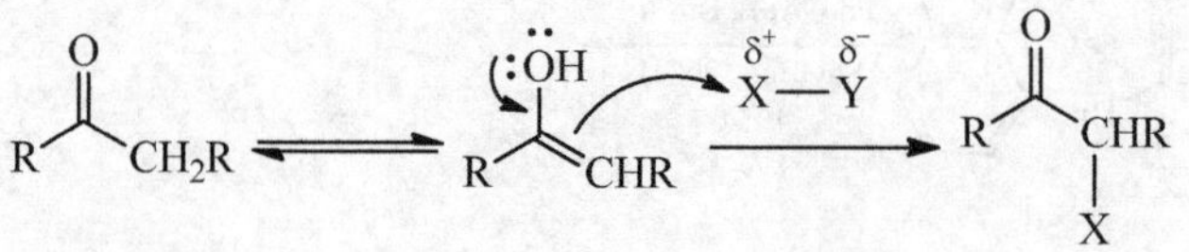

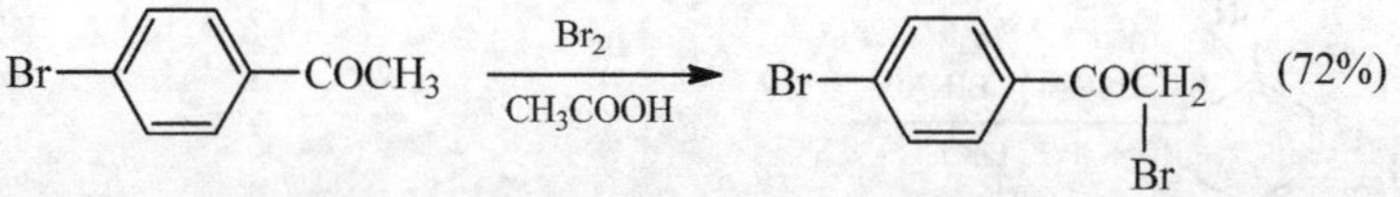

　　碘与烯键的亲电加成是可逆的，邻二碘化物不稳定，在合成中没有价值。但碘是引发分子内亲核基团对烯烃发生加成反应的良好亲电试剂。例如：

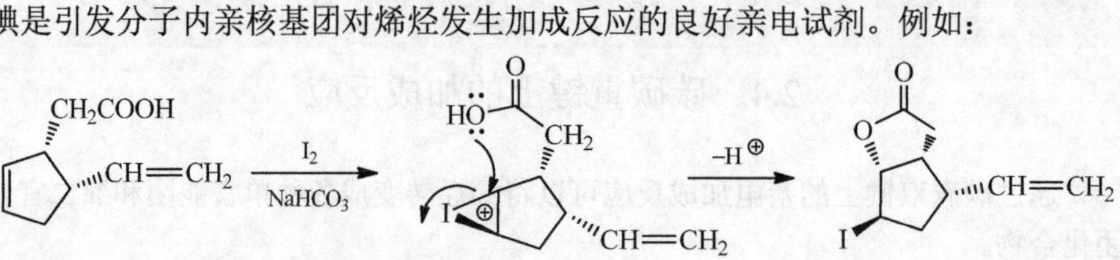

　　如果碘化产物中碘的 β-位有亲核性较强的氧原子，则可得到立体专一性的环氧化物。

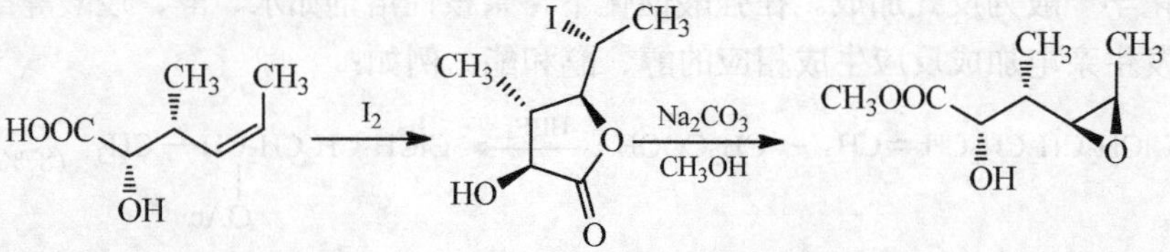

与烯键类似，炔键也可以与亲电试剂发生亲电加成反应。特别是炔键的催化水合反应是合成酮的重要方法。按照 Markovnikov 规则，末端炔烃可转变为甲基酮。例如：

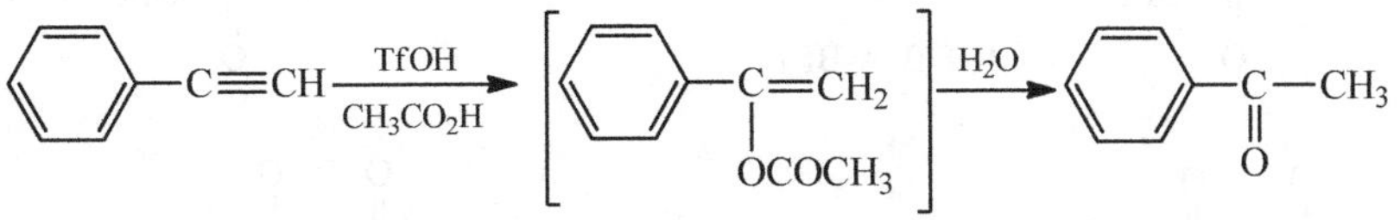

由于氟气特别活泼，即使在低温下与有机化合物接触也会发生难以控制的反应而放出大量的热，导致剧烈爆炸。因此要用惰性气体稀释氟气。例如：

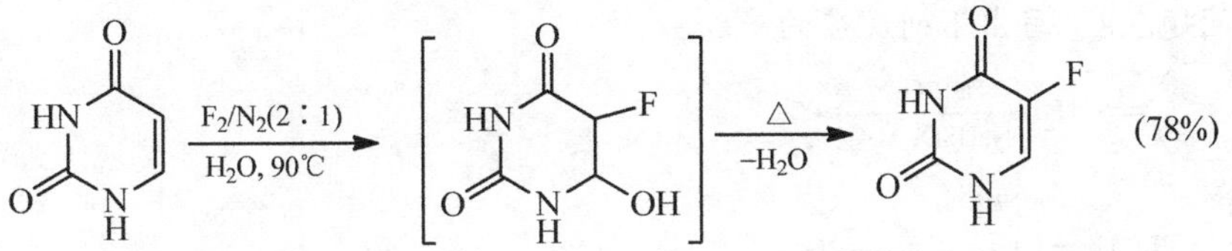

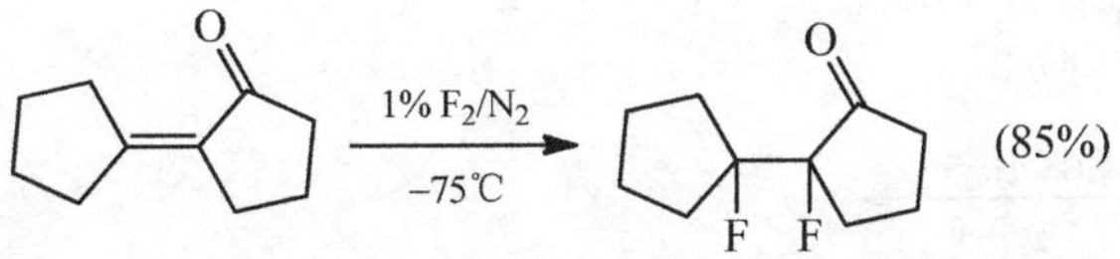

由于氢氟酸的毒性和低沸点（19.5℃），常用 HF 与吡啶的配合物 HF·Py（Olah 试剂）用作与烯、炔不饱和键加成的试剂，反应遵循 Markovnikov 规则，生成氟化和氟卤化产物。Olah 试剂与环氧化合物作用生成氟化醇。例如：

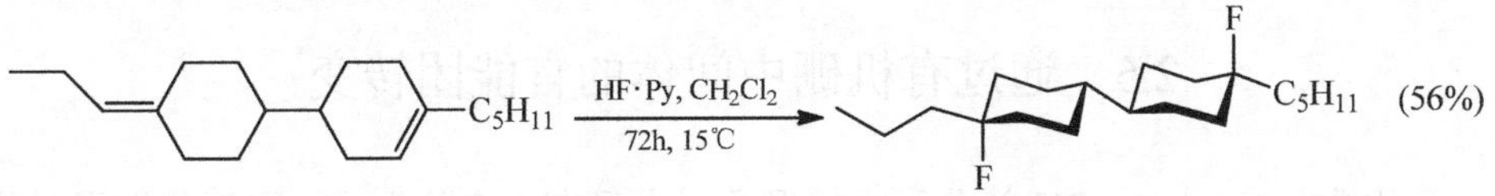

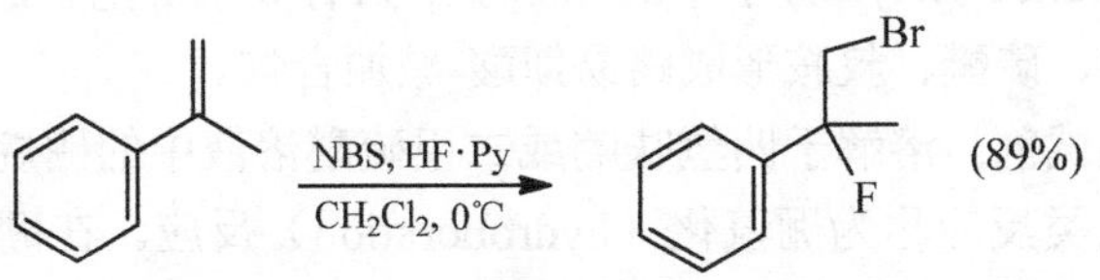

N-氟吡啶盐和 N-氟哌啶盐（NF 试剂）是一类稳定的亲电氟化试剂，不仅可以提供"氟正离子"和烯键亲电加成，也可以和羰基化合物的烯醇异构体或烯醇硅醚亲电加成生成 α-氟代取代产物。例如：

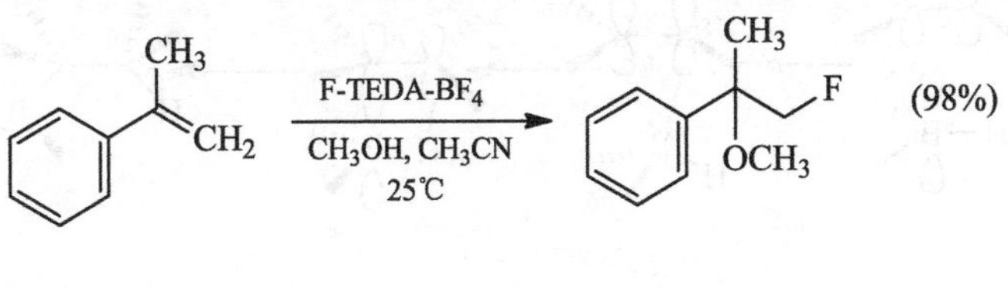

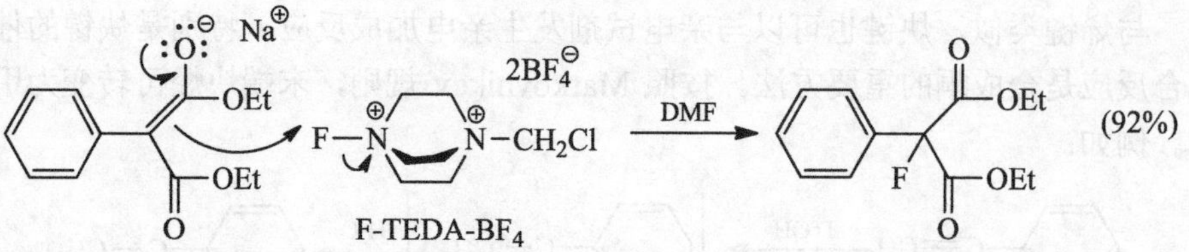

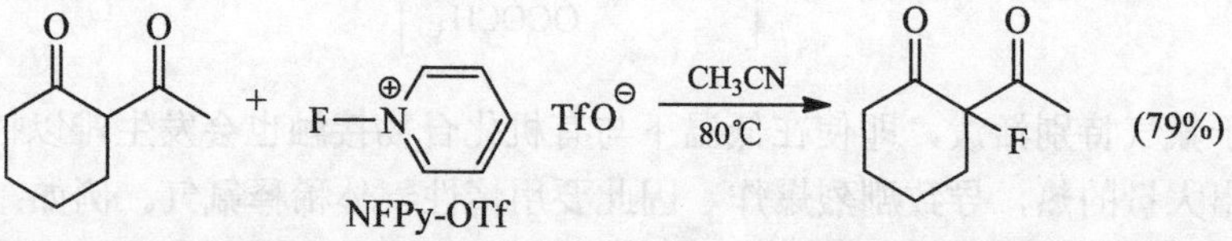

(92%)

(79%)

问题 2.8　写出下列反应的产物：

(1)

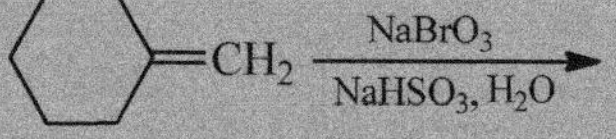

(2)

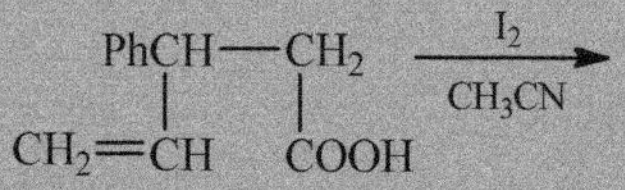

(3)

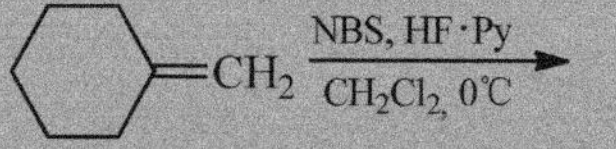

(4)

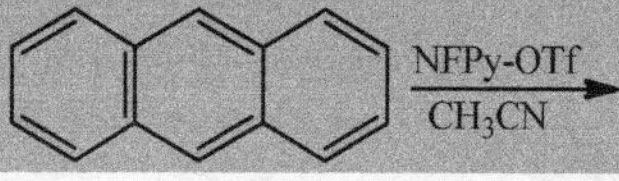

2.5　通过有机硼中间体的官能团转变

甲硼烷（borane，BH_3）分子中的硼原子上只有 6 个价电子，因而是电子对的受体，可以和醚、硫醚、叔胺形成路易斯酸-碱加合物。

硼烷是亲电试剂。溶解于四氢呋喃或二甲硫醚溶液中的硼烷能与烯烃迅速发生加成反应。这类反应称为硼氢化（hydroboration）反应。在硼氢化反应中，亲电性硼加到取代基较少的烯键的碳原子上，并且键的破裂和形成是同时进行的，硼和氢从烯键的同一边加到烯键的碳原子上（顺式加成），因此硼氢化反应具有高度的区域选择性和立体专一性。

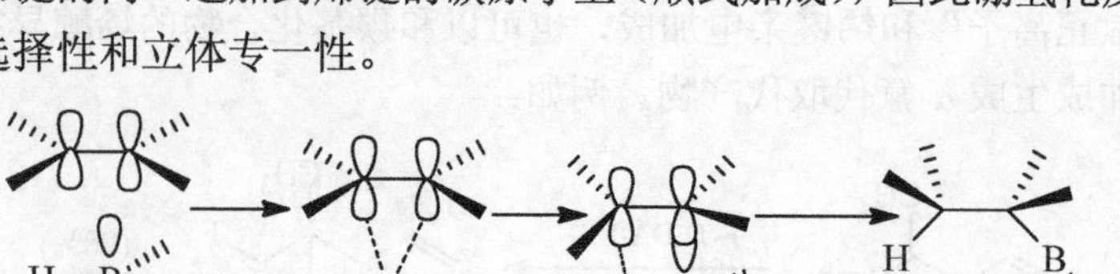

例如：

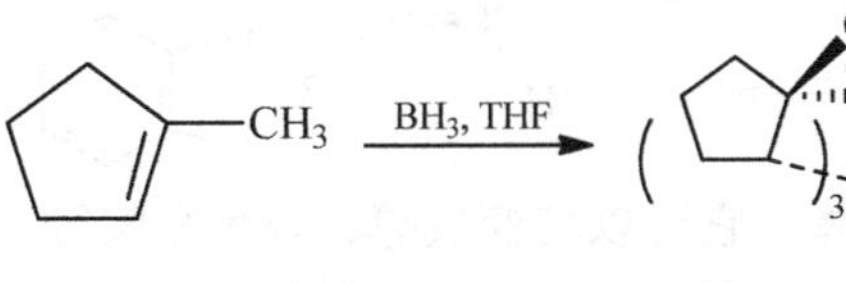
CH3
BH3, THF
CH3
H
3
B

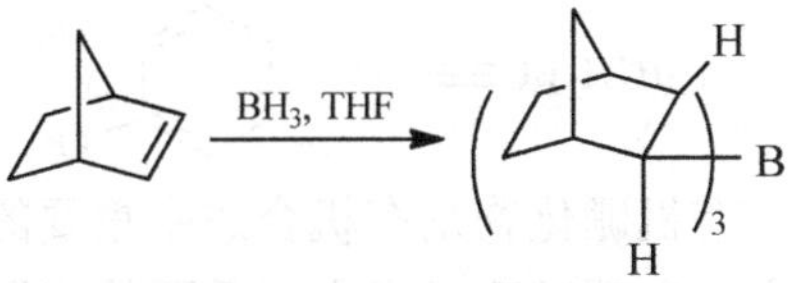
BH3, THF
H
B
3
H

较大位阻烯烃的硼氢化反应可以停留在一硼烷或二硼烷阶段。例如：

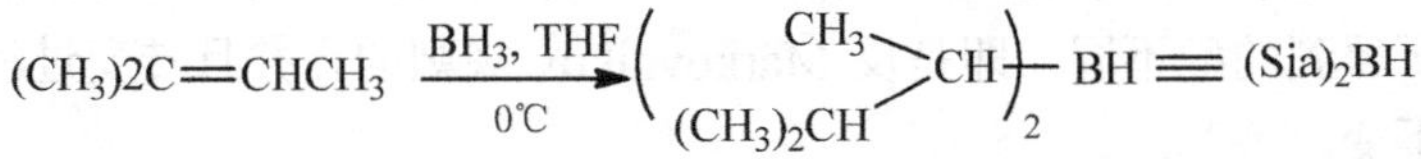
(CH3)2C═CHCH3
BH3, THF
0℃
CH3
CH
(CH3)2CH
2
BH ≡ (Sia)2BH

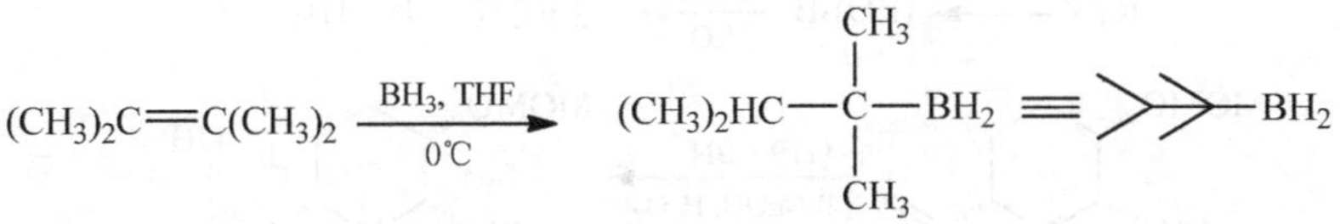
(CH3)2C═C(CH3)2
BH3, THF
0℃
CH3
(CH3)2HC—C—BH2
CH3
BH2

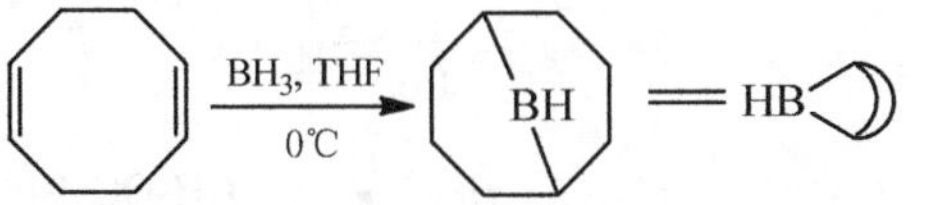
BH3, THF
0℃
BH
HB

9-BBN（9-borabicyclo[3.3.1]nonane）

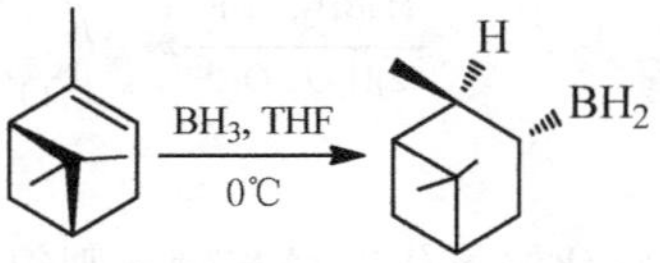
BH3, THF
0℃
H
BH2

(+)-α-蒎烯

大位阻的烷基硼烷和二烷基硼烷可以和较小立体位阻的烯键选择性发生硼氢化反应。例如：

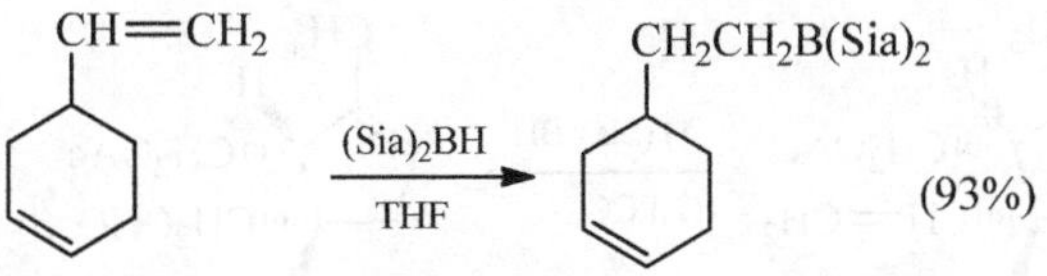
CH═CH2
(Sia)2BH
THF
CH2CH2B(Sia)2
(93%)

卤硼烷（BH_2Cl、BH_2Br、$BHCl_2$、$BHBr_2$）也是有价值的硼氢化试剂，它们比甲硼烷有更好的区域选择性。同时卤硼烷可以转化成烃氧基硼烷、一烃基和二烃基硼烷。

炔烃与烯烃一样也易发生硼氢化反应。炔烃与硼烷反应常形成复杂的混合物。二取代硼烷如$(Sia)_2BH$、9-BBN 和邻苯二酚（儿茶酚）硼烷（catecholborane）与炔烃的硼氢化反应可得到单硼氢化产物，非末端炔烃一般得到 Z 构型产物，末端炔烃得到 E 构型产物。例如：

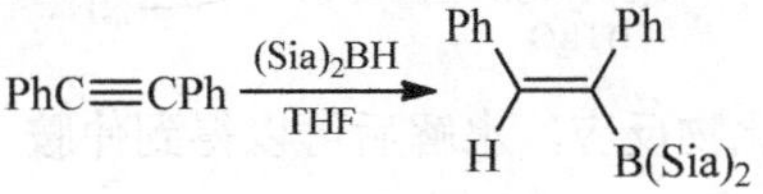
PhC≡CPh
(Sia)2BH
THF
Ph
Ph
H
B(Sia)2

$$CH_3(CH_2)_5C\equiv CH + \text{（苯并二氧硼杂环）}BH \xrightarrow{THF} \text{（反式乙烯基硼酸酯产物）}$$

有机硼化物是有机合成中重要的中间体，它可以转变成醇、醛酮和胺等。同时它在碳碳键形成中也有重要的应用（见第 5 章 5.9 节）。

三烃基硼经过氧化氢氧化生成硼酸酯，后者水解为醇。反应的总结果与烯烃的一般水合所得到的醇不同，即是反 Markovnikov 规则的，并且转变过程中烃基的构型保持不变。

$$R_3B \xrightarrow{H_2O_2} (RO)_3B \xrightarrow[H_2O]{NaOH} 3\ ROH + B(OH)_3$$

$$\text{（哌啶环底物）} \xrightarrow[(2)\ NaOH,\ H_2O_2]{(1)\ 9\text{-BBN}} \text{（伯醇产物）}$$

$$\text{（呋喃烯烃底物）} \xrightarrow[(2)H_2O_2,\ OH^{\ominus}]{(1)BH_3,\ THF} \text{（羟基产物）}$$

用较强的氧化剂如三氧化铬氧化三烃基硼，则得到醛酮。

$$\text{（亚甲基环己烷底物）} \xrightarrow[(2)\ CrO_3]{(1)\ B_2H_6} \text{（COPh 产物）} \quad (50\%)$$

$$\text{（环戊烯底物）} \xrightarrow[(2)PCC]{(1)\ (Sia)_2BH} \text{（醛产物）} \quad (80\%)$$

三烃基硼和氯胺或羟胺磺酸反应，经水解可以得到伯胺。

$$R_3B + NH_2X \longrightarrow R_2\overset{\ominus}{B}-\underset{R}{NH}-X \longrightarrow R_2\underset{R}{BNH} \xrightarrow{H_2O} RNH_2$$

$$X=Cl,\ OSO_3H$$

$$\text{（降冰片烯）} \xrightarrow[\substack{(2)H_2NOSO_3H \\ (3)\ H_2O}]{(1)BH_3,\ THF} \text{（NH}_2\text{ 产物）} \quad (57\%)$$

二氯代硼烷与叠氮化物反应，水解后可以得到仲胺。

$$RCH_2CH_2BCl_2 \xrightarrow{R'N_3} \overset{\ominus}{Cl_2}B\overset{R'}{\underset{CH_2CH_2R}{\overset{\mid}{-N-N}}}\overset{\oplus}{=}N \longrightarrow Cl_2B\overset{R'}{\underset{}{-N-CH_2CH_2R}} \xrightarrow{H_2O} R'NHCH_2CH_2R$$

三烃基硼在碱性条件下与卤素作用可转变为卤代烃。

$$(90\%)$$

烃基硼烷的异构化：烃基硼烷在常温下是稳定的，但加热到 160℃左右时会发生异构化，含硼基团会移动到碳链的一端，生成新的硼烷，这种新的硼烷进一步反应可得到碳端官能团化的产物。

$$(62\%)$$

烯基硼化合物用过氧酸氧化处理可得到相应的醛、酮和羧酸。例如，炔烃与二取代硼烷发生硼氢化反应后的烯基硼化合物用过氧化氢氧化形成烯醇，烯醇互变异构为醛酮。

$$CH_3(CH_2)_5C\equiv CH \xrightarrow{(Sia)_2BH}{THF} \cdots \xrightarrow{H_2O_2}{NaOH} \left[\cdots \right] \longrightarrow CH_3(CH_2)_5-CH_2CHO$$
$$(70\%)$$

末端炔烃与二取代硼烷发生硼氢化反应后用过氧酸氧化可转变为羧酸。

$$CH_3(CH_2)_4C\equiv CH \xrightarrow{THF} CH_3(CH_2)_5CH \xrightarrow{MCPBA} CH_3(CH_2)_5COOH$$
末端炔烃 $\qquad\qquad (96\%)$

乙烯式硼烷可与溴发生反式加成，反应产物经反式消去得到与反应物构型相反的产物。

用二卤代硼烷为硼氢化试剂,也可将末端炔烃转变为 E 构型的乙烯式卤代烃。

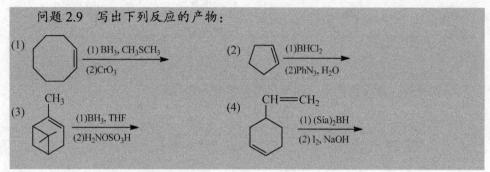

問題 2.9　写出下列反应的产物:

(1) [环辛烯]　(1) BH₃, CH₃SCH₃　(2)CrO₃

(2) [环戊烯]　(1)BHCl₂　(2)PhN₃, H₂O

(3) [α-蒎烯 CH₃]　(1)BH₃, THF　(2)H₂NOSO₃H

(4) [乙烯基环己烯 CH=CH₂]　(1) (Sia)₂BH　(2) I₂, NaOH

2.6　通过消去反应的官能团变换

单官能团或双官能团化合物分子内失去两个原子或基团形成碳碳双键或三键的反应称为消去反应。消去反应形成的碳碳重键又可以通过加成反应转变成各种官能团,也可以通过还原形成碳碳单键。因此,消去反应是实现官能团互相转变的重要方法。如果被消去的两个原子或基团分别在相邻或相间的两个碳原子上,则相应称为 β-消去(1, 2-消去)反应或 γ-消去(1, 3-消去)反应。在 β-消去反应中,被消去的其中一个原子常是氢原子。

$$\underset{L}{\overset{E}{|}}C-C \xrightarrow{1, 2-消去} C=C + EL$$

$$\underset{L}{\overset{E}{|}}C-C-C \xrightarrow{1, 3-消去} E=C< + >C=C< + L:$$

2.6.1　β-消去反应

β-消去反应一般可以分为三类:第一类是按 E1、E2 和 E1cB 机理进行的离子型消去反应,反应一般在溶剂中在酸、碱或金属氧化物、金属盐等催化下进行,例如酸催化下醇分子内的脱水、碱性条件下卤代烃消去卤化氢、季铵盐和三烃基硫盐(曾用名为锍盐)在强碱性条件下的消去反应等;第二类是按环状过渡态协同机理进行的热解消去(pyrolytic elimination)反应,反应不需要酸、碱催化,反应可以在无溶剂条件下进行,也可以在高沸点溶剂中进行,如羧酸酯、黄原酸酯和氧化胺等的热解消去反应；第三类是两个相邻官能团的还原或氧化消去，如邻二卤代烃和邻二醇生成的环状硫代碳酸酯的还原消去。

1. 离子型 β-消去反应

1）醇的消去反应

酸或路易斯酸催化醇分子内脱水反应一般按 E1 或 E2 机理进行，反应的主要产物是碳碳双键上烃基最多的烯烃（Zaitser 规则）。如果形成的双键与芳环或羰基共轭，则优先生成共轭产物。按 E1 机理进行的反应常有重排产物和取代产物生成。按 E2 机理进行的反应，要求被消去的基团共平面并处于反位，因而反应的立体化学是反式消去。例如：

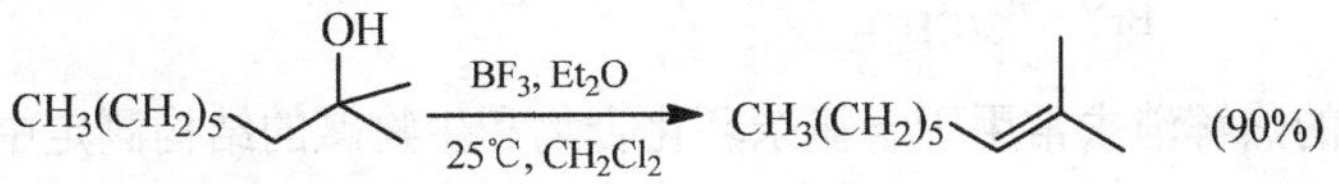

2）卤代烃和磺酸酯的消去反应

卤代烃和磺酸酯的消去反应在碱性条件下进行，反应机理、反应的区域选择性、反应的立体化学与醇脱水的反应类似。例如：

$$HC\equiv C-CH_2-\underset{\displaystyle Cl}{\underset{|}{C}}H(CH_2)_8CO_2CH_3 \xrightarrow[90℃]{DBU,\ PhCH_3} HC\equiv C-CH=CH(CH_2)_8CO_2CH_3\ \ (85\%)$$

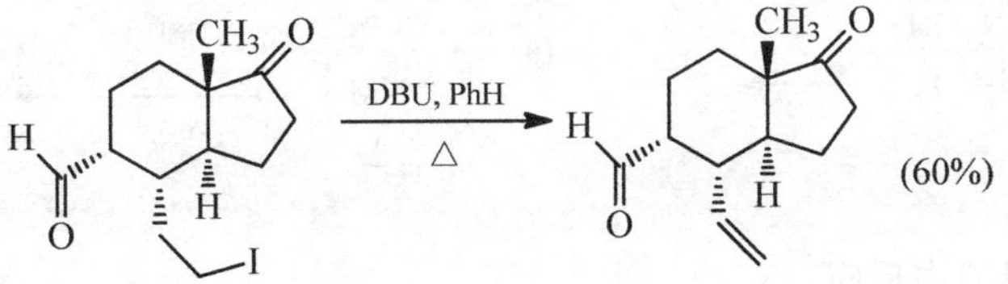

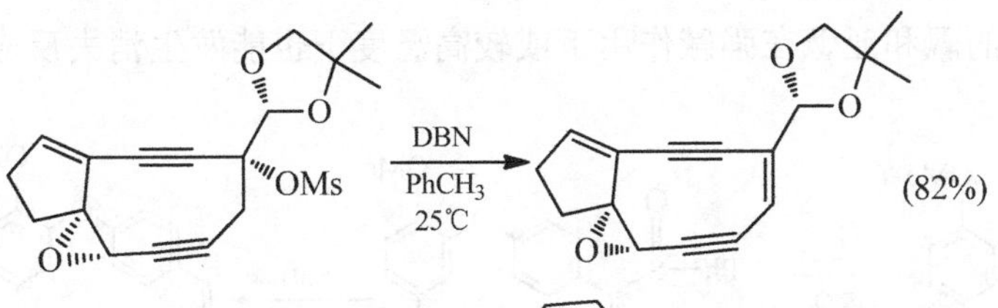

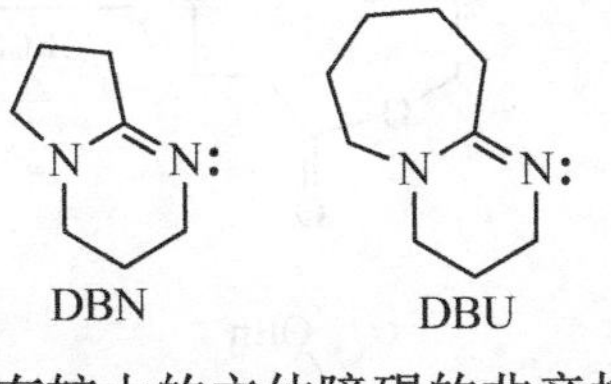

DBN 和 DBU 是具有较大的立体障碍的非亲核性强碱，在消去反应中使用可以避免亲核取代和重排反应等副反应。

3）季铵碱和三烃基硫碱的消去反应

季铵盐和三烃基硫盐在强碱性条件下发生的消去反应按 E1cB 机理进行，反应的主要产物是碳碳双键上烃基最少的烯烃（Hofmann 规则）。例如：

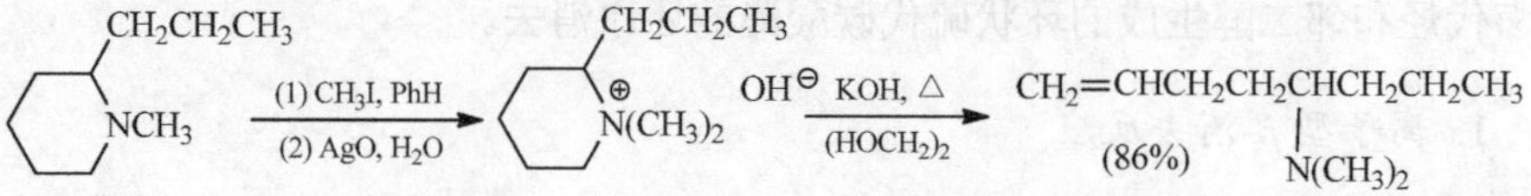

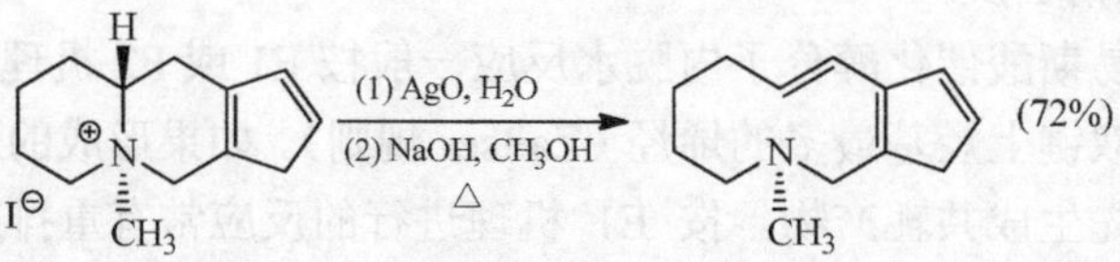

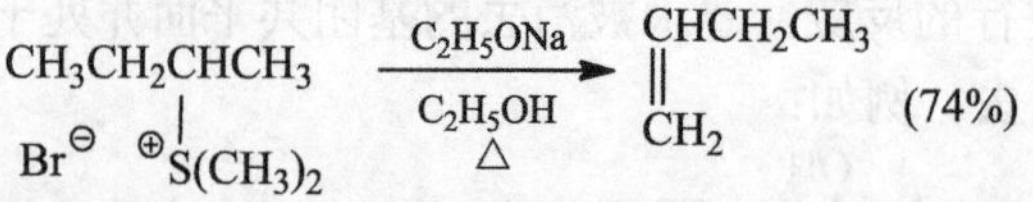

季铵碱的热解消去常用于含氮杂环化合物和生物碱的结构测定中。

问题 2.10　写出下列反应的产物：

(1) 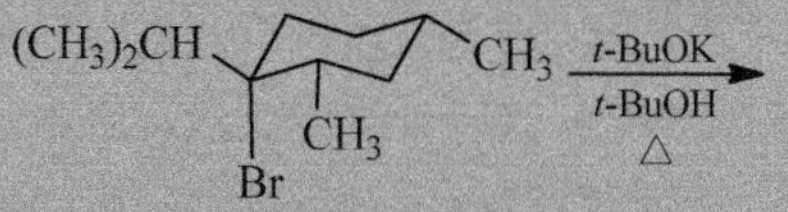

(2) 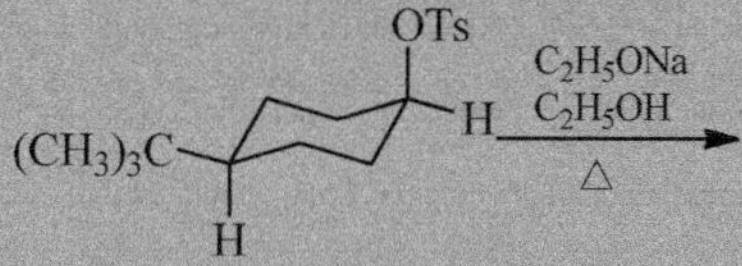

(3) 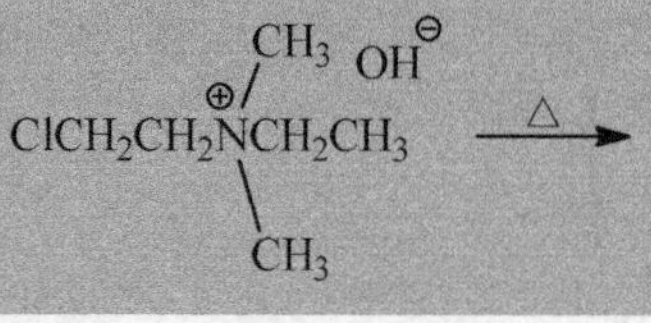

(4) 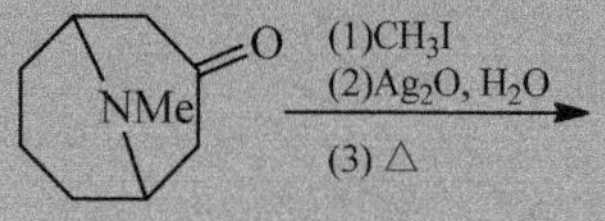

4）砜和亚砜消去反应

具有 β-氢的砜和亚砜在强碱作用下或较高温度下也能发生消去反应生成烯烃。例如：

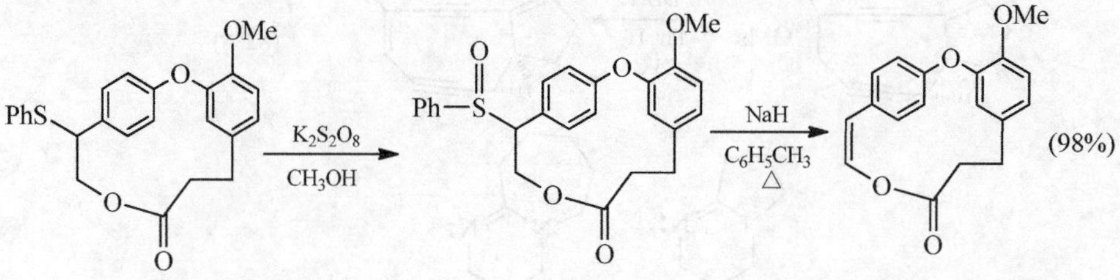

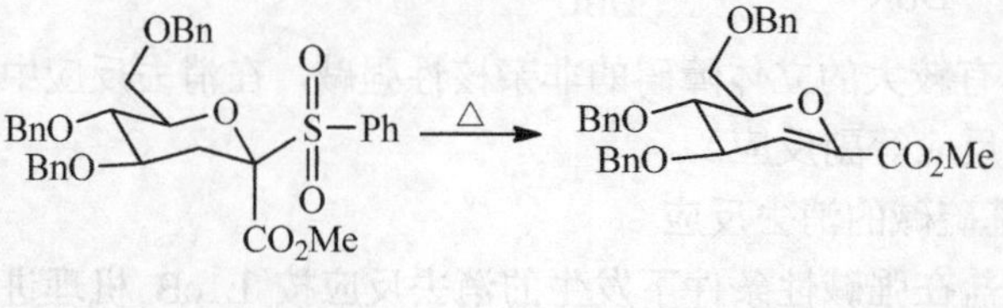

5）磺酰腙的消去反应

脂肪族醛酮与对甲苯磺酰肼作用易得到磺酰腙，后者在强碱（如 NaH、NaNH$_2$、
n-BuLi、LDA 等）作用下消去生成烯烃，这一反应称为 Shapiro 反应。Shapiro 反
应提供了将醛酮的羰基转变为烯键的方法。磺酰腙的消去反应的机理如下：

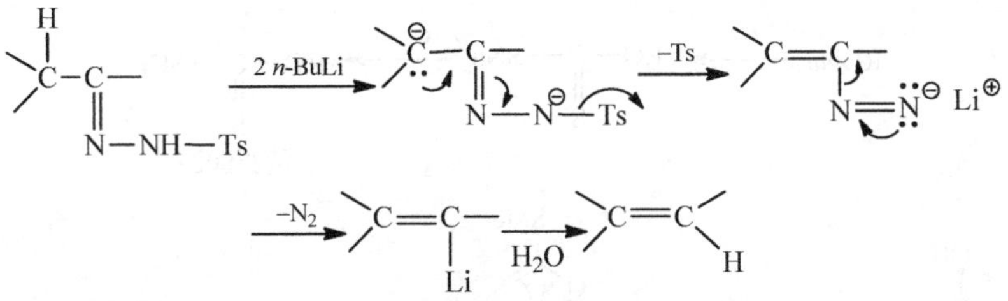

反应第一步是磺酰腙在 2eq.强碱作用下生成其共轭碱，这与 E1cB 机理类似。
例如：

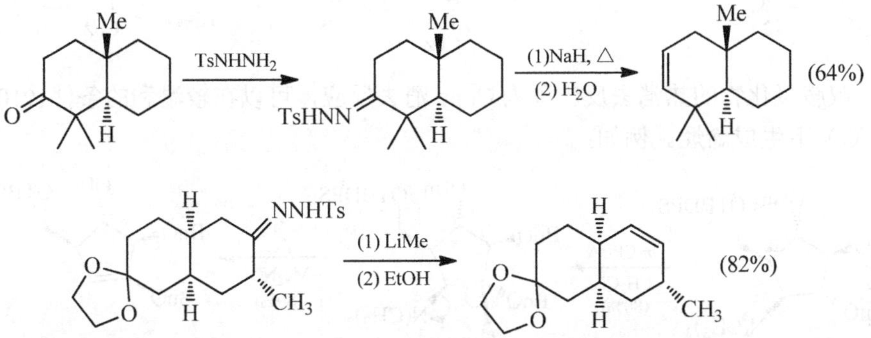

2. β-热解消去反应

1）羧酸酯、黄原酸酯和叔胺氧化物的热解消去反应

β-热解消去反应不需要酸、碱催化，也无需在溶剂中反应。常见的热解消去
反应包括羧酸酯、黄原酸酯和叔胺氧化物热解消去。反应按环状过渡态协同机理
进行，顺式消去，主要生成 Hofmann 烯烃。例如：

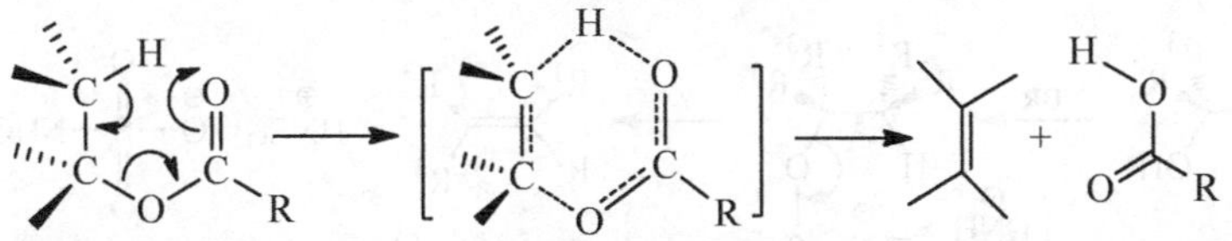

羧酸酯

醇在酸性溶液中发生消去反应容易引起碳架的重排，把它变成羧酸酯或黄原
酸酯，然后热解消去就不会发生重排，其缺点是热解消去反应往往需要相当高的
温度。例如：

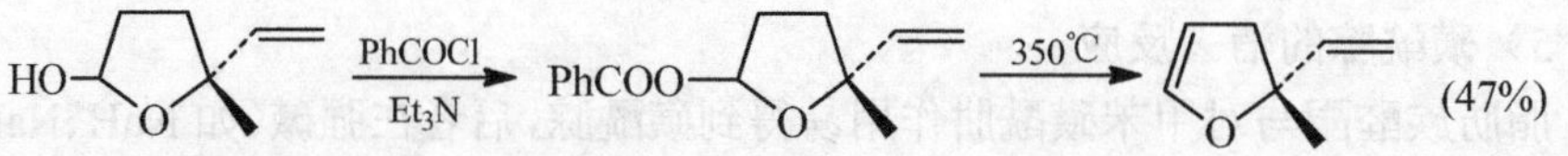

黄原酸酯热解消去的反应称为 Chugaev 反应，反应温度为 100～200℃。该反应的缺点是常掺杂含硫杂质。黄原酸酯由醇、二硫化碳和烃化剂制备。

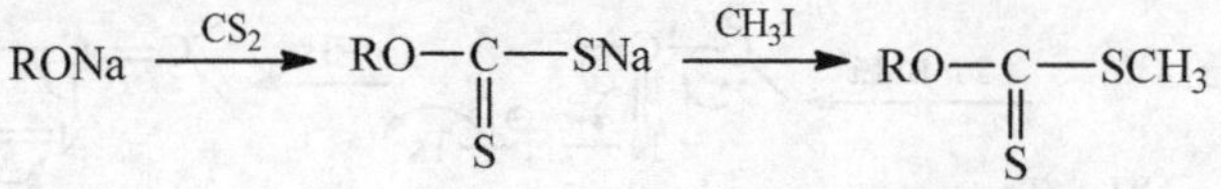

黄原酸酯

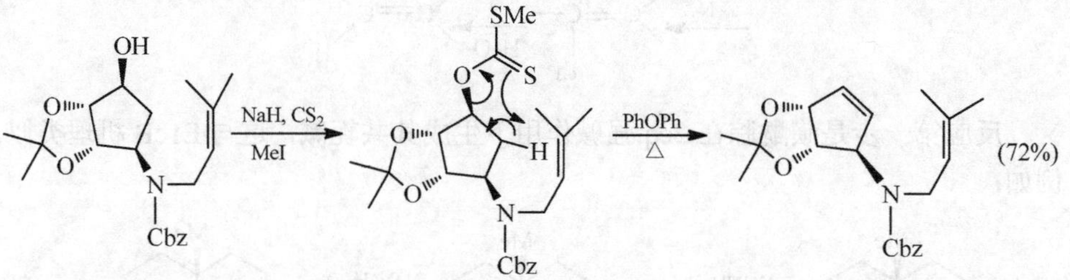

叔胺氧化物的热消去反应称为 Cope 消去反应，可以在较温和的条件（100～150℃）下生成烯烃。例如：

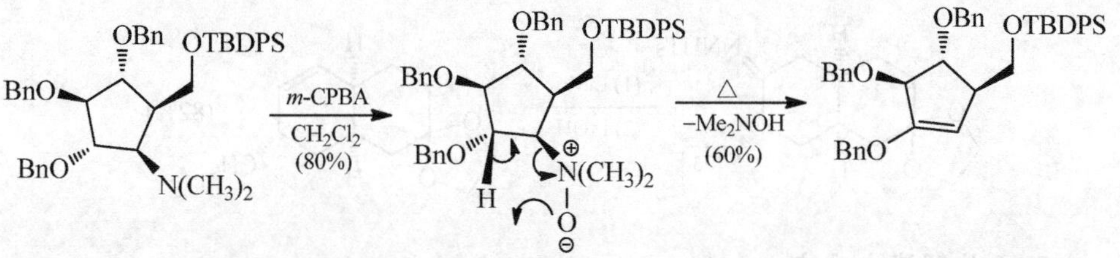

2）Burgess 脱水反应

仲醇和叔醇与 Burgess 试剂（简写为 BR）作用生成的氨基磺酸酯（sulfamate）和黄原酸酯一样，经热解发生顺式消去反应得到 Hofmann 烯烃。Burgess 脱水反应的优点是反应条件温和，在中性介质中进行，可以克服醇在酸性条件下脱水时重排等副反应。

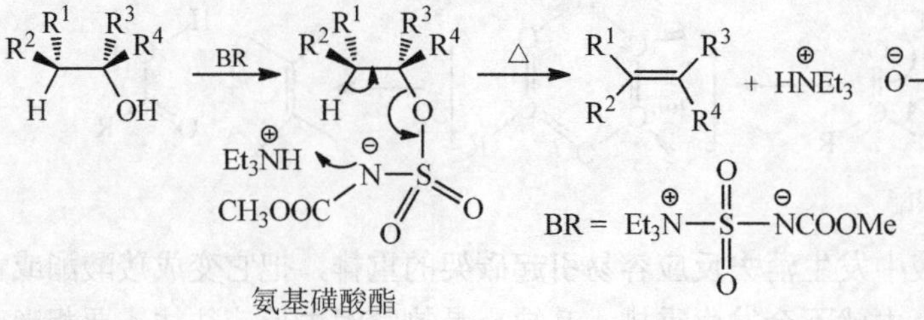

氨基磺酸酯

例如：

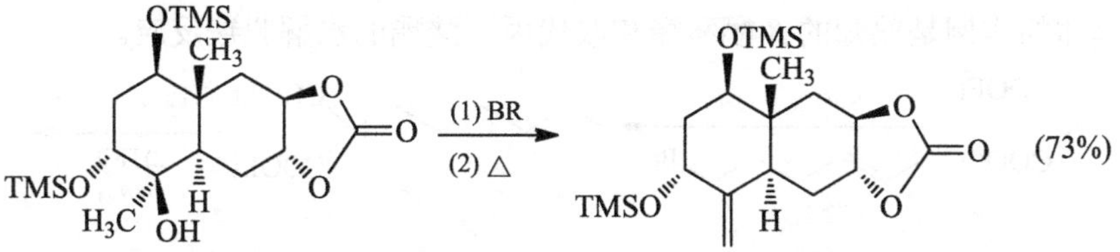

Burgess 试剂与酰胺或肟作用能脱水生成腈，与 *N*-甲酰基胺作用能脱水生成异腈。

2.6.2　γ-消去反应

Grob 碎片化反应：具有未共用电子对的给电子基团 D（羟基、氨基等）和离去基 L（磺酸酯、卤素等）相隔三个碳原子时易发生 γ-消去反应，生成烯烃和羰基或亚氨基化合物。这一反应称为 Grob 碎片化（fragmentation）反应。

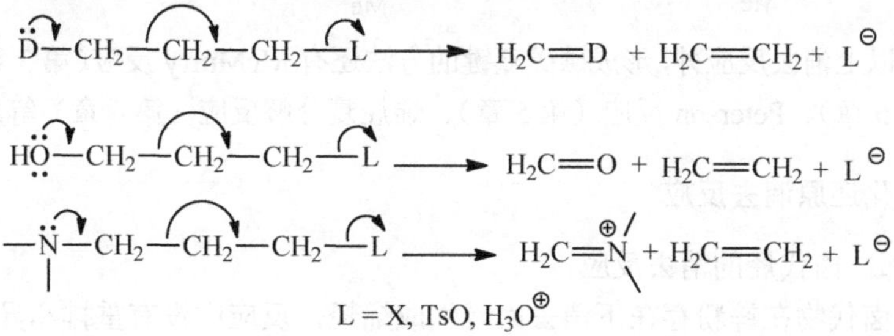

$$L = X, TsO, H_3O^{\oplus}$$

例如：

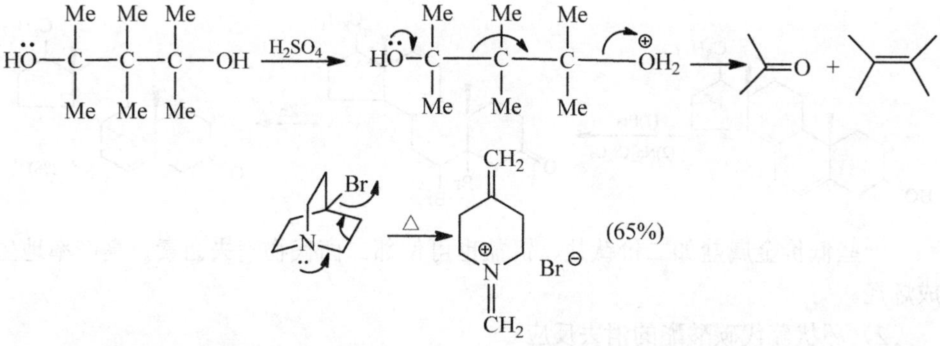

β-取代羧酸脱羧：β-羰基羧酸、β-卤代羧酸和环氧羧酸等 β-取代羧酸的脱羧也可以看作 γ-消去反应。

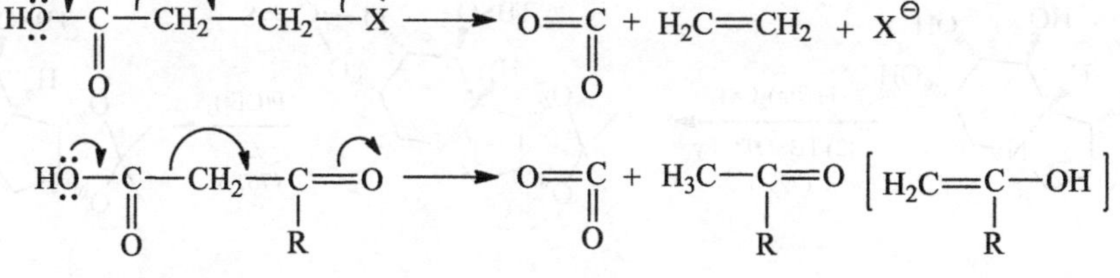

具体的实例是熟知的 β-酮酸酯和取代丙二酸酯的水解脱羧反应。

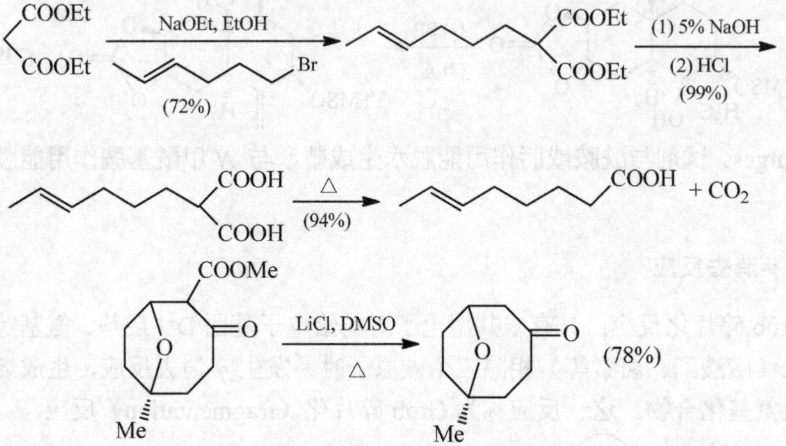

除了以上消去反应外,形成碳碳双键的方法还有 **McMurry** 反应(第 3 章)、**Wittig** 反应(第 5 章)、**Peterson** 反应(第 5 章)、烯烃复分解反应(第 6 章)等反应。

2.6.3　氧化还原消去反应

1)邻二卤代烃的消去反应

邻二卤代物在锌粉存在下消去卤素生成烯烃,反应中没有重排和异构化等副反应,常用于碳碳双键的保护和烯烃的提纯。例如:

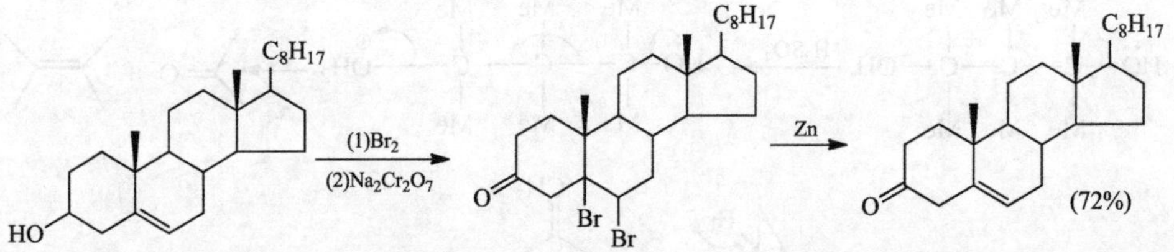

一些低价金属盐如二价钛盐、钒盐也可使邻二卤代物消去卤素,高产率地生成烯烃。

2)环状硫代碳酸酯的消去反应

邻二醇与 *N*, *N'*-二咪唑基硫代甲酮[(Im)₂CS]形成的环状硫代碳酸酯在亚磷酸酯或三苯基膦存在下还原热解消去,生成立体专一性的烯烃。例如:

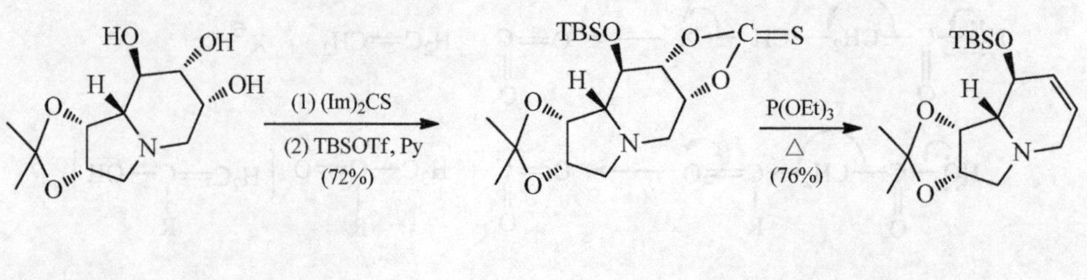

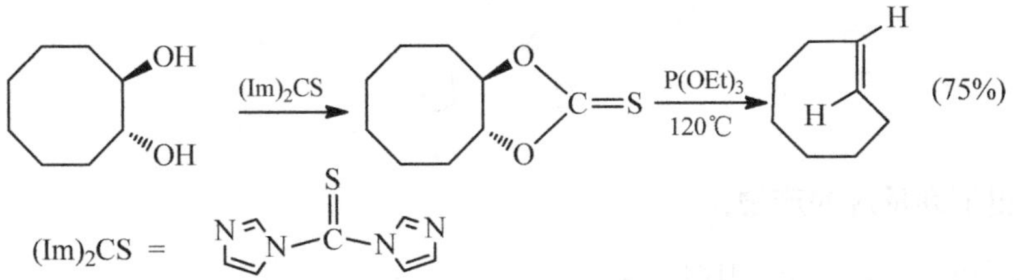

(75%)

$(Im)_2CS =$

3）环氧乙烷衍生物脱氧

环氧乙烷衍生物在三烃基膦或低价金属试剂存在下脱氧形成烯烃。例如：

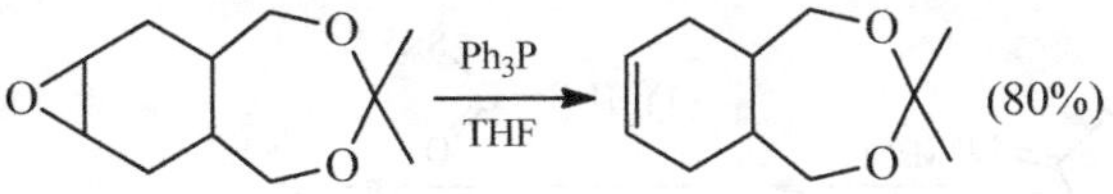

(80%)

4）邻二甲酸的氧化脱羧

邻二甲酸在氧气存在下与四乙酸铅作用或在光照下发生顺式消去生成烯烃。例如：

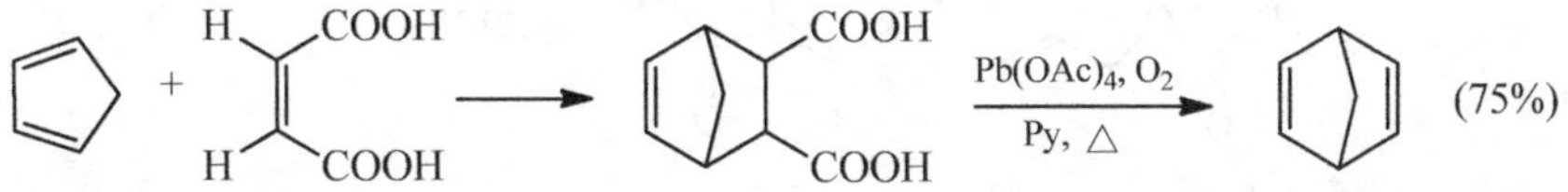

(75%)

环状邻二甲酸容易从 Diels-Alder 反应制备，因而该方法特别适用于合成环烯烃。

问题 2.11 写出下列反应的产物：

(1)

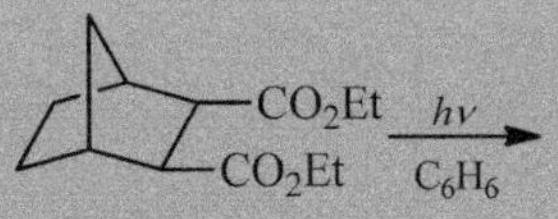

(2)

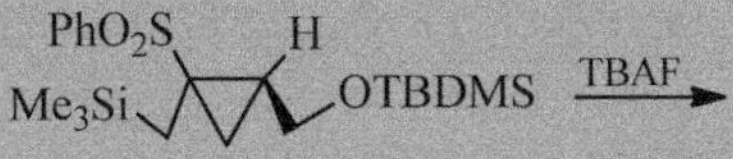

(3)

(4)

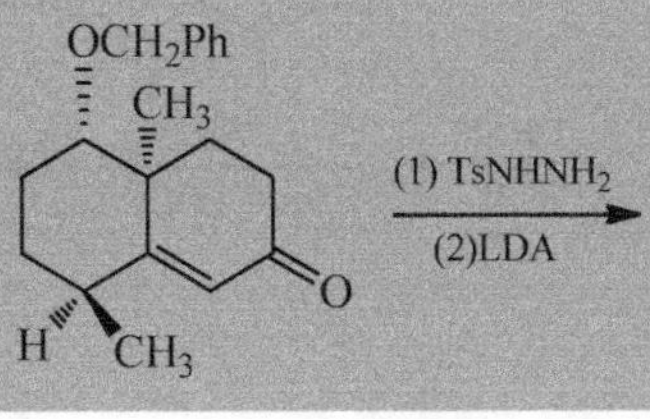

习　题

一、写出下列反应的产物：

(1)

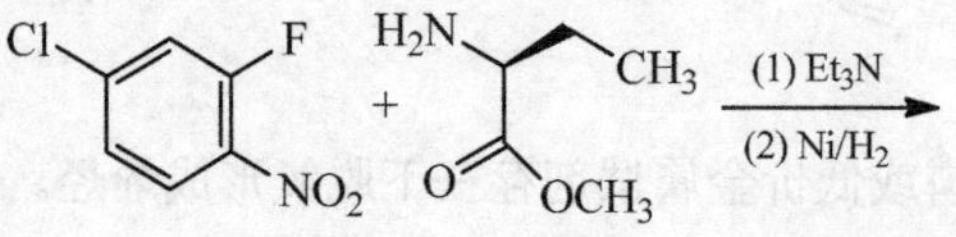

(2)

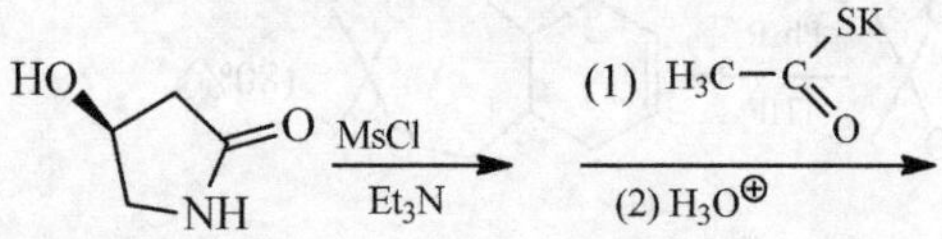

(3)

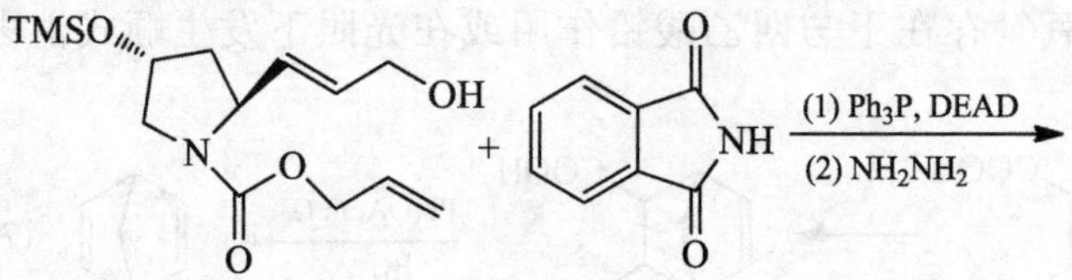

(4)

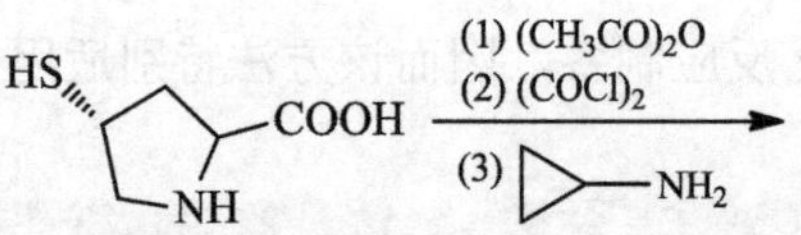

(5)

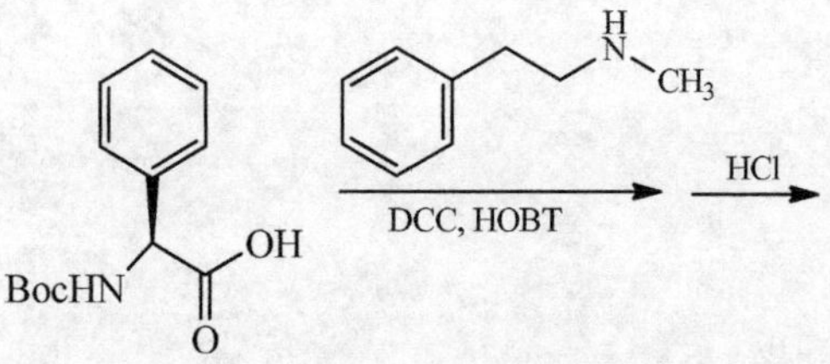

(6)

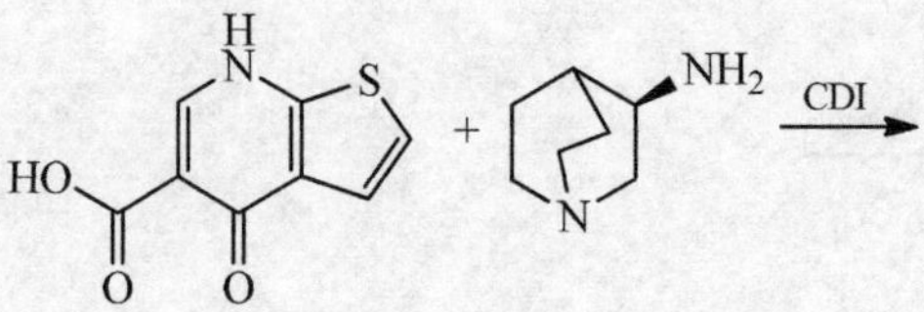

(7)

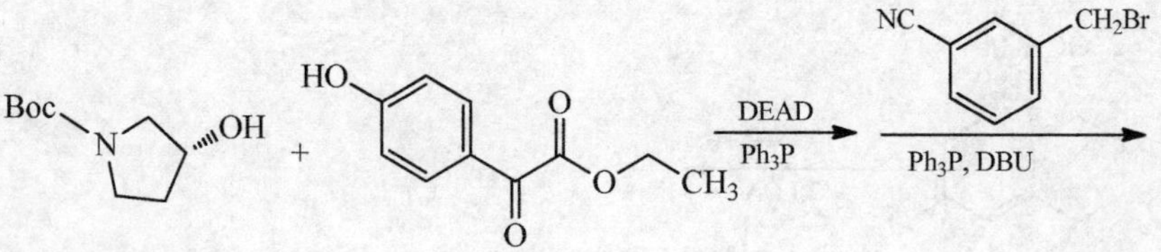

(8) 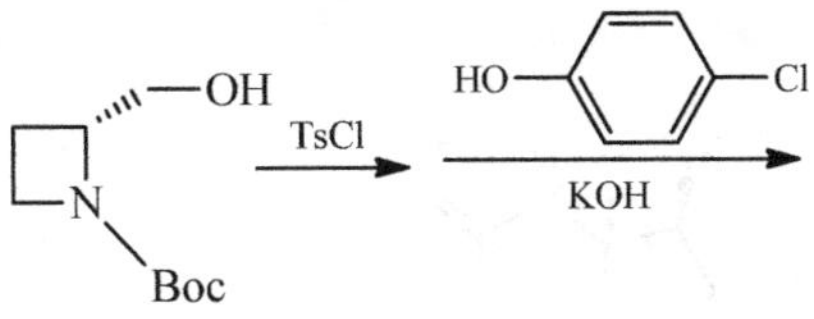
$$\xrightarrow[\text{KOH}]{\text{TsCl}}$$

(9) 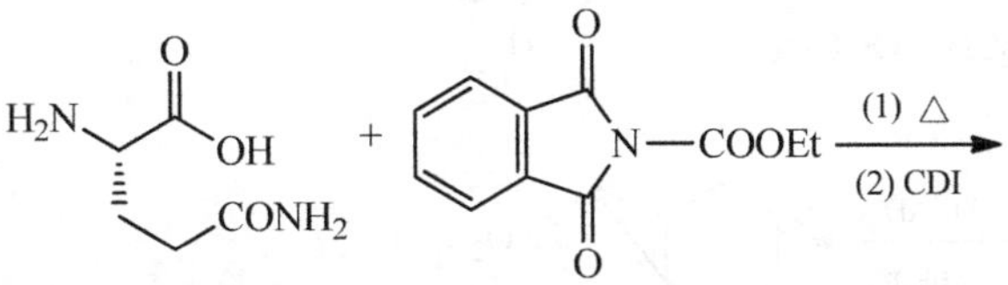
$$\xrightarrow[\text{(2) CDI}]{\text{(1) }\triangle}$$

(10) 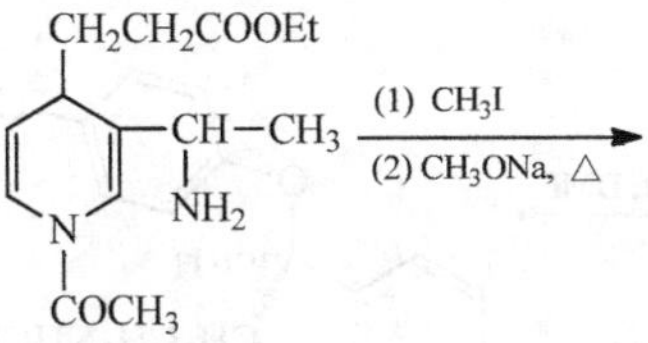
$$\xrightarrow[\text{(2) CH}_3\text{ONa, }\triangle]{\text{(1) CH}_3\text{I}}$$

(11) 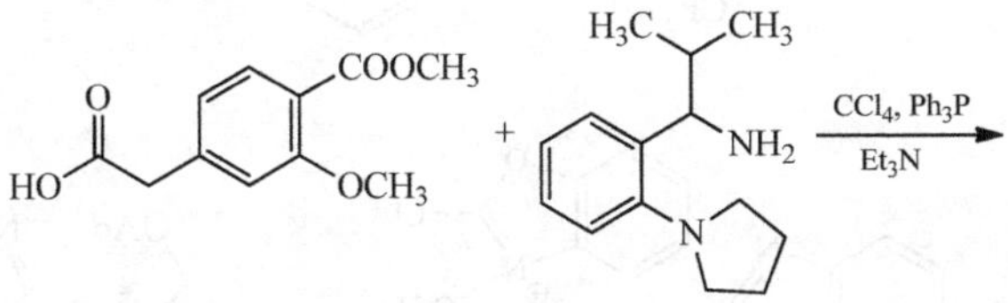
$$\xrightarrow[\text{Et}_3\text{N}]{\text{CCl}_4,\ \text{Ph}_3\text{P}}$$

(12) 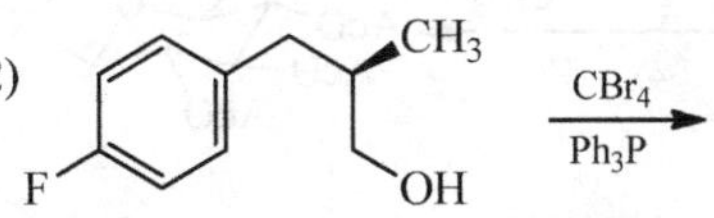
$$\xrightarrow[\text{Ph}_3\text{P}]{\text{CBr}_4}$$

(13) 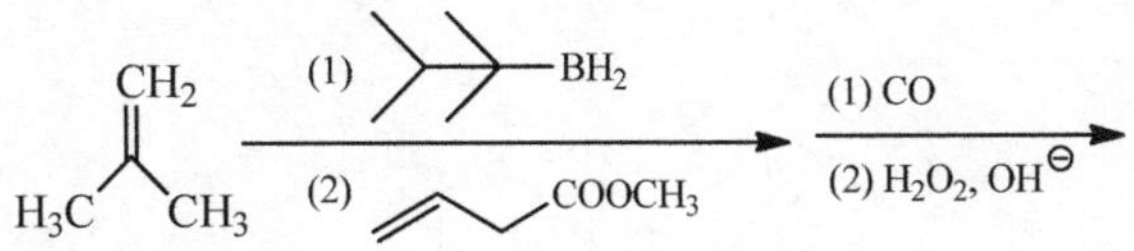
(1)
(2)
$$\xrightarrow[\text{(2) H}_2\text{O}_2,\ \text{OH}^\ominus]{\text{(1) CO}}$$

(14) 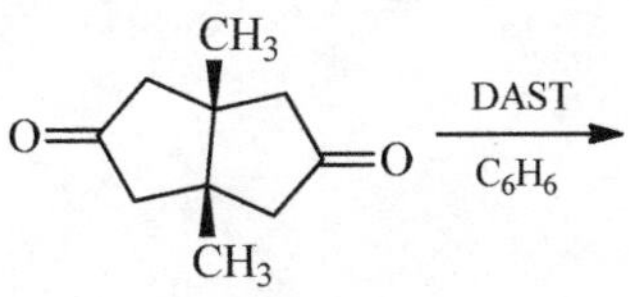
$$\xrightarrow[\text{C}_6\text{H}_6]{\text{DAST}}$$

(15) 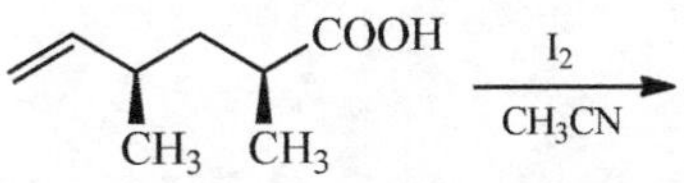
$$\xrightarrow[\text{CH}_3\text{CN}]{\text{I}_2}$$

二、写出下列反应的机理：

(1)

(2)

(3)

(4)

第3章 官能团的互相转变——氧化和还原反应

氧化和还原反应是官能团互相转变的重要反应。有机化合物中大多数不饱和官能团都可能被还原。例如，烯烃还原成饱和烃，醛、酮、羧酸、酯等可还原为醇，酰胺、亚胺、腈等可还原为胺。反之，醇可氧化为醛、酮、羧酸等，烯烃可转变为醇、邻二醇，可氧化断裂为醛、酮、羧酸等。本章从主要的氧化剂和还原剂出发，介绍有机化合物中官能团的氧化和还原反应。

3.1 氧化和还原的概念

在无机化学中，原子或离子失去电子称为氧化，得到电子称为还原。原子的氧化数（oxidation numbers）为零，如果失去或得到 n 个电子，其氧化数分别为 $+n$ 或 $-n$。有机化合物是由共价键构成的含碳的化合物。共价键是由两个原子共用一对电子形成的，任何一个原子都没有失去或得到整个电子。在共价键 A—B 中，成键电子对靠近电负性大的原子。因此，在计算氧化数时，电负性大的原子的氧化数为负值，电负性小的原子的氧化数为正值。

计算有机化合物中碳原子的氧化数的方法：碳原子与碳原子相连接时，其氧化数为零，碳原子与一个氢原子相连接时，其氧化数为 -1，碳原子以单键、双键或三键与 O、N、S、X 等杂原子相连接时，其氧化数分别为 $+1$、$+2$ 或 $+3$，它们的和就是该碳原子总的氧化数。例如：

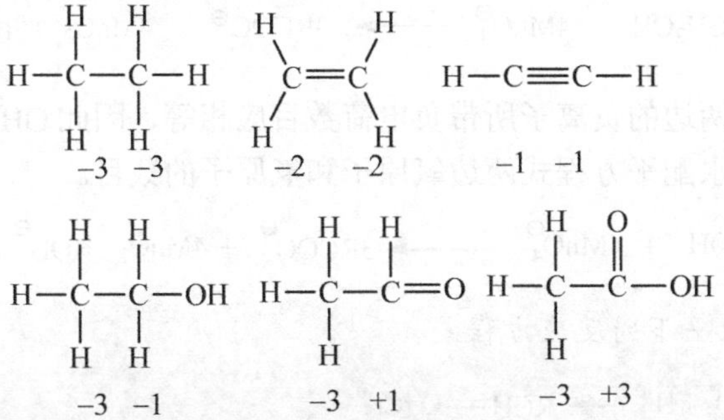

> 问题 3.1 计算下列化合物中碳原子的氧化数：
> R_3COH, $RCHO$, RCH_2Cl, $RCOR$, RCN

广义的氧化还原反应是指有机化合物中反应部位原子的氧化数增加或减少的反应，氧化数增加的为氧化，氧化数减少的为还原。例如：

氧化：

$$2H_2C{=}CH_2 \ + \ O_2 \ \longrightarrow \ 2 \ \underset{H_2C\diagdown\diagup CH_2}{\overset{O}{\triangle}}$$

还原：

$$RHC\underset{\diagdown O\diagup}{-}CHR + Ph_3P \ \longrightarrow \ RHC{=}CHR + (C_6H_5)_3PO$$

$$RHC{=}CH_2 \ + \ H_2 \ \longrightarrow \ RCH_2CH_3$$

书写有机反应式，一般不需要配平，但实际工作中计算应加多少氧化剂或还原剂时，仍需要配平反应方程式。有机化合物的氧化还原反应可以根据反应物和试剂中有关原子氧化数的变化进行配平。例如：

$$RCH_2OH \ + \ MnO_4^{\ominus} \ \longrightarrow \ R{-}\overset{O}{\overset{\|}{C}}{-}O^{\ominus} \ + \ MnO_2 \ + \ OH^{\ominus}$$

氧化数	−1	+7	+3	+4
氧化数变化			+4	−3

在氧化还原反应中氧化数的增加和减少数值应相等，因此 $RCOO^-$ 和 RCH_2OH 的系数为 3，MnO_2 和 MnO_4^- 的系数为 4。

$$3RCH_2OH \ + \ 4MnO_4^{\ominus} \ \longrightarrow \ 3RCOO^{\ominus} \ + \ 4MnO_2 \ + \ OH^{\ominus}$$

反应方程式两边的负离子所带负电荷数目应相等，因此 $OH^{\ominus}$ 的系数为 1，加上反应中生成的水配平方程式两边氧原子和氢原子的数目。

$$3RCH_2OH \ + \ 4MnO_4^{\ominus} \ \longrightarrow \ 3RCOO^{\ominus} \ + \ 4MnO_2 \ + \ OH^{\ominus} \ + \ 4H_2O$$

问题 3.2　配平下列反应方程式：

(1) $RCH_2OH + CrO_3 + H^{\oplus} \longrightarrow RCH{=}O + Cr_3^{\oplus}$

(2) $RHC{=}CHR + CrO_3 + H^{\oplus} \longrightarrow RCOOH + Cr_3^{\oplus}$

有机化合物的氧化还原反应主要发生在官能团和 α-碳上。氧化剂种类主要有高价金属氧化物及其盐（如 $KMnO_4$、CrO_3 等）、有机过氧酸（如 CH_3CO_3H、m-$ClC_6H_4CO_3H$ 等）及有机氧化剂（如 2,3-二氯-5,6-二氰基-1,4-苯醌、二甲基亚砜/草酰氯等）、氧气和臭氧等。还原剂种类主要有氢气（催化加氢反应）、金属氢化物（如 $NaBH_4$、$LiAlH_4$、AlH_3 等）、活泼金属（如 Li、Na、K 等）、非金属还原剂（如 Ph_3P、H_2NNH_2 等）。本章从主要的氧化剂和还原剂出发，介绍有机化合物的氧化和还原反应。

3.2　氧　化　反　应

氧化反应是有机合成中的重要反应。对于氧化反应，现代合成化学亟需两种技术：①高选择性的氧化反应；②绿色清洁的氧化过程。前者主要应用于天然产物全合成、药物全合成中。在这一领域，被氧化的反应物通常结构较复杂，含有多个官能团。因此，实现特定官能团的选择性氧化，能够显著减少昂贵的原料损失，提高合成效率，同时还有利于产物分离提纯。开发高效、高选择性的氧化剂，是这一方向的发展重点。后者则主要应用于大宗化学品合成反应中。这一领域的特点是原料较简单，反应位点不多，容易高选择性地氧化特定官能团，但由于反应规模巨大、产品价格低廉，因此，对反应过程的原子经济性要求很高，不允许产生大宗废弃物。开发催化氧化过程，使用廉价、清洁的氧化剂如过氧化氢、氧气甚至空气，来实现氧化反应，是这一领域的研究发展趋势。下面将分别展开论述。

3.2.1　化学氧化剂氧化

1. 高价金属氧化物和盐

1）高锰酸盐、活性二氧化锰、四氧化锇

（a）高锰酸盐

高锰酸盐（如 $KMnO_4$）在中性或碱性介质中进行氧化时，锰原子由 +7 价降为 +4 价，生成二氧化锰沉淀。在强酸性介质中进行氧化时，锰原子由 +7 价降到 +2 价，生成溶于水的锰盐。高锰酸钾在丙酮、乙酸中有一定的溶解度，因此可以在这些溶剂或它们与水的混合溶剂中进行氧化。高锰酸钾不溶于环己烷、二氯甲烷等非极性溶剂，因此常在反应介质（如环己烷-水）中加入冠醚或季铵盐、季鏻盐等相转移催化剂（phase-transfer catalyst，PTC）提高高锰酸钾在有机溶剂中的溶解度，促进氧化反应的进行。

高锰酸钾是强氧化剂，能使许多官能团或 α-碳氧化。芳环上有氨基或羟基时，芳环被氧化。例如：

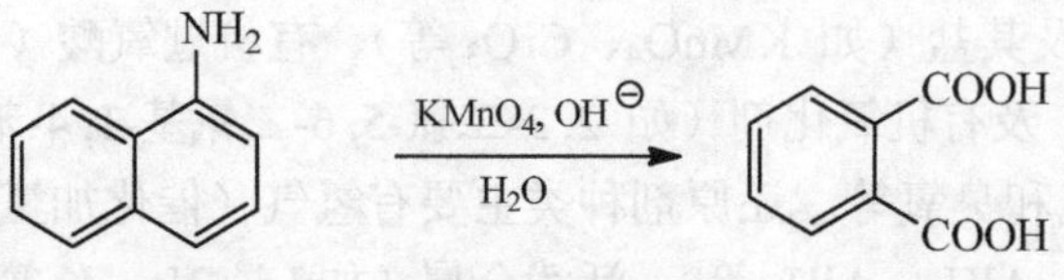

因此芳环上有氨基或羟基时，应先进行官能团保护，才能使用 KMnO₄ 氧化剂。

伯醇一般被氧化为羧酸，仲醇被氧化为酮。例如：

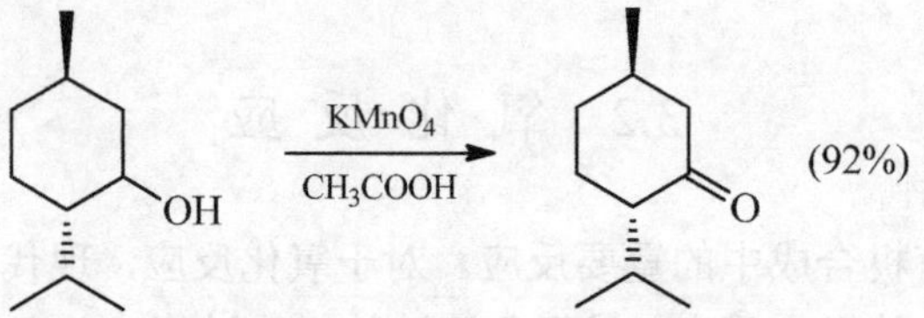

KMnO₄ 的酸性溶液氧化烯键时，双键断裂生成羧酸或酮。例如：

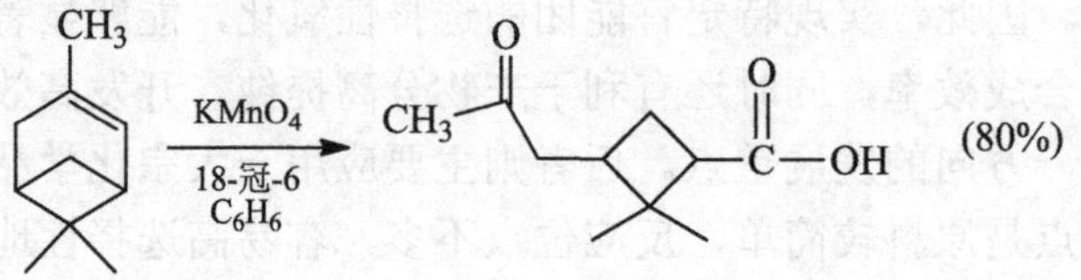

在乙酐溶剂中或在相转移催化剂条件下，烯键常被高锰酸钾氧化成邻二酮。例如：

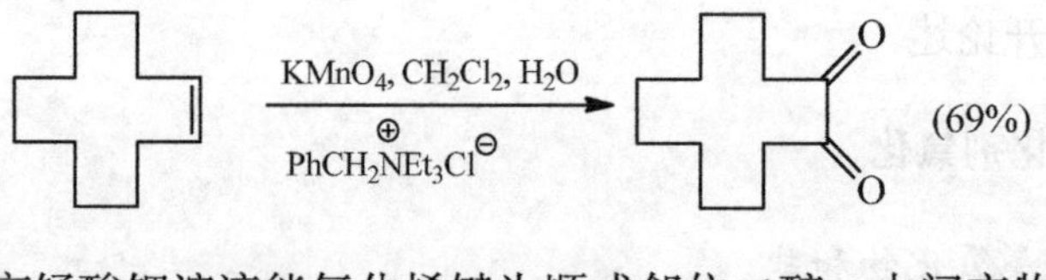

稀、冷的高锰酸钾溶液能氧化烯键为顺式邻位二醇，中间产物是环状的高锰酸的酯。例如：

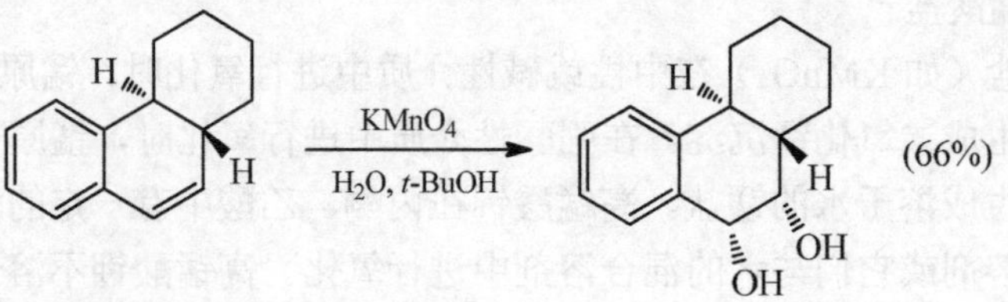

（b）活性二氧化锰

普通的二氧化锰几乎没有氧化活性。由高锰酸钾和硫酸锰溶液在一定条件下制得的活性二氧化锰是一种温和的选择性氧化剂，它的反应与制备的条件如 pH、温度等有关，据测定其结构式为：

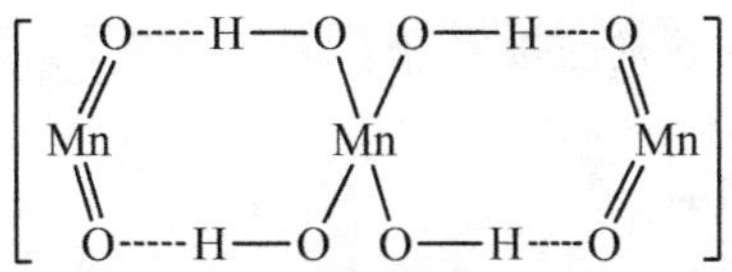

活性二氧化锰能在室温下将烯丙式醇氧化为相应的醛酮，反应常在丙酮、乙腈或烃类溶剂中进行。例如：

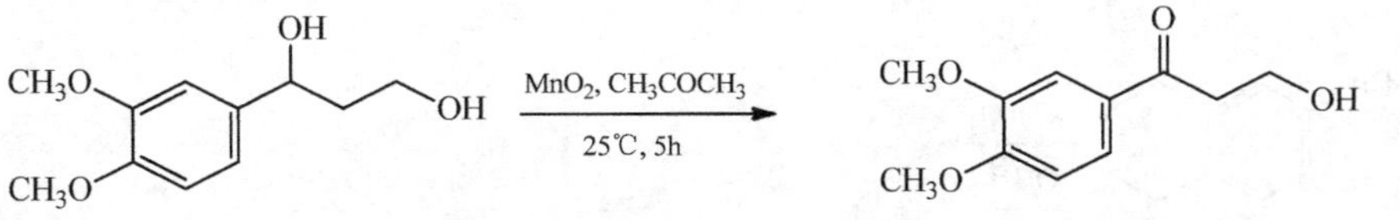

(94%)

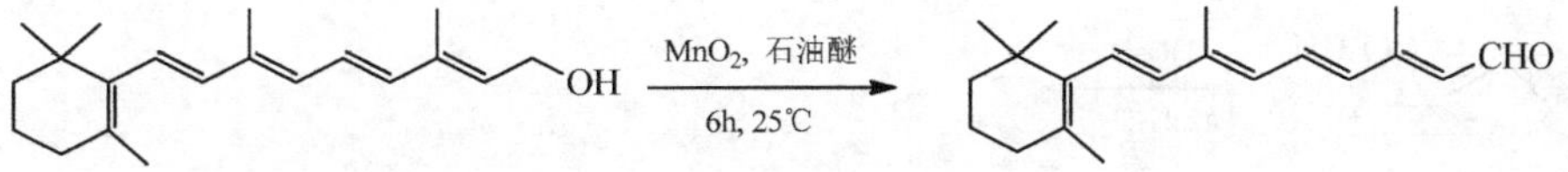

(80%)

活性二氧化锰也能氧化顺式的邻二醇为相应的醛酮。例如：

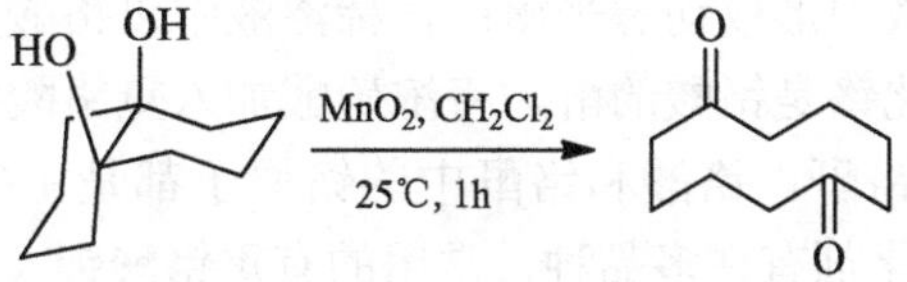

(90%)

(c) 四氧化锇

四氧化锇（OsO_4）与烯键的反应与稀、冷的高锰酸钾相似，中间产物是环状的锇酸酯，经还原水解得到顺式二醇产物。例如：

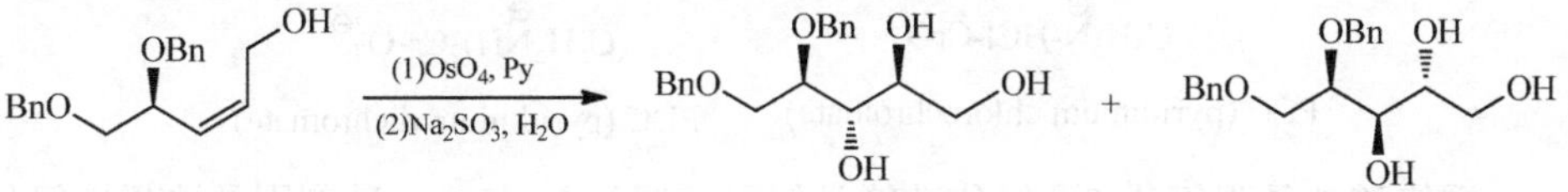

8　:　1

四氧化锇价格昂贵且有剧毒，使用计量四氧化锇的反应在应用上受到限制。因此，一般将过氧化氢、叔丁基过氧化氢、*N*-甲基吗啉-*N*-氧化物（NMO）等氧化剂分别与四氧化锇（催化量）组成共氧化剂。催化量四氧化锇与烯键反应后被还原为低价的锇酸，然后被氧化剂氧化成四氧化锇再参与反应。由于四氧化锇不断再生，所以催化量的四氧化锇就可以使氧化反应顺利进行。四氧化锇能溶于大多数有机溶剂，反应一般可在四氢呋喃、丙酮等有机溶剂中进行。例如：

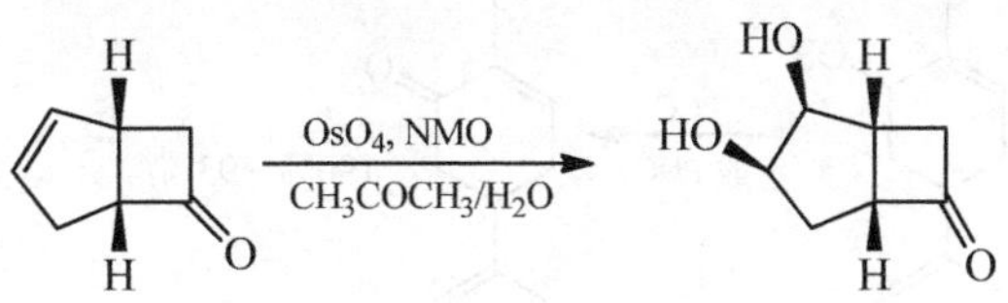

(87%)

问题 3.3 写出下列反应的主要产物：

(1) $\xrightarrow{\text{KMnO}_4,\ \text{H}_2\text{O}}$

(2) $\xrightarrow[25℃]{\text{MnO}_2,\ \text{CH}_2\text{Cl}_2}$

(3) $\xrightarrow[\text{OH}^{\ominus}]{\text{KMnO}_4}$

(4) $R\diagup\diagdown\text{CO}_2\text{CH}_3$ $\xrightarrow[\text{(2)H}_2\text{O}_2]{\text{(1)OsO}_4}$

2）铬酸和三氧化铬

铬酸与重铬酸在溶液中形成动态平衡：在稀溶液中以铬酸为主，在浓溶液中则以重铬酸为主。三氧化铬是铬酸的酐，将浓硫酸加入重铬酸钠饱和水溶液，滤出红色晶体干燥后即得铬酐。铬酸和铬酐中的铬原子都是 +6 价，所以统称为 Cr(VI)氧化剂。Cr(VI)氧化剂有许多品种，常用的有重铬酸钾（钠）的稀硫酸溶液（$K_2Cr_2O_7$-H_2SO_4）；三氧化铬溶于稀硫酸的溶液（Jones 试剂，CrO_3-H_2SO_4）；三氧化铬加入吡啶中形成红色晶体（Collins 试剂，$C_5H_5N \cdot 1/2CrO_3$）；三氧化铬加入吡啶盐酸中形成橙黄色晶体（PCC）；重铬酸加入吡啶中形成亮橙色晶体（PDC）。

$$C_5H_5\overset{\oplus}{N}\text{-HCl-}CrO_3^{\ominus} \qquad (C_5H_5\overset{\oplus}{N}H)_2Cr_2O_7^{2\ominus}$$

PCC (pyridinium chlorochromate)   PDC (pyridinium dichromate)

重铬酸盐是强氧化剂，氧化性能类似于高锰酸盐。Jones 试剂则是选择性氧化剂，能将烯丙式醇氧化为相应的酮。例如：

$$\text{OH}/\text{CO}_2\text{CH}_3 \xrightarrow[\text{CH}_2\text{Cl}_2]{\text{Jones试剂}} \text{O}/\text{CO}_2\text{CH}_3 \qquad (65\%)$$

Collins 试剂、PCC 和 PDC 试剂可溶于二氯甲烷、氯仿、乙腈、DMF 等有机溶剂中，它们是温和的选择性氧化剂，能将伯醇氧化成醛，仲醇氧化成酮，碳碳双键不受影响。例如：

$$\xrightarrow[\text{或 PDC}]{\text{PCC}} \qquad (90\%\sim93\%)$$

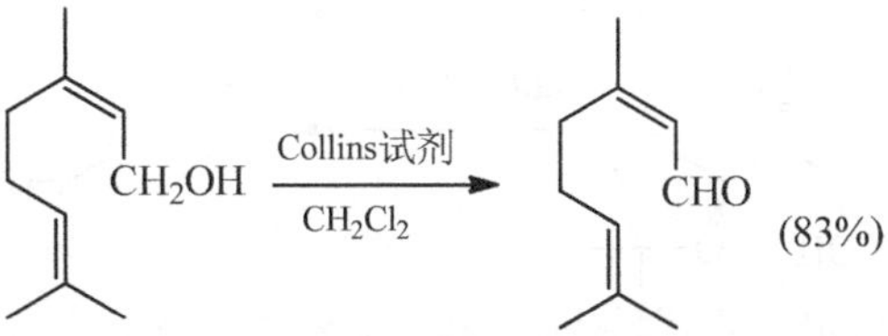

(83%)

问题 3.4　填充下面表格：

反应式	K$_2$Cr$_2$O$_7$-H$_2$SO$_4$	Jones 试剂	Collins 试剂	PCC	PDC
R^{1}CHOH → R^{1}R^{2}C=O					
RCH$_2$OH → RCHO					
RCH$_2$OH → RCOOH					

问题 3.5　写出下列反应的主要产物：

(1)　CH$_3$(CH$_2$)$_4$C≡C—CH$_2$OH $\xrightarrow[\text{CH}_2\text{Cl}_2]{\text{PCC}}$

(2)　

(3)

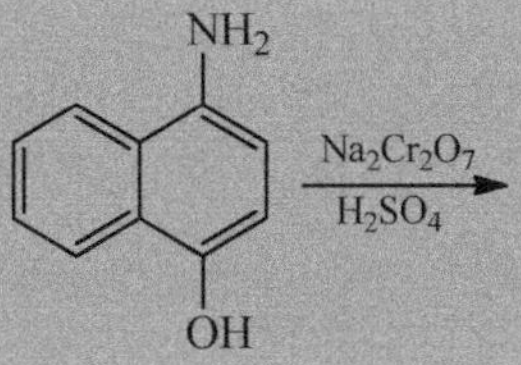

(4)

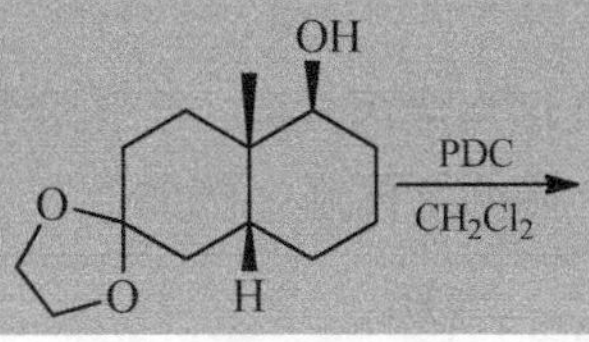

3）高碘酸钠

邻位二醇用高碘酸钠氧化，碳链在羟基所在的两个碳原子之间破裂。高碘酸钠中的碘原子从 +7 价降到 +5 价。例如：

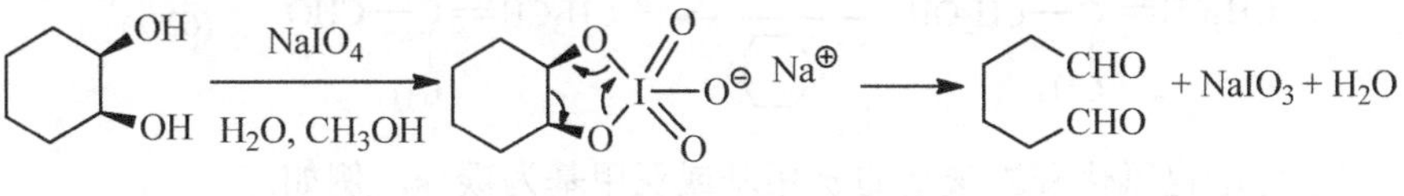

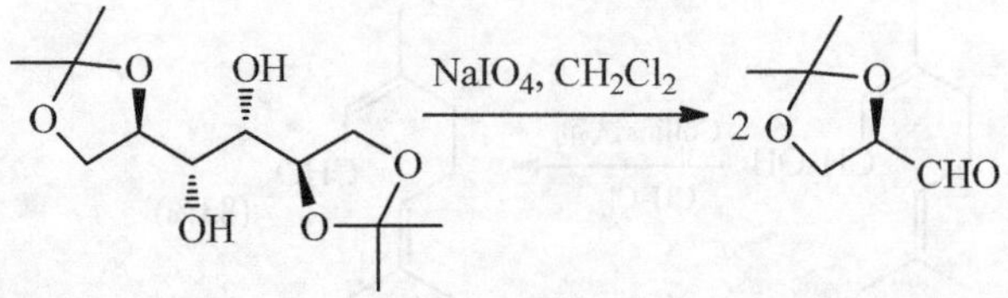

含下列结构单元的化合物与高碘酸钠作用，碳链也会在相邻官能团所在的两个碳原子之间断裂：

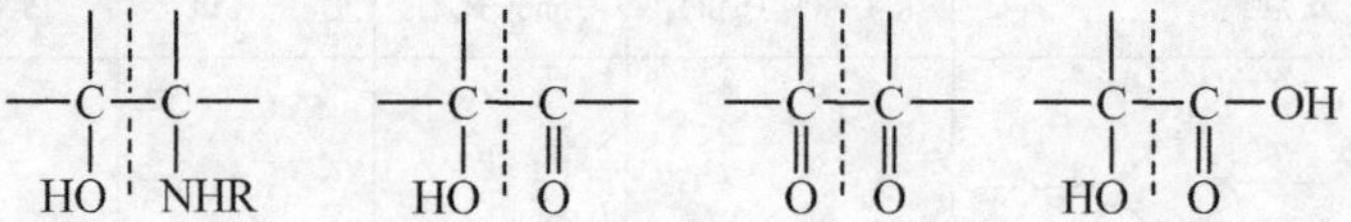

与高碘酸钠类似，四乙酸铅 Pb(OAc)₄ 也可以发生类似的反应。

在催化量的四氧化锇或催化量的高锰酸钾存在下，烯键被高碘酸钠氧化为相应的醛、酮或相应的酮和羧酸。

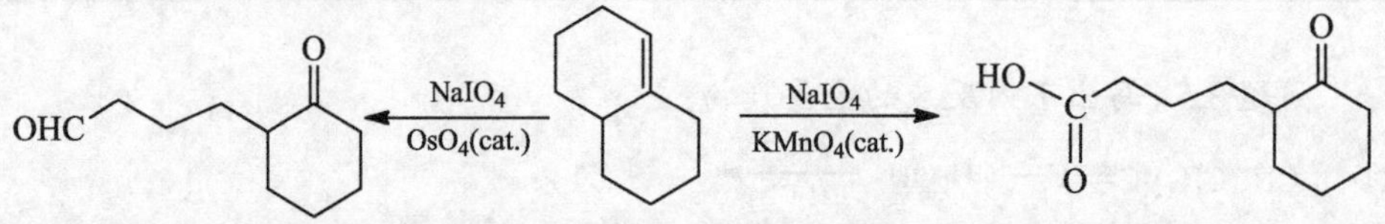

问题 3.6 写出下列反应的主要产物：

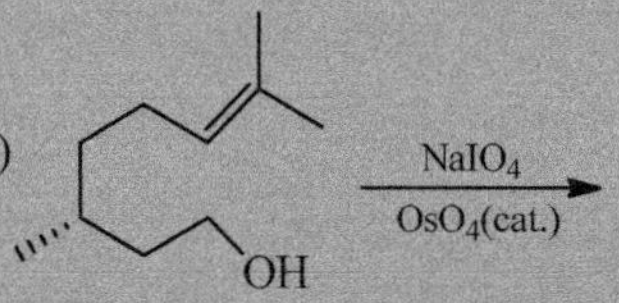

4）二氧化硒、硝酸铈铵

二氧化硒（SeO₂）是选择性氧化剂，它将烯烃氧化为烯丙式醇。当化合物中有多个烯丙基存在时，优先氧化双键上取代基较多一端的烯丙基。例如：

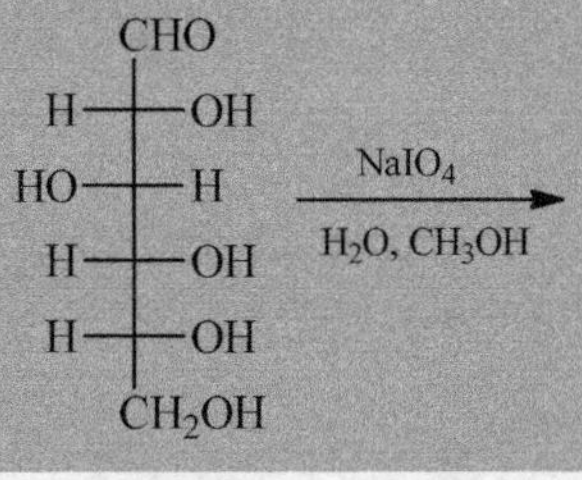

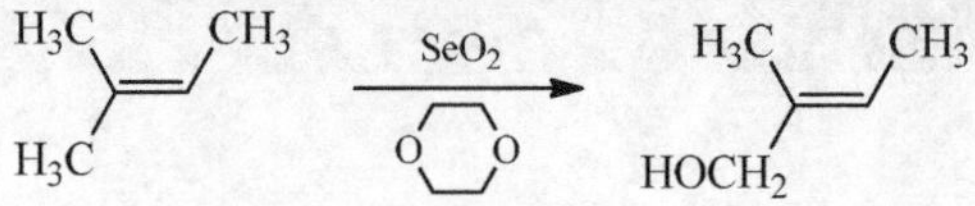

二氧化硒过量时，氧化烯烃、烯丙式醇为烯丙式醛酮。例如：

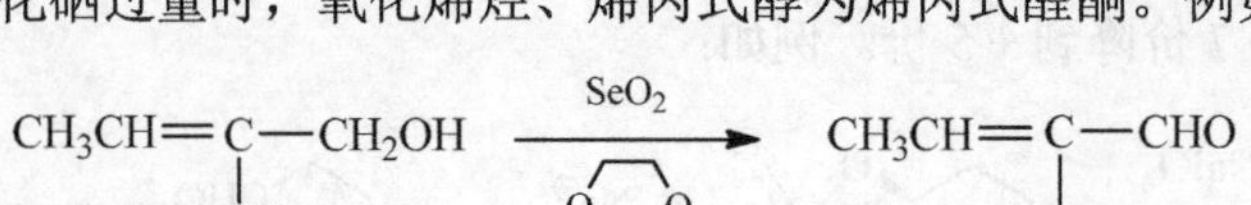

$$CH_3CH=C-CH_2OH \xrightarrow[\text{（六元环O O）}]{SeO_2} CH_3CH=C-CHO \quad (62\%)$$
$$\qquad\quad | \qquad\qquad\qquad\qquad\qquad\qquad | $$
$$\qquad\quad CH_3 \qquad\qquad\qquad\qquad\qquad\quad CH_3$$

二氧化硒也氧化醛酮羰基的 α-甲基或亚甲基为羰基。例如：

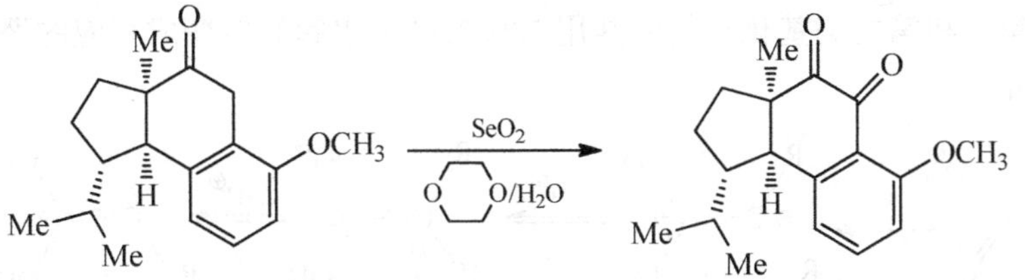

反应中，二氧化硒被还原成硒沉淀析出。回收后经浓硝酸氧化后的二氧化硒可以重复使用。但由于二氧化硒有剧毒，它的使用受到限制。

在亚硝酸甲酯、亚硝酸异戊酯等试剂存在下，羰基的 α-甲基或亚甲基发生亚硝化并互变异构成肟，经水解也可得到邻二羰基化合物。例如：

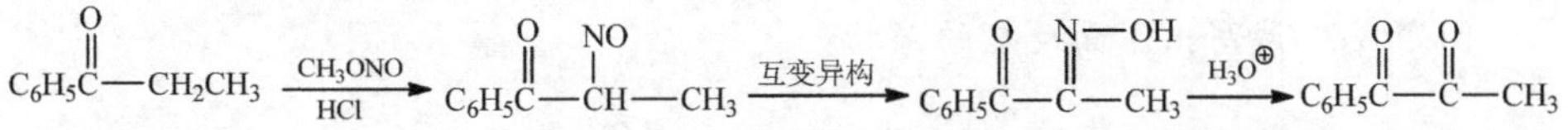

硝酸铈铵[CAN，$Ce(NH_4)_2(NO_3)_6$]在酸性介质中是温和的氧化剂。例如，在高氯酸存在下，甲苯被硝酸铈铵氧化成苯甲醛。多甲基芳烃在较低温度下氧化时仅一个甲基氧化为醛，较高温度时醛基继续氧化为羧酸。例如：

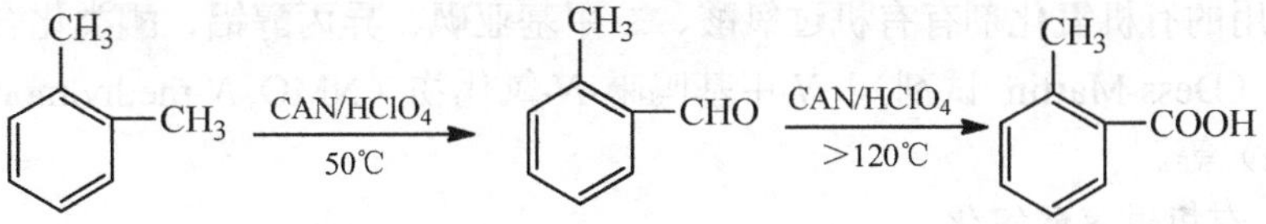

苄基的亚甲基被氧化成相应的酮。例如：

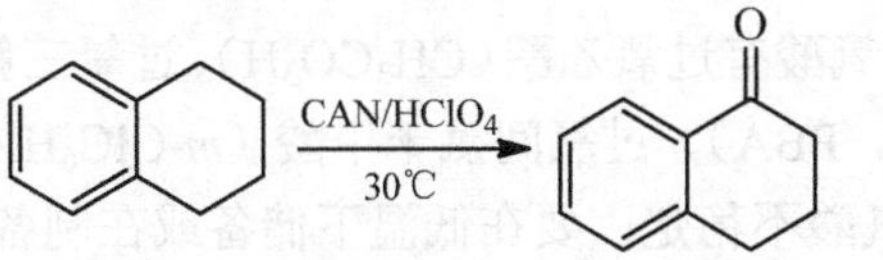

硝酸铈铵氧化机理是电子转移过程。氧化机理如下：

$$ArCH_3 + Ce^{4\oplus} \longrightarrow Ar\dot{C}H_2 + Ce^{3\oplus} + H^{\oplus}$$

$$Ar\dot{C}H_2 + H_2O + Ce^{4\oplus} \longrightarrow ArCH_2OH + Ce^{3\oplus} + H^{\oplus}$$

$$ArCH_2OH + 2Ce^{4\oplus} \longrightarrow ArCHO + 2Ce^{3\oplus} + 2H^{\oplus}$$

在弱碱条件下，硝酸铈铵或过碳酸钠（SPC）能将脂肪族硝基转变为羰基。例如：

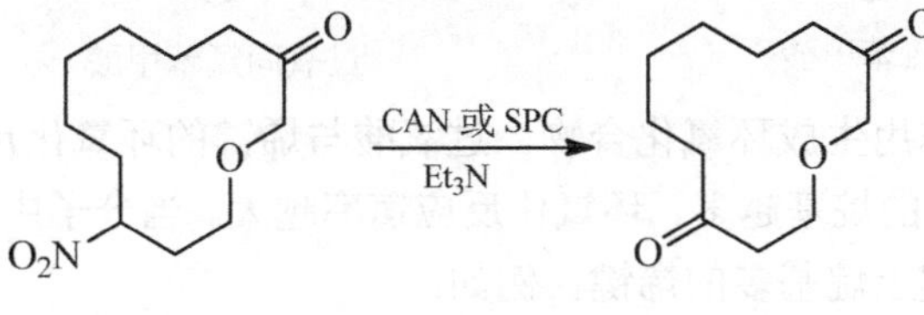

脂肪族第一和第二硝基化合物的盐用 50% H_2SO_4 水解时转变成相应的醛酮的反应称为 Nef 反应。

问题 3.7　试写出下面反应的产物：

$$CH_3CH_2CH_2—NO_2 + CH_3COCH=CH_2 \xrightarrow[(2)\ 50\%\ H_2SO_4]{(1)\ NaOH}$$

2. 有机氧化剂

常用的有机氧化剂有有机过氧酸、二甲基亚砜、异丙醇铝、醌类化合物、高碘酸酯（Dess-Martin 试剂）、N-甲基吗啉-N-氧化物（NMO, N-methylmorpholine-N-oxide）等。

1）有机过氧酸氧化

有机过氧酸是重要的氧化剂之一，可以氧化烯烃为环氧化合物，转变酮为酯类化合物。常用的有机过氧酸有过氧乙酸（CH_3CO_3H）、过氧三氟乙酸（F_3CCO_3H）、过氧苯甲酸（$C_6H_5CO_3H$, PBA）、过氧间氯苯甲酸（m-$ClC_6H_4CO_3H$, m-CPBA 或 MCPBA）。一般有机过氧酸不稳定，要在低温下储备或在制备后立即使用。过氧间氯苯甲酸是晶体，熔点 92～94℃，比较稳定，可以在室温下储存。过氧酸可形成五元环状分子内氢键，因而其酸性比相应的羧酸弱。过氧酸的氧化能力与其酸性的强弱成正比：

$$F_3CCO_3H>p\text{-}NO_2C_6H_4CO_3H>m\text{-}ClC_6H_4CO_3H>C_6H_5CO_3H>CH_3CO_3H$$

有机过氧酸一般用过氧化氢氧化相应的羧酸得到。例如：

　　间氯苯甲酸　　　　　　　　　　　　　　过氧间氯苯甲酸

烯烃与过氧酸作用生成环氧化合物。过氧酸与烯键的环氧化反应是亲电性反应，因此碳碳双键上的烷基越多，环氧化反应速率越大。当分子中有两个烯键时，优先环氧化碳碳双键上烷基多的烯键。例如：

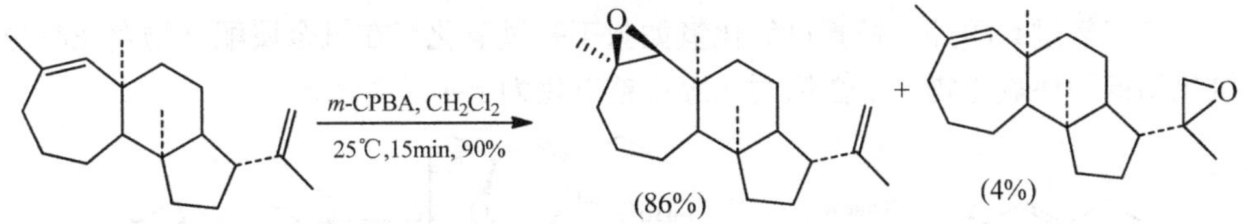

$$\xrightarrow[\text{25℃,15min, 90\%}]{\textit{m}\text{-CPBA, CH}_2\text{Cl}_2}$$

(86%)　　+　　(4%)

烯烃的环氧化常受空间位阻的影响，过氧酸一般从位阻小的一边接近双键。例如：

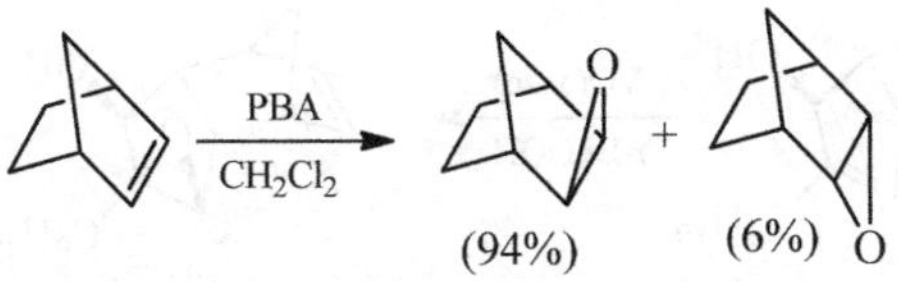

$$\xrightarrow[\text{CH}_2\text{Cl}_2]{\text{PBA}}$$

(94%)　　+　　(6%)

烯丙式醇用过氧酸氧化时，由于醇羟基和过氧酸之间形成氢键，过氧酸的亲电性氧原子与羟基同一边接近烯键，因而生成的产物为 *syn* 式。

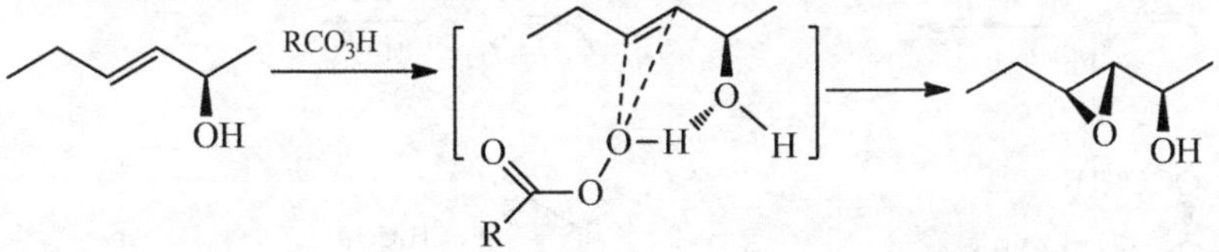

例如：

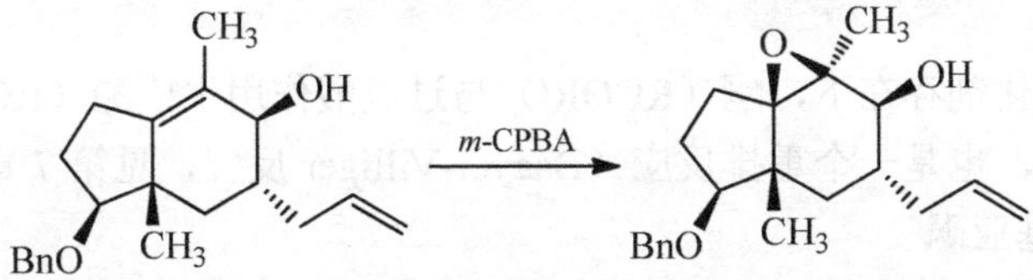

$$\xrightarrow{\textit{m}\text{-CPBA}}$$

除间氯过氧苯甲酸外，其余的过氧酸如过氧乙酸、过氧苯甲酸不稳定。过硼酸钠（SPB）和过碳酸钠（SPC）是固体，与羧酸或酸酐作用时产生过氧酸，可直接用作氧化剂：

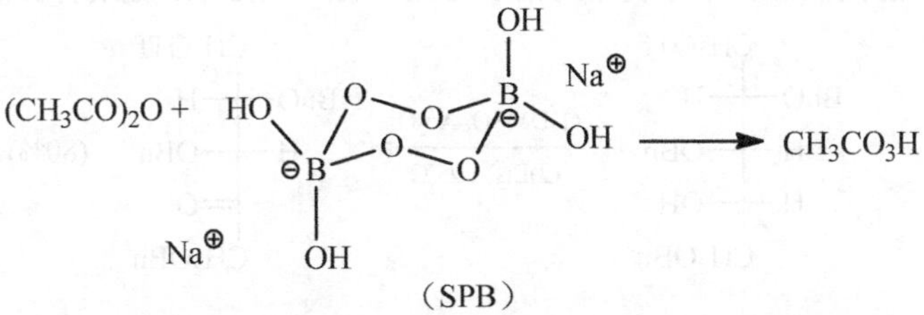

$$(\text{CH}_3\text{CO})_2\text{O} + \cdots \longrightarrow \text{CH}_3\text{CO}_3\text{H}$$

（SPB）

$$\xrightarrow[(\text{CH}_3\text{CO})_2\text{O}]{\text{SPB}}$$

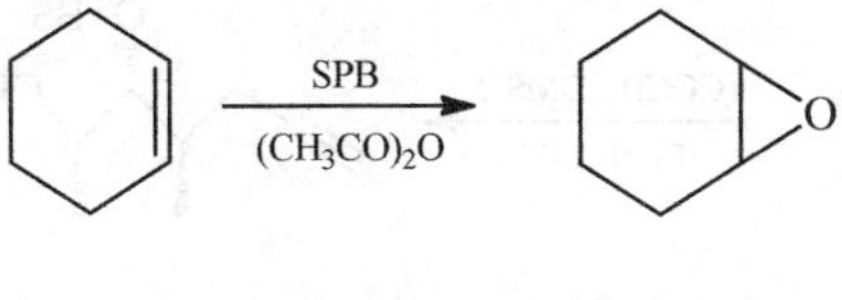

除间氯过氧酸外，烃基过氧化氢如叔丁基过氧化氢在钒金属配合物存在时也氧化烯键为环氧化物。手性烯丙式醇也被氧化为 *syn* 式产物。

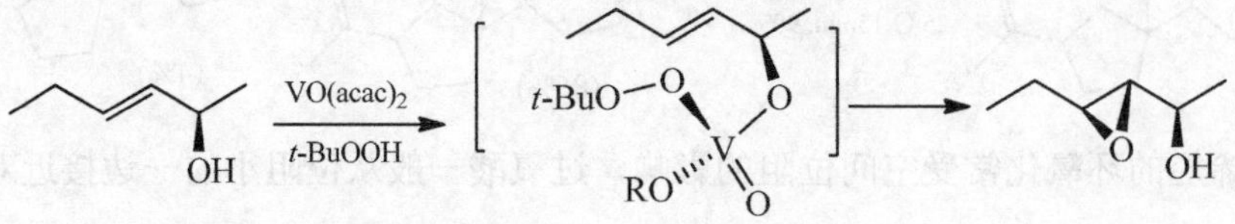

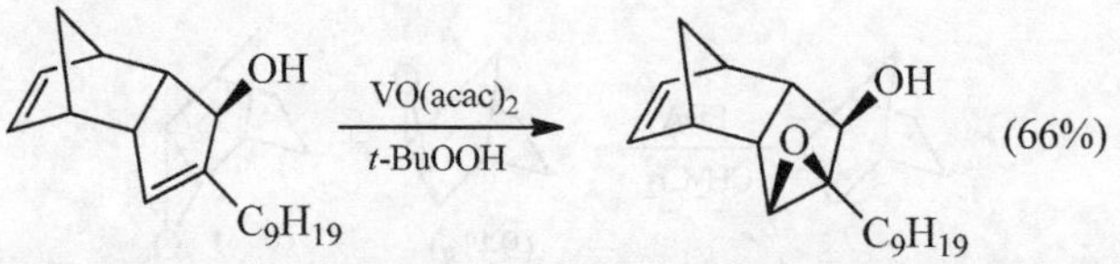

问题 3.8　写出下列反应的产物：

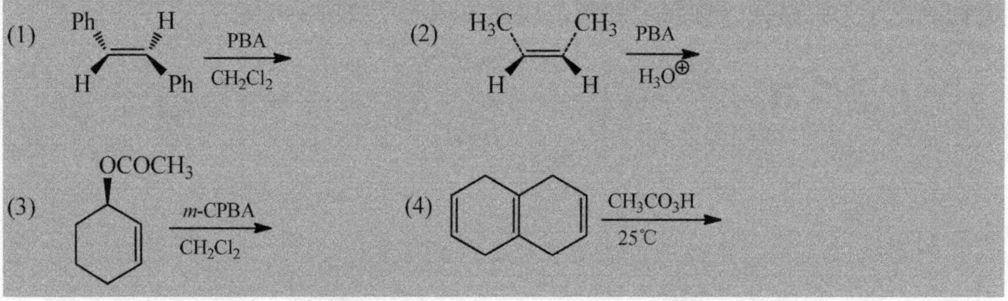

在酸性催化剂存在下，酮（RCOR'）与过氧酸作用生成酯（RCOOR'）。这是一个氧化反应，也是一个重排反应（Baeyer-Villiger 反应，见第 7 章）。

2）二甲基亚砜

二甲基亚砜与乙酐（Ac$_2$O）的混合试剂称为 Albright-Goldman 氧化剂，二甲基亚砜与草酰氯[(COCl)$_2$]的混合试剂称为 Swern 氧化剂，二甲基亚砜与 DCC（*N, N'*-二环己基碳二亚胺，dicyclohexylcarbodiimide）的混合试剂称为 Moffatt 氧化剂。它们都是温和的氧化剂，能把伯醇和仲醇氧化为相应的醛和酮，并且对烯键没有影响。例如：

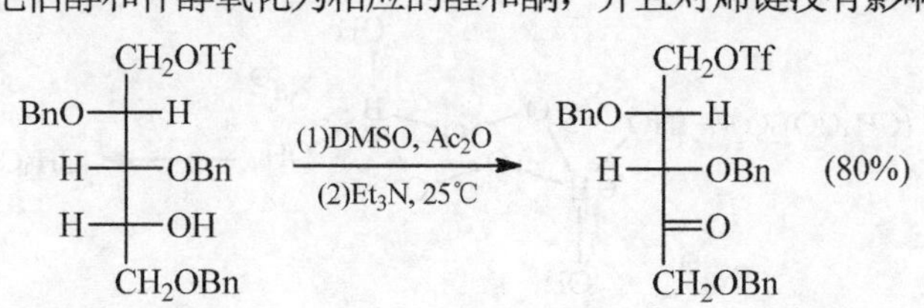

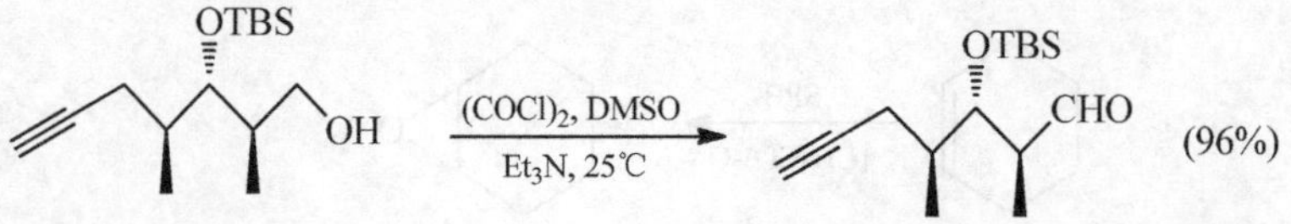

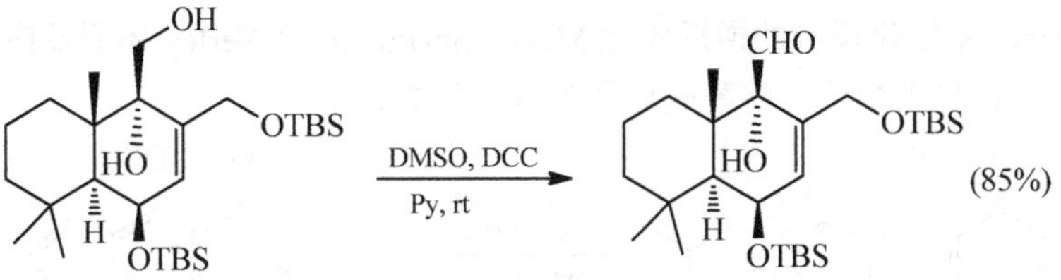

(85%)

草酰氯、DCC、乙酐的作用是活化二甲基亚砜：

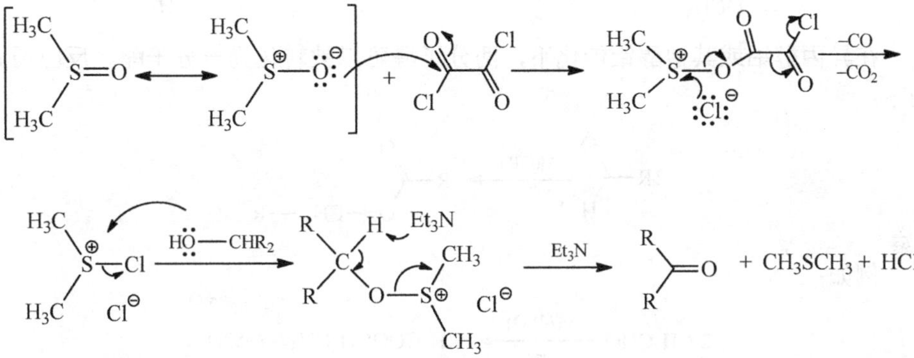

Swern 氧化剂和 **Moffatt** 氧化剂也能将邻二醇氧化为 α-二酮，并避免碳碳键发生断裂。例如：

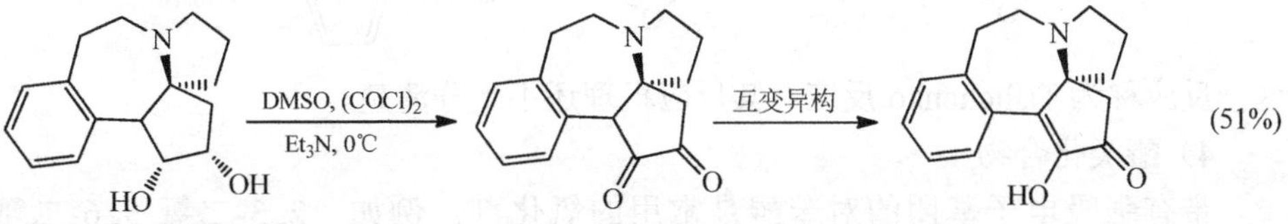

(51%)

3）异丙醇铝

以酮（如丙酮、环己酮）为氧化剂，异丙醇铝[Al(OCHMe$_2$)$_3$]为催化剂，可将醇氧化为醛酮。这一反应称为 Oppenauer 氧化反应。反应式如下：

$$R_2CHOH + R_2'CO \xrightarrow{Al(OCHMe_2)_3} R_2C{=}O + R_2'CHOH$$

这是一个酮与一个醇的交叉氧化还原反应。氧化剂酮过量则反应向右进行。在 Oppenauer 氧化反应中，碳碳双键常发生异构化，β,γ-不饱和醇被转化成 α,β-不饱和酮。例如：

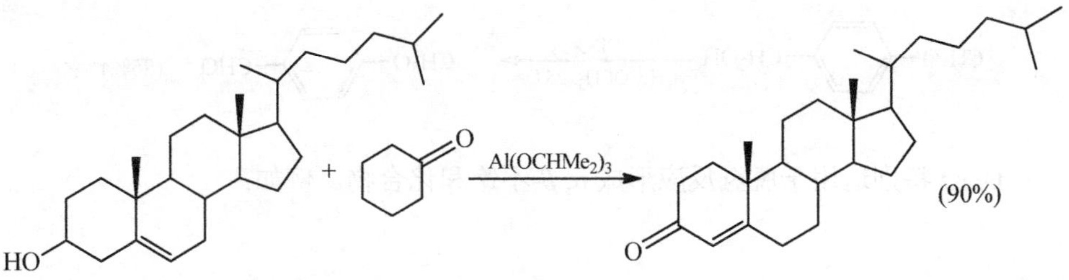

(90%)

Oppenauer 氧化反应的逆反应为 Meerwein-Ponndorf-Verley 还原反应。如以异丙醇为溶剂，异丙醇铝可将醛酮还原为醇。例如：

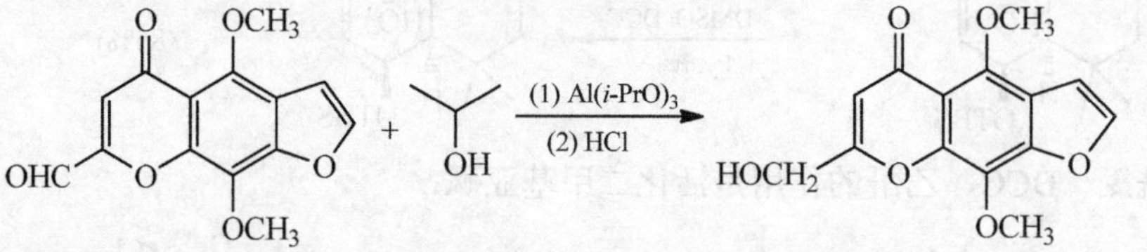

(73%)

在异丙醇铝或其他醇铝催化下，两分子醛可以被转化为一分子酯。反应通式如下：

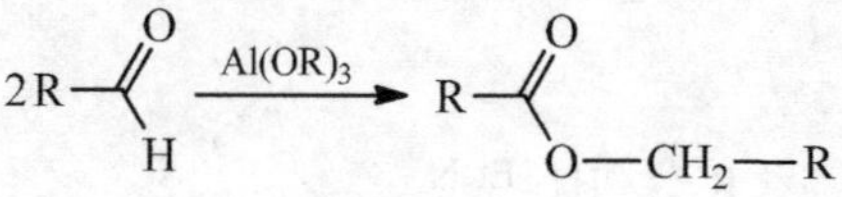

例如：

$$2\ CH_3CHO \xrightarrow[\text{rt}]{Al(i\text{-}PrO)_3} CH_3COOCH_2CH_3 \quad (95\%)$$

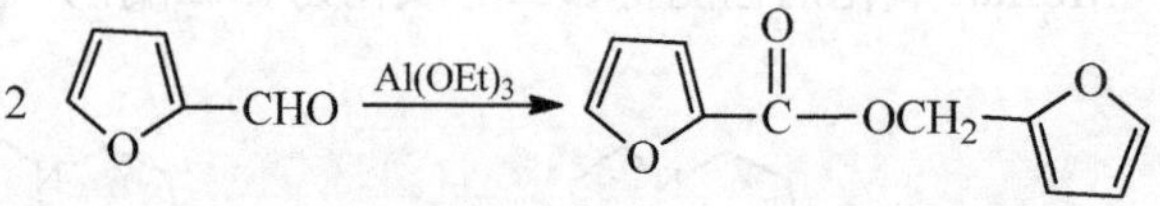

(78%)

这一反应称为 Tishchenko 反应，其反应机理还不十分清楚。

4）醌类化合物

带有强吸电子基团的对苯醌是常用的氧化剂。例如，2, 3-二氯-5, 6-二氰基-1, 4-苯醌（DDQ）能在温和的条件下氧化烯丙式醇和活性亚甲基为相应的羰基化合物，DDQ 被还原为二酚形式。反应一般在无水条件下进行。例如：

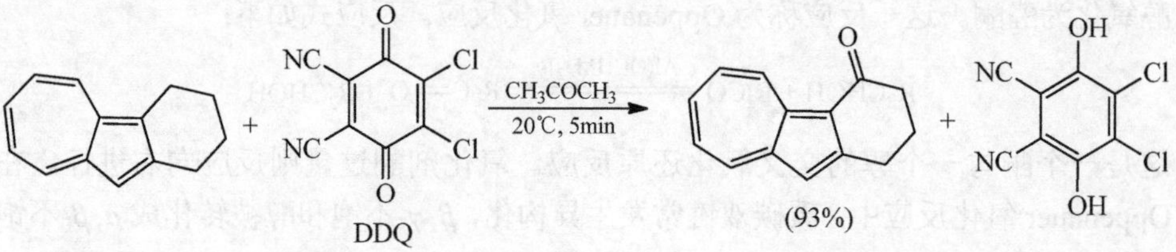

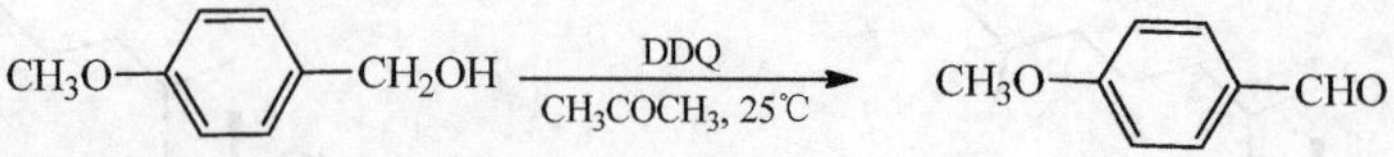

(93%)

(85%)

DDQ 特别适用于脱氢反应形成 α, β-不饱和化合物。例如：

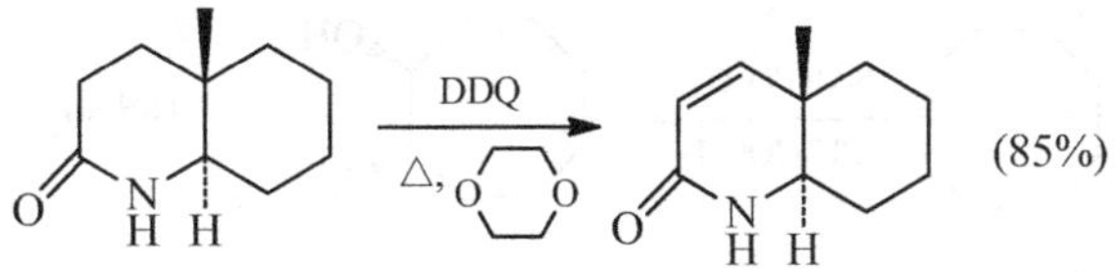

（85%）

对苯醌在较高温度下也可将烯丙式醇氧化成相应的羰基化合物。例如：

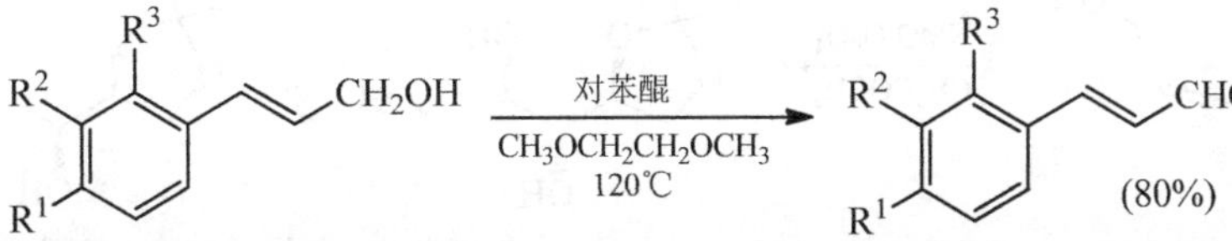

（80%）

问题 3.9　写出下列反应的主要产物：

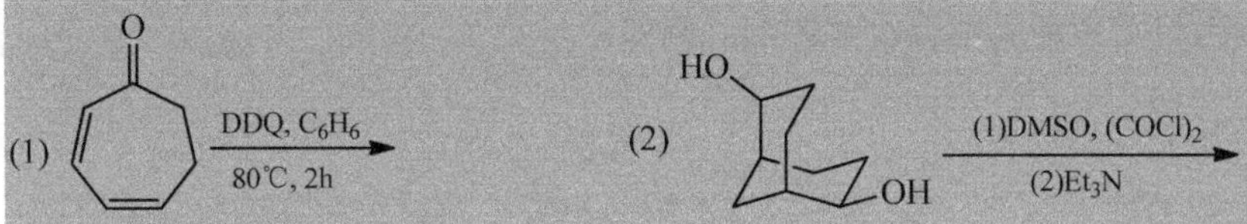

5）高碘酸酯

高碘酸酯（Dess-Martin 试剂）是在室温、中性条件下氧化醇为醛酮的氧化剂。高碘酸酯由邻碘苯甲酸制备。反应式如下：

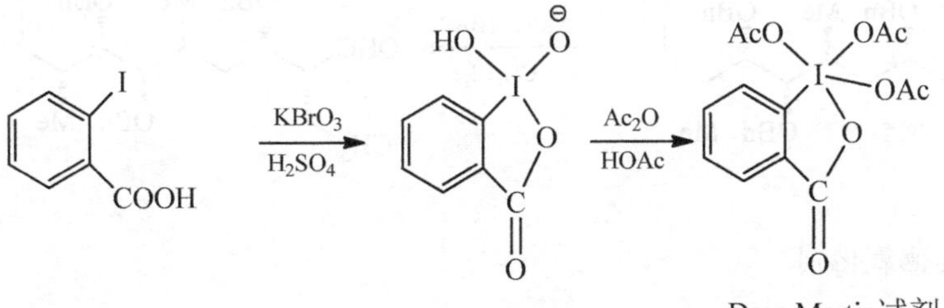

Dess-Martin试剂

高碘酸酯特别适合对酸、热敏感的化合物的氧化。例如：

（90%）

6）NMO

NMO（*N*-methylmorpholine-*N*-oxide，*N*-甲基吗啉-*N*-氧化物）是四氧化锇的共氧化剂，能将烯键顺式双羟基化（Ley 氧化）。例如：

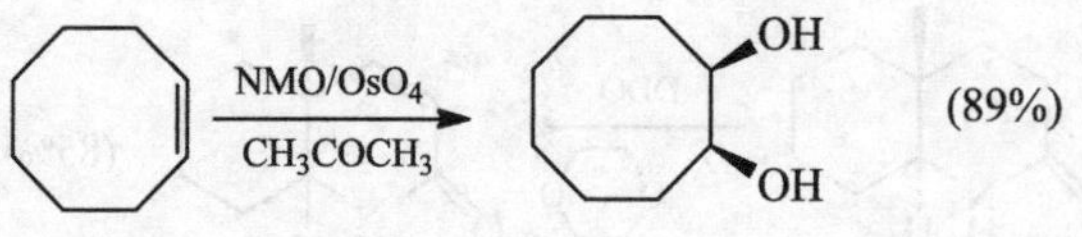

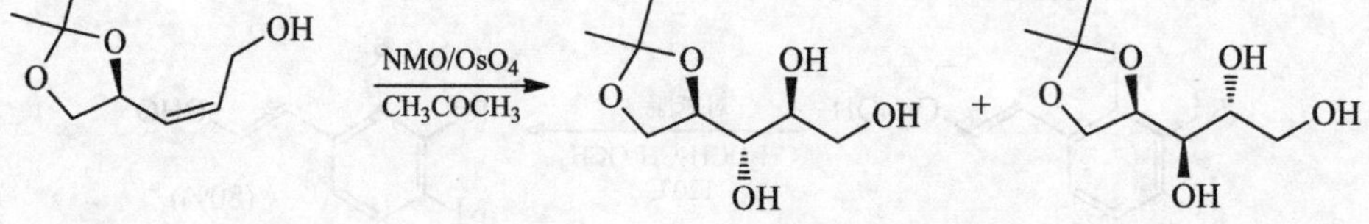

(89%)

6 : 1

NMO 和过钌酸四正丁铵（TBAP）为共氧化剂，能将醇氧化为相应的醛酮，分子中的不饱和键和环氧基等没有影响。例如：

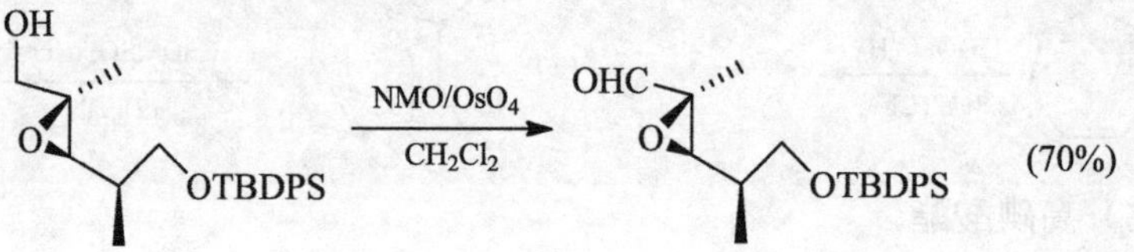

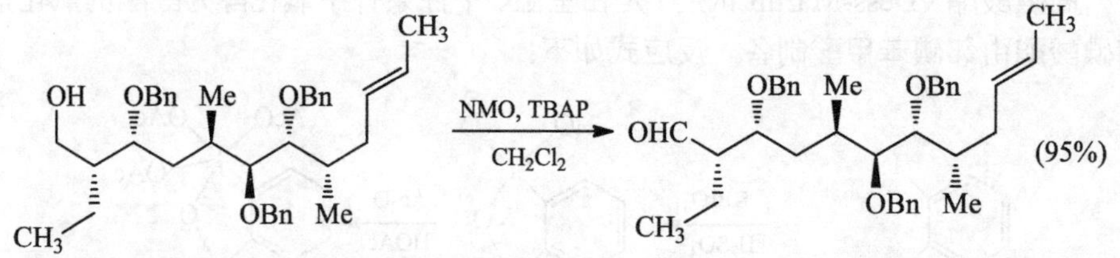

(70%)

(95%)

3. 其他氧化剂

1）臭氧

将含有 6%臭氧（ozone）的氧气在低温下通入烯烃的溶液，臭氧迅速与烯键作用生成臭氧化物（ozonide）：

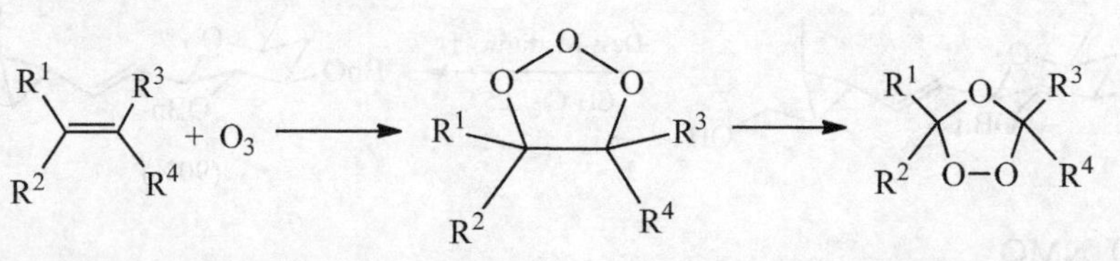

在生成的臭氧化物中加氧化剂如 H_2O_2，臭氧化物转变成相应的酮或羧酸；加弱还原剂如锌粉、CH_3SCH_3 或 Ph_3P，臭氧化物转变成相应的醛或酮；加强还原剂如 $NaBH_4$ 或 $LiAlH_4$（LAH），臭氧化物则转变成相应的醇。例如：

$$\text{(1) } O_3 \quad \text{(2) } H_2O_2, NaOH \quad (95\%)$$

$$\text{(1) } O_3, CH_3OH \quad \text{(2) } Ph_3P \quad (85\%)$$

$$\text{(1) } O_3, 0℃ \quad \text{(2) } LiAlH_4, 0℃ \quad (70\%)$$

　　臭氧作为氧化剂具有清洁、选择性高的优点。然而，由于制备臭氧需要消耗大量电能，成本较高，这一反应难以应用于大宗化学品的生产 1，主要应用于实验室小量合成和化合物结构鉴定（如烯烃臭氧化反应）。此外，烯烃臭氧化反应中需要用锌粉、硼氢化钠等试剂进行后处理，过程烦琐，并且产生废弃物。这些缺陷都限制了反应的应用范围。

问题 3.10　写出下列反应的主要产物：

（1）　$\text{(1)}O_3, CH_3OH$　$\text{(2)}(CH_3)_2S$

（2）　$\text{(1)}O_3, CH_3OH$　$\text{(2)}NaBH_4$

（3）　$\text{(1)}O_3, CH_3OH$　$\text{(2)}HCO_2H$

　　2）Fremy 盐、铁氰化钾、过二硫酸钾

　　酚和芳胺类化合物极易被氧化，用普通的氧化剂氧化时一般氧化成复杂产物，因此，要采用弱氧化剂如 Fremy 盐、铁氰化钾、过二硫酸钾等选择性氧化酚和芳胺。

　　（a）Fremy 盐

　　Fremy 盐是自由基-离子型亚硝基二磺酸钾盐$[(KSO_3)_2NO \cdot]$，在稀碱溶液中将酚或芳胺氧化成醌。例如：

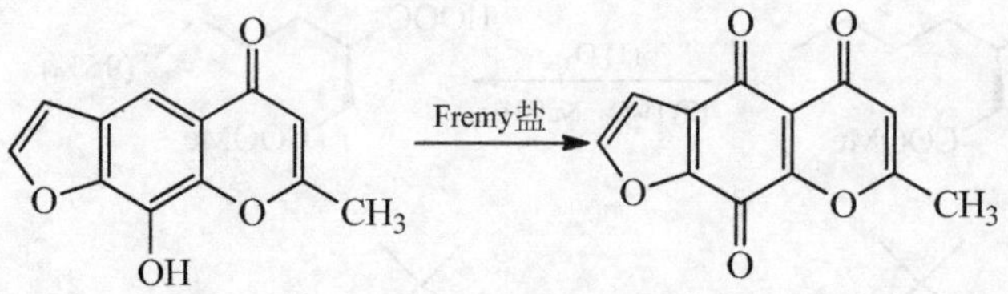

（b）铁氰化钾

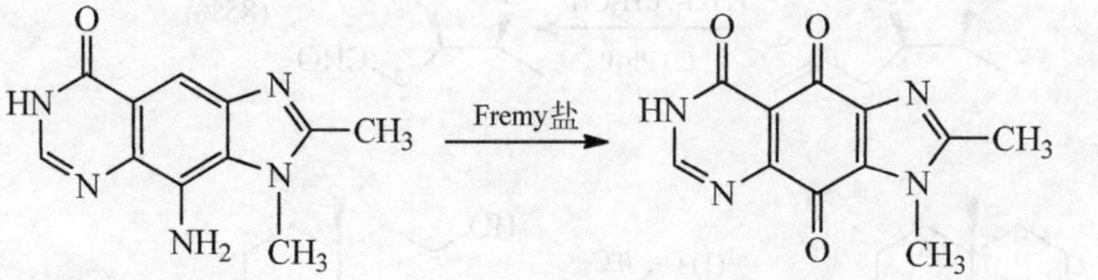

　　酚被氧化时，常发生偶合形成碳碳键，即发生氧化偶合（oxidation coupling）反应，常用氧化剂是铁氰化钾($K_3[Fe(CN)_6]$)。在铁氰化钾作用下，酚失去一个电子，生成的自由基相互偶合成醌类化合物，后者异构为酚：

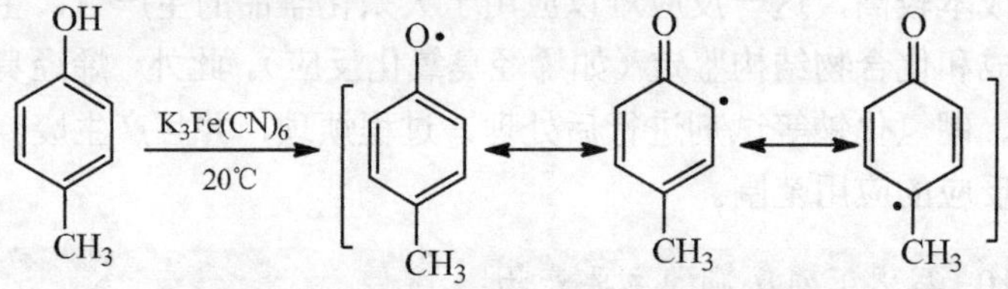

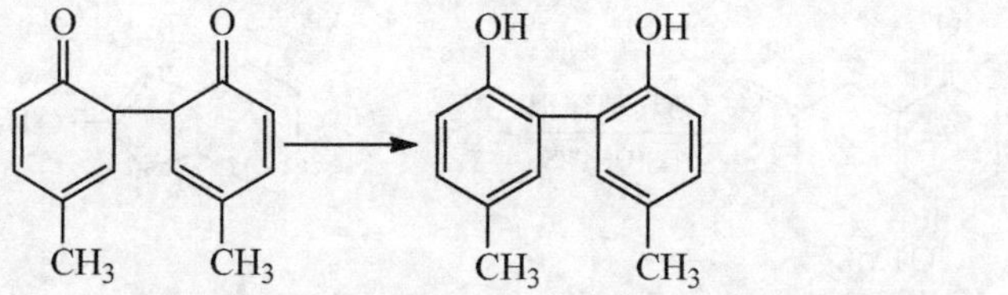

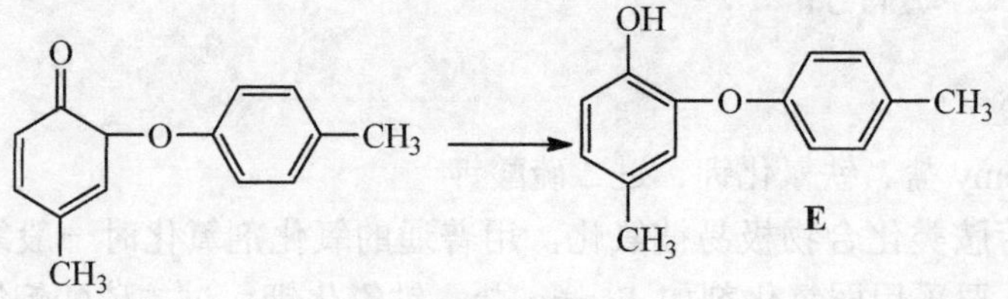

D：E：F = 52：7：41

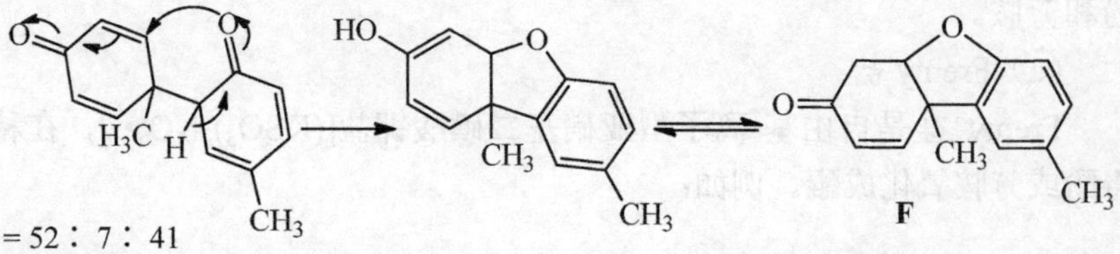

产物的比例取决于反应温度、反应物浓度、溶剂等。

酚的氧化偶合反应可以用来合成一些结构复杂的化合物。例如：

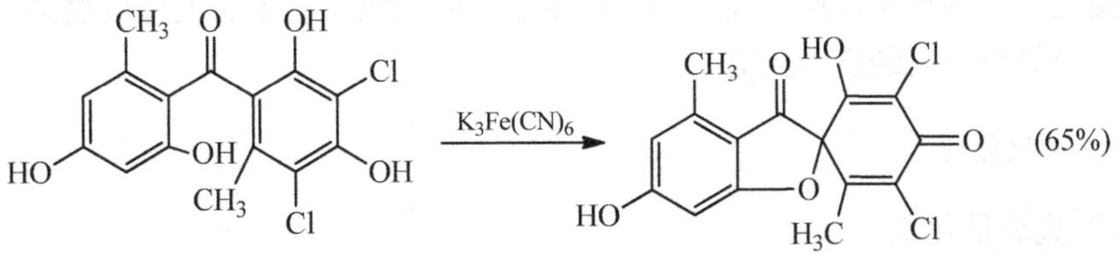

（c）过二硫酸钾

过二硫酸钾（$K_2S_2O_8$）在冷的碱溶液中能将酚氧化，在原有酚羟基的对位导入羟基，对位有取代时反应在邻位发生。这一反应称为 Elbs 氧化。Elbs 氧化是芳环上的亲电取代反应。

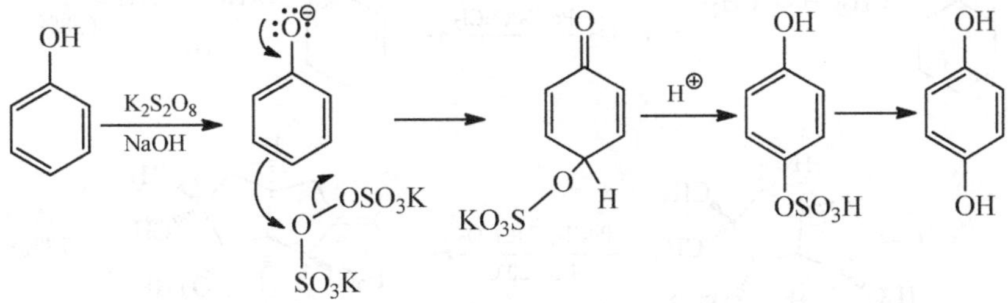

Elbs 氧化反应产率虽然不太高，但它是导入酚羟基的重要方式。例如：

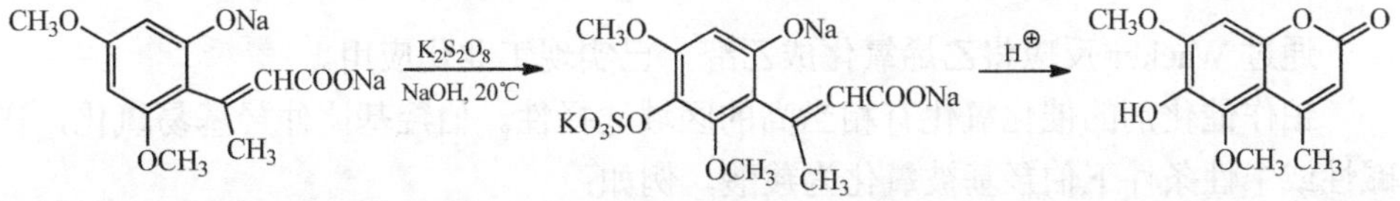

问题 3.11 写出下列反应的主要产物：

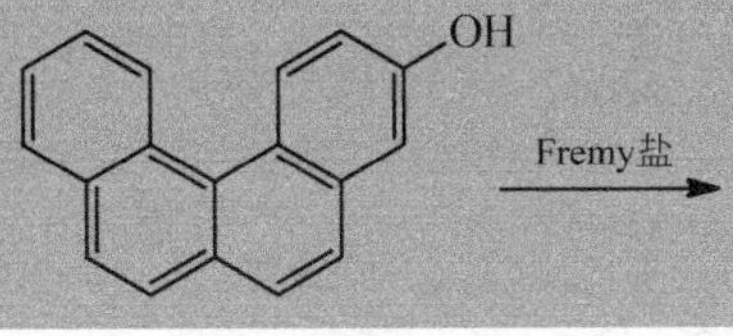

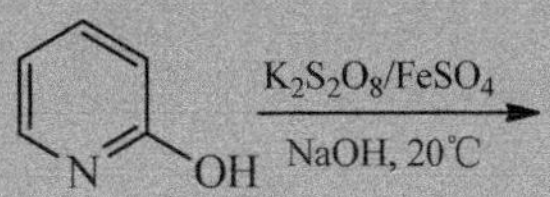

3.2.2 催化氧化与催化脱氢

催化氧化是用氧气、空气或过氧化氢等清洁氧化剂，在催化剂存在下对有机化合物进行氧化反应。常用的催化剂为铂、钯、镍、铜、银等金属或铬、钒、锌等金属的氧化物及铁、钴、锰等的盐类，而近年来一些含硒化合物与材料也被发现是良好的氧化催化剂。催化氧化在工业上已经被用来生产大量的有机产品，如在金属银催化下用空气氧化乙烯为环氧乙烷，在五氧化二钒催化下萘被氧化为苯酐等。催化脱氢，则是在催化剂的存在下脱除氢分子的过程。从结果上看，虽然脱氢反应与一些氧化反应产物类似，但由于脱除的氢气在工业上可被收集利用，因此，脱氢反应的经济效益更高。

1. 催化氧化

1）金属催化剂

（a）贵金属催化剂

在氯化钯、氯化铜存在下，通空气将烯烃氧化成醛或酮的过程称为 Wacker 反应。双键在末端的烯烃氧化成甲基酮。例如：

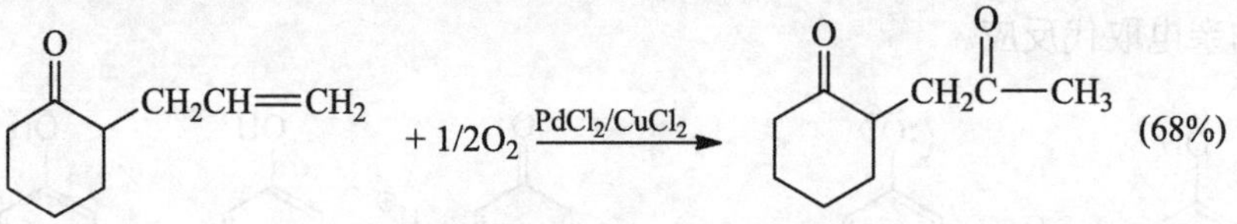

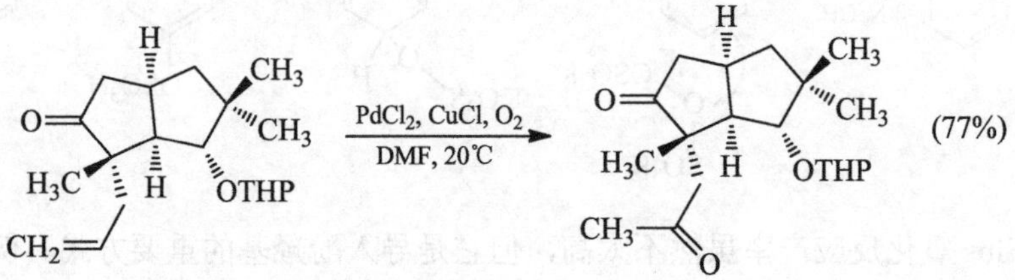

通过 Wacker 反应将乙烯氧化成乙醛，已实现工业化应用。

铂作催化剂的催化氧化有相当高的区域选择性。伯羟基比仲羟基易氧化，在碱性或中性条件下伯羟基被氧化为羧酸，例如：

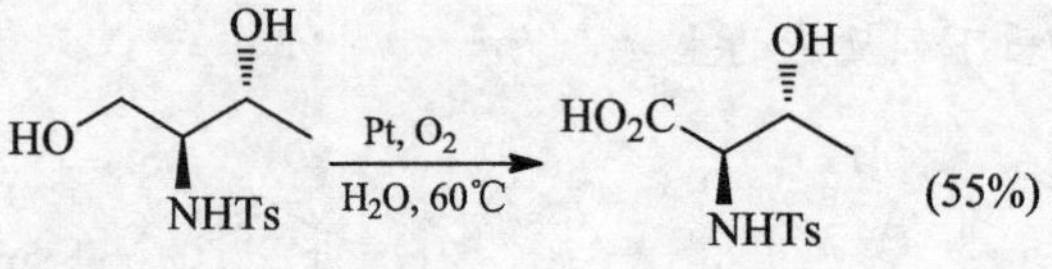

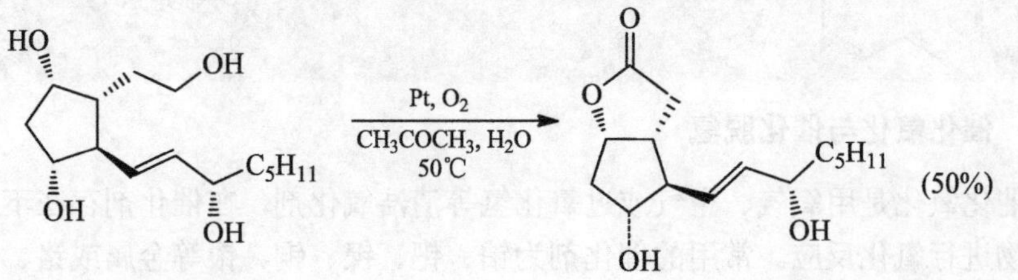

（b）廉价金属催化剂

含有可变价态的金属，可以催化氧化反应。例如，在铜催化下，环己烯的烯丙基位 C—H（烯烃烯丙基位 C—H 通常较活泼）可被氧气氧化，生成环己烯酮和环己烯醇。其中，环己烯酮是生产除草剂的重要原料。

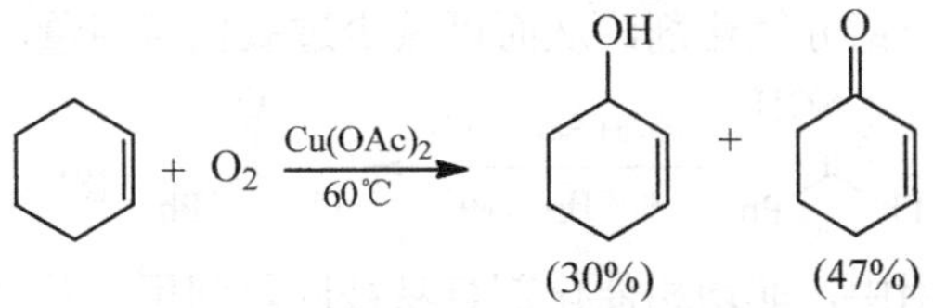

$$（30\%）　　　（47\%）$$

很多稀土元素都有可变价态，其中以铈最为典型。四价铈具有较强的氧化性，而被还原后生成的三价铈较活泼，可继续被氧气氧化，重新生成四价铈。因此，铈化合物可用作氧化反应催化剂。硝酸铈铵（CAN）甚至可催化空气将苯乙烯氧化为苯甲酸与苯甲醛（即双键氧化断裂）。

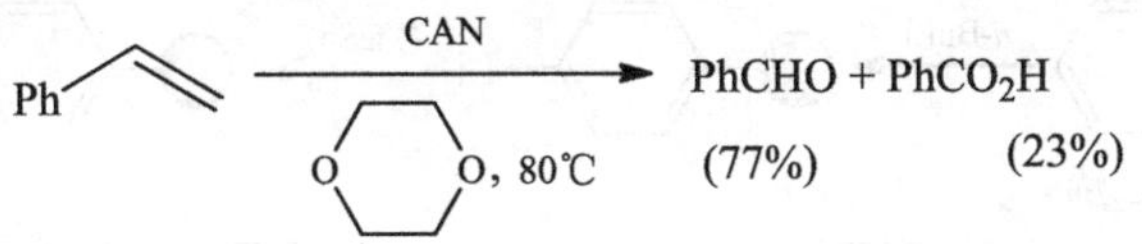

（c）金属配合物

一些金属配合物具有独特的载氧输氧功能。例如，人体内血红蛋白，是卟啉铁配合物，可为机体输送氧。受此启发，开发出来的仿生卟啉铁催化剂（porphyrin-Fe），可应用于环己烷氧化，制备己二酸。己二酸是制备尼龙-66 的重要原料，因此，该反应有着重要的工业应用价值。

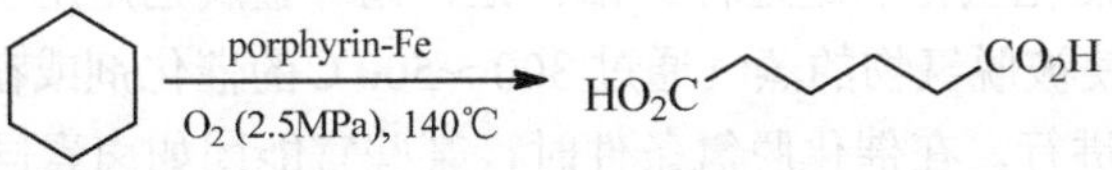

2）非金属催化剂

一些非金属化合物也可用于催化氧化反应。例如，作为硫属元素的硒可应用于氧转移催化剂，催化氧化反应。在二苯基二硒醚（PhSeSePh）的催化下，环己烯可被过氧化氢氧化，生成环己-1,2-二醇。环己-1,2-二醇可通过脱氢制备邻苯二酚，是重要的工业中间体。

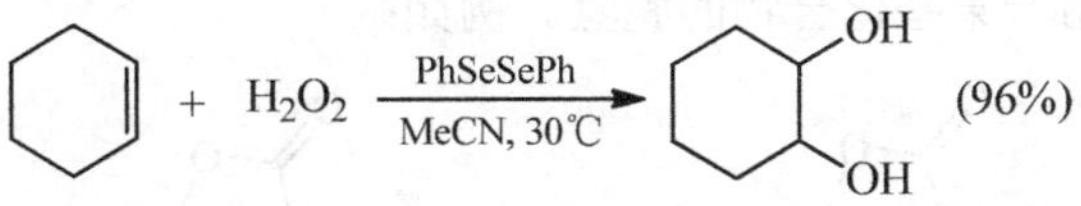

在较高温度下，硒催化剂的活性可以显著提高，甚至可催化氧化 C＝C 键，使其断裂，生成相应的酮。例如：

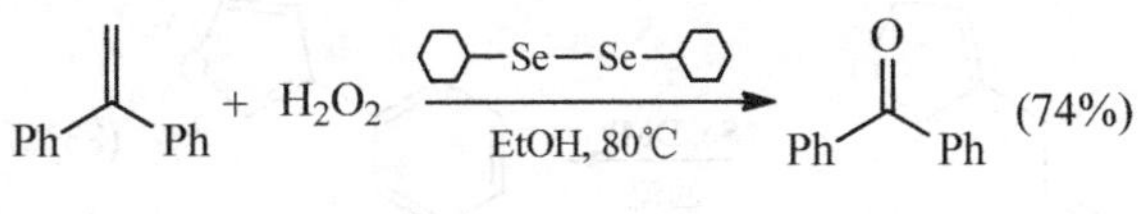

　　脱肟反应是有机合成中重要反应之一，被广泛应用于药物合成和香料合成。二苄基二硒醚可催化酮肟（氧化脱肟反应），得到相应的酮。值得一提的是，该反应可利用空气作为一部分氧化剂，从而可减少过氧化氢用量，降低合成成本。

$$\text{Ph}\underset{\text{Ph}}{\overset{\text{NOH}}{\|}} \quad \xrightarrow[\text{30\% H}_2\text{O}_2, 80℃]{\text{(PhCH}_2\text{Se)}_2, \text{空气}} \quad \text{Ph}\overset{\text{O}}{\overset{\|}{\text{C}}}\text{Ph} \quad (81\%)$$

　　在实际工业应用中，非均相催化剂容易被回收利用，从而可以显著降低催化剂成本。因此，通常会基于一些均相催化的研究结果，来设计非均相催化剂新材料，从而使得相关技术更加实用。例如，以聚苯乙烯（polystyrene）为载体，通过锂化、硒化、溴化、氧化等步骤，可以得到非均相硒催化剂聚苯乙烯负载硒酸，同样可催化环己烯氧化，制备环己-1, 2-二醇，并更容易回收重复使用。

2. 催化脱氢

　　催化脱氢是催化氢化的逆过程。铂、钯、铑等金属也是用于催化脱氢的催化剂。催化脱氢常使被脱氢物的蒸气通过 $300\sim500℃$ 的催化剂或在催化剂存在下在高沸点的溶剂中进行。在催化脱氢条件时，某些官能团如卤素同时被氢解。

　　硫和硒也可用于某些化合物的脱氢。例如：

催化脱氢在工业上非常常见。有的物质容易脱氢，从而往往被视为氢载体。例如，异丙醇易脱氢生成丙酮，因此，常被用作氢转移还原剂，以代替较危险、难运输的氢气。

3.3　还　原　反　应

3.3.1　催化氢化反应

催化氢化反应可分为催化加氢和催化氢解。催化加氢是指在催化剂存在下不饱和化合物的加氢反应；催化氢解是指在催化剂存在下分子中碳原子与杂原子之间键破裂生成新的碳氢键的反应。

在催化氢化反应中，催化剂自成一相（固相）称为非均相催化氢化（heterogeneous hydrogenation），催化剂溶解于反应介质中称为均相催化氢化（homogeneous hydrogenation）。催化氢化反应副反应少、产率高，得到的产物纯度高，在实验室和工业上应用广泛。

1. 非均相催化氢化

非均相催化氢化分为低压氢化和高压氢化两类。低压氢化以铂、钯、铑和高活性的 Raney 镍为催化剂，在 0.1～0.5MPa 氢气压力和较低温度（0～100℃）下进行。高压氢化以一般活性的 Raney 镍、亚铬酸铜等为催化剂，在 10～30MPa 氢气压力和较高温度（100～300℃）下进行。一般来说，低压氢化常用于双键、三键的加氢，硝基、羰基的还原，苄基的氢解和脱硫等反应。高压氢化常用于苯环、杂环的加氢和羧酸衍生物的还原。

催化氢化常用的催化剂是金属镍、钯、铂等。常用的镍催化剂是 Raney 镍，它的制备过程是用一定浓度的氢氧化钠溶液溶去铝镍合金中的铝而得到多孔状骨架镍。干燥的 Raney 镍在空气中会剧烈氧化而自行燃烧，所以 Raney 镍要始终保持在溶剂中。

钯和铂的水溶性盐经氢气还原得到极细的黑色粉末。钯和铂一般吸附在载体上。常用的载体是活性炭，因而称为钯炭（Pd/C）和铂炭（Pt/C）。铂炭也常由二氧化铂（Adams 催化剂）经氢气还原得到。

各种可还原的基团催化氢化从易到难的大致次序（括弧内为氢化产物）为

$$RCOCl(\longrightarrow RCHO)>RNO_2(\longrightarrow RNH_2)>RC\equiv CR(\longrightarrow \underset{H}{R}C=\underset{H}{C}R(Z))>RCHO$$

$$(\longrightarrow RCH_2OH)>R'HC=CHR(\longrightarrow RH_2C-CH_2R')>RCOR'(\longrightarrow RCH(OH)R')$$

$$>PhCH_2OR(\longrightarrow PhCH_3+ROH)>RCN(\longrightarrow RCH_2NH_2)>$$

$>RCOOR'$ （$\longrightarrow RCH_2OH+R'OH$）$>RCONHR$ （$\longrightarrow RCH_2NHR'$）$>$ （$\longrightarrow$ ）

以上次序可以作为选用催化氢化法进行选择性还原的参考。例如：

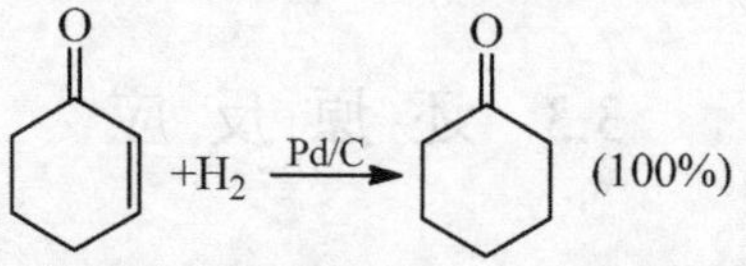

在催化剂中添加铅盐、硫化物、喹啉等，可使催化剂的活性降低。这些添加剂称为毒化剂。如果毒化剂使催化剂的活性降低到一定程度，使它可以还原某些较活泼的基团，而对其他基团不发生作用，这样就可以进行选择性催化氢化。例如，添加毒化剂乙酸铅或喹啉的碳酸钙载体钯（Pd/CaCO$_3$）的 Lindlar 催化剂还原炔键为 Z 构型烯键，酰氯变为醛，烯键和醛基不再被继续还原。例如：

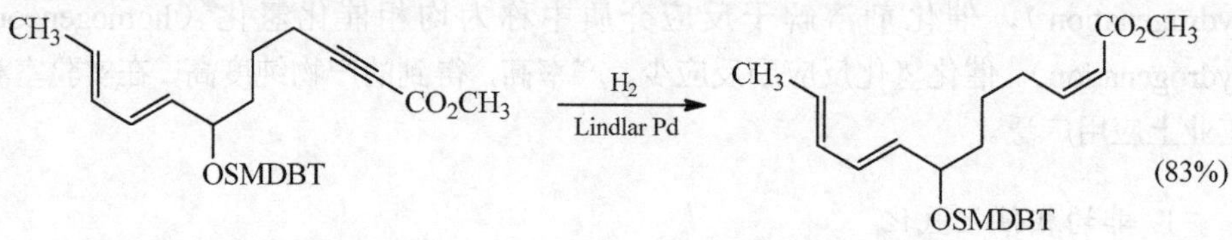

酰氯在 Lindlar Pd 催化剂存在下氢解为醛的反应称为 Rosenmund 反应。例如：

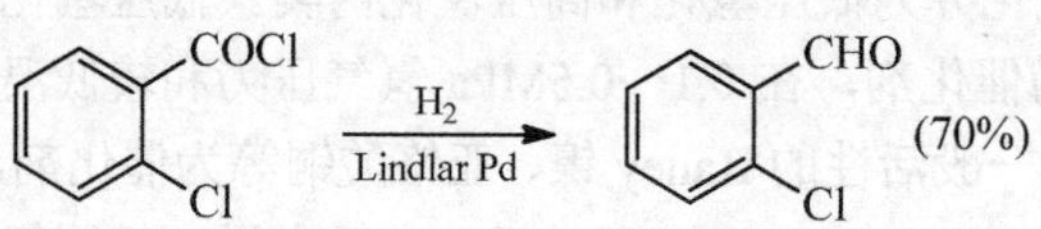

在催化氢化反应中，反应物和氢先吸附在催化剂表面上，然后发生反应，因此主要得到顺式加成产物。

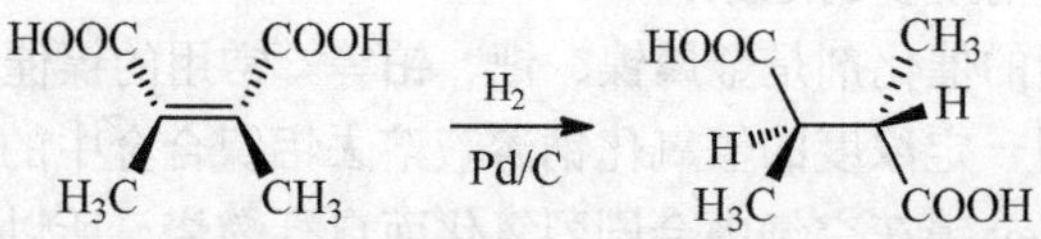

反应物中的双键容易以位阻较小的一边吸附在催化剂表面，因此在产物中氢原子较易从位阻较小的一边加在双键上。例如半合成抗菌素强力霉素的合成中，中间体在 Lindlar Pd 催化剂存在下加氢，选择性还原环外双键和氢解氯。由于相邻环上的两个羟基都在 α-面，因而分子的 β-面位阻较小，所以氢加在 β-面：

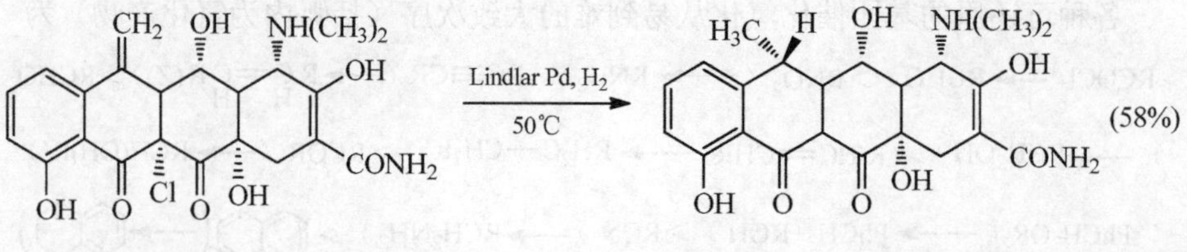

催化氢化也可还原硝基、氰基、肟、叠氮化合物等为胺。例如：

$$\text{Ph} - \overset{\overset{\displaystyle H}{|}}{\underset{\underset{\displaystyle COOEt}{|}}{C}} - CH_2 \overset{\overset{\displaystyle}{}}{\underset{\underset{\displaystyle CN}{|}}{CH}} - COOEt \xrightarrow[\substack{AcOH,\ 0.4MPa \\ 25℃}]{Pd/C,\ H_2} \text{Ph} - \overset{\overset{\displaystyle H}{|}}{\underset{\underset{\displaystyle COOEt}{|}}{C}} - CH_2 \overset{}{\underset{\underset{\displaystyle CH_2NH_2}{|}}{CH}} - COOEt \quad (92\%)$$

$$HON = C(COOEt)_2 \xrightarrow[0.4MPa,\ EtOH]{Pd/C,\ H_2} H_2N - CH(COOEt)_2 \quad (82\%)$$

$$\underset{}{\text{(肉桂基叠氮)}} \xrightarrow[0.1MPa,\ 25℃]{Pd/C,\ H_2} \underset{}{\text{(肉桂胺)}} NH_2 \quad (93\%)$$

催化氢解也可以脱卤、脱苄和脱硫。

氢解脱卤：苄卤、烯丙基卤、α-位有吸电子基的卤素和芳环上电子云密度较低位置的卤原子最易被氢解。例如，4,7-二氯-2-羟基喹啉中，吡啶环上的氯被选择性氢解，反应式如下：

$$\xrightarrow[\substack{H_2,\ EtOH \\ 0.1MPa,\ 25℃}]{Raney\ Ni}$$

氢解脱苄：苄基或取代苄基与氧、氮连接的醇、醚、胺、酯等都可以氢解脱苄。例如：

$$\xrightarrow{Pd/C,\ H_2} \quad + \quad \text{(甲苯)}CH_3 \quad (85\%)$$

$$\xrightarrow{H_2,\ Pd/C} \quad (91\%)$$

苄基是常用的保护基。催化氢解脱苄是在温和的中性条件下高收率脱保护基的方法，在多肽和复杂天然产物合成中十分有用。例如，合成青霉素时用氢解脱苄可以使 β-内酰胺环不受到破坏。反应式如下：

$$\xrightarrow[EtOH,\ 25℃]{Pd/C,\ H_2} \quad (100\%)$$

氢解脱硫：硫醇、硫醚、二硫化物、亚砜、砜和某些含硫杂环均可氢解脱硫。硫化物易使钯或铂催化剂中毒失去活性，因而碳硫键的氢解一般用镍催化剂。例如：

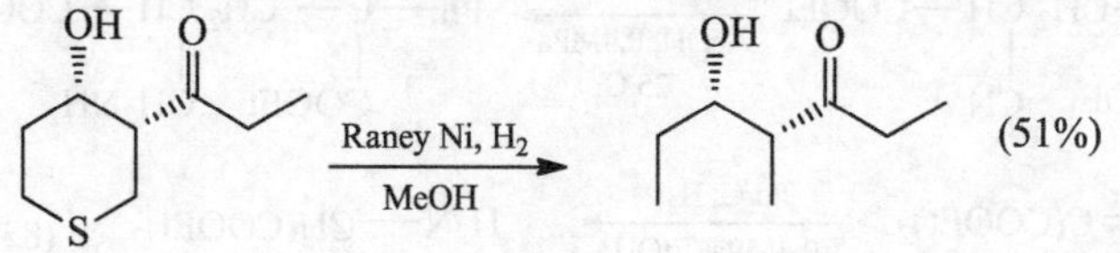

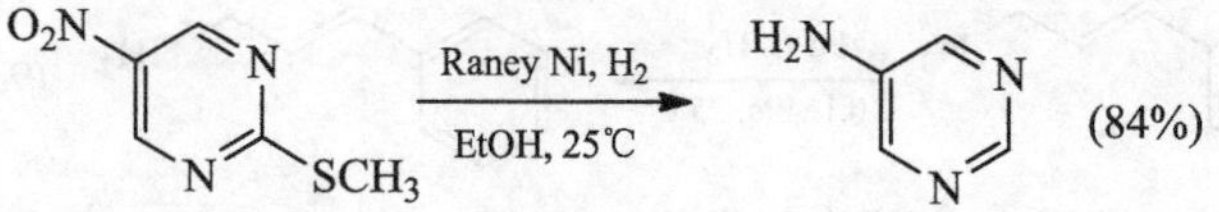

硫代缩酮的氢解脱硫是间接转变羰基为亚甲基的方法之一。条件温和，收率较高。例如：

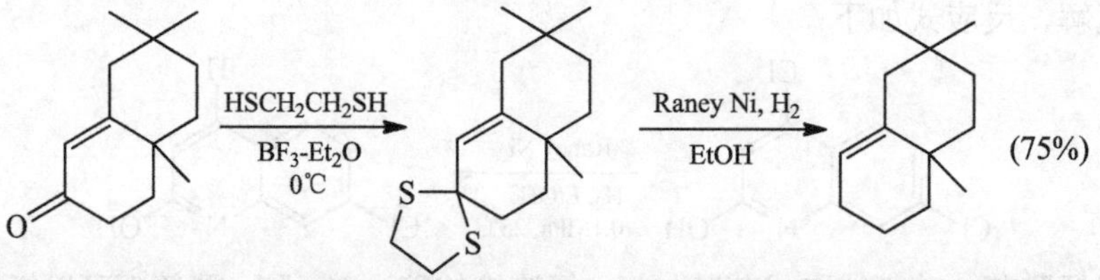

问题 3.12 写出下列反应的主要产物：

(1)

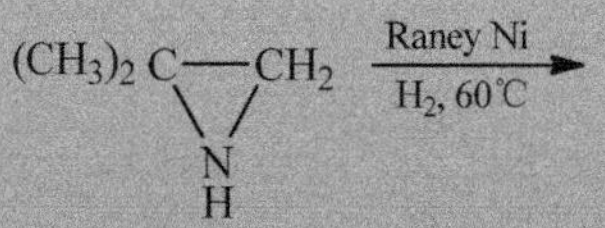

(2)

(3)

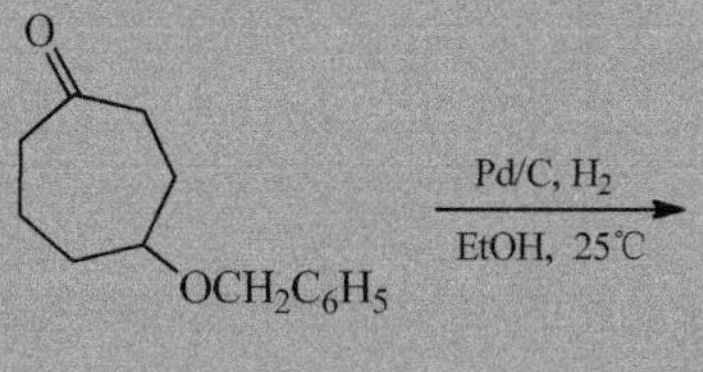

(4)

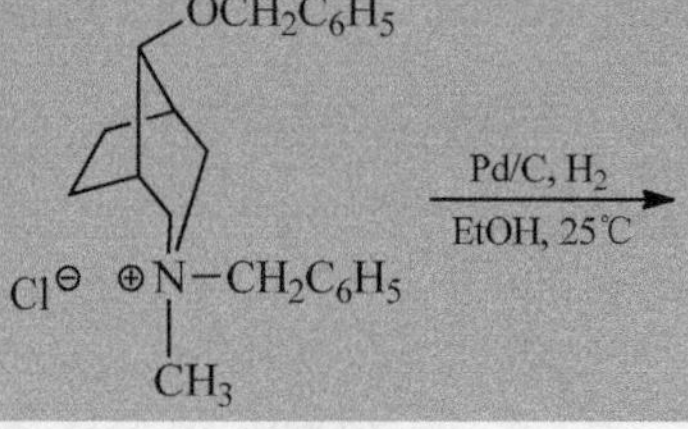

在催化氢化反应中，氢的来源也可以是有机化合物（供氢体）。例如：

在此反应中，环己烯脱氢，氢加到肉桂酸的双键上，因此称为催化转移氢化反应（transfer hydrogenation）。催化转移氢化反应的供氢体是某些还原性有机物，常用环己烯、环己二烯、四氢化萘、乙醇、异丙醇和环己醇等。常用的催化剂是钯炭、铂炭。转移氢化主要用于烯键、炔键的氢化，硝基、亚胺、氰基、偶氮基的还原，也用于碳卤键、苄基的氢解。转移氢化反应设备简单，并具有安全、反应条件温和、选择性较高的优点。例如：

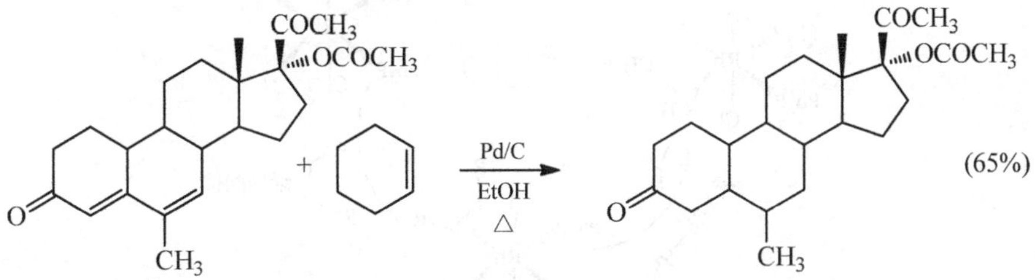

在催化转移氢化反应中，如供氢体被氧化后能够循环利用，则该反应有较好的工业应用价值。例如，重要的工业溶剂 4-甲基戊-2-酮（俗称甲基异丁基酮，MIBK），可先由两分子丙酮催化脱水缩合得到 4-甲基戊-3-烯-2-酮，然后使用异丙醇为氢转移试剂，铂炭（Pt/C）作催化剂来还原 4-甲基戊-3-烯-2-酮的 C＝C 键，而异丙醇则被氧化为丙酮。

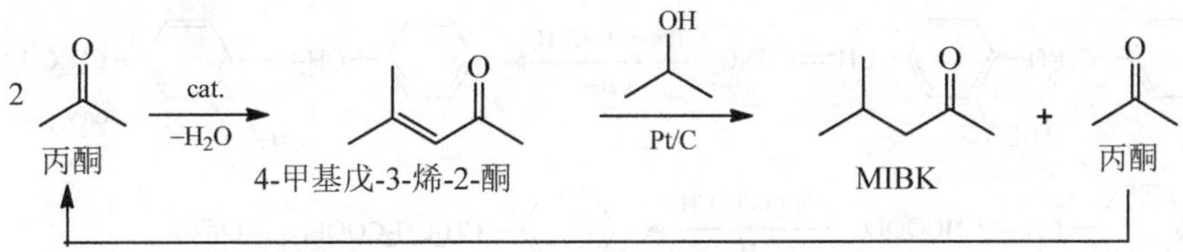

副产物丙酮可循环利用。因此，其净结果可视作一分子丙酮与一分子异丙醇脱水缩合制备 MIBK。催化转移氢化反应可避免直接使用氢气所带来的风险，从而使得合成条件更加温和、安全。

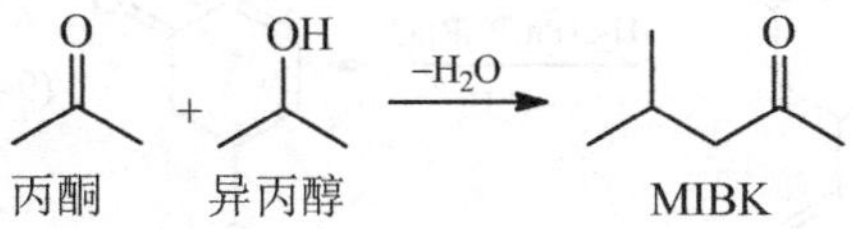

2. 均相催化氢化

在过渡金属配合物催化剂的催化氢化反应中，催化剂可溶于甲苯及一般的有机溶剂中，因而反应为均相反应。最著名的均相氢化催化剂是(Ph₃P)₃RhCl（Wilkinson 催化剂）。Wilkinson 催化剂催化烯烃的氢化过程，包括溶剂和 PPh₃ 的交换、H₂ 的氧化加成、烯烃的配位、插入 Rh—H 键、还原消除等基元反应（见第 5 章）。简要说明如图 3.1 所示。

$$(Ph_3P)_3RhCl + 溶剂(S) \rightleftharpoons (Ph_3P)_2Rh(S)Cl + Ph_3$$

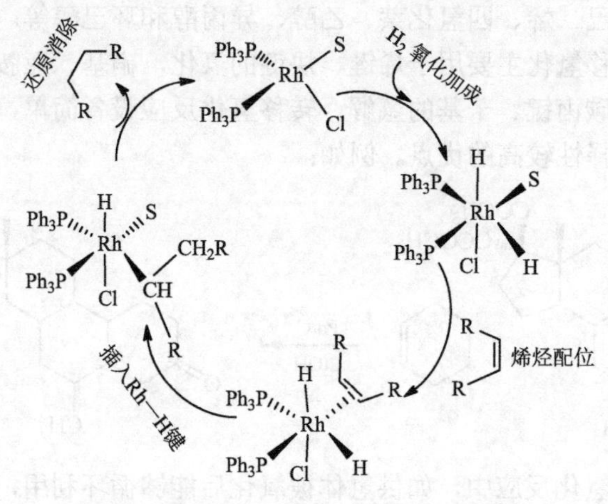

图 3.1　Wilkinson 催化剂均相催化氢化循环

(Ph₃P)₃RhCl 作为催化剂的均相催化氢化反应在常温常压的有机溶剂中进行，主要用于选择性还原碳碳不饱和键，除醛基和酰卤会脱羰外，—NO₂、—CN、—Cl、—N≡N—和酮羰基等官能团在这样的实验条件下保持不变。例如：

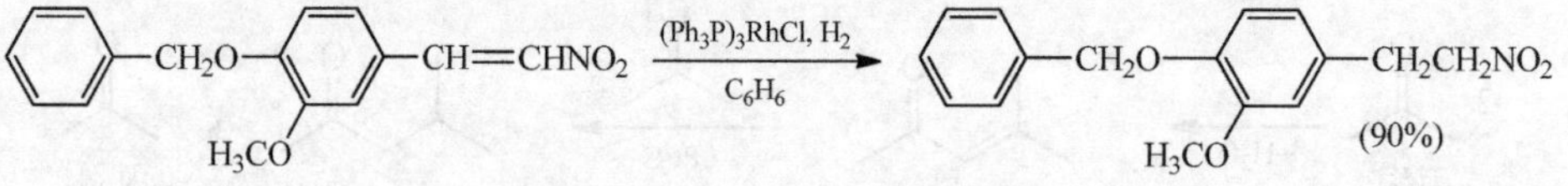

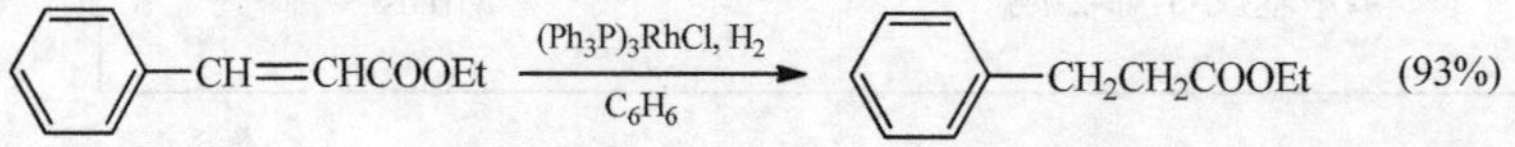

末端双键和环外双键的氢化速率比非末端双键和环内双键要快得多。例如：

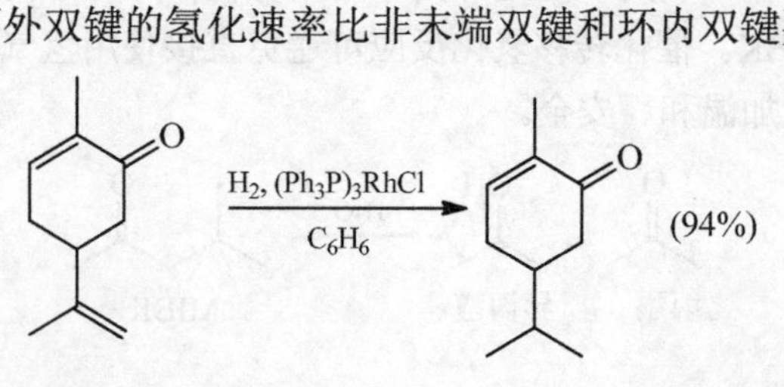

均相催化氢化的氢源也可以是有机物。例如，下例中用甲酸为催化转移氢化反应的氢源，手性钌配合物为催化剂还原亚胺得到高产率、高旋光纯度的产物。

$$(97\%)$$

问题 3.13 写出下列反应的主要产物:

(1) $\xrightarrow{Pd/C}$ (2) $\xrightarrow[(Ph_3P)RhCl]{H_2}$

3.3.2 化学还原剂还原

1. 金属氢化物还原剂

某些金属氢化物是广泛运用的选择性还原剂。它们提供的氢负离子（H⁻）作为亲核试剂进攻反应的缺电子中心，因而它们还原羰基，不还原碳碳不饱和键。例如，硼氢化钠（$NaBH_4$）和氢化铝锂[$LiAlH_4$（LAH）]都能提供四个氢负离子，因而能还原四个羰基。

强碱性的氢化物如氢化钠（NaH）、氢化钙（CaH_2）不是还原剂。

常用的金属氢化物还原剂列于表 3.1 中。其中一些氢化物如氢化铝锂与水剧烈作用，而且也容易与醇等活泼氢溶剂作用，因此反应要在无水的醚类或烃类溶剂中进行。某些金属氢化物如硼氢化钠的还原反应可以在醇类溶剂甚至水溶液中进行。常用的金属氢化物还原剂和反应溶剂列于表 3.1。

表 3.1 常用的金属氢化物还原剂和反应溶剂

金属氢化物还原剂	溶剂
$LiAlH_4$(LAH)	乙醚、THF、DME
$LiAlH[OC(CH_3)_3]_3$	乙醚、THF、DME
$NaAlH_2(OCH_2CH_2OCH_3)_2$（SMEAH）	甲苯、二甲苯
$NaBH_4$	水、甲醇、乙醇、DME
$NaBH_3CN$	水、甲醇、乙醇、DMSO
AlH_3	乙醚、THF、DME
$AlH[CH_2CH(CH_3)_2]_2$（DIBAL-H）	甲苯、二甲苯、DME
$BH_3 \cdot SMe_2$（BMS）	DME、THF、二氯甲烷
$BH_3 \cdot THF$	DME、THF、二氯甲烷

注：DME 即 1,2-dimethoxyethane，乙二醇二甲醚（$CH_3OCH_2CH_2OCH_3$）。

1）氢化铝锂及相关还原剂

氢化铝锂的还原能力很强，醛、酮、羧酸酯和羧酸都被还原成醇。不饱和羰基化合物用氢化铝锂还原，主要产物为不饱和醇。

(85%)

当醛酮的 α-碳是手性碳，用氢化铝锂还原时一般氢负离子加到立体位阻较小的一边（Cram 规则，见第 9 章）。

(80%)

酰胺、腈、肟、叠氮化合物和硝基化合物还原成相应的胺。例如：

(72%)

环氧化物还原成醇。由于氢负离子优先进攻取代程度较低的碳原子，因而醇羟基在含氢较少的碳原子上。例如：

$$H_3CH_2CHC\!-\!CH_2 \xrightarrow{\text{LiAlH}_4,\ \text{THF}} CH_3CH_2CHCH_3 \quad (59\%)$$

磺酸酯和卤代烃则被还原为烃，因此醇与磺酰氯作用生成的磺酸酯经氢化铝锂还原可达到使醇脱氧的目的。例如：

(75%)

氢化铝锂的还原能力很强，当还原多官能团化合物时缺乏选择性。氢化铝锂中的氢被烃氧基取代后的烃氧基铝锂氢化物，还原能力下降，因而成为选择性还原剂。例如，氢化铝锂与适量叔丁醇作用得到三叔丁氧基氢化铝锂（LiAlH[OC(CH$_3$)$_3$]$_3$）。

$$LiAlH_4 + 3(CH_3)_3COH \longrightarrow LiAlH[OC(CH_3)_3]_3 + 3H_2$$

三叔丁氧基氢化铝锂的位阻较大，还原活性降低，可还原醛酮为醇，酯和环氧化合物还原速率缓慢，羧酸、酰胺、腈、卤代烃、磺酸酯等不被还原。例如：

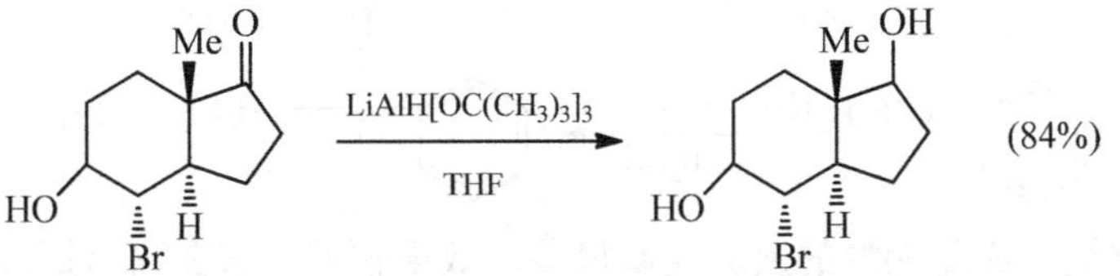

(84%)

三叔丁氧基氢化铝锂在较低温度可还原酰卤为醛。例如：

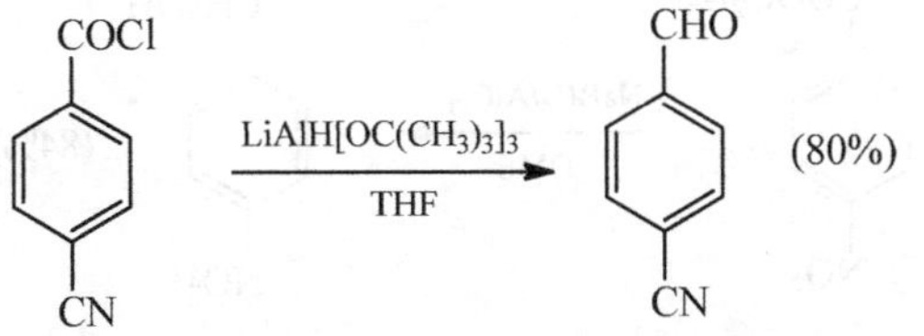

(80%)

NaAlH$_2$(OCH$_2$CH$_2$OCH$_3$)$_2$简写作 SMEAH，商品名 Red-Al$^®$，其还原能力与 LiAlH$_4$相似。和 LiAlH$_4$相比，它有如下优点：暴露在潮湿的空气中不着火；具有很高的热稳定性（205℃分解）；易溶于芳烃和醚类溶剂中。

3mol 氢化铝锂和 1mol 三氯化铝作用生成氢化铝（AlH$_3$）。氢化铝还原羧酸、醛、酮、环氧化合物、酰胺、腈等。α,β-不饱和羰基化合物经氢化铝还原为相应的 α,β-不饱和醇。例如：

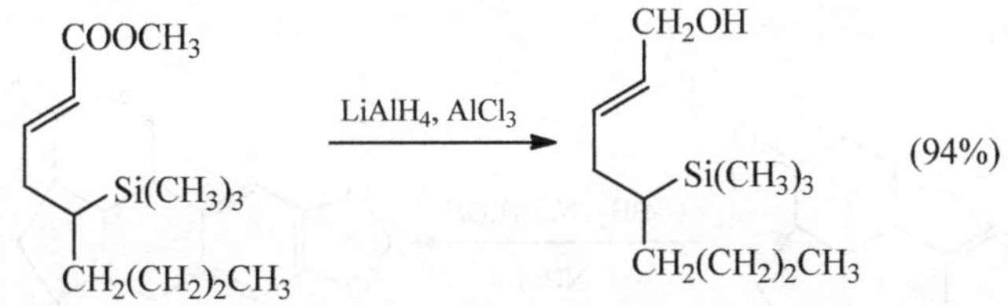

(94%)

二异丁基氢化铝（DIBAL-H）在适当的温度下可以将醛、酮、酰氯、羧酸酯和羧酸还原为相应的醇。在低温下，二异丁基氢化铝可以将酯还原为醛。DIBAL-H 还原腈为亚胺，后者水解生成醛。例如：

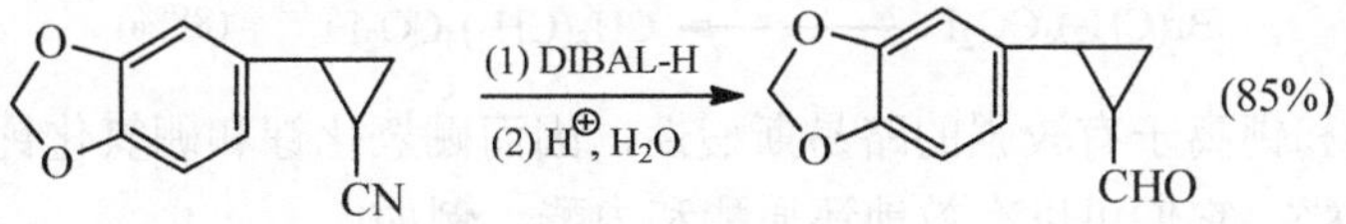

(85%)

2）硼氢化钠及相关还原剂

硼氢化钠是一种温和的还原剂，还原能力较弱，一般仅还原醛、酮为醇，还原亚胺为胺。因此，硼氢化钠是一种选择性还原剂。例如：

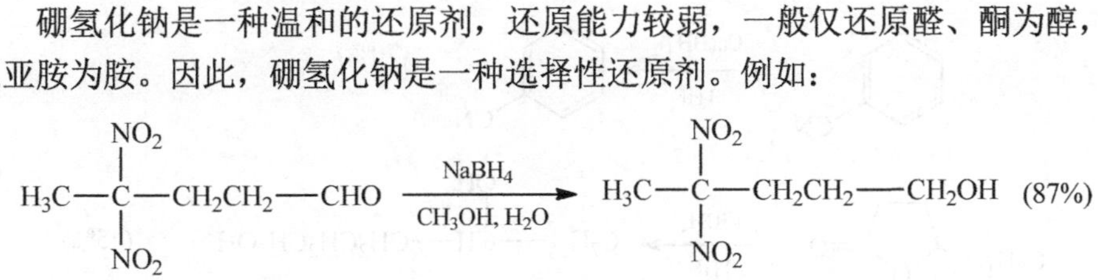

(87%)

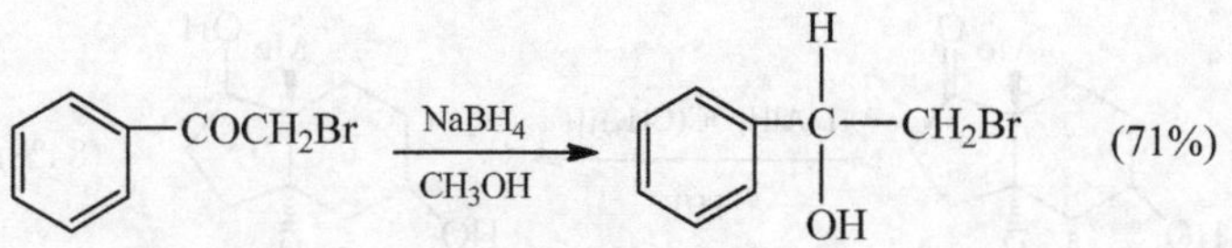

$$\text{C}_6\text{H}_5\text{-COCH}_2\text{Br} \xrightarrow[\text{CH}_3\text{OH}]{\text{NaBH}_4} \text{C}_6\text{H}_5\text{-}\underset{\text{OH}}{\overset{\text{H}}{\text{C}}}\text{-CH}_2\text{Br} \quad (71\%)$$

硼氢化钠还原酯为醇的反应速率很慢，效果较差。若在路易斯酸如三氯化铝存在下，还原能力大大提高，可顺利地还原某些酯。例如：

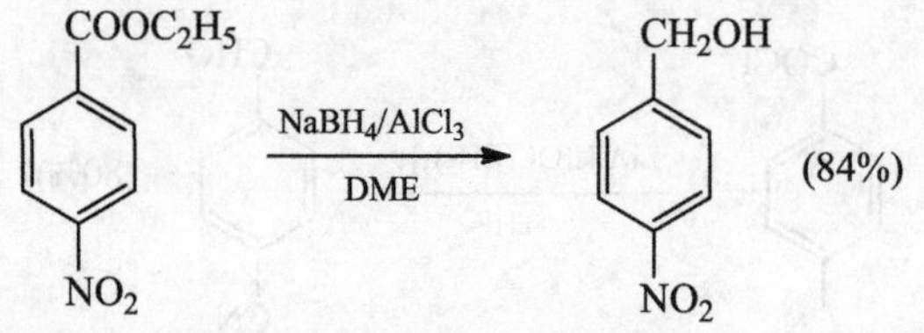

硼氢化钠在酸性条件下不稳定，但硼氢氰钠（NaBH₃CN）却相当稳定，所以硼氢氰钠可以应用在氨基酸的合成反应中。例如：

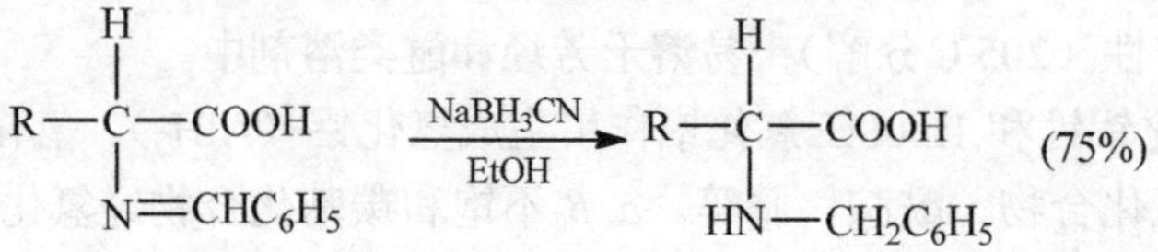

硼氢氰钠也能还原亚胺盐为胺，因而也可用于还原胺化反应中，使羰基转变成氨基。例如：

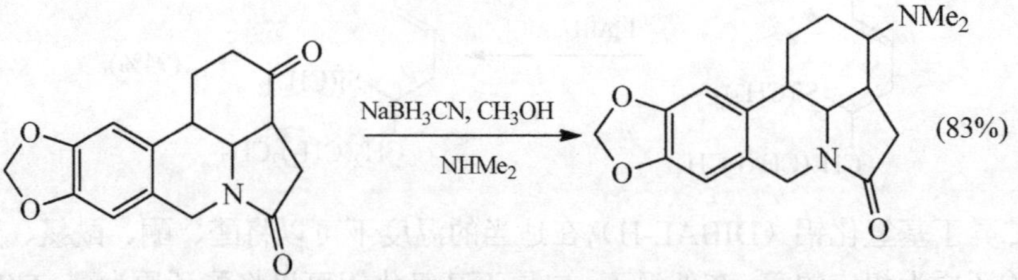

在 pH 为 6 时，硼氢氰钠可选择性还原碳卤键。例如：

$$\text{Br(CH}_2)_4\text{CO}_2\text{Et} \xrightarrow{\text{NaBH}_3\text{CN}} \text{CH}_3(\text{CH}_2)_3\text{CO}_2\text{Et} \quad (88\%)$$

锂离子和钙离子有较强的路易斯酸性，因而硼氢化锂和硼氢化钙的还原能力比硼氢化钠强，它们可以有效地还原酯和内酯。例如：

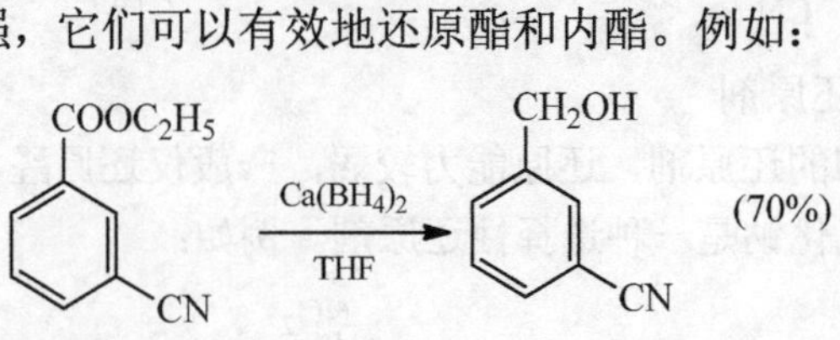

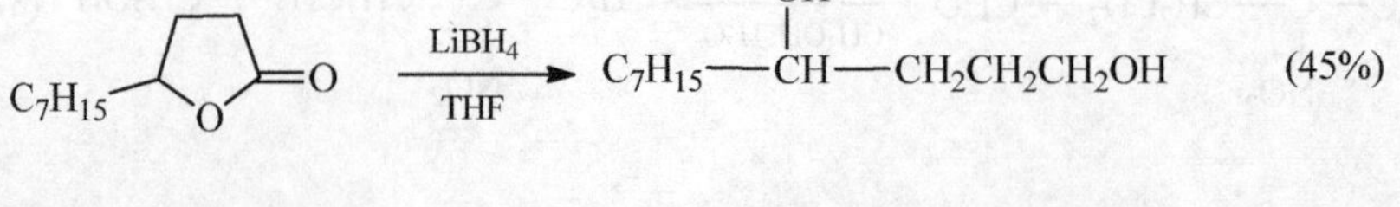

　　锌离子有更强的路易斯酸性，因而硼氢化锌有更强的还原能力，它可以将酯和酰胺分别还原为醇和胺，并且它能将 α-氨基酸还原为 β-氨基醇。例如：

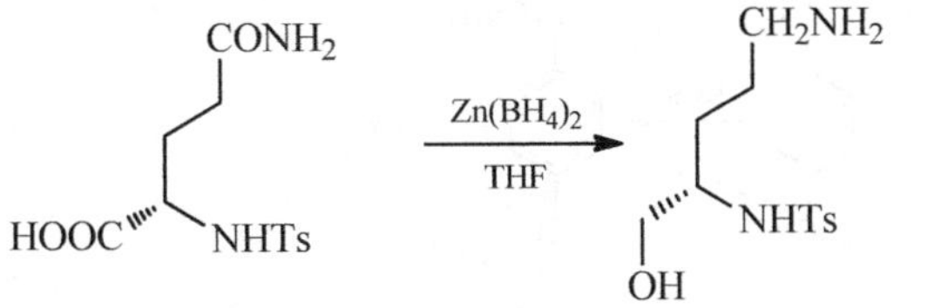

（89%）

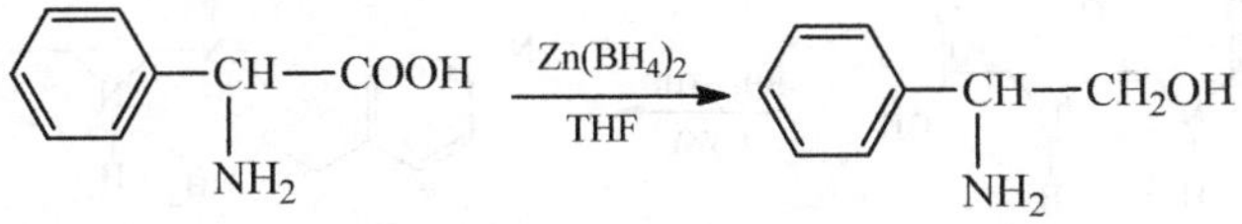

（87%）

3）硼烷

　　硼烷（BH_3）是由硼氢化钠与三氟化硼作用得到的。硼烷中的硼原子周围只有 6 个电子，因而硼烷以二聚体乙硼烷（B_2H_6）的形式存在。乙硼烷有毒，在空气中会自燃。硼烷与醚和硫醚可形成配合物，因此硼烷以它的四氢呋喃（THF）或二甲硫醚（BMS）溶液使用。反应式如下：

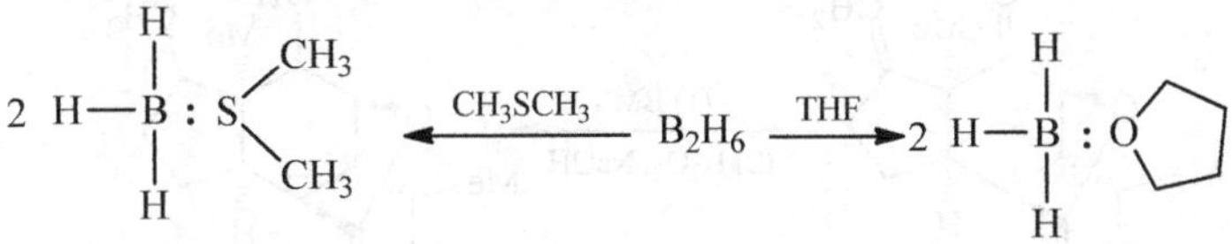

　　硼烷易将羧酸还原为醇，并且硼烷与双键发生硼氢化反应后得到的取代硼烷，在酸性条件下可还原为烃。例如：

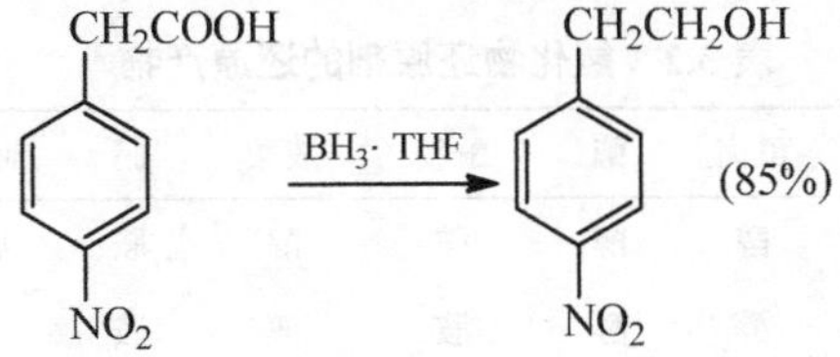

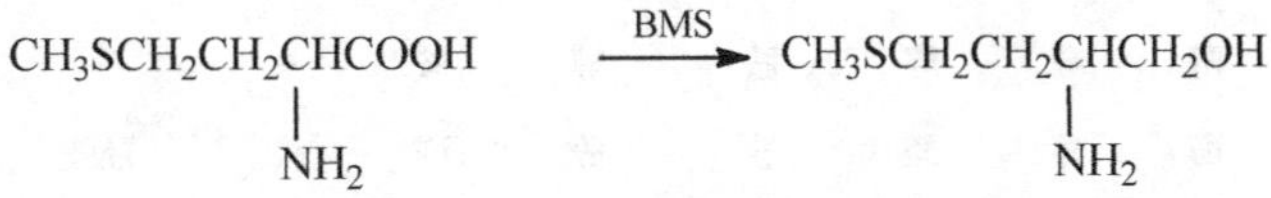

（85%）

$$CH_3SCH_2CH_2CHCOOH \xrightarrow{BMS} CH_3SCH_2CH_2CHCH_2OH$$

（90%）

（反应式下方标注：NH_2）

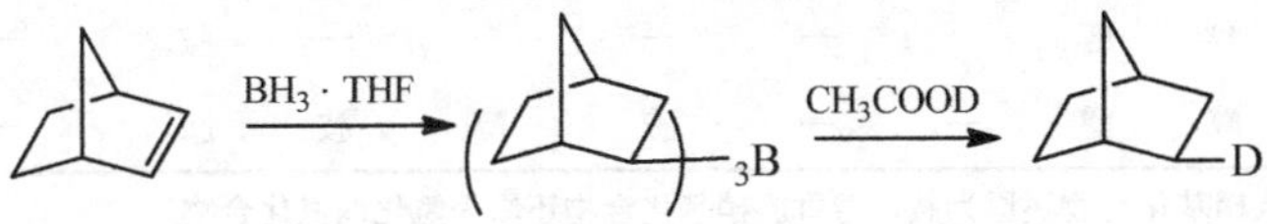

（83%）

　　硼烷也分别还原醛、酮、环氧化合物、酰胺、腈为醇或胺，但不还原酰卤、卤代烃、硝基化合物、砜和二硫化合物。例如：

(81%)

(93%)

　　硼烷还原某些官能团的活性次序大致为羧酸＞醛＞酮＞烯＞腈＞酰胺＞环氧化合物＞酯。因此控制反应条件可进行选择性还原。例如：

(67%)

　　常用氢化物还原剂的还原产物归纳在表 3.2 中。

表 3.2　氢化物还原剂的还原产物

还原剂	醛	酮	酰卤	酯	酰胺	羧酸	腈	亚胺	硝基化合物	卤代烃
LiAlH$_4$	醇	醇	醇	醇	胺	醇	胺	胺	(1)	烃
Red-Al®	醇	醇	醇	醇	胺	醇	胺	—	胺	烃
LiAlH(OBu^t)$_3$	醇	醇	醛	醇	—	—	—	—	—	—
AlH$_3$	醇	醇	—	醇	胺	醇	胺	—	—	—
DIBAL-H	醇	醇	醇	醛	胺	醇	醛	胺	羟胺	—
NaBH$_4$	醇	醇	—	(2)	—	—	—	胺	—	—
NaBH$_3$CN	醇	醇	—	—	—	—	—	胺	—	烃
BH$_3$·THF	醇	醇	—	—	胺	醇	胺	胺	—	—

　　注：（1）脂肪族硝基化合物还原为胺，芳香族硝基化合物还原为氢化偶氮化合物。
　　　　（2）反应速率很慢，加路易斯酸如 AlCl$_3$ 加速反应，产物为醇。

问题 3.14 写出下列反应的主要产物：

(1)

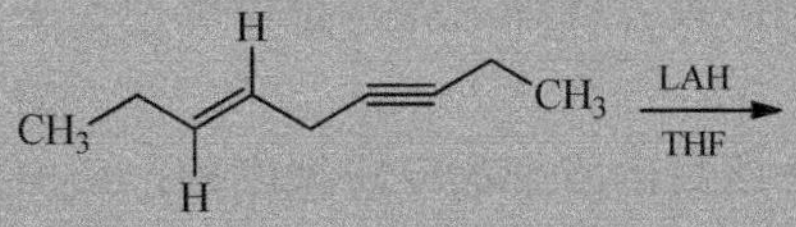

(2)

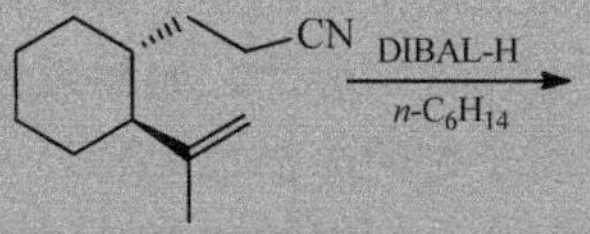

(3)

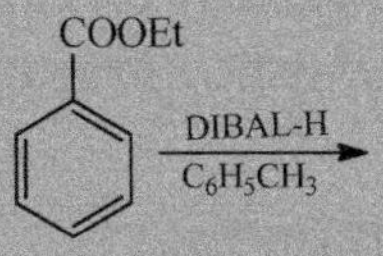

(4)

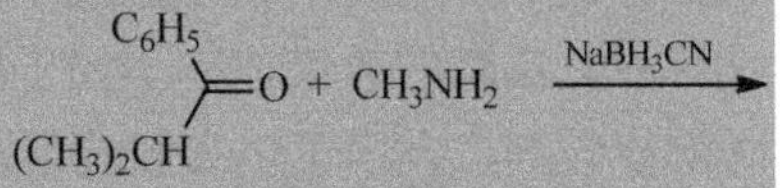

(5)

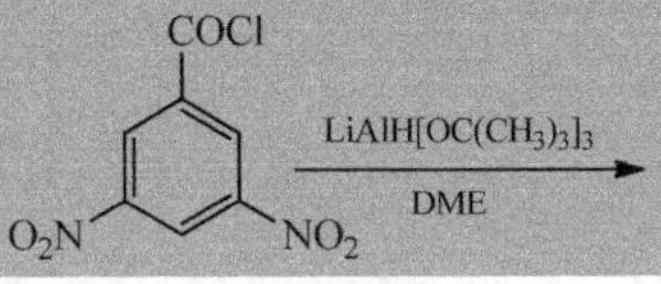

(6)

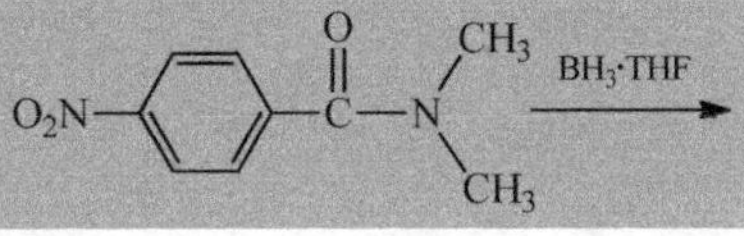

4）有机硅氢化物

烷基硅烷中硅氢键是极性键，电子对偏于氢原子一边，能与烯、炔等不饱和键发生硅氢化加成反应。并且有机硅氢化物与醛酮反应生成相应醇的硅醚，与 α, β-不饱和醛酮反应是通过烯醇硅醚再转变成羰基化合物。一些过渡金属配合物如 $[(Ph_3P)_3RhCl]$ 可促进反应。例如：

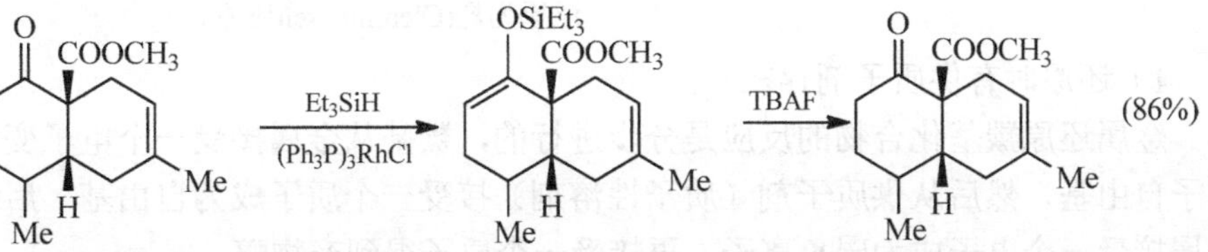

烃氧基硅氢化物在氟负离子（KF 或 CsF 等）存在下能选择性还原含亲电碳的官能团如醛、酮、酯等的羰基。还原活性次序为：醛＞酮＞酯。因此，烃氧基硅氢化物是选择性还原剂。例如：

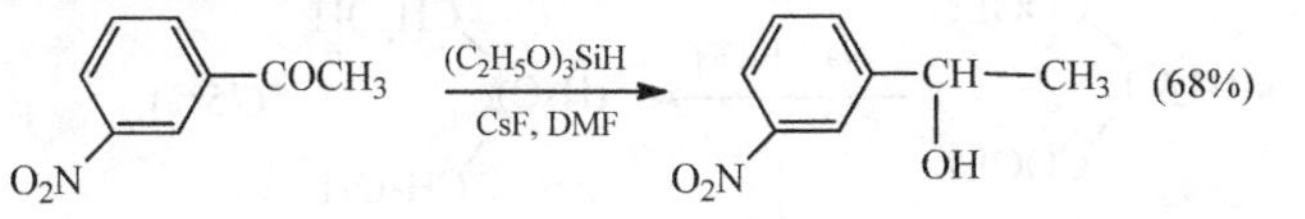

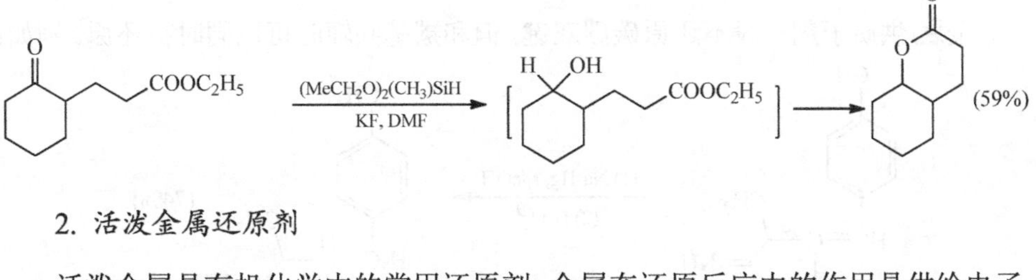

2. 活泼金属还原剂

活泼金属是有机化学中的常用还原剂。金属在还原反应中的作用是供给电子，所需的氢则由供质子剂水、醇和酸等供给。常用的金属有锂、钠、钾、锌、镁、铝、锡、铁和钛等，有时也用金属和汞的合金即汞齐以调节还原剂的活性。汞齐可以使原来活泼性高的金属降低其活性，如钠汞齐和锌汞齐，也可以使原来活泼性低的金属提高活性，如铝汞齐。

供质子剂的选择很重要。一般来说，金属与供质子剂反应越剧烈，还原效果越差。例如，金属钠和无机酸不能用作还原剂，而钠和醇类可以用作还原剂，但是甲醇、乙醇的效果往往不如丁醇、戊醇好。后两者与金属钠作用比较缓慢，同时沸点较高，反应可以在较高温度进行。

根据不同的反应条件，金属还原羰基化合物生成三类不同的产物。

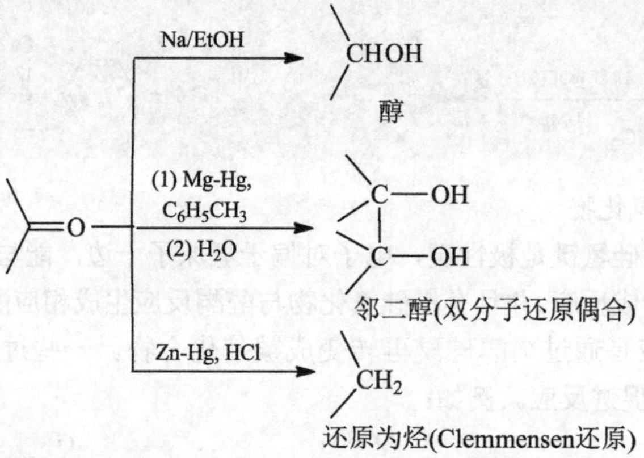

1）还原时有供质子剂存在

金属还原羰基化合物的反应是分步进行的，羰基从金属接受一个电子变成负离子自由基，然后从供质子剂（质子性溶剂）接受一个质子成为自由基。后者从金属接受一个电子成为碳负离子，再接受一个质子得到产物醇：

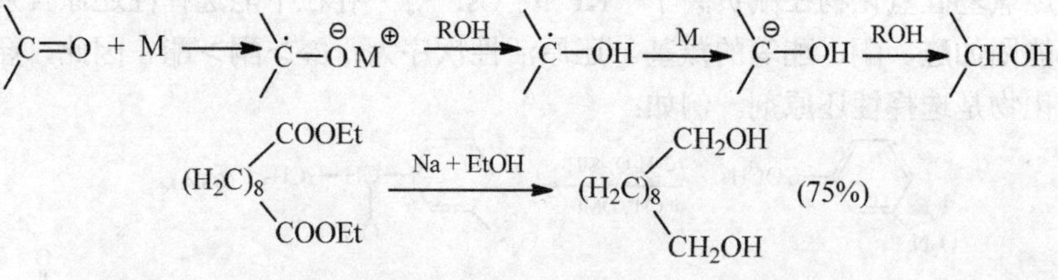

金属/供质子剂一般不还原碳碳双键，但和羰基共轭时可以同时被还原。例如：

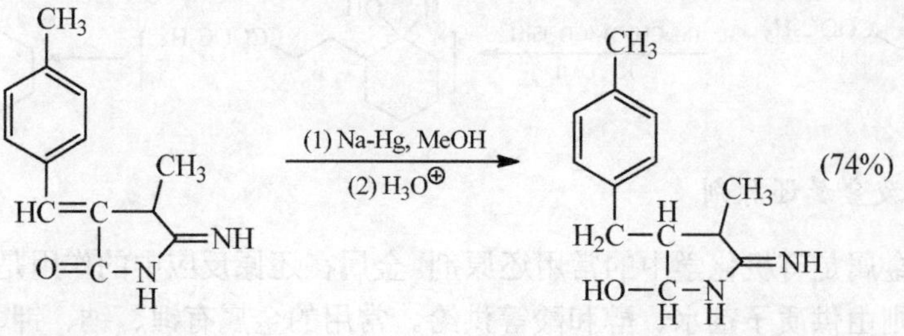

金属加供质子剂还可以将亚硝基、硝基化合物、肟和腈还原为胺，将二硫化物、磺酰氯还原为硫醇，将卤代烃脱卤为烃。

2）还原时没有供质子剂存在

如果还原反应先在非质子性溶剂（如甲苯、环己烷等）中进行（没有供质子剂），则负离子自由基互相结合生成双负离子，此时加入供质子剂（如乙醇），则得到双分子还原产物。反应机理如下：

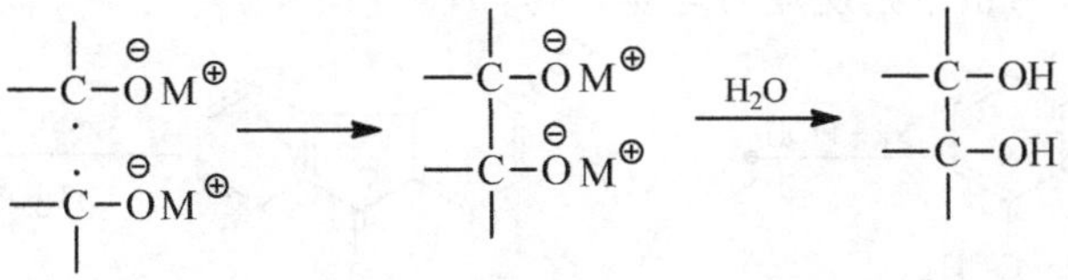

例如：

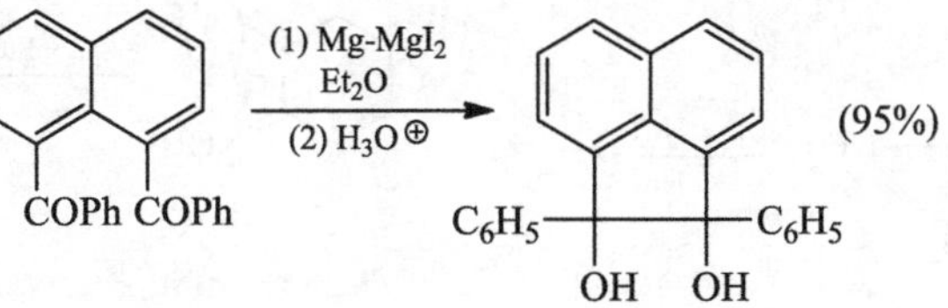

酯在非质子性溶剂中被金属还原后水解，则生成双分子还原产物 α-羟基酮。这类反应称为偶姻缩合（acyloin condensation）反应。反应机理如下：

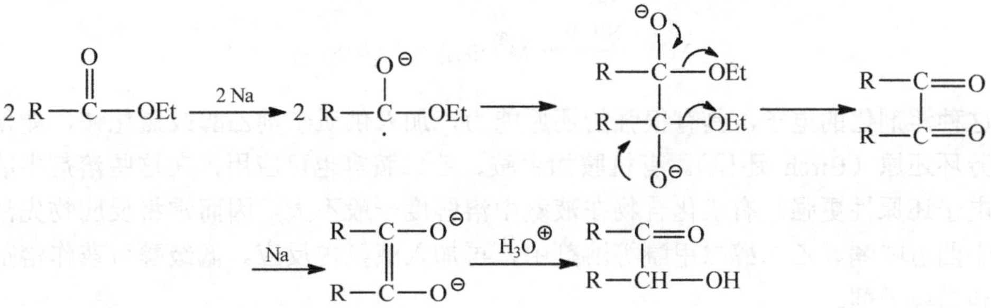

例如：

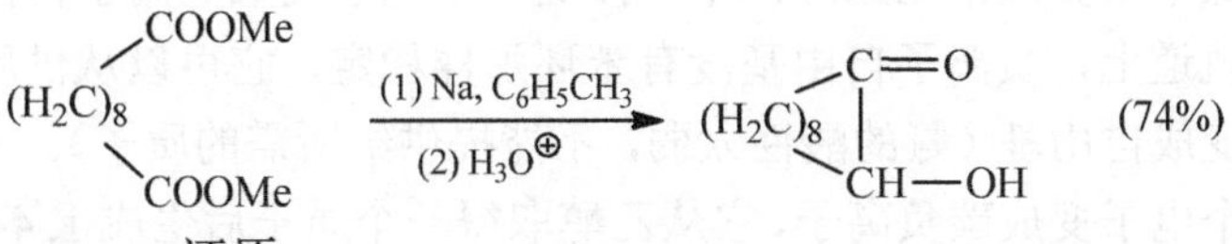

3）Clemmensen 还原

醛酮与锌汞齐和浓盐酸共热时，羰基直接还原为甲基或亚甲基。例如：

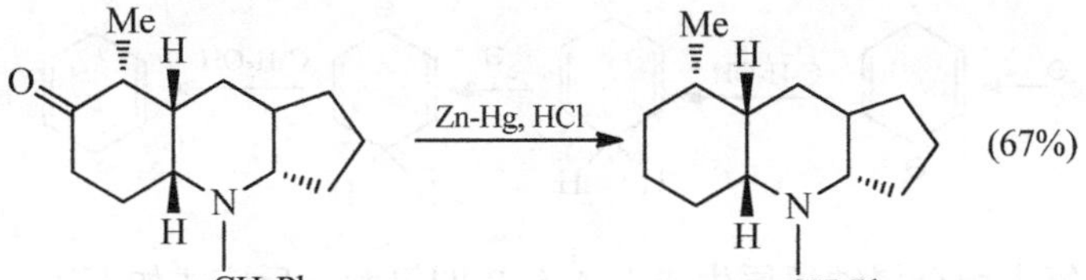

用锌粉和乙酐或用 HCl 饱和的醚作试剂可以使还原反应在温和的条件下进行，反应物分子中的—CN、AcO—等基团不受影响。

在 Clemmensen 还原反应中，醇不是反应的中间产物，因为醇在该反应条件下不能还原为烃。Clemmensen 还原反应的机理迄今尚不十分清楚，可能反应是在金属表面进行的。

问题 3.15 写出下列反应的主要产物：

(1)
Na + EtOH

(2)
(1) Mg-MgI$_2$, Et$_2$O
(2) H$_3$O$^\oplus$

(3)
Sn + HCl

(4)
Na + EtOH

4）碱金属加液氨

碱金属锂、钠、钾在液氨中产生溶剂化的电子：

$$M \cdot \xrightarrow{\text{NH}_3(l)} M^{\oplus}(\text{NH}_3) + e^{\ominus}(\text{NH}_3)$$

这种溶剂化的电子，具有很强的还原能力，加入供质子剂乙醇或氯化铵，能使芳环还原（Birch 还原）。有机胺如甲胺、乙二胺等也可应用，在这些溶剂中的电子还原性更强。有机化合物在液氨中溶解度一般不大，因而常将反应物先溶于四氢呋喃、乙二醇二甲醚等溶剂中，再加入液氨内反应。低级醇可兼作溶剂和供质子剂。

苯在液氨中用金属钠还原时，苯环接受一个电子变成负离子自由基。接受的电子在反键轨道上，负离子自由基没有苯环那样稳定，它可以从供质子剂乙醇接受一个质子变成自由基（氨的酸性太弱，不能提供给所需的质子）。生成的自由基立即接受一个电子变成碳负离子，它从乙醇取得一个质子后生成 1,4-二氢苯。1,4-二氢苯分子中两个双键不共轭，不能进一步还原。

萘在液氨中用金属钠还原生成 1,4,5,8-四氢萘。反应式如下：

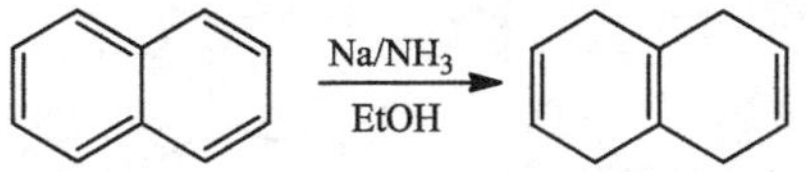

苯环上有给电子基团时，生成 3, 6-二氢苯衍生物。例如：

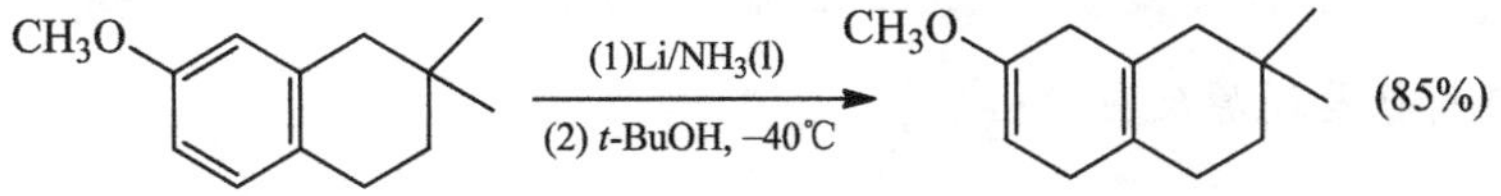

苯环上有吸电子基团时，生成 1, 4-二氢苯衍生物。例如：

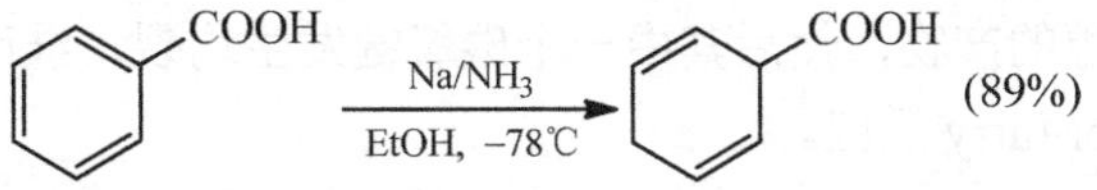

Birch 还原中碳负离子也能作为亲核试剂与卤代烃等作用（Tandem 烃化反应）。例如：

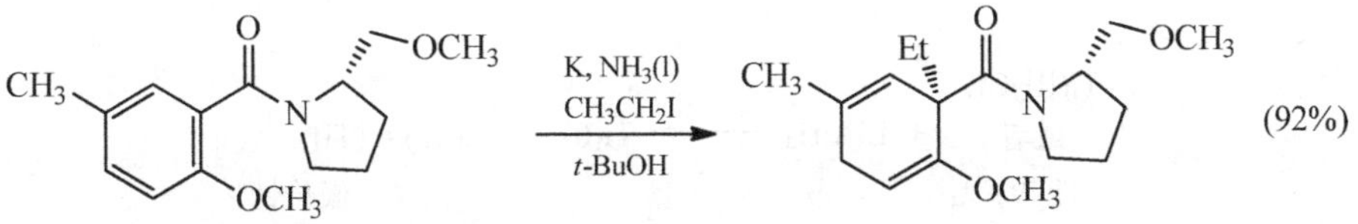

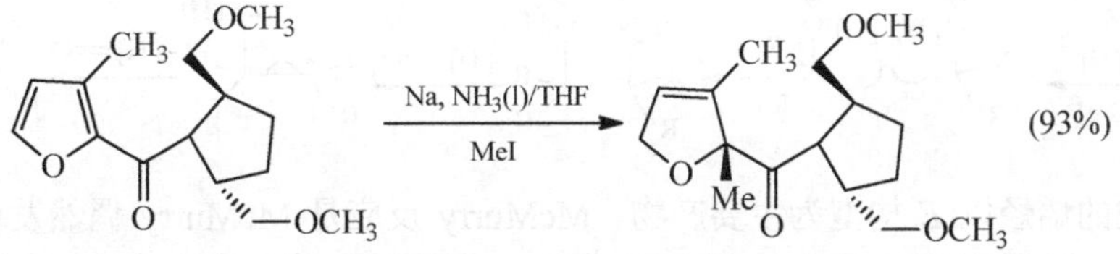

活泼金属/液氨也常用来脱卤和脱苄基保护基。例如：

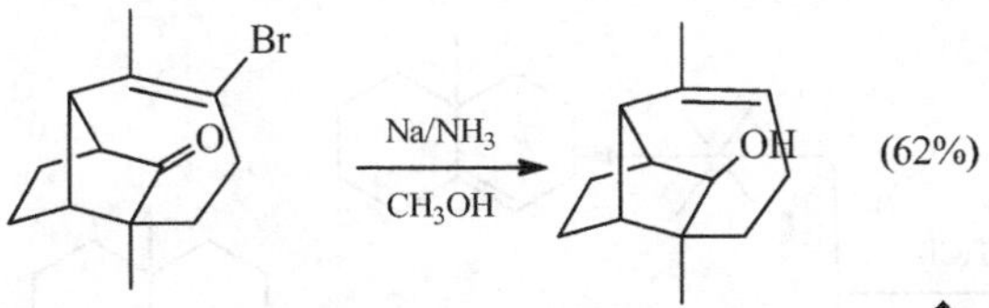

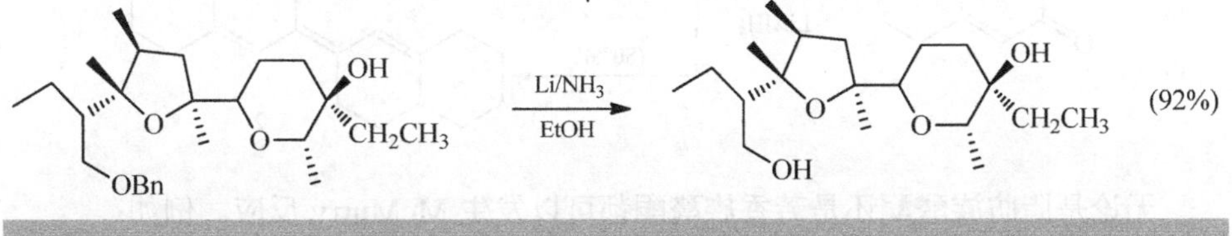

问题 3.16　在 Birch 还原中,碳负离子自由基可以和卤代烃、环氧化合物、α, β-不饱和酯等作用生成烃化产物, 写出下列反应的机理。

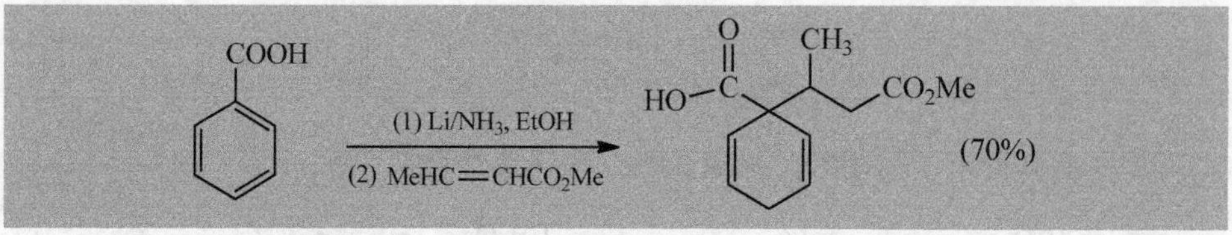

3. 低价钛盐还原反应

低价钛（包括零价钛）一般由三氯化钛或四氯化钛经 Li、K、Zn、Zn-Cu、LiAlH$_4$ 等还原得到。低价钛试剂是使羰基化合物还原偶联的有效试剂。还原偶联先形成类似频呐醇的产物，然后其中一个碳氧键发生均裂，继而消去生成烯烃。这一反应称为 McMurry 反应。

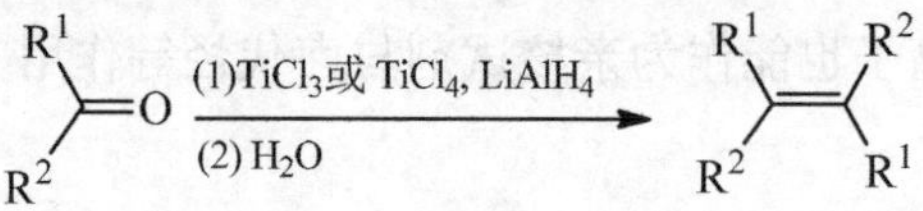

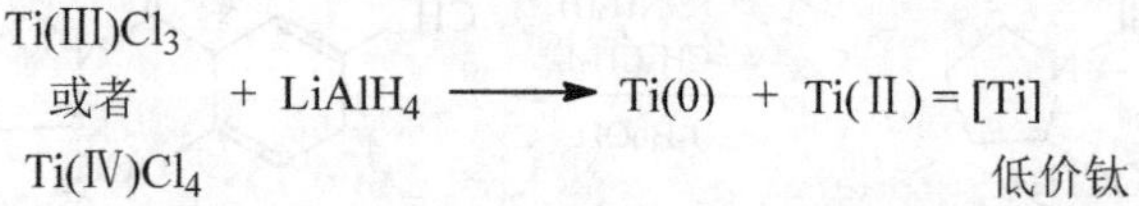

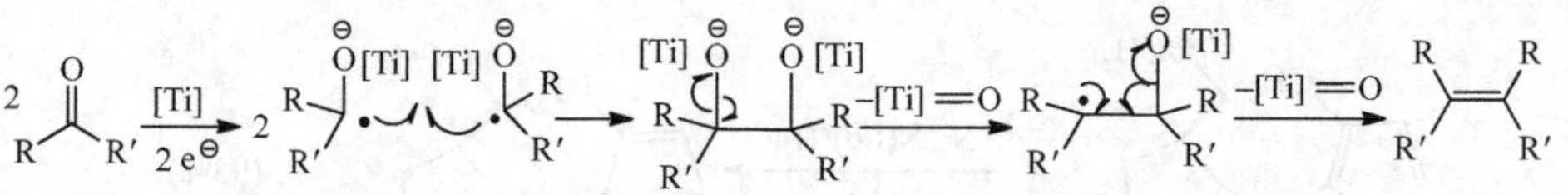

生成的烯烃以 *E* 构型为主要产物。McMurry 反应是 McMurry 偶然发现的，他在用氢化铝锂还原羰基时，试图通过添加三氯化钛发展还原羰基的新方法，他没有得到预期的产物 **1**，而是得到产率为 80% 的二聚烯烃 **2**。反应式如下：

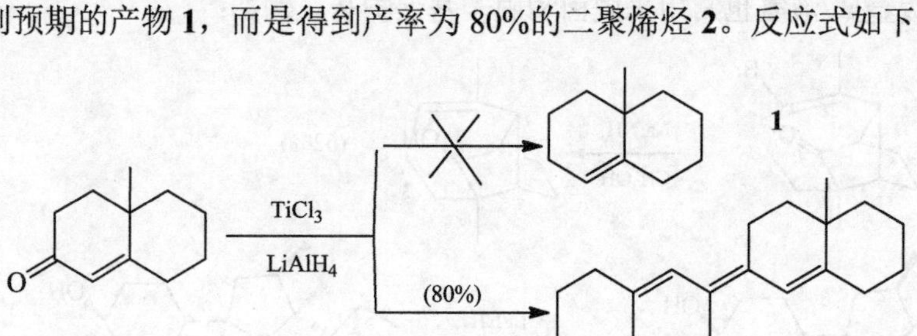

无论是脂肪族醛酮还是芳香族醛酮都可以发生 McMurry 反应。例如：

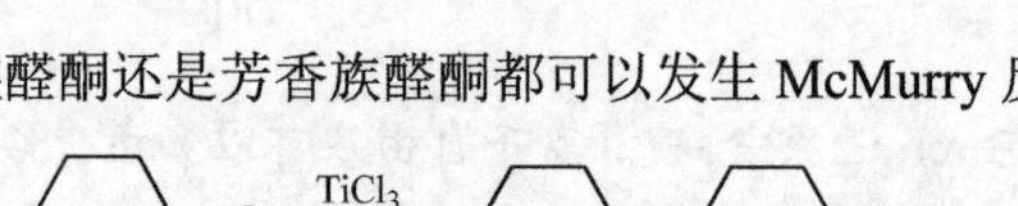

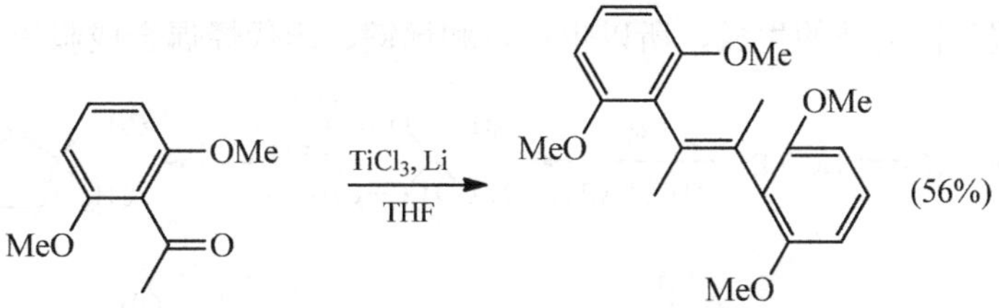

（56%）

不同的醛酮之间也可以发生 McMurry 反应。例如：

（40%）

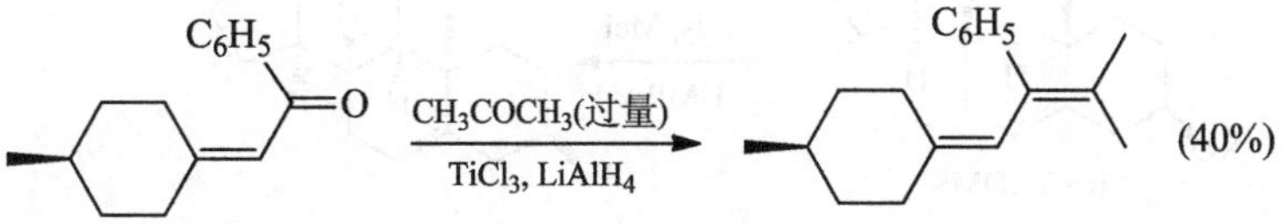

酯、酰胺和醛酮也可以发生交叉的 McMurry 反应。例如：

（91%）

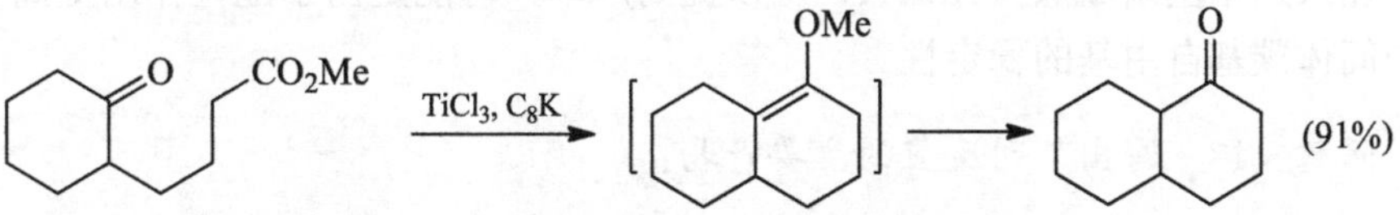

式中，C_8K 是金属钾和石墨在 150℃ 无溶剂条件下制得的。

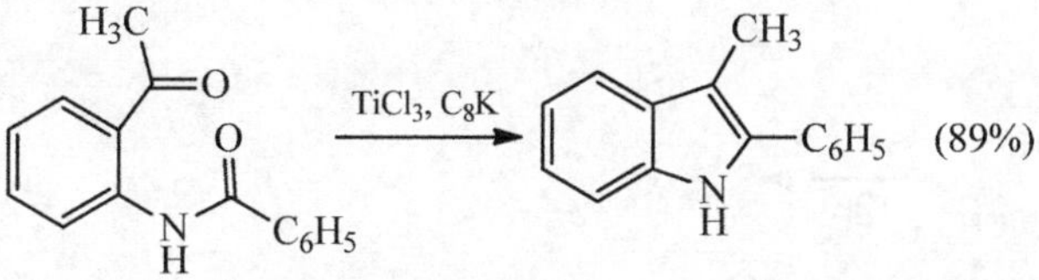

（89%）

三氯化钛的水溶液可以将脂肪族硝基化合物转化为醛酮，这是 Nef 反应的改进方法。例如：

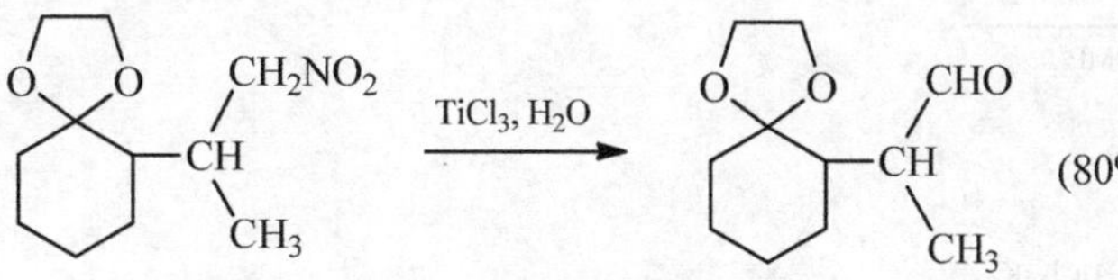

（80%）

反应机理可能是先将硝基化合物还原成肟或亚胺，然后水解成羰基化合物：

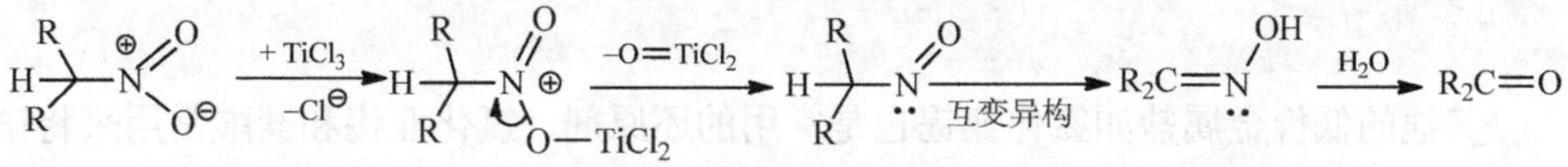

碘化钐（SmI_2）也可以使醛酮发生还原偶联反应，生成顺式邻二醇。反应的活性中间体是羰基自由基（ketyl radical）：

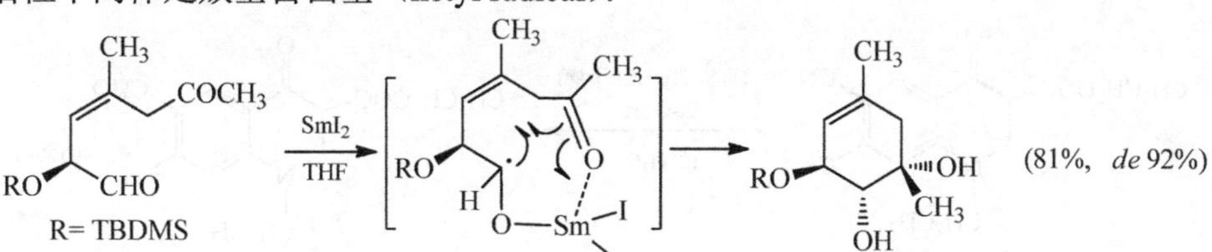

（81%，de 92%）

由于羰基自由基的生成，所以也可以和烯键、碘代烃偶合成叔醇。例如：

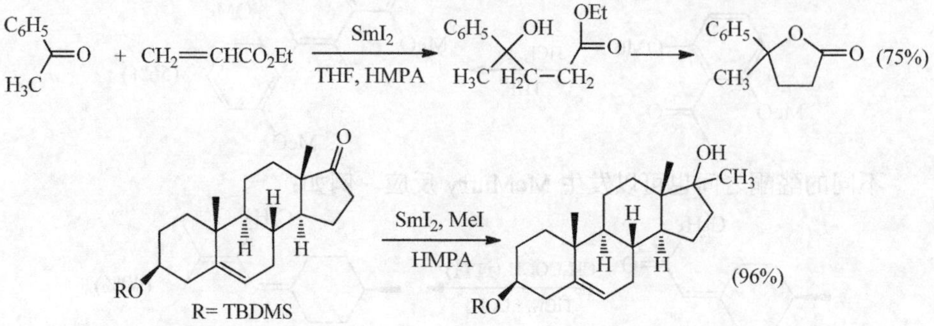

加入六甲基磷酰胺（HMPA）可以提高产率，可能是由于配位作用提高了活性中间体羰基自由基的稳定性。

问题 3.17　写出下列反应的主要产物：

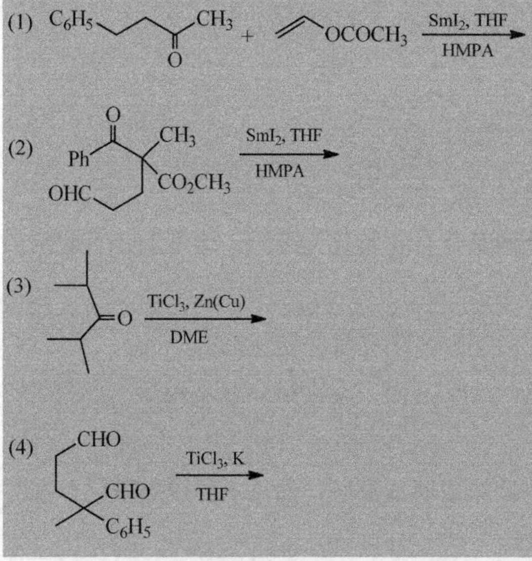

(1)

(2)

(3)

(4)

其他的低价金属盐如氯化亚锡也是常用的还原剂。氯化亚锡和盐酸常用来将硝基、肟基等还原为氨基。脂肪族和芳香族腈在干燥的氯化氢醚溶液中用氯化亚锡还原，然后水解可转变为醛，该反应称为 Stephen 还原反应或 Stephen 醛合成。例如：

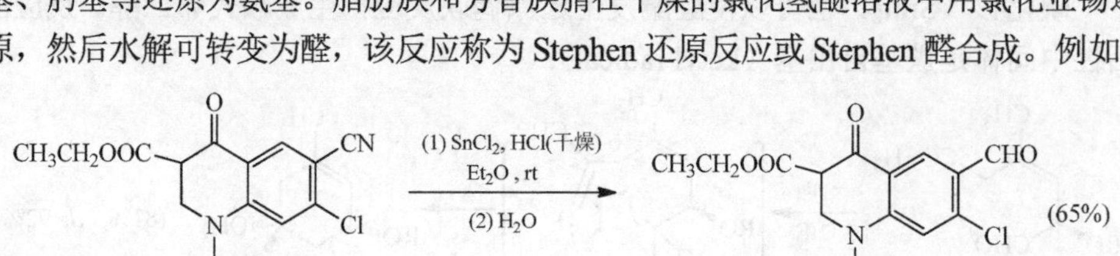

4. 非金属还原剂

1）联氨还原

联氨（肼）具有强还原性。将醛酮、水合肼、强碱（如氢氧化钾、乙醇钠等）在高压釜中加热，醛酮的羰基被还原为甲基或亚甲基。这一反应称为 Wolff-Kishner 反应。Wolff-Kishner 反应可能是通过烃基二亚胺进行的。例如：

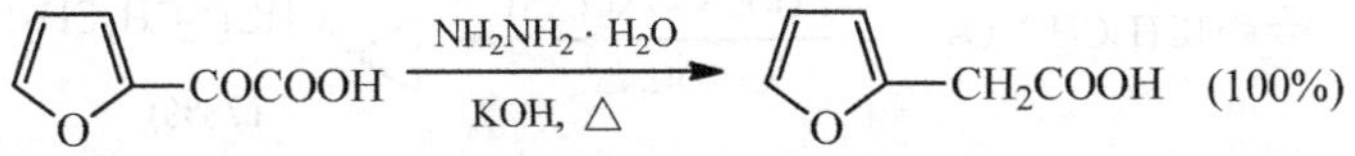

黄鸣龙改进了 Wolff-Kishner 反应，将醛酮、水合肼、氢氧化钾和高沸点溶剂一缩二乙二醇在常压下加热，先蒸去水，再在 190℃加热 2～4h，即得到高产率的还原产物，烯键不受影响。例如：

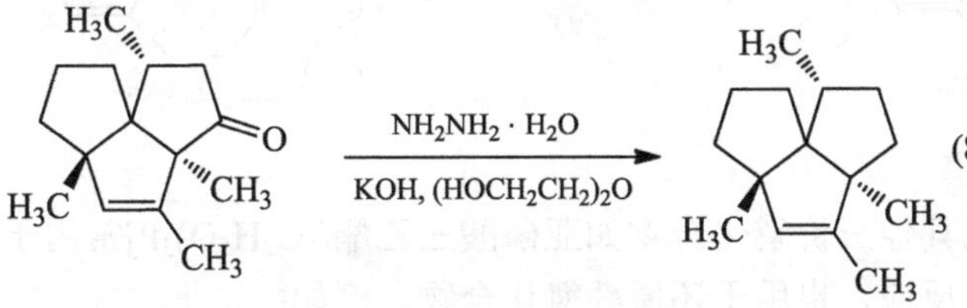

羰基化合物与对甲苯磺酰肼生成的腙用 $NaBH_3CN$ 在温和条件下还原可得到相应的烃，而酯基、酰胺基、氰基、硝基等不受影响。例如：

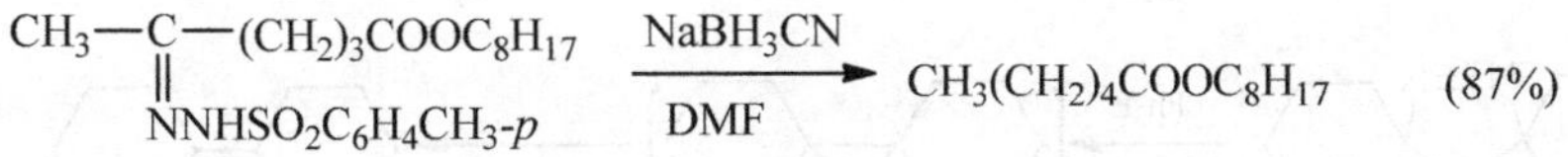

在氧化剂存在下，肼能使烯键还原。例如：

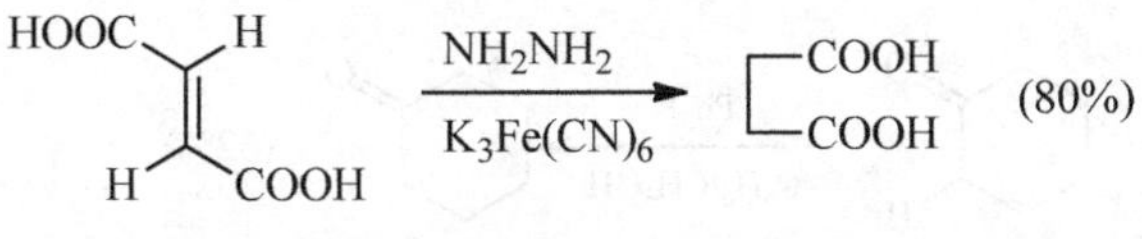

在反应中起还原作用的是肼氧化生成的二亚胺 NH═NH（diimide，diazene）。二亚胺也可以由偶氮二甲酸加热脱羧和对甲苯磺酰肼热解得到。反应式如下：

$$HOOCN{=}NCOOH \xrightarrow{\triangle} HN{=}NH + 2CO_2$$

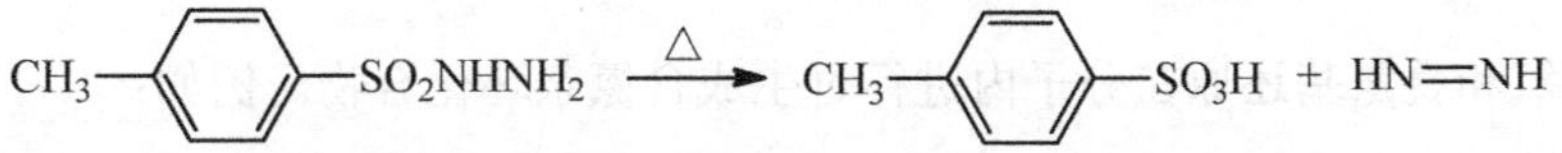

二亚胺是一种选择性很好的还原剂，它产生后立即与 C═C、C≡C、N═N 等对称的重键发生顺式加成反应，而与 C═O、C═N、C≡N、—NO_2、—S═O 等不对称重键不发生反应。

二亚胺还原是顺式加成，经过一个环状过渡态后，放出氮气：

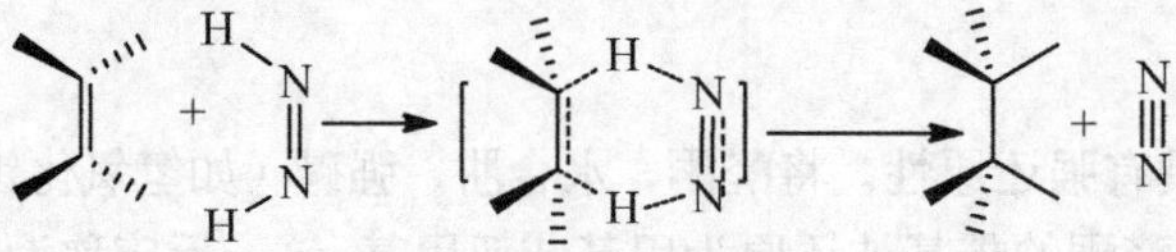

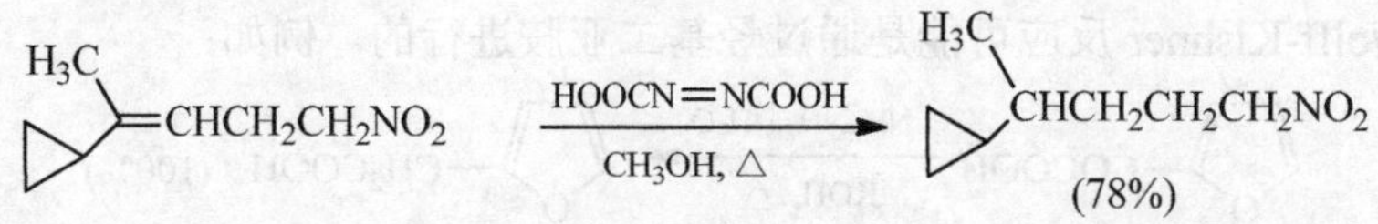

$$\underset{O_2N}{CH_3} \quad \overset{HOOCN=NCOOH}{\underset{CH_3OH, \triangle}{\longrightarrow}} \quad (78\%)$$

当分子中含有多个烯键时，可选择性还原位阻较小的末端烯键。例如：

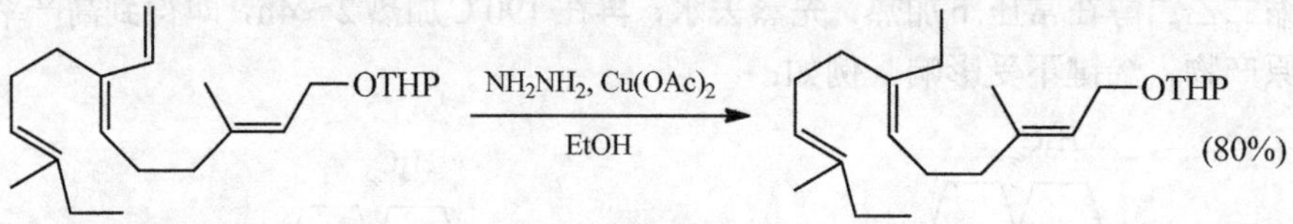

2）三苯基膦

三苯基膦或其他三价磷化合物如亚磷酸三乙酯[$(C_2H_5O)_3P$]常用于脱氧、脱硫、脱卤（溴和碘）反应，也用于还原叠氮化合物。例如：

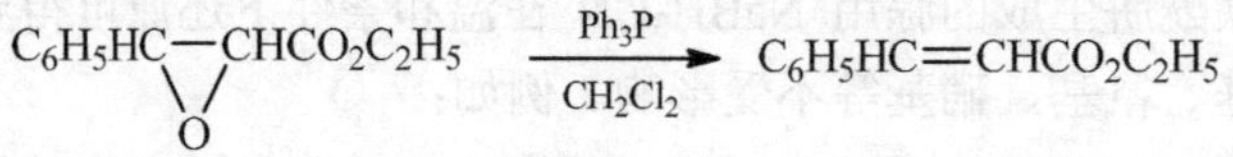

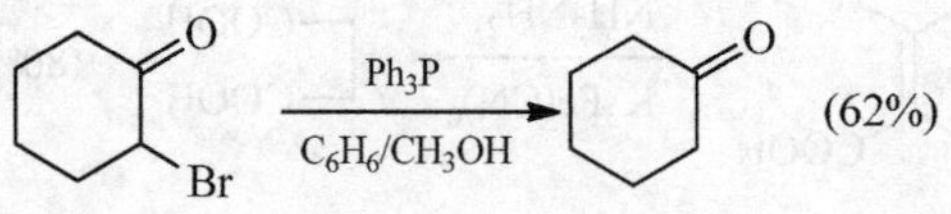

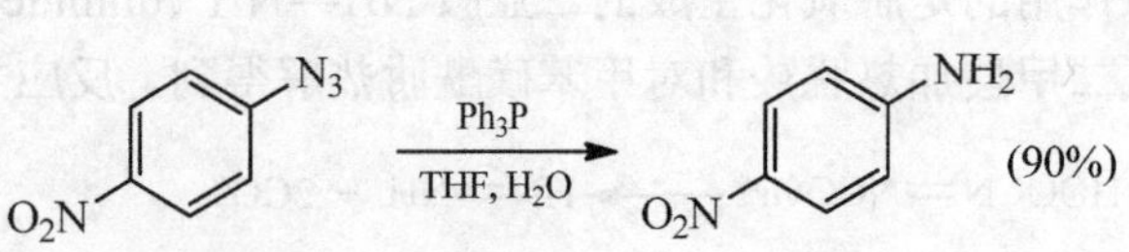

$$C_6H_5HC\!\!-\!\!\underset{O}{CHCO_2C_2H_5} \quad \overset{Ph_3P}{\underset{CH_2Cl_2}{\longrightarrow}} \quad C_6H_5HC=\!CHCO_2C_2H_5$$

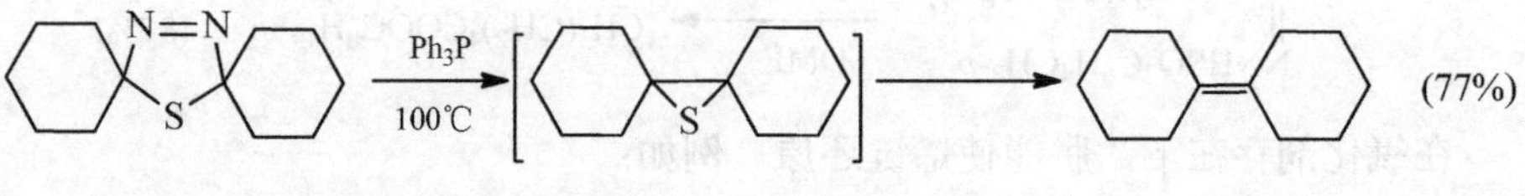

脱氧和叠氮基还原在分子内进行时生成含氮杂环化合物。例如：

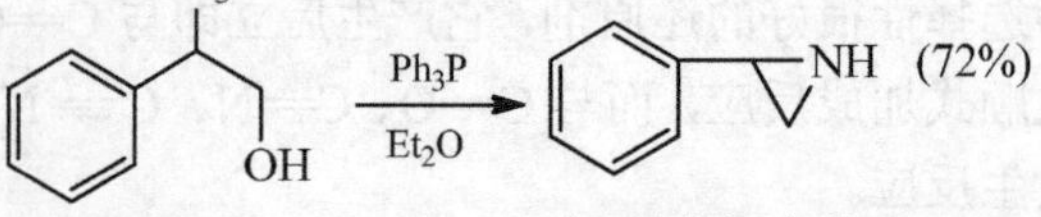

氮丙啶衍生物

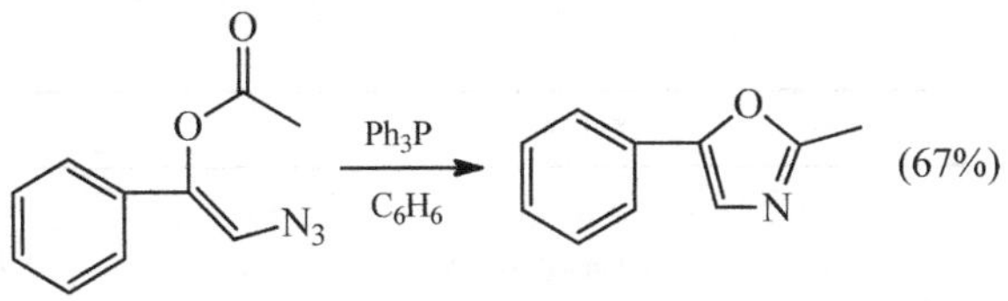

$$(67\%)$$

3）低价含硫化合物

某些低价的非金属化合物如低价含硫化合物也是常用的还原剂。硫化钠、硫氢化钠、亚硫酸钠、亚硫酸氢钠、保险粉等在碱性或中性条件下将硝基、亚硝基、偶氮基等还原为氨基。它们还原硝基的特点是可以还原二硝基苯衍生物的其中一个硝基。例如：

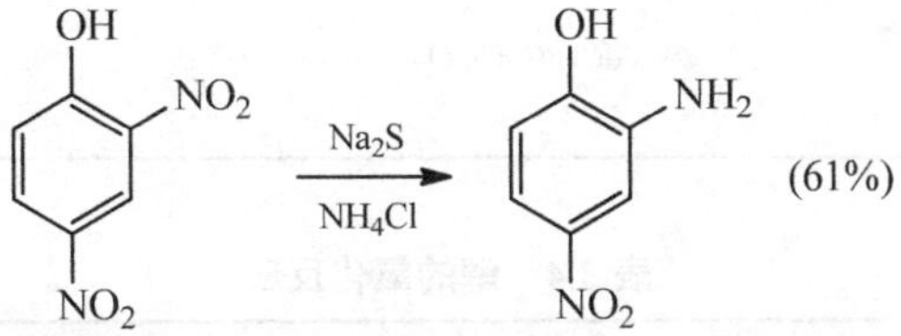

$$(61\%)$$

问题 3.18 写出下列反应的产物：

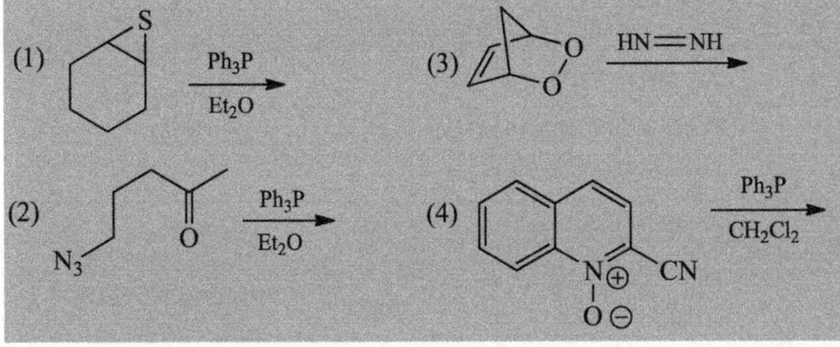

附：烯和醇的氧化反应小结

表 3.3 烯的氧化反应

烯	氧化剂	产物
$\begin{array}{c}R\\ \\R\end{array}C{=}CHR$	$KMnO_4$; $K_2Cr_2O_7$, (1) O_3, (2) H_2O_2	$\begin{array}{c}R\\ \\R\end{array}C{=}O$ + RCOOH
	(1) O_3, (2) Zn/H_2O $KMnO_4/Ac_2O$ $NaIO_4/OsO_4$(cat.)	$\begin{array}{c}R\\ \\R\end{array}C{=}O$ + RCHO
	(1) O_3, (2) $NaBH_4$	$\begin{array}{c}R\\ \\R\end{array}CH{-}OH$ + RCH_2OH

烯	氧化剂	产物
$R_2C{=}CHR$	稀冷 KMnO$_4$ NMO/OsO$_4$(cat.) t-BuOOH/OsO$_4$(cat.) H$_2$O$_2$/(PhSe)$_2$	$\underset{OH\ \ OH}{R_2C-CHR}$
	RCO$_3$H	$R_2C\overset{O}{\diagdown}CHR$ (环氧化物)
	PdCl$_2$/CuCl, O$_2$	$\underset{R}{\overset{R}{>}}CHCR\ (C{=}O)$

表 3.4　醇的氧化反应

醇	氧化剂	产物
RCH$_2$OH R$_2$CHOH	KMnO$_4$; K$_2$Cr$_2$O$_7$; O$_2$/Pt	RCOOH R$_2$C$=$O
RCH$_2$OH R$_2$CHOH	活性 MnO$_2$; Al(OR)$_2$; SeO$_2$; Dess-Martin 试剂; NMO/TBAP Swern试剂; Moffatt试剂	RCHO R$_2$C$=$O
RCH$=$CH$-$CHR 　　　　　｜ 　　　　　OH RCH$=$CH$-$CH$_2$ 　　　　　｜ 　　　　　OH	PDC; PCC; Jones试剂; Collins试剂; Swern试剂; Moffatt试剂; DDQ; 活性MnO$_2$; NMO/TBAP	RCH$=$CH$-$COR RCH$=$CH$-$CHO
$\underset{OH\ \ OH}{R_2C-CHR}$	NaIO$_4$; Pd(OAc)$_4$	R$_2$C$=$O + RCHO

常见还原反应小结

表 3.5　常见还原反应和还原剂

反应物	产物	还原剂
RCHO R$_2$CO	RCH$_3$ R$_2$CH$_2$	Zn-Hg,HCl; NH$_2$NH$_2$, KOH, (HOCH$_2$CH$_2$)$_2$O; (1) HSCH$_2$CH$_2$SH, (2) H$_2$, Ni (1) TosNHNH$_2$, (2) NaBH$_3$CN
RCHO R$_2$CO	RCH$_2$OH R$_2$CHOH	NaBH$_4$; LiAlH$_4$, LiAlH(OR)$_3$; AlH$_3$; BIBAL-H; Red-Al$^@$; BH$_3$·THF; Li(Na, K)/EtOH; NaBH$_3$CN

续表

反应物	产物	还原剂
RCOOH	RCH$_2$OH	LiAlH$_4$, AlH$_3$; Red-Al$^@$; BH$_3$·THF
RCOOR′	RCH$_2$OH R′CH$_2$OH	LiAlH$_4$, LiAlH(OR)$_3$; AlH$_3$; Red-Al$^@$;LiBH$_4$; Zn(BH$_4$)$_2$; NaBH$_4$/AlCl$_3$; Li(Na, K)/EtOH
R—C(=O)Cl	RCHO	H$_2$/Lindlar Pd; LiAlH(t-OBu)$_3$
RCONR′$_2$	RCH$_2$NR′$_2$	LiAlH$_4$, AlH$_3$; BIBAL-H; Red-Al$^@$;BH$_3$·THF
RCN	RCH$_2$NH$_2$	LiAlH$_4$, AlH$_3$; Red-Al$^@$;BH$_3$·THF; H$_2$/Pd;　Li(Na,K)/EtOH
R—NO$_2$	R—NH$_2$	H$_2$/Pd;　Red-Al$^@$; SnCl$_2$/HCl; Na$_2$S
ArCH$_2$X (X= Cl,Br,I,OTs)	ArCH$_3$	H$_2$/Pd;　Red-Al$^@$; NaBH$_3$CN; Li(Na, K)/NH$_3$
⬡—OR	⬡—OR	Li(Na, K)/NH$_3$
〉=〈	〉—〈	H$_2$/催化剂;　HN=NH
R—≡—R	(cis) R,R / H,H 烯	H$_2$/Lindlar Pd ;　HN=NH
	(trans) R,H / H,R 烯	Li(Na, K)/NH$_3$; LiAlH$_4$

习　题

一、写出下列反应产物：

(1)

HO—/—OTs
N$_3$—/—OTs
$\xrightarrow{\text{H}_2,\ \text{Pd/C}}$

(2)

$\xrightarrow[\text{THF}]{\text{Red-Al}}$

(3)

$\xrightarrow[\text{(2) H}_2,\ \text{Pd/C}]{\text{(1) LiAlH}_4}$

(4)

$\xrightarrow[\text{(2) H}_3\text{O}^{\oplus}]{\text{(1) LiAlH}_4}$

(5) $\xrightarrow[\text{(2) NaBH}_4]{\text{(1) O}_3,\ \text{CH}_3\text{OH}}$ (6) $\xrightarrow{\text{NaBH}_4,\ \text{CH}_3\text{OH}}$

二、如何实现下列转化?

(1) $\longrightarrow$ 　　(2) $\longrightarrow$

(3) $\longrightarrow$ $\longrightarrow$ 　　(4) $\longrightarrow$ $\longrightarrow$

三、写出下列反应的试剂:

(1) $\text{HOOC(CH}_2)_4\text{COOC}_2\text{H}_5 \longrightarrow \text{HOCH}_2(\text{CH}_2)_4\text{COOC}_2\text{H}_5$

(2) $\longrightarrow$

四、推测下列化合物的结构:

(1) $C_{11}H_{10}O \xrightarrow[\text{(2)EtOH}]{\text{(1)Li/NH}_3} C_{11}H_{12}O \xrightarrow{\text{H}_3\text{O}^{\oplus}} C_{10}H_{10}O$

(2) $C_9H_8O_2 \xrightarrow{\text{KMnO}_4} C_9H_{10}O_4 \xrightarrow{\text{HIO}_4} C_7H_6O$

五、实现下列转变:

(1) $\Longrightarrow$ 　　(2) $\longrightarrow$

(3) $\Longrightarrow$ 　　(4) $\text{CH}_3\text{COCH}_3 \Longrightarrow$

(5) $\Longrightarrow$ 　　(6) $\Longrightarrow$

六、写出反应机理：

(1)

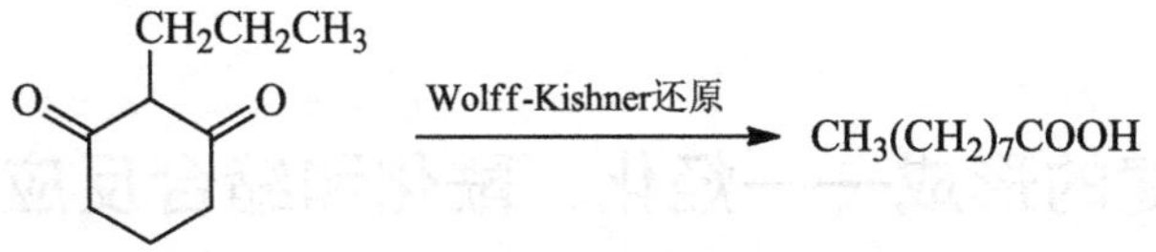

Wolff-Kishner还原 $\longrightarrow$ $CH_3(CH_2)_7COOH$

(2)

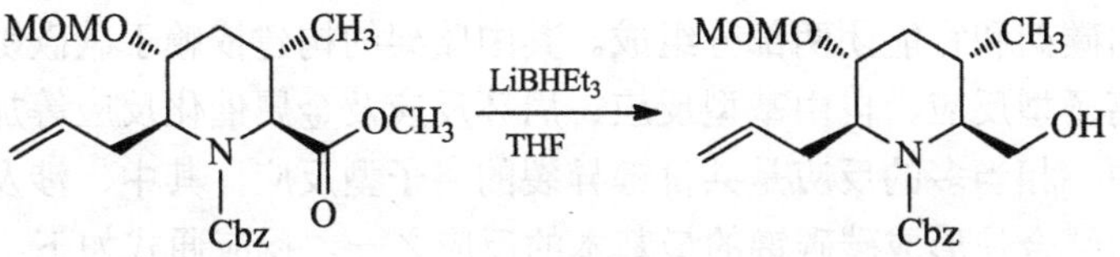

$\xrightarrow[\text{THF}]{\text{LiBHEt}_3}$

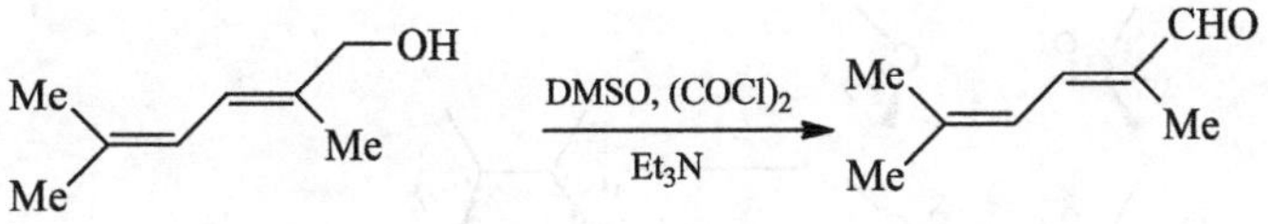

(3)

$\xrightarrow[\text{Et}_3\text{N}]{\text{DMSO, (COCl)}_2}$

第4章 碳碳键的形成——烃化、酰化和缩合反应

有机化合物由碳架和官能团两部分组成。其中碳架的构建依赖于碳碳键的形成，通常可通过离子型反应、自由基型反应、周环反应及金属催化反应等加以实现。在有机化学中，相当多的反应是共价键异裂的离子型反应，其中，涉及亲核性碳和亲电性碳的结合是形成碳碳键的最基本的反应之一。反应通式如下：

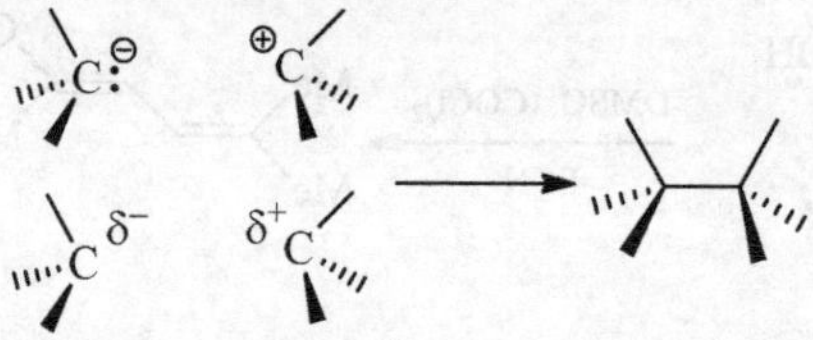

亲核性碳原子应具有较高的电子云密度，常表现为碳负离子或与之相近的形式，包括有机金属化合物中与金属相连的碳原子、羰基化合物在碱性条件下获得的烯醇盐或酸性条件下形成的烯醇中的 α-碳原子、活性亚甲基化合物在碱性条件下生成的亚甲基碳负离子、富电子的烯键（烯醇、烯胺）和芳环等。亲电性碳原子则表现出较高的缺电子特性，通常呈现微带正电荷 δ^+ 的中性碳原子或带正电荷的碳正离子，包括卤代烃和磺酸酯中与杂原子相连的碳原子、羰基碳原子、α,β-不饱和羰基化合物中的 β-碳原子等。这些亲核性碳与亲电性碳间通过亲核取代、亲核加成、共轭加成等反应形成碳碳单键。反应通式如下：

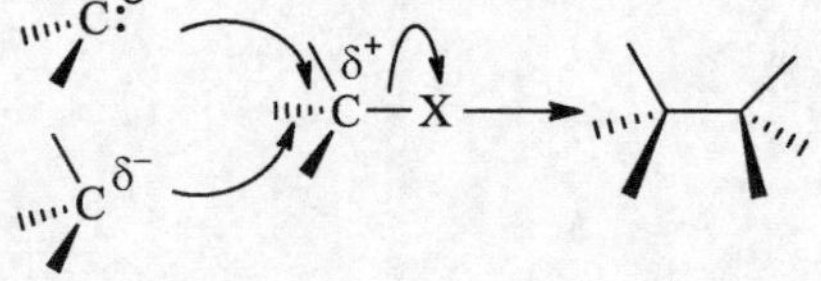

亲核取代

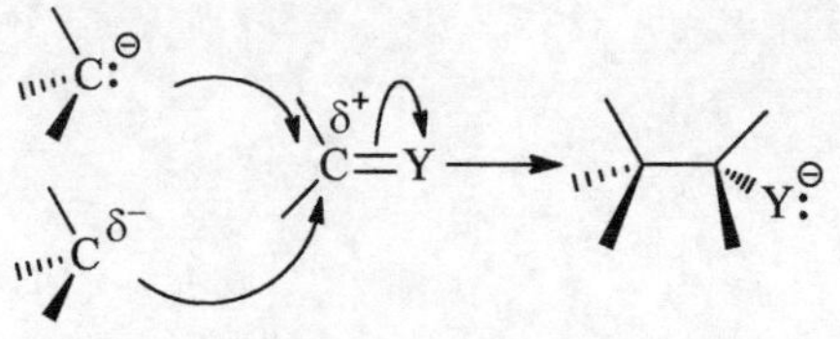

亲核加成

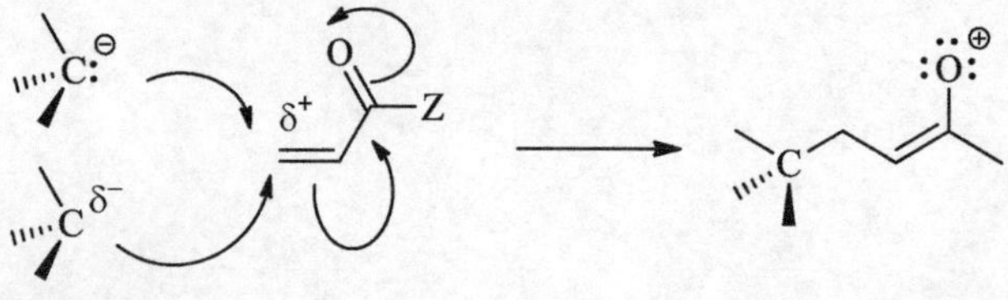

共轭加成

4.1　有机金属化合物的反应

有机金属化合物是指金属原子和碳原子直接键合的有机化合物。有机金属化合物分子中的 C—M 键是高度极化的，成键电子偏向碳原子一边，因此是碳负离子的潜在来源，是一类活泼的亲核试剂，可以发生亲核取代、亲核加成、共轭加成、偶合等反应。有机金属试剂的亲核反应活性取决于所连接金属的活泼性，常见的有机金属试剂的活性次序为：R—K、R—Na＞R—Li＞R—MgX＞R—Zn＞R—Cu。有机钾、钠化合物是离子型的盐。有机镁、锌、铜等化合物中的金属-碳键是极性共价键，它们可溶于乙醚、四氢呋喃等有机溶剂中。

4.1.1　有机镁试剂

有机镁试剂也称格利雅（Grignard）试剂（简称格氏试剂），一般由金属镁和卤代烃在无水醚类溶剂（如乙醚、四氢呋喃（THF））中制得。反应通式如下：

$$RX + Mg \xrightarrow[\text{或四氢呋喃}]{\text{无水乙醚}} RMgX$$

在格氏试剂的醚溶液中，醚分子通过氧上的孤电子对与格氏试剂中的镁离子相结合从而一定程度上稳定了格氏试剂。格氏试剂一般可以视作 $R:^-Mg^{2+}X^-$，具有较高的亲核性，可以作为亲核试剂发生多种反应。

1. 格氏试剂的强碱性

格氏试剂可以视为碳负离子的等价物，因碳原子电负性不强，碳负离子具有很高的亲核性。同时，碳负离子也有很强的接受质子的能力，是一类很强的碱，在酸或质子溶剂中能快速发生酸碱反应而被消耗掉。因此，格氏试剂的制备及反应均应在无水的非质子性溶剂（如乙醚、四氢呋喃等醚类溶剂）中进行。同时，由于格氏试剂较高的亲核性，也应避免使用具有亲电性的卤代烃类（如氯仿，二氯甲烷）、酰胺类[如 N, N-二甲基甲酰胺（DMF）]和亚砜类[如二甲基亚砜（DMSO）]等溶剂；与此同时，反应底物结构中也应避免存在羧基、羟基、氨基等具有活泼氢的官能团以减少副反应的发生。例如，格氏试剂与水发生的反应：

$$RMgX + H_2O \longrightarrow RH + MgX(OH)$$

2. 格氏试剂的反应

1）烃化反应

反应通式如下：

$$XMg —R + R'—X' \longrightarrow R—R' + MgXX'$$

格氏试剂与活泼的卤代烃（烯丙式卤代烃、伯卤代烃、苄卤代烃）、硫酸酯或磺酸酯等发生双分子亲核取代（S_N2）反应，反应产率一般较高。例如：

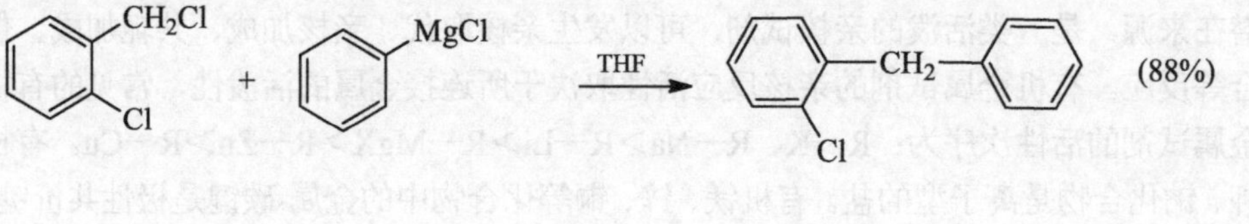

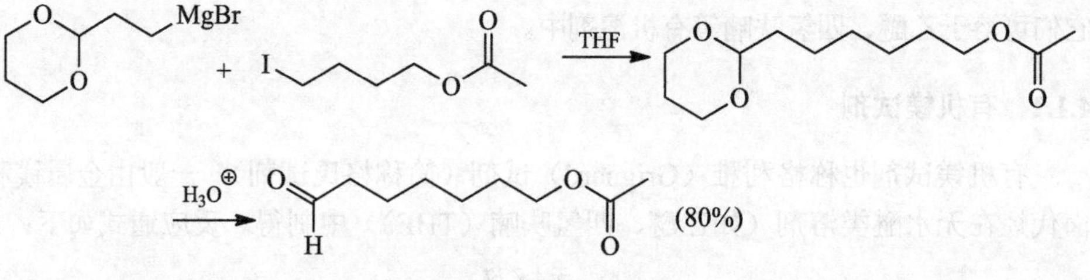

格氏试剂和环氧化合物反应形成新的碳碳单键，一般可以得到高产率的伯醇化合物。该类反应宜在低温条件下进行。例如：

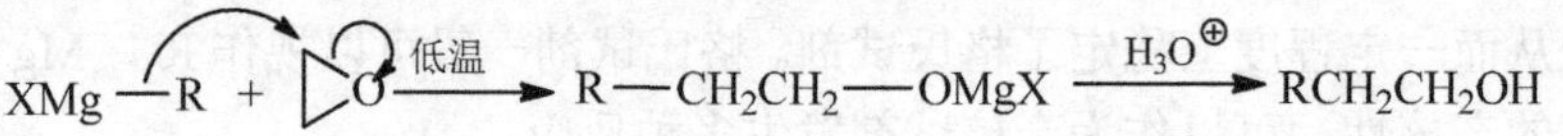

$$XMg —R + \triangle O \xrightarrow{低温} R—CH_2CH_2—OMgX \xrightarrow{H_3O^{\oplus}} RCH_2CH_2OH$$

格氏试剂与不对称的环氧乙烷发生亲核反应时，优先进攻位阻较小一侧的亲电性碳形成碳碳单键并开环。当环氧底物分子中含有氮等可与 Mg^{2+} 作用的杂原子时，则可能通过配位作用诱使反应具有高的区域选择性。例如下面的反应，则可通过氮的孤电子对与 Mg^{2+} 相互作用，形成六元环过渡态而使亲核性的碳进攻环氧上的 2-碳原子实现开环得到最终产物：

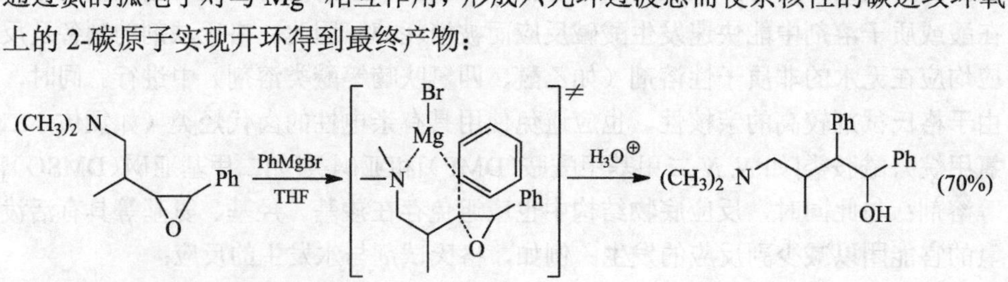

2）和羰基化合物的反应

羰基化合物中的羰基因碳和氧原子的电负性的差异，羰基碳原子微带正电性 δ^+，因而羰基碳是良好的亲电中心，可以与多种亲核试剂发生作用。当格氏试剂与羰基化合物作用时，一般首先发生羰基的亲核加成反应，然后依据不同的羰基化合物的结构，进行不同的后续反应。

（a）与醛酮反应

$$XMg—R + \overset{R'}{\underset{R^2}{C}}=O \longrightarrow R—\overset{R'}{\underset{R^2}{C}}—OMgX \xrightarrow{H_3O^{\oplus}} R—\overset{R'}{\underset{R^2}{C}}—OH$$

格氏试剂与醛酮的羰基发生亲核加成反应可得到烷氧负离子，后者经水解可以得到醇类化合物。反应物为甲醛时生成伯醇，碳链增长一个碳原子。羰基反应物为其他醛和酮时，分别生成仲醇和叔醇。例如：

（b）与羧酸衍生物反应

羧酸衍生物与格氏试剂发生反应，反应活性受羰基所连基团的影响而有所不同。一般而言，酰卤的反应活性最高，酯和酸酐次之，而酰胺化合物的活性最低。通常情况下，等当量的格氏试剂与羧酸衍生物发生酰基亲核取代反应生成酮，过量的格氏试剂可进一步与酮反应生成叔醇。其中酯为反应物时产率最高。例如：

$$XMg—R + \overset{R^1}{\underset{OR^2}{C}}=O \longrightarrow R—\overset{R^1}{\underset{OR^2}{C}}—\ddot{O}MgX \xrightarrow{-R^2OMgX} R—\overset{R^1}{\underset{}{C}}=O \xrightarrow{R—MgX} R—\overset{R^1}{\underset{R}{C}}—OMgX \xrightarrow{H_3O^{\oplus}} R—\overset{R'}{\underset{R}{C}}—OH$$

若在低温下用格氏试剂和过量酰氯或酸酐反应，反应也可以停留在酮的阶段。

由于伯酰胺和仲酰胺分子中含有 N—H，格氏试剂和它们作用时优先发生酸碱反应而生成烃和酰胺盐。格氏试剂和叔酰胺（N, N-二取代酰胺）可以发生亲核取代反应，但并不常用，对于某些价廉易得到的叔酰胺，如 DMF，可用于和格氏试剂作用制备甲酰化产物，这是常用的甲酰化的方法之一。例如：

$$CH_3(CH_2)_3C\equiv CMgBr + (CH_3)_2NCHO \longrightarrow CH_3(CH_2)_3C\equiv CCHO \quad (51\%)$$
$$DMF$$

N-甲基-N-苯基甲酰胺

（c）与二氧化碳反应

二氧化碳与羰基化合物类似，是一种亲电试剂，可与格氏试剂作用后制备羧酸镁盐，产物经水解后可得到增长一个碳原子的羧酸。这是羧酸的重要合成法之一。反应机理如下：

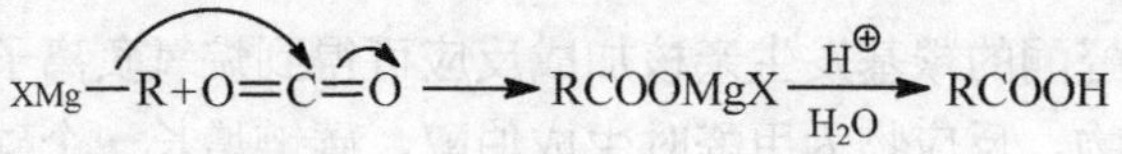

$$XMg-R+O=C=O \longrightarrow RCOOMgX \xrightarrow[H_2O]{H^{\oplus}} RCOOH$$

例如：

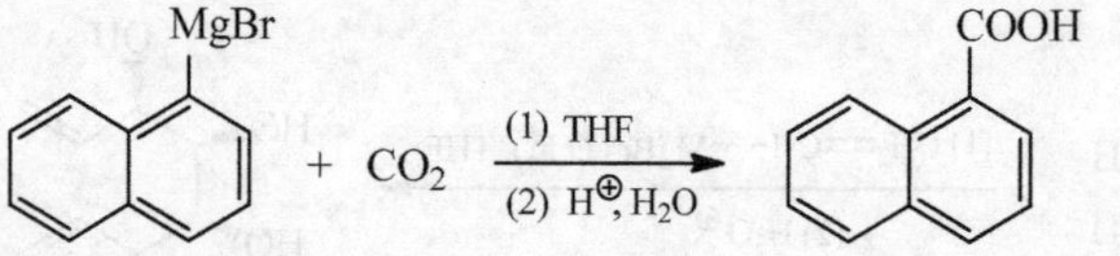

（70%）

（d）与席夫碱或腈反应

C＝N 键和 C≡N 键都是极性不饱和键，其中碳原子具有较高的亲电性，可与格氏试剂发生亲核加成反应，所得产物水解后分别生成胺和酮。例如：

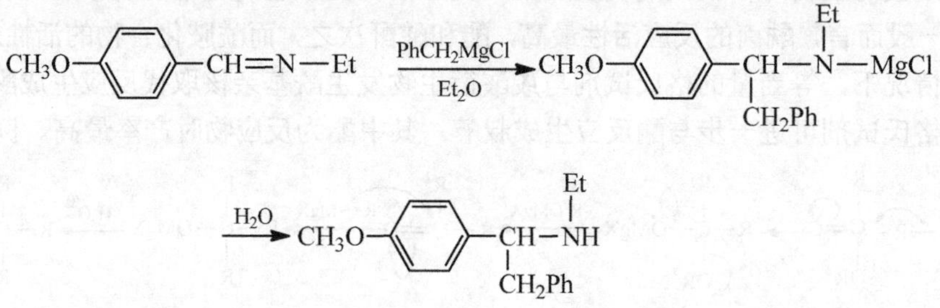

（79%）

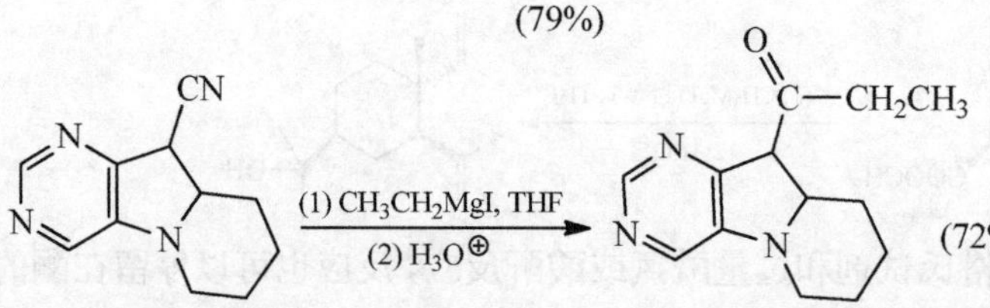

（72%）

（e）Weinreb 酮合成

酰氯、酸酐、酯和 *N, O*-二甲基羟胺作用生成 *N*-甲氧基-*N*-甲基酰胺（Weinreb 酰胺），后者与格氏试剂（或有机锂化合物）发生亲核加成反应形成的四面体中间体可与金属离子 Mg^{2+} 或 Li^+ 形成稳定的分子内螯合物（chelate），接着经水解生成酮，这是从羧酸衍生物制备酮的重要方法。例如：

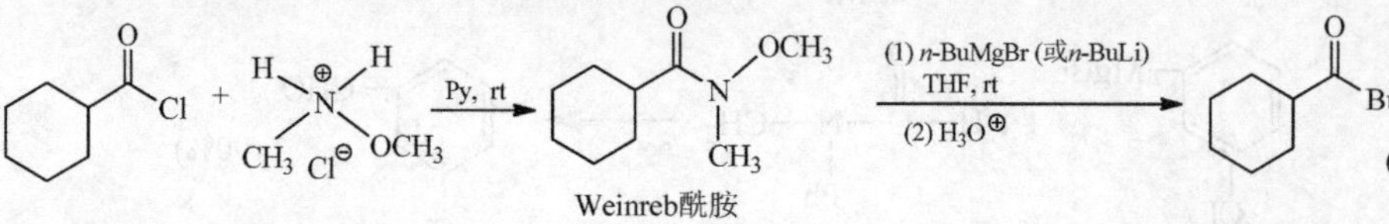

（97%）

（f）与 α, β-不饱和羰基化合物反应

格氏试剂与 α, β-不饱和羰基化合物反应可以得到 1,2-加成产物和 1,4-加成产物：

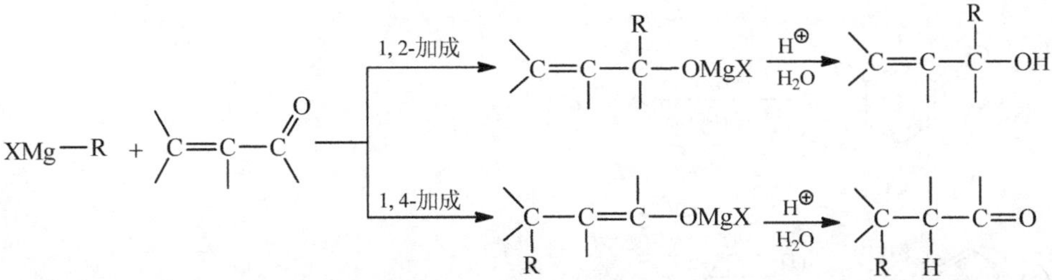

格氏试剂与 α, β-不饱和羰基化合物反应往往得到 1,2-和 1,4-加成的混合物，但在少量亚铜盐（<10mol%）存在下，主要得到 1,4-加成产物。有机铜化合物是该反应的中间产物。例如：

$$PhCH_2MgCl + CH_2{=}CHCO_2C_2H_5 \xrightarrow[-25℃]{CuCl} Ph(CH_2)_3CO_2C_2H_5 \quad (69\%)$$

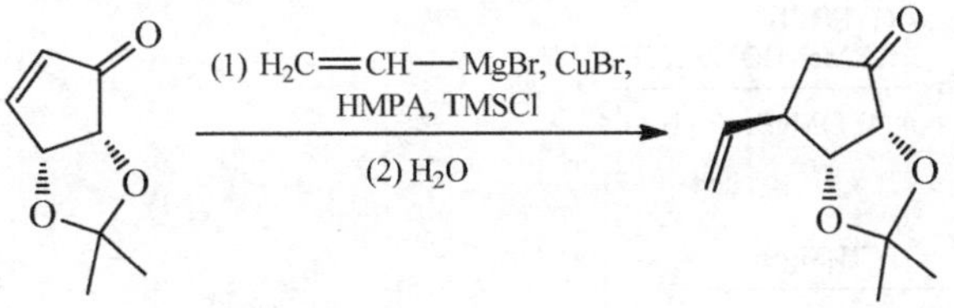

（80%）

格氏试剂的反应归纳总结如下：

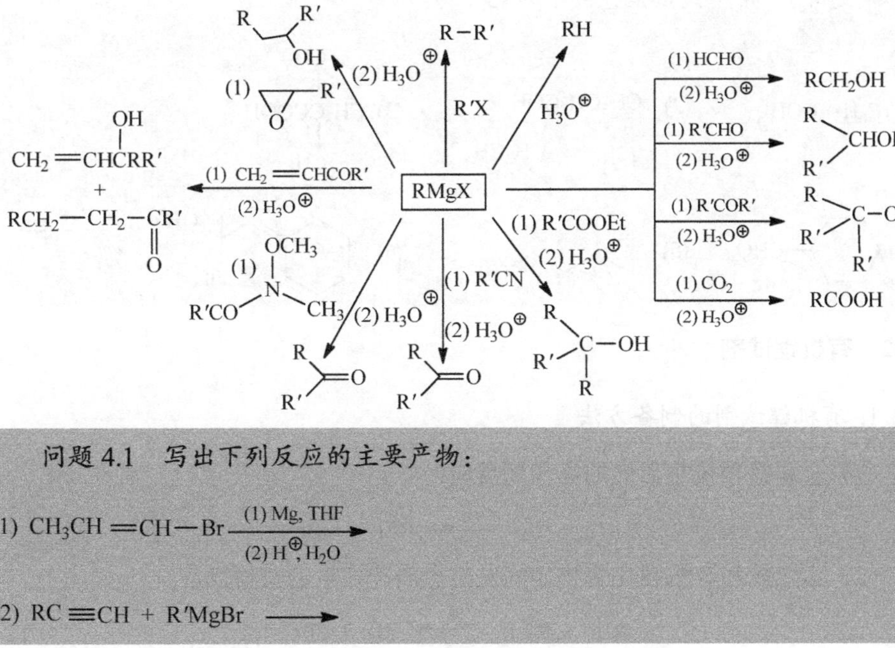

问题 4.1 写出下列反应的主要产物：

（1）$CH_3CH{=}CH{-}Br \xrightarrow[\text{(2) } H^{\oplus}, H_2O]{\text{(1) Mg, THF}}$

（2）$RC{\equiv}CH + R'MgBr \longrightarrow$

(3) $PhC{\equiv}CMgBr + CH_3CH_2CHO \xrightarrow[\text{(2) H}^{\oplus}\text{, H}_2\text{O}]{\text{(1) THF}}$

(4)

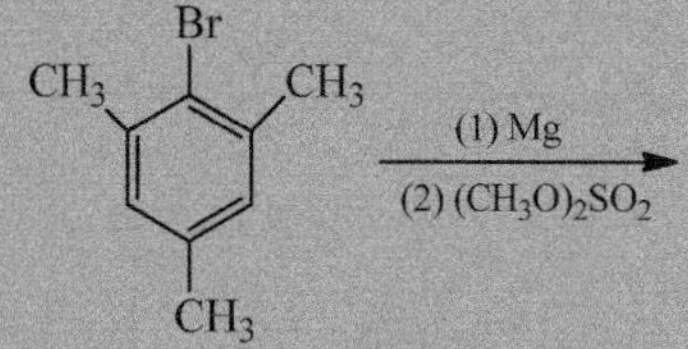

$\xrightarrow[\text{(2) (CH}_3\text{O)}_2\text{SO}_2]{\text{(1) Mg}}$

(5)

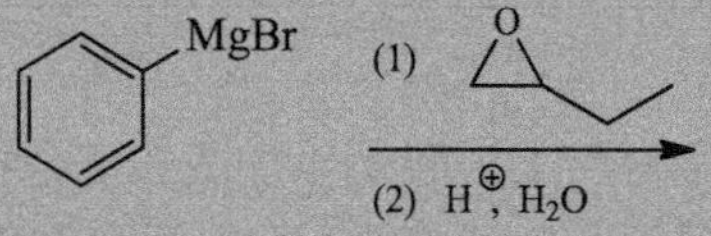

(6) $CH_3MgBr +$

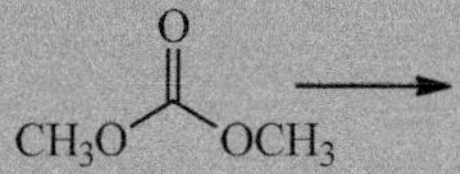

(7)

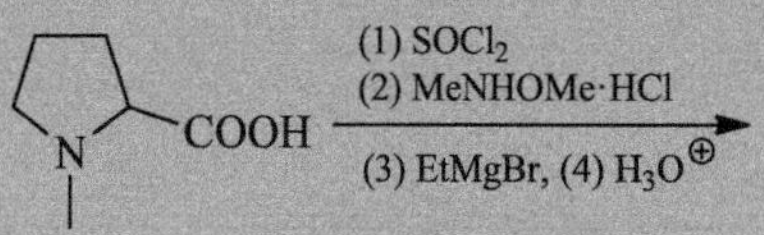

(8)

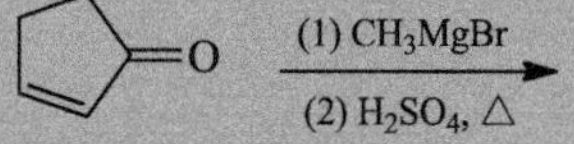

问题 4.2　用格氏试剂合成下列化合物：

(1) $(C_6H_5)_3COH$　　(2) 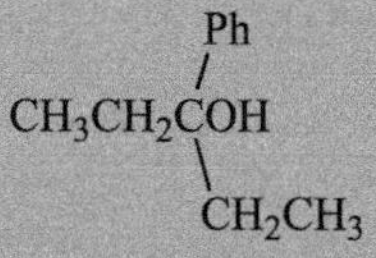 $CH_3CH_2\overset{Ph}{\underset{CH_2CH_3}{C}}OH$　　(3) $CH_3\overset{CH_3}{\underset{CH_3}{C}}COOH$

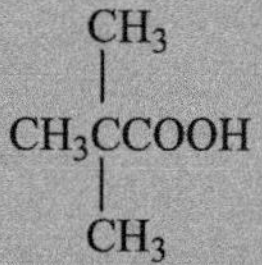

(4)

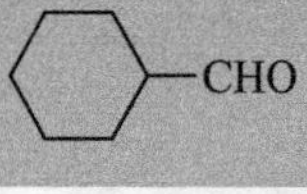

(5)

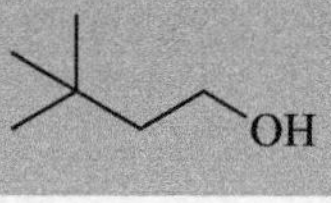

(6)

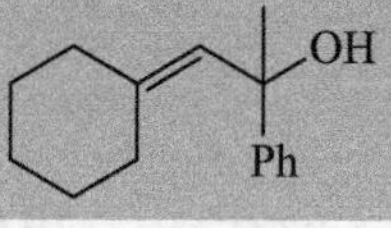

4.1.2　有机锂试剂

1. 有机锂试剂的制备方法

（1）金属锂与较小活性的卤代烃反应：

$$RBr + 2Li \xrightarrow{\text{醚}} RLi + LiBr$$

（2）卤代烃和有机锂化合物之间发生金属和卤素的交换反应：

$$RBr + R'Li \xrightarrow{\text{醚}} RLi + R'Br$$

（3）利用有机锂化合物和其他有机金属试剂发生金属交换反应，也可制备新的有机锂试剂，其中锡-锂交换在合成上较为重要。例如：

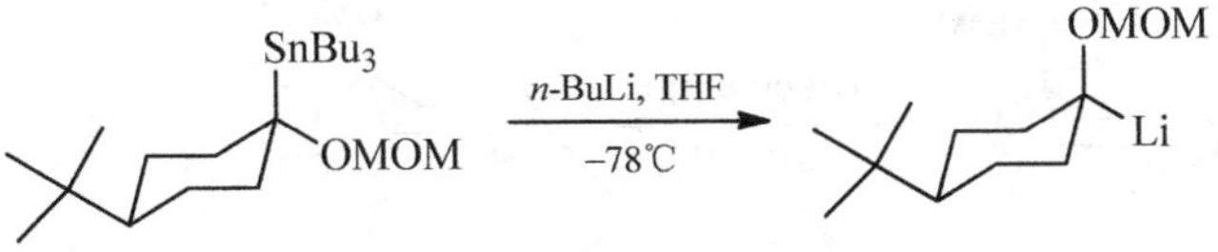

（4）酸性化合物和有机锂试剂作用生成新的有机锂化合物：

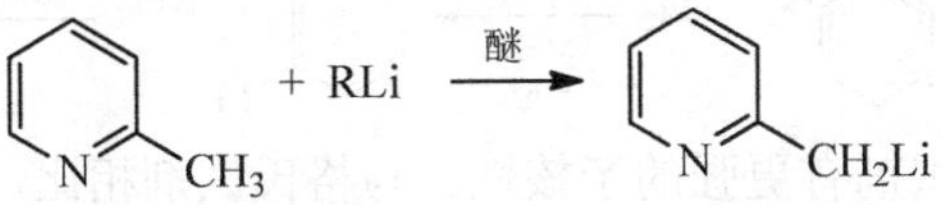

（5）当芳环上存在可与锂配位的取代基（如烷氧基、酰胺基）时，通常在其邻位发生锂化反应。这一反应称为 Snieckus 定向邻位金属化反应（Snieckus directed ortho metalation）。杂环化合物的锂化一般在杂原子的邻位。例如：

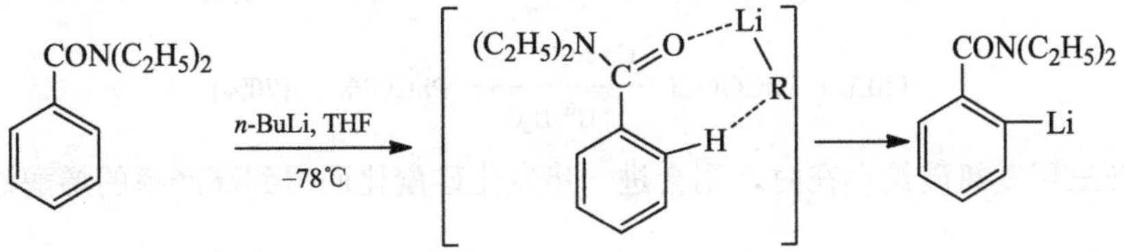

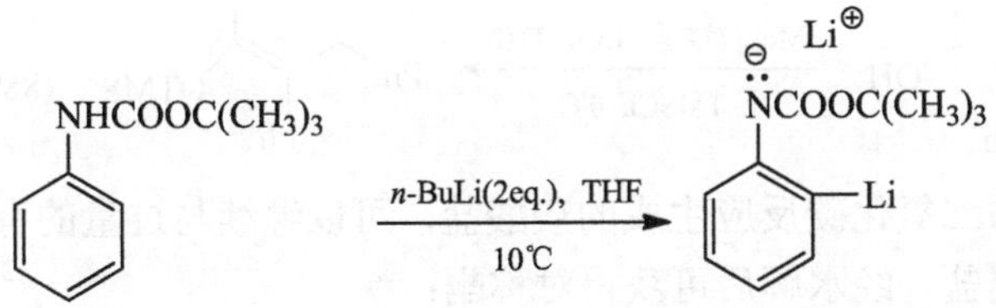

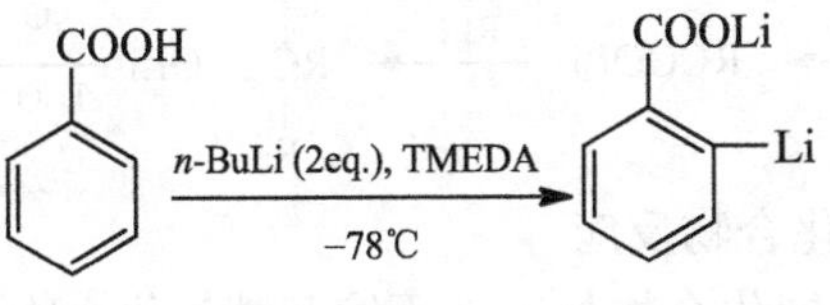

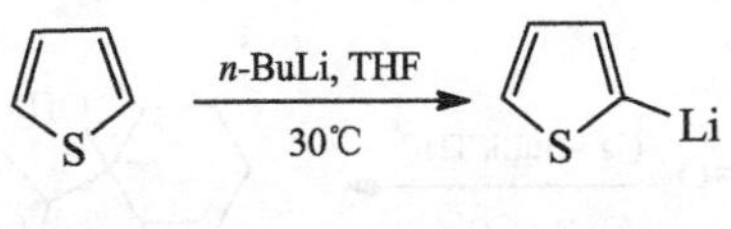

2. 有机锂试剂的反应

有机锂试剂与格氏试剂类似，也能与多种亲电试剂发生反应。例如，与醛、酮类羰基化合物可以发生亲核加成反应生成相应的醇类化合物，与羧酸衍生物则可发生酰基亲核取代反应得到醛、酮类产物，并进一步发生亲核加成反应生成叔醇类产物。例如：

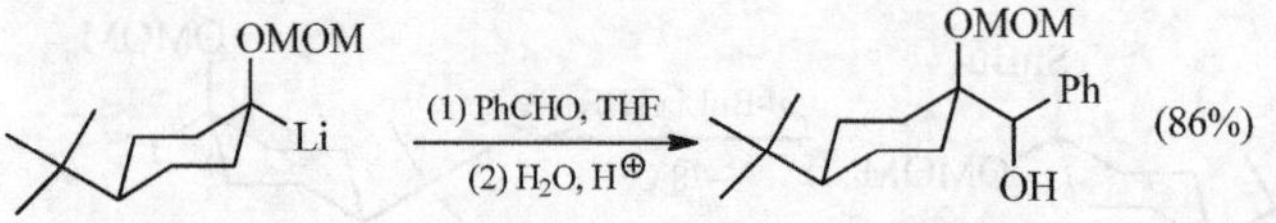

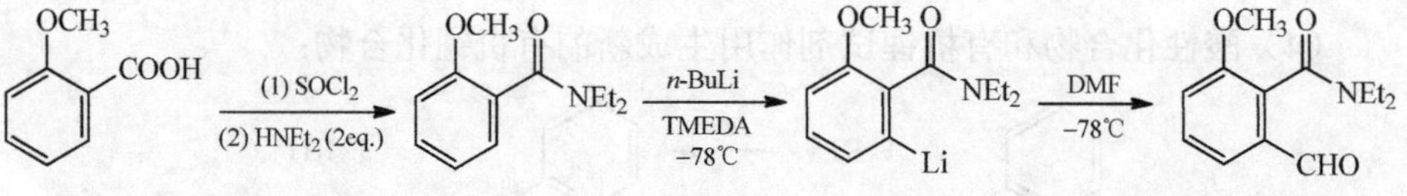

有机锂试剂比格氏试剂有更强的亲核性。与格氏试剂相比，有机锂试剂有如下特点。

1）与羧酸盐反应

有机锂试剂与羧酸盐反应生成偕二醇金属盐，经酸化水解后可得到相应的酮。例如：

$$\text{PhLi + PhCOOLi} \xrightarrow[\text{(2) H}^{\oplus},\text{ H}_2\text{O}]{\text{(1) Et}_2\text{O}} \text{PhCOPh} \quad (70\%)$$

在三甲基氯硅烷存在时，则会进一步发生硅醚化而得到高产率的烯醇硅醚。例如：

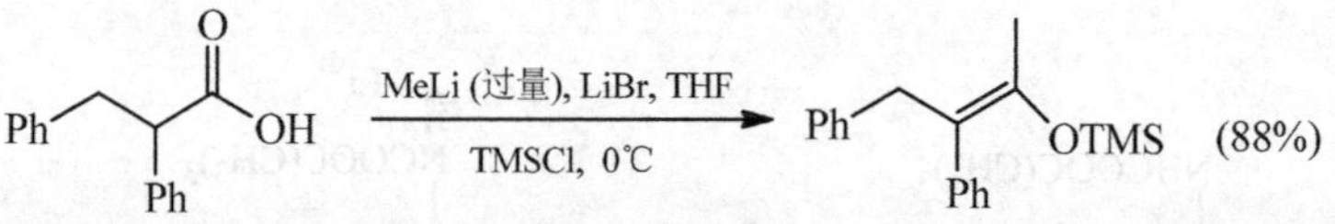

有机锂试剂与二氧化碳反应生成的羧酸盐，可以继续与过量的有机锂试剂反应生成偕二醇金属盐，经水解后可获得对称酮：

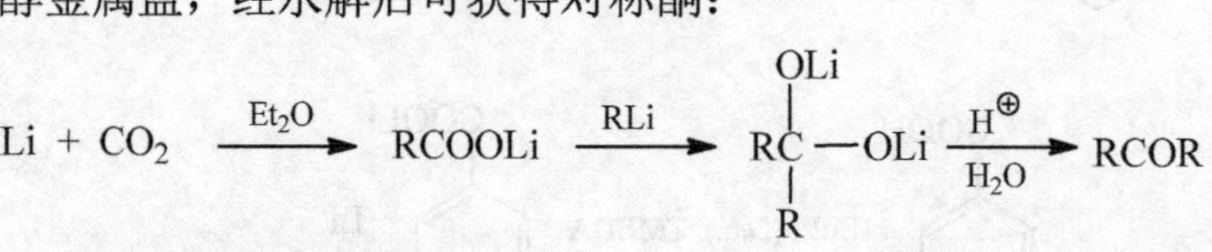

$$\text{RLi + CO}_2 \xrightarrow{\text{Et}_2\text{O}} \text{RCOOLi} \xrightarrow{\text{RLi}} \underset{\underset{R}{|}}{\overset{\overset{\text{OLi}}{|}}{\text{RC}}} \!-\! \text{OLi} \xrightarrow[\text{H}_2\text{O}]{\text{H}^{\oplus}} \text{RCOR}$$

2）与 α, β-不饱和羰基化合物反应

与格氏试剂不同，有机锂化合物与 α, β-不饱和羰基化合物反应主要生成 1, 2-加成产物。

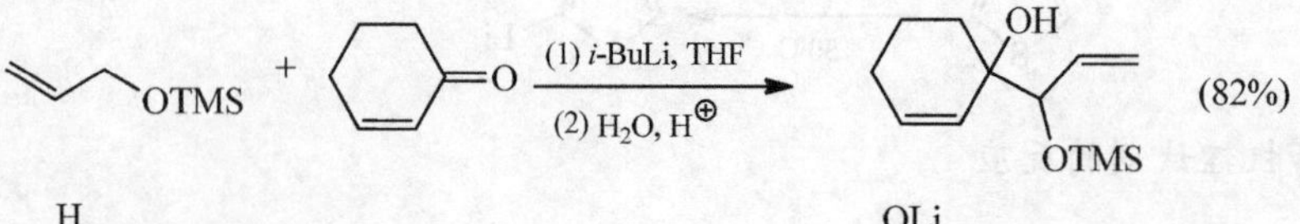

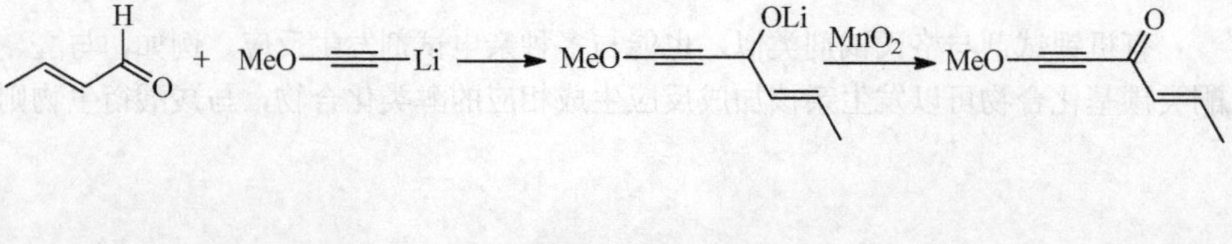

问题 4.3　写出下列反应的主要产物：

(1) CH_3Li + PhCH ＝CHCOOLi $\xrightarrow[\text{(2) }H^{\oplus},\ H_2O]{\text{(1) }Et_2O}$

(2) —CH_2Li + $CH_3CHCH_2CH_3$ （Br 在下方） $\xrightarrow[\text{(2) }H^{\oplus},\ H_2O]{Et_2O}$

(3) $(CH_3)_2CHCCH(CH_3)_2$ + $(CH_3)_2CHLi$ $\xrightarrow[\text{(2) }H^{\oplus},\ H_2O]{\text{(1) }Et_2O}$　（羰基 O 在下方）

(4) $\xrightarrow[\text{(2) }H^{\oplus},\ H_2O]{\text{(1) }Et_2O}$

(5) CH_3CH_2Li + Ph_2C＝NPh $\xrightarrow[\text{(2) }H^{\oplus},\ H_2O]{\text{(1) }Et_2O}$

(6) CH_3CO_2Et $\xrightarrow[\text{(2) }H^{\oplus},\ H_2O]{\text{(1) } \diagup\!\!\diagdown\!\!\diagup Li\ (\text{过量})}$

(7) $\xrightarrow[\text{(2) }H^{\oplus},\ H_2O]{\text{(1) BuLi, THF}}$

(8) $\xrightarrow[\text{(2) }H^{\oplus},\ H_2O]{\text{(1) MeLi, THF}}$

4.1.3　有机铜试剂

1. 有机铜试剂的制备

有机铜试剂一般包括烃基铜和二烃基铜锂两类，它们由不同配比的有机锂试剂和卤化亚铜作用得到。反应式如下：

$$RLi + CuX \longrightarrow RCu + LiX$$
$$2\,RLi + CuX \longrightarrow R_2CuLi + LiX$$

二烃基铜锂常被称为 Gilman 试剂，在大多有机溶剂中有较大的溶解度，因而是有机合成中最常用的有机铜试剂。

2. 有机铜试剂的反应

1）与卤代烃反应

有机铜试剂与卤代烃反应，卤素被烃基取代。即使是不活泼的卤代烃（如乙烯式卤代烃）也可以和有机铜试剂反应，并且原料中烯键的构型保留在产物中。需注意该反应的机理是通过过渡金属铜作为反应催化中心的氧化加成和还原消除反应实现取代反应，而不是传统意义的双分子亲核取代反应机理。例如：

有机铜试剂对各种基团有较高的反应选择性，与一些羰基等活泼官能团不发生反应，与羟基、氨基等含质子的活泼官能团首先发生酸碱反应，形成 O-Cu、N-Cu 配合物后，Cu—R 进一步与 C—X 键发生反应，有研究认为 O-Cu 或 N-Cu 螯合物的形成有利于有机铜试剂与亲电中心发生反应。因此总体来说，当底物中存在这些官能团时，有机铜试剂的亲核取代反应不受影响。例如：

2）与酰卤反应

有机铜试剂可与亲电性极高的酰卤反应，发生酰基上的先亲核加成后发生消除反应，烃基取代卤素生成酮，这是合成酮的重要方法。酰卤是能与有机铜试剂反应的唯一羧酸衍生物，分子中含有其他类型的羰基对反应没有影响。例如：

$$(CH_3)_2CuLi + C_2H_5OOCCH_2CH_2COCl \xrightarrow{-78℃} C_2H_5OOCCH_2CH_2COCH_3 \quad (85\%)$$

3）与 α,β-不饱和羰基化合物反应

有机铜试剂的活性较低，一般不和酰卤以外的羰基化合物发生反应，但可与

α, β-不饱和羰基化合物发生 1,4-加成反应，这是将烃基导入共轭不饱和羰基化合物 β-位的重要方法。例如，在前列腺素 $PGF_2\alpha$ 的合成中曾两次应用二烃基铜锂与 α, β-不饱和羰基化合物的共轭加成反应实现在 β-位构建新的碳碳键。反应式如下：

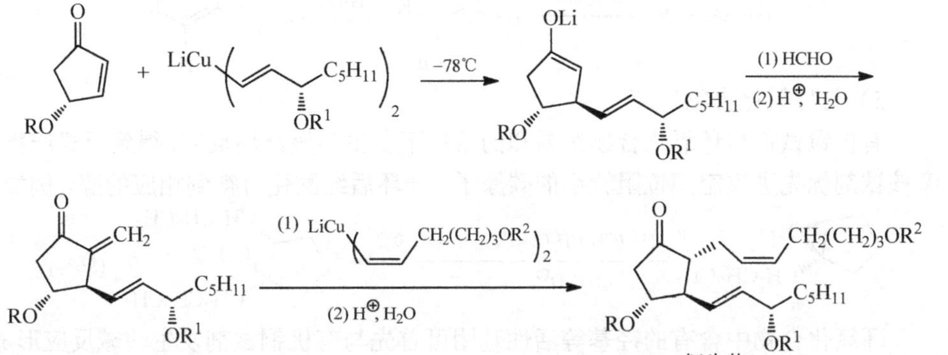

PGF$_2\alpha$衍生物

R=R^1=R^2=H 时为PGF$_2\alpha$

在卤代硅烷存在时，有机铜试剂与 α, β-不饱和羰基化合物反应可以得到烯基硅醚。例如：

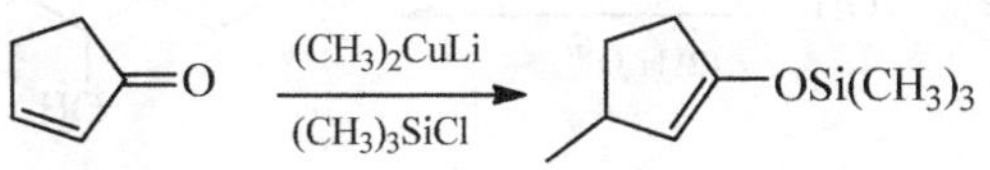

4）与丙炔酸酯的反应

Gilman 试剂与丙炔酸酯可以在炔键上发生加成反应，获得乙烯基有机铜试剂。该加成反应是顺式加成，而所得的乙烯基有机铜试剂可以进一步与多种亲电试剂发生反应获得 α, β-不饱和羧酸酯。

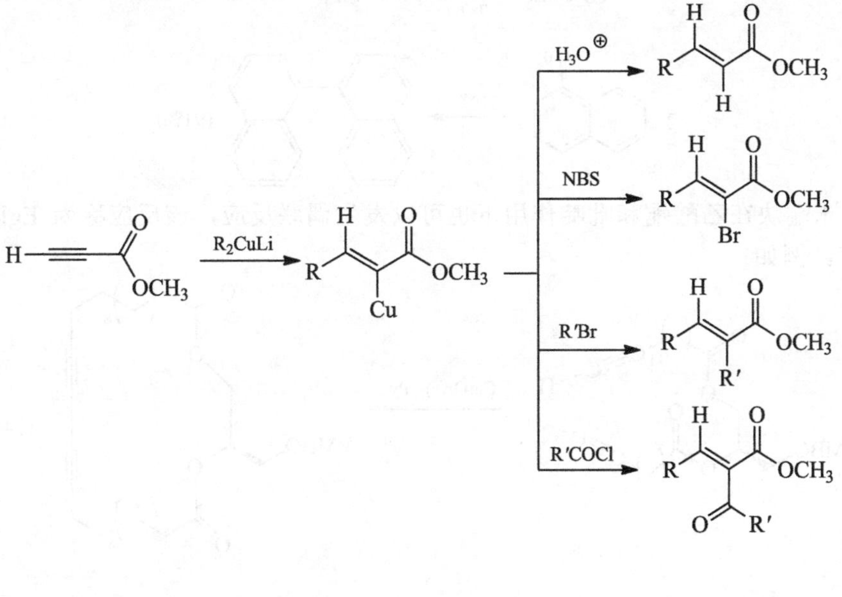

Gilman 试剂也可与端基炔发生顺式加成反应得到乙烯基铜试剂，经酸解后可得到 *E*-烯烃。

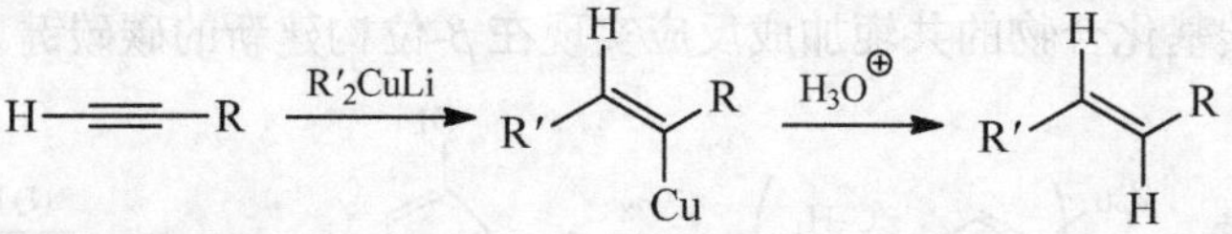

5）与环氧化合物反应

有机铜试剂与环氧化合物在温和的条件下发生亲核开环反应，得到反式产物。亲核试剂优先进攻空间位阻较小的碳原子，开环后经酸化可得到相应的醇。例如：

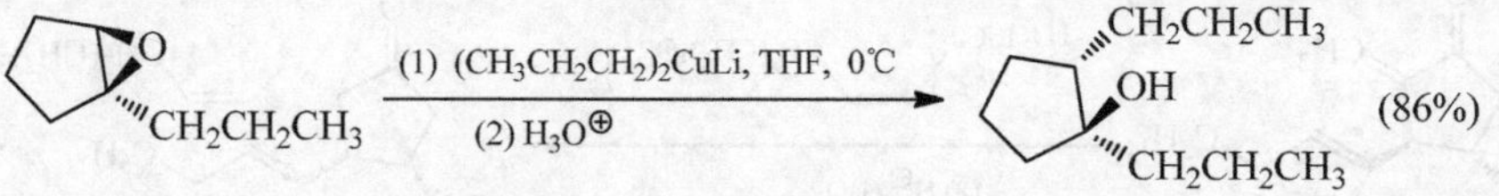

环氧化合物中含有的羟基等活性基团可首先与有机铜试剂发生酸碱反应形成 *O*-Cu 配位键，从而更有利于使有机铜试剂区域选择性地进攻环氧的亲电性碳原子，这是一种重要的通过邻近基团诱导反应进行区域选择的方法。例如：

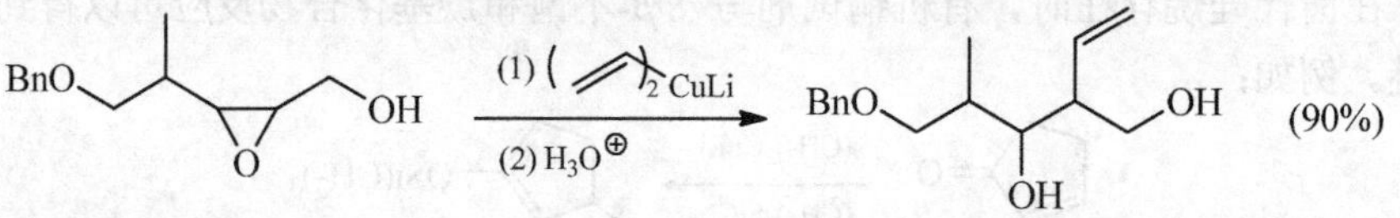

6）偶合反应

烃基铜化合物受热（有时是室温）或二烃基铜锂与氧化剂（包括空气中的氧气）作用发生单电子转移（single-electron transfer）产生自由基，进而发生自由基偶合反应得到自由基偶合产物，称为 Glaser 反应。例如：

$$Ph_2CuLi \xrightarrow[-78℃]{O_2} Ph—Ph \quad (75\%)$$

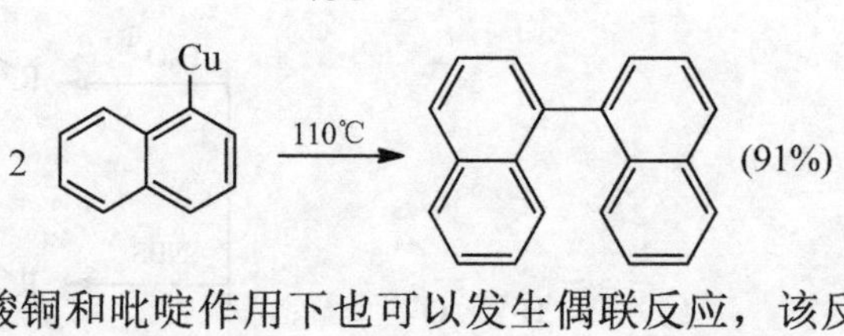

末端炔在乙酸铜和吡啶作用下也可以发生偶联反应，该反应称为 Eglinton 反应。例如：

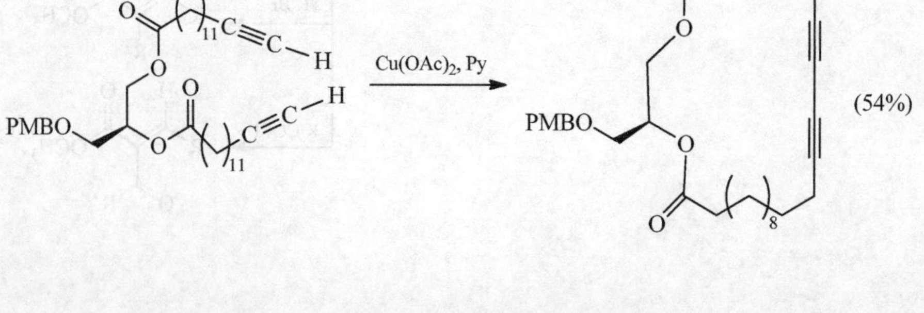

4.1.4　有机锌试剂

有机锌试剂可由卤代烃和活化的锌制备，或者通过格氏试剂或有机锂试剂与无水卤化锌发生金属交换反应制备，也可由卤代烃、金属镁及无水氯化锌“一锅煮”（one-pot）制备。有机锌试剂的亲核活性比格氏试剂和有机锂试剂低，因此有机锌试剂可与多种官能团兼容而无需进行官能团保护。简单的二烷基锌由烷基碘化锌加热制得。二烷基锌可与醛发生亲核加成反应，并能与 α,β-不饱和羰基化合物发生共轭加成反应。例如：

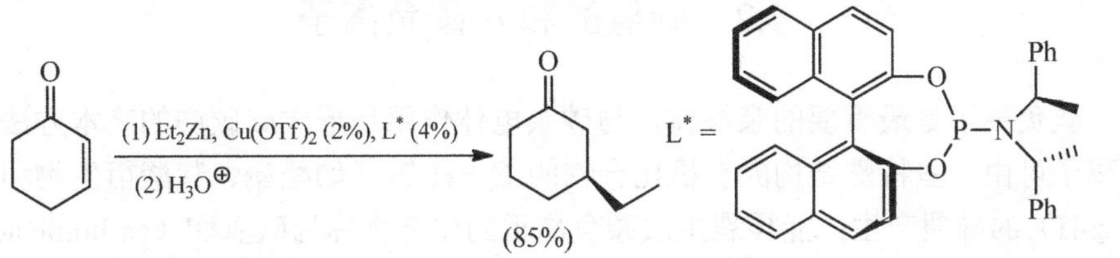

最常用的有机锌试剂参与的反应是 Reformatsky 反应。α-卤代酸酯在金属锌作用下生成有机锌化合物，后者与醛酮发生亲核加成反应生成 β-羟基酸酯，或进一步脱水生成 α,β-不饱和酯。

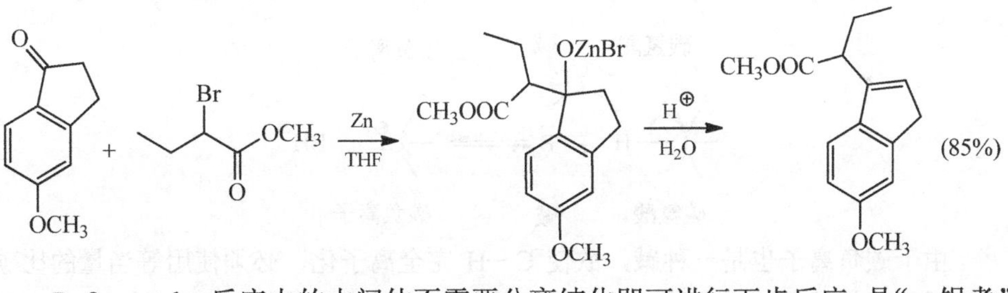

Reformatsky 反应中的中间体不需要分离纯化即可进行下步反应，是“一锅煮”反应。

问题 4.4　写出下列反应的主要产物。

(1) 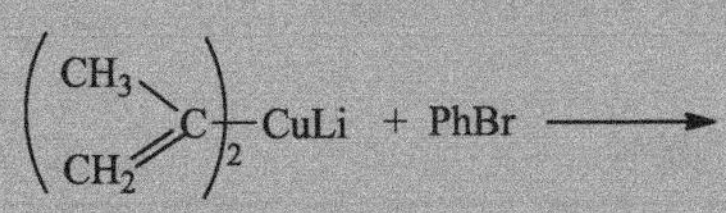

(2) 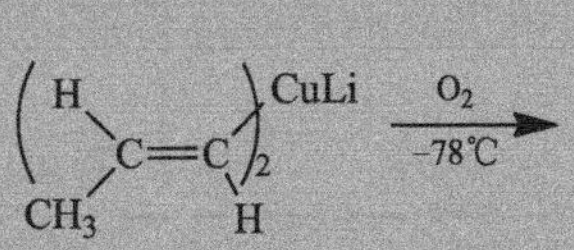

(3) 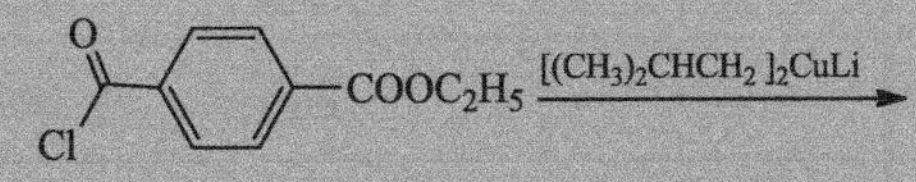

(4) $(CH_3)_2CuLi + CH_2=CHCO_2C_2H_5 \longrightarrow$

(5) 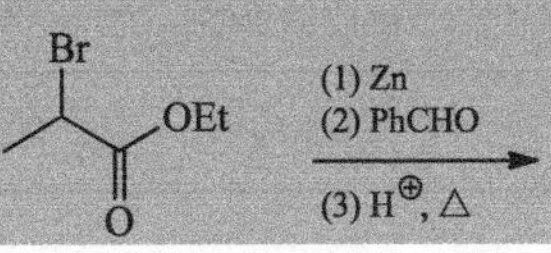

(6) 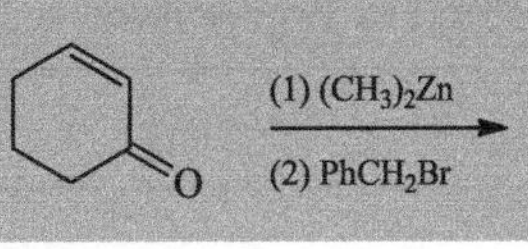

(7) + reaction scheme　　　　(8) + reaction scheme

问题 4.5　以对甲氧基苯甲醛为原料，设计路线制备下列化合物。

(1) 3-（对甲氧基苯基）丙醛　　　(2)

4.2　碳氢酸和 α-碳负离子

碳负离子是最重要的亲核体，与碳亲电体作用是形成碳碳键的基本方法。碳负离子可由一些特殊结构的有机化合物的 C—H 键（如醛酮、羧酸衍生物和芳环的 α-H）的异裂产生。能异裂生成碳负离子的化合物称为碳氢酸（carbonic acid）。碳氢酸是碳负离子的共轭酸。但是大多数碳氢酸化合物中的 C—H 键不会自动电离，一般需要在碱作用下移去质子，促进离子化。

由于碳负离子也是一种碱，欲使 C—H 完全离子化，必须使用等当量的比碳负离子更强的碱，即碱的共轭酸的 pK_a 值必须大于该碳氢酸化合物的 pK_a 值。使用何种强度的碱取决于碳氢酸化合物的酸性（pK_a 值）或碳负离子的稳定性。碳氢酸的 pK_a 值越小，相应的碳负离子越稳定。代表性的碳氢酸常用于生成碳负离子的化合物和常用碱的共轭酸的 pK_a 值分别列于表 4.1 和表 4.2。

表 4.1　代表性化合物的酸性

化合物	共轭碱	pK_a	化合物	共轭碱	pK_a
$CH_2(NO_2)_2$	$^{\ominus}CH(NO_2)_2$	3.6	CH_3CH_2CHO	$CH_3\overset{\ominus}{C}HCHO$	19.0
$CH_3COCH_2NO_2$	$CH_3CO\overset{\ominus}{C}HNO_2$	5.1	$PhCH_2COCH_3$	$Ph\overset{\ominus}{C}HCOCH_3$	19.9
$CH(COCH_3)_3$	$^{\ominus}C(COCH_3)_3$	5.9	CH_3COCH_3	$^{\ominus}CH_2COCH_3$	20.0

续表

化合物	共轭碱	pK_a	化合物	共轭碱	pK_a
$CH_3CH_2NO_2$	$CH_3\overset{\ominus}{C}HNO_2$	8.6	$CH_3COCH_2COCH_3$	$CH_3COCH_2\overset{\ominus}{C}OCH_2$	20.0
$CH_2(COCH_3)_2$	$\overset{\ominus}{C}H(COCH_3)_2$	9.0			20.5
$NCCH_2COOEt$	$NC\overset{\ominus}{C}HCOOEt$	9.0	$RC\!\equiv\!CH$	$RC\!\equiv\!\overset{\ominus}{C}$	25.0
$PhCH_2COCH_3$	$Ph\overset{\ominus}{C}HCOCH_3$	9.6	CH_3CN	$\overset{\ominus}{C}H_2CN$	25.0
CH_3COCH_2COOEt	$CH_3CO\overset{\ominus}{C}HCOOEt$	10.7	CH_3COOEt	$\overset{\ominus}{C}H_2COOEt$	25.6
$CH_3COCHCOOEt$ 　　　$\vert$ 　　CH_3	$CH_3CO\overset{\ominus}{C}COOEt$ 　　　$\vert$ 　　CH_3	11.0	$CH_3SO_2CH_3$	$\overset{\ominus}{C}H_2SO_2CH_3$	29
$CH_2(CN)_2$	$\overset{\ominus}{C}H(CN)_2$	11.2	Ph_3CH	$Ph_3\overset{\ominus}{C}$	29
$CH_2(SO_2CH_3)_2$	$\overset{\ominus}{C}H(SO_2CH_3)_2$	12.5	$CH_3CON(CH_3)_2$	$\overset{\ominus}{C}H_2CON(CH_3)_2$	30
$CH_2(COOEt)_2$	$\overset{\ominus}{C}H(COOEt)_2$	12.7			31
$CH(COOEt)_2$ 　$\vert$ CH_2CH_3	$\overset{\ominus}{C}(COOEt)_2$ 　$\vert$ CH_2CH_3	15.0	Ph_2CH_2	$Ph_2\overset{\ominus}{C}H$	31
		16.6	$Ph\!-\!CH_3$	$Ph\!-\!\overset{\ominus}{C}H_2$	40

表 4.2　常用碱的碱性

碱试剂	碱	共轭酸	pK_a
CH_3COONa	$CH_3COO^{\ominus}$	CH_3COOH	4.2
$NaHCO_3$	$HCO_3^{\ominus}$	H_2CO_3	6.5
Na_2CO_3	$CO_3^{2\ominus}$	$HCO_3^{\ominus}$	10.2
Et_3N	Et_3N	$Et_3\overset{\oplus}{N}H$	10.7
Et_2NH	Et_2NH	$Et_2\overset{\oplus}{N}H_2$	11.0
			11.0

碱试剂	碱	共轭酸	pK_a
CH_3ONa	$CH_3O^{\ominus}$	CH_3OH	15.5
$NaOH$	$OH^{\ominus}$	H_2O	15.7
$EtONa$	$EtO^{\ominus}$	$EtOH$	15.9
$(CH_3)_3COK$	$(CH_3)_3CO^{\ominus}$	$(CH_3)_3COH$	19.0
$[(CH_3)_3Si]_2NLi$	$[(CH_3)_3Si]_2N^{\ominus}$	$[(CH_3)_3Si]_2NH$	30
NaH	$H^{\ominus}$	H_2	35
$NaNH_2$	$NH_2^{\ominus}$	NH_3	38
$(Me_2CH)_2NLi$	$(Me_2CH)_2N^{\ominus}$	$(Me_2CH)_2NH$	40
$CH_3CH_2CH_2CH_2Li$	$CH_3CH_2CH_2CH_2^{\ominus}$	$CH_3CH_2CH_2CH_3$	50

按碳氢酸的分子结构和表 4.1 的 pK_a 值，可以把碳氢酸或碳负离子将其分为以下四类：

（1）C—H 键的碳原子上连有一个吸电子基（electron-accepting group，—M，如羰基、氰基、砜基、硝基等），即一般的醛、酮、酯、腈、砜、硝基化合物等，相应的碳负离子是 α-碳负离子，其稳定性源于 α-碳原子上负电荷的共振离域。除了硝基化合物（$pK_a=9 \sim 10$）外，它们的 pK_a 值在 $19 \sim 27$，用乙醇钠不能使它们彻底离子化，必须用更强的碱如氨基钠（共轭酸 NH_3，$pK_a=35$）等，同时乙醇（$pK_a=15.7$）等醇类不可以作为反应溶剂。

（2）C—H 键的碳原子上连有两个吸电子基（—M），这些化合物称为活性亚甲基化合物，如乙酰乙酸乙酯、丙二酸二乙酯、氰乙酸乙酯等，由于有两个吸电子基团，负电荷共振离域分散，相应的碳负离子的稳定性进一步提高。它们的 pK_a 值在 13 左右，中等强度的碱如乙醇钠可以使之完全离子化，乙醇等醇类常用作反应溶剂。

（3）C—H 键的碳原子与芳环相连的化合物，这些化合物包括具有 α-氢的芳烃和芳杂环化合物，相应的碳负离子的稳定性源于苄基碳的未共用电子对与芳环 p, π-共轭效应，负电荷离域分散于芳环，但其 pK_a 值相当高，如甲苯的 pK_a 值在 40 左右，因而必须使用很强的碱如丁基锂才能促使其离子化。此外，环戊二烯（$pK_a=16$）、芴等的亚甲基上 C—H 键异裂后相应的碳原子上的未共用电子对直接参与芳环共轭体系，因而相应的碳负离子有较大的稳定性。

（4）C—H 键的碳原子与 P、S 等第三周期的杂原子或强的电负性基团（如—CF$_3$）相连的化合物，相应的碳负离子的稳定性源于杂原子的吸电子诱导效应（–I）以及中心碳原子的未共用电子对占有的 2p 轨道和 P、S 等原子的 3d 空轨道的重叠，使负电荷得到分散。例如噻唑烷、磷叶立德、硫叶立德等，它们的反应将在第 5 章中讨论。

稳定的碳负离子与亲电碳作用形成碳碳键的主要反应有：①烃化反应；②酰化反应；③缩合反应；④共轭加成反应。在烃化和酰化反应中，必须使反应物碳氢酸完全转变成碳负离子，因而需用与碳氢酸等当量的碱，碱的 pK_a 值需高于碳氢酸底物。在缩合反应中，只需保持反应平衡中存在一定量的碳负离子，因而一般使用催化量的碱，较弱的碱也常可以确保反应顺利进行。

4.3 醛酮、羧酸衍生物的烃化、酰化和缩合反应

醛酮或羧酸衍生物 RCH$_2$Y（Y=羰基、酯基等）中的羰基具有较高的吸电子能力，可使与之直接相连的 sp^3 杂化的碳原子（一般称为 α-碳）周围的电子云向吸电子基团偏移，从而加大了该碳原子上碳氢键的极化程度，使 α-H 具有一定的酸性，这种吸电子的诱导能力随着距离的增加而快速减弱，如 β-碳等受到的影响较 α-碳低，相应的 β-H 的酸性较低。除了羰基外，其他如硝基、氰基等强吸电子基团也会提高 α-H 的酸性。通常，与硝基相连的碳上的 α-H 的酸性较大，其 pK_a 仅 9～10；而与羰基、氰基相连的碳上的 α-H 的酸性稍弱，pK_a 一般在 19～27 范围内，在二异丙基氨基锂（lithium diisopropylamide，LDA）等足够强的碱的作用下，可使其完全被移除，并使 α-碳完全转变成 α-碳负离子。这些碳负离子具有较强的亲核性，可与多种亲电试剂发生反应，而其反应活性受到碳负离子周围的电子与位阻效应的影响。反应式如下：

$$RCH_2Y + [(CH_3)_2\overset{\cdot\cdot}{C}H]_2\overset{\cdot\cdot}{N}{:}Li^{\oplus} \rightleftharpoons R\overset{\cdot\cdot}{-}\overset{\ominus}{C}HLi^{\oplus} + [(CH_3)_2CH]_2NH$$

（LDA）
$$\underset{Y}{|}$$

（Y= —COR′，—CO$_2$R′，—CN 等）

通过强碱作用，移除含强吸电子基团化合物 RCH$_2$Y 中的 α-H 后所得的碳负离子具有较好的亲核性，可发生烃化、酰化、缩合和共轭加成反应等。在烃化与酰化反应中，一般需使用等摩尔的强碱如乙醇钠、叔丁醇钾、氢化钠等将 α-H 完全移除后生成等当量的 α-碳负离子发生反应。而在缩合反应中，由于亲核加成的产物通常是烷氧负离子，可作为碱使另一分子的 RCH$_2$Y 去质子化并生成亲核的 α-碳负离子继续发生反应，因此一般只需要在一定量的碳负离子存在时，反应就可

以顺利进行，因此也常采用氢氧化钠、乙醇钠等碱与 RCH₂Y 发生酸碱平衡反应生成部分碳负离子即可。反应式如下：

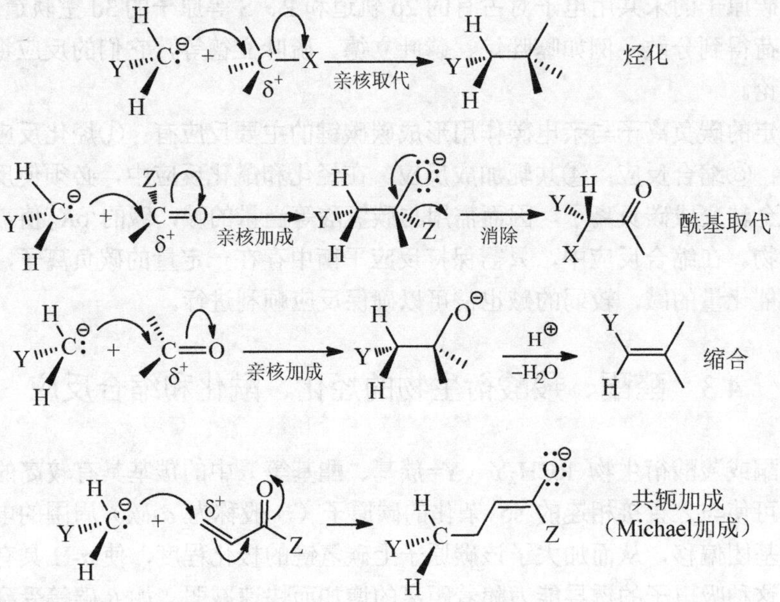

4.3.1　烃化反应

1. 直接烃化

醛酮、酯、酰胺或腈在等当量的强碱（如 LDA、氨基钠）存在下和卤代烃、磺酸酯等烃化剂作用可直接得到 α-烃化产物。例如：

$$CH_3CN + 3\ CH_3(CH_2)_3Br \xrightarrow[C_6H_5CH_3]{3\ NaNH_2} [CH_3(CH_2)_3]_3CCN \quad (84\%)$$

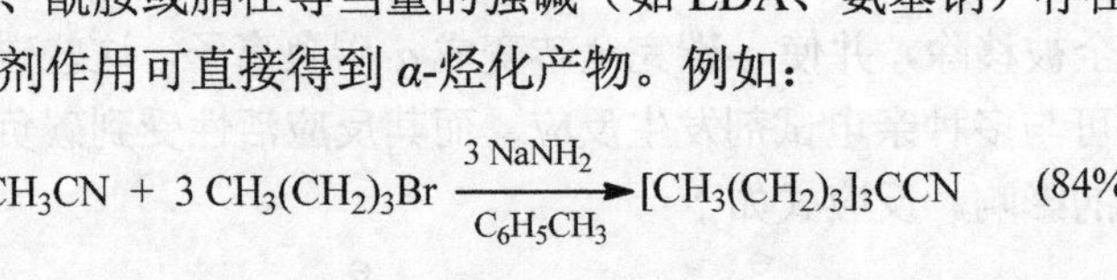

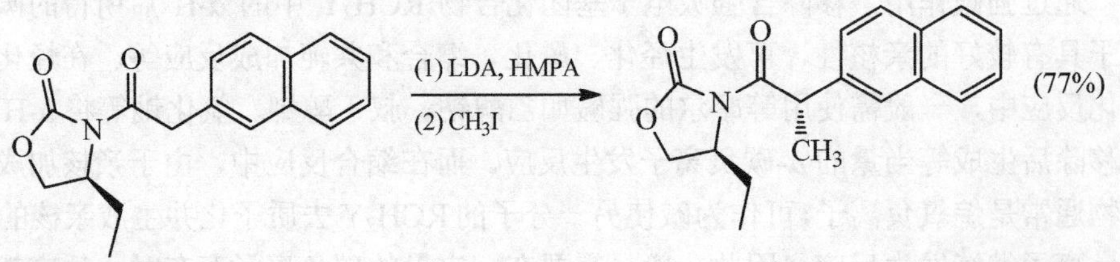

醛酮在碱性条件下易发生自缩合反应（self-condensation），因此醛酮的直接烃

化必须严格控制实验条件，一般是将醛或酮慢慢滴加到过量强碱的非质子溶剂中，使醛酮全部转变成碳负离子。酮羰基两边都有 α-H，如在动力学控制条件（强碱、非质子性极性溶剂及低温条件）下烃化，主要生成位阻较小一侧的 α-碳上烃化产物。与之相应地，在热力学控制条件下（高温、醛酮过量、弱碱等）一般得到位阻较大一侧的 α-碳上烃化产物。例如：

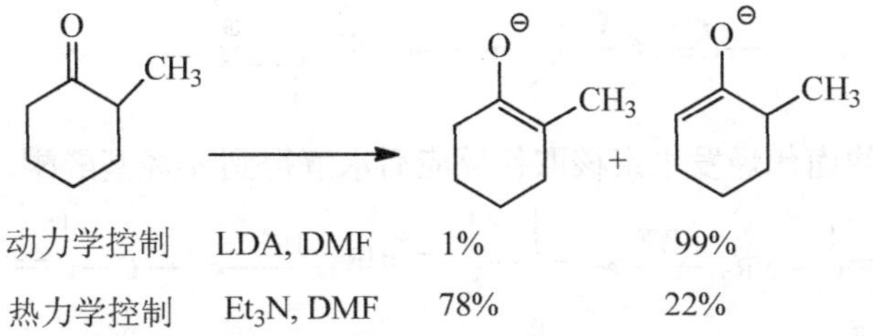

动力学控制	LDA, DMF	1%	99%
热力学控制	Et_3N, DMF	78%	22%

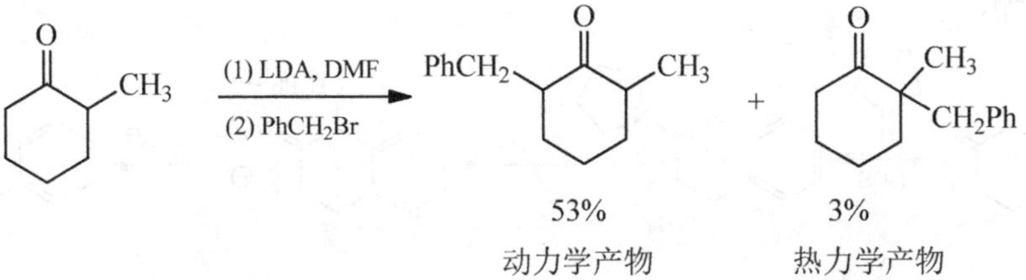

53%　　　　　　　　3%
动力学产物　　　　热力学产物

酮在三甲基氯硅烷存在下烯醇化后发生 O-硅基化可得到区域选择性的烯醇硅醚，在 $R_4N^+F^-$ 等氟盐的脱硅基作用下同时发生烃化反应可有效控制烃化反应在温和条件下进行。

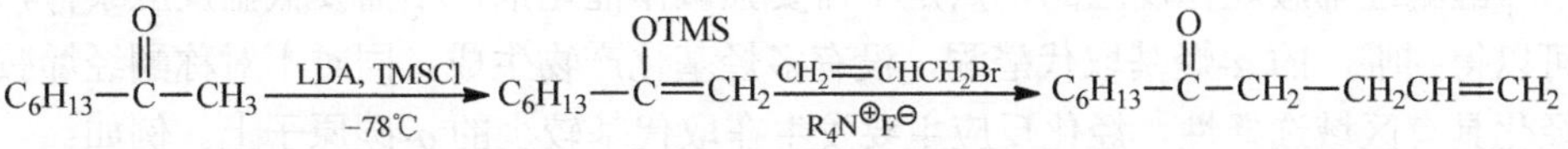

2. 间接烃化

醛酮和羧酸衍生物的 α-位的直接烃化需用很强的碱并在很低温度（−78℃）下进行，同时醛酮在碱性条件下易发生自身缩合反应，不对称的酮易形成两种碳负离子而得到混合烃化产物。为了避免这些缺点，常将醛酮转化成烯胺（enamine）、亚胺（imine）等衍生物，发生烃化反应后在酸性条件下水解恢复羰基结构。

1）通过烯胺烃化

至少含有一个 α-H 的醛或酮与仲胺在酸性催化剂存在下脱水生成烯胺。

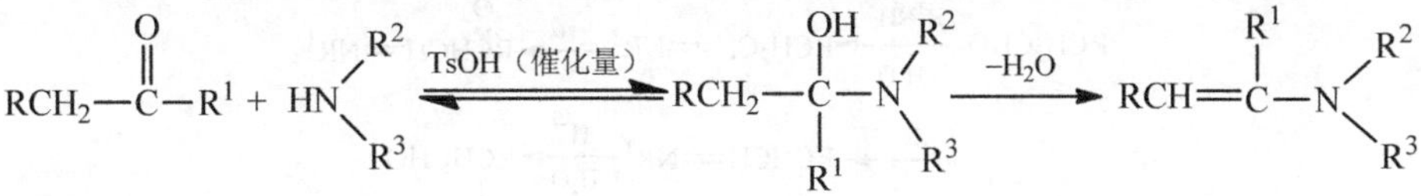

反应是可逆的，一般通过甲苯共沸带出生成的水，促使反应完全。烯胺在酸性条件下容易发生水解恢复羰基结构。环状仲胺与醛、酮生成的烯胺最稳定，常用的环状仲胺为四氢吡咯、哌啶和吗啉。

烯胺是 α, β-不饱和胺，由于氮原子上的未共用电子对和双键共轭，β-碳原子上带有部分负电荷。因此，烯胺可以作为亲核试剂发生各种亲核反应。

$$-\overset{|}{C}=\overset{|}{C}-\overset{\cdot\cdot}{N}\diagdown \longleftrightarrow \overset{\cdot\cdot}{C}-\overset{|}{C}=\overset{\oplus}{N}\diagdown$$

烯胺与伯、仲卤代烃发生亲核取代反应后水解得到 α-烃基醛酮：

$$-\overset{|}{C}=\overset{|}{C}-NR_2 \xrightarrow{R'X} -\overset{|}{\underset{\underset{R'}{|}}{C}}-\overset{|}{C}=\overset{\oplus}{N}HR_2 \xrightarrow{H_3O^{\oplus}} -\overset{|}{\underset{\underset{R'}{|}}{C}}-\overset{|}{C}=O$$

例如：

（85%）

（75%）

醛酮经烯胺烃化反应的优点是不需要强碱作催化剂，不需要低温反应条件，可以得到唯一的 α-烃基取代醛酮，没有多烃基化产物生成。同时不对称酮经烯胺烃化具有区域选择性，烃化反应主要发生在取代基较少的 α-碳原子上。例如：

（80%）

2）通过亚胺烃化

醛或酮与胺脱水生成的亚胺在碱性条件下可发生 α-烃化，然后经水解恢复羰基结构：

$$RCH_2CHO \xrightarrow[-H_2O]{R^1NH_2} RCH_2CH=NR^1 \xrightarrow{\text{碱}} R\overset{\cdot\cdot}{C}HCH=NR^1$$

$$\xrightarrow{R^2X} R\underset{\underset{R^2}{|}}{C}HCH=NR^1 \xrightarrow[H_2O]{H^{\oplus}} R\underset{\underset{R^2}{|}}{C}HCHO$$

例如：

$$(CH_3)_2CHCHO \xrightarrow[\text{TsOH}]{} (CH_3)_2CHCH=N\text{—}\bigcirc \xrightarrow[\text{(2) } n\text{-}C_4H_9I]{\text{(1) LDA}}$$

$$\underset{\underset{(CH_2)_3CH_3}{|}}{\overset{\overset{CH_3}{|}}{CH_3\text{—}C}}\text{—}CH=N\text{—}\bigcirc \xrightarrow[\text{H}_2\text{O}]{\text{H}^{\oplus}} \underset{\underset{(CH_2)_3CH_3}{|}}{\overset{\overset{CH_3}{|}}{CH_3\text{—}C}}\text{—}CHO \quad (70\%)$$

通过 $RCH_2C\text{—}X$ 类似的杂环亚胺烃化，是合成 α-烃基化醛的有效方法。其中最重要的杂环亚胺是二氢-1, 3-噁嗪（dihydro-1, 3-oxazine），制备方法如下：

$$RCH_2CN + \underset{\underset{OH}{|}}{\overset{HO}{\underset{CH_3}{\overset{|}{C}}}}\cdots \xrightarrow{H_2SO_4} \text{（结构式）} \quad (50\%\sim65\%)$$

二氢-1, 3-噁嗪经烃化、还原、水解可制备各种 α-烃基醛。反应式如下：

3）通过 β-酮酸酯烃化

某些不对称酮的直接烃化具有较差的区域选择性。例如，直接以丁-2-酮为原料制备 3-甲基戊-2-酮较为困难，反应产物中常混有高比例的己-3-酮：

$$CH_3\text{—}\overset{\overset{O}{||}}{C}CH_2CH_3 \xrightarrow[\text{碱}]{CH_3CH_2Br} CH_3\text{—}\overset{\overset{O}{||}}{C}CHCH_3 + CH_2\text{—}\overset{\overset{O}{||}}{C}CH_2CH_3$$

但可通过 β-酮酸酯的活性亚甲基经两次烃化，然后水解、脱羧制备 3-甲基戊-2-

酮，这样反应的区域选择性可得到大幅度提高，极大降低了产品纯化的难度和时间：

$$CH_3-\overset{O}{\overset{\|}{C}}CH_2COOC_2H_5 \xrightarrow[\text{(2) } CH_3I]{\text{(1) NaOEt}} CH_3-\overset{O}{\overset{\|}{C}}\underset{CH_3}{\overset{}{C}}HCOOC_2H_5 \xrightarrow[\text{(2) } CH_3CH_2Br]{\text{(1) NaOEt}}$$

$$CH_3-\overset{OCH_3}{\overset{\|}{C}}\underset{CH_2CH_3}{\overset{}{C}}COOC_2H_5 \xrightarrow[\text{(2) } H_3O^{\oplus}, \triangle]{\text{(1) 5\% NaOH}} CH_3\overset{O}{\overset{\|}{C}}-\underset{CH_2CH_3}{\overset{H}{\overset{|}{C}}}-CH_3$$

4）通过 α, β-不饱和酮烃化

α, β-不饱和酮经碱金属/液氨还原产生的烯醇盐与卤代烃等烃化剂作用，可以控制 α, β-不饱和酮的结构，得到区域选择性的烃化产物。例如：

$$\xrightarrow[\text{(CH}_3)_3COH]{\text{Li/NH}_3(l)} \xrightarrow{CH_3-I} \quad (57\%)$$

$$\xrightarrow[\text{(CH}_3)_3COH]{\text{Li/NH}_3(l)} \xrightarrow{CH_3-I} \quad (60\%)$$

α, β-不饱和酮与二烃基铜锂发生共轭加成产生的烯醇盐如继续烃化，也可以得到区域选择性产物。例如：

$$\xrightarrow{\text{(CH}_3)_2CuLi} \xrightarrow{CH_3I} \quad (86\%)$$

4.3.2　酰化反应

醛酮和羧酸衍生物的 α-位的直接酰化也需在很强的碱和低温条件下进行。例如：

$$PhCOCH_3 \xrightarrow[\text{(2) } PhCH=CHCOCl \text{ (2eq.)}]{\text{(1) LDA (2eq.), } -78℃} PhCOCH(COCH=CHPh)_2 \quad (66\%)$$

$$(CH_3)_2CHCOOC_2H_5 \xrightarrow[\text{(2) } CH_3COCl]{\text{(1) } Ph_3CNa} (CH_3)_2C\overset{COOC_2H_5}{\underset{COCH_3}{<}} \quad (51\%)$$

因此，它们的酰化一般通过烯胺、β-酮酸酯等间接酰化的方法实现。常用的酰化剂为酰卤和酸酐。例如，酮通过烯胺可以得到高产率的 α-酰化产物。由于酰化产物的碱性太弱，不足以吸收反应中生成的卤化氢，因此需要使用与酰化剂等摩尔的碱（一般为叔胺，如三乙胺）。例如：

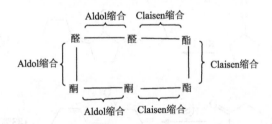

4.3.3　缩合反应

醛、酮各自或相互间发生醇醛缩合（Aldol 缩合）反应，而酯与酯、醛、酮之间也可以发生克莱森（Claisen）缩合反应（图 4.1）。这类缩合反应是利用具有 α-H 的醛酮或酯在碱性条件下生成 α-碳负离子（烯醇负离子）后，与另一分子的醛酮或酯的亲电中心羰基间发生羰基亲核加成反应或酰基的亲核取代反应，通常得到 β-羟基醛酮或 β-酮基酯产物，是重要的构建碳碳单键的反应。

```
                 Aldol缩合  Claisen缩合
              ┌── 醛 ──────── 醛 ──────── 酯 ──┐
    Aldol缩合 ┤   │           │           │    ├ Claisen缩合
              └── 酮 ──────── 酮 ──────── 酯 ──┘
                 Aldol缩合  Claisen缩合
```

图 4.1　醛、酮、酯的 Aldol 缩合和 Claisen 缩合

1. 醇醛缩合和有关反应

醛、酮在碱或酸催化下缩合生成 β-羟基醛酮的反应称为醇醛缩合或 Aldol 缩合反应。β-羟基羰基化合物在受热或酸性条件下易进一步脱水生成 α,β-不饱和羰基化合物。碱催化的醇醛缩合反应首先生成烯醇负离子亲核体，进而发生对醛、酮的亲核加成反应形成碳碳键；而在酸催化的醇醛缩合反应中，酮式转变成烯醇式，然后烯醇（enol）作为亲核体对质子化的羰基亲核加成形成碳碳键。

1）醛-醛缩合

具有 α-H 的醛可以自缩合。例如：

$$2\ C_6H_{13}CH_2CHO \xrightarrow[\triangle]{NaOH} C_7H_{15}CH{=}\underset{\underset{C_6H_{13}}{|}}{C}{-}CHO \quad (79\%)$$

　　具有 α-H 的两种不同的醛缩合可生成含多种产物的混合物，合成意义不大。但芳醛和具有 α-H 的脂肪醛缩合可以高产率地得到 α,β-不饱和醛。例如：

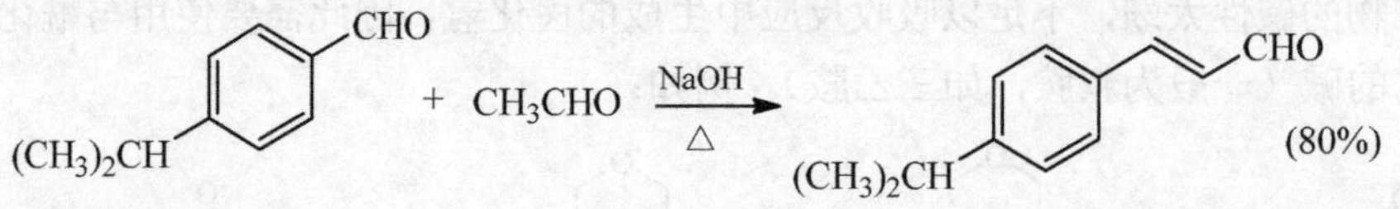

2）酮-酮缩合

　　由于位阻较大和羰基活性较低，酮-酮缩合比醛-醛缩合困难。两种酮缩合时，一般至少其中一种是甲基酮，缩合反应才能正常进行。例如：

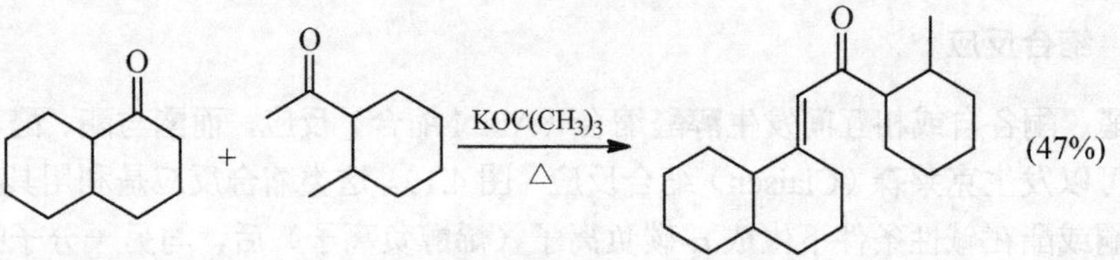

　　用碱催化脂环酮自缩合或与甲基酮缩合时，常得到双缩合产物。但用酸催化时常得到单缩合产物。例如：

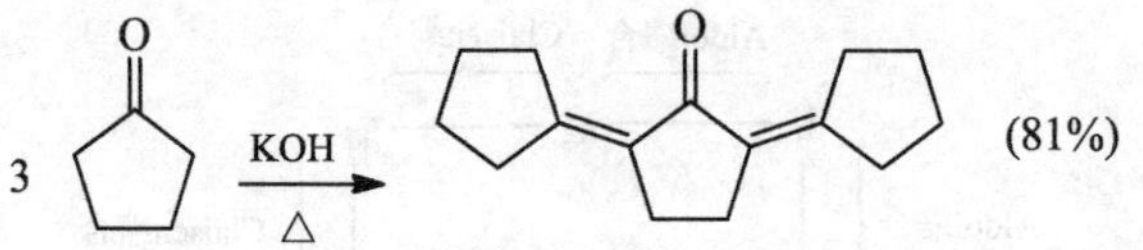

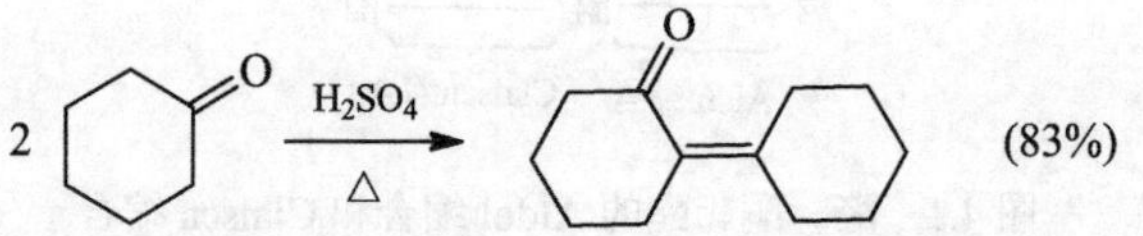

　　二元醛酮环化缩合可高产率地得到五元或六元碳环缩合产物。例如：

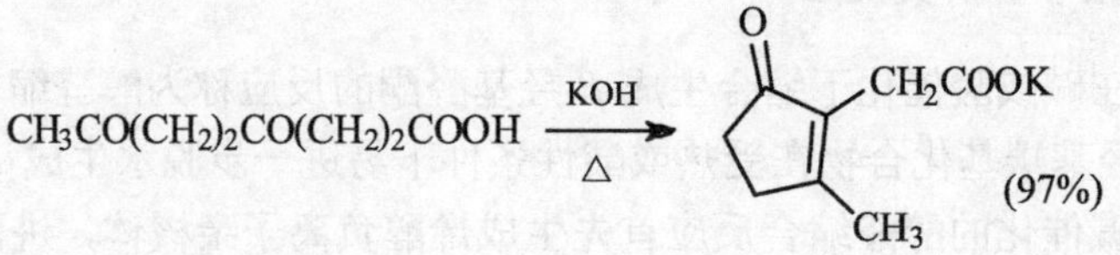

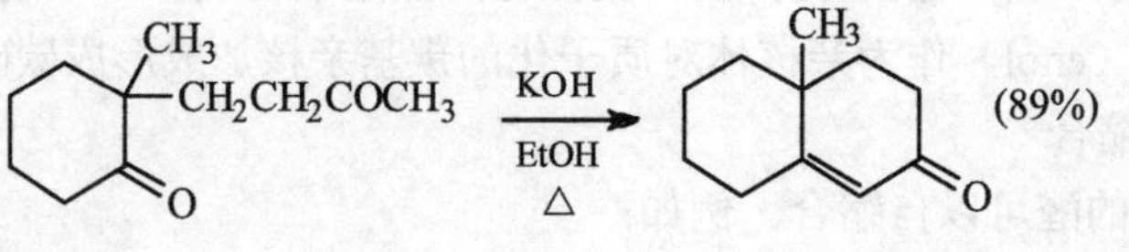

3）醛-酮缩合

　　醛比酮活泼，醛既有酸性更强的 α-H，也具有更强的亲电性，因此在醛-酮缩合时，一般采用无 α-H 的醛提供羰基，而酮提供 α-碳进行缩合。芳醛和酮发生醇醛缩合反应可以得到相应的缩合产物。例如：

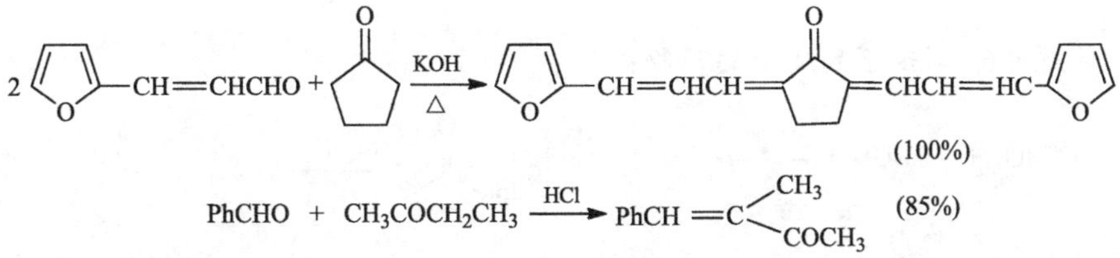

$$ (100\%) $$

$$ PhCHO + CH_3COCH_2CH_3 \xrightarrow{HCl} PhCH = \overset{CH_3}{\underset{COCH_3}{C}} \quad (85\%) $$

4）Henry 反应

脂肪族硝基化合物的 α-H 有较大的酸性，因而易在碱性条件下生成亲核性 α-碳负离子，并和醛、酮发生亲核加成反应，被称为 Henry 反应。例如：

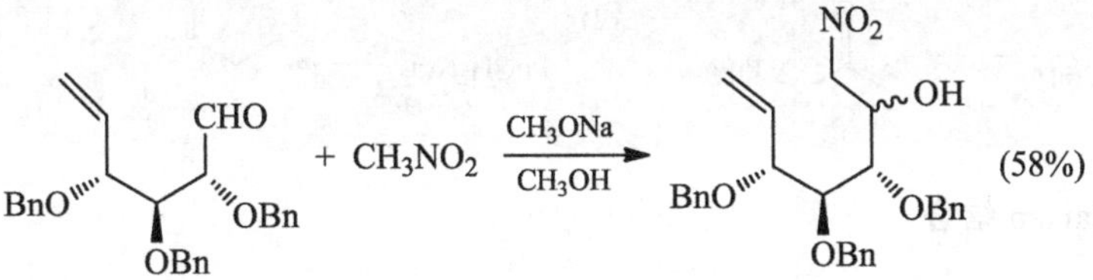

$$ (58\%) $$

5）Darzens 反应

α-卤代酸酯或 α-卤代酮的 α-H 因卤原子和羰基的吸电子诱导效应影响有较大的酸性，在碱性试剂[NaOEt、$(CH_3)_3COK$、NaH 等]作用下易形成稳定的碳负离子，可与醛、酮的羰基发生亲核加成反应，其产物进一步发生分子内的亲核取代反应可生成 α, β-环氧酸酯。这一反应称为 Darzens 反应，是制备环氧化合物的重要方法之一。反应式如下：

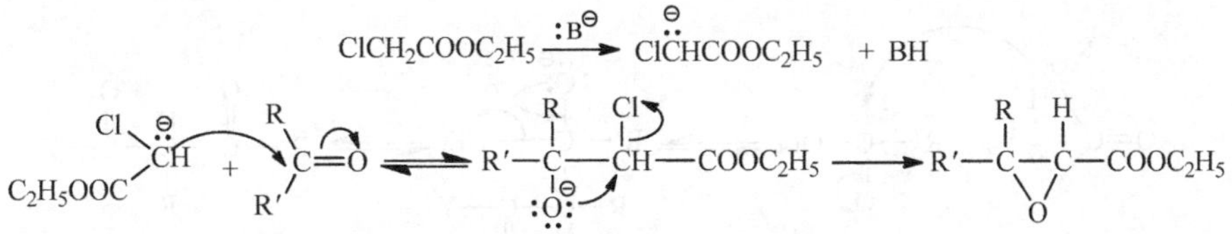

生成的 α, β-环氧酸酯经水解、脱羧及重排后可转变成比原料碳链增长的醛酮。例如，利用 Darzens 反应可实现布洛芬的合成，进一步通过手性拆分能得到具有活性的药物 S-布洛芬：

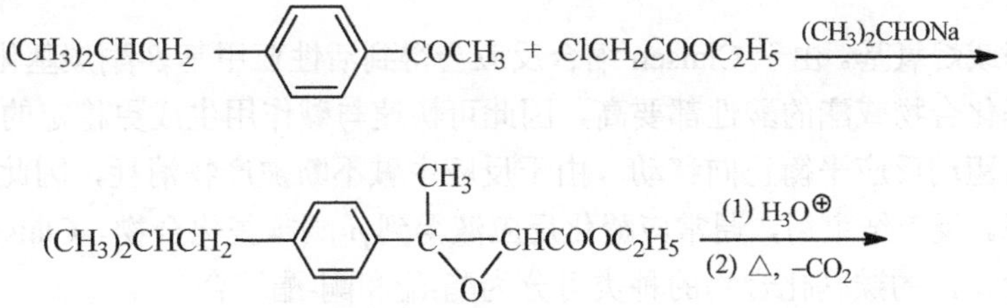

$$(CH_3)_2CHCH_2-\underset{}{\overset{}{\underset{Ph}{}}}-\underset{CH_3}{\overset{}{CH}}CHO \xrightarrow{NaClO} (CH_3)_2CHCH_2-\underset{}{}-\underset{CH_3}{\overset{}{CH}}CHCOOH$$

布洛芬

问题 4.6　写出下列反应的产物：

(1)　PhCHO + CH₃CHO $\xrightarrow[\triangle]{NaOH}$

(3)　2 $\underset{Ph}{\overset{O}{\parallel}}$ $\xrightarrow[\triangle]{NaOH}$

(2)　HCHO + $\overset{O}{\parallel}$ $\xrightarrow[-78℃]{LDA}$

(4)　CH₃CH₂NO₂ + PhCHO $\xrightarrow[\triangle]{NaOH}$

问题 4.7　设计合成路线完成下面转化：

(1)　$\underset{OH}{\overset{O}{\parallel}}$ ⟶ $\underset{Ph}{\overset{O}{\parallel}}$

(2)　PhCH₂NO₂ ⟶ $\underset{Ph}{\overset{O}{\underset{}{}}}\overset{NO_2}{}$

2. Claisen 缩合

含 α-H 的羰基化合物与酯发生酰基取代的反应称为克莱森（Claisen）缩合反应。在等量或过量醇钠、叔丁醇钾、氢化钠等强碱作用下，含 α-H 的羰基化合物首先生成 α-碳负离子或烯醇盐，然后作为亲核试剂进攻酯的酰基发生亲核加成-消去反应得到 β-酮羰基化合物。反应机理如下：

Y 为烃基或烷氧基。由于 Claisen 缩合反应会得到活性亚甲基 β-酮羰基化合物，比原料羰基化合物或酯的酸性都要高，因此可快速与碱作用生成更稳定的 α-碳负离子，从而驱动反应平衡正向移动。由于反应中碱不断被产物消耗，因此一般使用过量的碱。反应结束后，通常应酸化反应液得到 β-酮羰基化合物。Claisen 缩合通常根据含 α-H 的羰基化合物的种类可分为酯-酯和酮-酯缩合。

1）酯-酯缩合

具有 α-H 的酯在强碱作用下可以自缩合。例如：

$$2\ C_{12}H_{25}CH_2COOEt \xrightarrow[(2)\ H_3O^{\oplus}]{(1)\ NaOEt} C_{12}H_{25}CH_2\overset{O}{\overset{\|}{C}}-\underset{C_{12}H_{25}}{\underset{|}{CH}}-COOEt \quad (84\%)$$

与 Aldol 缩合类似，具有 α-H 的两种不同的酯缩合，可生成含多种产物的混合物。但没有 α-H 的芳甲酸酯、甲酸酯、草酸酯或碳酸酯与有 α-H 的酯发生 Claisen 缩合反应可得到单一缩合产物。例如：

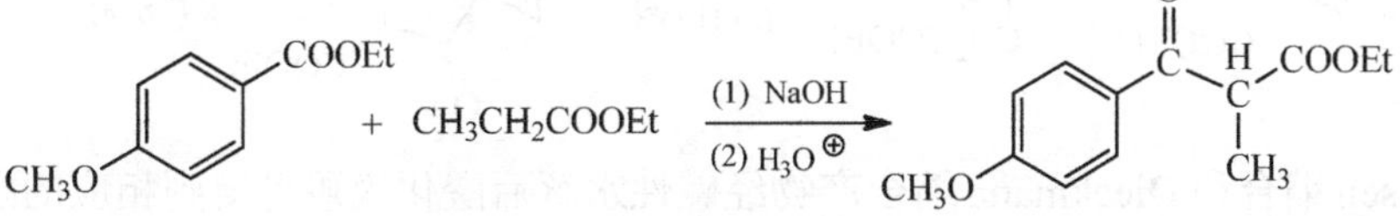

(65%)

甲酸酯与有 α-H 的羧酸酯发生 Claisen 缩合反应，可在酯的 α-位导入甲酰基。例如：

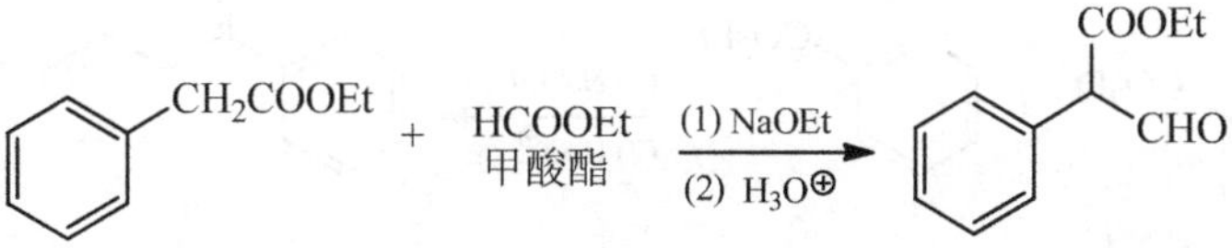

(90%)

草酸酯与有 α-H 的酯的缩合产物经热解脱羰，可以得到丙二酸二酯衍生物。例如：

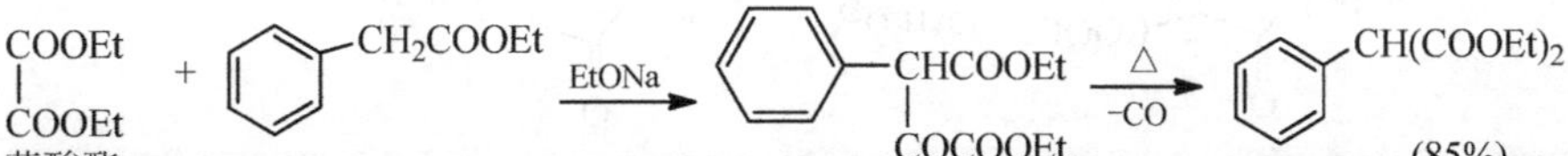

(85%)

碳酸酯活性较差，但使用过量的碳酸酯并不断除去反应中生成的醇也可得到丙二酸二酯衍生物。例如：

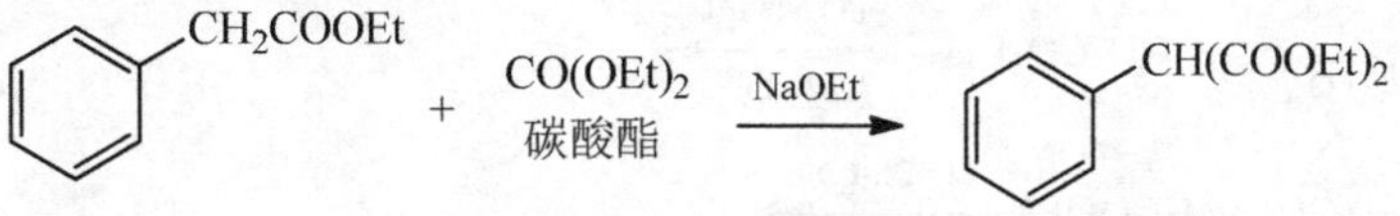

(85%)

二元羧酸酯分子内的 Claisen 缩合反应称为 Dieckmann 缩合反应，该反应一般可用以生成五元或六元酮甲酸酯类碳环化合物，是重要的成环反应。例如：

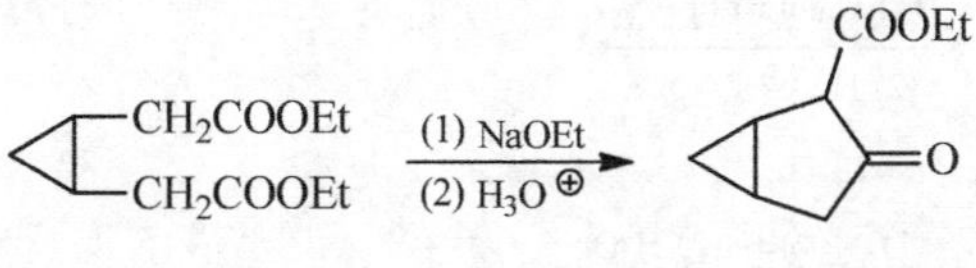

(79%)

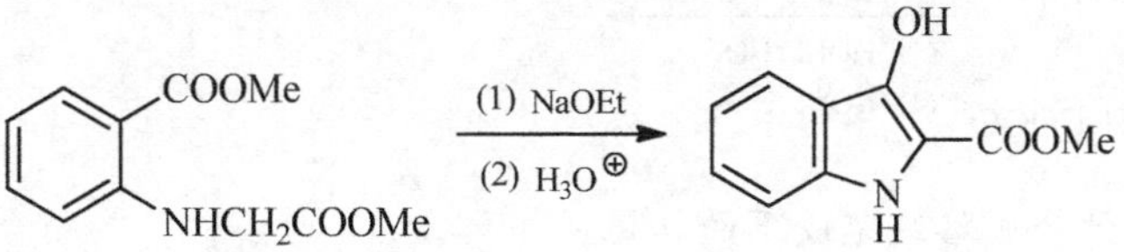

(60%)

有 α-H 和没有 α-H 的两种二元羧酸酯也可以发生连续的 Claisen 缩合和 Dieckmann 缩合而成环。例如：

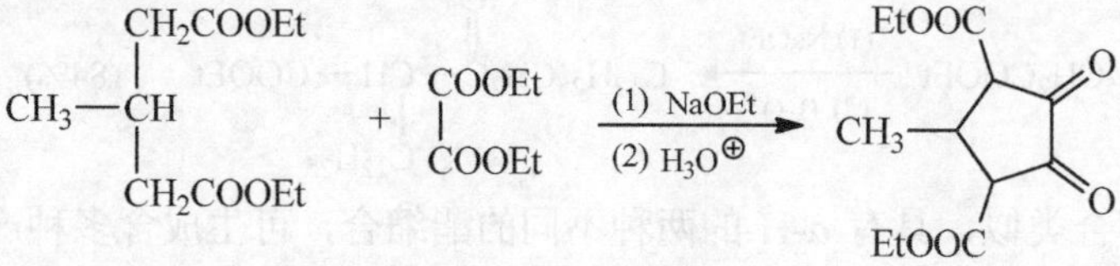

(100%)

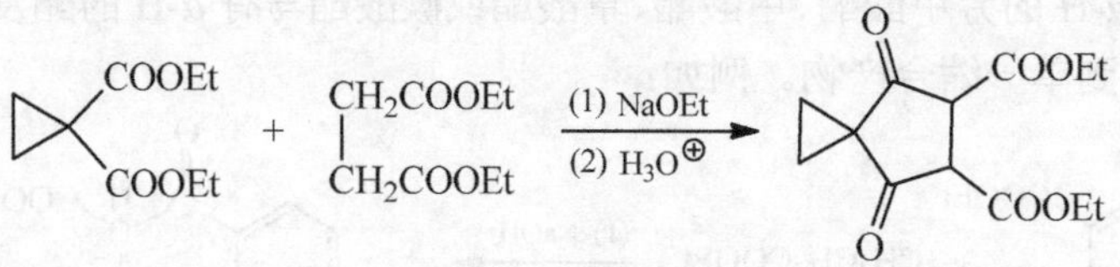

(78%)

Claisen 缩合和 Dieckmann 缩合产物经碱性水解后酸化脱羧可得到相应的酮类化合物。例如：

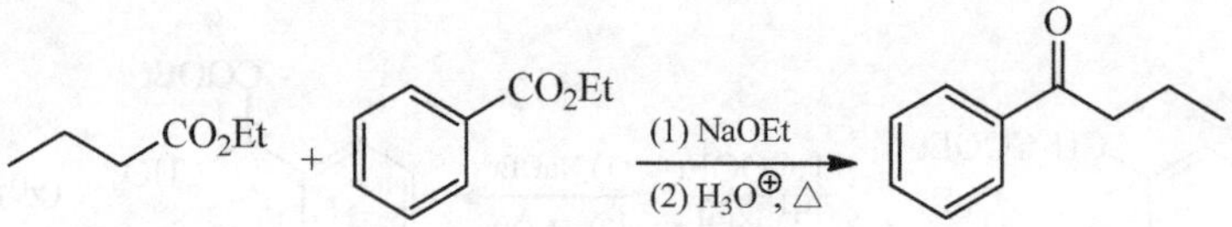

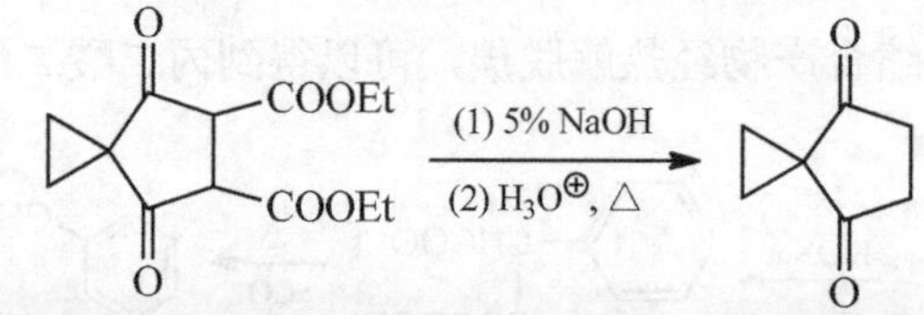

(86%)

问题 4.8 写出下列反应的产物：

(1) 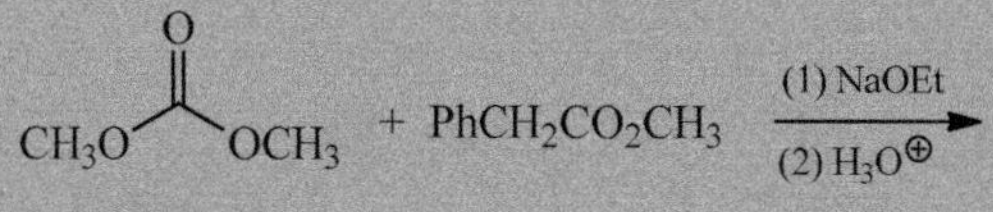
$$CH_3O \overset{O}{\underset{}{C}} OCH_3 + PhCH_2CO_2CH_3 \xrightarrow[\text{(2) } H_3O^\oplus]{\text{(1) NaOEt}}$$

(2)
$$HCOOEt + (CH_3)_2CHCOOEt \xrightarrow[\text{(2) } H_3O^\oplus]{\text{(1) } Ph_3CNa}$$

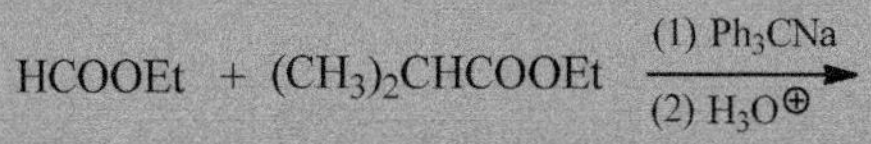

(3)

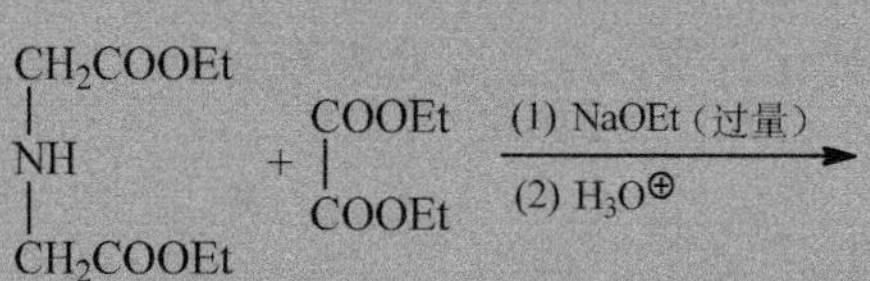

(4)

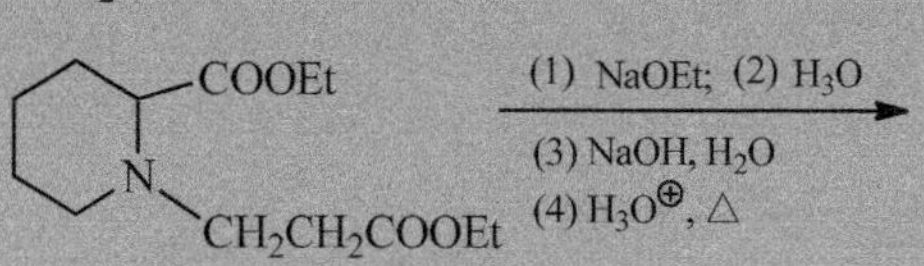

问题 4.9 设计合成路线完成下面转化：

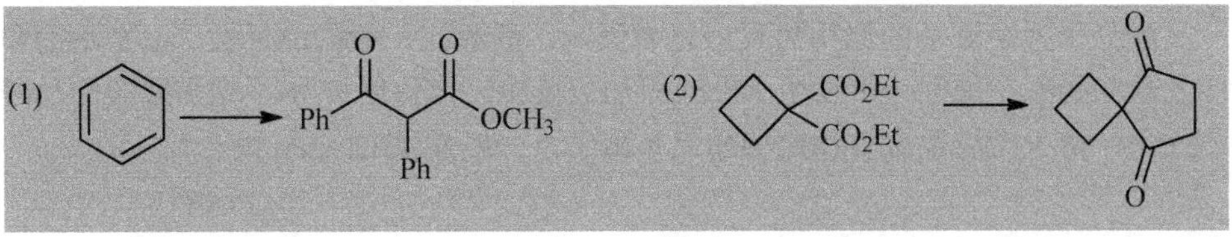

2）酮-酯缩合

在碱性催化剂作用下，具有 α-H 的醛酮与酯发生酰基取代反应生成 β-二酮：

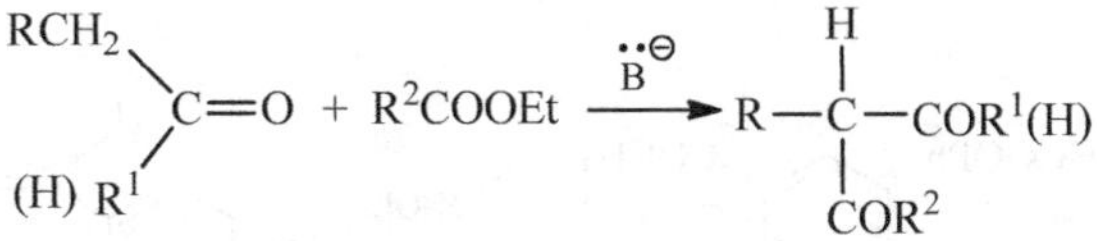

在碱性催化剂作用下，醛酮和酯都会发生自缩合反应。为了防止这种自缩合，一般将反应物醛酮和酯混合溶液在搅拌下滴加到含有碱催化剂的溶液中。例如：

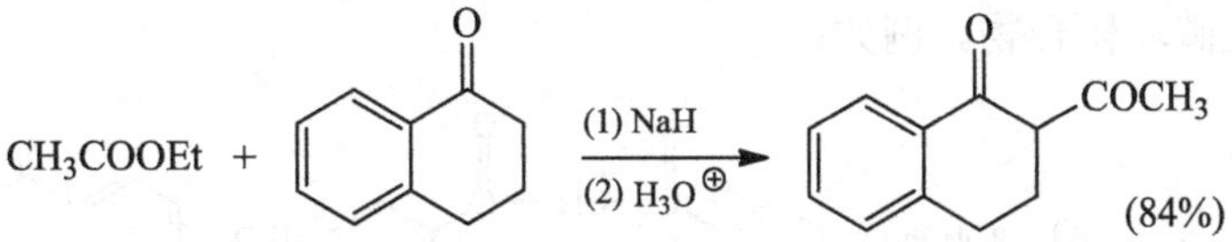

在 Claisen 酮-酯缩合中，醛酮的 α-碳负离子亲核进攻酯羰基的碳原子。由于位阻和电子效应两方面的原因，草酸酯、甲酸酯和苯甲酸酯比一般的羧酸酯活泼。例如：

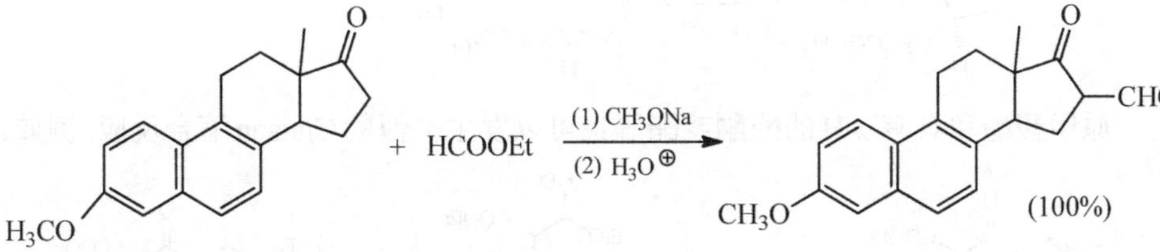

草酸酯的缩合产物 α-酮酸酯 RCOCOOEt 受热脱羰，可以实现从酮制备 β-酮酸酯。例如：

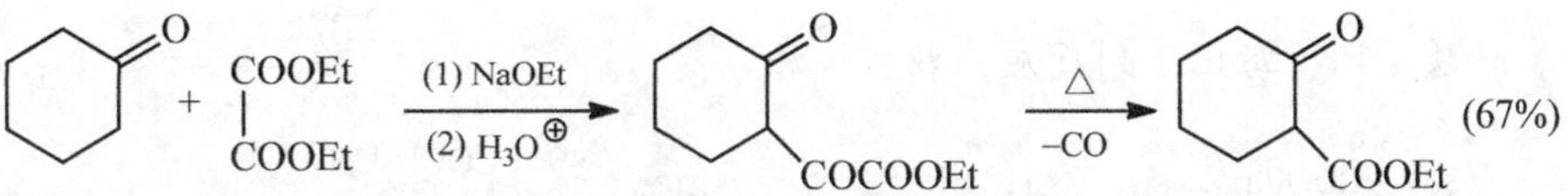

碳酸酯反应活性较低，但在较高反应温度时使用过量的碳酸酯和较高的反应温度，并在反应过程中不断除去生成的副产物醇，也可获得 β-酮酸酯。例如：

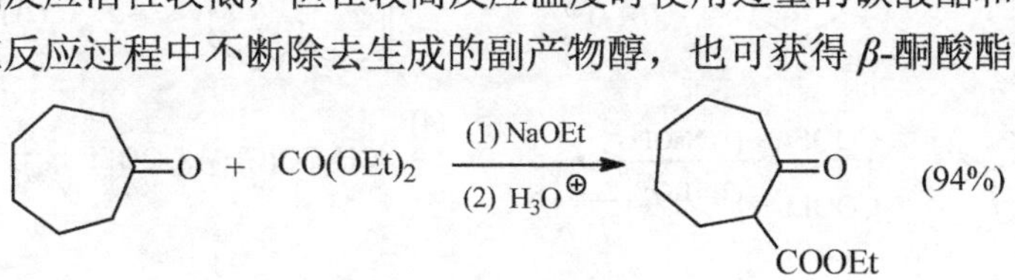

酯分子中烃氧基的结构对反应也有影响，酚酯比一般的酯活泼。α,β-不饱和酸乙酯和醛酮在碱催化下发生 Michael 加成反应，但使用 α,β-不饱和酸酚酯与醛酮作用，由于反应生成更稳定的酚氧负离子，一般发生 Claisen 缩合反应：

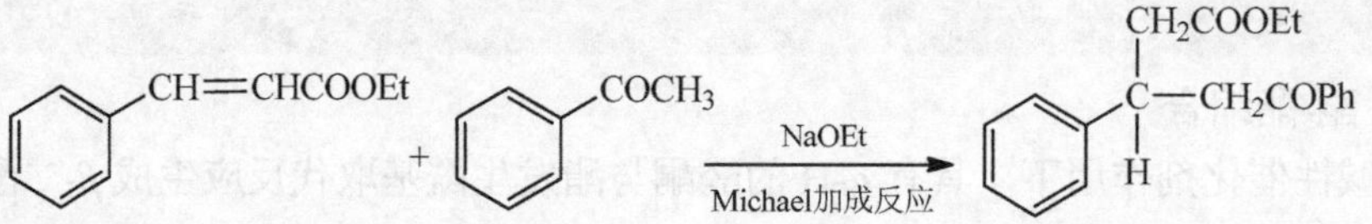

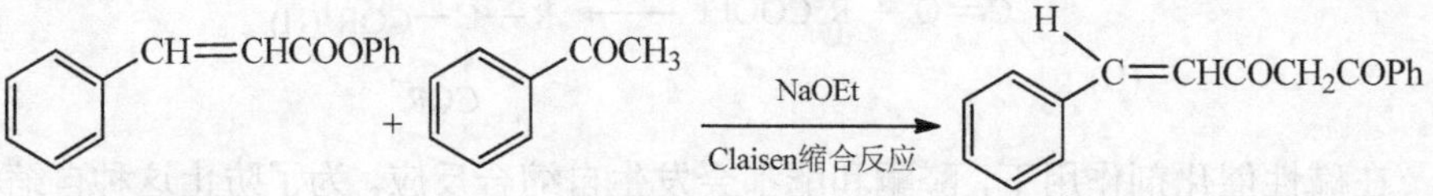

如果酮和酯基在同一分子内，可以发生分子内的 Claisen 酮-酯缩合反应形成五元或六元碳环化合物。例如：

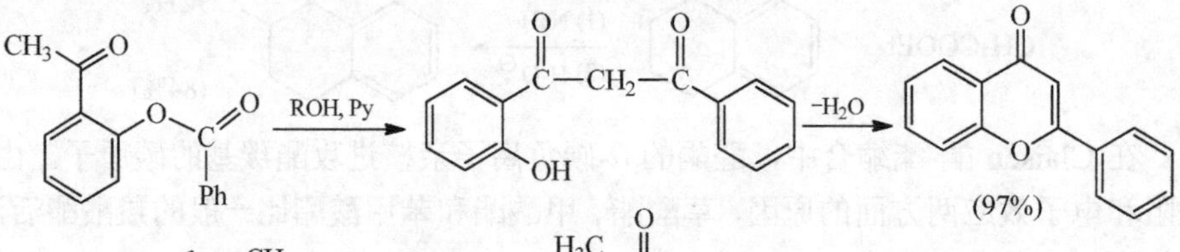

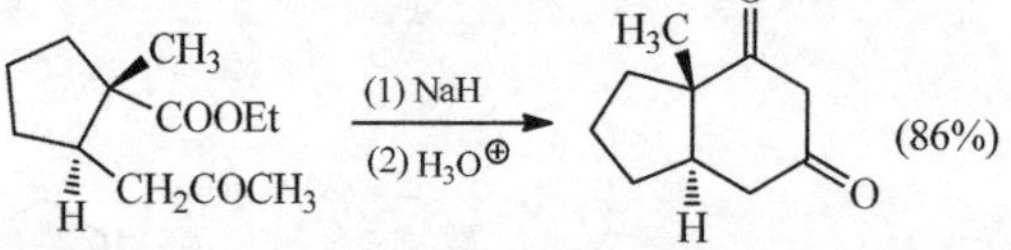

原甲酸酯和具有 α-H 的醛酮或酯等也可以发生类似的 Claisen 缩合反应。例如：

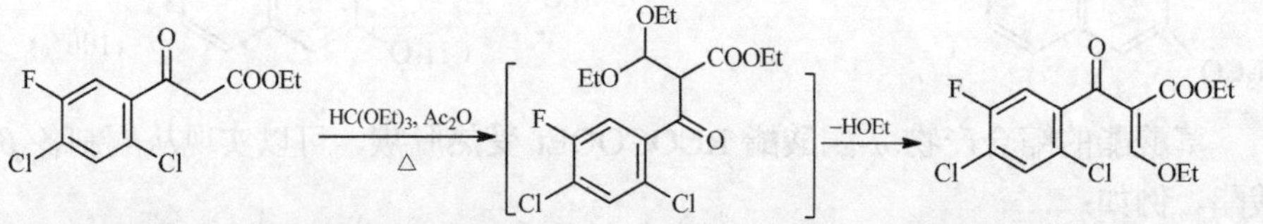

问题 4.10　写出下列反应产物：

(1) 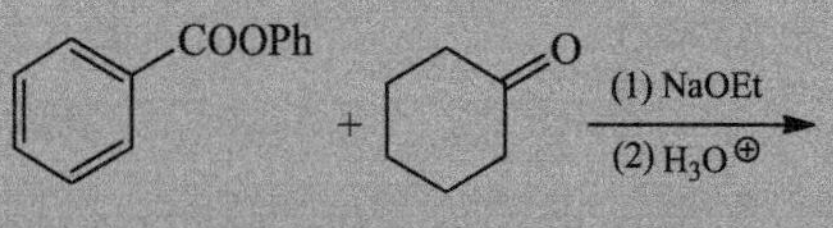

(2) 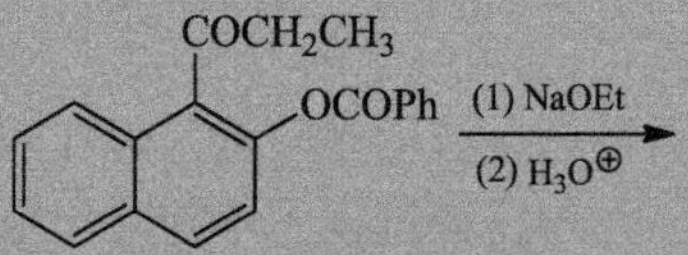

(3) 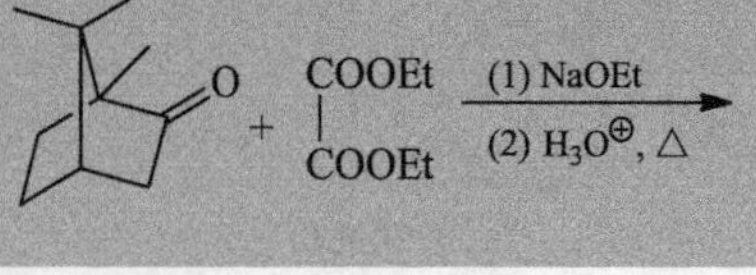

(4) $CH_3CO(CH_2)_3COOEt \xrightarrow[(2)\ H_3O^{\oplus}]{(1)\ NaOEt}$

(5)

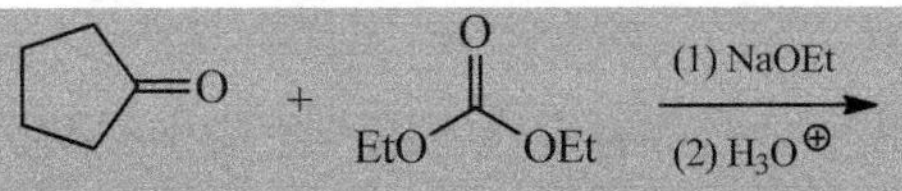

问题 4.11 用合适原料合成下列化合物：

(1) 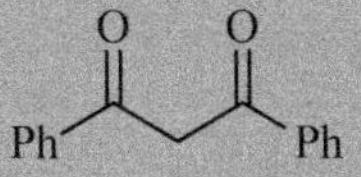 　　(2)

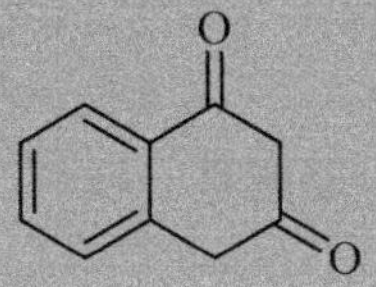

3. 其他相关缩合反应

1）Stobbe 缩合反应

醛、酮与丁二酸酯在碱[NaH、KOC(CH₃)₃ 等]催化下缩合生成 α-烃亚甲基丁二酸单酯的反应称为 Stobbe 缩合反应。Stobbe 缩合反应是先通过 Claisen 酮-酯缩合反应后继续发生分子内酯交换反应形成内酯，再经碱催化 β-消去反应开环，最后经酸化得到缩合产物。

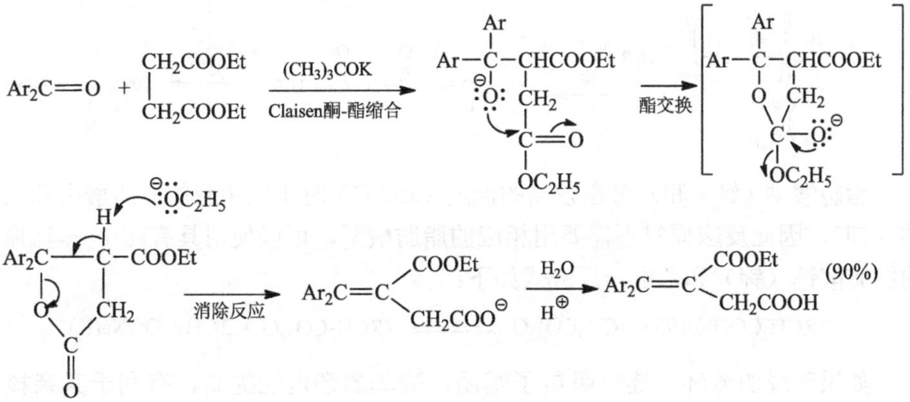

位阻较大的酮也可以发生 Stobbe 缩合反应。例如：

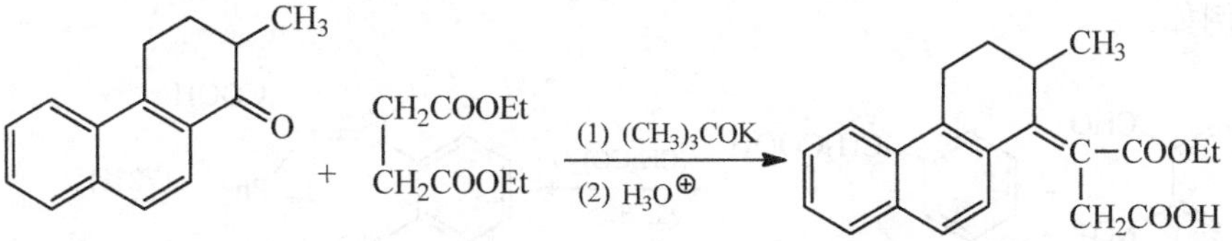

Stobbe 缩合反应在合成中常用于合成环酮衍生物和 γ-酮酸等。

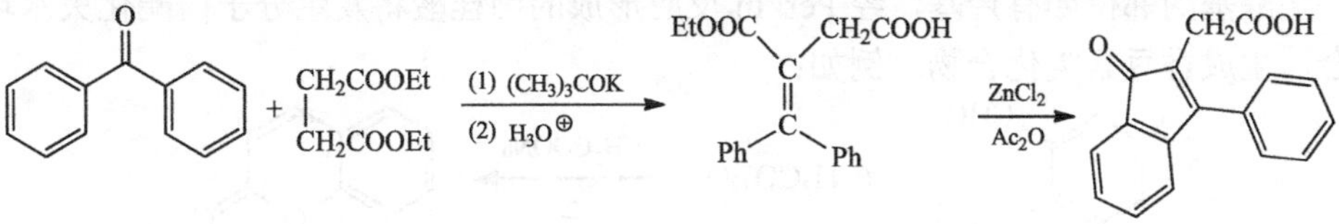

2）Perkin 反应

芳醛与脂肪酸酐在如脂肪酸盐、碳酸盐等弱碱存在下缩合生成肉桂酸衍生物的反应称为 Perkin 反应。

$$\text{ArCHO} + (\text{RCH}_2\text{CO})_2\text{O} \xrightarrow[\text{(2) H}_3\text{O}^{\oplus}]{\text{(1) RCH}_2\text{CO}_2\text{Na(K)}} \text{ArCH}=\underset{\underset{R}{|}}{C}-\text{COOH} + \text{RCH}_2\text{COOH}$$

Perkin 反应的机理与 Claisen 缩合反应是一致的。

$$\text{RCH}_2-\overset{\overset{O}{\|}}{C}-O-\overset{\overset{O}{\|}}{C}-\text{CH}_2\text{R} \xrightarrow{\text{R}-\text{COO}^{\ominus}} \left[\text{RCH}_2-\overset{\overset{O}{\|}}{C}-O-\overset{\overset{O}{\|}}{C}-\overset{..}{\underset{\ominus}{C}}\text{HR} \longleftrightarrow \text{RCH}_2-\overset{\overset{O}{\|}}{C}-O-\overset{\overset{:\overset{\ominus}{O}:}{|}}{C}=\text{CHR} \right]$$

脂肪酸钠（钾）和乙酐在较高的温度（150℃）时生成相应的脂肪酸酐和乙酸钠（钾），因此反应原料不需要用相应的脂肪酸酐，可以使用具有两个 α-氢原子的脂肪酸钠（钾）和乙酐。反应式如下：

$$2\text{RCH}_2\text{COONa(K)} + (\text{CH}_3\text{CO})_2\text{O} \Longleftrightarrow (\text{RCH}_2\text{CO})_2\text{O} + 2\text{CH}_3\text{COONa(K)}$$

如果芳醛的芳环上连有吸电子基团，醛基的亲电性提高，有利于其亲核加成反应，因而反应速率较快，产率也较高。如果芳环上连有给电子基团，效果相反。例如：

醛基的邻位如有羟基，经 Perkin 反应形成的肉桂酸将发生分子内酯化失水环合，生成香豆素类化合物。例如：

用邻硝基苯甲醛进行 Perkin 反应得到邻硝基肉桂酸，经还原后再环合可以得到类似香豆素的氮杂环化合物。反应式如下：

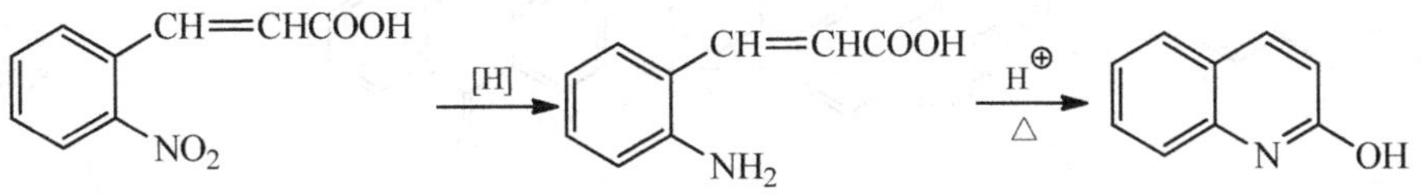

α-氨基酸经酰化后得到的 α-酰基氨基酸在乙酐、乙酸钠存在下与芳醛发生 Perkin 反应可以生成氮杂内酯（azalactone）。氮杂内酯是合成氨基酸的中间体。反应通式如下：

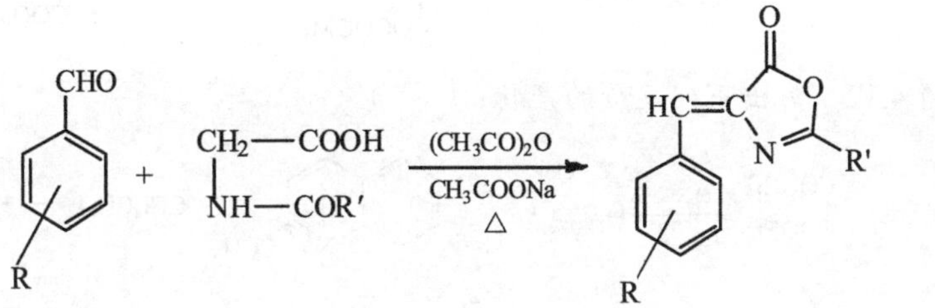

例如：

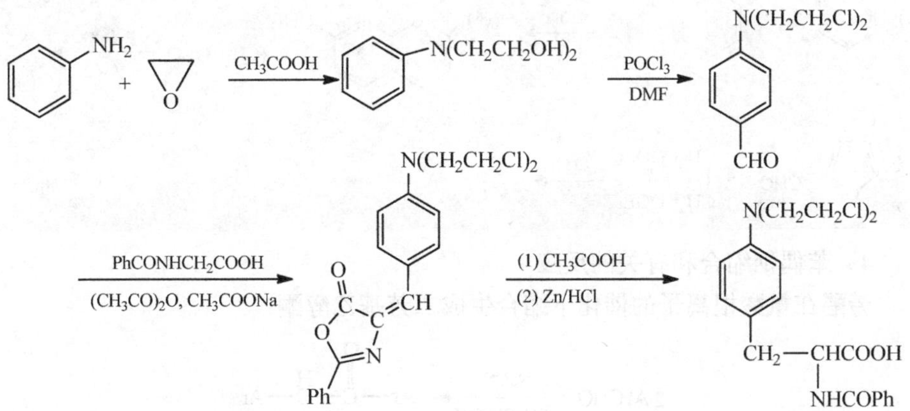

3）芳环 α-H 的缩合反应

邻或对硝基芳烃或吡啶类杂环的 α-位和 γ-位所连的亚甲基或甲基、环戊二烯和芴中的亚甲基都有较高的酸性，它们在碱性条件下形成的 α-碳负离子具有一定的亲核性，并且由于负电荷的离域而有较高的稳定性，因此它们可以和醛、酮、甲酸酯或草酸酯等活泼的酯发生与醇醛缩合和 Claisen 缩合类似的缩合反应。例如：

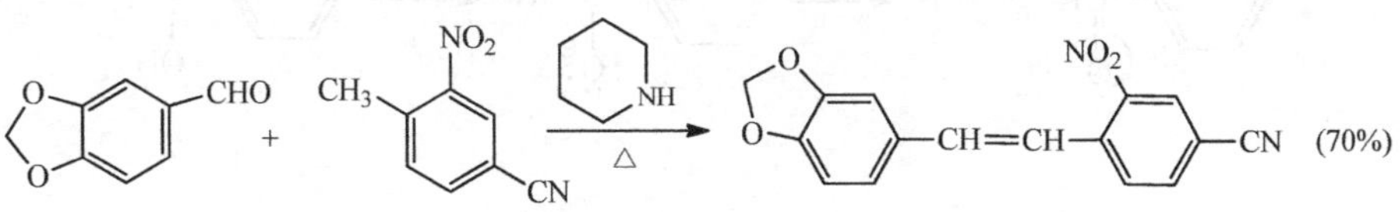

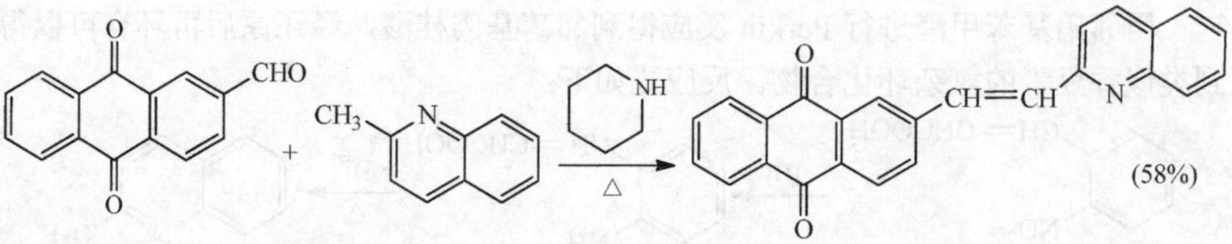

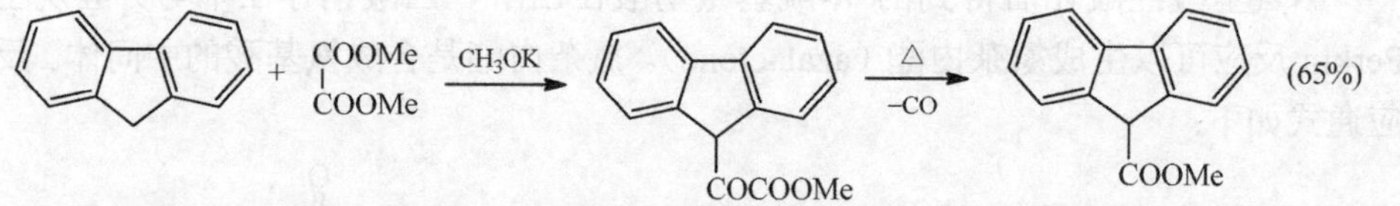

(58%)

(65%)

问题 4.12　写出下列反应的产物：

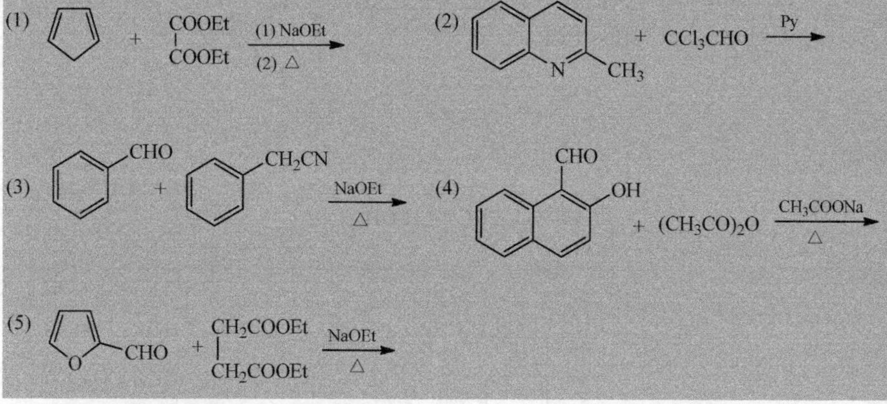

4）苯偶姻缩合和有关的反应

芳醛在氰酸根离子的催化下缩合生成二芳基乙醇酮：

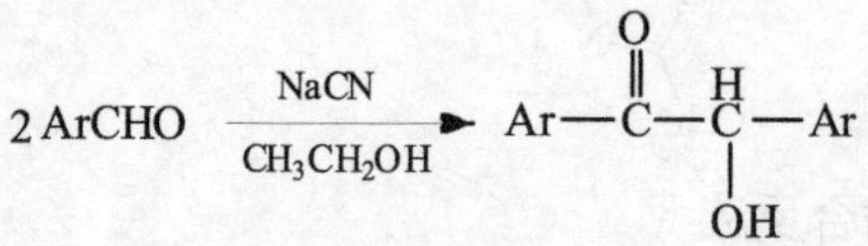

$$2\,ArCHO \xrightarrow[CH_3CH_2OH]{NaCN} Ar-\overset{\overset{\displaystyle O}{\|}}{C}-\overset{\overset{\displaystyle H}{|}}{\underset{\underset{\displaystyle OH}{|}}{C}}-Ar$$

由于以苯甲醛为底物时生成安息香（苯偶姻、二苯乙醇酮），这类缩合反应称为苯偶姻缩合（benzoin condensation）反应。

苯偶姻缩合的反应机理如下所示：

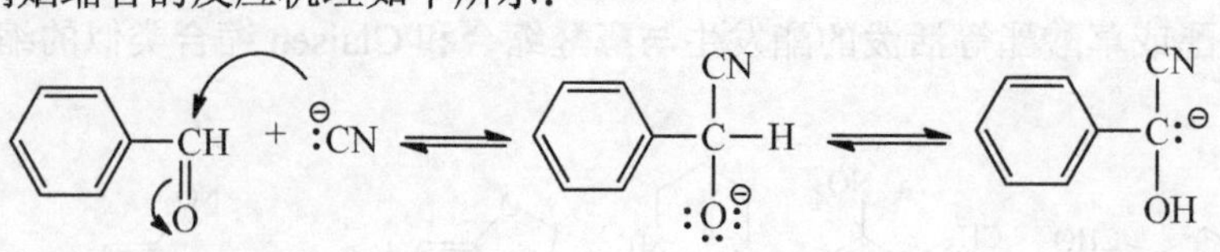

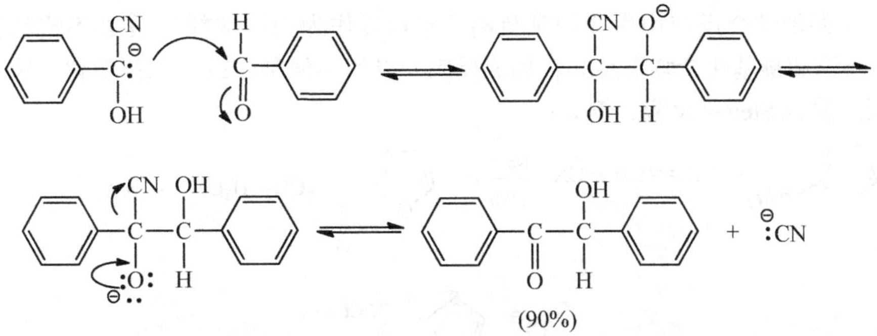

(90%)

反应中，氰酸根负离子与一分子苯甲醛的羰基发生亲核加成，氰基的吸电子作用增强了产物苄氢的酸性，使其易作为质子离去并转移到氧原子上，形成苄基碳负离子。这样，具有亲电性的羰基碳转变成亲核性的碳负离子，这种转变称为极性反转（umpolung）。碳负离子作为亲核试剂与另一分子的醛基发生亲核加成，形成 C—C 键。最后氰酸根负离子作为离去基团离开，生成苯偶姻。芳杂环甲醛也可以发生苯偶姻缩合反应。例如：

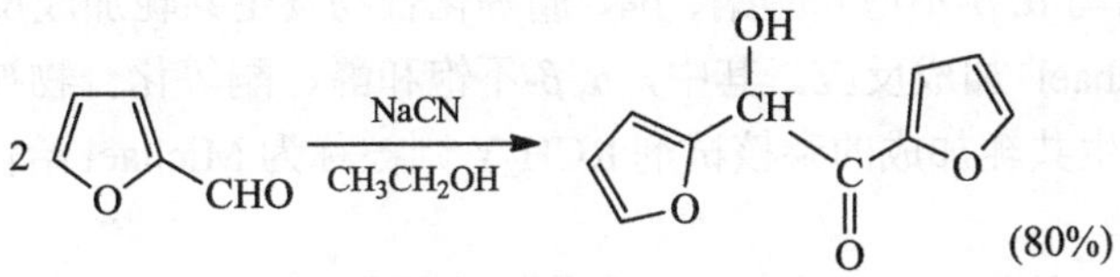

噻唑季铵盐可以替代氰酸根负离子催化脂肪醛或芳醛的苯偶姻缩合反应，这有效地降低了操作反应的潜在危险。例如：

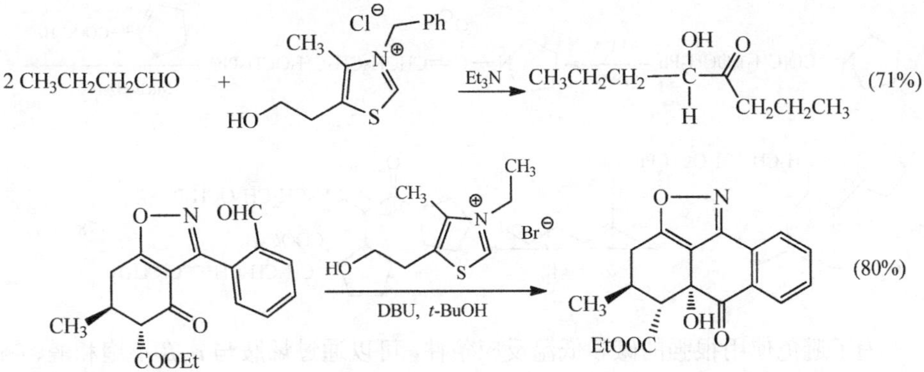

苯偶姻缩合反应中生成的碳负离子可以发生亲核取代、亲核加成等反应。例如：

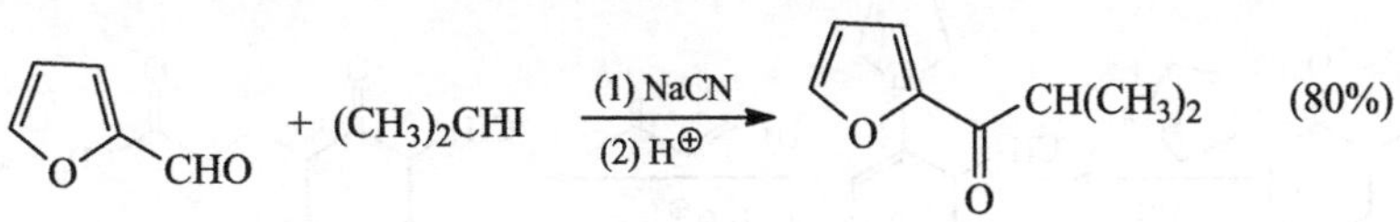

　　苯偶姻缩合反应中生成的碳负离子也可以作为亲核试剂与 α, β-不饱和腈、α, β-不饱和羰基化合物发生共轭加成反应，得到 γ-酮基腈或 γ-二酮等化合物。这一反应称为 Stetter 反应。例如：

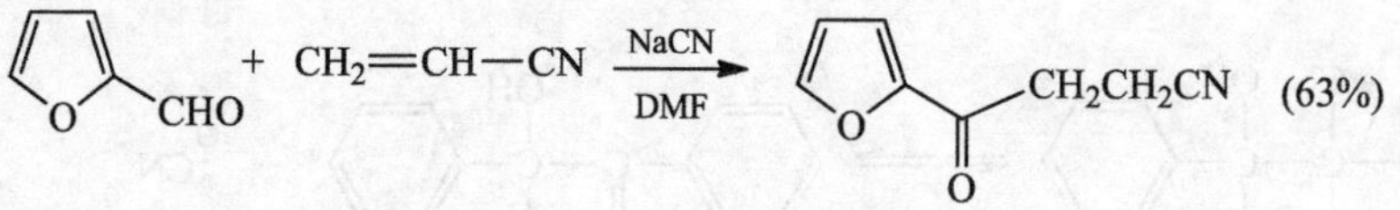

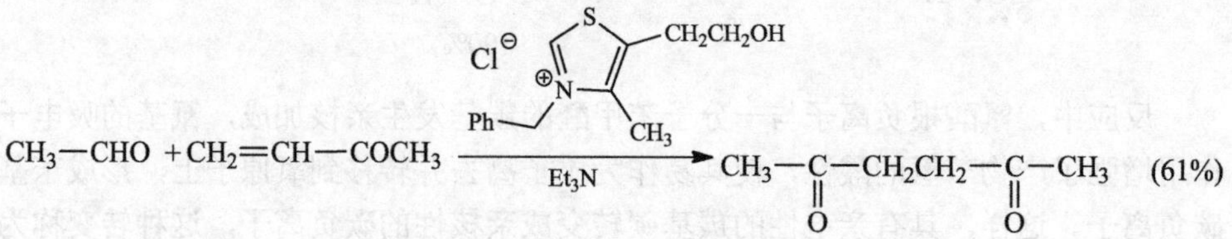

4.3.4　Michael 加成和有关的反应

　　仅有一个吸电子基团的 RCH_2Y 类型化合物（醛酮和羧酸衍生物）在强碱如 LDA 存在时可与 α, β-不饱和醛酮、酯、腈等化合物发生共轭加成反应，这种反应一般称为 Michael 加成反应。其中，α, β-不饱和醛、酮等化合物被称为 Michael 受体，与之发生共轭加成的亲核试剂 RCH_2Y 则被称为 Michael 给体。例如：

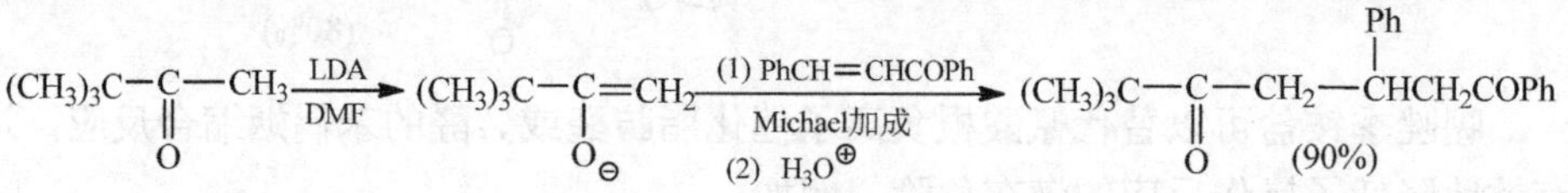

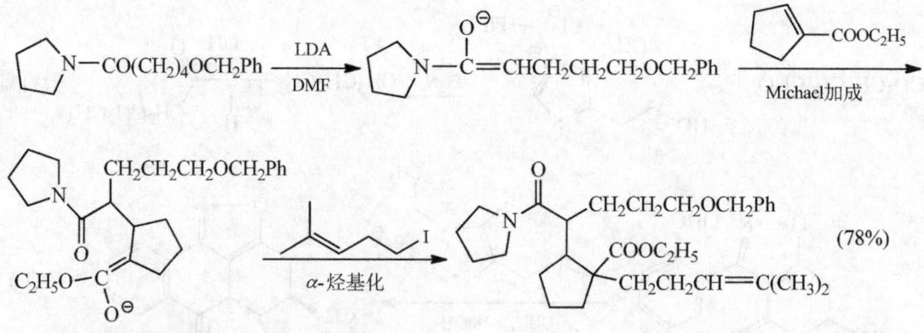

　　为了避免使用很强的碱和低温反应条件，可以通过烯胺与 α, β-不饱和醛、酮、酯、腈等进行 Michael 加成反应。例如：

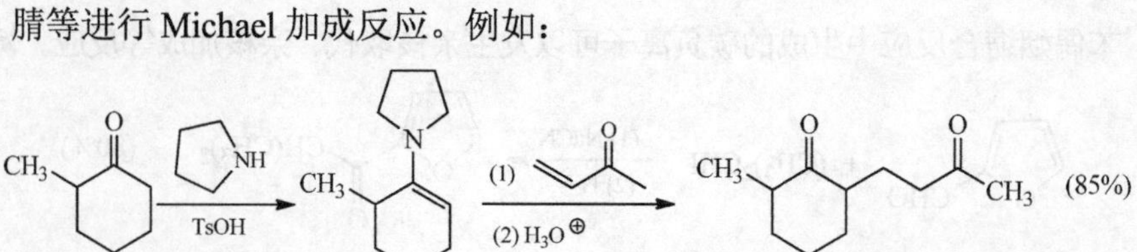

烯胺与烯醇是等电体,可视为醛酮的烯醇互变异构体的等价物,能发生烃化、酰化反应及 Michael 加成反应。这些反应一般统称为 Stork 烯胺合成法。现将本章有关烯胺的反应归纳如下:

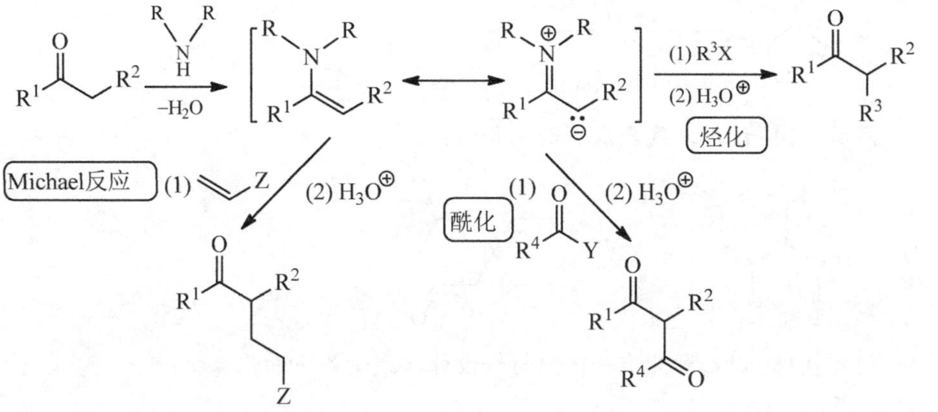

X = Cl, Br, I, OTs; Y = Cl, Br, OCOR; Z = CN, COR, COOR, COSR, NO$_2$

当醛、酮或酯的 α-碳负离子与 α, β-不饱和醛、酮或酯发生 Michael 加成反应后,生成的 1,5-二羰基化合物在足够量的碱的作用下可进一步发生分子内的醇醛缩合反应或 Dieckmann 缩合反应,生成六元碳环化合物。这种未经分离而连续发生的反应常称为 Robinson 关环反应(Robinson annulation)。Robinson 关环反应是缩合制备六元碳环化合物的重要方法。

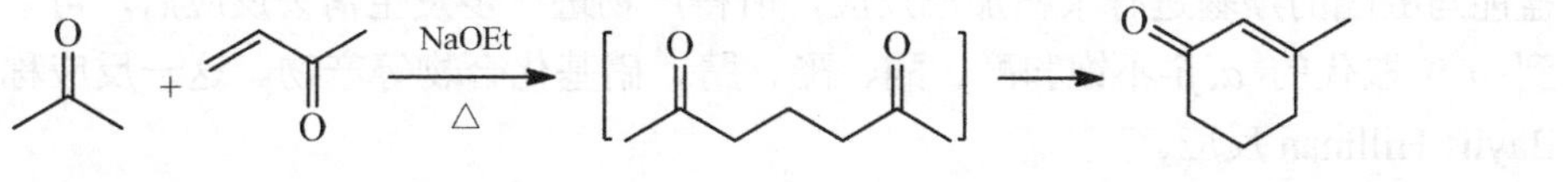

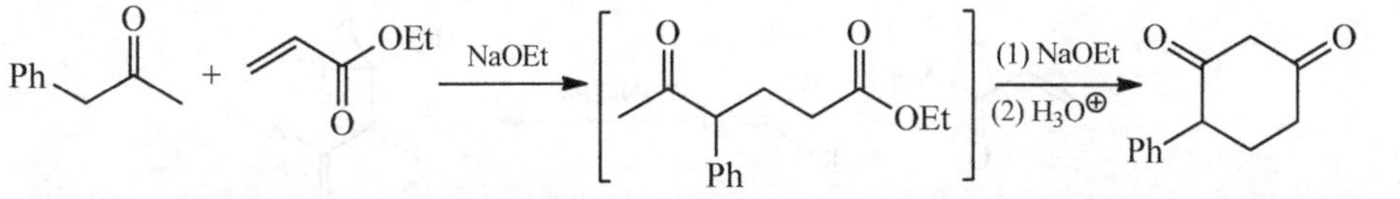

问题 4.13 写出下列反应的主要产物:

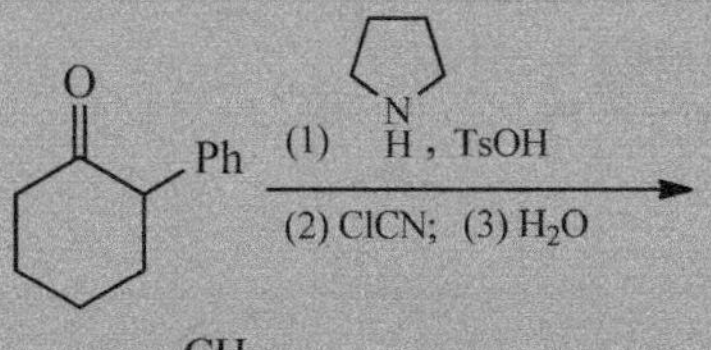

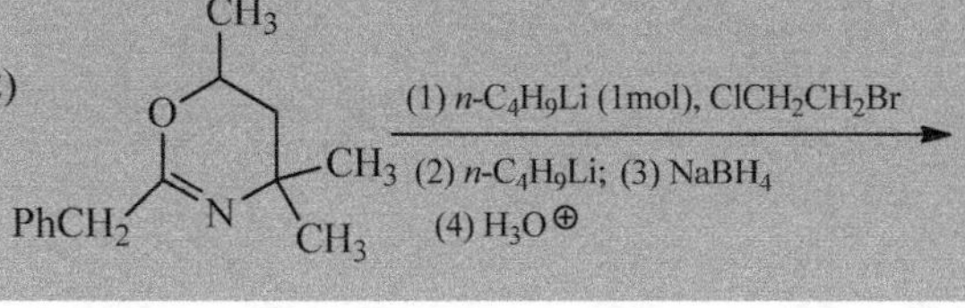

(3)

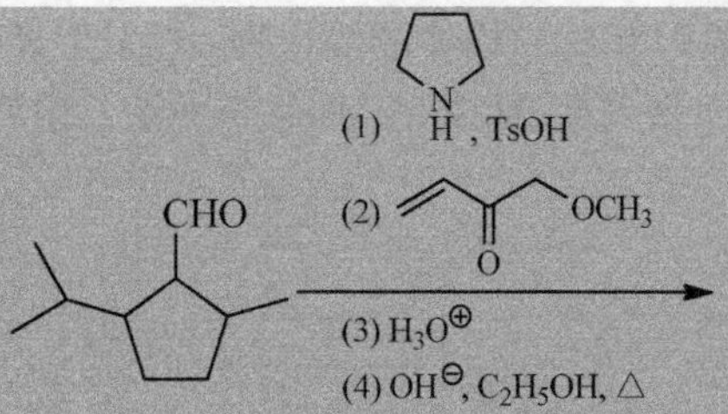

问题 4.14 设计路线合成下面化合物：

(1)   (2)

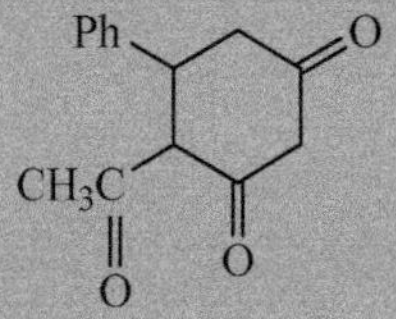

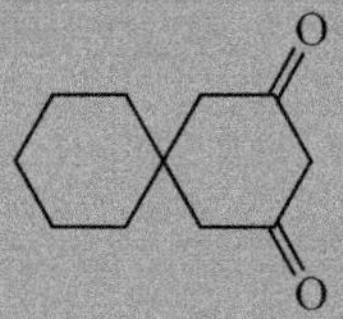

问题 4.15 以乙醇为唯一碳源材料设计路线制备下面化合物：

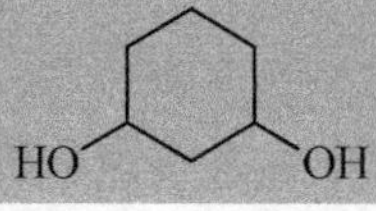

4.3.5 Baylis-Hillman 反应

α, β-不饱和醛、酮、酯、腈、硝基化合物等与三乙胺或三苯基膦或 1, 4-二氮杂双环[2.2.2]辛烷（DABCO）等叔胺或叔膦发生 Michael 加成反应时生成的烯醇盐能与醛酮的羰基进行亲核加成反应，所得产物进一步发生消去反应后，可以得到 α-位取代的 α, β-不饱和醛、酮、酯、腈、硝基化合物等产物。这一反应称为 Baylis-Hillman 反应。

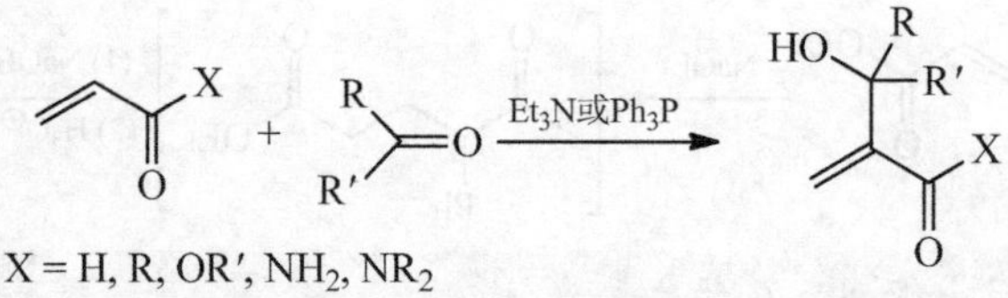

$X = H, R, OR', NH_2, NR_2$

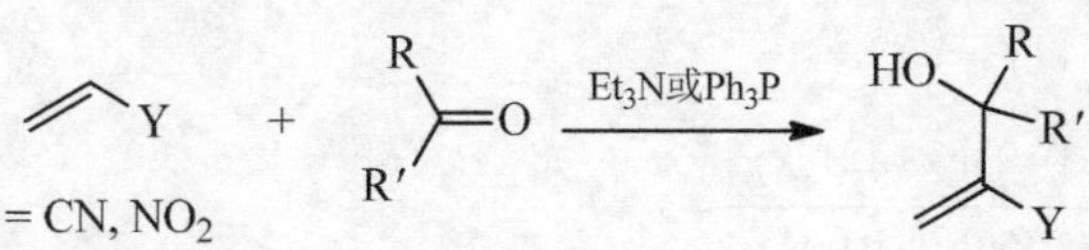

$Y = CN, NO_2$

Baylis-Hillman 反应的机理如下：

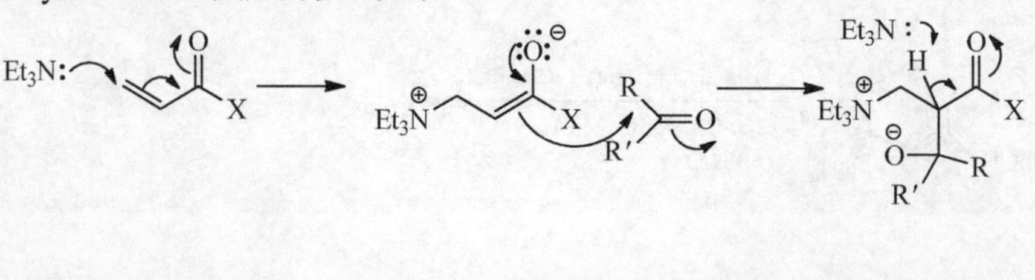

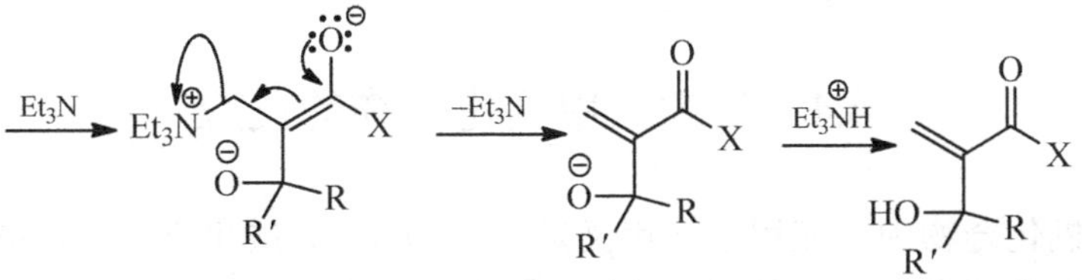

例如：

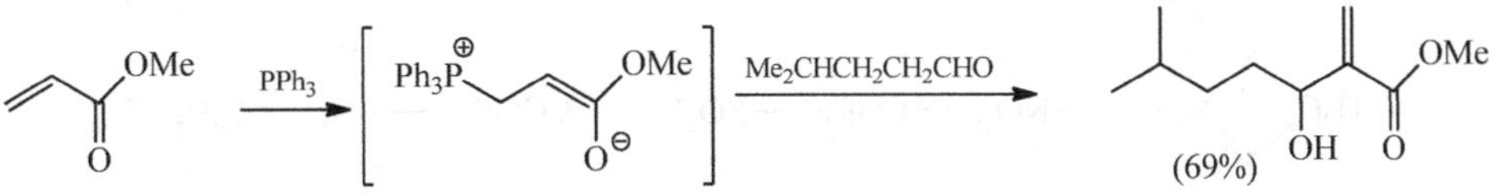

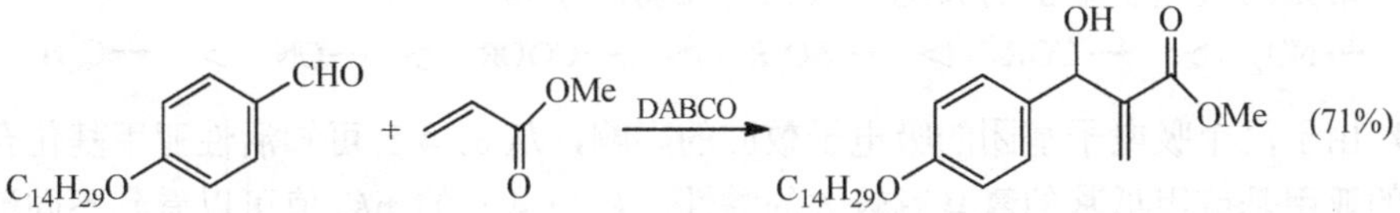

当分子内有适当的如羟基或氨基等亲核基团时，可与新生成的 Michael 受体化合物发生分子内的 Michael 加成反应形成五元或六元环，这是常用的制备杂环的方法。例如：

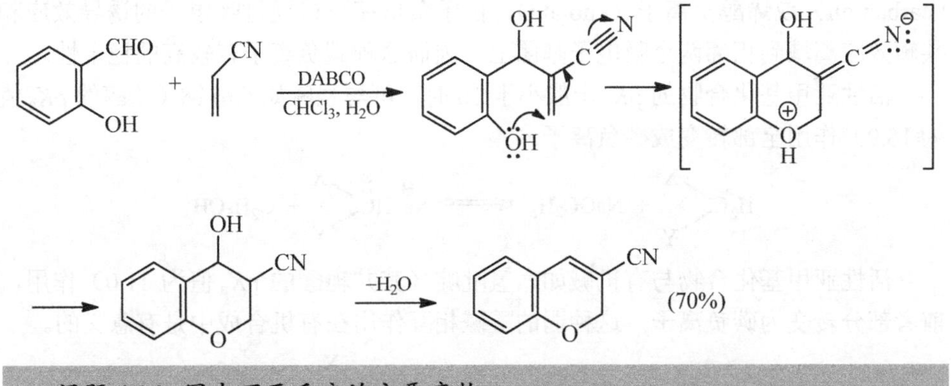

问题 4.16 写出下面反应的主要产物：

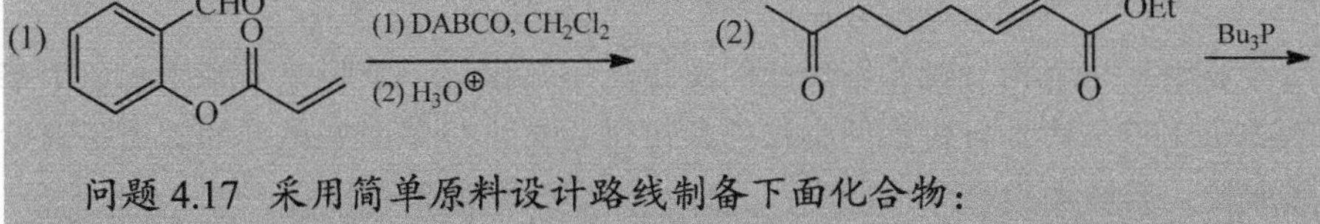

(1)

问题 4.17 采用简单原料设计路线制备下面化合物：

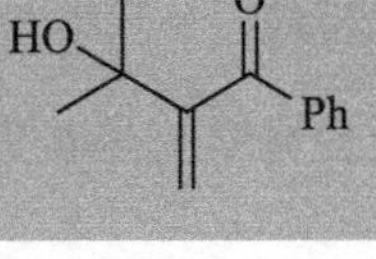

4.4　活性亚甲基化合物的反应

在有机化合物中，亚甲基（甲叉基，—CH$_2$—）或甲爪基（methanetriyl，—CHR—）和两个吸电子基团（硝基、羰基、酯基、氰基等）直接相连的化合物称为活性亚甲基化合物。

$$H_2C\begin{matrix} X \\ Y \end{matrix} \quad X, Y= \text{—NO}_2, \text{—COR}, \text{—SO}_2R, \text{—COOR}, \text{—CN}, \text{—C}_6H_5 \text{ 等}$$

常见的吸电子基团的吸电子效应的强弱次序为

$$\text{—NO}_2 > \text{—COR} > \text{—SO}_2R > \text{—COOR} > \text{—CN} > \text{—C}_6H_5$$

由于两个吸电子基团的吸电子效应的影响，从表 4.1 可知活性亚甲基化合物中的亚甲基或甲爪基的氢具有较大的酸性。从表 4.1 的 pK_a 值可以看到不同活性亚甲基酸性的强弱与其相连的基团的吸电子效应强弱有关。亚甲基或甲爪基上所连基团吸电子效应越大，其酸性越强。在活性亚甲基上导入烷基后，由于烷基的给电子效应，其酸性降低（表 4.1）。活性亚甲基化合物与碱作用可形成碳负离子（carbanion）或烯醇负离子（enolate），由于负电荷可以通过吸电子的诱导效应和共轭效应离域到相邻两个吸电子基团上，因而这种碳负离子有较高的稳定性。

活性亚甲基化合物的 pK_a 一般小于 16 时，可与强碱如乙醇钠（乙醇的 pK_a 值为 15.9）作用全部转变成碳负离子。

$$H_2C\begin{matrix} X \\ Y \end{matrix} + NaOC_2H_5 \Longleftarrow \overset{\ominus}{Na} \ \overset{\ominus}{H}\overset{}{C}\begin{matrix} X \\ Y \end{matrix} + C_2H_5OH$$

活性亚甲基化合物与有机碱如六氢吡啶（其共轭酸的 pK_a 值为 11.0）作用，前者部分转变为碳负离子，这种弱的酸碱相互作用在有机合成中是有意义的。

$$H_2C\begin{matrix} X \\ Y \end{matrix} + \underset{N}{\underset{H}{\bigcirc}} \Longleftrightarrow \overset{\cdot\cdot}{H}C\begin{matrix} X \\ Y \end{matrix} + \underset{N}{\underset{H_2}{\overset{\oplus}{\bigcirc}}}$$

活性亚甲基化合物与碱作用形成的碳负离子与仅含一个吸电子基团的亚甲基形成的碳负离子一样具有较高的亲核性，可进攻有机分子中亲电性的碳原子而发生亲核取代、亲核加成等多种反应，是形成碳碳单键的重要途径。

4.4.1　活性亚甲基化合物的烃化反应

活性亚甲基化合物的烃化反应本质上是碳负离子作为亲核试剂的双分子亲核取代反应。

$$X-CH_2-Y \xrightarrow{\text{碱}} X-\overset{..}{C}\overset{\ominus}{H}-Y \xrightarrow{R-X'} X-CH-R-Y + X'^{\ominus}$$

在活性亚甲基化合物的烃化反应中，亲电烃化剂常用较活泼的伯卤代烃或磺酸酯。用仲卤代烃一般得不到高产率的烃化产物。叔卤代烃易发生消去反应，不用作烃化剂。

(81%)

$$CH_3-CO-CH_2-CO-OC(CH_3)_3 \quad (1.0mol) \xrightarrow[\text{30min}]{\text{NaH (1.1mol)}}$$

92%

$$\xrightarrow[87\%]{\text{TFA, rt}}$$

环氧化合物也是常用烃化剂之一，可以在活性亚甲基化合物上导入 β-羟乙基。

$$\begin{array}{c} CO_2Et \\ CH_2 \\ CO_2Et \end{array} \xrightarrow[\text{(2)}]{\text{(1) NaOEt, EtOH}} \begin{array}{c} CO_2Et \\ HC-CH_2CH_2O^{\ominus} \\ CO_2Et \end{array} \xrightarrow{-EtO^{\ominus}} \quad (78\%)$$

在烃化反应中，必须使用等摩尔的碱。如果导入两个相同的烃基，可以进行"一锅煮"反应，但应加入两倍量的碱和烃化剂。

$$CH_2(COOC_2H_5)_2 \xrightarrow[\text{(2) } 2C_2H_5I]{\text{(1) 2NaOEt, EtOH}} (C_2H_5)_2C(COOC_2H_5)_2 \quad (83\%)$$

烃化反应所用的碱可根据活性亚甲基化合物的酸性大小来选择。例如，β-二酮的亚甲基有较强的酸性（表 4.1，pK_a 为 9 左右），用碳酸钾作为碱就可以顺利地烃化。

$$CH_3COCH_2COCH_3 \xrightarrow[CH_3COCH_3]{K_2CO_3} \overset{\oplus}{K}\overset{..}{C}H(COCH_3)_2 \xrightarrow{CH_3I} \underset{\underset{CH_3}{|}}{CH_3COCHCOCH_3} \quad (75\%)$$

使用过量的强碱，β-二酮和 β-酮酸酯等能形成双负离子（dianion），导致烃化反应发生在不同的位置从而生成多种副产物。例如，戊-2, 4-二酮与氨基钠作用可形成双负离子。

$$CH_3COCH_2COCH_3 \quad + \quad 2NaNH_2 \quad \xrightarrow{NH_3(l)} \quad \overset{Na^\oplus}{CH_3CO\overset{\ominus}{C}H}\overset{\ominus \ Na^\oplus}{COCH_2} + 2NH_3$$

$$\text{5 4 3 2 1}$$

$$pK_a \qquad 9.0 \quad 20 \qquad\qquad\qquad\qquad 38$$

碳负离子 C3 的亲核性因受到相邻两个羰基的吸电子的共轭稳定作用影响而不及仅受一个羰基影响的 C1 形成的碳负离子，因而烃化反应优先在 C1 上发生。控制 β-二酮和 β-酮酸酯上碳负离子的形成，可以选择性地在不同的活性亚甲基上发生烃化，得到 C1 或 C3 上的烃化产物。

$$\overset{Na^\oplus}{CH_3CO\overset{\ominus}{C}}\overset{\ominus \ Na^\oplus}{COCH_2} \quad \xrightarrow[\text{(2) } H_3O^\oplus]{\text{(1) } C_6H_5CH_2Cl} \quad CH_3COCH_2COCH_2CH_2C_6H_5 \qquad (69\%)$$

$$(58\%)$$

　　问题 4.18　卤代酮和卤代酸酯也常用作烃化剂。写出下列反应的产物或中间产物：

$$(1) \quad CH_3COCH_2COOC_2H_5 \quad \xrightarrow[\text{(2) } ClCH_2COCH_3]{\text{(1) NaOEt, EtOH}} \quad ?$$

(2) $CH_2(COOC_2H_5)_2$ $\xrightarrow[\text{(2) NBS; (3) PhthNK}]{\text{(1) NaOEt, EtOH}}$? $\xrightarrow[\text{(2) ClCH}_2\text{COOC}_2\text{H}_5]{\text{(1) NaOEt, EtOH}}$? $\xrightarrow[\substack{\text{(2) H}^\oplus, \triangle \\ \text{(3) Py}}]{\text{(1) OH}^\ominus, \text{H}_2\text{O}}$?

(3) $CH_3COCH_2CO_2C_2H_5$ $\xrightarrow[\text{(2) BrCH}_2\text{COCH}_3]{\text{(1) NaNH}_2 \text{ (2eq.)}}$? $\xrightarrow[\substack{\text{(2) OH}^\ominus, \text{H}_2\text{O} \\ \text{(3) H}_3\text{O}^\oplus, \triangle}]{\text{(1) ClCH}_2\text{CO}_2\text{C}_2\text{H}_5}$?

(4) $CH_3COCH_2CO_2C_2H_5$ $\xrightarrow[\text{(2)}]{\text{(1) 2 NaNH}_2}$?

(2) Br$\diagdown$CH$_2$—CO—CH$_2\diagup$Br

丙二酸酯和 β-酮酸酯的活性亚甲基的烃化产物经稀碱（5%）水解、酸化、加热脱羧可以得到各种羧酸和酮（"成酮水解"）。例如：

$CH_3COCH_2COOC_2H_5$ $\xrightarrow[\text{(2) CH}_3\text{O}\text{—}\langle\text{—}\text{CH}_2\text{Cl}]{\text{(1) NaOEt}}$ $CH_3O\text{—}\langle\bigcirc\rangle\text{—}CH_2\text{—}\underset{\underset{COOCH_2CH_3}{|}}{\overset{H}{\underset{|}{C}}}\text{—}\overset{O}{\overset{\|}{C}}\text{—}CH_3$

$\xrightarrow[\text{(2) H}_3\text{O}^\oplus, \triangle]{\text{(1) 5\% NaOH}}$ $CH_3O\text{—}\langle\bigcirc\rangle\text{—}CH_2\text{—}CH_2\text{—}\overset{O}{\overset{\|}{C}}\text{—}CH_3$ （76%）

β-酮酸酯的烃化产物在浓碱（50%）作用下，酮酰基裂解，酸化后得到羧酸（"成酸水解"）。例如：

Cl$\text{—}\langle\bigcirc\rangle\text{—}\underset{\underset{\underset{O}{\|}}{\underset{CH_3\text{—}\overset{}{C}\text{—}\overset{}{\underset{|}{C}H}\text{—}COOCH_2CH_3}{|}}}{\overset{}{\underset{|}{C}H}}\text{—}\underset{\underset{COOCH_2CH_3}{|}}{\overset{H}{\underset{|}{C}}}\text{—}\overset{O}{\overset{\|}{C}}\text{—}CH_3$ $\xrightarrow[\text{(2) HCl}]{\text{(1) 50\% KOH}}$ Cl$\text{—}\langle\bigcirc\rangle\text{—}\underset{\underset{CH_2\text{—}COOH}{|}}{CH_2\text{—}\underset{\underset{COOH}{|}}{CH_2}}$ （65%）

问题 4.19 以丙二酸二乙酯和乙酰乙酸乙酯为原料合成下列化合物：

(1) $CH_3COCH_2CH_2C_6H_5$　(2) $CH_3COCHCH_2COOH$ 下 CH_2CH_3　(3) ◻—COOH

(4) $HSCH_2CH_2\underset{\underset{NH_2}{|}}{CH}COOH$　(5) ◯=O　(6) ◯—CH$_2$COOH

4.4.2　活性亚甲基化合物的酰化反应

活性亚甲基化合物（如丙二酸二酯、乙酰乙酸乙酯等）的酰化反应与其烃化反应类似。与碱作用后生成的碳负离子和酰化试剂发生酰基取代反应（亲核加成-消去反应）得到酰化产物。常用酰化剂为酰卤和酸酐。反应机理如下：

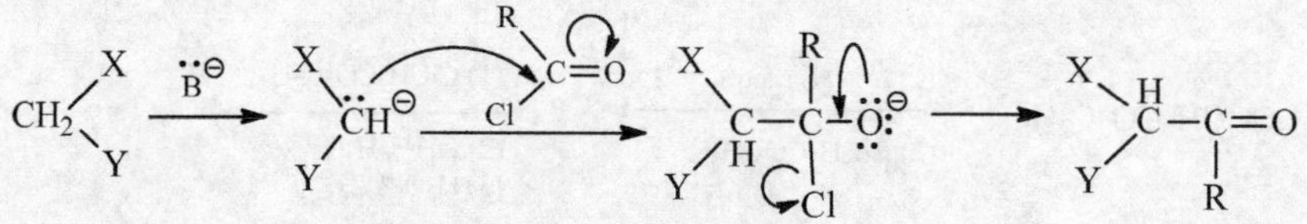

由于酰化试剂易与醇等质子溶剂反应，因此活性亚甲基化合物的酰化反应常在乙醚、四氢呋喃、DMF 等非质子溶剂中进行。

在酰化反应中，常用乙醇镁作为碱使活性亚甲基化合物去质子化生成碳负离子。这主要是由于乙醇镁在醚类等溶剂中有良好的溶解度。同时乙醇镁作为碱反应后生成的 C_2H_5OMgCl 可与一酰化产物立即形成盐以抑制二酰化副产物的生成。反应式如下：

$$CH_2(COOC_2H_5)_2 \xrightarrow[Et_2O]{Mg(OC_2H_5)_2} CH_3CH_2OMg^{\oplus}\ {}^{\ominus}\ddot{C}H(COOC_2H_5)_2 \xrightarrow[Et_2O]{ClCOOC_2H_5} CH(COOC_2H_5)_3$$

$$CH(COOC_2H_5)_3 + CH_3CH_2OMgCl \rightleftharpoons ClMg^{\oplus}\ {}^{\ominus}\ddot{C}(COOC_2H_5)_3 + C_2H_5OH \quad (88\%)$$

酰化的丙二酸二酯和乙酰乙酸乙酯经水解、脱羧可得到甲基酮、二酮或 β-酮酸酯等具有重要合成价值的化合物。例如：

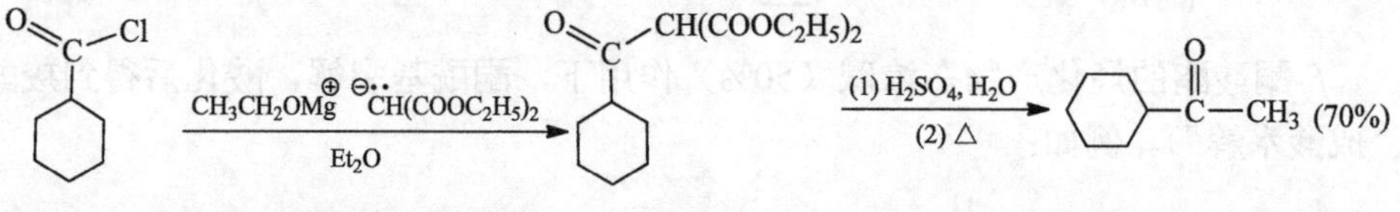

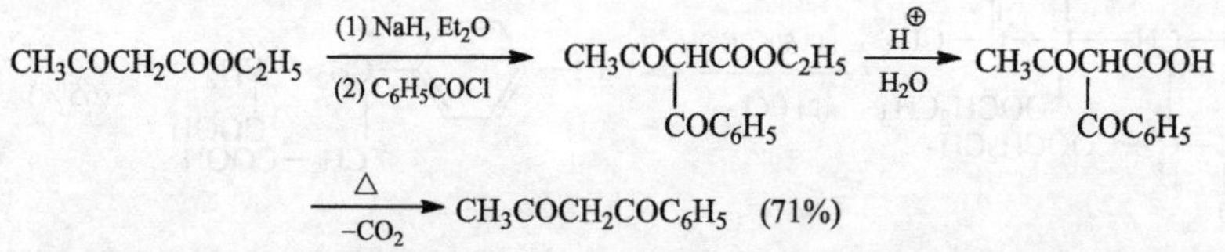

在合成抗菌药环丙沙星时，丙二酸二乙酯在乙醇镁作用下与 2, 4-二氯-5-氟苯甲酰氯发生酰基取代反应后，产物再用对甲苯磺酸催化水解、脱羧得到合成中间体。反应式如下：

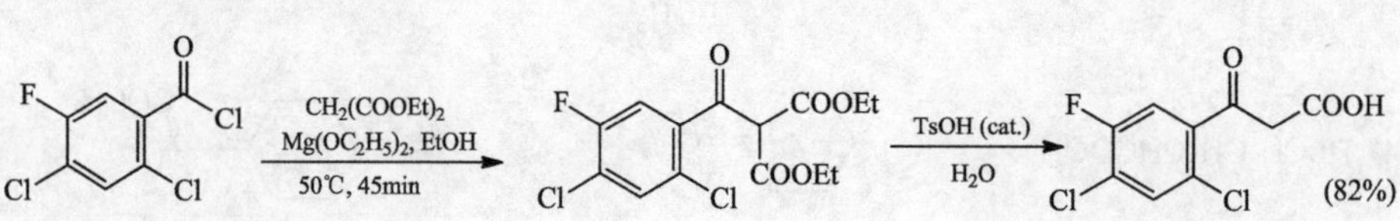

酰化的 β-酮酸酯在氯化铵-氨水溶液中选择裂解除去较小的酰基得到新的 β-酮酸酯。例如：

$$CH_3COCH_2COOC_2H_5 \xrightarrow[\text{(2) } C_6H_5COCl]{\text{(1) NaH, } C_6H_6} CH_3COCHCOOC_2H_5 \xrightarrow[H_2O]{\substack{NH_4OH \\ NH_4Cl}} C_6H_5COCH_2COOC_2H_5 \quad (54\%)$$
$$\underset{\underset{COC_6H_5}{|}}{}$$

问题 4.20 从丙二酸二乙酯和其他有机原料合成下列化合物：

(1) 邻硝基苯乙酮 COCH₃ NO₂

(2) O_2N—苯环—$COCH_2CH_2C_6H_5$

(3) 苯环—CH=CH—COOH

(4) 含氧杂环=CH—Ph

4.4.3　活性亚甲基化合物的缩合反应

活性亚甲基化合物和醛、酮在碱催化下缩合失去水的反应称为 Knoevenagel 缩合反应。反应通式如下：

$$\underset{Y}{\overset{X}{>}}C\underset{H}{\overset{H}{<}} + O=C\underset{R'}{\overset{R}{<}} \xrightarrow{\text{弱碱催化}} \underset{Y}{\overset{X}{>}}C=C\underset{R'}{\overset{R}{<}} + H_2O$$

反应机理是活性亚甲基化合物的碳负离子与醛酮羰基的亲核加成-消去反应。

$$\underset{Y}{\overset{X}{>}}CH_2 + \overset{..}{B} \rightleftharpoons \underset{Y}{\overset{X}{>}}\overset{..}{CH} + BH$$

Knoevenagel 反应是可逆的，但可以通过不断除去反应中生成的水，促使反应进行到底。与烃化和酰化反应不同，Knoevenagel 反应只需催化量的如哌啶、吡啶等弱碱就可以使反应顺利进行，这是因为在反应过程中碱可以再生，同时亲核加成反应仅需部分活性亚甲基化合物转变成碳负离子。另外，使用弱碱也可有效避免醛的自身缩合。

醛的反应活性大于酮。醛可以和大多活性亚甲基化合物发生缩合反应。酮可以和 $CH_2(CN)_2$、$NCCH_2COOEt$ 等发生缩合反应，而与丙二酸二乙酯、乙酰乙酸乙酯等缩合时产率较低。例如：

$$PhCHO + CH_2(COOC_2H_5)_2 \xrightarrow[\text{(0.05mol)}]{HN\langle\text{哌啶}\rangle} PhCH=C(COOC_2H_5)_2 \quad (78\%)$$

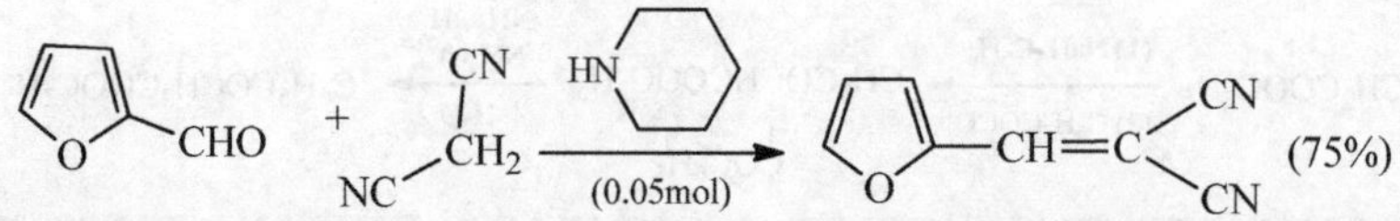

向有机胺催化的 Knoevenagel 缩合反应中加入催化量的有机酸如乙酸，或者用有机酸的胺盐代替有机胺，常能提高产率，这可能与羰基化合物在酸催化下和胺生成高亲电性的亚胺盐（iminium salt）有关。反应通式如下：

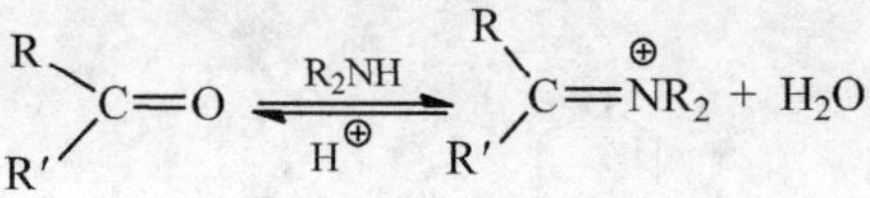

例如：

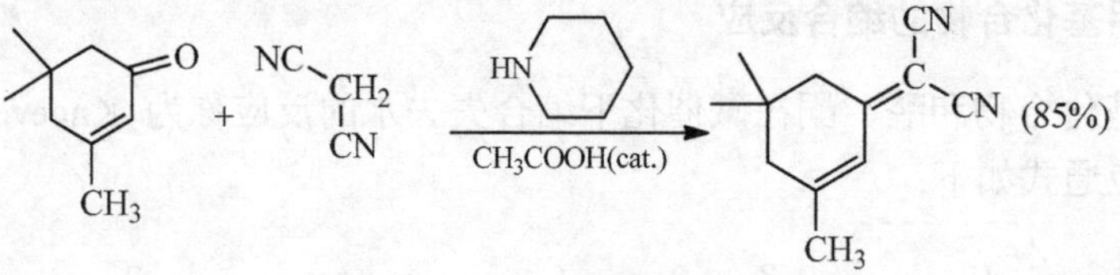

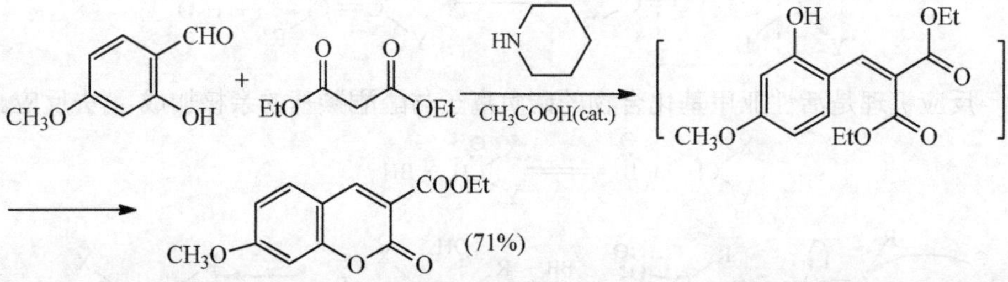

当活性亚甲基化合物中一个吸电子基团为羧基时，和各种醛缩合后可进一步发生脱羧反应得到脱羧产物，形成的双键一般为 E 构型，并且反应条件温和，产率相当高。常用催化剂为吡啶、哌啶或者两者的混合物。这一反应称为 Knoevenagel-Doebner 缩合反应。例如：

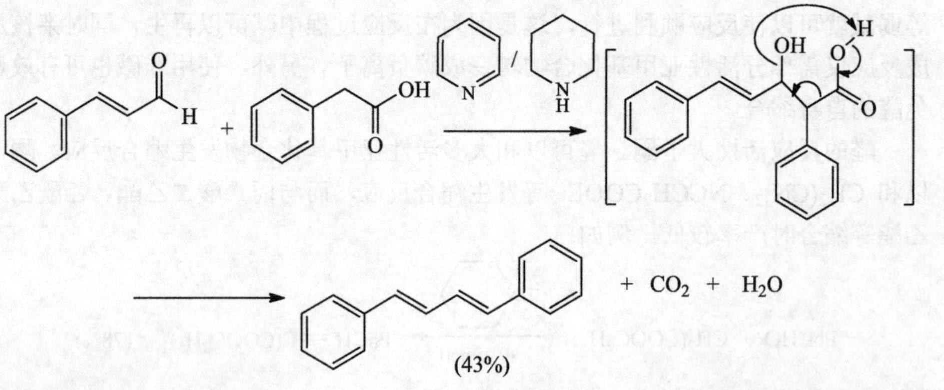

问题 4.21　用适当原料合成巴比妥催眠药的中间体：

$$CH_3CH_2CH_2—\underset{CH_3}{\underset{|}{CH}}—\underset{CH_2CH_3}{\underset{|}{C}}\overset{CN}{\overset{|}{—}}COOC_2H_5$$

问题 4.22　以乙酰乙酸乙酯为原料制备下面化合物：

4.4.4　活性亚甲基化合物的 Michael 加成及相关反应

1. Michael 加成反应

能形成稳定的碳负离子的活性亚甲基化合物与 α,β-不饱和醛、酮、酯、腈、硝基化合物等在碱催化下也能发生共轭加成反应，这一反应称为活性亚甲基化合物的 Michael 加成反应。反应机理如下：

反应中常用的碱为哌啶、吡啶、三乙胺或醇钠等，由于 Michael 加成反应中形成的烯醇的碱性足以移除活性亚甲基中的 α-H，因此，该反应可在催化量的碱作用下进行。例如：

$$PhCH\!\!=\!\!CHCOPh + PhCOCH_2COOC_2H_5 \xrightarrow[\text{(25mol\%)}]{HN\bigcirc} Ph—\underset{\underset{O}{\|}}{C}—\overset{PhCHCH_2COPh}{\overset{|}{CH}}COOC_2H_5 \quad (93\%)$$

$$CH_2\!\!=\!\!CHCN + CH_2(COOC_2H_5)_2 \xrightarrow[\text{(10mol\%)}]{NaOEt} H_2C—CH_2CN \quad (55\%)$$
$$\underset{CH(COOC_2H_5)_2}{|}$$

Knoevenagel 缩合反应可生成 α,β-不饱和羰基化合物，如果使用两当量的活性亚甲基化合物，可立即发生 Michael 加成反应。例如：

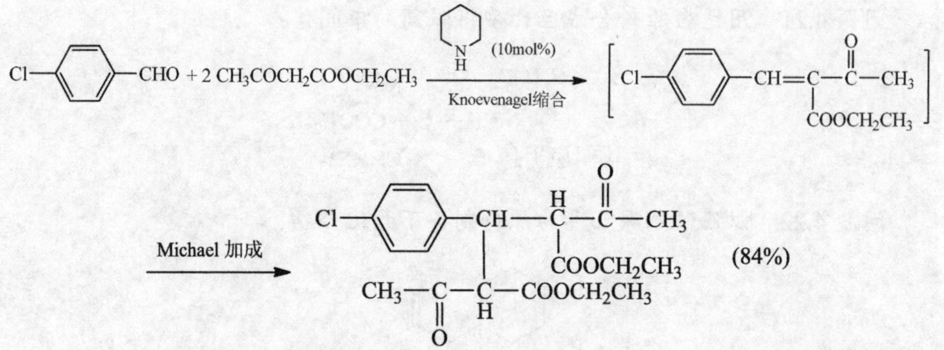

分子中有多个共轭碳碳双键的不饱和羰基化合物发生 Michael 加成反应时，主要生成共轭体系末端的加成产物。例如：

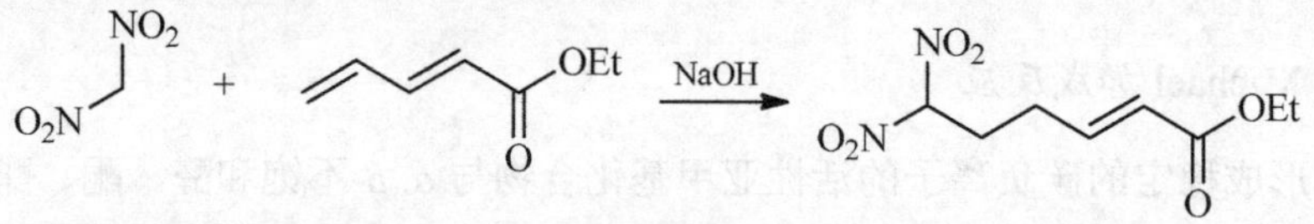

活性亚甲基化合物的 Michael 加成反应也可以在酸催化条件下进行。例如：

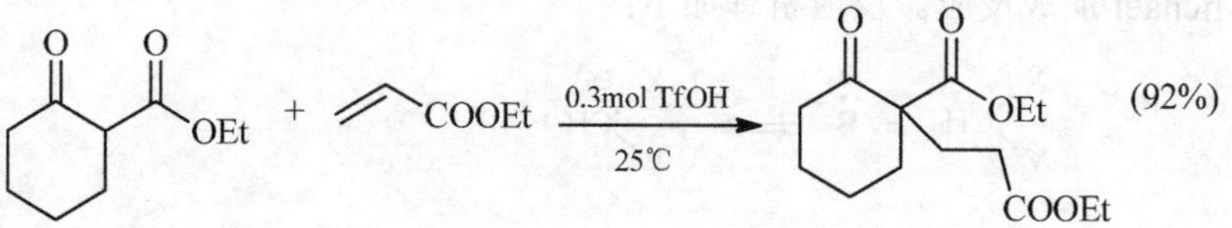

2. Robinson 关环反应

活性亚甲基化合物也可与 α, β-不饱和羰基化合物发生 Robinson 关环反应：先后发生 Michael 加成反应和分子内的缩合反应（醇醛缩合或 Claisen 缩合）生成六元碳环化合物。例如：

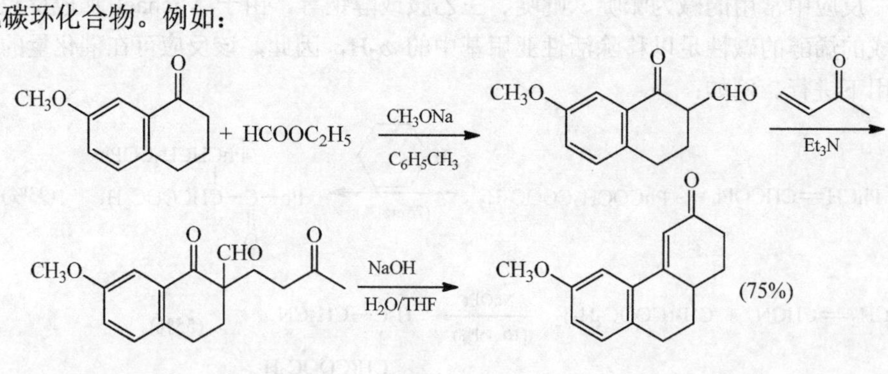

4.5　多组分缩合反应

多组分反应（multicomponent reaction，MCR）是指三个或三个以上化合物"一锅煮"生成一个包含所有原料组分主要结构在内的化合物的反应。多组分反应减少了反应步骤，效率高，是符合原子经济性原则的，因此多组分反应在较复杂目标分子的合成中的应用日趋增多。多组分反应的典型代表是三组分反应 Mannich 反应、Eschenmoser 亚甲基化反应、Biginelli 反应、Passerini 反应，以及四组分反应 Hantzsch 反应、Ugi 反应等。

4.5.1　三组分反应

1. Mannich 反应

Mannich 反应是一个三组分反应体系，一般在酸催化条件下将不含 α-H 的醛酮、胺和含 α-H 的醛酮作用生成 β-氨基羰基化合物，该化合物也常被称为 Mannich 碱。除含 α-H 的醛酮外，如酯、腈、硝基化合物等含 α-H 的化合物都可发生 Mannich 反应。另外，若采用如二甲胺、二乙胺、四氢吡咯等仲胺进行反应时，常在弱酸性溶液中进行缩合反应。Mannich 反应中常用的甲醛一般是甲醛水溶液、三聚甲醛或多聚甲醛。反应通式如下：

Mannich 反应中，不含 α-H 的醛、酮首先与胺作用生成亚胺，而含 α-H 的醛酮则在酸性条件下形成烯醇。烯醇亲核进攻亚胺发生亲核加成反应生成 β-氨基醛酮。由于亚胺是醛酮的等价物，因此 Mannich 反应其实是亚胺参与的醇醛反应，而 Mannich 碱也能进一步发生消去反应生成 α,β-不饱和醛酮。例如，当将甲醛、仲胺和 2-萘乙酮作用，可以得到 Mannich 碱，该反应的条件温和，反应效率较高。

当分子内同时含有两个羰基及氨基时，一定条件下也可发生分子内的 Mannich 反应，通常情况下主要产物为五元或六元环 Mannich 碱。例如：

末端炔烃、酚和某些杂环化合物也可作为亲核试剂与胺和不含 α-H 的醛酮发生 Mannich 反应。例如，吲哚的 3-碳具有较高的亲核性，可与甲醛和二甲胺发生 Mannich 反应生成 3-(二甲氨基)甲基吲哚：

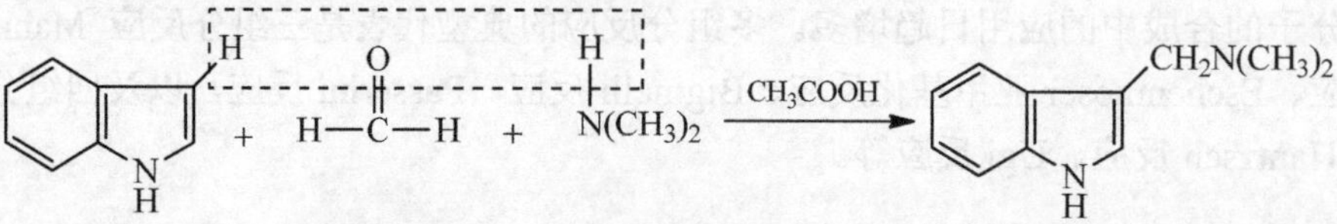

当将 Mannich 碱加热或使 Mannich 碱的氨基进一步烃化后得到的季铵盐经碱处理后加热，会发生消去反应生成 α,β-不饱和羰基化合物，能与活性亚甲基化合物发生 Michael 加成反应而避免不必要的聚合等副反应，可有效提高 Michael 加成反应的产率，因此 Mannich 碱常作为合成中间体而直接用于 Michael 加成反应。例如：

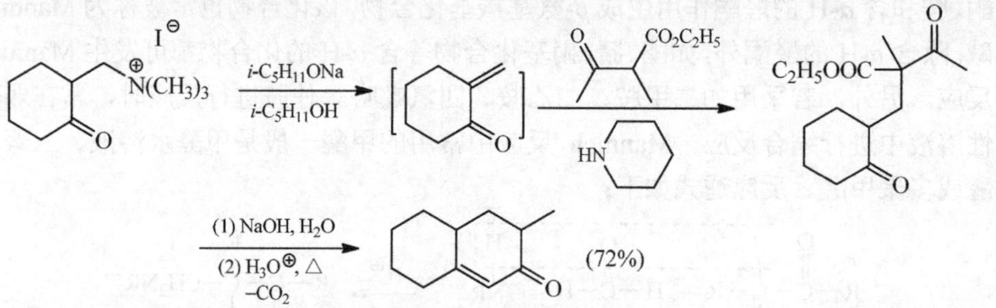

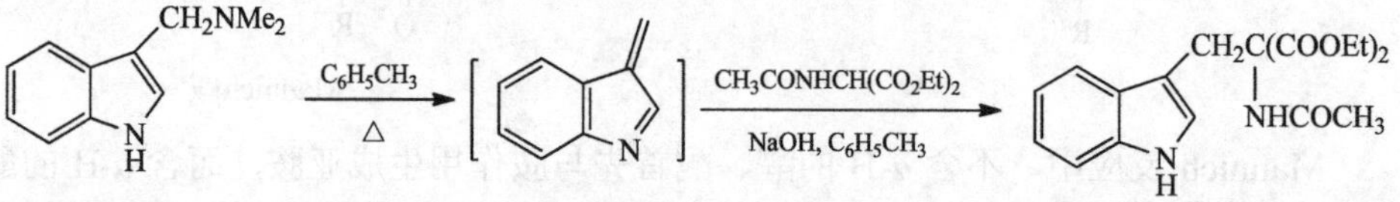

Mannich 反应是合成一些生物碱的关键反应，例如合成假石榴碱时，可利用三组分间的 Mannich 反应获得 Mannich 碱 I 后，快速发生第二次分子内的 Mannich 反应构建二桥环化合物骨架 Mannich 碱 II，并迅速发生脱羧反应得到假石榴碱。

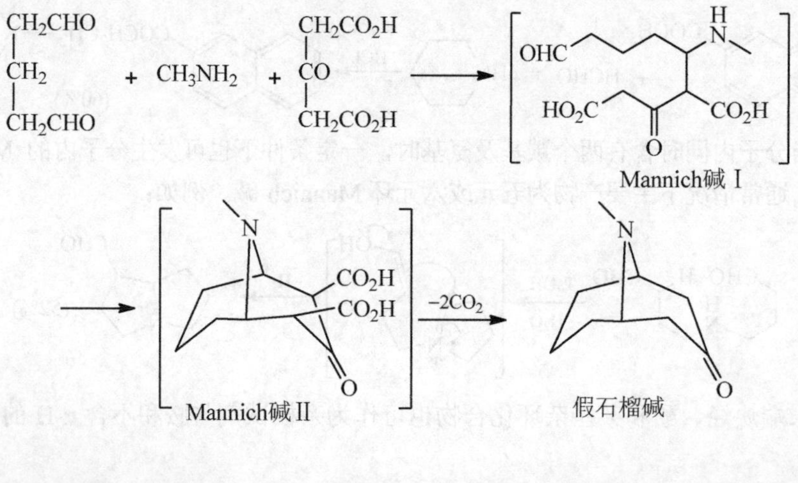

2. Eschenmoser 亚甲基化反应

在强碱存在下，酮、酯和内酯等羰基化合物与 N, N-二甲基甲亚基铵盐作用能在 α-位导入 N, N-二甲氨基甲基（类似于 Mannich 反应），后者转变成的季铵盐或叔胺氧化物通过 Hofmann 消去得到的 α, β-不饱和羰基化合物，也可直接用于 Michael 加成反应。由于反应的实际结果是在羰基的 α-位导入亚甲基，因而这一反应称为 Eschenmoser 亚甲基化反应。其中 N-甲基-N-甲亚基碘化甲铵被称为 Eschenmoser 盐，常被用于向含活性亚甲基化合物中引入甲亚基和 N, N-二甲氨基甲基。反应机理如下：

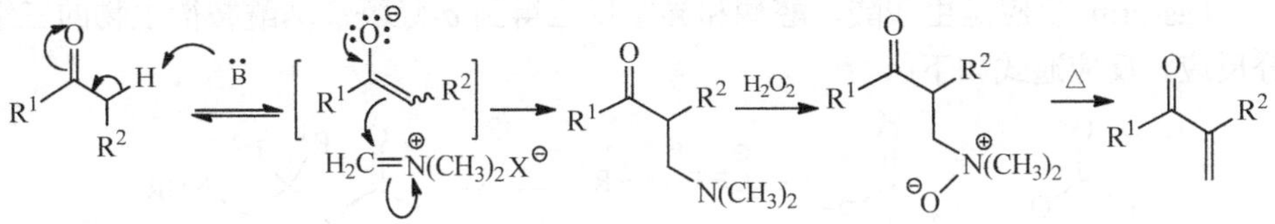

例如：

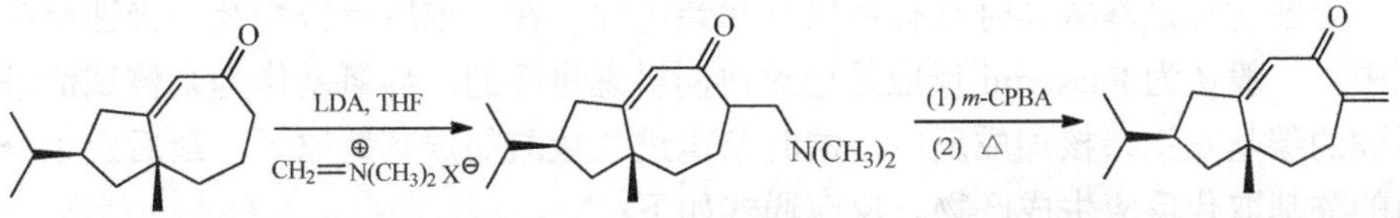

问题 4.23 写出下列各步反应的产物：

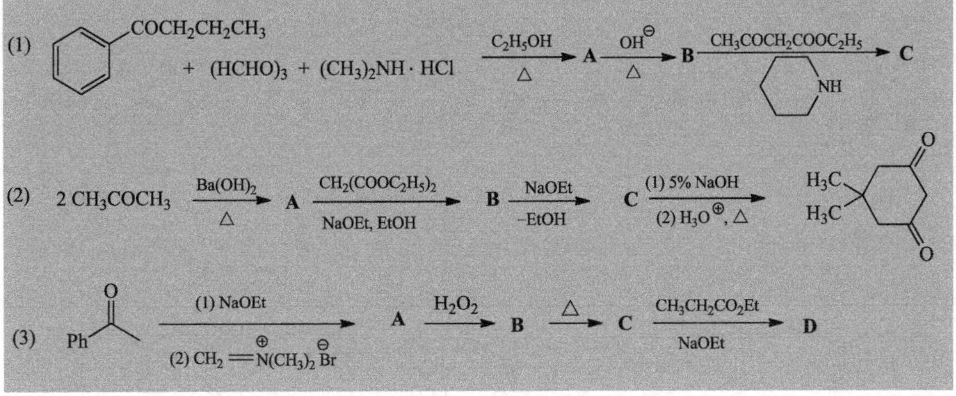

3. Biginelli 反应和 Passerini 反应

Biginelli 反应是由 β-二酮或 β-酮酸酯等活性亚甲基化合物、醛和脲在酸催化下缩合，然后分子内环化得到六元环脲的三组分反应。该反应经一系列包括醇醛缩合、亲核加成反应、分子内缩合脱水等反应过程，由于反应中除水以外，不生成任何副产物，具有极高的原子经济性。反应通式如下：

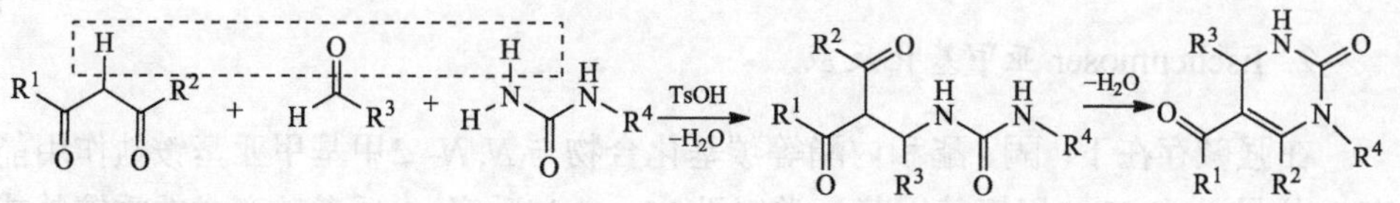

例如：

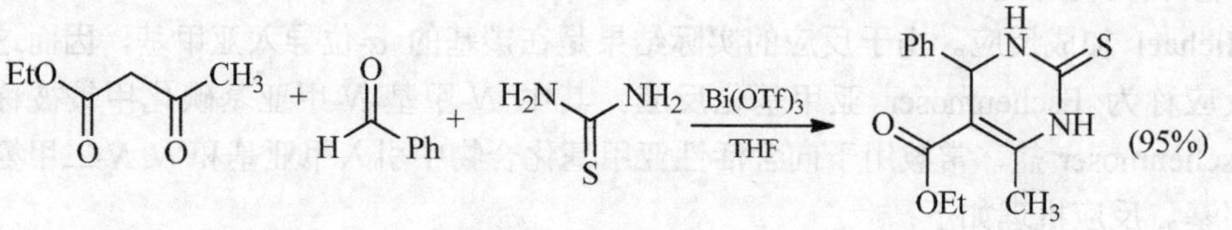

Passerini 反应是由羧酸、醛酮和异腈反应得到 α-烃酰氧基酰胺衍生物的三组分反应。反应通式如下：

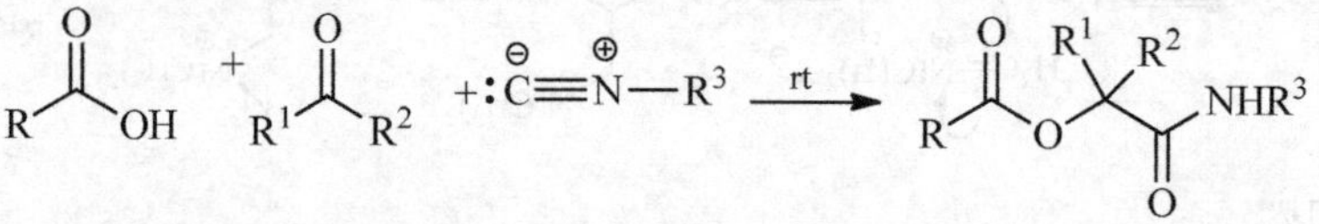

异腈的异氰基碳同时具有亲核性和亲电性。在高浓度反应物及非极性反应溶剂中，一般认为 Passerini 反应是通过协同机理进行的：异氰基作为亲核试剂进攻醛酮的羰基发生亲核加成反应，同时亲电进攻羧酸的羰基氧原子，最后发生分子内的酰基取代反应生成产物。反应通式如下：

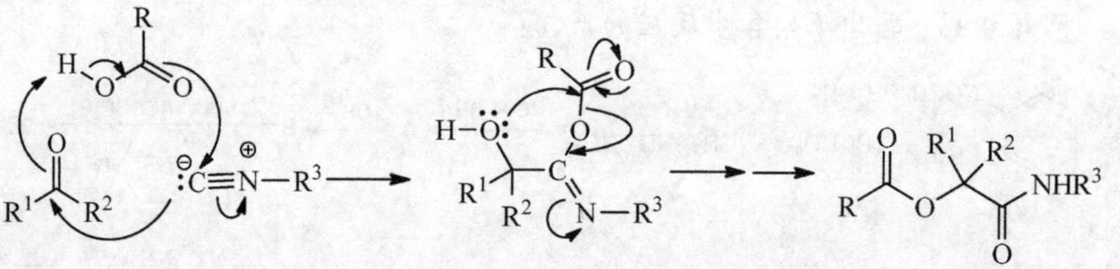

例如：

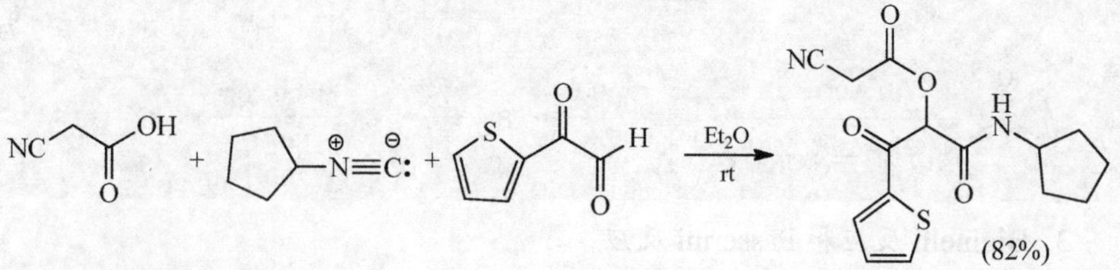

4.5.2 四组分反应

1. Hantzsch 反应

Hantzsch 反应是一分子醛、一分子氨或伯胺、两分子 β-二酮或 β-酮酸酯"一锅煮"的四组分反应。反应条件温和，一般用乙酸铵催化，乙醇为溶剂。反应产物为 1,4-二氢吡啶衍生物，经氧化可生成吡啶衍生物。

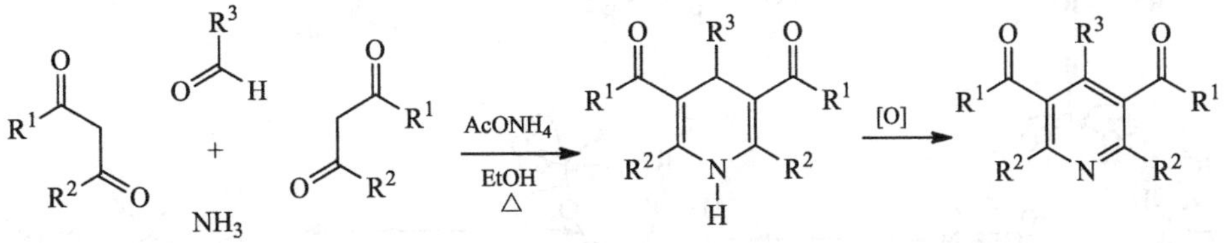

Hantzsch 反应机理：一分子氨或伯胺与一分子 β-二羰基化合物形成烯胺中间体，一分子醛与另一分子 β-二羰基化合物通过 Knoevenagel 缩合反应生成 α,β-不饱和羰基化合物中间体，接着烯胺与 α,β-不饱和羰基化合物发生 Michael 加成反应，然后氨基与羰基发生分子内缩合成环生成 1,4-二氢吡啶衍生物。反应机理如下：

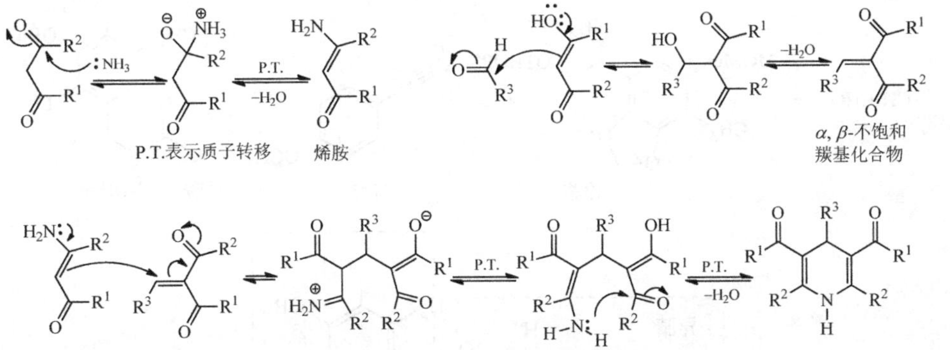

例如：

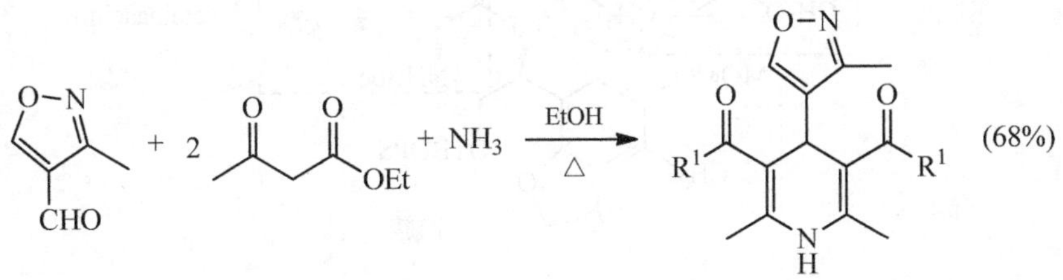

2. Ugi 反应

Ugi 反应是醛或酮、伯胺、异腈和羧酸"一锅煮"的四组分反应。异腈在反应中的作用与 Passerini 反应类似。醛或酮和伯胺首先缩合形成亚胺，异腈作为碳亲核试剂与亚胺的碳氮双键发生亲核加成，同时亲电进攻羧酸的羰基氧原子生成亚胺酸酯，最后发生分子内的重排反应生成产物酰胺。反应机理如下：

Ugi 反应涉及四个不同的组分，改变各组分使得该反应具有产物多样性，在组合化学和复杂分子的合成中都十分有用。例如，在天然产物 ecteinascidin 的合成中，利用 Ugi 反应在温和条件下一步合成了二肽中间体，产率高达 90%：

4.6　芳环的烃化和酰化反应

富电子的芳烃和芳杂环具有亲核性，和碳亲电试剂作用形成碳碳键，是构建芳环-脂链碳架的重要方法，其中最为常用的是弗里德-克雷夫茨（Friedel-Crafts）烃化和酰化反应，它们是芳环上的亲电取代反应。

4.6.1　Friedel-Crafts 烃化反应

　　Friedel-Crafts 烃化的烃化剂一般是亲电试剂卤代烃、磺酸酯、环氧化合物及可转化为亲电试剂的烯烃和醇，此外醛、酮等也可作为 Friedel-Crafts 烃化的烃化剂。Friedel-Crafts 烃化反应一般需在催化剂作用下进行，催化剂主要用于提高亲电试剂的亲电性，从而有利于反应的发生。催化剂通常可分为两类，一类是路易斯酸，主要是金属卤化物，常见的金属卤化物的催化活性大小依次为：$AlCl_3 > FeCl_3 > SbCl_3 > SnCl_4 > BF_3 > TiCl_4 > ZnCl_2$，其中 $AlCl_3$ 因活性最高而最为常用；另一类为 Brønsted 酸，如 HF、H_2SO_4、H_3PO_4 等，是醇、环氧化合物和烯烃作为烃化剂时的常用催化剂。例如：

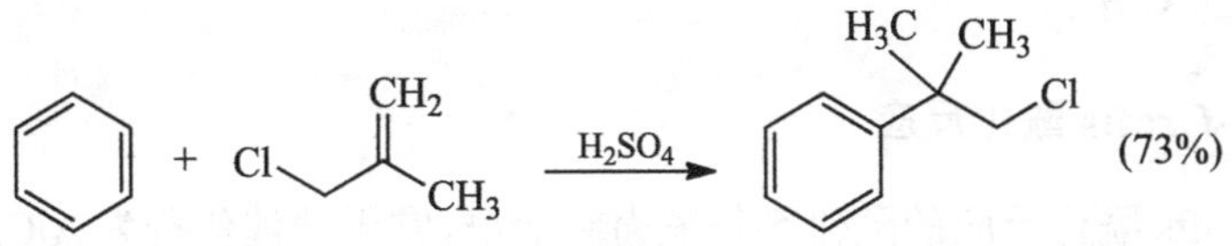

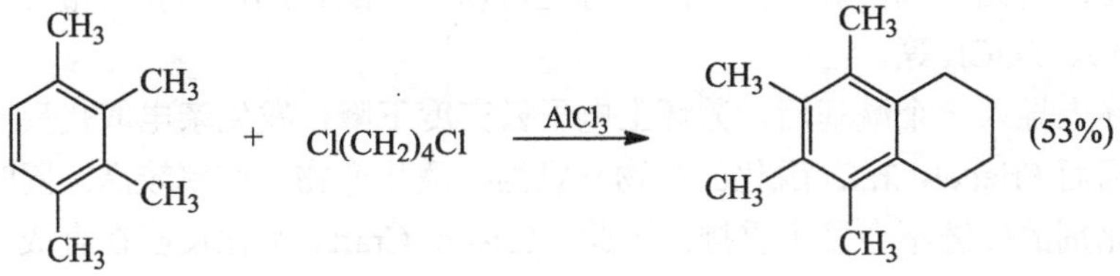

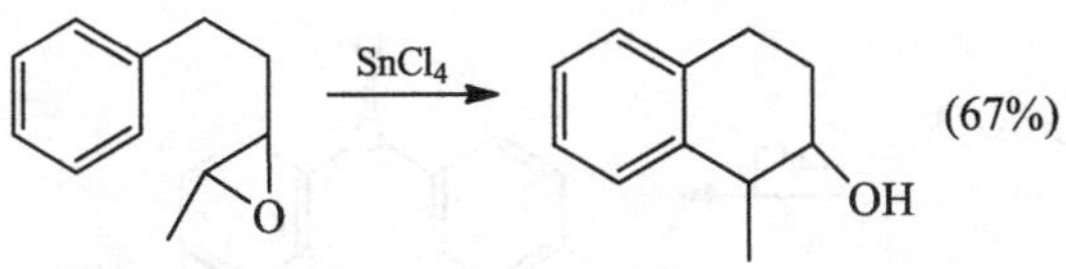

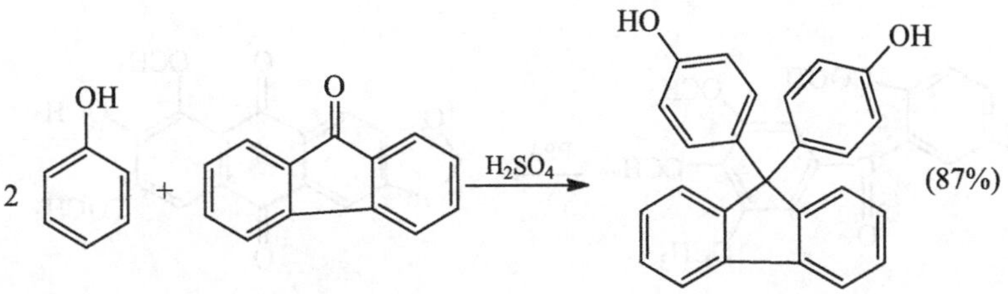

　　由于烷基多为致活邻对位定位基团，当芳环上导入烷基后，芳环更容易发生亲电取代反应，因而 Friedel-Crafts 烃化反应常生成二烷基或多烷基芳烃。同时，当烃化剂多于两个碳原子时，由于碳正离子中间体易发生重排形成更稳定的碳正离子，常有异构化产物生成。需要注意的是，当芳环上连有硝基、氰基等强吸电子基团时，反应不易进行，甚至不能发生反应，因此常采用硝基苯、氰基苯等作

为 Friedel-Crafts 烃化的反应溶剂。在无水 ZnCl$_2$、SnCl$_4$ 或 H$_3$PO$_4$ 等催化下，活泼芳烃与甲醛及氯化氢作用，芳环可以被氯甲基化。例如：

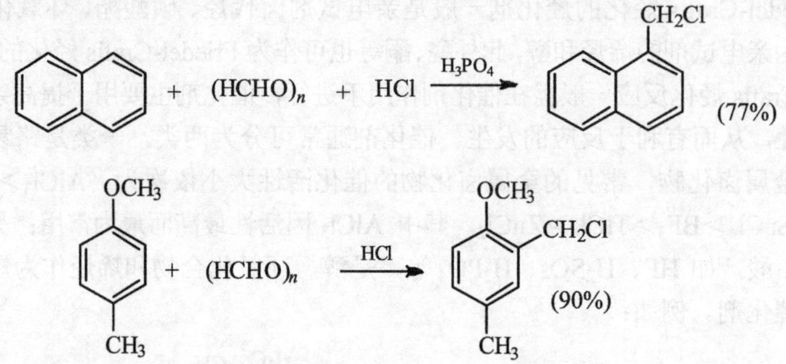

4.6.2 Friedel-Crafts 酰化反应

Friedel-Crafts 酰化反应的酰化剂是酰卤和酸酐，常用的催化剂为 AlCl$_3$、SnCl$_4$、ZnCl$_2$、BF$_3$ 等路易斯酸。羧酸、酰胺等也可以用作酰化剂，催化剂常使用多聚磷酸（PPA）、POCl$_3$ 等。

芳环上导入一个酰基后，芳环上电子云密度下降，发生亲电取代反应的活性降低，因而 Friedel-Crafts 酰化的产物一般为一酰化产物，产率较高。同时酰化反应中酰化剂的碳链不会发生重排。因此，Friedel-Crafts 酰化反应在合成上很有价值，广泛用于芳酮、芳酮酸等化合物的合成。例如：

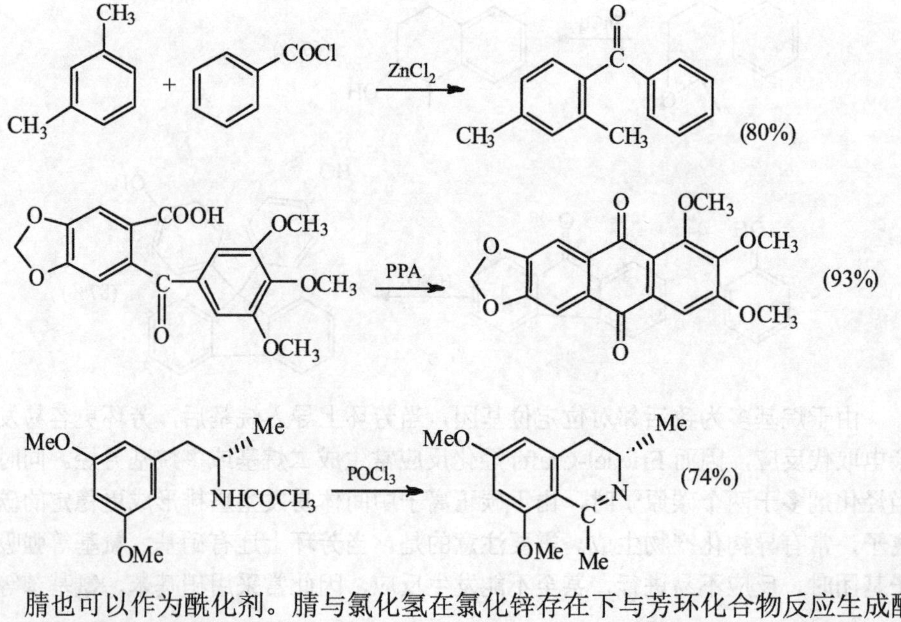

腈也可以作为酰化剂。腈与氯化氢在氯化锌存在下与芳环化合物反应生成酮

亚胺（ketimine），经水解得芳酮，此反应称为 Hoesch 反应。Hoesch 反应只适用于活泼芳烃。反应式如下：

$$R—C\equiv N \xrightarrow[ZnCl_2]{HCl} \left[R—\overset{\oplus}{C}{=}NH \longleftrightarrow R—C{=}\overset{\oplus}{N}H \right]$$

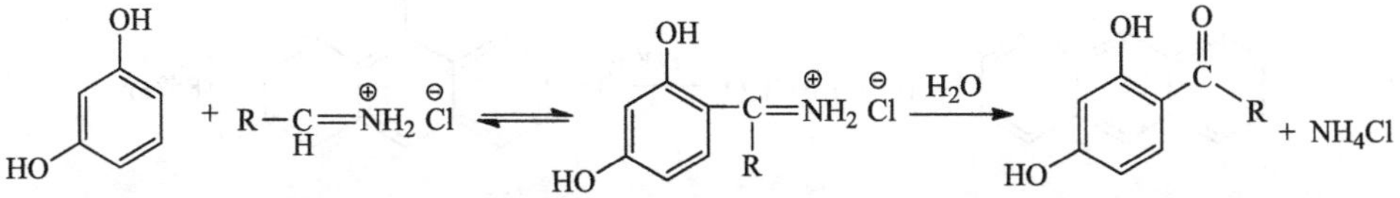

烷基苯、卤代苯等与活性较强的卤代腈发生 Hoesch 反应可以制备相应的酰化产物。例如：

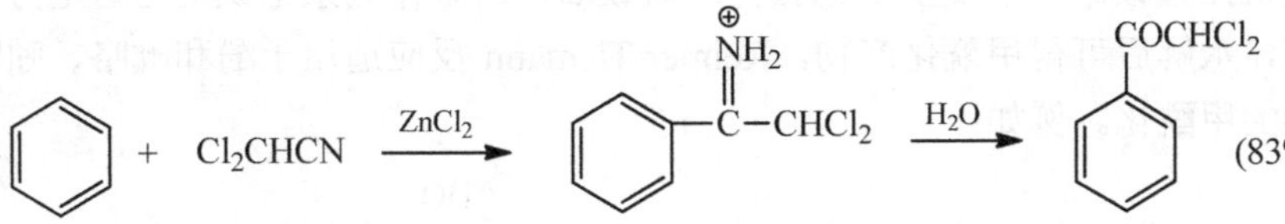

4.6.3　芳环上的甲酰化反应

1. Gattermann 反应

Gattermann 反应的机理与 Hoesch 反应相似，适用于酚、酚醚、吡咯等化合物的甲酰化。例如：

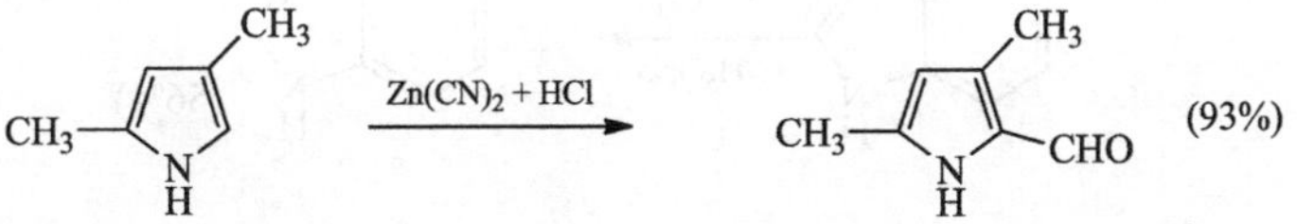

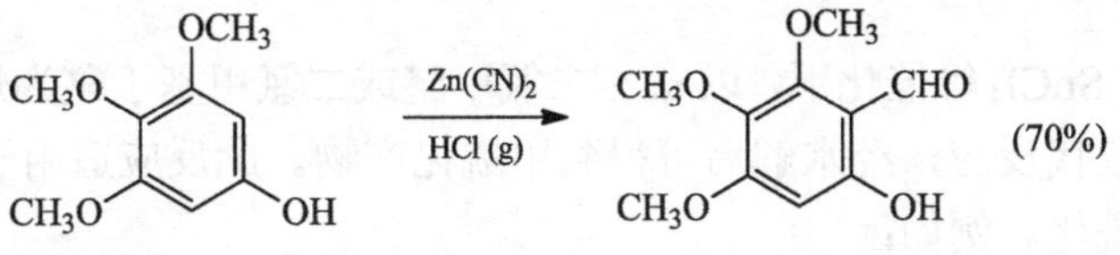

2. Vilsmeier 反应

Vilsmeier 反应采用 DMF 和 N-甲基-N-苯基甲酰胺等甲酰胺作为酰化剂。催化剂常用 $POCl_3$、$ZnCl_2$ 等。该反应适用于酚、酚醚、N,N-二取代芳胺、多环芳烃、吡咯、呋喃等化合物的甲酰化。例如：

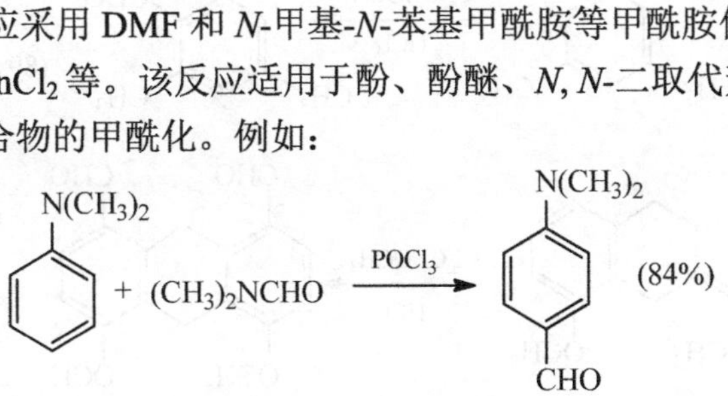

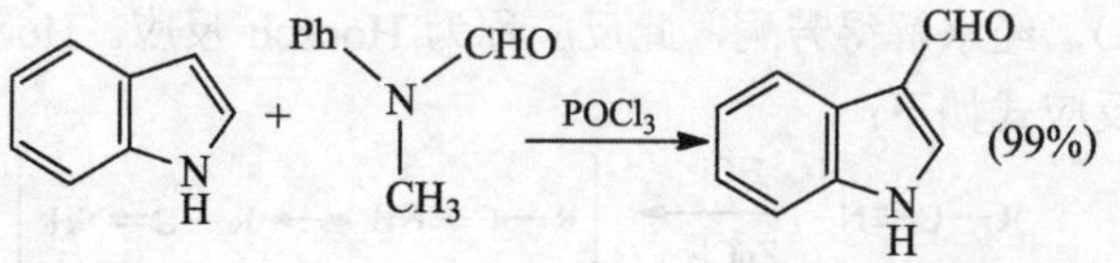

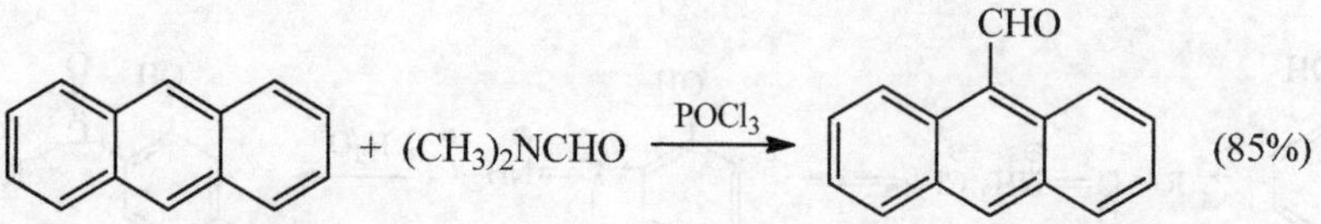

（99%）

（85%）

3. Reimer-Tiemann 反应

氯仿在强碱作用下发生 α-消去得二氯碳烯，后者作为亲电试剂与富电芳环发生反应，水解后可得甲酰化产物。Reimer-Tiemann 反应适用于酚和吡咯、吲哚等化合物的甲酰化。例如：

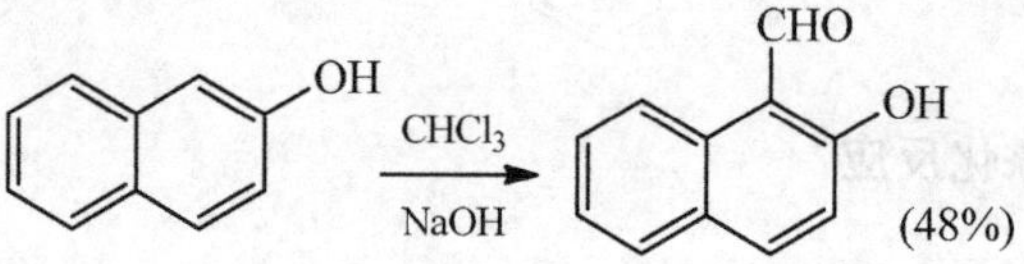

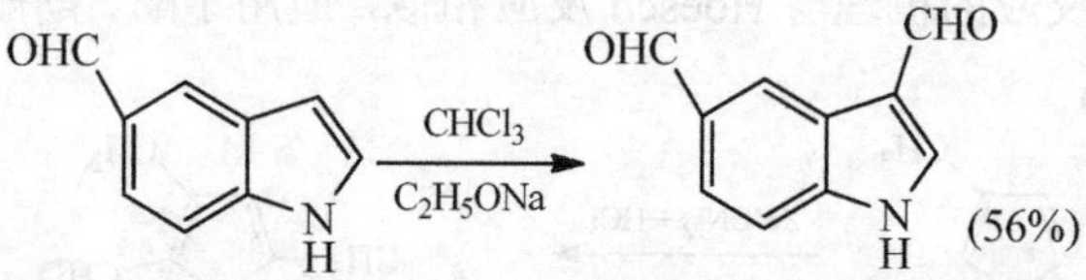

（48%）

（56%）

4. Rieche 反应

在 $TiCl_4$ 或 $SnCl_4$ 等催化下，以 α, α-二氯甲醚或二氯甲基丁醚为烃化剂，发生芳烃上的亲电取代反应，经水解后可得到甲酰化产物。此反应适用于酚、酚醚、活泼芳烃的甲酰化。例如：

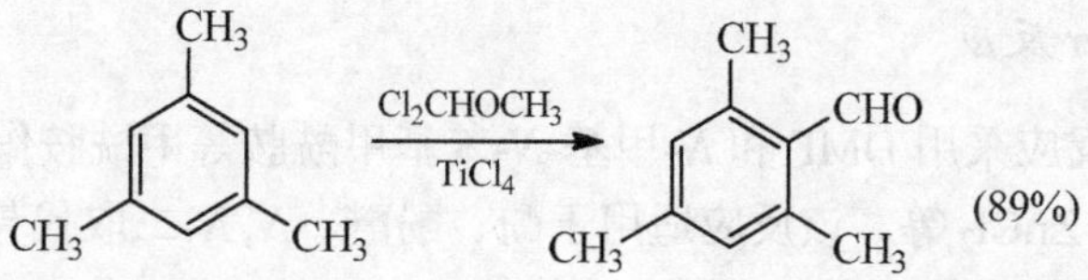

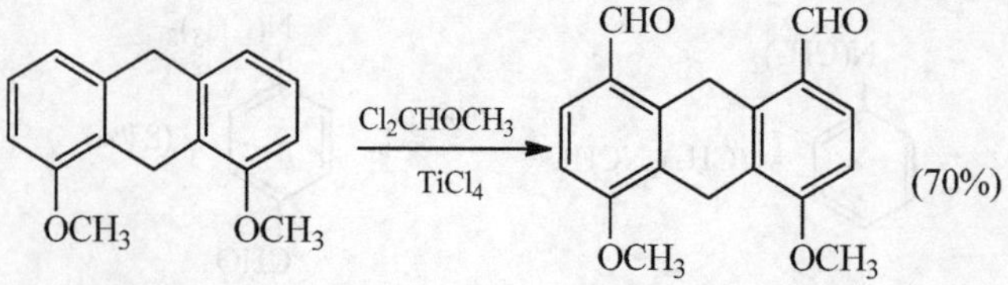

（89%）

（70%）

5. Bouveault 反应

芳基金属锂或芳基格氏试剂在低温下与 DMF 或原甲酸酯等甲酰化试剂作用后酸化水解能得到高产率的芳醛化合物。例如：

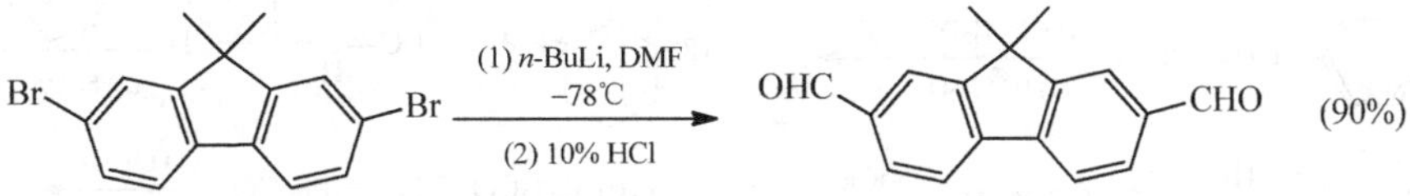

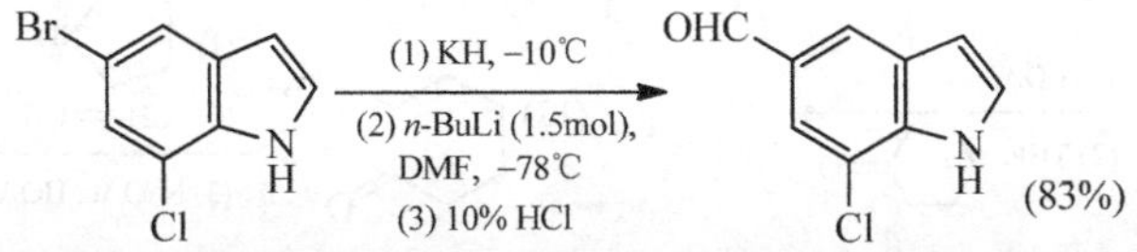

(90%)

(83%)

问题 4.24 写出下面合成的中间产物或试剂：

(1)

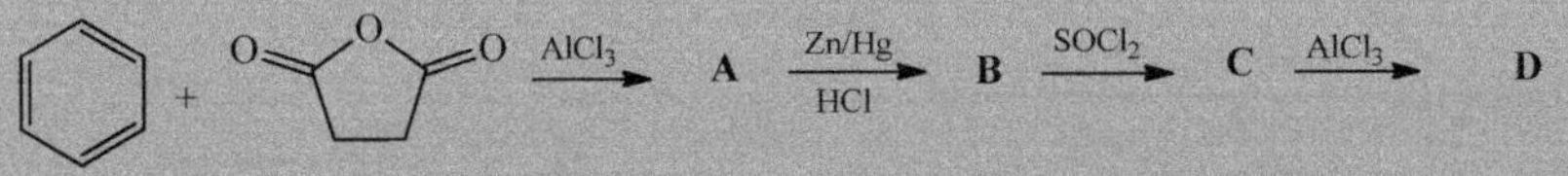

(2)

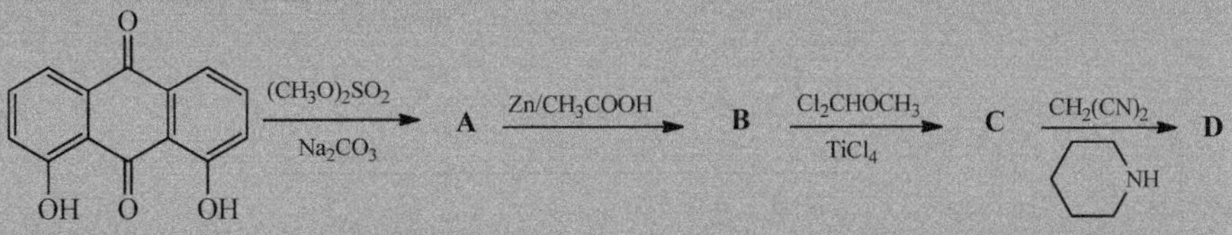

(3)

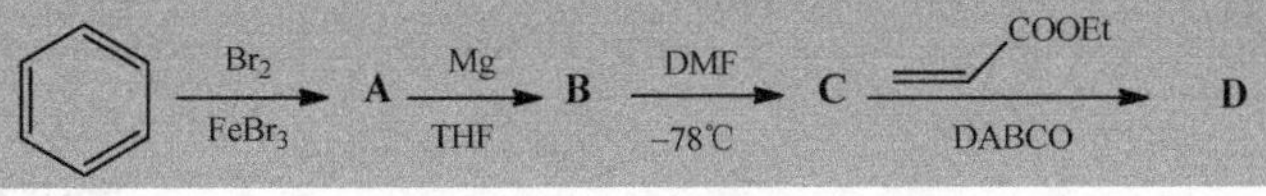

习　题

一、写出下列反应的主要产物：

(1) Ph$_2$CHCN $\xrightarrow[\text{PhCH}_2\text{Cl}]{\text{KNH}_2}$

(2) NCCH$_2$COOC$_2$H$_5$ $\xrightarrow[\text{PhCH}_2\text{Cl}]{\text{NaOEt}}$ $\xrightarrow[\text{(2) H}^{\oplus}\text{; (3) } \triangle, -\text{CO}_2]{\text{(1) OH}^{\ominus}, \text{H}_2\text{O}}$

(3)

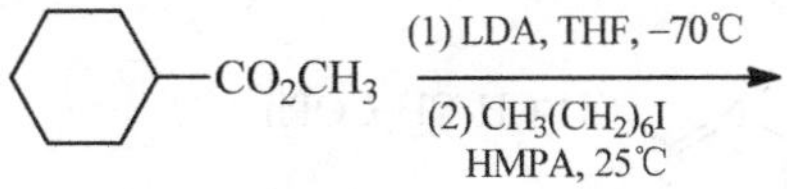

(4)

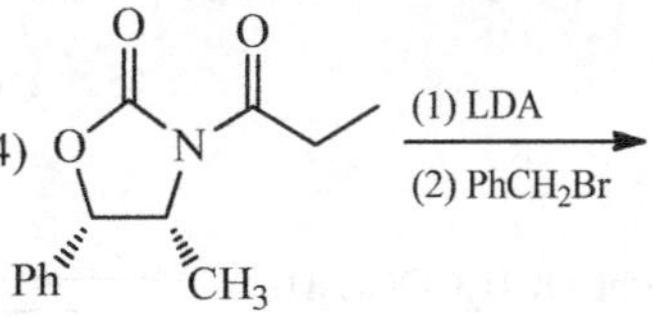

(5) $\xrightarrow[\text{(3) } H_3O^{\oplus}]{\overset{\text{(1)}}{\underset{\text{(2) MeI}}{\quad}}}$

(6) $\underset{\underset{CONH_2}{|}}{PhCH_2CHCN} \xrightarrow[NH_3]{H_2C=CH-CN}$

(7) $\text{Ph}CH=CHNO_2 \xrightarrow[\text{(2) } H^{\oplus}, H_2O]{\text{(1) } BrCH_2CO_2Et, Zn}$

(8) $+ \underset{\overset{\|}{H}}{H_2C=CH-C}-CH_3 \xrightarrow[\text{(2) NaOAc, } H_2O]{\text{(1)}}$

(9) $+ C_2H_5COC_2H_5 \xrightarrow[\triangle]{NaOEt}$

(10) $CH_3CO_2C_2H_5 + Ph_2CO \xrightarrow[\text{(2) } NH_4Cl]{\text{(1) } LiNH_2}$

(11) $\underset{\overset{\|}{O}}{CH_3C}-N(CH_3)_2 \xrightarrow[\text{(2) THF, } \text{}]{\text{(1) LDA}}$

(12) $\xrightarrow[\text{(3) NaOAc, HOAc, } H_2O, \triangle]{\overset{\text{(1)}}{\underset{\text{(2) } CH_2=CHCOCH_3}{\quad}}}$

(13) $PhCHO + CH_3CH_2CH(COOH)_2 \xrightarrow{Py}$

(14) $\underset{\underset{CO_2C_2H_5}{|}}{\overset{\overset{CO_2C_2H_5}{|}}{C_2H_5O_2CCH_2CH_2CHCHCH_3}} \xrightarrow{NaH}$

(15) $CH_3COOCH_3 \xrightarrow[\text{(3) } H^{\oplus}]{\overset{\text{(1) LDA}}{\underset{\text{(2) } ClCO(CH_2)_{12}CH_3}{\quad}}}$

(16) $\xrightarrow[O=C(OC_2H_5)_2]{NaH}$

(17)

(18) $\xrightarrow[\text{(2) } H_3PO_4, P_2O_5]{\text{(1) } \text{}, NaOH}$

(19)

(20)

二、实现下列转变:

(1) $CH_3NO_2 \longrightarrow \underset{\underset{CH_2NO_2}{|}}{(CH_3)_2CCH_2COCH_3}$

(2) $PhCOCH_2COOC_2H_5 \longrightarrow$

(3)

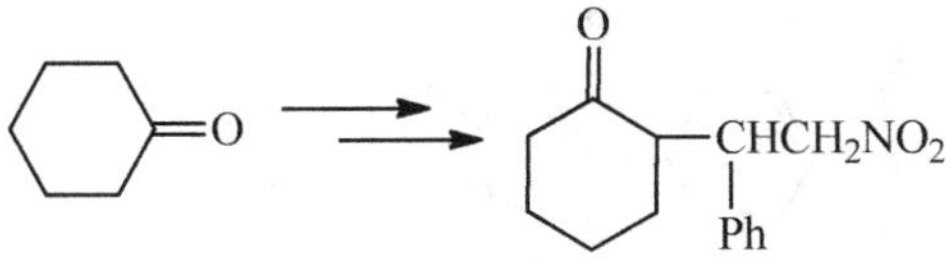

(4)

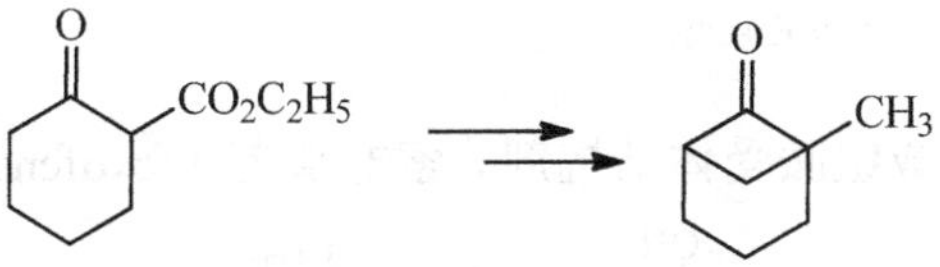

(5) 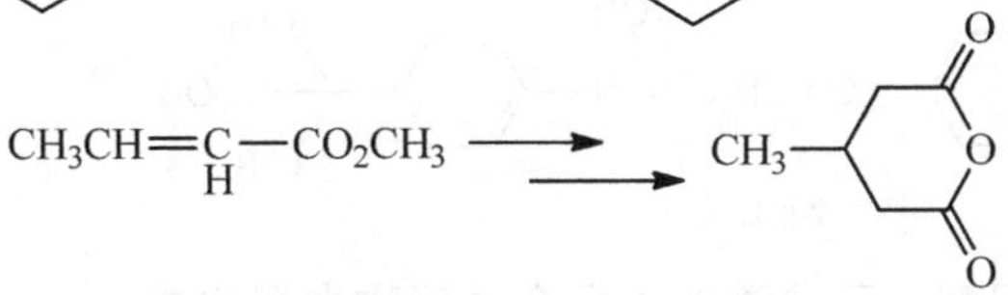 $CH_3CH=\overset{\underset{H}{|}}{C}-CO_2CH_3$ ⟶

(6)

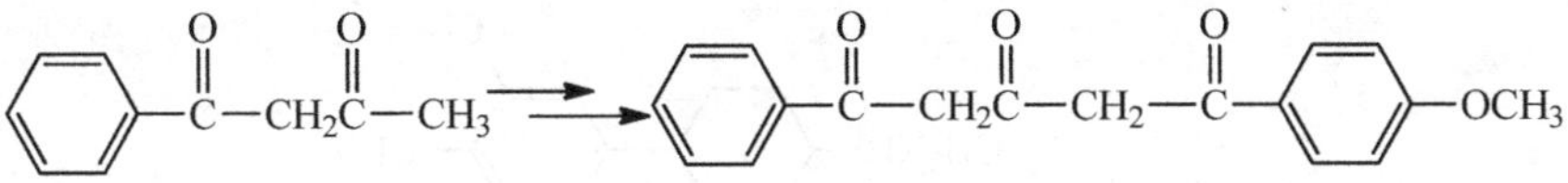

(7) 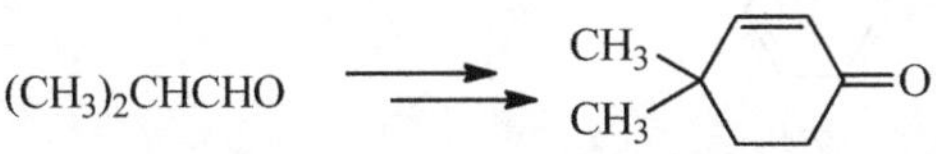 $(CH_3)_2CHCHO$ ⟶

(8)

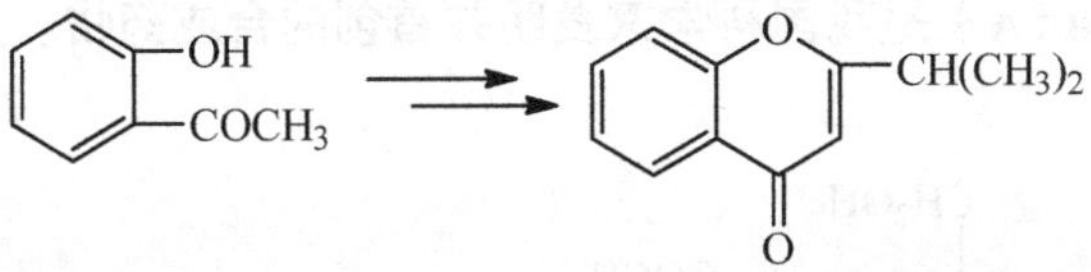

三、下列转化是全合成丁子香烯（clovene）的一部分，写出各步反应的合适试剂和反应条件：

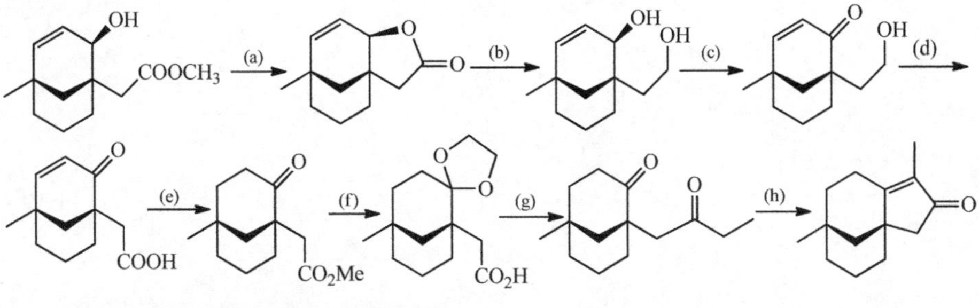

四、从指定起始原料合成下列化合物：

（1）从苯硫酚合成消炎药罗非昔布（诺菲昳酮）：

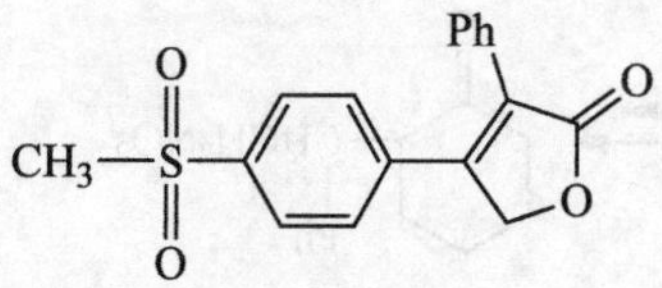

1诺菲呋酮

（2）从异丙苯、二苯甲酮合成组胺受体拮抗剂非索非那定（fexofenadine）：

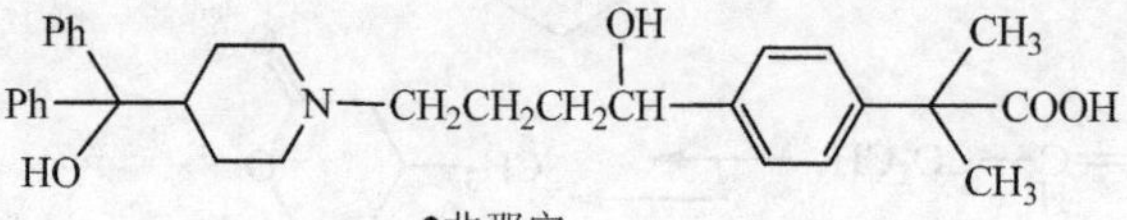

2非那定

（3）从邻二氯苯、苯甲酸、丁二酸二乙酯合成药物中间体 **3**：

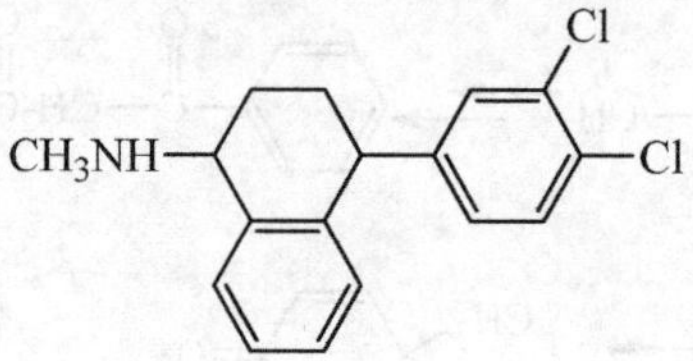

药物中间体3

五、亮菌甲素（armillarisin A）是我国科学家发明并首创的合成药物。试用合适原料合成亮菌甲素：

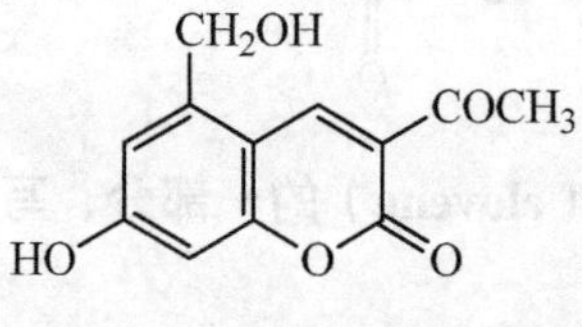

亮菌甲素

第 5 章　碳碳键的形成——过渡金属催化和元素有机化合物在碳碳键形成中的应用

金属有机化学是现代有机化学的基石，自 20 世纪 70 年代以来，随着过渡金属配合物的研究迅速发展，已产生了许多反应条件温和、产率高、污染少、区域和立体选择优良的有机反应，其中一些已实现工业化，产生了巨大的经济效益。例如，Wilkinson 均相催化氢化、Monsanto 羰基合成、零价钯催化芳基/烯基交叉偶联反应等都已在工业中应用。含有非金属元素 Si、P、S、B 等原子的化合物一般称为元素有机化合物。元素有机化合物有许多独特的反应，且许多反应有良好的化学、区域和立体选择性。因此，它们提供的许多新的合成方法和新的合成试剂已广泛应用于天然产物、药物和精细化学产品的合成中。本章介绍过渡金属催化和元素有机化合物在碳碳键形成中的应用。

5.1　有机过渡金属配合物中的化学键和基元反应

5.1.1　有机过渡金属配合物中的化学键

过渡金属一般是指第四、第五、第六三个周期中从ⅢB 到ⅠB 族[不包括镧系元素]共 26 个元素。这些过渡金属有未充满电子的$(n-1)$d 轨道，因此它们对带未共用电子对的分子和负离子有强烈的配位倾向，以获得电子达到最邻近的较高原子序数的惰性气体的电子构型。按照杂化轨道理论，$(n-1)$d、ns、np 轨道可以杂化组成各种 dsp 杂化轨道。空的杂化轨道可以接受配体（带未共用电子对的分子和负离子）的未共用电子对形成配价键；单电子占有的杂化轨道和氢原子的 s 轨道或其他分子中的单电子轨道（如碳的 sp^3 杂化轨道）形成 M—H 或 M—C σ 键；未参与杂化的充满电子的 d 轨道将电子反馈到配体的空轨道（常是反键轨道）中形成反馈 π 键。

1. 过渡金属氧化态

在 M—X 中，配体以满壳层离开中心金属时，金属保留的正电荷数：

Fe(CO)$_5$	Fe(0)	CuCH$_3$	Cu(Ⅰ)	(PPh$_3$)$_3$RhCl	Rh(Ⅰ)
(PPh$_3$)$_2$Pd	Pd(0)	(PPh$_3$)$_2$PdCl$_2$	Pd(Ⅱ)	RuH$_2$CO(PPh$_3$)$_3$	Ru(Ⅱ)

2. 过渡金属有机配合物的化学键类型

1）金属-烯烃的配价键

蔡斯盐（Zeise盐）

Zeise盐$[PtCl_3(CH_2{=}CH_2)]^-$是含有金属-烯烃配价键的配合物。按照价键理论，Pt^{2+}（$5d^8 6s^0 6p^0$）在形成四配位的配合物时，8个5d电子成对并填满4个5d轨道，剩余一个空的5d轨道与6s和6p轨道杂化形成4个dsp^2杂化轨道，它们分别接受配体卤离子中的未共用电子对和乙烯的π电子形成四个配价键。配体乙烯的空的反键轨道π^*的对称性与Pt^{2+}的已充满电子的5d轨道对称性互相匹配，因此Pt^{2+}的5d电子反馈到乙烯的π^*轨道中，形成反馈π键。因此，烯键配位后被削弱，双键更容易被打开发生加成反应。

计算中心金属周围的价电子数时应包括配体提供的电子数。因此Zeise盐中Pt的价电子数为：8（Pt^{2+}）+3×2（3个卤离子配体）+2（乙烯配体）=16。

2）夹心配合物的配价键

过渡金属易与芳烃、非苯芳烃（如环戊二烯负离子）等形成夹心配合物，如二茂铁。二茂铁是亚铁离子与两个环戊二烯负离子形成的配合物。亚铁离子是与环戊二烯负离子的整个环相连。中心亚铁离子价电子数为：6（Fe^{2+}）+2×6（两个环戊二烯负离子配体）=18。

二茂铁

3）金属-羰基的配价键

一氧化碳的三键由一个σ键和两个π键组成，其中一个π键是正常的π键，另一个是由氧提供一对电子与碳形成的π键。因而CO分子中碳原子周围的电子云密度高于氧原子，当CO与过渡金属配位时，一般碳原子是配位原子。同时过渡金属未参与杂化的d轨道的电子对反馈到CO空的反键轨道π^*中。因此，此CO分子中三键被削弱，在以甲醇为原料的羰基合成中得到乙酸。

$$M \ + \ :C{\equiv}O \longrightarrow \left[M{-}C{\equiv}O \longleftrightarrow M{=}C{=}O \right]$$

金属-一氧化碳的M—C成键

例如，四羰基镍 $Ni(CO)_4$ 的中心金属原子 Ni 的价电子数为：10（Ni^0）+2×4（四个 CO 配体）=18。

四羰基镍

4）金属-烷基 σ 键

过渡金属中单电子占据的杂化轨道可以和碳原子的 sp^3 杂化轨道或氢原子的 s 轨道形成 M—C 和 M—H σ 键，但成键电子对偏向碳原子和氢原子，是极性的 σ 键，因此易发生各种反应。在计算中心金属原子的价电子数时，由碳原子或氢原子提供形成 M—C 和 M—H σ 键的一个电子应计入价电子总数中。例如：

五羰基甲基锰

中心金属的价电子数为：7（Mn^0）+5×2（五个 CO 配体）+1（M—CH_3 中 CH_3 提供一个电子）=18。由于 Mn—CH_3 中成键电子对偏向碳原子，因而锰氧化数为+1。

3. 18 和 16 电子规则

18 电子规则又称有效原子序数法则（effective atomic number rule，EAN），该经验规则不仅可以用来预测金属配合物的结构和稳定性，而且可以预测它们可能发生的各种反应。过渡金属价电子层有 5 个 nd、1 个(n+1)s 和 3 个(n+1)p 轨道，共可容纳 2×9=18 个电子。金属和配体成键时倾向于尽可能完全使用它的 9 个价轨道，当金属的 d 电子数和配体提供的电子数（金属原子与配体间共享电子）的总和等于 18，填满了其价电子层，使其具有与同周期稀有气体原子相同的电子结构，则该过渡金属有机配合物是稳定的。中心金属原子的价电子数达到 18 电子的称为配体饱和，达到 16 电子的称为配体不饱和。

过渡金属配合物的总电子数的计算方法：下面配合物中心金属的价电子数为：9（Rh^0）+1（氢原子提供一个电子形成 Rh^0—H σ 键）+2（一个乙烯配体）+2×2（两个 Ph_3P 配体）+1×2（CO 配体）=18。由于 Rh—H σ 键中成键电子对偏向氢原子，因而铑的氧化数为+1。

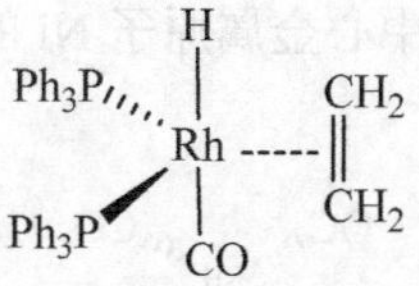

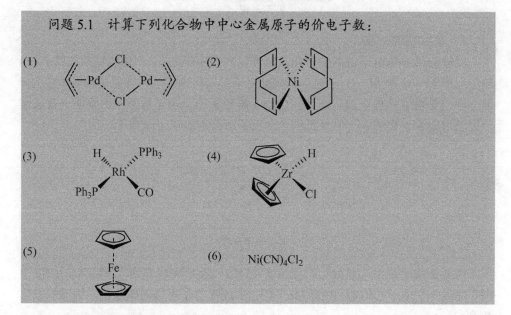

二(三苯基膦)羰基乙烯氢化铑

问题 5.1 计算下列化合物中中心金属原子的价电子数：

5.1.2 有机过渡金属配合物的基元反应

过渡金属配合物催化的有机合成反应通常由几个基元反应组成，包括：配体的配位-解离反应、氧化加成和还原消除反应、插入和反插入（消除）反应、转金属反应、配合物中配体接受外来试剂的进攻。

1. 配体的配位-解离反应

配位-解离（association-dissociation）是过渡金属配合物在溶液中最常见的反应。尤其是在催化反应中，底物与催化剂中心金属的配位是先决条件，然后才能进行其他反应。同时又有配体解离，以便为下一步的配体空出位置，否则催化反应就不能循环进行。对于路易斯碱配体的配位-解离，伴随着金属价电子数的改变。例如：

对于 18 电子的配合物，一般先发生解离，失去一个配体形成 16 电子配合物，配体不饱和的 16 电子配合物又和其他路易斯碱配体发生配位反应。如果配体是路易斯酸，16 电子和 18 电子配合物都可以发生配位和解离反应。由于路易斯酸既不带入也不带走电子对，所以与路易斯酸的配位和解离反应时中心金属价电子总数不变。例如：

$$\text{Ph}_3\text{P}\cdots\underset{\underset{\text{CO}}{|}}{\overset{\overset{\text{Cl}}{|}}{\text{Ir}}}\text{—PPh}_3 \quad + \quad \text{BF}_3 \quad \underset{\text{解离}}{\overset{\text{配位}}{\rightleftharpoons}} \quad \text{Ph}_3\text{P}\cdots\underset{\underset{\text{CO}}{|}}{\overset{\overset{\text{Cl}}{|}}{\text{Ir}}}\cdots\underset{\text{BF}_3}{\overset{\text{PPh}_3}{}}$$

18电子　　　　　　　　　　　　　18电子

2. 氧化加成反应和还原消除反应

氧化加成（oxidative addition），顾名思义，是底物和金属配合物的加成，过程中金属失去两个电子，形式上被氧化，价态和配位数均增加 2。在氧化加成反应中，起始的金属配合物是配位不饱和的，只有配位不饱和的金属有机配合物才能发生氧化加成反应。反应式如下：

$$\text{L}_n\text{M}^x \quad + \quad \text{A—B} \quad \underset{\text{还原消除}}{\overset{\text{氧化加成}}{\rightleftharpoons}} \quad \text{L}_n\text{M}^{x+2}\overset{\overset{\text{A}}{}}{\underset{\underset{\text{B}}{}}{}}$$

$$\underset{\text{Ph}_3\text{P}}{\overset{\text{Cl}}{}}\text{Rh}^{\text{I}}\cdots\overset{\text{PPh}_3}{\underset{\text{PPh}_3}{}} \quad + \quad \text{H}_2 \quad \rightleftharpoons \quad \underset{\text{Ph}_3\text{P}}{\overset{\text{Cl}}{}}\overset{\overset{\text{H}}{}}{\underset{\underset{\text{PPh}_3}{}}{\text{Rh}^{\text{III}}}}\cdots\overset{\text{H}}{\underset{\text{PPh}_3}{}}$$

16电子　　　　　　　　　　　　　18电子

这是与 H_2 的氧化加成反应，是顺式加成。三（三苯基膦）氯化铑是 16 电子构型，是配位不饱和的，与 H_2 反应后形成两个新的 Rh—H σ 键，为 18 电子构型，是配位饱和的。铑的氧化数从+1 上升为+3。该反应的逆反应为还原消除反应。上述反应是均相催化反应的重要环节，生成的双氢配合物是反应的活性中间体。除了 H_2 的氧化加成之外，常见的氧化加成还包括：卤代烃的 C—X 键，芳烃、烯烃、醛、烷烃的 C—H 键，醚、酯等的 C—O 键，被活化的 C—C 键，C—N、C—P、O—H、N—H 键，以及两分子烯烃、炔烃的环金属化。

还原消除（reductive elimination）：形式上是氧化加成的逆反应，过程中伴随着中心金属原子氧化数的降低和配位数的减少，它是催化反应循环中放出有机产物的环节。当 A、B 是烷基或芳基时，则还原消除得到偶联产物；若 A、B 中一个是 H 时，则得到氢化产物。例如：

$$L_nM^{x+2} \underset{\text{氧化加成}}{\overset{\text{还原消除}}{\rightleftharpoons}} L_nM^x \ + \ A\!-\!B$$

影响还原消除的因素很多，吸电子烯烃或者 π 酸（常见的如 CO）的配位减弱 M—C 键的电荷密度，加热、配体交换促使正负电荷分离等因素都能有效促进还原消除生成相应产物。还原消除过程中，要求两个被消除的基团在金属复合物中处在顺式（cis-）位置；如果被消除的基团含有手性碳时，其构型保持不变。

3. 插入反应和反插入反应

插入（insertion）反应是指一些不饱和配体如 CO、CH$_2$＝CH$_2$ 等可插入过渡金属配合物的 M—C 或 M—H σ 键之间，形成一个新的 σ 键。不饱和配体可以来自过渡金属有机配合物分子的内部，来自内部的插入伴随中心金属原子氧化数的降低。插入反应的逆过程为反插入（deinsertion）反应。按照插入的连接方式可以分为两类：插入 AB 型不饱和配体后，金属 M 和 R 分别与 A 和 B 相连，如常见的碳钯化反应等；插入 AB 型不饱和配体后，金属 M 和 R 同时与 A 相连，如插羰（CO）反应等。

$$A\!=\!B: \quad C\!=\!C, C\!=\!O, C\!=\!N$$
$$:A\!\equiv\!B: \quad :C\!\equiv\!O, :C\!\equiv\!N\!-\!R, :CR_2$$

例如，在 CO 的插入过程中，迁移烷基的构型是保持不变的。对烯烃的插入反应一般是同面顺式插入：

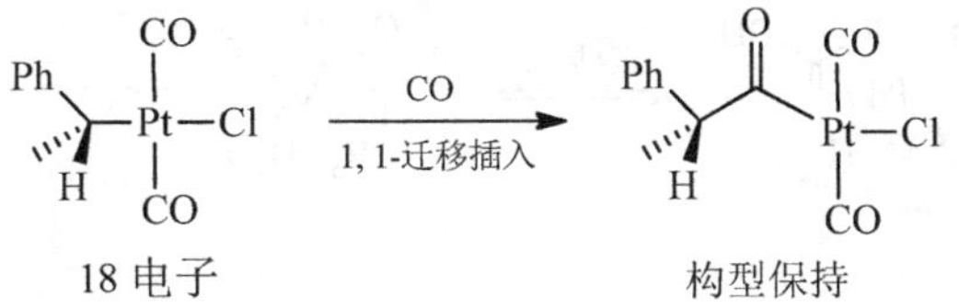

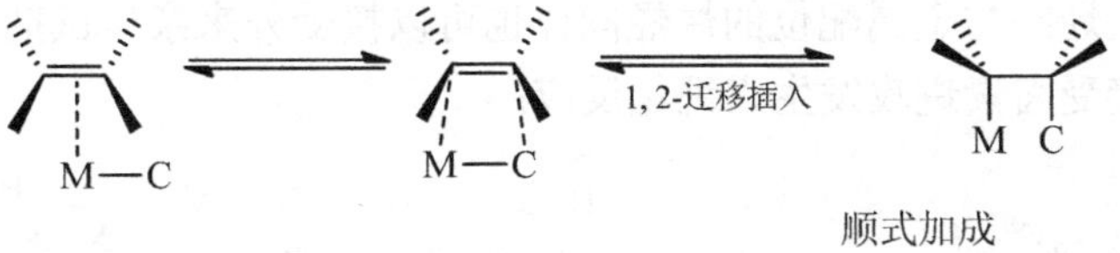

18 电子　　　　　　　　　　　构型保持

顺式加成

4. 转金属反应

转金属反应（transmetallation）：在过渡金属（如零价钯）催化的偶联反应中，烃基从一种金属转移到另一种金属上。这是偶联反应必不可少的步骤。例如，零价钯催化卤代芳烃和有机金属（锂、镁、锌、锡、硅、硼等）试剂偶联反应的一个关键步骤就是烃基从锂、镁、锌、锡、硅、硼等原子转移到钯上：

$$R—Pd^0—X \ + \ R'—M \ \rightleftharpoons \ R—Pd^{2+}—R' \ + \ X—M$$

$$M = Li, \ MgX, \ ZnX, \ SnR_3, \ SiR_3, \ BR_2$$

5. 和金属配位的配体接受外来试剂的进攻

具有不饱和键的配体和金属配位后被活化，如过渡金属和烯烃、炔烃，以及 CO、N_2、CO_2 等小分子形成配位键后，弱化了相关双键和三键，使得配体可接受外来亲核试剂的进攻。进攻的方向是在金属的反面，如下所示：

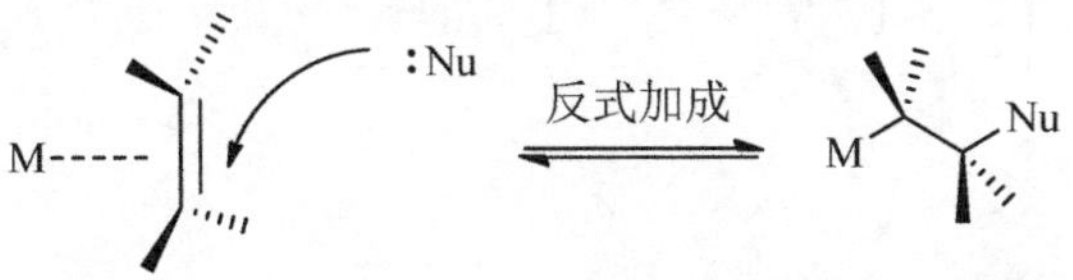

反式加成

配位的烯烃：Wacker 氧化反应即是和钯配位的烯烃接受 OH 的进攻，再经过 β-氢消除/迁移插入异构化得到相应的醛或酮。其中 Pd(Ⅱ)的再生是通过 Cu(Ⅱ)氧化 Pd(0)来实现的：

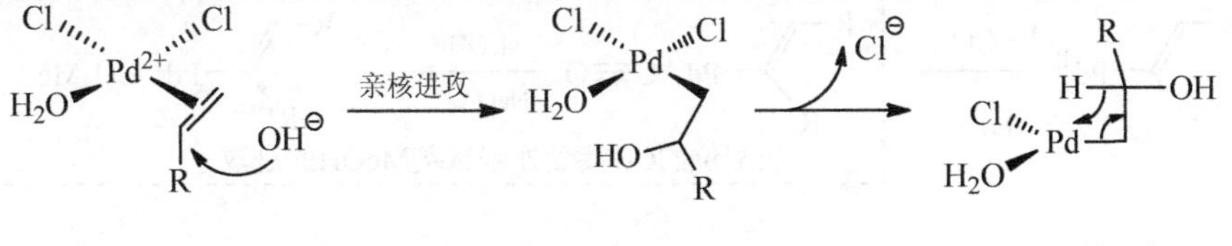

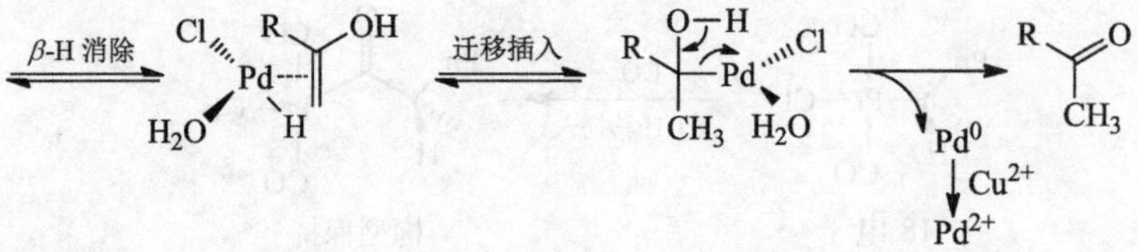

配位的炔烃：与金属配位的炔烃同样也可以接受外来亲核试剂的反式进攻，如下式炔烃接受卤素进攻发生卤钯化反应：

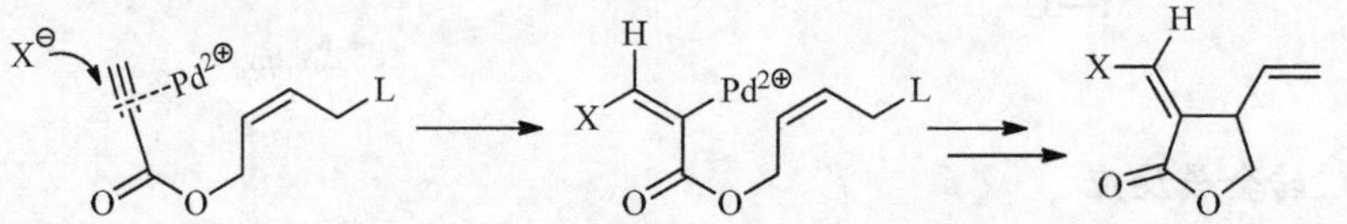

配位苯环的反应：以下式为例，由于三个 CO 接受 Cr 的电子反馈，Cr(CO)₃ 成为一个相当强的吸电子基，使苯环的电荷密度降低，苯环的性质发生根本性改变，使得原本只能接受亲电进攻的苯环可以接受亲核进攻：

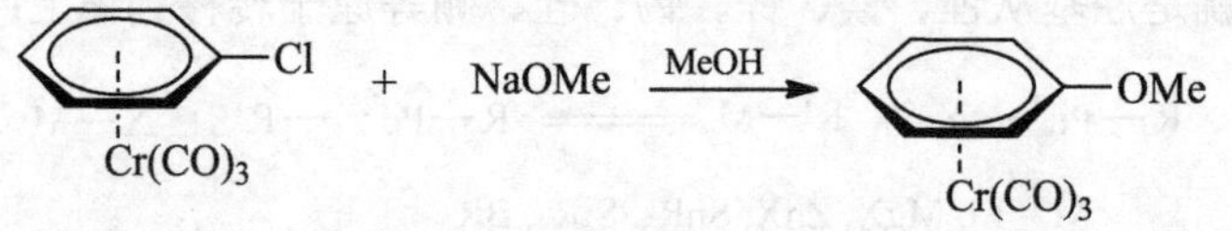

配体 CO 的反应：对于本身反应活性较低的 CO 而言，由于和金属配位后过渡金属向 CO 反馈电子，使得氧上的电荷密度升高易于接受亲电进攻，碳上的电荷密度降低易于接受亲核进攻（如接受烷氧负离子的进攻生成金属羧酸酯类配合物）：

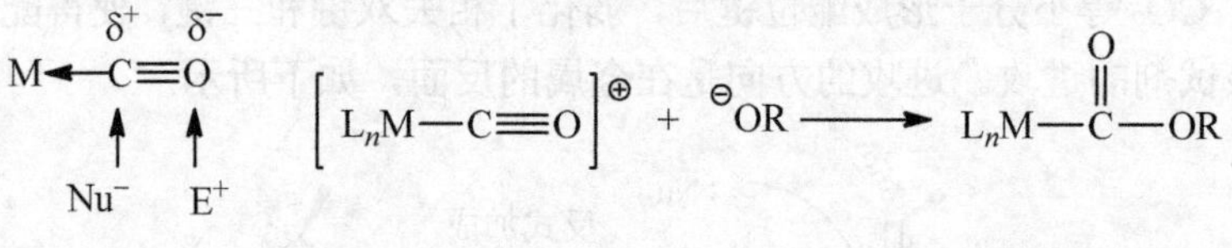

例如：

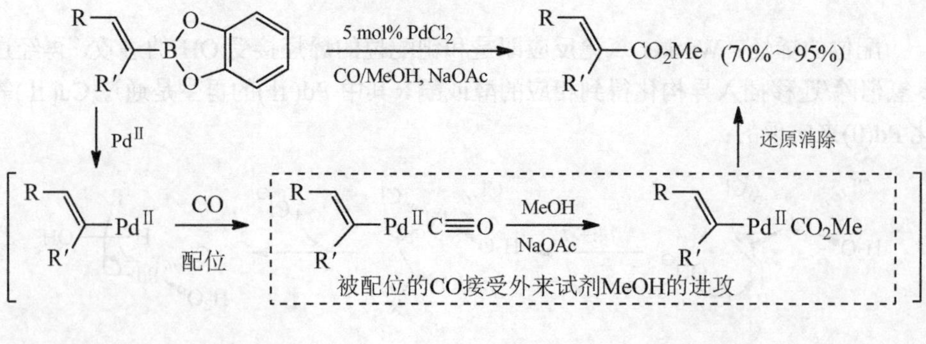

应用实例：用甲醇和 CO 在可溶性铑盐和 HI 存在下合成乙酸，称为 Monsanto 乙酸合成法，这是过渡金属配位均相催化反应在技术上最成功的例子之一。该反应已实现工业化生产，产率可达 99%。反应过程如图 5.1 所示，涉及的基元反应如下：可溶性铑盐与碘和 CO 发生氧化加成/配位得 **1**，与 CH_3I 氧化加成得到 18 电子的 **2**，经分子内插入反应得 **3**，配体 CO 再配位形成 **4**，**4** 还原消除得到产物并再生 **1**，完成一个循环，再发生新的一轮反应。反应起始时加入催化量的碘即可，因而碘也称之为促进剂。

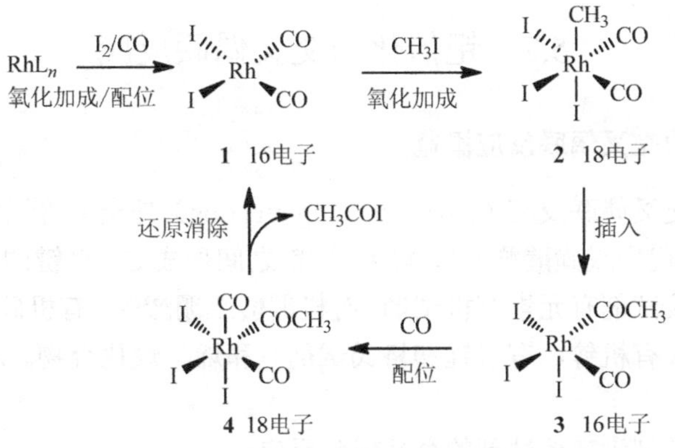

$$CH_3OH + HI \longrightarrow CH_3I + H_2O$$

$$CH_3COI + H_2O \longrightarrow CH_3COOH + HI$$

图 5.1　Monsanto 乙酸合成法的反应机理

问题 5.2　指出下列反应所属的基元反应类型，并计算中心金属原子的价电子数：

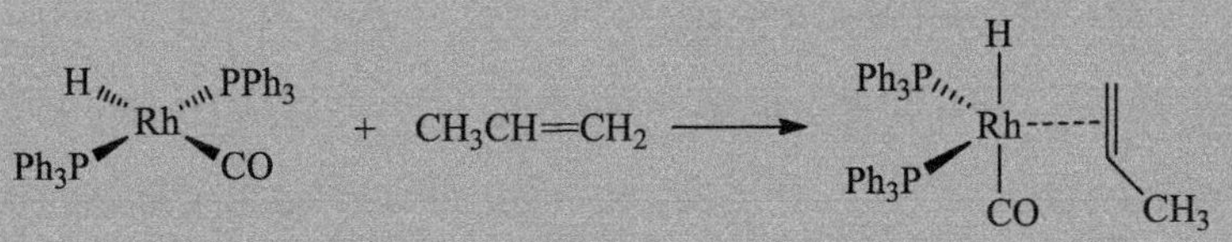

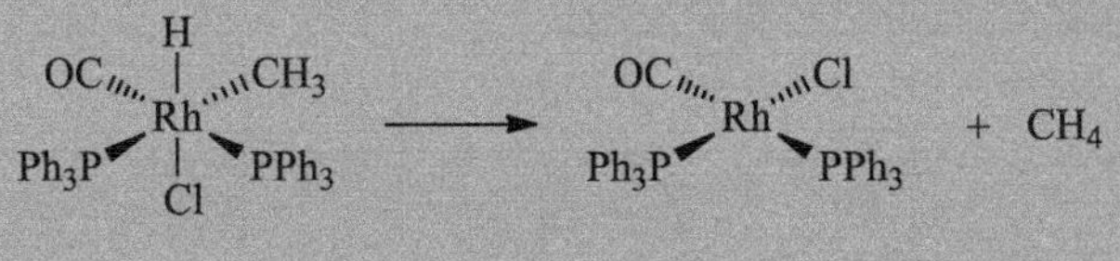

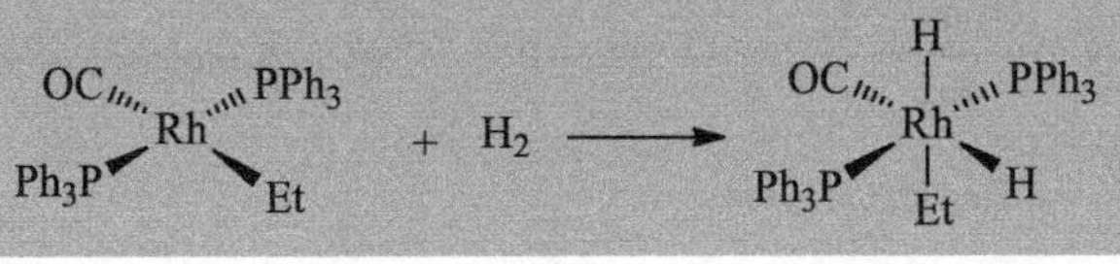

5.2　钯催化的交叉偶联反应

5.2.1　钯催化的交叉偶联反应概览

钯催化的交叉偶联反应（cross-coupling reaction）是指零价钯催化碳亲电试剂（芳基和烯基卤代烃或磺酸酯）与碳亲核试剂之间形成 C—C 键的反应。参与交叉偶联反应的亲核试剂有元素有机试剂（有机硼酸或硼酸酯、有机硅、有机锡试剂）、有机金属试剂（有机锌、有机锂和格氏试剂）和烯、炔化合物。相应的反应和名称如下。

元素有机试剂为亲核试剂的交叉偶联反应：

$$R^1—M + R^2—X \xrightarrow[\text{碱}]{\text{Pd(0)}} R^1—R^2 \qquad M = B(OH)_2, B(OR)_3 \qquad 铃木(Suzuki)反应$$

$$R^1 = 芳基、烯基; \quad R^2 = 芳基、烯基; \quad M = SiR_3 \qquad 桧山(Hiyama)反应$$

$$X = I, Br, Cl, OTf, OTs \qquad M = SnR_3 \qquad 斯蒂尔(Stille)反应$$

有机金属试剂为亲核试剂的交叉偶联反应：

$$R^1—M + R^2—X \xrightarrow{\text{Pd(0)}} R^1—R^2$$

$$R^1 = 芳基、烯基; \quad R^2 = 芳基、烯基; \quad M = ZnR \qquad 根岸(Negishi)反应$$

$$X = I, Br, Cl, OTf, OTs \qquad M = MgX, Li \qquad 熊田(Kumada)反应$$

烯、炔化合物为亲核试剂的交叉偶联反应：

$$R^2 = 芳基、烯基; \qquad X = I, Br, Cl, OTf, OTs$$

所有这些交叉偶联反应仅需使用催化量的零价钯催化剂。钯催化交叉偶联反应，尤其 Heck 反应、Negishi 反应和 Suzuki 反应的反应条件温和、化学选择性和立体选择性高，已经广泛应用于药物和光电材料的合成，并且许多产品已工业化。由于对交叉偶联形成 C—C 键反应的开创性贡献，R. F. Heck、E. Negishi 和 A. Suzuki 被授予 2010 年诺贝尔化学奖。

5.2.2 钯催化的交叉偶联反应的催化剂

在交叉偶联反应中起催化作用的是活性的二配位零价钯（Pd^0L_2）。但是这种二配位零价钯活性很高，难以制备和保存。有两种方法产生活性的二配位零价钯：一种是制备稳定的四配位零价钯配合物，如四（三苯基膦）钯[$Pd(PPh_3)_4$]、二氯[二（三苯基膦）]钯[$Pd(PPh_3)_2Cl_2$]、二氯[二（三环己基膦）]钯[$Pd(PCy_3)_2Cl_2$]、二氯[二（三苯基膦）二茂铁]钯[$Pd(dppf)Cl_2$]等作为催化前体，在反应中解离生成活性的二配位零价钯。反应中无需再加入配体。例如：

$$Ph_3P—\underset{\underset{PPh_3}{|}}{\overset{\overset{PPh_3}{|}}{Pd}}—PPh_3 \rightleftharpoons \underset{\underset{PPh_3}{|}}{\overset{\overset{PPh_3}{|}}{Pd^0}} + 2Ph_3P$$

另一种方法是在反应中加入二价钯盐[如 $Pd(OAc)_2$ 或 $PdCl_2$]和配体（如 PPh_3）作为催化前体，在反应中原位还原生成活性的二配位零价钯物种（Pd^0L_2）。

二苄亚基丙酮（dba）及零价钯的配合物 $Pd(dba)_2$ 和 $Pd_2(dba)_3$ 稳定性很高，易于制备并可以保存。但由于过于稳定，没有催化作用。因此 $Pd(dba)_2$ 和 $Pd_2(dba)_3$ 用作交叉偶联反应的催化前体时，必须加入其他活性高的配体，通过配体交换产生活性的二配位零价钯催化剂。例如：

$$Pd^0(dba)_2 + 2Ph_3P \rightleftharpoons Pd^0(PPh_3)_2 + 2\ dba \qquad dba:\ \text{Ph}\diagdown\diagup\diagdown\underset{\overset{\|}{O}}{}\diagup\diagdown\diagup\text{Ph}$$

在交叉偶联反应中，催化剂的配体的结构对反应有举足轻重的影响。一般地，配体配位基团电子密度高有利于反应中氧化加成单元反应，配体适当的位阻空间结构有利于还原消除单元反应生成产物。因此，选择合适的配体尤为重要。代表性的单齿膦配体、双齿膦（P—P）配体和双齿（P—N、P—O）配体如下：

P(*o*-tolyl)₃   P(*i*-Pr)₃   P(*t*-Bu)₃   PCy₃

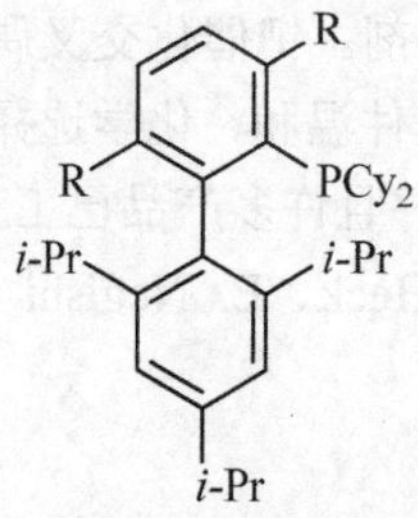

R = H, XPhos
R = OMe, BrettPhos

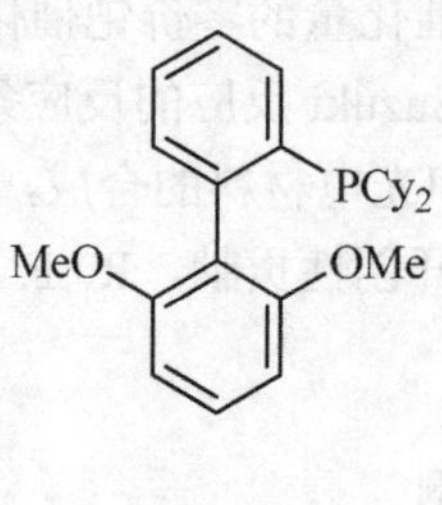

SPhos

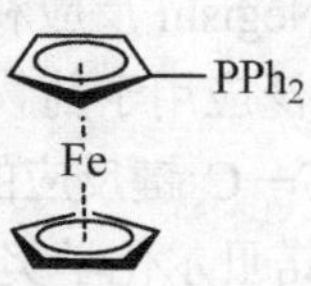

FcPPh$_2$

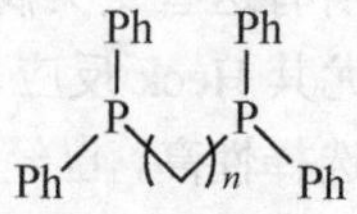

$n = 1$ dppm
$n = 2$ dppe
$n = 3$ dppp
$n = 4$ dppb

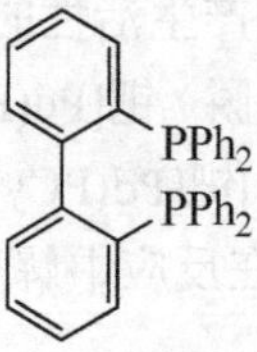

DPBP

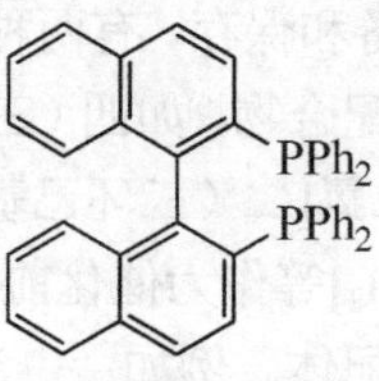

BINAP

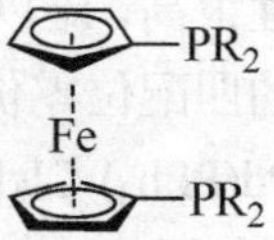

R = Ph, DPPF
R = t-Bu, DtBPF

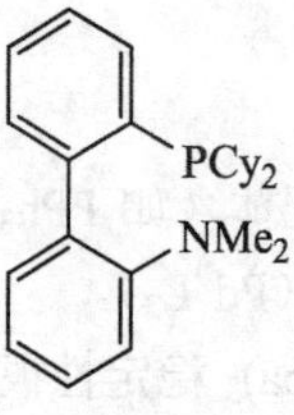

DavePhos

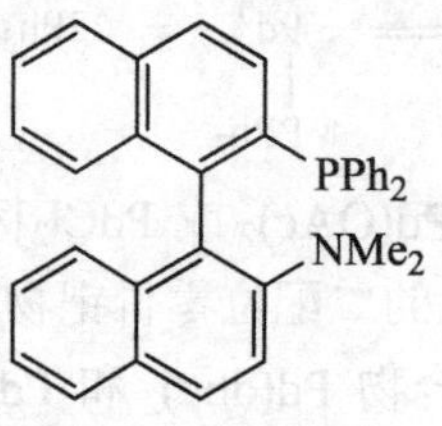

MAP

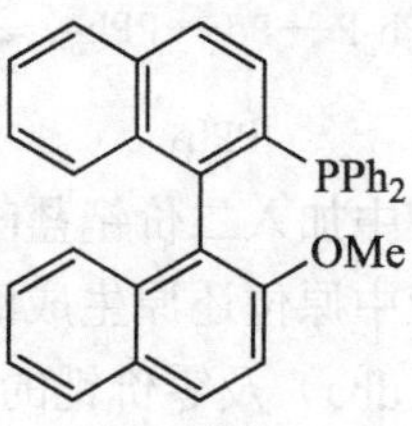

MOP

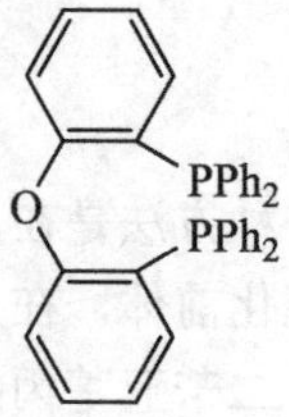

DPEPhos

5.2.3　钯催化的交叉偶联反应机理

钯催化的交叉偶联反应（除了 Heck 反应）一般认为是一个三步循环机理：①氧化加成；②转移金属化；③还原消除。如图 5.2 所示，首先亲电试剂 R^{2}X 与二配位零价钯（Pd^{0}L$_2$）活性催化剂发生氧化加成，生成过渡态中间体（R^{2}Pd^{0}L$_2$X），该步骤往往是整个偶联反应的速率决定步骤。然后与亲核试剂 R^{1}M 发生转金属作用，即烃基 R^1 分别从 B、Si、Sn、Li、Mg、Zn 等原子上迁移到 Pd 上，最后还原消除生成产物 R^1—R^2，同时再生零价钯（Pd^{0}L$_2$）活性催化剂。

在钯催化的交叉偶联反应中，Suzuki 反应、Hiyama 反应、Heck 反应和 Sonogashira 反应需加入碱。根据溶解性可以使用无机碱如 NaOH、Na$_2$CO$_3$、K$_3$PO$_4$、Cs$_2$CO$_3$ 等，也可以使用有机碱如 t-BuOK、NaOMe、Et$_3$N、DBU 等。通常较强的碱或体积较大的碱获得更高的收率。Stille 反应、Negishi 反应和 Kumada 反应中无需加碱。

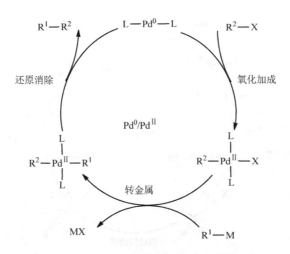

图 5.2　钯催化的交叉偶联反应机理

在 Suzuki 反应的转金属作用步骤中，一般认为有机硼试剂中的硼必须接受碱的电子对形成带负电荷的 $R^1B(OR)_3$ 才能发生转金属作用，也有认为碱参与配体交换并与钯配位后促使转金属作用，因此在 Suzuki 反应中必须加入一定量的碱。

在 Hiyama 反应中，需要加入氟盐（如 TBAF 或 TASF）或碱作为活化剂，促进烃基 R^1 从 Si 原子上转移到 Pd 上。

在 Sonogashira 反应中，通常加入碱和少量的助催化剂亚铜盐如 CuI。亚铜盐与末端炔生成炔化亚铜。在转金属步骤中，炔基从 Cu 转移到 Pd。但是在 CuI 存在下往往引起末端炔的自身偶联生成联二炔副产物。因此，避免使用亚铜盐助催化是改进该反应的目标。

Heck 反应的亲核试剂是烯，反应的结果形式上是烯的芳基化反应。Heck 反应的机理如图 5.3 所示。首先二配位零价钯 I 与芳基卤化物发生氧化加成反应，生成芳基钯中间体 II，亲核试剂烯烃 C=C 双键和 II 中的钯配位后，发生芳基钯对 C=C 双键的顺式共平面的插入反应，形成一个新的 C—C 键和一个新的 C—Pd 键，得到二价烷基钯中间体 III。III 中的碳碳键先发生旋转后发生顺式 β-消除，生成芳基/烯基偶联产物，同时生成的钯氢化合物 V 在碱的作用下再生活性零价钯催化物种完成催化循环。

在钯催化的交叉偶联反应中，亲核试剂的反应活性大小顺序是 RI>ROTf≈RBr>RCl。对于芳基卤化物和磺酸酯，带吸电子基的芳基或缺电子芳环有利于氧化加成，因而产率更高。钯催化的交叉偶联反应具有高度的立体专一性，亲核试剂和亲电试剂的烯键的构型均保留在产物中。

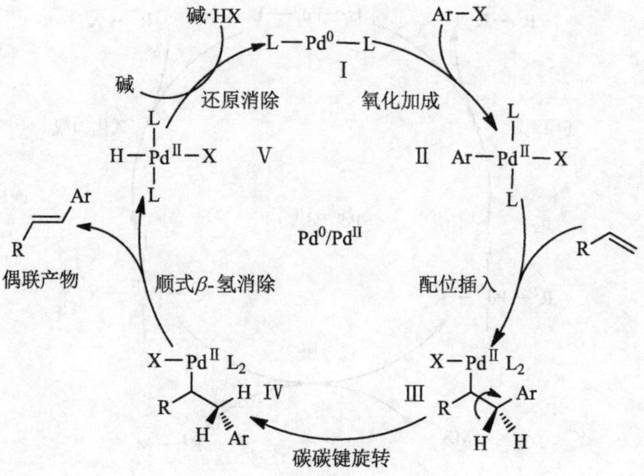

图 5.3　Heck 反应的机理

5.2.4　钯催化交叉偶联反应的应用

钯催化交叉偶联反应已经广泛应用于药物、光电材料和天然产物的合成中。

1. Heck 反应

Heck 反应可以在分子间发生，也可以在分子内发生来构建环状烯烃。一般来讲，分子内反应比分子间反应具有更好的活性和区域选择性。例如：

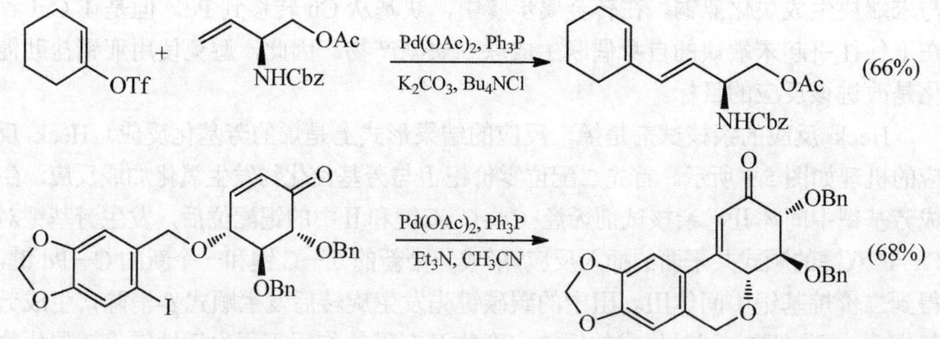

如使用手性配体的催化剂，可以实现分子内去对称化的不对称 Heck 反应。例如：

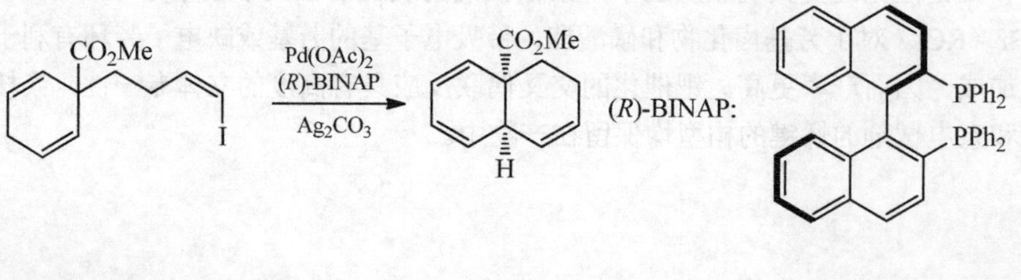

反应物分子中有多个烯键时，可发生串联的 Heck 反应形成多环产物。例如：

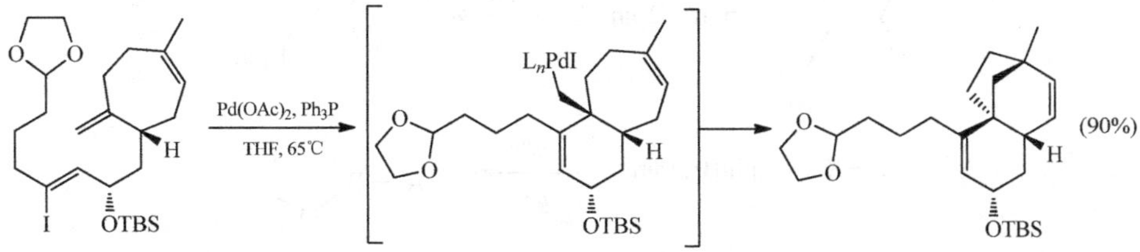

2. Suzuki 反应

Suzuki 反应的条件温和，水分和分子中醛、酮、酯、羟基、氨基、硝基等官能团都对反应没有影响。Suzuki 反应具有高度的立体专一性，反应后烯基卤和烯基硼酸的构型均能保持。例如：

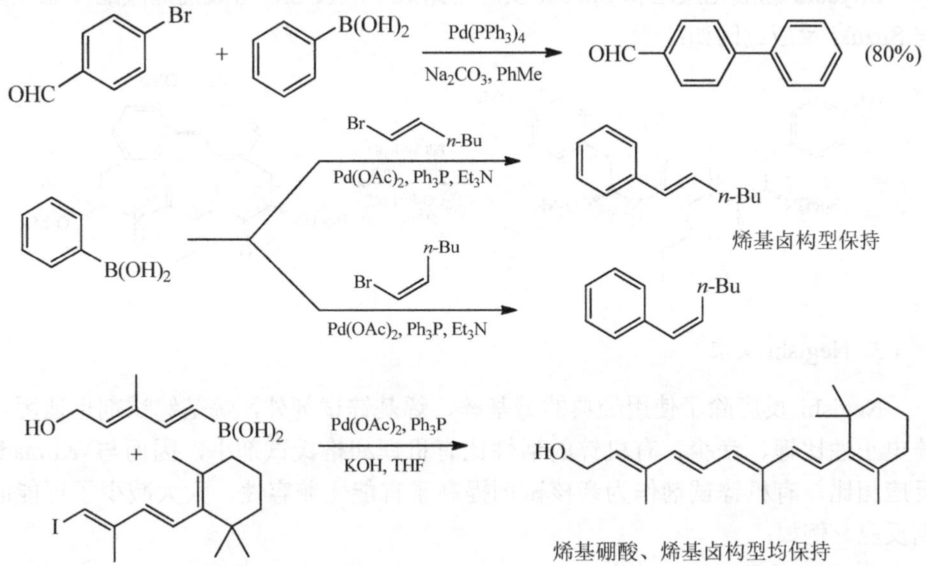

得益于 Suzuki 反应在工业界的广泛应用，目前大部分芳基硼酸都是商业可得的，对于一些特殊的芳基或者烯基硼酸，可以很方便地从格氏试剂或有机锂试剂来制备。例如：

$$RMgX + B(OMe)_3 \longrightarrow RB(OMe)_2 \xrightarrow{H_3O^{\oplus}} RB(OH)_2$$

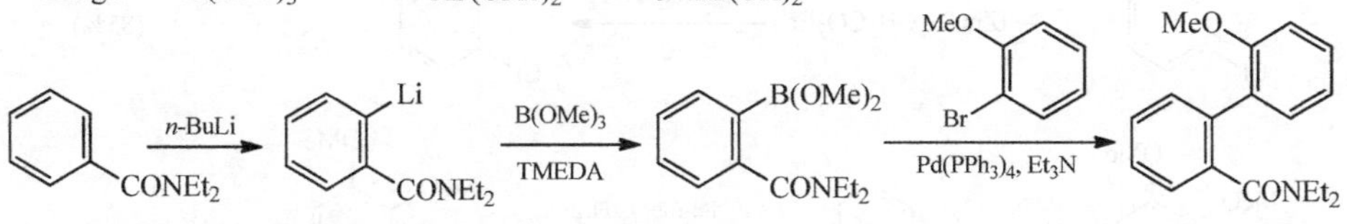

利用 Miyaura 硼酸化反应，烯基卤化物或芳基卤化物和频哪醇二硼酸酯（pinB-Bpin）在钯催化下能生成相应的硼酸酯，反应通式如下：

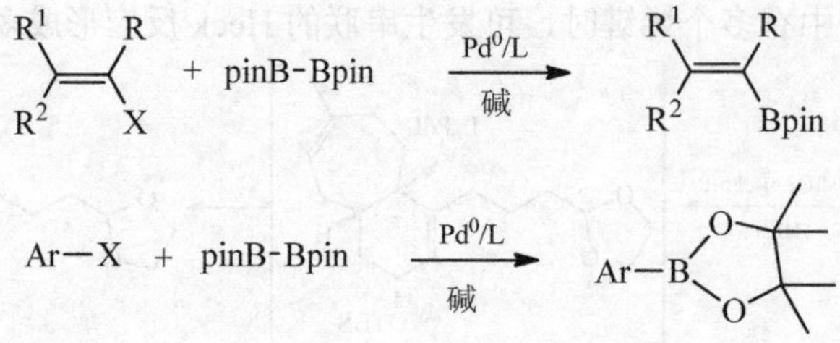

例如：

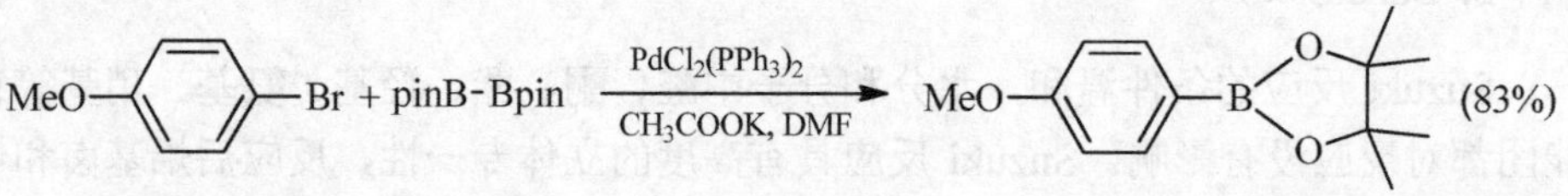

(83%)

Miyaura 硼酸化反应和 **Suzuki** 反应常组成串联反应，形成的硼酸酯可立即参与 Suzuki 反应。例如：

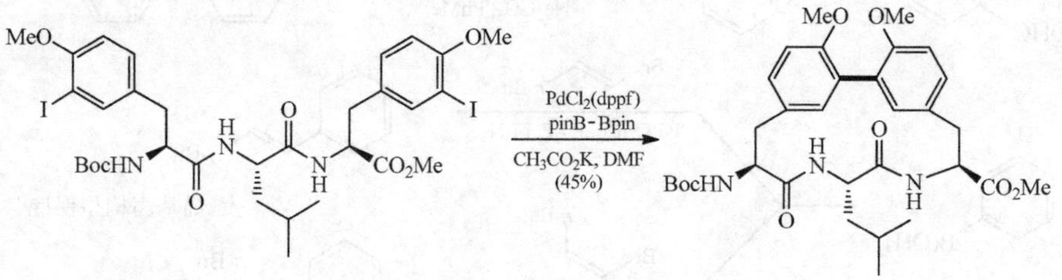

3. Negishi 反应

Negishi 反应除了使用经典的芳基锌、烯基锌试剂外，烷基锌试剂也适用。锌电正性比锂、镁少，有机锌的活性比有机锂和格氏试剂小，因而与 **Kumada** 反应相比，有机锌试剂作为亲核试剂提高了官能团兼容性，大大减少了可能的副反应。例如：

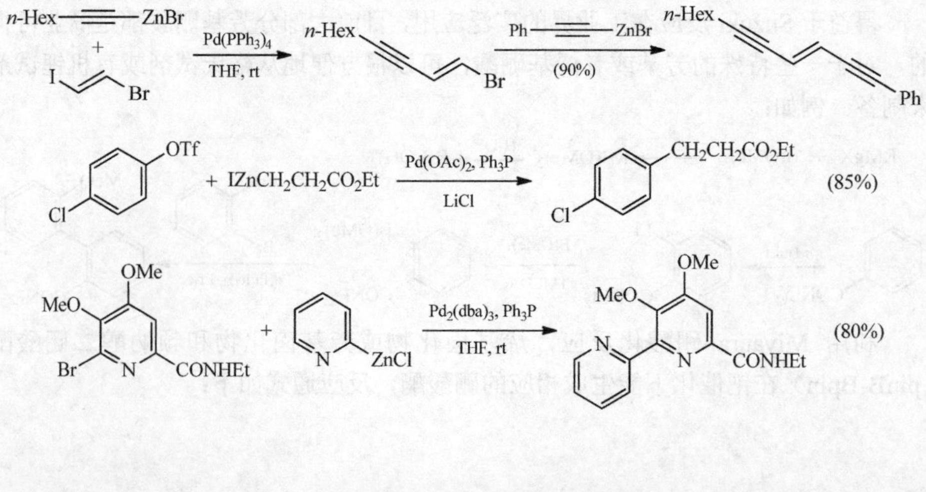

(90%)

(85%)

(80%)

4. Stille 反应

Stille 反应的优点是有机锡试剂在空气和湿气中性质稳定,大多数官能团对反应没有影响,因此不必进行官能团保护,同时反应也具有立体专一性。但是其缺点是有机锡试剂毒性较大,因此其在工业应用中受到限制。Stille 反应中从锡原子上转移的基团从易到难的大致次序为:炔基、烯基、芳基、苄基、甲基、烷基。例如:

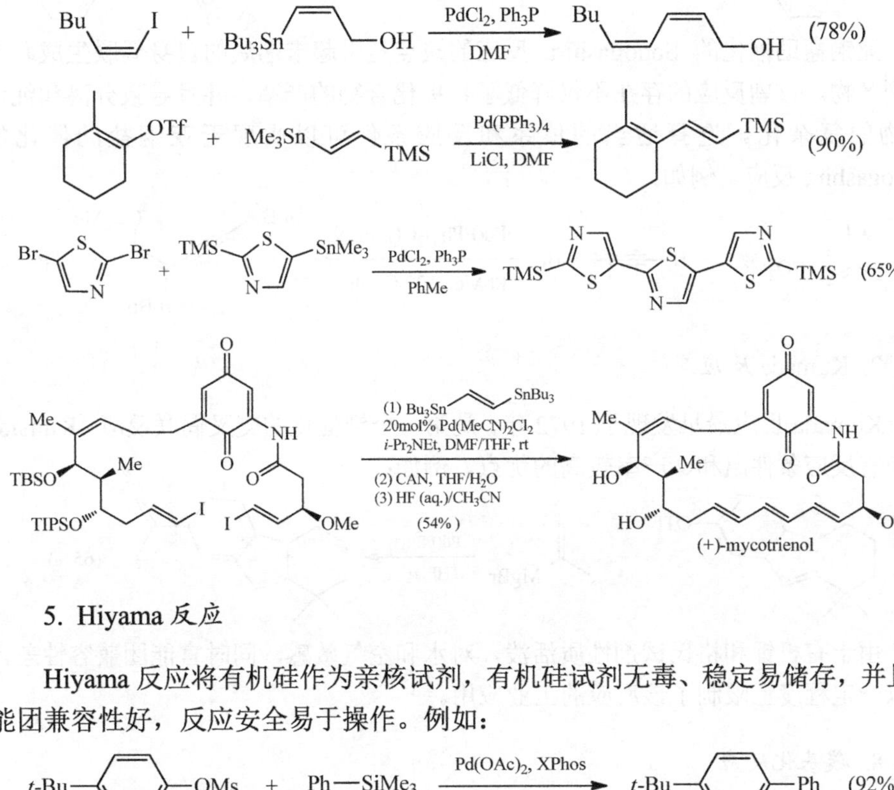

5. Hiyama 反应

Hiyama 反应将有机硅作为亲核试剂,有机硅试剂无毒、稳定易储存,并且官能团兼容性好,反应安全易于操作。例如:

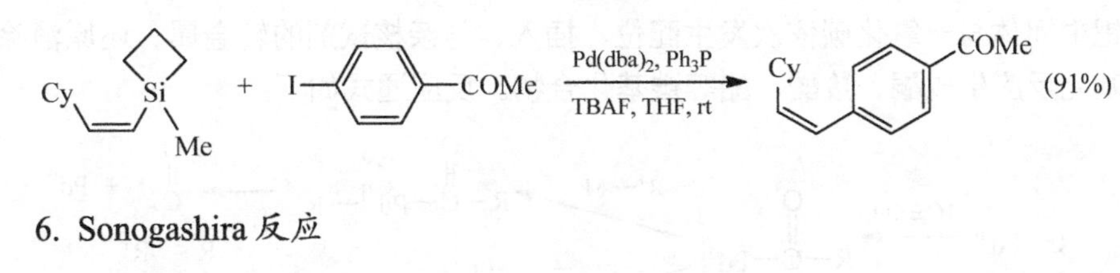

6. Sonogashira 反应

Sonogashira 反应是零价钯催化和亚铜盐助催化的末端炔烃与 sp^2 型碳的卤化物(包括芳基卤化物和烯基卤化物)的交叉偶联生成内炔的反应,反应条件温和,有良好的官能团兼容性，在非末端炔烃以及大共轭炔烃的合成中得到了非常广泛的应用。例如：

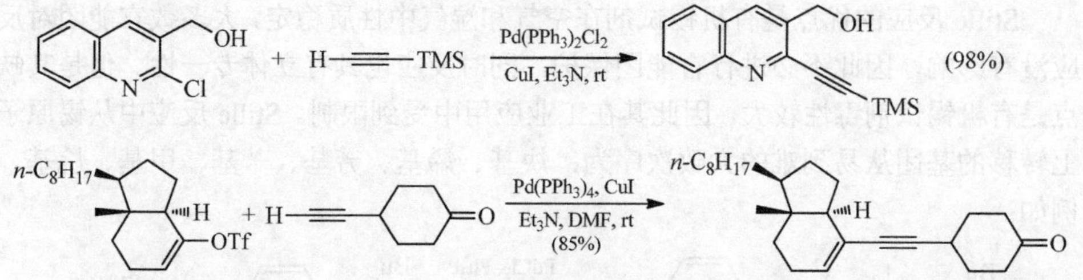

亚铜盐助催化的 Sonogashira 反应的缺点是引起末端炔的自身偶联生成联二炔副产物。该副反应的存在不仅降低了目标化合物的产率，并且导致分离和纯化产物的复杂化。选择适当的体系和反应条件可以实现无亚铜盐助催化的 Sonogashira 反应。例如：

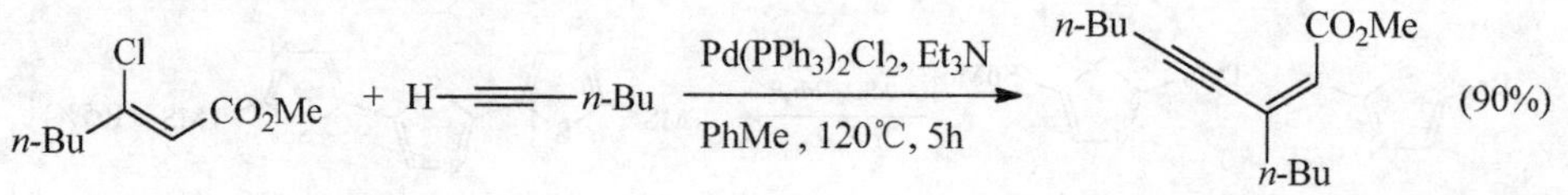

7. Kumada 反应

Kumada 反应最早发现于 1972 年，是第一个钯催化的交叉偶联反应。Kumada 反应有反应条件温和、产率较高的优点。例如：

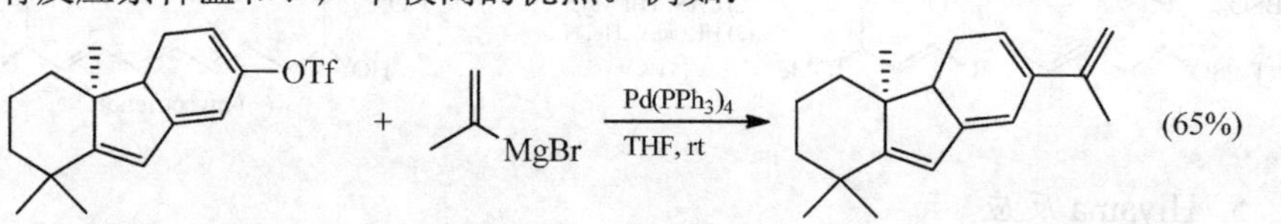

由于有机锂和格氏试剂性质活泼，对水和空气敏感，同时官能团兼容性差，所以一定程度上限制了该反应的工业应用。

8. 羰基化反应

在钯催化的交叉偶联反应中，如果有一氧化碳存在，氧化加成形成的有机二价钯中间体与一氧化碳依次发生配位、插入、与亲核试剂的转金属、还原消除系列基元反应生成酮、羧酸、酯等羰基化合物。反应通式如下：

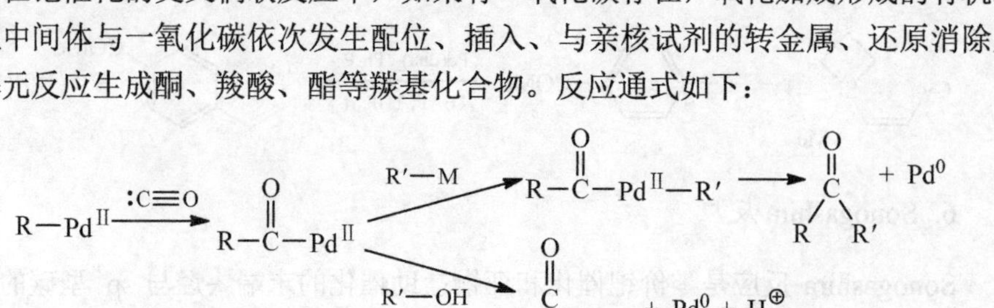

例如：

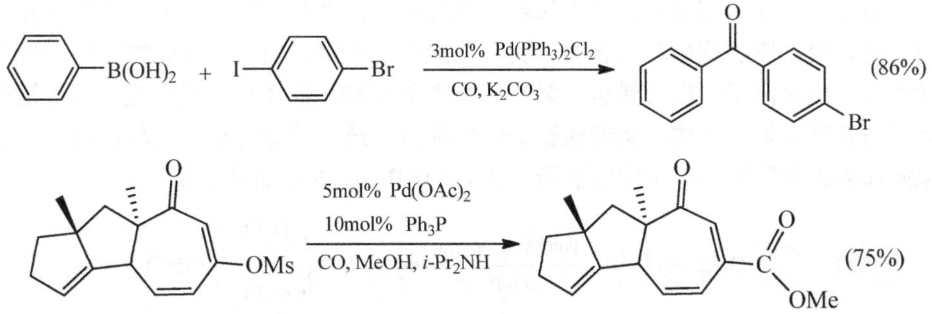

$$(86\%)$$

$$(75\%)$$

9. C_{sp^3}-C_{sp^3} 的交叉偶联

近年来钯催化的交叉偶联反应扩展到烷基与烷基（C_{sp^3}-C_{sp^3}）的交叉偶联，反应一般在高电子密度的配体存在下进行。例如：

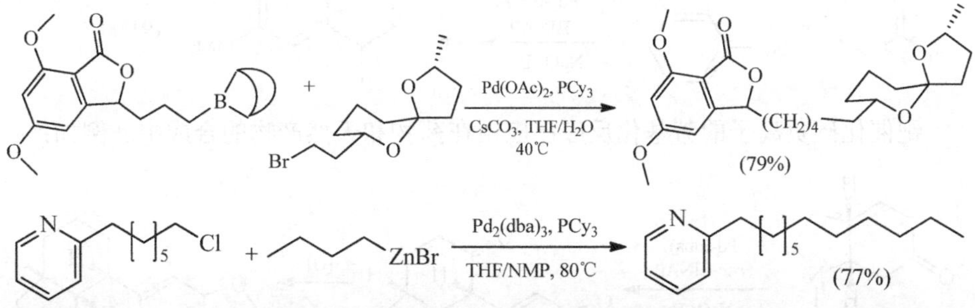

$$(79\%)$$

$$(77\%)$$

问题 5.3　写出下列反应的产物：

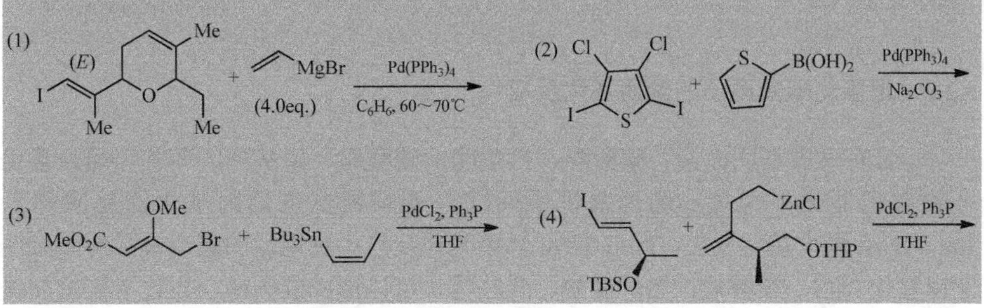

5.3　钯催化碳负离子的芳基化和烯丙基化反应

5.3.1　钯催化碳负离子的芳基化反应

活性的零价钯也催化碳亲电试剂（如芳基卤化物或磺酸酯）和碳亲核试剂（如

烯醇盐或碳负离子）之间形成碳碳键而生成偶联产物。反应的结果是碳亲核试剂的芳基化，这样的结果是其他方法难以实现的。碳亲核试剂包括活性亚甲基化合物、酮、醛、脂肪族硝基化合物、腈、羧酸衍生物酯、酰胺等在碱性条件产生的烯醇盐（碳负离子）以及烯胺、烯醇硅醚等类似物。催化反应机理经历零价钯催化剂与芳基卤氧化加成、碳亲核试剂配体配位、还原消除等循环过程。常用的催化配体为大位阻的高电子密度的膦配体如 P(t-Bu)$_3$、XPhos 等。例如：

$$EtO_2C\diagdown CO_2Et + PhBr \xrightarrow[\text{NaO}t\text{-Bu, rt}]{\text{Pd(OAc)}_2,\ \text{P}(t\text{-Bu})_3} Ph\diagup\underset{CO_2Et}{\overset{CO_2Et}{\diagdown}} \qquad (86\%)$$

(85%)

(91%)

钯催化碳负离子的芳基化反应已应用在药物和天然产物的合成中。例如：

rac-γ-lycorane

5.3.2　钯催化碳负离子的烯丙基化反应

α-带有离去基团卤素、磺酸酯、乙酸酯、碳酸酯、磷酸酯、环氧等烯丙基化合物在钯催化下形成π-烯丙基钯中间体，使亲核试剂烯丙基化的反应称为 Tsuji-Trost 烯丙基化反应。Tsuji-Trost 烯丙基化反应中使用软的碳亲核试剂如活性亚甲基化合物、烯醇盐、烯醇硅醚、烯胺等，可以形成碳碳键，导致亲核试剂碳原子上烯丙基化。反应通常需要加入当量的碱。反应式如下：

$$Nuc\text{-H} + R^1\diagdown\diagup X \xrightarrow[\text{碱, 溶剂}]{\text{cat. Pd/L}^*} \left[\begin{array}{c} R^1 \\ \underset{X}{Pd^{II}} \end{array} \right] \xrightarrow{Nuc^{\ominus}} R^1\diagdown\diagup Nuc$$

π-烯丙基钯中间体　　　　　　烯丙基取代产物

Tsuji-Trost 烯丙基化反应的机理如图 5.4 所示。烯丙基化合物与 Pd(0)发生氧化加成时往往是从离去基团的反面进攻，这时就发生了构型翻转生成π-烯丙基钯中间体。后面根据亲核试剂的软硬类型分别经历两种不同的机理：对于软亲核试剂（pK_a<20，如稳定的碳负离子、烯醇化合物、杂原子等），通常直接 S_N2 进攻烯丙基，且常常在位阻更小的端位碳上进行取代，该过程构型再次发生翻转，生成的双键-金属配合物又发生解离得到总体构型保持的烯丙基化产物并且使得催化剂 L_nPd^0 再生（图 5.4 右）。对于硬亲核试剂（pK_a>20，如格氏试剂、有机硼、有机锡等金属试剂），通常首先进攻金属中心发生转金属得到转金属的中间体，该过程构型保持，再经历构型保持的还原消除过程得到最终产物，因全程只发生一次手性翻转，所以最终产物总体构型翻转（图 5.4 左）。

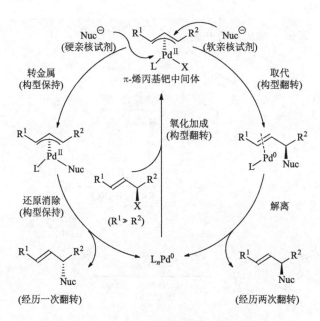

图 5.4　Tsuji-Trost 烯丙基化反应的机理

若使用软亲核试剂丙二酸酯，生成与 OAc 相连的碳中心构型保留的产物；若使用硬亲核试剂 $NaBD_4$，则得到构型翻转的产物。同时一般来讲，不对称的烯丙基底物一般在位阻较小的一侧进行取代。例如：

（硬亲核试剂）　　　　　　　　　　　　　　　（构型翻转）

Tsuji-Trost 烯丙基化反应也应用于环状化合物合成中。例如：

(60%)

问题 5.4　写出下列反应的产物：

(1)

$\xrightarrow[\text{Na}_2\text{CO}_3]{\text{PdCl}_2,\ \text{Ph}_3\text{P}}$

(2)

$\text{MeO}_2\text{C}\diagup + n\text{-Bu}\diagup\diagdown\text{I}$ $\xrightarrow[\substack{\text{K}_2\text{CO}_3,\ \text{Bu}_4\text{NCl}\\ \text{DMF, rt}}]{\text{Pd(OAc)}_2}$

(3)

$\xrightarrow[\substack{\text{AgOAc, Na}_2\text{HPO}_4\cdot 12\text{H}_2\text{O}\\ \text{DMF, 80℃}}]{\text{Pd(OAc)}_2}$

(4)

$\xrightarrow[\substack{\text{THF, rt}\\ (98\%)}]{\text{cat. Pd(PPh}_3)_4,\ \text{dppe}}$

(5)

$\xrightarrow[\text{THF, rt}]{\substack{10\text{mol\% Pd(PPh}_3)_4\\ 10\text{mol\% 四氢吡咯}}}$

5.4　钯催化碳氢键活化形成碳碳键的反应

选择性地在惰性 C—H 键位置引入官能团能极大地简化合成路线，使得反合成可以使用更简单易得的原料来实现复杂目标分子的高效合成。过渡金属催化的 C—H 键活化早在 20 世纪 60 年代初期就有相关报道，在过去的二十多年里才真正进入复兴和快速发展期。过渡金属催化 C—H 键活化目前已经成为合成化学强有力的工具，广泛用于天然产物和药物分子的后修饰。其催化体系从早期的 Pd 体系已拓展到 Ir、Ru、Rh 等其他体系，反应底物从芳烃 sp^2 C—H 键拓展到脂肪烃 sp^3 C—H 键，策略从需要预先引入导向基拓展到瞬态导向策略，区域选择性从近程官能团化拓展到远程官能团化，也可以实现对映选择性 C—H 键活化。下面以最常见的钯催化剂体系为例介绍芳基 C—H 键活化的三种不同反应机理：Pd(0)/Pd(Ⅱ)循环、Pd(Ⅱ)/Pd(0)循环以及 Pd(Ⅱ)/Pd(Ⅳ)循环。

5.4.1　Pd(0)/Pd(Ⅱ)催化循环的芳基碳氢键官能团化（先氧化加成再碳氢键活化）

Pd(0)/Pd(Ⅱ)催化循环的芳基 C—H 键官能团化通式和机理如图 5.5 所示，首先 Pd(0)和芳基卤化物发生氧化加成生成相应的 Ar—Pd^{Ⅱ}—X 中间体，接着受导向基（directing group，DG）和配体的双重促进作用，选择性地清除掉一个邻位的 C—H 键得到二芳基钯（Ⅱ）中间体，还原消除就可以得到相应的邻位芳基化产物。导向基都具有未共用电子对，以有利于与过渡金属配位形成五元或六元环状过渡态。常用导向基为羟基、氨基、羰基、羧基、酯基、酰胺基、亚胺基、膦基、膦氧基等。该策略可以高效实现芳烃导向基邻位的系列 C—H 键官能团化，如芳基化、烯基化、烷基化等。这类反应的特点是偶联试剂一般为卤化物，不需要外加氧化剂，通常使用富电子的配体。

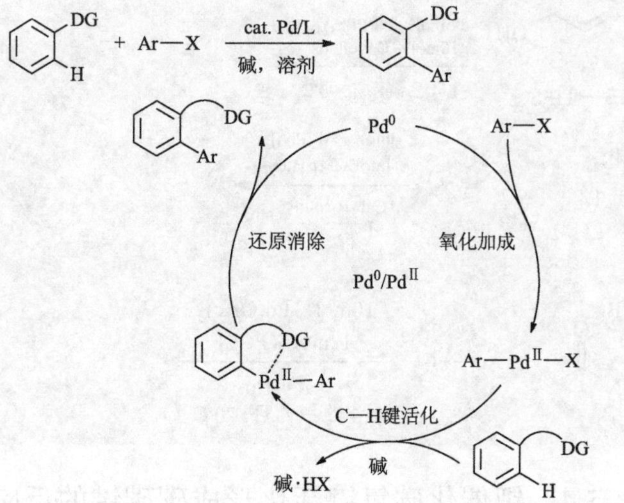

图 5.5 Pd(0)/Pd(Ⅱ)催化循环的芳基 C—H 键官能团通式和机理

例如：

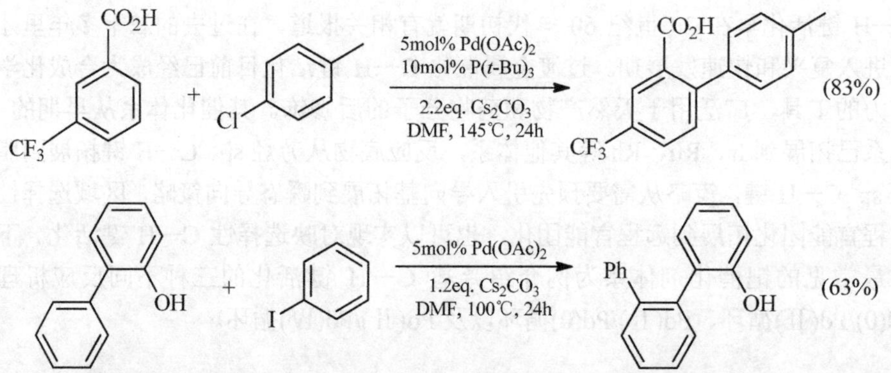

5.4.2 Pd(Ⅱ)/Pd(Ⅳ)催化循环的芳基碳氢键官能团化（先碳氢键活化再氧化加成）

  Pd(Ⅱ)/Pd(Ⅳ)催化循环的芳基 C—H 键官能团化通式和机理如图 5.6 所示，反应从 Pd(Ⅱ)启动，发生导向基邻位的 C—H 键钯化，然后和芳基卤或者高价的芳基碘盐发生氧化加成得到 Pd(Ⅳ)中间体，接着发生快速的还原消除得到二芳基产物和 Pd(Ⅱ)完成催化循环。相比于前面的 Pd(0)/Pd(Ⅱ)催化，最大的区别在于反应的顺序，反应和前面相比具有两个优势：①高价态的 Pd(Ⅳ)更容易还原消除生成产物；②反应对氧气、水不敏感，可以使用对氧敏感的配体，同时官能团的兼容性也更好。近些年经历该类机理的反应越发常见。该策略可以高效实现芳烃导向基邻位的系列 C—H 键官能团化，如芳基化、烯基化、烷基化等。

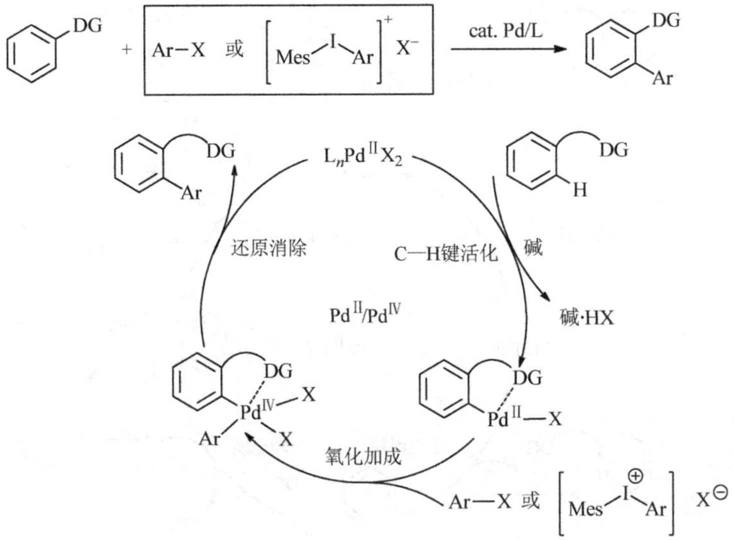

图 5.6 Pd(Ⅱ)/Pd(Ⅳ)催化循环的芳基 C—H 键官能团化通式和机理

例如：

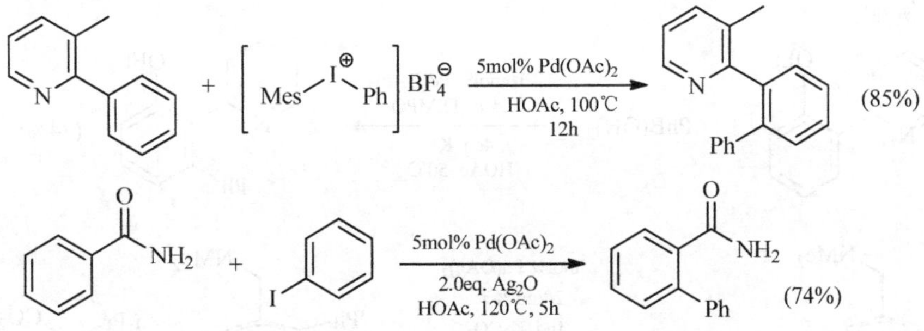

5.4.3 Pd(Ⅱ)/Pd(0)催化循环的芳基碳氢键官能团化（先碳氢键活化再转金属反应）

Pd(Ⅱ)/Pd(0)催化循环的芳基 C—H 键官能团化通式和机理如图 5.7 所示，反应从 Pd(Ⅱ)启动，首先发生导向基邻位的 C—H 键钯化，接着和芳基金属试剂（包括芳基锡、芳基硼、芳基硅试剂等）发生转金属生成 Ar—Pd(Ⅱ)—Ar′中间体，接着发生快速的还原消除得到二芳基产物和 Pd(0)，在当量氧化剂存在下氧化为 Pd(Ⅱ)完成催化循环。与前面的两种机理相比，最大的区别在于整个反应为氧化反应，需要当量的氧化剂。该策略可以高效实现芳烃导向基邻位的系列 C—H 键官能团化，如芳基化、烯基化、烷基化等。手性配体的引入在特定的条件下可以实现相关反应的对映选择性。

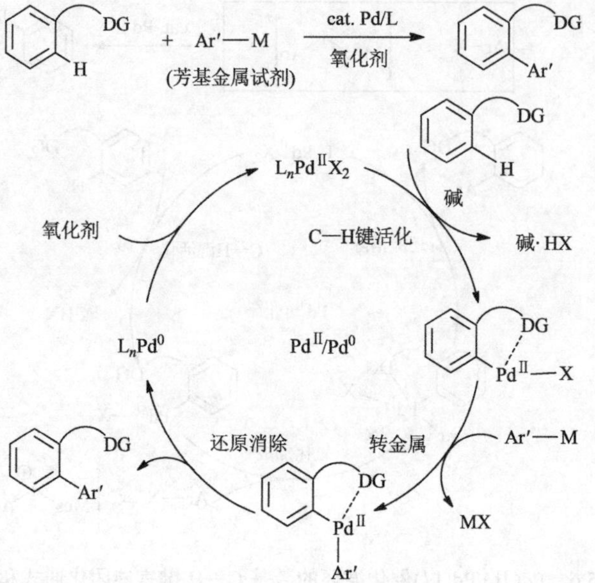

图 5.7　Pd(Ⅱ)/Pd(0)催化循环的芳基 C—H 键官能团化通式和机理

例如：

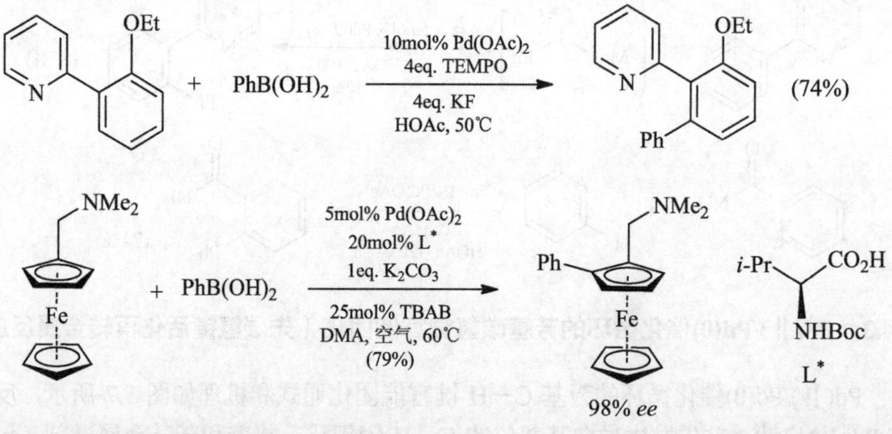

问题 5.5　写出下列反应的产物：

(1)

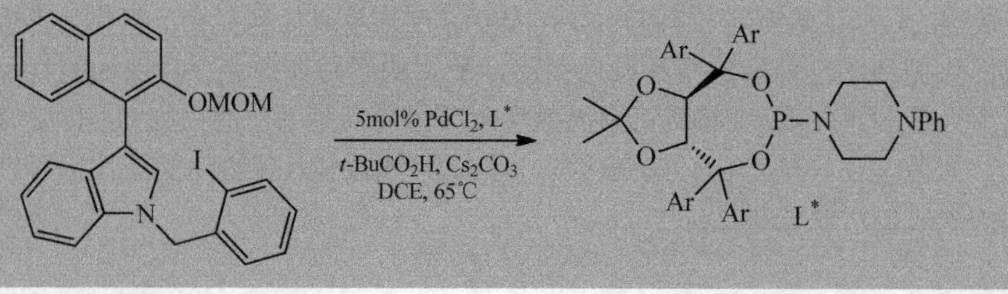

(2)

$$\text{邻甲基苯基新戊酸酯} + \left[\text{Ph}-\overset{\oplus}{\text{I}}-\text{Ph}\right]\text{TfO}^{\ominus} \xrightarrow[\text{TfOH, DCE}]{\substack{10\text{mol}\% \text{ Pd(OAc)}_2 \\ 0.5\text{eq.} (t\text{-BuCO})_2\text{O}}}$$

(3)

$$\text{3,5-二(三氟甲基)苯} + \text{Ph}-\text{Br} \xrightarrow[\substack{2.5 \text{ eq. } t\text{-BuCO}_2\text{H} \\ \text{DMA, 110℃}}]{\substack{3\text{mol}\% \text{ Pd(OAc)}_2 \\ 1.25 \text{ eq. K}_2\text{CO}_3}}$$

(4)

$$\text{1-苯基环戊烷甲酸 (CO}_2\text{H)} + \text{PhBF}_3\text{K} \xrightarrow[\substack{4\text{eq. K}_2\text{HPO}_4, \text{ O}_2 (20\text{atm}) \\ t\text{-BuOH, 110℃}}]{\substack{10\text{mol}\% \text{ Pd(OAc)}_2 \\ 0.5\text{eq. 四羟基-1, 4-苯醌}}}$$

5.5 铜、镍过渡金属等催化的碳碳键形成的反应

前面重点介绍了钯催化的碳碳键形成的反应，常见的过渡金属如铜和镍价格便宜，其催化的碳碳键偶联反应也在工业界获得了广泛的应用，本节予以简要介绍。

5.5.1 铜催化的碳碳键形成的反应

著名的铜催化的碳碳键形成的反应是 1901 年发现的 Ullmann 反应。Ullmann 反应最初是指廉价金属铜促进的形成 sp^2 C—C 键的芳基-芳基偶联反应。Ullmann 反应最初的反应条件苛刻（高温、强碱、当量铜催化剂），后人对该反应进行了改进，如使用催化量的镍和当量的还原剂如 Mn 或者 Zn，可以在非常温和的条件下实现相关的还原偶联。Ullmann 反应的机理迄今并不明确，可能涉及芳基铜中间体或芳基自由基两种机理。

Ullmann 反应	镍改进的Ullmann 反应
$\text{Ar}-\text{X} + \text{Ar}-\text{X} \xrightarrow[>200℃]{\text{铜粉}} \text{Ar}-\text{Ar}$	$\text{Ni(cod)}_2 + 2 \text{ Ar}-\text{X} \xrightarrow[25\sim40℃]{\text{DMF}} \text{Ar}-\text{Ar}$
两种可能的机理：	
a) $\text{Ar} \cdot + \text{Ar} \cdot \longrightarrow \text{Ar}-\text{Ar}$	$2 \text{ Ar}-\text{X} \xrightarrow[\substack{2.0\text{eq. Mn} \\ \text{DMF, rt}}]{\substack{5\text{mol}\% \text{ NiBr}_2 \\ 6\text{mol}\% \text{ dtbpy}}} \text{Ar}-\text{Ar}$
b) $\text{Ar}-\text{Cu}^{\text{III}}-\text{Ar} \longrightarrow \text{Ar}-\text{Ar}$	

1929 年，Hurtley 将其拓展到芳基卤化物和 sp^3 碳负离子之间的偶联，即由芳基-芳基偶联拓展为 $C(sp^2)$—$C(sp^3)$ 偶联，因而也称 Ullmann-Hurtley 反应。Ullmann-Hurtley 反应最初的反应条件苛刻（高温、强碱、当量铜催化剂），后人对反应条件进行了改进，特别是对该反应相关配体的持续改进，使得该反应条件温和，底

物适用范围得到了极大的拓展，成为钯催化的有力竞争者。代表性的反应通式和反应机理如图 5.8 所示。

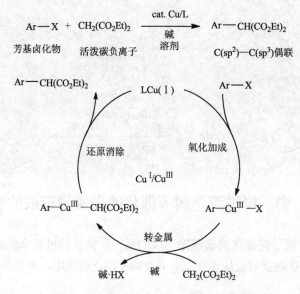

图 5.8　铜催化的 Ullmann-Hurtley 反应通式和机理

改进后的 Ullmann-Hurtley 反应条件温和，催化剂当量低，手性配体的引入还可以实现相关反应的对映选择性。例如：

类似的条件反应可以用来构建碳-杂原子键，是构建碳-杂原子键的重要反应之一，目前已在药物合成、化学生物学和天然产物合成中得到了广泛的应用。例如：

5.5.2　镍催化的碳碳键形成的反应

零价镍在 Kumada、Suzuki 和 Negishi 等交叉偶联反应中可以替代零价钯催化剂。与零价钯催化交叉偶联反应相比，零价镍催化反应的亲核试剂底物扩展到氯代芳烃，亲电试剂扩展到烷基试剂，即扩展到 sp^2-sp^3、sp^3-sp^3 碳碳键的偶联。例如：

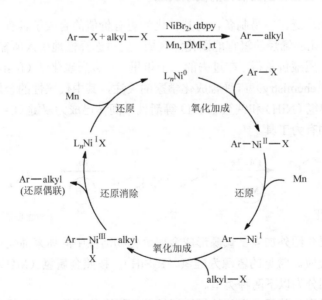

和前面氧化还原中性的偶联反应不同，镍还可以实现催化两个亲电试剂之间的还原交叉偶联，由于亲电的偶联试剂如芳基卤化物、烷基卤化物稳定易得，有效避免了氧化还原中性的偶联反应中金属试剂的预先制备。其反应机理如图 5.9 所示，以芳基卤化物、烷基卤化物之间的交叉偶联为例，首先 Ni(0) 和活性较高的芳基卤化物发生氧化加成生成 Ar-Ni(II) 中间体，在当量 Mn 或 Zn 粉作还原剂的条件下原位还原得到 Ar-Ni(I) 中间体，接着和烷基卤化物发生氧化加成生成高价的 Ar-Ni(III)—alkyl 中间体，接着发生快速的还原消除得到预期的交叉偶联产物。相应的 Ni(I) 被 Mn 或 Zn 粉还原为 Ni(0) 完成催化循环。

图 5.9　镍催化的还原交叉偶联反应的机理

镍催化的还原偶联，反应条件温和，通常室温就可以进行，其底物适用范围广，对廉价不活泼的芳基氯化物都有很好的活性，因此在工业界有广泛的应用。反应只需要使用空气稳定的廉价二价镍作催化剂，除了使用非均相的 Mn

或 Zn 粉作还原剂，也可以在光催化条件下使用常见的有机胺作还原剂，或者在电化学条件下电极自身作还原剂。使用手性配体还可以实现 C（sp³）手性中心的构建。例如：

$$\text{Cl}—\text{C}_6\text{H}_4—\text{CHO} \xrightarrow[\text{Zn}]{\text{NiCl}_2,\ \text{Ph}_3\text{P}} \text{OHC}——\text{CHO} \quad (72\%)$$

$$\text{Ar}—\text{Cl} + \text{alkyl}—\text{Cl} \xrightarrow[\text{Zn, LiCl, NMP, 80℃}]{\substack{10\text{mol}\%\ \text{NiBr}_2 \\ 10\text{mol}\%\ \text{PyBCam}^{\text{CN}}}} \text{Ar}—\text{alkyl}$$

PyBCam^{CN}

$$92\%\ ee \quad (85\%)$$

5.5.3　铜氢、镍氢和铁氢催化的偶联反应

烯烃来源广泛，容易制备，将其转化为更有价值的合成子具有十分重要的意义。金属氢催化的烯烃的氢官能团化能区域、立体选择性地引入所需要的官能团。第一过渡系金属廉价易得，在过去的二十年里，其金属氢化学（first-row transition metal-hydride chemistry）广受合成化学家的关注，其中代表性的金属氢物种如铜氢（CuH）、镍氢（NiH）和铁氢（FeH）等活性中间体已成为双键（C═C 和 C═O）氢官能团化的有力工具。

氢官能团化　　　　　　　　　　烯烃　　　　　　　　　　迁移氢官能团化

下面简要介绍外加当量氢源形成金属氢化物活性中间体来催化不活泼烯烃的氢官能团化反应。常见的氢源为硅氢（R₃SiH），按照金属氢（MH）物种和烯烃反应机理不同分为以下两种类型。

第一种类型是基于自由基的氢原子转移型氢官能团化，常见的金属催化剂为 Fe、Co、Mn。以 Fe(Ⅲ)H 为例，高价态的 Fe(Ⅲ)H 物种和烯烃发生氢原子转移，烯烃生成形式上为马氏加氢的更稳定的烷基自由基，该自由基中间体接着再被自由基受体捕获，得到形式上氢官能团化的产物，可以实现碳碳键以及碳-杂原子键的构建。

反应类型：

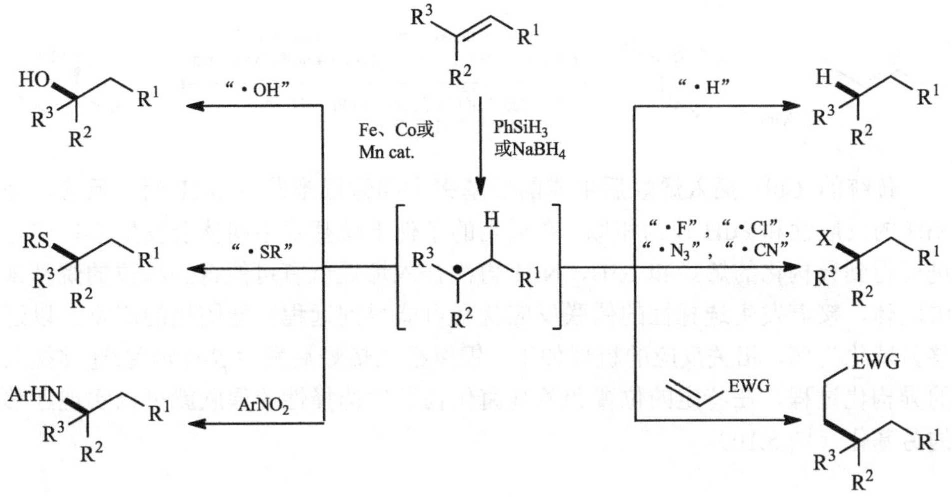

例如：

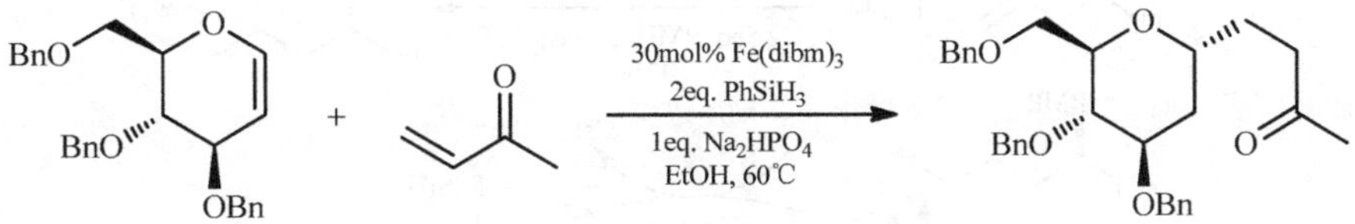

dibm = 2, 6-二甲基庚-3, 5-二酮

第二种类型是金属氢和烯烃发生化学选择性的顺式(*cis*)-插入反应，形成相应的烷基金属中间体，该中间体接着和各种亲电偶联试剂反应生成相应的偶联产物。目前应用较为成熟的是 Cu(Ⅰ)H，该类反应条件温和，可以高效构建 C—N键和 C—C 键。已经实现的反应类型包括：氢胺化、氢烷基化、氢烯丙基化、氢酰化、氢硅化、氢羰化和氢芳基化等。

反应类型：

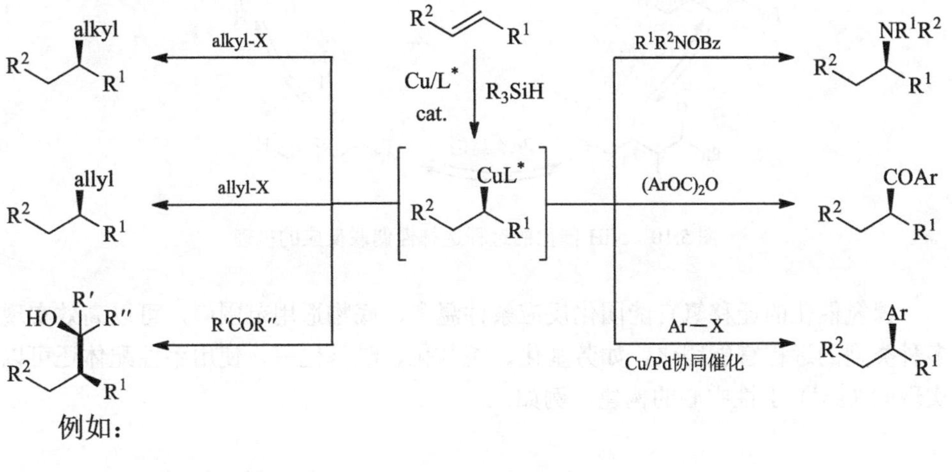

例如：

例如：

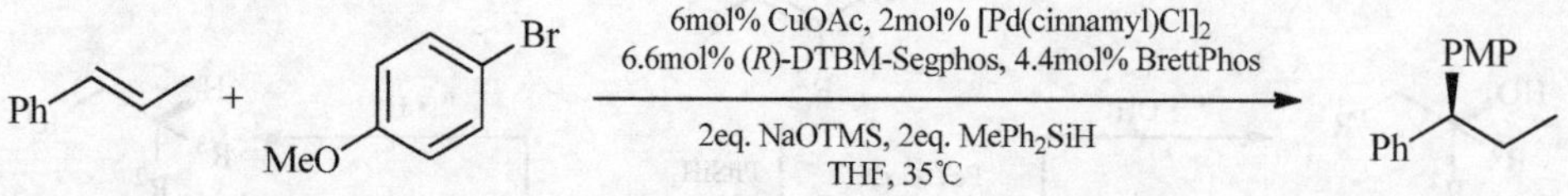

传统的 CuH 插入烯烃后生成的烷基铜中间体很难发生 β-H 消除反应，而 NiH 的反应性和 PdH 较为相似，在适当的条件下烷基镍中间体会发生 β-H 消除进而得到异构化的烯烃和 NiH，NiH 再次插入烯烃就有可能得到移位的烷基镍中间体，接着发生选择性的偶联反应就有可能得到远程官能团化的产物。以迁移芳基化为例，相关反应的机理如下：镍氢插入烯烃后发生 β-H 消除/迁移插入的异构化过程，在特定的位置和芳基卤化物发生选择性的偶联就可以实现迁移的芳基化（图 5.10）。

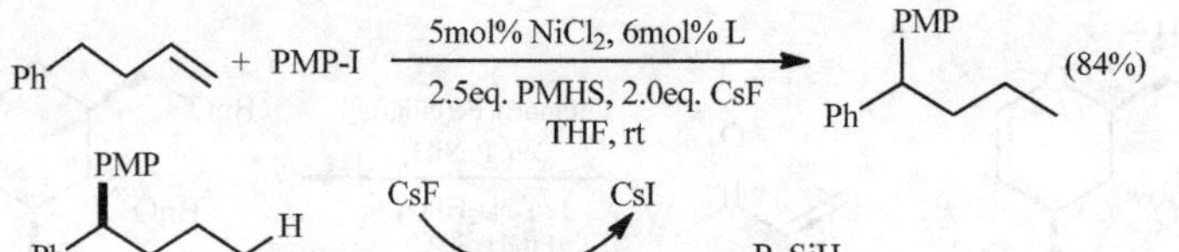

图 5.10　NiH 催化的远程选择性偶联反应的机理

镍氢催化的迁移氢官能团化反应条件温和，底物适用范围广，可以高效实现多种类型的远程官能团化，如芳基化、烷基化、酰基化等，使用手性配体还可以实现 C（sp^3）手性中心的构建，例如：

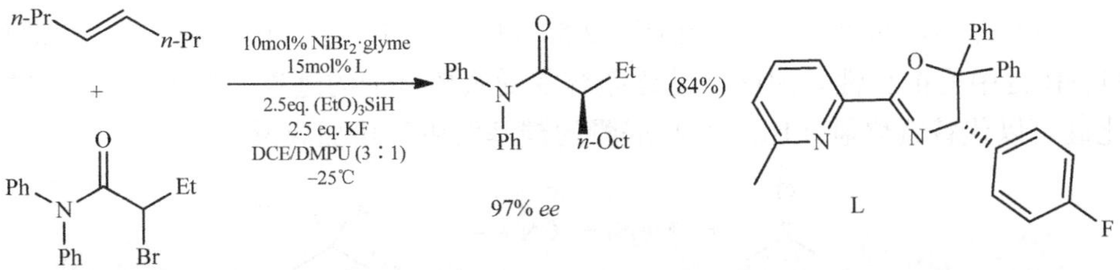

问题5.6 写出下列反应的产物：

(1)

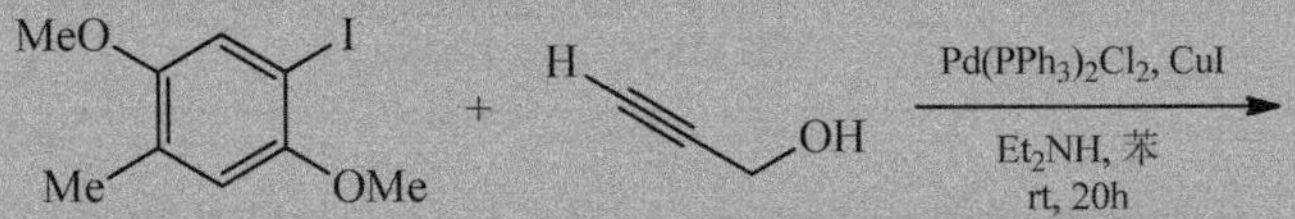

(2)

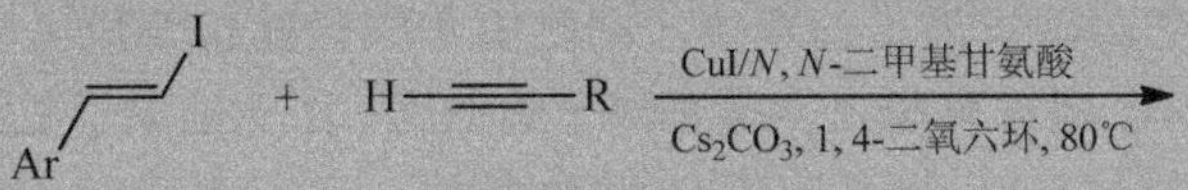

(3)

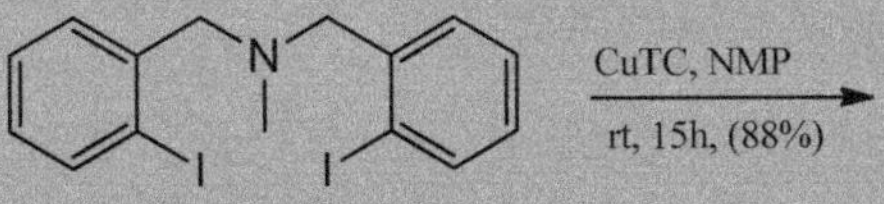

(4)

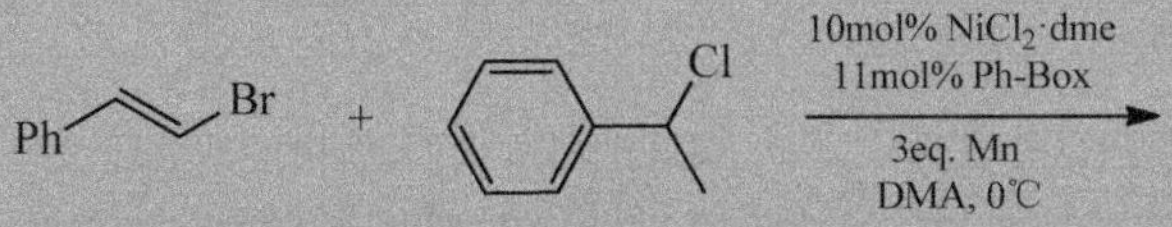

(5)

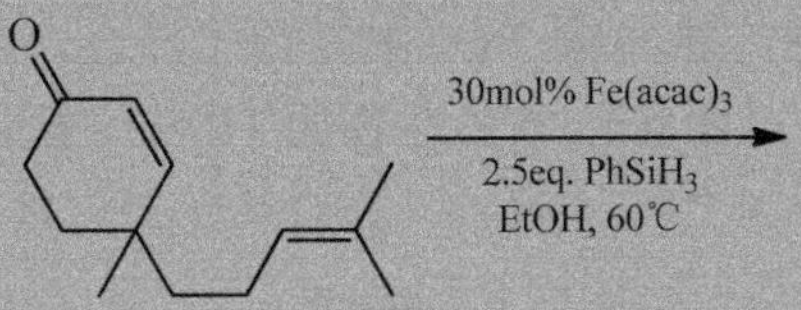

(6)

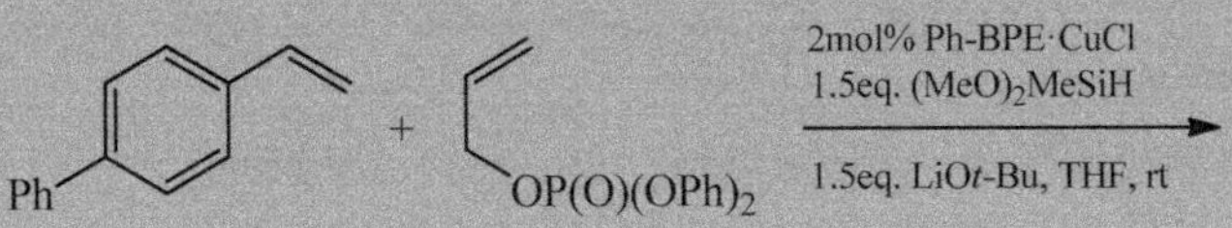

5.6 有机硅试剂在碳碳键形成反应中的应用

5.6.1 硅的成键特点

硅和碳同族，位于碳之下，外层电子构型为 $3s^2 3p^2 3d^0$，硅以 sp^3 杂化轨道互相成键并和其他元素的原子成键形成四面体结构。但是硅和碳不同，硅的原子半径比碳大，同时硅有空的 3d 轨道，可以参与成键。因此，硅形成的键有如下的特点：

（1）硅的电负性（1.74）比碳（2.5）和氢（2.1）小，因而在 Si—C 键和 Si—H 键中呈电正性。因此，硅比碳容易受亲核试剂的进攻。例如，三甲基氰化硅可以代替氰化氢（HCN）与醛酮的羰基发生亲核加成反应：

（2）由于硅原子具有能量较低的空的 3d 轨道，易和相邻碳原子的 p 轨道重叠，因而硅原子有稳定 α-碳负离子的作用。同时由于碳硅键和 β-碳上空的 p 轨道有效的超共轭效应，硅原子有稳定 β-碳正离子的作用。由于硅原子成键时的这些特点，烯醇硅醚、硅叶立德（硅稳定的 α-碳负离子）、乙烯基硅烷和烯丙基硅烷等是多种有机反应尤其是形成碳碳键反应的重要试剂。

硅稳定的 α-碳负离子(硅叶立德)　　　碳硅键和 β-碳的p轨道的超共轭效应
　　　　　　　　　　　　　　　　　　（稳定 β-碳正离子）

（3）由于硅的空的 d 轨道参与成键，硅容易与 O、F 等原子结合。因而在有机合成中，硅醚常用作羟基的保护基（第 8 章），含氟化物如 TBAF（氟化四丁基铵）用作去硅醚保护基的试剂。例如：

（4）硅原子的半径比碳大，因而硅硅键（Si—Si）比碳碳键（C—C）弱，硅不能像碳那样形成长链化合物。同时硅的 p 轨道不能和碳或氧的 p 轨道互相有效地重叠，因而 Si＝C、Si＝O、Si＝Si 是不稳定的，难以存在于稳定的化合物中。

5.6.2　烯醇硅醚

1. 烯醇硅醚的制备

醛、酮、酯在碱性试剂存在下与三烷基氯硅烷反应可制得烯醇硅醚。常用的溶剂为 DMF、THF、HMPA 等。例如：

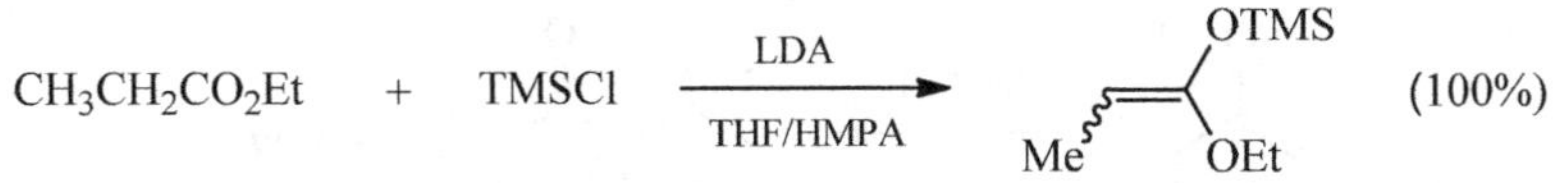

$CH_3CH_2CO_2Et$ + TMSCl
LDA
THF/HMPA
OTMS
Me
OEt
(100%)

对于不对称的酮，若用弱碱（如三乙胺）则得到热力学控制产物；如用强碱（如 LDA）则得到动力学控制产物。例如：

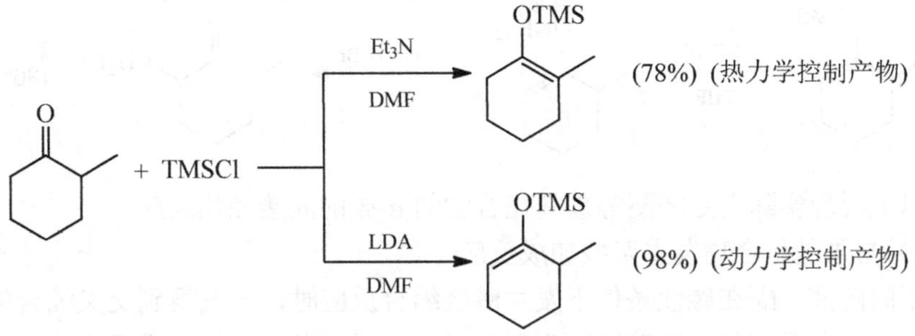

O
+ TMSCl
Et_3N
DMF
OTMS
(78%) (热力学控制产物)
LDA
DMF
OTMS
(98%) (动力学控制产物)

α, *β*-不饱和酮用活泼金属/液氨溶液还原可得到烯醇硅醚：

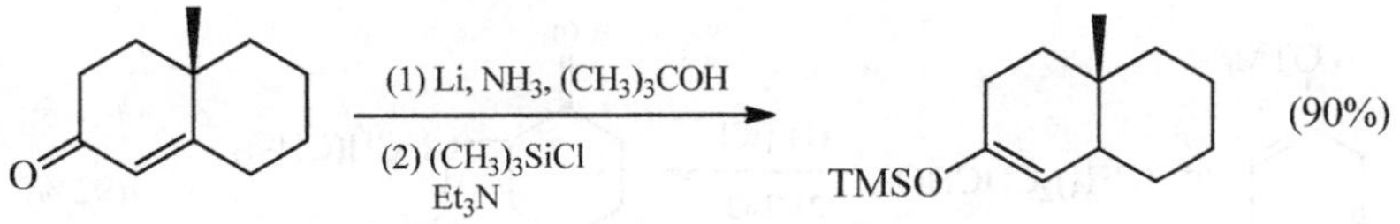

O
(1) Li, NH_3, $(CH_3)_3COH$
(2) $(CH_3)_3SiCl$
Et_3N
TMSO
(90%)

β-酮酸三甲基硅酯的热重排脱羧也可生成烯醇硅醚：

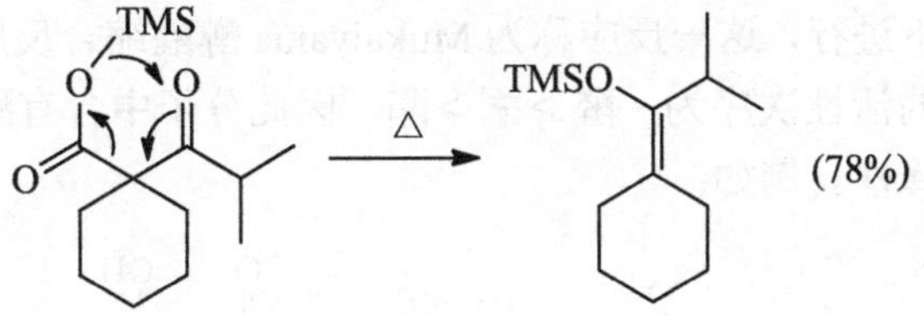

TMS
O
O
O
△
TMSO
(78%)

2. 烯醇硅醚的反应

硅的电负性比氢还小，可以把硅看作是一种金属，因此烯醇硅醚可以看作醛、酮、酯等的烯醇盐。

1）与卤代烃发生亲核取代反应

例如：

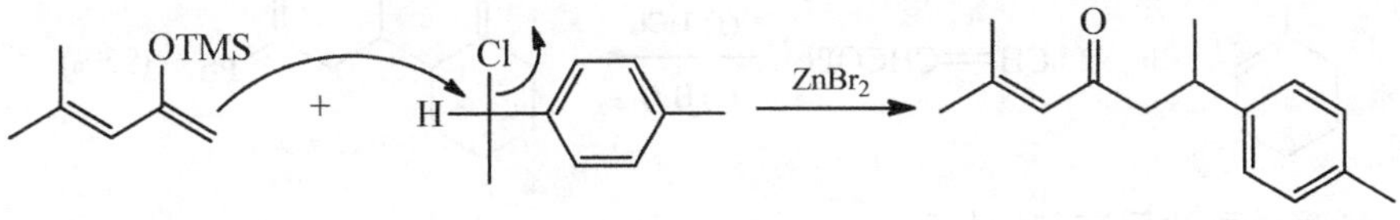

OTMS
+
Cl
H
$ZnBr_2$
O

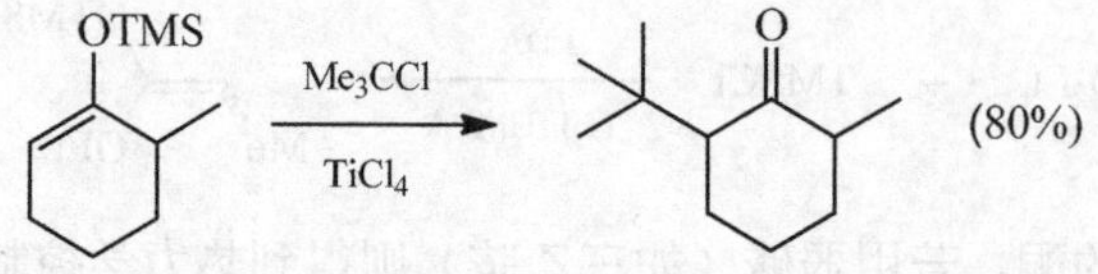

$$\text{(80\%)}$$

若是伯卤代烃，应先将烯醇硅醚转化为烯醇盐。例如：

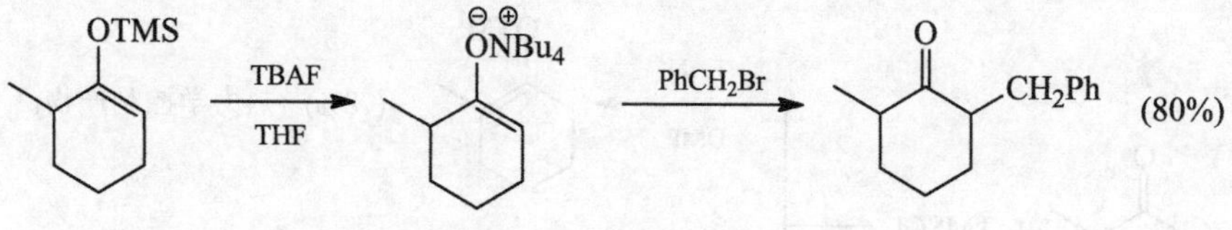

$$\text{(80\%)}$$

以上反应实际上是醛酮等羰基化合物的 α-碳的间接烃化反应。

2）与羰基化合物发生亲核加成反应

不同的醛、酮在碱性条件下发生醇醛缩合反应时，一般得到交叉缩合的混合物。若将一种醛酮制成烯醇硅醚后再与另一种醛酮发生亲核加成反应，能得到单一产物 β-羟基醛酮。例如：

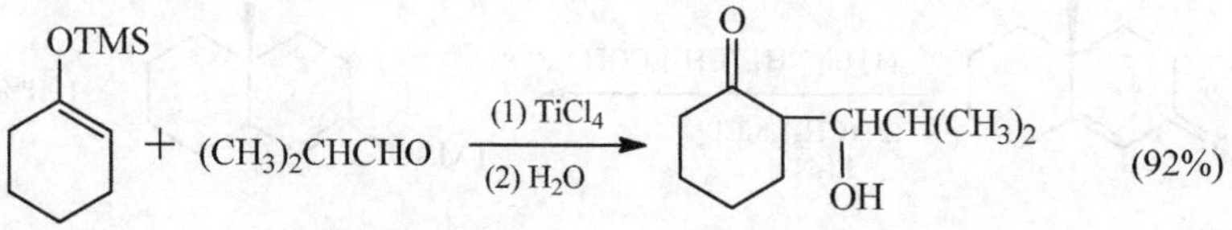

$$\text{(92\%)}$$

烯醇硅醚与醛、酮的亲核加成反应一般需在 $TiCl_4$、$SnCl_4$、$AlCl_3$、$ZnCl_2$、BF_3 等路易斯酸催化下进行，这一反应称为 Mukaiyama 醇醛缩合反应。与烯醇硅醚反应的羰基化合物的活性次序为：醛＞酮＞酯。因此分子中含有醛、酮、酯基时，反应具有区域选择性。例如：

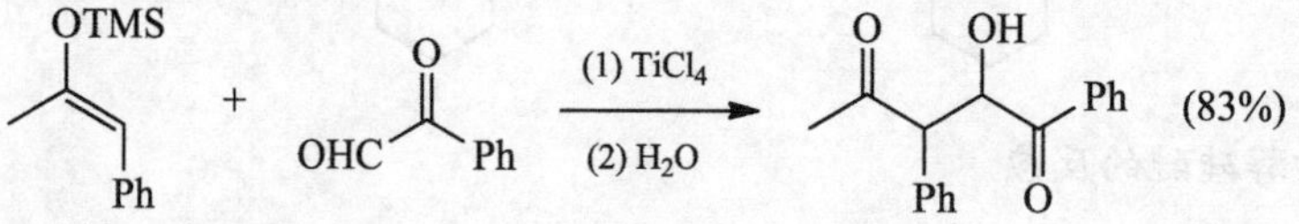

$$\text{(83\%)}$$

3）Michael 加成反应

烯醇硅醚在路易斯酸存在下可以与 α, β-不饱和羰基化合物、α, β-不饱和腈、α, β-不饱和硝基化合物等发生 Michael 加成反应。例如：

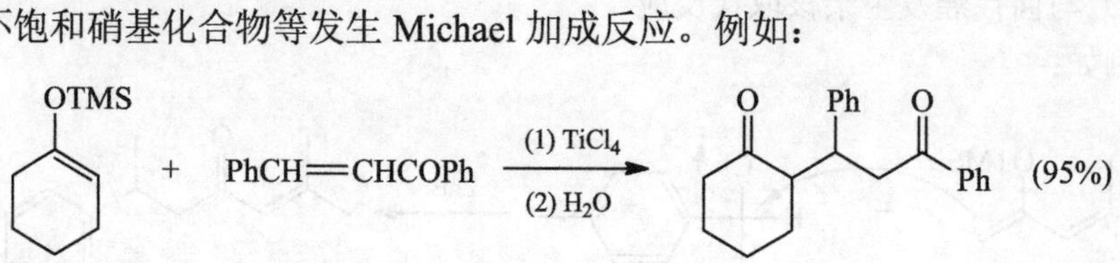

$$\text{(95\%)}$$

烯醇硅醚的反应归纳如下：

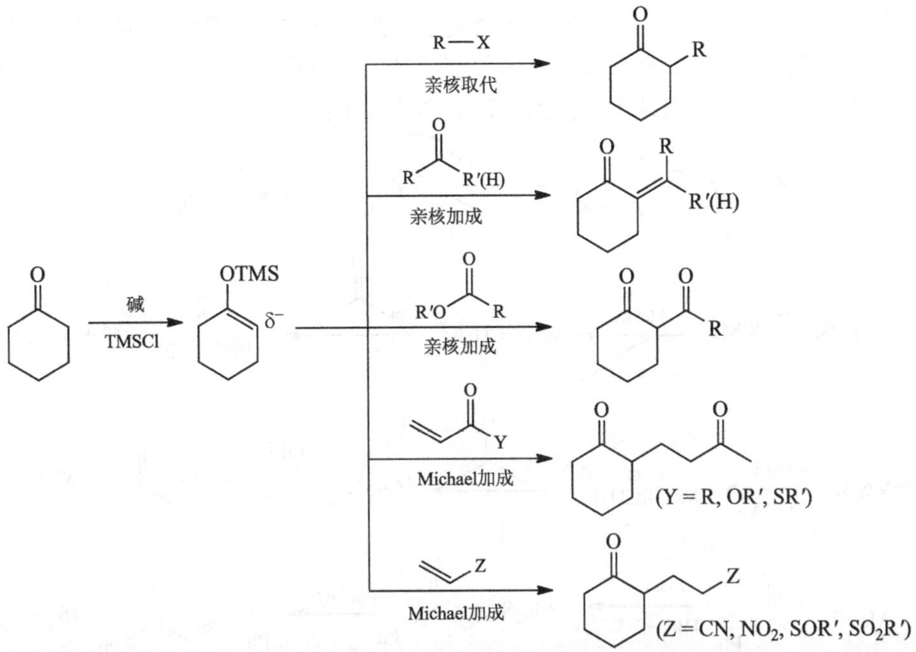

问题 5.7 写出下列反应产物：

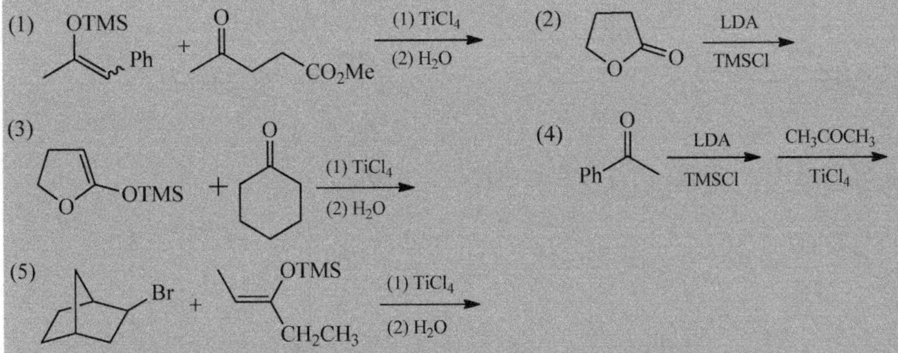

问题 5.8 写出下列反应的中间产物：

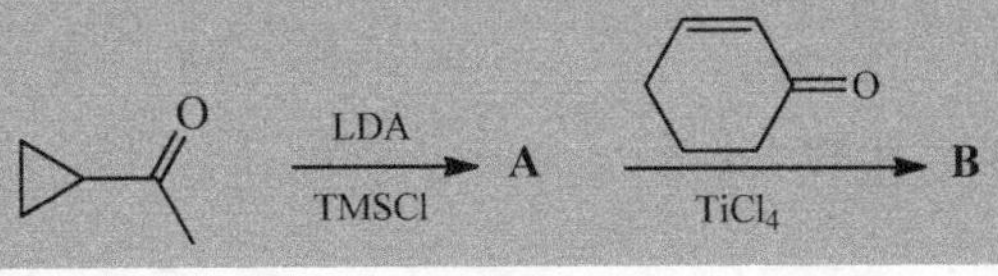

5.6.3 硅叶立德和 Peterson 反应

除了羰基等含杂原子的不饱和基团可有效稳定 α-碳负离子外，邻位带正电荷原子也可稳定 α-碳负离子。由电正性原子硅、磷、硫等原子稳定的 α-碳负离子称为叶立德（ylide）。由硅稳定的 α-碳负离子称为硅叶立德。硅叶立德与醛酮发生亲核加成反应，生成的产物自动分解得到烯烃。这一反应称为 Peterson 反应。硅叶立德可以由硅烷与强碱作用得到。反应通式如下：

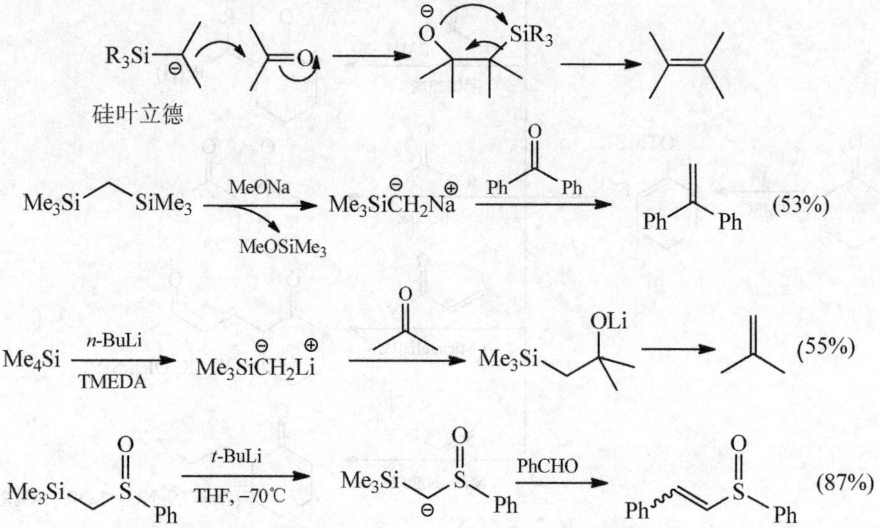

Peterson 反应通常得到的烯烃是 Z 和 E 构型的混合物。例如：

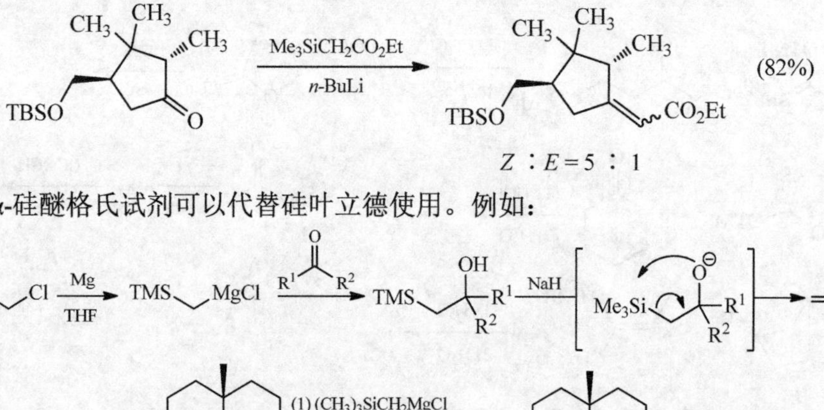

$$Z : E = 5 : 1$$

α-硅醚格氏试剂可以代替硅叶立德使用。例如：

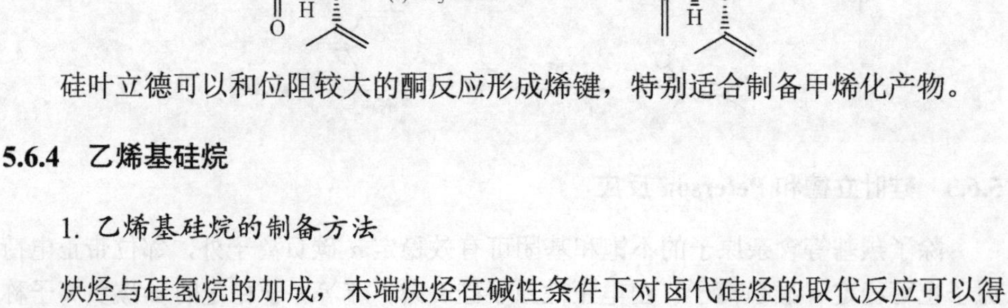

硅叶立德可以和位阻较大的酮反应形成烯键，特别适合制备甲烯化产物。

5.6.4　乙烯基硅烷

1. 乙烯基硅烷的制备方法

炔烃与硅氢烷的加成，末端炔烃在碱性条件下对卤代硅烷的取代反应可以得到乙烯基硅烷。反应式如下：

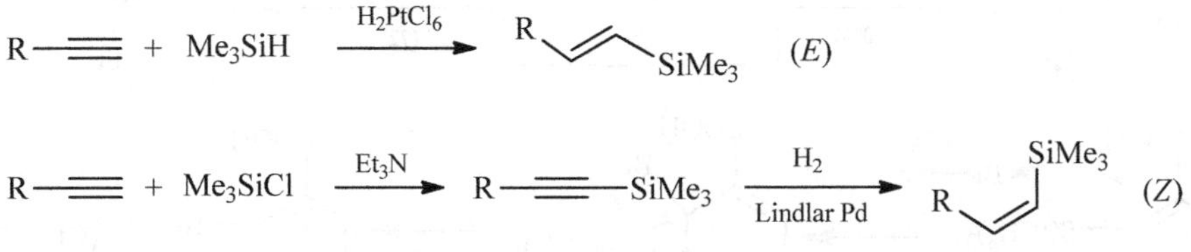

R
Me3SiH
H2PtCl6
R
SiMe3
(E)
R
Me3SiCl
Et3N
R
SiMe3
H2
Lindlar Pd
SiMe3
R
(Z)

乙烯基硅烷也可以在二氯化铬存在下，由醛酮和偕二卤代烃反应得到。例如：

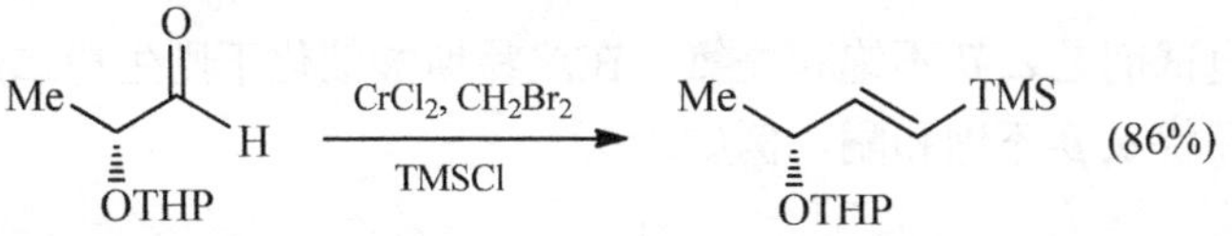

O
Me
H
OTHP
CrCl2, CH2Br2
TMSCl
Me
TMS
OTHP
(86%)

2. 乙烯基硅烷的反应

1）与有机过氧酸反应

乙烯基硅烷被有机过氧酸[如过氧间氯苯甲酸（*m*-CPBA）]氧化生成 *α*, *β*-环氧基硅烷。由于三甲硅基能稳定 *β*-碳正离子，所以后者用酸开环时，优先使 *β*-位 C—O 键破裂，生成区域选择性的产物：

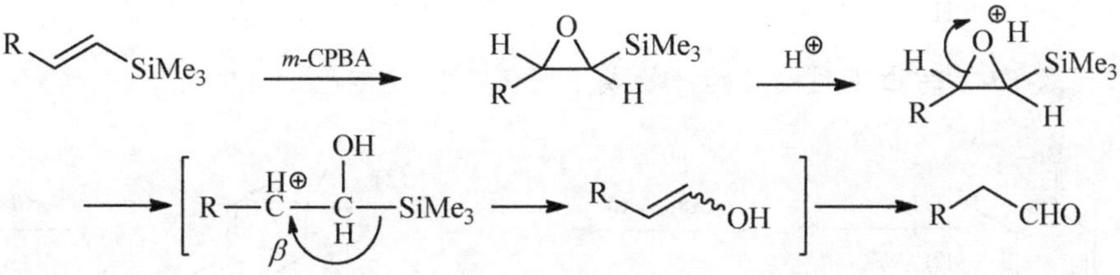

R
SiMe3
m-CPBA
H
O
SiMe3
R
H
H⊕
H
O
H
SiMe3
R
H
OH
R
C
C
SiMe3
H
β
R
OH
R
CHO

例如：

SiMe3
t-Bu
m-CPBA
O
t-Bu
SiMe3
H2SO4
O
t-Bu
(74%)

2）与亲电试剂反应

乙烯基硅烷与亲电试剂作用时，由于三甲硅基能稳定 *β*-碳正离子，所以控制了亲电试剂对烯键的加成方向。反应机理如下：

R
R2
R1
SiMe3
E⊕
R
E
C
C
R2
R1
Nu⊖
SiHMe3
R
R2
R1
E

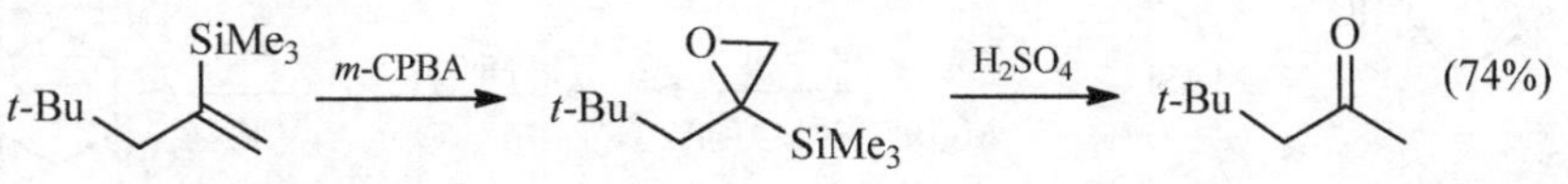

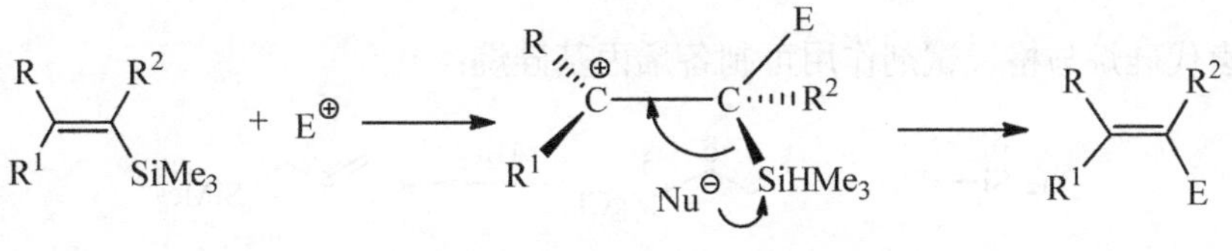

反应具有立体专一性。反应实际结果相当于亲电试剂取代了三甲硅基。例如：

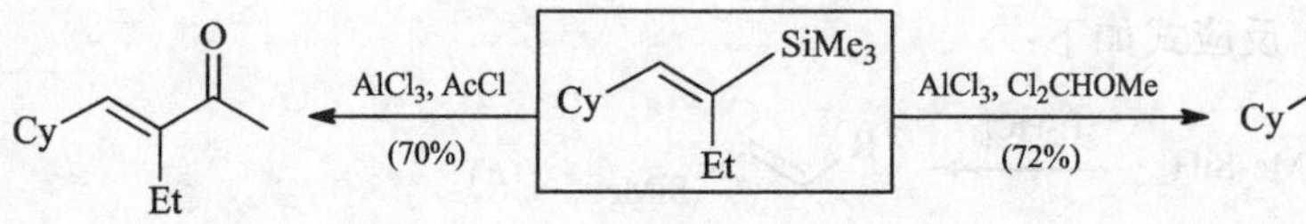

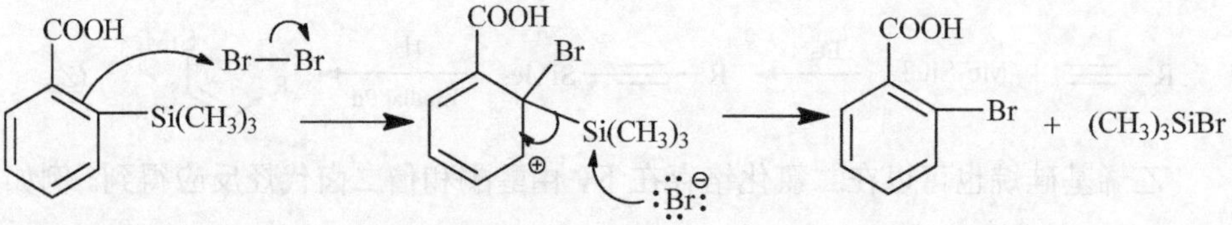

如果亲电试剂是 α,β-不饱和酰氯，在路易斯酸催化下则生成二烯酮，后者环化反应得到环状 α,β-不饱和酮。例如：

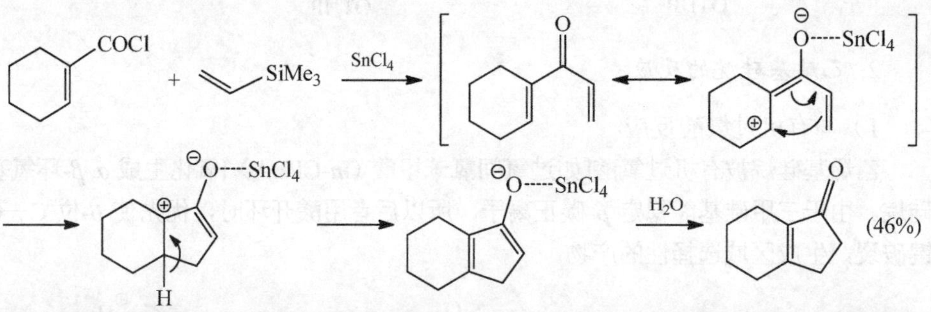

问题 5.9　写出下列反应的产物或中间体：

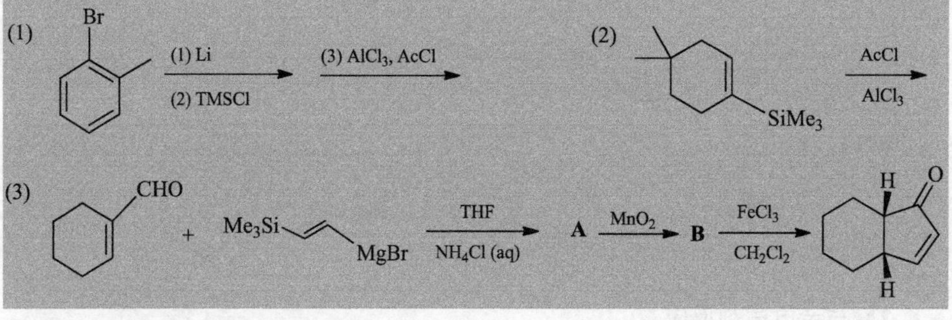

(1)

(2)

(3)

5.6.5　烯丙基硅烷

1. 烯丙基硅烷的制备

卤代硅烷与格氏试剂作用可制备烯丙基硅烷：

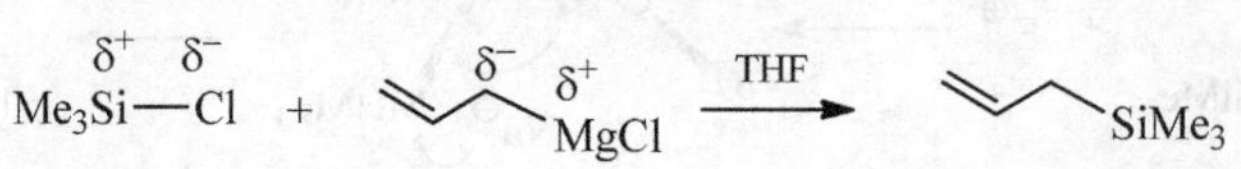

2. 烯丙基硅烷的反应

亲电试剂与烯丙基硅烷的烯键发生亲电加成反应时，由于硅能稳定 β-碳正离子，因而亲电试剂中正的部分加在离硅基最远的烯键碳原子上，同时双键移位。因此烯丙基硅烷是一种很有用的烯丙基化试剂。这种反应称为 Sakurai 烯丙基化反应。反应机理如下：

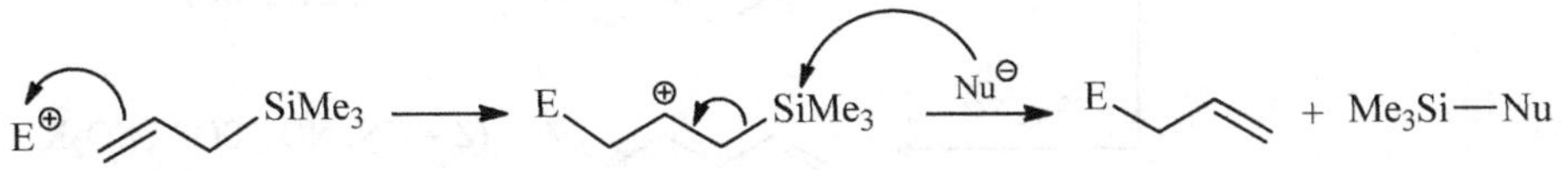

例如：

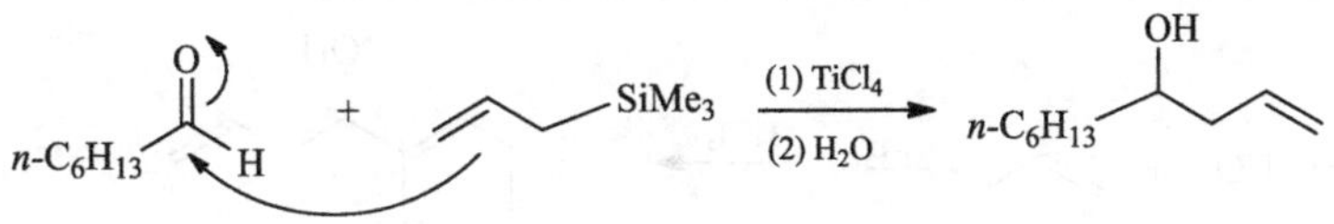

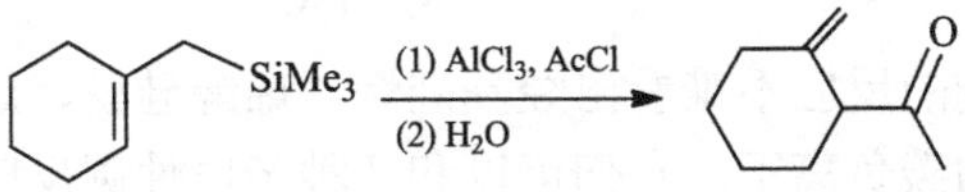

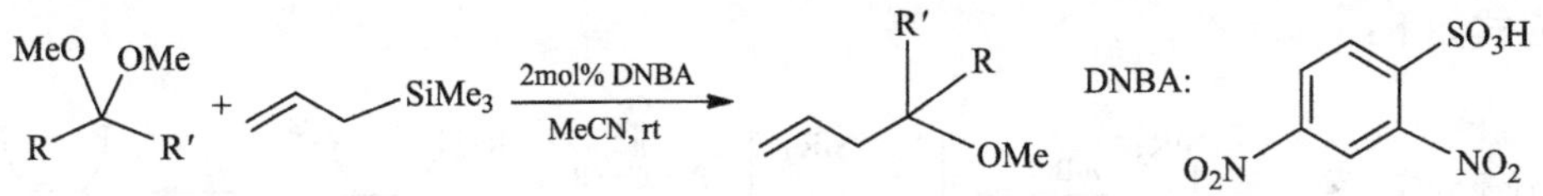

烯丙基硅烷也可以与 α, β-不饱和羰基化合物发生 Michael 加成反应。例如：

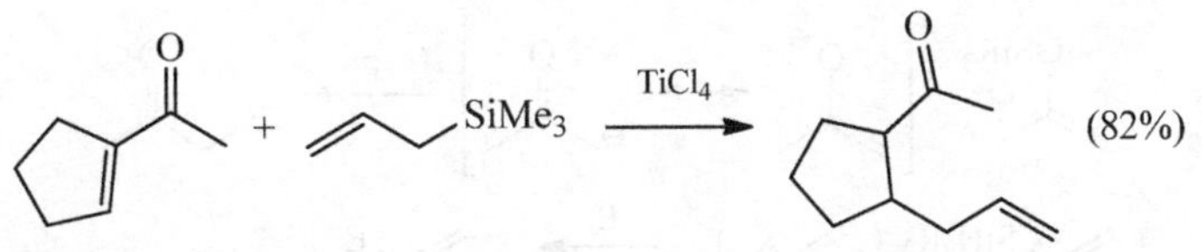

若亲电试剂是酸（如乙酸），则得到双键移位的烯键。例如：

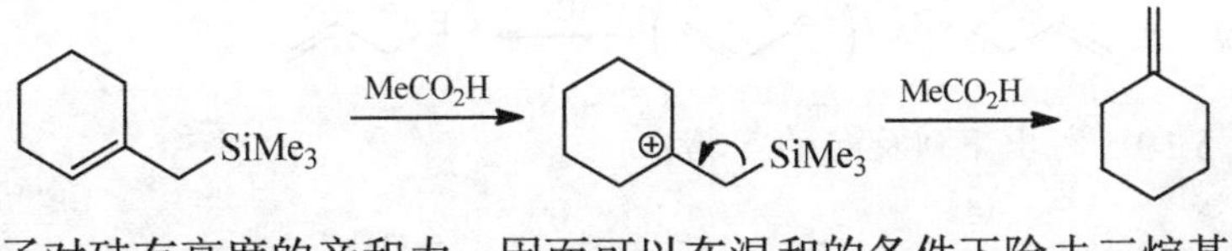

氟离子对硅有高度的亲和力，因而可以在温和的条件下除去三烷基硅基。因此，在氟离子存在下烯丙基硅烷与亲电试剂发生亲电加成反应，生成双键不移位的区域选择性产物。例如：

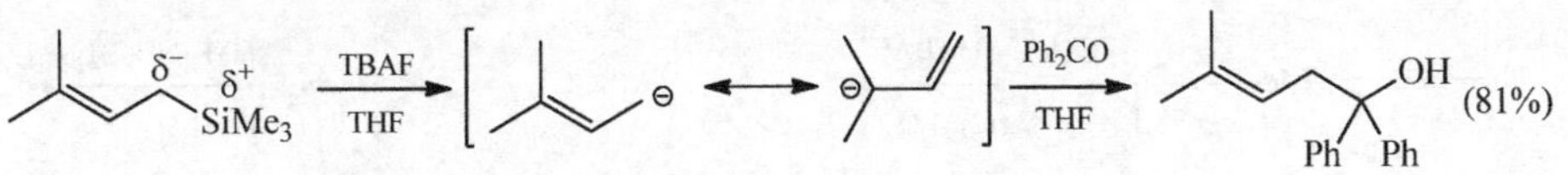

因此，烯丙基硅烷在有机合成中是很有用的烯丙基化试剂。它的反应可归纳如下：

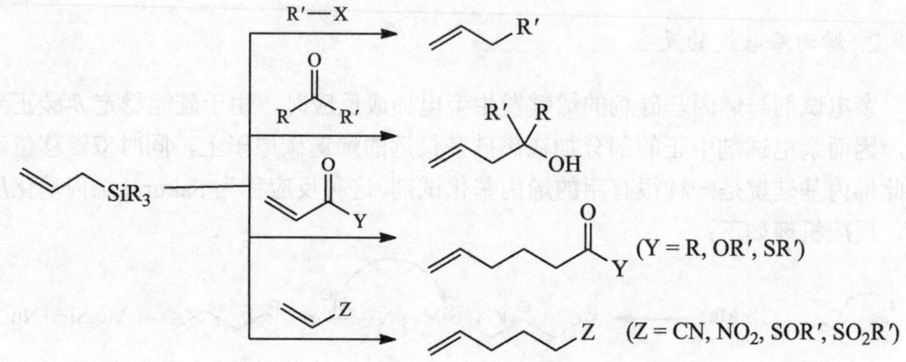

除了烯丙基硅烷外，烯丙基锡也用作烯丙基化试剂。例如：

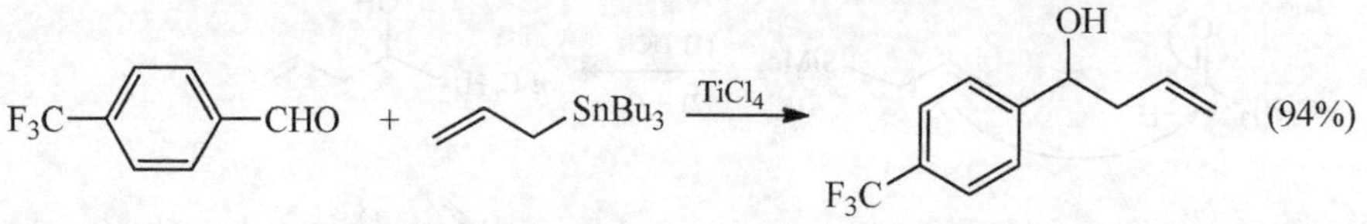

从上面有机硅试剂的反应不难看出烃基硅烷、烯醇硅醚、烯基硅烷、烯丙基硅烷都可以看作潜在的碳负离子，它们可以和各种亲电性碳反应形成碳碳键。反应式如下：

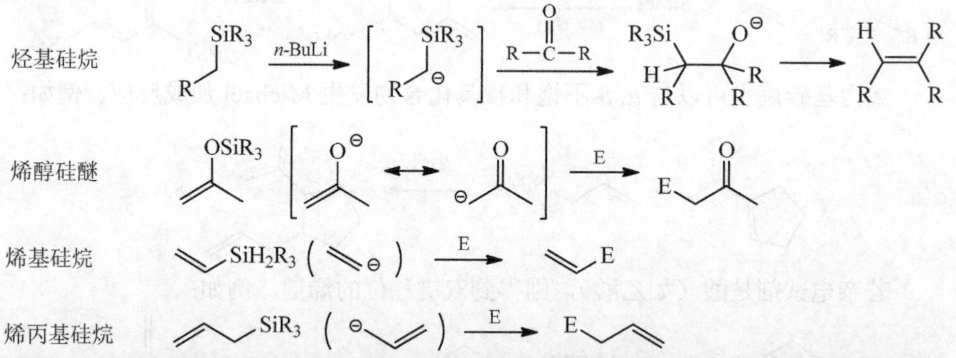

问题 5.10　写出下列反应的产物：

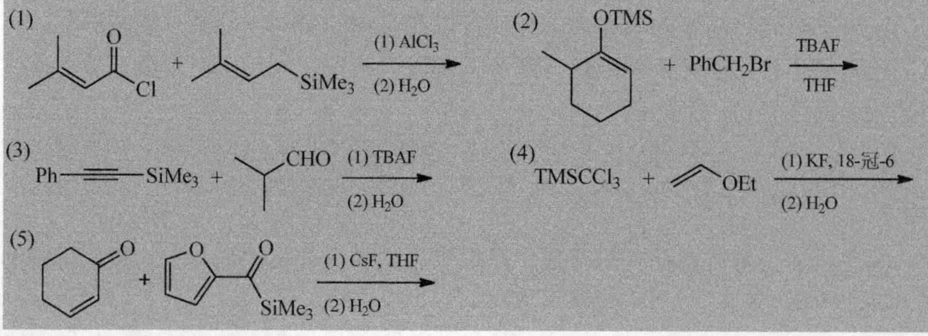

5.7 有机磷试剂在碳碳键形成反应中的应用

5.7.1 磷的成键特点

磷原子外层电子构型为 $3s^2 3p^3 3d^0$，共有 5 个价电子，其中 3 个是未成对电子。因此磷与其他原子成键时常形成三价和五价化合物，如 PCl_3、PR_3、$P(OR)_3$、PCl_5、$POCl_3$ 等。磷原子还有 5 个空的 $3d$ 轨道，可以参与成键。因此，有机磷试剂的反应有如下的特点：

（1）磷原子的半径比氮原子大，可极化性强，因此三价磷化合物（如膦）中的磷原子的亲核性比相应的含氮化合物（如胺）强。例如，三烃基膦和亚磷酸酯很容易与卤代烃发生亲核取代反应：

$$(C_6H_5)_3P \ + \ CH_3I \longrightarrow (C_6H_5)_3\overset{\oplus}{P}CH_3 I^{\ominus}$$

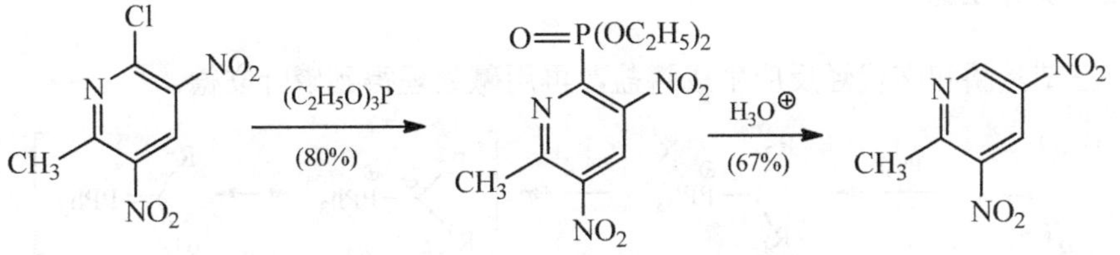

（2）由于磷原子的 d 轨道参与成键，因而磷也可以和氧、硫、氮、卤素等形成强键，其中 $P=O$ 键特别重要。例如，三价磷化合物可以脱除叔胺氧化物和亚砜分子中的氧原子。反应式如下：

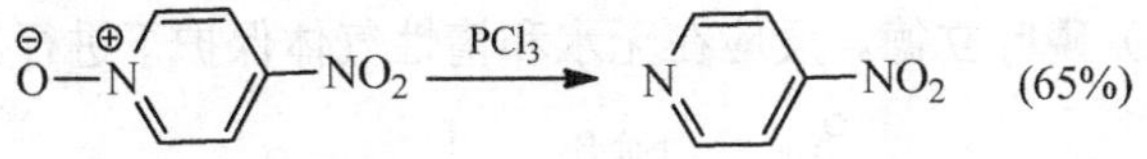

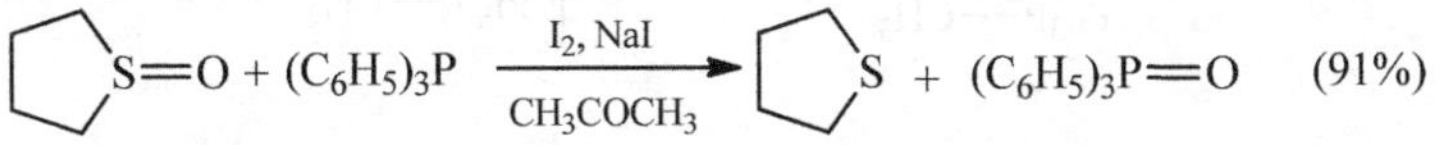

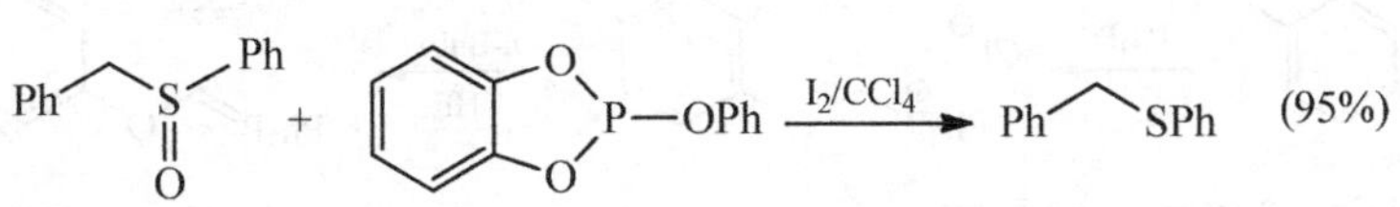

三价磷化合物也可以脱除硝基和亚硝基化合物中的氧产生氮宾，生成杂环化合物。例如：

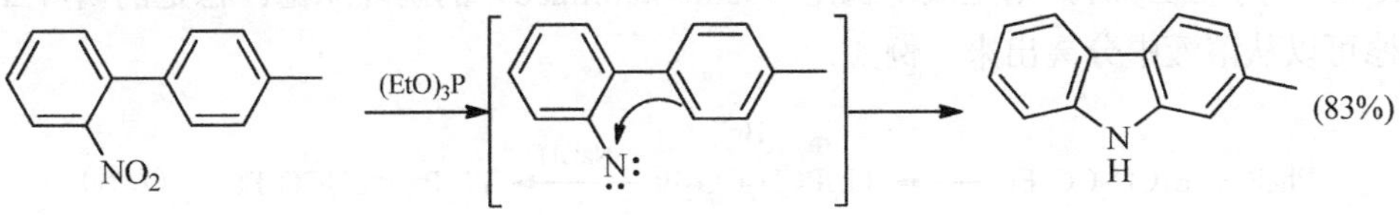

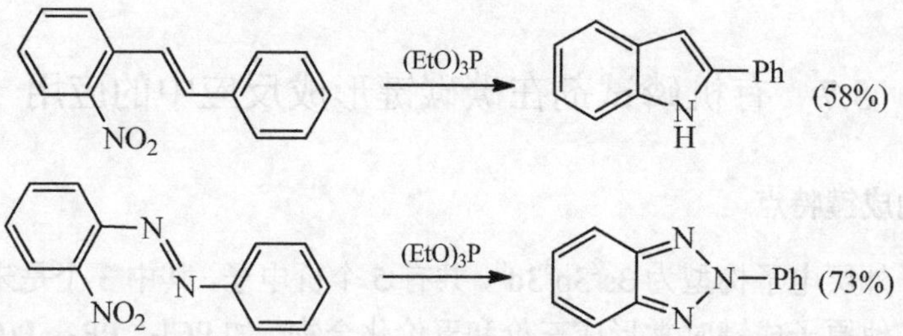

（3）由于磷原子的 3d 空轨道能与相邻碳原子的 p 轨道重叠，因而可以分散 α-碳上的负电荷，即磷能稳定 α-碳负离子，如下所示：

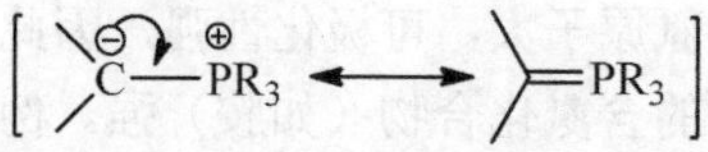

磷稳定的 α-碳负离子称为磷叶立德（phosphonium ylide）或 P-叶立德。

5.7.2 磷叶立德

三苯基膦和卤代烃反应生成膦盐，再用碱处理得到磷叶立德。

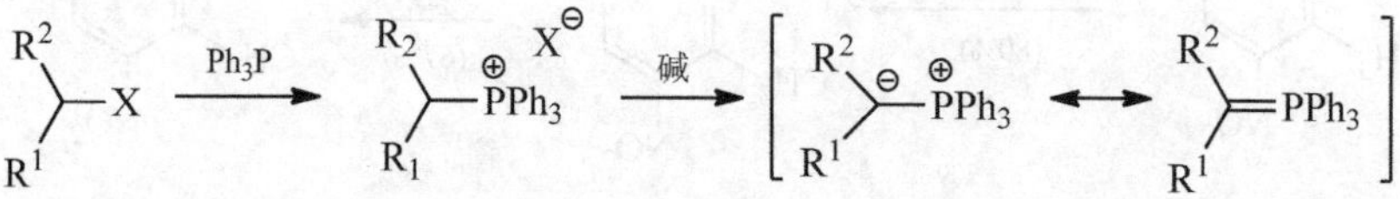

反应中常用的碱有氨、三乙胺、碳酸钠、氢氧化钠、醇钠、氨基钠、丁基锂等。选用何种强度的碱依赖于膦盐 α-碳原子上氢的酸性，若 R^1、R^2 为氢、烷基或其他给电子基团，则应选用强碱如丁基锂、氨基钠等，生成的磷叶立德为不稳定的（non-stabilized）磷叶立德。反应在无水和惰性气体保护下进行。例如：

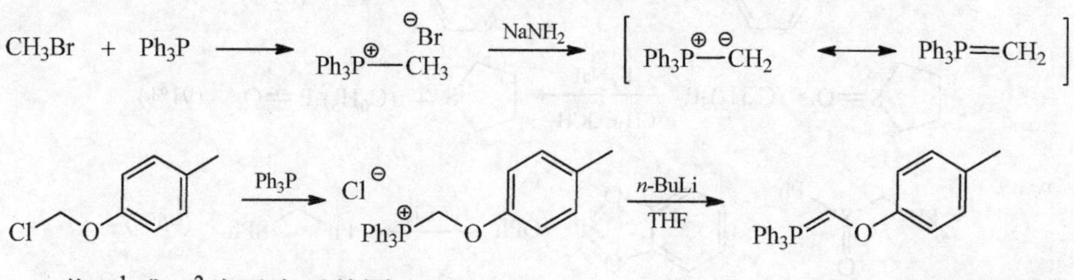

若 R^1 或 R^2 为吸电子基团（—CO_2Et、—COC_6H_5、—CN 等），则应选用较弱的碱如氨、碳酸钠等，生成的磷叶立德为稳定的（stabilized）磷叶立德，但 R^1 或 R^2 之一为 C_6H_5 时，则生成半稳定（semi-stabilized）的磷叶立德。稳定的磷叶立德可以从溶液中分离出来。例如：

$$Ph_3P + BrCH_2CO_2Et \longrightarrow Ph_3\overset{\oplus}{P}CH_2CO_2Et\ Br^{\ominus} \xrightarrow{NaOH} Ph_3P{=}CHCO_2Et \quad (75\%)$$

问题 5.11　写出下列反应的产物：

(1) 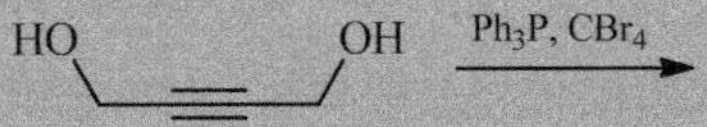 HO—CH₂—C≡C—CH₂—OH　$\xrightarrow{\text{Ph}_3\text{P, CBr}_4}$

(2) 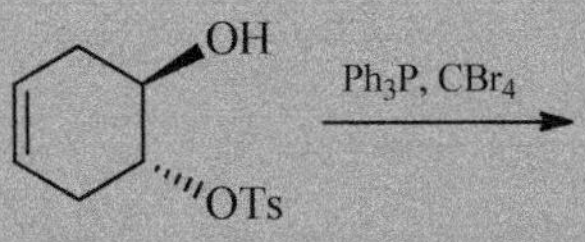 $\xrightarrow{\text{Ph}_3\text{P, CBr}_4}$

(3)

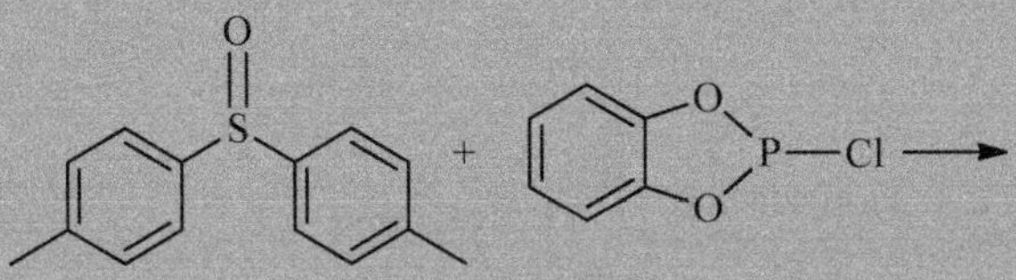

(4)

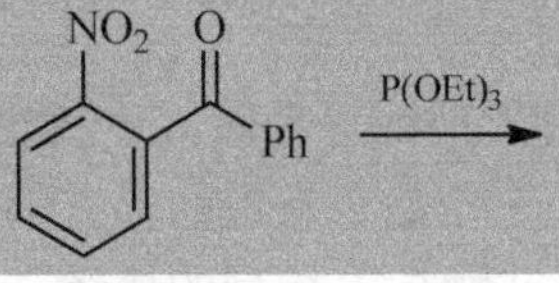

5.7.3　Wittig 反应

磷叶立德也称 Wittig 试剂。Wittig 试剂和醛、酮反应生成烯烃，这是形成碳碳双键的重要方法。反应通式如下：

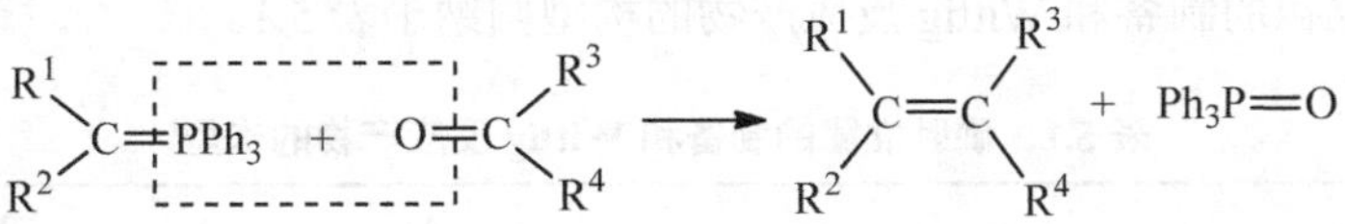

这一反应称为 Wittig（维蒂希）反应。一般认为 Wittig 反应的机理是由磷叶立德对醛、酮的羰基进行亲核加成反应，生成内盐形成四元环的中间体，然后发生分解得到烯烃：

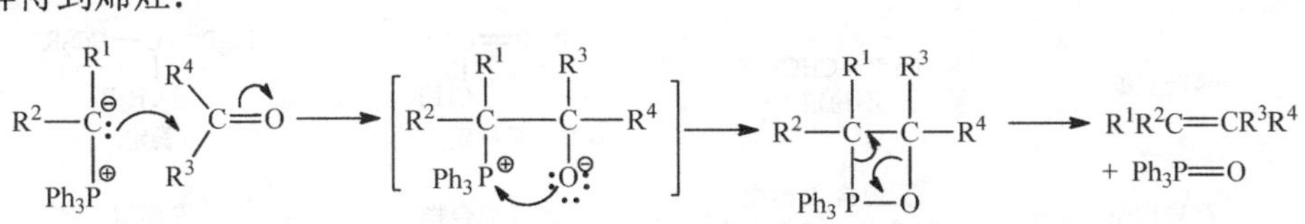

在 Wittig 反应中，如使用不稳定的磷叶立德且无锂盐存在时（如用氨基钠为碱），形成的碳碳双键主要为 Z 构型。例如：

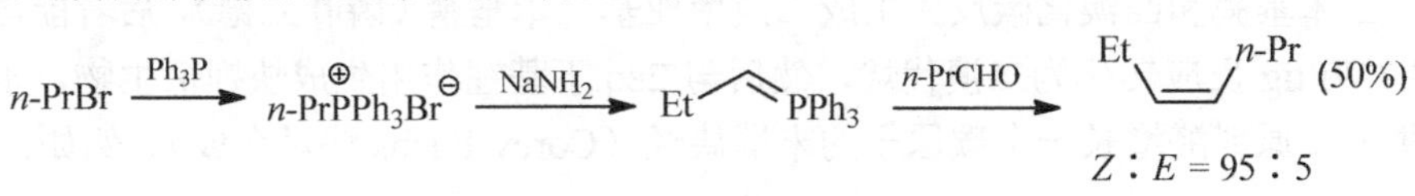

$Z : E = 95 : 5$

用无锂易电离的强碱 KN(TMS)$_2$，在低温下可合成 Z 构型的烯烃衍生物全-Z-5, 8, 11, 14, 17-二十碳五烯酸（EPA）和全-Z-4, 7, 10, 13, 16, 19-二十二碳六烯酸（DHA）。EPA 和 DHA 存在于深海鱼油中，分别具有抗血管硬化和益智功能。EPA 的化学合成方法如下：

若使用不稳定的磷叶立德且有锂盐存在时（用丁基锂等为碱），一般生成 E 和 Z 构型烯烃的混合物。若使用半稳定的磷叶立德无论是否有锂盐存在都得到 E 和 Z 构型的混合物。若使用稳定的磷叶立德，主要产物是 E 构型的烯烃。例如：

磷叶立德的制备和 Wittig 反应产物的构型归纳于表 5.1。

表 5.1　磷叶立德的制备和 Wittig 反应产物的构型

卤代烃	RCH$_2$CH$_2$X	$\overset{\displaystyle Ar}{\underset{\displaystyle \mid}{RCH_2CHX}}$	$\overset{\displaystyle X}{\underset{\displaystyle \mid}{RCH_2CHCO_2R}}$
碱	n-BuLi, PhLi LDA, NaNH$_2$	NaOEt/EtOH NaOH/H$_2$O	NaOH/H$_2$O Na$_2$CO$_3$/H$_2$O
磷叶立德	Ph$_3$P=CHCH$_2$R 不稳定	$\overset{\displaystyle Ph_3P=CAr}{\underset{\displaystyle CH_2R}{\mid}}$ 半稳定	$\overset{\displaystyle Ph_3P=C-CO_2R}{\underset{\displaystyle CH_2R}{\mid}}$ 稳定
产物构型	无锂盐，Z 构型 有锂盐，E, Z 混合物	Z, E 混合物	E 构型

三苯基膦和四溴化碳反应生成二溴甲亚基三苯基膦（磷叶立德），后者能与醛发生 Wittig 反应转化为二溴代烯，然后与 2eq.丁基锂作用生成炔锂衍生物，水解后生成比原料醛增长一个碳原子的末端炔烃（Corey-Fuchs 炔烃合成）。例如：

$$Ph_3P \; + \; CBr_4 \xrightarrow{\text{DCM}} Ph_3P\!\!=\!\!\overset{\displaystyle Br}{\underset{\displaystyle Br}{C}}$$

用 α-卤代醚生成的磷叶立德发生 Wittig 反应得到的乙烯基醚，经水解生成醛或酮。例如：

$$MeOCH_2Cl \xrightarrow{Ph_3P} MeOCH_2\overset{\oplus}{P}Ph_3\overset{\ominus}{Cl} \xrightarrow{PhLi} Ph_3P\!\!=\!\!CHOMe$$

$$Ph_3P\!\!=\!\!CHOMe \; + \; \underset{Ar}{\overset{O}{\big\|}} \longrightarrow Ar\cdots\!\!=\!\!OMe \xrightarrow{H_3O^{\oplus}} \underset{Ar}{\overset{CHO}{}}$$

在合适的条件下，分子内 Wittig 反应可生成环状烯化合物。例如：

(86%)

Wittig 反应应用广泛，分子中各种其他官能团如羟基、醚基、卤素、酯基、末端炔基对反应都没有影响。G. Wittig 发明 Wittig 反应，H. C. Brown 对有机硼反应作出重要贡献，他们共享了 1979 年诺贝尔化学奖。

问题 5.12　合成前列腺素 $PGF_{2\alpha}$ 的方法之一如下所示，写出中间产物：

$$Ph_3P \; + \; BrCH_2CO(CH_2)_4CH_3 \longrightarrow A \xrightarrow[H_2O]{NaOH} B$$

$$Ph_3P \; + \; Br(CH_2)_4CO_2Et \longrightarrow E \xrightarrow{NaNH_2} F \xrightarrow{D} G$$

5.7.4　Wittig-Horner 反应

Horner 用膦氧化物代替膦盐，用强碱使 α-位去质子化得到稳定的磷叶立德，与醛、酮反应生成 E 构型的烯烃。膦氧化物由烷基三苯基膦与碱共热得到。反应通式如下：

$$Ph_3P + RCH_2X \longrightarrow Ph_3\overset{\oplus}{P}CH_2R \;\; X^{\ominus} \xrightarrow[\triangle]{NaOH/H_2O} Ph\!-\!\overset{Ph}{\underset{O}{\overset{|}{P}}}\!-\!CH_2R + PhH$$

$$Ph\!-\!\overset{Ph}{\underset{O}{\overset{|}{P}}}\!-\!CH_2R \xrightarrow{碱} Ph\!-\!\overset{Ph}{\underset{O}{\overset{|}{P}}}\!-\!\overset{\ominus}{C}HR \xrightarrow{\quad\overset{R^1}{\underset{R^2}{C=O}}\quad} \overset{R^1}{\underset{R^2}{C}}=CHR$$

例如：

5.7.5 Horner-Wadsworth-Emmons 反应

用膦酸酯的叶立德与醛、酮反应生成碳碳双键的反应称为 Horner-Wadsworth-Emmons（HWE）反应。HWE 反应是 Wittig 反应最广泛的改良。HWE 反应中生成的副产物磷酸盐可以用水洗去，避免了 Wittig 反应中要将副产物氧化成三苯基膦（$Ph_3P{=}O$）从产物中分离出去的不便。反应中常用的碱为醇钠、氨基钠、氢化钠和氢氧化钠等。HWE 反应的机理一般认为是碱性条件下膦酸酯形成 α-碳负离子（膦酸酯叶立德），然后与醛、酮的羰基发生亲核加成反应，经过一个四元环中间体，接着发生分解，生成碳碳双键的化合物和磷酸盐，如下所示：

膦酸酯叶立德是稳定的叶立德，因此 HWE 反应的主要产物是 *E* 构型。例如：

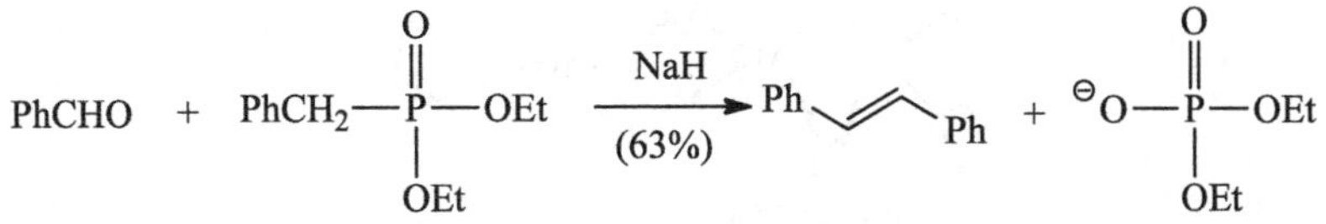

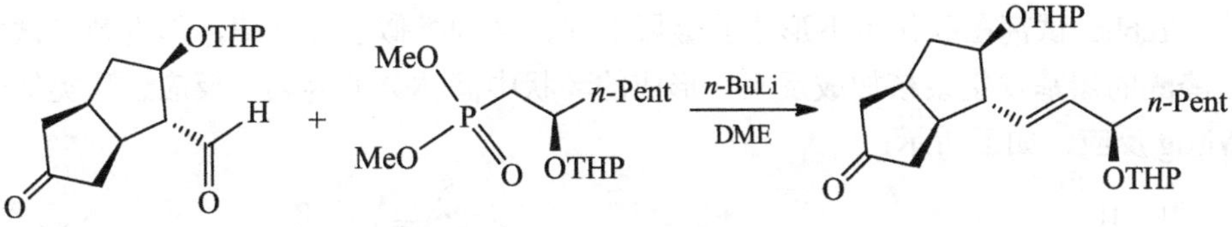

HWE 反应在相转移条件下主要产物为 *Z* 构型的碳碳双键化合物。例如：

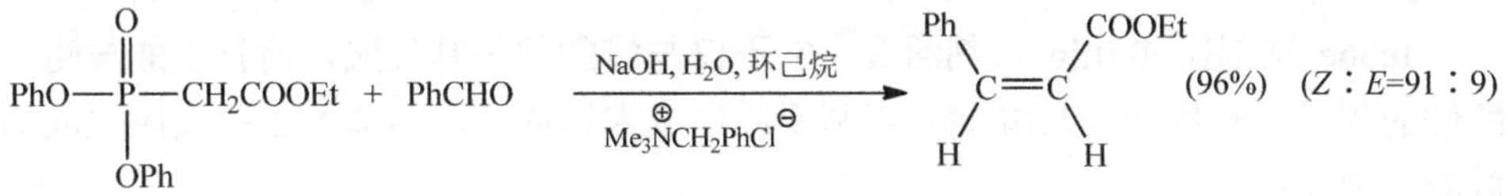

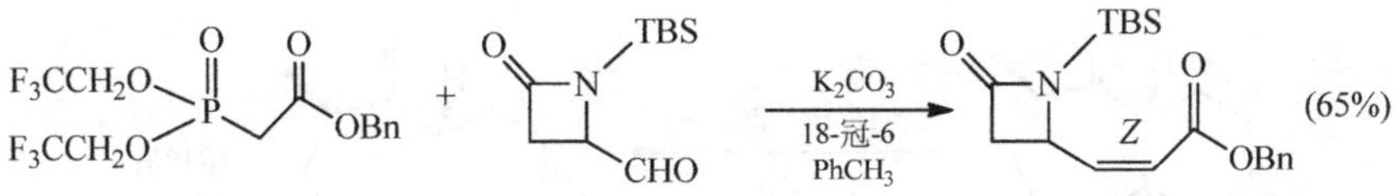

HWE 反应条件温和，产率较高，产物易于纯化，常用于 α, β-不饱和羰基化合物的合成。HWE 反应中应用的膦酸酯一般用亚磷酸三乙酯与 α-卤代酸酯或卤代酮反应（Arbuzov 反应）得到。例如：

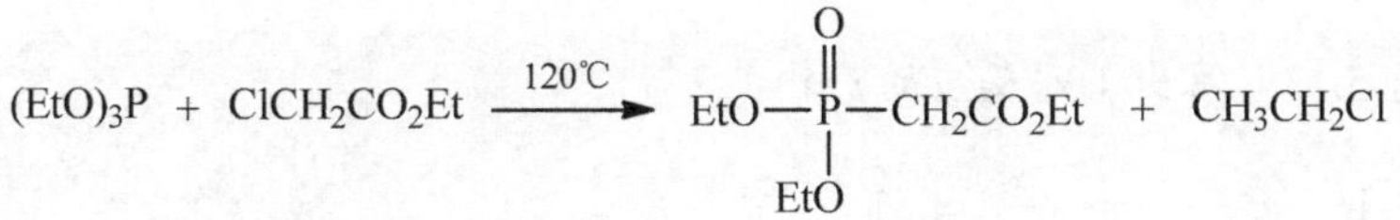

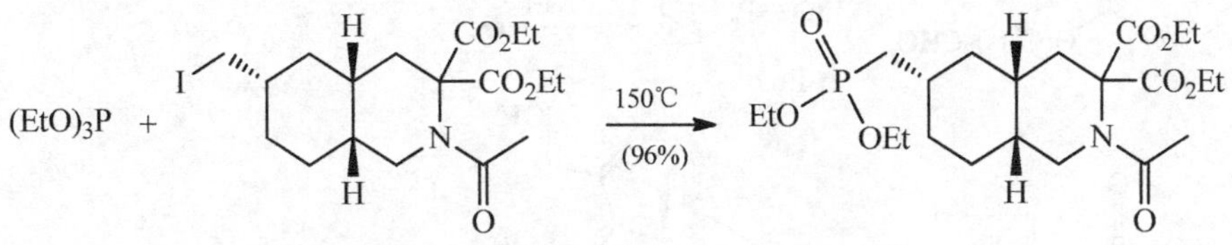

5.7.6　Tebbe 试剂成烯反应

一些过渡金属配合物试剂和醛酮羰基作用能像 Wittig 试剂那样将羰基转化为碳碳双键。最有用的是 Tebbe 试剂（Cp$_2$TiCH$_2$·AlClMe$_2$），它是一种含亚甲基桥的钛配合物。

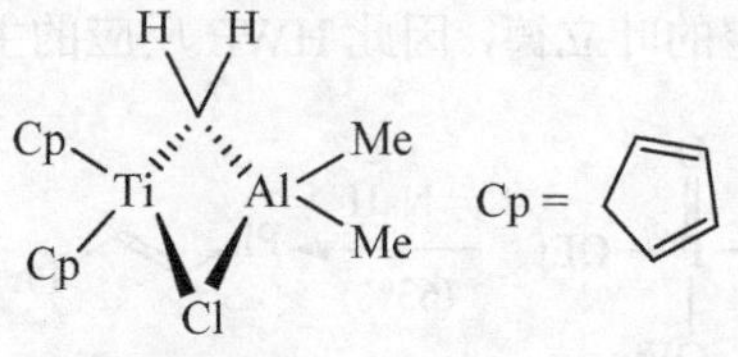

Tebbe试剂

Tebbe 试剂在碱作用下形成的金属卡宾，结构类似于叶立德，作为亲核试剂与醛酮的羰基发生亲核加成反应，形成的环状中间体分解为烯。反应过程类似于Wittig 反应，如下所示：

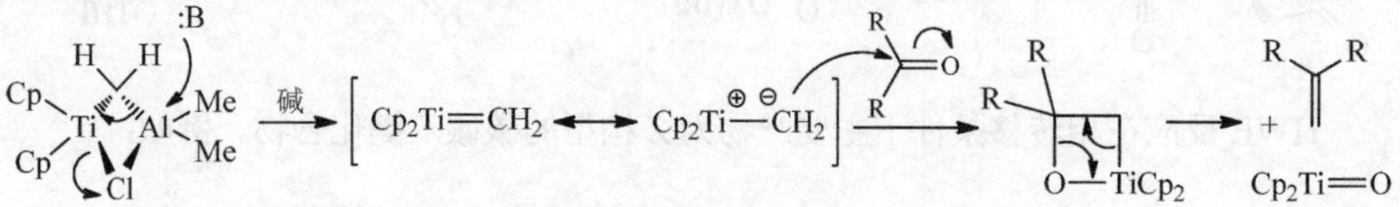

Tebbe 试剂比 Wittig 试剂活泼，它不仅与醛酮的羰基反应，而且也能与酯、酰胺的羰基顺利反应。与醛酮的羰基反应生成末端烯烃，与酯的羰基反应生成烯醇醚。例如：

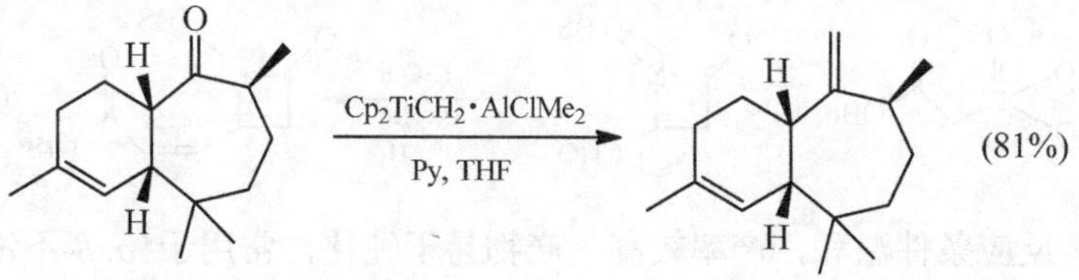

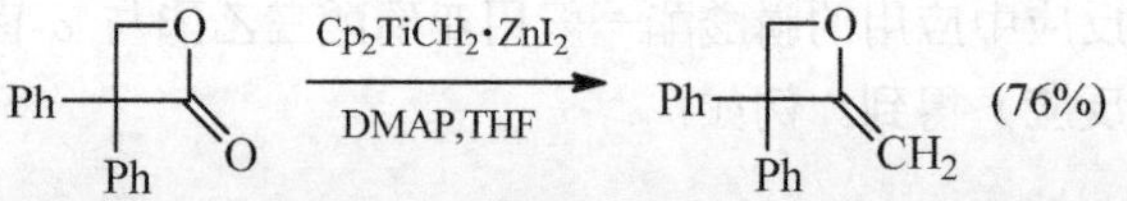

问题 5.13　写出下列反应的产物：

(1)

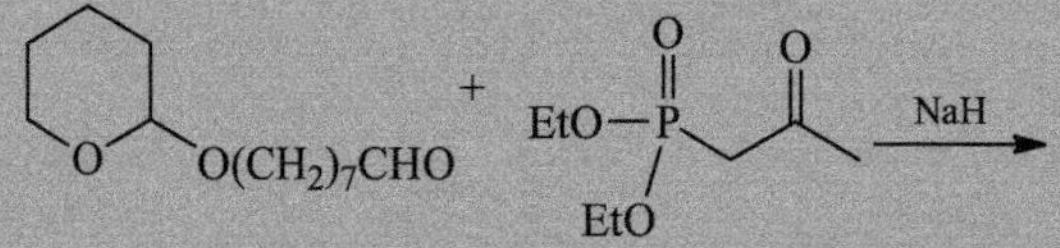

(2)

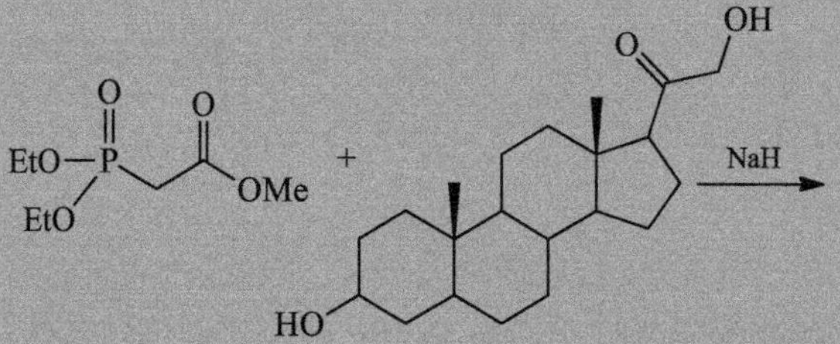

(3)

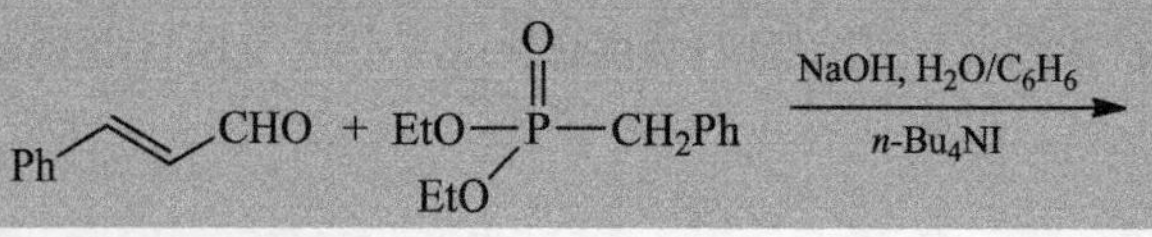

5.8　有机硫试剂在碳碳键形成反应中的应用

硫和氧同族，具有相似的电子构型，但硫原子的半径比氧大，价电子离核较远，极化度较大，易于提供电子对与缺电子碳原子成键，即硫的亲核性比氧强，并且硫的 d 轨道参与成键，因而硫有+4 和+6 价高价化合物。硫的 d 轨道能参与相邻碳原子上负电荷的分散，易形成 α-碳负离子和硫叶立德。本节介绍硫的 α-碳负离子和硫叶立德在形成碳碳键反应中的应用。

5.8.1　硫稳定的 α-碳负离子的反应

1. 饱和硫醚和有关化合物

由于硫有稳定 α-碳负离子的作用，因而硫醚、亚砜、砜和磺酸酯在强碱作用下可以转化为 α-碳负离子，它们与碳亲电试剂作用形成碳碳键，如下所示：

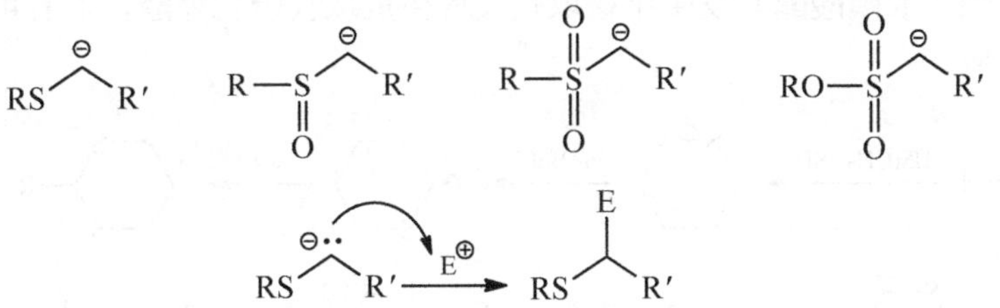

例如：

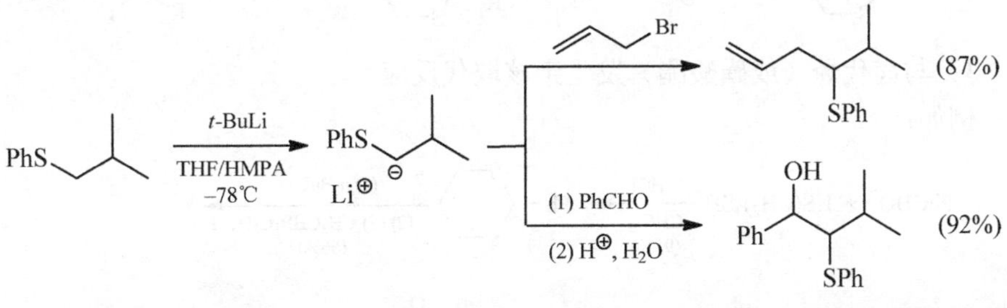

形成碳碳键后的产物分子中的烃硫基、亚砜基、砜基等一般可用活泼金属如锂/液氨、铝汞齐或 Raney 镍催化氢解等方法除去，也可以通过顺式热消去转化为烯键。例如：

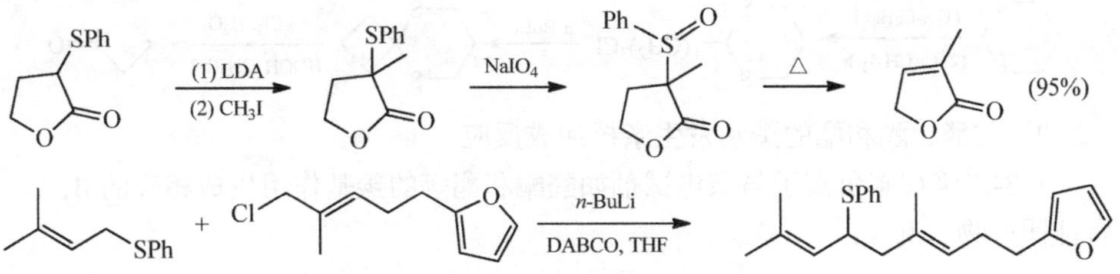

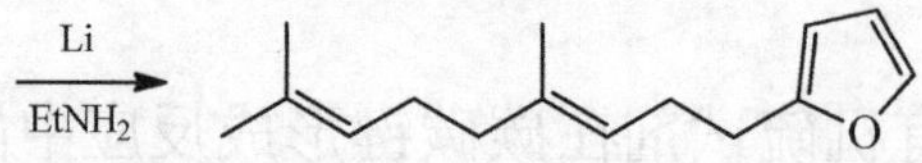

$$\xrightarrow[\text{EtNH}_2]{\text{Li}}$$

硫醚的 α-氢的酸性比砜、亚砜小得多，常用 DABCO（1, 4-diazabicyclo[2.2.2] octane）作为去质子的促进剂。

2. 硫代缩醛

在硫代缩醛分子中，由于亚甲基处于两个硫原子之间，因而其酸性（$pK_a = 31$）比硫醚强，在强碱作用下形成的碳负离子也比硫醚的 α-碳负离子稳定得多。硫代缩醛的 α-碳负离子与碳亲电试剂作用形成碳碳键后，产物在重金属离子存在下水解可恢复羰基结构。因此硫代缩醛是隐蔽的羰基。在反应中原来带有部分正电荷的羰基碳原子转变成负电性的碳[极性反转（umpolung）]，硫代缩醛的 α-碳负离子可以看作酰基负离子。

例如，甲醛和 1, 3-硫醇易缩合生成环状硫代缩醛（1, 3-二噻烷），在强碱作用下和卤代烃（或磺酸酯）发生亲核取代反应生成取代硫代缩醛，后者可与各种亲电试剂反应。

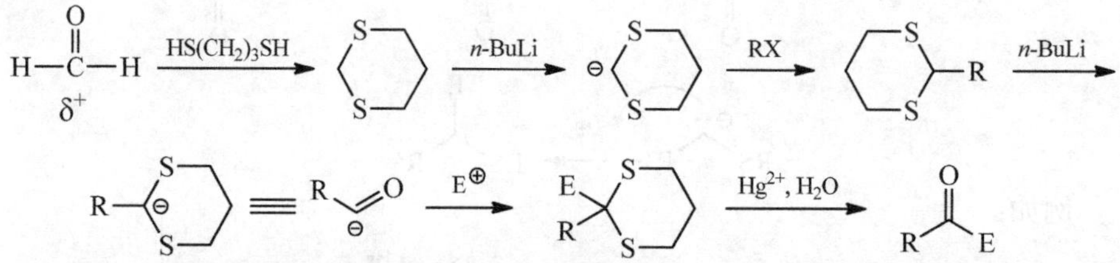

1）与卤代烃（或磺酸酯）发生亲核取代反应

例如：

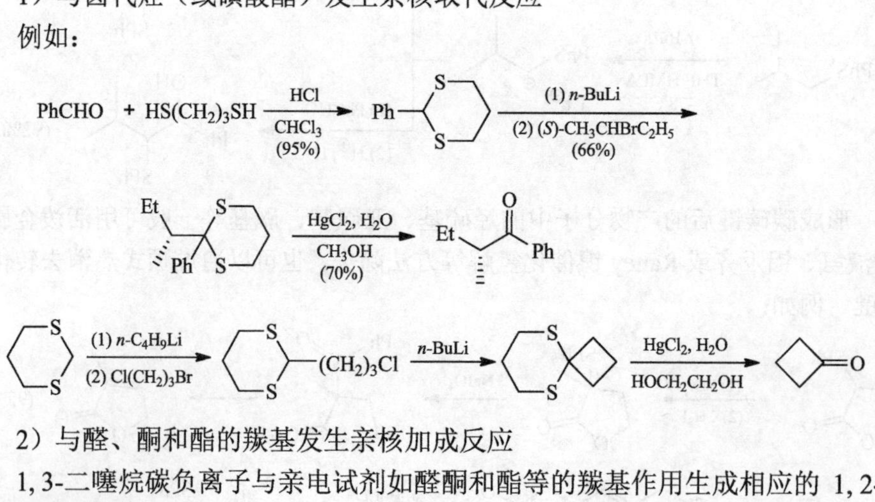

2）与醛、酮和酯的羰基发生亲核加成反应

1, 3-二噻烷碳负离子与亲电试剂如醛酮和酯等的羰基作用生成相应的 1, 2-二官能团产物。例如：

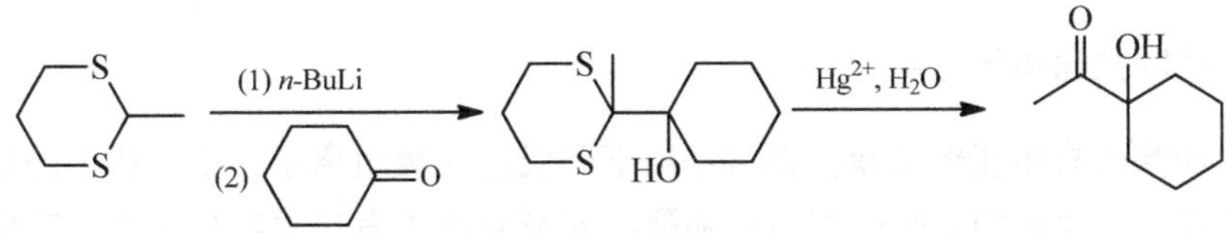

三甲基硅基取代的硫代缩醛与醛或酮发生亲核加成反应并脱水，然后与强碱作用形成的碳负离子可继续与各种亲电试剂作用生成相应的产物。例如：

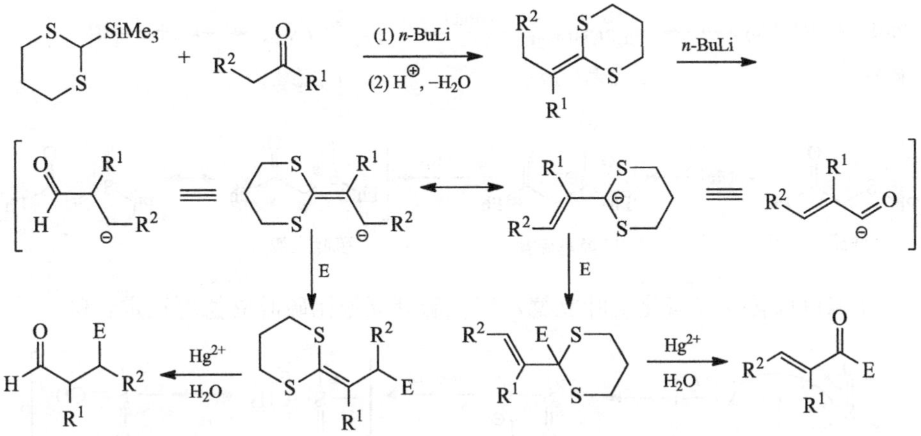

3）与环氧化合物反应

例如：

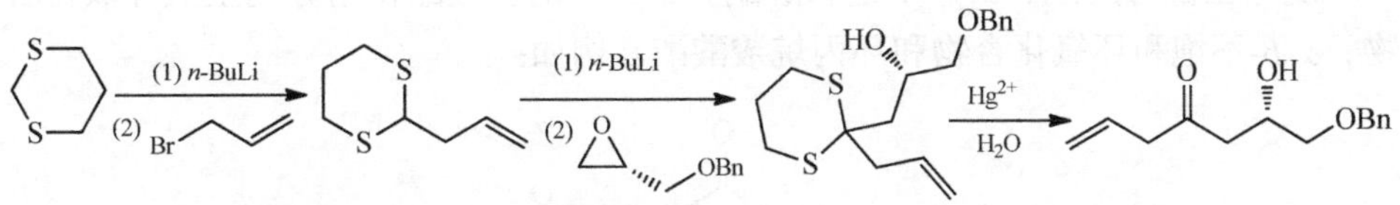

4）与 α, β-不饱和羰基化合物反应

1, 3-二噻烷碳负离子和 α, β-不饱和羰基化合物反应，1, 2-加成和 1, 4-加成产物的比例取决于反应的条件。但较多的情况优先生成 1, 2-加成产物。例如：

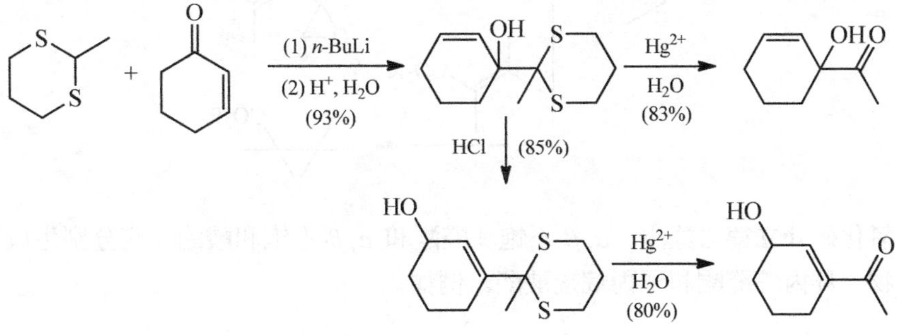

5.8.2　硫叶立德和氧化硫叶立德

三烃基硫盐和亚砜硫盐在强碱作用下形成的 α-碳负离子，由于相邻的硫原子带正电荷，因而它们比硫醚和硫代缩醛的 α-碳负离子有更大的稳定性，它们被分别称为硫叶立德（sulfonium）和氧化硫叶立德（sulfoxonium）。它们具有强的亲核性。如下所示：

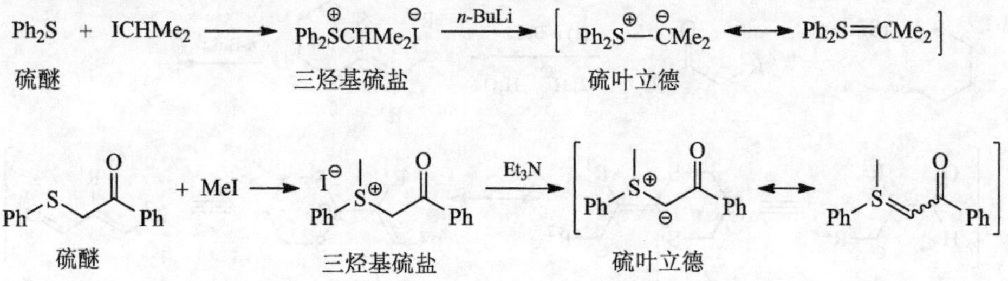

Ph2S + ICHMe2
Ph2SCHMe2I
n-BuLi
Ph2S—CMe2
Ph2S=CMe2
硫醚
三烃基硫盐
硫叶立德
Ph
S
O
+ MeI
I
Et3N
硫醚
三烃基硫盐
硫叶立德

亚砜可以转变成氧化硫叶立德，氧化硫叶立德比硫叶立德更稳定。例如：

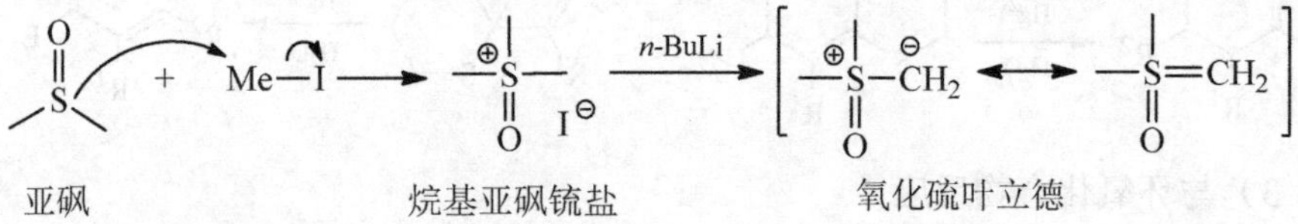

Me—I
n-BuLi
CH2
亚砜
烷基亚砜锍盐
氧化硫叶立德

硫叶立德与醛酮、α,β-不饱和醛酮、α,β-不饱和酸酯作用分别生成环氧化合物、α,β-不饱和环氧化合物和环丙烷羧酸酯。例如：

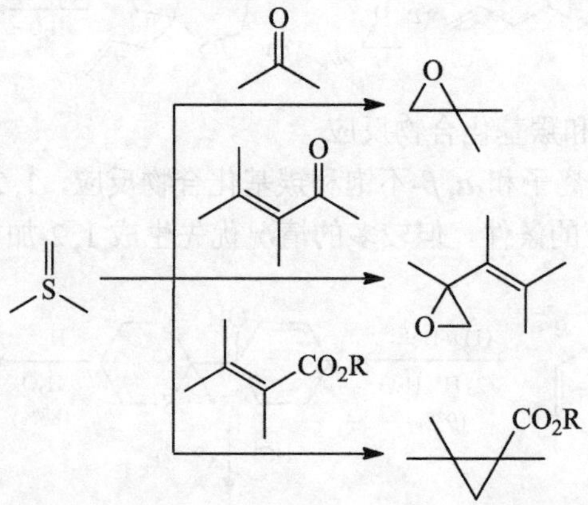

CO2R

氧化硫叶立德与醛酮、α,β-不饱和醛酮和 α,β-不饱和酸酯反应分别生成环氧化合物、环丙烷醛酮和环丙烷羧酸酯。例如：

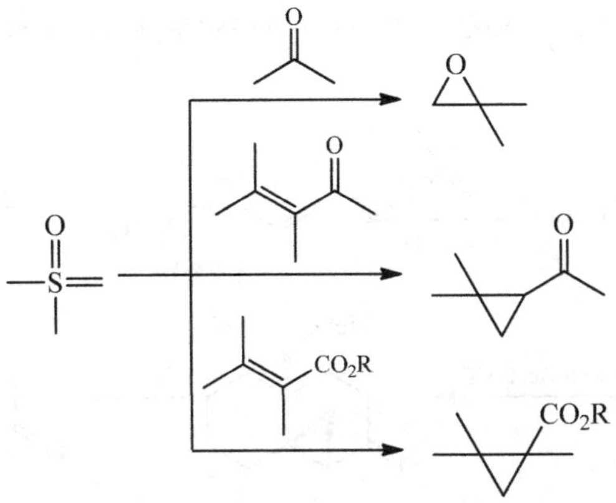

两类硫叶立德和醛酮反应都生成环氧化合物。反应的第一阶段叶立德与羰基发生亲核加成反应，这与磷叶立德相似。第二阶段与磷叶立德不同，不是形成碳碳双键而是发生分子内的亲核取代反应生成环氧化合物，这说明硫对氧的亲和性比磷对氧的亲和性要小。

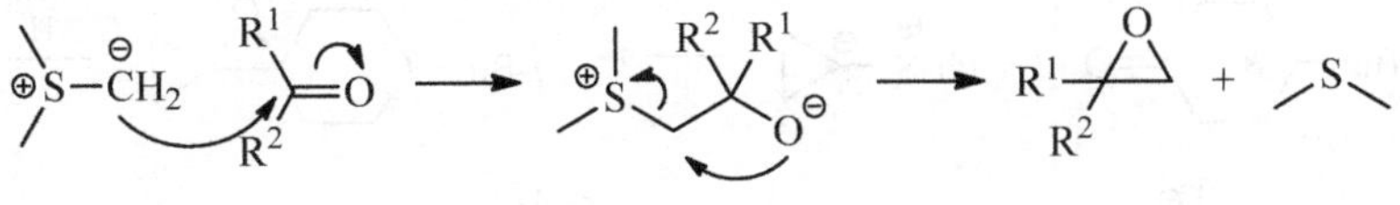

例如：

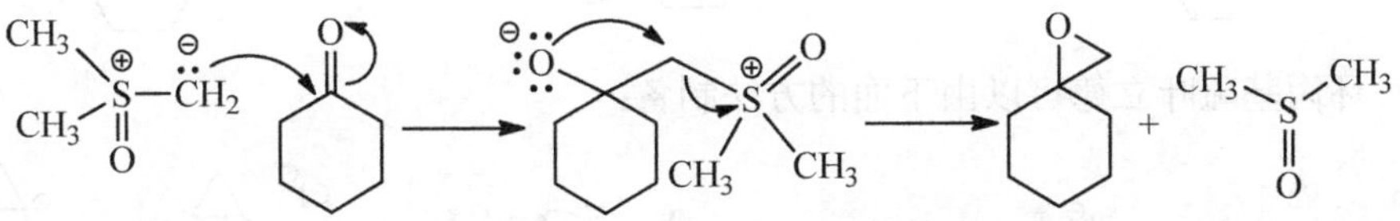

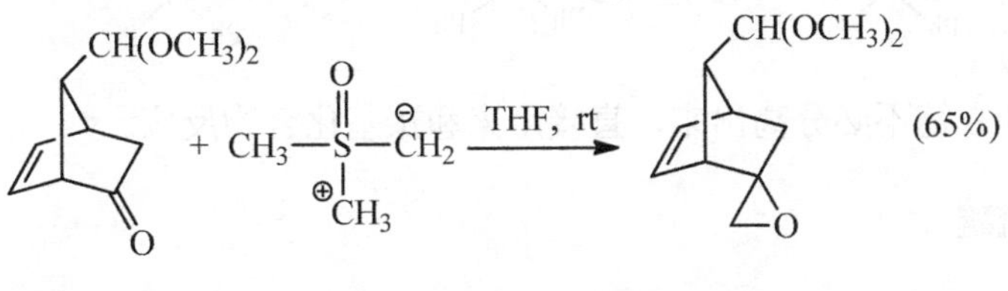

两类硫叶立德反应的产物为环氧化合物和环丙烷衍生物时，产物的构型一般是反式。例如：

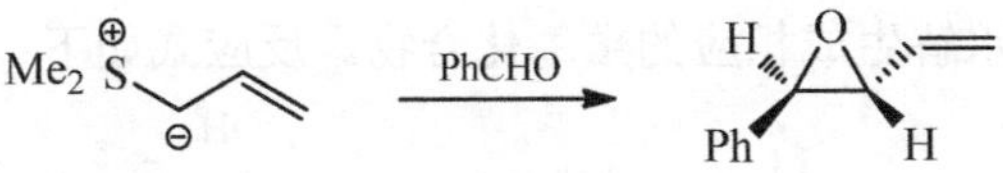

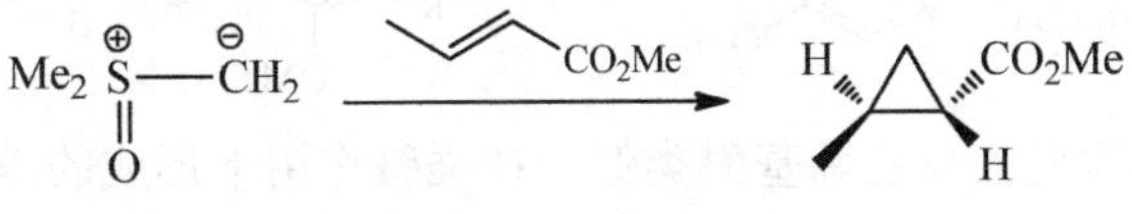

　　两类硫叶立德与 α,β-不饱和羰基化合物反应是制备环丙烷衍生物的重要反应。例如:

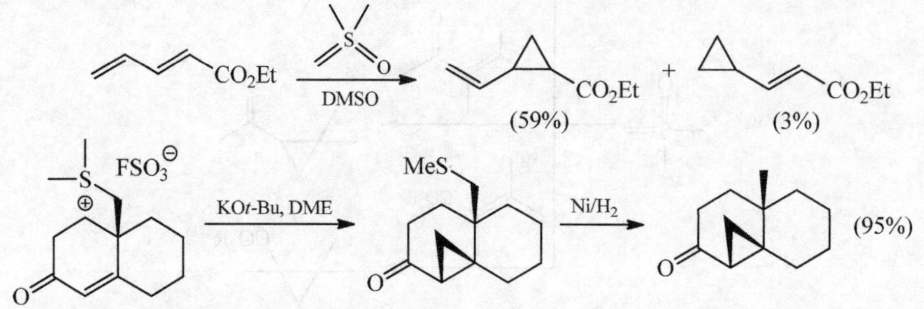

　　硫叶立德和氧化硫叶立德与醛酮、α,β-不饱和羰基化合物作用生成环氧化合物和环丙烷衍生物的反应分别称为 Corey-Chaykovsky 环氧化和环丙烷化反应。

　　环丙基硫叶立德是一种十分有价值的成环试剂,与醛酮羰基反应生成的环丙基环氧化合物在酸性条件下重排为环丁酮。反应式如下:

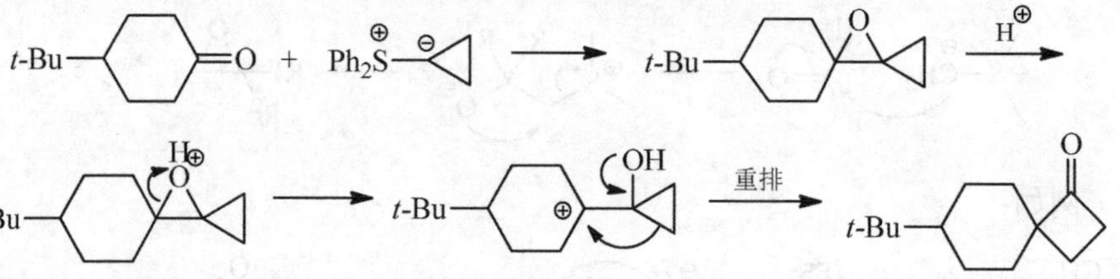

　　环丙基硫叶立德可以由下面的方法制备:

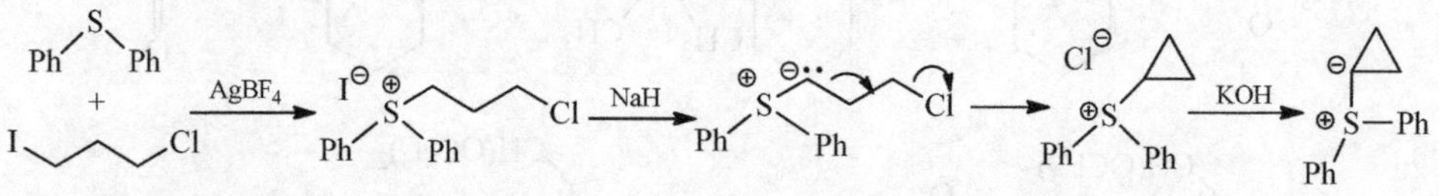

　　环丙基硫叶立德不必分离出来,直接用来和羰基化合物反应。

5.8.3　不饱和硫醚

1. 乙烯基硫醚

　　乙烯基醚在强碱作用下形成的碳负离子(相当于酰基碳负离子)与亲电试剂如苯甲醛反应,产物水解生成相应的羰基化合物。反应式如下:

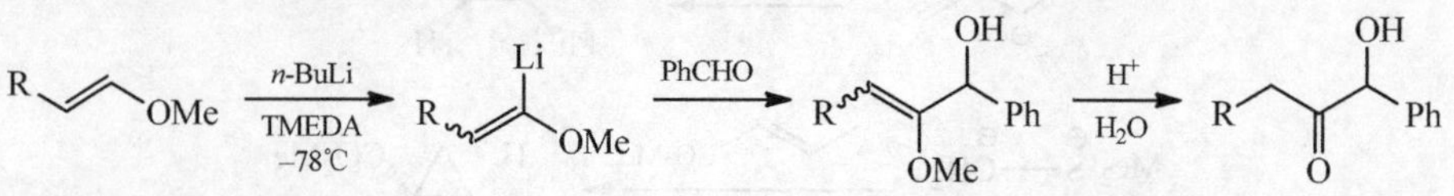

　　乙烯基硫醚的反应与乙烯基醚类似。在强碱作用下形成的碳负离子(相当于

酰基碳负离子）与各种碳亲电试剂反应形成碳碳键，产物水解生成相应的羰基化合物。例如：

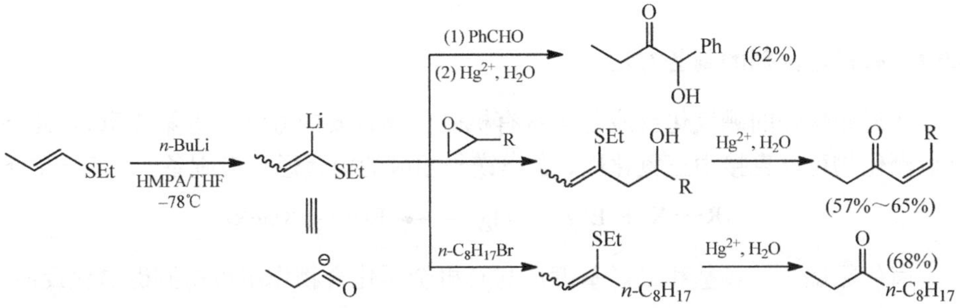

2. 烯丙基硫醚

烯丙基硫醚在强碱作用下形成的碳负离子可以在 α-或 γ-两个位置与亲电试剂反应，区域选择性取决于烯丙基的结构和反应条件。反应式如下：

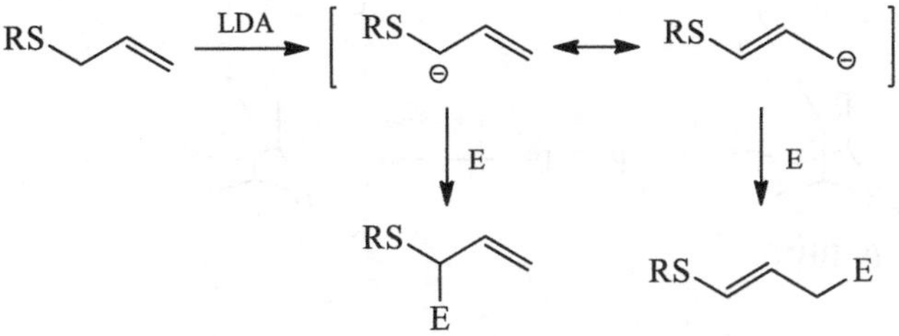

1, 3-二甲硫基丙烯是一种有价值的合成试剂，在强碱存在下形成的 α-碳负离子与卤代烃等碳亲电试剂反应可得到各种类型的 α, β-不饱和羰基衍生物。例如：

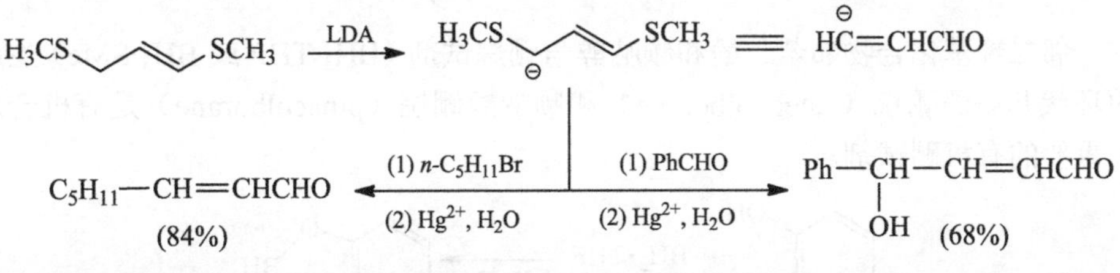

问题 5.14　写出下列反应的产物：

(1)

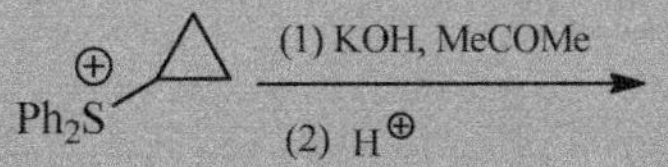

(2)

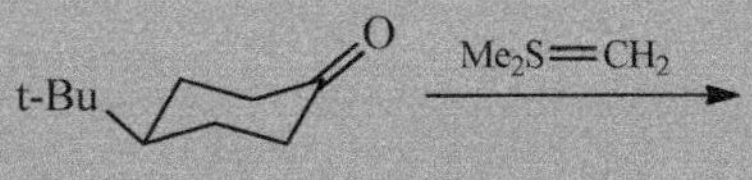

(3)

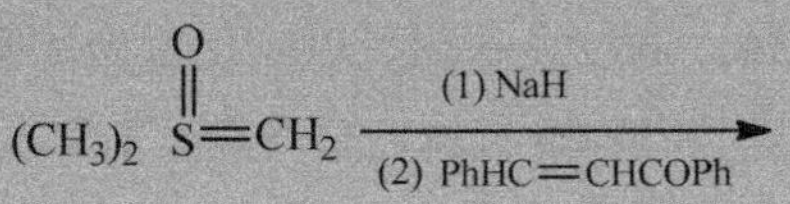

(4)

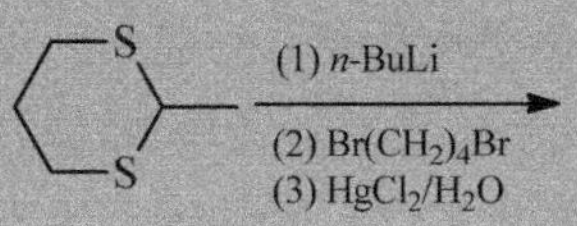

5.9 有机硼试剂在碳碳键形成反应中的应用

5.9.1 有机硼试剂的制备方法

烯烃和炔烃的硼氢化反应是制备有机硼化物重要的方法（见第 2 章）。此外，有机硼化物可以直接由三氟化硼、金属镁与相应的卤代烃反应制备。反应式如下：

$$3\,R—X \ + \ BF_3 \ + \ Mg \ \longrightarrow \ R_3B \ + \ 3MgXF$$

卤代硼烷、一烃基和二烃基硼烷与有机金属化合物作用可得到硼氢化反应不能得到的有机硼化物。例如：

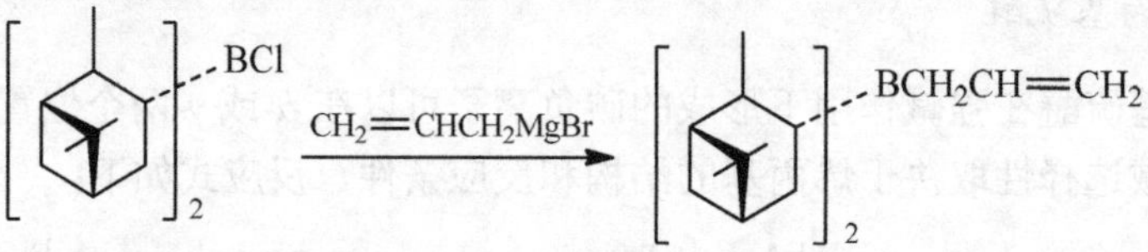

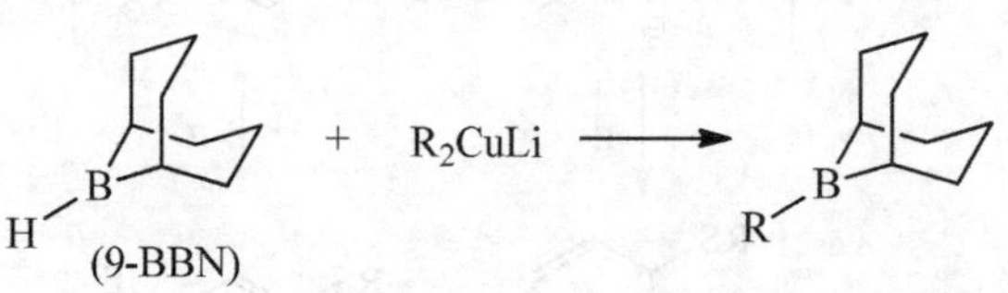

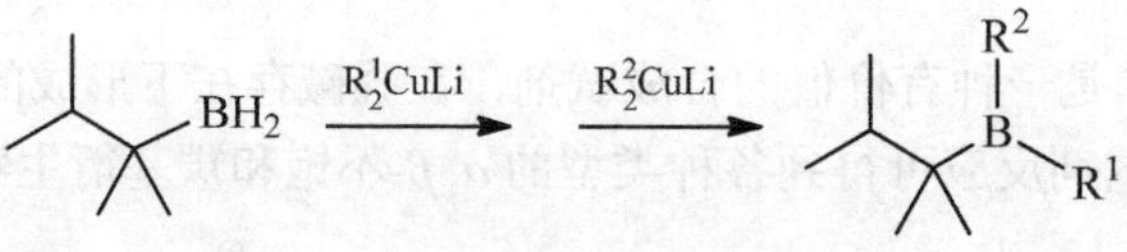

邻二羟基化合物邻苯二酚和频呐醇与硼烷试剂（$BH_3 \cdot THF$ 或 $BH_3 \cdot SMe$）生成的环状儿茶酚硼烷（catecholborane）和频呐醇硼烷（pinacolborane）是有机合成中重要的有机硼试剂。

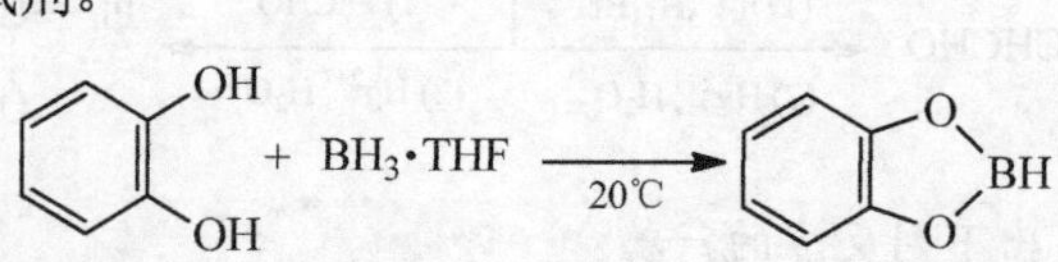

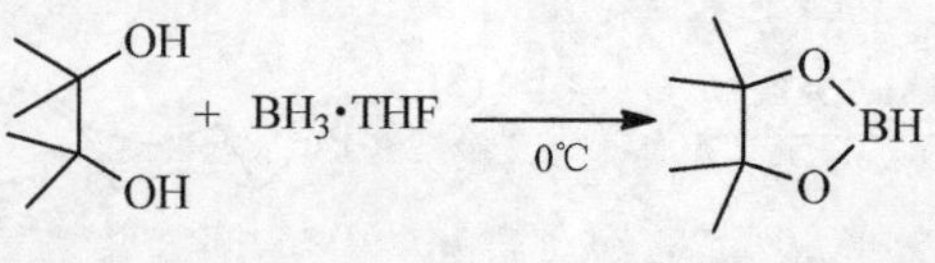

有机硼化合物是有机合成中的重要中间体。通过烃基硼可以实现官能团互变（第 2 章）和芳基-芳基、芳基/烯基的交叉偶联（Suzuki 反应，第 5 章 5.2 节）。本节介绍有机硼化合物在碳碳键形成中的其他重要应用。

5.9.2 有机硼化合物的反应

1. 有机硼的羰基化及相关反应

三价硼化合物是中等强度的路易斯酸，它和亲核试剂（路易斯碱）作用形成四配位的硼加合物，使得 B—C 键变弱，B 原子上的烃基可以带着一对电子向相邻的亲电碳原子上转移。一氧化碳的碳原子具有未共用电子对，可以作为亲核试剂和三价硼形成路易斯酸碱加合物。如下所示：

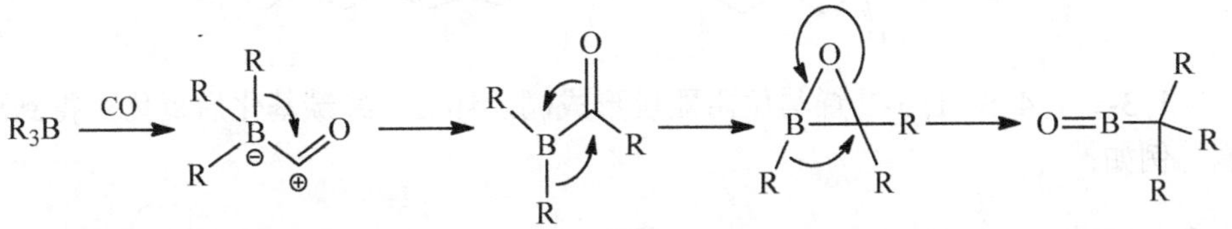

根据反应条件的不同，B 原子上的一个烃基、两个烃基或三个烃基可以逐步转移到亲电碳原子上。如果三烃基硼和一氧化碳加热到 100～125℃，三个烃基都转移到亲电碳上，经碱性氧化可得到叔醇。如果有微量水存在，加热到 100℃，两个烃基转移到亲电碳上，反应混合物氧化后可得到酮。如果在还原剂存在下反应，则得到一个烃基转移后的还原产物，后者在碱性条件下水解或过氧化氢氧化可分别得到伯醇或醛。反应式如下：

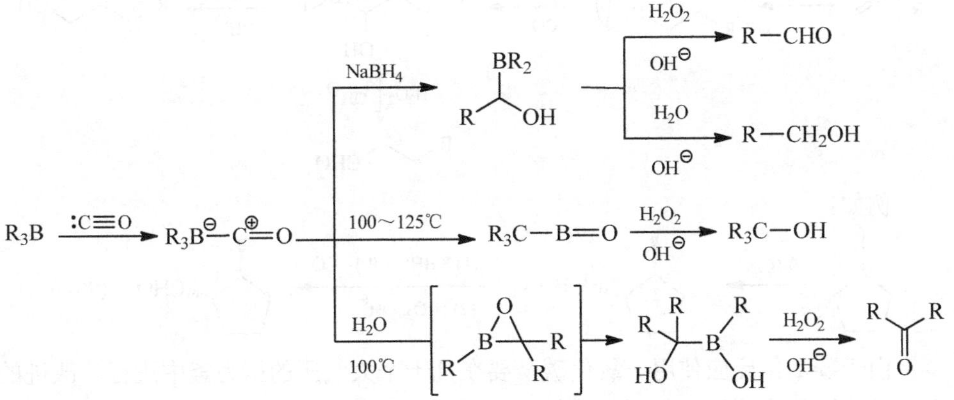

例如：

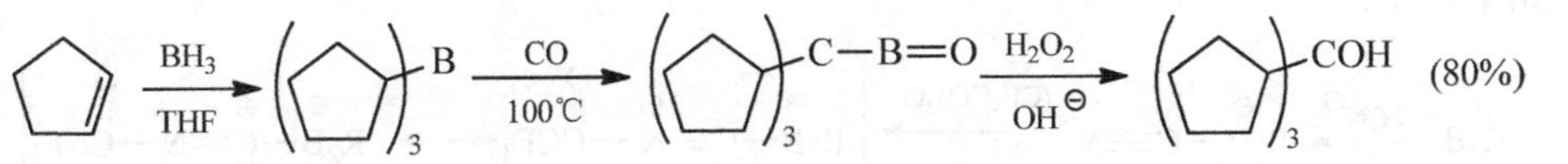

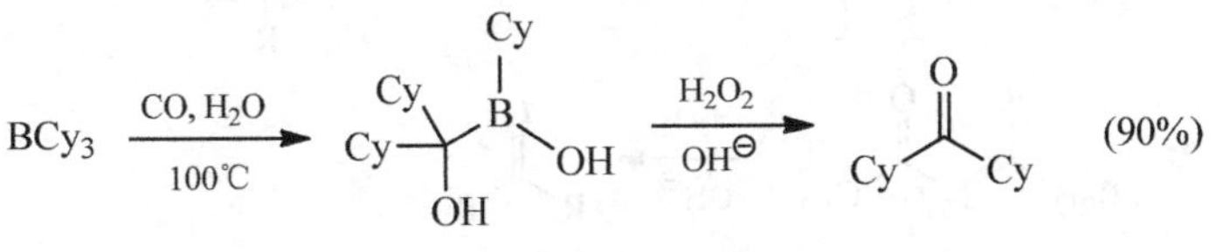

　　如果 B 原子上连有不同的烷基，则不同类型的烷基向亲电碳上转移能力的次序为：伯烷基＞仲烷基＞叔烷基，转移时烷基的构型不变。例如：

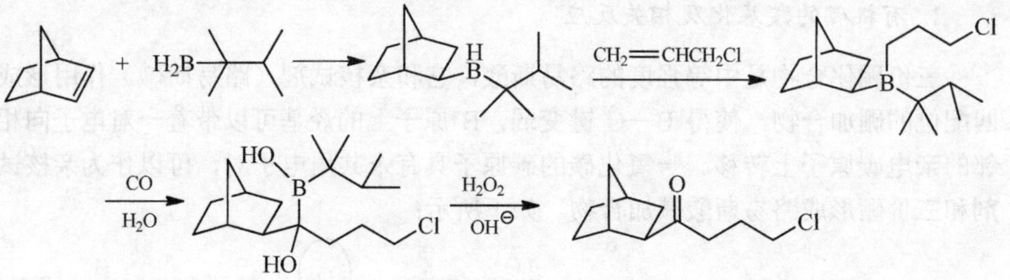

　　1,3-、1,4-和 1,5-二烯与位阻硼烷形成硼杂环烃，经羰基化后氧化可得到环酮。例如：

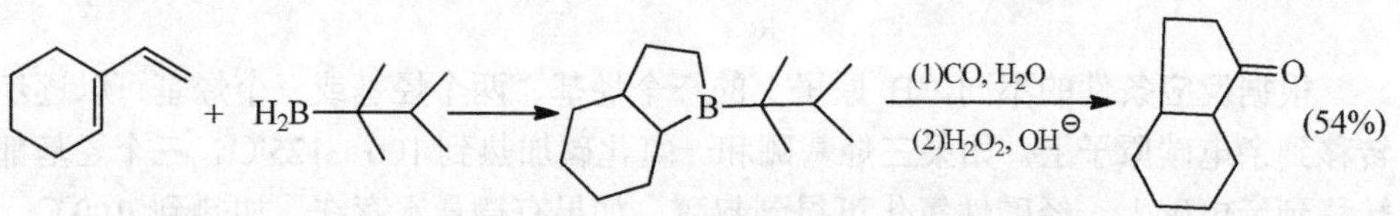

　　在还原剂存在下，三个烷基中仅第一个转移的烷基（伯烷基）转变为产物。用 9-BBN 为硼氢化反应试剂可得到单一的产物伯醇或醛。反应通式如下：

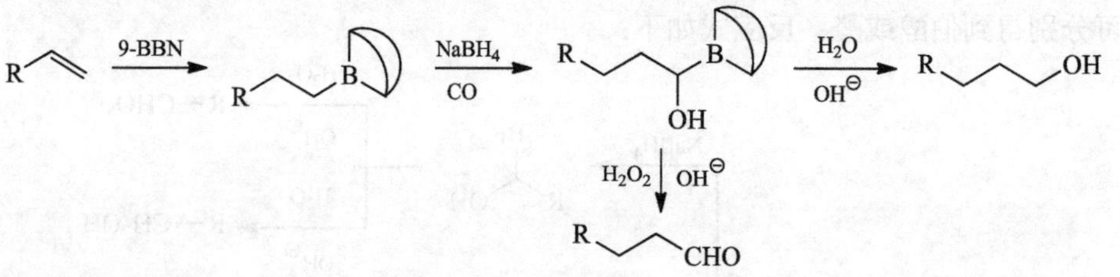

　　例如：

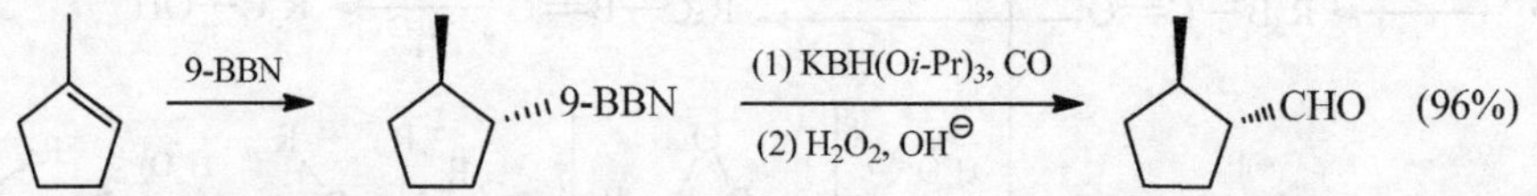

　　由于羰基化反应使用一氧化碳，要在几十个大气压的压力釜中进行。改进的方法是使用氰化硼烷，三氟甲酰化后引起硼原子上的烷基向相邻的亲电碳转移。如下所示：

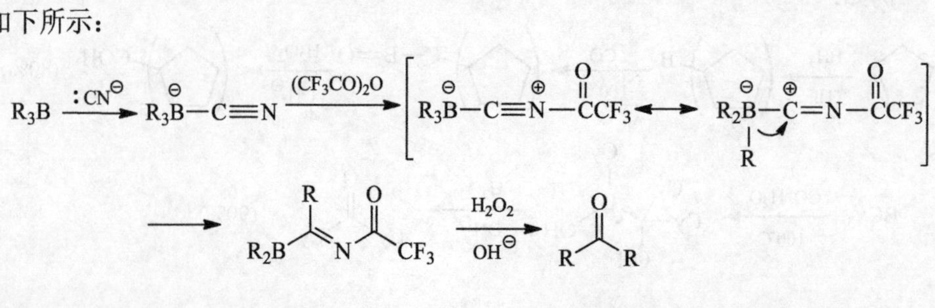

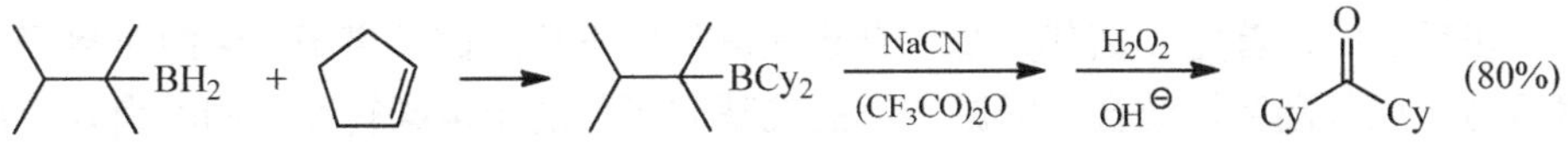

另一个改进方法是用 1, 1-二氯甲醚代替一氧化碳。在立体位阻大的碱如叔丁醇钾的作用下，1, 1-二氯甲醚失去质子形成碳负离子并与三烃基硼亲核结合。硼原子上的烷基发生类似于上面的转移。

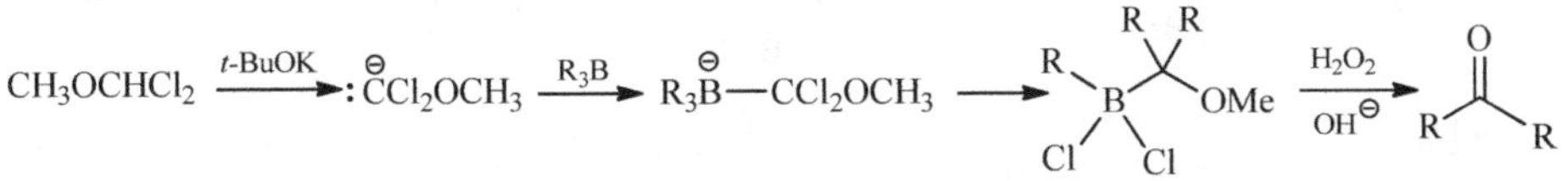

例如：

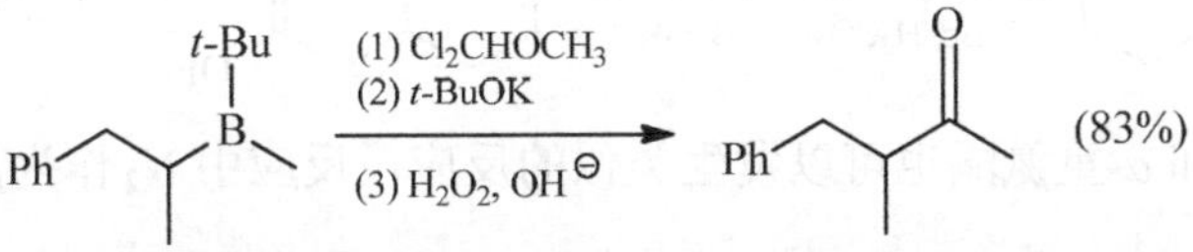

> **问题 5.15** 写出下列反应的产物：
>
> (1) 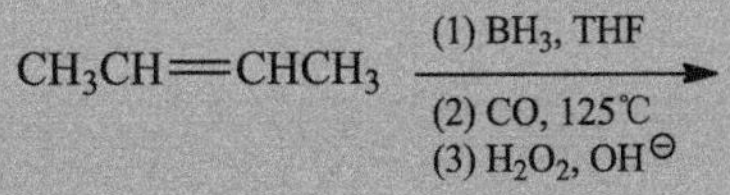 $CH_3CH\!=\!\!CHCH_3$ $\xrightarrow{\text{(1) BH}_3, \text{THF}}$ $\xrightarrow{\text{(2) CO, 125℃}}$ $\xrightarrow{\text{(3) H}_2O_2, OH^{\ominus}}$
>
> (2) $CH_3CH\!=\!\!CHCH_3$ $\xrightarrow{\text{(1) BH}_3, \text{THF}}$ $\xrightarrow{\text{(2) NaBH}_4, CO}$ $\xrightarrow{\text{(3) H}_2O_2, OH^{\ominus}}$
>
> (3) 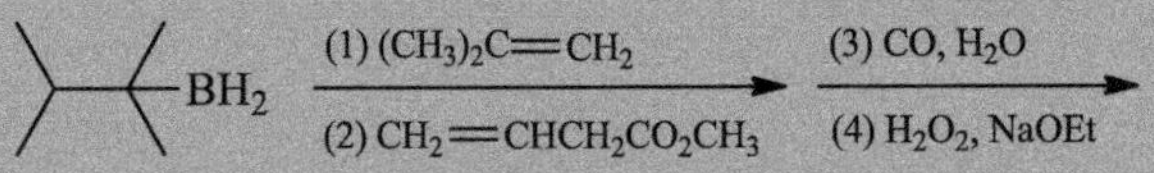
>
> (4)

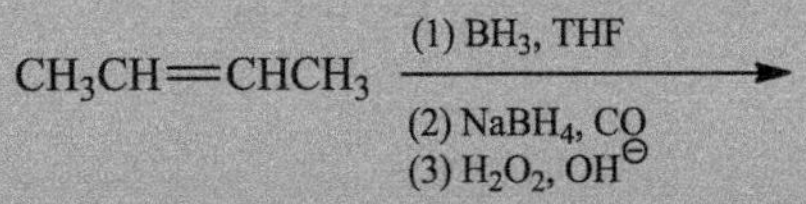

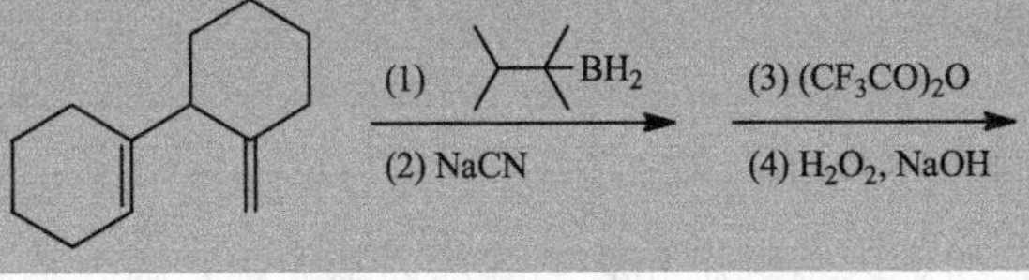

2. 三烃基硼与 α-卤代羰基化合物的反应

α-卤代羰基化合物如 α-卤代酸酯、α-卤代酮、α-卤代腈等在碱性条件下与三烃基硼作用能得到烃化产物，尤其是用 9-BBN 的衍生物可得到相应的高产率的产物。反应通式如下：

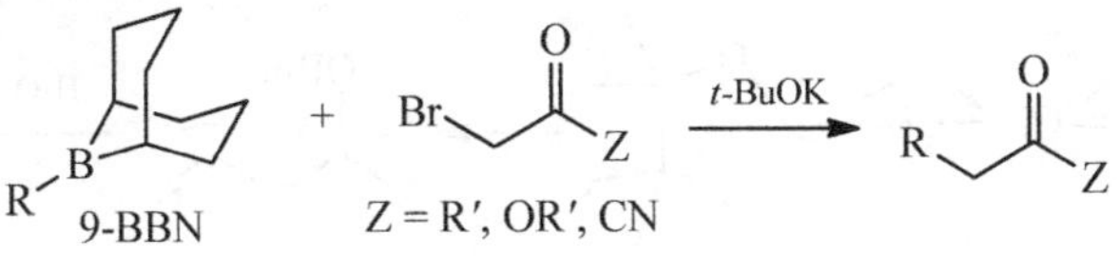

在反应中，首先 α-卤代羰基化合物在碱作用下形成碳负离子（烯醇负离子），然后与三烃基硼亲核结合，硼原子上的烷基向相邻的亲电碳转移，同时卤素负离子作为离去基团离去。反应机理如下：

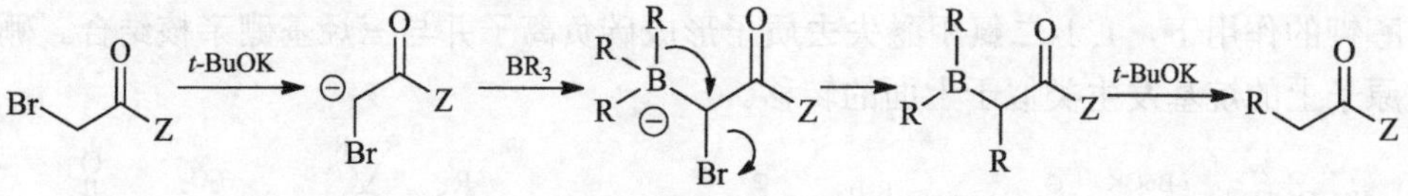

例如：

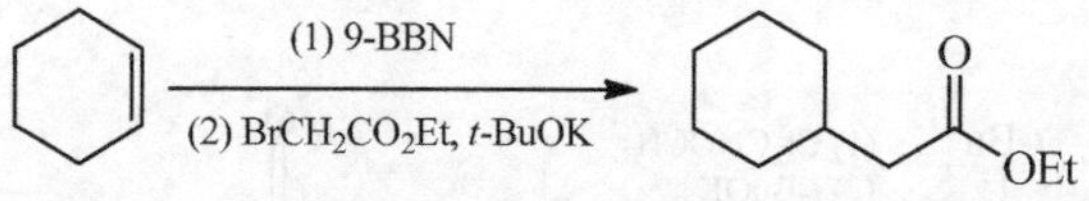

α-重氮酯和 α-重氮酮也可以发生类似的反应，反应中 N_2 作为离去基团离去。例如：

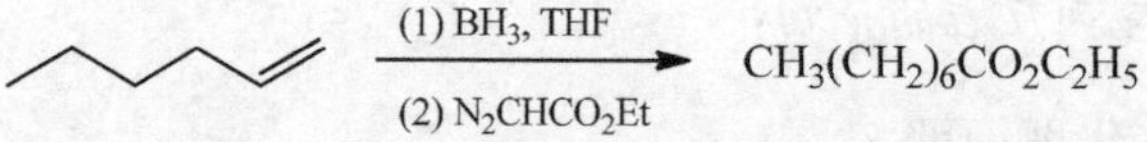

问题 5.16　写出下列反应的产物：

(1)

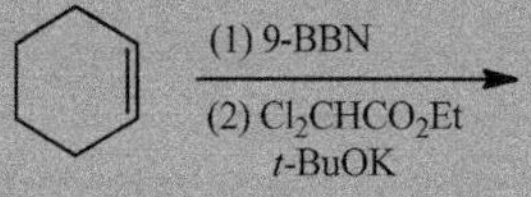

(2)

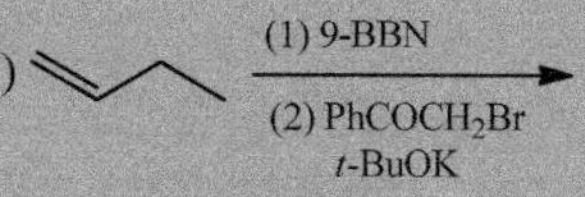

(3)

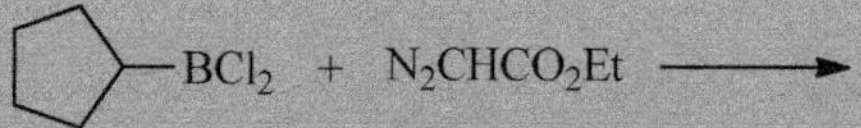

(4)

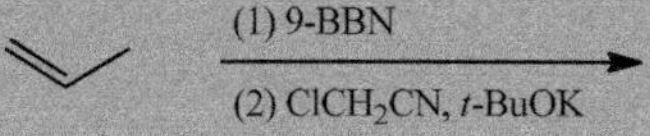

3. 烯丙基硼化合物的亲核加成反应

烯丙基硼化合物（如儿茶酚烯丙基硼烷和频呐醇烯丙基硼烷）烯丙基硅化合物一样，可以看作烯丙基碳负离子，与羰基亲核加成形成烯丙基醇。例如：

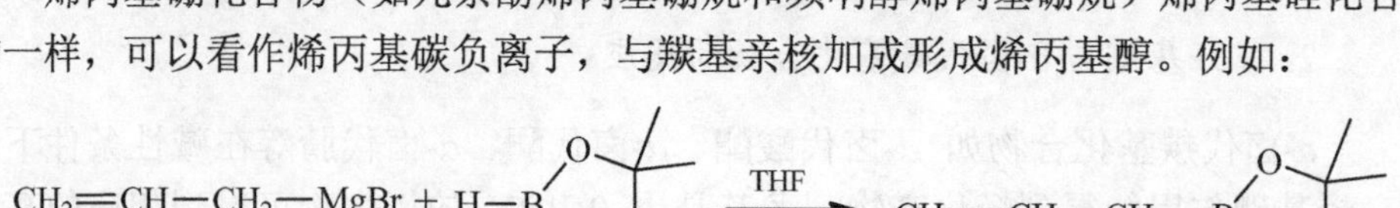

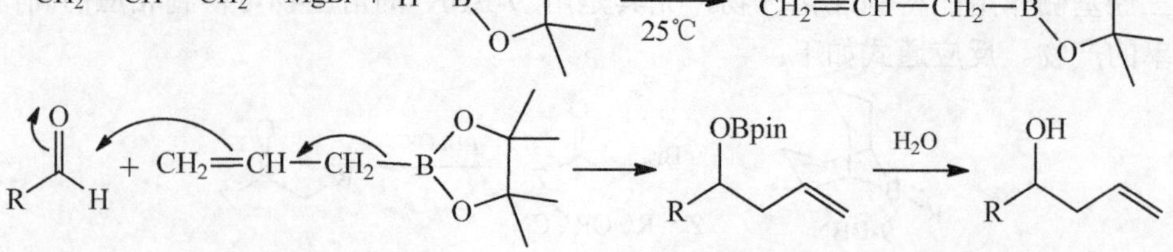

烯丙基硼化合物的亲核加成反应具有高度的立体选择性（第 9 章）。

4. 三烃基硼与 α,β-不饱和醛酮的共轭加成

三烃基硼与 α,β-不饱和羰基化合物迅速发生 1,4-加成反应。例如：

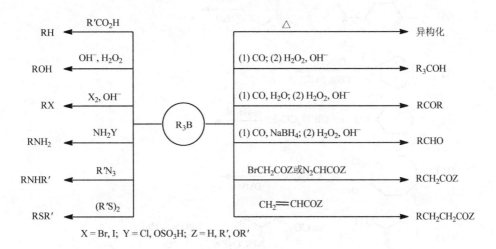

由于光照或过氧化物存在有利于反应的进行，因而反应机理可能是自由基机理。例如：

在有机合成中，三烃基硼化合物是官能团转变（第 2 章）和形成碳碳键（本章）的关键中间体。现将有关的反应归纳在图 5.11 中。

图 5.11　三烃基硼的反应

习　题

一、写出下列反应的主要产物：

(1) Ph—CH(CH₃)—CHO + CH₂=C(CH₃)—OTBDMS $\xrightarrow{BF_3}$

(2) 环戊烯-OTMS + MeO—C(CH₃)₂—OMe $\xrightarrow{TMSOTf}$

(3) 环己酮 + CH₂=C(Ph)—OTMS $\xrightarrow{TMSOTf}$

(4) 苯并呋喃-5-CHO-6-OH $\xrightarrow[\text{(2) NaNH}_2]{\text{(1) Ph}_3\text{P, BrCH}_2\text{CO}_2\text{Et}}$

(5) 环戊烷(2-OMe, 1-CHO) + (EtO)₂P(=O)CH₂C(=O)-n-Pent $\xrightarrow[\text{DMSO}]{\text{NaH}}$

(6) Me₃SiCH₂CN $\xrightarrow[\text{(2) C}_6\text{H}_5\text{HC=CHCHO}]{\text{(1) }n\text{-BuLi}}$

(7) 2-甲基-5-异丙烯基环己-2-烯酮 + (CH₃)₂S=O $\xrightarrow[\text{NaH}]{\text{MeI}}$

(8) 环己酮 $\xrightarrow[\text{CH}_3\text{I, NaH}]{\text{PhSCH}_3}$

(9) 环己酮 + ClCH₂CO₂Et $\xrightarrow{t\text{-BuOK}}$

(10) 2-溴环辛酮 + CH₃CHO $\xrightarrow[\text{DMSO}]{\text{Zn}}$

(11) 环己烯-1-OTf + MeCO₂—CH₂—CH(NHCO₂Bn)—CH=CH₂ $\xrightarrow[\text{K}_2\text{CO}_3]{\text{Pd(OAc)}_2, \text{Ph}_3\text{P}}$

(12)

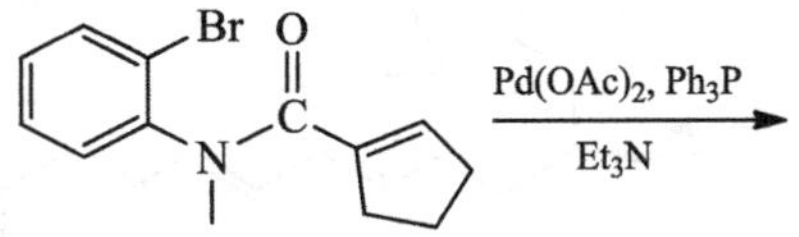

(13)

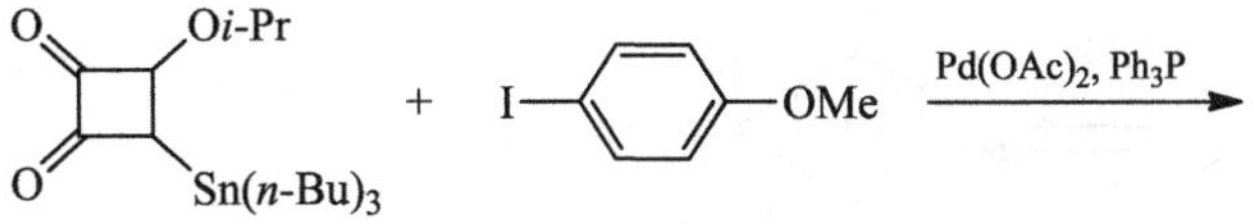

(14)

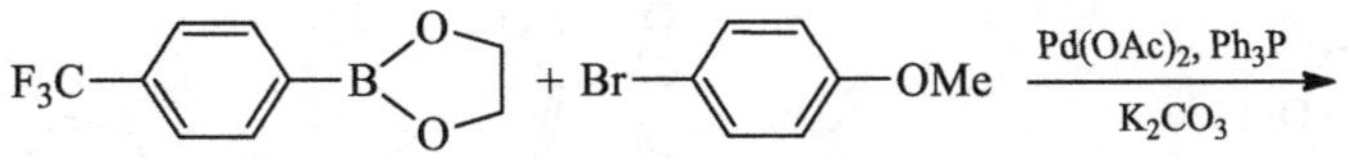

(15) 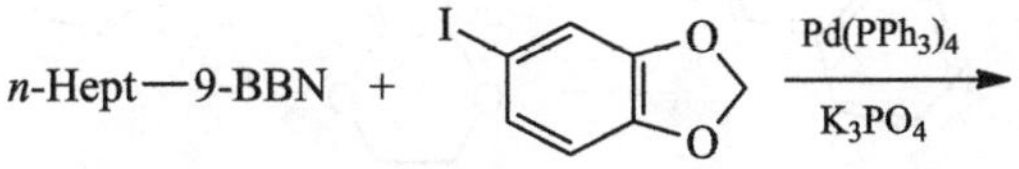 n-Hept—9-BBN +

(16)

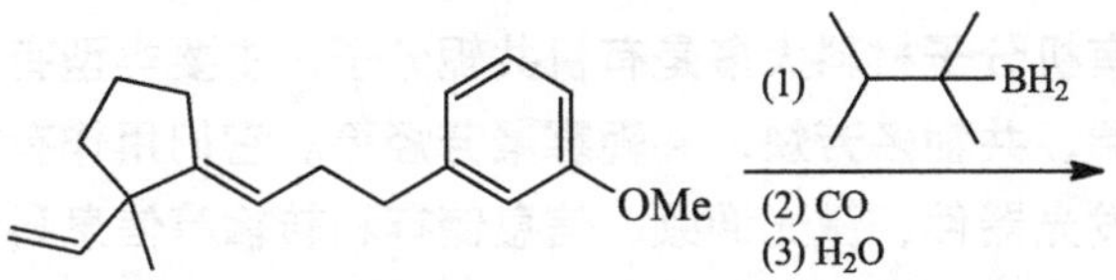

(17)

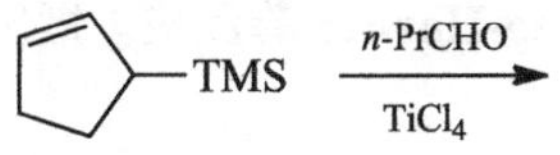

(18)

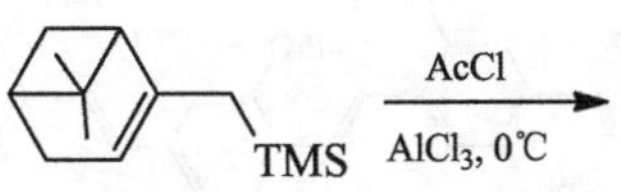

(19)

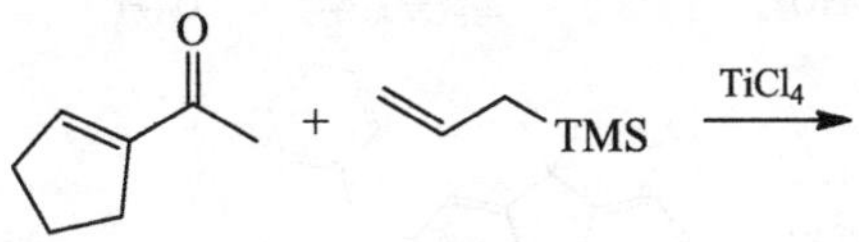

(20)

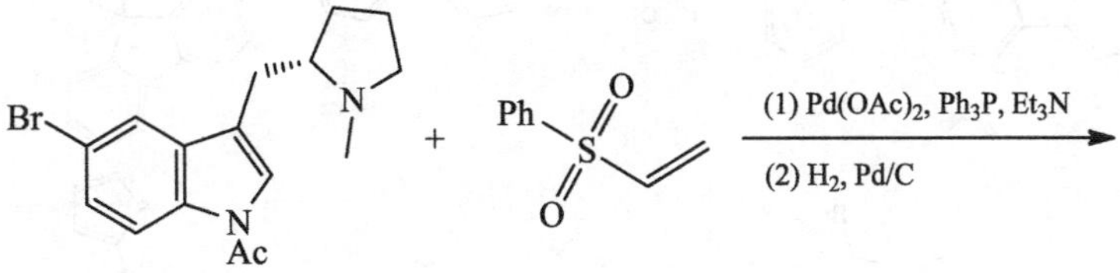

二、实现下列转变：

(1)

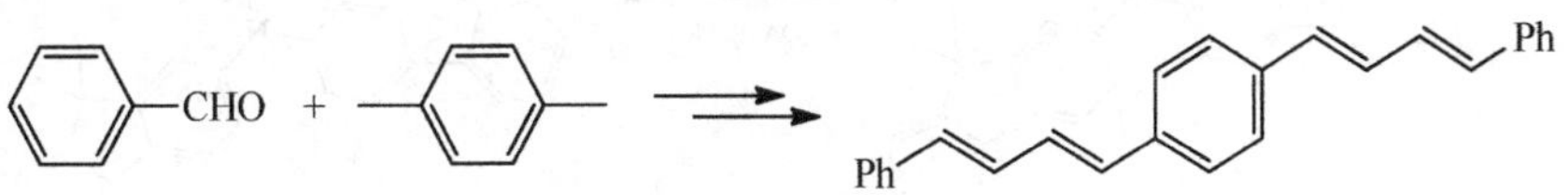

(2)

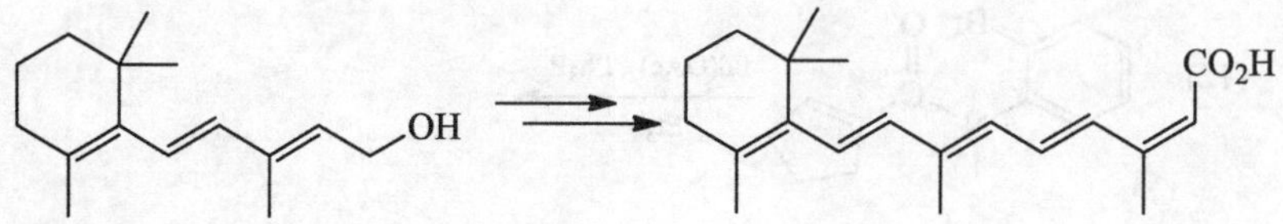

(3)

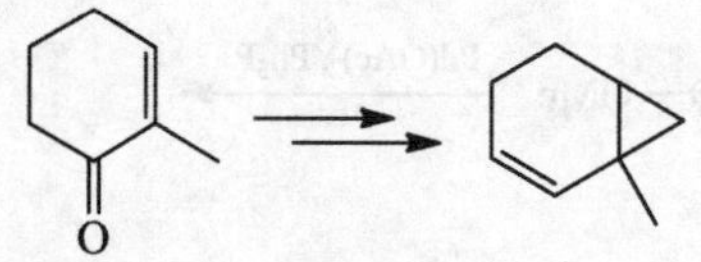

(4)

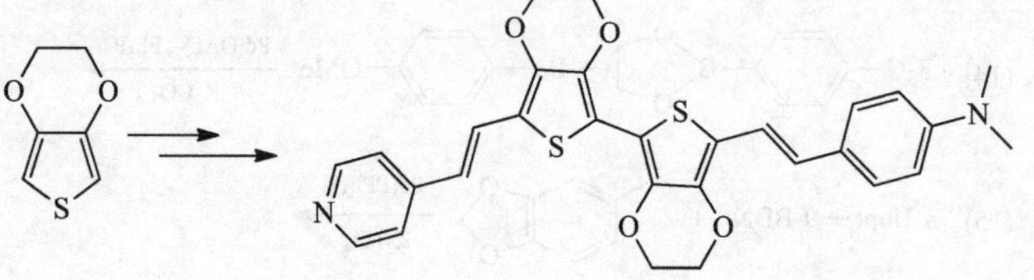

三、具有光电功能的有机分子材料大多是有机共轭分子，主要类型有共轭多烯、共轭多炔、共轭多芳烯、共轭多芳炔、共轭寡聚芳烃等。它们用作有机导体、有机半导体、有机电致发光器件、激光调频、信息储存和转输等信息科学中光电器件的关键材料。它们的合成常应用 **Heck、Stille、Suzuki、Negishi、Ullmann、Buchwald-Hartwig、McMurry、Wittig、Wittig-Horner** 等反应。指出下列光电材料合成中关键反应的名称。

(1)

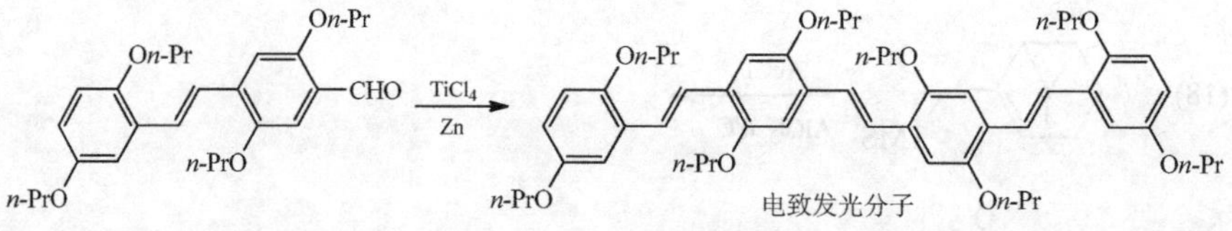

电致发光分子

(2)

绿色发光材料分子

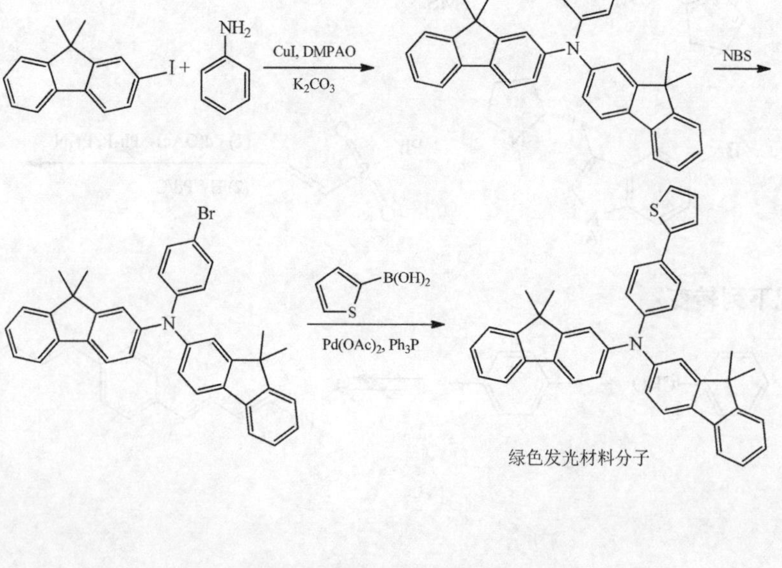

(3)

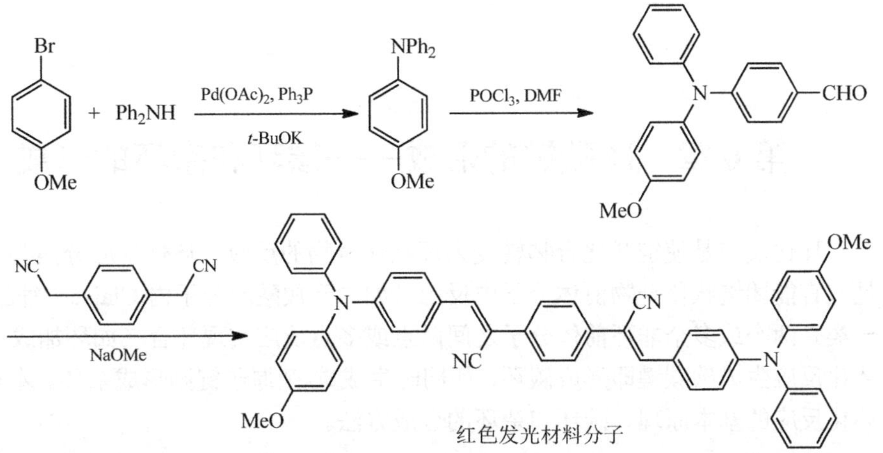

红色发光材料分子

(4)

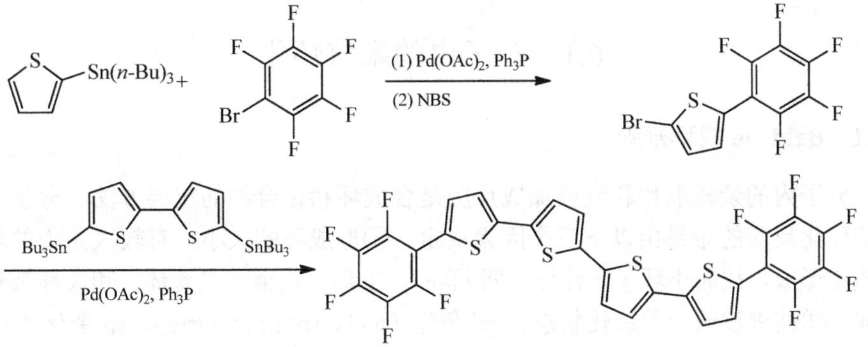

有机场效应晶体管材料

(5)

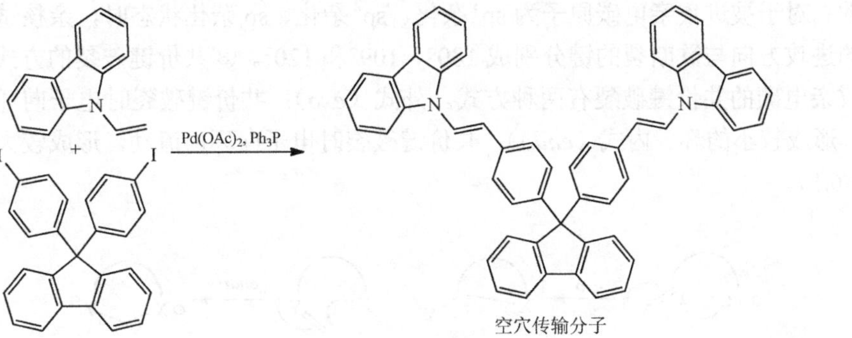

空穴传输分子

(6)

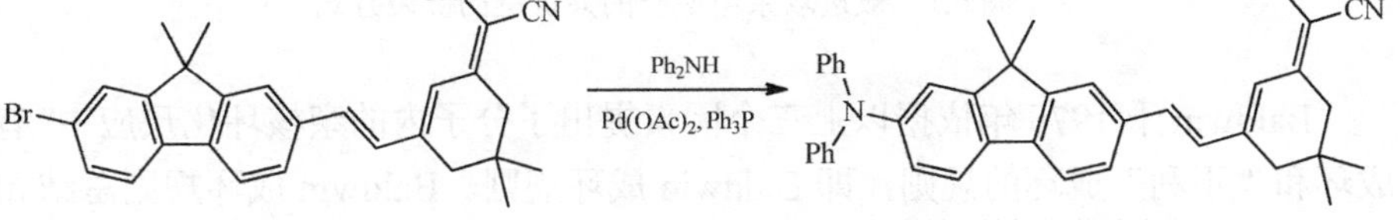

有机非线性光学材料分子

第 6 章 碳碳键的形成——碳环和杂环的形成

环化反应是使链状化合物转变为环状化合物的反应。环化反应分两类，一类是双官能团链状化合物前体分子内反应（如二元羧酸酯分子内 Claisen 缩合）；另一类是两个或多个非环前体分子之间两点或多点反应实现环合（如环加成反应）。环化反应生成碳碳键即形成碳环，如同时生成碳-杂原子键则形成杂环。本章介绍环化反应的基本原理、碳环和杂环的合成方法。

6.1 分子内的亲核环化

6.1.1 Baldwin 成环规则

分子内的亲核取代和亲核加成反应是合成环状化合物的重要方法。分子内的亲核环化反应的难易由以下三个因素决定。①形成环的大小。有较大张力的环一般较难形成，故而小环（三元环、四元环）、中环（八至十二元环）和大环都较难形成。②被进攻原子的杂化状态：sp^3 杂化（tet）、sp^2 杂化（trig）、sp 杂化（dig）。对于亲核反应，亲核试剂进攻不同杂化状态的亲电碳原子时，其进攻的方位是不同的。对于被进攻亲电碳原子为 sp^3 杂化、sp^2 杂化、sp 杂化状态时，亲核试剂有效的进攻方向与欲断裂的键分别成 180°、109°和 120°。③共价键破裂的方式。被进攻亲电碳的共价键破裂有两种方式。外式（*exo*）：共价键破裂时电子向环外流动，形成较小的环。内式（*endo*）：共价键破裂时电子向环内流动，形成较大的环（图 6.1）。

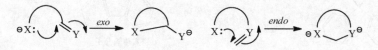

图 6.1　被进攻亲电原子的共价键的破裂方式

Baldwin 于 1976 年依据以上三个因素提出了分子内的亲核环化反应中"有利"成环和"不利"成环的规则，即 Baldwin 成环规则。Baldwin 成环规则总结如下。

（1）外式成环：除了 3-*exo*-dig 和 4-*exo*-dig 过程不利于成环外，5～7-*exo*-dig、3～7-*exo*-trig、3～7-*exo*-tet 过程都利于成环。

exo-dig：

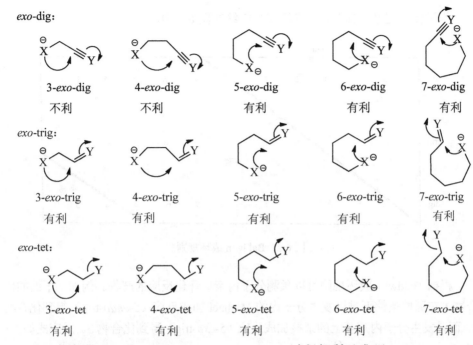

3-*exo*-dig　　4-*exo*-dig　　5-*exo*-dig　　6-*exo*-dig　　7-*exo*-dig
　不利　　　　　不利　　　　　有利　　　　　有利　　　　　有利

exo-trig：

3-*exo*-trig　　4-*exo*-trig　　5-*exo*-trig　　6-*exo*-trig　　7-*exo*-trig
　有利　　　　　有利　　　　　有利　　　　　有利　　　　　有利

exo-tet：

3-*exo*-tet　　4-*exo*-tet　　5-*exo*-tet　　6-*exo*-tet　　7-*exo*-tet
　有利　　　　　有利　　　　　有利　　　　　有利　　　　　有利

（2）内式成环：3～7-*endo*-dig、6～7-*endo*-trig 过程都利于成环。3～5-*endo*-trig、5～6-*endo*-tet 过程不利于成环。

endo-dig：

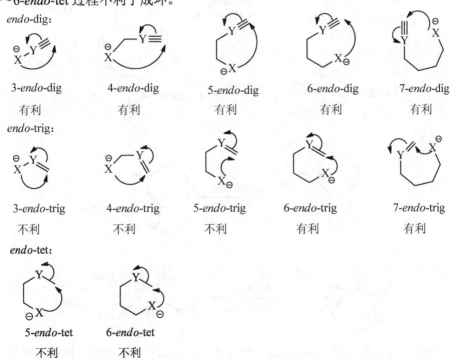

3-*endo*-dig　　4-*endo*-dig　　5-*endo*-dig　　6-*endo*-dig　　7-*endo*-dig
　有利　　　　　有利　　　　　有利　　　　　有利　　　　　有利

endo-trig：

3-*endo*-trig　　4-*endo*-trig　　5-*endo*-trig　　6-*endo*-trig　　7-*endo*-trig
　不利　　　　　不利　　　　　不利　　　　　有利　　　　　有利

endo-tet：

5-*endo*-tet　　6-*endo*-tet
　不利　　　　　不利

为了便于记忆，Baldwin 成环规则归纳在图 6.2 中。

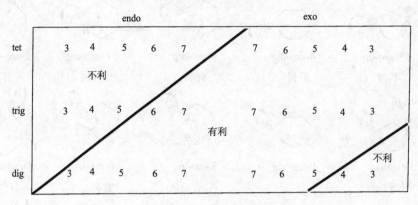

图 6.2　Baldwin 成环规则

根据 Baldwin 成环规则可以预测分子内亲核环化反应的产物。例如，下面的化合物 1 在碱性条件下难以发生分子内的 Michael 加成反应（5-*endo*-trig）得到化合物 2，而易发生分子内羰基上的亲核加成反应（5-*exo*-trig）得到化合物 3。反应式如下：

又如：

(80%)

(83%)

烯醇负离子有内式（*enolendo*）和外式（*enolexo*）两种类型，因此在烯醇负离子为亲核试剂的分子内环化反应中，Baldwin 成环规则需加上烯醇负离子的内式或外式条件。

6~7-*enolendo-exo*-tet
有利

3~7-*enolexo-exo*-tet
有利

6~7-*enolendo-exo*-trig
有利

3~7-*enolexo-exo*-trig
有利

3~5-*enolendo-exo*-tet
不利

3~5-*enolendo-exo*-trig
不利

例如，化合物 **4** 在强碱 LDA 存在下形成的烯醇锂盐，由于 5-*enolendo-exo*-tet 是不利的环化，而 5-*exo*-tet 是有利的环化，因而仅生成氧负离子亲核取代环化产物 **6**。反应式如下：

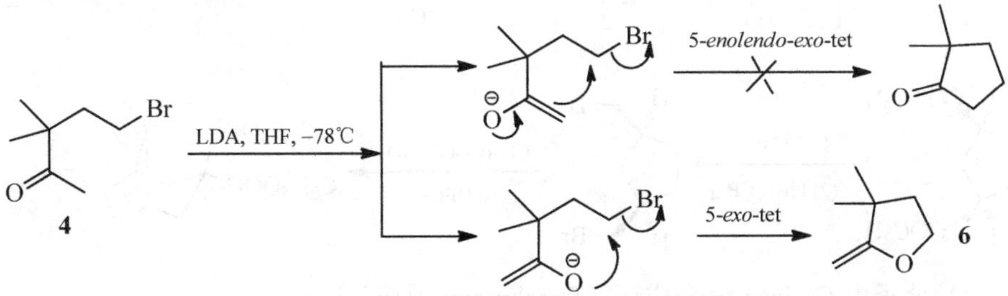

例如，三酮 **7** 在碱性条件下发生分子内醇醛缩合反应，由于 5-*enolendo-exo*-trig 是不利的环化，而 6-*enolendo-exo*-trig 是有利的环化，因而主要生成六元的环化产物 **8**。反应式如下：

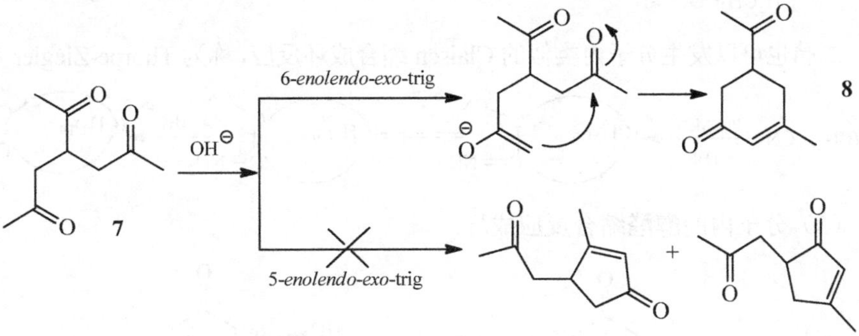

又如：

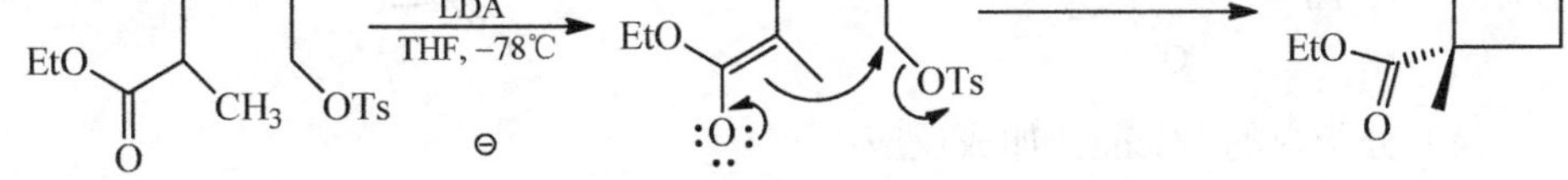

Baldwin 成环规则虽然是对分子内亲核环化提出的，但对自由基环化和阳离子环化反应的预测也常是有效的。需注意违背该规则的例子也是存在的。

6.1.2 亲核反应成环实例

在有机合成中，运用常见的分子内亲核取代和亲核加成反应来形成碳环。

（1）烃化反应成环：

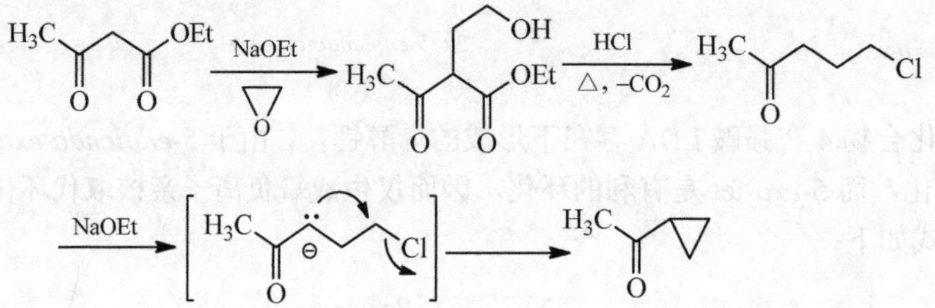

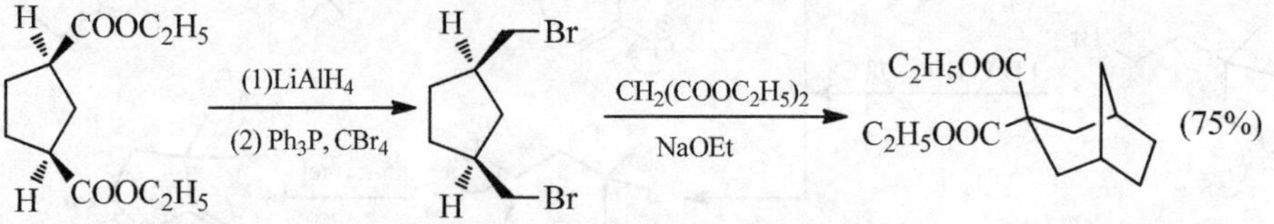

（2）分子内 Claisen 缩合成环（Dieckmann 反应）：

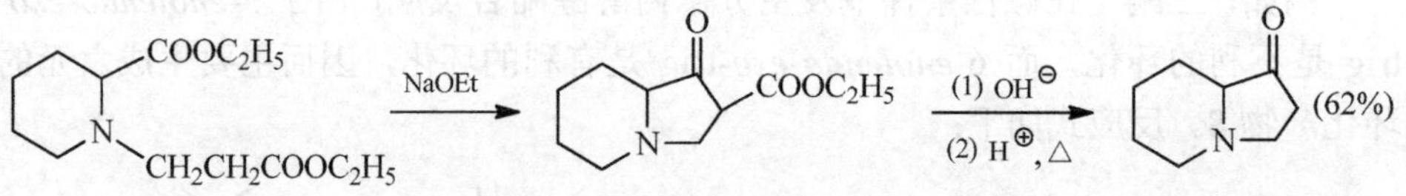

二腈也可以发生分子内类似的 Claisen 缩合成环反应，称为 Thorpe-Ziegler 反应。

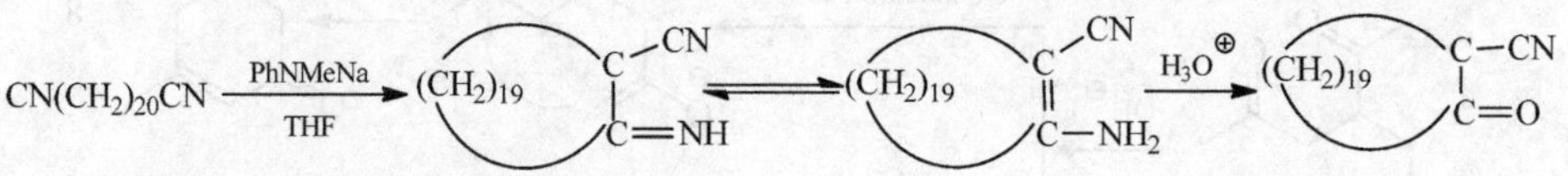

（3）分子内的醇醛缩合反应成环：

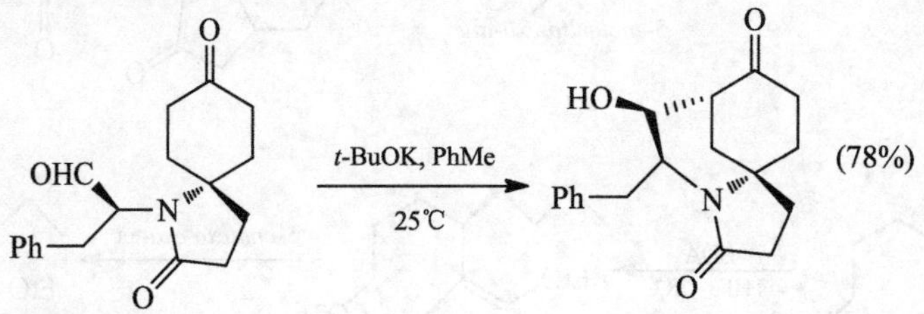

（4）分子内的 Michael 加成反应：

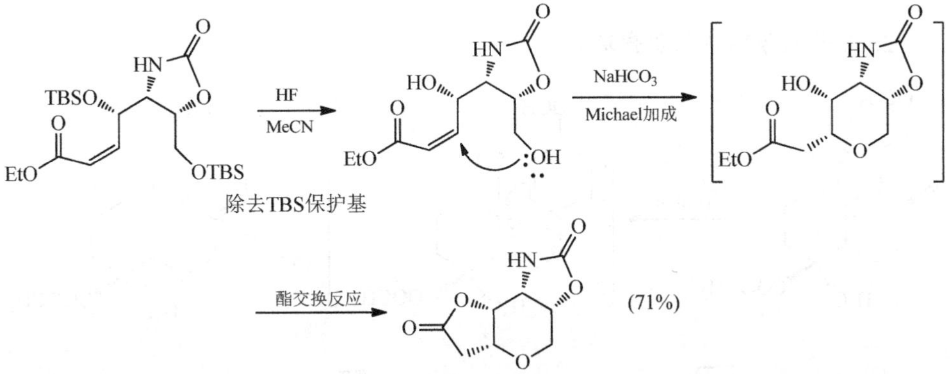

除去TBS保护基

（71%）

（5）Robinson 成环反应：α, β-不饱和羰基化合物（或 Mannich 碱）与碳负离子发生 Michael 加成反应后发生分子内醇醛缩合或 Claisen 缩合导致成环的反应称为 Robinson 成环反应。

（43%）

（95%）

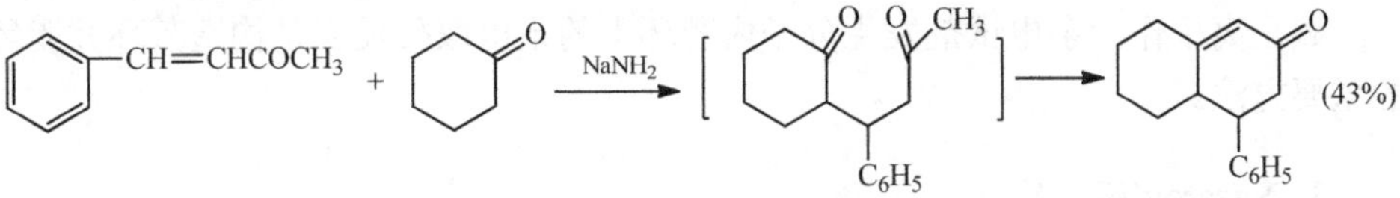

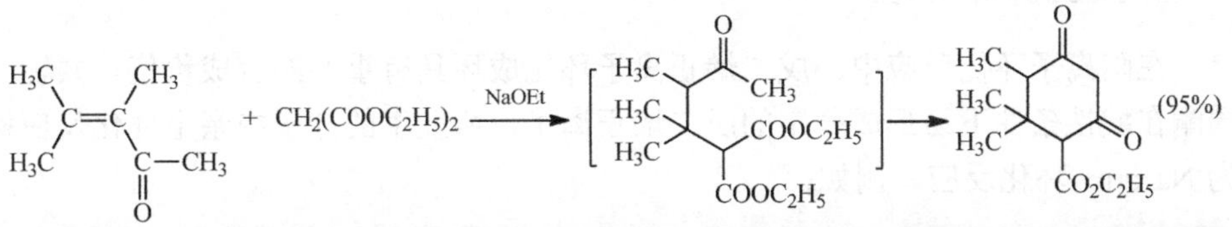

问题 6.1　用 Baldwin 成环规则，说明上面的（1）～（5）亲核环化产物。

6.2　分子内的亲电环化

分子内的亲电环化反应常涉及碳正离子中间体，这类阳离子环化反应在自然界中十分普遍，甾族化合物和萜类化合物的生源合成大多通过这一途径构建。由于不稳定的碳正离子易发生重排反应，只有当形成稳定的叔碳正离子时才能获得较好的产率。

1. 醇脱水导致的阳离子环化

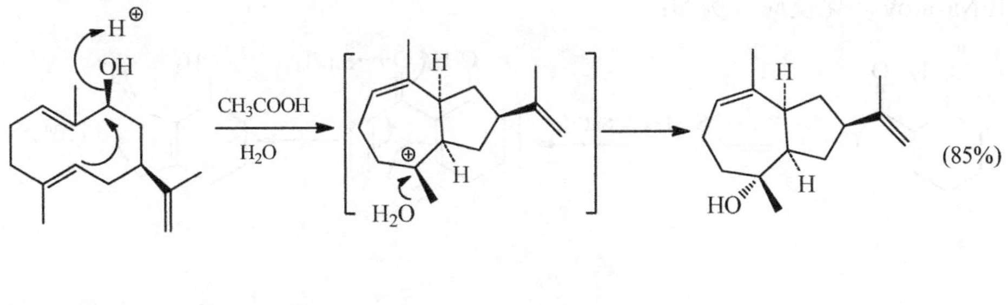

（85%）

2. 分子内芳环亲电取代环化

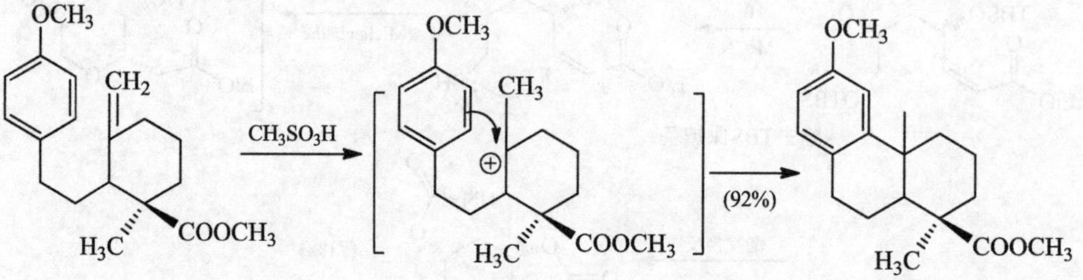

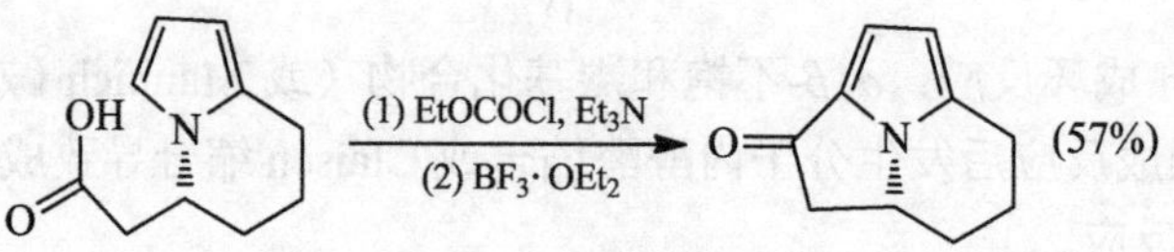

碳正离子作为亲电试剂发生分子内芳环上的亲电取代反应是构造芳环并脂环的重要方法。

3. Nazarov 环化反应

在阳离子环化反应中，戊二烯正离子环化成环具有重要的合成价值。共轭二烯酮在酸性条件下易形成稳定的戊二烯正离子，所发生的分子内亲电环化反应称为 Nazarov 环化反应。例如：

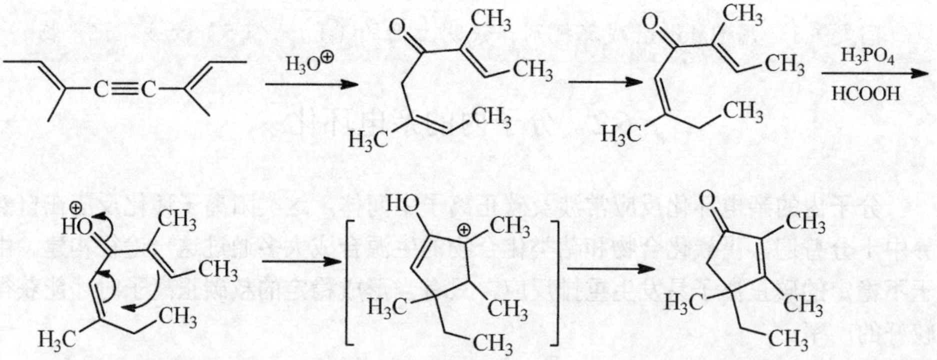

α, β-不饱和酰氯与乙烯基硅醚在路易斯酸催化下形成的共轭二烯酮可直接发生 Nazarov 环化反应。例如：

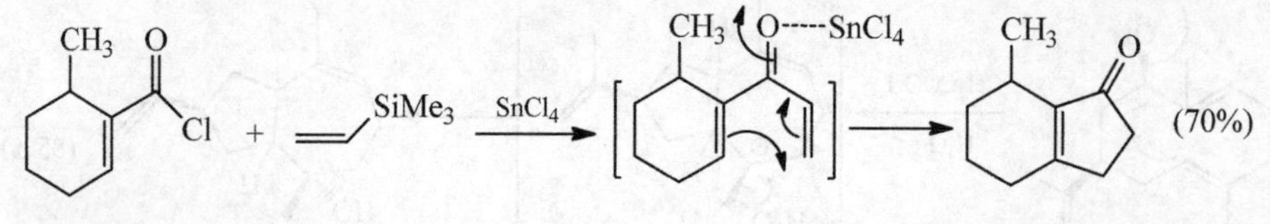

6.3 分子内自由基环化

6.3.1 分子内自由基还原偶联环化

二元醛酮和二元酸酯的分子内还原偶联以及二元醛酮分子内的 McMurry 反应都是通过分子内两个羰基碳自由基偶联环化的反应。

1. 分子内的偶姻缩合反应

分子内的偶姻缩合反应首先是在非质子性溶剂中通过活泼金属单电子还原酯基生成自由基阴离子，后者二聚成环，失去烷氧基得邻二酮，邻二酮进一步还原水解后生成环状 α-羟基酮。例如：

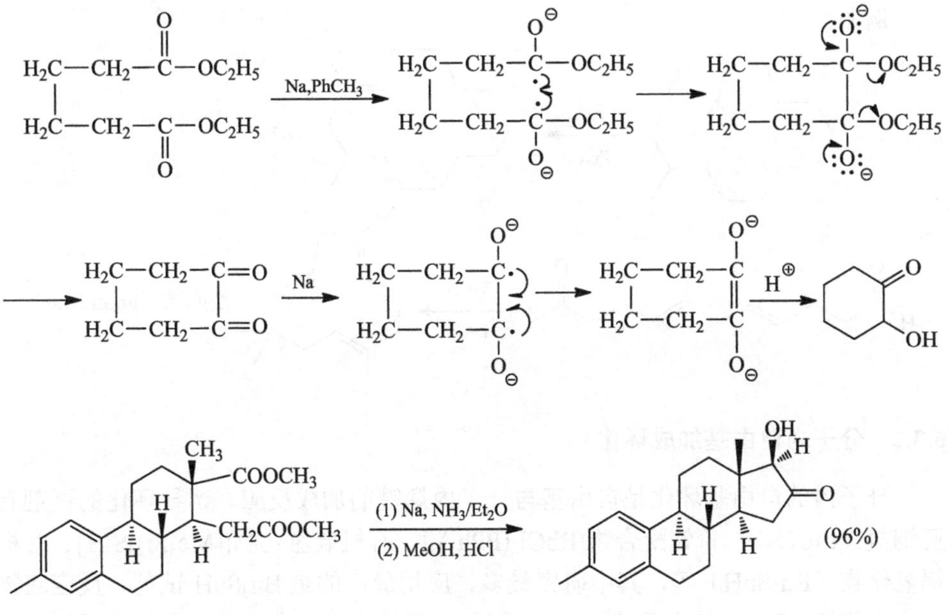

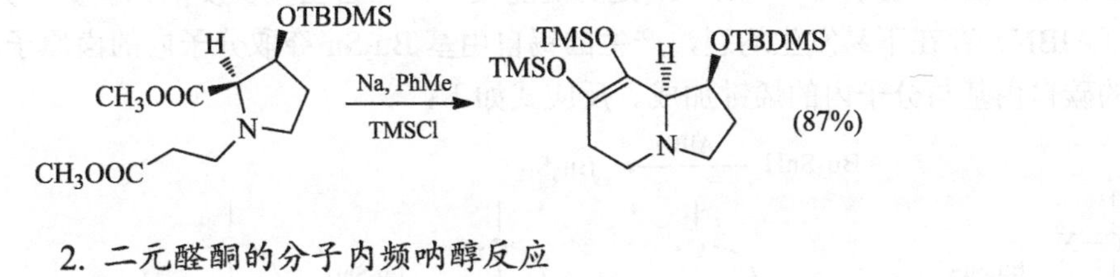

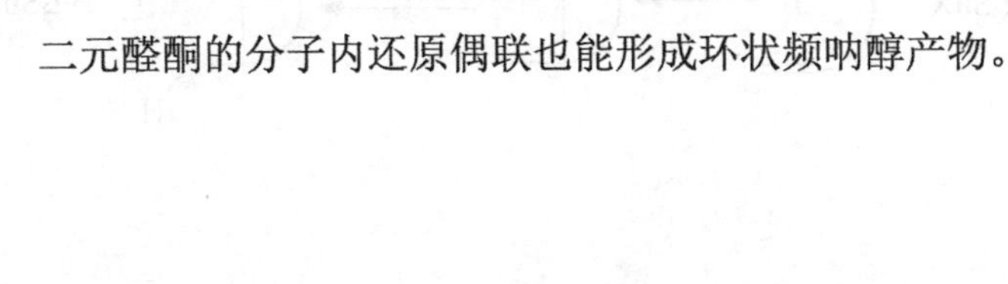

2. 二元醛酮的分子内频哪醇反应

二元醛酮的分子内还原偶联也能形成环状频哪醇产物。例如：

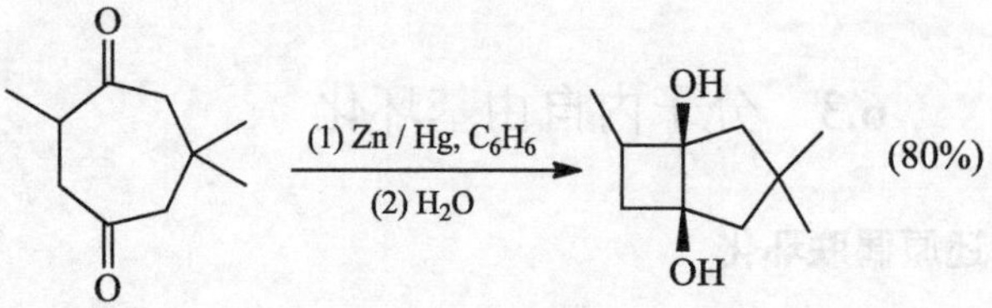

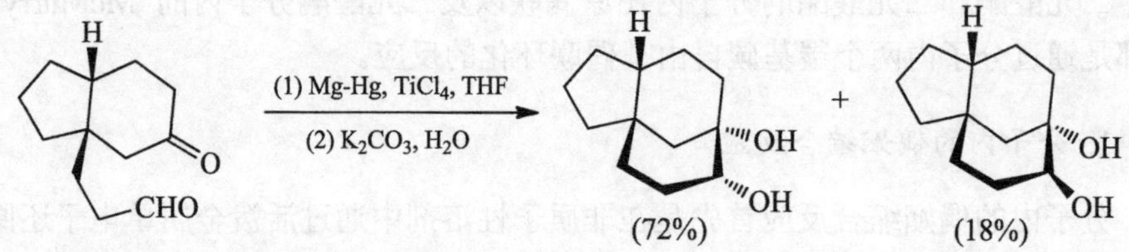

（80%）

（72%）　　　　　　（18%）

3. 分子内的 McMurry 反应

例如：

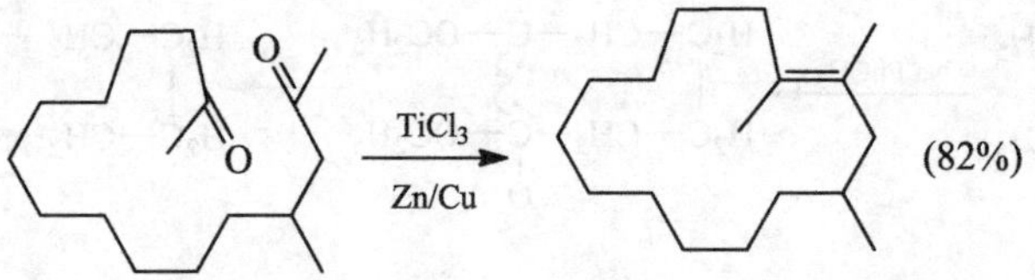

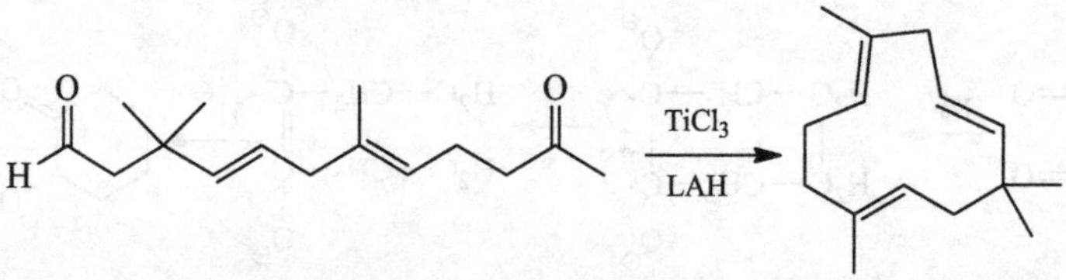

（82%）

蛇麻烯（humulene）

6.3.2　分子内自由基加成环化

分子内的自由基环化是自由基与分子内烯键的加成反应。诱导环化的试剂有亚铜盐（CuX）、二价铑配合物[RhCl$_2$(PPh$_3$)$_3$]、有机硅氢化物[(Me$_3$Si)$_3$SiH]、有机锡氢化物（Bu$_3$SnH）等，其中研究最多、应用最广的是 Bu$_3$SnH 试剂。反应底物常为卤代烯。Bu$_3$SnH 分子中 Sn—H 键的键能较小，在自由基引发剂如偶氮二异丁腈（AIBN）存在下易发生均裂，产生的锡自由基 Bu$_3$Sn· 夺取分子内的卤原子，产生的碳自由基与分子内的烯键加成。反应式如下：

$$Bu_3SnH \xrightarrow{AIBN} Bu_3Sn\cdot$$

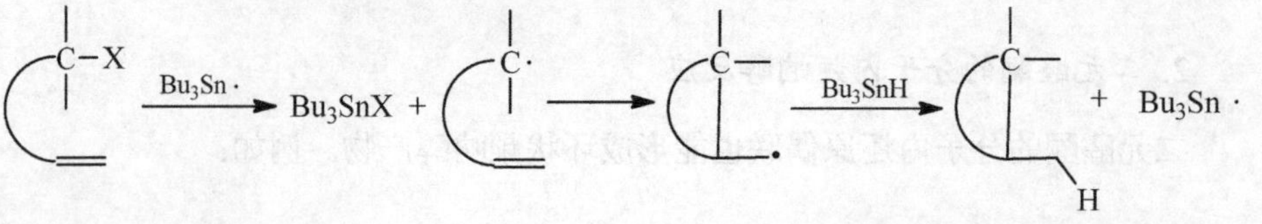

虽然根据Baldwin成环规则预测5-*exo*-trig和6-*endo*-trig环化方式都是有利的，但一般主要生成五元环产物，即反应中形成己-5-烯基自由基活性中间体。反应式如下：

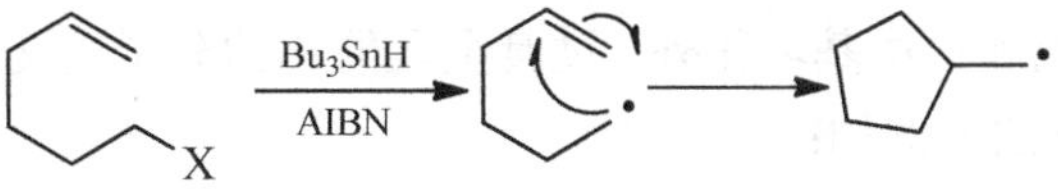

例如：

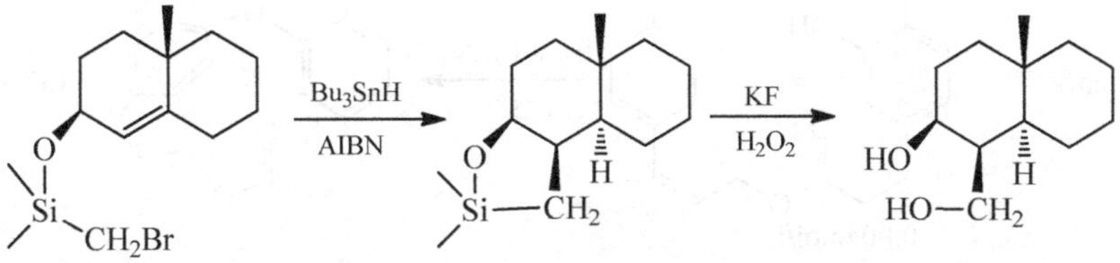

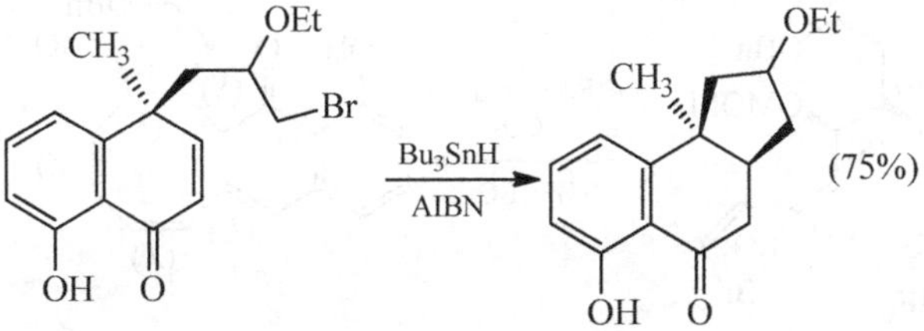

自由基环化反应有良好的区域选择性和立体选择性。例如，在天然产物capnellene的合成中，利用自由基串联环化一步形成了两个新的五元环，得到高立体选择性的三环产物。反应式如下：

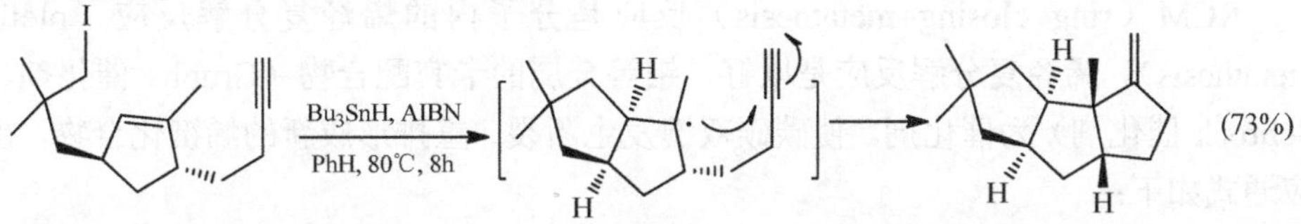

问题 6.2　写出下列反应的产物：

(1) 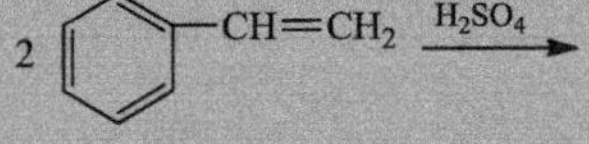

(2) 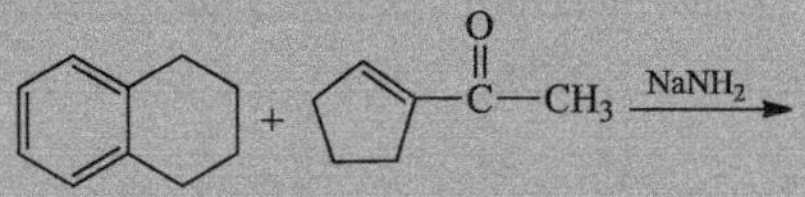

(3) 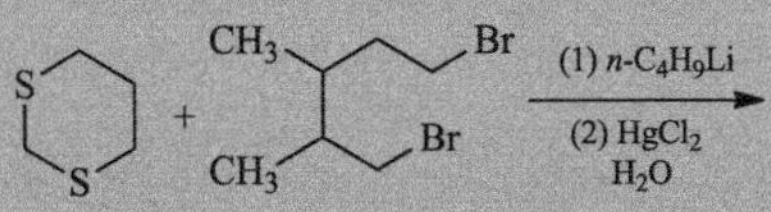

(4) 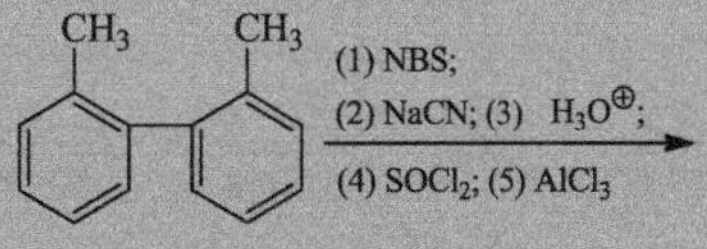

(5) 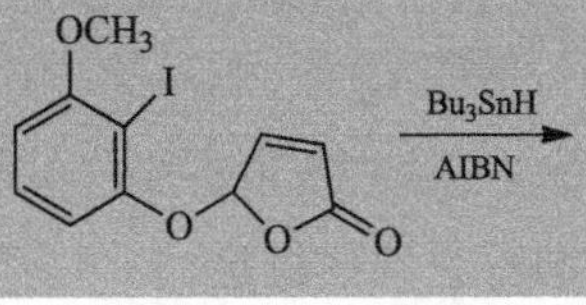

(6) 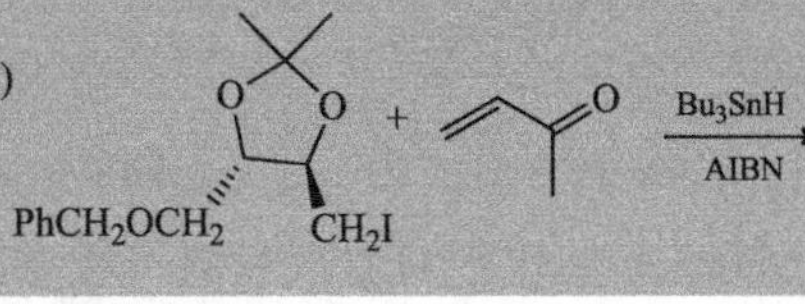

6.4　过渡金属催化的分子内交叉偶联环化

除了亲核/亲电和自由基环化外，过渡金属催化的分子内交叉偶联反应也是分子内环化的重要方法。例如：

Ullmann反应

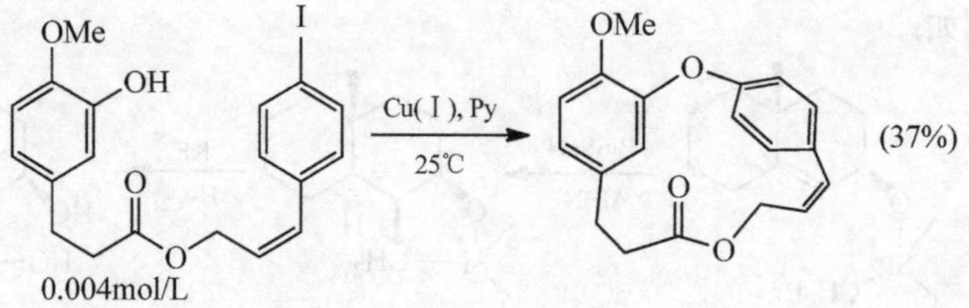

Suzuki反应

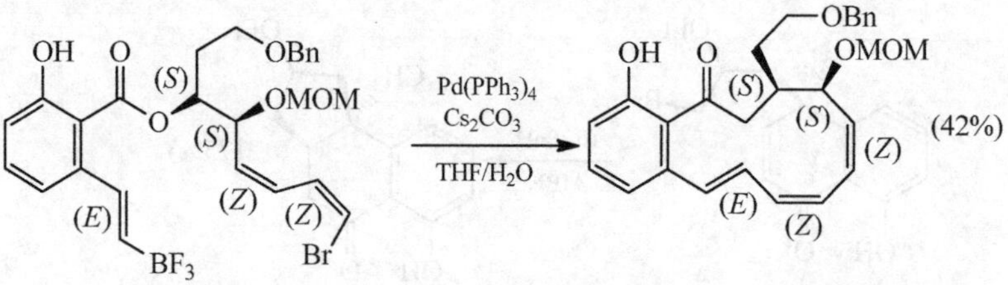

6.5　RCM 关环反应

RCM（ring closing metathesis）反应是分子内的烯烃复分解反应（olefin metathesis）。烯烃复分解反应是以钌、钼等金属的卡宾配合物（Grubbs 催化剂、Schrock 催化剂）为催化剂，使碳碳双键发生断裂、重排形成新的烯键化合物。反应通式如下：

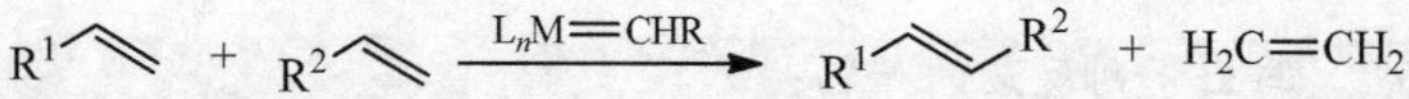

L_nM═CHR 代表催化剂。常用的金属卡宾配合物催化剂的结构式如下：

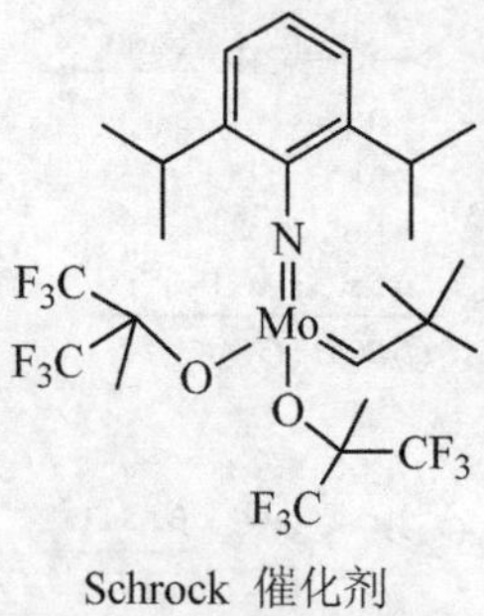

Schrock 催化剂

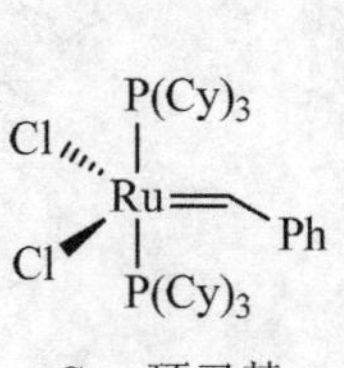

Cy =环己基

Grubbs 催化剂Ⅰ

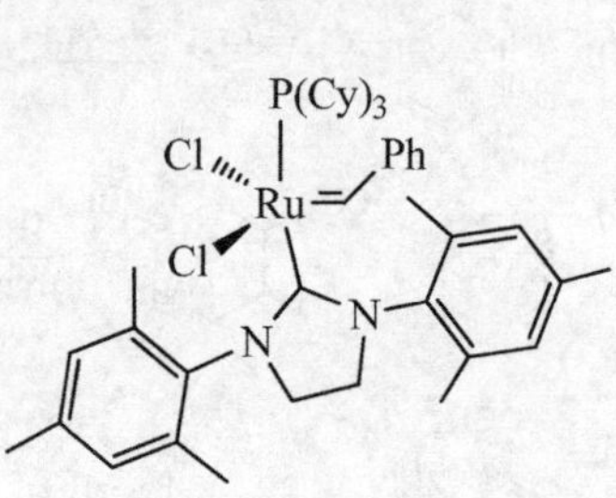

Grubbs 催化剂Ⅱ

Schrock 催化剂对水汽和氧气敏感，Grubbs 催化剂在空气中稳定。

　　RCM 反应应用催化量的 Ru 或 Mo 卡宾配合物即可以使分子内的两个烯键之间完成关环反应，生成环烯化合物。

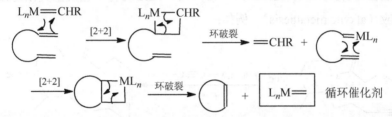

　　RCM 反应的机理如下：首先金属卡宾配合物催化剂 L_nM═CHR（如 Grubbs 催化剂或 Schrock 催化剂）与原料二烯烃分子中一个烯键配位并打开双键生成金属环丁烷衍生物，然后环破裂分解释出一分子烯烃并形成二烯烃的金属卡宾配合物，它与分子内的烯键配位形成金属环丁烷双环衍生物，接着四元环破裂释出环烯烃，同时形成乙烯基金属卡宾配合物（L_nM═），这是 RCM 反应中进行催化循环反应的真正的催化剂。如下所示：

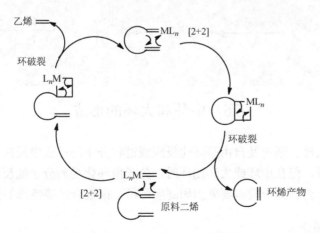

　　接着乙烯基金属卡宾配合物（L_nM═）进入催化循环（图 6.3）：循环催化剂（L_nM═）与原料二烯烃分子中一个烯键配位生成金属环丁烷衍生物，然后环破裂释出一分子乙烯并形成二烯烃的金属卡宾配合物，然后与分子内的烯键配位形成金属环丁烷双环衍生物，四元环破裂释出环烯烃，再生循环催化剂（L_nM═），完成了一次反应循环。反应按照上述循环进行下去。整个反应是可逆反应，乙烯的放出使反应进行完全。

图 6.3　RCM 关环反应中的催化循环

RCM 反应可以高产率合成任意大小的环烯烃。在有机合成中，一些脂环化合物，尤其是大环脂环化合物，合成步骤冗长，收率低，而利用 RCM 反应，合成过程能大大简化。因此，RCM 反应已广泛用于药物合成研究和天然产物合成的成环步骤中。例如：

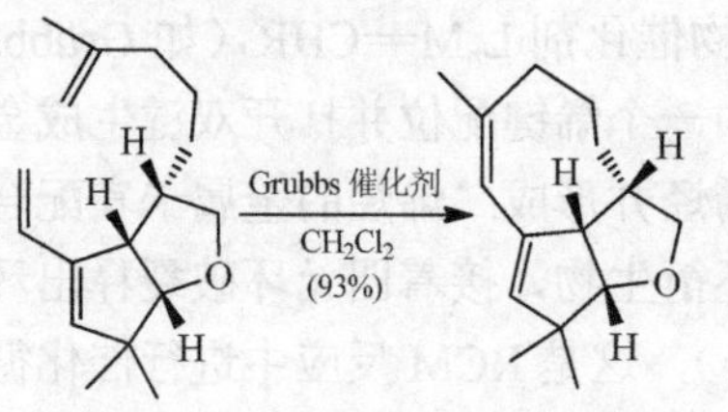

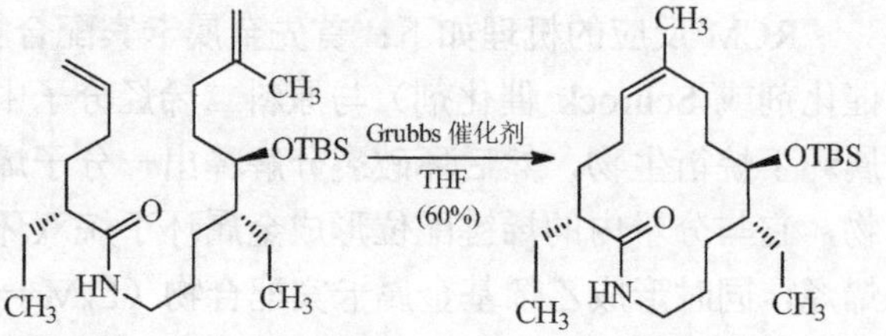

炔烃在 Mo(CO)$_6$ 或 $(t\text{-BuO})_3$ W—C≡C—t-Bu 催化下也发生类似的分子内复分解反应（alkyne metathesis）。例如：

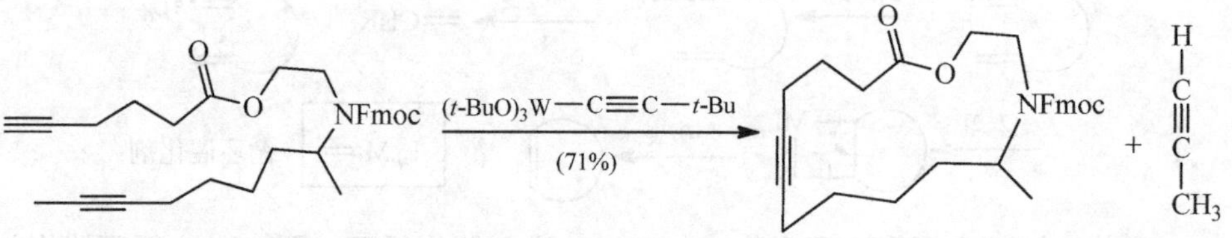

烯烃和炔烃的复分解反应的条件温和、产率高，并且是具有原子经济性的反应。因此已成为形成碳碳双键和三键的重要方法。法国化学家 Yves Chauvin、美国化学家 Robert H. Grubbs 和 Richard R. Schrock 由于对烯烃和炔烃的复分解反应的贡献，共享 2005 年诺贝尔化学奖。

问题 6.3　写出下列反应的产物：

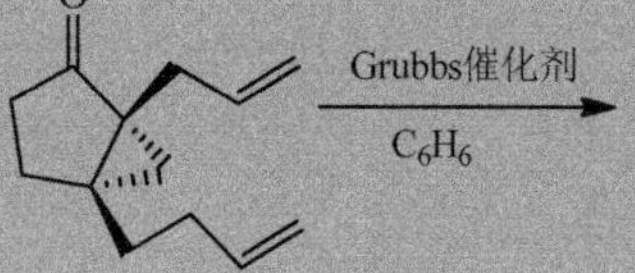

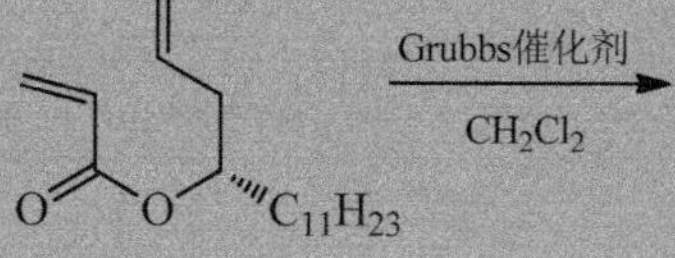

6.6　中环和大环的形成

一般的亲核、亲电及自由基环化反应或链状分子间的成键反应都可以用于合成中环和大环，但在中环或大环闭环时，分子内环化受到分子间反应的竞争，因此中环和大环的合成一般需要采用如高度稀释、模板合成等特殊的技术。

1. 高度稀释法

合成脂肪族中环或大环时，为了抑制分子间反应，常采用高度稀释法。一般步骤是将反应物以很慢的速度滴加到较多的溶剂中，确保反应液中反应物始终维持在很低的浓度（一般小于 10^{-3}mol/L）。例如，在高度稀释下利用分子内 Claisen 缩合以较高收率合成了十四元大环：

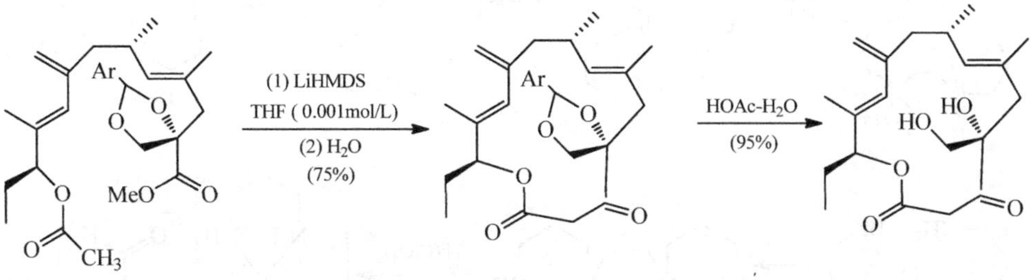

高度稀释法也可合成含杂原子的中环和大环化合物如大环内酯和穴醚等。例如：

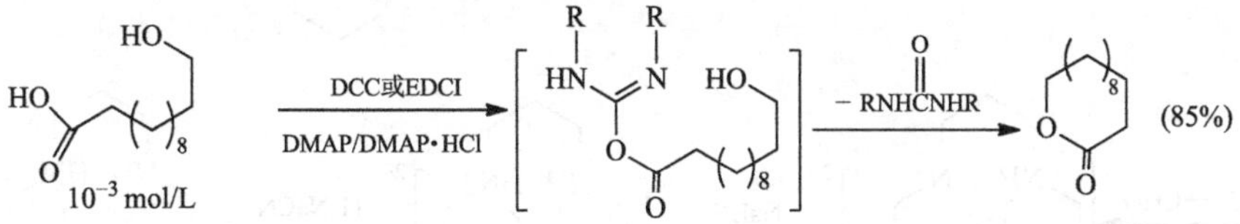

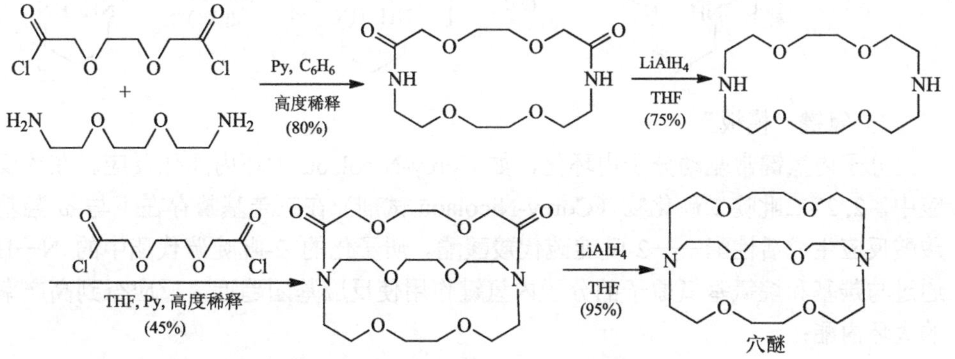

2. 模板合成法

用金属离子或有机分子为"模板"，通过与底物分子之间的配位、静电引力、氢键等非共价作用力预组织使反应中心互相趋近而成环。因而，不需要高度稀释的反应条件，便可获得高产率的产物。

1）金属离子"模板"

合成含杂原子的大环化合物时，使用金属离子为"模板"，能获得相当好的产率。例如，合成冠醚和大环多胺时，一般用直径与产物环大小相近的金属离子为"模板"。并且，根据软硬酸碱配位原理，杂原子为氧原子时，使用碱金属离子；杂原子为氮或硫原子时，使用过渡金属离子。反应式如下：

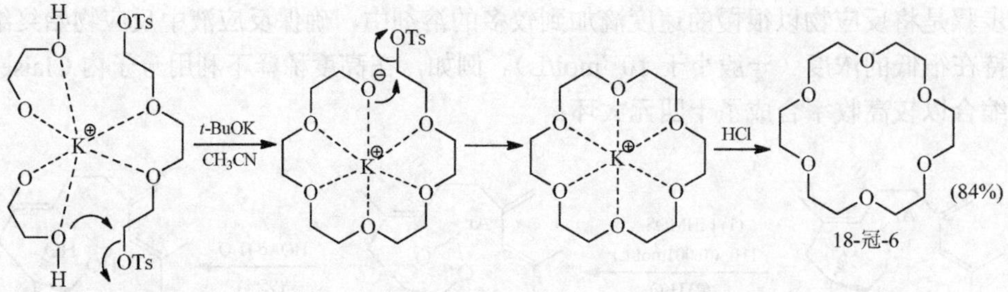

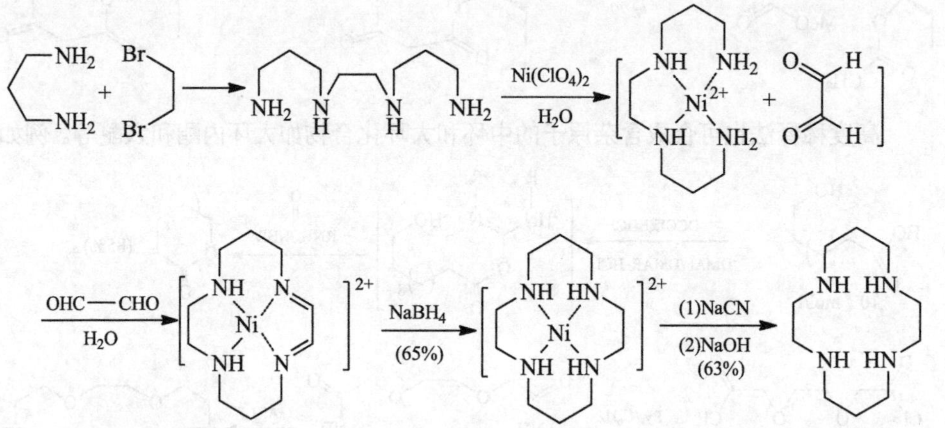

18-冠-6 (84%)

2）氢键"模板"

分子内氢键常驱动分子内环化，如 Corey-Nicolaou 大环内酯化反应。在该反应中，2, 2′-二吡啶二硫化物（Corey-Nicolaou 试剂）在三苯基膦存在下与 ω-羟基羧酸反应生成活性酯——2-吡啶硫代羧酸酯。质子化的 2-吡啶硫代酯中的 N—H 通过与羰基和烷氧基氧原子的分子内氢键作用使反应基团趋近，反应得到高产率的大环内酯：

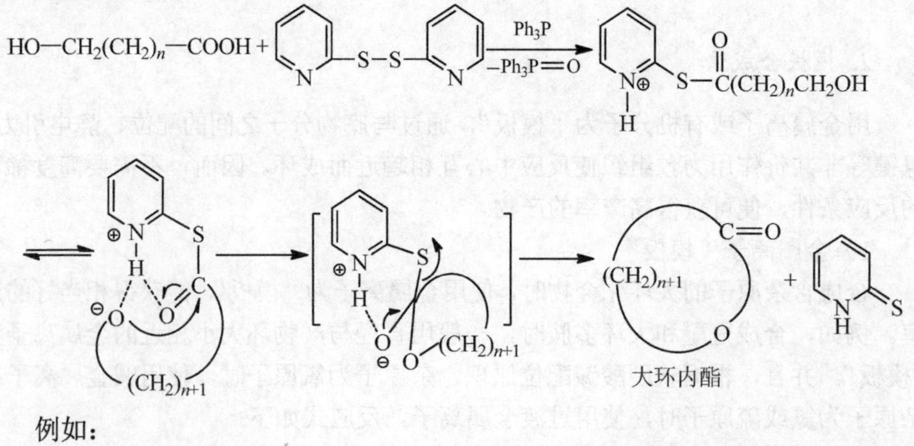

大环内酯

例如：

$$HO(CH_2)_{14}COOH \xrightarrow[\text{甲苯, } \triangle]{Ph_3P, (PyS)_2} (CH_2)_{14} \qquad (80\%)$$

如果在 Corey-Nicolaou 大环内酯化反应中加入银离子，由于银离子的配位作用进一步活化了 2-吡啶硫代酯，内酯化反应能在室温下进行：

$$\xrightarrow[\substack{AgClO_4 \\ \text{甲苯, rt}}]{Ph_3P, (PyS)_2} \qquad (75\%)$$

3. 特殊反应条件形成大环

某些特殊的反应条件下无需高度稀释便可顺利合成中环和大环。例如，二酯或二酮的分子内还原偶联反应发生在活泼金属的表面，是两相界面上的反应，因此不需要高度稀释的反应条件。例如：

$$CH_3OOC(CH_2)_{16}COOCH_3 \xrightarrow[\substack{(2)H^{\oplus}, H_2O}]{(1)Na, \text{二甲苯}} (CH_2)_{16} \qquad (96\%)$$

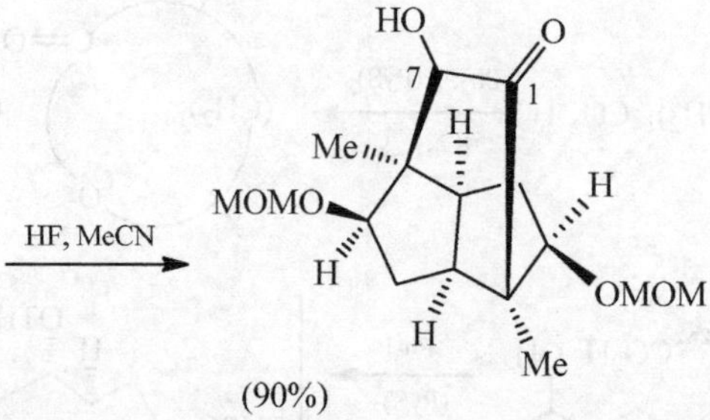

(90%)

含刚性碳架的反应物，由于键的自由转动受阻，因而形成中环和大环时不需要高度稀释的反应条件。例如：

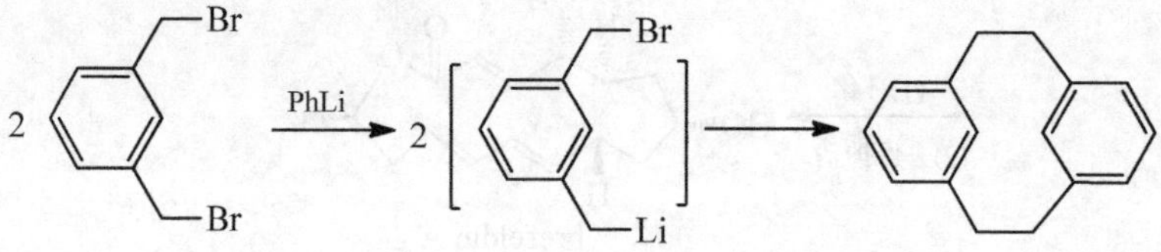

值得一提的是，RCM 反应无需高度稀释的条件便可获得高产率的中环和大环产物。

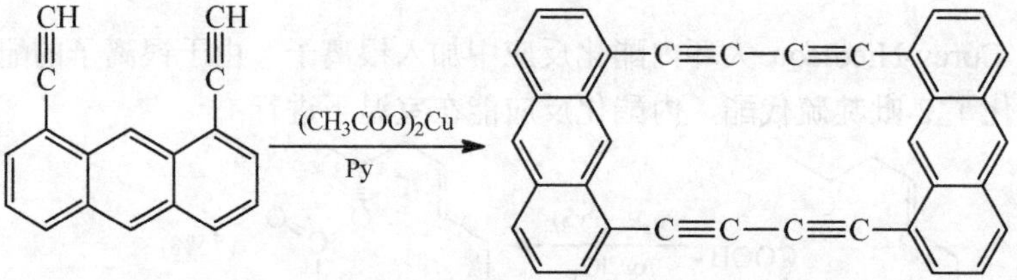

6.7 环加成反应

重要的环加成反应（cycloaddition）有 Diels-Alder 反应、1, 3-偶极环加成反应（1, 3-dipolar cycloaddition）、卡宾（carbene）或氮宾（nitrene）与烯键的加成反应以及[2+2]环加成反应等。

6.7.1 Diels-Alder 反应

4π 电子体系的二烯体（diene）和 2π 电子体系的亲二烯体（dienophile）的[4+2]环加成反应称为 Diels-Alder 反应。根据 Woodward-Hofmann 规则和前线轨道理论，Diels-Alder 反应中二烯体的 HOMO 轨道和亲二烯体的 LUMO 轨道之间或者二烯体的 LUMO 轨道和亲二烯体的 HOMO 轨道之间的能量差越小，反应越容易进行（图 6.4）。因此，二烯体上带有给电子基（D）和亲二烯体上带有吸电子基（A），或者二烯体上带有吸电子基（A）和亲二烯体上带有给电子基（D），两种情况都有利于 Diels-Alder 反应进行。前者是正常电子需求的 Diels-Alder 反应（normal

electron demand Diels-Alder 反应），应用很广。后者称为反电子需求的 Diels-Alder
反应（inversed electron demand Diels-Alder 反应），研究相对比较少。

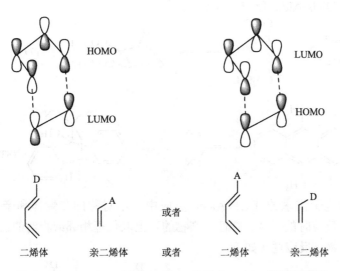

图 6.4　Diels-Alder 反应中 HOMO 轨道和 LUMO 轨道的重叠

正常电子需求的 Diels-Alder 反应，例如：

二烯体可以是开链的共轭二烯，也可以是环内共轭二烯。二烯体必须是顺式（cisoid）构象，否则不发生反应。多环芳烃如蒽，杂环化合物如呋喃也可以作为二烯体发生 Diels-Alder 反应。例如：

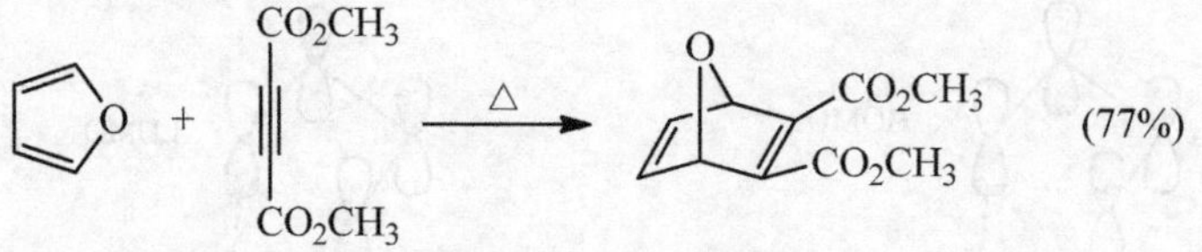

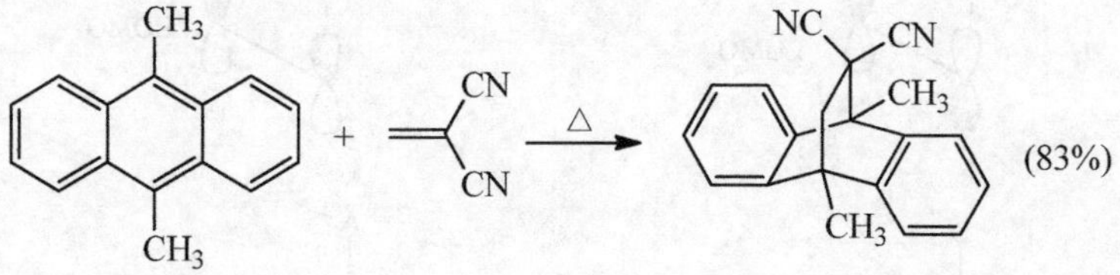

(77%)

(83%)

在正常电子需求的 Diels-Alder 反应中，不对称的二烯体和亲二烯体发生 Diels-Alder 反应时的区域选择性：产物的环上取代基相邻或相对的位置异构体一般是主要产物。反应通式如下：

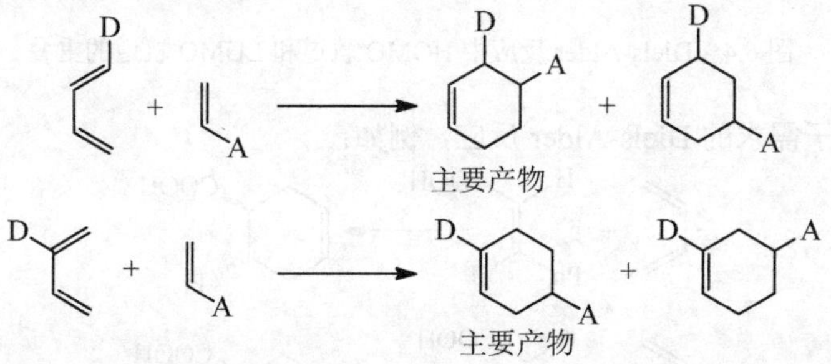

主要产物

主要产物

例如：

(61%)　　　　(3%)

(45%)　　　　(8%)

(94%)

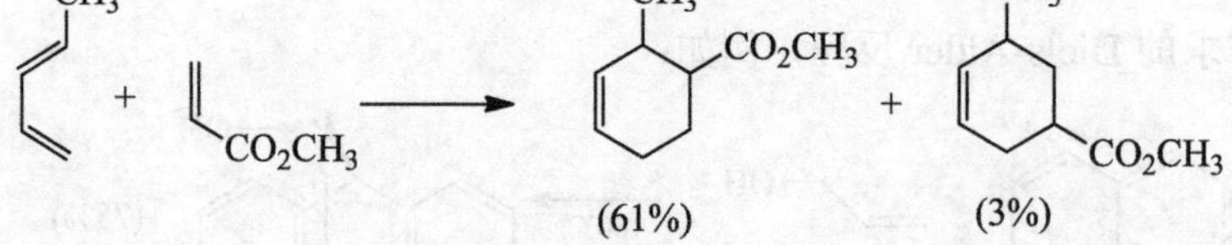

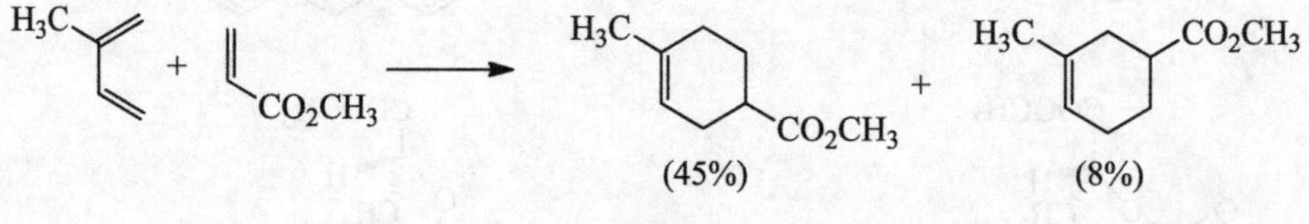

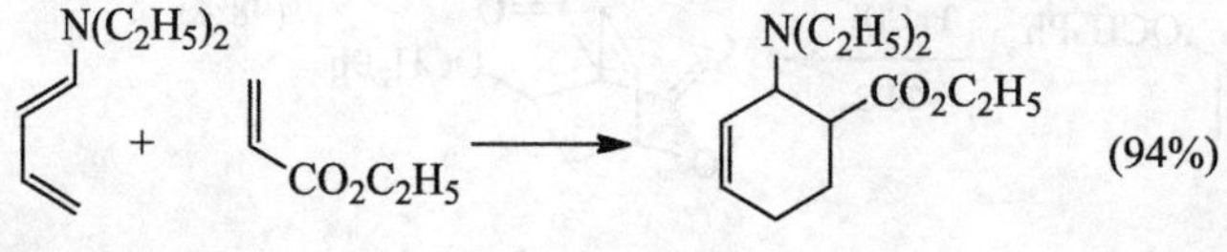

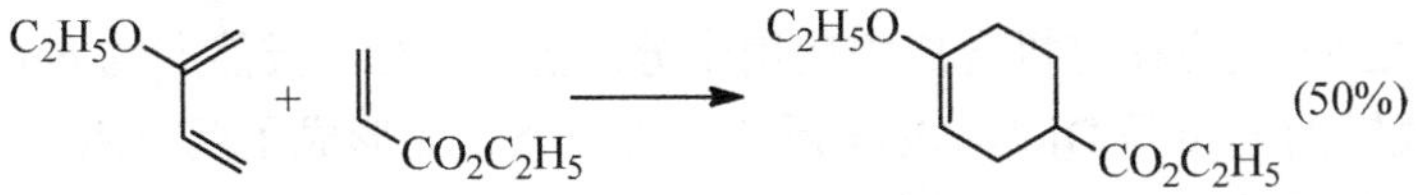

即使有较大的空间位阻，邻位产物仍是主要产物。例如：

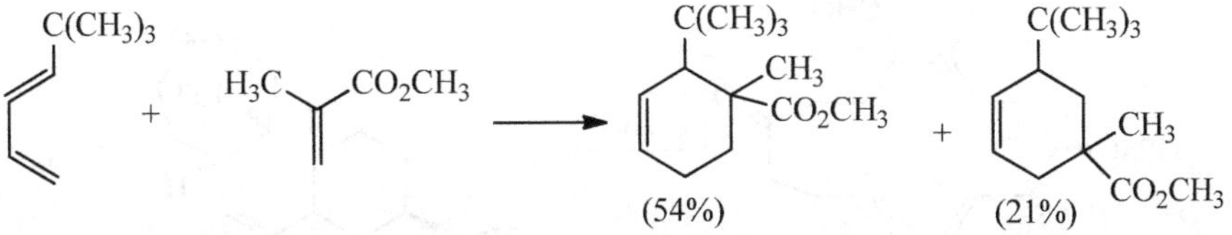

在路易斯酸存在时，亲二烯体的极化度因与路易斯酸的配位作用而增大，因此区域选择性提高，经常可以得到高收率的单一异构体。同时可降低反应温度，提高反应速率。例如：

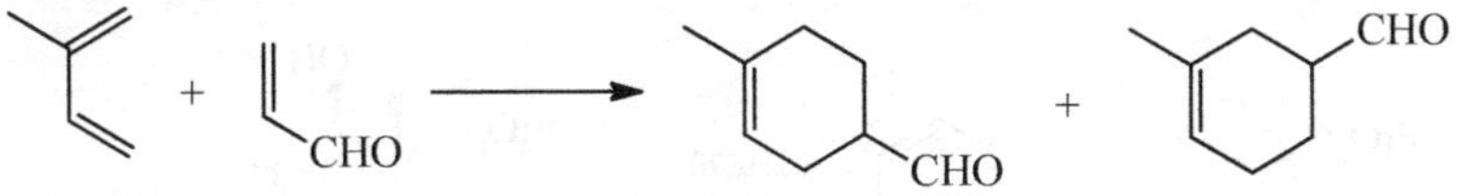

甲苯，120℃，无催化剂　　　59%　　　　　　41%

苯，25℃，SnCl₄　　　　　　96%　　　　　　4%

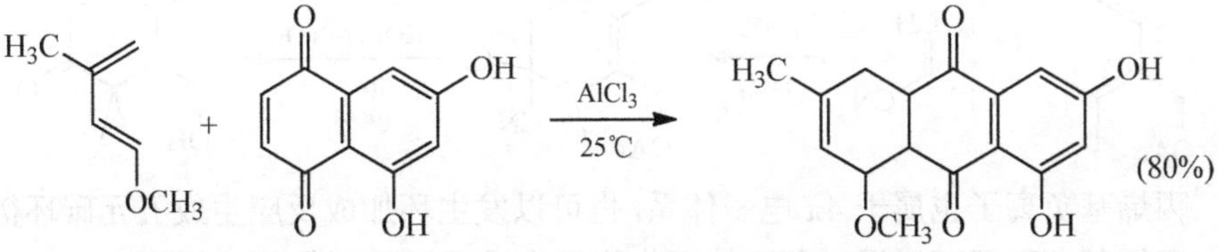

2-三甲硅氧基丁-1,3-二烯作为二烯体有良好的区域选择性，环加成产物经水解后可得到环酮产物：

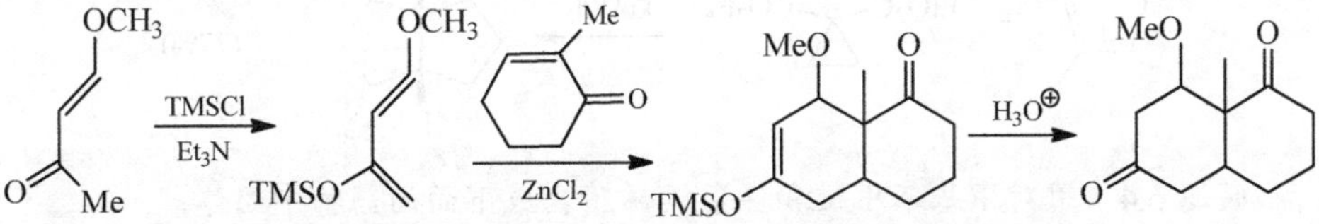

由于 Diels-Alder 反应采取对旋方式和同面成键，因而是立体专一性反应，原料二烯体和亲二烯体的构型保留在产物中。例如：

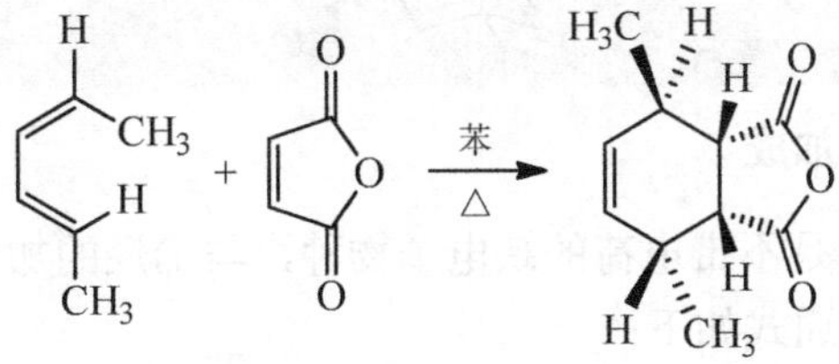

Diels-Alder 反应在有机合成中应用十分广泛。例如，天然产物 deslongchamps 的合成中关键的一步是 Diels-Alder 反应，由一个大环形成了两个六元环和一个七元环，由两个手性中心诱导控制形成了四个手性中心：

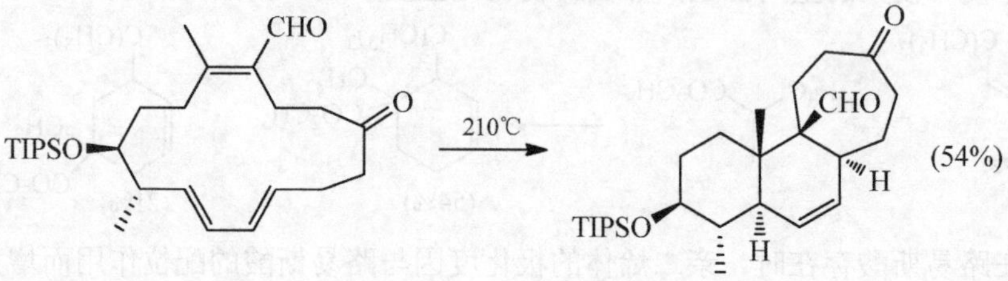

在抗癌药紫杉醇中，其中形成两个六元环的两步反应都是分别通过 Diels-Alder 反应实现的：

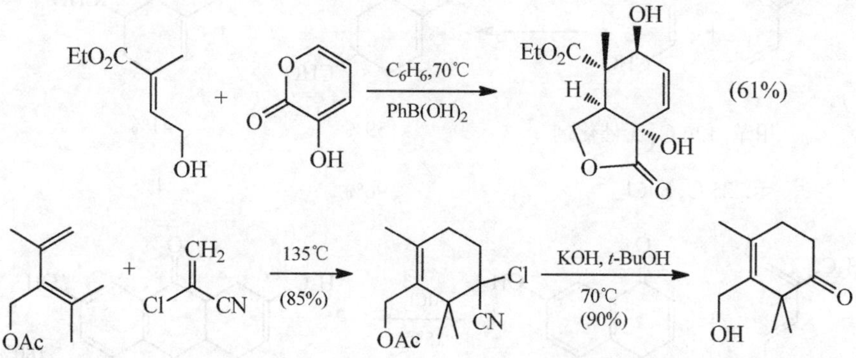

丙烯基负离子也属于 4π 电子体系，也可以发生环加成反应生成五元碳环衍生物。丙烯基负离子可以通过环丙烷衍生物失去质子后开环得到。例如：

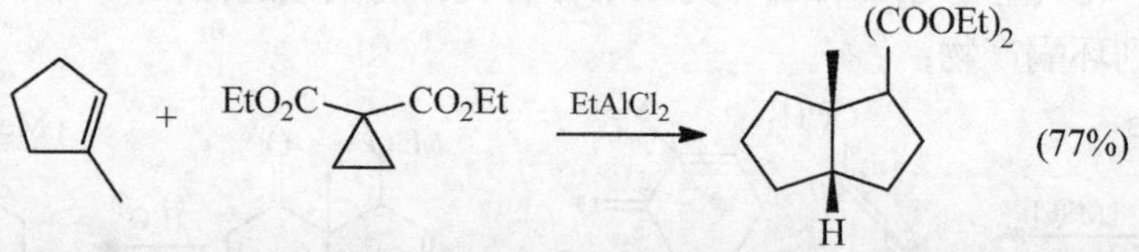

问题 6.4　用对甲基苯甲醚和 2-氯丙烯腈合成下面的药物中间体：

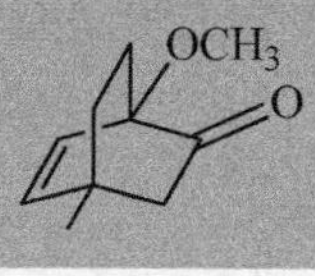

6.7.2　卡宾与烯键的加成

卡宾（carbene）是不带电荷的缺电子物种，与烯烃的加成是形成环丙烷衍生物的重要方法。反应通式如下：

$$\underset{}{\overset{}{C=C}} + :C\underset{R}{\overset{R}{}} \longrightarrow \underset{R}{\overset{}{\triangle}}_{R}$$

产生卡宾的方法一般有重氮烷烃的热或光分解，偕多卤代烃的 α-消去以及对甲苯磺酰腙衍生物的分解等。如下所示：

$$RCHN_2 \xrightarrow{hv或\triangle} [RCH:] + N_2$$

$$N_2CHCO_2C_2H_5 \xrightarrow{hv或\triangle} [:CHCO_2C_2H_5] + N_2$$

$$CHX_3 \xrightarrow{B^{\ominus}} [:CX_2] + BH + X^{\ominus}$$

$$RCH=N-NHSO_2C_6H_4CH_3 \xrightarrow[\triangle]{CH_3ONa} [RCH:] + N_2$$

处于单线态的卡宾和烯键发生协同的[2+2]环加成反应，烯烃的构型仍然保持在产物中。例如：

(68%)

卡宾也可以与炔键和芳环发生加成反应。例如：

$$N_2CHCO_2C_2H_5 + HC\equiv CH \longrightarrow \text{（环丙烯结构）} \quad (70\%)$$

$$N_2CHCO_2C_2H_5 + \text{（萘）} \longrightarrow \text{（加成产物）} \quad (65\%)$$

卡宾也可以和分子内的碳碳不饱和键发生加成反应形成脂环化合物。例如：

$$(CH_3)_2C=\underset{CH=NNHTs}{\overset{CH_3}{C}} \xrightarrow[\triangle]{CH_3OH} \left[(CH_3)_2C=\underset{CH:}{\overset{CH_3}{C}} \right] \longrightarrow \underset{CH_3}{\overset{CH_3 \quad CH_3}{\triangle}} \quad (72\%)$$

$$CH_2=CH(CH_2)_3COCl \xrightarrow{CH_2N_2} CH_2=CH(CH_2)_3COCHN_2 \xrightarrow[\triangle]{Cu} \text{（双环酮）} \quad (50\%)$$

用铜盐如硫酸铜溶液处理过的锌粉与偕二卤代烷作用生成的有机锌化合物，它同卡宾一样可以与碳碳不饱和键发生加成反应生成三元环的化合物。这一反应称为 Simmons-Smith 环丙烷化反应。反应机理如下：

$$CH_2I_2 \ + \ Zn/Cu \ \longrightarrow \ ICH_2ZnI$$

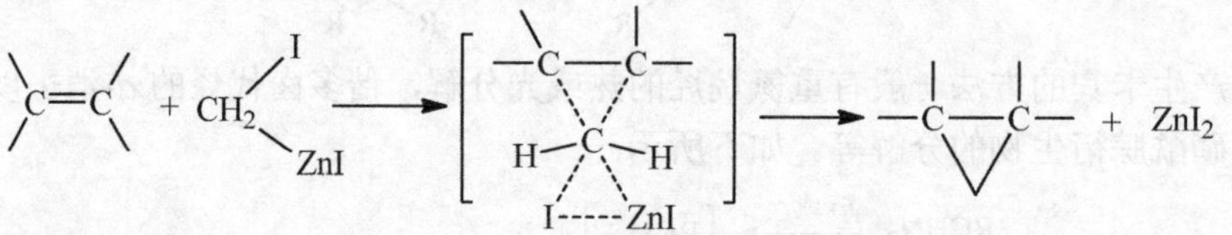

例如：

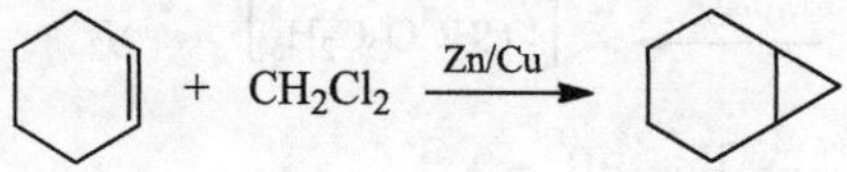

(65%)

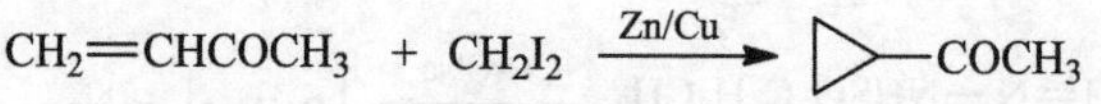

$$CH_2{=}CHCOCH_3 \ + \ CH_2I_2 \ \xrightarrow{Zn/Cu} \ \triangleright{-}COCH_3 \quad (50\%)$$

Simmons-Smith 环丙烷化反应是立体专一性反应。碳碳双键的构型保留在产物中：

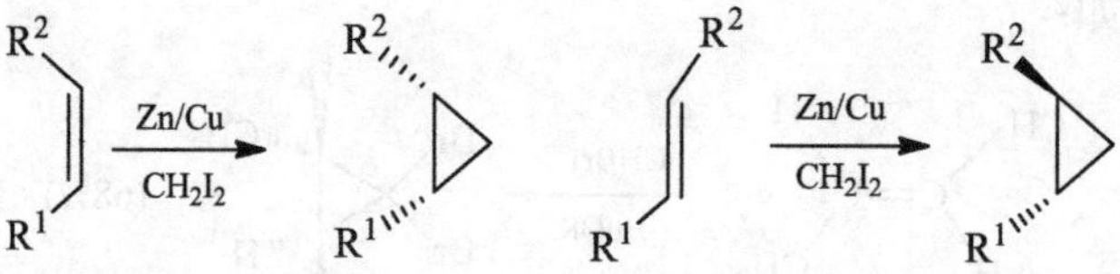

例如：

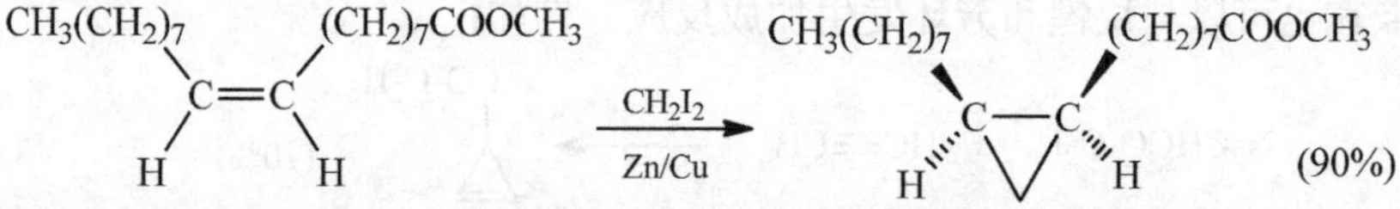

(90%)

Simmons-Smith 环丙烷化反应立体选择性地发生在分子空间位阻较小的一侧，如存在两个烯键，反应优先发生在更富电子的烯键上。例如：

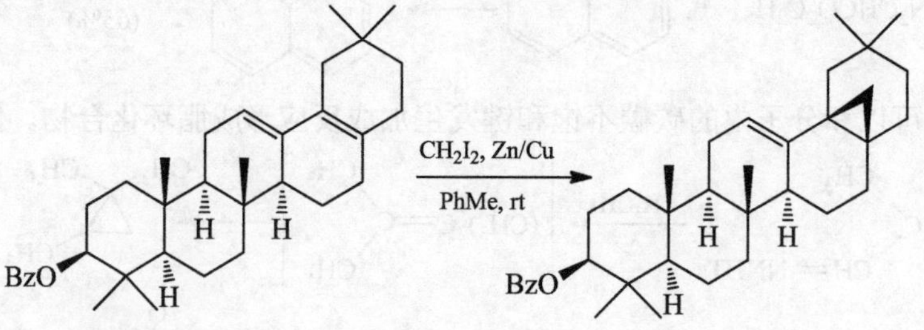

(56%)

用二乙基锌代替 Zn/Cu，可优先使烯丙式醇环丙烷化：

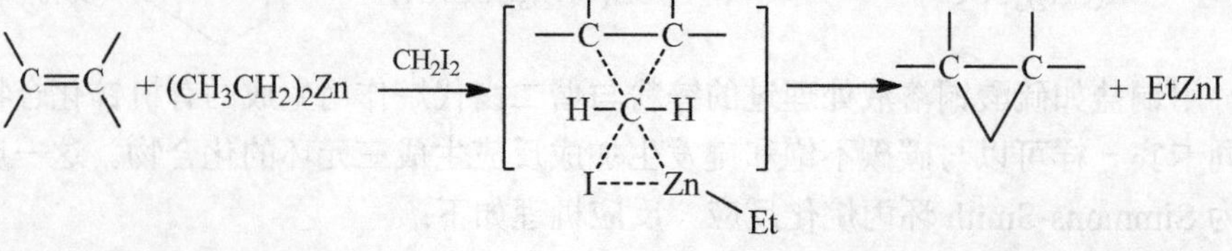

例如：

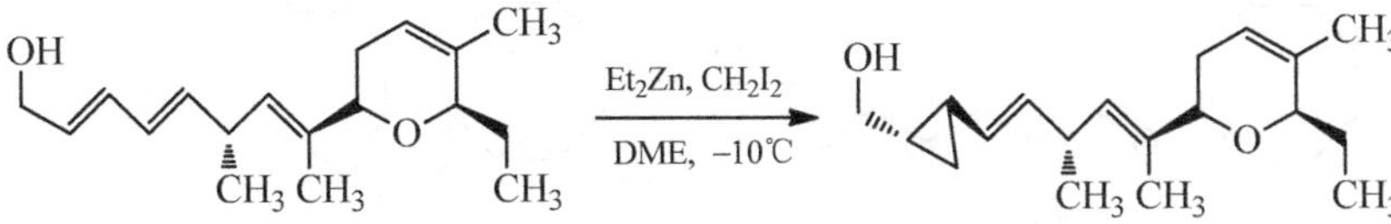

(86%)

用钐代替锌，也可使烯丙式醇的烯键选择性环丙烷化：

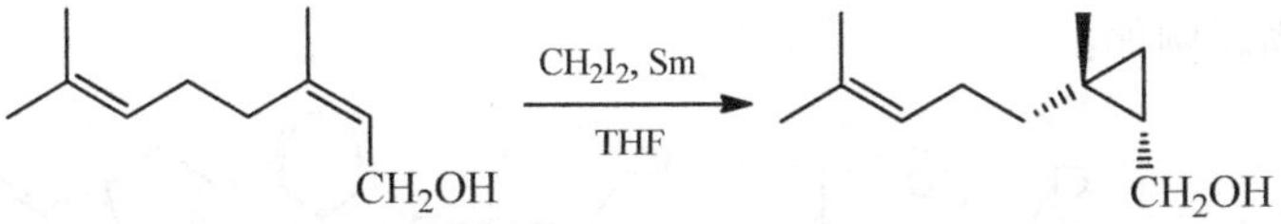

(99%)

Simmons-Smith 环丙烷化反应产率较高，分子中存在卤素、氨基、羰基、羧基、酯基等对反应没有影响。

氮宾（nitrene）是卡宾（carbine）的类似物，与烯键发生加成反应生成环丙啶（aziridine）衍生物。例如：

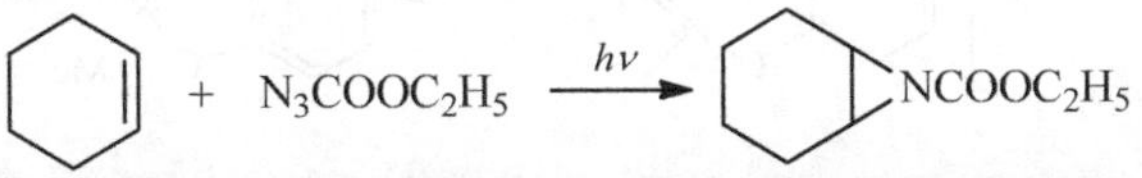

(50%)

问题 6.5 写出下列反应的产物：

(1) 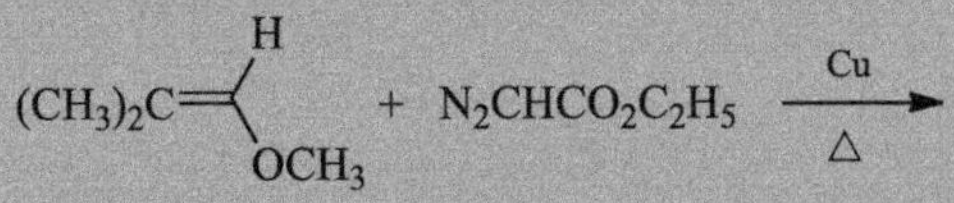 $(CH_3)_2C=CH-OCH_3$ + $N_2CHCO_2C_2H_5$ $\xrightarrow[\triangle]{Cu}$

(2) $N_2CHCOOCH_2CH=CHCH_3$ $\xrightarrow[\triangle]{Cu_2O}$

(3) 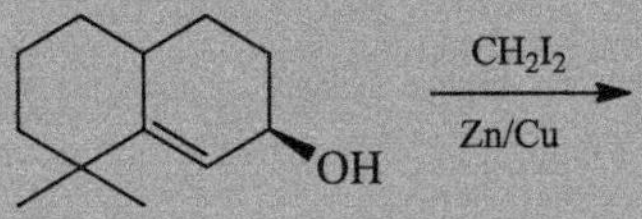 $\xrightarrow[Zn/Cu]{CH_2I_2}$

(4) 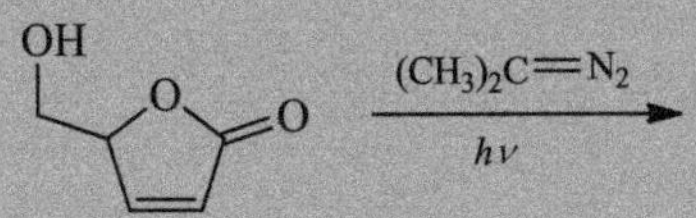 $\xrightarrow[h\nu]{(CH_3)_2C=N_2}$

6.7.3 [2+2]环加成反应

[2+2]环加成是光化学反应。在光照下，两分子烯烃发生环加成反应得四元环衍生物。反应具有立体专一性，烯键的构型保留在产物中。例如：

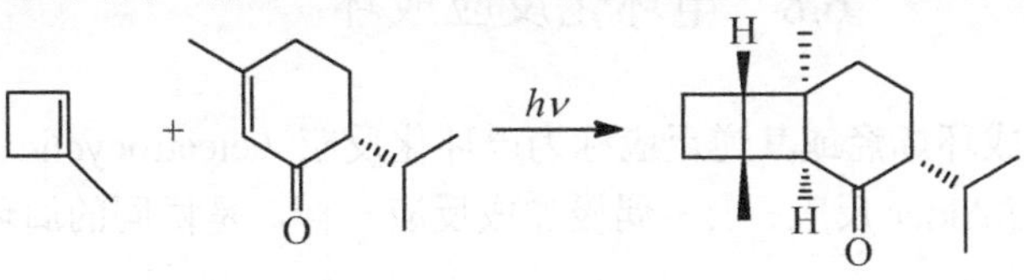

(71%)

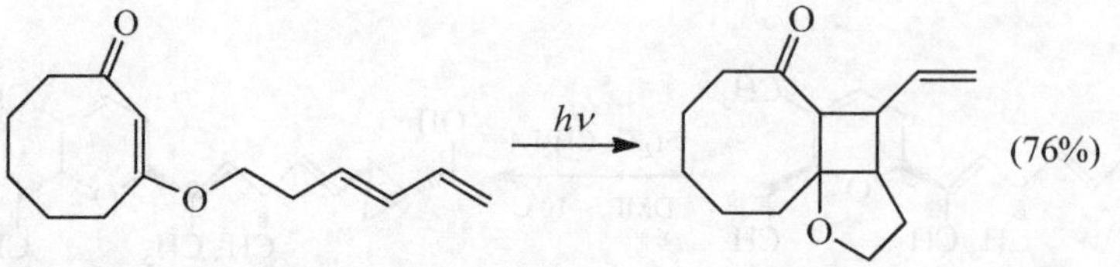

酰氯用碱如三乙胺处理生成活泼的烯酮，后者与烯烃发生[2+2]环加成反应生成环丁酮衍生物。例如：

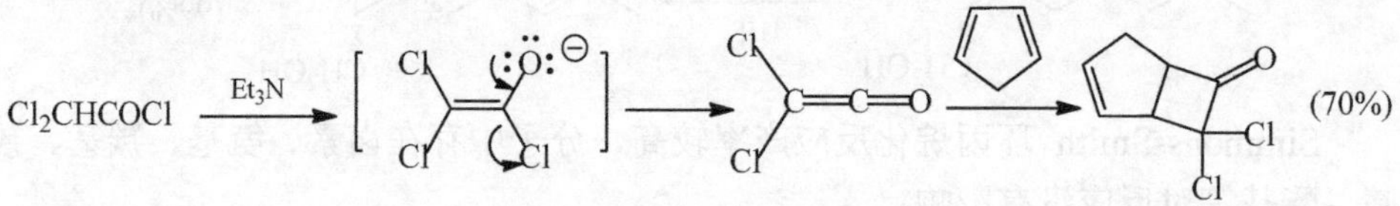

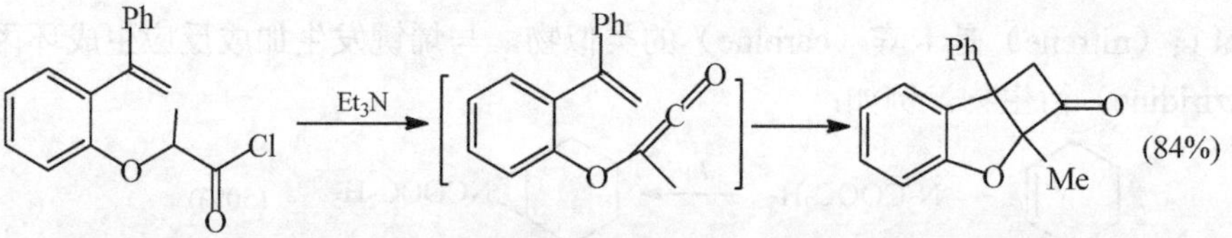

问题 6.6　写出下列反应的产物：

(1)

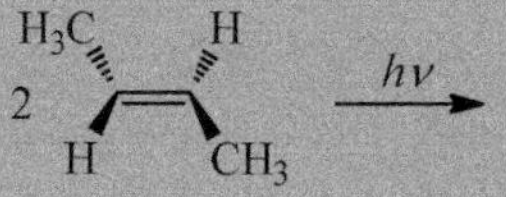

(2)

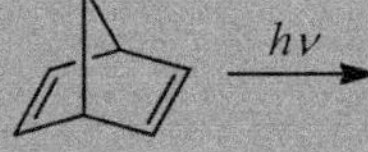

(3)

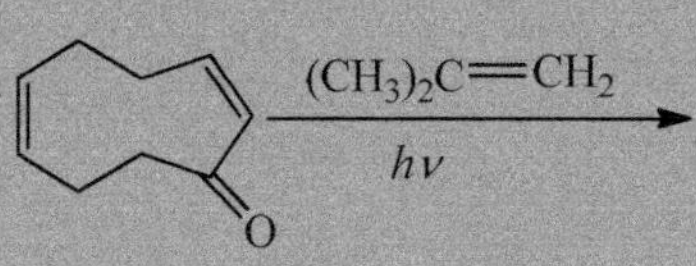

(4)

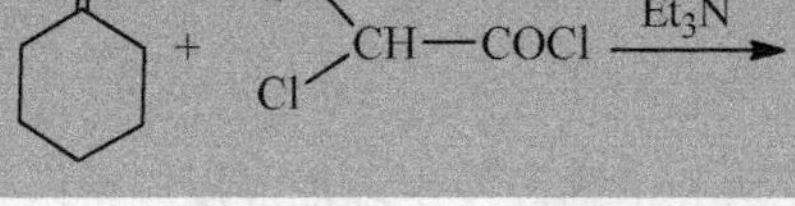

6.8　电环化反应成环

共轭多烯转变成环烯烃或其逆反应称为电环化反应（electrocyclic reactions）。电环化反应和 Diels-Alder 反应、1, 3-偶极加成反应一样，是协同的周环反应。电环化反应在光照或加热条件下进行，其选择规律可归纳如下（m 为等于和大于 1 的正整数）：

π 电子数	基态（热反应）	激发态（光反应）
$4m$	顺旋	对旋
$4m+2$	对旋	顺旋

电环化反应具有高度的立体专一性。例如：

$4m+2$ 体系：

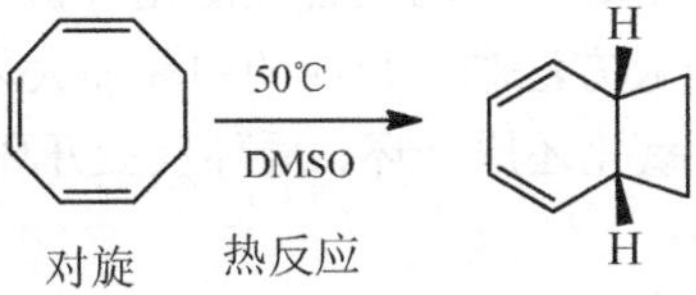

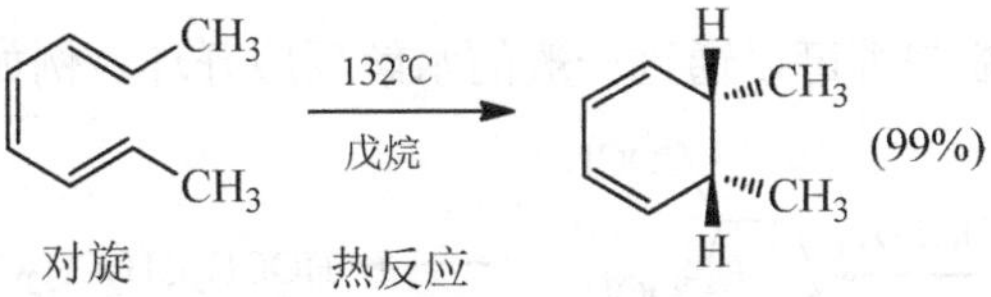

$4m$ 体系：

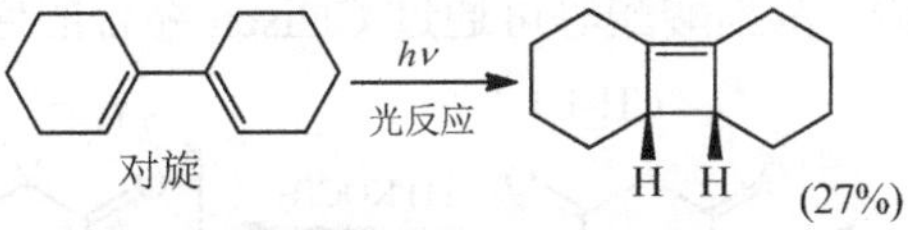

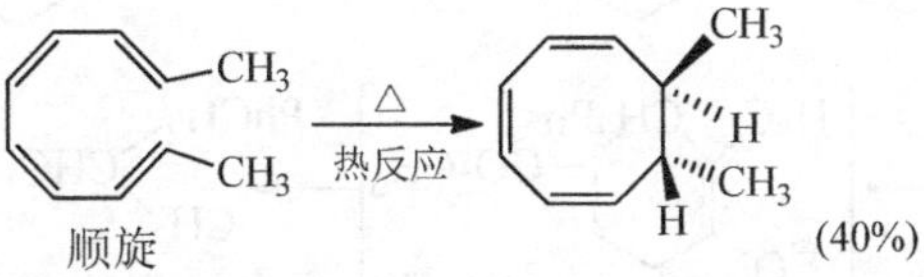

电环化反应的选择规律和立体化学可由轨道对称守恒原理来解释。

问题 6.7 写出下列反应的产物或反应条件：

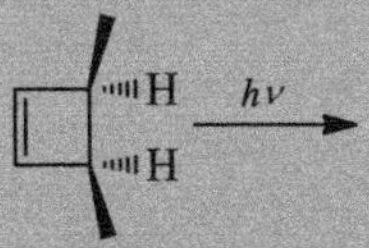

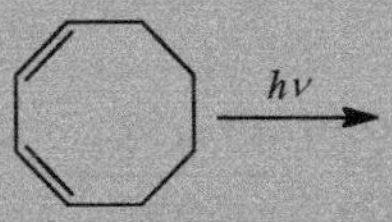

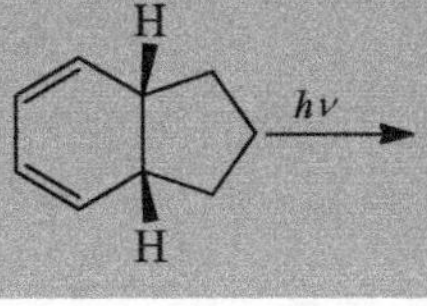

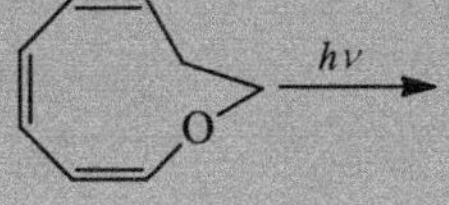

$$(5)$$

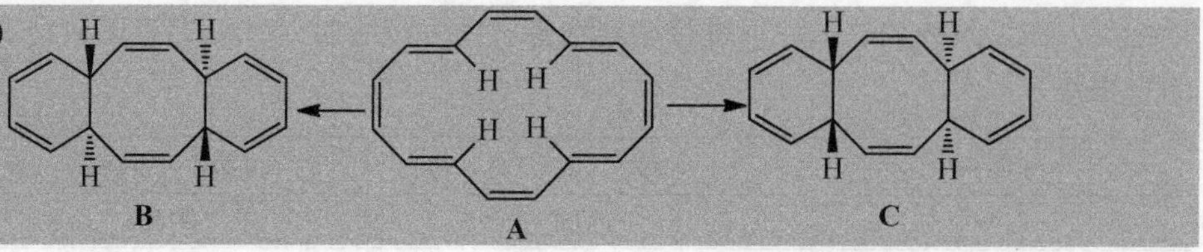

　　　　　　　　　　　　B　　　　　　　　　　A　　　　　　　　　　C

6.9　开　环　反　应

　　开环反应可以提供相隔若干个碳原子的双官能团化合物。双环和多环化合物中公共键的断裂开环可以得到一般方法难以合成的中环和大环化合物。开环的方法一般有亲核和亲电反应开环、氧化还原开环、周环反应开环和 ROM 反应开环。

6.9.1　亲核和亲电反应开环

　　（1）内酯、内酰胺等可以通过一般的水解反应开环。例如：

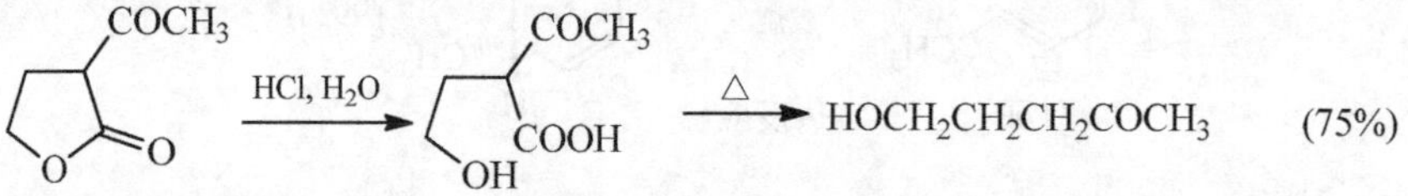

　　（2）环状的 β-二酮、β-酮酸酯等可通过 Claisen 缩合的逆反应开环。例如：

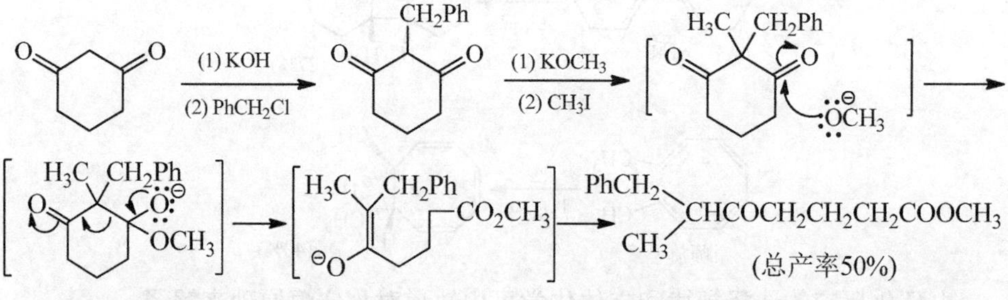

（总产率50%）

　　（3）环丙烷衍生物开环。三元环张力大，因而环丙烷衍生物易开环生成 1, 4-二官能团化合物作为合成中间体，用于合成环戊酮衍生物及 β, γ-不饱和醛等。例如：

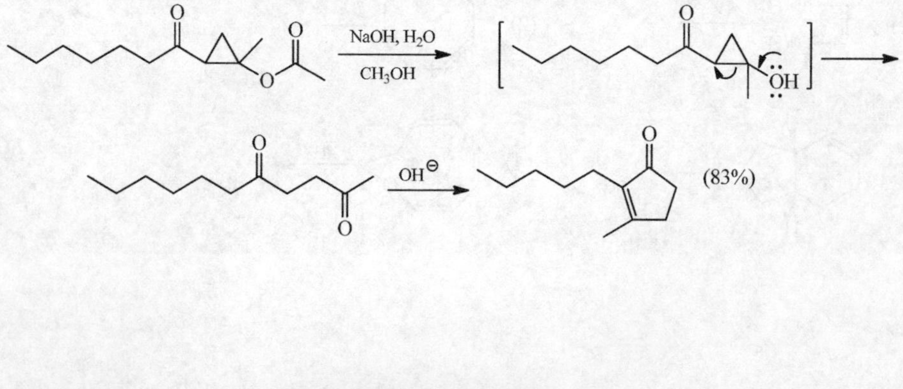

（83%）

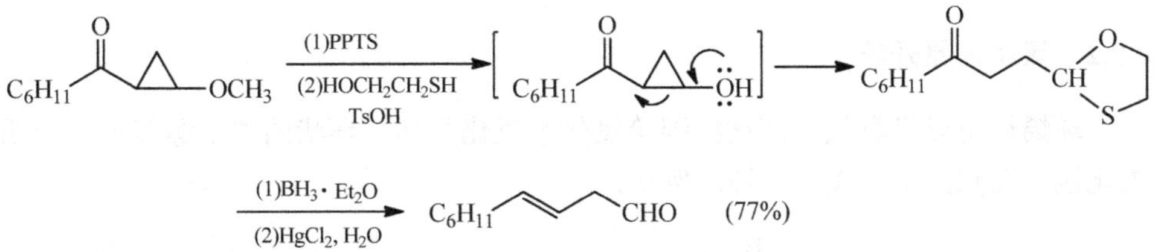

羟甲基环丙烷衍生物在酸催化下发生开环生成 β-卤代烯烃。反应通式如下：

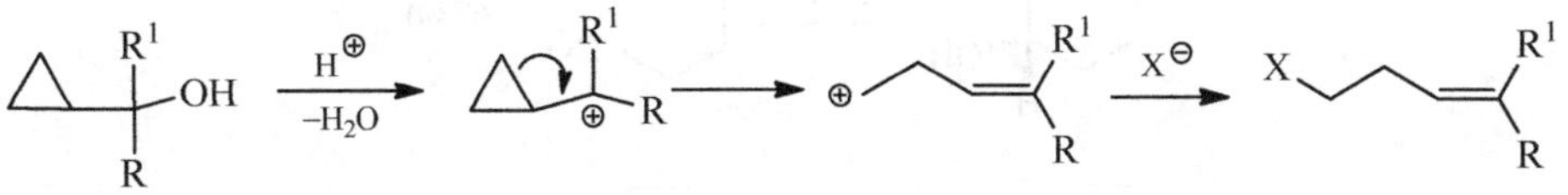

例如：

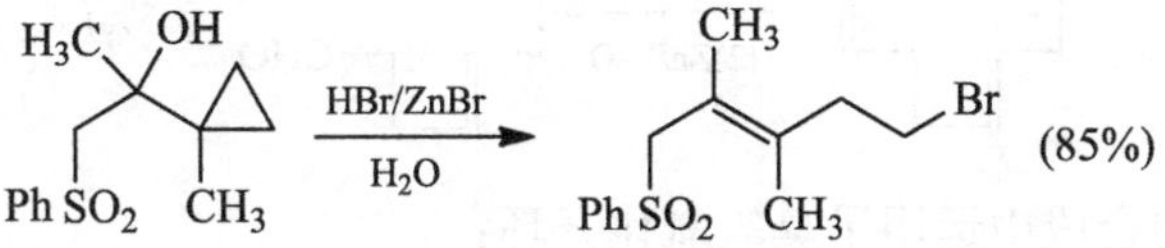

（4）环状胺经彻底甲基化后 Hofmann 消去开环生成具有末端烯键的胺。例如：

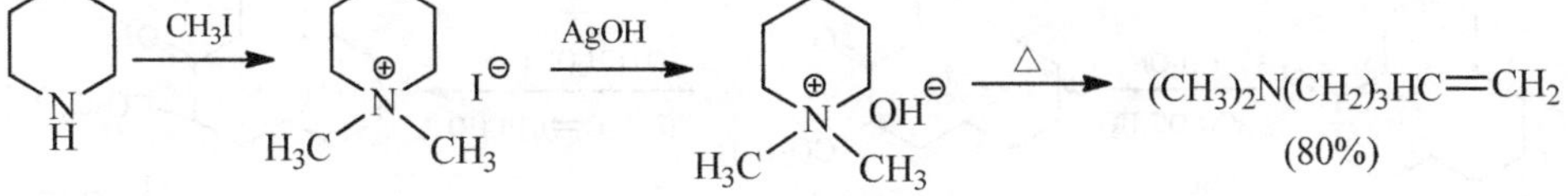

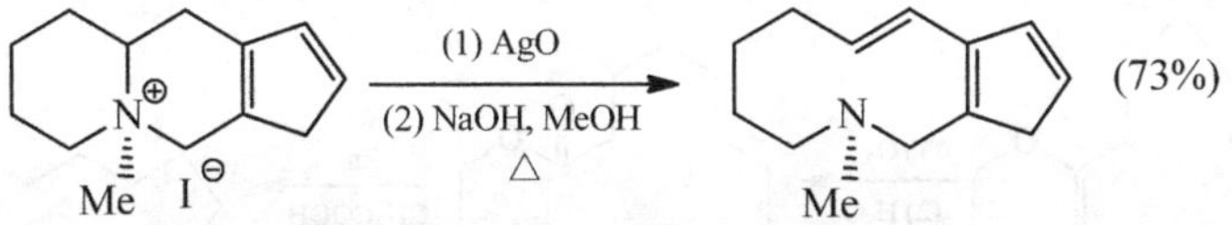

（5）Grob 碎片化反应开环。一些环状化合物常通过 Grob 碎片化反应开环。例如，环状 1,3-二醇单磺酸酯在强碱存在时容易开环：

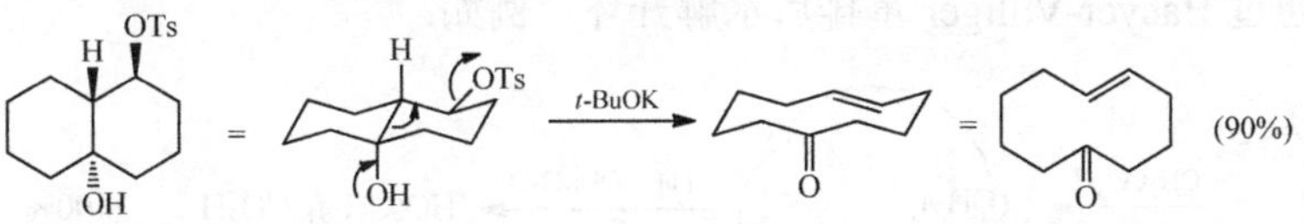

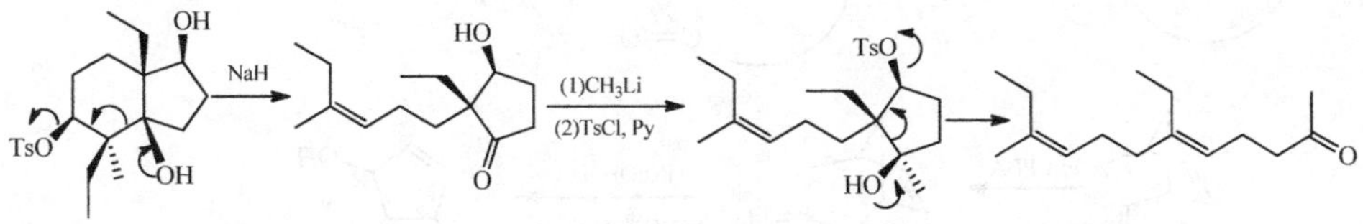

1,3-卤代环胺在银离子存在时也可以通过 Grob 碎片化反应开环：

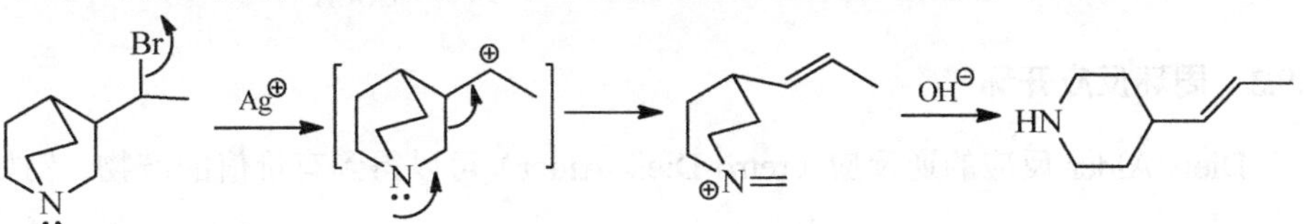

6.9.2　氧化还原开环

环烯烃可以经臭氧和高锰酸钾等氧化剂氧化开环，环状的邻二醇等可以经四氧化锇、高碘酸钠等氧化开环。例如：

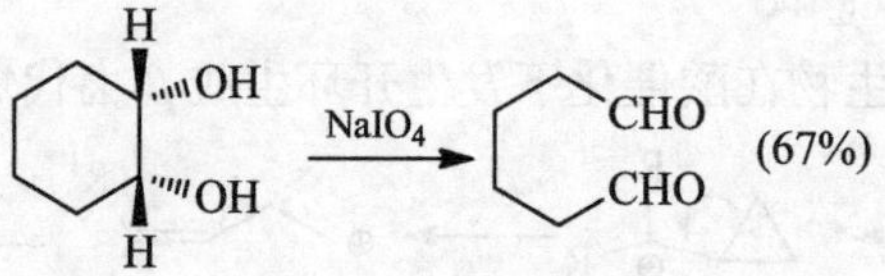

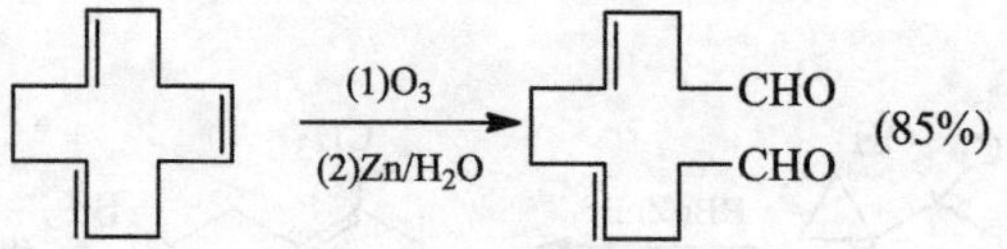

十五内酯的合成中运用了臭氧氧化开环：

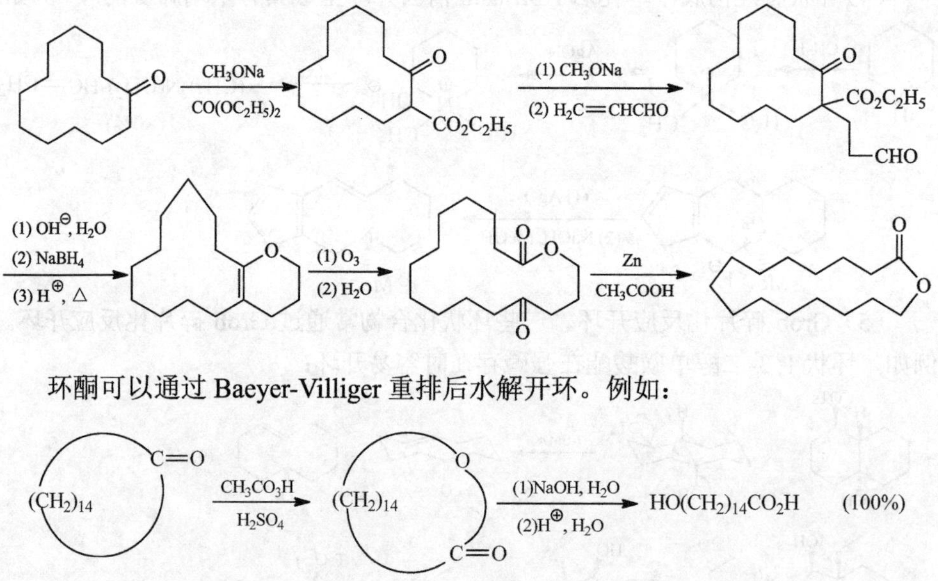

环酮可以通过 Baeyer-Villiger 重排后水解开环。例如：

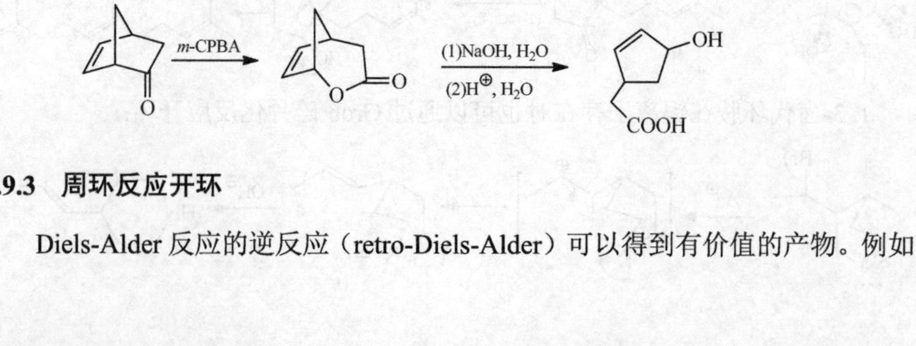

6.9.3　周环反应开环

Diels-Alder 反应的逆反应（retro-Diels-Alder）可以得到有价值的产物。例如：

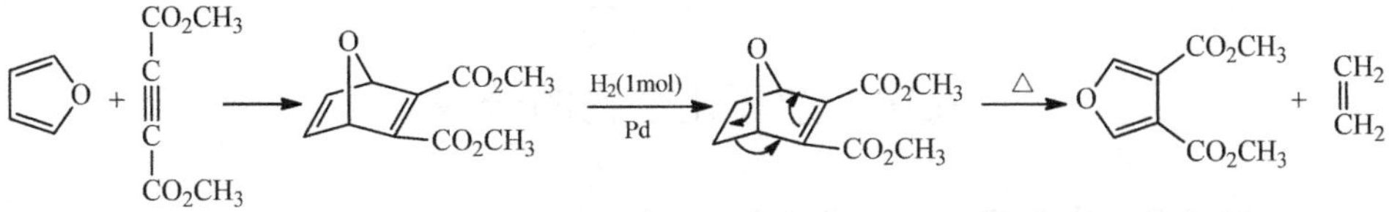

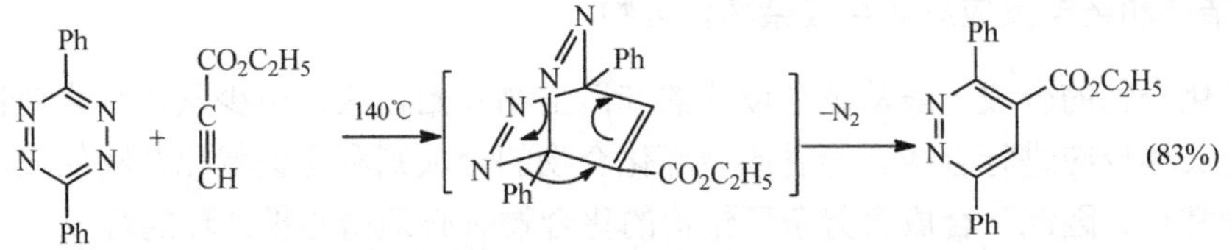

电环化反应是可逆反应，可以得到开环的产物：

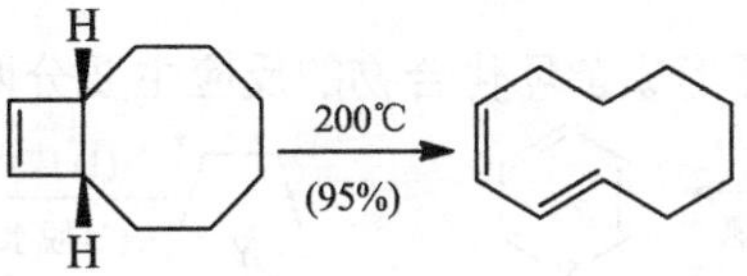

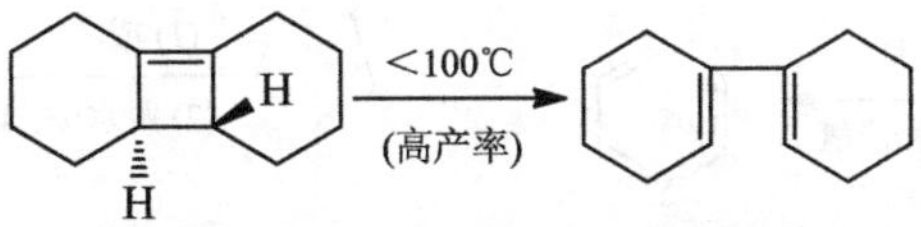

电环化开环也可用于复杂分子的合成中。例如在雌二醇的合成，先经四元环的逆电环化开环，接着发生 Diels-Alder 反应成环，然后裂解醚键得到：

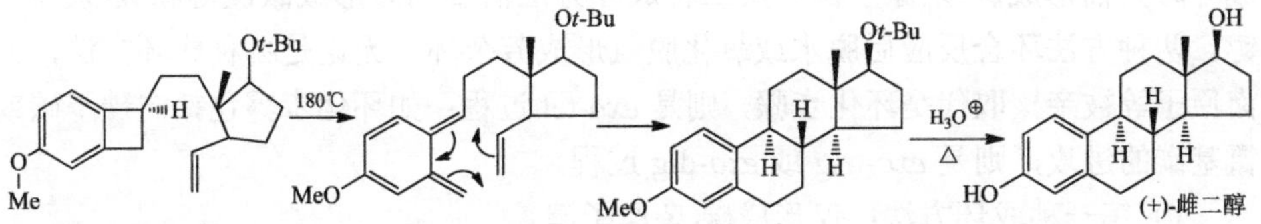

6.9.4　ROM 反应开环

在金属卡宾配合物（Grubbs 催化剂、Schrock 催化剂）催化剂存在下，环烯衍生物和一定压力的烯烃作用发生 ROM（ring-opening metathesis）反应：

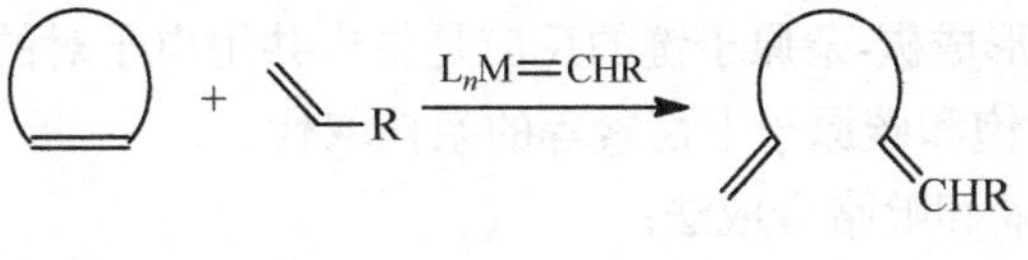

例如：

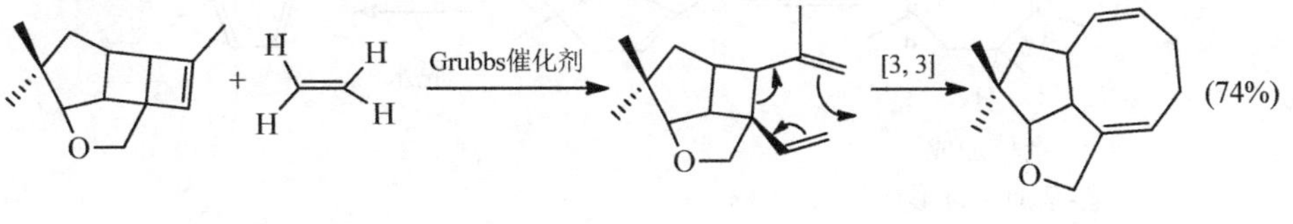

6.10　杂环化合物的合成

6.10.1　亲核和亲电反应成环合成杂环化合物

苯系化合物的合成一般从适当取代的苯衍生物开始合成，很少从链状化合物出发通过成环反应进行合成。芳香族杂环化合物的合成则利用链状化合物的成环合成较为常见。因此，合成含芳杂环结构的化合物时必须精心设计环的合成。

1. 合成芳杂环的离子型反应和方法

通过离子型反应成环形成杂环化合物的反应主要分两种类型：

通过离子型反应合成杂环化合物的链状化合物原料通常是 1, 2-、1, 3-, 1, 4-, 1, 5-二官能团化合物。第一种成环方法中，另一原料是含 N、O、S 等亲核试剂，成环时只需形成碳-杂原子键。第二种成环方法需要同时形成碳碳键和碳-杂原子键。两种方法环合反应后脱水或氧化脱氢形成芳杂环。无论是哪种成环方法，如卤原子等被亲核取代是环化步骤，则是 *exo*-tet 过程；如环化步骤包括向羰基碳或氰基碳的进攻，则是 *exo*-trig 或 *exo*-dig 过程。

1）第一种成环方法：仅形成碳-杂原子键

第一种成环方法的链状化合物原料最常用的是具有两个亲电中心（a，a）的1, 2-、1, 3-, 1, 4-, 1, 5-二羰基化合物和相应的卤代羰基化合物（如 α-卤代羰基化合物）。亲核试剂是有一个或两个杂原子（N、S、O 等）亲核中心（d 或 d, d）的化合物，常用的杂原子亲核试剂包括氨、伯胺和双亲核中心的肼、羟胺、脒、胍、脲和硫脲等。形成碳-杂原子键的反应是带未共用电子对的杂原子对亲电羰基碳的亲核加成或对饱和碳原子上卤素等的亲核取代。

Paal-Knorr 呋喃和吡咯合成法：

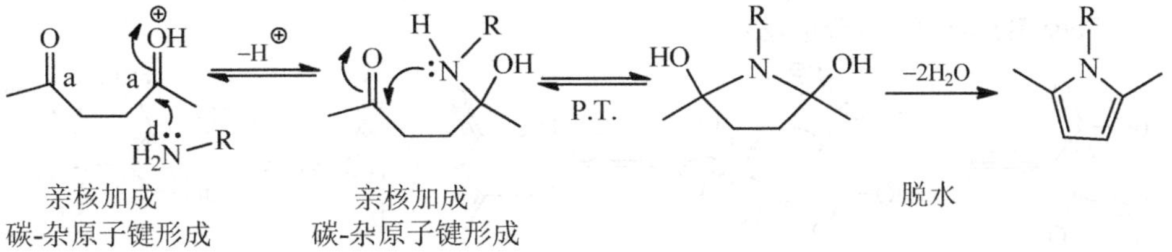

亲核加成　　　　　　　　亲核加成　　　　　　　　　　　　　脱水
碳-杂原子键形成　　　　碳-杂原子键形成

Hantzsch 二氢吡啶合成法：

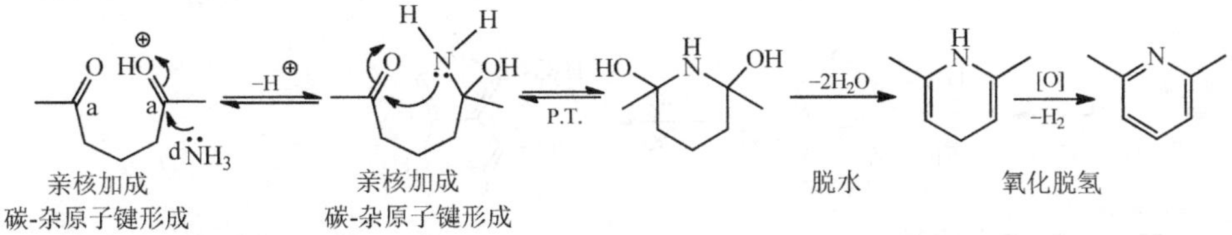

亲核加成　　　　　　　　亲核加成　　　　　　　脱水　　　　氧化脱氢
碳-杂原子键形成　　　　碳-杂原子键形成

Hantzsch 噻唑合成法：

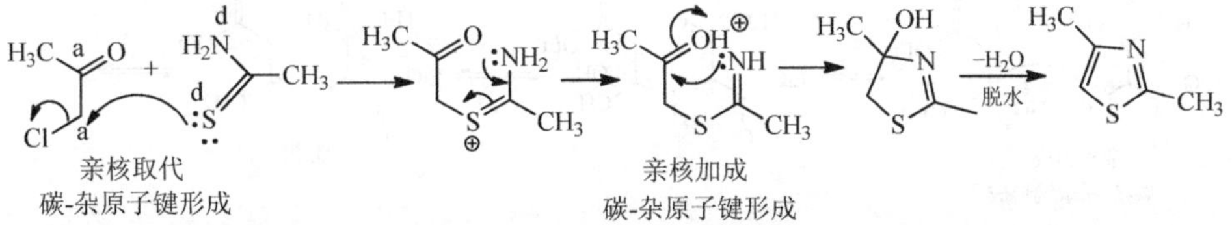

亲核取代　　　　　　　　　　　　　　　　　　亲核加成
碳-杂原子键形成　　　　　　　　　　　　　　碳-杂原子键形成

2）第二种成环方法：形成碳碳键和碳-杂原子键

在第二种成环方法中，其中一个反应组分必须含有烯醇/烯醇负离子/烯胺结构。形成碳碳键的反应一般是烯醇/烯醇负离子/烯胺的亲核碳对另一组分的羰基的亲核加成、α, β-饱和羰基化合物的共轭加成或对饱和碳原子上卤素等易离去基团的亲核取代。形成碳-杂原子键的反应一般是带未共用电子对的 N、S、O 等亲核杂原子对羰基碳的亲核加成或对饱和碳原子上卤素等的亲核取代。两个亲核中心（d，d）和两个亲电中心（a，a）可以分别存在于两个反应物分子中，或者每个反应物分子中同时存在一个亲核中心和一个亲电中心（d，a）。

Chichibabin 吡啶合成法：

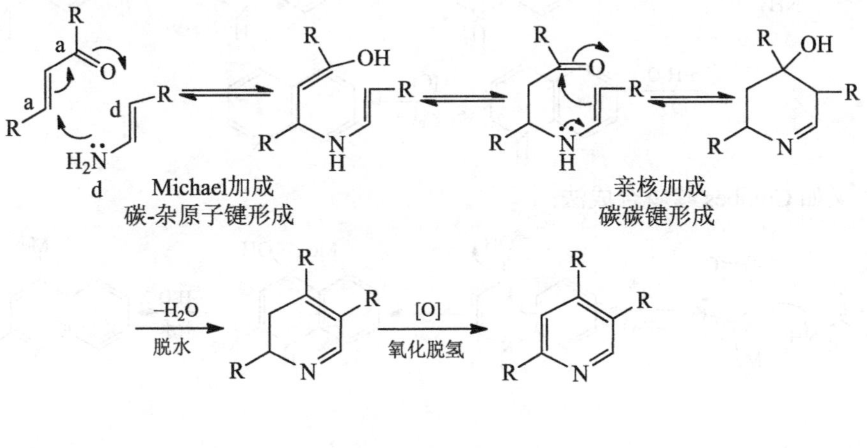

Michael 加成　　　　　　　　　　　　　　　　亲核加成
碳-杂原子键形成　　　　　　　　　　　　　　碳碳键形成

$\xrightarrow[\text{脱水}]{-H_2O}$　　　$\xrightarrow[\text{氧化脱氢}]{[O]}$

Feist-Benary 呋喃合成法：

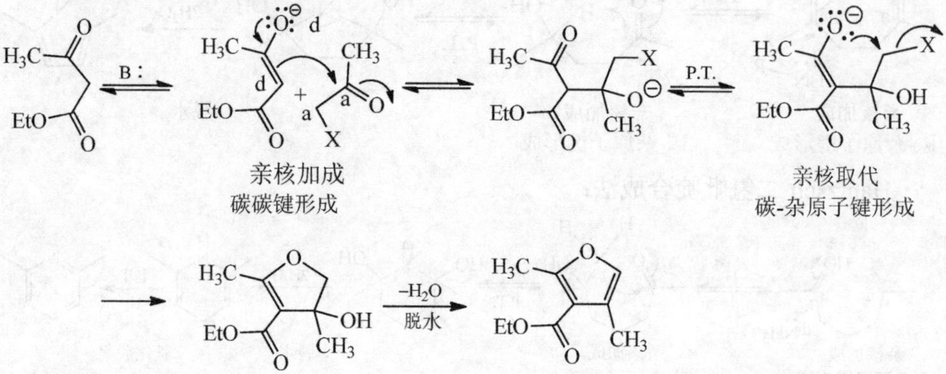

亲核加成
碳碳键形成

亲核取代
碳-杂原子键形成

$-H_2O$
脱水

Knorr 吡咯合成法：

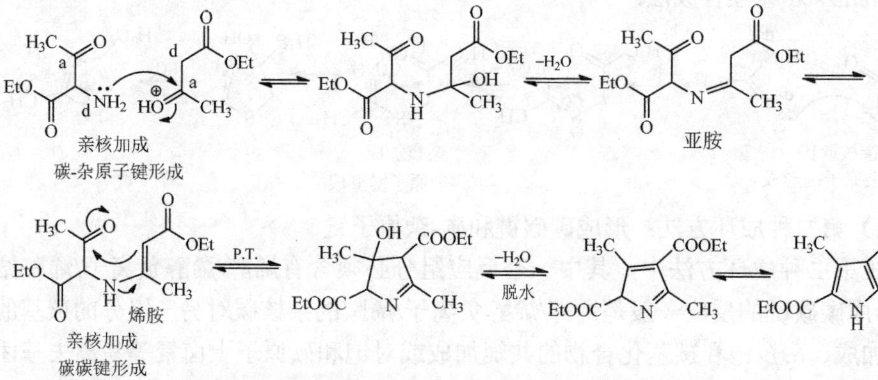

亲核加成
碳-杂原子键形成

$-H_2O$

亚胺

P.T.

烯胺
亲核加成
碳碳键形成

$-H_2O$
脱水

苯胺和苯酚可以看作具有烯醇/烯醇负离子/烯胺结构的化合物，因此用来合成苯并杂环。例如 Skraup 喹啉合成法：

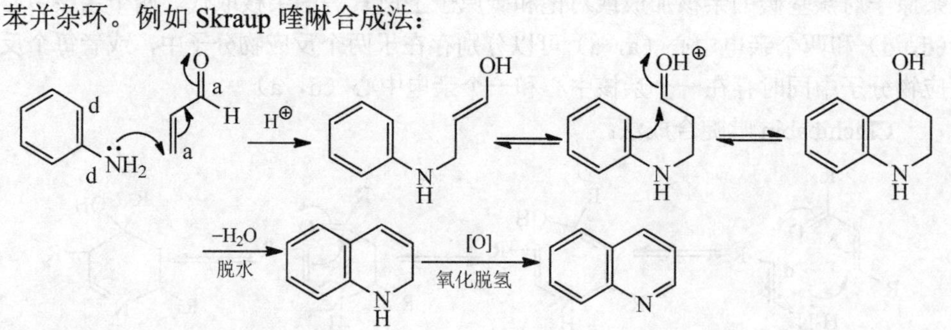

$H^{\oplus}$

$-H_2O$
脱水

[O]
氧化脱氢

又如 Combes 喹啉合成法：

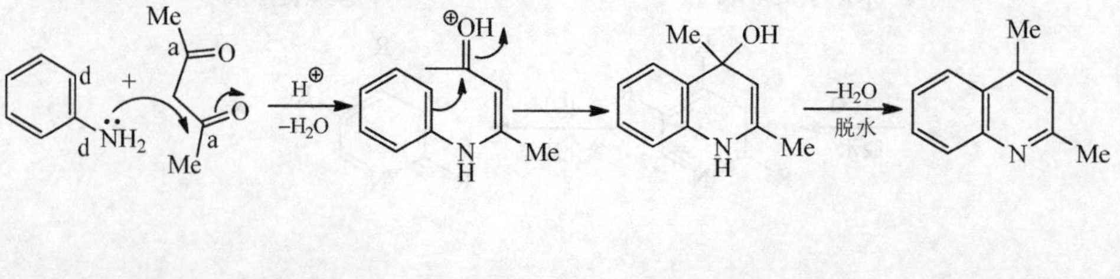

$H^{\oplus}$
$-H_2O$

$-H_2O$
脱水

在成环反应中，如果氧化态酸（如酰胺）作为羰基组分，所得成环产物在碳原子上带有一个氧取代基。例如 Guareschi-Thorpe 合成法：

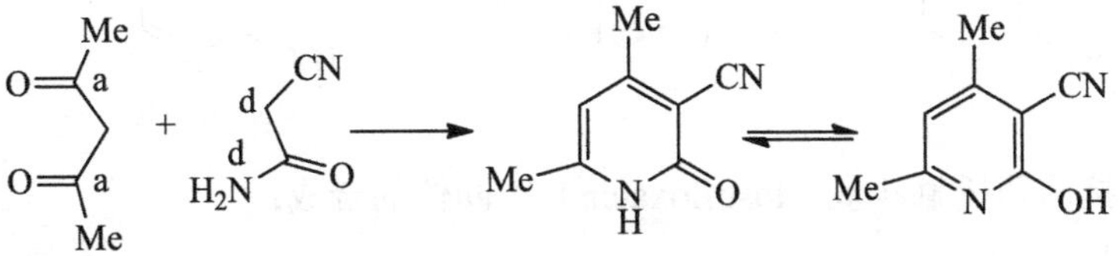

如果氰基代替羰基作为亲电中心，所得成环产物在碳原子上带有一个氨基。例如：

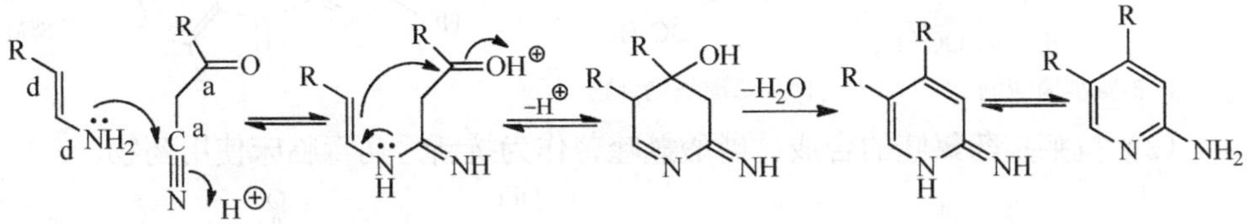

2. 常见杂环的合成例

1）单杂原子六元杂环化合物的合成

第一种成环法：1,5-二羰基化合物与含杂原子亲核试剂反应然后脱水。

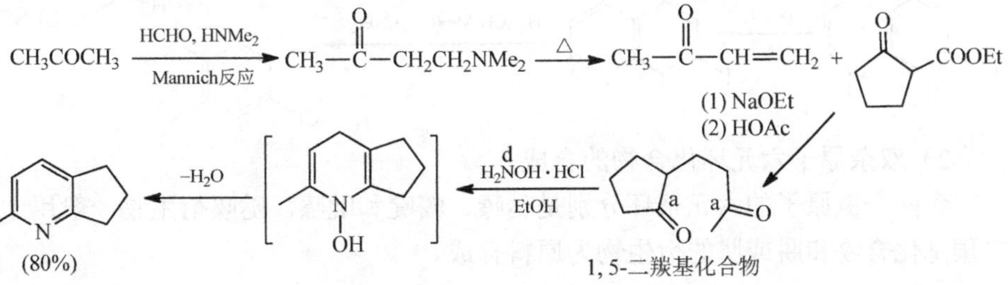

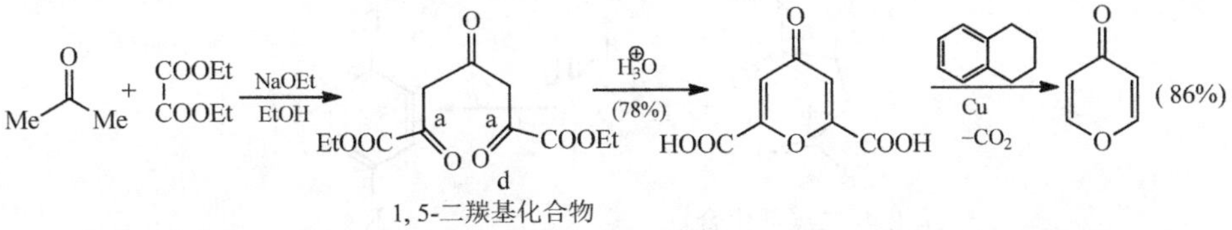

第二种成环法：1,3-二羰基化合物或 α,β-不饱和羰基化合物与 3-氨基烯酮、3-氨基丙酸酯、氰乙酰胺等反应成环。例如：

（1）维生素 B_6 的合成：

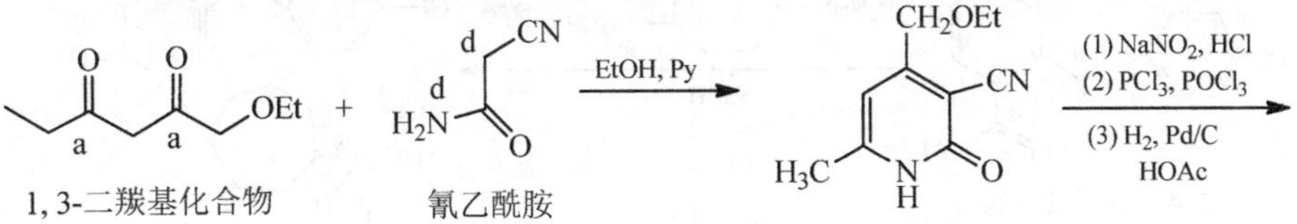

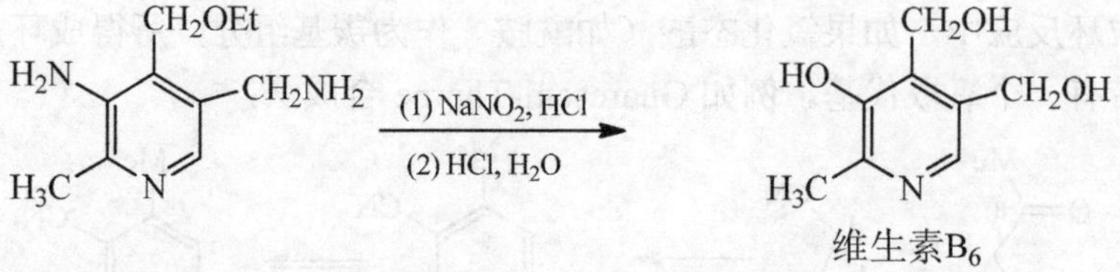

维生素B_6

（2）抗菌药托氟沙星（tosufloxacin）中间体的合成：

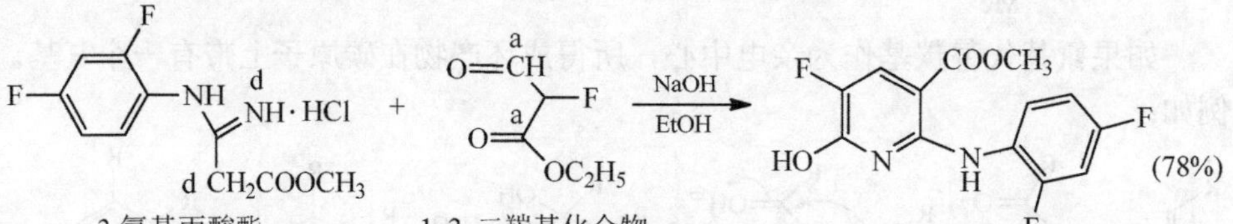

3-氨基丙酸酯　　　　　　1，3-二羰基化合物

（3）抗疟疾药氯喹的合成：磷酸氯喹曾作为抗新冠病毒临床使用药物。

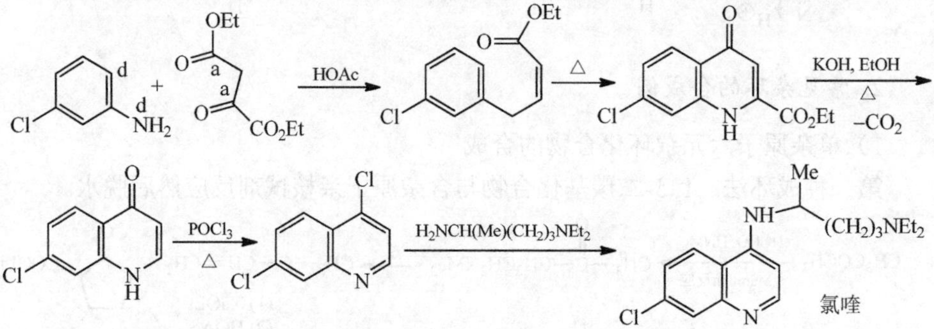

氯喹

2）双杂原子六元环化合物的合成

含两个氮原子的六元杂环分别是哒嗪、嘧啶和吡嗪。哒嗪衍生物一般用 1，4-二羰基化合物和肼或肼的衍生物为原料合成。

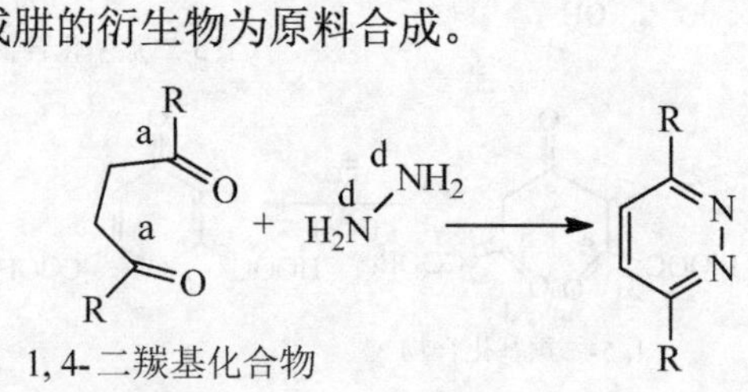

1，4-二羰基化合物

例如，治疗支气管哮喘药物盐酸氮䓬斯丁的合成：

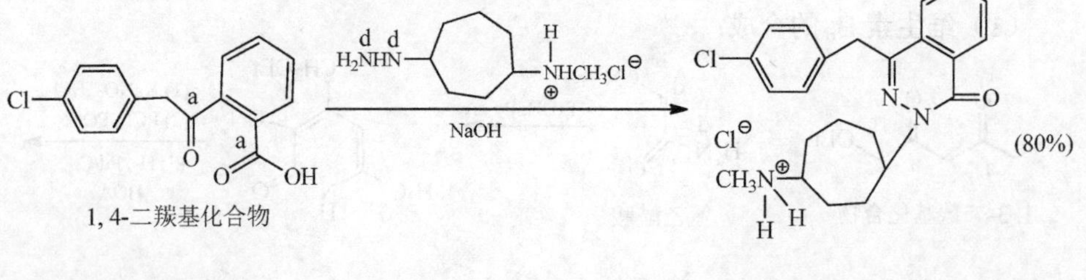

1，4-二羰基化合物　　　　　　　　　　　　　　　　　　　　　（80%）

吡嗪衍生物一般通过1,2-二羰基化合物和氮亲核试剂1,2-二胺缩合合成。例如:

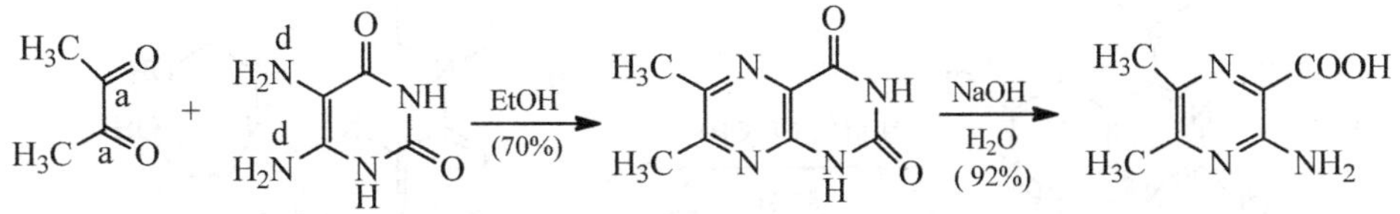

1,2-二羰基化合物   1,2-二氨基化合物

吡嗪环也常通过α-氨基羰基化合物如α-氨基酯等缩合合成。例如:

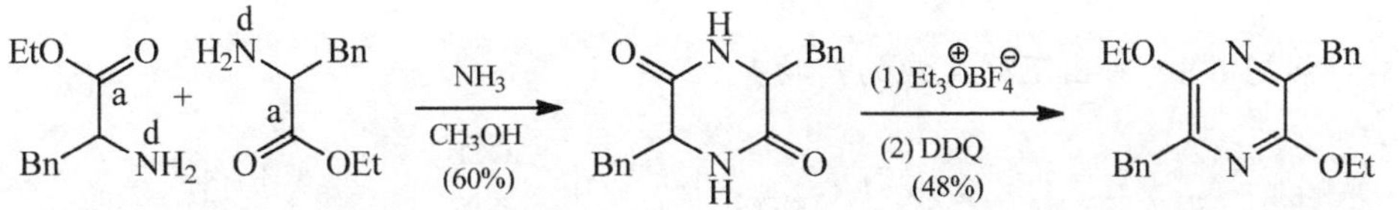

嘧啶衍生物一般由1,3-二羰基化合物和氮双亲核试剂尿素、硫脲、胍、脒及它们的衍生物反应合成。

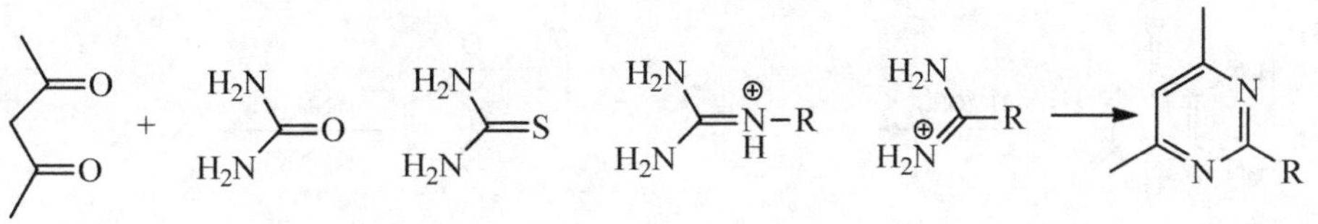

例如,4,6-二氨基-2-甲基嘧啶的合成:

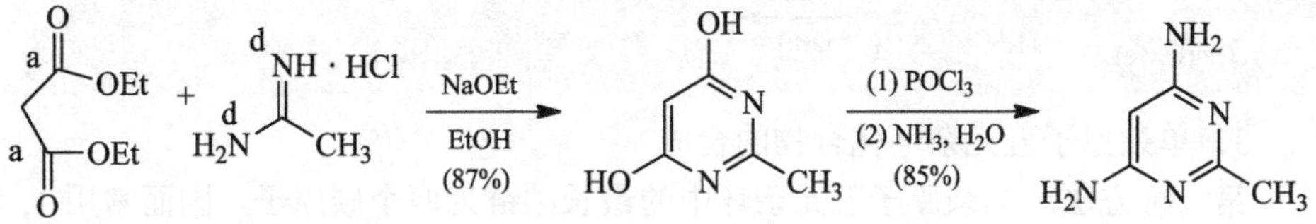

血管扩张药双嘧达莫(dipyridamole)的合成:

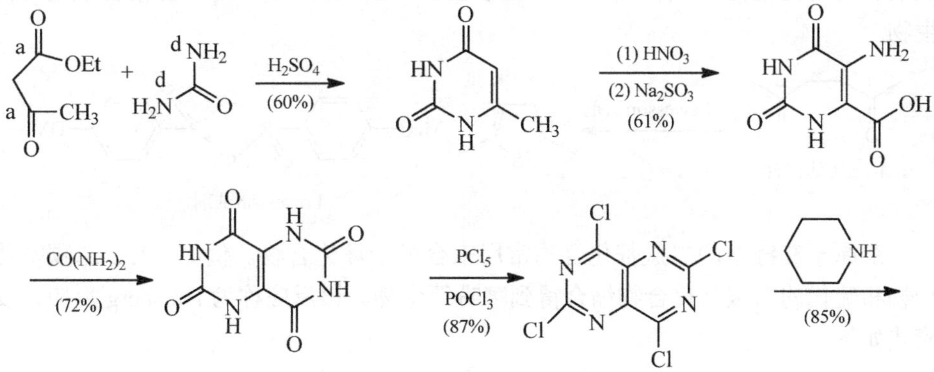

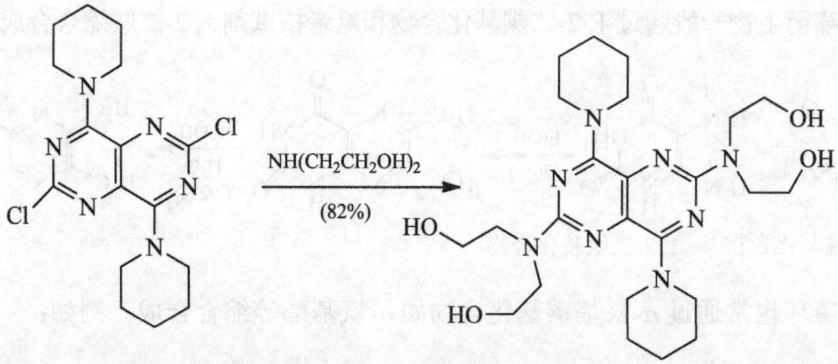

問題 6.8　写出下列反应的产物：

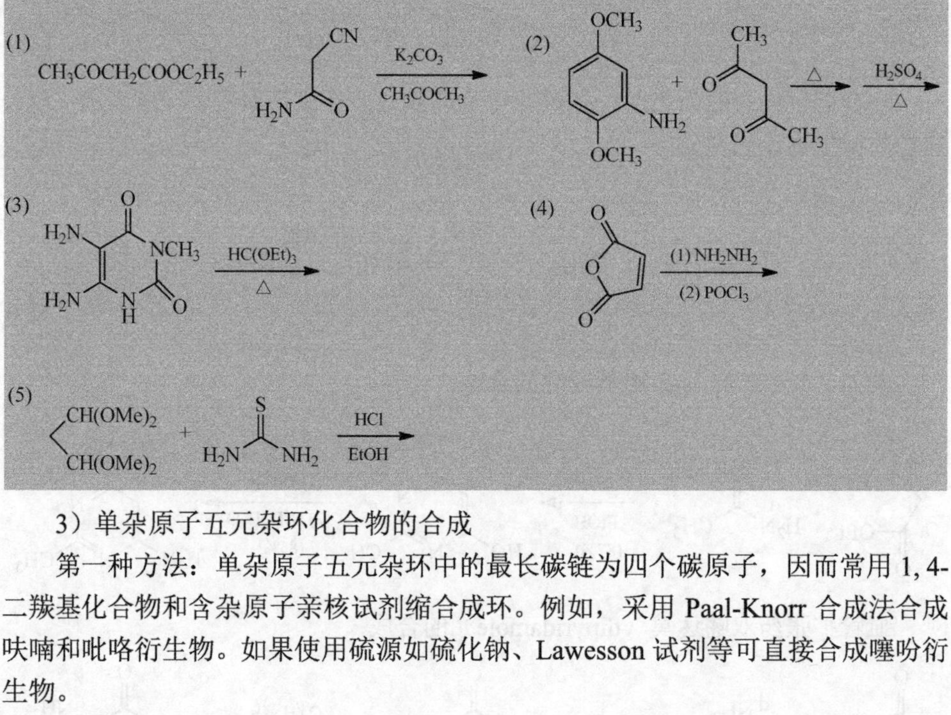

(1)
$$CH_3COCH_2COOC_2H_5 + $$ $$\xrightarrow[CH_3COCH_3]{K_2CO_3}$$

(2)

(3) $$\xrightarrow[\triangle]{HC(OEt)_3}$$

(4) $$\xrightarrow[(2)\ POCl_3]{(1)\ NH_2NH_2}$$

(5) $$\xrightarrow[EtOH]{HCl}$$

3）单杂原子五元杂环化合物的合成

第一种方法：单杂原子五元杂环中的最长碳链为四个碳原子，因而常用 1,4-二羰基化合物和含杂原子亲核试剂缩合成环。例如，采用 Paal-Knorr 合成法合成呋喃和吡咯衍生物。如果使用硫源如硫化钠、Lawesson 试剂等可直接合成噻吩衍生物。

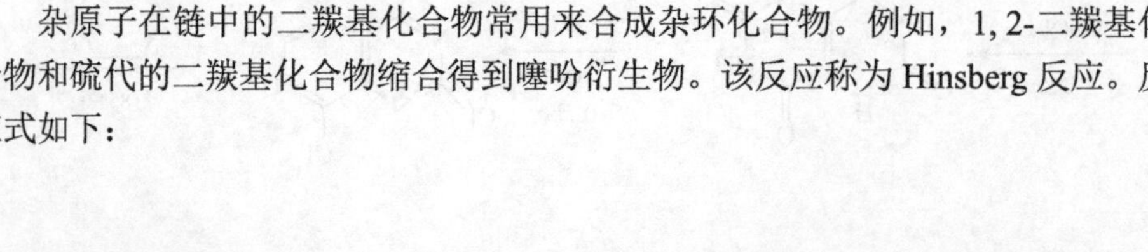

1,4-二羰基化合物　　　　　　　　　　　　　　　　　　　　Lawesson试剂

杂原子在链中的二羰基化合物常用来合成杂环化合物。例如，1,2-二羰基化合物和硫代的二羰基化合物缩合得到噻吩衍生物。该反应称为 Hinsberg 反应。反应式如下：

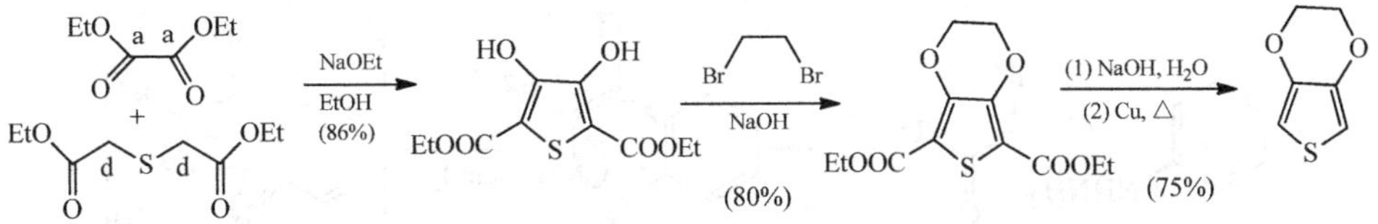

第二种方法：单杂原子五元杂环衍生物常用 1, 3-二羰基化合物和 α-卤代羰基化合物、α-氨基或 α-巯基羰基化合物同时形成碳碳键和碳-杂原子键的方法合成：

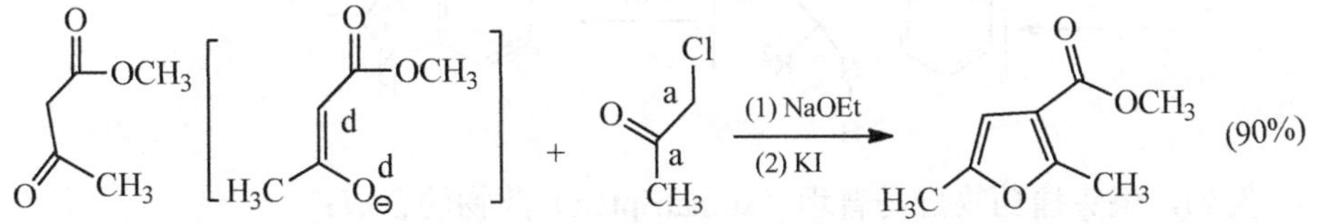

1, 3-二羰基化合物　　α-卤代羰基化合物

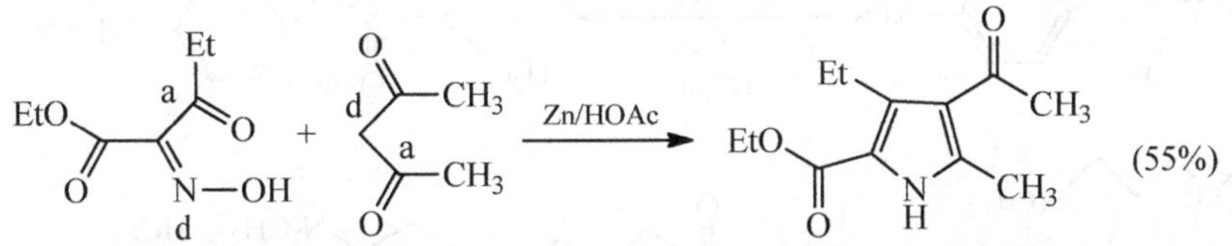

由于吲哚环在药物和天然产物合成中的重要性，所以吲哚环的合成有许多方法，归纳起来是先形成碳氮键然后形成碳碳键环合或者先形成碳碳键然后再形成碳氮键环合。例如偏头痛药物阿莫曲坦（almotriptan）药物的合成，先形成碳氮键，再通过 Heck 反应成环：

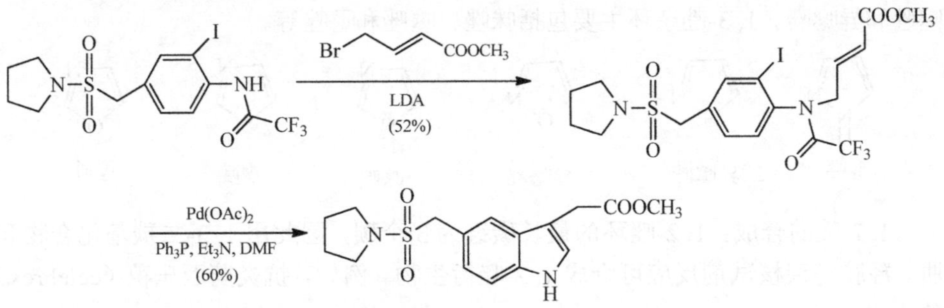

先形成碳碳键，再形成碳氮键环合。例如：

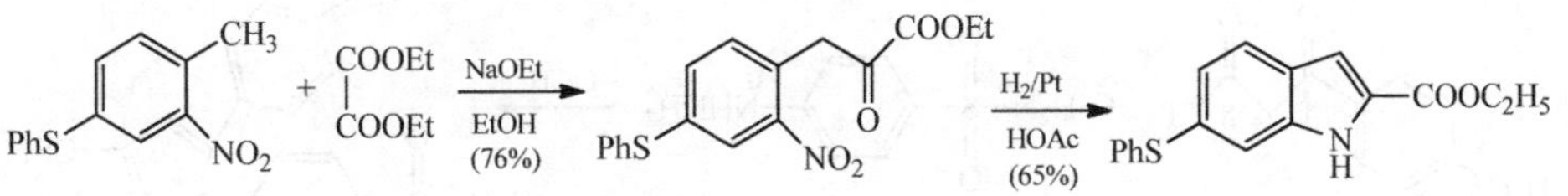

著名的 Fisher 吲哚合成法是用芳肼和羰基化合物作用生成腙，然后脱氨环化。反应式如下：

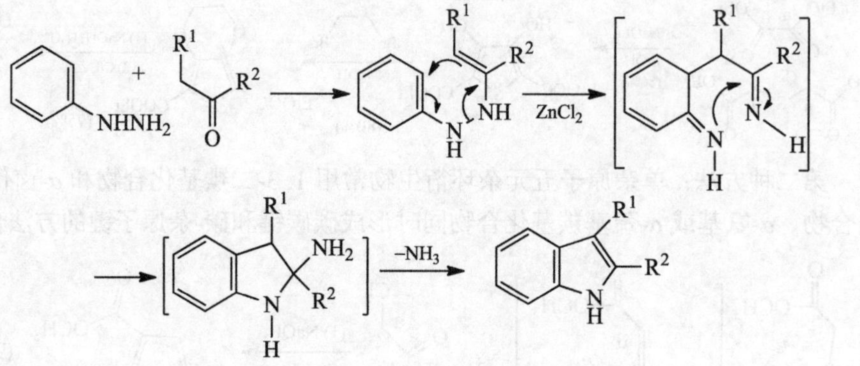

例如，偏头痛药物舒马普坦（sumatriptan）药物的合成：

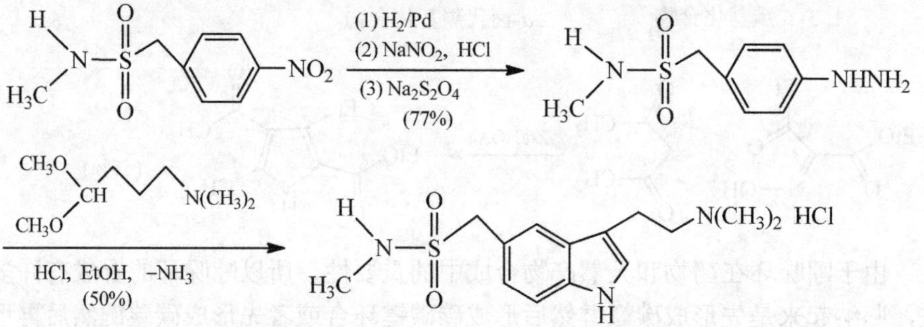

4）双杂原子五元杂环的合成

双杂原子五元杂环分 1, 2-唑和 1, 3-唑类化合物。1, 2-唑杂环主要是吡唑、异噻唑和异噁唑。1, 3-唑杂环主要包括咪唑、噻唑和噁唑等。

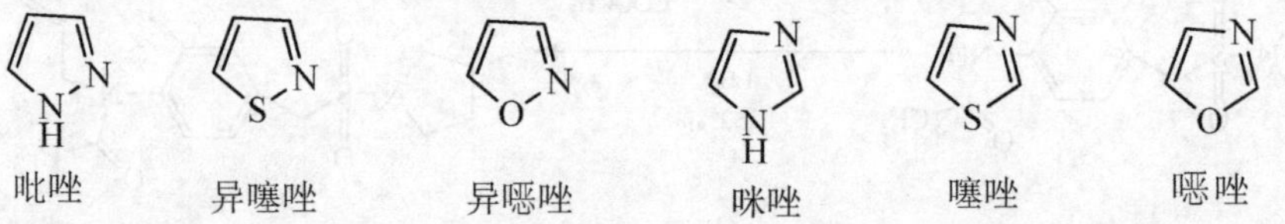

| 吡唑 | 异噻唑 | 异噁唑 | 咪唑 | 噻唑 | 噁唑 |

1, 2-唑的合成：1, 2-唑环的最长碳链为 3 个碳，因此用 1, 3-二羰基化合物和肼、羟胺等亲核试剂反应可合成 1, 2-唑衍生物。例如，抗炎药西乐葆（celebrex）的合成：

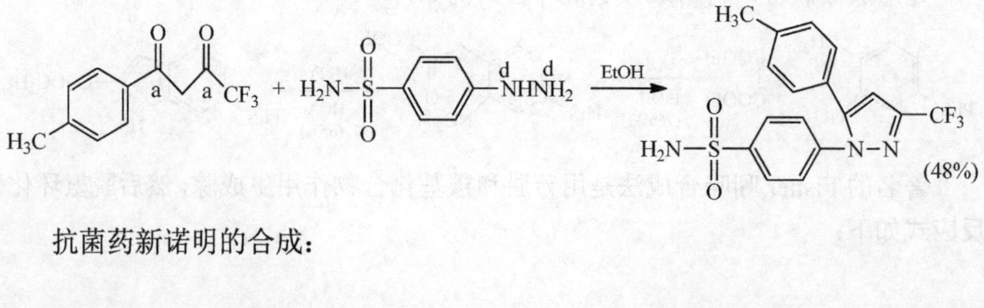

抗菌药新诺明的合成：

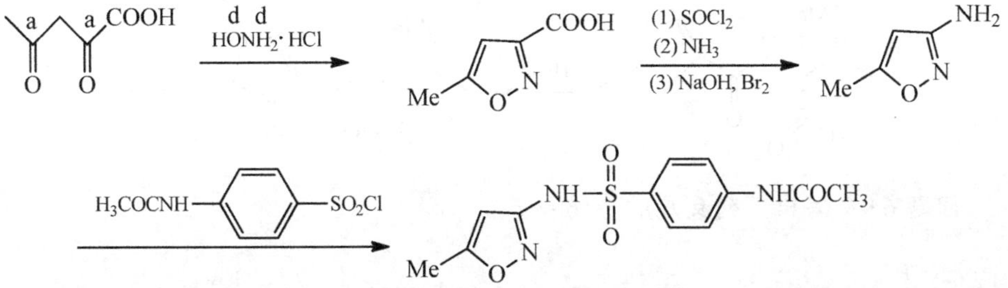

1, 3-唑环的合成：1, 3-唑环中最长碳链为两个碳原子，因而合成 1, 3-唑环的重要方法之一是 α-卤代羰基化合物和提供三原子体系的酰胺、脲、硫脲、脒和胍类化合物等缩合成环。反应通式如下：

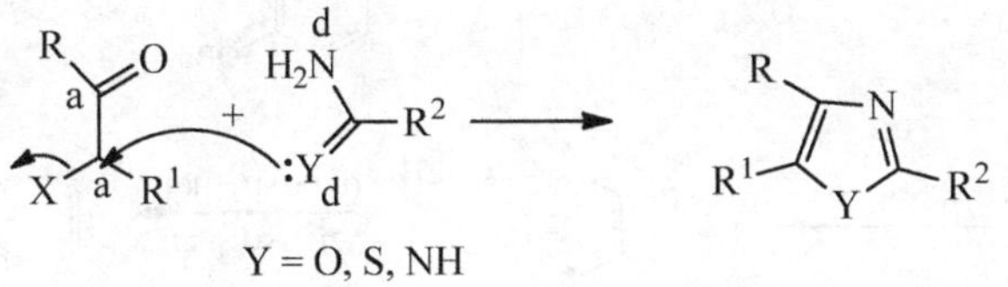

$$Y = O, S, NH$$

例如，广谱抗菌头孢类药物中间体的合成：

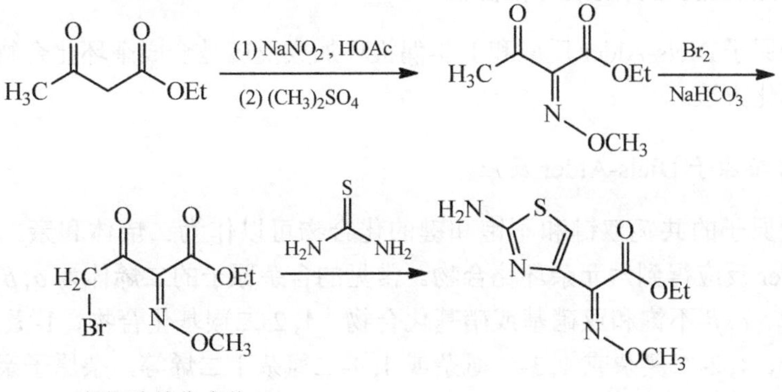

α-卤代羰基化合物

血管紧张素受体拮抗剂氯沙坦钾（losartan potassium）中间体的合成：

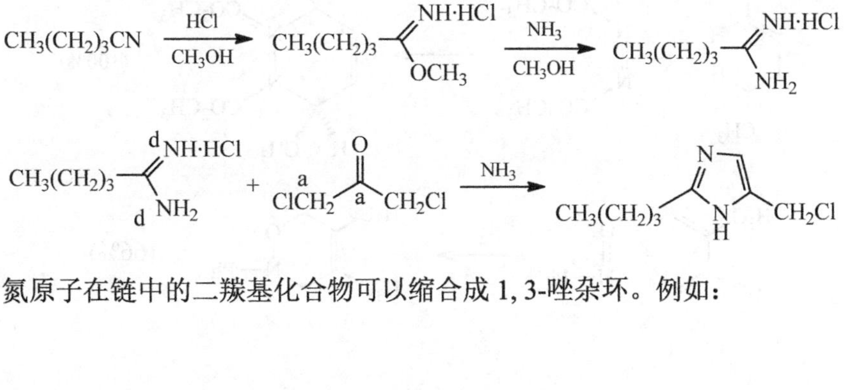

氮原子在链中的二羰基化合物可以缩合成 1, 3-唑杂环。例如：

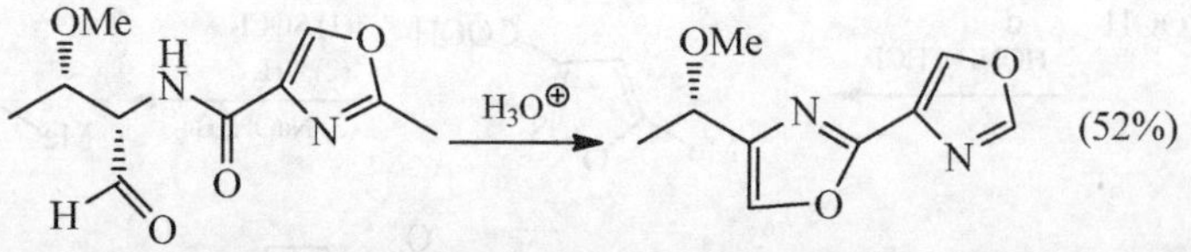

(52%)

问题 6.9　写出下列反应的产物:

(1)

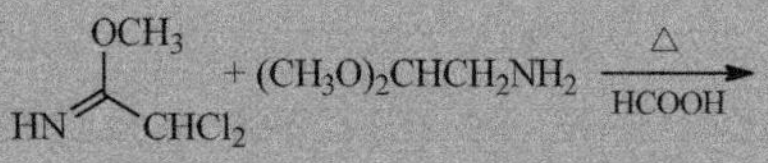

(2)

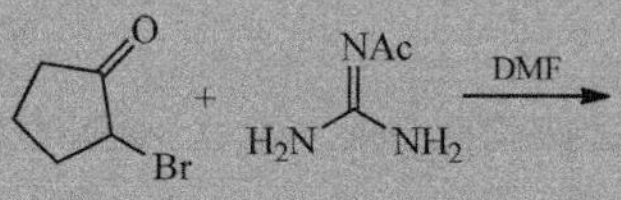

(3)

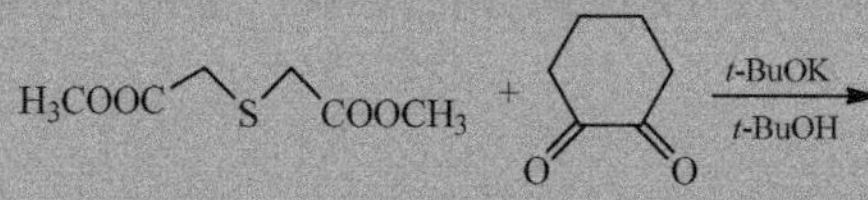

(4)

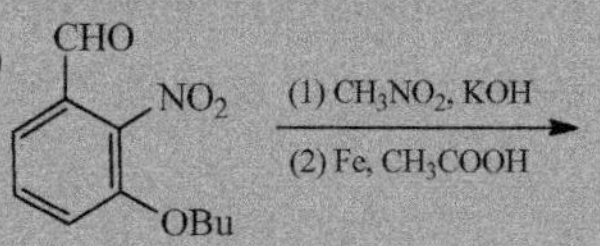

(5)

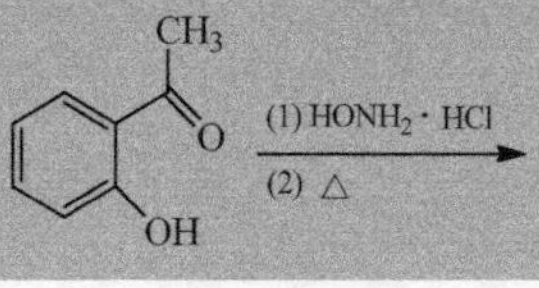

(6)

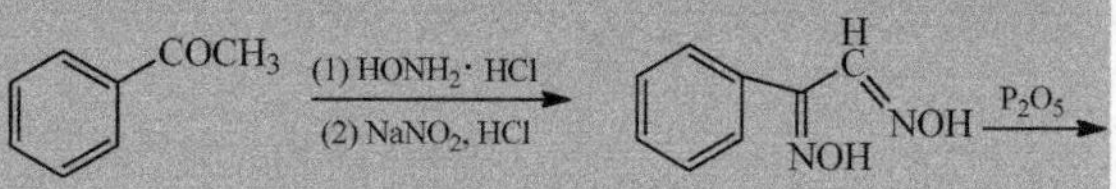

6.10.2　环加成反应合成杂环化合物

含杂原子 Diels-Alder 反应和 1, 3-偶极环加成反应是合成杂环化合物的两种有价值的环化方法。

1. 含杂原子 Diels-Alder 反应

含杂原子的共轭双键和不饱和键的化合物可以作为二烯体和亲二烯体发生 Diels-Alder 反应得到六元杂环化合物。常见的含杂原子的二烯体为 α, β-不饱和羰基化合物、α, β-不饱和亚硝基或硝基化合物、1, 2-二羰基化合物、1-氮杂或 2-氮杂丁二烯、1, 2-二氮杂或 1, 3-二氮杂或 1, 4-二氮杂丁二烯等，杂原子亲二烯体有羰基化合物、偶氮化合物、亚硝基化合物、腈、异腈等。例如:

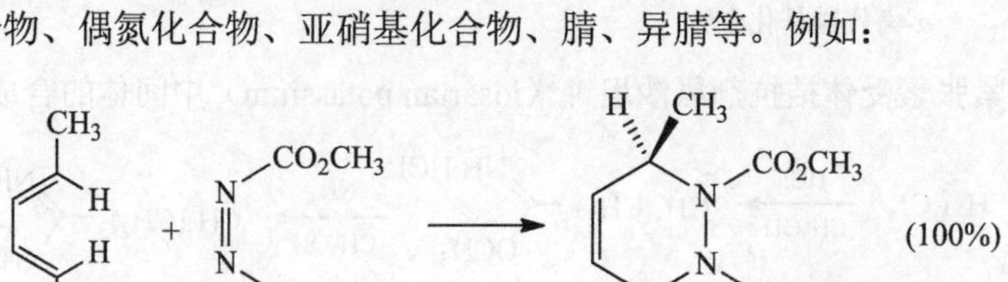

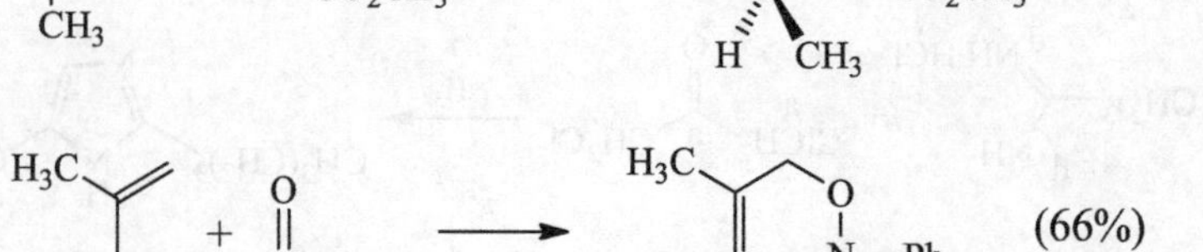

(100%)

(66%)

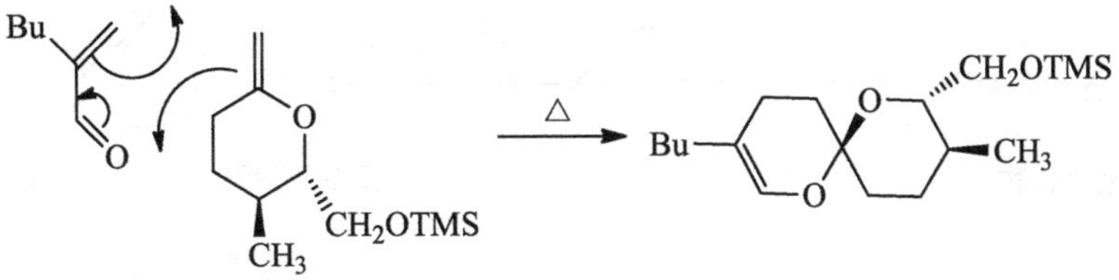

(68%)

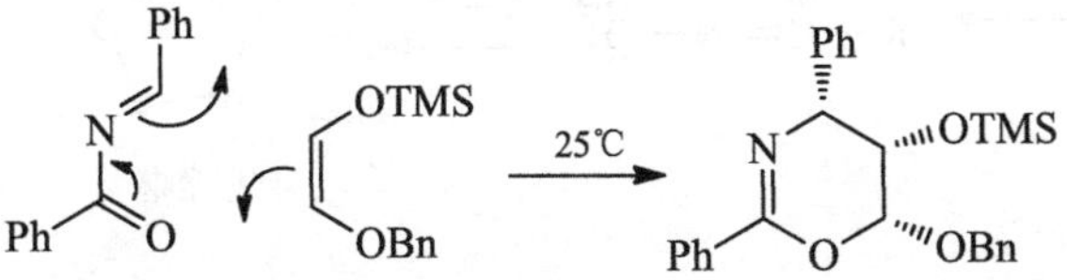

(75%)

一些杂环化合物作为二烯体和亲二烯体发生 Diels-Alder 反应后常失去 HCN、H_2O、N_2 等小分子生成新的杂环化合物。例如：

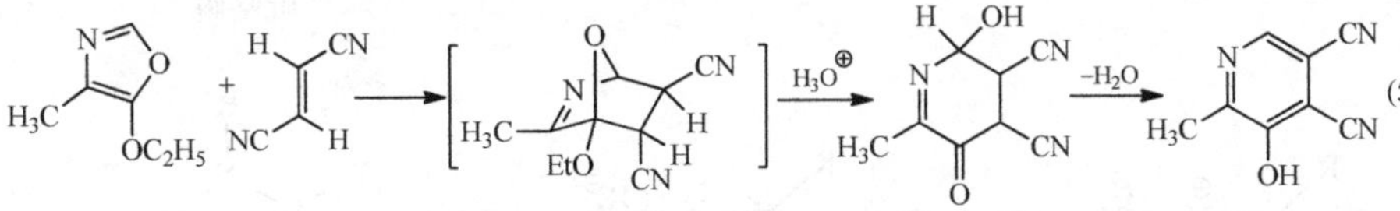

(55%)

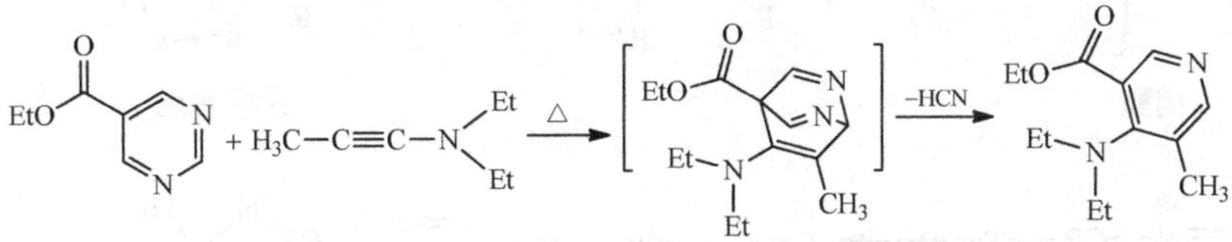

(90%)

2. 1, 3-偶极环加成反应

1, 3-偶极环加成反应是由三个原子和四个电子组成的共轭体系，正电荷和负电荷可以看作分布在 1-位和 3-位原子上。用 1, 3-偶极分子代替 Diels-Alder 反应中的 4π 电子体系与亲二烯体发生环加成反应，可以得到五元杂环化合物：

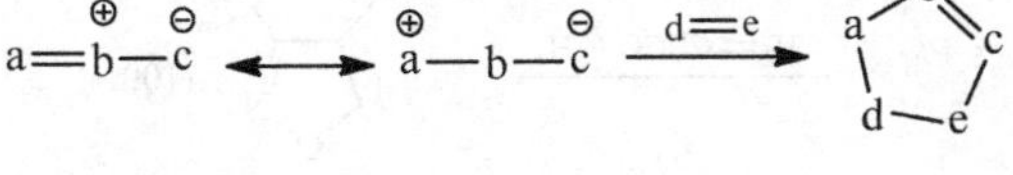

常用的 1, 3-偶极化合物有重氮化合物、叠氮化合物、氧化腈、腈叶立德、硝酮、异腈等。反应通式如下：

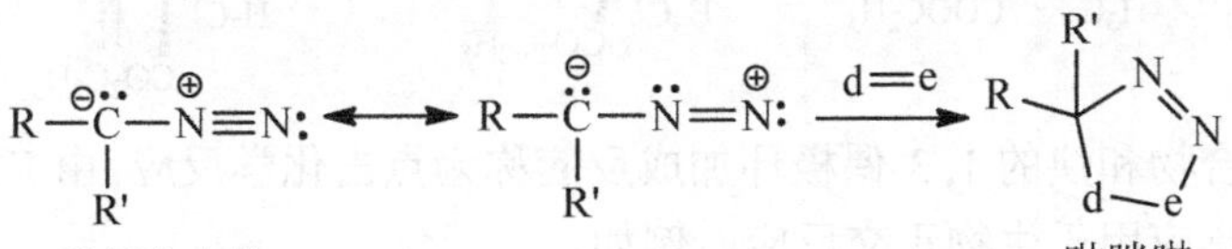

重氮化合物　　吡唑啉

$$R-\overset{\ominus}{\underset{\cdot\cdot}{N}}-\overset{\oplus}{N}\equiv N: \longleftrightarrow R-\overset{\cdot\cdot}{\underset{\cdot\cdot}{N}}-\overset{\oplus}{N}\equiv N: \xrightarrow{d=e}$$

叠氮化合物

1,2,3-三唑啉

$$R-C\equiv\overset{\oplus}{N}-\overset{\ominus}{\underset{\cdot\cdot}{O}:} \longleftrightarrow R-\overset{\oplus}{C}=\overset{\cdot\cdot}{N}-\overset{\ominus}{\underset{\cdot\cdot}{O}:} \xrightarrow{d=e}$$

氧化腈

异噁唑啉

$$R-C\equiv\overset{\oplus}{N}-\overset{\ominus}{\underset{\cdot\cdot}{C}HR_2} \longleftrightarrow R-\overset{\oplus}{C}=\overset{\cdot\cdot}{N}-\overset{\ominus}{\underset{\cdot\cdot}{C}HR_2} \xrightarrow{d=e}$$

腈叶立德

吡咯啉

$$\overset{R}{\underset{R}{>}}C=\overset{\oplus}{\underset{R'}{N}}-\overset{\ominus}{\underset{\cdot\cdot}{O}:} \longleftrightarrow \overset{R}{\underset{R}{>}}\overset{\oplus}{C}-\overset{\cdot\cdot}{\underset{R'}{N}}-\overset{\ominus}{\underset{\cdot\cdot}{O}:} \xrightarrow{d=e}$$

硝酮

异噁唑烷

$$:C\equiv\overset{\oplus}{N}-\overset{\ominus}{\underset{\cdot\cdot}{C}R}-Tos \longleftrightarrow C=\overset{\cdot\cdot}{N}-\overset{\ominus}{\underset{\cdot\cdot}{C}R}-Tos \xrightarrow{d=e}$$

α-Tos异腈

例如：

$$Ph-CH=N-OH \xrightarrow{Cl_2} Ph-\overset{Cl}{\underset{}{C}}=N-OH \xrightarrow{Et_3N} \left[Ph-\overset{\oplus}{C}=N-\overset{\ominus}{O}\right]$$

$$\xrightarrow{CH_2=CHCO_2C_2H_5} \quad (100\%)$$

$$CH_2N_2 + \quad \xrightarrow{\quad} \quad \xrightarrow{H^{\oplus}} \quad (75\%)$$

叠氮化合物和炔的 1,3-偶极环加成反应称为点击化学反应，由 K. B. Sharpless 提出，被广泛应用于生物正交反应。例如：

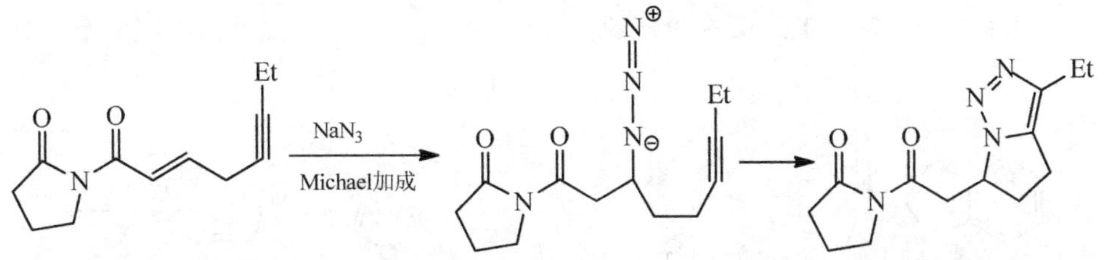

硝酮（nitrone）易发生分子内环加成反应，并且易于制备，环加成产物中 N—O 键易于还原断裂得到氨基和羟基的双官能团化合物，因此在有机合成中被广泛应用。例如：

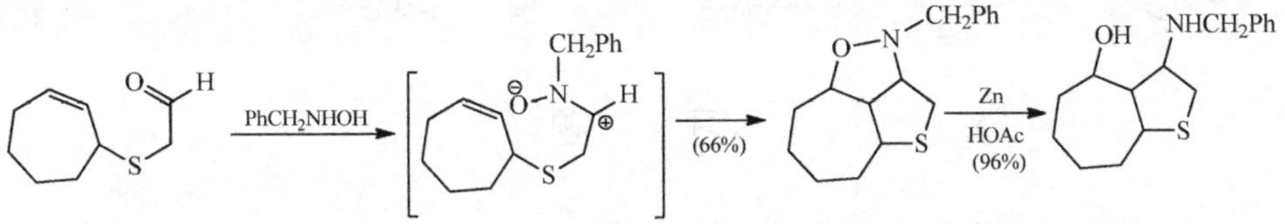

α-Tos 异腈（由 TosOH、醛、甲酰胺缩合后脱水得到）在碱性条件下与亚胺或羰基环加成后脱 Tos 基可生成咪唑和噁唑衍生物，这是合成 1, 3-唑类化合物的重要方法，称为 van Leusen 合成法。例如：

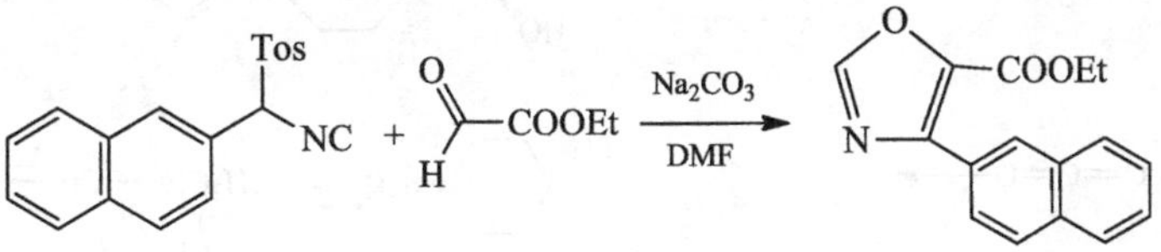

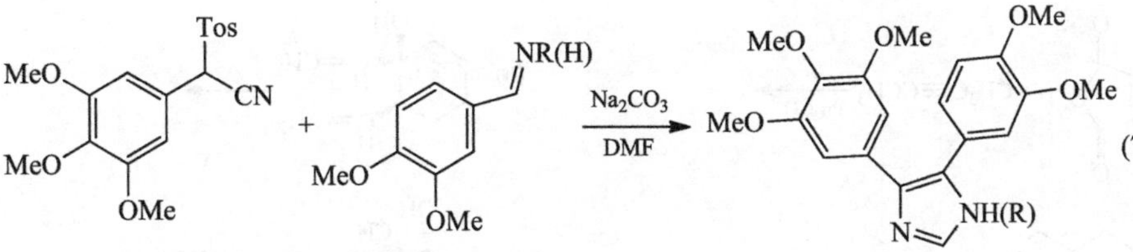

一些杂环化合物的共振式具有 1, 3-偶极结构，它们也可以发生 1, 3-偶极环加成反应。例如：

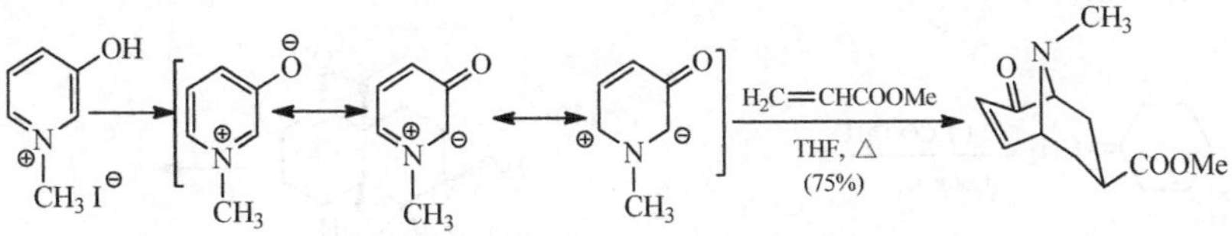

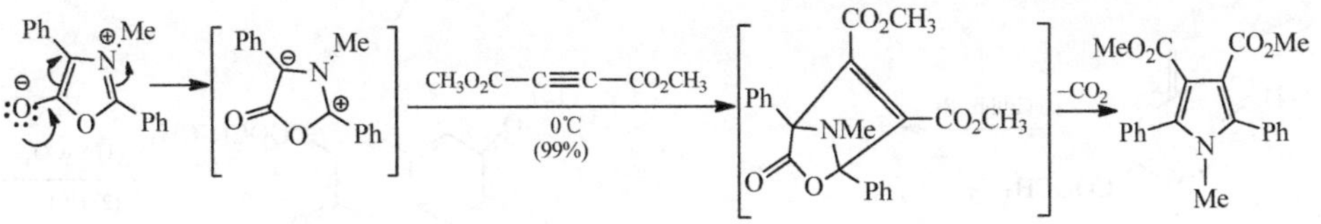

问题 6.10　写出下列反应的产物：

(1)

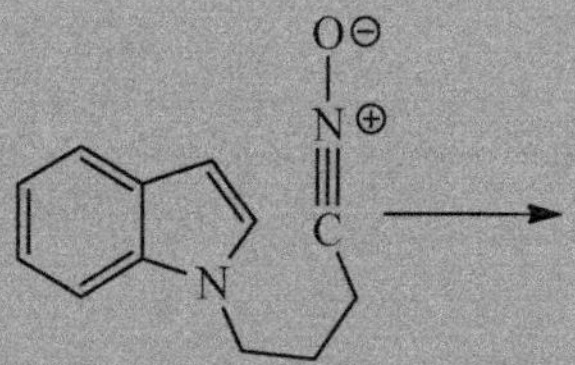

(2)

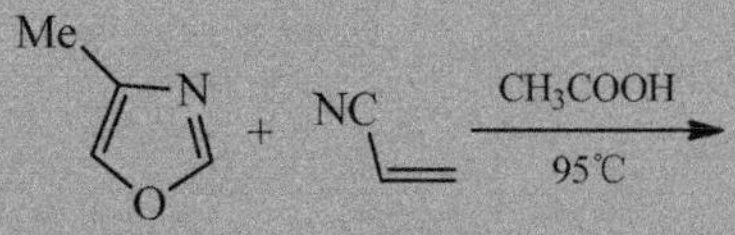

(3)

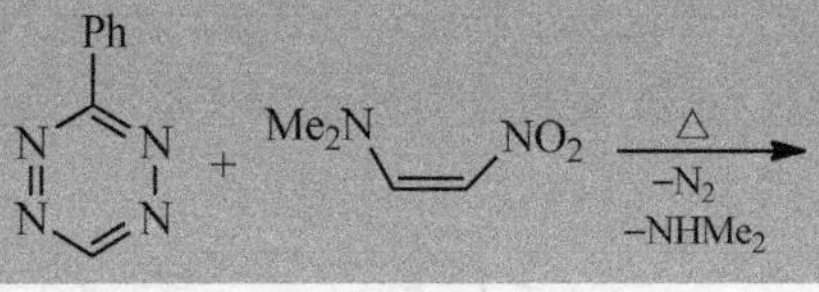

(4)

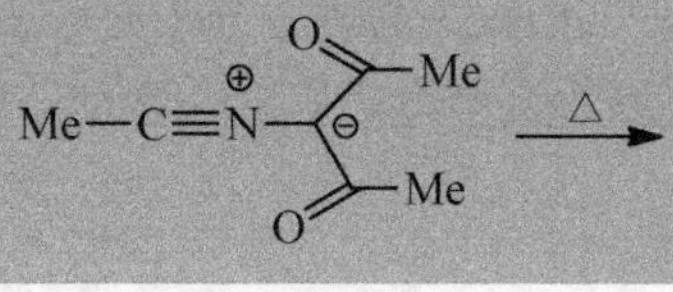

习　　题

一、写出下列反应产物：

(1) CH_2N_2 + $CH_2=CH-$

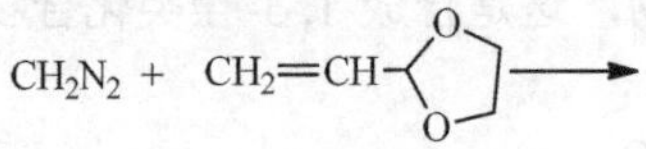

(2) $\xrightarrow{195℃}$

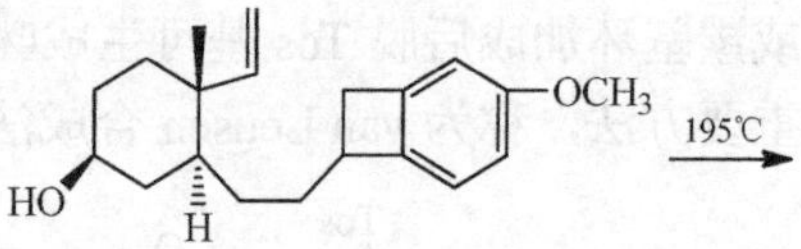

(3) + $(CH_3)_2C=C=O$ ⟶

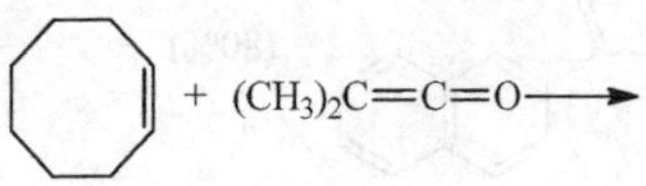

(4)

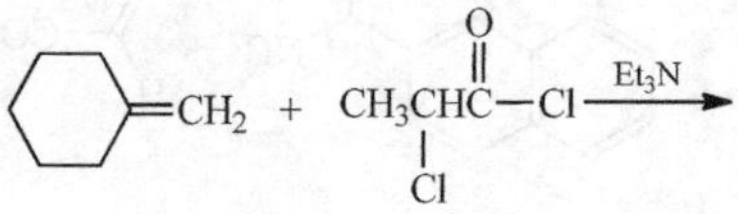

(5) + $CH_3C≡CCH_3$ $\xrightarrow[Ph_2CO]{h\nu}$

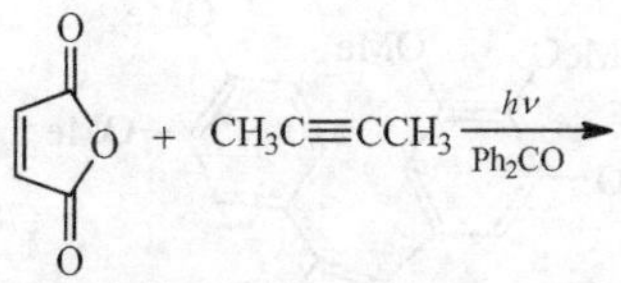

(6) $\xrightarrow{\triangle}$

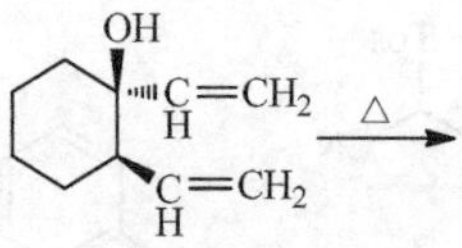

(7) $\xrightarrow{\triangle}_{195℃}$

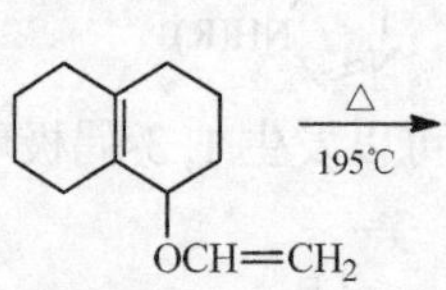

(8) $\xrightarrow[Zn/Cu]{CH_2I_2}$

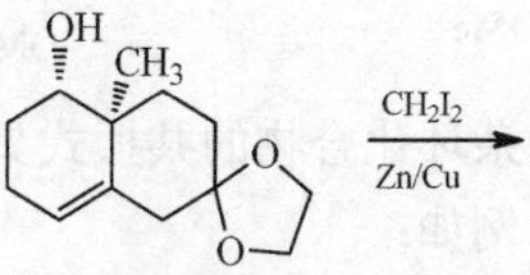

(9) $\xrightarrow[Cu(acac)_2]{N_2CHCO_2C_2H_5}$

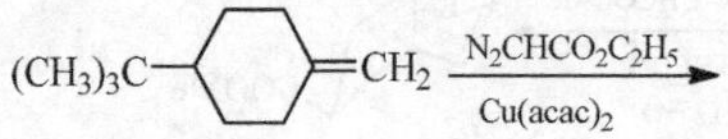

(10) $\xrightarrow[THF]{NaH}$

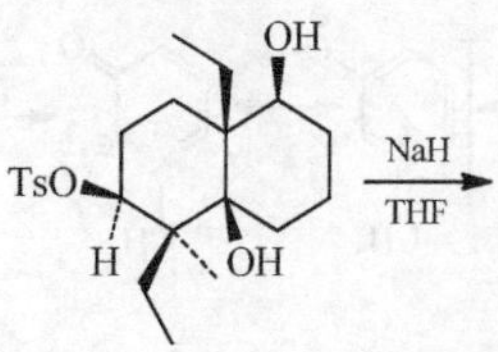

(11) $\xrightarrow{Grubbs-Ru}$

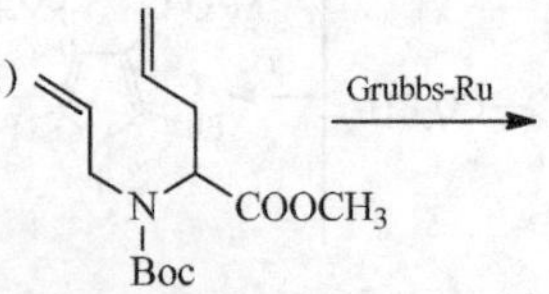

(12) $\xrightarrow[(2)\ HCl]{(1)\ K_2CO_3}$

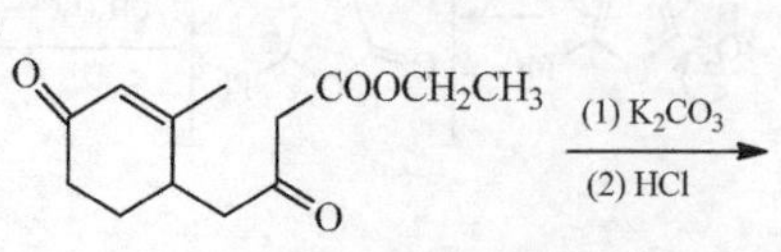

(13)

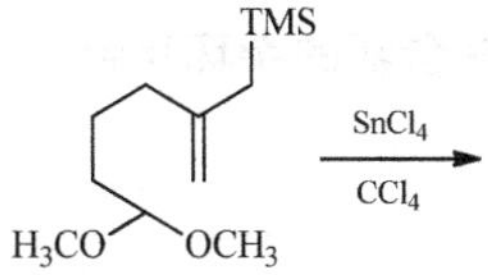

(14)

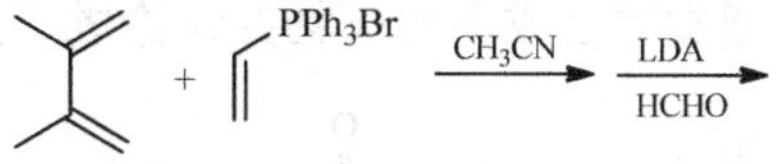

(15)

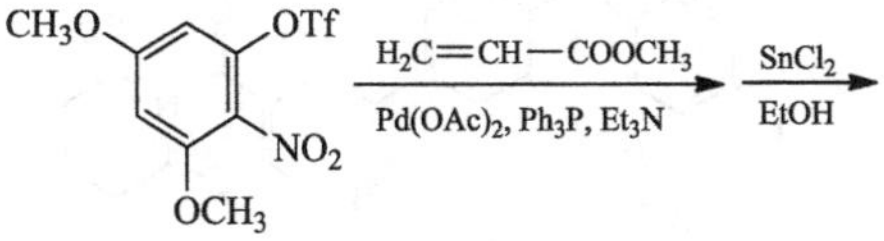

(16)

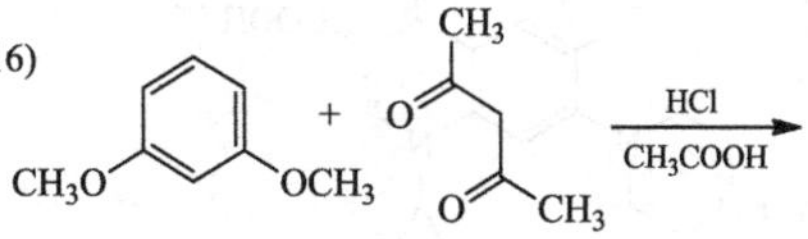

(17)

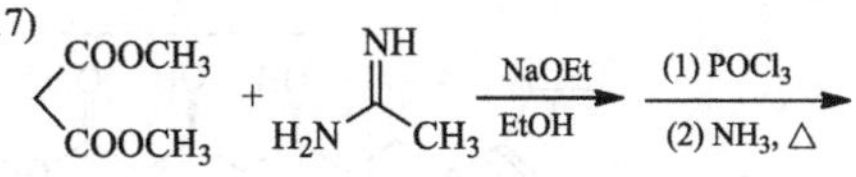

(18)

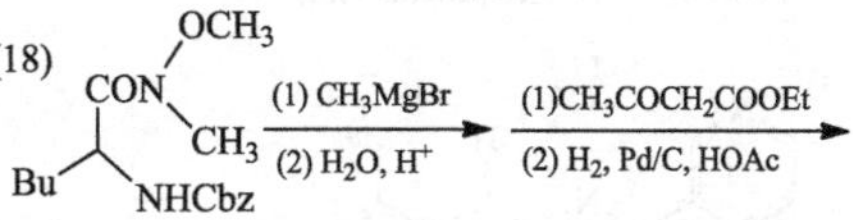

(19)

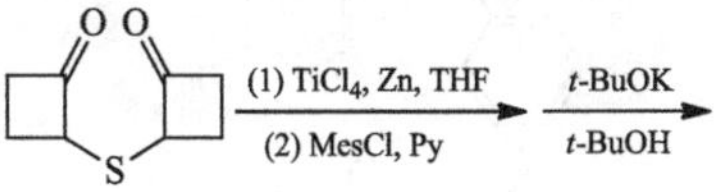

(20)

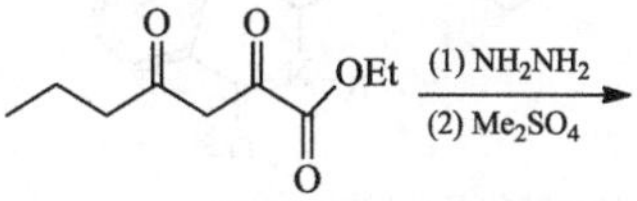

二、实现下列转变：

(1)

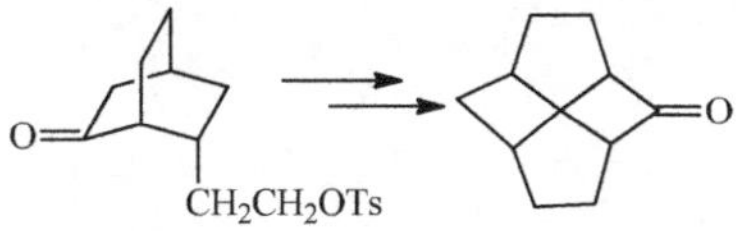

(2)

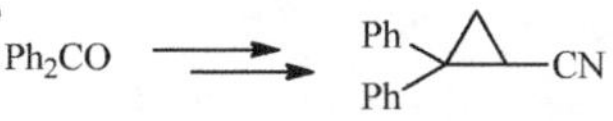

(3)

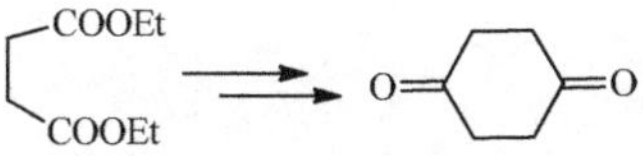

(4)

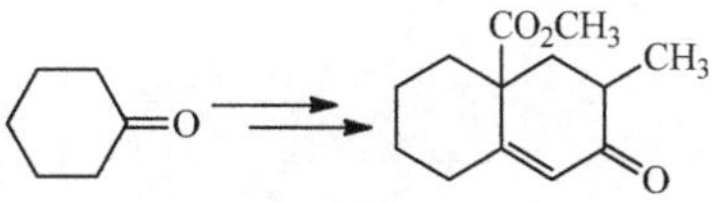

(5)

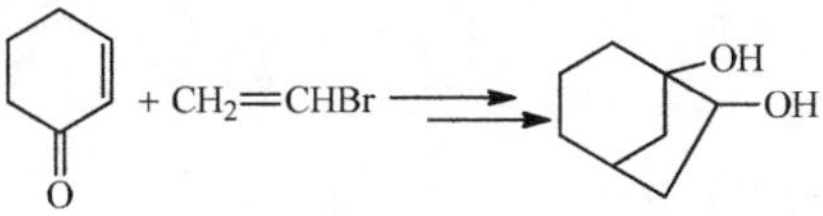

(6)

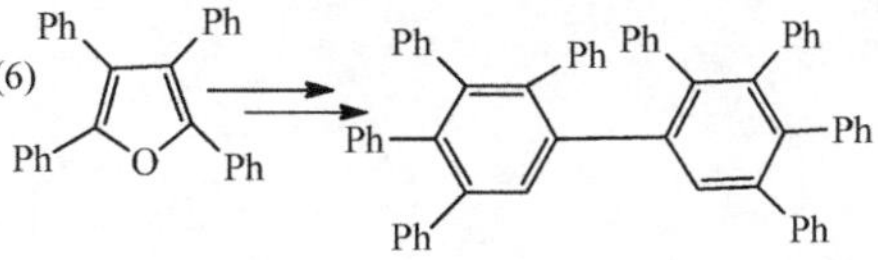

(7)

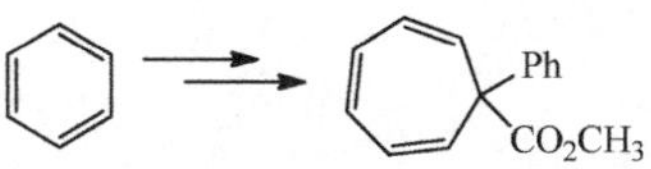

(8)

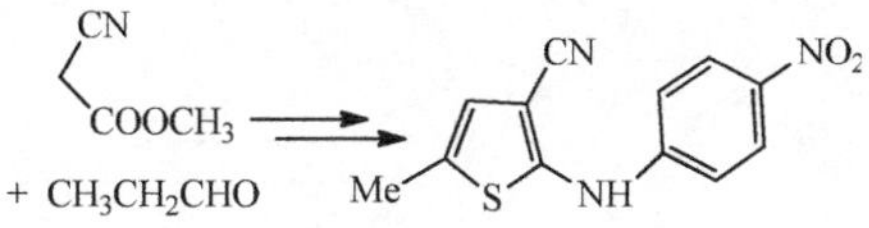

三、从指定原料合成下列化合物：

（1）从 3-甲基环丁烯羧酸合成蚂蚁的追踪信息素 4-甲基吡咯-2-羧酸。

（2）从对氯苯磺酰胺和对甲基苯乙酮为起始原料合成消炎药西乐葆（celebrex）。

四、据统计目前全球销售量前 180 个合成药物中 130 个是含氮的杂环化合物。查阅文献合成下列药物并讨论成环方法。

(1)

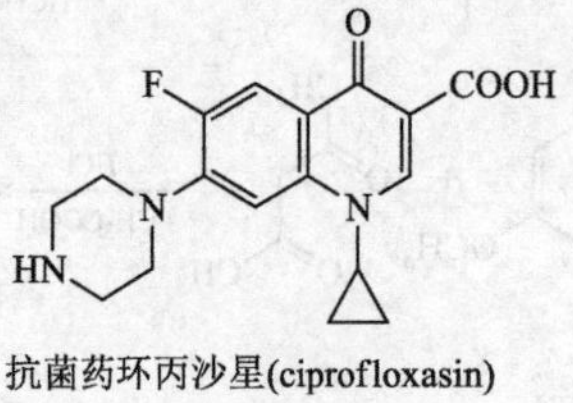

抗菌药环丙沙星(ciprofloxasin)

(2)

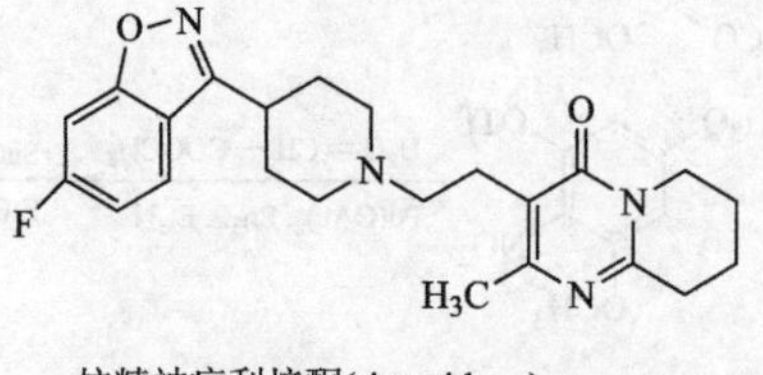

抗精神病利培酮(risperidone)

(3)

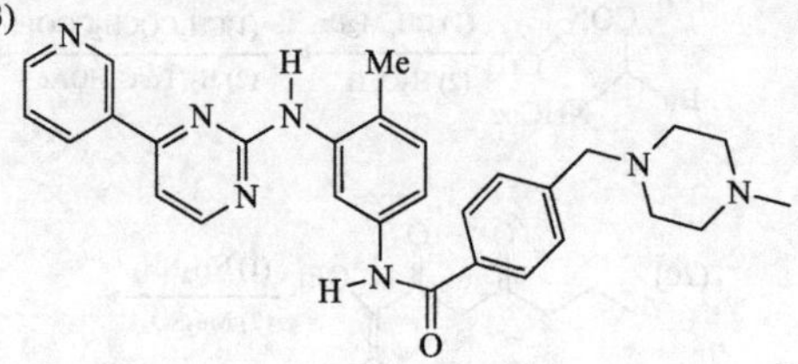

靶向抗癌药伊马替尼(imatinib)

(4)

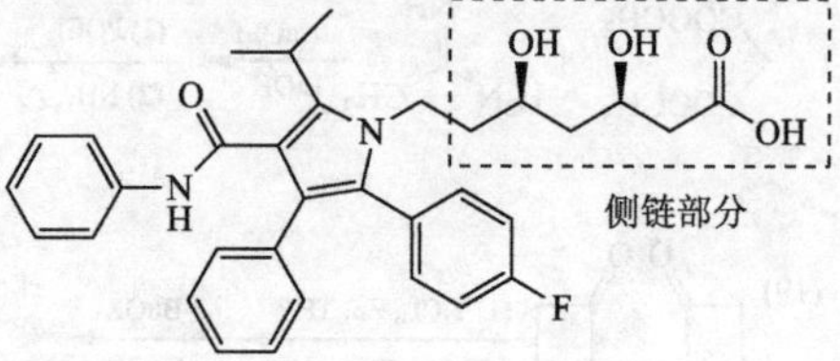

侧链部分

降血脂药阿伐他汀(atorvastatin)

第7章 重排反应

多数有机化学反应是官能团转化或者碳碳键形成与断裂的反应，这些反应物分子的主体碳架结构保留在产物分子中。但在一些有机反应中，原子或基团从分子内的一个原子迁移到另一个原子上，从而得到具有新骨架结构的产物分子，这样的反应称为重排反应。重排反应可分为分子内和分子间重排反应。下式是常见的分子内重排反应的通式，其中 Z 代表迁移基团或原子，A 代表迁移起点原子，B 代表迁移终点原子。A、B 通常是碳原子，有时也可以是 N、O 等杂原子。烃基是最常见的迁移基团。

根据起点原子和终点原子的相对位置可分为 1,2-重排、1,3-重排等，但大多数重排反应属于 1,2-重排。常见的重排反应类型如下：

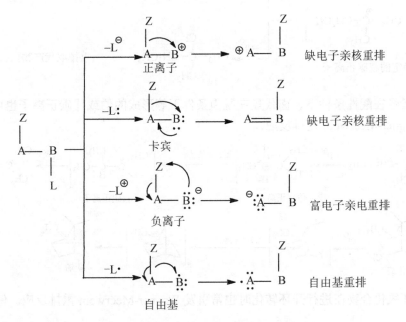

根据反应机理中迁移终点原子上的电子多少，重排反应可分为缺电子重排（亲

核重排）、富电子重排（亲电重排）和自由基重排反应。重排反应一般分为三步：生成活性中间体（碳正离子、卡宾、氮宾、碳负离子、自由基等），重排；生成 β-消除和取代产物。影响反应的主要因素有：反应中间体的稳定性、基团的迁移能力以及立体位阻电子效应等。

此外，协同反应中的 σ 键迁移反应也是常见的重排反应。

7.1　从碳原子到碳原子的亲核重排反应

7.1.1　Wagner-Meerwein 重排

β-碳原子上具有两个或三个烃基的伯醇和仲醇在酸性条件下的重排反应称为 Wagner-Meerwein 重排反应。反应的推动力是生成更稳定的碳正离子。例如：

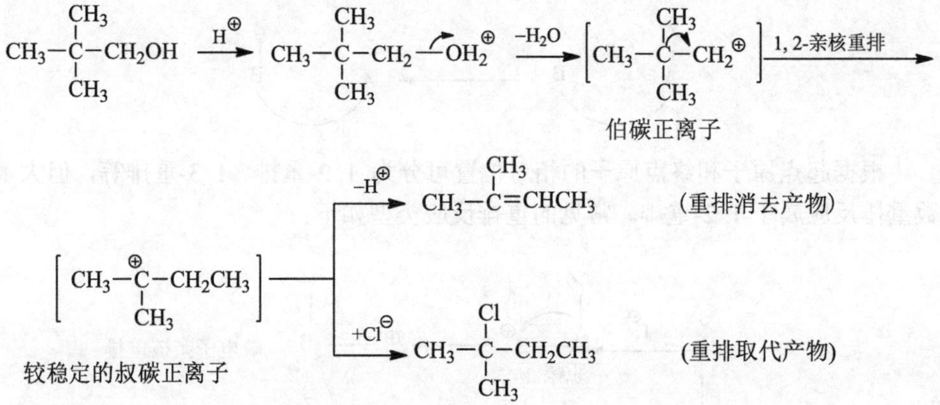

（伯碳正离子）（重排消去产物）（较稳定的叔碳正离子）（重排取代产物）

烯烃在酸性条件下、卤代烃在脱卤条件下等形成的伯或仲碳正离子也可以发生 Wagner-Meerwein 重排反应：

（仲碳正离子）（叔碳正离子）

（氯化莰）（莰烯）

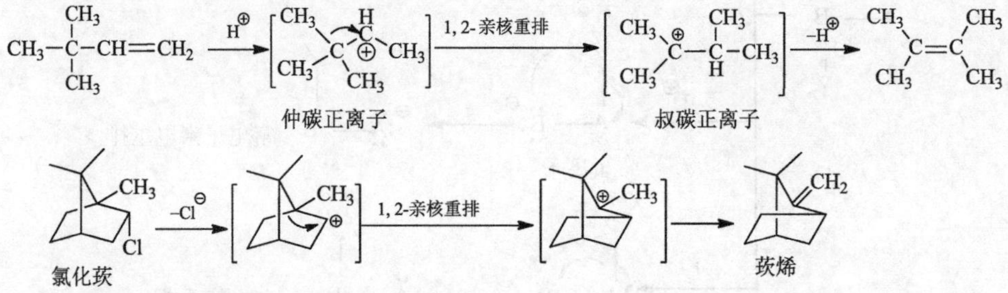

环氧化合物在进行开环转化时也常引发 Wagner-Meerwein 重排反应。例如：

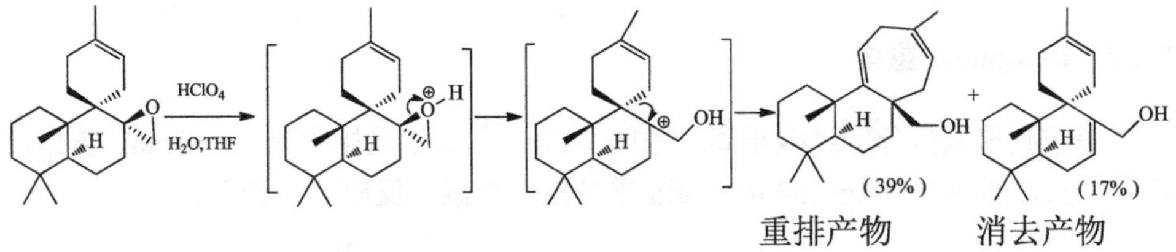

（39%） （17%）

重排产物   消去产物

利用 Wagner-Meerwein 重排反应常可得到扩环或缩环的产物。例如：

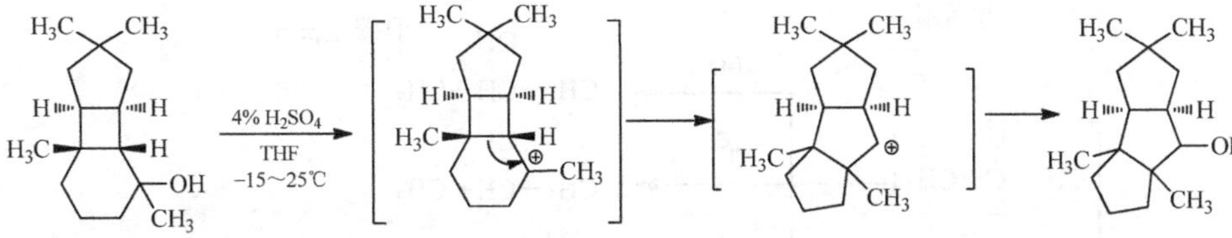

Wagner-Meerwein 重排反应可应用于天然产物的全合成，例如，propindilactone G 的合成关键步骤：

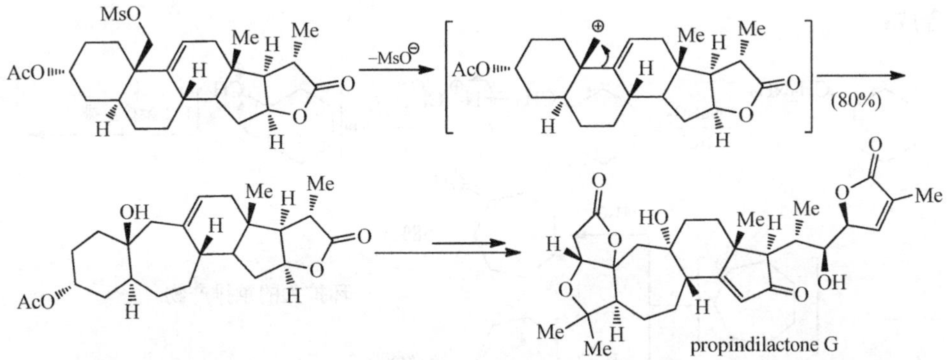

propindilactone G

由于迁移基团带一对电子向缺电子的相邻碳正离子迁移，因而迁移基团中心原子的电子越富裕，则迁移能力越大。芳基较烷基或氢具有更大的迁移能力是由于芳基对反应提供了邻基参与作用。迁移基团迁移能力的大小顺序大致如下：

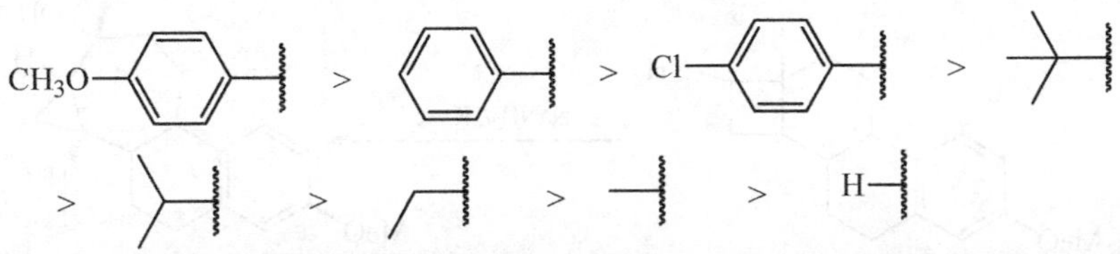

问题 7.1　写出下面重排反应的机理：

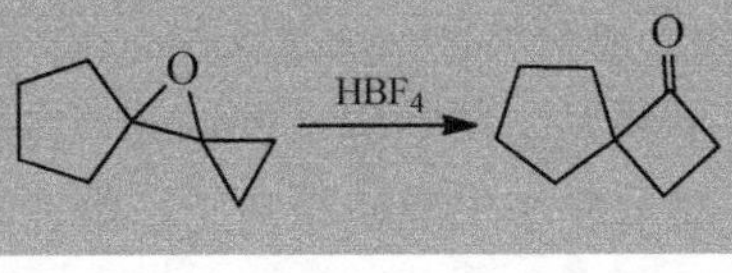

7.1.2　Demjanov 重排

脂肪族重氮盐分解经碳正离子中间体进行的 1, 2-重排称为 Demjanov 重排反应。其反应机理与 Wagner-Meerwein 重排极为相似。反应机理如下：

$$CH_3CH_2CH_2NH_2 \xrightarrow[\text{HCl}]{\text{NaNO}_2} CH_3CH_2CH_2N_2^{\oplus}Cl^{\ominus} \xrightarrow{-N_2} \left[CH_3-\overset{\overset{H}{|}}{C}-CH_2^{\oplus} \right] \xrightarrow{1,2\text{-亲核重排}}$$

重氮化　　　　　　　　　　　　　　　　　　　　　　伯碳正离子

$$\left[CH_3-\overset{\overset{H}{|}}{\underset{\oplus}{C}}-CH_3 \right] \begin{cases} \xrightarrow{H_2O} CH_3-\overset{\overset{OH}{|}}{CH}-CH_3 \\ \xrightarrow{Cl^{\ominus}} CH_3-\overset{\overset{Cl}{|}}{CH}-CH_3 \\ \xrightarrow{-H^{\oplus}} CH_3-CH=CH_2 \end{cases}$$

仲碳正离子

脂环族伯胺类化合物的 Demjanov 重排反应可应用于扩环或缩环化合物的合成：

$$\xrightarrow{H_2O} \text{(58\%)} \quad \text{环扩大的重排产物}$$

$$\xrightarrow{-H^{\oplus}} \text{(21\%)}$$

Demjanov 重排反应也可应用于形成并环类化合物：

7.1.3　频哪醇重排

邻二叔醇在酸性条件下易发生频哪醇（Pinacol）重排反应。其反应机理是其中一个羟基首先质子化，然后脱水生成碳正离子，继而通过过渡态发生 1, 2-亲核重排，正电中心转移到氧原子上形成频哪酮的共轭酸，最后失去质子生成醛酮。反应机理如下：

$$
\begin{array}{c}
\underset{\substack{|\\OH\,OH}}{\overset{\substack{R\;\;R}}{R-C-C-R}} \xrightarrow{H^{\oplus}}
\underset{\substack{|\quad|\\OH\,OH_2\\\quad\oplus}}{\overset{\substack{R\;\;R}}{R-C-C-R}} \xrightarrow{-H_2O}
\left[\underset{\substack{|\quad|\\\;\;\;:OHR}}{\overset{\substack{R\quad R\\\quad\oplus}}{R-C-C-R}}\right] \xrightarrow{1,2-亲核重排}
\left[\begin{array}{c}R\;\;\;\;R\\\overset{\oplus}{C}\!-\!C\\HO\quad R\end{array}\right]
\end{array}
$$

过渡态

$$
\longrightarrow \underset{\substack{|\\\oplus OHR}}{\overset{\substack{R}}{R-C-C-R}} \xrightarrow{-H^{\oplus}} \underset{\substack{|\\O\;\;R}}{\overset{\substack{R}}{R-C-C-R}}
$$

　　结构对称的邻二叔醇，由于任何一个羟基质子化脱水都生成相同的碳正离子，因此重排产物的结构主要取决于第二步中迁移基团迁移能力的大小。频哪醇重排和 Wagner-Meerwein 重排都是 1,2-亲核重排，因而迁移基团迁移能力的顺序相同。由于苯基的迁移能力大于甲基，因此主要得到苯基迁移的重排产物。

$$
\underset{\substack{|\quad|\\OH\;\;OH}}{\overset{\substack{CH_3\;\;CH_3}}{C_6H_5-C-C-C_6H_5}} \xrightarrow{H^{\oplus}}
\underset{\substack{|\quad|\\OH_2\;\;OH\\\oplus}}{\overset{\substack{CH_3\;\;CH_3}}{C_6H_5-C-C-C_6H_5}} \xrightarrow{-H_2O}
\left[\underset{\substack{|\quad|\\C_6H_5\;\;OH}}{\overset{\substack{\quad\;\;C_6H_5}}{CH_3-C\;\;C-CH_3}}\right]
$$

$$
\xrightarrow{1,2-亲核重排} \underset{\substack{|\quad|\\C_6H_5\;\;OH\\\quad\;\;\oplus}}{\overset{\substack{C_6H_5}}{CH_3-C-C-CH_3}} \xrightarrow{-H^{\oplus}}
\underset{\substack{|\quad|\\C_6H_5\;\;O}}{\overset{\substack{C_6H_5}}{CH_3-C-C-CH_3}}
$$

　　结构不对称的邻二叔醇在酸催化下发生频哪醇重排，产物的结构主要取决于第一步中羟基质子化脱水后形成的碳正离子的稳定性，然后才与迁移基团的迁移能力大小有关。例如，在下面反应中，碳正离子 II 和两个苯环共轭，其稳定性远大于碳正离子 I，故先得到碳正离子 II，最终得到甲基迁移的重排产物。

$$
\underset{\substack{|\quad|\\OH\;\;OH}}{\overset{\substack{C_6H_5\;\;CH_3}}{C_6H_5-C-C-CH_3}} \xrightarrow[(CH_3CO)_2O]{H_2SO_4}
\begin{cases}
\xrightarrow{-X}\left[\underset{\substack{|\quad|\\OH\;\;CH_3}}{\overset{\substack{C_6H_5\quad\oplus}}{C_6H_5-C-C-CH_3}}\right]\;\;\;\text{I 较不稳定}\\[3ex]
\left[\underset{\substack{|\quad|\\C_6H_5\;\;OH}}{\overset{\substack{\oplus\quad\quad CH_3}}{C_6H_5-C-C-CH_3}}\right]\xrightarrow[2)-H^{\oplus}]{1)1,2-亲核重排}
\underset{\substack{|\quad|\\C_6H_5\;\;O}}{\overset{\substack{CH_3}}{C_6H_5-C-C-CH_3}}\;\;\text{II 较稳定}
\end{cases}
$$

　　某些邻卤代醇、邻氨基醇和环氧化物在一些反应条件下可以生成羟基 β-位碳正离子中间体，也可以产生类似的频哪醇重排反应（Semipinacol 重排）。例如：

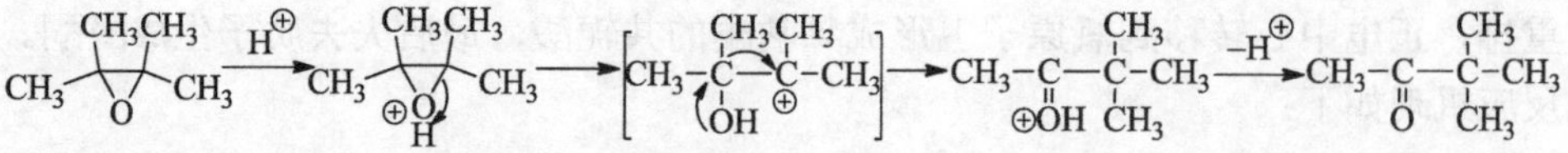

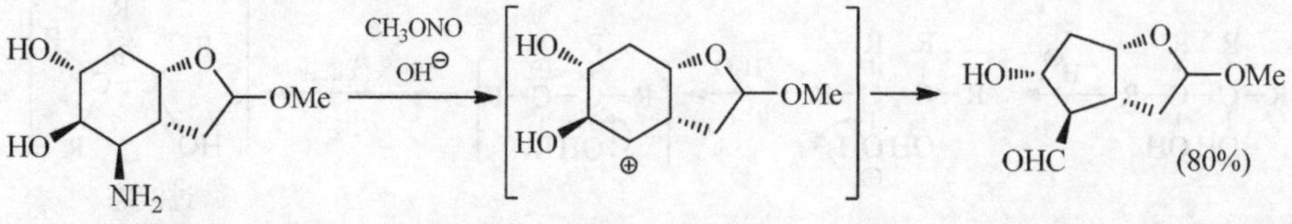

利用频呐醇重排反应可以制备一些用其他方法难以得到的含季碳原子的化合物。例如：

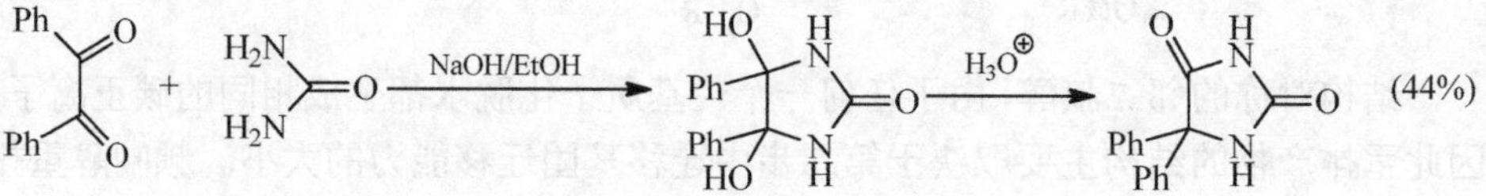

利用频呐醇重排反应常得到扩环或缩环产物。例如：

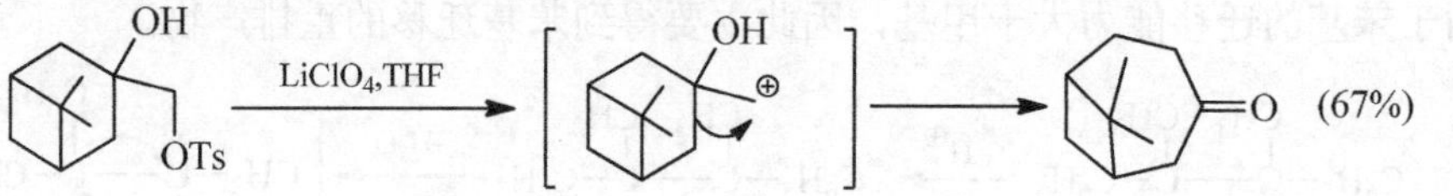

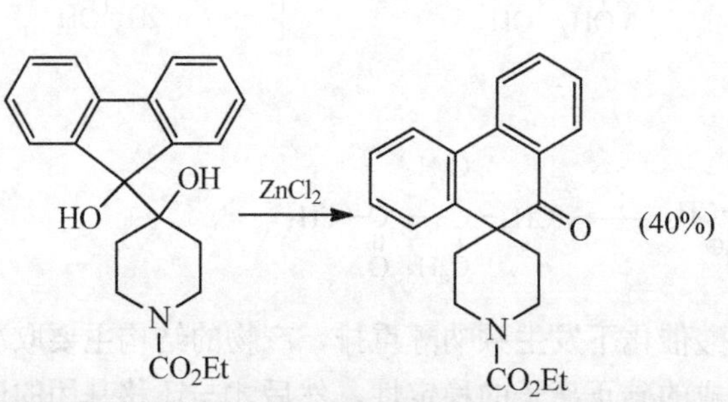

问题 7.2 写出下列重排反应的产物：

(1)

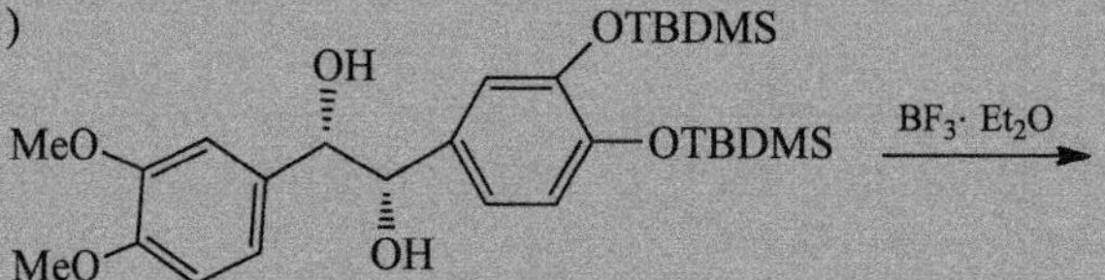

(2)

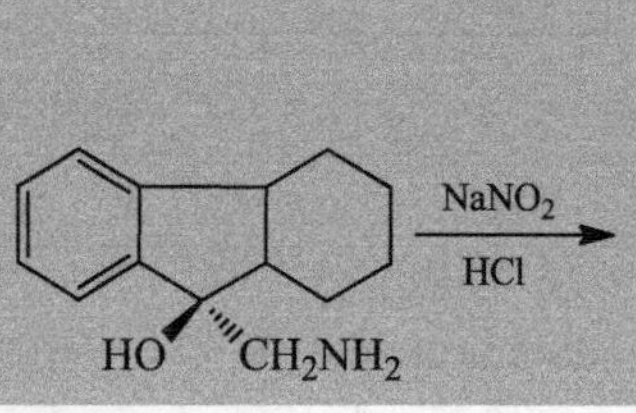

7.1.4 双烯酮-苯酚重排

双烯酮在酸性条件下或光照时重排得到苯酚衍生物的反应，称为双烯酮-苯酚（dienone-phenol）重排反应。反应机理如下：

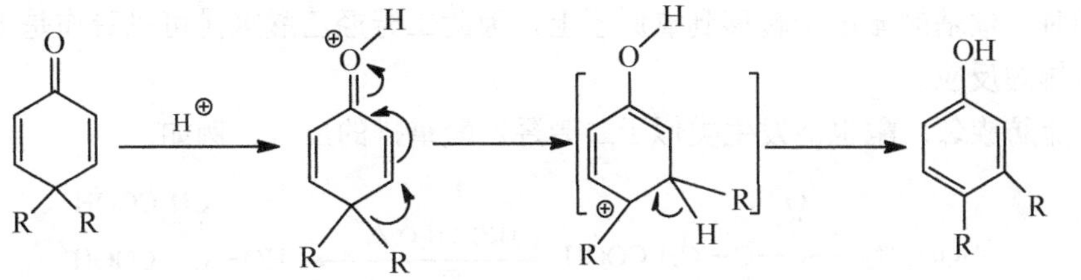

例如：

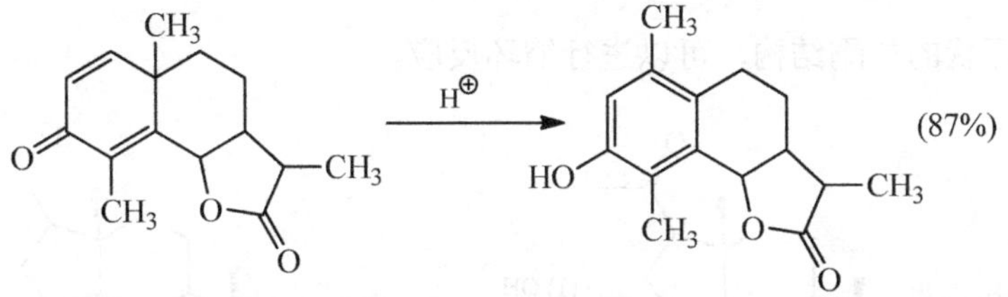

芳环在 Birch 还原中的碳负离子能作为亲核试剂与卤代烃等作用得到二取代双烯，然后将分子中亚甲基氧化为双烯酮结构，最后可以利用双烯酮-苯酚重排反应合成多取代苯酚：

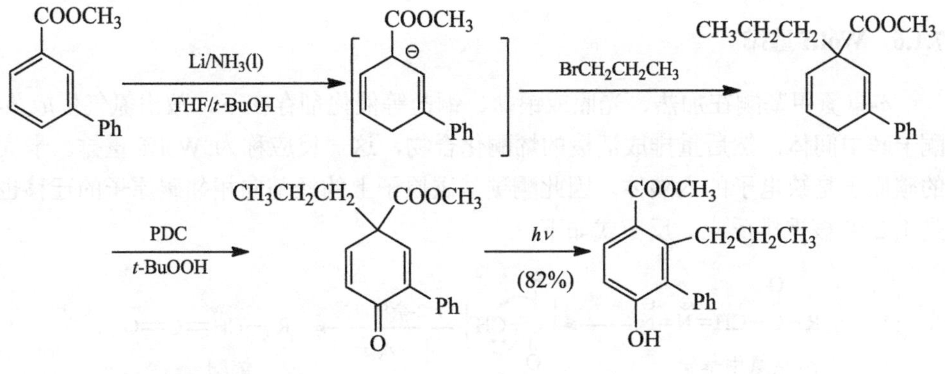

7.1.5 二芳羟乙酸重排

二苯基乙二酮在强碱作用下重排生成二苯基羟乙酸，根据产物结构，这类重排称为二芳（苯）羟乙酸重排反应（benzilic acid rearrangement）。其反应机理是 $OH^{\ominus}$ 首先亲核进攻反应物的一个羰基碳原子，迫使连在该碳原子上的苯基带着一对电子迁移到另一个亲电性的羰基碳原子上，同时使前一羰基转变成稳定的羧基负离子：

$$C_6H_5-\overset{\displaystyle O}{\underset{\displaystyle O}{C}}-C_6H_5 \xrightarrow{\ :OH^\ominus\ } C_6H_5-\overset{\displaystyle C_6H_5}{\underset{\displaystyle O}{C}}-\overset{}{\underset{}{C}}-OH \xrightarrow{\text{1, 2-亲核重排}} C_6H_5-\overset{\displaystyle C_6H_5}{\underset{\displaystyle O}{C}}-\overset{}{\underset{}{C}}-OH \longrightarrow C_6H_5-\overset{\displaystyle C_6H_5}{\underset{\displaystyle OH}{C}}-\overset{}{\underset{\displaystyle O}{C}}-O^\ominus$$

重排一步是整个反应的速率决定步骤。苯基带着一对电子向羰基碳原子迁移的同时,羰基的 π 电子转移到氧原子上,因此二芳羟乙酸重排可以看作是 1, 2-亲核重排的反应。

脂肪族邻二酮也能发生类似于二芳羟乙酸重排的反应。例如:

$$HOOCH_2C-\overset{\displaystyle O}{\underset{}{C}}-\overset{\displaystyle}{\underset{\displaystyle O}{C}}-CH_2COOH \xrightarrow[\text{(2) } H_3O^\oplus]{\text{(1) } KOH/H_2O, \triangle} HO-\overset{\displaystyle CH_2COOH}{\underset{\displaystyle CH_2COOH}{C}}-COOH$$

利用环状的二酮结构,可以进行缩环反应。

7.1.6　Wolff 重排

α-重氮甲基酮在加热、光照或银盐、铜盐等催化剂存在下,放出氮气生成 α-酮卡宾中间体,然后重排成活泼的烯酮化合物,这一反应称为 Wolff 重排。卡宾的碳原子是缺电子的六隅体,因此酮羰基碳原子上的烃基向相邻碳原子的迁移也是 1, 2-亲核重排反应。反应式如下:

$$R-\overset{\displaystyle O}{\underset{}{C}}-CH=\overset{\displaystyle \oplus}{N}=\overset{\displaystyle \ominus}{N} \longrightarrow \left[\ \overset{\displaystyle R}{\underset{\displaystyle O}{C}}-\overset{}{\underset{}{CH}}\ \right] \xrightarrow[\triangle]{\text{1, 2-亲核重排}} R-CH=C=O$$

$$\underset{\alpha\text{-重氮甲基酮}}{} \qquad \underset{\alpha\text{-酮卡宾}}{} \qquad \underset{\text{烯酮}}{}$$

α-重氮甲基酮通常是由酰氯和重氮甲烷反应制得:

$$R-\overset{\displaystyle O}{\underset{}{C}}-OH \xrightarrow{\ SOCl_2\ } R-\overset{\displaystyle O}{\underset{}{C}}-Cl \xrightarrow[-HCl]{\ CH_2N_2\ } R-\overset{\displaystyle O}{\underset{}{C}}-CHN_2$$

Wolff 重排生成的烯酮产物十分活泼,与水、醇或胺反应分别生成羧酸、酯或酰胺:

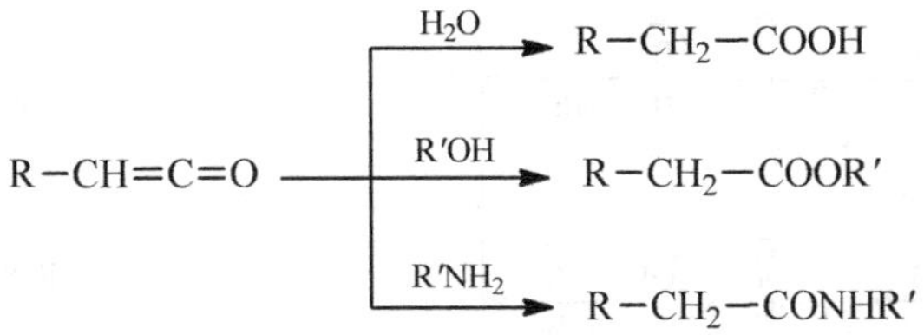

利用羧酸经过三步转变（包括 Wolff 重排反应），合成高一级的羧酸及其衍生物的方法称为 Arndt-Eistert 合成法。例如：

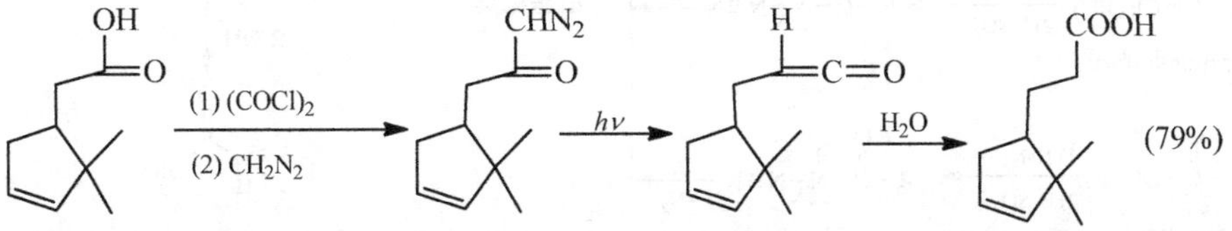

α-重氮酮常由磺酰叠氮化合物（TsN$_3$、F$_3$CSO$_2$N$_3$ 等）和酮作用得到。α-重氮酮发生 Wolff 重排反应可得到相同碳原子数的羧酸及其衍生物。例如：

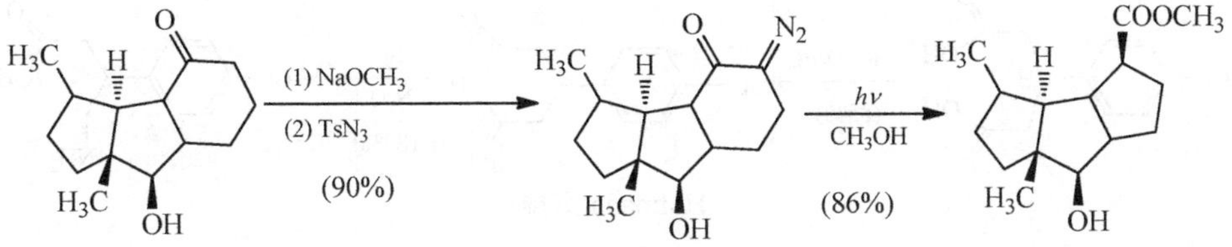

1,1-二卤代烯在碱性条件下也可以形成卡宾中间体，从而发生类似于 Wolff 重排的反应。例如：

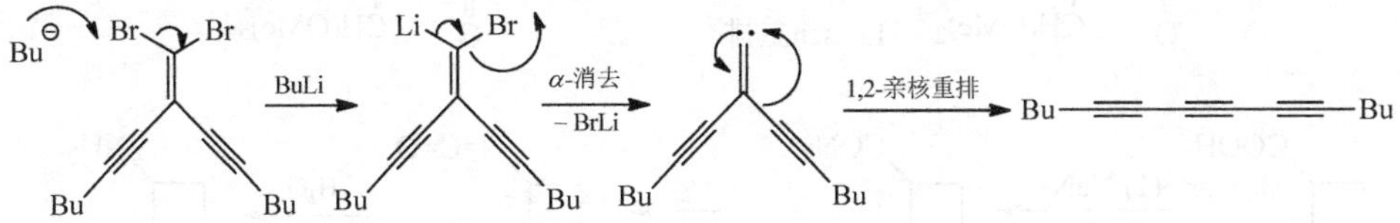

7.2　从碳原子到杂原子（N，O）的亲核重排

7.2.1　氮宾的重排

酰胺（RCONH$_2$）的 Hofmann 重排、异羟肟酸（RCONHOH）的 Lossen 重排、酰基叠氮化合物（RCON$_3$）的 Curtius 重排和 Schmidt 重排反应都通过活泼酰基氮宾中间体的重排作为反应的关键步骤。酰基碳原子上的烃基带一对电子向相邻的缺电子的六隅体氮原子迁移生成异氰酸酯。异氰酸酯有较高的反应活性，可以和各种亲核试剂反应，例如和胺反应可以得到脲衍生物，和醇反应可以得到取代氨基甲酸酯，水解可得到比重排起始原料少一个碳原子的伯胺。反应通式如下：

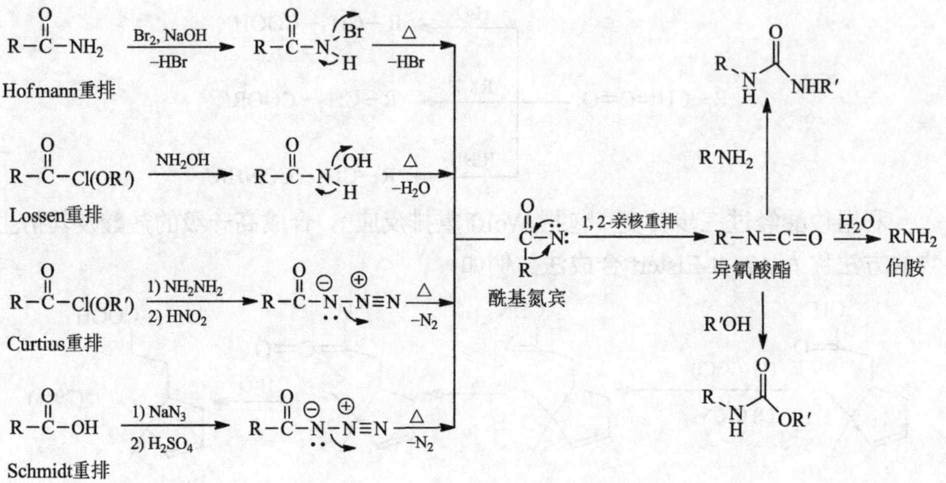

例如:

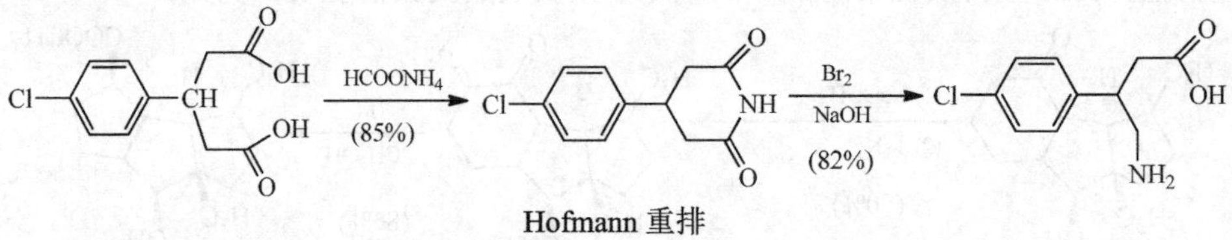

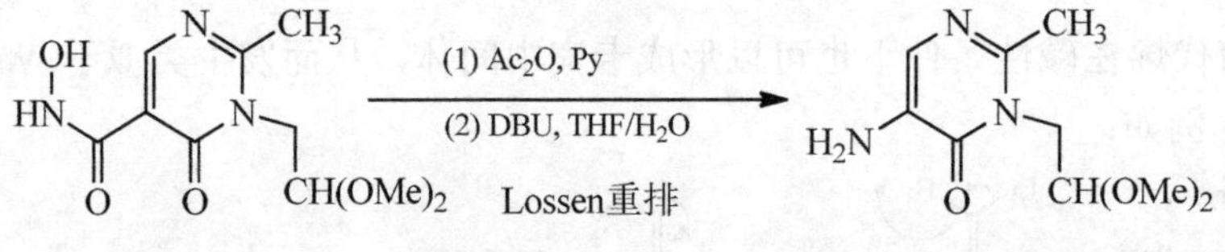

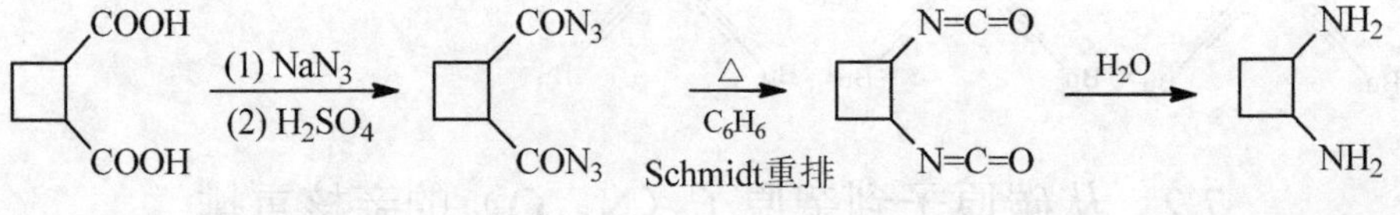

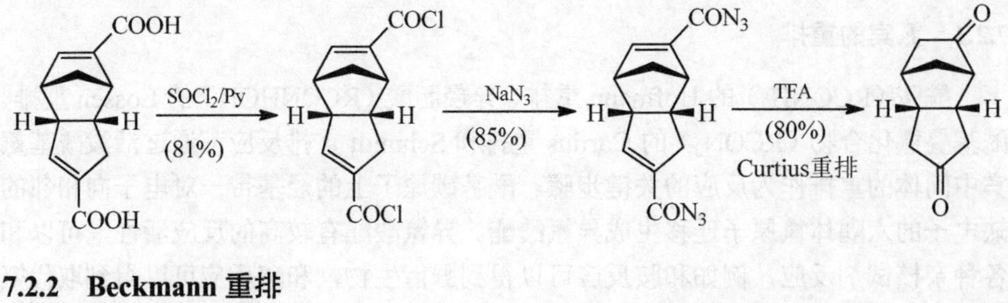

Hofmann 重排

Lossen 重排

Schmidt重排

Curtius 重排

7.2.2 Beckmann 重排

酮肟在酸性催化剂作用下重排生成酰胺的反应称为 Beckmann 重排。催化剂可分为：质子酸催化剂如 H_2SO_4、HCl、PPA 等；非质子酸催化剂包括路易斯酸 BX_3、$AlCl_3$、$TiCl_4$ 以及酰化试剂 PCl_5、$POCl_3$、$SOCl_2$、TsCl 等。

Beckmann 重排是通过缺电子的氮原子进行的。一般认为其反应机理为

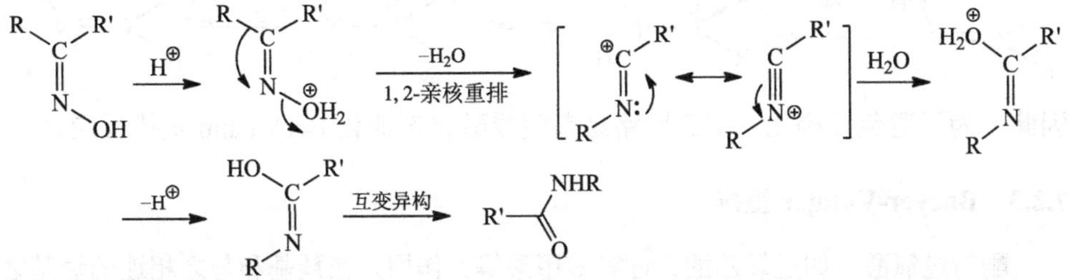

在 Beckmann 重排反应中，迁移基团与羟基处于反式位置，因此酮肟的两种顺反异构体发生 Beckmann 重排反应生成两个构造异构体产物。例如：

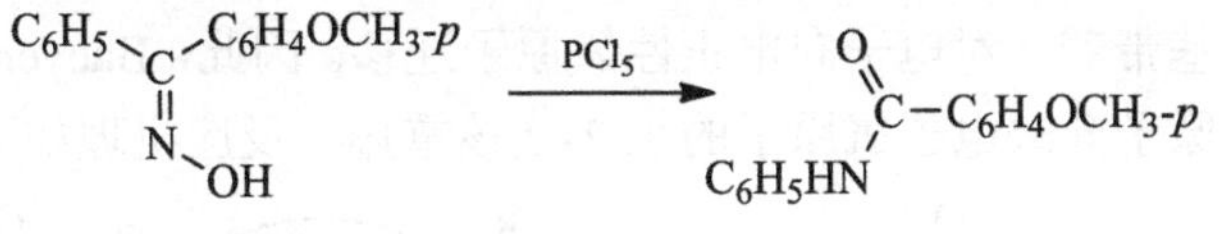

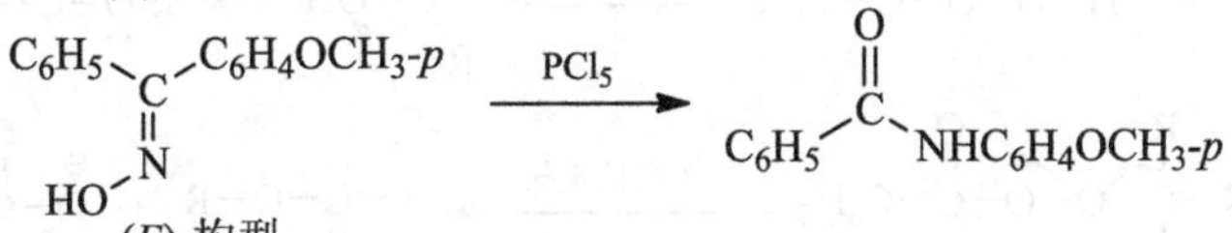

利用环酮肟进行 Beckmann 重排反应可以制备环内酰胺。例如：

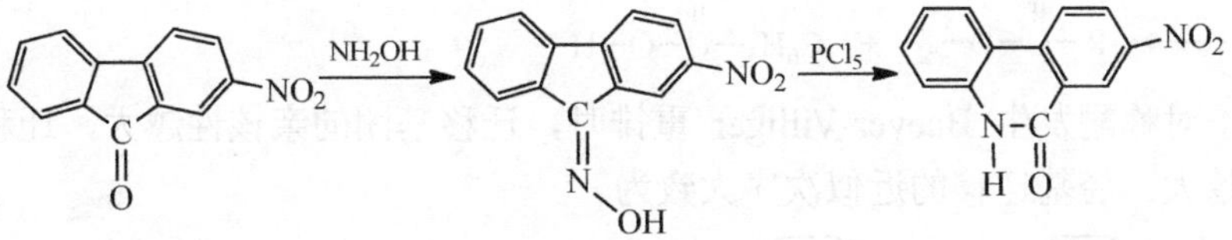

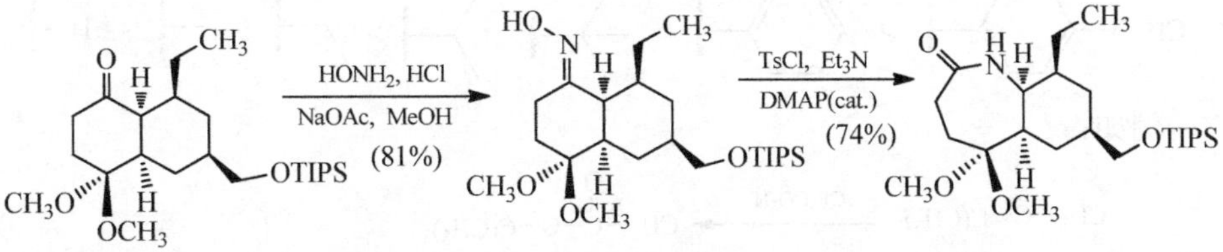

用质子酸或者非质子酸催化 Beckmann 重排反应，可能得到选择性产物。例如：

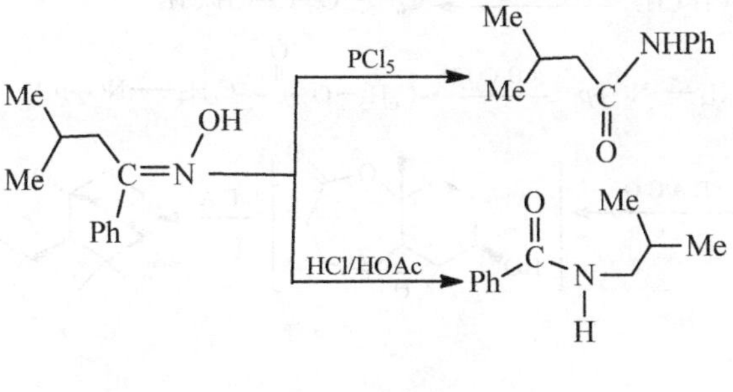

这是由于在质子酸（极性溶剂中）催化时，酮肟可先发生异构化，然后再进行 Beckmann 重排反应。异构化的反应机理如下所示：

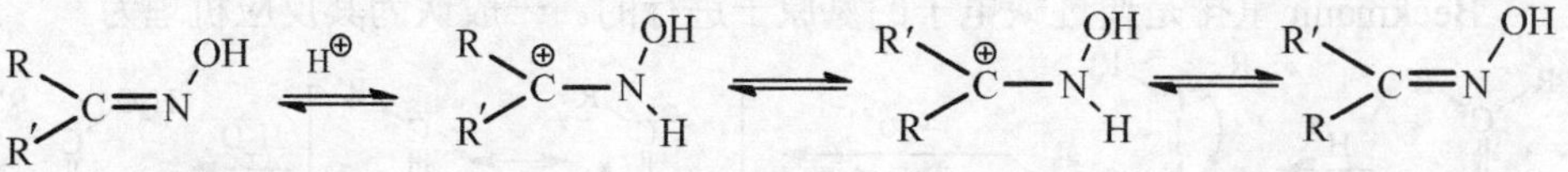

因此，为了避免异构化，常选用路易斯酸或酰化剂催化 Beckmann 重排反应。

7.2.3 Baeyer-Villiger 重排

酮与过氧酸（如过氧乙酸、过氧苯甲酸等）作用，在羰基和与之相连的烃基之间插入一个氧原子转变成酯。这种化学转化称为 Baeyer-Villiger 重排反应。反应机理如下所示：首先过氧酸与酮羰基进行亲核加成，然后 O—O 键异裂，与此同时酮羰基上的一个烃基带着一对电子向电正性氧原子迁移。因此，Baeyer-Villiger 重排是迁移基团从碳原子向缺电子氧原子的 1, 2-亲核重排。反应机理如下：

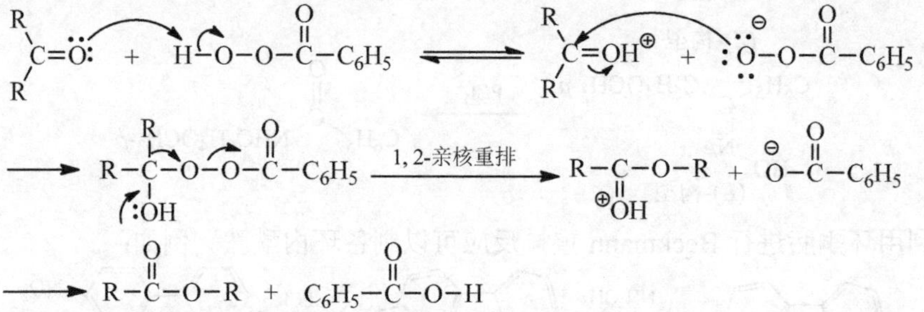

不对称酮发生 Baeyer-Villiger 重排时，迁移基团的亲核性越大，迁移的倾向性也越大。烃基迁移的近似次序大致为

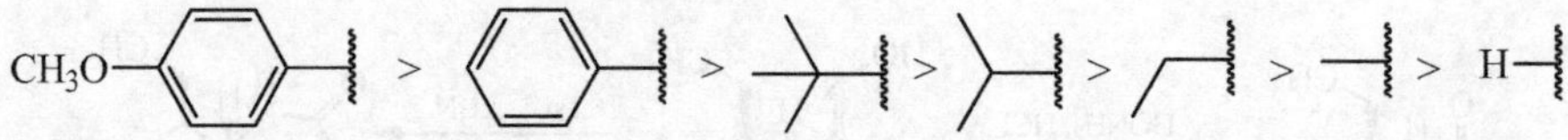

例如：

$$CH_3-\overset{O}{\overset{\|}{C}}-C(CH_3)_3 \xrightarrow{CF_3CO_3H} CH_3-\overset{O}{\overset{\|}{C}}-O-C(CH_3)_3$$

$$C_6H_5-\overset{O}{\overset{\|}{C}}-CH_2CH_3 \xrightarrow{C_6H_5CO_3H} C_6H_5-O-\overset{O}{\overset{\|}{C}}-CH_2CH_3$$

$$C_6H_5-\overset{O}{\overset{\|}{C}}-C_6H_4-NO_2\text{-}p \xrightarrow{CH_3CO_3H} C_6H_5-O-\overset{O}{\overset{\|}{C}}-C_6H_4-NO_2\text{-}p$$

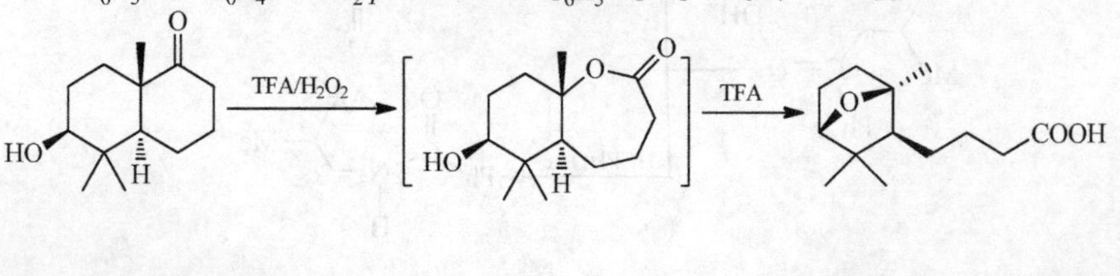

(80%)

芳醛也可以发生类似于 Baeyer-Villiger 重排的反应，称为 Dakin 反应。例如：

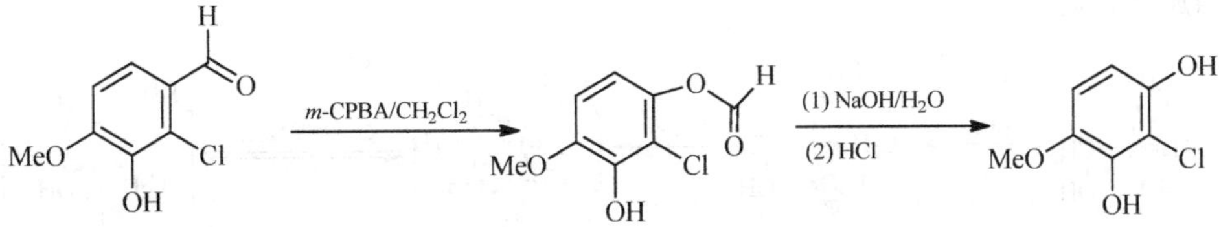

7.2.4　1, 2-亲核重排的立体化学

1. 迁移基团的立体化学

在 1, 2-亲核重排反应中，迁移基团以同一位相从迁移起点原子同面迁移到终点原子，因此迁移基团的手性碳原子构型保持不变：

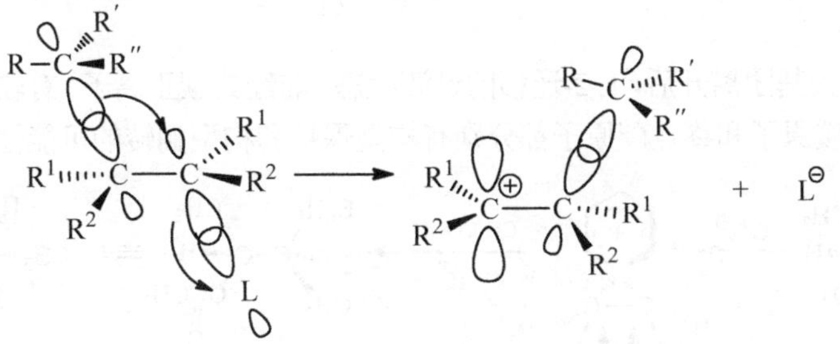

例如：

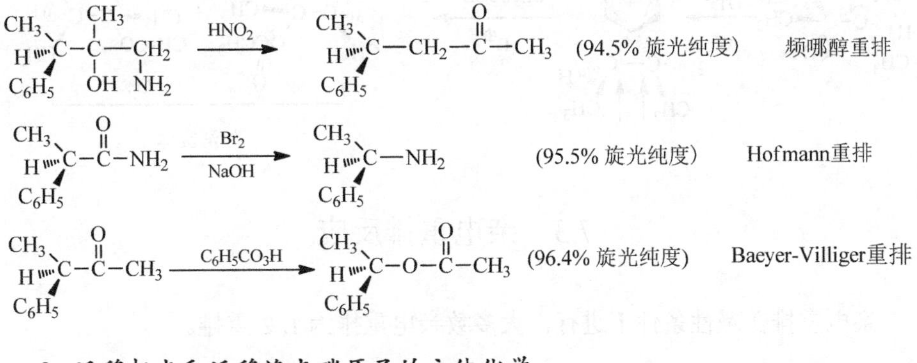

2. 迁移起点和迁移终点碳原子的立体化学

在 1, 2-亲核重排反应中，如果亲核试剂对起点碳原子的背面进攻先于迁移基团的迁移，则起点碳原子的构型翻转；如果迁移基团的迁移先于亲核试剂对起点碳原子的进攻，则常生成外消旋产物。

对于终点碳原子，如果迁移基团的迁移先于离去基团的完全离去，则迁移终点碳原子的构型翻转；如果离去基团的离去先于迁移基团的迁移，则往往得到外消旋产物。

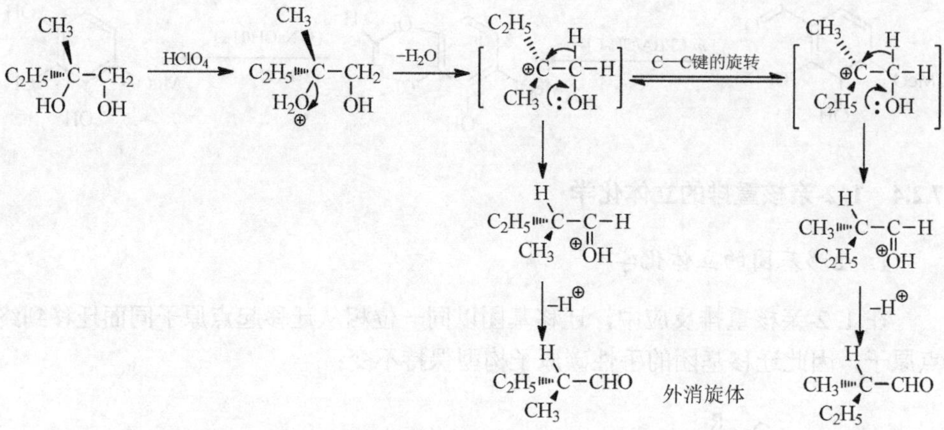

如果离去基团离开后，1,2-迁移的过渡状态（非经典碳正离子）有较大的稳定性，则迁移起点碳原子和终点碳原子都分别有构型保持和构型翻转的可能性。例如：

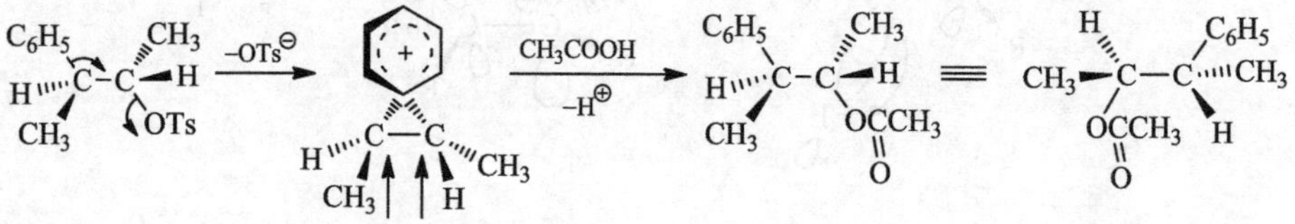

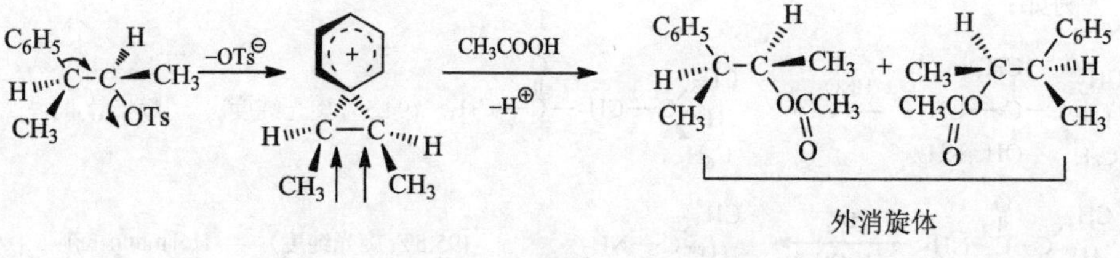

7.3　亲电重排反应

亲电重排在碱性条件下进行，大多数亲电重排为 1,2-重排。

7.3.1　Favorskii 重排

α-卤（Cl，Br）代酮在强碱 NaOH、C_2H_5ONa 或 $NaNH_2$ 的作用下进行重排反应，分别得到羧酸、酯或酰胺。这一反应称为 Favorskii 重排。反应式如下：

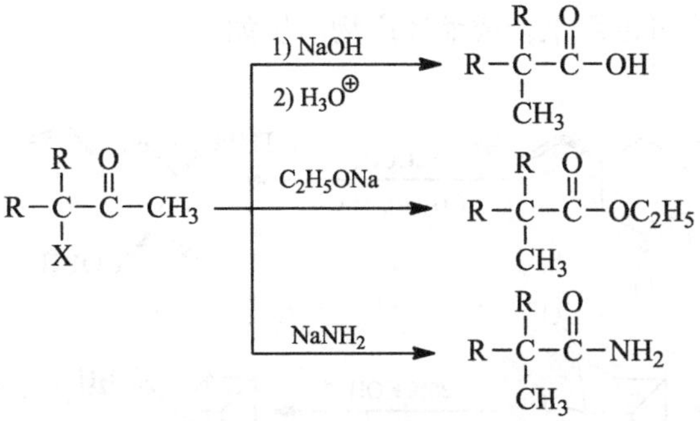

实验已证明 Favorskii 重排的反应机理是通过环丙酮中间体进行的：

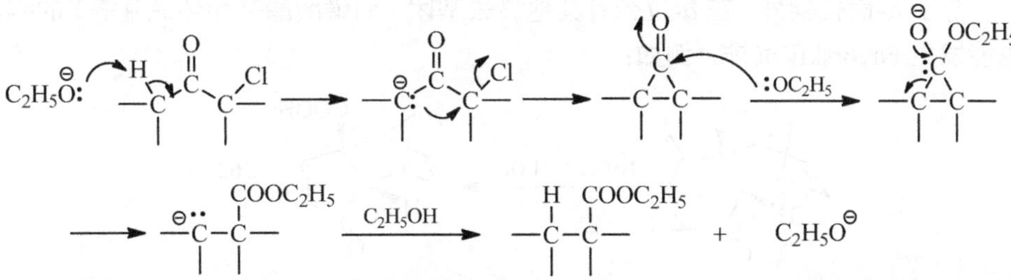

首先强碱夺取羰基的 α-H 生成碳负离子，然后发生分子内的 S_N2 反应生成环丙酮中间体，最后亲核试剂加到环丙酮羰基的碳原子上，同时开环得到重排产物。整个过程可以看作是与羰基和卤素相连的带部分正电荷的烃基向碳负离子迁移的 1, 2-亲电重排。

如果生成不对称的环丙酮中间体，则可以在两种不同开环方向开环得到两种产物。反应的区域选择性主要取决于开环后形成的碳负离子的稳定性。

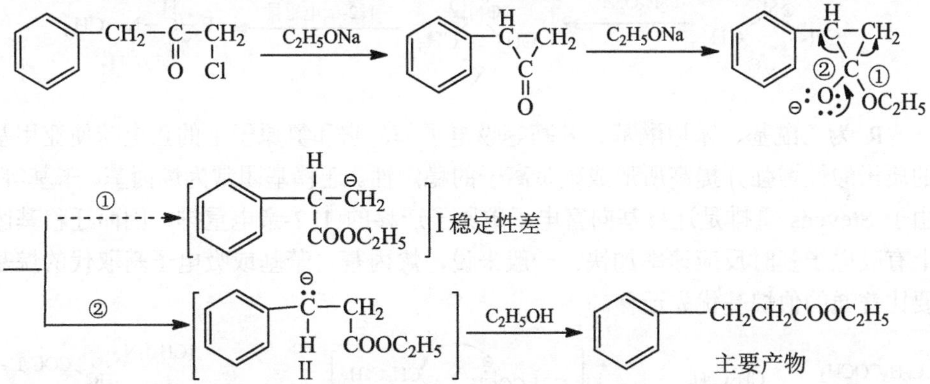

环丙酮中间体开环后可能得到两种碳负离子，在碳负离子 II 中，由于共轭作用，负电荷可以分散到苯环上，因而比碳负离子 I 稳定得多。因此，主要产物是苯丙酸乙酯。

Favorskii 重排可以用来合成缩环产物。例如：

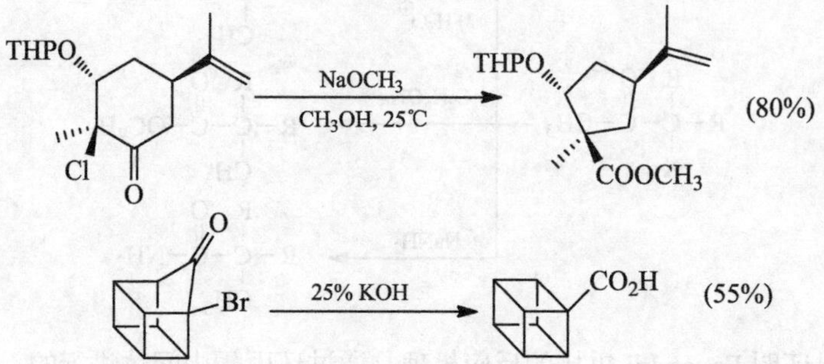

(80%)

(55%)

除了 α-卤代酮外，在 α-位带有其他离去基团（如磺酸酯基和环氧基等）的酮，也能发生 Favorskii 重排。例如：

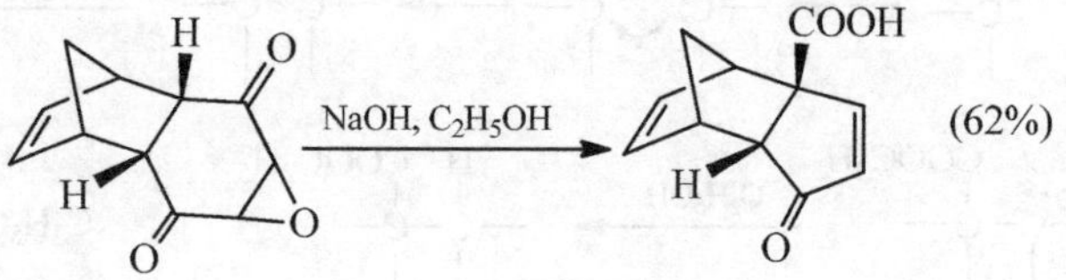

(62%)

7.3.2 Stevens 重排

季铵盐在强碱（如 NaOH、NaNH$_2$ 或 C$_2$H$_5$ONa 等）作用下，在氮的邻位形成碳负离子，然后季铵盐中一个烃基从氮原子上迁移到此碳负离子上的反应称为 Stevens 重排。反应通式如下：

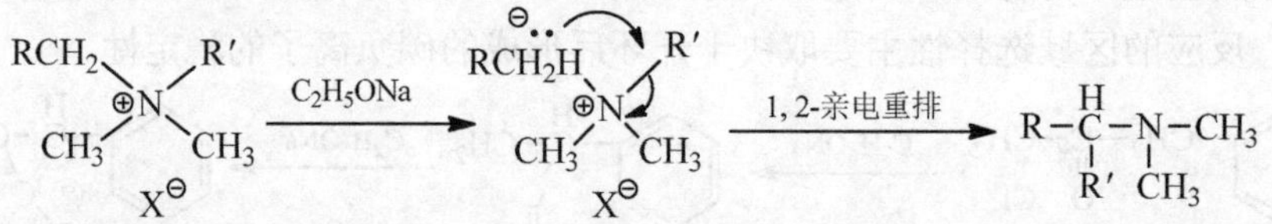

R 为乙酰基、苯甲酰基、苯基等吸电子基，它和氮原子上的正电荷使亚甲基的质子酸性增强并提高所形成碳负离子的稳定性。迁移基团常为烯丙基、苄基等。由于 Stevens 重排是迁移基向富电子碳原子迁移的 1, 2-亲电重排，因而迁移基团上有吸电子基时反应速率加快。一般来说，烯丙基、苄基或吸电子基取代的烷基要比普通的伯烷基优先迁移。

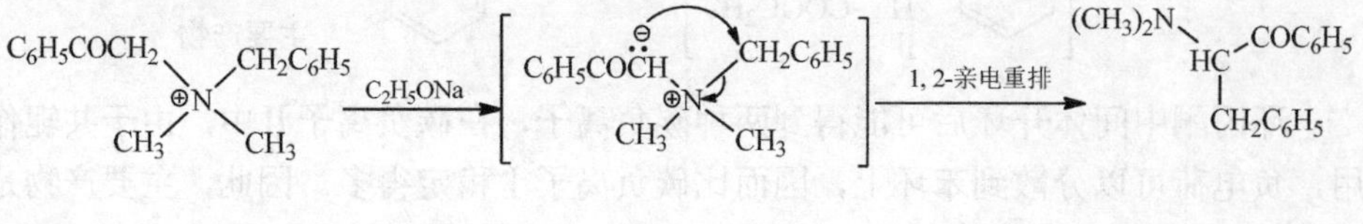

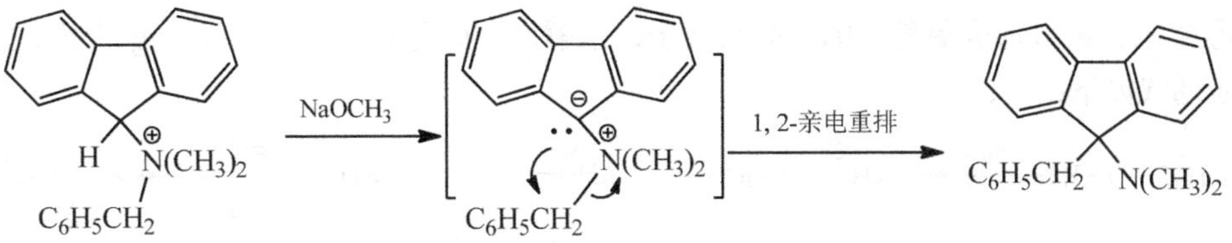

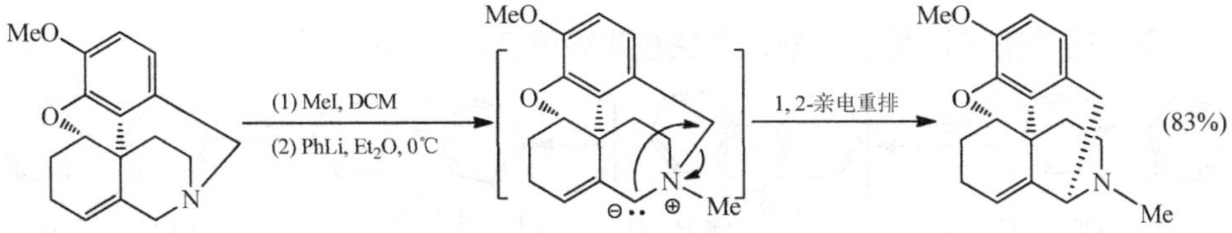

在 Stevens 重排反应中，迁移基团的立体构型保持不变。例如：

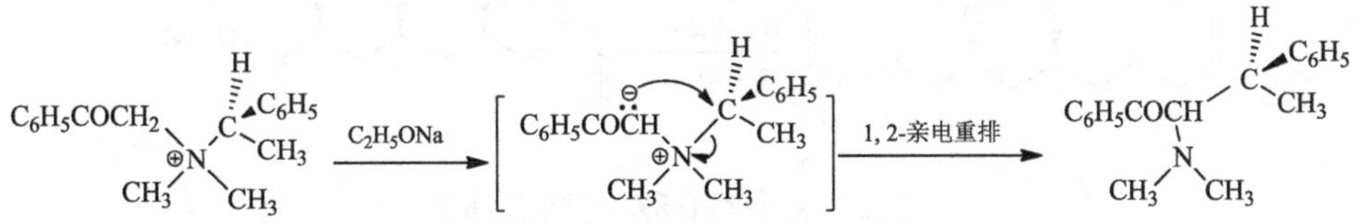

三烃基硫盐在强碱作用下也发生 Stevens 重排反应。例如：

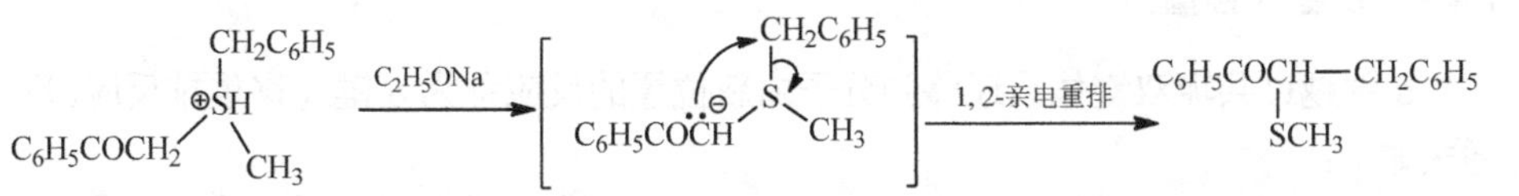

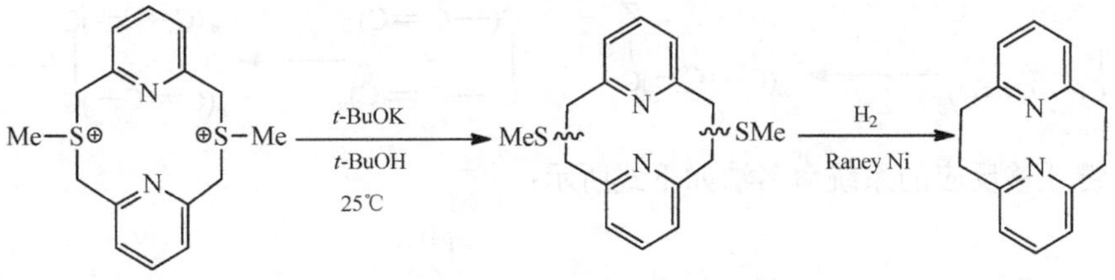

式中，⁓SMe 表示不能确定 S 连接在哪一个碳原子上。

问题 7.3　写出下列重排反应的产物：

(1)

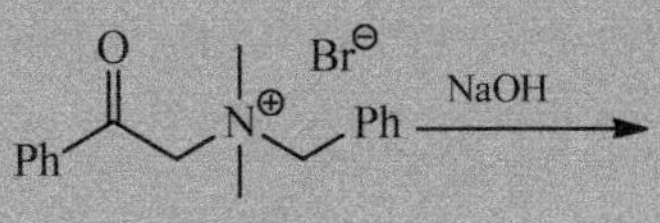

(2)

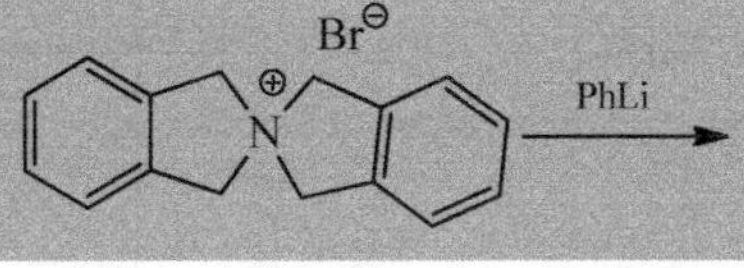

7.3.3　Wittig 重排

醚类化合物在强碱如丁基锂或氨基钠的作用下，在醚键的 α-位形成碳负离子，再经 1, 2-重排形成更稳定的烷氧负离子，水解后生成醇的反应称为 Wittig 重排。反应通式如下：

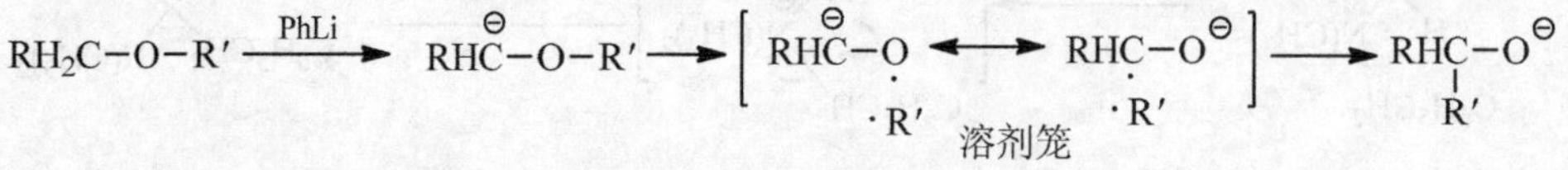

$$RH_2C-O-R' \xrightarrow{PhLi} RH\overset{\ominus}{C}-O-R' \longrightarrow \left[R\overset{\ominus}{H}C-\underset{\cdot R'}{\overset{\cdot}{O}} \longleftrightarrow RHC-\overset{\ominus}{\underset{\cdot R'}{O}} \right]_{溶剂笼} \longrightarrow RHC-\overset{\ominus}{\underset{R'}{O}}$$

重排的基团可以是脂烃基、芳烃基或烯丙基。例如：

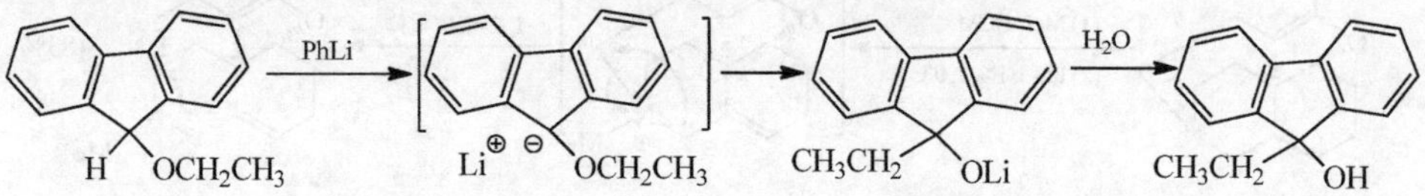

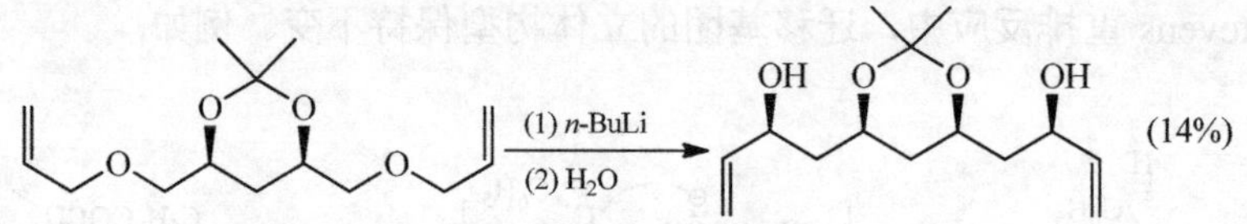

7.4 σ 键迁移重排反应

7.4.1 σ 键迁移重排

σ 键越过共轭双键体系迁移到分子内新位置的反应称为 σ 键迁移重排反应。反应通式如下：

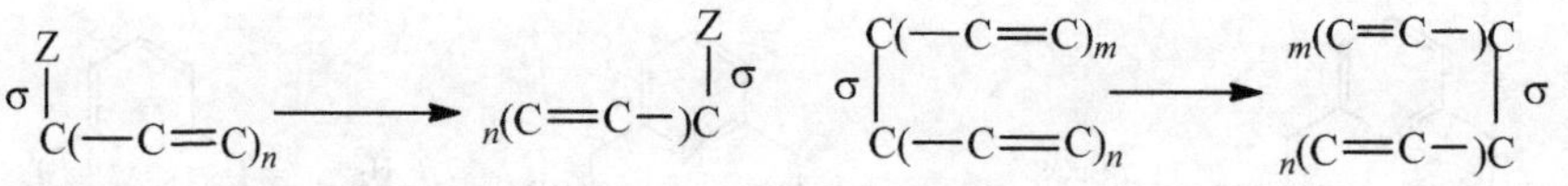

σ 键迁移反应的系统命名法如下式所示：

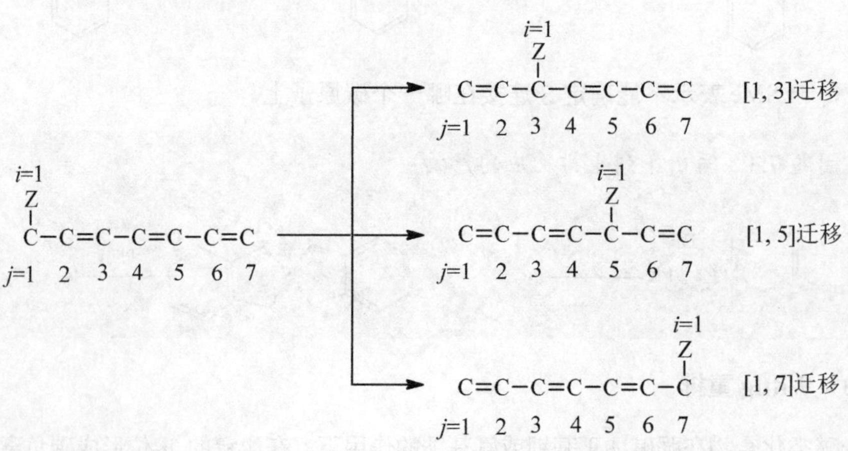

$$
\begin{array}{l}
i=1 \ \ 2 \ \ 3 \ \ 4 \ \ 5 \\
C=C-C-C=C- \\
\quad \quad \ | \\
C=C-C-C=C- \\
j=1 \ \ 2 \ \ 3 \ \ 4 \ \ 5
\end{array}
\qquad [3,3] \text{迁移}
$$

$$
\begin{array}{l}
\qquad i=1 \ \ 2 \ \ 3 \ \ 4 \ \ 5 \\
\qquad C=C-C-C=C- \\
\qquad \qquad \quad | \\
C=C-C-C=C- \\
j=1 \ \ 2 \ \ 3 \ \ 4 \ \ 5
\end{array}
\qquad [3,5] \text{迁移}
$$

左侧作用物:

$$
\begin{array}{l}
i=1 \ \ 2 \ \ 3 \ \ 4 \ \ 5 \\
C-C=C-C=C- \\
| \\
C-C=C-C=C- \\
j=1 \ \ 2 \ \ 3 \ \ 4 \ \ 5
\end{array}
$$

$$
\begin{array}{l}
i=1 \ \ 2 \ \ 3 \ \ 4 \ \ 5 \\
C=C-C=C-C- \\
\qquad \qquad \quad | \\
C=C-C=C-C- \\
j=1 \ \ 2 \ \ 3 \ \ 4 \ \ 5
\end{array}
\qquad [5,5] \text{迁移}
$$

方括号中的数字$[i,j]$表示迁移后 σ 键所连接的两个原子的位置，i、j 的编号分别从作用物中 σ 键所连接的两个原子开始。σ 键重排反应是协同反应，旧的 σ 键的破裂与新的 σ 键的形成和 π 键的移动是协同进行的。例如：

乙烯基环丙烷在高温时也可通过[1, 3]-烷基 σ 重排（vinylcyclopropane rearrangement）生成环戊烯衍生物：

　　乙烯基环丙烷由 α-重氮酮和共轭二烯在金属催化剂作用下制备，可以应用于复杂分子的合成。例如：

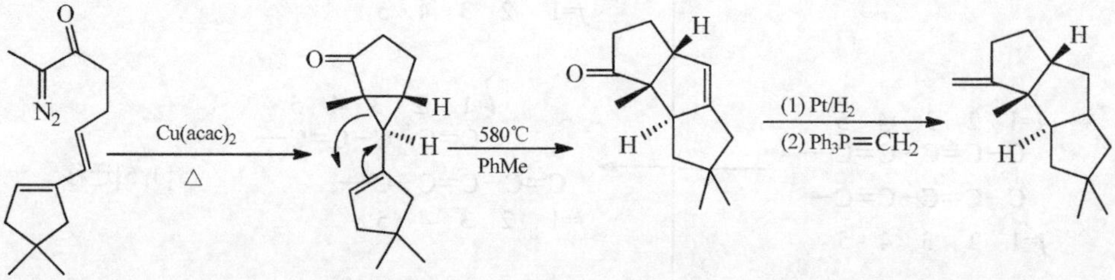

　　问题 7.4　说明下列反应的转变过程：

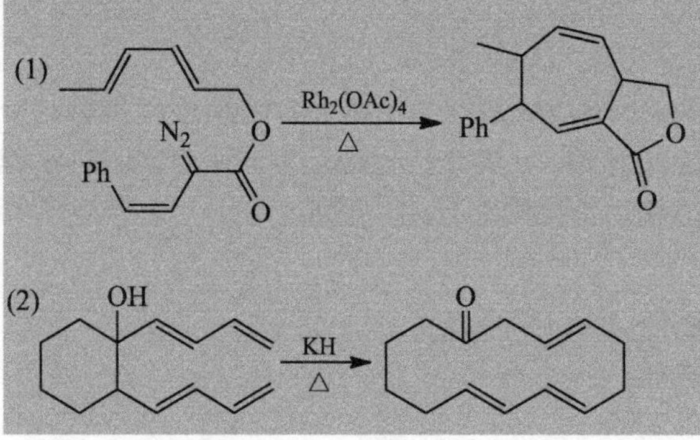

(1)

(2)

7.4.2　Cope 重排

　　双烯丙基衍生物加热发生[3, 3]σ 键迁移重排，得到新的双烯丙基衍生物，这一反应称为 Cope 重排反应。

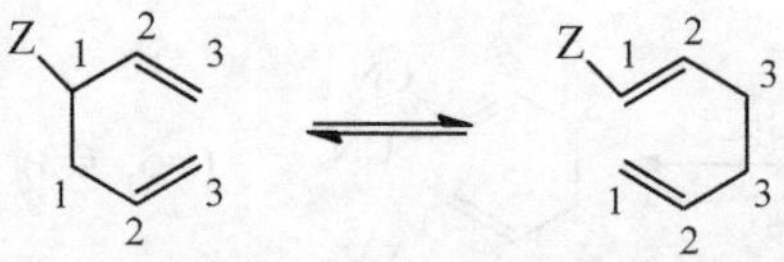

　　Cope 重排是可逆的，反应前的单、双键数目和反应后的单、双键数目是相同的，因而反应平衡由产物和反应物的相对热力学稳定性控制。产物的热力学稳定性越高，越有利于正向反应进行。

　　（1）产物分子的烯键碳原子上烃基多于反应物分子，因而产物比反应物稳定。例如：

(95%)

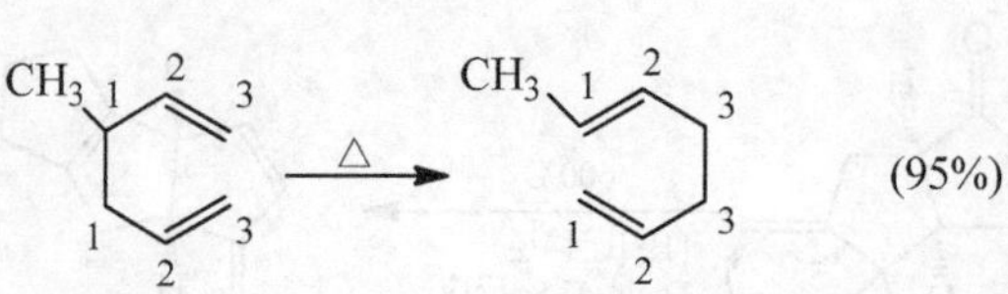

　　（2）产物分子中烯键和苯环共轭，产物比反应物稳定。例如：

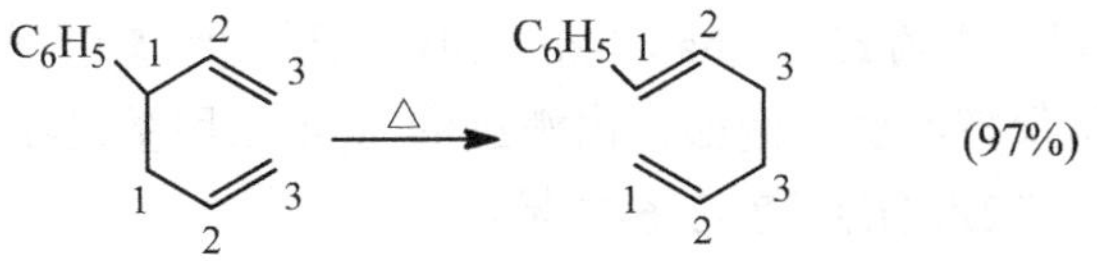

（97%）

（3）产物分子中烯键和酯基共轭，同时烯键上烃基数目多于反应物，产物比反应物稳定。例如：

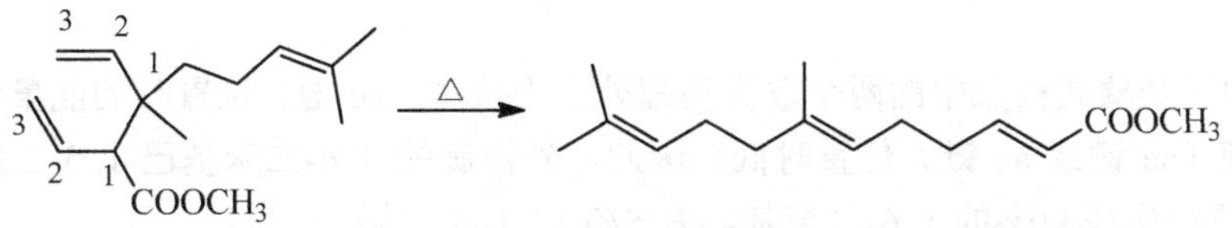

（4）重排后解除小环张力，生成的产物稳定性高于反应物。例如：

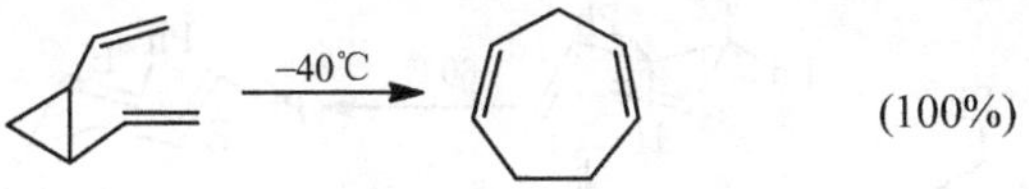

（100%）

（5）oxy-Cope 重排：α-或 α′-位有羟基的二烯重排后生成的烯醇异构化为醛或酮，反应不可逆。例如：

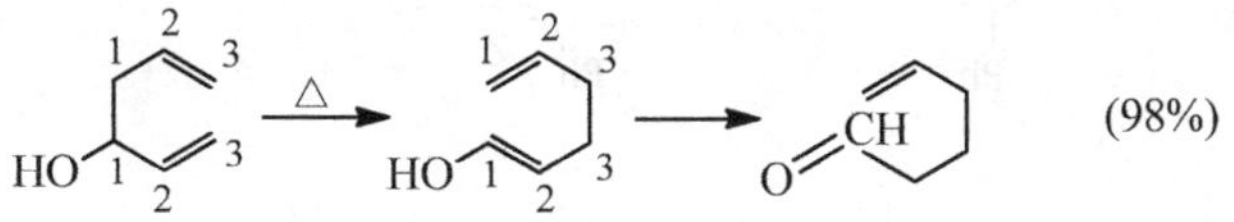

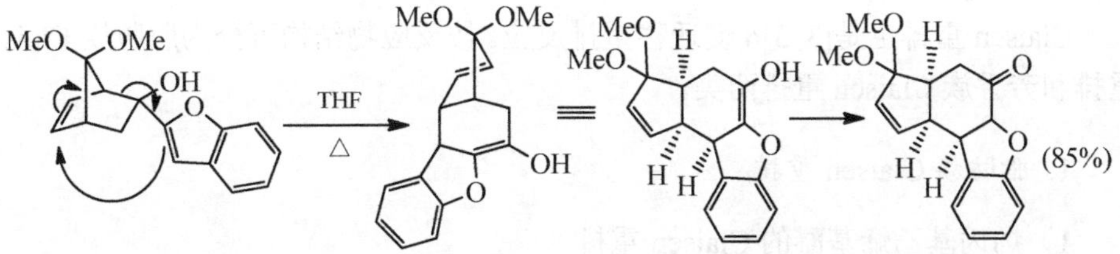

（98%）

（85%）

强碱可提高 oxy-Cope 重排反应的速率。强碱转变醇羟基为烃氧基负离子，发生 oxy-Cope 重排反应后直接形成烯醇负离子，水解得到羰基化合物。例如：

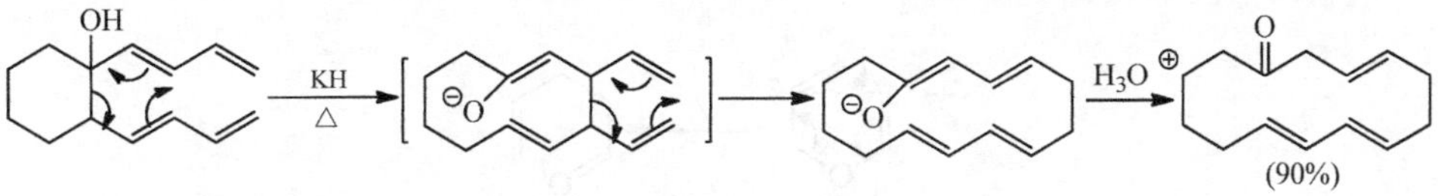

（90%）

（6）多烯烃重排后生成高度稳定的芳环衍生物，反应不可逆。例如

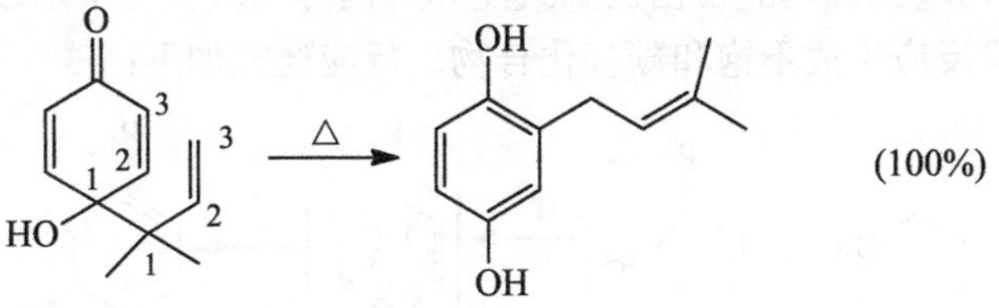

（100%）

　　Cope 重排通过"类椅式"（chair-like）的环状过渡状态进行的，σ 键的断裂和形成时两端的构型保持不变。例如，内消旋的 3, 4-二甲基己-1, 5-二烯发生 Cope 重排几乎全部生成（2Z, 6E）-辛-2, 6-二烯：

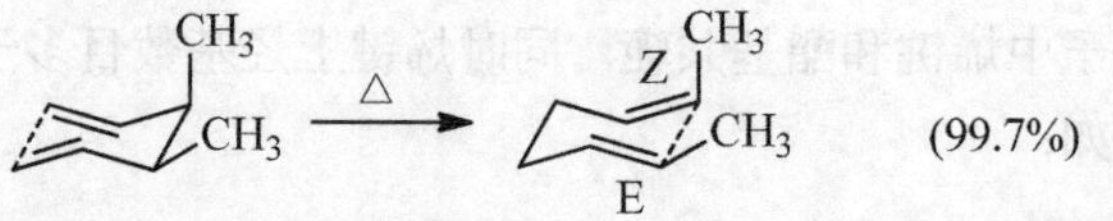

（99.7%）

　　由于类椅式构象中的两个取代基都处于平伏键（ee 键）位置时的能量比处于直立键（aa 键或 ae 键）位置时低。因此，外消旋的 3, 4-二苯基己-1, 5-二烯发生 Cope 重排生成 90% 的 1, 6-二苯基-(1E, 5E)-己-1, 5-二烯。

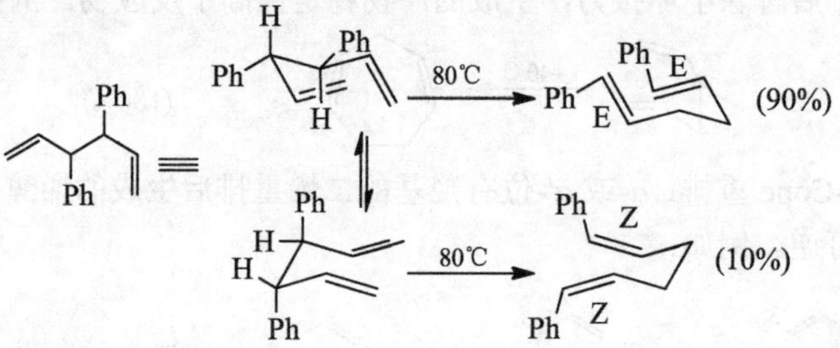

7.4.3　Claisen 重排

　　Claisen 重排也是[3, 3]σ 键迁移重排反应。按反应物结构可分为脂肪族 Claisen 重排和芳香族 Claisen 重排两类。

1. 脂肪族 Claisen 重排

　　1）烯丙基乙烯基醚的 Claisen 重排

　　烯丙基乙烯基醚衍生物在加热时发生 Claisen 重排反应生成含烯键的醛、酮、羧酸等。反应通式如下：

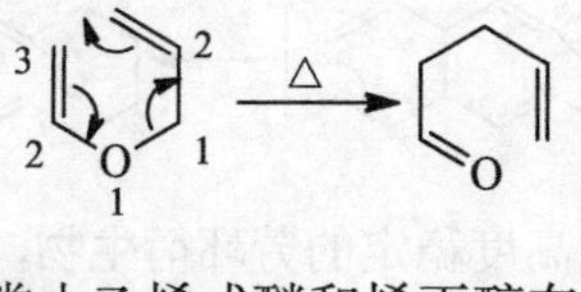

　　脂肪族烯丙基乙烯基醚常由乙烯式醚和烯丙醇在酸催化下形成，后者立即发生 Claisen 重排反应生成不饱和羰基化合物。反应通式如下：

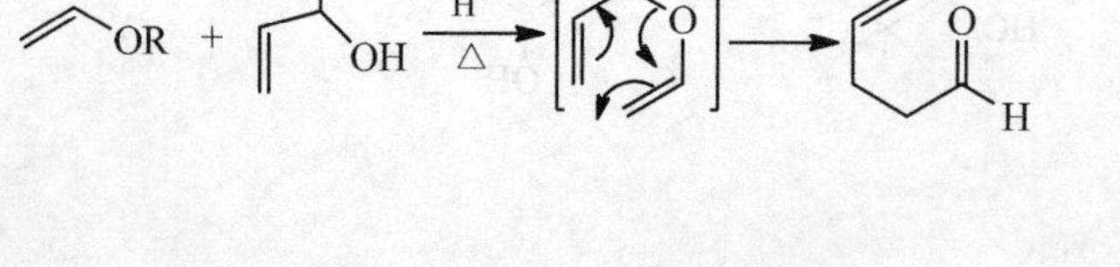

例如：

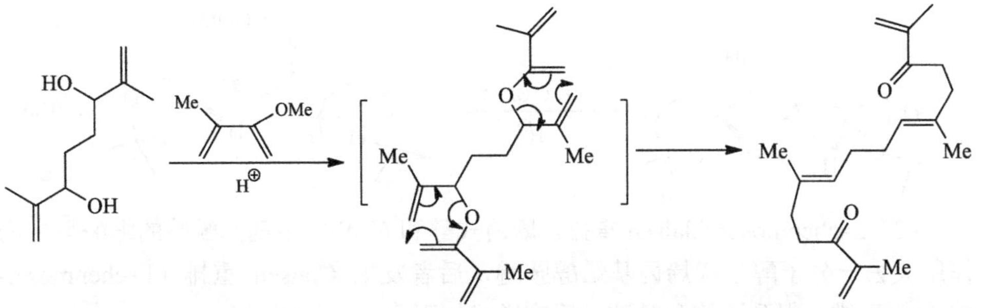

烯丙基乙烯基醚的硫或氮的类似物也可以发生 Claisen 重排反应：硫杂(Thio)-Claisen 重排反应和氮杂(Aza)-Claisen 重排反应。

Thio-Claisen 重排：

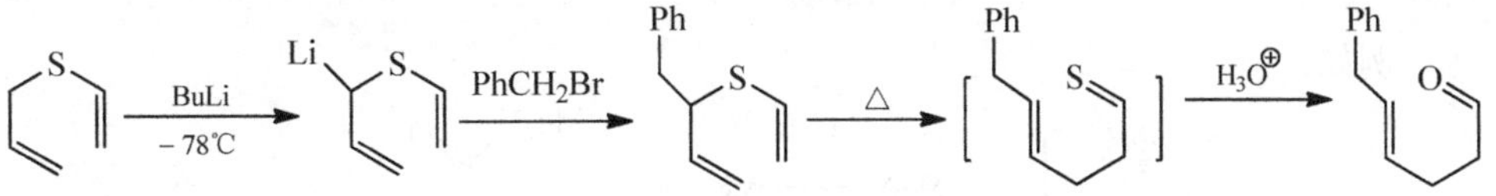

Aza-Claisen 重排：

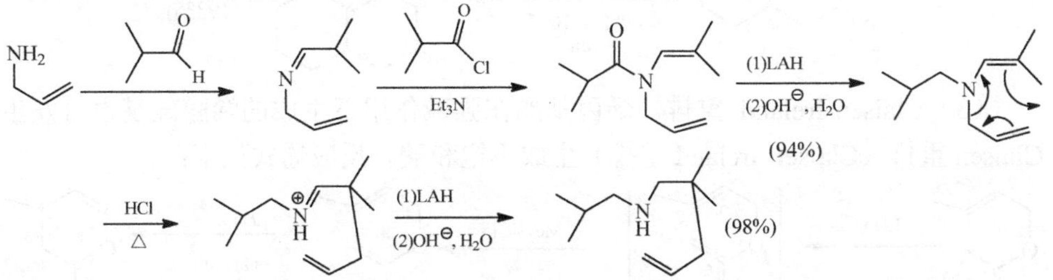

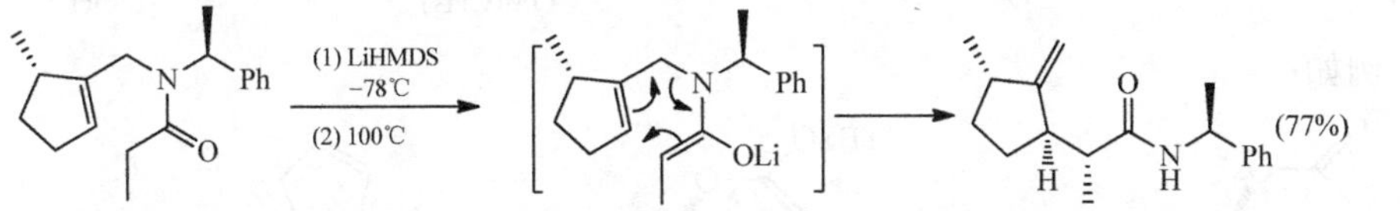

2）烯丙基烯醇醚的 Claisen 重排

烯丙式醇与合适试剂反应可以生成烯丙基烯醇醚（烯丙基烯醇酯醚、烯丙基烯醇胺醚、烯醇硅醚等），各种烯丙基烯醇醚都可以发生相应的 Claisen 重排反应。

（1）Johnson-Claisen 重排。烯丙式醇和原酸酯作用后失去一分子乙醇生成烯丙基烯醇酯醚，后者发生 Claisen 重排（Johnson-Claisen 重排）得到不饱和酯。反应通式如下：

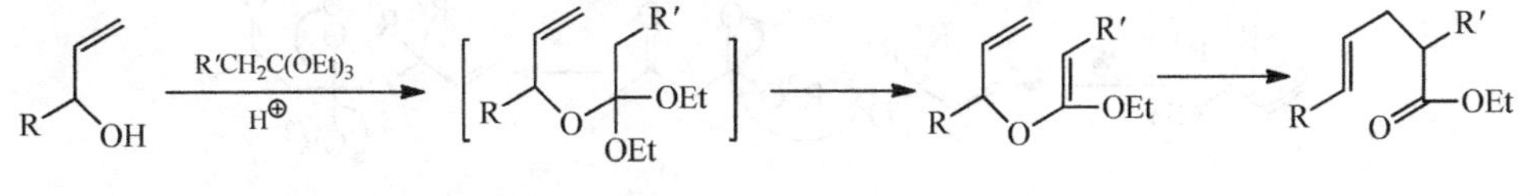

例如：

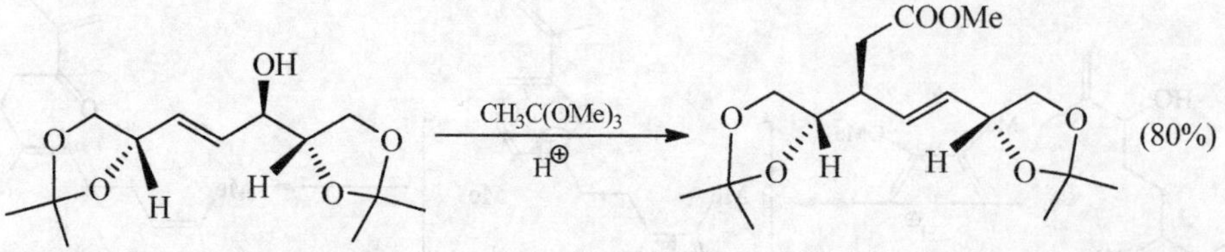

（2）Eschenmoser-Claisen 重排。烯丙式醇和 *N, N*-二甲基乙酰胺的缩醛衍生物作用失去一分子醇生成烯丙基烯醇胺醚，后者发生 Claisen 重排（Eschenmoser-Claisen 重排）得到不饱和酰胺。反应通式如下：

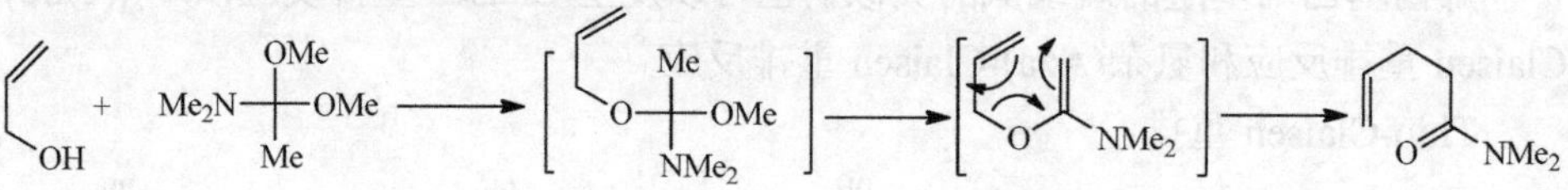

例如：

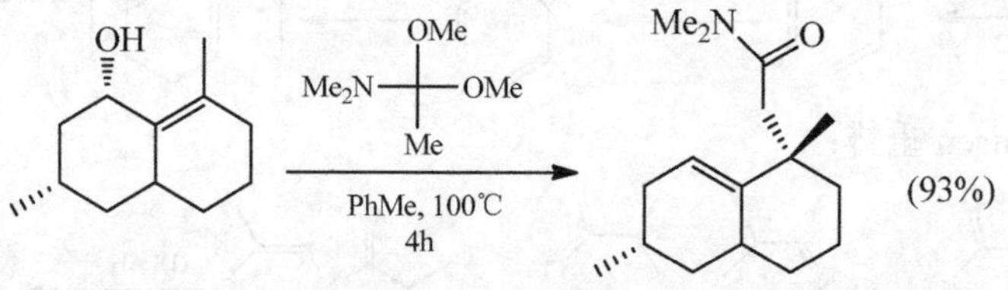

（3）Claisen-Ireland 重排。烯丙基酯在强碱作用下生成的烯醇硅醚也可发生 Claisen 重排（Claisen-Ireland 重排）生成不饱和酸。反应通式如下：

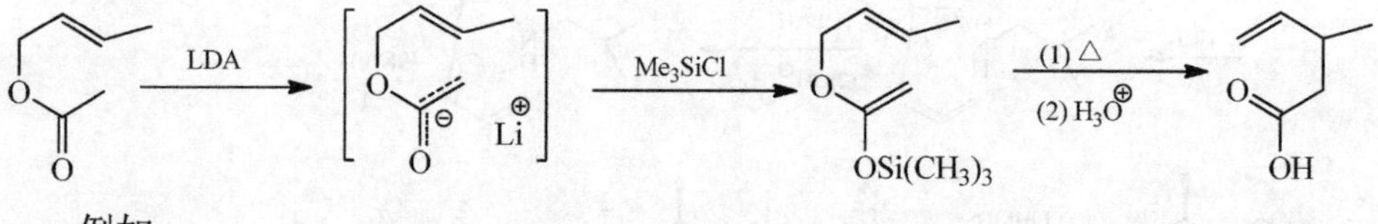

例如：

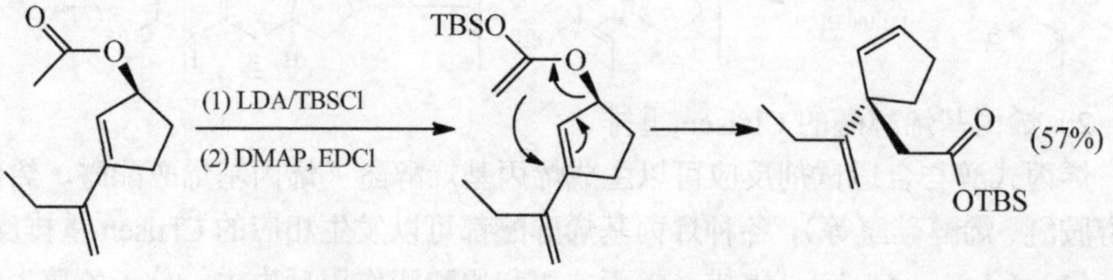

（4）Carrol-Claisen 重排。β-酮酸酯一般有较高烯醇含量，其烯丙基醚发生重排（Carrol-Claisen 重排）时同时脱羧，使 β-酮酸酯转变为 γ-酮烯。反应式如下：

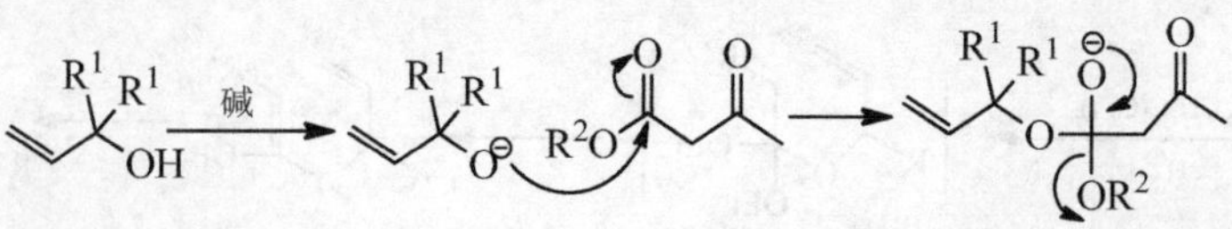

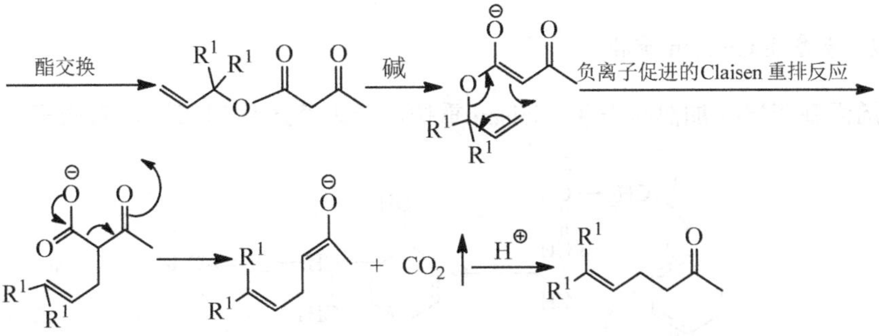

例如：

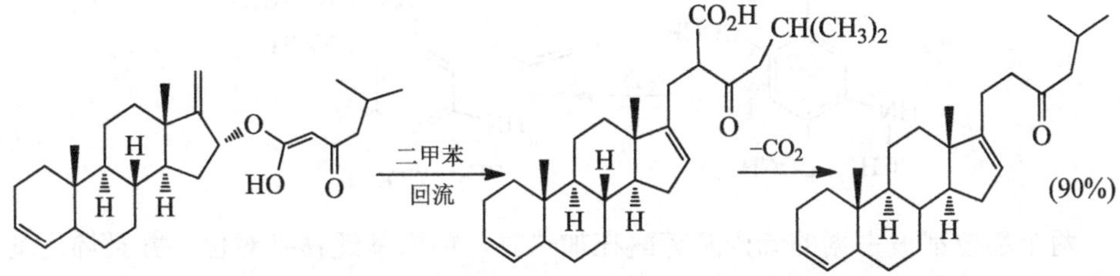

Claisen 重排反应与 Cope 重排类似，也是经过椅式过渡状态进行同面迁移，因而产物的立体选择性很高。例如，（E,E）-丙烯基巴豆基醚经 Claisen 重排主要得到（$2R,3S$）-2,3-二甲基戊-4-烯醛：

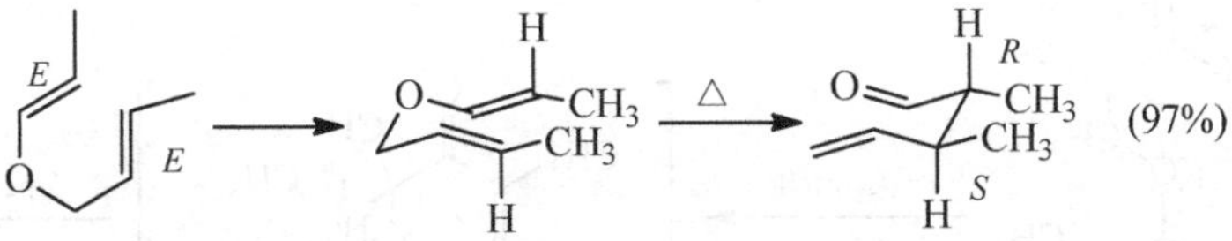

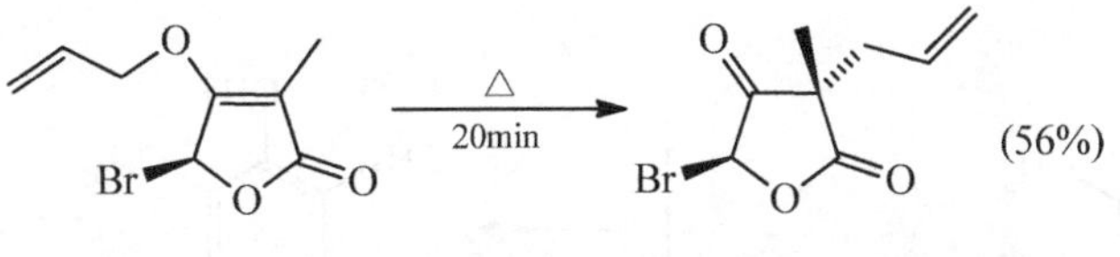

路易斯酸催化 Claisen 重排常提高反应产率和立体选择性。例如：

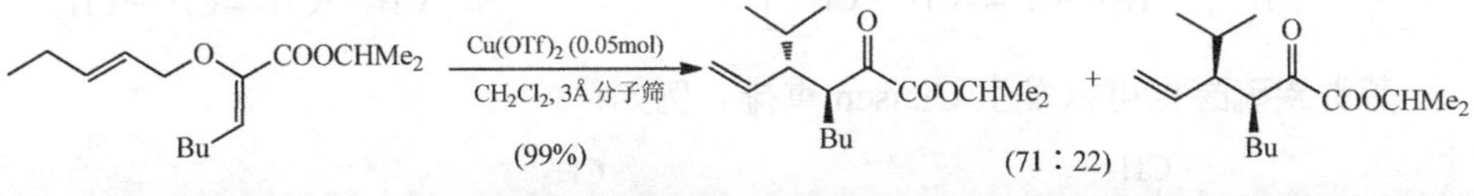

问题 7.5　下列化合物由 Claisen 重排反应得到，试写出相应的原料：

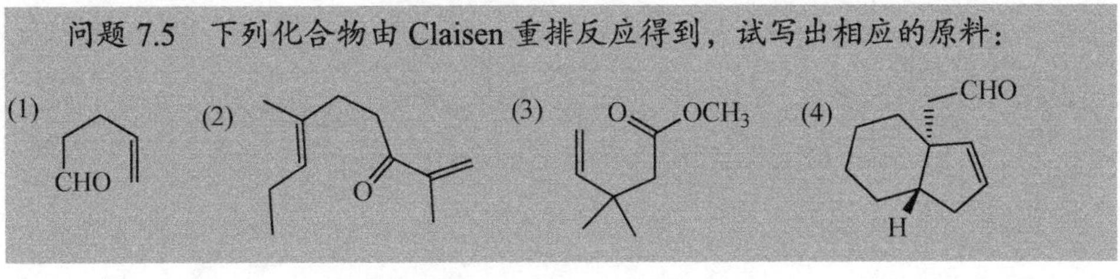

2. 芳香族 Claisen 重排

烯丙基芳醚在加热时发生 Claisen 重排，烯丙基迁移到邻位 α-碳原子上：

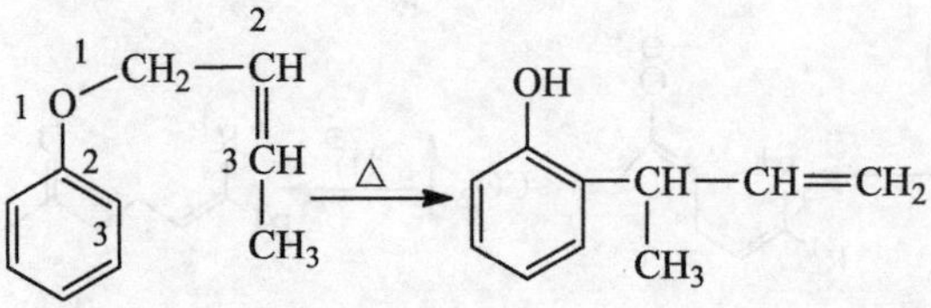

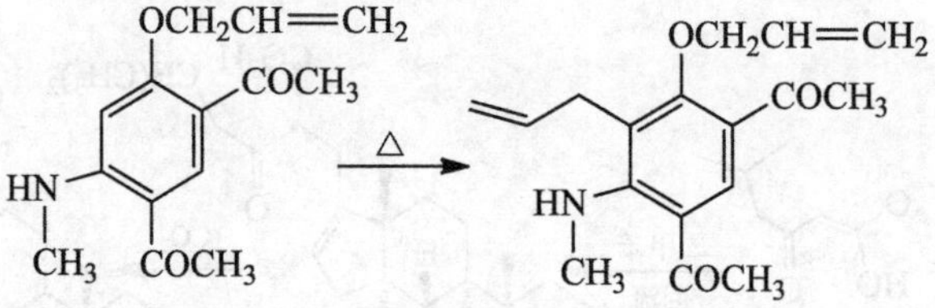

两个邻位都被占据的烯丙基芳醚在加热时，烯丙基迁移到对位，并且烯丙基以碳原子与酚羟基的对位相连。经同位素标记法研究证明，此反应实际上经过两次重排，先发生 Claisen 重排，使烯丙基迁移到邻位，形成环状的双烯酮，再经 Cope 重排使烯丙基迁移到对位，烯醇化后生成对取代酚。反应式如下：

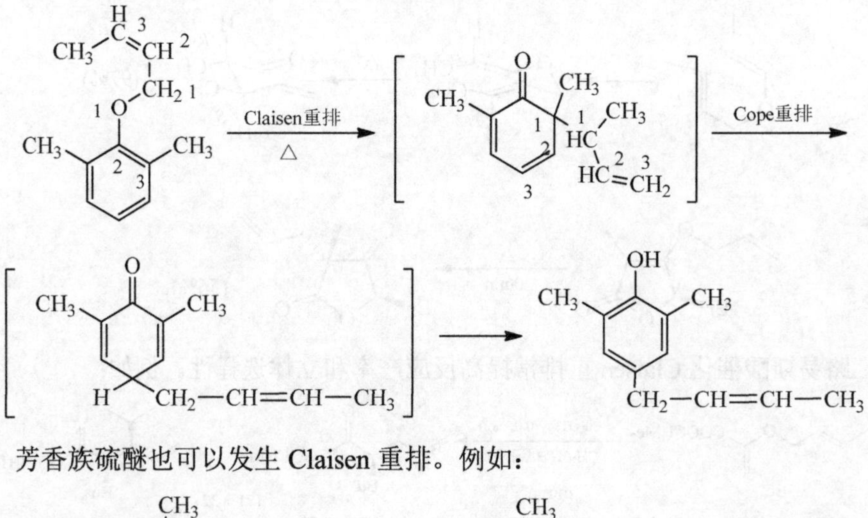

芳香族硫醚也可以发生 Claisen 重排。例如：

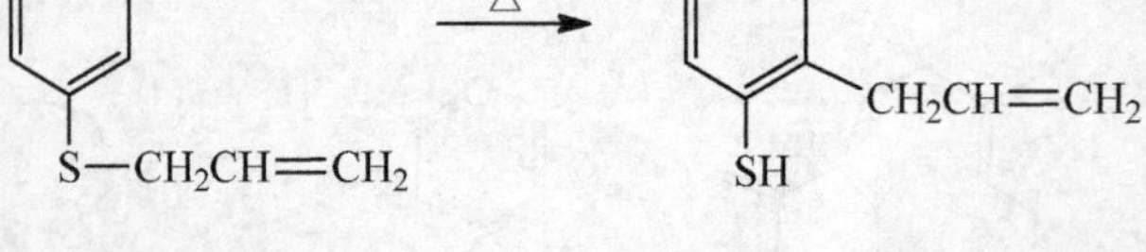

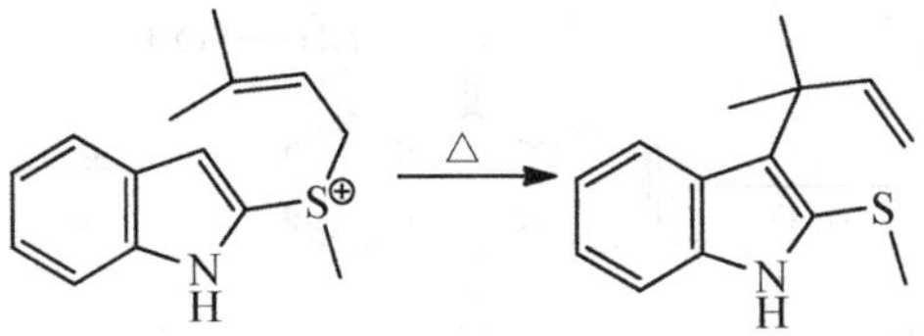

Claisen 重排也常和分子内 Diels-Alder 反应串联发生，从而高效构建分子骨架结构。例如：

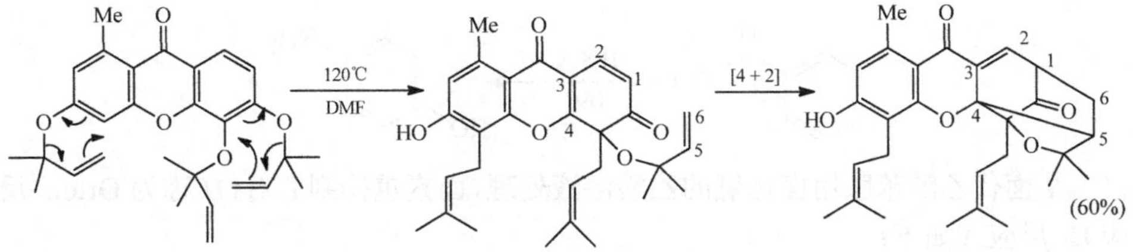

7.5 芳环上的重排反应

芳香族化合物的环上能发生多种重排反应，其通式可表示为

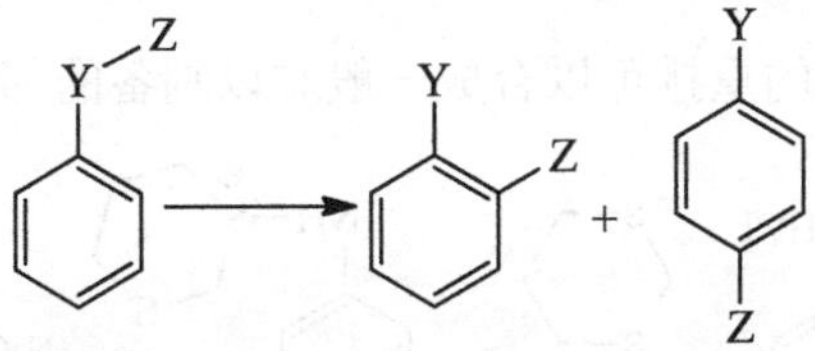

式中，Y 常为氮原子，其次为氧原子；Z 为羟基、卤素、亚硝基、硝基、磺基、烃基等。

7.5.1 从氮原子到芳环的重排

1. N-取代苯胺的重排

N-硝基或亚硝基芳胺在酸性条件下加热，硝基或亚硝基迁移到邻对位。例如：

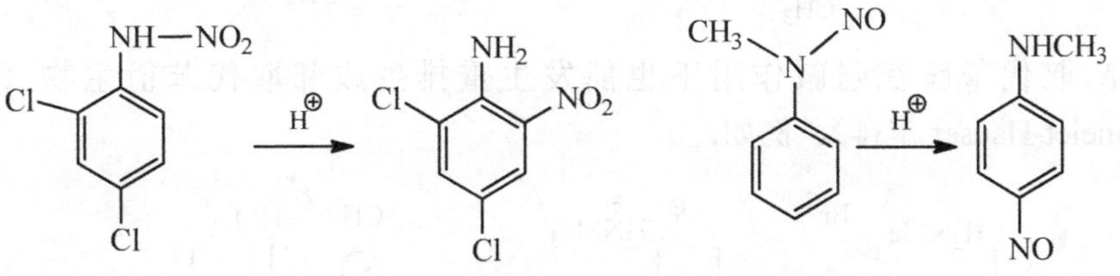

N-磺基芳胺在加热时，磺基重排到邻对位。邻对位产物异构体的比例取决于重排时的温度。例如：

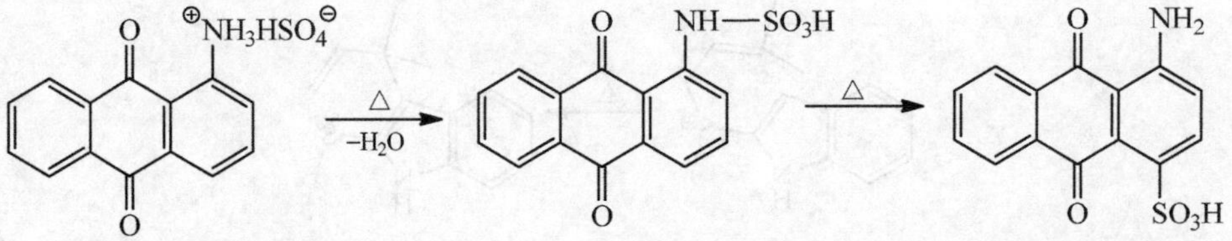

N-羟基苯胺在酸性条件下重排为对氨基苯酚（称为 Bamberger 反应）。反应式如下：

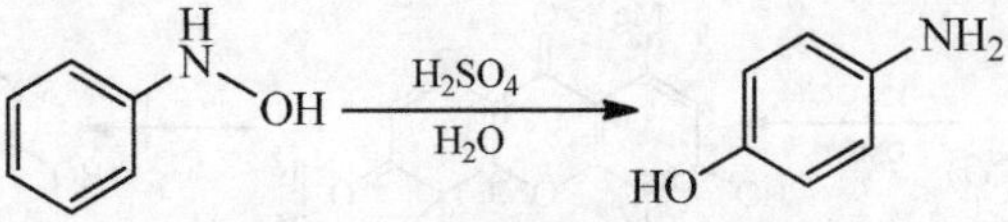

N-卤代乙酰苯胺用卤化氢的乙酸溶液处理，卤素重排到邻对位（称为 Orton 反应）。反应式如下：

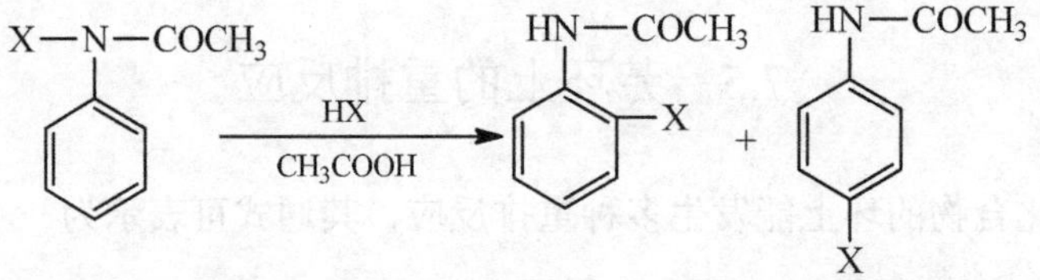

N-取代二噻烷芳胺的重排可以合成一般难以制备的邻氨基苯甲醛。例如：

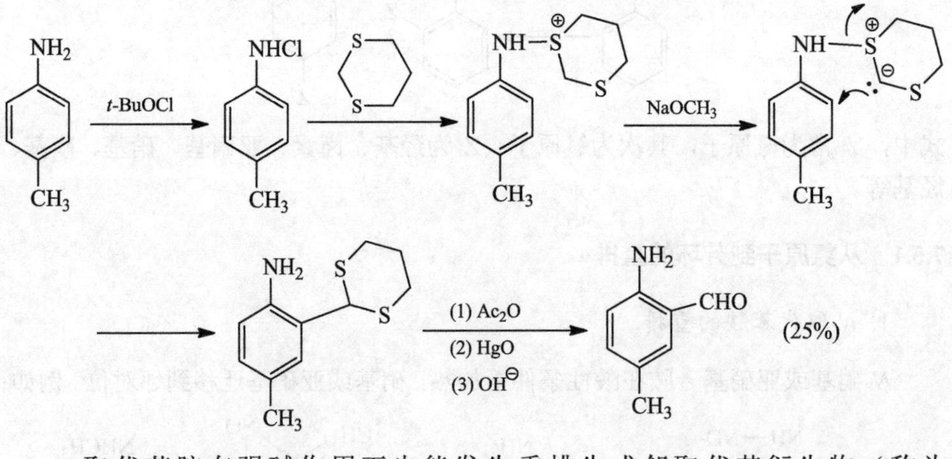

N-取代苄胺在强碱作用下也能发生重排生成邻取代苯衍生物（称为 Sommelet-Hauser 重排）。例如：

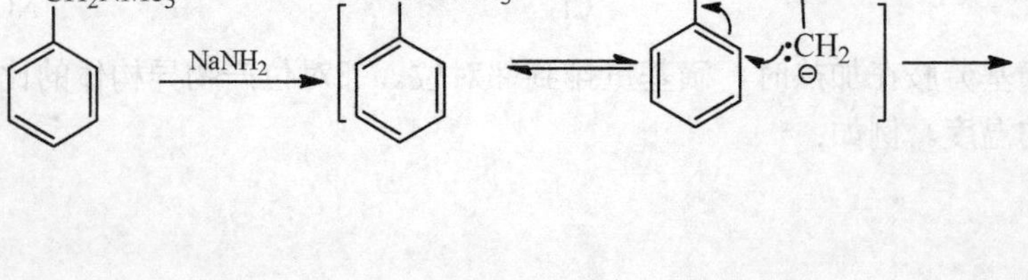

$$\left[\begin{array}{c} \text{CH}_2 \\ \text{CH}_2\text{NMe}_2 \\ \text{H} \end{array} \right] \longrightarrow \begin{array}{c} \text{CH}_3 \\ \text{CH}_2\text{NMe}_2 \end{array} \qquad (75\%)$$

2. 联苯胺重排

氢化偶氮苯在强酸作用下重排成联苯胺。反应式如下:

$$\text{Ph—NHNH—Ph} \xrightarrow{\text{H}^{\oplus}} \text{H}_2\text{N—} \boxed{} \text{—} \boxed{} \text{—NH}_2$$

将等摩尔的氢化偶氮苯和 2,2′-二甲基氢化偶氮苯的混合物在强酸存在下发生联苯胺重排反应,产物中没有交叉的偶联产物。这说明重排是分子内反应。即 N—N 键完全破裂之前,两个芳环已开始连接。联苯胺重排可用于对称性联苯衍生物的制备。反应式如下:

$$\xrightarrow{\text{H}^{\oplus}}$$

联苯胺重排的机理可能是:氢化偶氮苯每个氮原子接受一个质子形成双正离子,由于两个相邻正电荷的互相排斥,N—N 键变弱变长,同时由于共轭效应,一个苯环的对位呈正电性,而另一个苯环的对位呈负电性,静电吸引力使它们逐渐靠近并形成 C—C 键,与此同时,N—N 键完全破裂。

$$\text{Ph—NHNH—Ph} \xrightarrow{2\text{H}^{\oplus}} \cdots \xrightarrow{-2\text{H}^{\oplus}} \text{H}_2\text{N—} \boxed{} \text{—} \boxed{} \text{—NH}_2$$

欧拉(G. A. Olah)于 1972 年用 FSO₃H—SO₂ 处理二苯肼,获得了稳定的 4,4′-偶联的双氮正离子,证实联苯胺重排是分子内反应。欧拉由于在碳正离子研究方面的重要贡献获得 1994 年诺贝尔化学奖。反应中生成少量 2,4′-二氨基联苯,可能是按下式生成的:

$$\text{Ph—NHNH—Ph} \xrightarrow{2\text{H}^{\oplus}} \cdots \xrightarrow{-2\text{H}^{\oplus}} \cdots$$

7.5.2　从氧原子到芳环的重排

酚类的酯在路易斯酸（如 AlCl₃、ZnCl₂、FeCl₃ 等）存在下重排生成酚酮，这一反应称为 Fries 重排。Fries 重排的产物是邻或对位酚。其反应机理是通过一个离子中间体，但是是分子间反应还是分子内反应仍不清楚。反应机理如下：

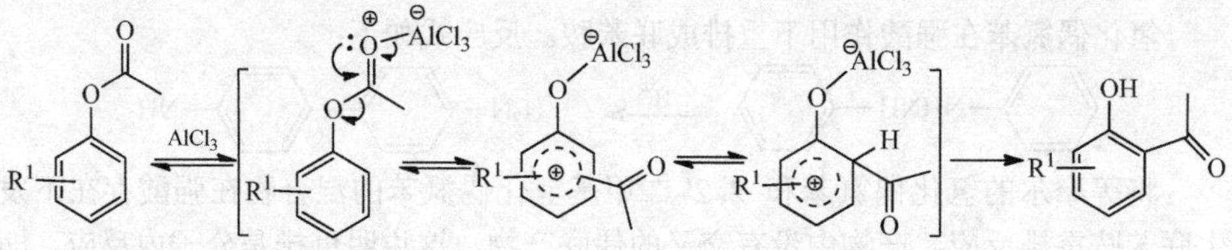

例如：

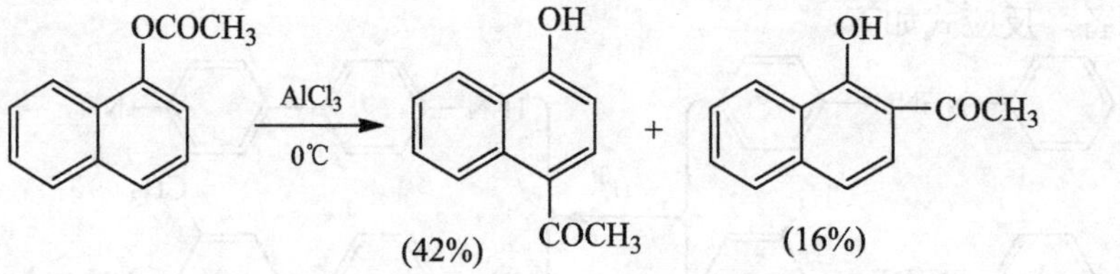

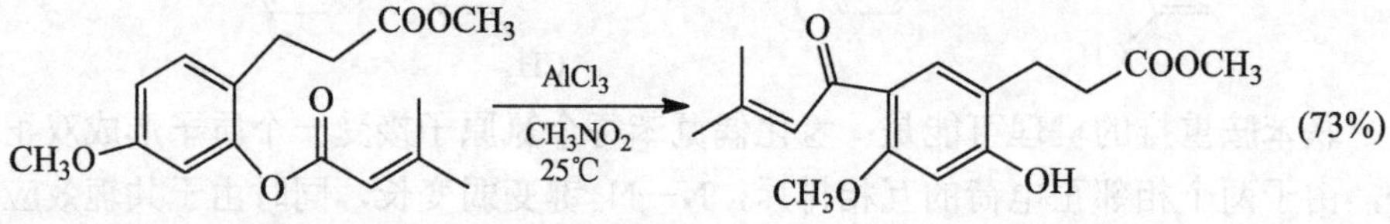

$$(42\%) \qquad (16\%)$$

$$(73\%)$$

7.5.3　Smiles 重排

Smiles 重排的通式如下：

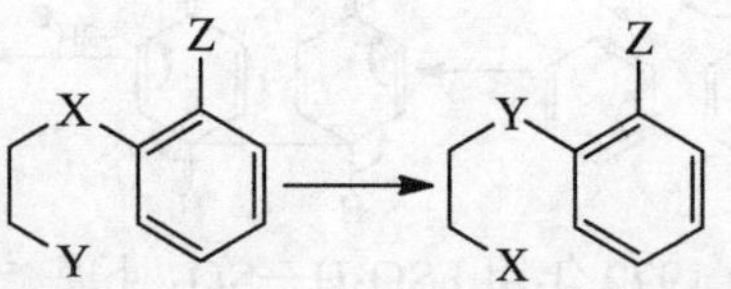

式中，X 为 O、COO、S、SO、SO₂ 等；Y 为 OH、SH、NH₂、NHR 等的共轭碱；Z 为吸电子基，在重排基团的邻位或对位。Smiles 重排是分子内的亲核取代反应。例如：

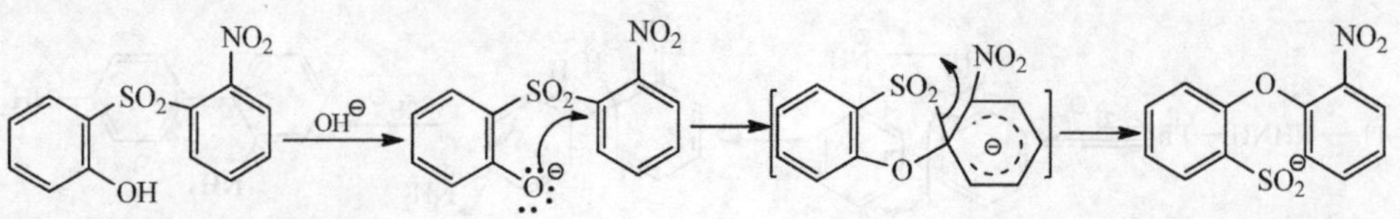

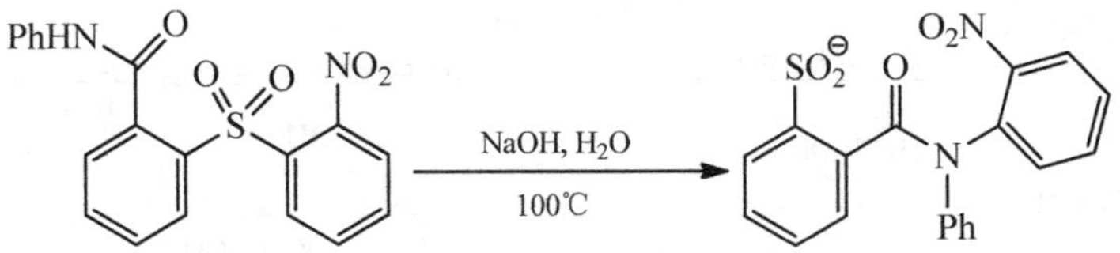

当使用强碱如氢化钠、丁基锂等，芳环上即使没有吸电子基时也发生 Smiles 重排反应。例如：

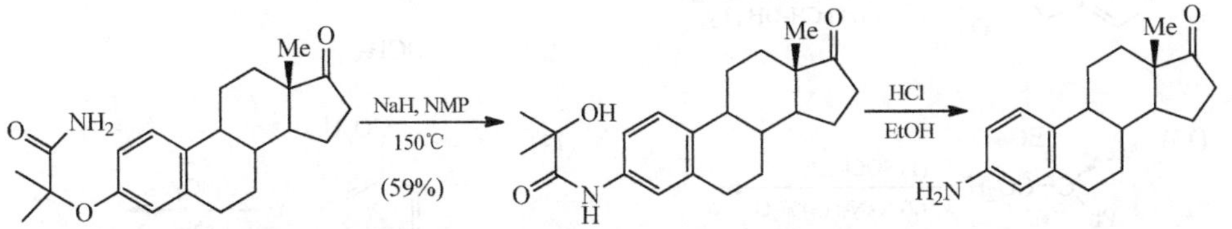

利用商品化的手性联萘酚的 Smiles 反应可以高效直接合成手性联萘胺类化合物：

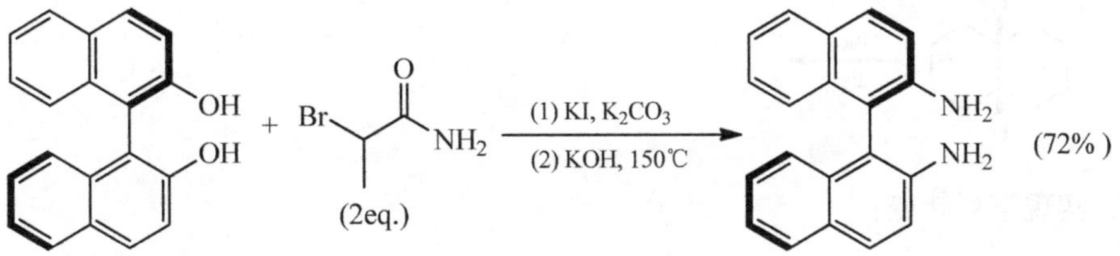

习　题

一、写出下列反应的产物：

(1)

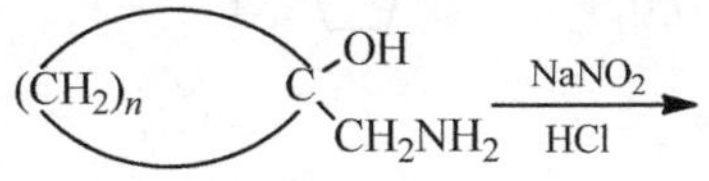

(2)

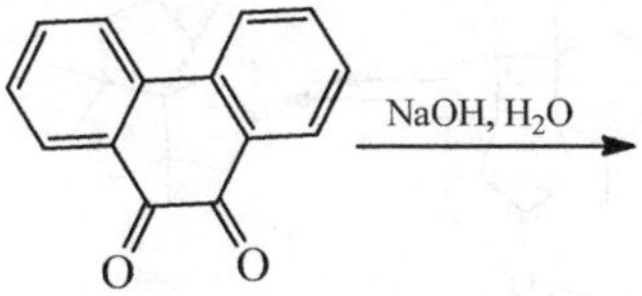

(3)

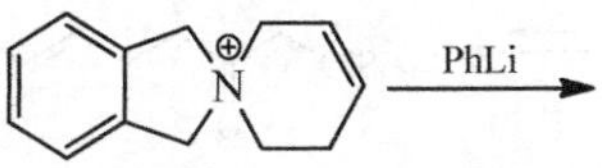

(4)

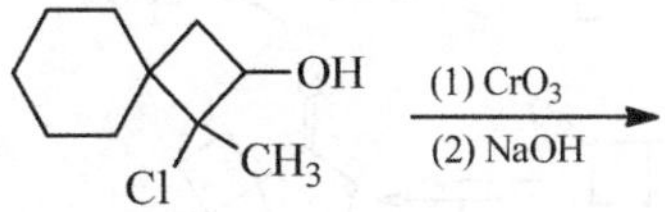

(5)

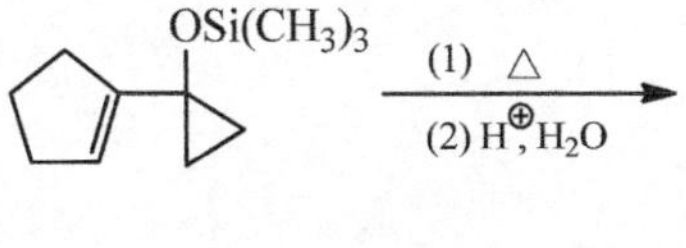

(6)

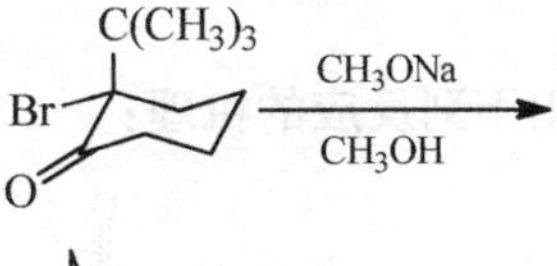

(7)

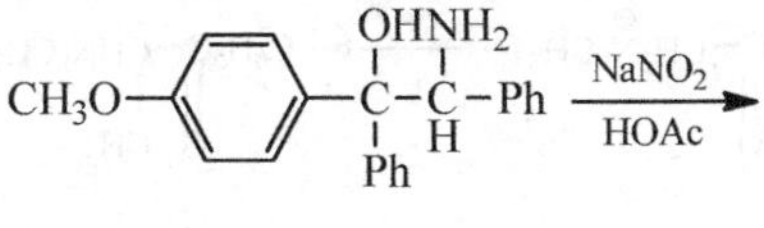

(8)

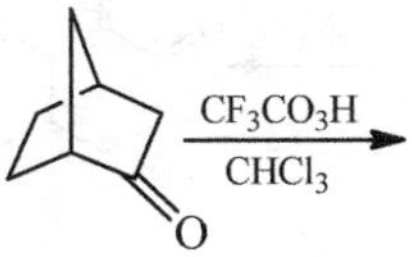

(9)

$$\xrightarrow[\begin{array}{l}(2)\ \triangle\\ (3)\ CH_3OH\end{array}]{(1)\ SOCl_2,\ NaN_3}$$

(10)

$$(C_6H_5)_2C-C\equiv CH \xrightarrow[H_2O]{H_2SO_4}$$
$$\quad\quad\ \ |$$
$$\quad\quad OH$$

(11)

$$\xrightarrow[\begin{array}{l}(2)\ 180\ ℃\\ (3)\ PhCH_2OH,\ Py\end{array}]{(1)\ CH_2N_2}$$

(12)

$$\xrightarrow[\begin{array}{l}(2)\ CH_2N_2\\ (3)\ AgNO_3,\ H_2O\end{array}]{(1)\ (ClCO)_2}$$

(13)

$$\xrightarrow[(2)\ NaN_3;\ (3)\ H_2O]{(1)\ SOCl_2,\ Py}$$

(14)

$$\xrightarrow[NaN_3]{H_2SO_4}$$

(15)

$$\xrightarrow[Py]{TsCl}$$

二、实现下列转变：

(1)

(2)

(3)

(4)

(5)

(6)

(7)

三、写出下列反应的机理：

(1)

$$\xrightarrow{BF_3}$$

(2)

$$C_6H_5C-CH_2N(CH_3)_3^{\oplus} \xrightarrow{OH^{\ominus}} C_6H_5C-CHN(CH_3)_2$$
$$\quad\ \ \|\quad\quad\quad\quad\quad\quad\quad\quad\quad\ \ \|\quad\ |$$
$$\quad\ \ O\quad\quad\quad\quad\quad\quad\quad\quad\quad\ \ O\ \ CH_3$$

(3)

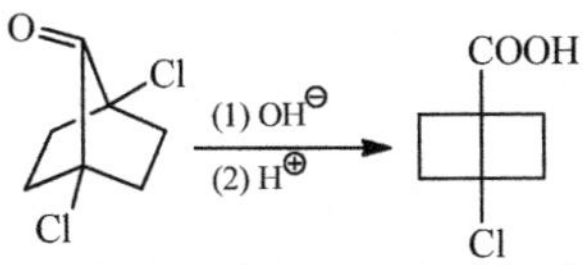

$$\xrightarrow[\text{(2) H}^{\oplus}]{\text{(1) OH}^{\ominus}}$$

(4)

$$\xrightarrow{\text{H}^{\oplus}}$$

(5)

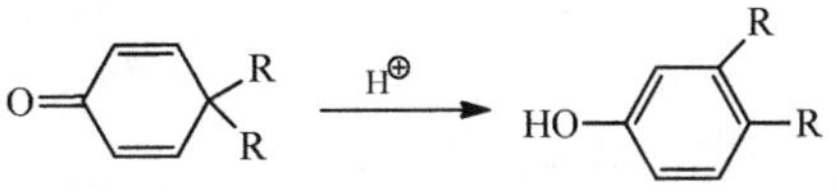

$$\xrightarrow{\text{H}^{\oplus}}$$

(6)

$$\xrightarrow[\text{cat.}]{\text{O}_2}$$

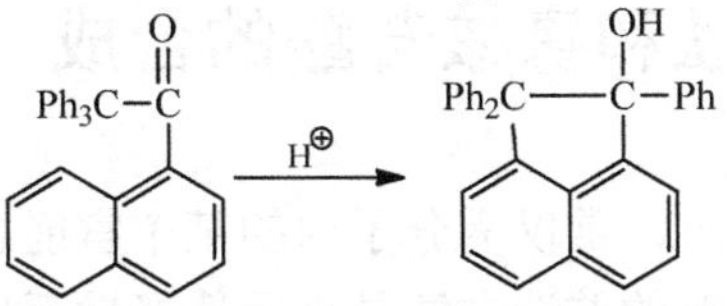

$$\xrightarrow{\text{H}_3\text{O}^{\oplus}}$$

PhOH
+
CH_3COCH_3

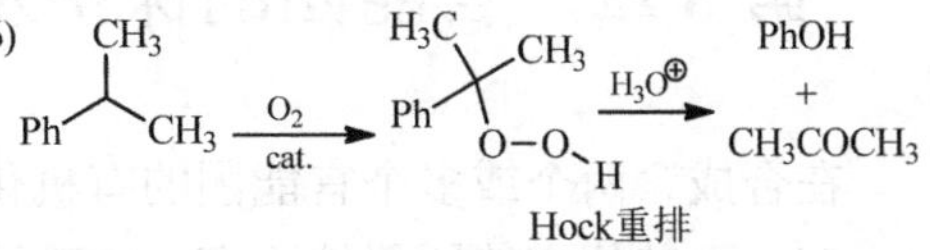

Hock 重排

第 8 章　官能团的保护及多肽和寡核苷酸的合成

在合成含两个或多个官能团的有机化合物时，常仅需分子内的某个官能团发生反应，而其他官能团保持不变。实现这种转变的首选方法是采用选择性反应条件和试剂。但是在复杂分子合成中往往难以找到这样的选择性条件和试剂，因而需要采用官能团保护的方法。官能团保护是将在目标反应前不希望参与反应的官能团转变成其稳定结构的过程。待预期反应实现后，除去保护基（protecting group）恢复原来的官能团。例如，合成下列对称的多羟基炔时，可利用金属炔化物与卤代烃发生亲核取代反应。然而羟基上活性氢的存在，会分解金属炔化物，因此利用缩酮作保护基保护邻二羟基后，再和金属炔化物反应即可。最后酸性水解除去缩酮保护基恢复被保护的官能团即得到目标产物。反应式如下：

8.1　官能团的保护

用于官能团保护的基团称为保护基，理想的保护基必须满足三个基本条件：①导入时反应条件温和、选择性好、产率高；②导入后能承受其后续反应的条件；③除去保护基时反应条件温和、产率高，不发生重排和异构化等副反应。

8.1.1　羟基的保护

羟基的保护方法是将其转化为醚、硅醚、烷氧基烷基醚或酯等（表 8.1～表 8.3）。

表 8.1　羟基的醚保护基

保护基	结构式	缩写[*]	除去方法
甲基（methyl）	CH_3O-	Me	HX；TMSI，BBr_3
苄基（benzyl）	$PhCH_2O-$	Bn	Pd/C+H_2；Na/NH_3；BF_3

续表

保护基	结构式	缩写*	除去方法
对甲氧基苄基 （p-methoxybenzyl）	p-CH₃OC₆H₄CH₂O—	PMB	Pd/C+H₂；DDQ
三苯甲基（trityl）	Ph₃CO—	Tr（Trt）	CH₃CO₂H, CF₃CO₂H；Na/NH₃
叔丁基（t-butyl）	(CH₃)₃CO—	t-Bu	HCl, HBr, CF₃CO₂H；FeCl₃, TiCl₄
甲氧基甲基（methoxymethyl）	CH₃OCH₂O—	MOM	HCl, CF₃CO₂H
甲氧基乙氧基甲基 （methoxyethoxymethyl）	CH₃OCH₂CH₂OCH₂O—	MEM	HBr；TiCl₄, ZnCl₂
甲硫基甲基（methylthiomethyl）	CH₃SCH₂O—	MTM	HgCl₂, AgNO₃
四氢吡喃基（tetrahydropyranyl）		THP	CH₃CO₂H

*仅代表结构式中加粗部分，余同。

表 8.2　羟基的硅醚保护基

保护基	结构式	缩写*	除去方法
三甲基硅醚基（trimethylsilyl）	(CH₃)₃SiO—	TMS	CH₃CO₂H；K₂CO₃, TBAF
叔丁基二甲基硅醚基 （t-butyldimethylsilyl）	(CH₃)₃C(CH₃)₂SiO—	TBS, TBDMS	CH₃CO₂H, CF₃CO₂H；HF·Py, TBAF
叔丁基二苯基硅醚基 （t-butyldiphenylsilyl）	(CH₃)₃CPh₂SiO—	TBDPS	HCl；HF·Py, TBAF

*在缩写中硅 Si 缩写成 S。

表 8.3　羟基的酯保护基

保护基	结构式	缩写	除去方法
乙酰基（acetyl）	CH₃COO—	Ac	K₂CO₃, NH₃, Et₃N
三氟乙酰基（trifluoroacetyl）	F₃CCOO—	Tfa	K₂CO₃, NH₃, Et₃N
三甲基乙酰基 （trimethylacetyl, pivaloyl）	(CH₃)₃CCOO—	Piv	KOH, NaOH；LiAlH₄
苯甲酰基（benzoyl）	PhCOO—	Bz	NaOH, Et₃N
2,4,6-三甲基苯甲酰基 （2,4,6-trimethylbenzoyl）	(CH₃)₃C₆H₂COO—	MesCO	LiAlH₄

1. 醚保护基

醚保护基主要有甲基醚（MeO）、苄基醚（BnO）、对甲氧基苄基醚（PMBO）、3,4-二甲氧基苄基醚（DMBO）、三苯甲基醚（TrO）和叔丁基醚等。

1）甲基醚

用碘甲烷（MeI）、硫酸二甲酯（Me$_2$SO$_4$）、四氟硼酸三甲基氧鎓盐（Me$_3$O$^+$BF$_4^-$）或三氟甲磺酸甲酯（MeOTf）在碱性条件下和羟基反应即可引入甲基醚保护基。甲基醚保护基对碱、氧化剂和还原剂都很稳定，但甲基醚的除去相当不容易，一般用氢卤酸回流才能除去甲基醚保护基。用碘化三甲基硅烷[(CH$_3$)$_3$SiI，TMSI]或BBr$_3$可以在温和条件下除去甲基醚保护基。

2）苄基醚

苄基醚保护基对碱、氧化剂（如 Jones 试剂、高碘酸钠等）、还原剂（如氢化铝锂等）都是稳定的。用苄氯或苄溴在碱性条件下和羟基反应即可引入苄基保护基。苄基保护基常用 Pd/C 催化氢解除去，氢解的氢源除了氢气外，也可以是环己烯、环己二烯或甲酸等。例如：

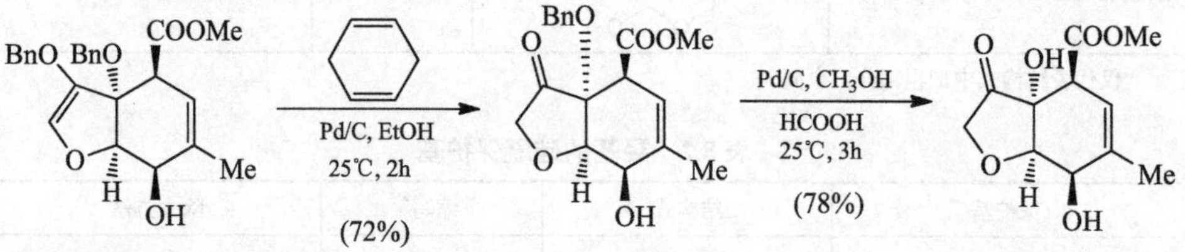

路易斯酸如 TMSI、BCl$_3$、FeCl$_3$ 等和 Li(Na)/NH$_3$ 也可以在温和条件下除去苄基保护基。

3）三苯甲基醚

三苯甲基醚常可保护伯羟基，一般用三苯基氯甲烷（TrCl）在吡啶（Py）催化下完成保护。在室温下采用稀乙酸即可除去保护基。例如：

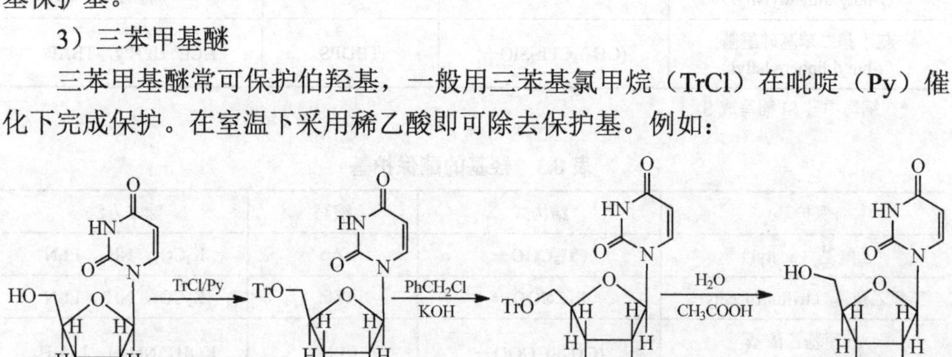

4）叔丁基醚

叔丁基醚保护基一般用异丁烯在酸（如对甲苯磺酸或三氟化硼）催化下导入。叔丁基醚在碱性条件下稳定。甲酸、三氟乙酸、氢溴酸/乙酸或三氯化铁、碘化三甲基硅烷等路易斯酸可以除去保护基。

2. 硅醚保护基

硅醚保护基主要有三甲基硅醚（TMSO）、三乙基硅醚[(CH$_3$CH$_2$)$_3$SiO—，

TESO]、叔丁基二甲基硅醚（**TBDMSO 或 TBSO**）、三异丙基硅醚（***i*-Pr₃SiO—，TIPSO**）、叔丁基二苯基硅醚（**TBDPSO**）等。TBDPS 可选择性保护伯羟基和仲羟基。TIPS 能选择性保护伯羟基。用相应的氯代硅烷在咪唑催化剂下室温时即可导入硅醚保护基。硅醚保护基对许多氧化剂、还原剂等稳定，但对酸和碱敏感，因此用酸或碱都可以除去保护基。由于 F—Si 的键能比 O—Si 大得多，因此硅醚保护基都可以用含氟试剂如氟化四丁铵（**TBAF**）、氟化氢吡啶盐（**HF·Py**）等除去。HF·Py 试剂可用于选择性除去伯羟基的硅醚保护基。例如：

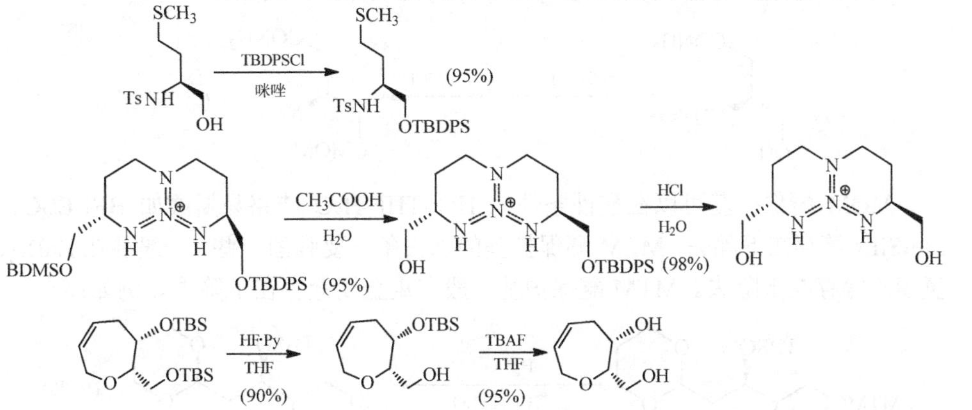

3. 烷氧基烷基醚

烷氧基烷基醚这类保护基实际上是缩醛（缩酮）结构，主要包括甲氧基甲基醚（**MOMO**）、甲氧基乙氧基甲基醚（**MEMO**）、甲硫基甲基醚（**MTMO**）、苄氧基甲基醚（**BOMO，PhCH₂OCH₂O—**）和四氢吡喃醚（**THPO**）等。四氢吡喃醚是醇羟基常用的保护基之一，它由 2, 3-二氢-4*H*-吡喃（DHP）与醇加成得到。反应式如下：

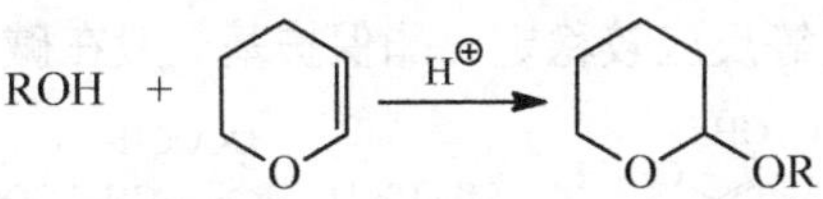

常用的溶剂是氯仿、二噁烷、乙酸乙酯和 DMF 等。原料是液体的醇时，可以不用溶剂。常用的酸催化剂是对甲苯磺酸、樟脑磺酸（CSA）、三氟化硼/乙醚、氯化氢等。对甲苯磺酸吡啶盐（PPTS）的酸性比乙酸还弱，用于催化醇的四氢吡喃化可提高产率。例如：

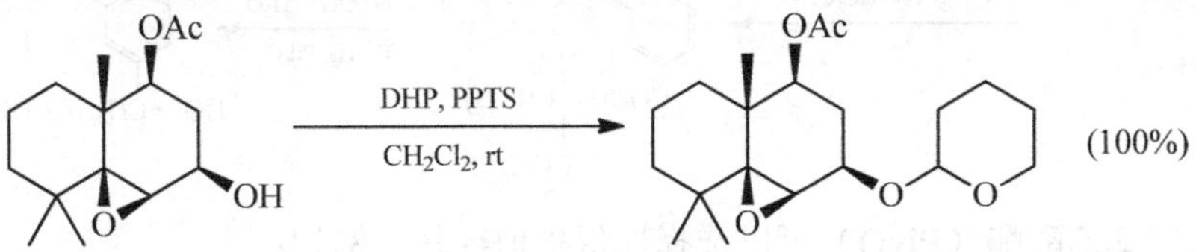

四氢吡喃醚是混合缩醛，对强碱、烃基锂、格氏试剂、氢化铝锂等是稳定的。四氢吡喃醚可以在温和酸性条件下水解除去。例如，HOAc-THF-H$_2$O(4：2：1)在45℃可以除去 THP 保护基，但不能除去 MOM、MEM 和 MTM 醚保护基。MOM、MEM 和 MTM 醚保护基一般用相应的氯化物或溴化物在碱性条件下导入。例如：

$$CH_3OCH_2CH_2OH \xrightarrow[\text{(82%)}]{\text{(HCHO)}_m \text{ HCl}} CH_3OCH_2CH_2OCH_2Cl \xrightarrow[\text{(80%)}]{\text{ROH, Et}_3N} ROCH_2OCH_2CH_2OCH_3$$
$$\text{(ROMEM)}$$

MOM 醚保护基也常用(CH$_3$O)$_2$CH$_2$/P$_2$O$_5$ 完成保护。例如：

（90%）

MOM 醚保护基可以在酸性条件如 HCl-THF-H$_2$O 或路易斯酸如 BF$_3$·Et$_2$O、Me$_3$SiBr 等存在下除去。MEM 醚保护基的除去条件要强烈一些，一般要在 ZnBr$_2$、氢溴酸等存在下除去。MTM 醚保护基一般在重金属盐存在下除去。例如：

（93%）

4. 酯保护基

羟基可以转变为酯衍生物进行保护，常用的酯保护基为乙酸酯（AcO）和苯甲酸酯（BzO），由伯醇、仲醇在吡啶或三乙胺等存在下分别与乙酐和苯甲酰氯反应得到。叔醇的直接酰化较难进行，但与乙烯酮反应可得到相应的乙酸酯。酯不易被氧化，对催化氢化等反应较稳定。酯保护基一般在碱性条件下除去。例如：

三甲基乙酸酯（PivO）可以选择性保护伯羟基。例如：

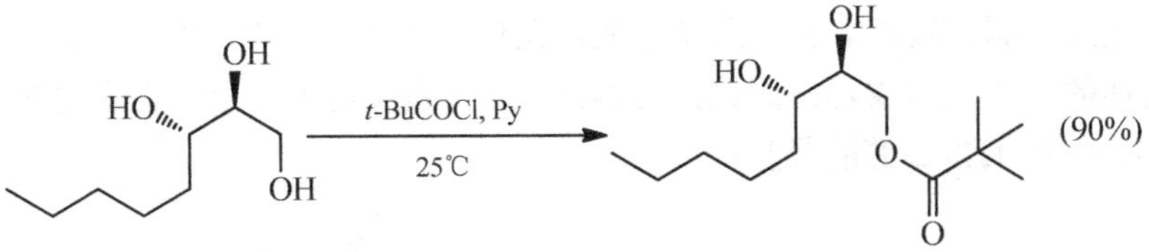

（90%）

三甲基乙酸酯保护基有较大的位阻，要在较强的碱性条件下如 KOH/MeOH 下才能除去，或者使用金属氢化物如氢化铝锂、二异丁基铝氢化物（DIBALH）将其除去。

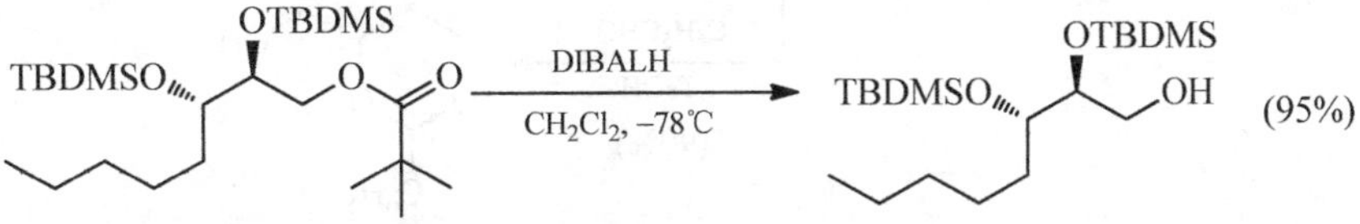

（95%）

2, 4, 6-三甲基苯甲酸酯（**MesCOO**）也可选择性保护伯羟基。强碱如氢氧化钾不能将其除去，只有金属氢化物氢化铝锂才能将其除去。

问题 8.1　说明下列转化过程中醇羟基的保护基和保护的意义。

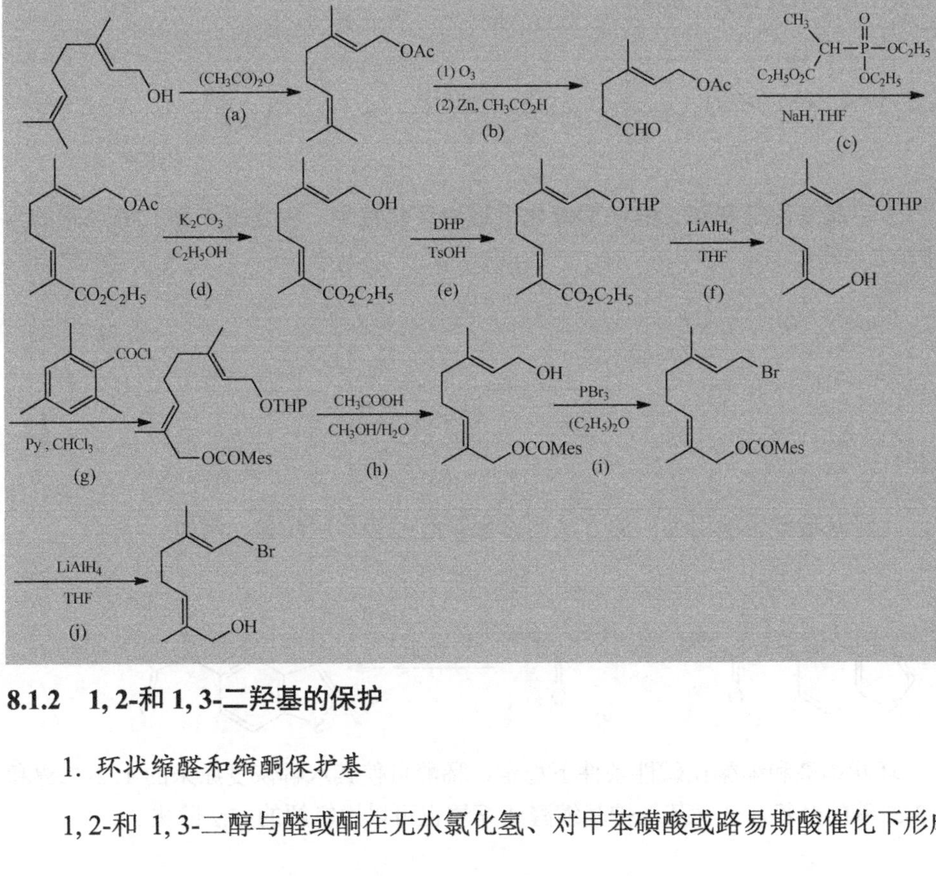

8.1.2　1, 2-和 1, 3-二羟基的保护

1. 环状缩醛和缩酮保护基

1, 2-和 1, 3-二醇与醛或酮在无水氯化氢、对甲苯磺酸或路易斯酸催化下形成

环状缩醛或缩酮。醛与 1,3-二醇易形成六元环的 1,3-二噁烷，酮与 1,2-二醇易形成五元环的 1,3-二氧戊环。因此，1,2-和 1,3-二醇共存时环状缩醛和缩酮分别保护 1,2-二醇和 1,3-二醇的羟基：

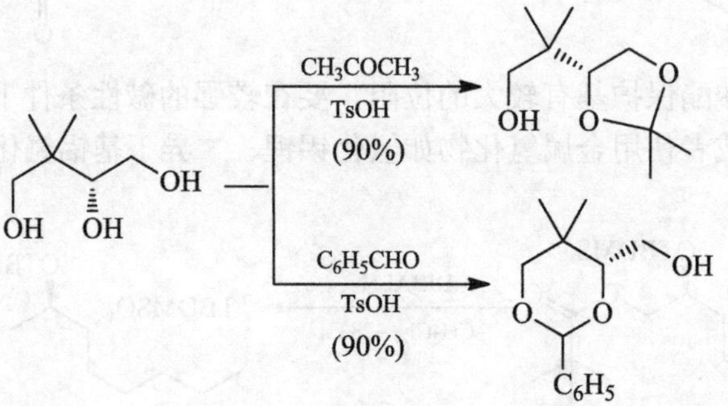

在保护 1,2-二醇和 1,3-二醇时，酮常用丙酮和环己酮，醛常用苯甲醛。共沸除去水有利于环状缩醛和缩酮的形成。运用与简单的缩醛或缩酮的交换反应可以方便地形成环状的缩醛和缩酮，常用的简单缩醛为 PhCH(OCH₃)₂，常用的简单缩酮为 (CH₃)₂C(OCH₃)₂。例如：

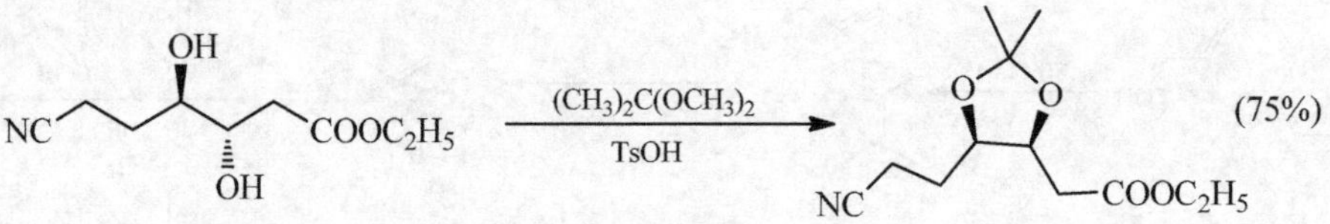

2-甲氧基丙烯和邻二醇在酸催化下形成环状缩酮，也是保护邻二醇羟基的常用方法。例如：

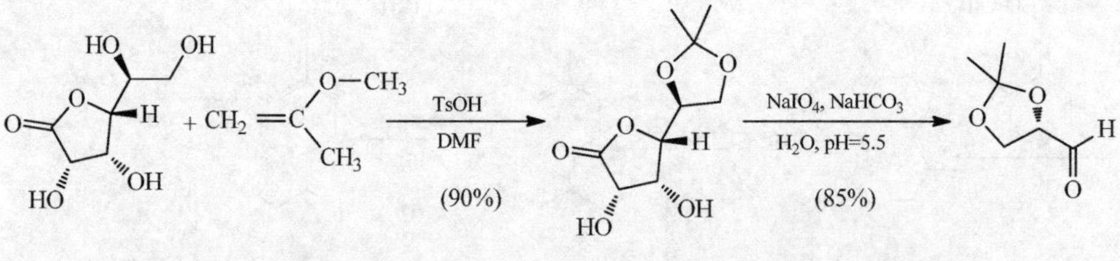

α-羟基羧酸也能用类似的方法同时保护醇羟基和羧羟基。例如：

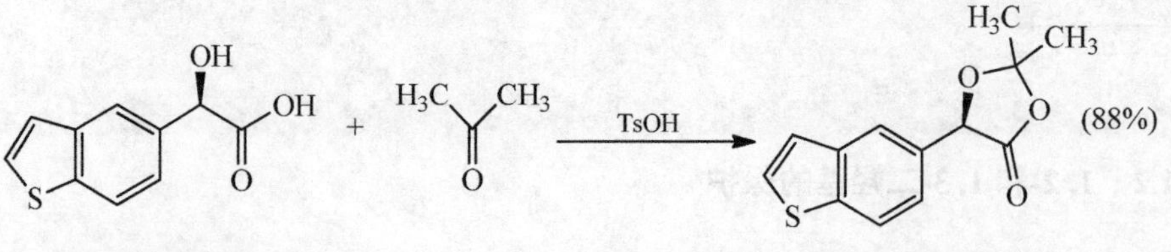

环状缩醛和缩酮在碱性条件下稳定，稀酸可使其水解恢复原来的 1,2-二醇和 1,3-二醇的羟基。苄叉基保护基缩醛或缩酮也可以用氢解的方法除去。

问题 8.2　从甘油合成下列化合物：

(1)
$$
\begin{array}{l}
CH_2\!-\!OH \\
\;\;|\\
CH\!-\!OH \\
\;\;|\\
CH_2\!-\!OCO(CH_2)_{14}CH_3
\end{array}
$$

(2)
$$
\begin{array}{l}
CH_2\!-\!OH \\
\;\;|\\
CH\!-\!OCO(CH_2)_{14}CH_3 \\
\;\;|\\
CH_2\!-\!OH
\end{array}
$$

2. 环碳酸酯保护基

环碳酸酯由 1, 2-二醇与光气或 N, N'-羰基二咪唑（CDI）反应形成。环碳酸酯保护基与环状缩醛和缩酮相反，在酸性条件下稳定，用碱性试剂处理时恢复二醇的羟基。

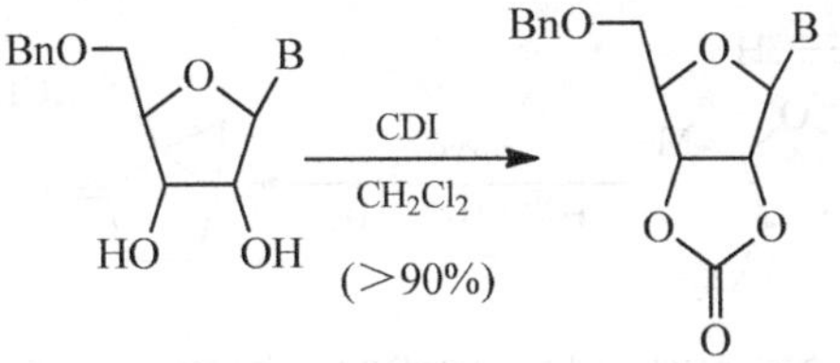

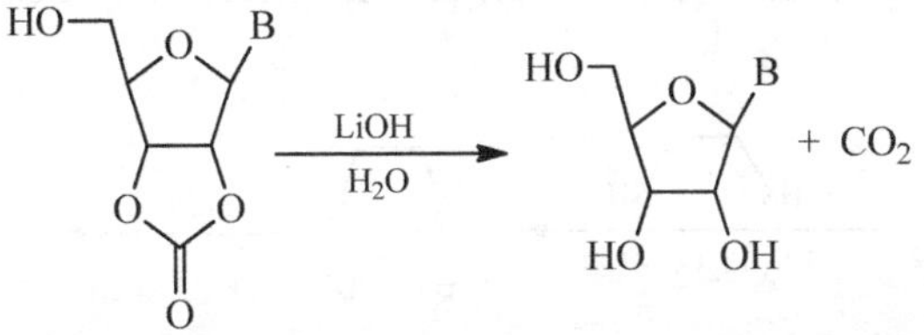

8.1.3　醛酮羰基的保护

醛酮羰基保护的目的是阻止其烯醇盐的形成和亲核试剂对羰基碳的进攻。缩醛、缩酮和硫代缩醛、硫代缩酮常用于醛酮的保护。环状缩醛、缩酮比一般的缩醛、缩酮容易生成。反应在无水的条件下进行，共沸除水可提高产率。对于一些对水敏感的反应可以用 1, 2-二醇和 1, 3-二醇的硅醚代替乙二醇和丙-1, 3-二醇，在三氟甲磺酸三甲硅酯（TfOTMS）催化下可获得高产率的缩醛和缩酮。此时反应的副产物不是水而是三甲基硅醚 $[(TMS)_2O]$。缩醛和缩酮在稀酸溶液中水解恢复羰基。反应式如下：

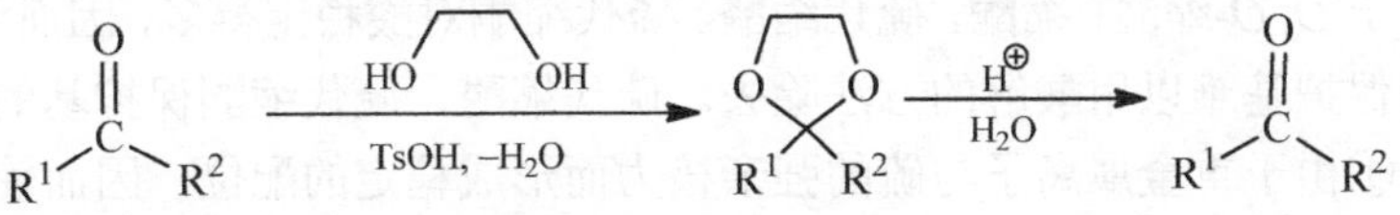

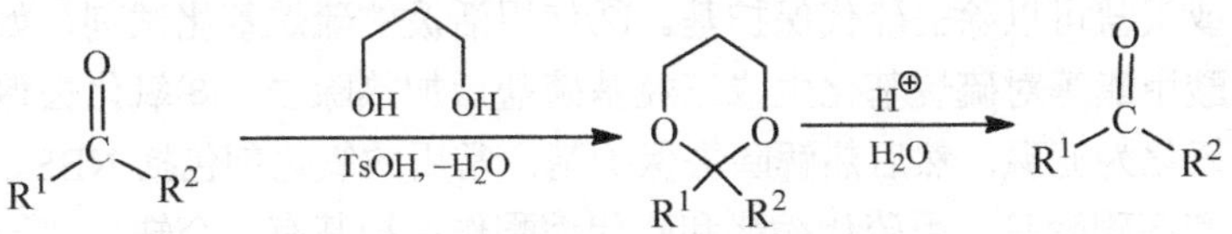

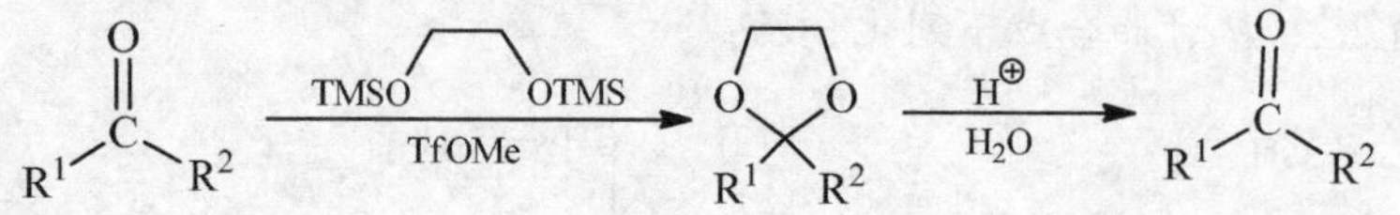

例如：

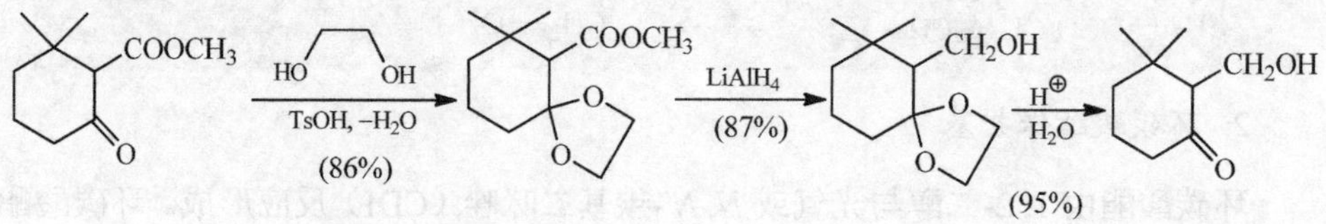

对甲苯磺酸吡啶盐（PPTS）有较弱的酸性，可以在温和的条件下除去缩醛、缩酮的保护基。例如：

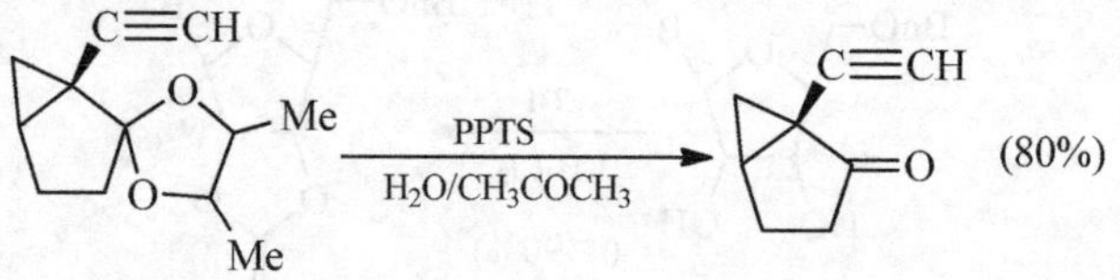

硫代缩醛、硫代缩酮在对甲苯磺酸或路易斯酸如三氟化硼、氯化锌等催化剂存在下生成：

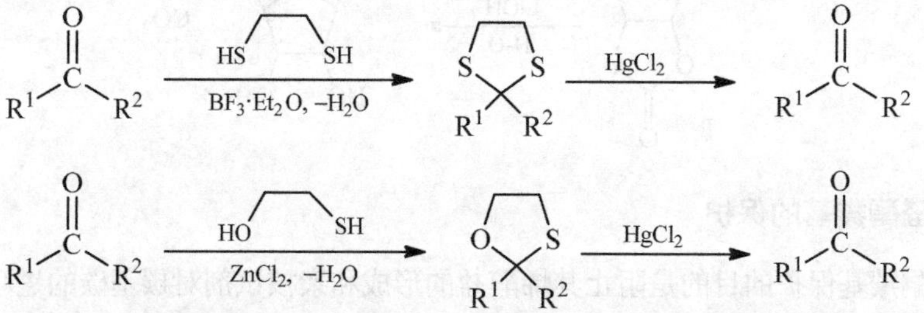

对于水敏感的反应物，也可以用 TMSSCH₂CH₂STMS 代替：

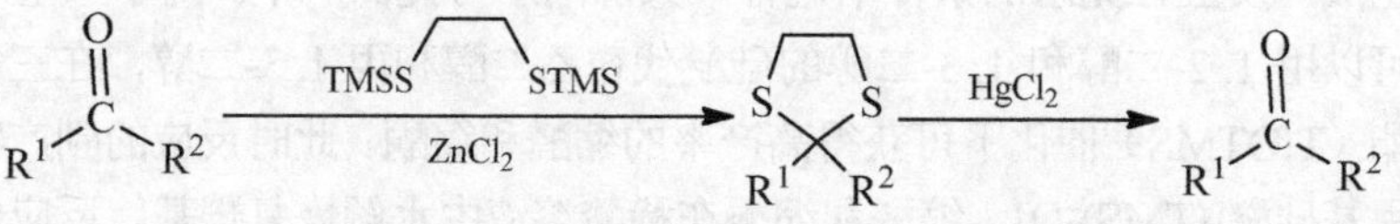

相对于 *O, O*-缩醛、缩酮，硫代缩醛、硫代缩酮对酸稳定得多，因而硫代缩醛、硫代缩酮保护基难以用酸解的方法除去。硫代缩醛、硫代缩酮保护基的除去有三种方法：①由于重金属离子与硫的强亲核力而形成稳定的配位，因而使用重金属盐如汞盐或银盐可以除去硫代保护基。②使用活泼的硫烷基化试剂，如碘甲烷、三氟甲磺酸甲酯等对硫烷基化生成三烃基硫盐后加热除去。③氧化去保护。首先将硫原子氧化为亚砜，然后热解除去保护基。常用的氧化剂包括 NBS、氯胺 T、*m*-CPBA 和高碘酸等。用硫代缩醛和硫代缩酮作保护基有三个缺点：一是有难闻

的气味；二是除去保护基常使用对环境有害的重金属盐；三是含硫化合物对钯和铂催化剂有毒化作用，不宜用氢解的方法除去保护基或用于采用 Pd 及 Pt 等催化剂的反应中，因此其应用受到限制。但是硫代缩醛、缩酮比相应的缩醛、缩酮稳定，且具有高度专一性，因而在复杂分子合成中有一定的应用价值。例如：

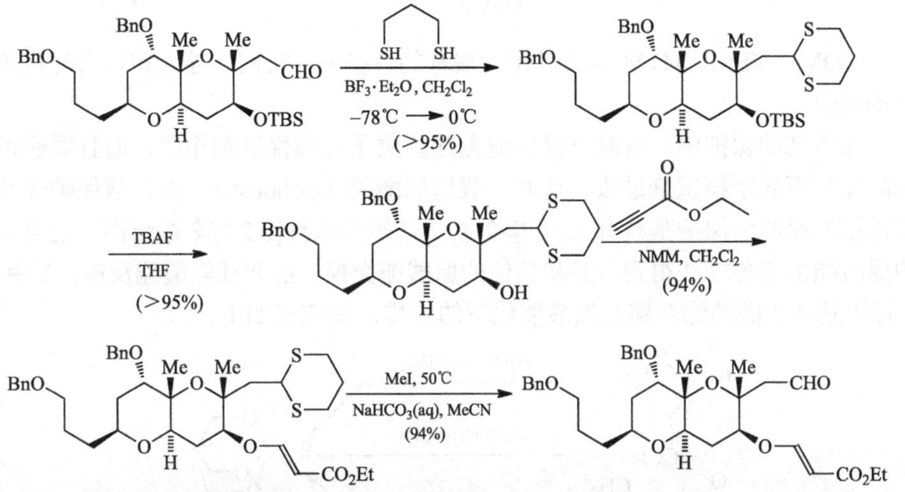

问题 8.3 写出下列各步反应的结构式：

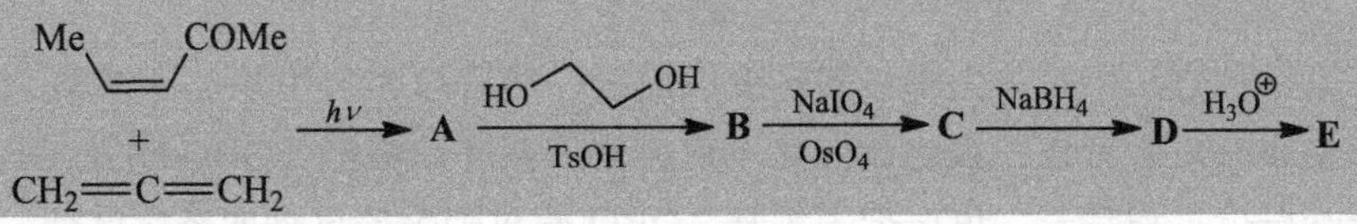

8.1.4 羧基的保护

保护羧基的方法是将其转变为酯，常用的是甲酯、乙酯、苄酯、叔丁酯以及 2, 2, 2-三氯乙酯。不同的酯保护基用不同的方法除去。甲酯和乙酯用酸或碱水解法。苄酯用催化氢解的方法。叔丁酯常用热解法或用三氟乙酸（TFA）或对甲苯磺酸（TsOH）将其除去。例如：

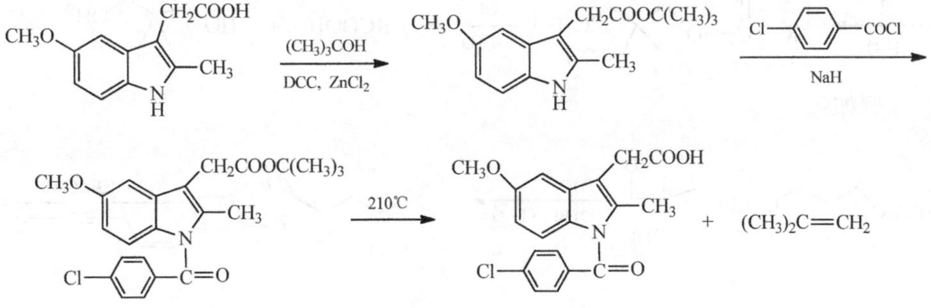

2, 2, 2-三氯乙醇在对甲苯磺酸存在下与羧酸酯化，生成 2, 2, 2-三氯乙醇酯（**TCEO**）。TCE 保护基的除去采用化学还原法，如用锌/乙酸溶液处理即可使羧基再生。反应式如下：

$$RCOOCH_2CCl_3 \xrightarrow[CH_3COOH]{Zn} RCOOH + CH_2=CCl_2$$

MOM、**MEM**、**MTM** 也可以作为羧基的保护基，它们的导入和除去与羟基保护基类似。

在羧基的保护中，有时不仅要避免羧基质子与碱性试剂作用，而且要保护羧基的羰基不受亲核试剂进攻。这时一般用原酸酯（orthoester）保护基保护羧基。最常用的原酸酯保护基具有 4-甲基-2, 6, 7-三氧杂双环[2.2.2]辛烷结构。这类双环的原酸酯由三种方法得到：醇和其他的原酸酯交换；醇和亚氨酸酯反应；3-甲基-3-羟甲基环丁醚的酯在路易斯酸催化下的重排。反应式如下：

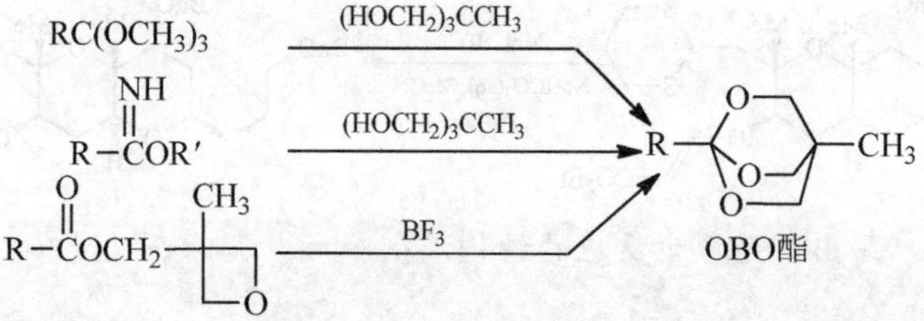

在第三种方法中，首先将羧酸转变成酰氯，然后与 3-羟甲基-3-甲基氧杂环丁烷反应生成酯，后者在三氟化硼催化下重排生成双环原酸酯（OBO 酯）。OBO 酯保护基既保护了羧羟基，也保护了羰基。OBO 酯对强亲核试剂如格氏试剂、有机锂试剂都是稳定的。OBO 酯保护基可用稀酸和稀碱两步水解方便地除去。反应式如下：

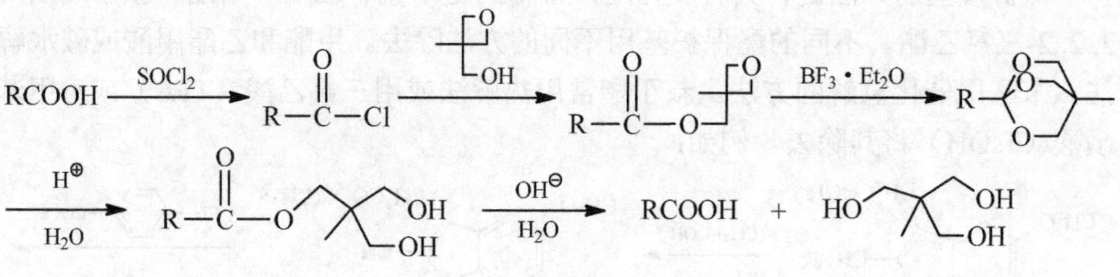

例如：

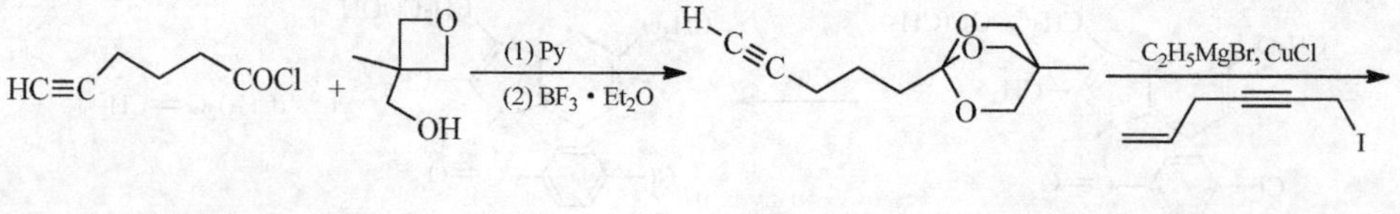

将羧酸转变成噁唑啉（oxazoline）衍生物也可以同时保护羧酸的羰基和羟基，格氏试剂、金属氢化物等试剂都不受影响。噁唑啉衍生物水解可以恢复羧基。一般保护羧基的噁唑啉衍生物由羧酸和 α-氨基醇作用得到。反应式如下：

羧酸的羰基保护和去保护一般没有醇羟基和醛酮羰基那样容易。因此在设计合成路线时，常常把伯醇或醛作为羧酸的前官能团。在合成的最后阶段，除去醇或醛的保护基，用合适的方法氧化为羧酸。

8.1.5　氨基的保护

氨基的保护基主要有 N-烷基型、N-硅基型、N-酰基型、氨基甲酸酯型和 N-苯磺酰基型等四类（表 8.4）。

表 8.4　氨基的保护基

保护基	结构式	缩写	除去方法
苄基（benzyl）	$PhCH_2N—$	Bn	$Pd/C+H_2$；Na/NH_3
三苯甲基（trityl）	$Ph_3CN—$	Tr（Trt）	HCl；Na/NH_3
三甲基硅基（trimethylsilyl）	$(CH_3)_3SiN—$	TMS	HCl，TBAF
叔丁基二苯基硅基（t-butyldiphenylsilyl）	$(CH_3)_3CPh_2SiN—$	TBDPS	HCl，CF_3CO_2H；TBAF
叔丁氧羰基（t-butoxycarbonyl）	$(CH_3)_3COCON—$	Boc	HCl，CF_3CO_2H
苄氧羰基（benzyloxycarbonyl）	$PhCH_2OCON—$	Cbz（Z）	$Pd/C+H_2$；Na/NH_3
9-芴甲氧基羰基（9-fluorenylmethoxycarbonyl）		Fmoc	Pip，Et_3N，Na_2CO_3
对甲苯磺酰基（4-methylbenzenesulfonyl）	p-$CH_3C_6H_4SO_2N—$	Ts	H_2SO_4，HBr，Al/Hg
邻硝基苯磺酰基（2-nitrobenzenesulfonyl）	o-$NO_2C_6H_4SO_2N—$	Ns	PhSH，RSH

1. N-烷基型保护基

N-苄基和 N-三苯甲基是常用的氨基保护基。它们由伯胺和苄卤或三苯甲基卤在碳酸钠存在下反应得到。有时也可以用还原氨化的方法得到：

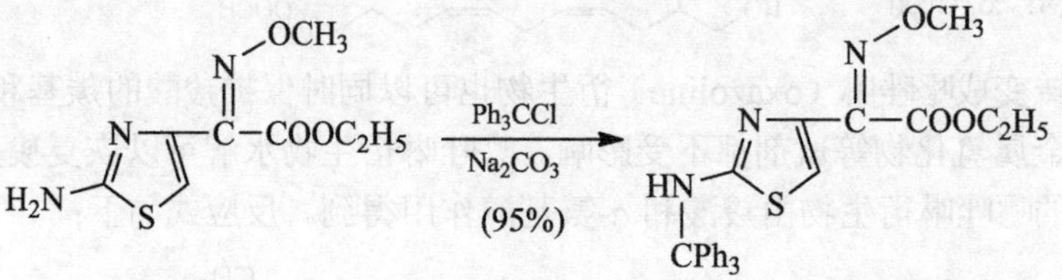

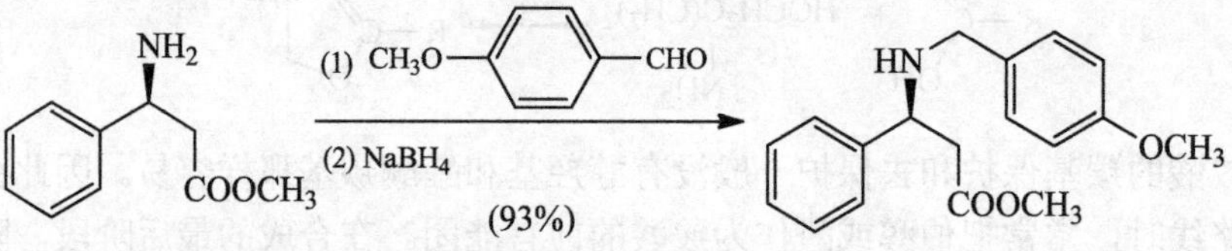

苄基保护基可用催化氢解的方法除去。

2. N-硅基型保护基

甲硅烷基衍生物，虽然需要严格无水条件下使用，但由于其可增加氮的亲核性，因此也有重要应用。常见使用三甲基氯硅烷（TMSCl）使伯胺双硅基化，或者用叔丁基二苯基硅基（TBDPS）选择性保护伯胺。水解或者 TBAF 可除去保护基。例如：

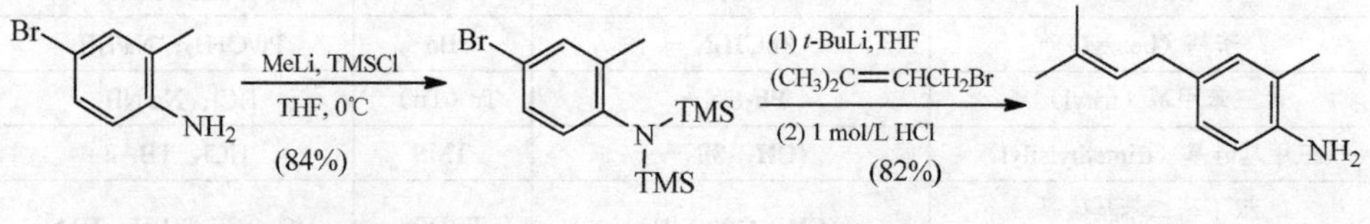

3. N-酰基型保护基

伯胺和仲胺容易与酰氯或酸酐反应生成酰胺。乙酰基和苯甲酰基可用来保护氨基。酰基保护基可以用酸或碱水解方法除去。例如：

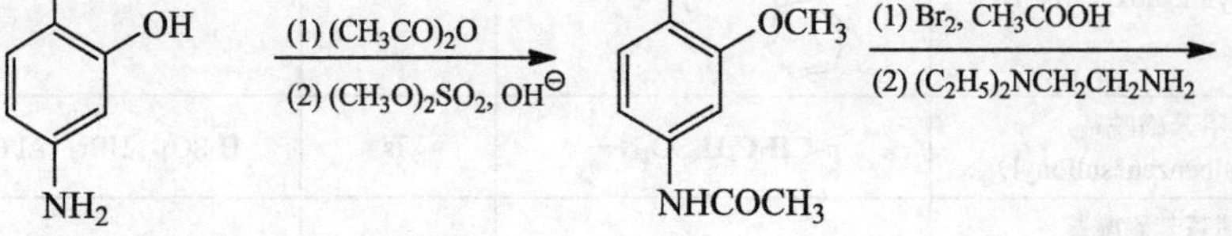

（上部为化学反应式图示）

$$\text{（左侧结构：含 CONHCH}_2\text{CH}_2\text{N(C}_2\text{H}_5\text{)}_2\text{、OCH}_3\text{、Br、NHCOCH}_3\text{）} \xrightarrow[\text{H}_2\text{O}]{\text{Na}_2\text{CO}_3} \text{（右侧结构：含 CONHCH}_2\text{CH}_2\text{N(C}_2\text{H}_5\text{)}_2\text{、OCH}_3\text{、Br、NH}_2\text{）}$$

4. 氨基甲酸酯型保护基

氨基甲酸酯（**R′OCONHR**）型保护基常用的有叔丁氧羰基（**Boc**）、苄氧羰基（**Cbz** 或 **Z**）和 9-芴甲氧羰基（**Fmoc**），它们是使用频率很高的保护基。这些保护基可在碱性条件下使氨基和相应的氯甲酸酯或碳酸酐二酯反应导入。例如：

$$\text{（噻唑烷-COOH）} \xrightarrow[\text{Et}_3\text{N}]{\text{(Boc)}_2\text{O}} \text{（N-Boc-噻唑烷-COOH）（95\%）}$$

$$\text{（脯氨酸）} \xrightarrow[\text{NaOH}]{\text{PhCH}_2\text{OCOCl}} \text{（N-Cbz-脯氨酸）（92\%）}$$

$$\text{（色氨酸 NH}_2\text{）} + \text{（芴-CH}_2\text{OCOCl）} \xrightarrow{\text{Na}_2\text{CO}_3} \text{（色氨酸 NHFmoc）（91\%）}$$

叔丁氧羰基保护的氨基在催化氢化等还原反应时稳定。三氟乙酸在室温下即可除去叔丁氧羰基保护基。例如：

$$\text{（N-Boc 噻唑烷 COOCH}_3\text{、N}_3\text{）} \xrightarrow[\text{(2) (}i\text{-C}_4\text{H}_9\text{)}_3\text{Al}]{\text{(1) Al/Hg, CH}_3\text{OH}} \text{（N-Boc β-内酰胺）} \xrightarrow{\text{CF}_3\text{COOH}} \text{（NH β-内酰胺）}$$

苄氧羰基保护基常用催化氢解的方法除去。9-芴甲氧基羰基保护基在哌啶、吗啉、二乙胺等弱碱条件下通过对酸性较强的 **9-H** 去质子化后，β-消去除去。但去保护反应所生成的 9-亚甲基-9H-芴可与伯（仲）胺发生亲核加成反应，因此一般应使用过量的哌啶等去保护试剂以避免去保护后的氨基被消耗掉。反应式如下：

$$\text{（芴-CH}_2\text{-O-CO-NHR，9-H）} \xrightarrow{\text{R}_2'\text{NH}} \text{（芴负离子中间体）} \longrightarrow \text{RNHCOO}^\ominus \xrightarrow[\text{-CO}_2]{\text{R}_2'\text{NH}_2^\oplus} \text{RNH}_2$$

例如：

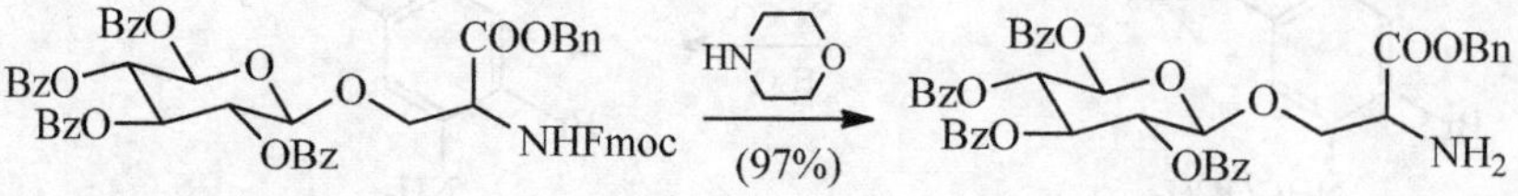

5. N-苯磺酰基保护基

伯胺和仲胺也可以用对甲苯磺酰基保护。对甲苯磺酰氯（TsCl）与伯胺或仲胺在氢氧化钠存在条件下可以方便地导入对甲苯磺酰基。反应式如下：

$$RNH_2 \xrightarrow[\text{NaOH}]{\text{TsCl}} R\!-\!\overset{\ominus}{N}\!-\!Ts\cdot\overset{\oplus}{Na} \xrightarrow{\text{H}^{\oplus}} RNHTs$$

$$R_2NH \xrightarrow[\text{NaOH}]{\text{TsCl}} R_2NTs$$

对甲苯磺酰基是很稳定的氨基保护基，相应的保护产物一般有良好的结晶性。但对甲苯磺酰基很难除去，常用浓 H_2SO_4、氢溴酸或 Al/Hg 还原才能除去，因而限制了它的应用。例如：

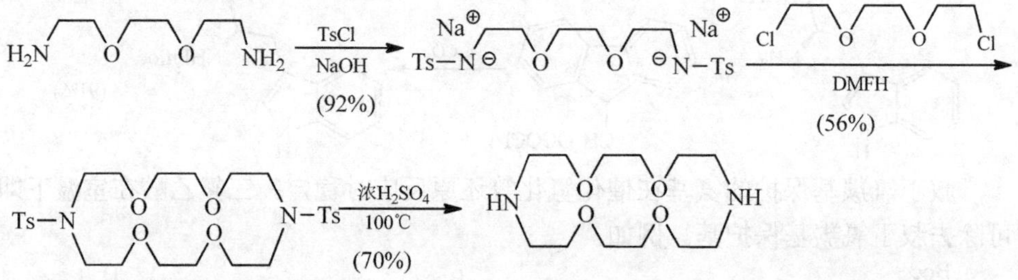

邻硝基苯磺酰氯（NsCl）与伯胺或仲胺在碱性条件下也形成良好结晶的磺酰胺，由于硝基和磺酰基的吸电子效应，被其保护的氨基中 N—H 的酸性显著增加，易去质子得到亲核性较好的氮负离子，并可与卤代烃等发生亲核取代反应。邻硝基苯磺酰基保护基在室温用硫醇或硫酚即可被除去磺酰保护基。例如：

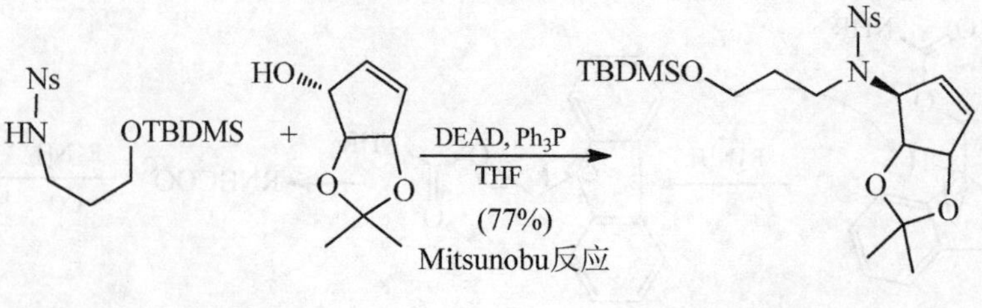

$$\xrightarrow[\text{THF}]{\text{PhSH, Et}_3\text{N}}$$

(92%)

8.1.6 含氮芳杂环的保护

含氮芳杂环中 NH 的保护方法和氨基类似，但是必须注意由于其 NH 有较大的酸性，常易于去保护。

四氮唑	三氮唑	咪唑	吡唑	吲哚
5	10.3	14.7	14.5	16.2

$pK_a=$

一般需要酸性条件下脱除的 Boc，当作为咪唑的保护基时，沸水条件下即可脱除，而氨基上的 Boc 保护基依然稳定保留。例如：

$$\xrightarrow[\text{10 min}]{\text{沸水}}$$

(94%)

氨基的磺酰基保护基的去保护需要剧烈的条件，但是保护氮芳杂环中的 NH 时，磺酰基在酸性或碱性条件下即可除去。例如：

$$\xrightarrow{\text{CF}_3\text{COOH}}$$

(100%)

一般在碱性条件下稳定的 Tr 基团保护的四氮唑，可在碱性条件下直接脱除 Tr。例如：

$$\xrightarrow[\text{CH}_3\text{OH, H}_2\text{O}]{\text{NaOH}}$$

(92%)

对于嘌呤-2-胺，用碳酸酐二叔丁酯(Boc)$_2$O，在弱碱 DMAP 催化下，即可引入 Boc 保护嘌呤 9-位 N；在强碱 NaH 作用下，能直接异构化，保护 2-位氨基。例如：

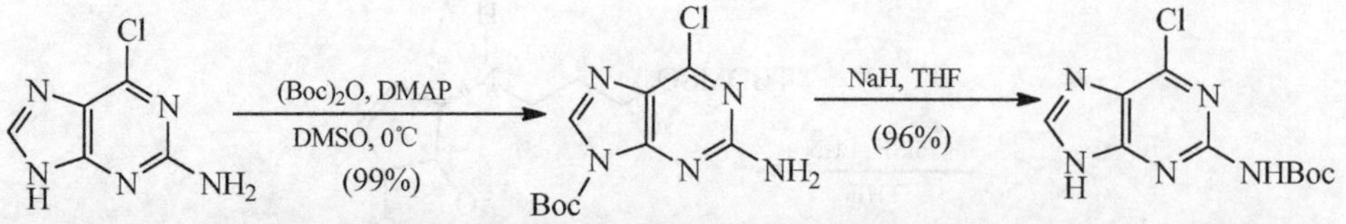

问题8.4 写出下列反应的产物:

(1) HO—CH(COOH)(NH₂) (1) (Boc)₂O (2) CH₃I, K₂CO₃

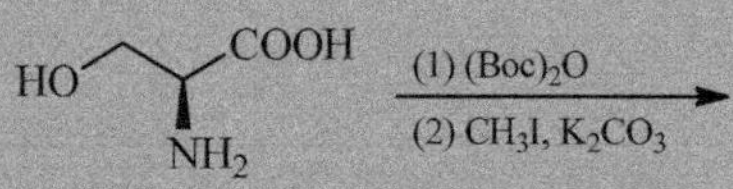

(2) Ph,Ph 二胺 Tf₂O (过量), Et₃N, DMAP

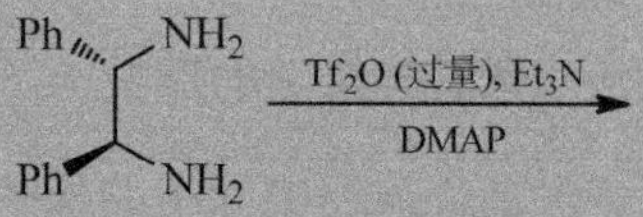

(3) ClCH₂CH(OCH₃)₂ (1) HCl (2) HS—CH₂CH₂—SH

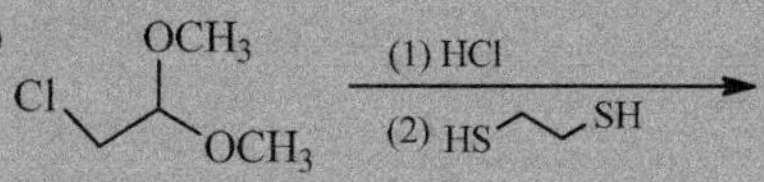

(4) (1) H⁺, CH₃OH (2) TBDMSCl, Im

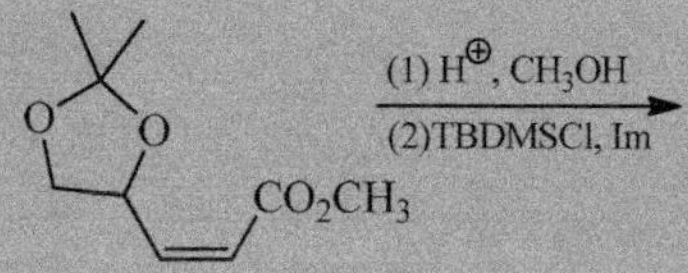

(5) EtO₂C—环氧—CO₂Et (1) TMSN₃, DMAP, EtOH (2) Pd/C, H₂ (3) (Boc)₂O

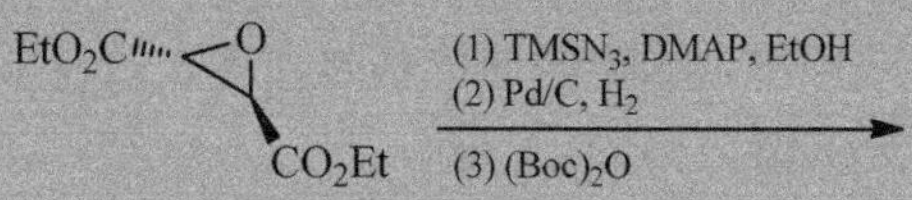

(6) TsCl, Et₃N, THF

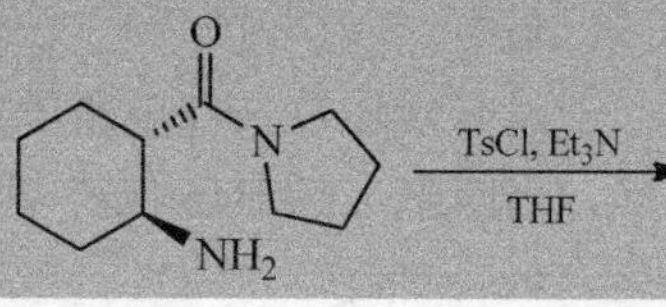

8.1.7 活泼碳氢键和碳碳双键的保护

末端炔烃中的炔氢较活泼,常用硅基保护,如三甲硅基(TMS)、三异丙基(TIPS)。将末端炔烃格氏试剂或锂试剂与三甲基氯硅烷作用,即可导入三甲硅基保护基,用四丁基氟化铵或硝酸银处理可除去三甲硅基保护基。例如,一端由三甲硅基保护的己-3-烯-1,5-二炔在氯化亚铜存在下偶联后用硝酸银处理除去保护基得十二碳-3,9-烯-1,5,7,11-四炔:

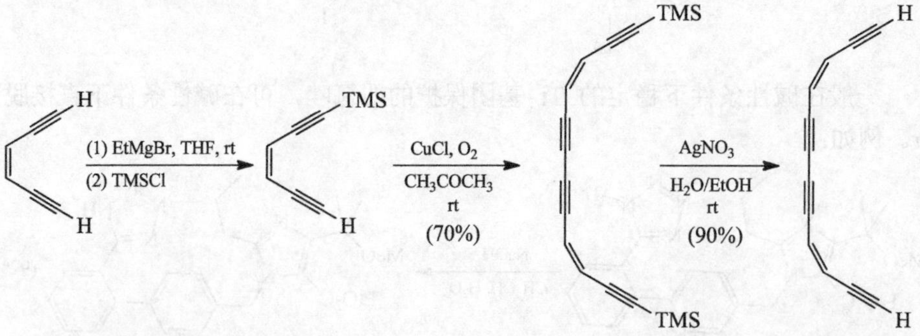

如在酮羰基的叔 α-碳上烃化,则需要保护羰基另一侧的亚甲基。常用的保护方法是和甲酸酯缩合后再与丁硫醇作用形成烯醇硫醚。碱性条件如氢氧化钾即可除去保护基。例如:

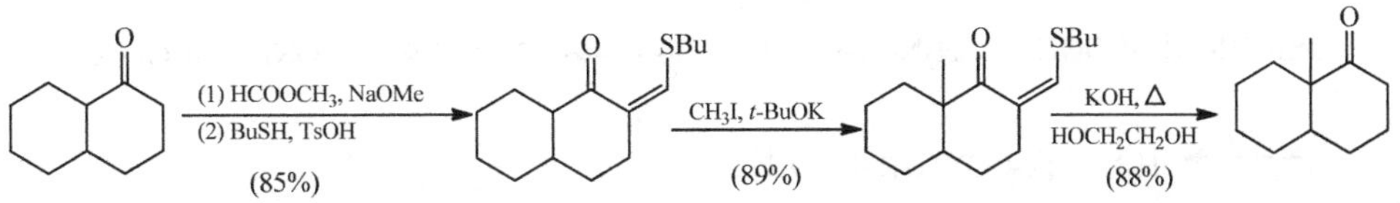

碳碳双键有时也需要保护。常用的保护方法是通过与溴加成生成二溴化物，用锌粉处理使碳碳双键恢复。例如：

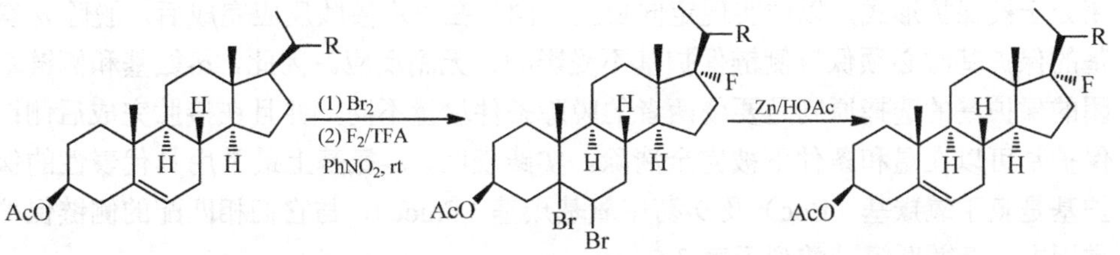

8.2 多肽的合成

近几十多年来，由于结构分析方法和分离纯化技术的不断进步，多肽的合成飞速发展，难以计数的活性肽及其类似物被设计合成，一些已作为有效药物应用于临床，并且每年都有为数众多的肽类化合物进入临床试验。因此，活性肽的合成已是有机合成的重要领域。

合成肽的方法按肽链序列的组装方式可以分为液相合成法和固相合成法。液相合成法由于每步都需要萃取、重结晶、柱层析等烦琐冗长的分离纯化后处理，时间长，工作量大。但液相合成法具有合成产量较大、产物纯度较高的优点。固相合成法是起始原料和每步中间体固定到聚合物上，每步只需简单过滤冲洗后即进行下一个氨基酸的连接，方便、迅速、省时省力、转化率高，并易于自动化。但是固相合成法合成产量较小，产物纯度较低。因此，液相合成法和固相合成法各有长处。液相合成法常用于一定量的小肽或片断肽的合成，固相合成法用于较长肽链的合成。在实际工作中常采用固相合成和液相合成配合联用的策略。

8.2.1 多肽的液相合成

两种氨基酸发生缩合反应可以生成四种二肽。例如：

苯丙氨酸 + 甘氨酸 $\xrightarrow{-H_2O}$ 苯丙-苯丙 + 甘-甘 + 苯丙-甘 + 甘-苯丙

要合成指定的二肽，如苯丙-甘，必须把苯丙氨酸的氨基和甘氨酸的羧基保护起来，使肽键只能在指定的羧基和氨基之间生成。肽键形成后再除去保护基。反应式如下：

PG-NH-苯丙-COOH ＋ H$_2$N-甘-COOPG′ $\xrightarrow{-H_2O}$ PG-NH-苯丙-CONH-甘-COOPG′

$\xrightarrow[-PG']{-PG}$ H$_2$N-苯丙-CONH-甘-COOH

除了 α-氨基和羧基外，氨基酸还有某些活性侧链基团（如羟基、巯基、氨基、羧基、胍基、酰胺基、吲哚、咪唑等）。在缩合接肽之前必须使 α-氨基和侧链基团处于被保护形式，以便实现定向反应。同时在每步接肽反应完成后，脱除 α-氨基的保护基时必须保持侧链保护基不受影响，无副反应。因此，α-氨基和侧链基团的保护基的选择原则是要使两者的脱除条件尽量不同，并且在接肽完成后侧链保护基可以在温和条件下被完全清除。实践表明，α-氨基上最常用具代表性的保护基是叔丁氧羰基（Boc）及 9-芴甲氧基羰基（Fmoc），与它们相匹配的侧链保护常用方法及关联氨基酸列于表 8.5。

表 8.5 氨基酸的 α-氨基和侧链功能基团的匹配保护

侧链功能基	相关的氨基酸	α-氨基 Boc 法	α-氨基 Fmoc 法
—OH	丝（Ser），苏（Thr），酪（Tyr）	Bn	t-Bu
—COOH	天冬（Asp），谷（Glu）	Bn，Me，Et，Cy	t-Bu，Me，Et
—CONH$_2$	天冬酰胺（Asn），谷酰胺（Gln）	—	—，Trt
—NH$_2$	赖（Lys）	Fmoc，Cbz（Z）	Boc
—SH	半胱（Cys）	Bn	Trt，t-Bu，Boc
—NH—C(=NH)—NH$_2$（精胍基）	精（Arg）	—NO$_2$，Ts，Ns，Cbz（Z）	Pbf
咪唑基（His）	组（His）	Ts，Bn	Boc，TrtO(CO)-
吲哚基（Trp）	色（Trp）	—，formyl	Boc，TrtO(CO)-
—SMe	蛋（Met）	—，[O]	—

注：—表示不保护；Pbf：2, 2, 4, 6, 7-pentamethyldihydrobenzofuran-5-sulfonyl（2, 2, 4, 6, 7-五甲基二氢苯并呋喃-5-磺酰基）。

在多肽合成中，主要采用羧基活化法（见第 2 章 2.2 节）使 α-氨基和羧基间缩合形成肽键，反应条件温和（室温）、高效、转化率高，并避免氨基酸构型转化或外消旋化。常用的活化剂包括两类：第一类碳二亚胺型，如 DCC、DIC、EDC·HCl，并添加 HOBt 或者 HOAt 形成活性酯中间体以减少副反应；第二类脒、胍、鏻等正离子盐型（曾称为鎓盐型），如 HBTU、TBTU、HATU、BOP、PyBOP、AOP、PyAOP 等（结构式见第 2 章 2.2 节），使用过程中需要添加有机碱如 N,N-二异丙基乙胺（DIEA）、N-甲基吗啉（NMM）（活化反应机理见第 2 章 2.2 节）。

液相合成法主要采用 α-氨基叔丁氧羰基（Boc）保护策略。例如，五肽天冬-精-亮-天冬-丝（Asp-Arg-Leu-Asp-Ser）的合成：α-氨基和羧基间缩合在 DCC/HOBt 条件下实现。α-氨基的 Boc 保护基由三氟乙酸除去，侧链基团和羧基保护基苄基（Bn）和苄氧羰基（Cbz，Z）由钯/碳催化氢解除去。所有的反应和操作都在室温进行。反应式如下：

$$\text{Boc-Ser(Bn)OH} \xrightarrow[\text{NaHCO}_3/\text{DMF}]{\text{BnBr}} \text{Boc-Ser(Bn)-OBn} \xrightarrow[\text{DCM}]{\text{TFA}} \xrightarrow[\text{DCC, HOBt/DMF}]{\text{Boc-Asp(OBn)-OH}} \text{Boc-Asp(OBn)-Ser(Bn)-OBn}$$

$$(88\%) \qquad\qquad (61\%)$$

$$\xrightarrow[\text{DCM}]{\text{TFA}} \xrightarrow[\text{DCC, HOBt/DMF}]{\text{Boc-Leu-OH}} \text{Boc-Leu-Asp(OBn)-Ser(Bn)-OBn} \xrightarrow[\text{DCM}]{\text{TFA}} \xrightarrow[\text{DCC, HOBt/DMF}]{\text{Boc-Arg(Z}_2)\text{-OH}}$$

$$(80\%) \qquad\qquad (63\%)$$

$$\text{Boc-Arg(Z}_2)\text{-Leu-Asp(OBn)-Ser(Bn)-OBn} \xrightarrow[\text{DCM}]{\text{TFA}} \xrightarrow[\text{DCC, HOBt/DMF}]{\text{Boc-Asp(OBn)-OH}} \text{Boc-Asp(OBn)-Arg(Z}_2)\text{-Leu-Asp(OBn)-Ser(Bn)-OBn}$$

$$(65\%)$$

$$\xrightarrow[\text{DCM}]{\text{TFA}} \text{H}_2\text{N-Asp(OBn)-Arg(Z}_2)\text{-Leu-Asp(OBn)-Ser(Bn)-OBn} \xrightarrow[\text{HOAc}]{\text{H}_2, \text{Pd/C}} \text{H}_2\text{N-Asp-Arg-Leu-Asp-Ser-OH}$$

$$(90\%) \qquad\qquad (61\%)$$

对于肽的液相合成，常采用汇聚合成的分段策略，即预先分别制备不同的片断，最后将片断缩合成目标产物。

8.2.2 多肽的固相合成

多肽的液相合成，每步中间体必须经分离和纯化，操作复杂、费时。1962 年梅里菲尔德（R. B. Merrifield）提出的固相合成法（solid phase polypeptide synthesis，SPPS）使多肽的合成取得重要突破。即将起始原料固定到聚合物上，一般都是将 N-端保护的氨基酸的 C-端，连到如聚苯乙烯-二乙烯基苯交联树脂上。合成步骤类似于液相合成法，但是所有中间体都保持在聚合物上。每步接肽合成后，都只要简单地脱除 N-端氨基保护基并洗涤除去多余的试剂和副产物。合成完成后，将最终产品从树脂上切割下来。反应式如下：

固相合成的另一个优势是操作可以程序化和自动化。确定添加反应物、试剂和溶剂，以及去除可溶性物质的特定顺序。对仪器进行编程使得引入新 *N*-端保护氨基酸的缩合、脱保护这些操作自动重复循环。为了保证多肽的纯度，每一步的转化都必须非常高效（99%以上）。Merrifield 曾用自己发明的第一台全自动多肽合成仪合成了 124 肽的核糖核酸酶。固相多肽合成是有机合成方法学的一次重大突破。为此 Merrifield 于 1984 年获得诺贝尔化学奖。

　　固相多肽合成既可以采用 Boc 策略也可以采用 Fmoc 策略。Boc 策略是用 Boc 作为 *α*-氨基保护基。用相对温和的酸如三氟乙酸来脱除 Boc。Fmoc 策略是用 Fmoc 作为 *α*-氨基保护基，用有机弱碱如哌啶（pip）来脱除 Fmoc。由于 Fmoc 策略中温和的脱保护条件，固相合成较多采用 Fmoc 策略。固相多肽合成的缩合活化试剂与液相合成法相同。基于 Boc 策略和 Fmoc 策略的流程如下：

基于Boc策略的流程　　　　　　　　　　　　基于Fmoc策略的流程

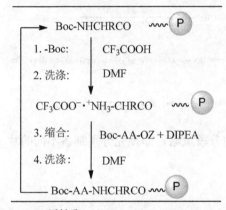
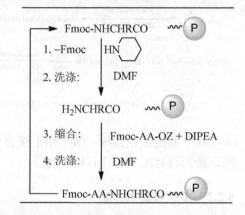

OZ = 活性酯

　　在固相合成过程中，无论是 Boc 策略，还是 Fmoc 策略，氨基酸侧链的保护策略和液相合成法类似也需要匹配的保护基（表 8.5）。侧链保护基团需要在整个合成过程中稳定存在，反应完成后才可脱去。丝氨酸和苏氨酸羟基可用苄基醚保护；赖氨酸的末端氨基可转化为三氟乙酰基衍生物或磺酰胺衍生物；组氨酸咪唑上的氮也可转化为磺酰胺保护；色氨酸吲哚上的氮经常用甲酰基保护。具体选择取决于所使用的脱保护、偶联反应的条件。

　　固相合成过程常用的树脂有：PAM 树脂、MBHA 树脂、Wang 树脂、2-Cl-Trt 树脂和 Rink 树脂等。这些树脂带有称作"手臂"的连接链，其一端连接树脂，另一端作为反应位点连接氨基酸。通常将羧基末端残基与树脂上"手臂"连接链的活泼基团（—Cl、—OH、—NH₂）作用连接到树脂上。

MBHA树脂　　　　　　　　　　　　　　　　PAM树脂

2-Cl-Trt树脂

Rink树脂

Wang树脂

固相多肽合成的缩合反应及缩合试剂，与液相条件下类似，主要也是通过将氨基酸的 C-端转化为活化酯完成的，再和未受保护的氨基反应。

检测反应终点，常用的方法是 Kaiser 法，通过检测树脂上的游离氨基从而判断反应效率。其配方为：6%茚三酮乙醇溶液、80%苯酚乙醇溶液和 2% 0.001mol/L KCN 的吡啶溶液。将其加入到洗净的树脂中，观测加热条件下树脂能否变色以判断连在树脂上的氨基有否完全反应。

固相多肽合成完成后，必须选择合适的切割试剂。其中，PAM 树脂、MBHA 树脂对酸非常稳定，可用于 Boc 策略的固相合成，需要用强酸 HF、三氟甲磺酸（TfOH）才能切除。而 Wang 树脂、2-Cl-Trt 树脂和 Rink 树脂，用较温和的三氟乙酸即可完成切割。因而这三种树脂适用于 Fmoc 策略。脱保护过程中，若多肽上存在亲核性基团的侧链，会与产生的叔丁基阳离子反应。因此，添加硫代苯甲醚等阳离子清除剂，可避免此副反应。

例 8.1　CA4 与四肽精-甘-天冬-丝的偶联物的固相合成

四肽精-甘-天冬-丝（Arg-Gly-Asp-Ser）可与某些肿瘤细胞表面过度表达的整合素（integrin）结合，被认为具有阻止肿瘤细胞迁移的作用。CA4（combretastatin A4）是从南非植物中分离得到的抑制肿瘤血管增生的二苯乙烯类活性化合物。CA4 与四肽精-甘-天冬-丝可通过丁二酰连接的偶联物（CA4-COCH$_2$CH$_2$ COArg-Gly-Asp-Ser-OH）被认为有潜在的抑制肿瘤增生和转移作用。

CA4-COCH$_2$CH$_2$COArg-Gly-Asp-Ser-OH

采用固相合成法合成时，首先把 Fmoc-Ser(*t*-Bu)-OH 连接到 2-Cl-Trt 树脂上，再用哌啶脱 Fmoc 保护基，然后在 DIC/HOBt 作用下与 Fmoc-Asp(O-*t*-Bu)-OH 缩合。接着重复上述步骤，相继延长肽链，最后与 CA4-COCH₂CH₂COOH 的羧基缩合。最后用三氟乙酸可脱除侧链的所有保护基并同时将多肽从树脂上切割下来。反应式如下：

Fmoc-Ser(*t*-Bu)-O ～～～ Ⓟ $\xrightarrow[\text{DMF}]{20\% \text{ Pip}}$ $\xrightarrow[\text{DIC/HOBt, DMF}]{\text{Fmoc-Asp(O-}t\text{-Bu)-OH}}$ Fmoc-Asp(O-*t*-Bu)-Ser(*t*-Bu)-O ～～ Ⓟ

2-Cl-Trt树脂

$\xrightarrow[\text{DMF}]{20\% \text{ Pip}}$ $\xrightarrow[\text{DIC/HOBt, DMF}]{\text{Fmoc-Gly-OH}}$ Fmoc-Gly-Asp(O-*t*-Bu)-Ser(*t*-Bu)-O ～～ Ⓟ

$\xrightarrow[\text{DMF}]{20\% \text{ Pip}}$ $\xrightarrow[\text{DIC/HOBt, DMF}]{\text{Fmoc-Arg(Pbf)-OH}}$ Fmoc-Arg(Pbf)-Gly-Asp(O-*t*-Bu)-Ser(*t*-Bu)-O ～～ Ⓟ

$\xrightarrow[\text{DMF}]{20\% \text{ Pip}}$ $\xrightarrow[\substack{\text{HBTU/HOBt/DIEA}\\\text{DMF}}]{\text{CA4-COCH}_2\text{CH}_2\text{COOH}}$ CA4-COCH₂CH₂COO-Arg(Pbf)-Gly-Asp(O-*t*-Bu)-Ser(*t*-Bu)-O ～～ Ⓟ

$\xrightarrow{\text{TFA}}$ CA4-COCH₂CH₂COArg-Gly-Asp-Ser-OH

例 8.2　奥曲肽的固相合成

奥曲肽（octreotide）是临床使用的抗肿瘤和治疗多种疾病的药物，是分子内含二硫键的环八肽，用固相合成方法是先合成线形八肽，然后氧化两个—SH 基为—S—S—得到环八肽。结构式与流程如下：

奥曲肽

$$\text{Cl} \sim\!\!\!\sim \text{(P)} \xrightarrow[\text{DIEA, DMF}]{\text{Fmoc-Thr(}t\text{-Bu)-OH}} \text{Fmoc-Thr(}t\text{-Bu)-O} \sim\!\!\!\sim \text{(P)} \xrightarrow[\substack{(2)\ \text{Fmoc-Cys(Trt)-OH} \\ \text{DIC/HOBt, DMF}}]{(1)\ \text{Pip, DMF}} \xrightarrow[\substack{(2)\ \text{Fmoc-Thr(}t\text{-Bu)-OH} \\ \text{DIC/HOBt, DMF}}]{(1)\ \text{Pip, DMF}}$$

2-Cl-Trt树脂

$$\xrightarrow[\substack{(2)\ \text{Fmoc-Lys(Boc)-OH} \\ \text{DIC/HOBt, DMF}}]{(1)\ \text{Pip, DMF}} \xrightarrow[\substack{(2)\ \text{Fmoc-D-Trp(Boc)-OH} \\ \text{DIC/HOBt, DMF}}]{(1)\ \text{Pip, DMF}} \xrightarrow[\substack{(2)\ \text{Fmoc-Phe-OH} \\ \text{DIC/HOBt, DMF}}]{(1)\ \text{Pip, DMF}} \xrightarrow[\substack{(2)\ \text{Fmoc-Cys(Trt)-OH} \\ \text{DIC/HOBt, DMF}}]{(1)\ \text{Pip, DMF}}$$

$$\xrightarrow[\substack{(2)\ \text{Fmoc-D-Phe-OH} \\ \text{DIC/HOBt, DMF}}]{(1)\ \text{Pip, DMF}} \text{D-Phe-Cys(Trt)-Phe-D-Trp(Boc)-Lys(Boc)-Thr(}t\text{-Bu)-Cys(Trt)-Thr(}t\text{-Bu)-O} \sim\!\!\!\sim \text{(P)}$$

$$\xrightarrow{\text{TFA}} \underset{\text{线形奥曲肽}}{\text{D-Phe-Cys-Phe-D-Trp-Lys-Thr-Cys-Thr-OH}} \xrightarrow{[\text{O}]} \underset{\text{奥曲肽}}{\overline{\text{D-Phe-Cys-Phe-D-Trp-Lys-Thr-Cys-Thr-OH}}}$$

问题 8.5　固相合成多肽药物醋酸地加瑞克（degarelix acetate）：

醋酸地加瑞克

8.3　寡核苷酸的合成

寡核苷酸是一类一般含不超过 50 个碱基的短链核苷酸。化学合成的寡核苷酸是核酸研究和 DNA 操控的重要工具，包括可应用于定点诱导基因突变和通过聚合酶链反应进行 DNA 扩增等。和多肽类似，寡核苷酸分子也是由单体分子按照一定的序列线性组合并由相同的共价键连接而成的。对于寡核苷酸来说，其单体是核苷酸，每个单元由相同的磷酸酯键连接。因此，其合成可以通过依次添加 4 种核苷酸和活化偶联剂来合成。

8.3.1　寡核苷酸的液相合成

除了胸腺嘧啶无需保护外，其他核苷酸（或者脱氧核苷酸）的碱基存在亲核位点，因此必须加以保护。腺苷的 6-氨基和胞苷的 4-氨基常用苯甲酰基保护，鸟嘌呤脱氧核苷的 2-氨基则用异丁酰基保护。常用试剂一般是酰氯。对于胞嘧啶，还可使用活性酯如全氟苯甲酸苯酯，选择性只保护氨基而不与羟基反应。例如：

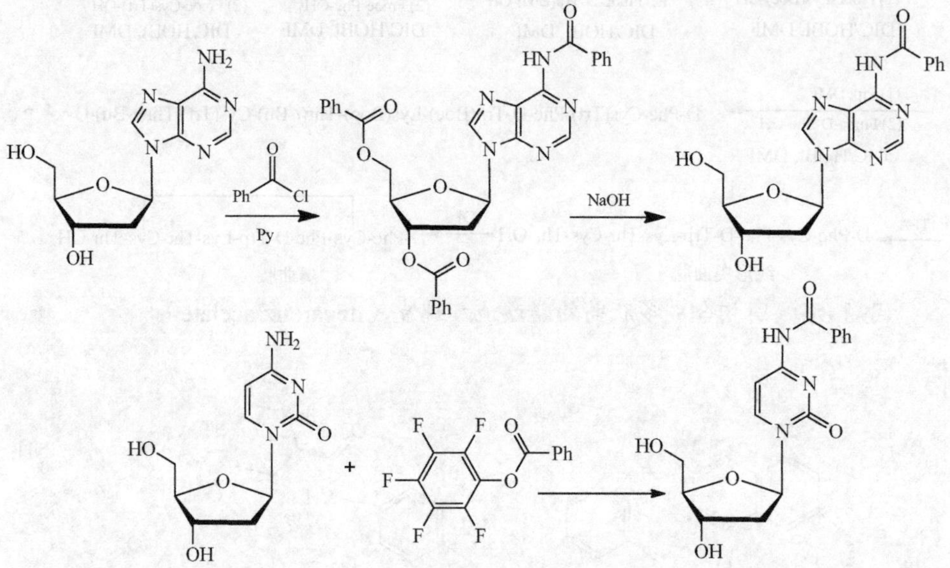

核苷酸的 5-羟基可用 4, 4′-二甲氧基三苯甲基（DMT）实现选择性转化为醚进行保护。

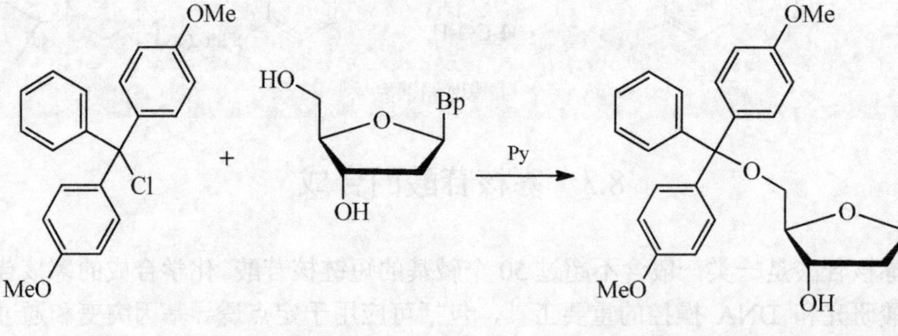

20 世纪 50 年代，Michelson 和 Todd 首先发展了磷酸二酯法液相合成寡核苷酸。将具有一个芳基取代基（通常为邻氯苯基）的 3-磷酸混酯与一个 5-OH 脱保护的核苷酸偶联。偶联剂使用磺酰卤等，反应通过形成活性磺酸酯来进行。常见的偶联试剂有：2, 4, 6-三异丙基苯磺酰氯、1-(均三甲苯基-2-砜基)-3-硝基-1, 2, 4-三唑（MSNT）。反应式如下：

Bp：被保护的碱基

液相合成法后来进一步改良，发展了磷酸三酯法、亚磷酸三酯法和亚磷酰胺合成法等。这些方法都存在各自的局限性。

8.3.2　寡核苷酸的固相合成

M. H. Caruthers 发展的亚磷酰胺合成法，是基于亚磷酰胺的氧化反应，目前被广泛应用于寡核苷酸的固相合成。固相合成法具有合成更加快速、便利、高效，可实现自动化的特点。与 DNA 复制的生物合成相反，一般从 3′-端向 5′-端合成。因此，将核苷 3′-位固定在固相载体上。固相载体除了可以用高度交联的聚苯乙烯树脂外，还常用可控微孔玻璃珠（CPG）。载体通过附着在二氧化硅表面的氨基实现官能团化。再用琥珀酸酯与末端 3′-OH 基团连接。

第一步，脱保护：用三氯乙酸或二氯乙酸脱去连在固相载体上的核苷酸 5′-羟基上的保护基团 DMT，使它暴露出来进行下一步反应。

第二步，活化偶联：将亚磷酰胺单体（一般使用 N, N-二异丙基亚磷酰胺连接 5′-羟基被保护的核苷酸，磷的第三取代基是甲氧基或 2-氰基乙氧基）用四唑活化，形成高反应性的亚磷酰四唑，与连在固相载体上的寡核苷酸 5′-羟基偶联，这一步的效率一般在 98% 以上。

第三步，封闭：为了防止少量未反应（<2%）的连在固相载体上的 5′-羟基进入下一循环，用乙酐对其进行乙酰化封闭，大大提高了最后产品的纯度。

第四步，氧化：缩合反应时核苷酸单体是通过亚磷酯键与连在 CPG 上的寡核苷酸连接，而亚磷酯键不稳定，反应活性高，易被酸、碱水解，此时常用碘的四氢呋喃溶液将亚磷酯转化为稳定的磷酸三酯，得到寡核苷酸。

循环经过上面四个步骤，核苷酸被逐个加到合成的寡核苷酸链上。

最后一步,切割:用浓氨水把寡核苷酸从固相载体上切割下来,脱去碱基和磷酸基团上的保护基。

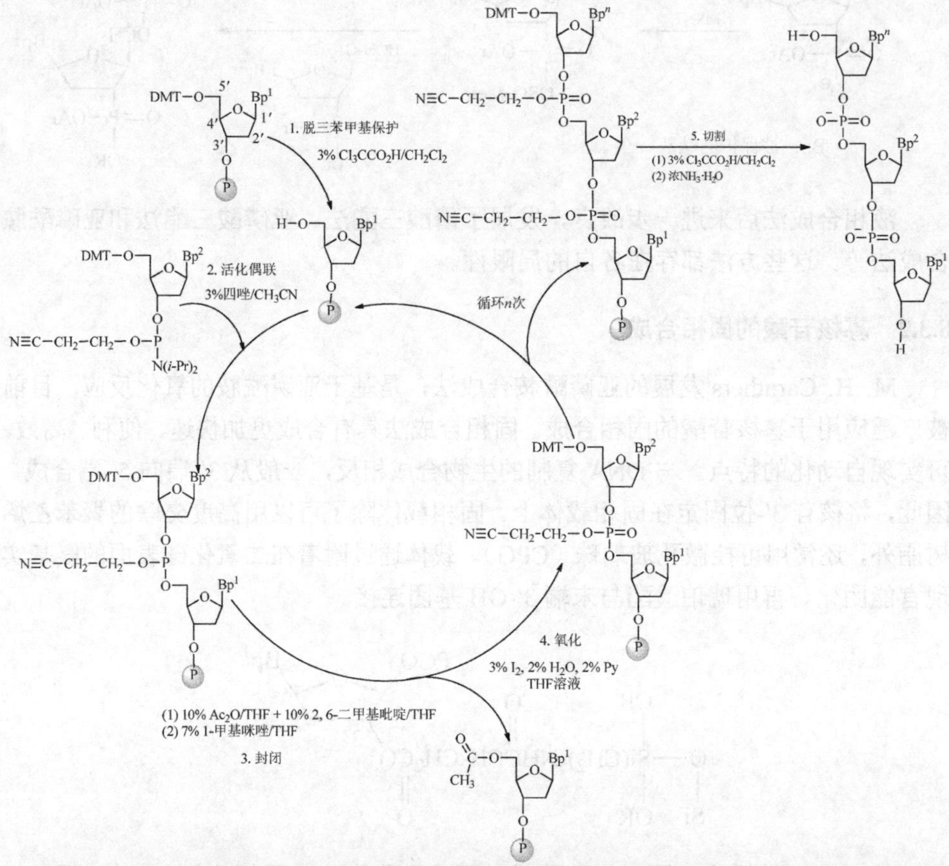

问题 8.6 写出固相合成中四种脱氧核苷碱基的保护方法。

习　题

一、写出下列合成中的中间产物:

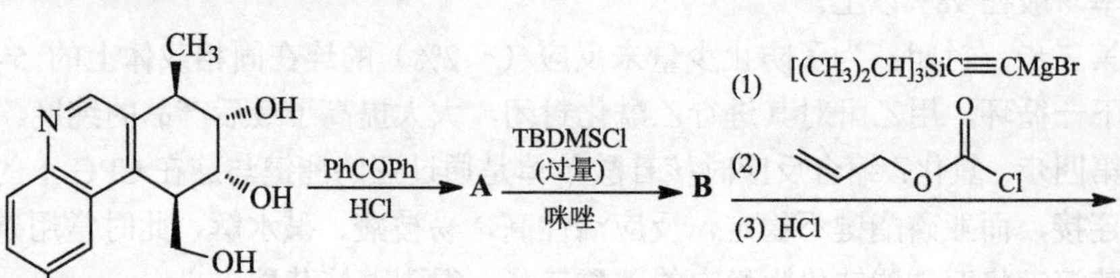

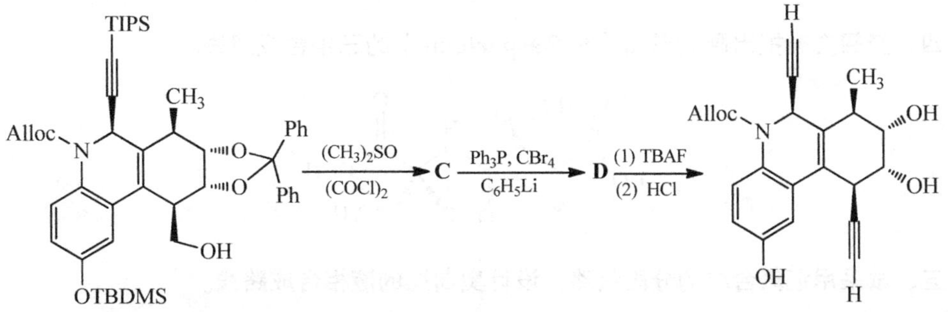

二、写出下列各步反应的反应试剂和反应名称：

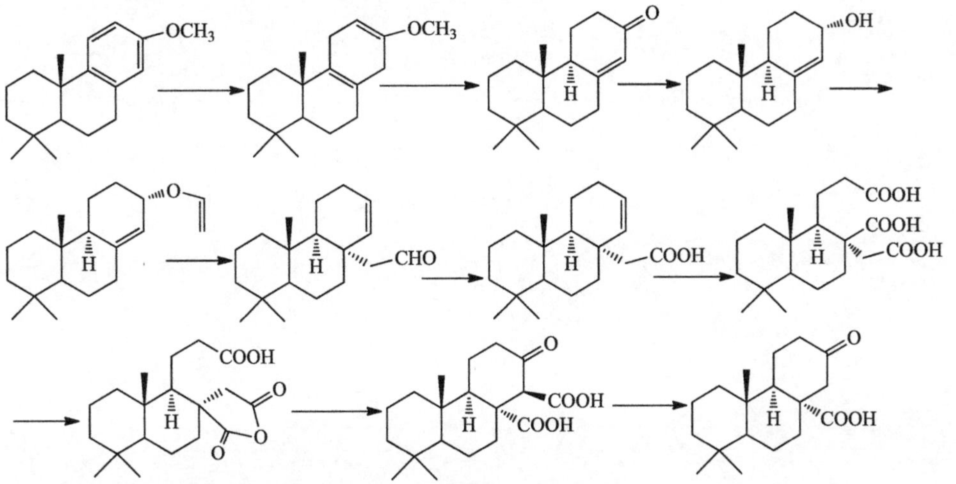

三、写出下列转变中导入和除去保护基的条件：

(1)

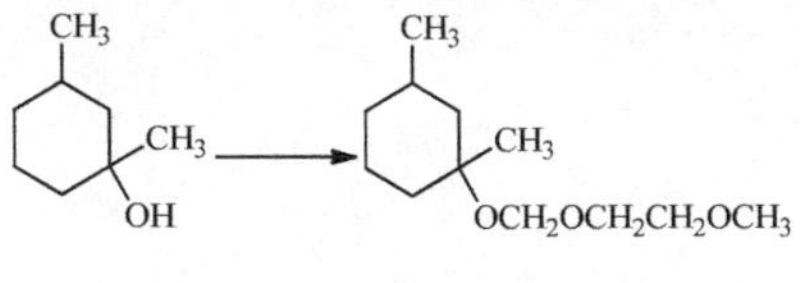

(2)

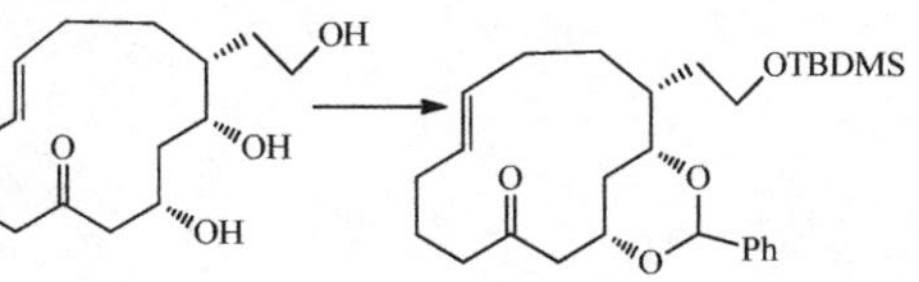

(3)

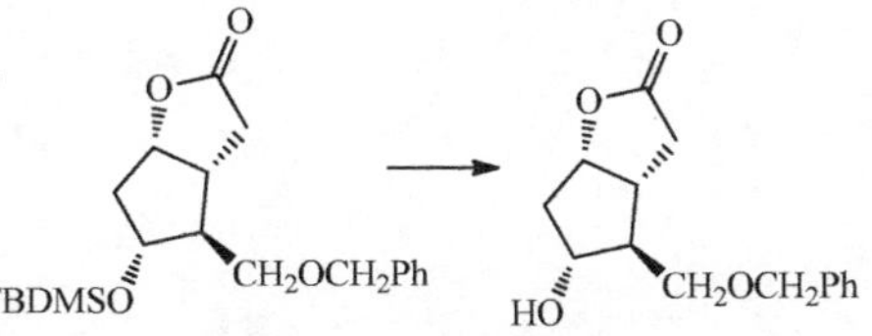

(4)

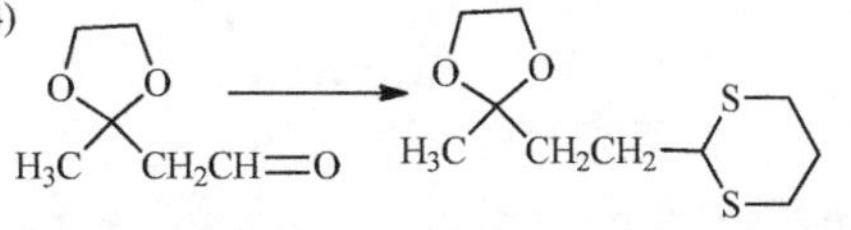

(5)

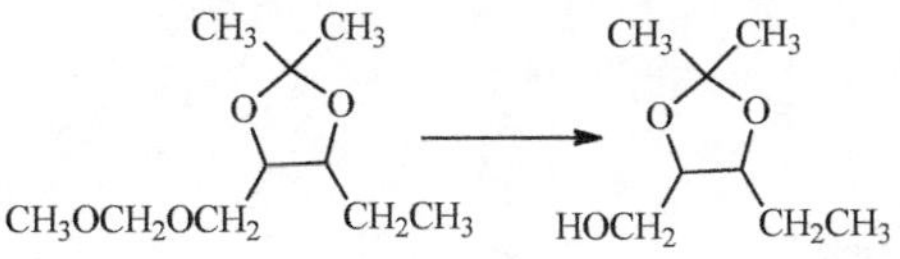

(6)

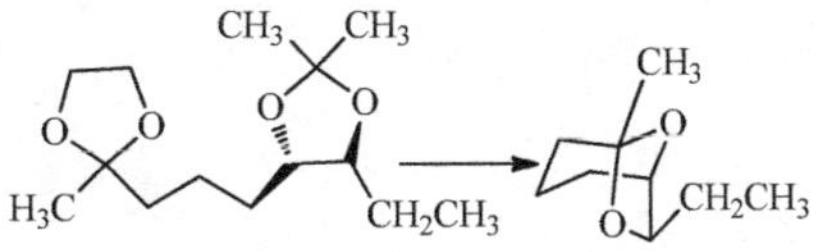

四、查阅文献提出阿斯巴甜（*S, S*-aspartame）的三条合成路线。

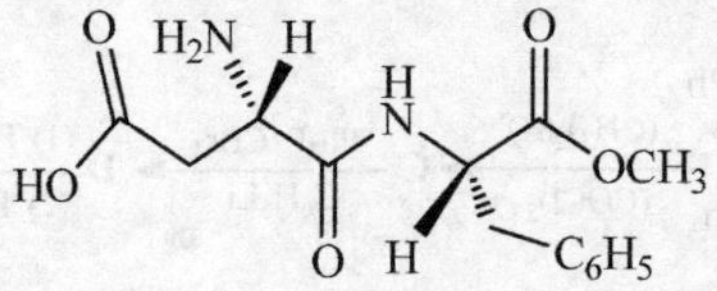

五、试采用汇聚合成的分段策略，设计奥曲肽的液相合成路线。

第 9 章 不对称合成

9.1 不对称合成的基本概念

9.1.1 手性的意义

　　手性指一个物体不能与其镜像相重合。手性在自然界中广泛存在，大至行星自转、大气气旋，小至矿物晶体、有机分子，都存在手性现象。生命体系中生物体的大分子不仅都是手性的，而且都以单一的对映体存在，例如，构成蛋白质的氨基酸都是 L-氨基酸，而组成多糖和核酸的单糖都是 D-单糖。

　　手性化合物的一对对映体或非对映体常表现出不同的生理和药理作用。例如，治疗帕金森病的药物 L-多巴（L-dopa）在体内可以被脱羧酶催化脱羧，产生活性药物多巴胺（dopamine），而 D-多巴不能被催化脱羧。如服用外消旋的多巴，D-多巴则会在体内积累，对健康造成危害。青霉胺（penicillamine）的 D-对映体适用治疗 Wilson 症（肝豆状核变性）和胆管硬化症，也可以用作汞、铅等重金属中毒的解毒剂，但其 L-异构体却会导致视力衰退，且有致癌的潜在危险。沙利度胺（thalidomide）又称反应停，其 R-异构体有止吐和镇静作用，而 S-异构体则有强烈的致畸作用。20 世纪 60 年代，在欧洲，孕妇服用了外消旋的沙利度胺，发生了畸形婴儿的悲剧。由于立体异构体的生理活性差异和潜在的危害，许多国家在 20 世纪 90 年代颁布了手性药物管理条例，单一立体异构体是手性药物的基本要求。手性农药、香料、食品添加剂等同样也需要单一立体异构体。例如甜味剂阿斯巴甜（aspartame），其 S, S-异构体的甜度是蔗糖的 200 倍，而其他异构体却呈苦味。

L-多巴　　　　　D-青霉胺　　　　　(S, S)-阿斯巴甜

(R)-沙利度胺　　　　　(S)-沙利度胺

上述因素推动了不对称合成研究领域的快速发展。手性化合物的合成技术——不对称合成，已成为有机合成非常重要的研究领域。

9.1.2　手性分类

分子的手性可以根据分子中的不对称元素分为中心手性（central chirality）、轴手性（axial chirality）、面手性（planar chirality）及螺旋手性（helic chirality）。

中心手性是指连有 4 个不同原子或基团（包括未成键的电子对）的四面体原子所形成的手性。

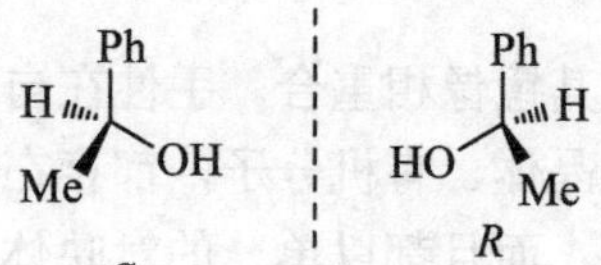

S　*R*

中心手性

轴手性是指通过分子中的一个轴来区别左右手征性，该轴即为手性轴，如丙二烯型或联苯型手性化合物分子。

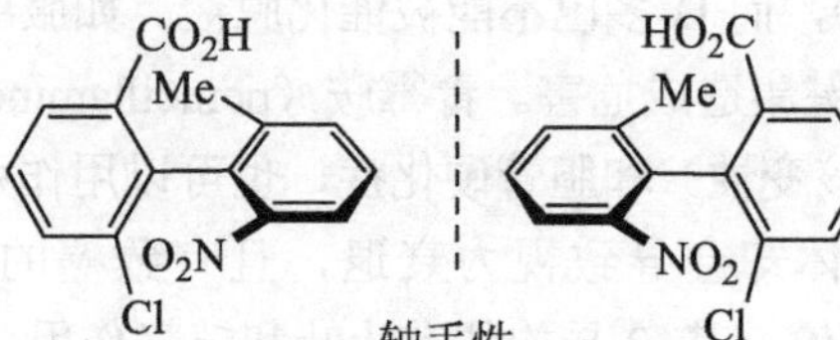

S　轴手性　*R*

面手性是指基于分子的一个平面来区别手征性，该面即为手性面，如二茂铁衍生物、手性提篮型化合物或反环辛烯等。

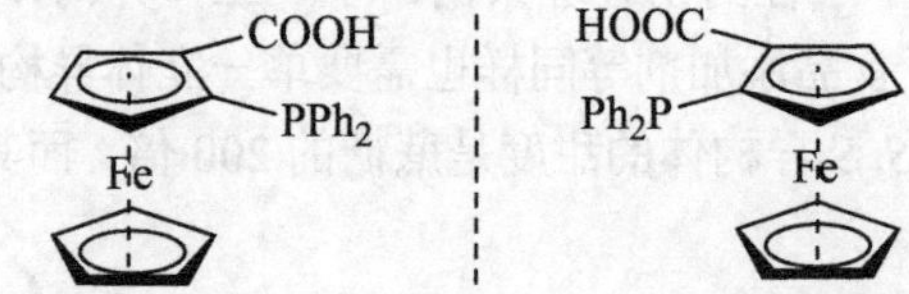

R_p　S_p

螺旋手性是基于指分子的不同螺旋方向而形成的手性，如螺苯型手性分子。

M　螺旋手性　P

其他关于手性化合物的概念和符号如 D/L、*R/S*、(+)、(−)、(±)、对映体、非对映体、内消旋体（*meso-*）、外消旋体（±）等在基础有机化学中都已阐述，因而在此不再赘述。

9.1.3　对映选择性和非对映选择性

优先生成一个（或多个）构型异构体（configurational isomer）的反应称为立体选择性反应（stereoselective reaction）。立体选择性反应分为对映选择性（enantioselective reaction）和非对映选择性反应（diastereoselective reaction）。

反应生成的两种立体异构产物为对映异构体，且其中一种对映体的量多于另一种，则这种反应称为对映选择性反应。例如：

$$\text{PhCOCH}_3 \xrightarrow{(-)\text{-IPC}_2\text{BCl}} \underset{\text{Ph}}{\overset{\text{H}\quad\text{OH}}{\diagup\diagdown}}\text{CH}_3 \qquad (ee\ 98\%)$$

对映选择性用对映体过量百分率（enantiomeric excess，*ee*）来表示，即反应中生成的一种对映体多于另一种对映体的百分率。生成的产物仅一种对映体，则 *ee* 值为 100%。生成的产物为外消旋混合物（racemic mixture），则 *ee* 值为零。若生成的两种对映体分量为 3 : 1（75% : 25%），则 *ee* 值为 50%。

$$ee = \frac{[\text{S}] - [\text{R}]}{[\text{S}] + [\text{R}]} \times 100\%$$

对映选择性也常用对映体的比例（enantiomeric ratio，er）来表示。

当生成的立体异构产物为非对映异构体且其中一种非对映体的量多于其他非对映体，则这种反应是非对映选择性反应。例如：

$$\underset{\text{Ph}}{\overset{\text{H}_3\text{C}}{\diagup}}\underset{\text{H}}{\diagdown}\overset{\text{O}}{\underset{\text{CH}_3}{\diagup}} \xrightarrow[\text{(2) H}_2\text{O, H}^+]{\text{(1) }t\text{-Bu-MgBr}} \underset{\text{Ph}}{\overset{\text{H}_3\text{C}}{\diagup}}\underset{\text{H}}{\diagdown}\overset{\text{OH}}{\underset{t\text{-Bu}}{\diagup}}\text{CH}_3 \qquad (de\ 96\%)$$

非对映选择性的效率用非对映体过量百分率（diastereomeric excess，*de*）表示。

$$de = \frac{[\text{S}^*\text{S}] - [\text{S}^*\text{R}]}{[\text{S}^*\text{S}] + [\text{S}^*\text{R}]} \times 100\%$$

非对映选择性也常用非对映体的比例（diastereomeric ratio，dr）来表示。

对反应底物的结构来说，对映选择性和非对映选择性的区别可进一步说明如下。

如果反应物分子中两个相同基团 X 之间有对称面或对称中心，则它们是对映基团（enantiotopic group）。如果反应物分子中含有 sp^2 杂化碳双键（C=C 和 C=O），同时分子的对称面（双键和 A、B 所在的平面）内没有对称轴，则垂直平分该对称面的平面为对映面。对映基团的转换反应或对映面上的加成反应，一般生成对映异构体：

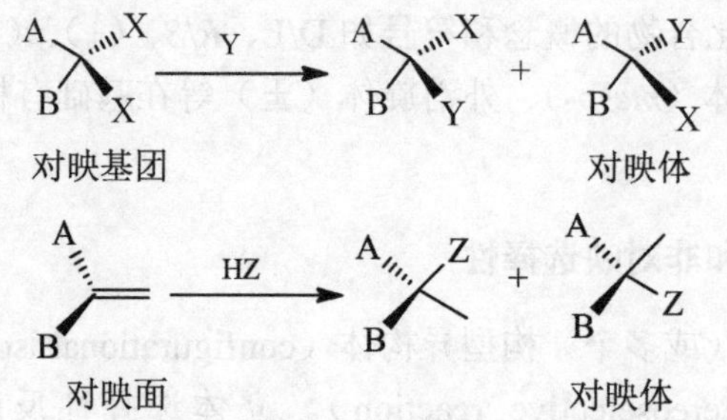

对映基团　　　　　　　　　　　对映体

对映面　　　　　　　　　　　对映体

例如：

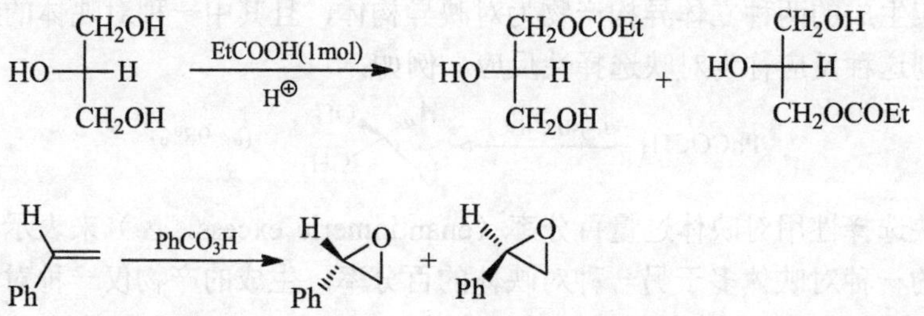

反应中如果选择性地进攻某一个对映基团或对映面，则是对映选择性反应。例如：

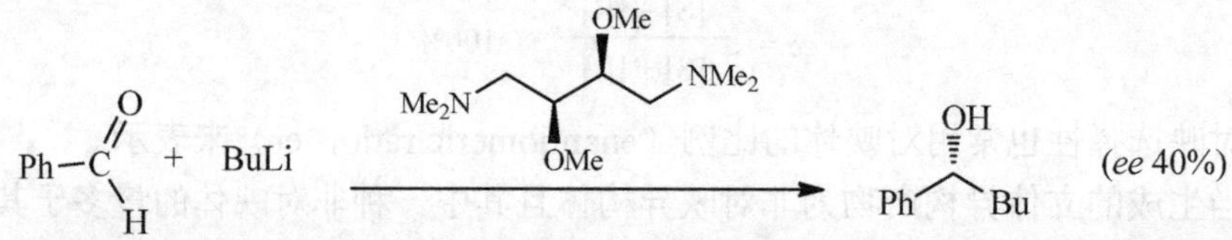

(ee 40%)

如果分子中两个相同基团 X 不能通过任何对称操作互换，则它们是非对映基团。如果分子中双键所在的平面既不是对称面，也不存在对称轴，则该平面是非对映面。非对映基团的转换或非对映面上的加成反应生成非对映异构体：

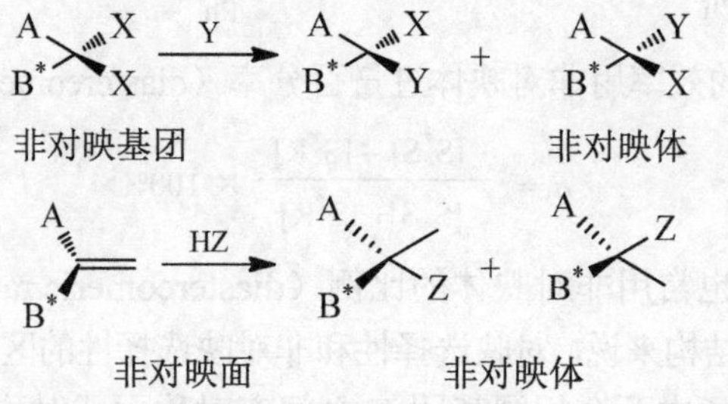

非对映基团　　　　　　　　　非对映体

非对映面　　　　　　　　　非对映体

例如：

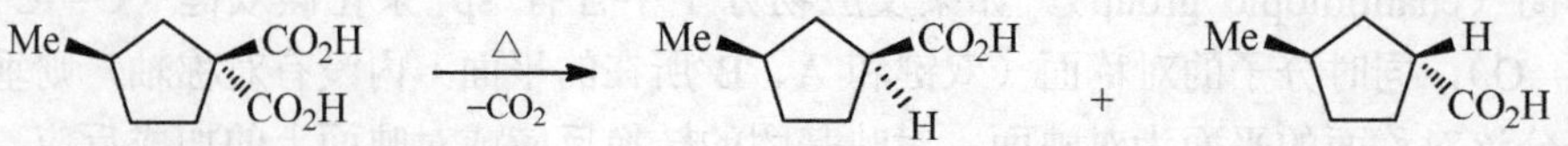

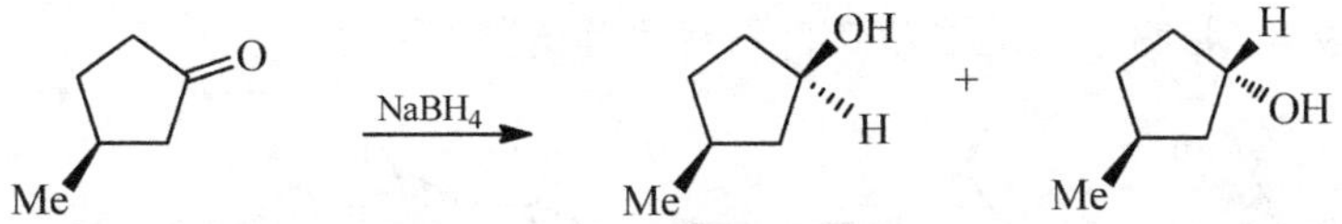

反应中如果选择性地进攻某一个非对映基团或非对映面，则是非对映选择性反应。例如：

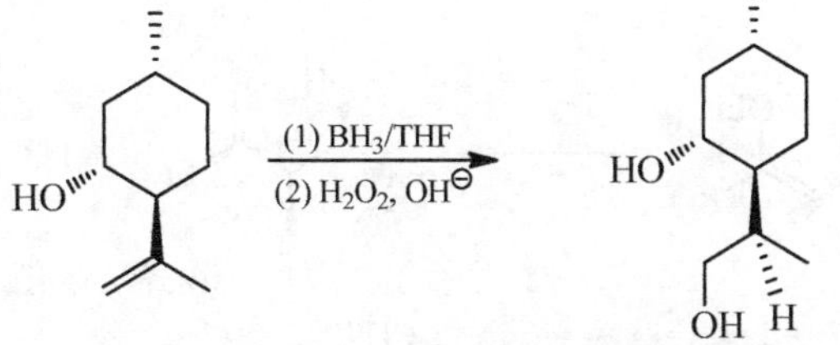

主要立体异构体产物

有些反应既有对映选择性也有非对映选择性。例如：

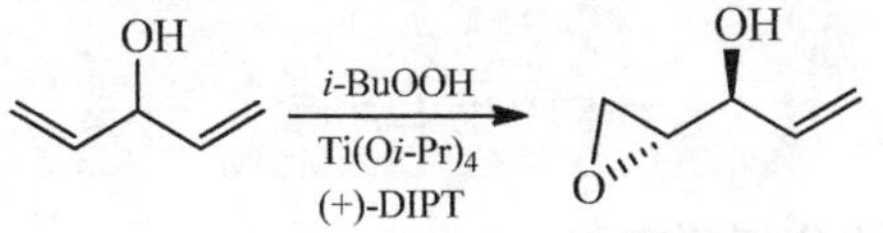

主要立体异构体产物

在对对映选择性或非对映选择性反应进行机理分析时，经常用到下面两种术语，分别介绍如下：

（1）*syn/anti*（同侧/异侧）：*syn/anti* 是用来描述两个取代基对于环上某个平面的相对构型的前缀。*syn* 指同侧，而 *anti* 指异侧。在直链化合物中也常用 *syn/anti* 表示相邻碳原子上的相关取代基在同侧或异侧。

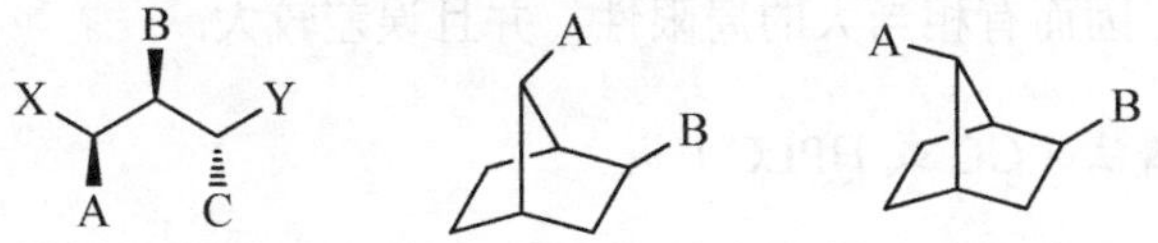

A/B：*syn*，B/C：*anti*　　　　*syn*　　　　　*anti*

（2）*Re* 面/*Si* 面：*Re/Si* 是关于面选择性的立体化学描述。如 a、b、c 是与 sp^2 杂化碳原子相连的三个原子或基团，按次序规则排列，若 a 优先于 b，b 优先于 c（a＞b＞c），则向着观察者的以顺时针取向的面称为 *Re* 面，以逆时针取向的面称为 *Si* 面。例如，对于羰基的 sp^2 杂化碳组成的平面：

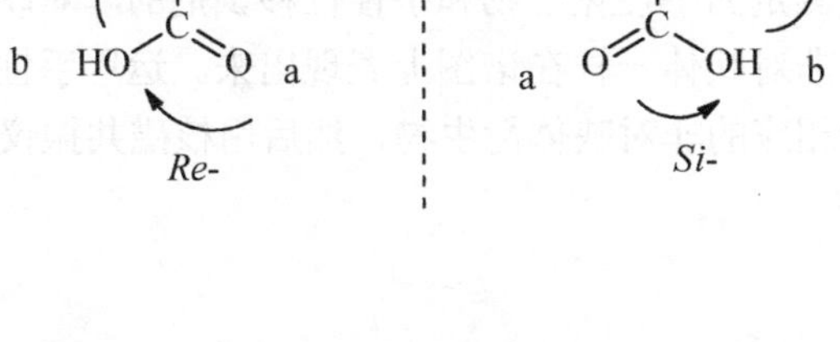

问题 9.1　指明下列反应涉及哪一种立体选择性:

(1)

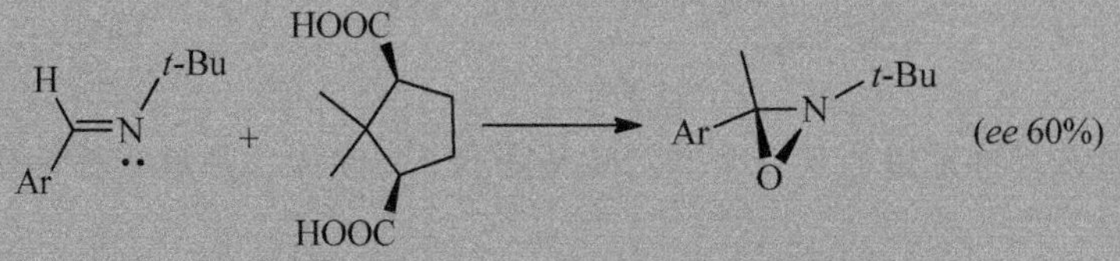

(ee 60%)

(2)

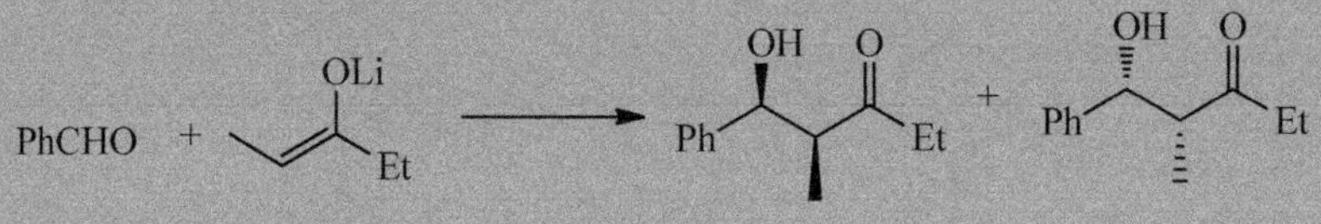

*syn*式,外消旋

(3)

(1) EtMgBr

(2) H⁺, H₂O

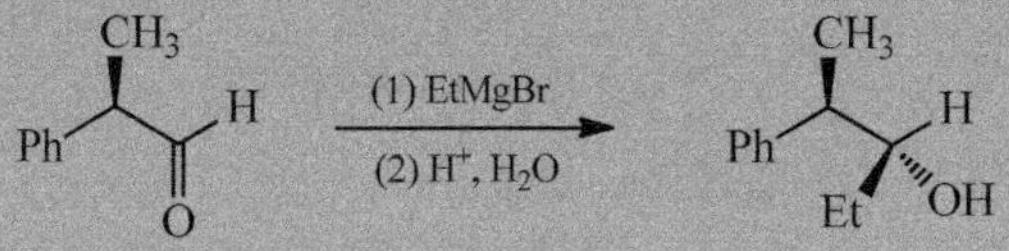

主要非对映体产物

9.1.4　对映异构体组成的分析测定

1. 测定比旋光度

$$旋光纯度(OP) = \frac{[\alpha]_{观察}}{[\alpha]_{纯对映}} \times 100\%$$

旋光纯度 OP 值即是反应产物的对映体过量百分率 *ee* 值。这种方法需要被测对映体的[α]值,因而有相当大的局限性,并且误差较大。

2. 手性色谱法(GC 或 HPLC)

测定对映体组成的最有效的方法是手性色谱法。它的基础是手性固定柱(手性柱)对手性物质对映体的快速和可逆的非对映性的相互作用,由于对映体的作用能力的差异,对映体在色谱体系中分离,因而对映体各自以不同的速度被洗脱。目前多种类型的气相色谱和高效液相色谱手性柱已商业化。

3. 核磁共振法

运用核磁共振法测定对映体的组成必须使用手性位移试剂或手性衍生化试剂。基本原理是被测定的手性化合物和手性位移试剂的非对映性相互作用,使被测对映体化合物像非对映体一样在谱图上表现出来。运用手性衍生化试剂的方法是将对映体转化为相应的非对映体衍生物,然后用核磁共振仪测定。

9.2　不对称合成反应分类

不对称合成是一个有机反应，其中底物分子整体中的非手性单元由反应剂以不等量地生成立体异构产物的途径转化为手性单元。反应剂可以是化学试剂、催化剂，以及溶剂或物理因素。根据反应中手性源的不同，不对称合成主要包含以下几类。

9.2.1　手性底物控制的不对称合成方法

底物控制的不对称合成，是指反应物的反应中心一般与已存在的手性单元（X^*）相邻，在已有手性单元的诱导下，与反应试剂作用后生成新的手性单元。这类方法需要采用旋光纯的手性反应底物。可以用"锦上添花"形容底物控制的不对称合成。反应通式如下：

$$S\text{—}X^* \xrightarrow{R} P^*\text{—}X^*$$

对（–）-异胡薄荷醇中的双键进行硼氢化反应，可以生成新的手性中心：

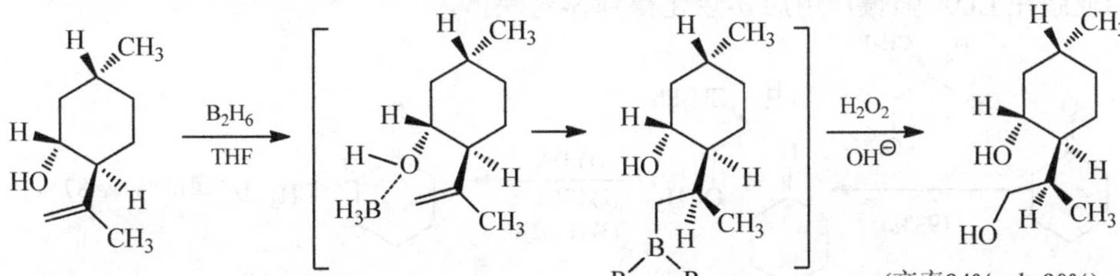

（产率94%; *de* 90%）

午毒蛾信息素的合成可以采用 **D**-甘油醛为原料进行转化：

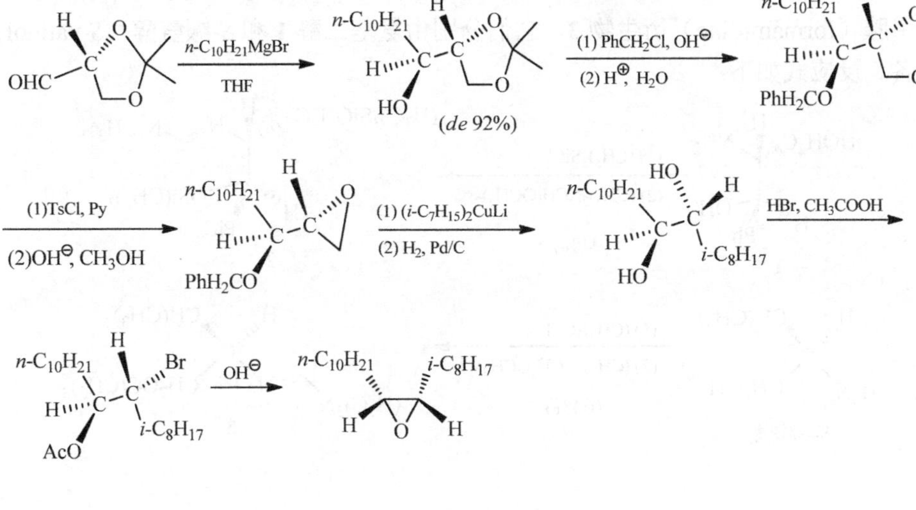

9.2.2　手性辅基控制的不对称合成方法

手性辅基（auxiliary）控制的不对称合成，是指在非手性的反应底物分子中引入含手性单元作为辅基（A*），在手性辅基的诱导下，邻近的反应中心与反应试剂作用后生成新的手性单元，然后除去手性辅基得到手性产物（P*）。此类不对称合成方法可用"过河拆桥"或"卸磨杀驴"形容。反应通式如下：

$$S \xrightarrow{A^*} S—A^* \xrightarrow{R} P^*—A^* \xrightarrow{-A^*} P^*$$

这一方法需要导入和除去手性辅基，使合成效率降低。同时需要对映纯的手性辅基化合物。手性辅基化合物一般可回收循环使用。常用的手性辅基有手性胺、手性脯氨醇、手性噁唑烷（oxazolidine）、Evans 试剂、手性噁唑啉（oxazoline）和手性亚砜等。举例如下。

1. 手性胺

手性胺与醛酮反应可以生成手性亚胺，后者在强碱作用下在 α-碳上不对称烃化，水解除去手性辅基后得到 α-手性的羰基化合物。环己酮和上面的手性胺形成的亚胺在 LDA 强碱作用后 α-烃化得到 S-对映体。

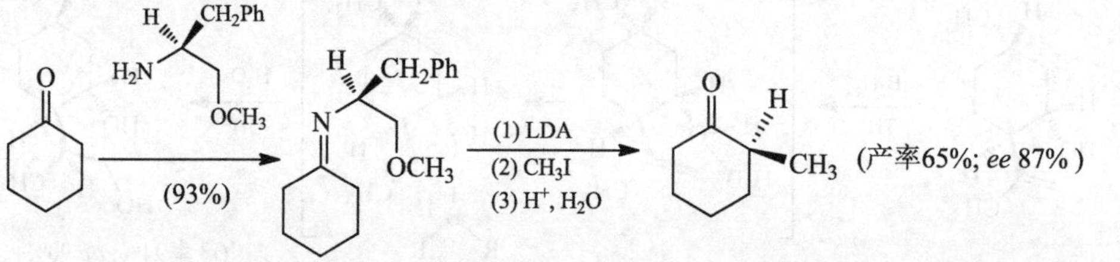

胺的 α-不对称烃化在生物活性物质尤其是生物碱的合成中具有重要价值。在胺的 α-不对称烃化反应中，常用的手性辅助试剂是双三甲基硅醚手性甲脒 **2** 和手性甲脒（formamidine）衍生物 **3**，它们分别由氨基二醇 **1** 和 S-缬氨醇（S-valinol）制备。反应式如下：

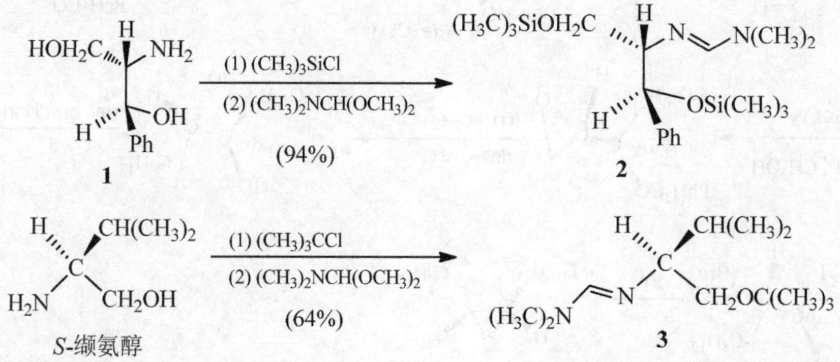

在手性甲脒分子中，由于邻近手性的影响，α-位的烃化具有相当高的立体选择性。例如，四氢异喹啉 α-烃化产物的 *ee* 值大于 95%。反应式如下：

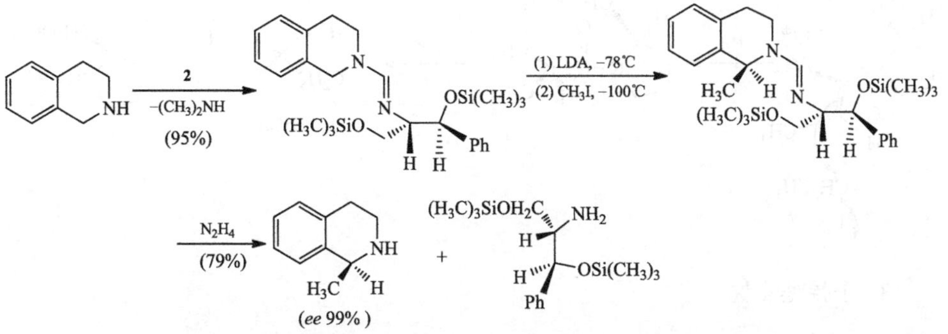

手性环状仲胺与醛酮的羰基缩合成烯胺，烯胺与亲电试剂作用，然后水解可得到 α-手性的羰基化合物：

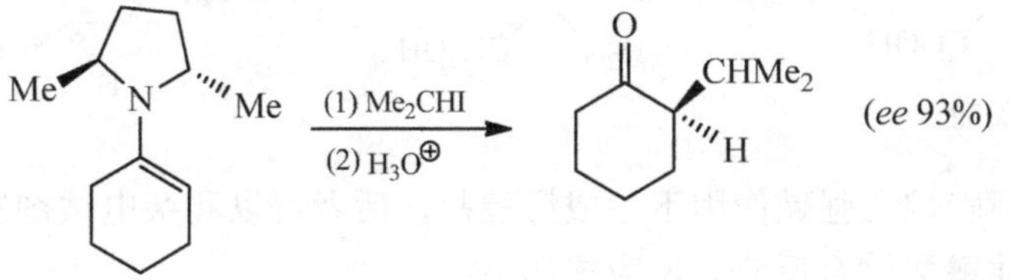

2. 手性脯氨醇

在羧酸 α-不对称烃化中，手性脯氨醇是最常用的辅基之一。*N*-酰基脯氨醇在强碱作用下形成 *Z*-构型手性烯醇盐，两个—OLi 单元相距最远，由于邻近手性的影响，烃化在空间位阻较小的一边进行。例如：

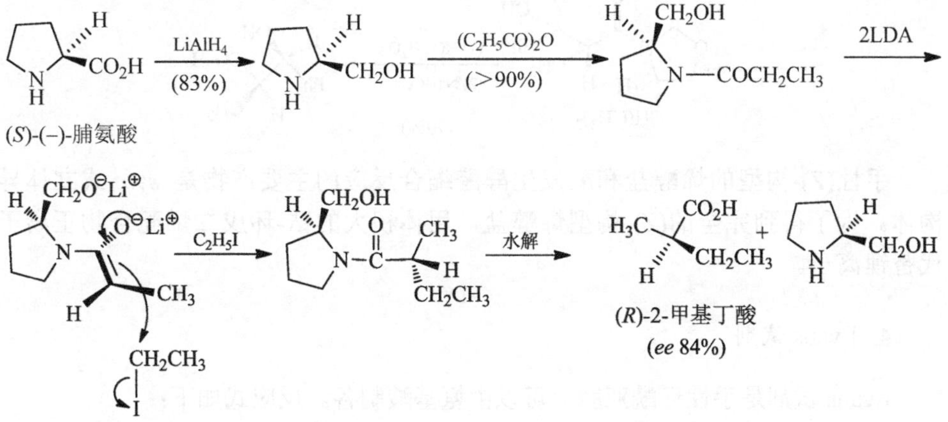

(*S*)-(−)-脯氨酸

如果使用手性脯氨醇甲醚，则主要得到相反构型的产物。其原因是甲醚的氧原子和烯醇负离子与锂离子形成环状螯合物。如下所示：

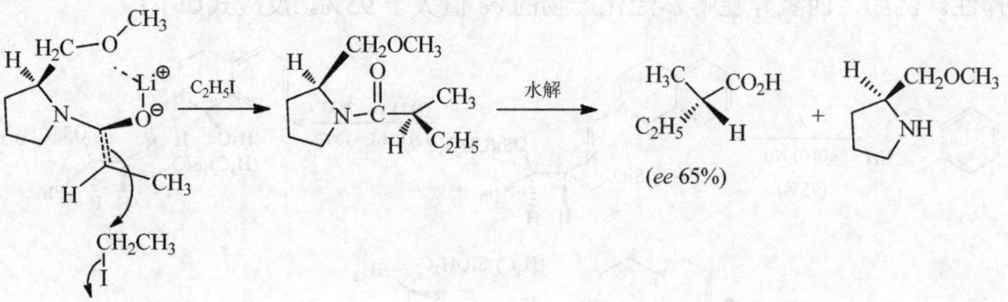

(ee 65%)

3. 手性噁唑烷

L-缬氨酸（valine）用于制备手性噁唑烷试剂。反应式如下：

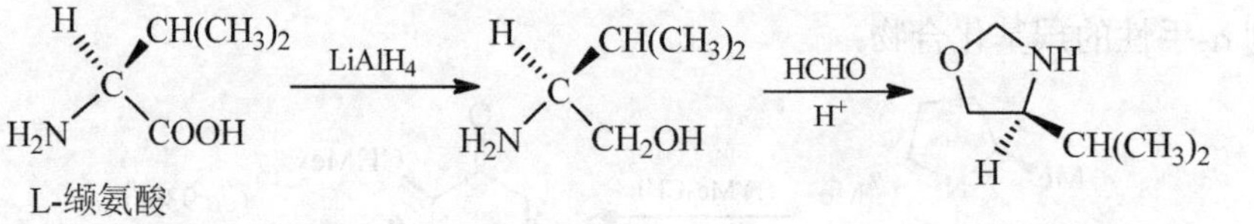

L-缬氨酸

N-酰基噁唑烷在强碱作用下生成烯醇盐，后者可以和亲电试剂发生反应。例如和醛酮发生醇醛缩合反应。反应式如下：

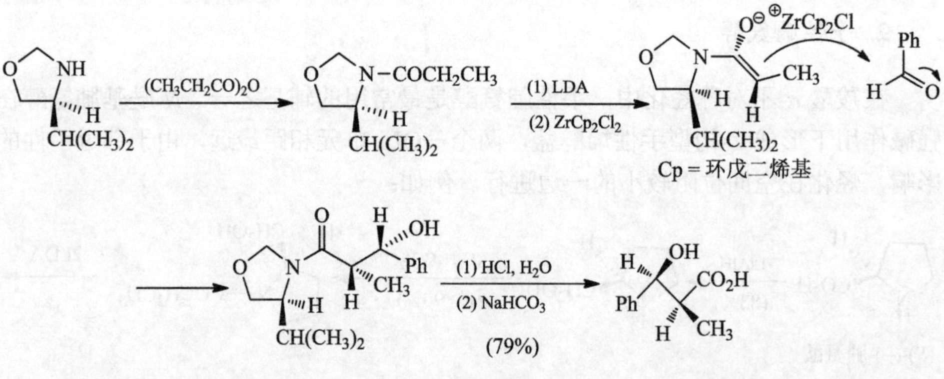

Cp = 环戊二烯基

(79%)

手性(*Z*)-构型的烯醇盐和醛发生醇醛缩合反应的主要产物是 *syn* 式立体异构体。为了得到完全的(*Z*)-构型烯醇盐，用体积大的锆-环戊二烯配合物正离子代替锂离子。

4. Evans 试剂

Evans 试剂是手性环酰亚胺，可以由氨基酸制备。反应式如下：

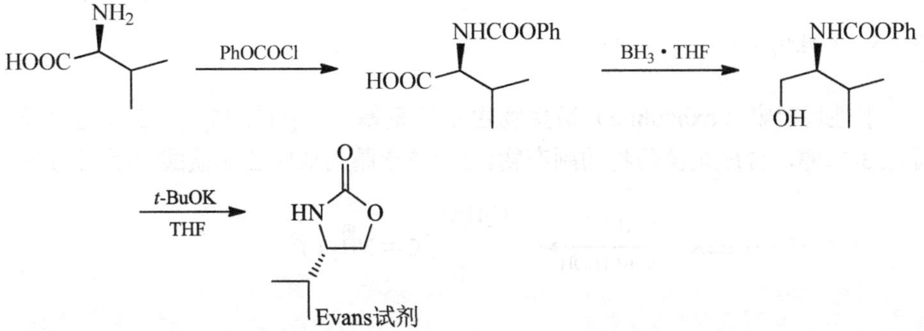

N-酰基 Evans 试剂在强碱如 LDA 作用下生成烯醇锂盐,锂离子同时与羰基氧配位形成六元螯合环。由于环上烃基的位阻,亲电试剂从相反一边进攻烯醇盐。如下所示:

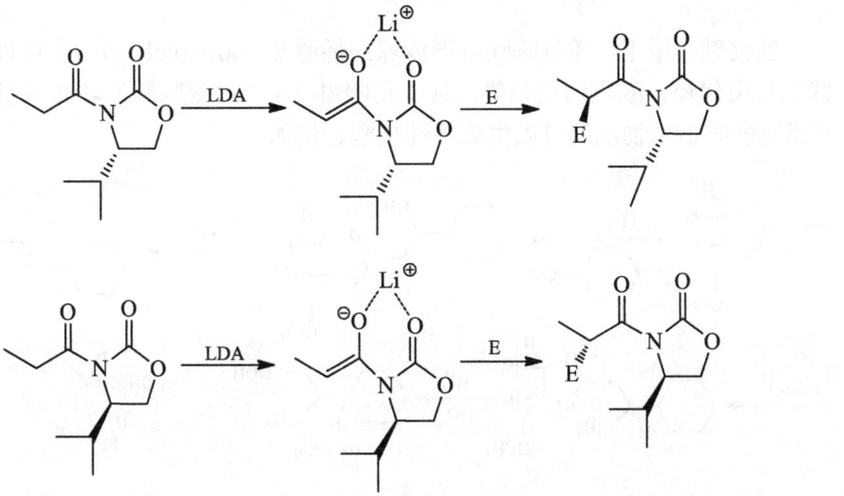

例如:

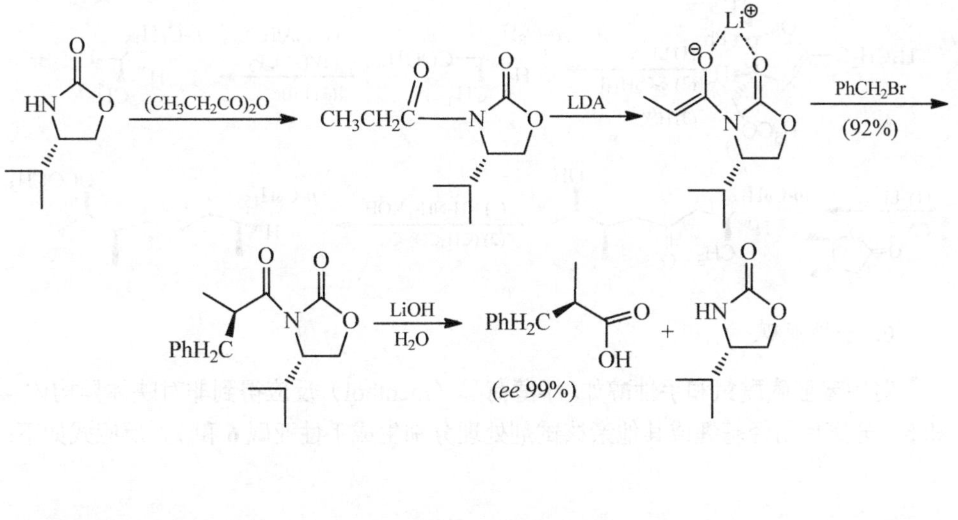

5. 手性噁唑啉

手性噁唑啉（oxazoline）衍生物由手性氨基二醇[(1S, 2S)-(+)-2-氨基-1-苯基丙-1, 3-二醇，合成抗菌药物的副产物]与脂肪族腈的亚胺乙酯盐酸盐反应制备。

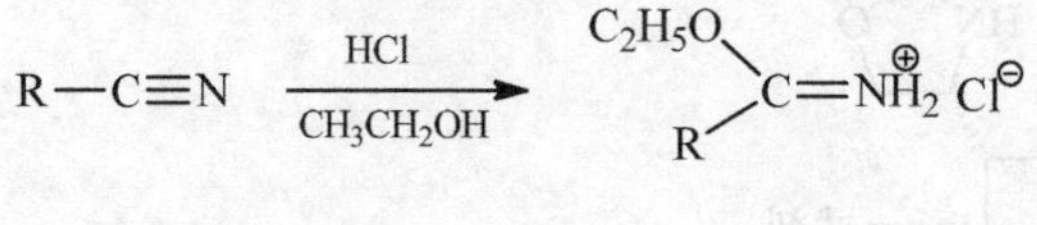

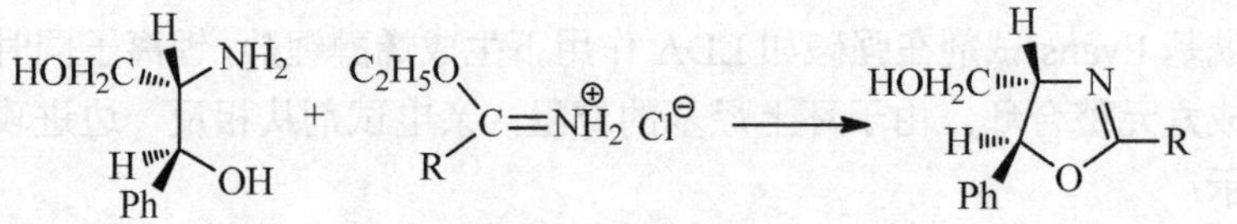

在强碱作用下，手性噁唑啉形成氮杂烯醇盐（aza-enolate），它可以作为亲核试剂与卤代烃、醛酮的羰基等反应。噁唑啉（4, 5-二氢噁唑）环是羧基的前体，手性噁唑啉衍生物水解可以生成手性羧酸。例如：

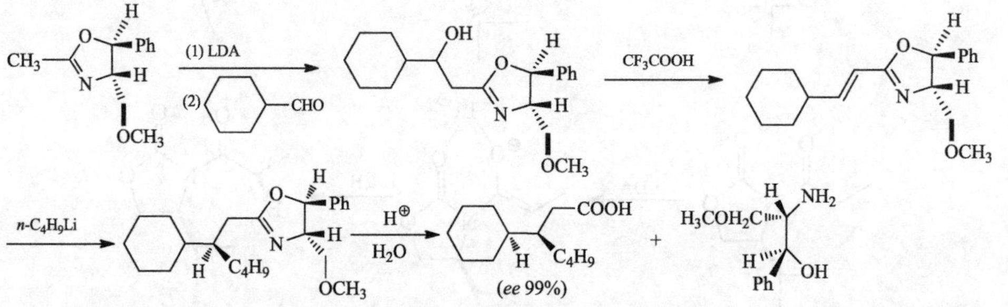

采用此种策略可以合成欧洲松锯蜂性信息素。反应式如下：

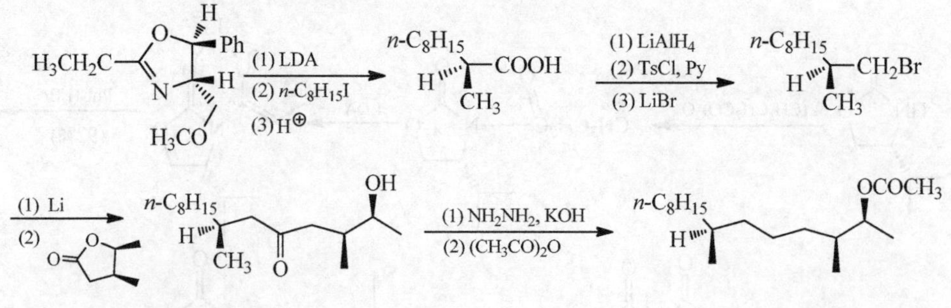

6. 手性亚砜

对甲苯亚磺酰氯和手性醇如(–)-薄荷醇（menthol）反应得到非对映体异构体 **4** 和 **5**，分离后用烃基锂或其他亲核试剂处理分别生成手性亚砜 **6** 和 **7**。反应式如下：

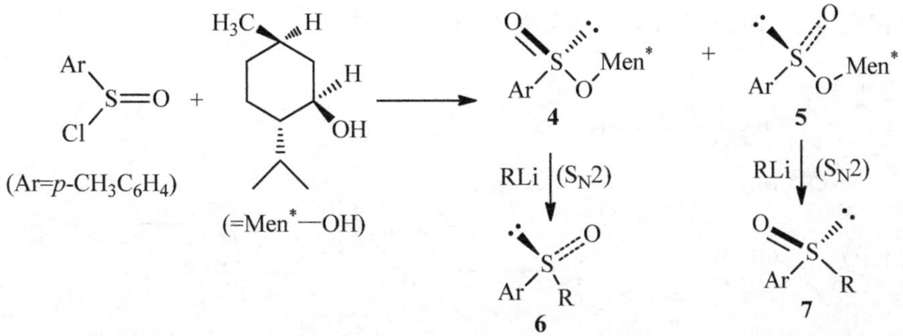

$(Ar=p\text{-}CH_3C_6H_4)$

$(=Men^*\text{—}OH)$

手性亚砜是强有力的手性导向基，在完成导向作用后可以用铝汞齐或 Raney
镍等试剂将其除去。例如，手性环戊烯酮亚砜与格氏试剂反应可得到手性环戊酮
衍生物：

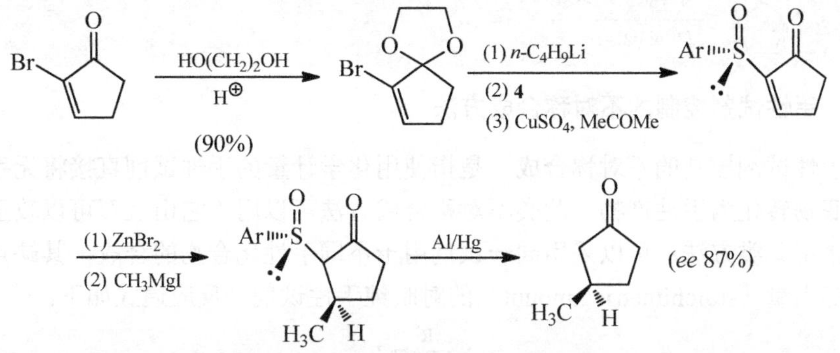

手性亚砜的 α-碳负离子对羰基亲核加成可得到旋光纯的手性醇，进一步处理
后得到手性环状内酯。例如：

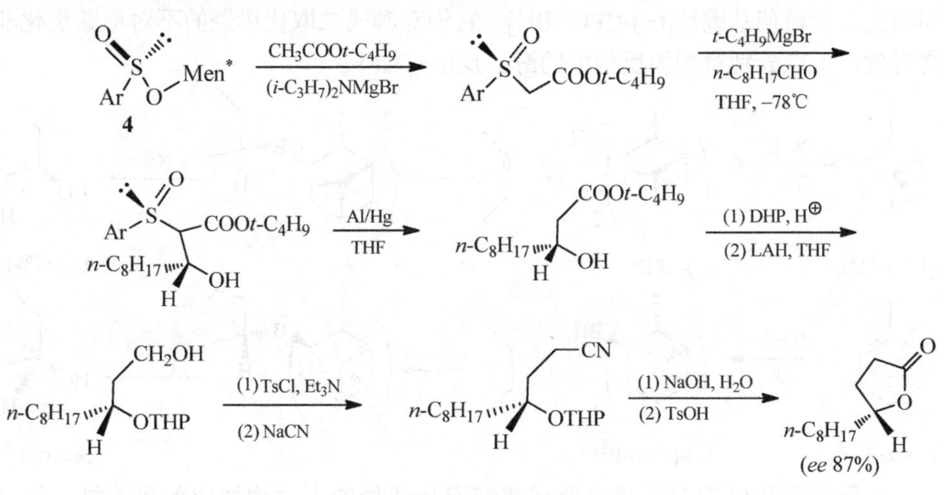

问题 9.2 写出下列反应的主要产物:

(1)

$$\xrightarrow[\text{(2) RBr}]{\text{(1) LDA}}$$

(2)

$$\xrightarrow[\text{(2) BrCH}_2\text{CH}=\text{CH}_2]{\text{(1) LDA}} \xrightarrow{\text{(3) H}^\oplus, \text{H}_2\text{O}}$$

(3)

$$\text{CH}_3\text{COCH}_3 \xrightarrow[\text{(2) C}_5\text{H}_{11}\text{I}]{\text{(1) (CH}_3)_2\text{NNH}_2} \xrightarrow[\text{(2) BrCH}_2\text{CH}=\text{CH}_2]{\text{(1) } n\text{-C}_4\text{H}_9\text{Li}} \xrightarrow{\text{(3) H}^\oplus, \text{H}_2\text{O}}$$

(4)

$$\xrightarrow[\text{(2) Al/Hg}]{\text{(1) H}_3\text{CO}}$$

9.2.3　手性试剂控制的不对称合成方法

手性试剂控制的不对称合成,是指使用化学计量的手性试剂直接将无手性的反应底物转化为手性产物。此类不对称合成方法可以用"它山之石可以攻玉"形容。采用此类方法,可以采用同一试剂用于不同手性化合物的合成,其缺点是要使用等当量(stoichimetric amount)的对映纯手性试剂。反应通式如下:

$$S \xrightarrow{R^*} P^*$$

手性硼试剂已广泛用于烯烃的硼氢化-氧化、羰基的不对称还原等反应中。(+)-α-蒎烯和(−)-α-蒎烯与硼烷反应可分别制备左旋二异松莰基硼烷[(−)-(IPC)₂BH]和右旋二异松莰基硼烷[(+)-(IPC)₂BH]。它们对顺式二取代烯烃的不对称硼氢化非常有效,可以分别得到相反构型的醇。反应式如下:

| (+)-α-蒎烯 | (−)-(IPC)₂BH | | | | (*ee* 87%) |

| (−)-α-蒎烯 | (+)-(IPC)₂BH | | | | (*ee* 86%) |

二异松莰基硼烷对反式二取代或三取代烯烃的不对称加成效果不好,但单

异松莰基硼烷则能得到良好结果。单异松莰基硼烷由二异松莰基硼烷经歧化反应得到。反应式如下：

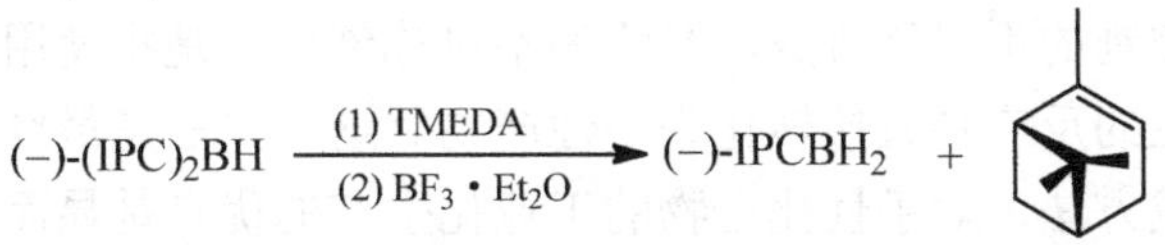

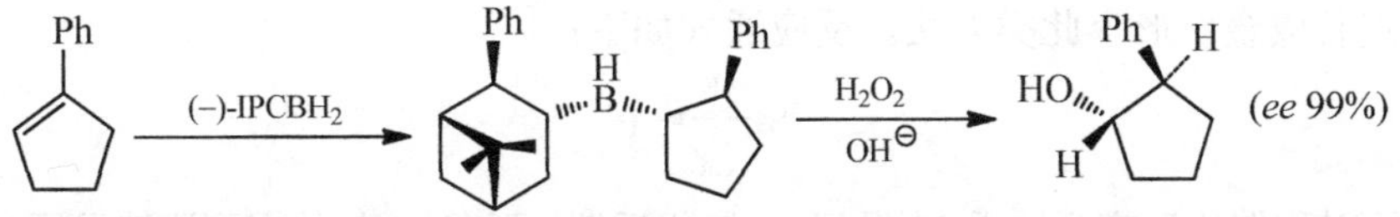

$$(-)\text{-(IPC)}_2BH \xrightarrow[\text{(2) BF}_3 \cdot \text{Et}_2\text{O}]{\text{(1) TMEDA}} (-)\text{-IPCBH}_2 +$$

$$\xrightarrow{(-)\text{-IPCBH}_2} \xrightarrow[\text{OH}^\ominus]{\text{H}_2\text{O}_2} \quad (ee\ 99\%)$$

(+)-α-蒎烯和(-)-α-蒎烯经 9-BBN 硼氢化得到手性硼试剂(R)-Alpine-Borane®和(S)-Alpine-Borane®：

$$\text{(+)-}\alpha\text{-蒎烯} \quad + \quad \text{9-BBN} \quad \longrightarrow \quad (R)\text{-Alpine-Borane}^{®}$$

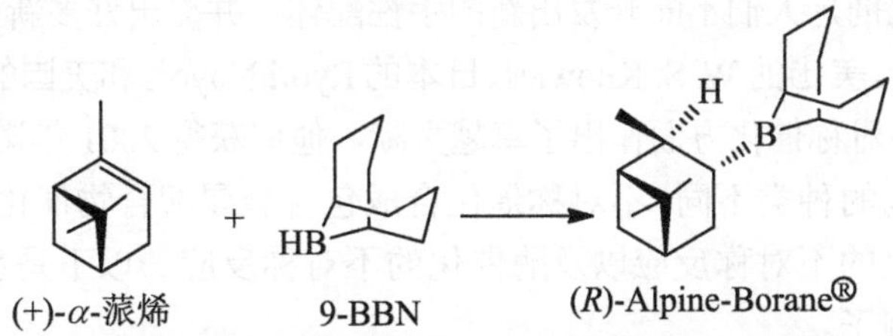

它们对羰基的不对称还原可得到高 *ee* 值的醇。反应是经过船式环状过渡状态，较大的烃基处于平伏键时（如 **8** 所示）有利于反应进行，因而得到对映选择性产物。反应式如下：

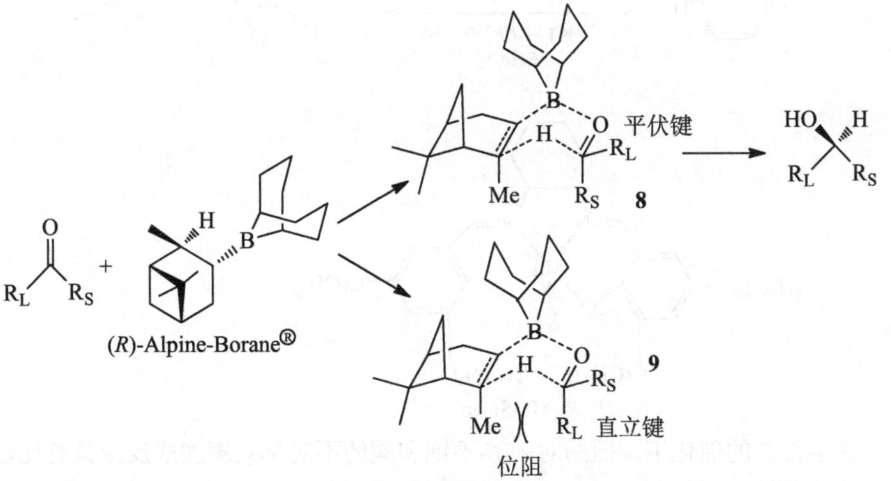

例如：

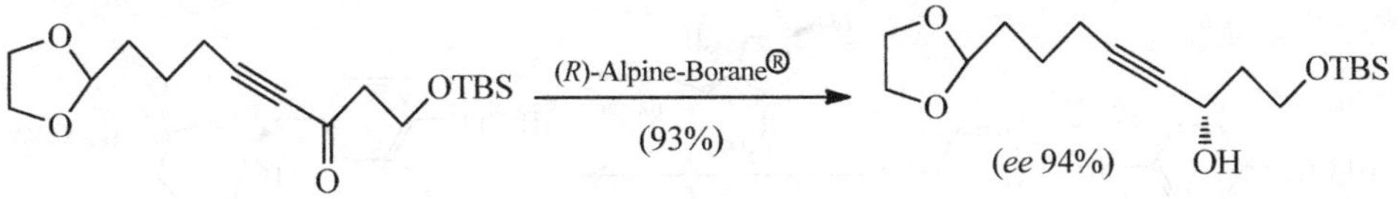

$$\xrightarrow[\text{(93%)}]{(R)\text{-Alpine-Borane}^{®}} \quad (ee\ 94\%)$$

9.2.4　手性催化剂控制的不对称合成方法

手性催化剂控制的不对称合成，又称为不对称催化，是指使用催化量的手性催化剂，使无手性的反应物直接转化为手性产物。这一方法是最经济有效且环境友好的不对称合成方法，对手性化合物的工业化生产的优点是显而易见的。可以用"点石成金"形容此类方法。反应通式如下：

$$S \xrightarrow[cat^*]{R} P^*$$

不对称催化反应开始于 20 世纪 60 年代后期，而在 90 年代得到迅速发展，无论是在基础研究还是在开发应用上都取得了很大的成功。为了获得高对映选择性、高反应活性的催化剂，人们不断开发出新的手性配体，并提出许多新概念，以指导手性催化剂的设计。美国的 W. S. Knowles、日本的 Ryoji Noyori 和美国的 K. B. Sharpless 三位化学家在不对称催化方面作出了卓越贡献，他们获得 2001 年诺贝尔化学奖。

根据催化剂的种类不同，不对称催化合成包含金属配合物催化的不对称反应、有机小分子催化的不对称反应以及酶催化的不对称反应。以下是手性催化剂控制不对称合成的例子。

用手性双齿配体（Salen）的过渡金属配合物为催化剂，次氯酸钠、过氧酸、PhIO 等为氧化剂，能将烯键不对称环氧化。例如：

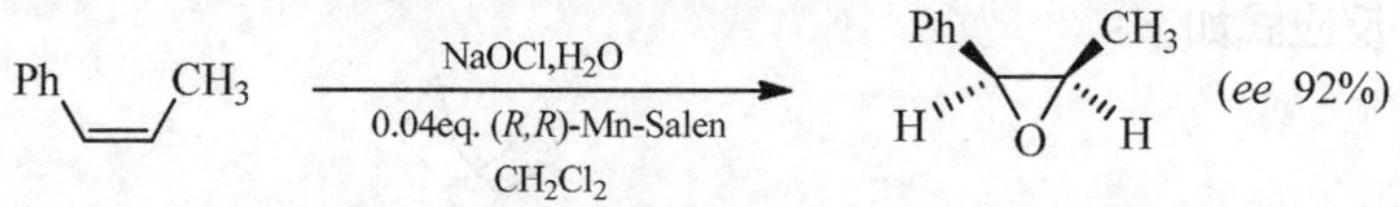

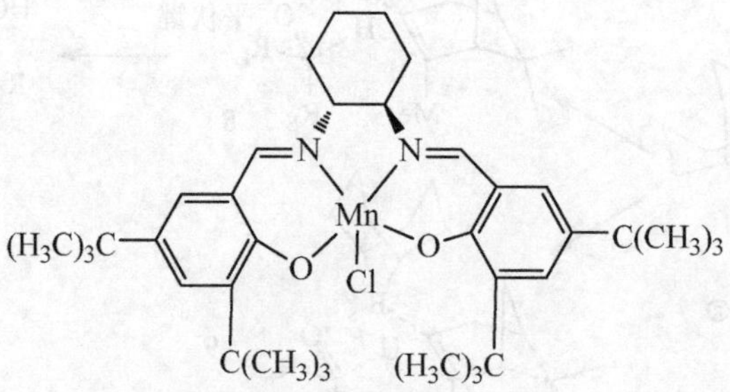

(R, R)-Mn-Salen

在手性胺的催化下，硫酚对 α, β-不饱和酮的不对称共轭加成反应具有比较好的立体选择性。例如：

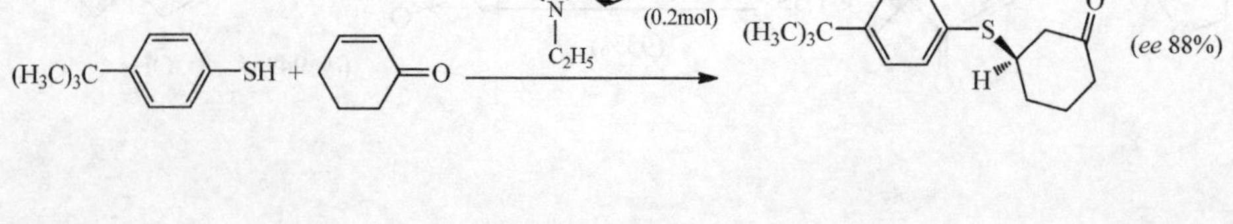

9.2.5　双不对称合成方法

双不对称合成（double asymmetric synthysis）是上面两种不对称合成方法的组合，也就是在手性反应底物和手性试剂或手性催化剂双重手性因子控制下的不对称合成。这一方法对同时形成两个新的手性单元特别有价值。反应通式如下：

$$S^* \xrightarrow[\text{或cat}^*]{R^*} P^*$$

在双不对称合成反应中，两个手性因子控制的反应与只有一个手性因子控制的反应相比，如果反应的立体选择性提高了，那么就称这两个手性因子为"匹配对"（matched）。反之，如果反应的立体选择性下降了，则这两个手性因子就称为"错配对"（mismatched）。

例如，在下面的 Diels-Alder 反应中，在路易斯酸催化的动力学条件下，反应产物主要是内型（*endo*）产物。当使用手性二烯体(*R*)-**10** 和非手性的亲二烯体丙烯醛 **11** 时，由于二烯体的 *Si* 面被苯基遮盖，亲二烯体从 *Re* 面进攻比较有利，所以非对映选择性为 4.5∶1。当非手性二烯体 **12** 和手性亲二烯体(*R*)-**13** 反应时，由于亲二烯体中苄基的较大位阻，因而从 *Re* 面进攻也比较有利，所以非对映选择性为 8∶1。当二烯体(*R*)-**10** 和亲二烯体(*R*)-**13** 反应时，由于在 *Re* 面反应，两者都有利，因而非对映选择性提高（40∶1），(*R*)-**10** 和(*R*)-**13** 是配匹对。如用(*R*)-**10** 和(*S*)-**13** 反应，则非对映选择性互相抵消，产物的非对映选择性为 2∶1，因此(*R*)-**10** 和(*S*)-**13** 为错配对。

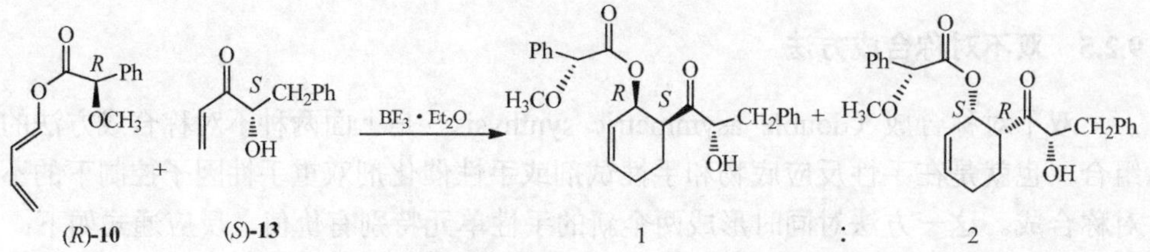

9.3 碳碳双键的立体选择性反应

碳碳双键能够进行多种转化，发生氢化反应、环氧化反应、双羟基化反应、环丙基化反应和氮杂环丙基化等，这些反应大部分是顺式加成。这些反应的不对称催化发展迅速，部分反应已成功应用于工业化过程。

9.3.1 不对称催化氢化反应

1964 年报道的 Wilkinson 催化剂[Rh(Ph₃P)₃Cl]在均相催化的氢化反应中表现出比非均相催化剂更高的催化活性，此催化剂能溶解于大多数有机溶剂。后来，化学家们研究发现用手性膦配体代替 Wilkinson 催化剂中的三苯基膦配体得到的手性膦过渡金属配合物用于双键的氢化，可得到高旋光纯度的产物。这种在手性催化剂存在下氢分子与双键进行不对称加成获得高旋光纯度产物的反应称为不对称催化氢化反应。

用于不对称催化氢化反应的手性配合物催化剂，中心过渡金属常用铑、钌或铱，手性配体常用手性单膦配体（单齿配体）和手性双膦配体（双齿配体）。手性双膦配体能与金属螯合，不仅提高了催化剂的稳定性，而且增加了催化剂结构的刚性，因此人们对于手性双膦配体构成的催化剂催化氢化反应研究更为广泛，但有些手性单膦配体的催化剂也表现出很好的催化效果。在手性膦配体研究的基础上，科学家们又发展了具有 O—P 键、N—P 键结构的手性双氧膦配体、手性双氮膦配体，以及兼具 O—P 键、N—P 键结构的手性氧膦、氮膦双齿配体。代表性的手性单膦配体、双膦配体、双氧膦配体、双氮膦配体及手性氧膦、氮膦双齿配体的结构式如下。

手性单膦配体：

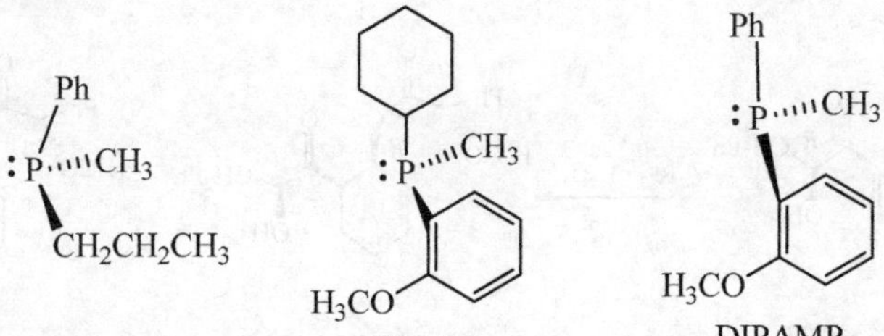

手性双膦配体：

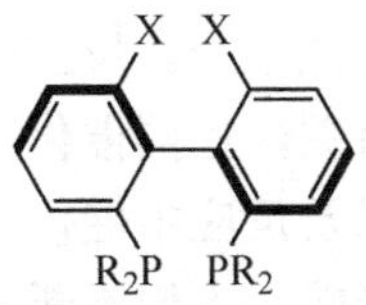

(R)-BIPHEMP R = Ph, X = Me
(R)-BIPHEP R = Cy, X = Me
MeOBIPHEP R = Ph, X = OMe

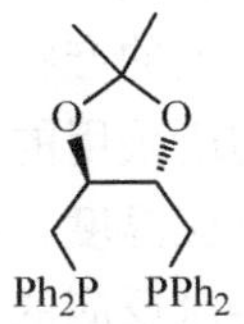

DIOP

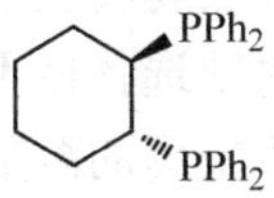

(+)-DIPMC

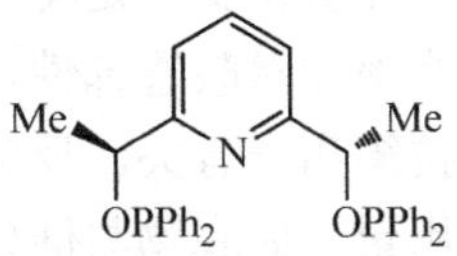

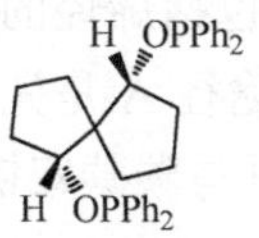

SpirOP

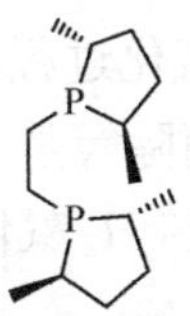

(R, R)-MeBPE

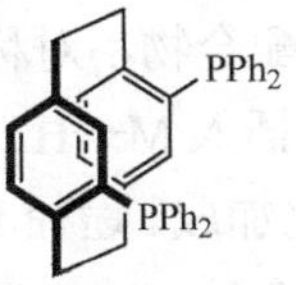

(S)-[2, 2]PhanePhos

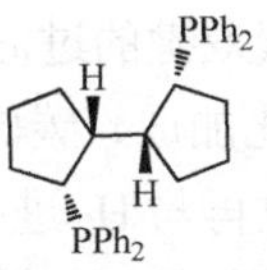

BICP

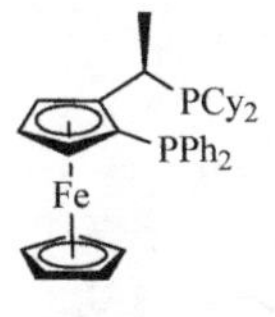

Josephos

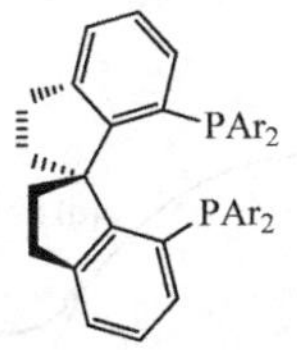

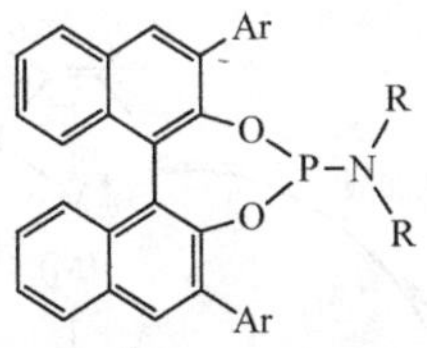

(R)或(S)-monophos

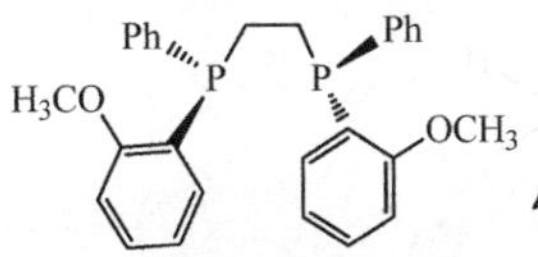

(R, R)-DIPAMP

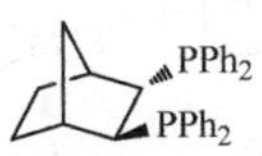

(S, S)-NORPHOS

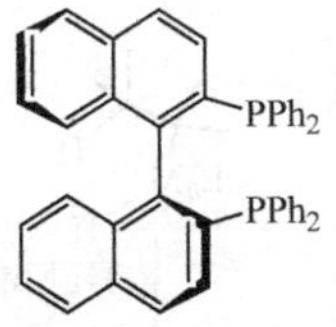

(S)-BINAP

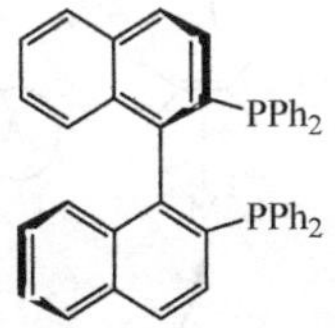

(R)-BINAP

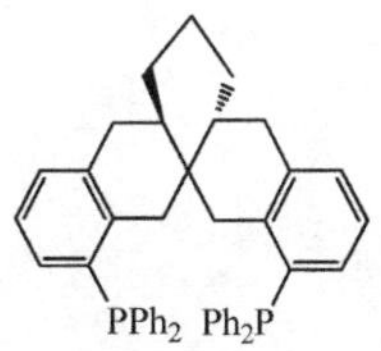

SKP

手性双氧膦配体、双氮膦配体：

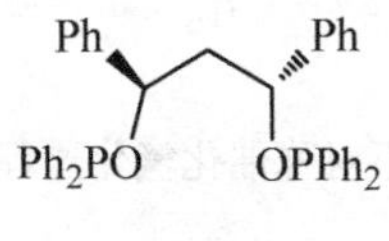

(R, R)-BDPODP

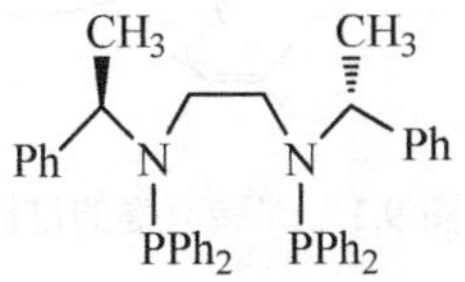

(R, R)-PNNP

手性氧膦、氮膦双齿配体：

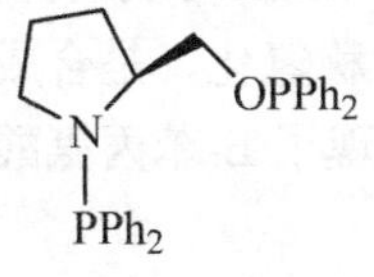

(R)-PRONOP

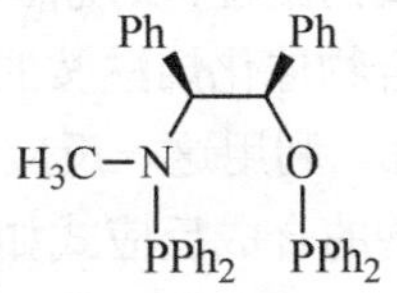

(1R, 2S)-DPAMPP

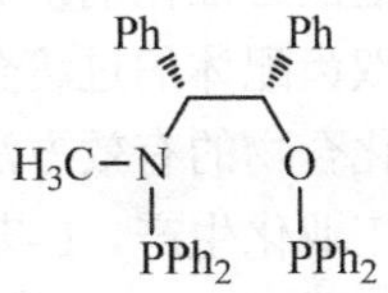

(1S, 2R)-DPAMPP

需要指出的是这些不同类型的手性膦配体，不但可以用于碳碳双键的不对称催化氢化反应，也可以用于部分碳氮双键、碳氧双键的不对称催化氢化。不对称催化氢化反应是将潜手性底物转变成对映纯的产物最有效的方法之一。反应中的产率和对映选择性、非对映选择性不但与所采用的手性配体有关，还同催化剂的抗衡离子有关。反应中所采用的溶剂、反应温度、反应时间以及反应中催化剂的用量（如底物与催化剂的比例）等，都会对反应的结果产生影响。人们不断寻找不对称氢化反应的高效手性膦配体，并优化反应条件，已获得了很多成功的例子，有的已应用于工业生产。

　　碳碳双键的过渡金属配合物不对称催化氢化过程中，一般包括烯烃的配位、H_2 的氧化加成、碳碳双键插入 M—H、还原消除等基元反应。途径 A 是先与碳碳双键配位再与 H_2 进行氧化加成。途径 B 是先与 H_2 氧化加成，再与碳碳双键配位，两种途径都是可能的（图 9.1）。

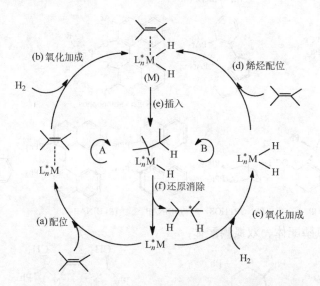

图 9.1　碳碳双键的过渡金属配合物不对称催化氢化过程

　　在不对称氢化反应中，大多数催化剂只适用于烯烃中存在极性基团的底物，通过极性基团与催化剂中心的金属的配位，实现催化剂对反应对映选择性的诱导。

　　应用双齿配体的过渡金属配合物催化烯酰胺的不对称氢化，是合成旋光纯 α-氨基酸类化合物的有效方法。例如，利用这一反应已实现了 L-苯丙氨酸、药物 L-多巴等的工业化生产。L-苯丙氨酸的合成反应式如下：

反应的对映选择性是由于被还原的反应底物和催化剂的配位有高度的专一性定向（specific orientation）。例如，手性铑催化剂催化氢化 α, β-不饱和氨基酸的机理中可能的立体导向为

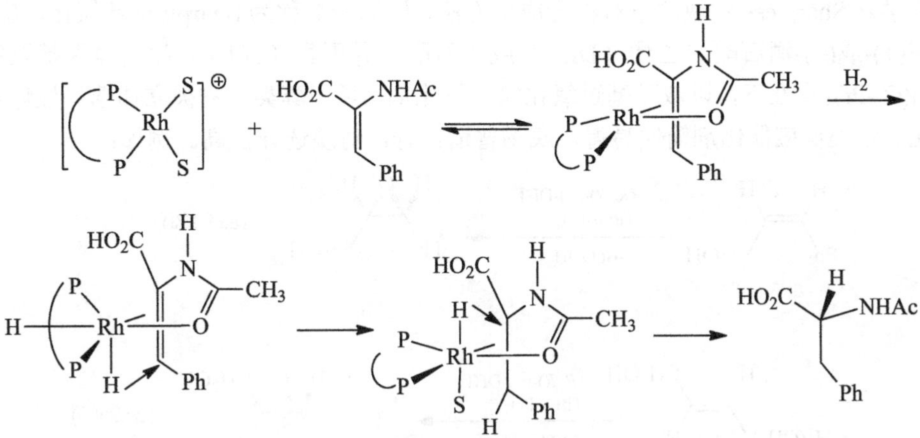

取代丙烯酸衣康酸衍生物的不对称氢化反应经常作为反应的底物模型，其产物对映纯的 2-取代丁二酸类化合物是药物、农药合成中重要的原料。采用 [((S, S)-Et-DuPhos)Rh]$^{\oplus}$ 为催化剂，催化 β-取代衣康酸类底物的不对称氢化，有很高的对映选择性：

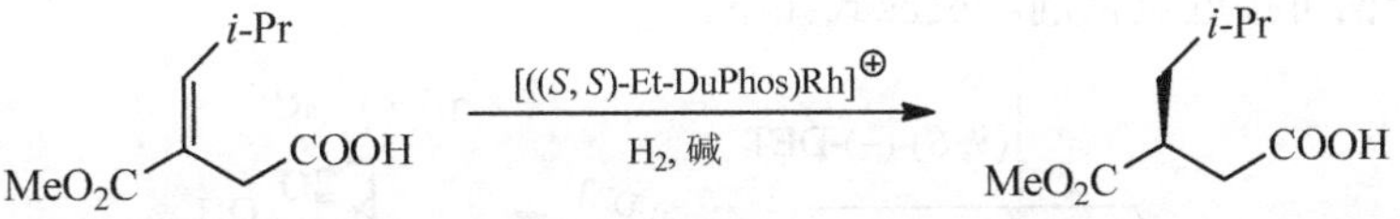

烯醇酯或烯醇醚的不对称氢化可以转化为手性仲醇。Burk 使用[((S, S)-Et-DuPhos)Rh]$^{\oplus}$ 为催化剂进行烯醇酯的不对称氢化反应，产物的 ee 值最高超过 99%：

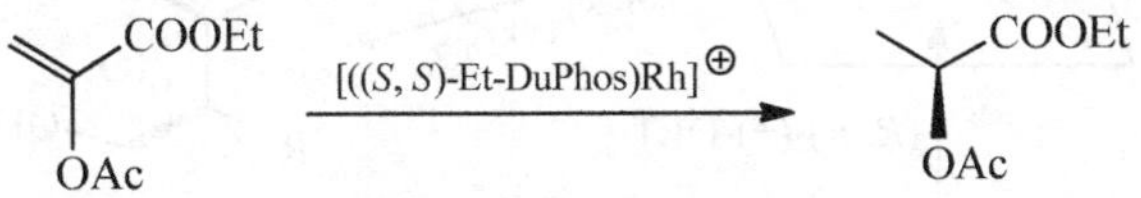

对于非官能化烯烃底物，大多数催化剂未能表现出高的选择性。Pfaltz 设计合成了一系列含有手性噁唑啉基团的膦配体，与 Ir 形成手性配合物催化剂，这些催化剂在非官能化烯烃的不对称氢化中表现出很好的选择性。例如：

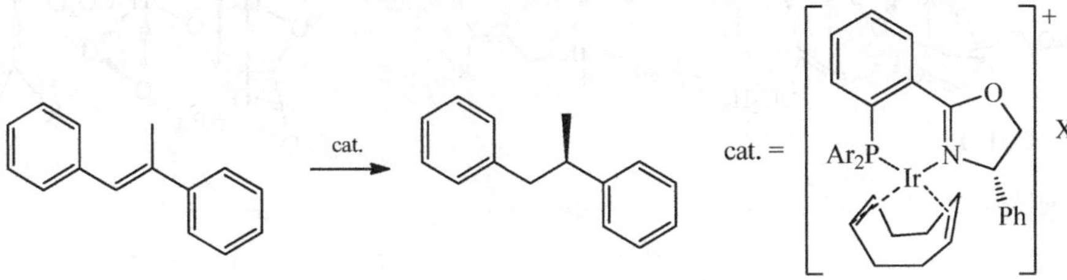

9.3.2　不对称环氧化反应

烯丙醇类化合物的不对称环氧化（asymmetric epoxidation，AE）反应是美国化学家 Sharpless 发现的不对称合成新方法，因而一般称为 Sharpless 环氧化反应。在(+)-或(−)-酒石酸二乙酯（DET）或酒石酸二异丙酯（DIPT）和四异丙基氧钛 Ti(Oi-Pr)$_4$ 存在下，以叔丁基过氧化氢为氧化剂，烯丙醇类底物被立体选择性环氧化。这类反应催化剂简便易得，底物普适性好，对映选择性高。例如：

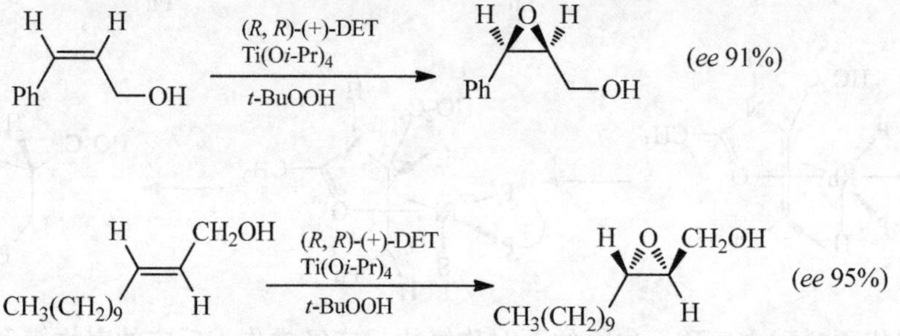

（ee 91%）

（ee 95%）

Sharpless 环氧化反应不仅可生成高产率、高 ee 值的环氧丙醇类化合物，而且其构型可以预测。反应的催化剂是手性双核钛配合物，反应中与其中一个钛配位的两个异丙氧基被叔丁基过氧化物氧原子和烯丙醇氧原子代替，使得烯丙醇的双键只有一面可接近氧化剂。反应式如下：

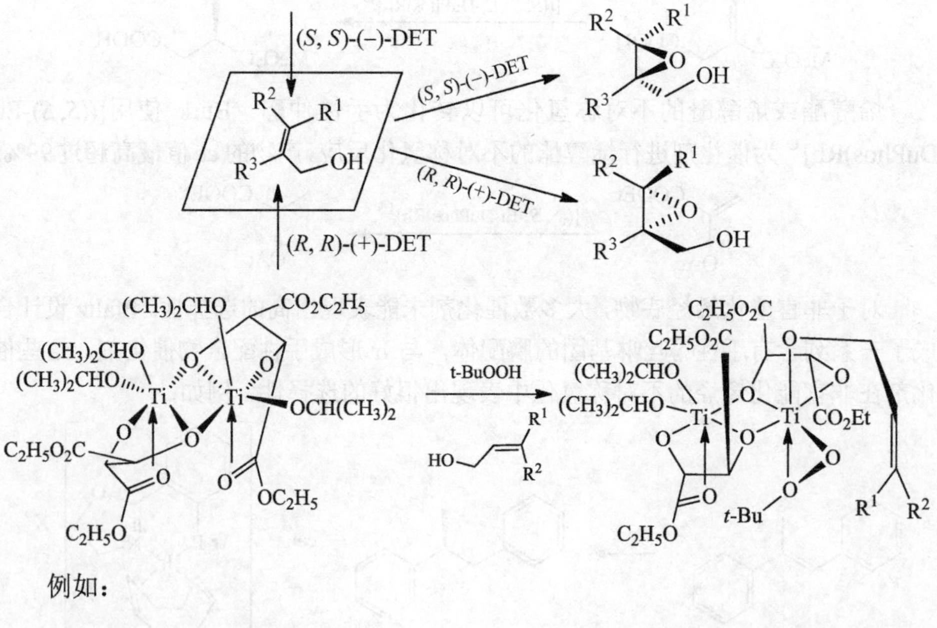

例如：

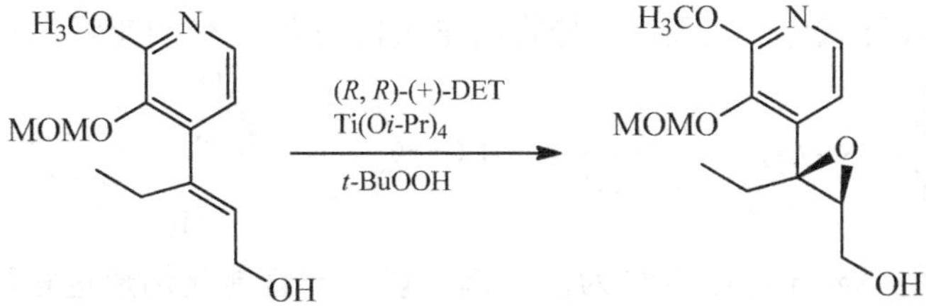

(产率79%; ee 93%)

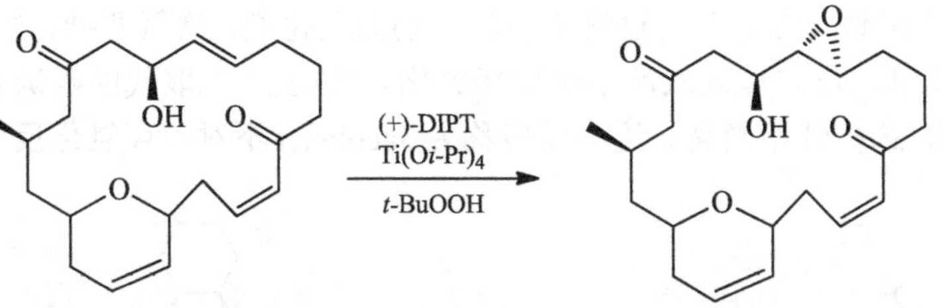

(产率74%; ee 95%)

Sharpless 环氧化反应最初的方法要加入等摩尔的钛催化剂，后来发现在 4Å 分子筛存在下，只要加催化量的 DET 和四异丙基钛即可，可能是 4Å 分子筛除去了体系中微量的水而避免了钛催化剂的失活。同时向反应体系中加入氢化钙或硅胶可使反应加速 4～5 倍。

问题 9.3　写出下列反应的主要产物：

(1)

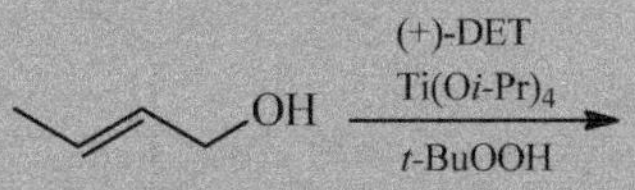

(2)

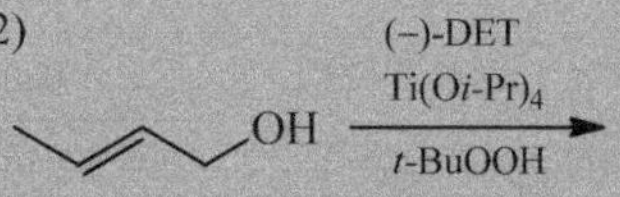

(3)

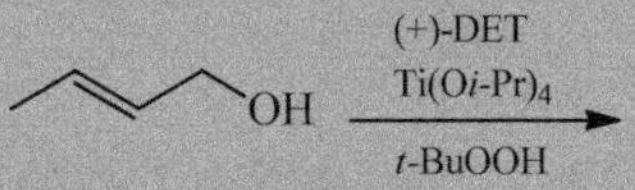

(4)

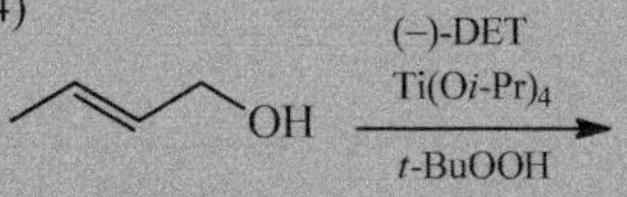

(5)

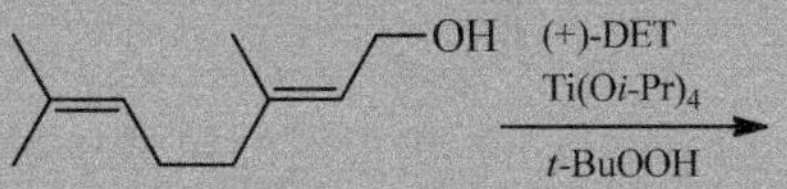

问题 9.4　写出下面反应的产物和反应机理：

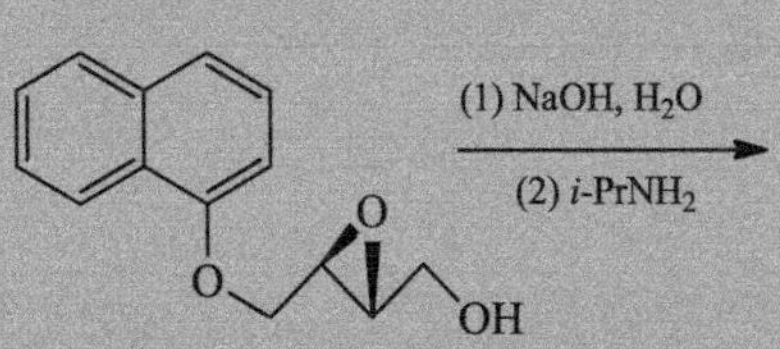

问题 9.5　写出各中间产物：

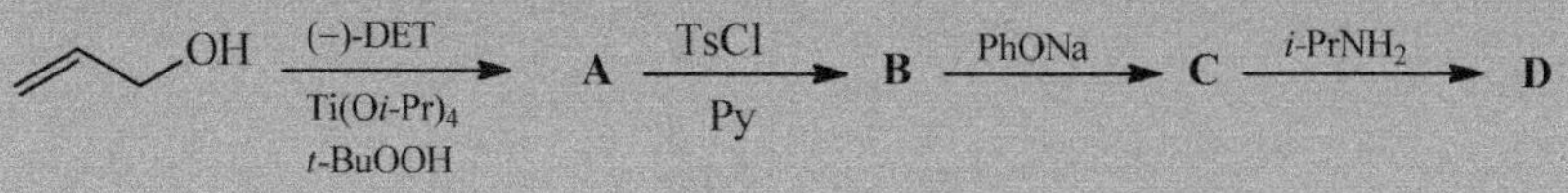

通过 Sharpless 环氧化反应条件也能将硫醚氧化为高 *ee* 值的亚砜。例如：

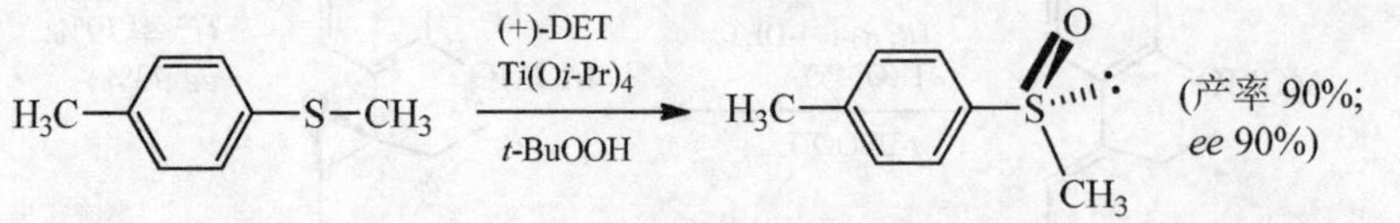

(产率 90%;
ee 90%)

Jacobsen 采用 Salen-锰配合物为催化剂可以对非官能化烯烃进行环氧化反应。以手性双齿配体（Salen）的过渡金属配合物为催化剂，次氯酸钠、过氧酸、PhIO 等为氧化剂，能将碳碳双键不对称环氧化。(Z)-1, 2-二取代的碳碳双键为反应底物时对映选择性相当高。这一反应称为 Jacobsen 不对称环氧化反应。反应式如下：

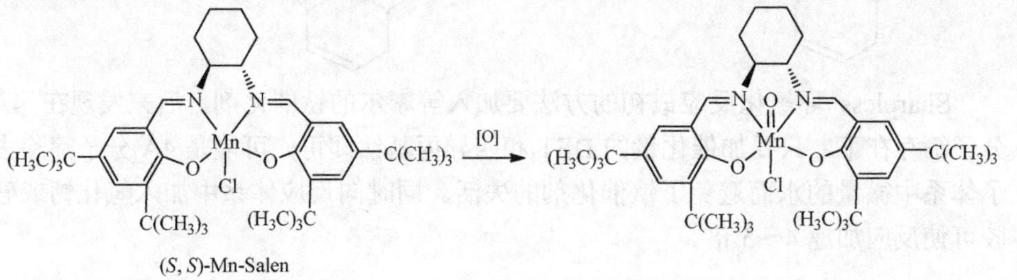

(S, S)-Mn-Salen

例如：

(*ee* 97%)

(*ee* 92%)

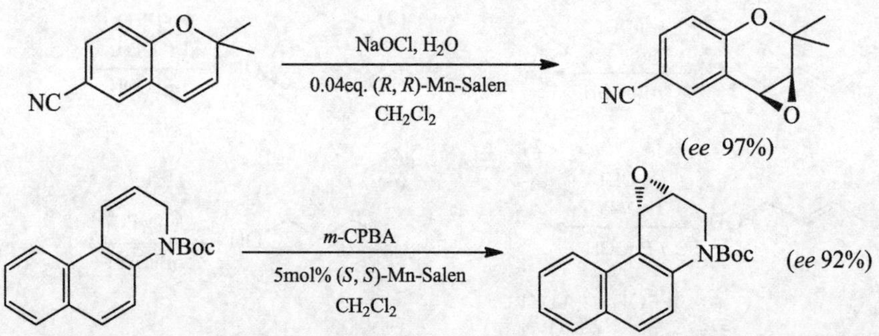

Jacobsen 认为碳碳双键是从催化剂上部（top-on）接近活性氧原子导致对映选择性。例如：

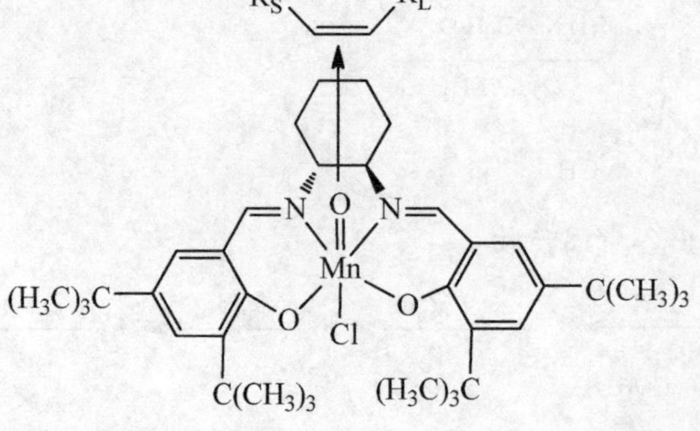

后来这类反应的范围扩展到包括反式二取代、三取代以及某些单取代烯烃的高对映选择性环氧化。

9.3.3　不对称双羟基化和不对称氨基羟基化反应

1. 不对称双羟基化反应

Sharpless 发现的第二种重要反应是碳碳双键的不对称双羟基化反应（asymmetric dihydroxylation reaction，AD 反应）。反应中使用的手性配体是生物碱类化合物二氢喹宁（DHQ）和二氢喹尼定（DHQD）的酯。催化剂是四氧化锇（OsO_4），实际应用时常用非挥发性的锇酸盐 $K_2OsO_2(OH)_4$。氧化剂一般是 H_2O_2、t-BuOOH、$NaIO_4$、NMO、$K_3Fe(CN)_6$ 等。

Sharpless 双羟基化反应对 E 构型碳碳双键效果相当好，对 Z 构型碳碳双键效果相对较差。Sharpless 双羟基化反应的产物的绝对构型与催化体系的生物碱配体的构型一一对应，因而其立体选择性可以预测：将烯放在平面上，碳碳双键上最小的取代基如 H 放在第四象限，大的脂肪族取代基或芳基放在第三象限。使用 DHQD 时，双羟基化在上方进行。使用 DHQ 时，双羟基化在下方进行。

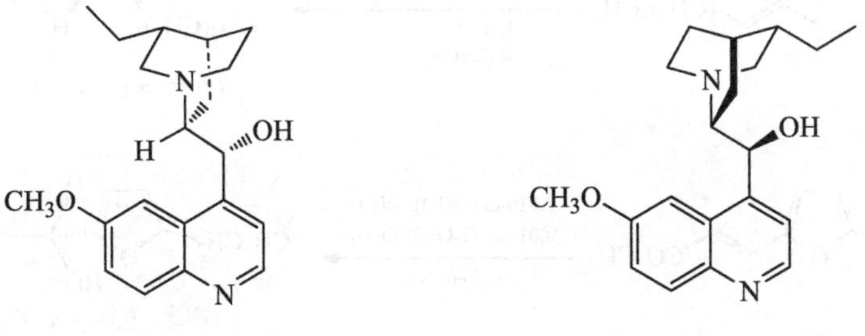

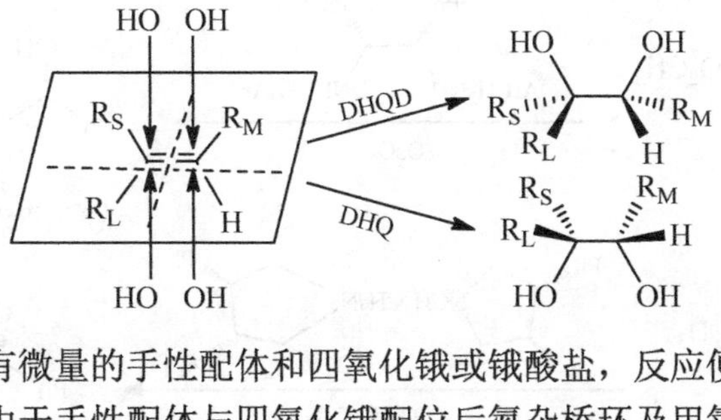

反应中只要有微量的手性配体和四氧化锇或锇酸盐，反应便顺利进行。反应的立体选择性是由于手性配体与四氧化锇配位后氮杂桥环及甲氧基喹啉环的位阻导致碳碳双键的面选择性。例如：

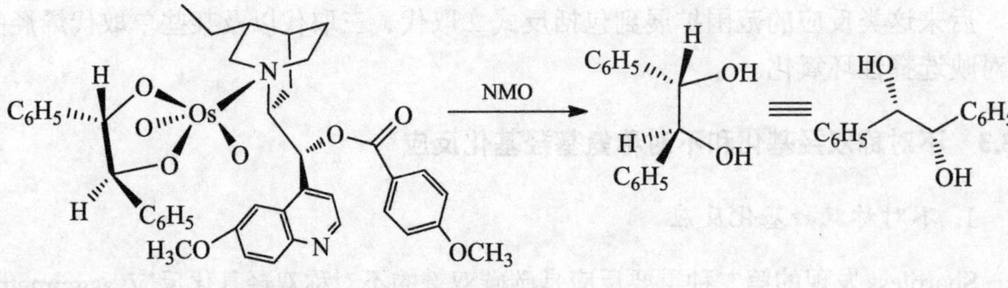

近年发现杂环桥联的双 **DHQ** 和双 **DHQD** 有更好的立体选择性。其结构式如下：

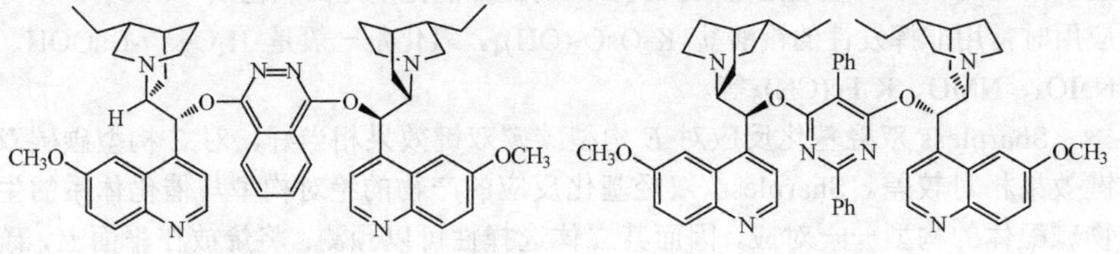

(DHQ)₂-PHAL

(DHQD)₂-DPPYR

例如：

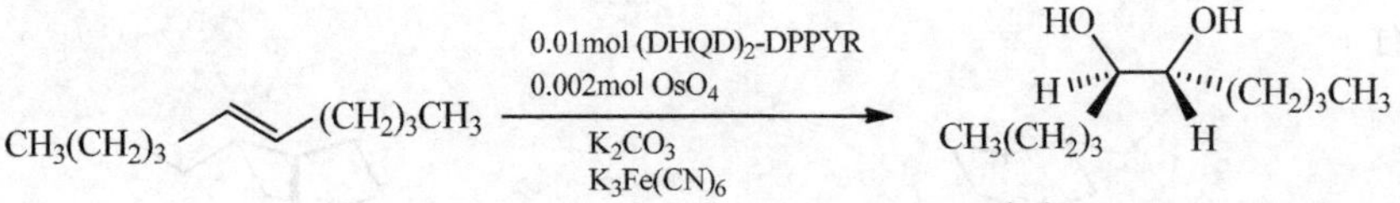

(产率 > 80%；ee 97%)

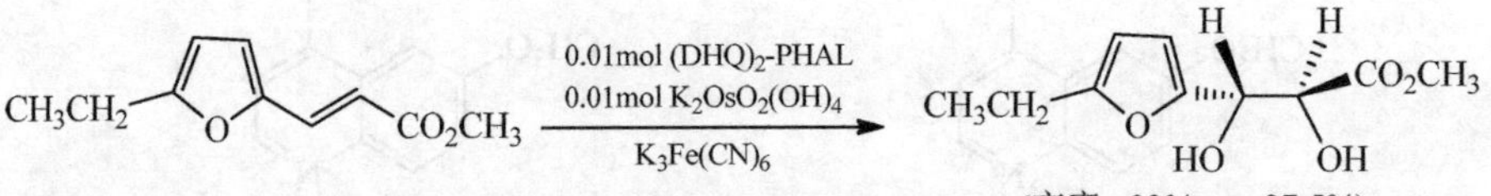

(产率 93%；ee 97.5%)

应用手性二胺为配体也可以得到高 *ee* 值的邻二醇化合物。例如：

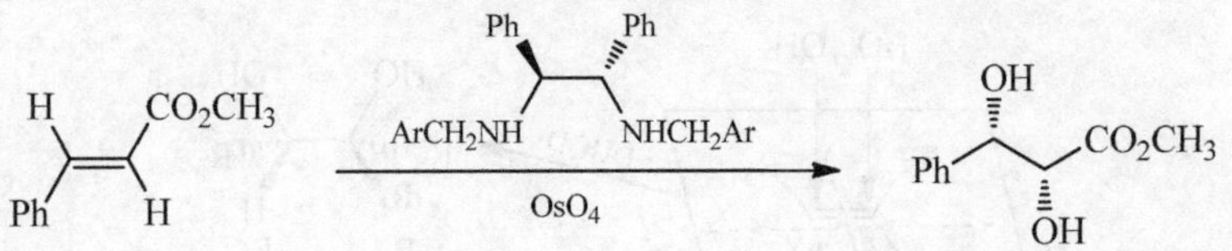

(产率85%；ee 92%)

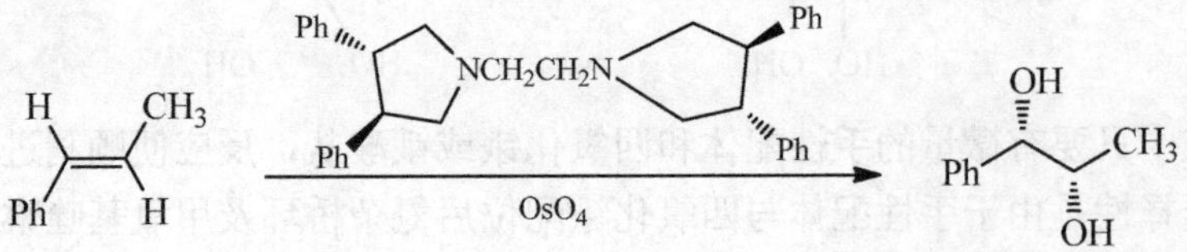

(产率93%；ee 90%)

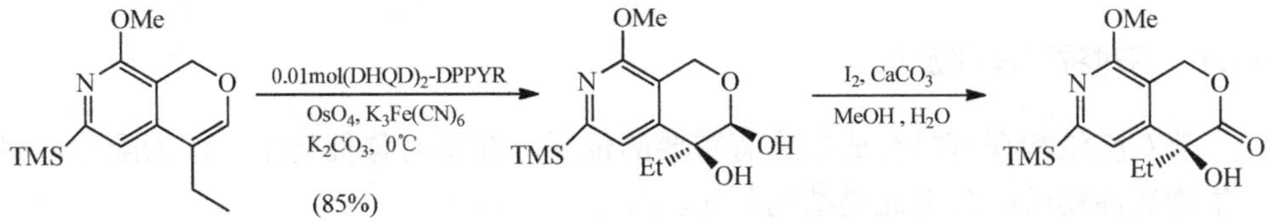

(85%)

2. 不对称氨基羟基化反应

用 Sharpless 双羟基化反应中相同的手性配体和催化剂,用氯胺 T 和水分别作为氮源和氧源,在碳碳双键上同时能加上氨基和羟基,即发生不对称氨基羟基化反应(asymmetric aminohydroxylation reaction,AA 反应)。底物为肉桂酸酯类化合物时主要生成 β-氨基酸酯。例如:

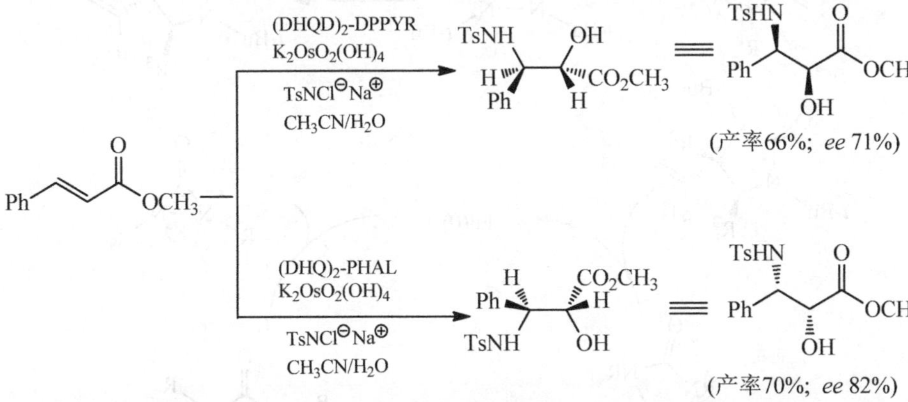

(产率66%; ee 71%)

(产率70%; ee 82%)

用烃氧羰基保护的氯胺 T 或氨基甲酸酯如 $H_2NCOOBu$、$H_2NCOOEt$ 等代替氯胺 T,得到的加成产物容易水解或氢解移去保护基转变成氨基醇。例如:

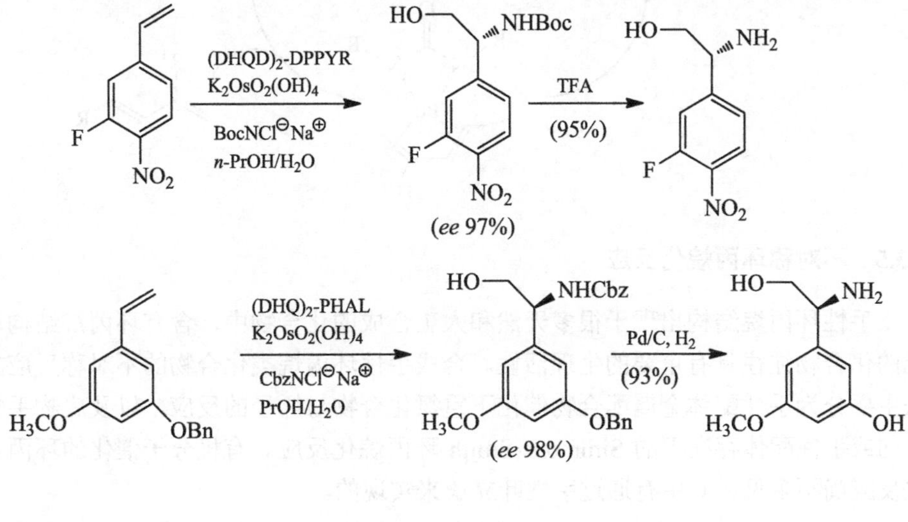

(ee 97%)

(ee 98%)

9.3.4　不对称双胺化反应

邻双胺结构在有机合成中占有重要的位置，在不对称催化中常作为配体，很多生物活性物质中含有此类结构单元。

史一安课题组采用共轭双烯或三烯为底物，在零价钯 Pd(PPh₃)₄ 催化下，以双叔丁基二氮杂环丙酮为氮源，可以高区域及立体选择性地得到双胺。研究者推测的催化机理如下：零价钯 Pd(0) 先氧化加成到 N—N 键中形成可能的中间体，然后迁移插入共轭双烯中，最后通过后续的消除反应得到双胺。

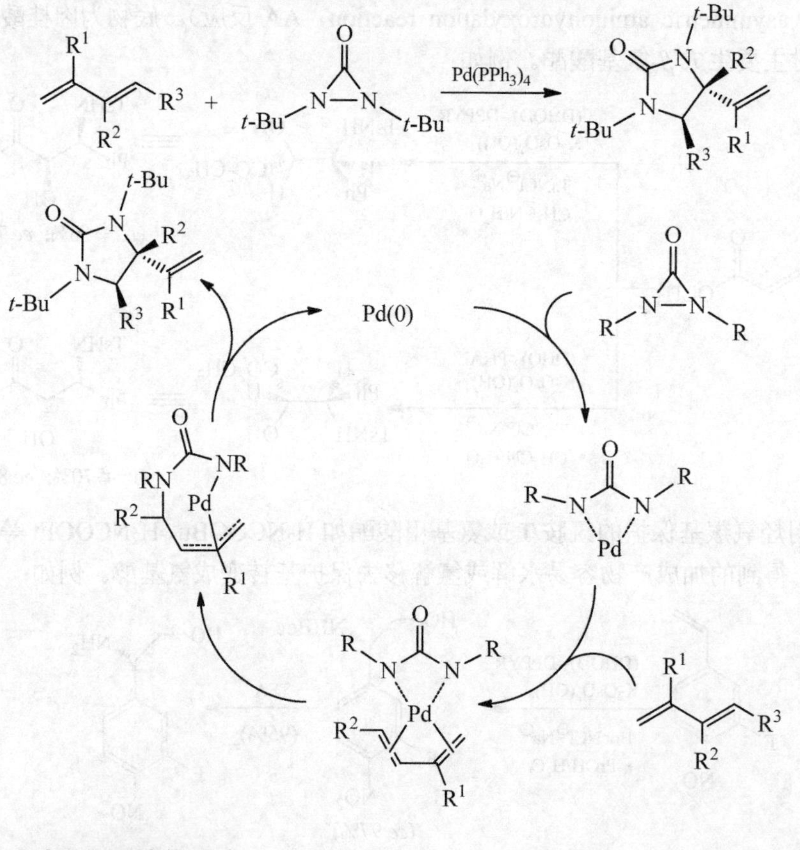

9.3.5　不对称环丙烷化反应

手性环丙烷结构出现于很多天然和人工合成的化合物中，含有环丙烷结构单元的化合物往往具有重要的生理活性。合成手性环丙烷类化合物的不对称反应方法主要分为手性配体金属配合物催化下重氮化合物与烯烃的反应，以及底物手性导向或手性配体存在下的 Simmons-Smith 环丙烷化反应。有机分子催化的环丙烷化反应尚不多见，其中有通过手性叶立德来实现的。

偕二甲基双噁唑啉配体铜配合物为催化剂，用于催化异丁烯与重氮基乙酸乙酯的反应，产物的 *ee* 值超过 99%：

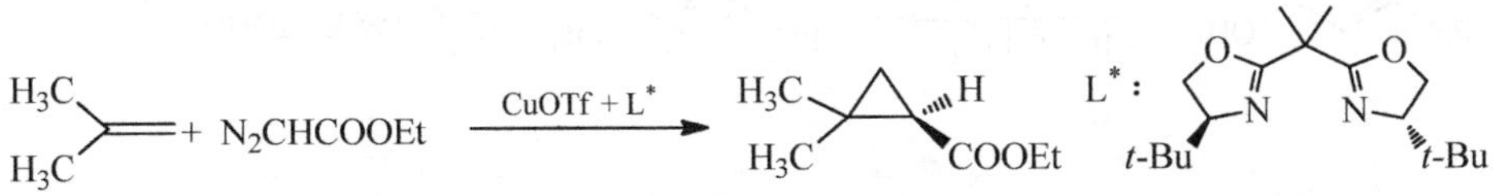

烯丙式醇的 Simmons-Smith 环丙烷化反应形式上与 Sharpless 环氧化反应极为相似。邻近碳碳双键的羟基氧原子和锌的配位有助于导向环丙烷化反应的一定构型。例如：

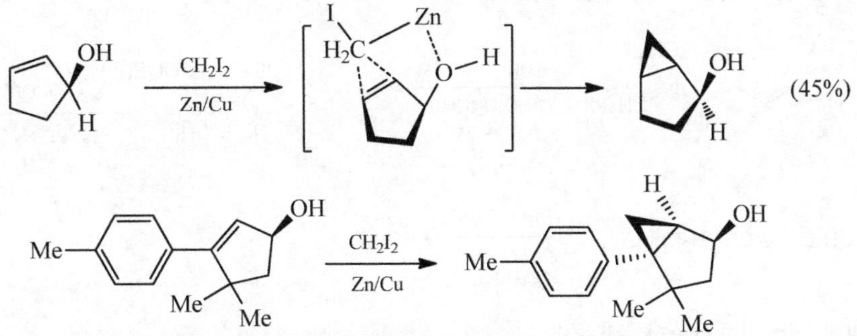

底物手性诱导或用手性催化剂进行 Simmons-Smith 环丙烷化反应，可以获得高非对映选择性的环丙烷衍生物。例如：

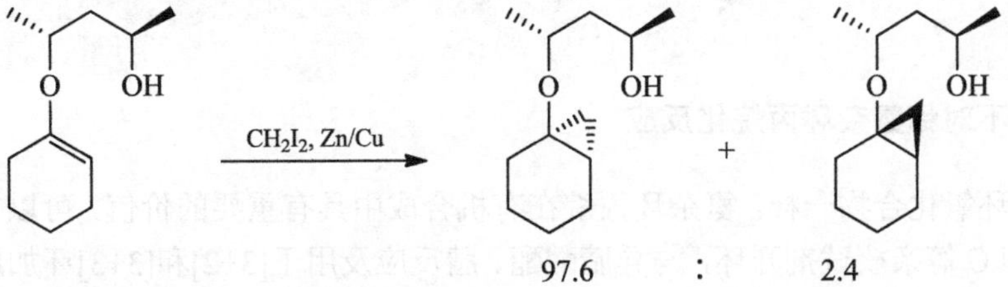

97.6　　　：　　　2.4

在手性配体酒石酸衍生物 **14** 或 **15** 存在下，烯丙式醇发生 Simmons-Smith 环丙烷化反应有很高的对映选择性。反应式如下：

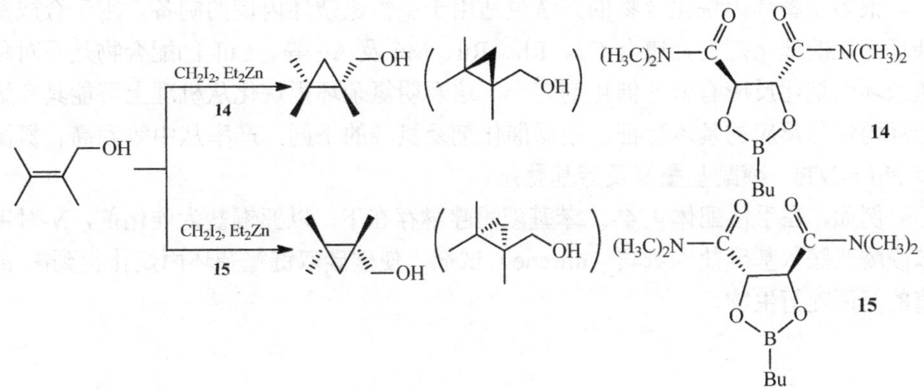

例如：

$$Ph\diagup\diagdown OH \xrightarrow[-10℃,CH_2Cl_2]{14,CH_2I_2,Et_2Zn} Ph\diagup\!\!\triangle\!\!\diagdown OH \quad (产率\,98\%;\ ee\,93\%)$$

$$PhCH_2O\diagdown\!\!=\!\!\diagup OH \xrightarrow[-10℃,\ CH_2Cl_2]{14,CH_2I_2,Et_2Zn} PhCH_2O\diagup\!\!\triangle\!\!\diagdown OH \quad (产率\,97\%;\ ee\,94\%)$$

问题 9.6　写出下列反应的主要产物：

(1)
$$Ph\diagup\!\!=\!\!\diagdown\!\!\underset{\underset{O}{\|}}{C}\!\!-\!\!N\!\!\begin{matrix}CH_3\\CH_2Ph\end{matrix} \xrightarrow[K_3Fe(CN)_6]{\substack{(DHQD)_2-PHAL\\K_2OsO_2(OH)_4}}$$

(3)
$$\underset{H}{\overset{Ph}{\diagdown}}\!\!=\!\!\underset{H}{\overset{COOEt}{\diagup}} \xrightarrow[\substack{TsNCl^{\ominus}Na^{\oplus}\\CH_3CN/H_2O}]{\substack{(DHQ)_2-PHAL\\K_2OsO_2(OH)_4}}$$

(2) (E)-$CH_3CH\!\!=\!\!CHCH_2CO_2CH_3 \xrightarrow[K_3Fe(CN)_6]{\substack{(DHQ)_2-PHAL\\K_2OsO_2(OH)_4}}$

问题 9.7　用合适原料合成：

$$\diagup\!\!\triangle\!\!\diagdown\!\!=\!\!\diagup\!\!\triangle\!\!\diagdown\!\!\triangle\!\!\diagdown\!\!\triangle\!\!\diagup\!\!=\!\!\underset{\underset{O}{\|}}{C}\!\!OEt$$

9.3.6　不对称氮杂环丙烷化反应

　　和环氧化合物一样，氮杂环丙烷在有机合成中具有重要的价值，可以被含 N、O、S 和 C 等亲核试剂开环，与异腈酸酯、腈反应及用于[3+2]和[3+3]环加成反应，是合成含氮化合物的中间体。旋光纯的氮杂环丙烷可用于各种含氮化合物如生物碱、氨基酸、β-内酰胺以及手性配体的合成。

　　很多制备环丙烷化合物的方法也适用于手性氮杂环丙烷的制备。用于合成氮杂环丙烷的催化剂的金属有 Cu、Rh、Ru、Mn 及 Ag 等。Cu(Ⅰ)配合物是不对称氮杂环丙烷化反应有效的催化剂之一，这表明氮杂环丙烷化从机理上可能具有烯烃环丙烷化反应的基本特征。根据催化剂及氮源的不同，产率从中等到高。氮源有 PhI=NTs、磺酰基叠氮及芳基叠氮。

　　例如，在手性配体 4,4′-二苯基双噁唑啉存在下，以亚铜盐为催化剂，N-对甲苯磺酰亚胺苯基碘盐为氮宾（nitrene）试剂，使碳碳双键氮杂环丙烷化得到高 ee 值的氮丙啶衍生物。

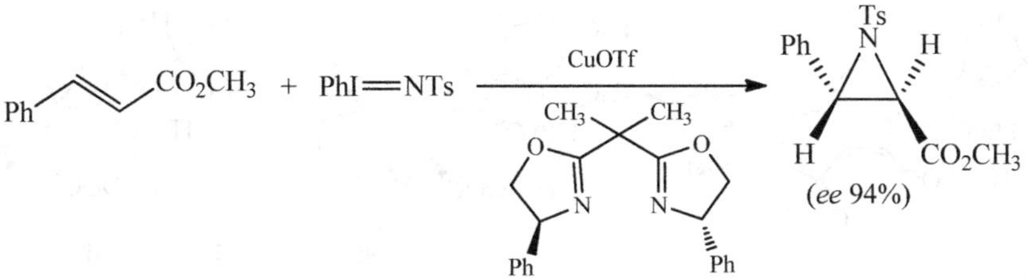

(ee 94%)

9.3.7　不对称 Diels-Alder 反应

Diels-Alder 反应的绝对立体选择性可以通过手性底物、导入手性辅基、用手性路易斯酸催化剂等手段控制。

1. 使用手性二烯体或亲二烯体

例如:

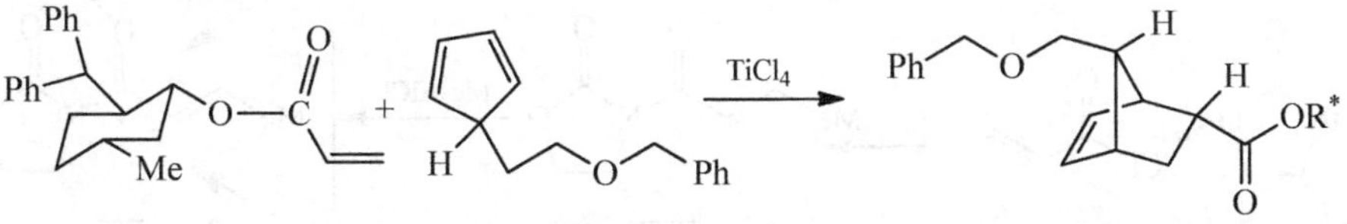

(de 88%)

由于二烯体趋近亲二烯体的 *Si* 面位阻较小,因而有面选择性,所以得到较高的非对映选择性产物。如下所示:

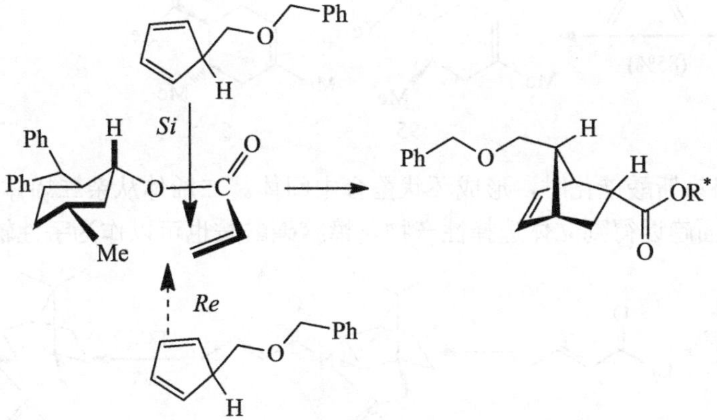

又如:

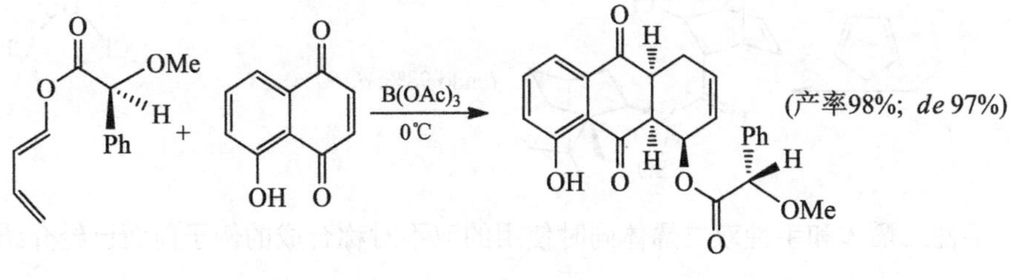

(产率98%; de 97%)

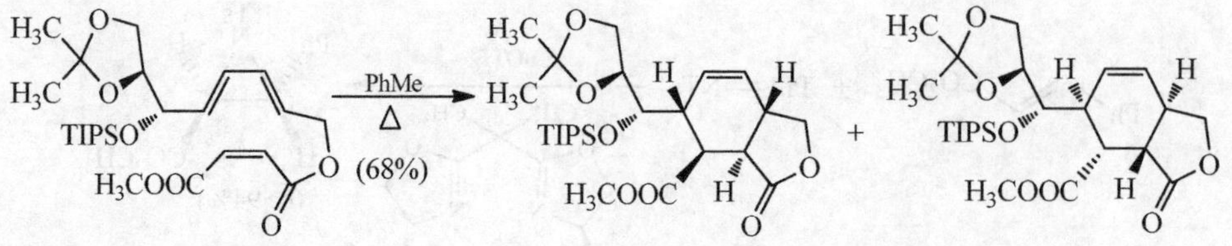

96 : 4

2. 在二烯体或亲二烯体分子中导入手性辅基

在二烯体或亲二烯体分子中导入手性辅基，是实现不对称 Diels-Alder 反应的常用方法。

例如，应用 Evans 试剂为手性辅基：

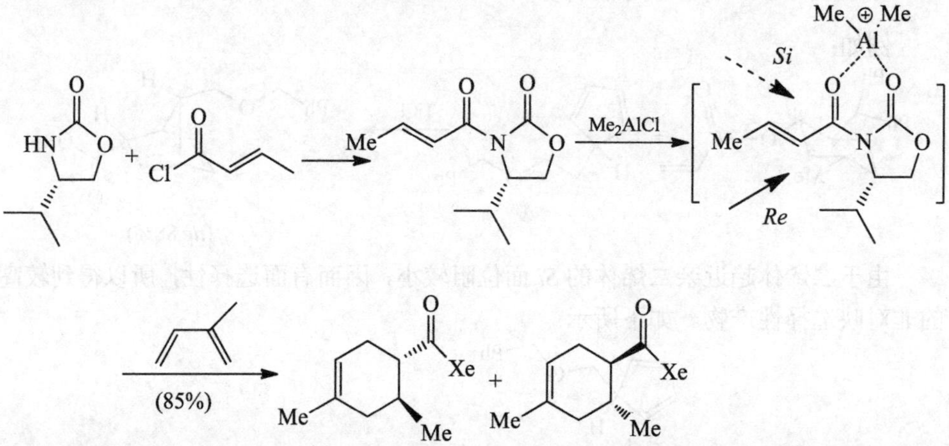

95 : 5

当用路易斯酸催化时，形成环状螯合中间体。二烯体从亲二烯体的较小立体位阻的 *Re* 面趋近得到立体选择性产物。樟脑磺酰胺也可以作为手性辅基：

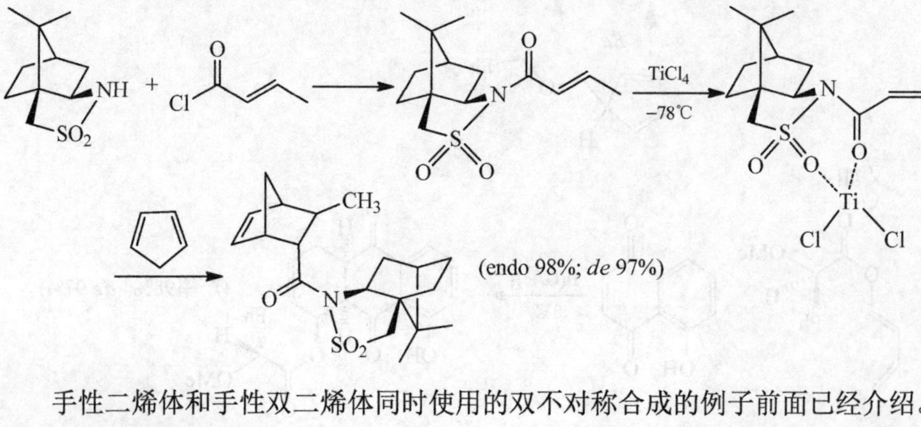

(endo 98%; *de* 97%)

手性二烯体和手性双二烯体同时使用的双不对称合成的例子前面已经介绍。

3. 手性路易斯酸催化的不对称 Diels-Alder 反应

手性路易斯酸是实现不对称 Diels-Alder 反应的有效催化剂，许多性能良好的手性路易斯酸催化剂相继问世。对许多手性配体金属组合的研究显示，属于强路易斯酸和硬金属及与氧原子的配位较强的硼（B）、钛（Ti）和铝（Al）等有利于提高不对称 Diels-Alder 反应的速率和立体选择性；铜（Cu）、镁（Mg）和镧系金属配合物在不对称催化 Diels-Alder 反应中也有很好的结果。

Narasaka 将 TADDOL 类似物与 TiCl$_2$(Oi-Pr)$_2$ 组合，得到钛酸酯类路易斯酸。在分子筛存在下，可催化噁唑烷酮与双烯的不对称 Diels-Alder 反应，产物的 ee 值达到 92%。反应式如下：

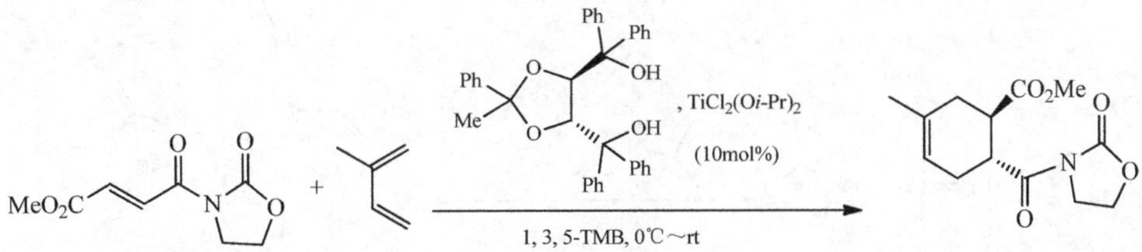

三氟甲磺酸镱、(R)-联萘酚和叔胺作用得到手性稀土金属配合物，可以催化 3-酰基-1, 3-噁唑烷-2-酮与环戊二烯的 Diels-Alder 反应，有很高的立体选择性。反应需要另一种非手性添加剂存在，其作用是稳定催化剂，防止催化剂的老化。反应式如下：

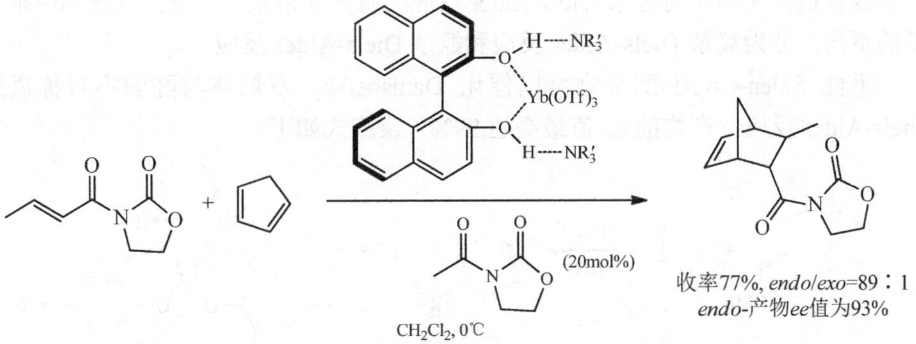

收率77%, $endo/exo$=89∶1
$endo$-产物 ee 值为93%

以下是采用其他类型催化剂催化不对称 Diels-Alder 反应的例子：

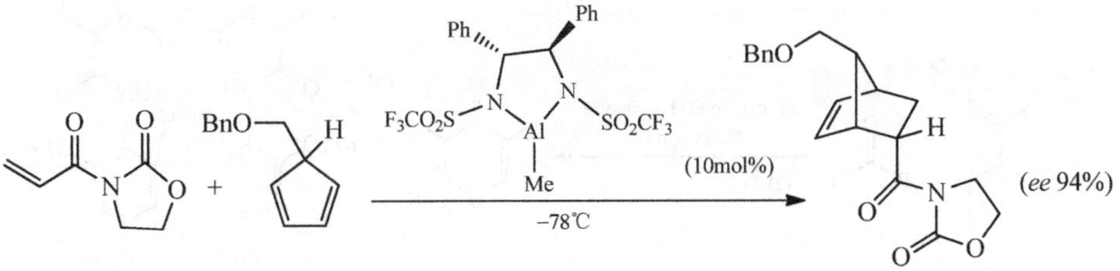

(ee 94%)

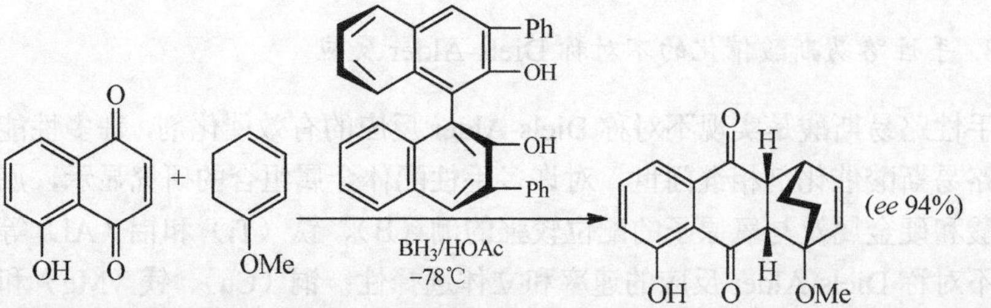

问题 9.8　写出下列反应的主要产物：

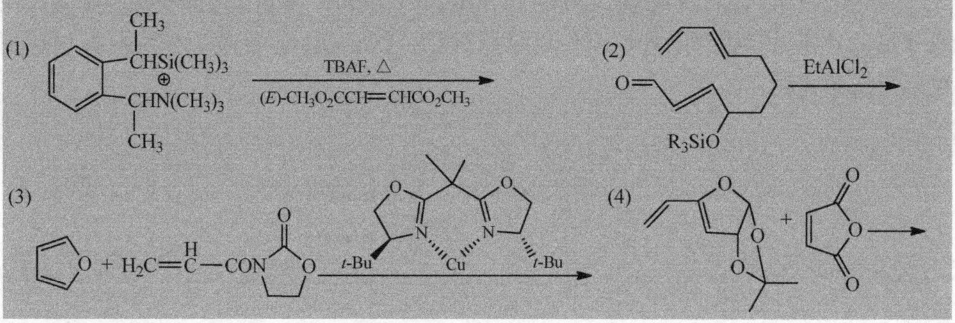

4. 不对称杂 Diels-Alder 反应

含有杂原子的双烯体或亲双烯体也可以发生环加成反应，称为杂 Diels-Alder 反应。由于生成的含氧、含氮杂环产物在天然物及药物化学中的重要性，因此含金属或有机催化的不对称杂 Diels-Alder 反应的研究非常重要。根据反应物中杂原子的不同，分为氧杂 Diels-Alder 反应和氮杂 Diels-Alder 反应。

手性 Salen-Cr(III)配合物可以催化 Danishefsky 双烯体与醛的不对称氧杂 Diels-Alder 反应，产物的 ee 值最高达 99%。反应式如下：

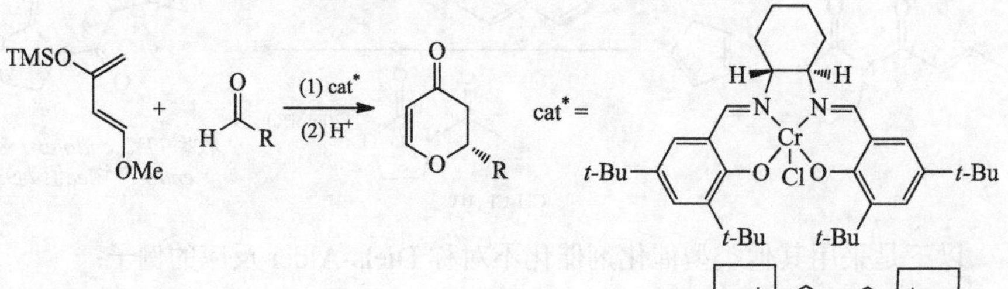

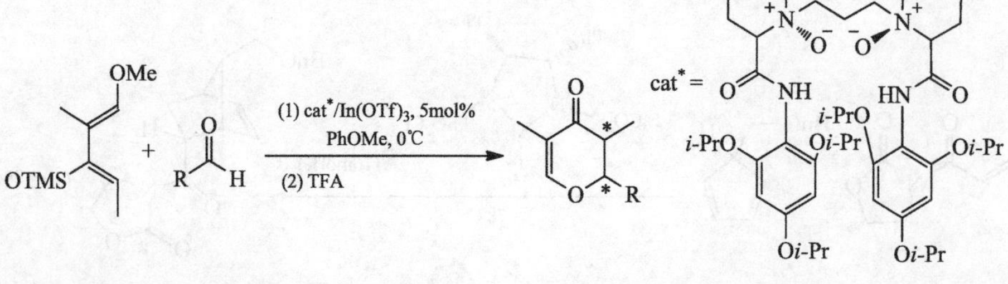

手性双噁唑啉 Cu 配合物可以催化 β, γ-不饱和 α-酮酸酯不对称氧杂 Diels-Alder 反应，有定量产率，产物的 *ee* 值最高达 99.7%。反应式如下：

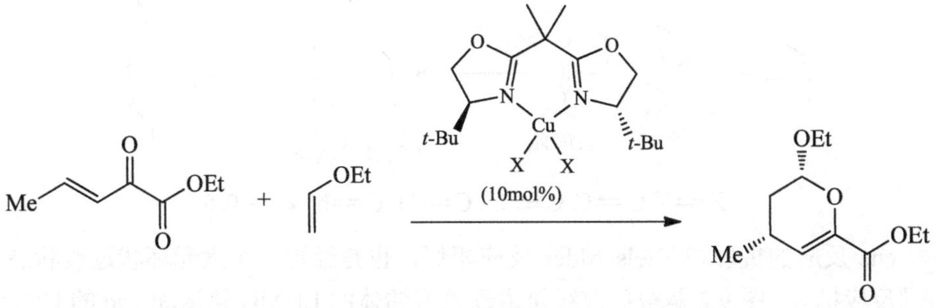

此催化剂体系也可以用于催化亚胺与噁唑啉酮类亲双烯体的不对称氮杂 Diels-Alder 反应，产物具有很好的非对映选择性及对映选择性，主要产物 *exo*-产物的 *ee* 值最高到 98%。反应式如下：

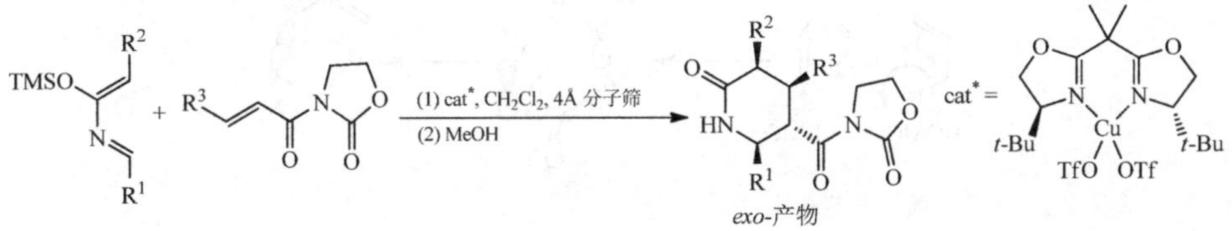

和 Diels-Alder 反应相似，1,3-偶极环加成反应也可以采用以上手段实现其不对称合成。例如：

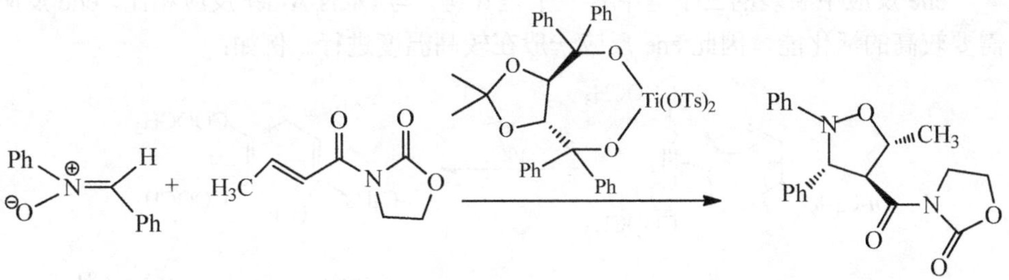

(*endo* 95%；*ee* 93%)

9.3.8　不对称 ene 反应

ene（烯）反应又称为 Alder 反应，是和 Diels-Alder 反应相似的 6π 电子环加成反应，不过在 ene 反应中，烯丙式 C—H σ 键的一对电子代替了 Diels-Alder 反应中二烯体的两个 π 电子。反应物 ene 组分是具有烯丙基氢原子的烯或含 N、S、O 等杂原子类似物。亲烯体（enophilic）是含碳碳、碳氧和碳氮等不饱和键的化合物，不饱和键上连有吸电子基如羰基、氰基有利于反应进行。反应机理如下：

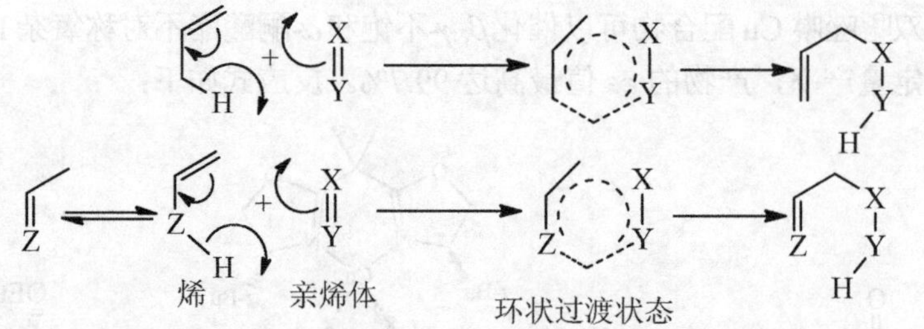

$$X=Y:C=C, C\equiv C, C=O, C=N; Z=N, O, S$$

ene 反应的机理与 Diels-Alder 反应相似，也是经过一个六元环状过渡状态的协同反应机理。图 9.2 是根据前线轨道理论亲烯体的 LUMO 轨道和 ene 的 HOMO 轨道重叠的过渡状态。

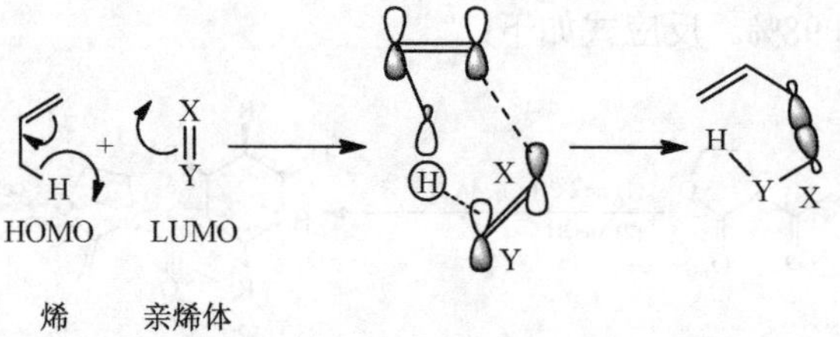

图 9.2　ene 反应两种反应物的 LUMO 轨道和 HOMO 轨道的互相作用

ene 反应中断裂的三个键中有一个是 σ 键，与 Diels-Alder 反应相比，ene 反应需要较高的活化能，因此 ene 反应一般在较高温度进行。例如：

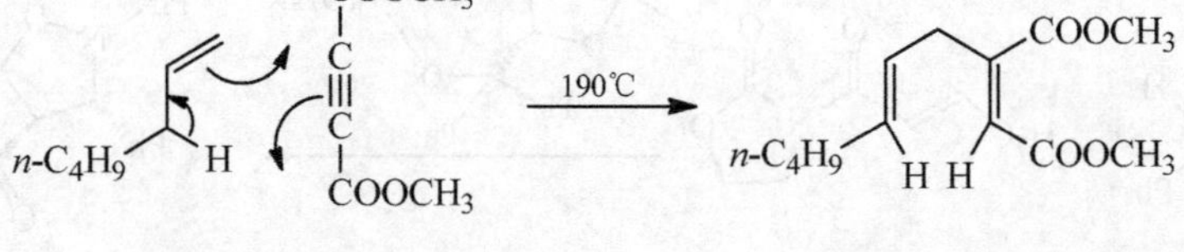

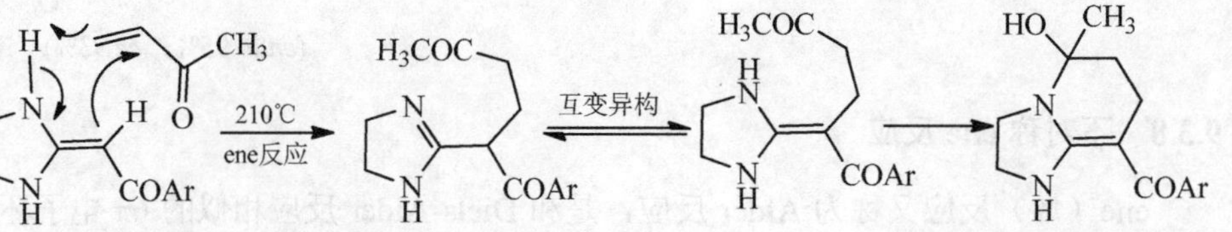

ene 反应中，贫电子的亲烯体有利于反应的进行。ene 反应可分为全碳 ene 反应（碳 ene 和碳亲烯体间的反应）和杂 ene 反应（在 ene 或亲烯体中至少有一个杂原子）。与加热驱动的 ene 反应不同，路易斯酸诱导的 ene 反应中，双键与烯丙基氢的立体位阻是首位的。加热的 ene 反应需要较高的温度，研究较少。人们更

多的是关注路易斯催化的 ene 反应。路易斯酸促进的 ene 反应的难点在于路易斯酸
较远离新生成的手性中心以及在底物上仍限于乙醛酸酯、甲醛、三氯乙醛或活性非
常高的 ene 化合物，需要寻找有效的路易斯酸，来活化亲核性低的双键以及克服产
物高烯丙醇与催化剂的配位作用。ene 反应的另一个难点是反应的区域选择性。当
前，研究较多的是含 Al、Ti、Sn、Co、Cu、Ni 及 Pd 等的路易斯酸催化剂。

　　亚胺和羰基化合物作为亲烯组分在路易斯酸催化下发生 ene 反应（hetero-ene
反应），由于路易斯酸与亲烯体配位，降低了亲烯体的 LUMO 轨道和烯的 HOMO
轨道之间的能量差，反应可在较低温度下进行。反应式如下：

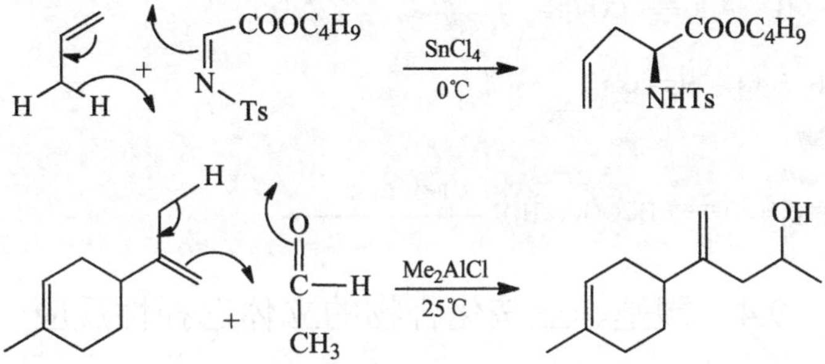

　　1,6-二烯和 1,7-二烯易发生分子内 ene 反应，反应经过内型（endo）的环状
过渡状态，分别生成五元或六元环的顺式非对映异构体。反应式如下：

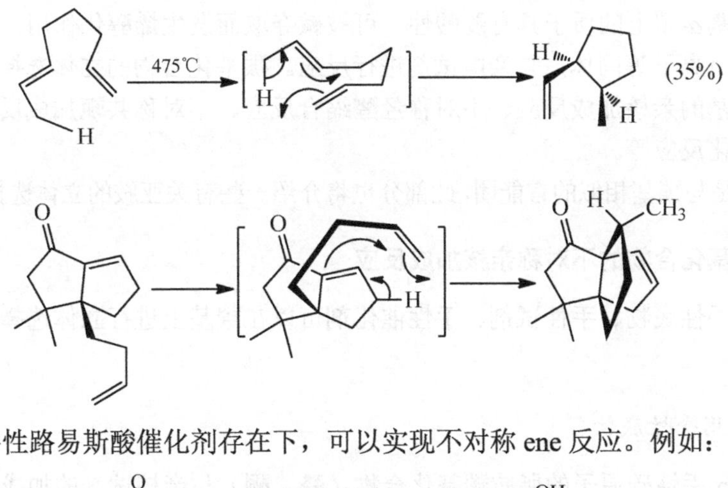

　　在手性路易斯酸催化剂存在下，可以实现不对称 ene 反应。例如：

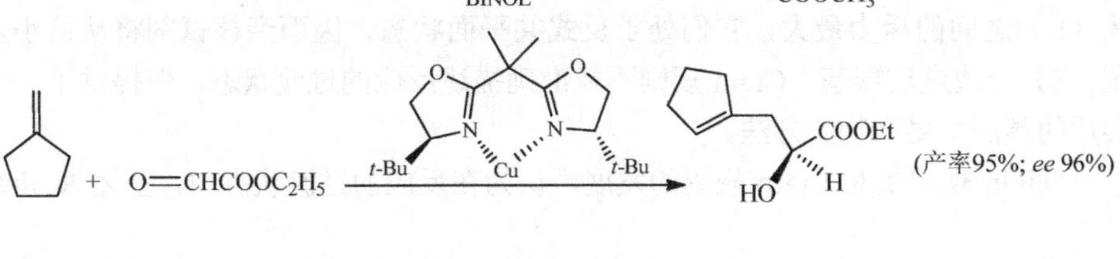

零价钯也可以催化 ene 反应（Metallo-ene 反应），它是一种新的有效的成环方法。例如：

问题 9.9　写出下列反应的产物：

(1) $(H_3C)_2C{=\!\!=}CH_2$ + $HC{\equiv}CCO_2CH_3$ $\xrightarrow[25℃]{AlCl_3}$

(2) $\xrightarrow{\triangle}$

(3) $(C_2H_5)_2C{=\!\!=}CH_2$ + $O{=\!\!=}CHCOOC(CH_3)_3$ $\xrightarrow{(i\text{-}PrO)_2TiCl_2}$

9.4　羰基、亚胺化合物的立体选择性反应

羰基是构建碳碳键的首要官能团。它既可以作为亲电试剂与亲核试剂发生加成反应，反应在羰基碳上发生；也可以通过它所衍生的烯醇体作为亲核试剂进行反应。羰基 α-碳上的质子具有弱酸性，可被碱夺取而发生烯醇化作用，该烯醇体可视为碳负离子等同体，与亲电试剂进行反应。羰基化合物的立体选择性反应主要包括羰基的亲核加成反应、不对称羟醛缩合反应、不对称共轭加成反应以及烯醇盐的烃化反应等。

亚胺是与羰基相似的官能团，此部分也将介绍一些有关亚胺的立体选择性反应。

9.4.1　羰基化合物的不对称亲核加成反应

使用手性底物、手性试剂、手性催化剂可以在羰基上进行立体选择性亲核加成反应。

1. 使用手性底物

含有 α-手性碳原子的脂肪羰基化合物（醛、酮）与亲核试剂的加成反应的立体选择性可以用 Cram 规则和 Felkin 规则预测。Cram 规则认为：羰基氧与最大基团（L）之间的斥力最大，它们处于反式共平面状态，因而亲核试剂将从最小基团（S）一边进攻羰基。Cram 规则不能准确描述反应的过渡状态，但提供了一个实用的预测主要产物的方法。

Felkin 规则是对 Cram 规则的发展，认为在反应的过渡状态中，基团 R 和亲

核试剂与 α-碳上的基团（L、M、S）之间的斥力大于羰基氧原子与基团 L、M、S 之间的斥力，因此导致产生主要产物的构象是 **A** 而不是 **B**。

Cram模型

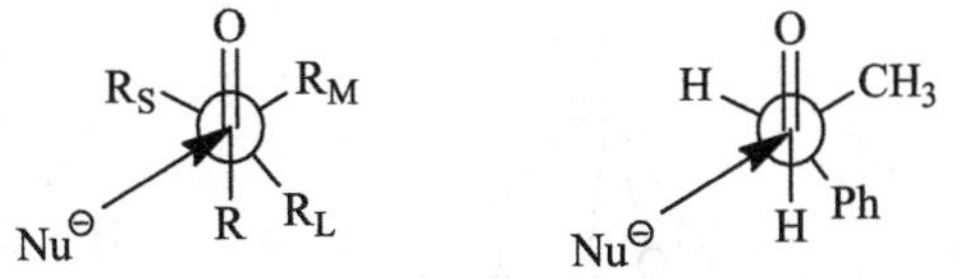

Felkin模型

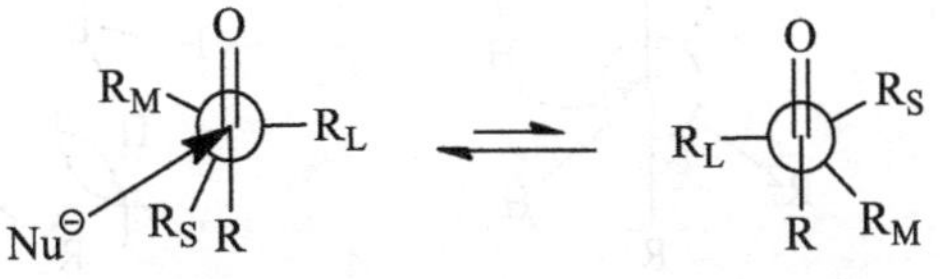

　　　　　　　　　　　　　　　　　A　　　　　　　　　　　**B**

Felkin 规则和 Cram 规则预测的主要产物是相同的。例如：

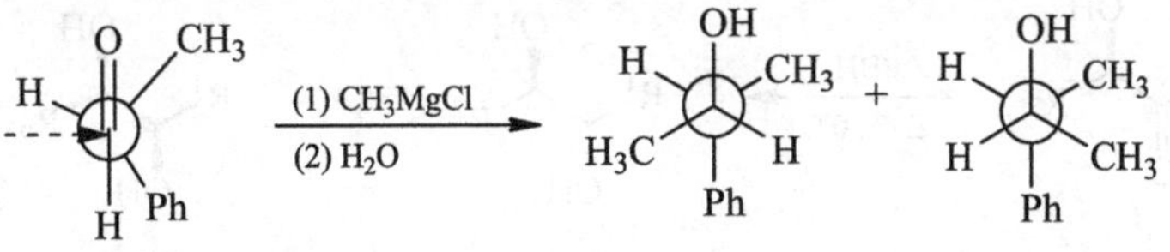

$$\xrightarrow{\text{(1) CH}_3\text{MgCl}}_{\text{(2) H}_2\text{O}}$$

4　　:　　1

$$\xrightarrow{\text{LiAlH}_4}$$

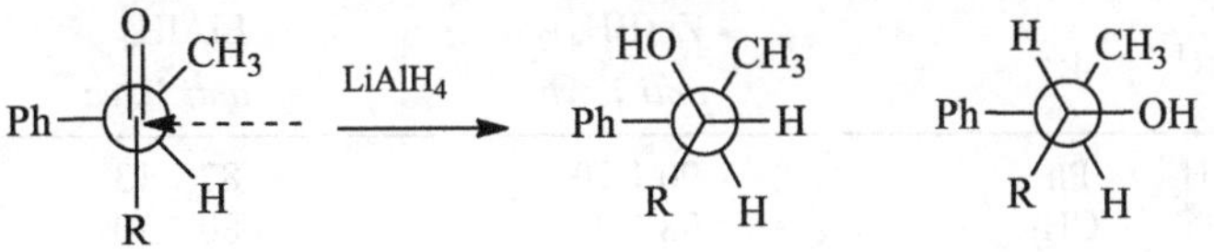

R		:	
Ph	>4	:	1
$(CH_3)_2CH$	5.0	:	1
$(CH_3)_3C$	4.9(35℃)～499(−70℃)	:	1

　　当醛酮的 α-碳上连有一个含杂原子（O、N 等）的基团时，上述 Cram 规则和 Felkin 规则不适用。由于金属同时与该杂原子和羰基氧原子配位形成螯合环，羰基和杂原子基团处于顺式共平面位置。这种模型称为 Cram 螯合（环状）模型，也称 Cram 规则二。

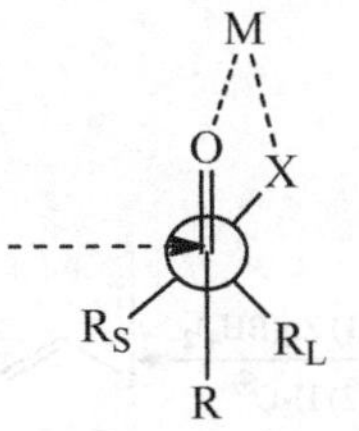

Cram 螯合（环状）模型

例如，α-羟基酮用硼氢化锌或氢化铝锂还原时，负氢从螯合环位阻较小的一边加到羰基碳原子上生成 *anti* 产物：

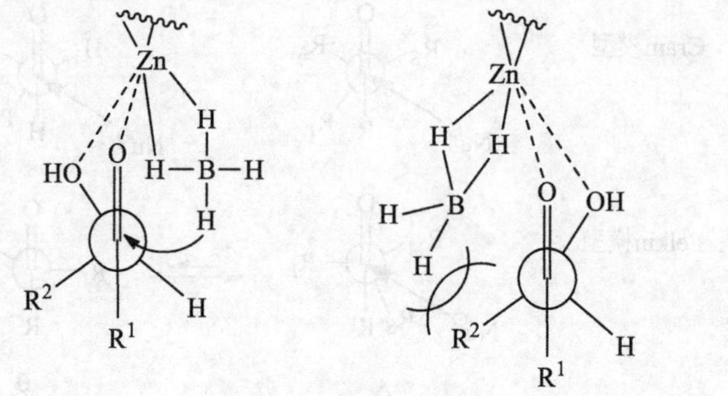

反应式如下：

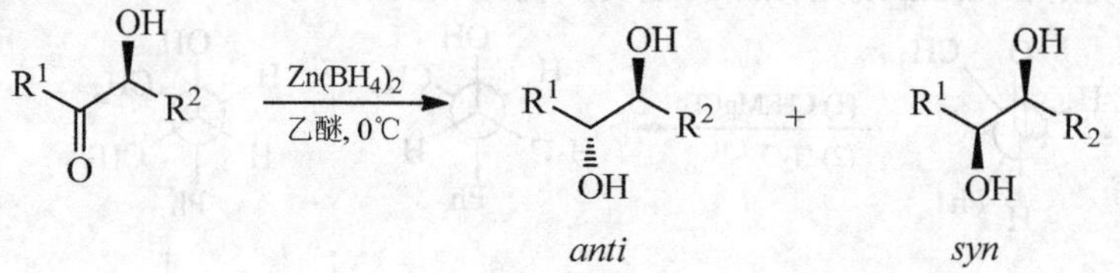

R^1	R^2	Zn(BH$_4$)$_2$ anti : syn	LiAlH$_4$ anti : syn
CH$_3$	Ph	90 : 10	87 : 13
Ph	CH$_3$	98 : 2	80 : 20

格氏试剂等亲核试剂与 α-位有杂原子的羰基化合物亲核加成时，亲核试剂从螯合环位阻较小的一边进攻。例如：

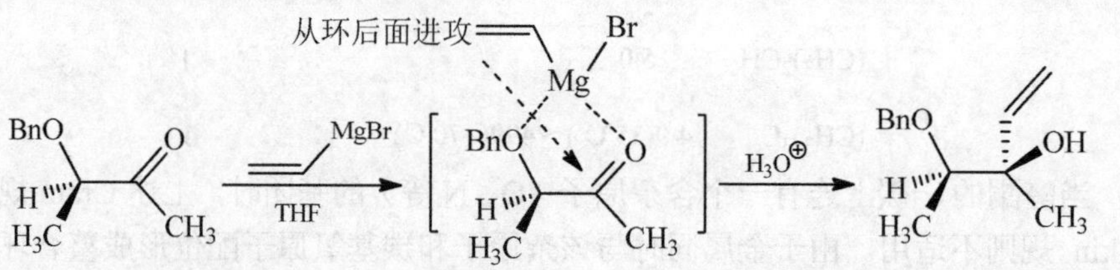

醛酮、羧酸酯的 β-碳上连有含杂原子（O、N 等）的基团时，该杂原子和羰基氧原子与金属配位也形成螯合环，按 Cram 规则二，亲核试剂从位阻小的一面加到羰基碳上。例如：

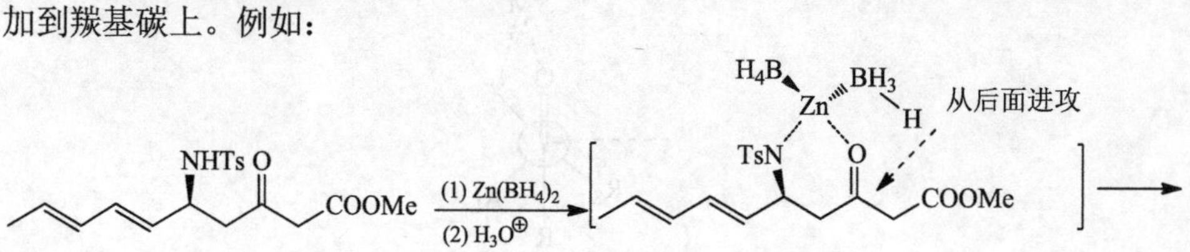

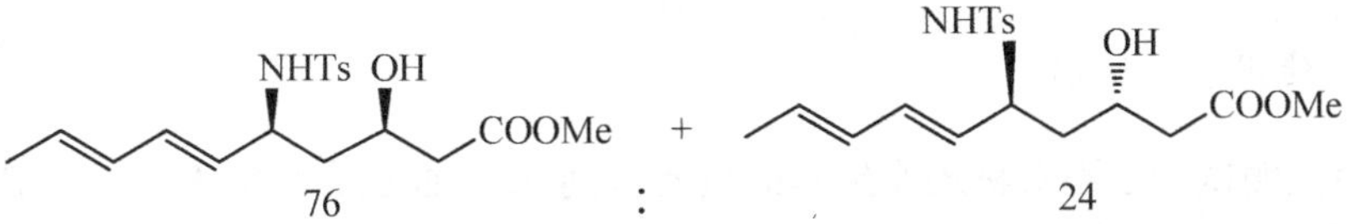

β-羟基酮在二乙基甲氧基硼和硼氢化钠存在下，通过硼原子与羰基和羟基氧原子螯合的环状过渡状态还原为 *syn*-1, 3-二醇。反应式如下：

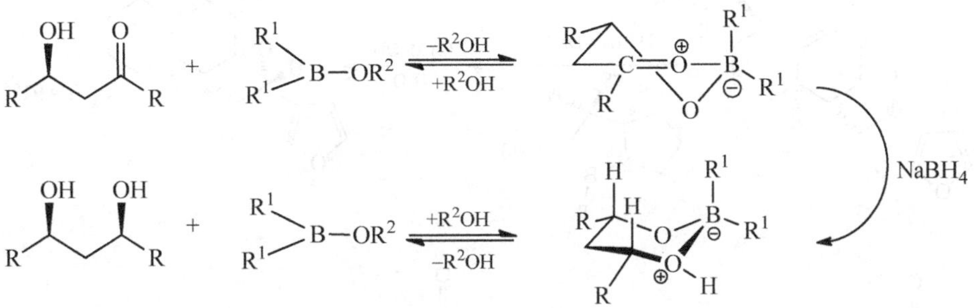

这一反应已成功地用于药物阿伐他汀（atorvastatin）关键中间体的工业化合成中。反应式如下：

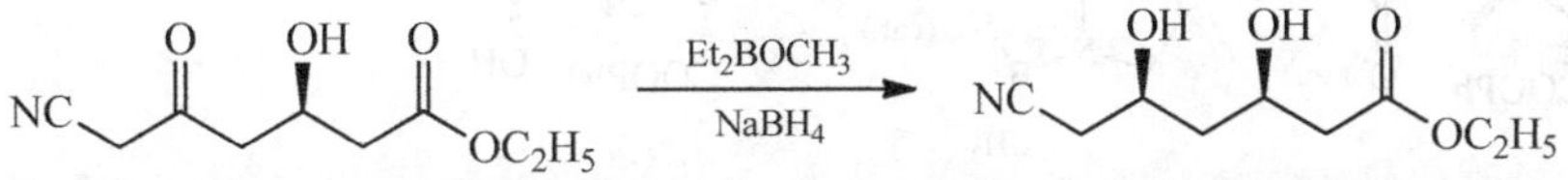

问题 9.10 用 Cram 规则或 Felkin 规则给下述反应作出合理解释。

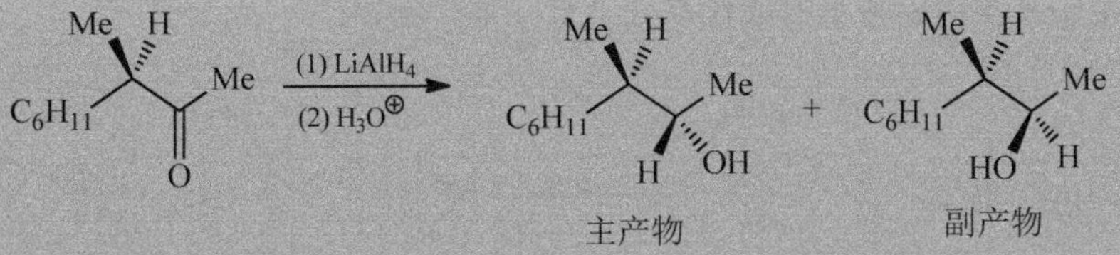

主产物　　　　　副产物

问题 9.11 醇 **C** 和醇 **D** 分别由酮 **A** 和酮 **B** 与格氏试剂反应得到。解释这些反应的立体选择性。

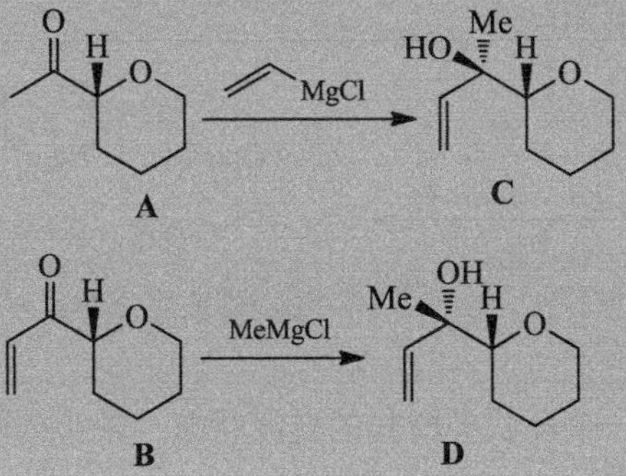

2. 使用手性试剂

手性硼试剂是不对称还原羰基的重要试剂,如前面已介绍的 *R*-Alpine-Borane[®] 和 *S*-Alpine-Borane[®].含脯氨醇结构的手性硼试剂也能高选择性地还原羰基。例如:

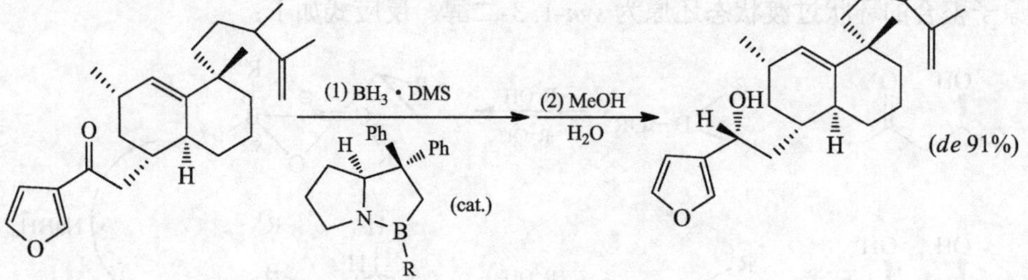

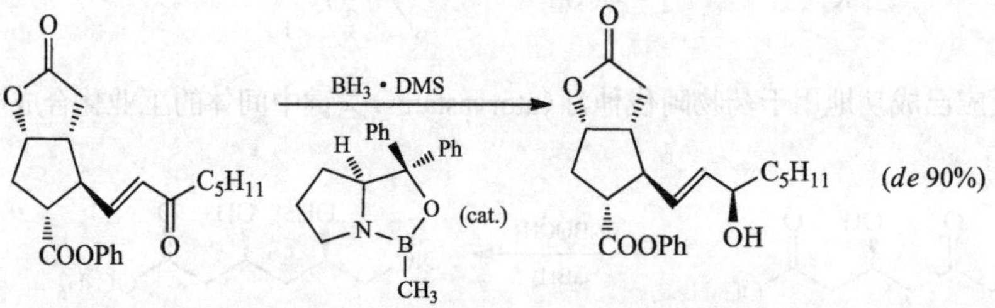

这个反应的立体选择性源于类椅式的环状过渡状态,最有利的构型排列是大的取代基位于平伏键而较小的取代基处于直立键。例如:

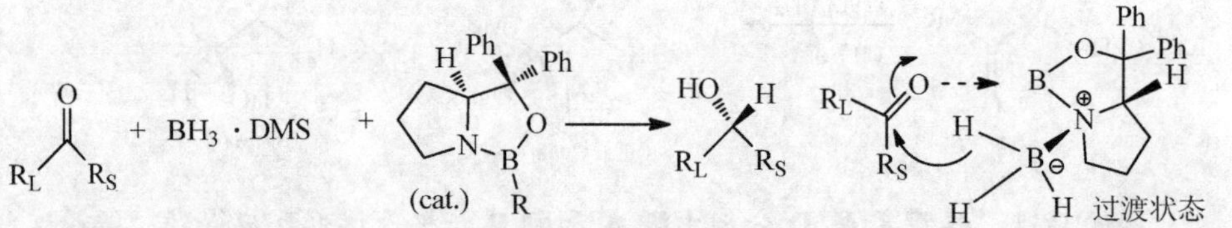

含手性联萘酚结构单元的氢化铝锂[(*R*)-和(*S*)-BINAL-H]是另一类高选择性还原羰基的手性试剂。例如:

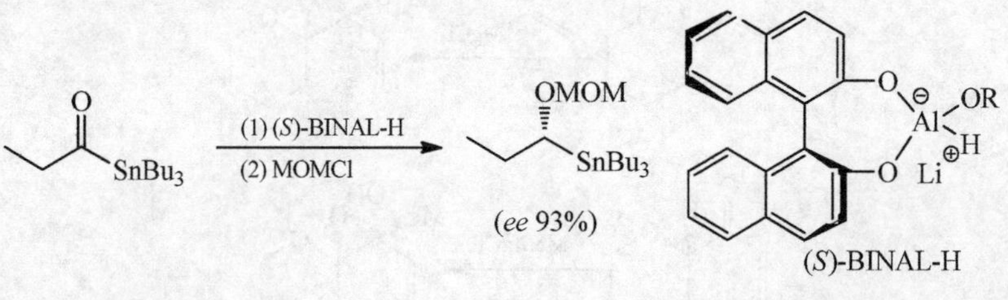

(*S*)-BINAL-H

这个反应也通过一个环状类椅式的过渡状态,较小的取代基处于垂直键,较大的取代基处于平伏键。

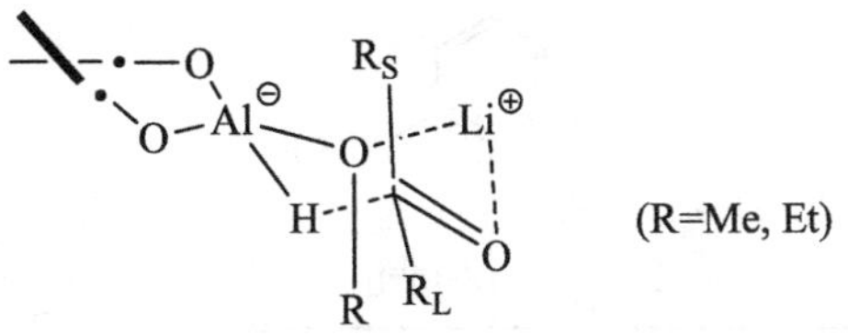

过渡状态

(R=Me, Et)

3. 使用手性催化剂

醛酮的羰基的不对称催化氢化近十几年来已取得长足进展，尤其是手性钌配合物 BINAP-RuCl₂ 为催化剂还原 β-酮酸酯、γ-酮酸酯及二酮具有高度的对映选择性。对映选择性的原因主要是金属钌与酮羰基和邻近的杂原子同时螯合。例如：

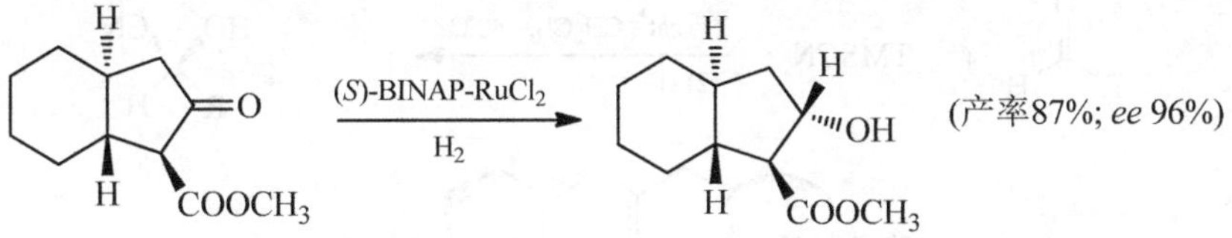

二烃基锌比烃基锂和格氏试剂的活性小，在催化量的手性氨基醇或手性二胺存在下，二烃基锌与醛的亲核加成有较高的立体选择性。例如：

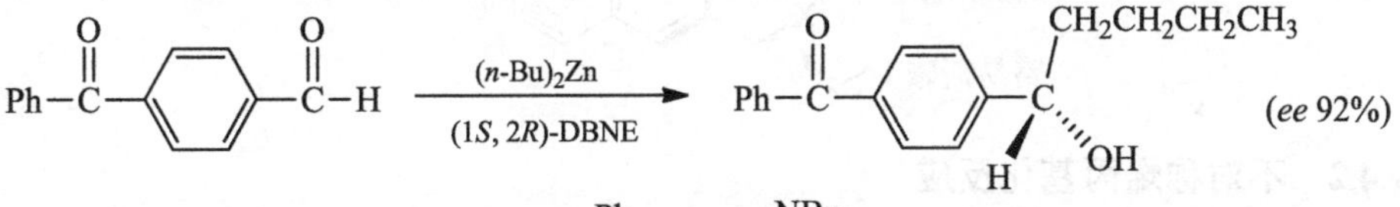

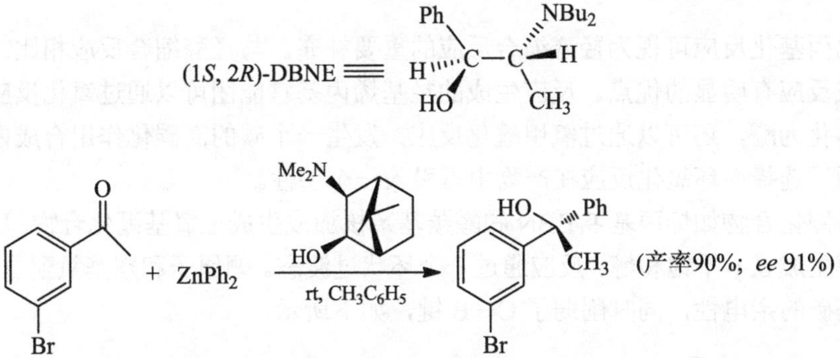

许多生物活性的天然产物中都含有季碳原子，因而这一反应对不对称合成叔醇具有实用价值。

氰醇化反应或称羟氰化反应，即氰基对醛或酮的可逆加成是一个经典的反应。生成的氰醇可制备重要合成中间体如 α-羟基酸/酯、α-氨基酸、β-氨基醇、α-羟基醛、邻二醇及 α-羟基酮等。反应中所用的氰源除了氰化氢外，还有三甲基硅氰及氰基甲酸酯等。以手性配体和异丙氧基钛的配合物为催化剂，能不对称合成氰醇。例如：

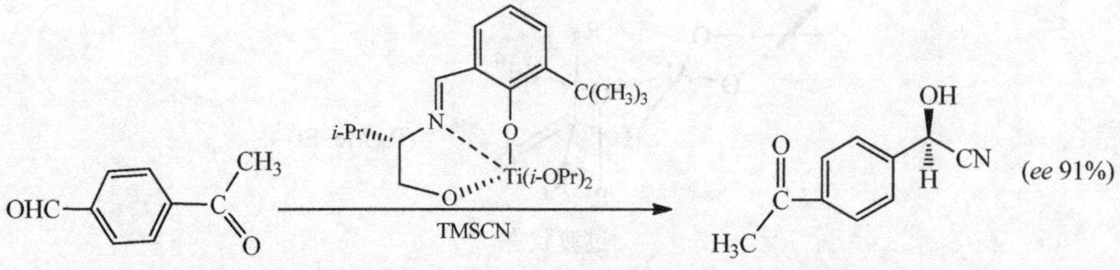

基于铝的双官能团催化剂可以高选择性催化醛的不对称硅氰化反应。该催化剂中的铝原子起路易斯酸活化底物醛的作用，X 基团则作为路易斯碱活化三甲基硅氰亲核试剂。反应于低温下进行，产率最高达到 100%，*ee* 值则达到 98%。反应式如下：

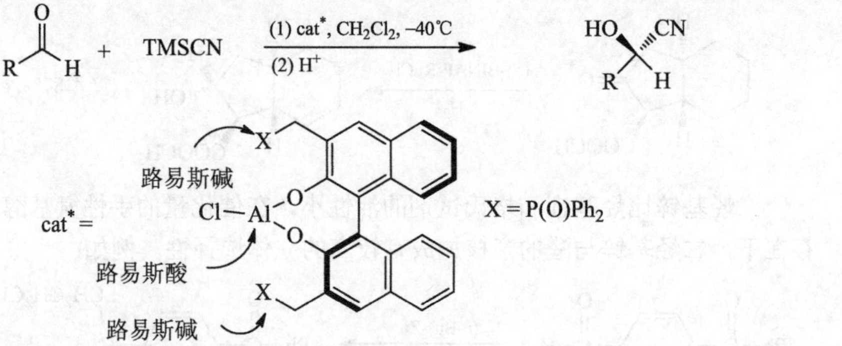

9.4.2　不对称烯丙基化反应

醛的烯丙基化反应可视为羟醛缩合反应的重要补充。与羟醛缩合反应相比，烯丙基加成反应有明显的优点。反应生成的羟基烯丙基官能团可以通过氧化反应很容易地转化为醛，还可以通过氢甲酰化反应，发生一个碳的高碳化作用合成内酯，以及通过选择性环氧化反应在产物中再引入一个手性。

烯丙基硼化合物如烯丙基-9-BBN 和醛羰基亲核加成生成烃氧基硼化合物，后者直接水解生成 *β*, *γ*-不饱和醇。反应通过一个环状过渡态。硼原子和羰基氧配位，提高了羰基碳的亲电性，同时削弱了 C—B 键，如下所示：

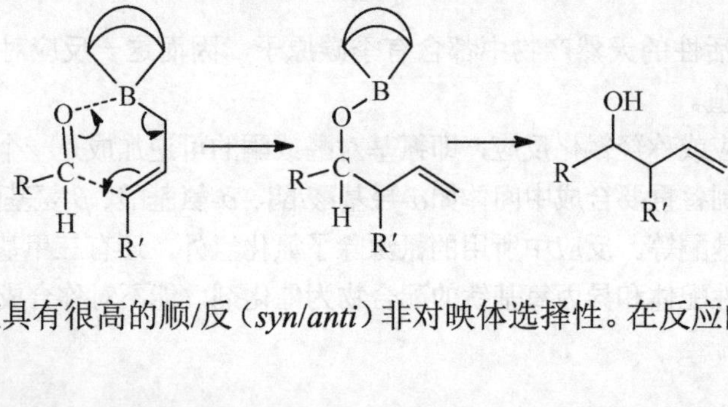

这一反应具有很高的顺/反（*syn/anti*）非对映体选择性。在反应的过渡状态中，

由于醛的烃基处于平伏键位置，因而烯丙基中碳碳双键为 E 构型时得到反式（$anti$）产物，Z 构型时得到顺式（syn）产物，如下所示：

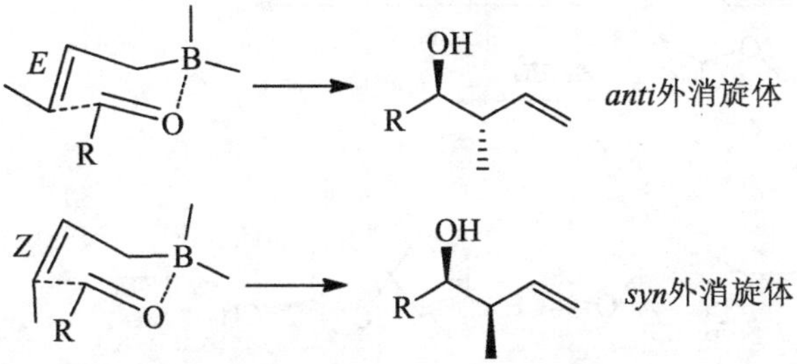

例如：

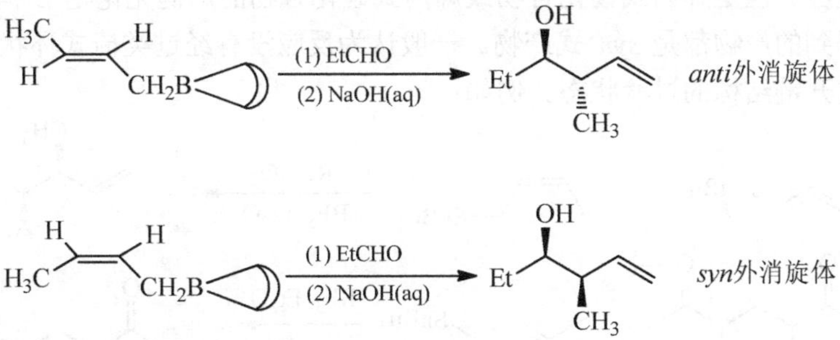

如果使用手性硼试剂，就可能得到对映选择性产物，即 syn 或 $anti$ 式异构体中的某一种单一的对映体。

Roush 发展了酒石酸酯的烯丙基硼酸酯类化合物，在不对称烯丙基加成反应中有很好的结果。反应式如下：

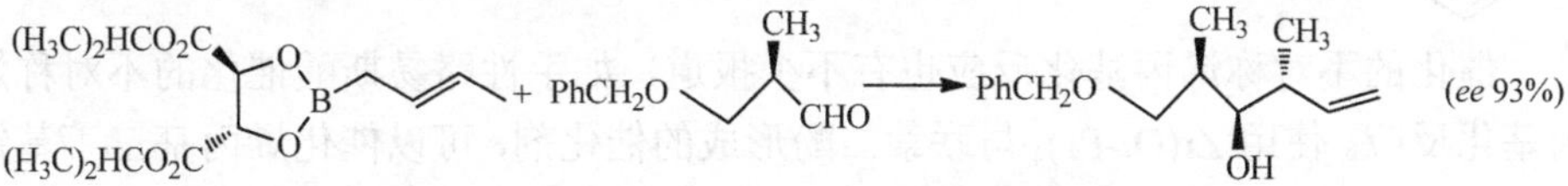

Brown 采用蒎烯基硼试剂也可以得到很好的选择性。反应式如下：

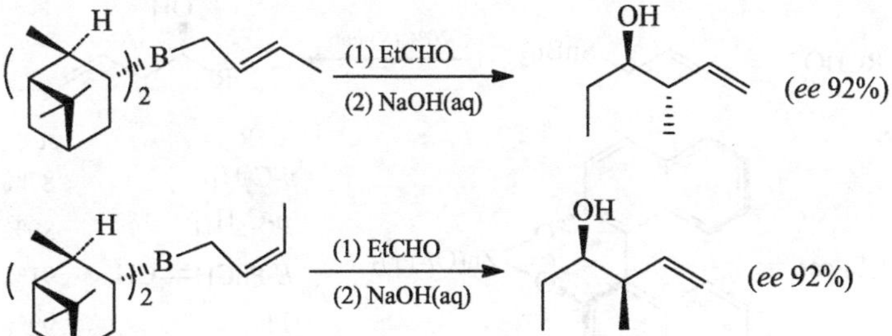

问题 9.12　写出下列反应的主要产物：

(1)

(2)

(3)

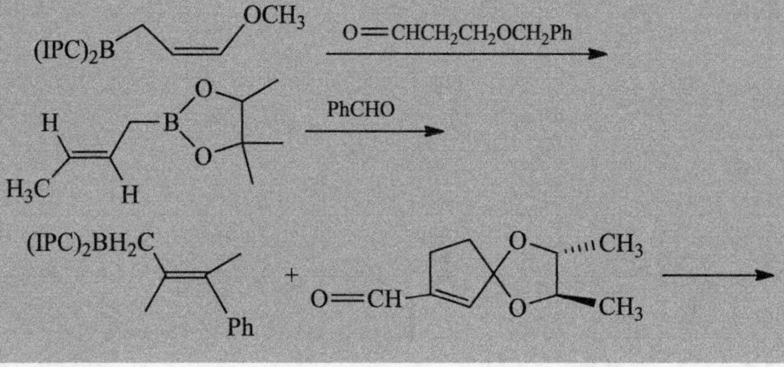

　　烯丙式锡化合物或烯丙式硅化合物与烯丙式硼化合物相似，也可以和羰基发生加成反应。但是烯丙式锡化合物或烯丙式硅化合物的烯键无论是 E 构型还是 Z 构型，得到的产物都是 syn 式产物。一般认为反应没有经过类椅式环状过渡态，而是经过开链结构的过渡状态。例如：

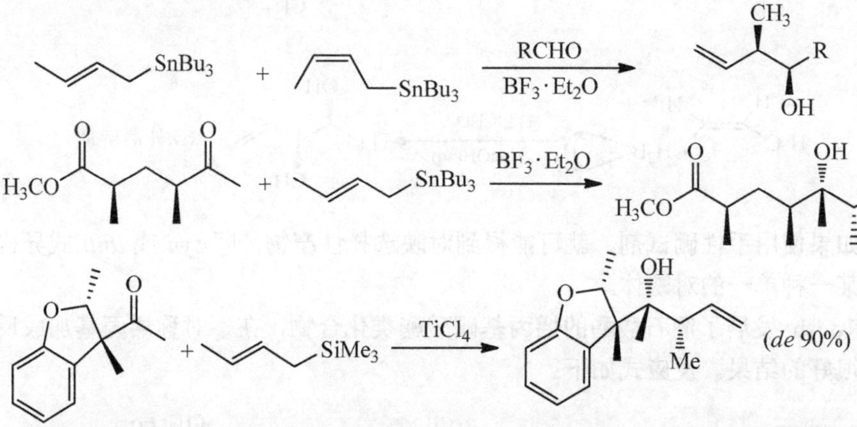

　　催化的不对称烯丙基化反应也有不少报道，如手性路易斯酸催化的不对称烯丙基化反应。使用 $Zr(Oi\text{-}Pr)_4$ 与联萘二酚形成的催化剂，可以催化烯丙基三丁基锡对醛的加成反应，芳基醛表现出最好的对映选择性。而采用相应的钛催化剂，脂肪醛则给出更好的结果。反应式如下：

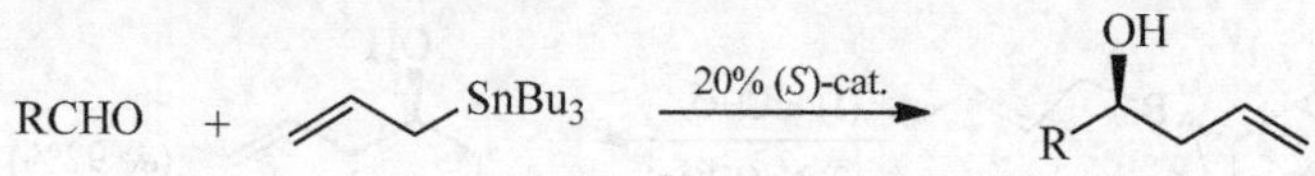

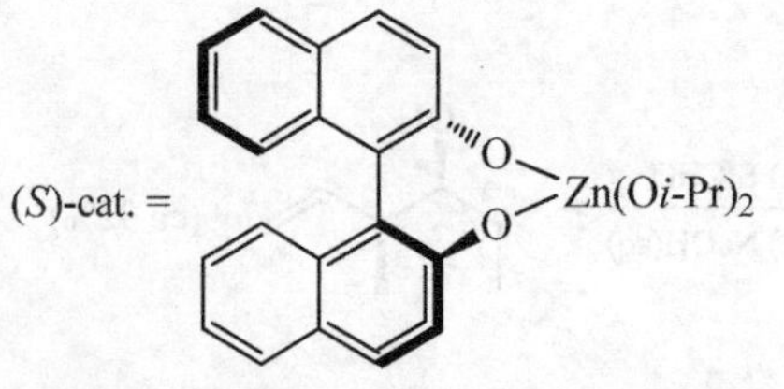

R	ee
n-C$_7$H$_{15}$	87%
n-C$_5$H$_{11}$	89%
E-PhCH=CH	91%
Ph	92%

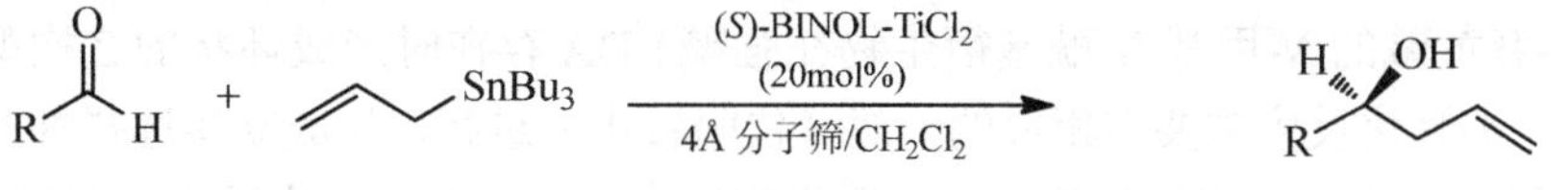

(*ee*>97%)

$R = C_7H_{15}, C_5H_{11}$　　　烯丙基三丁基锡 ∶ 醛 = 2∶1

9.4.3 羰基化合物的不对称 α-烃化

羰基化合物的烯醇盐的碳碳双键有 *Z* 和 *E* 两种可能的构型。当没有手性因素存在时，无论何种构型烯醇盐的烃化都只能得到外消旋产物。反应式如下：

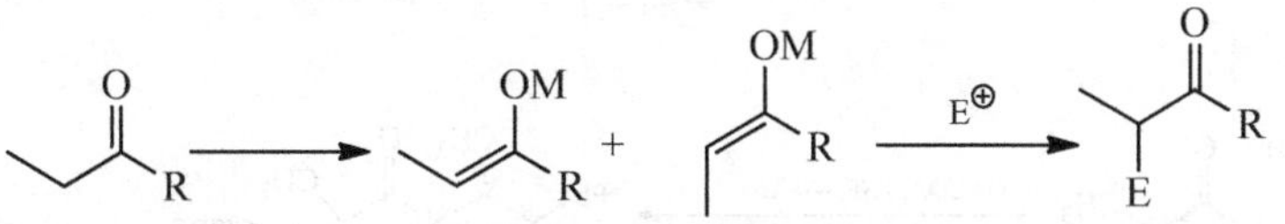

Z-烯醇盐　*E*-烯醇盐　外消旋产物

羰基化合物的烯醇盐的不对称烃化可以使用手性碱、手性底物、手性辅基和手性催化剂来实现。

1）使用手性碱

常用的手性碱是手性胺的锂盐。例如：

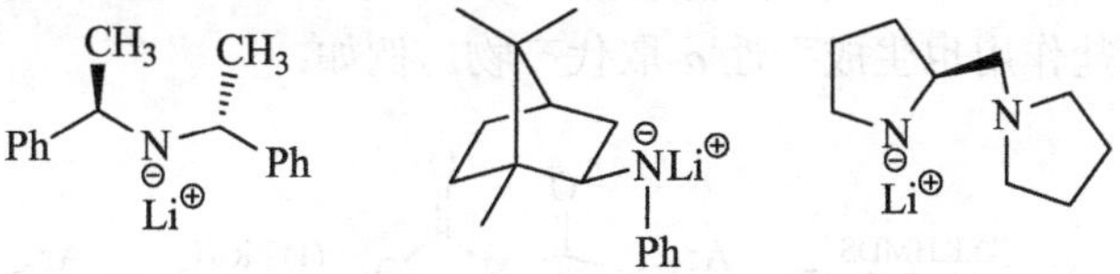

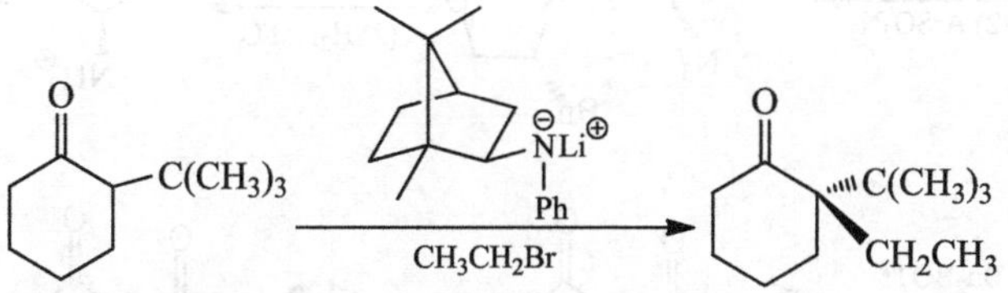

(产率45%; *ee* 90%)

2）使用手性底物

β-位或 *γ*-位有杂原子 O 或 N 官能团的羰基化合物如羟基羧酸酯，在强碱如 LDA 作用下由于环状螯合作用，与亲电试剂作用时主要生成 *anti* 产物。反应式如下：

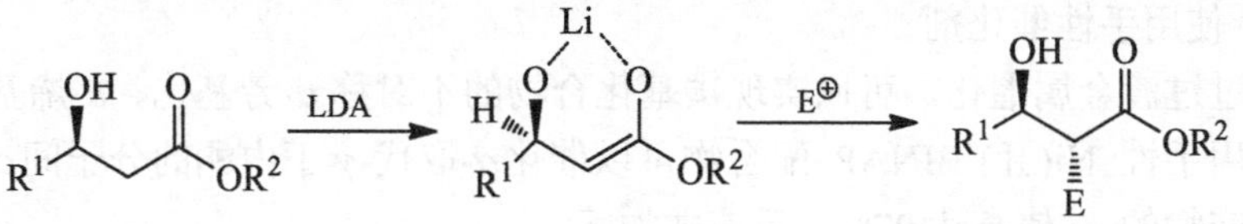

例如：

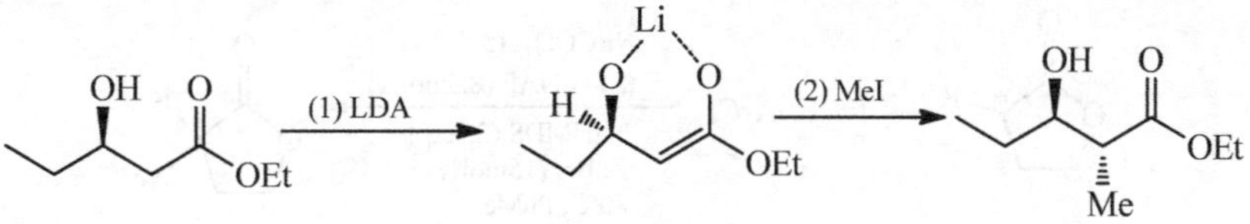

D-或 L-麻黄碱的 N-甲基 N-酰基衍生物在强碱 LDA 存在时形成环状的 Z 构型的烯醇锂盐，α-烃化反应主要在相反的一边（位阻较小）进行，生成立体选择性产物，水解后得到高旋光纯度的羧酸。这一反应称为 Myers 不对称烃化反应。例如：

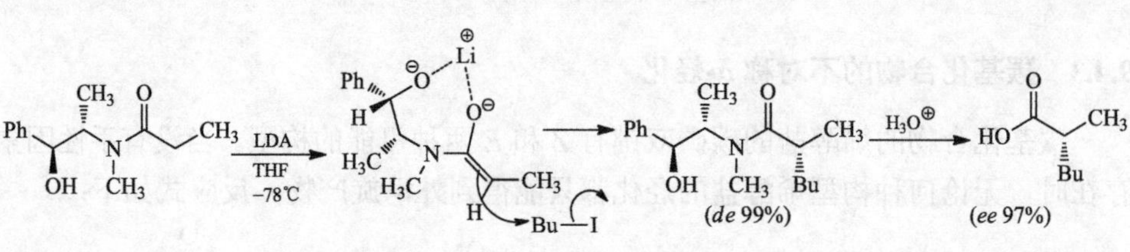

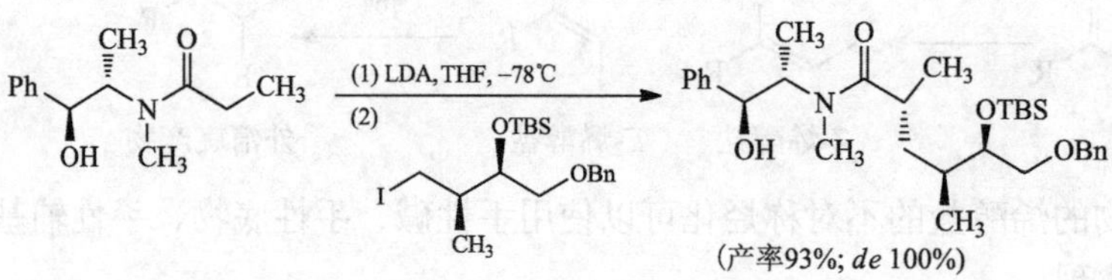

（产率93%; de 100%）

3）使用手性辅基

利用手性肼辅基如 SAMP 等能使醛酮的 α-位不对称烃化（见 9.2 节）。其他亲电试剂与手性烯醇盐作用也生成手性 α-取代产物。例如：

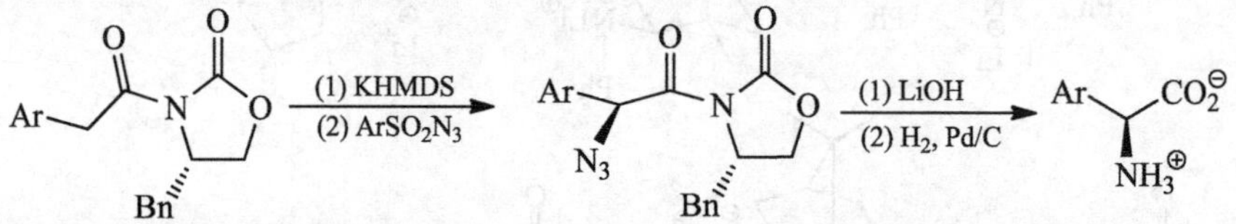

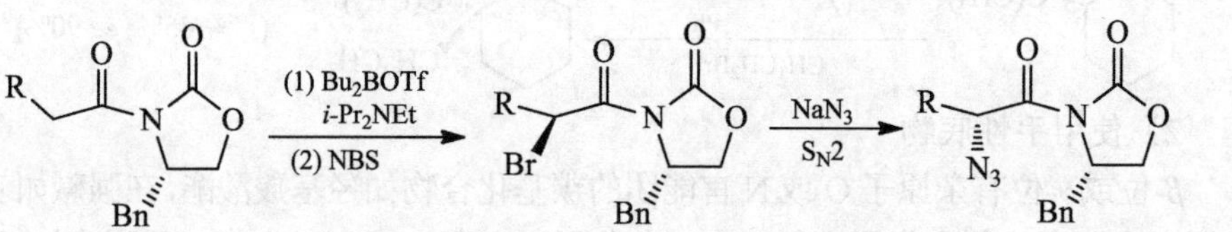

4）使用手性催化剂

通过过渡金属催化，可以实现羰基化合物的不对称 α-芳基化、α-烯基化。

使用手性 Ni(Ⅱ)-BINAP 配合物可以催化 α-取代-γ-丁内酯的分子间 α-芳基化反应，产物的 ee 值高达 97%。反应式如下：

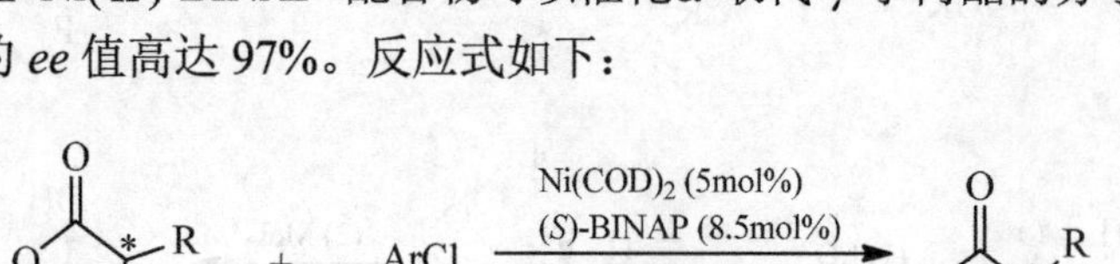

采用钯与轴手性配体 **L*** 形成的配合物为催化剂，可以实现分子内醛的不对称 α-芳基化反应，表现出优异的对映选择性。反应式如下：

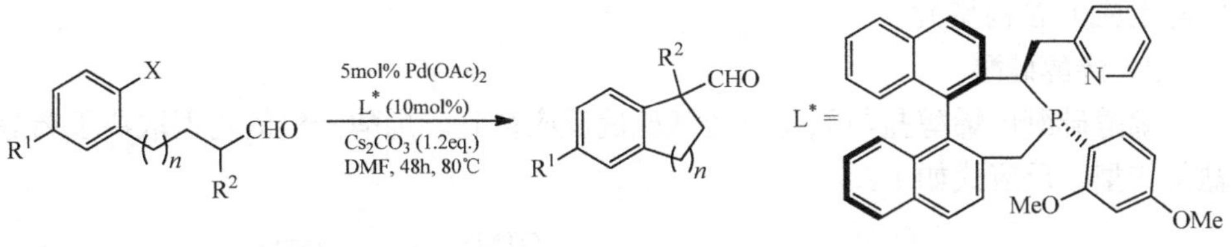

9.4.4 不对称 Aldol 反应

1. 烯醇盐、烯醇醚的立体化学

烯醇盐、烯醇醚的构型对 Aldol 反应的立体化学有重要影响，因此首先介绍获得一定构型的烯醇盐的方法。

1）烯醇锂盐

在动力学控制条件下（强碱如 LDA，低温、较短反应时间），具有较大取代基的酮烯醇锂盐主要是 Z 构型的，如下所示：

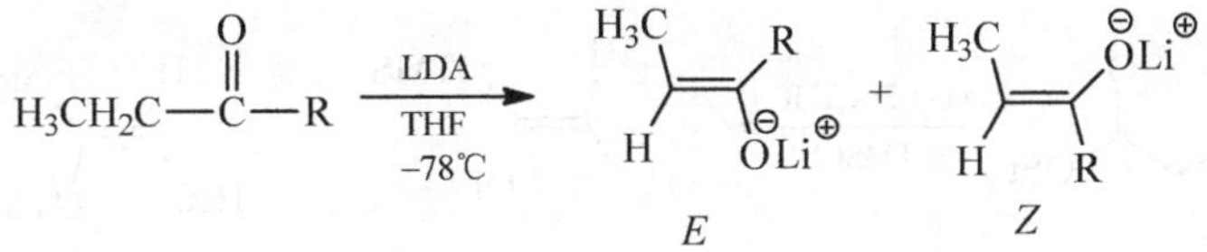

R=	E	Z
—CH$_2$CH$_3$	70%	30%
—CH(CH$_3$)$_2$	40%	60%
—C(CH$_3$)$_3$	2%	98%
—NEt$_2$	3%	97%
—OCH$_3$	95%	5%

形成 Z/E 构型的相对比例可以用下式解释：

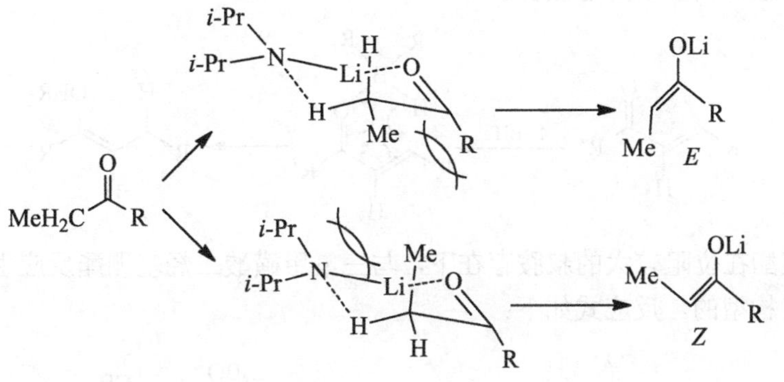

当 R 为较大取代基时[如—C(CH$_3$)$_3$、—NEt$_2$、—OCH$_3$ 等]，它们与处于平伏

键位置的甲基有较大的斥力，迫使甲基转变成直立键，这样形成的烯醇盐为 Z 构型（注意：按照次序规则，—OR 优先于—OLi，因此对于酯而言，这里的 Z 构型实际上应为 E 构型）。

2）烯醇硅醚

烯醇硅醚由烯醇盐与氯化三烃基硅烷反应得到。烯醇硅醚的构型取决于烯醇盐的构型。反应式如下：

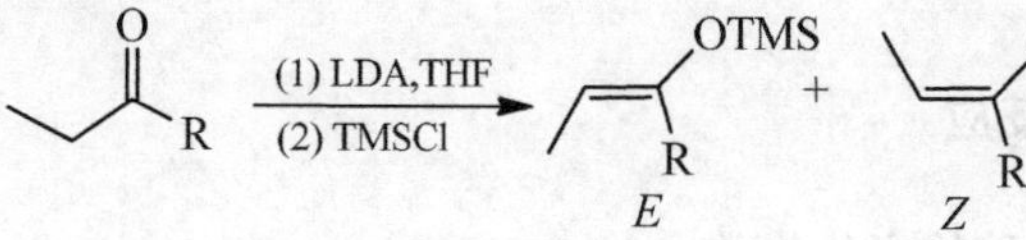

R=		
—CH$_2$CH$_3$	70%	30%
—C(CH$_3$)$_3$	2%	98%
—OCH$_2$CH$_3$	94%	6%

由于溶剂对烯醇盐的 Z/E 构型的比例有很大的影响，因此在不同溶剂中可得到相应比例的不同构型的烯醇醚。例如，一般的酯在动力学条件下 THF 溶剂中形成 E-烯醇酯，而在非质子性极性溶剂 HMPA 中却主要形成 Z-烯醇酯。反应式如下：

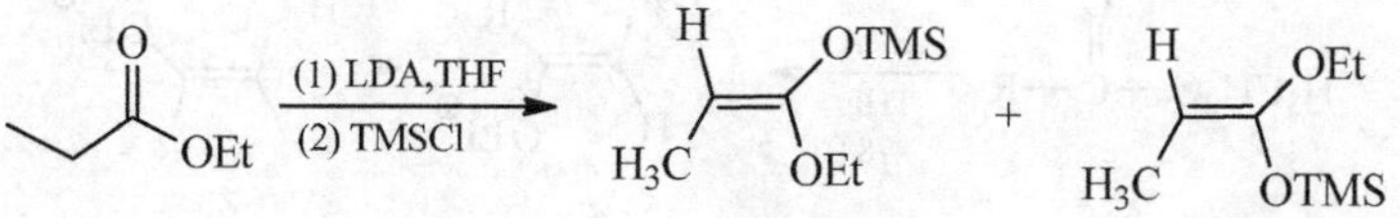

	E-烯醇酯	Z-烯醇酯
THF	94%	6%
HMPA	18%	82%

3）烯醇硼盐

烯醇硼盐一般可用下列方法制备：二烃基硼与 α, β-不饱和羰基化合物共轭加成主要生成 Z 构型的烯醇硼盐。

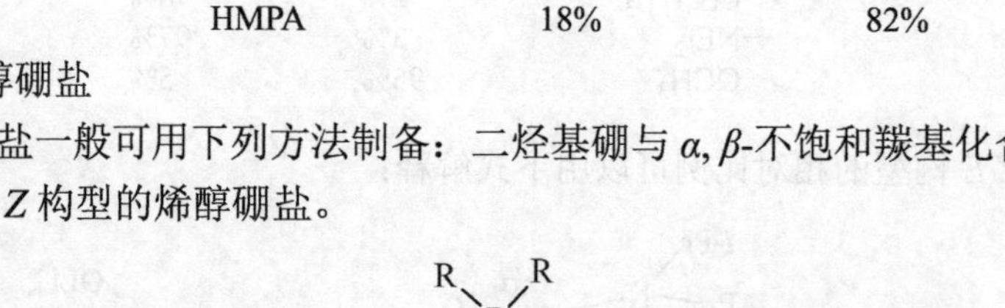

酮或酯在位阻较大的叔胺存在下，与三氟甲磺酸二烃基硼酯反应生成的产物主要是 Z 构型的。反应式如下：

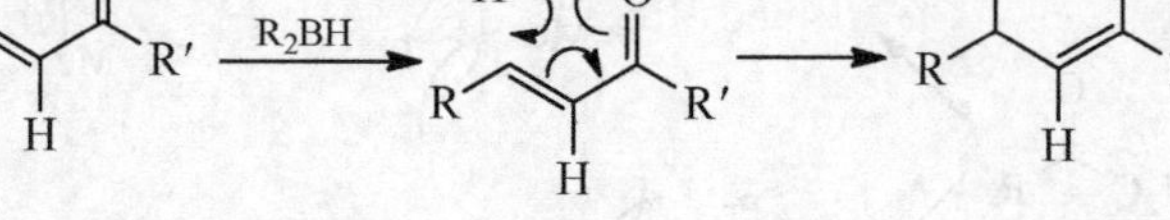

卤硼烷与烯醇硅醚（不管 Z 构型还是 E 构型）作用一般得到 Z 构型产物。反应式如下：

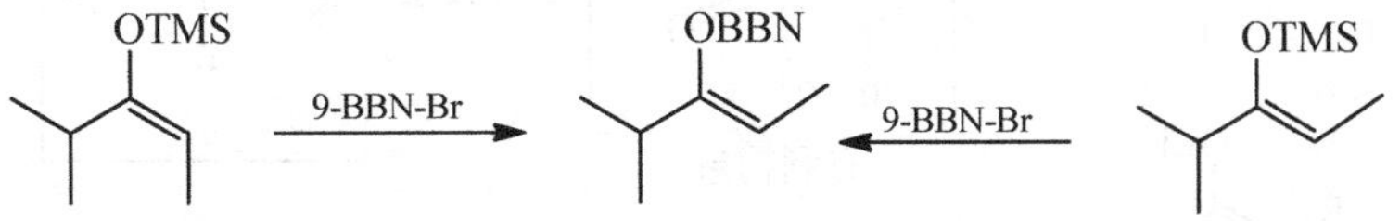

2. Aldol 反应的非对映选择性

不同的羰基化合物进行 Aldol 反应，最多能生成四种非对映异构体。反应通式如下：

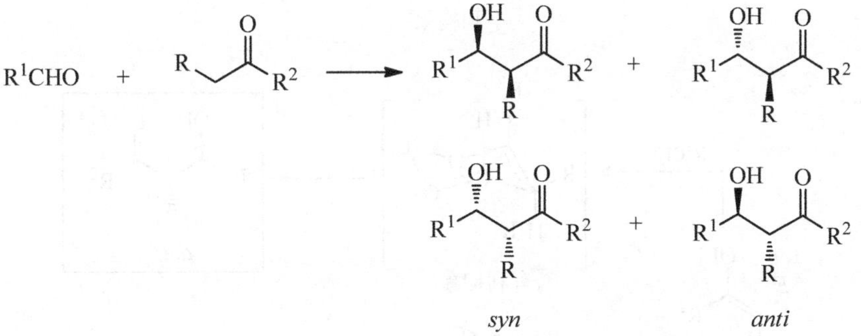

Aldol 反应的非对映选择性，即 *syn*/*anti* 产物的比例主要取决于烯醇盐的构型。一般来说在动力学控制条件下，(Z)-烯醇盐的醇醛缩合得到 *syn* 产物，(E)-烯醇盐得到 *anti* 产物。反应通式如下：

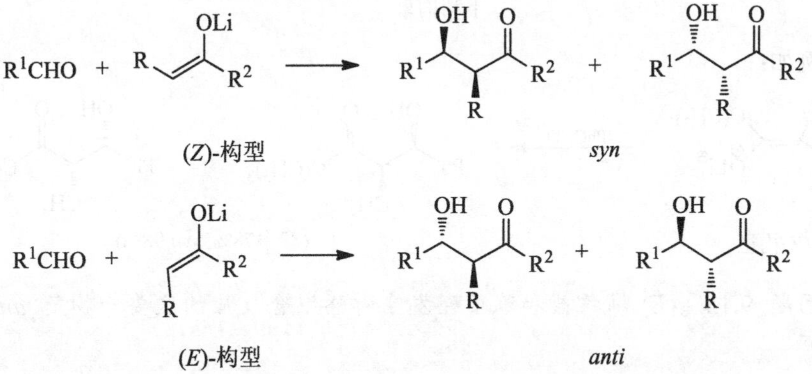

Aldol 反应的立体化学可以用下面类椅式的环状过渡状态来说明，锂离子同时与羰基氧和烯醇盐氧负离子配位，R^1、R^2 在同侧直立键时是不利的过渡状态。如下所示：

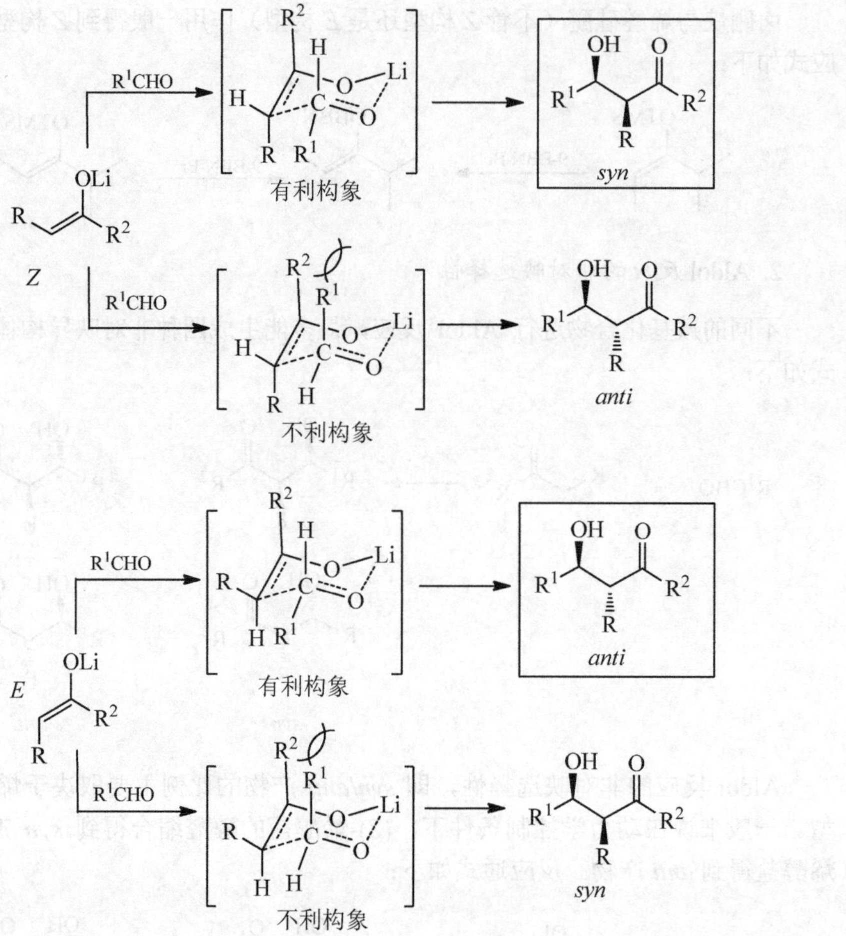

例如：

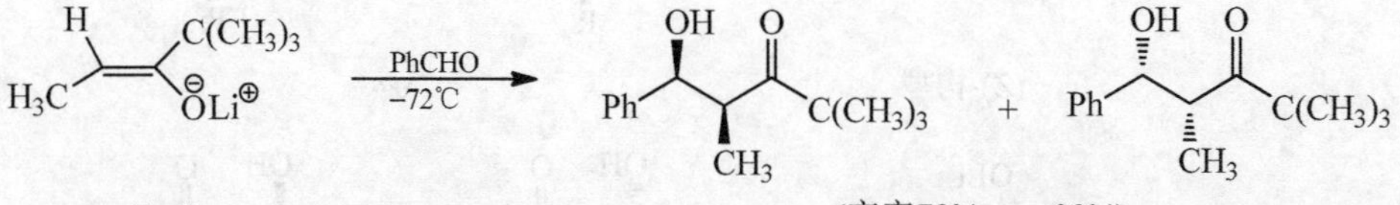

(Z)构型   (产率78%; *syn* 98%)

问题 9.13   (*E*)-烯醇盐和苯甲醛发生醇醛缩合反应的主要产物是 *anti*，为什么？

环酮的烯醇盐的构型必定是 *E* 构型，在动力学控制条件下其醇醛缩合主要得到 *anti* 式产物。例如：

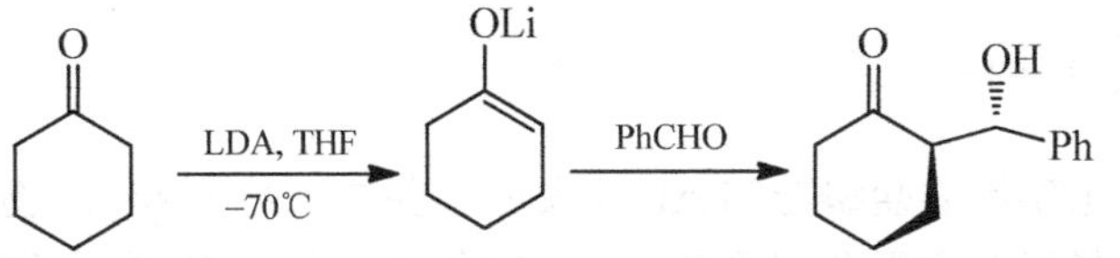

anti: 84% (外消旋体)

烯醇硼盐发生醇醛缩合反应的立体化学类似于烯醇锂盐。但由于 B—O 键的键长比 Li—O 键短，硼原子参与的过渡状态更紧密，立体因素影响更大，因此立体选择性优于烯醇锂盐。例如：

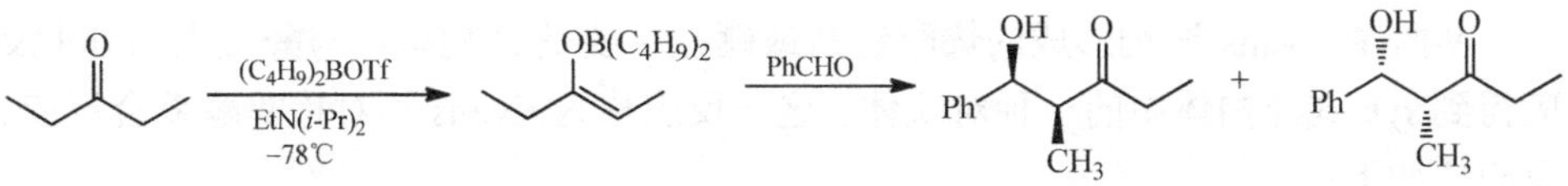

Z：97%　　*syn*：97%

烯醇钛盐、锡盐、锆盐等发生醇醛缩合反应的非对映选择性类似于烯醇锂盐，但立体选择性优于后者。例如：

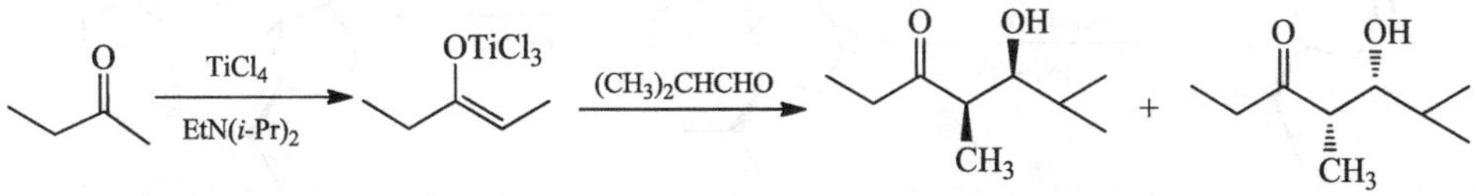

烯醇硅醚的亲核性较小，在路易斯酸催化下才能完成亲核加成反应。一般认为反应的过渡状态是开链（非环状）结构，因此不能用上面的规则预测其非对映选择性。例如，下面的 *Z* 构型的烯醇硅醚与苯甲醛发生加成反应的主要产物是两种 *anti* 异构体的混合物：

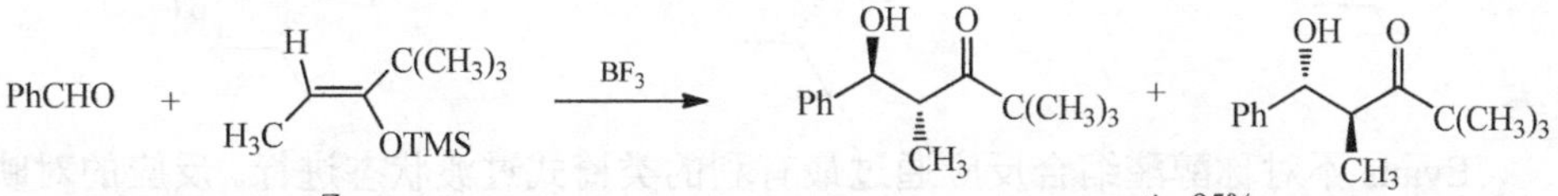

Z　　*anti*：95%

问题 9.14　写出下列反应的主要产物：

(1)

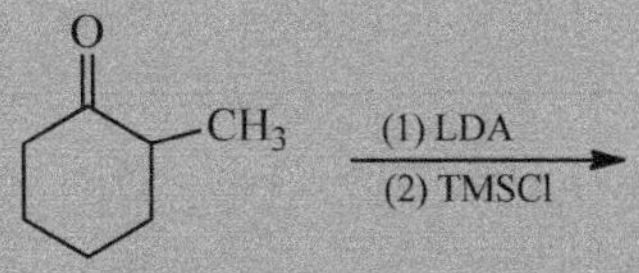

(2)

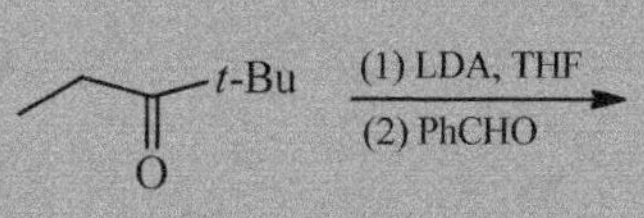

(3)

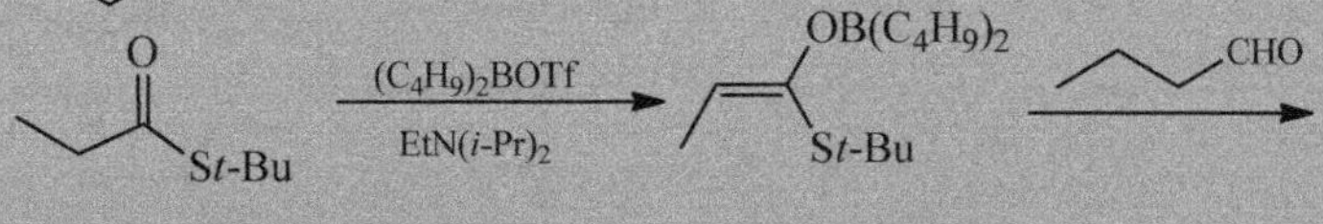

(4)

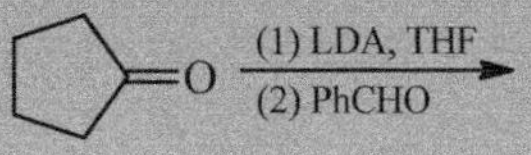

3. Aldol 反应的对映选择性

在手性条件影响下，(*Z*)-烯醇盐参与的 Aldol 反应主要生成两种 *syn* 产物中的一种对映体；同样，(*E*)-烯醇盐主要生成两种 *anti* 产物中的一种对映体。这种选择性就是 Aldol 反应的对映选择性。使用手性辅基（如 Evans 试剂）或含手性硼的烯醇盐发生醇醛缩合反应一般能获得高对映选择性产物。

1）噁唑烷酮作为手性辅基

N-酰基 Evans 试剂形成的烯醇锂盐或硼盐主要是 *Z* 构型，与醛发生 Aldol 反应得到 *syn* 式异构体中的一种对映体。这一反应称为 Evans 不对称醇醛缩合反应。反应式如下：

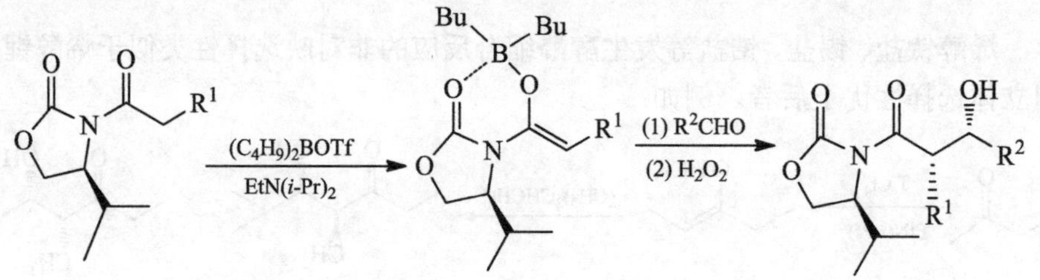

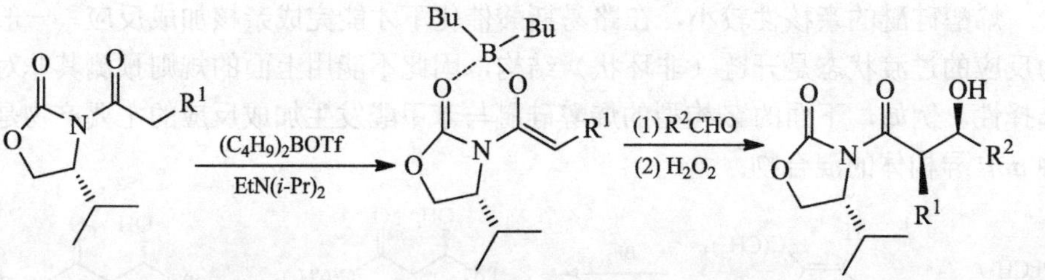

Evans 不对称醇醛缩合反应通过最有利的类椅式过渡状态进行。反应的对映选择性来自 Evans 试剂环上取代基不同的构型的手性诱导。下式的过渡状态中，由于烯醇的背面被异丙基屏蔽，因而醛从前面进攻形成六元类椅式过渡状态。反应式如下：

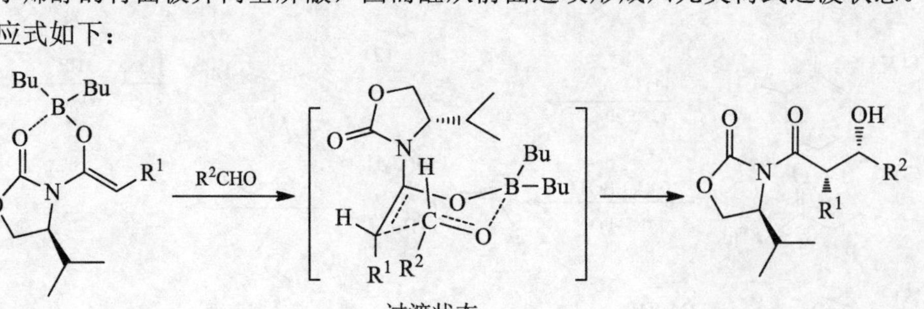

过渡状态

例如：

(*ee* 85%)

R：*n*-Bu	50	：	1
R：*c*-C_5H_{11}	100	：	1

97　：　3

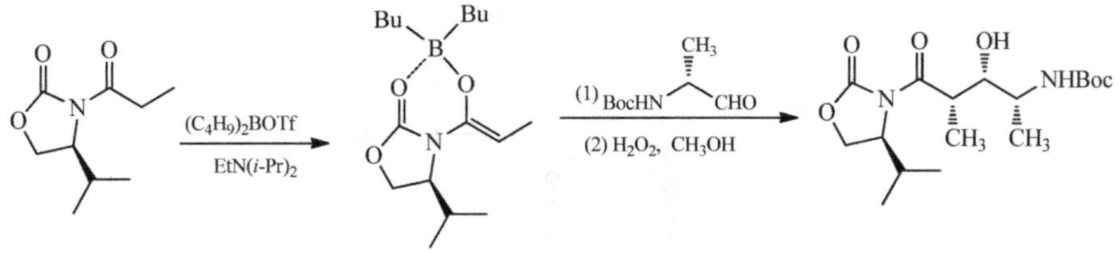

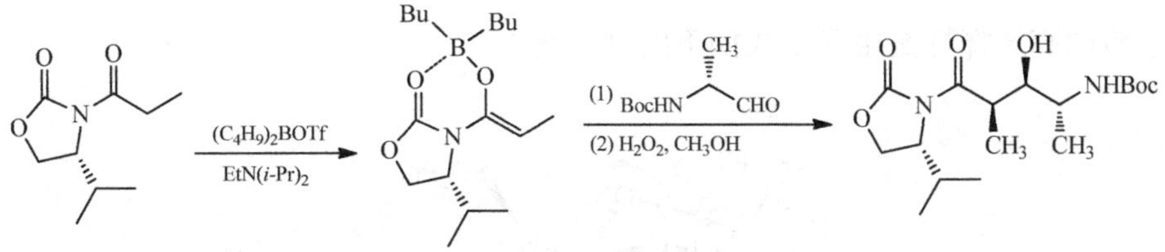

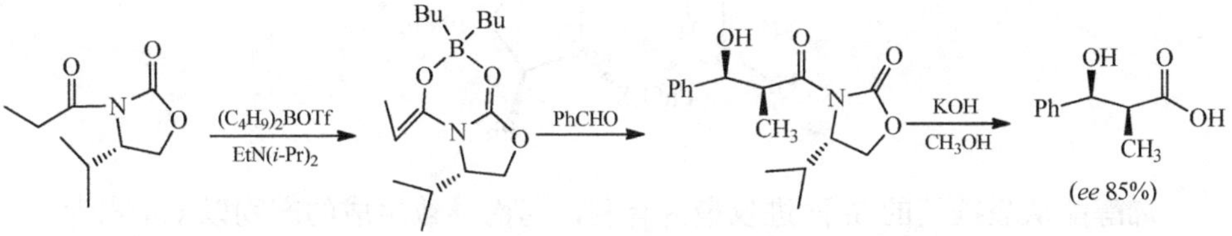

2）使用手性烯醇硼盐

用手性硼试剂制备的烯醇硼盐和醛的不对称醇醛缩合反应，具有更高的对映选择性。例如：

syn：*anti* = 95：5 (*ee* 97%)

syn：*anti* = 98：2 (*ee* 95%)

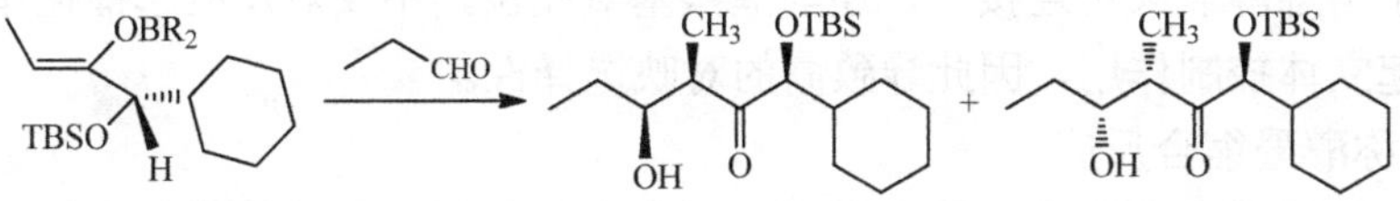

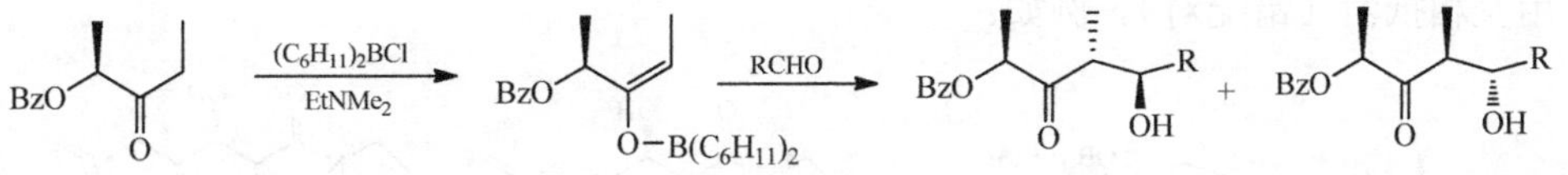

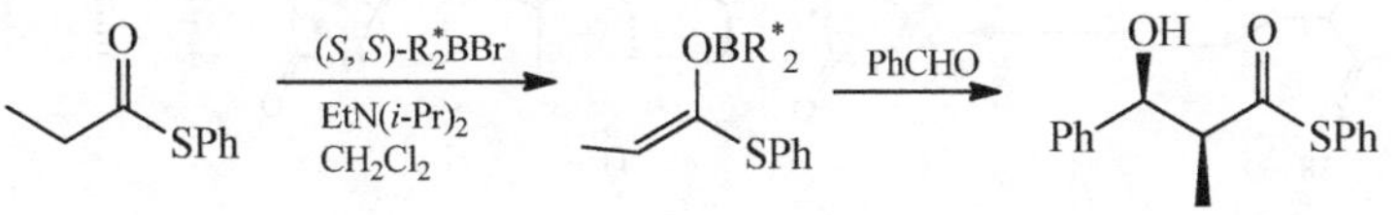

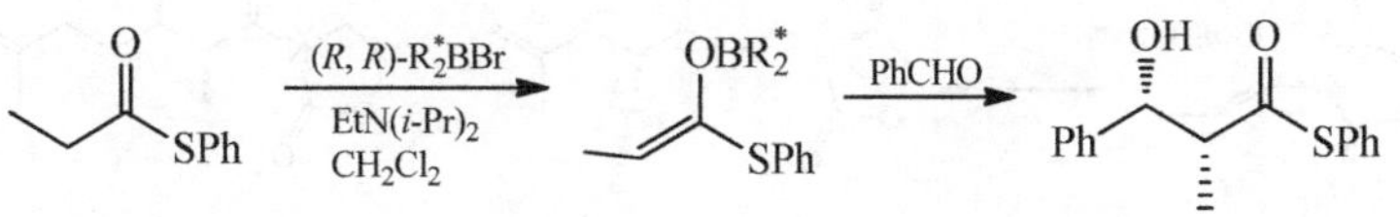

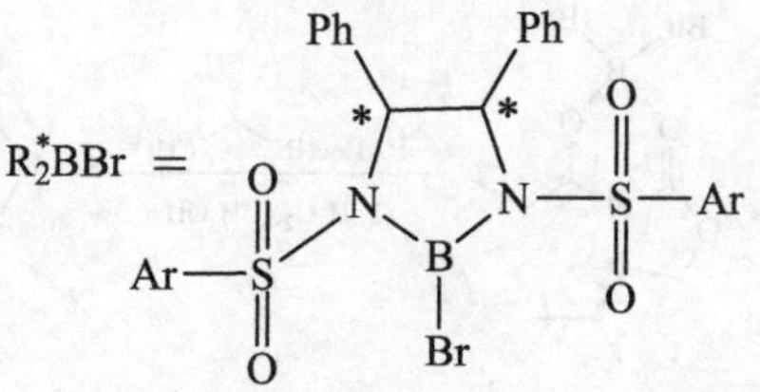

$$R_2^*BBr =$$

反应的高选择性是由于形成如下的过渡状态：

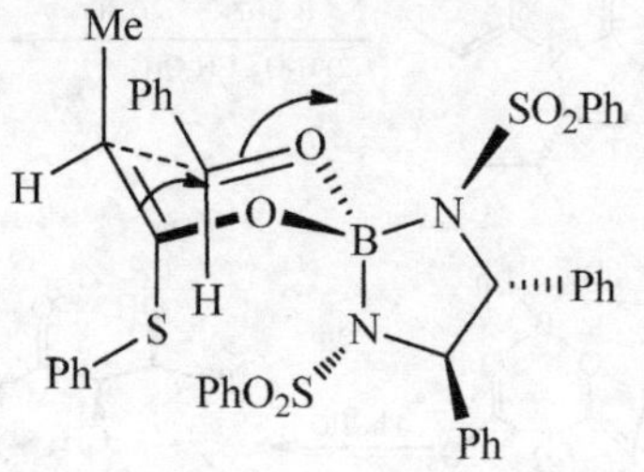

烯醇酯从醛羰基的 *Si* 面进攻最为有利，因而导致生成的产物以 *syn* 式为主。同时手性硼除了与烯醇氧共价连接外，还与醛羰基氧配位，不仅对反应起催化作用，也对反应起立体控制作用，因此导致高的对映选择性。

3）双不对称醇醛缩合反应

手性醛和手性烯醇盐发生醇醛缩合反应，两个手性基团的不对称诱导作用如果一致，则有利于某一种异构体的形成（匹配对），如果不一致，则不对称诱导作用互相抵消（错配对）。例如：

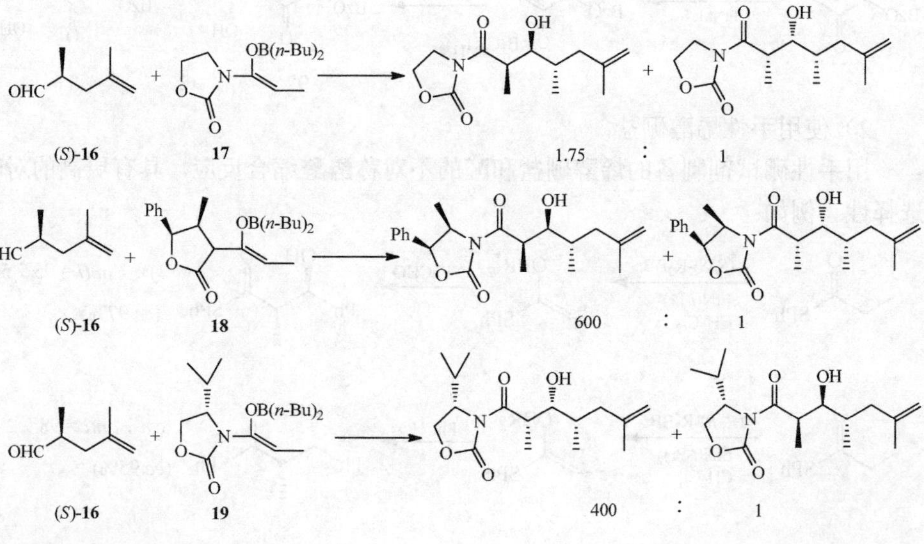

(S)-16 　　17 　　　　　　　　　　　　　　　1.75 ： 1

(S)-16 　　18 　　　　　　　　　　　　　　　600 ： 1

(S)-16 　　19 　　　　　　　　　　　　　　　400 ： 1

手性醛(S)-16 和非手性的烯醇硼盐 17 反应，非对映选择性仅 1.75∶1。同样的手性醛(S)-16 分别和手性烯醇硼盐 18、19 反应，非对映选择性达 600∶1 和 400∶1。显然后两个反应是匹配对的反应。在匹配对的双不对称醇醛缩合反应中，由于两个反应物的手性的双重诱导，所以可以得到高对映选择性产物。

4）使用手性碱试剂

用手性碱锂试剂也能进行不对称醇醛缩合反应。例如：

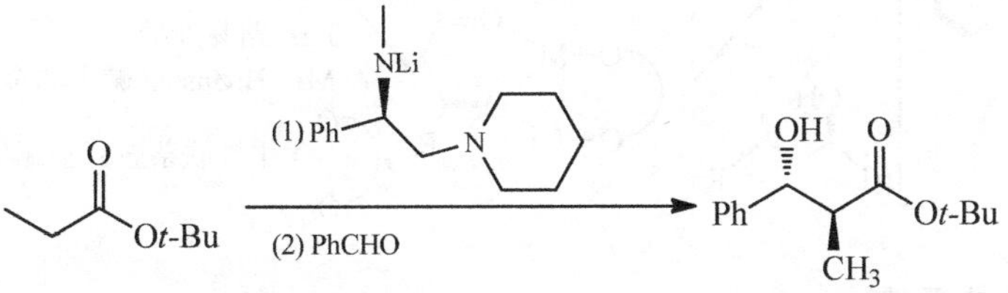

5）使用手性催化剂

在 Mukaiyama 醇醛缩合反应中，如使用手性路易斯酸配合物为催化剂，能得到立体选择性产物。例如：

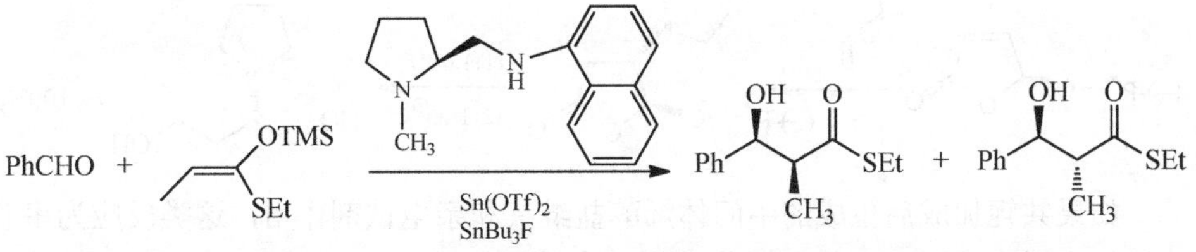

(产率 86%; syn∶anti=100∶1; ee 98%)

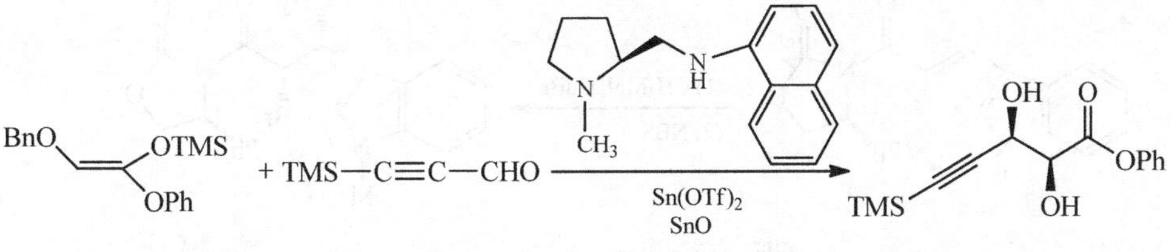

(产率 87%; syn∶anti=97∶3; ee 91%)

由联萘二酚与 LaCl₃ 生成的双金属化合物，即联萘酚盐 LLB，兼具路易斯酸（La 原子）与 Brønsted 碱（KOH）的双重性质，同时活化底物与亲核试剂，可以实现直接不对称醇醛缩合反应。

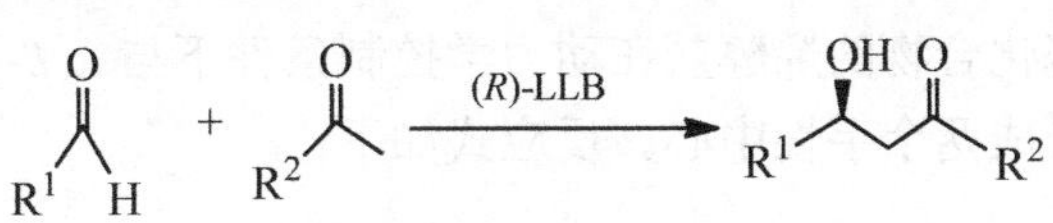

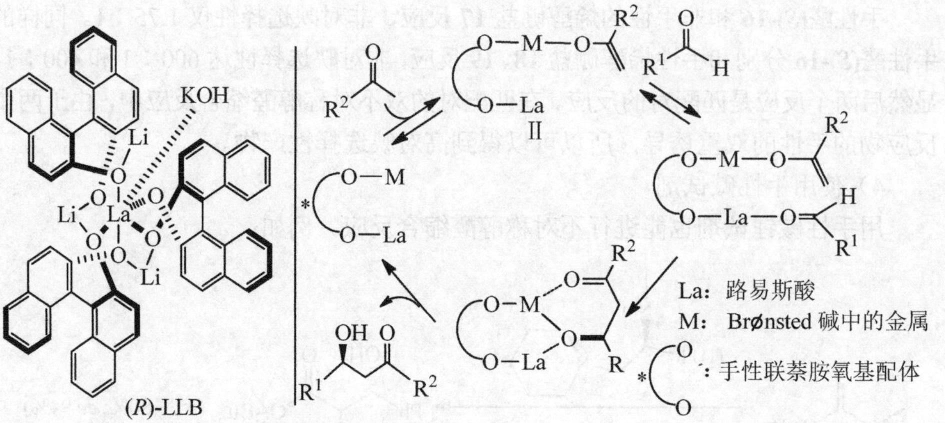

La：路易斯酸
M：Brønsted 碱中的金属
*〔O〕/〔O〕：手性联萘胺氧基配体

(R)-LLB

9.4.5 不对称共轭加成反应

α, β-不饱和羰基化合物的亲核加成可以在 β-位上生成一个新的手性中心，其立体构型的调控方法类似于羰基的 1, 2-加成。例如：

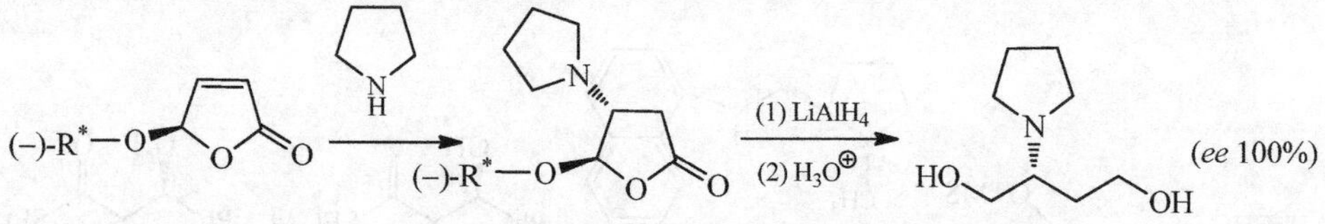

如果共轭加成后生成的中间体烯醇盐继续和亲电试剂作用，这类反应为串联共轭加成反应，则在 α-位和 β-位碳同时生成新的手性中心。例如：

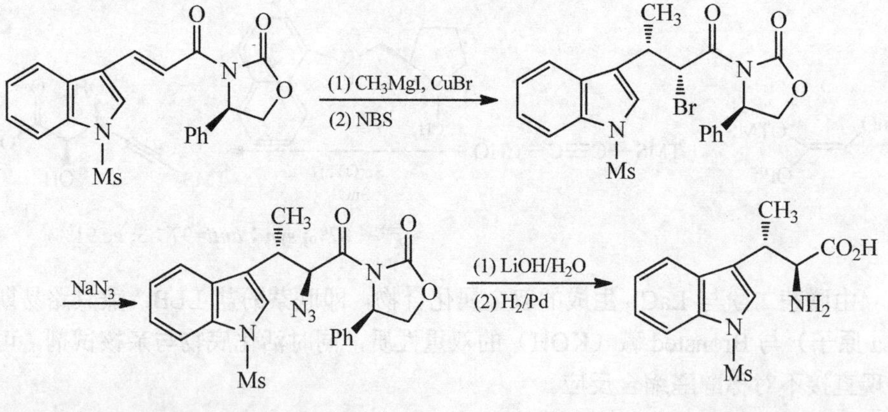

酮、酯等羰基化合物的烯醇盐在动力学控制条件下与 α, β-不饱和羰基化合物共轭加成也同时形成两个手性中心。反应式如下：

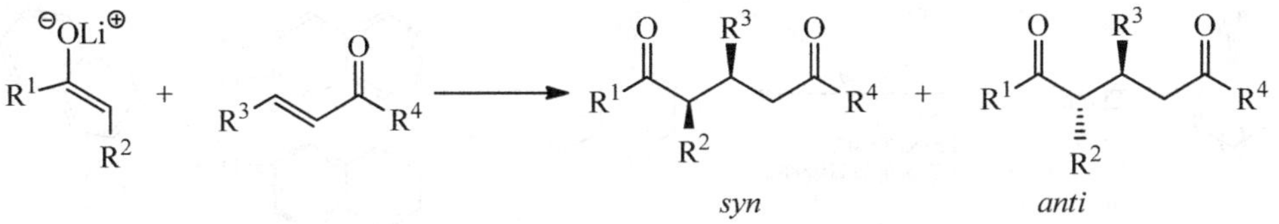

由于反应经过螯合环状过渡状态，因此 *E*-烯醇盐主要形成 *syn* 式产物，*Z*-烯醇盐形成 *anti* 式产物。反应式如下：

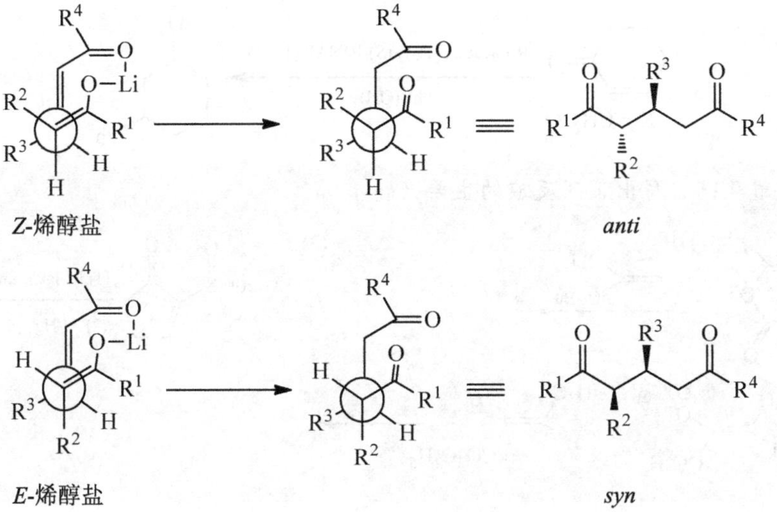

如果将烯醇锂盐转变成烯醇钛盐，则可以提高共轭加成的立体选择性。例如：

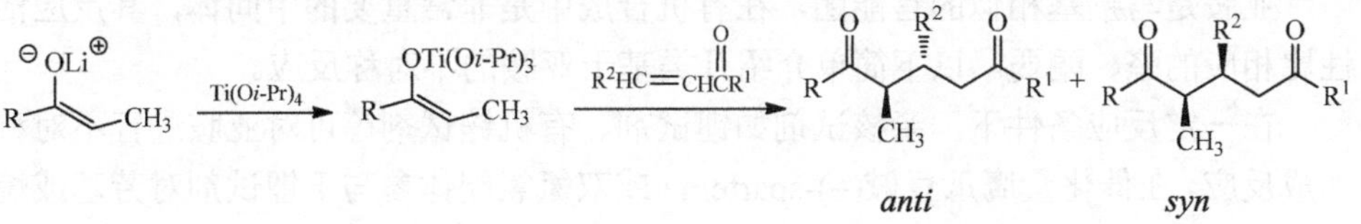

R	R^1	R^2	*anti*∶*syn*	产率/%
Et	*t*-Bu	Ph	95∶5	69
Ph	Me	Ph	97∶3	70
Ph	*t*-Bu	Ph	92∶8	85
i-Pr	*t*-Bu	Ph	97∶3	65

用手性辅基底物和手性配体路易斯酸催化等手段发生共轭加成反应也可得到对映选择性产物。

采用联萘亚磷酸酯为手性配体，以铜为催化剂，可以实现 Et_2Zn 对 α, β 不饱和羰基化合物的不对称共轭加成反应，*ee* 值最高达 90%。反应式如下：

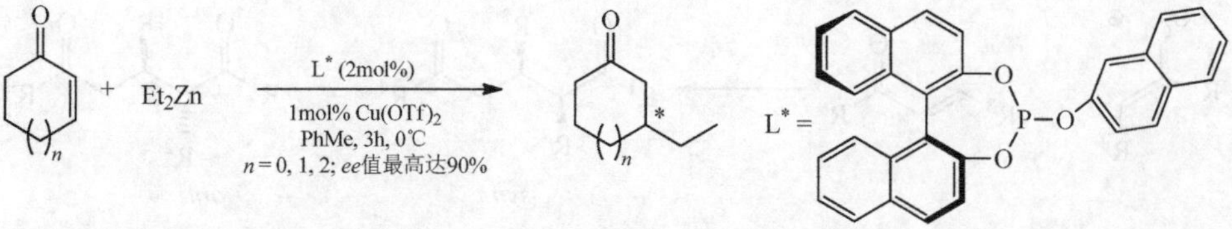

在铑（Rh）催化剂存在下，芳基和烯基硼酸类试剂可以对α,β-不饱和羰基化合物进行不对称共轭加成。反应式如下：

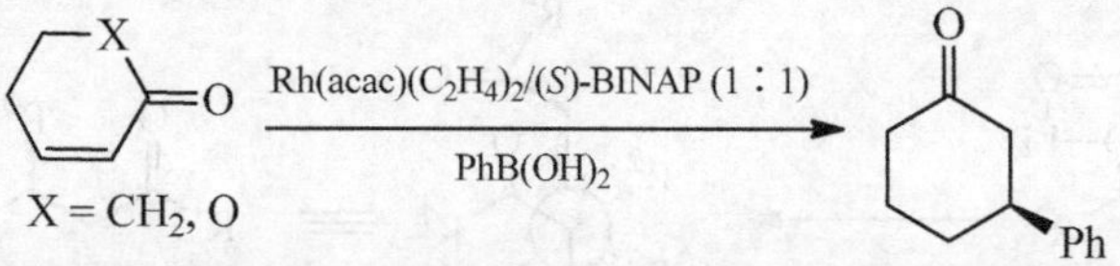

问题 9.15　写出下列反应的主要产物：

(1)

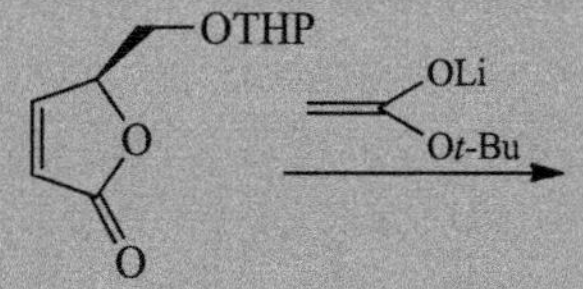

(2)

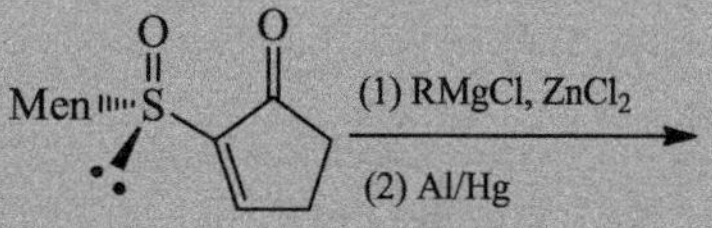

(3)

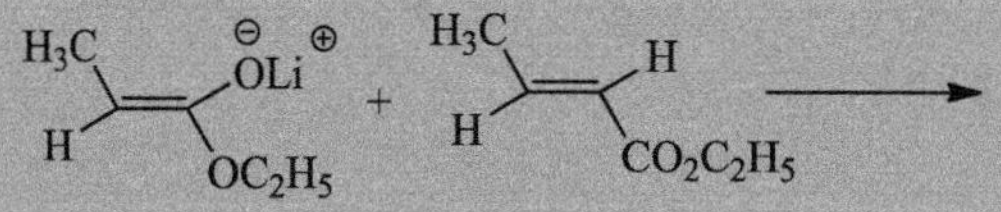

9.4.6　亚胺的不对称烷（芳）基化反应

亚胺是与羰基相似的官能团，在有机合成中是非常重要的中间体，其反应活性比相应的醛、酮弱。以下简单介绍几类基于亚胺的不对称反应。

在一定反应条件下，亲核试剂如锂试剂、有机锌试剂等可对亚胺进行不对称加成反应。在催化量鹰爪豆碱(–)-sparteine 或双氮氧配体参与下锂试剂对芳基或烷基亚胺的亲核反应，产物有较高的产率与 *ee* 值。例如：

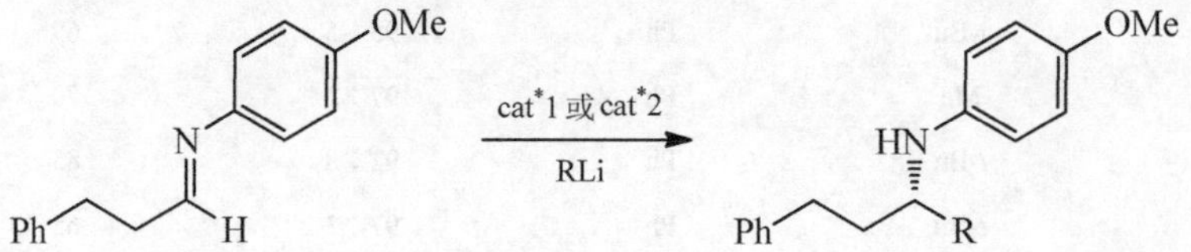

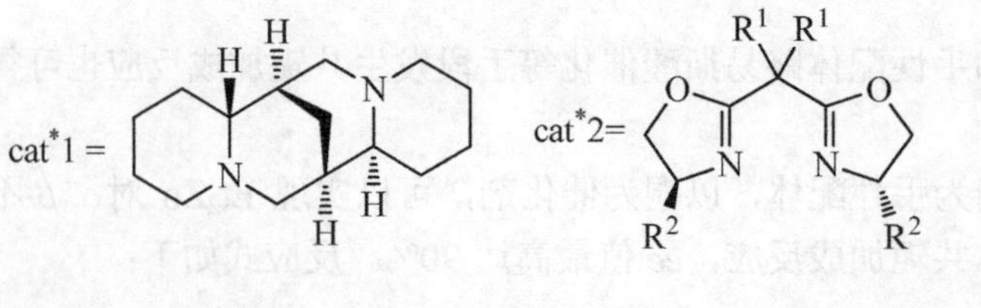

R^1 = Et, *i*-Bu
R^2 = CH_2Ph, *i*-Pr, *i*-Bu, $PhCMe_2$, Ph_3C

以手性铑配合物为催化剂，采用硼、锡等芳基试剂，可以实现亚胺的不对称芳基化反应。以酰胺基膦烷为配体的铑配合物为催化剂，可以催化芳基硼酸酯与亚胺的不对成加成反应。反应式如下：

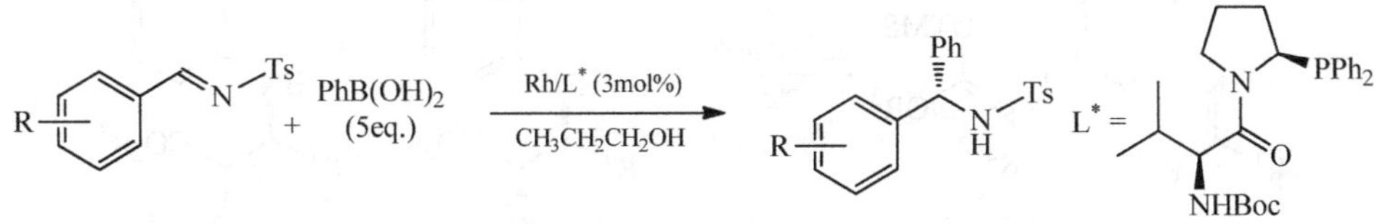

采用铜、银化合物为催化剂，在手性配体存在下，可实现亚胺的不对称炔基化反应。在 AgOAc 和手性磷酸酯的催化下，可实现芳基炔与亚胺的不对称加成反应，*ee* 值最高达 92%。例如：

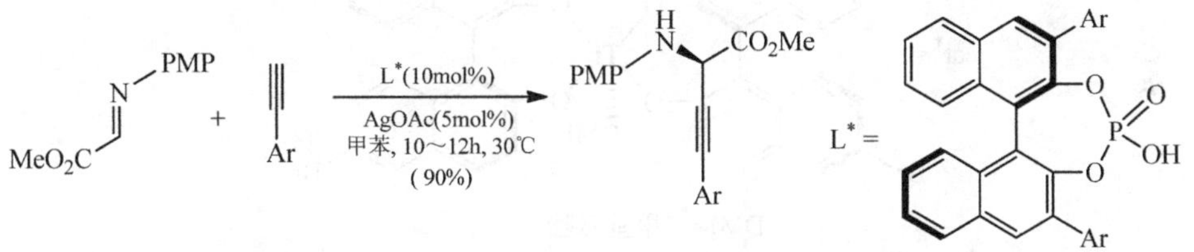

采用氨基酸-铜催化体系，也可以实现亚胺的不对称炔基化反应。例如：

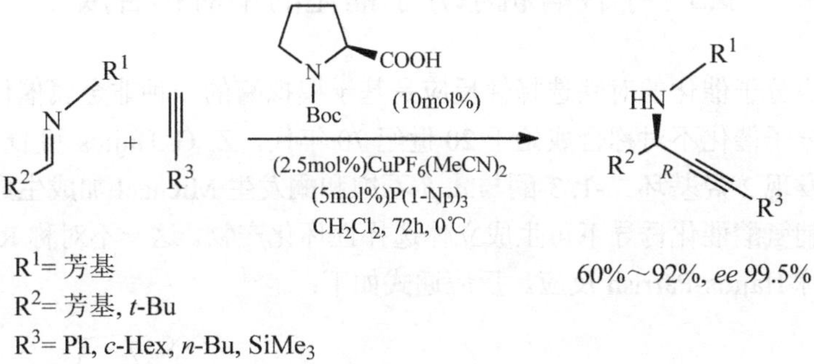

R^1= 芳基
R^2= 芳基, *t*-Bu
R^3= Ph, *c*-Hex, *n*-Bu, SiMe$_3$

60%～92%, *ee* 99.5%

手性金属配合物或有机分子催化氢氰酸或三甲基硅氰对亚胺的亲核加成，是实现不对称 Strecker 反应的途径。例如：

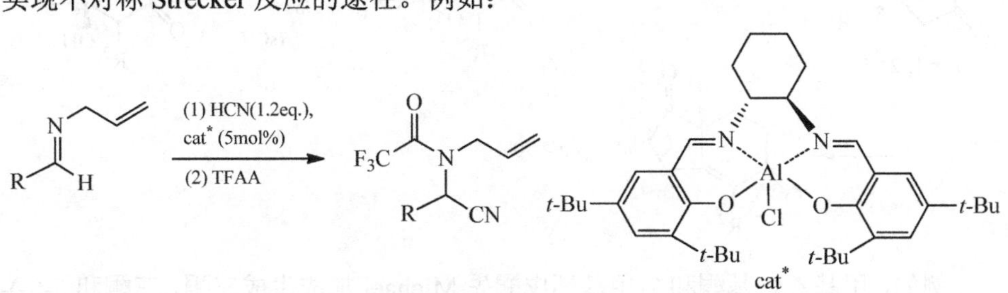

以联萘二酚衍生物与 Zr 形成的手性催化剂，可以催化 α-烷氧基烯醇化合物与

芳基亚胺的不对称 Mannich 反应，产物的 *syn*∶*anti*=96∶4，主要产物的 *ee* 值高达 95%。反应式如下：

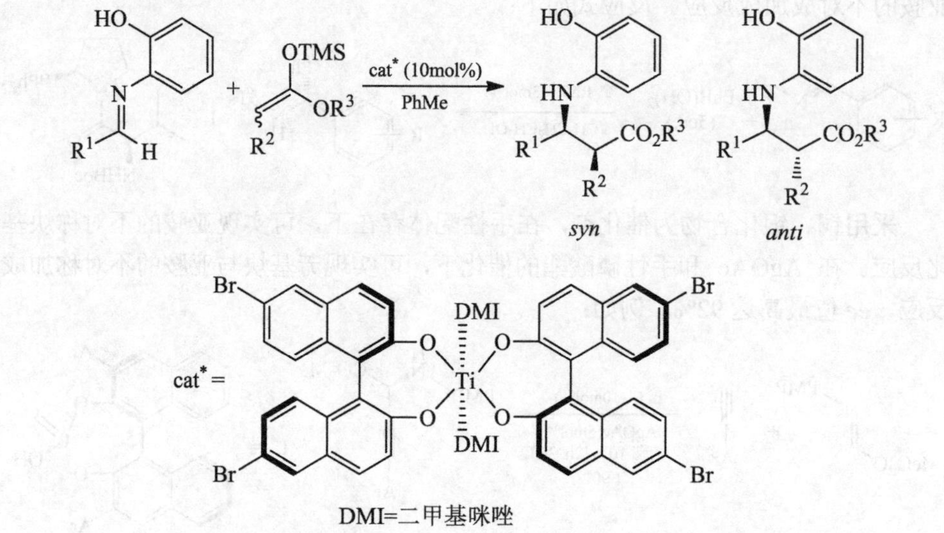

DMI=二甲基咪唑

9.5　手性有机小分子催化的不对称合成

有机小分子催化的对映选择性反应是基于模拟酶的一种非金属催化反应。手性有机小分子催化不对称合成始于 20 世纪 70 年代，Z. G. Hajios 和 D. R. Parrish 独立研究发现 2-烃基环二-1, 3-酮与 α, β-不饱和酮发生 Michael 加成生成的三酮产物在手性脯氨酸催化诱导下可生成立体选择性环化产物。这一不对称 Robinson 环化反应也称 Hajios-Parrish 反应。反应通式如下：

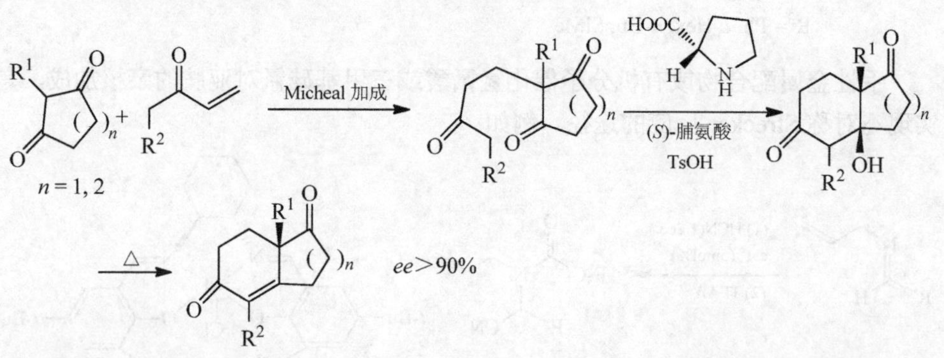

例如，甲基乙烯基酮和 2-甲基环戊酮先 Michael 加成生成三酮，三酮和 *S*-(−)-脯氨酸通过两个氢键形成刚性构象的三环过渡状态，脯氨酸骨架和甲基处在反式

位置, 因而新的碳碳键在甲基相反的一边生成, 得到顺式稠合的双环羟基二酮, 后者经共沸脱水得到产物。反应机理如下:

(产率70.2%; *ee* 93.4%)

自 2000 年开始, List 和 Barbas 报道的脯氨酸催化的 Aldol 反应, 以及 MacMillan 采用苯丙氨酸衍生物催化的 α, β-不饱和醛的 Diels-Alder 反应, 将有机催化 (organocatalysis) 的不对称反应推向高潮。有机催化剂具有无毒、易得、在空气中稳定、反应可在非无水溶剂中进行等优势。由于 List 和 MacMillan 在不对称有机催化方面的贡献, 他们被授予 2021 年诺贝尔化学奖。

手性有机小分子催化的不对称合成迅速发展, 主要的手性有机小分子催化剂有氨基酸及其衍生物、小肽、糖类及其衍生物、生物碱、手性联萘酚衍生物等。催化的不对称反应的范围也迅速扩展, 如 Aldol 缩合、Michael 加成、Baylis-Hillman 反应、Mannich 反应、环氧化反应、环加成以及醛酮的 α-烃化、α-胺化、α-卤化等反应都可以用手性有机小分子进行不对称催化。

有机催化的反应主要分为以下几类代表性反应机理: ①通过手性胺如脯氨酸和苯丙氨酸及其衍生物, 生成烯胺或亚胺正离子中间体; ②通过氢键作用的氢供给体或非共价作用; ③手性离子对等。以下是部分有机小分子催化不对称反应例子。

1. 不对称 Aldol 反应

List 和 Barbs 发现丙酮和芳醛在脯氨酸催化下可得到对映异构体产物。例如:

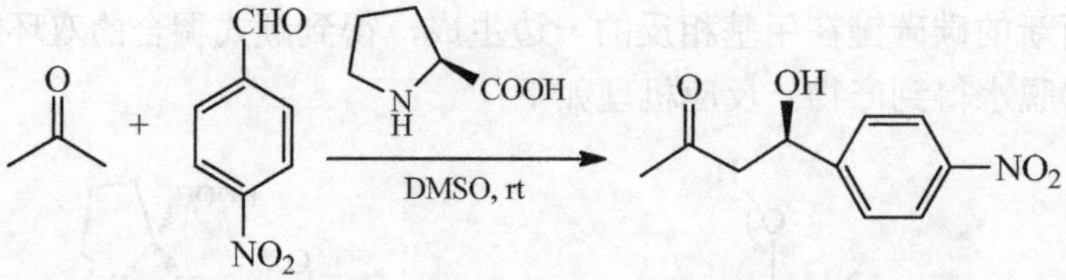

(产率68%; *ee* 78%)

反应机理为：脯氨酸的氨基与丙酮缩合脱水形成烯胺，羧基质子活化醛羰基。反应通过类椅式六元环状过渡状态完成烯胺对羰基 *Re* 面的亲核进攻。脯氨酸的手性骨架控制了产物的立体构型。如下所示：

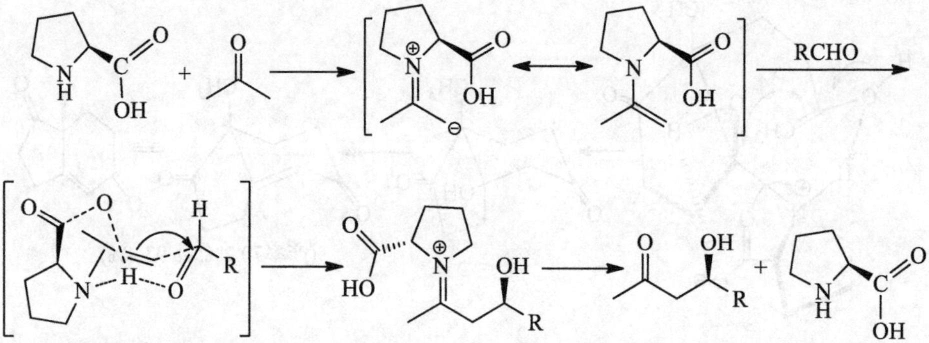

*Re*面进攻

用脯氨酸也可以催化醛与羟基丙酮衍生物、醛与醛之间的不对称 Aldol 反应，得到 *anti* 式立体构型产物。例如：

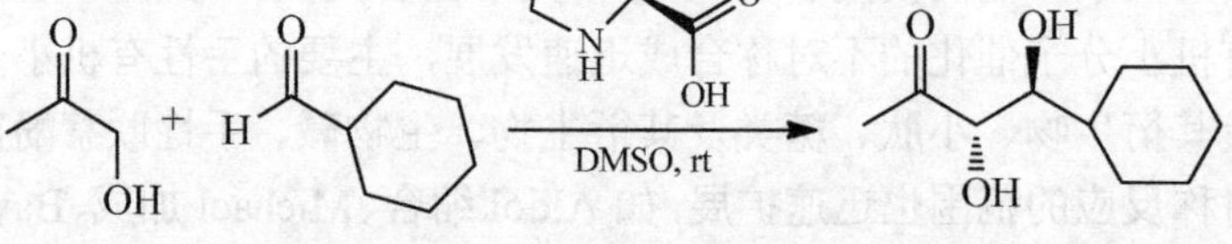

(*anti*：*syn* =20：1; *ee* 99%)

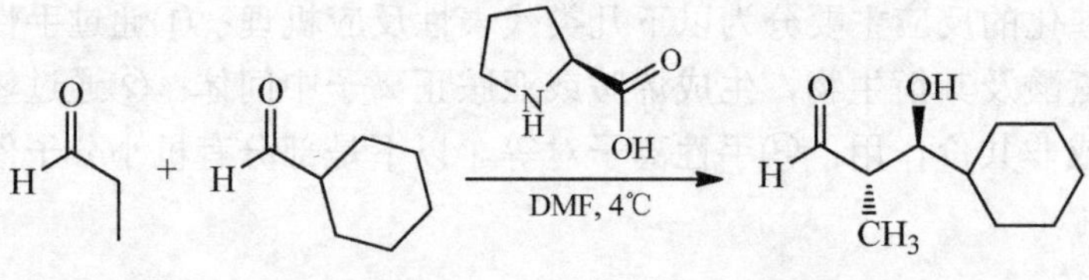

(*anti*：*syn* =14：1; *ee* 99%; 产率87%)

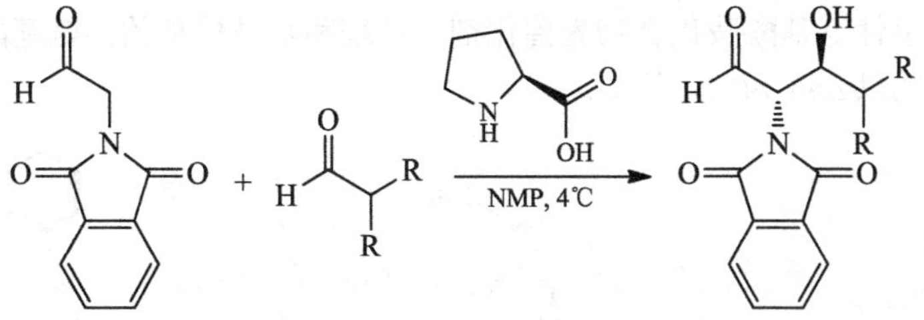

(*anti*：*syn* = 100：1; *ee* 99.5%; 产率76%)

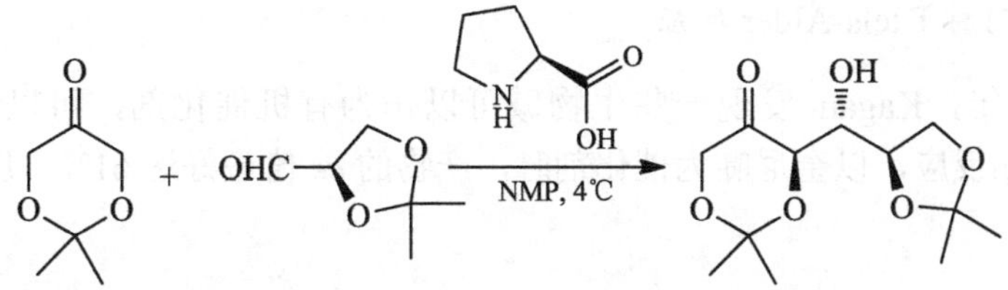

(*de* 99%; *ee* 98%; 产率75%)

用脯氨酸催化醛与醛之间的不对称 Aldol 反应已成功应用于六碳糖和一些天然产物的合成中。例如：

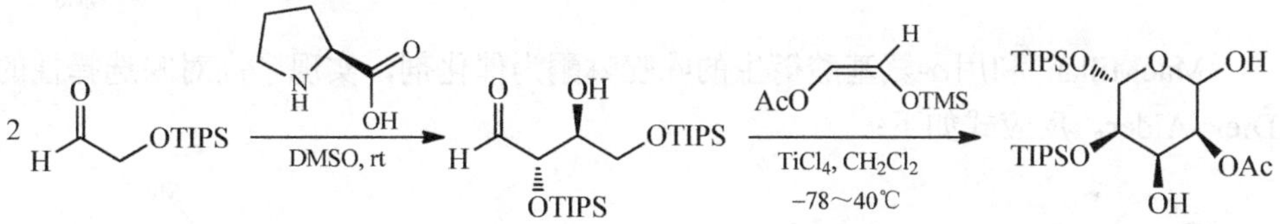

(*dr* 97：3; *ee* 95%; 产率97%)

反应的第一步是硅醚保护的羟基乙醛在 L-脯氨酸催化下得到 *anti* 式的三羟基丁醛。反应的第二步是后者与乙酰烯醇硅醚在路易斯酸催化下发生 Mukaiyama-Aldol 缩合反应，得到高立体选择性的六碳糖。

2. 不对称 Mannich 反应

用 L-脯氨酸催化 Aldol 反应得到 *anti* 式主要产物。但用 L-脯氨酸催化 Mannich 反应，却主要得到 *syn* 式产物。例如：

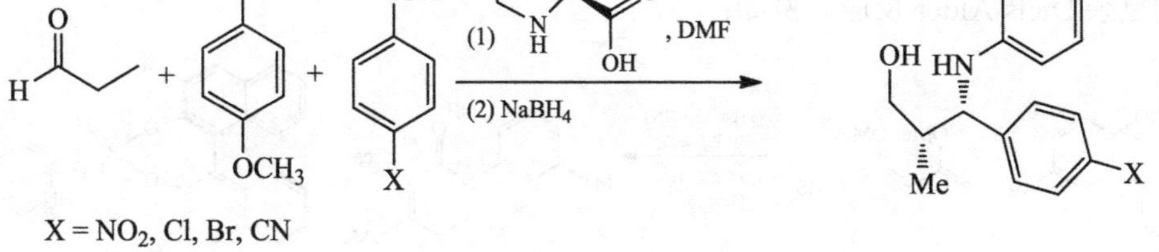

X = NO₂, Cl, Br, CN

(*dr* 138：1; *ee* 99%; 产率65%～90%)

应用轴手性氨基酰胺化合物为催化剂，从醛和氨基保护的α-氨基酸酯合成β-氨基醛，产物以 anti 为主。例如：

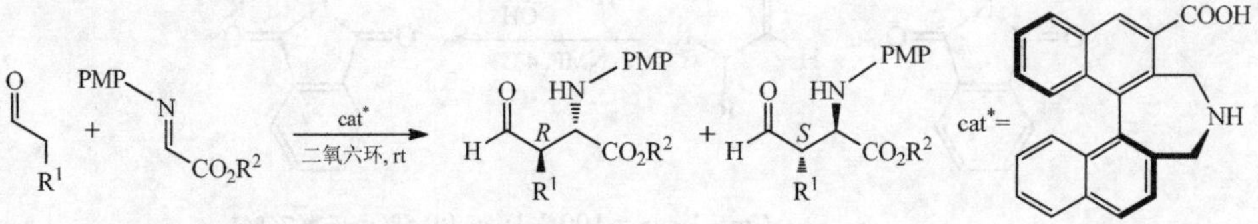

3. 不对称 Diels-Alder 反应

1989 年，Kagan 发现一些生物碱可以作为有机催化剂，可以诱导不对称 Diels-Alder 反应，以奎尼啶为催化剂时，产物的 ee 值最好达 61%。反应式如下：

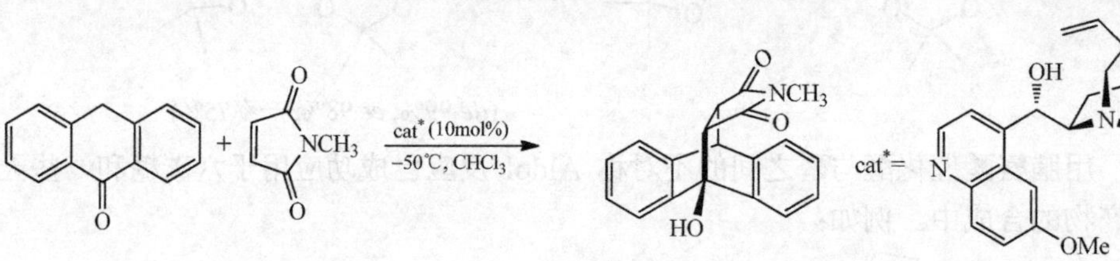

MacMillan 利用α-氨基酸衍生的咪唑啉酮为催化剂，实现了高对映选择性的 Diels-Alder。反应式如下：

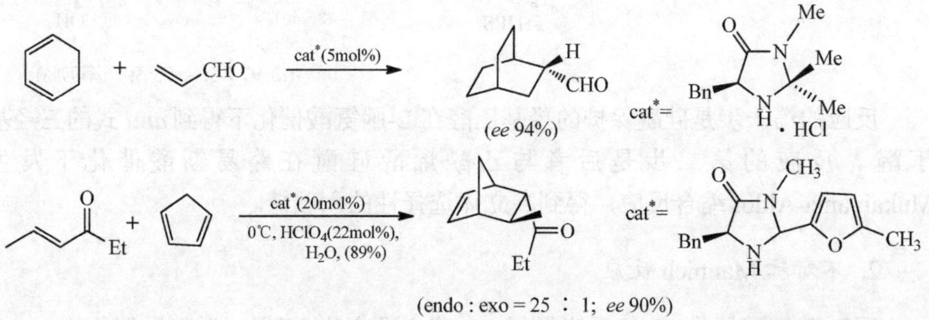

手性联萘衍生的磷酸是很强的 Brønsted 酸，已广泛用于有机分子催化的不对称反应中。采用手性联萘磷酸的吡啶盐为催化剂，可以催化富电子双烯体与亚胺的氮杂 Diels-Alder 反应。例如：

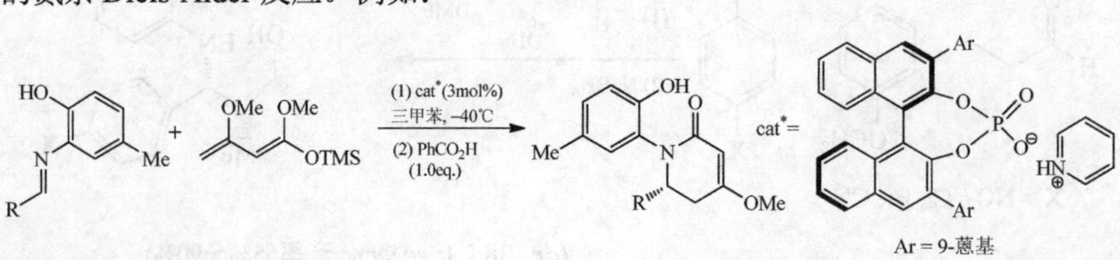

Ar = 9-蒽基

采用手性联萘磷酸为催化剂可以催化反电子需求的氮杂 Diels-Alder 反应。例如：

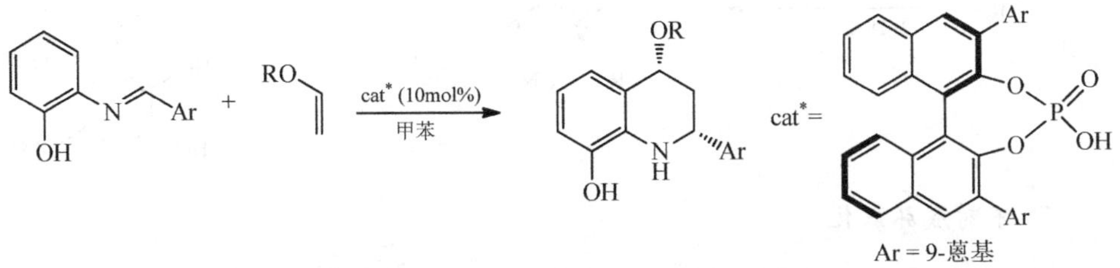

Ar = 9-蒽基

4. 不对称氰醇化反应

金鸡纳碱是有机催化剂中的重要类型，可用于多种类型的不对称反应。采用二聚金鸡纳碱为催化剂能催化 TMSCN 对缩醛酮的不对称氰醇化反应，催化剂量在 2~20mol%，*ee* 值最高达 98%。反应式如下：

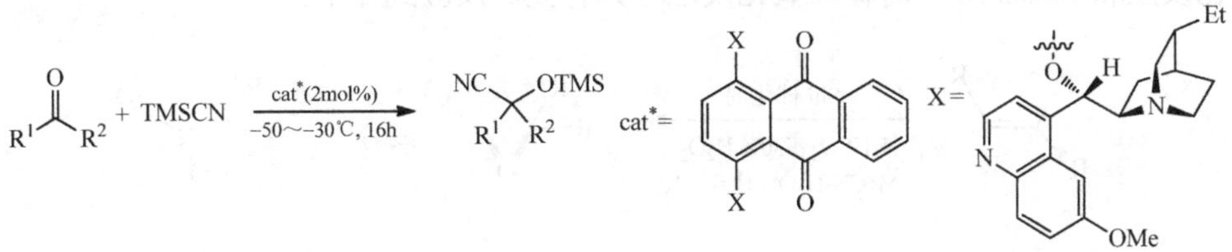

5. 羰基化合物的不对称α-烷基化反应

采用有机催化剂，可以实现一系列不同类型的不对称 α-位取代反应。例如，用手性生物碱催化芳酮的 α-甲基化：

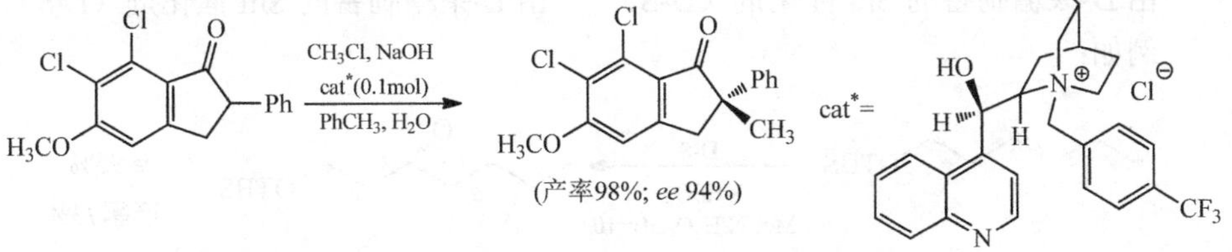

(产率98%; *ee* 94%)

6. 不对称 Strecker 反应

含脲或硫脲结构的席夫碱类型化合物也是一类非常重要的有机小分子催化剂。采用这类催化剂可以实现 TMSCN 对亚胺的不对称 Strecker 反应，芳香及脂肪亚胺都能表现出很高的对映选择性。硫脲中氮相连酸性质子，通过双氢键和亚胺氮上的孤对电子作用，活化了亲电试剂对氰基的反应。硫脲的活性通常高于脲的原因是硫脲上的 NH 比脲更偏酸性。反应式如下：

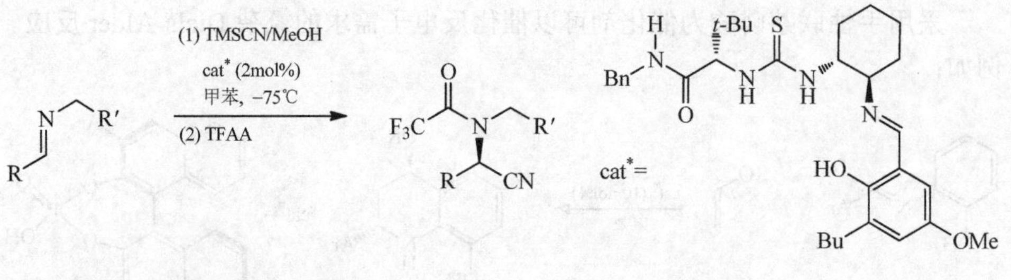

7. 不对成环氧化

史一安等发现可以使用果糖衍生物为催化剂，过硫酸氢钾（oxone，$KHSO_5$）或 H_2O_2 为氧化剂对映选择性地实现孤立烯键的环氧化。这一反应称为 Shi 不对称环氧化反应（Shi asymmetric epoxidation）。在 Jacobsen 不对称环氧化反应中，(*Z*)-1, 2-二取代的烯键有良好的不对称环氧化效果，而对于 Shi 不对称环氧化反应，(*E*)-1, 2-二取代和三取代的烯键有良好的不对称环氧化效果。因此 Shi 不对称环氧化反应和 Jacobsen 不对称环氧化反应互为补充。反应式如下：

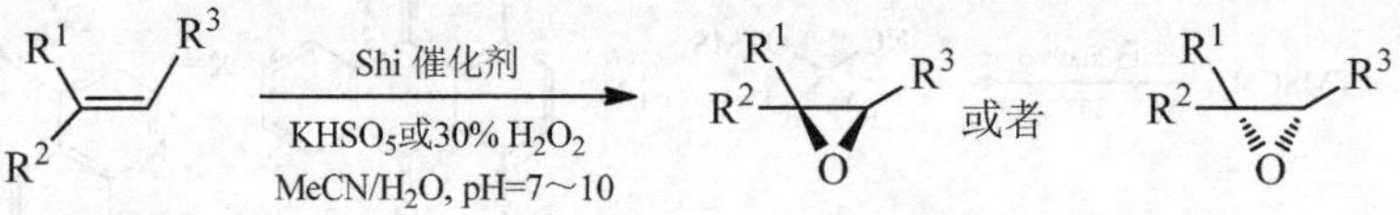

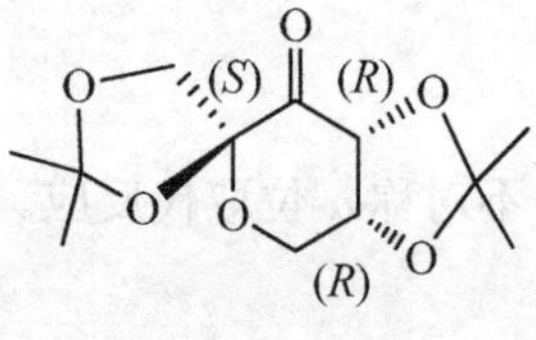

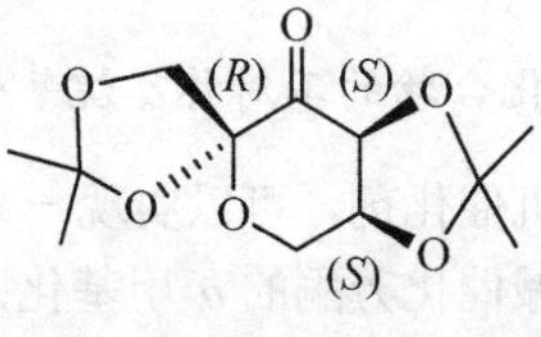

由 D-果糖制备的 Shi 催化剂（D-S）　　由 L-果糖制备的 Shi 催化剂（L-S）

例如：

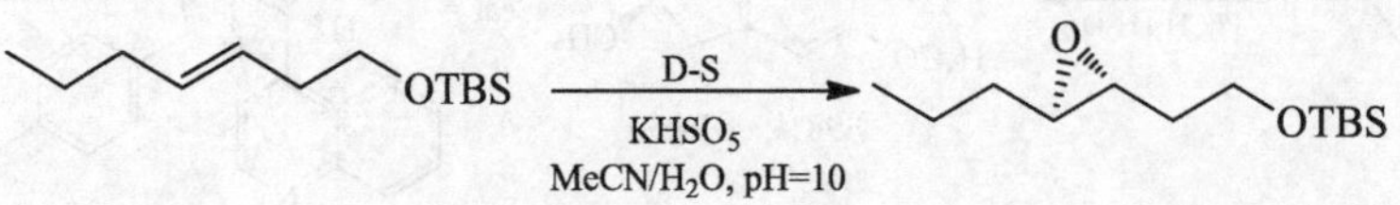

ee 95%
产率73%

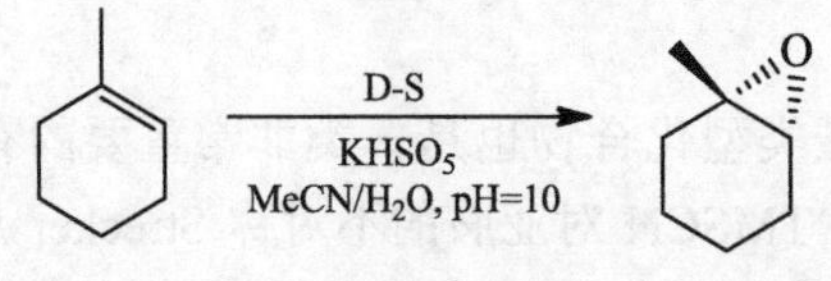

ee 91%
产率69%

Shi 不对称环氧化反应已成功应用于天然产物的合成中。例如，在天然产物 Glabrescol 合成中，利用该反应一步导入四个手性环氧基，生成八个手性中心：

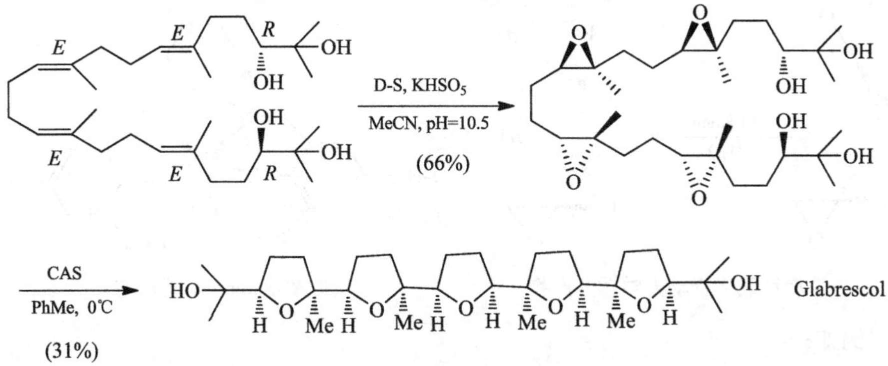

9.6　动力学拆分

当外消旋混合物中的两个对映异构体的反应速率不同时，会发生动力学拆分（kinetic resolution），如下所示：

$$S' \xleftarrow[k_S]{慢} S + R \xrightarrow[k_R]{快} R'$$

外消旋混合物 $k_R > k_S$

动力学拆分时，产物的 ee 值随着反应的进行而降低，而起始原料的 ee 值却随着反应的进行而增加。但如果反应进行到底，即转化率为 100%，则产物仍然是外消旋的。因此理想的情况是只有一种对映体反应，当转化率为 50% 时，得到 50% 产物和 50% 原料的混合物，此时两者的 ee 值都为 100%。例如，外消旋的叔丁基环己酮在手性碱作用下动力学拆分，转化率为 50% 左右时，产物和原料的 ee 值分别为 94% 和 90%。

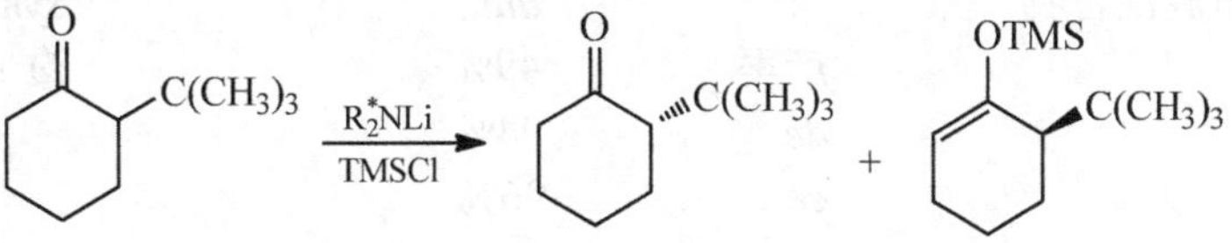

产率　45%　　　　　51%
ee　90%　　　　　94%

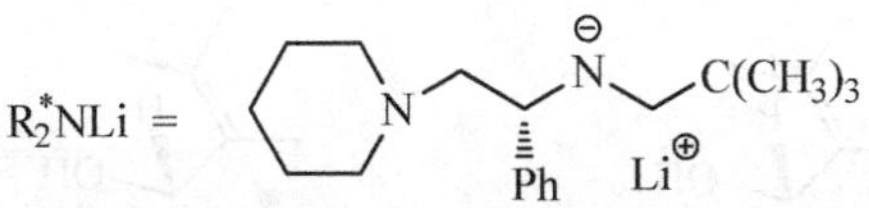

外消旋的末端环氧化物在手性 Salen-Co 配合物催化下水解，当转化率为 50% 左右时，可得到 ee 值 99% 的开环二醇产物和未开环的环氧化物。这一反应称为 Jacobsen 水解动力学拆分（Jacobsen hydrolytic kinetic resolution）。

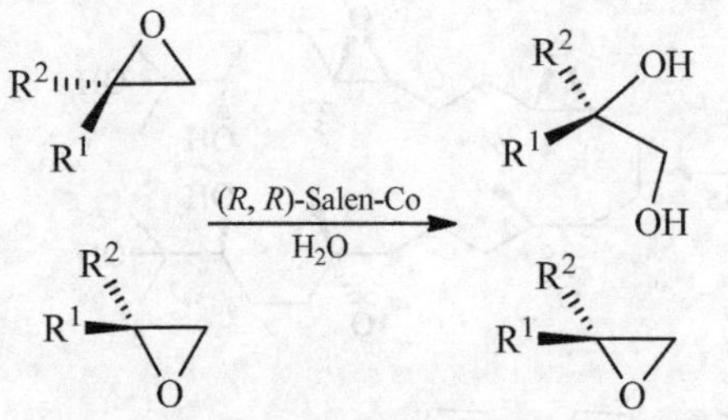

外消旋环氧化物动力学拆分产物 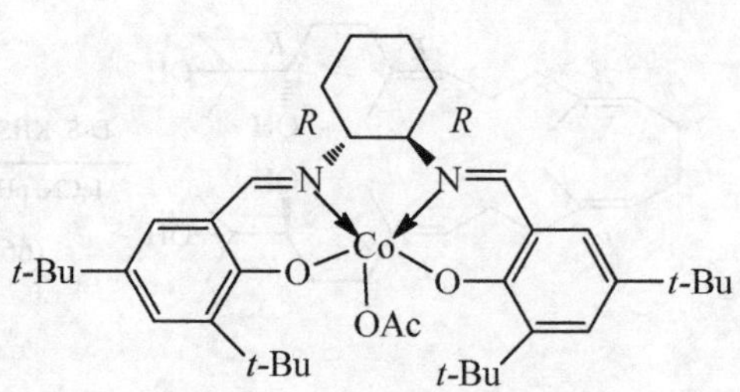　　　　　　(R, R)-Salen-Co 配合物

例如：

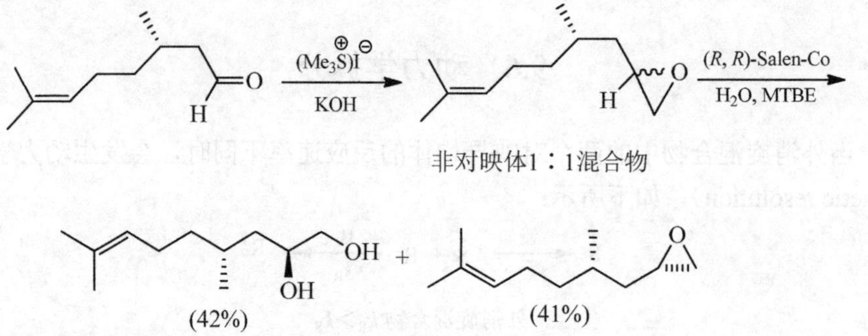

非对映体1∶1混合物

(42%)　　　+　　　(41%)

当不对称反应和动力学拆分同时进行时，能产生多个手性中心的高立体选择性产物。例如：

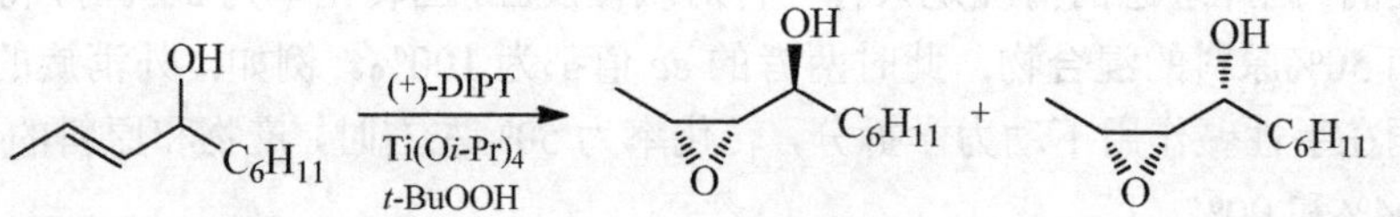

外消旋混合物　　　　　　　　　　*anti*　　　　　　　*syn*

	anti	*syn*
产率	49%	约 1%
de	94%	
ee	96%	

在这一反应中，当(+)-DIPT 存在时，*S* 构型烯丙醇的环氧化在位阻较小的一边进行，而 *R* 构型烯丙醇则在位阻较大的一边进行，因而两者的环氧化速度不同。

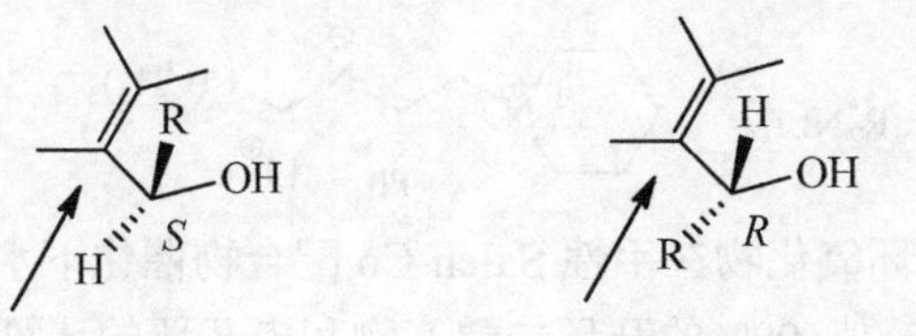

位阻较小　　　　　　　　　　　　位阻较大

将不对称反应和连续动力学拆分结合通常得到非常高 *ee* 值的产物。例如：

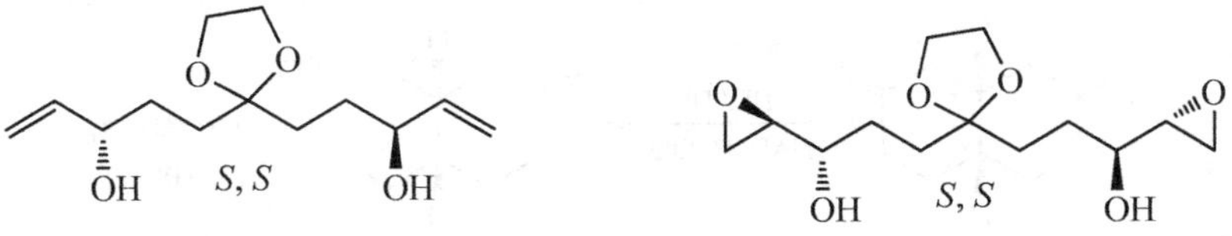

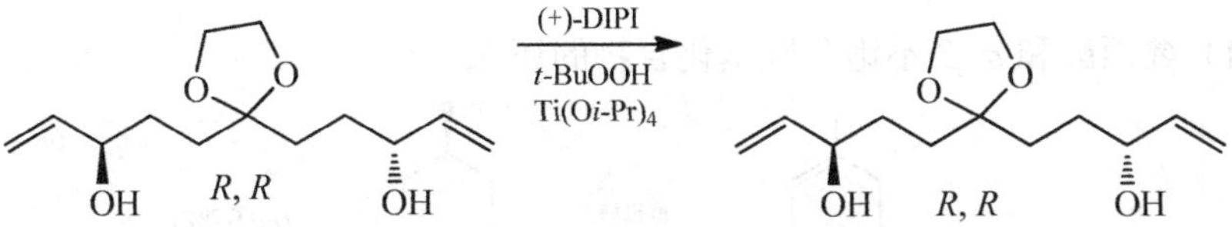

9.7 生物酶催化的不对称合成

生物酶是手性催化剂，催化有机反应时有很高的化学选择性、区域选择性和立体选择性，反应条件温和并环境友好。酶催化不对称合成可以使用无细胞的游离酶，也可以使用微生物体系如含有酶的细胞。酶通常可以分为以下六类。①连接酶：催化碳碳键、碳氮键等形成，如醛缩酶。②水解酶：催化裂解肽键、酯键及糖苷键，如猪肝酯酶、胰凝乳蛋白酶。③氧化还原酶：催化氧化还原反应的酶，最具代表性的是面包师用的酵母，可以还原羰基为羟基。④裂解酶：催化碳碳、碳氮、碳氧双键的加成及其逆反应。⑤异构酶：催化分子的构型异构或分子重排，如葡萄糖异构酶。⑥转移酶：催化酰基、磷酸基、羧基等转移的酶。因此，生物酶也可于生物体外催化碳碳键形成、氧化还原反应、水解反应、重排反应、动力学手性拆分等各类有机反应。例如：

（1）不对称羟醛缩合

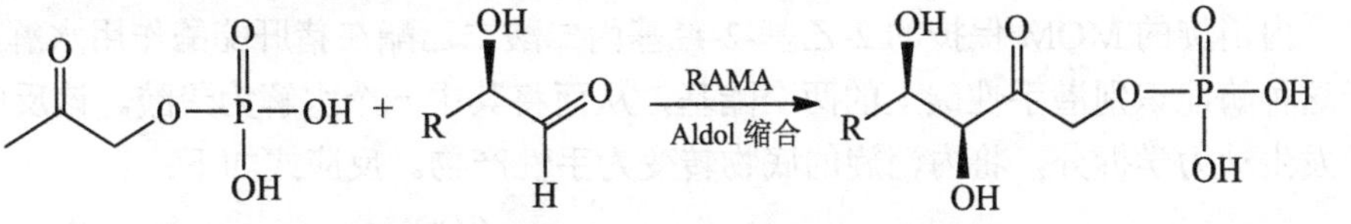

RAMA=兔肌肉醛缩酶（rabbit muscle aldolase）

（2）选择性水解

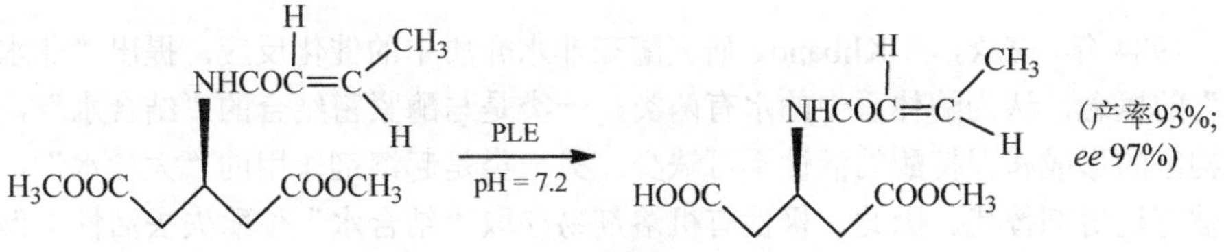

PLE = 猪肝酯酶

（3）羰基的不对称还原

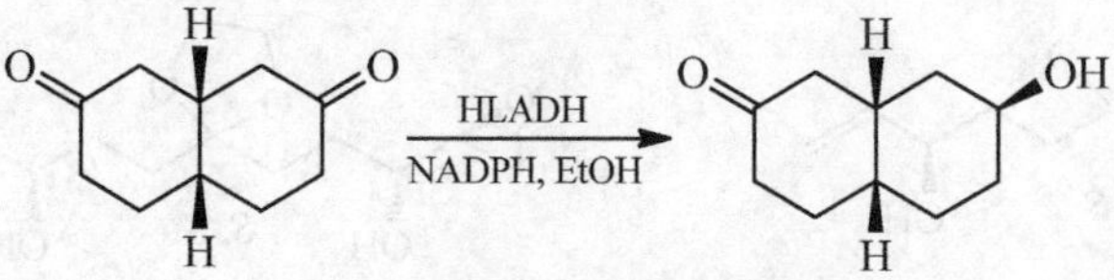

（￢产率89%；
de 100%）

HLADH = 马肝醇脱氢酶

（4）烯丙醇和 α, β-不饱和羰基化合物的还原

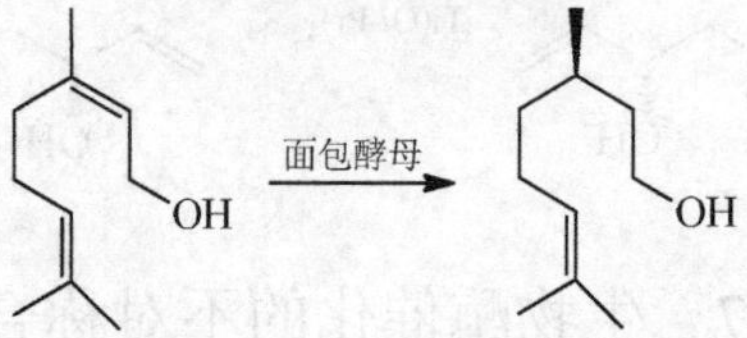

（ee 97%）

牻牛儿醇　　　　　　　（R)-香茅醇

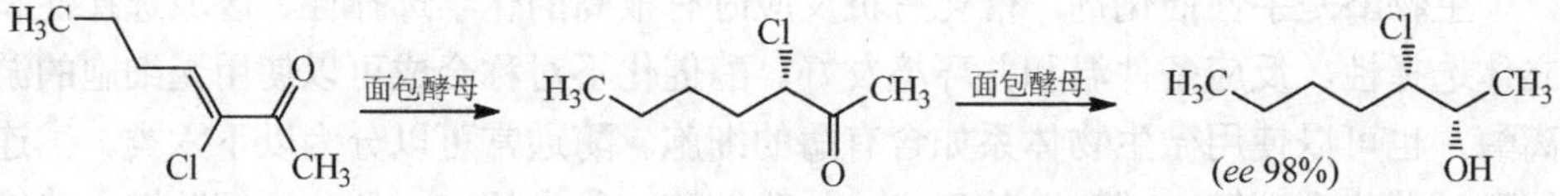

（ee 98%）

（5）动力学拆分。萘普生是非甾体消炎药，S-对映体的药理活性远大于 R-对映体。利用假丝酵母脂肪酶水解外消旋的萘普生酯，水解的同时伴随动力学拆分得到旋光纯度很高的(S)-萘普生。反应式如下：

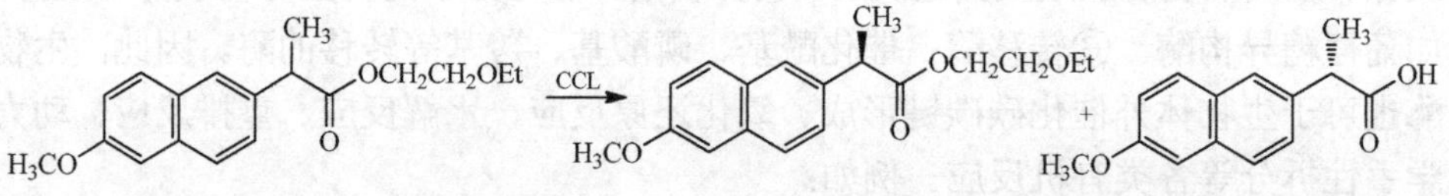

外消旋体　　　CCL=假丝酵母脂肪酶　　　　　　　　　　　（S)-萘普生(ee 98%)

内消旋的 MOM 保护的 2-乙基-2-羟基丙二酸二乙酯在猪肝酯酶作用水解，由于这种酶能识别潜手性碳上的两个酯基，从而将其中一个水解为羧酸。该反应伴随发生动力学拆分，将内消旋的底物转变为手性产物。反应式如下：

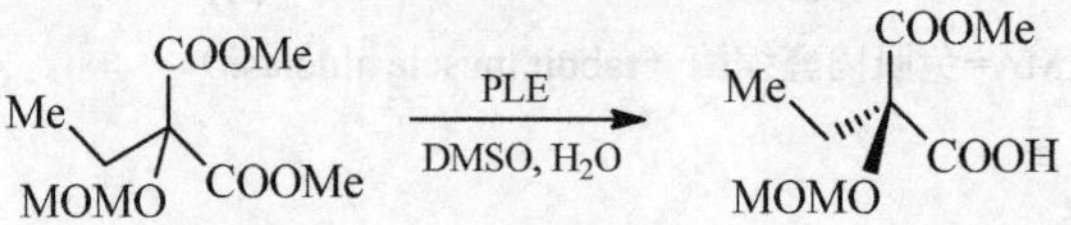

（ee 98%）

1984 年，Zaks 和 Klibanov 研究酶在非水介质中的催化反应，提出"非水酶学"的概念，认为酶体系中的水有两类：一类是与酶紧密结合的"结合水"，对酶构象的形成和保持酶的活性不可缺少；另一类是起溶剂作用的"大量水"，可以被有机溶剂替代。因此，极性有机溶剂易夺取"结合水"使酶失去活性，但在含微量水的非极性有机溶剂中，由于酶保留着"结合水"，因而可以保持酶的活

性。同时酶在含微量水的非极性有机溶剂中催化的有机反应可改变反应的热力学平衡向有利于合成方向进行。例如，水解酶（蛋白水解酶和脂肪酶）是催化水解酯、内酯、酰胺、糖苷等的酶，但它们在含微量水的非极性有机介质中却催化合成酯、内酯、酰胺等。例如，2-苯基丁二酸酐在含微量水的正庚烷介质中用水解酶酵母脂肪酶选择性合成了单酯：

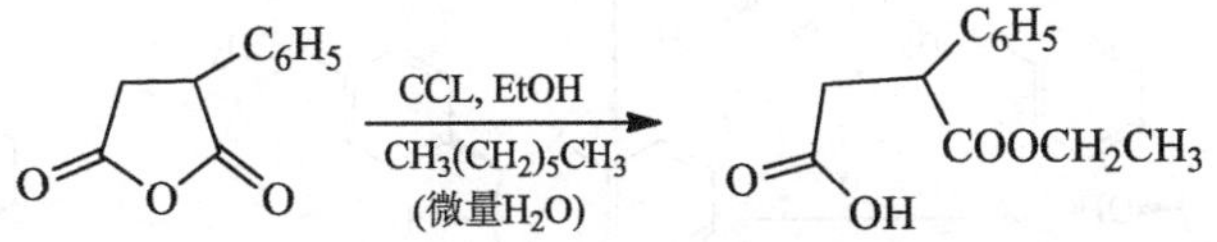

甜味剂阿斯巴甜（aspartame）的酶法合成已实现了工业化。其方法是用苯丙氨酸甲酯与氨基保护的天冬氨酸在有机介质中用蛋白酶催化选择性形成酰胺，然后催化氢解脱去保护基。酶法合成阿斯巴甜与传统的化学合成方法相比，避免了羧基保护、去保护等步骤，并且区域选择性好，产品易于纯化，总收率高。反应式如下：

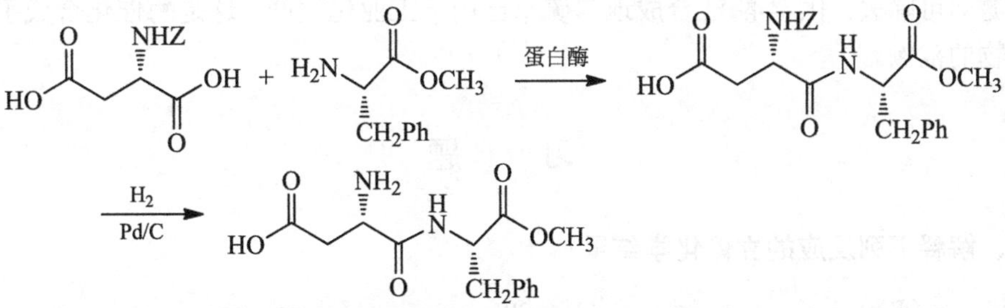

阿斯巴甜

在有机溶剂中用水解酶催化合成反应时，有时伴随动力学拆分。例如：

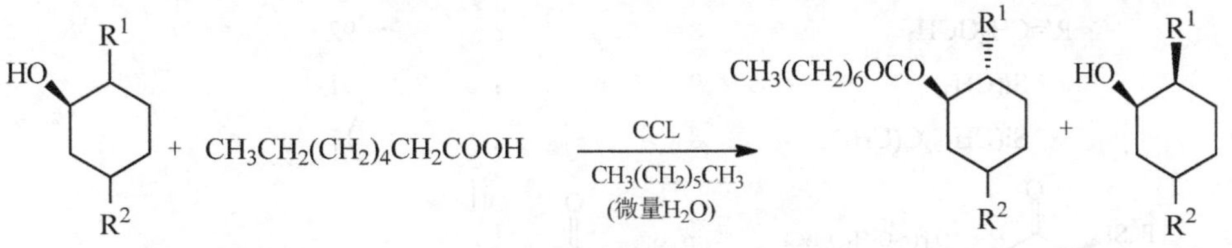

非水酶学促进了酶催化有机反应的研究，扩大了酶在有机合成中的应用。

目前酶催化有机反应已成功应用于一些手性药物和手性食品添加剂的合成中。例如，抗心绞痛药地尔硫草（diltiazem）分子中有两个手性中心，一般化学合成法可得到 4 种立体异构体，其中只有顺式(+)-异构体有药效，因此传统的化学合成法需用 L-樟脑磺酸进行非对映结晶拆分。采用化学-酶法合成简化了合成路线，提高了总收率，并且减少了废弃物。反应式如下：

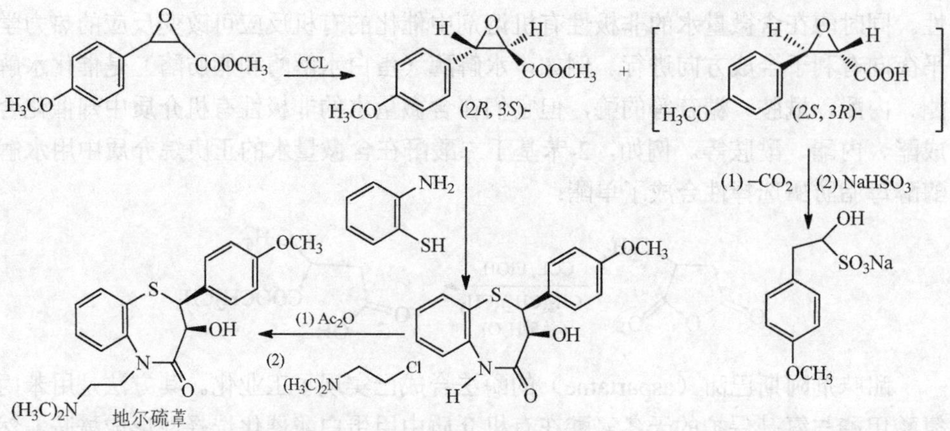

在该反应中采用脂肪酶催化动力学拆分可得到(2R, 3S)-对甲氧苯基-2, 3-环氧丙酸甲酯和(2S, 3R)-对甲氧苯基-2, 3-环氧丙酸，后者在该反应条件下不稳定，迅速失去二氧化碳转变为对甲氧基苯基乙醛，加入亚硫酸氢钠转变为加合物沉淀，过滤即可除去。化学-酶法合成地尔硫䓬已用于工业化生产，这是酶催化合成手性药物的范例。

习　题

一、解释下列反应的立体化学结果：

（1）

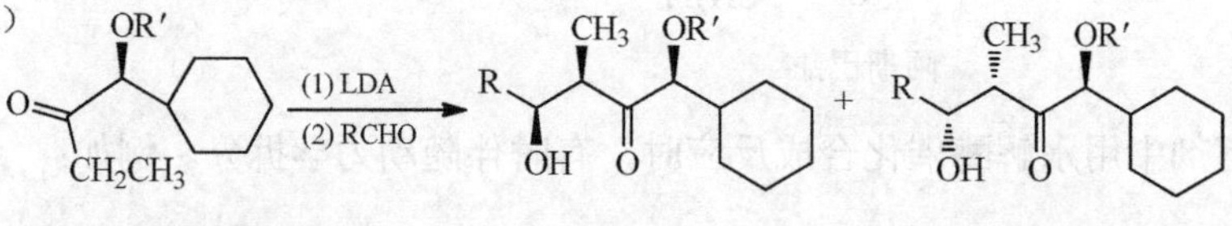

| R′=CH₂OCH₃ | 8 | : | 92 |

	R′=CH₂OCH₃	8	:	92
	Si(CH₃)₃	9	:	91
	Si(CH₃)₂C(CH₃)₃	8	:	17

（2）

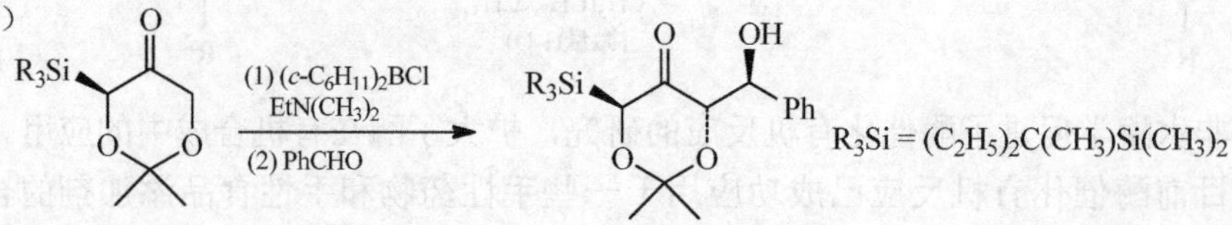

（3）

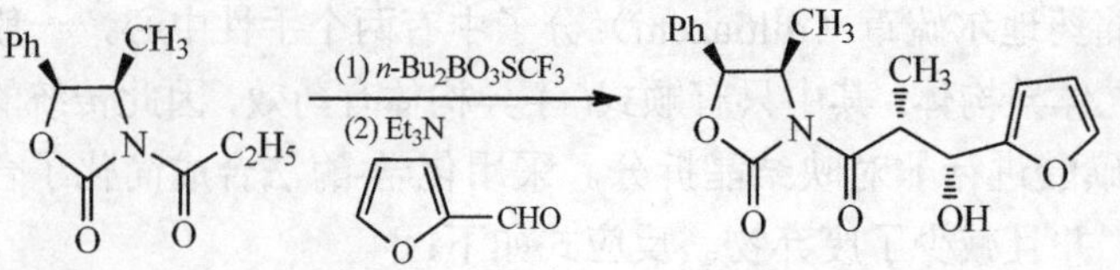

二、试从原料 A 出发合成药物 B：

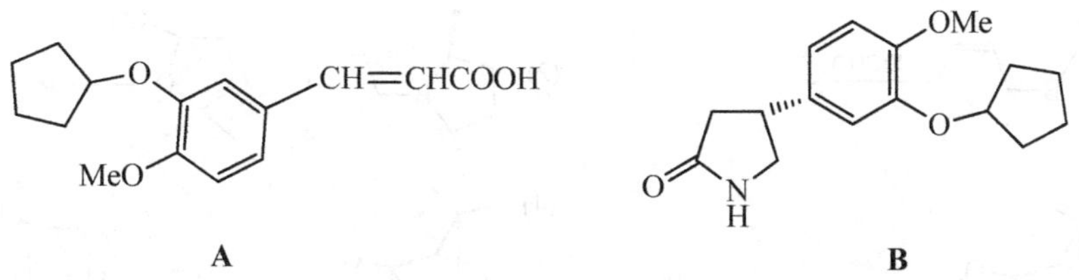

A　　　　　　　　　　　　　　　B

三、预测下列反应主要的立体异构体产物：

（1）

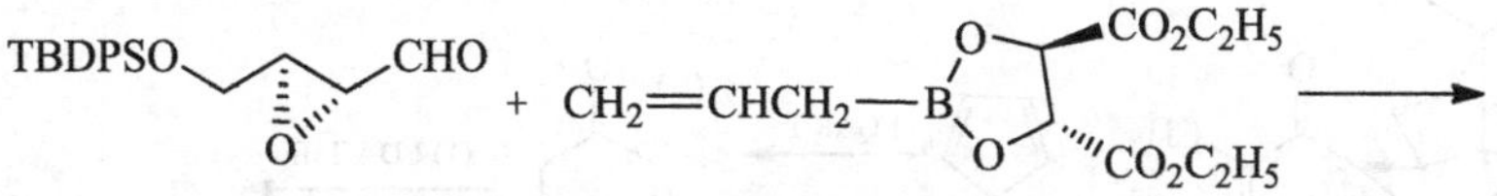

（2）

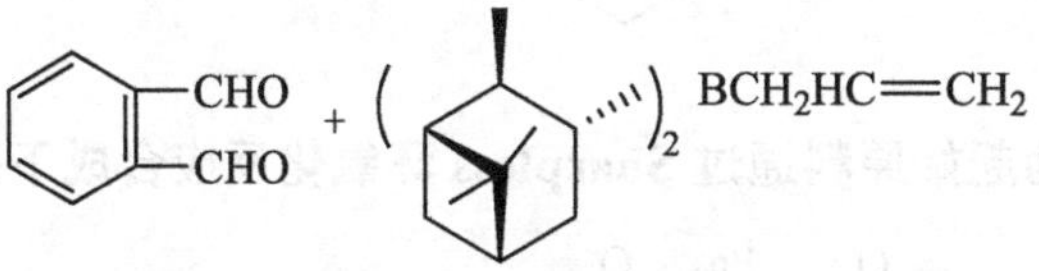

（3） 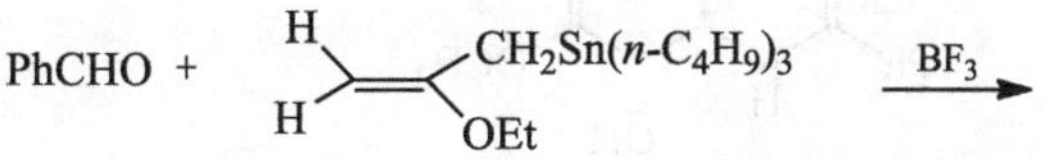　PhCHO ＋

四、硼酸酯 A 和 B 分别与手性醛 C 反应得到的产物如下，试写出 A 和 B 与 C 的对映体反应的产物。

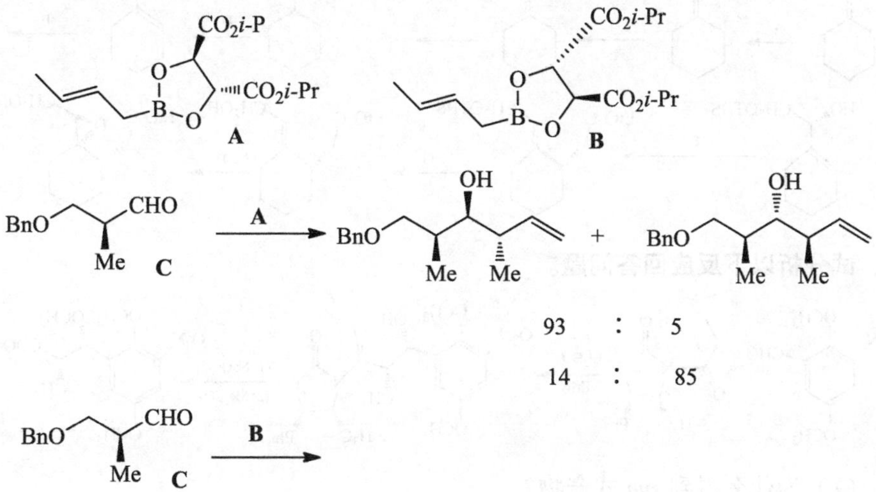

93　：　5

14　：　85

五、写出下列反应的主要立体异构体产物：

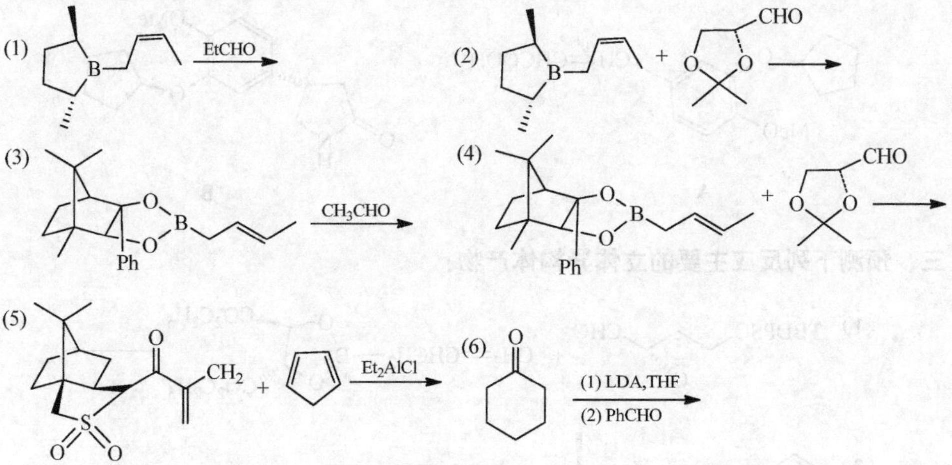

(1) $\xrightarrow{\text{EtCHO}}$

(2)

(3) $\xrightarrow{\text{CH}_3\text{CHO}}$

(4)

(5) $\xrightarrow{\text{Et}_2\text{AlCl}}$

(6) $\xrightarrow[\text{(2) PhCHO}]{\text{(1) LDA,THF}}$

六、以 3-苯基丙-2-烯-1-醇为起始原料通过 Sharpless 环氧化反应合成下列化合物：

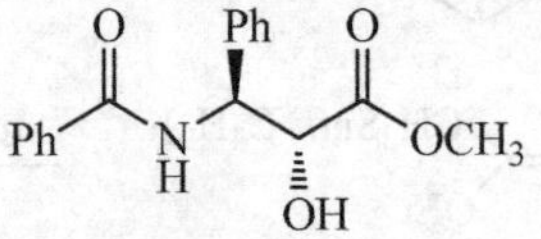

七、写出下列各步反应的试剂，并说明 F 步的反应过程。

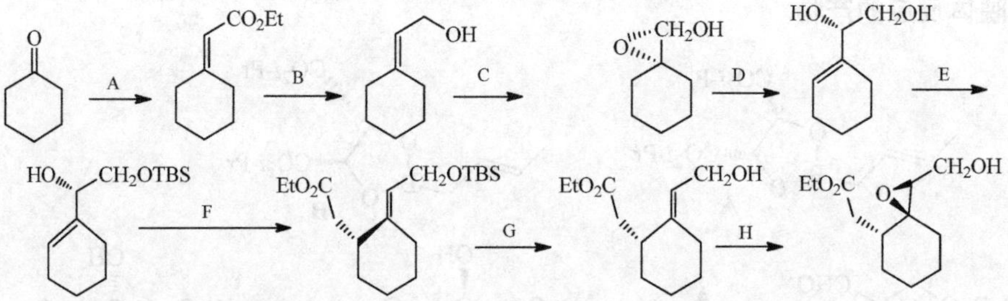

八、试分析以下反应回答问题。

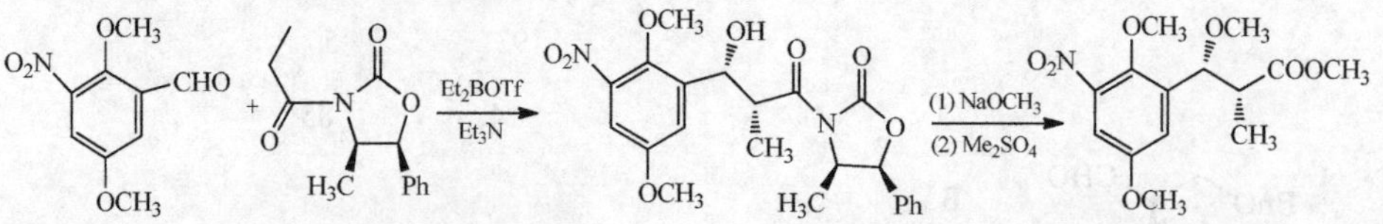

（1）为什么得到 *syn* 式产物？

（2）手性辅基起什么作用？

（3）试合成其对映体。

九、试用两种不同的方法合成紫杉醇侧链:

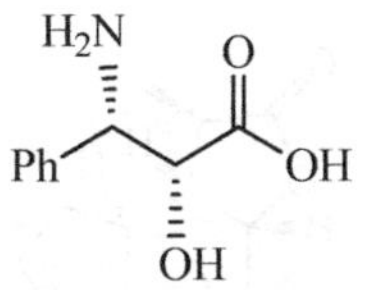

（提示：用 AE、AD、AA 反应或不对称醇醛缩合反应）

十、写出下列各步的反应试剂，并说明第（1）步和第（4）步反应的立体化学。

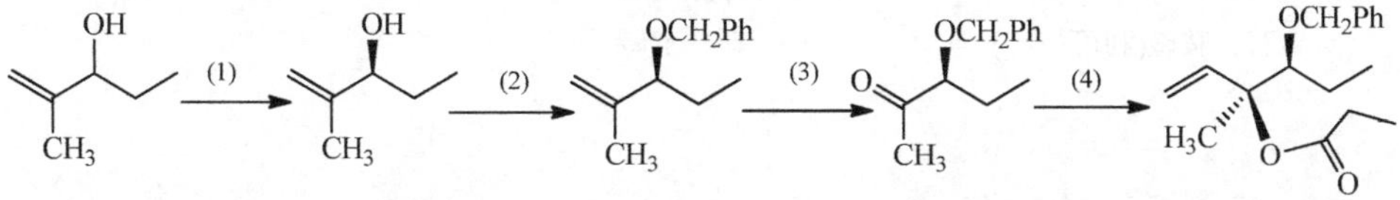

（提示：第（1）步为 Sharpless 环氧化反应，有不对称诱导作用的动力学拆分；第（4）步用 Cram 规则说明）

十一、说明下面分子内 Diels-Alder 反应形成两个立体异构产物的原因。

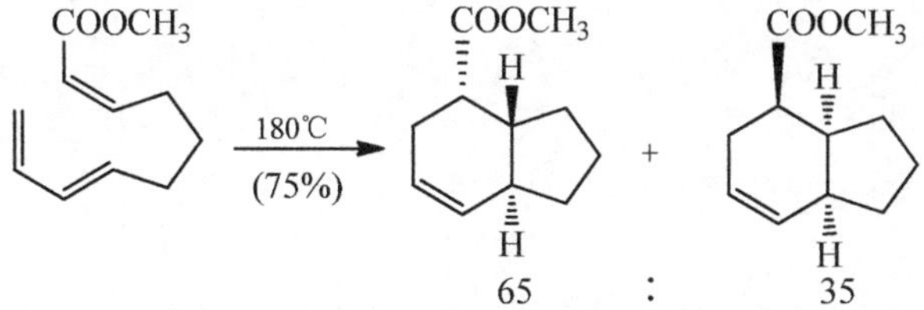

十二、用合适原料合成下列化合物:

(1)

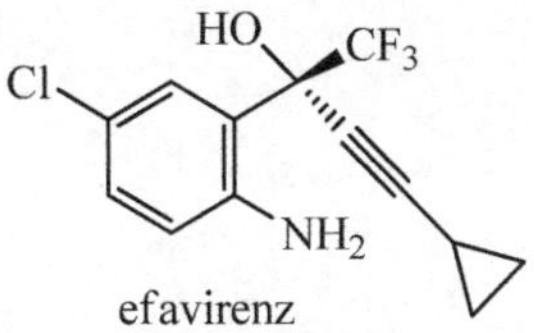

efavirenz
依法韦仑

(2)

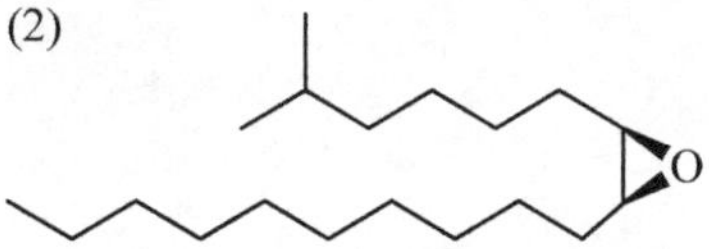

(+)-disparlure
舞毒蛾性引诱剂

(3)

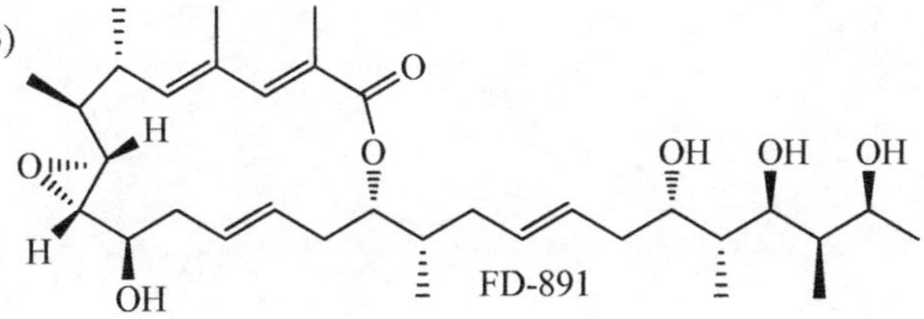

FD-891

十三、如下化合物由我国化学家合成，阅读有关文献说明其不对称合成的策略和方法。

(1)

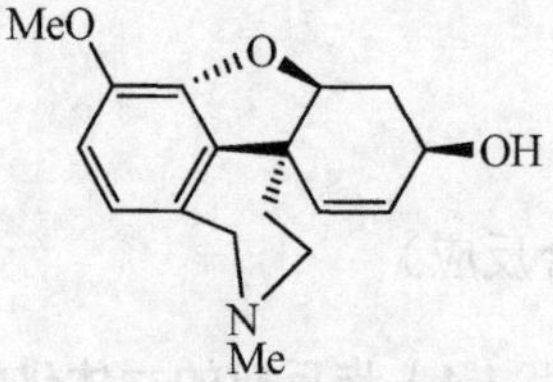

(−)-lycoramine

石蒜胺碱(利可拉明)

(2)

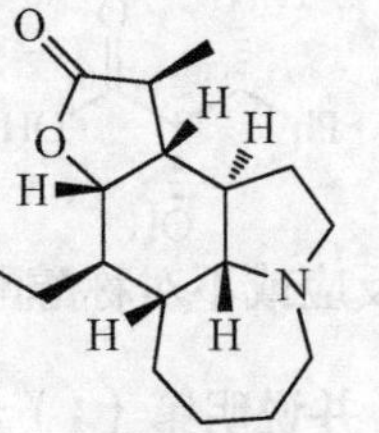

(−)-stenine

斯替宁碱

(3)

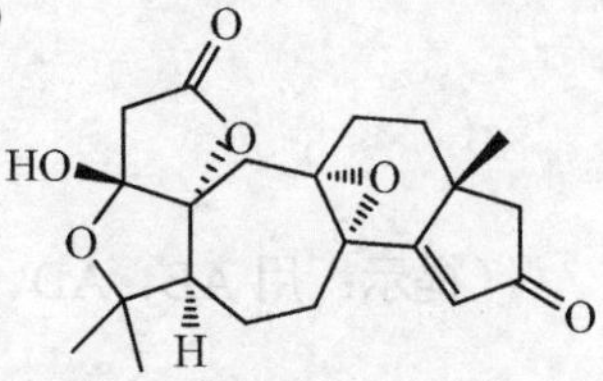

(+)-propindilactone

第 10 章　有机合成设计

　　有机合成的基本任务是从简单易得的有机基本原料及一些无机原料出发，合成分子结构较复杂的药物、农药、染料、香料、光电材料和天然产物等精细有机化合物，它们的合成步骤较多，难度较大，需要有一条合理简捷的合成路线。一个良好的合成路线应该是原料易得、步骤少、产率高，并且整个过程必须环境友好，具有可持续发展的特性。因此，在合成之前必须缜密地进行合成路线的设计。合成设计的重要性可以用下面的例子说明。

　　1896 年，R. M. Willstätter（1915 年诺贝尔化学奖获得者）从环庚酮出发经过约 20 步，最终以总产率 0.75%合成了天然产物托品酮（tropinone）。在当时的条件下能够合成出这样复杂的化合物已经是了不起的工作。

　　1917 年，随着 Mannich 反应的发现，R. Robinson（1947 年诺贝尔奖获得者）分析了托品酮的结构，提出了"假想分解"的概念，用虚线表示分子中共价键被"切断"的位置：

　　他用丙酮二甲酸代替"假想分解"中的丙酮，反应以水为溶剂，在中性条件下"两步一锅"简捷方便地合成了托品酮，收率高达 92.5%。反应式如下：

　　直到 20 世纪 60 年代，科里（E. J. Corey）研究用计算机程序辅助设计有机合成路线，采用 R. Robinson 的"切断"化学键的"假想分解"方法，系统地提出逆向合成分析（retrosynthetic analysis）原理并实际应用于复杂分子的合成设计，如天然产物长叶烯、喜树碱等的合成。科里的贡献为有机合成设计的发展奠定了重要基础，1990 年科里被授予诺贝尔化学奖。

　　通过"逆向合成分析"解析高度复杂的目标分子，从而从现有的简单易得的原料和合成方法设计其合成路线，这是当今有机合成化学的核心内容。

10.1　逆向合成分析的基本概念

有机合成从简单易得的原料（starting material，SM）出发，经过若干步反应，制备得到所需的化合物即目标分子（target molecule，TM）。

$$SM \longrightarrow A \longrightarrow B \longrightarrow C \longrightarrow D \longrightarrow E \longrightarrow TM$$

所谓逆向合成是指从目标分子的结构出发，通过对化学键合理的切断和官能团的变换，逐步反向倒推各步反应的中间体，直至倒推到简单易得的原料化合物。用 ⟹ 表示各步逆向分析的过程。

$$TM \Longrightarrow E \Longrightarrow D \Longrightarrow C \Longrightarrow B \Longrightarrow A \Longrightarrow SM$$

有机化合物的结构包括碳架、官能团的种类和位置以及分子的构型，因而必须综合应用学到的所有的有机化学知识进行逆向合成分析，以拟定目标分子简捷合理的合成路线。

10.1.1　分子骨架的逆向变换

在逆向合成分析中，各步结构的变化称为逆向"变换"（transform）。分子骨架的逆向变换操作大多是通过共价键的"切断"（disconnection，简写作 dis），"切断"是共价键形成的逆过程。共价键被切断后得到的结构片断称为合成子（synthon），与合成子相当的试剂和原料称为合成子的合成等价物（等价试剂）。

最普遍的有机合成反应是极性反应（离子型反应），其次是几类非极性反应。非极性反应包括自由基反应、协同反应和金属催化反应，因此共价键被切断时，产生的合成子也分为离子型合成子、自由基型合成子、协同反应和金属催化反应所需的分子合成子（表 10.1）。

表 10.1　共价键的"切断"和合成子示例

目标分子	合成子	合成等价物（试剂）	反应类型
	$CH_3CH_2^{\ominus}$ ＋	CH_3CH_2MgBr ＋	离子型反应
	＋	 (1) PhMe, Mg　(2) $H_3O^{\oplus}$	自由基反应

续表

目标分子	合成子	合成等价物（试剂）	反应类型
			协同反应
Ph-CH=CHR $\xrightarrow{dis}$ PhPdX + CH$_2$=CHR		PhX + CH$_2$=CHR Pd(PPh$_3$)$_4$	金属催化反应

　　共价键被逆向切断时的离子型合成子、具有亲电性或能接受电子对的合成子称为亲电性合成子（a 合成子），它们的合成等价物主要包括卤代烃、磺酸酯、烃氧基膦盐、醛酮、羧酸衍生物、α, β-不饱和羰基化合物、环氧化合物等。具有亲核性或能提供电子对的合成子称为亲核性合成子（d 合成子），它们的合成等价物主要包括有机金属试剂（如格氏试剂、有机铜、有机锂、有机锌试剂等）、元素有机试剂（如 Wittig 试剂、硅叶立德、硫叶立德等）和活性亚甲基化合物、脂肪族硝基化合物、烯胺、醛酮和羧酸衍生物的烯醇盐或烯醇硅醚等。

　　协同逆向切断时形成的合成子是中性分子，即合成子就是其合成等价物。例如，Diels-Alder 反应的合成子就是二烯体和亲二烯体。

　　芳基/芳基与芳基/烯基间的共价键被逆向切断时形成的非极性合成子通常是作为电子受体的有机卤化钯（RPdX）和作为电子给体的有机金属试剂、有机硼、有机硅等试剂以及烯烃、炔烃化合物。正向反应是过渡金属催化的交叉偶联反应。

　　除了共价键的"切断"外，分子骨架的逆向变换还有逆向连接（connection，简写作 con）、逆向重排（rearrangement，简写作 rearr）。逆向连接是将目标分子中两个适当的碳原子用新的化学键连接起来，这种变换是氧化断裂等反应的逆过程。例如，1,6-二羰基化合物通过逆向连接将目标分子变换成环己烯衍生物，然后逆向切断成二烯体和亲二烯体：

　　逆向重排是重排反应的逆过程。例如 α-季碳酮，逆向重排是邻二叔醇。正向合成是频哪醇重排反应。

10.1.2　逆向官能团变换和官能团添加

在逆向合成分析中，只变更官能团的种类或位置而不改变碳架的变换称为逆向官能团变换。在分子中添加或消除一个官能团，分别称为逆向官能团添加或逆向官能团消除。例如：

官能团变换
(functional group interconversion, FGI)

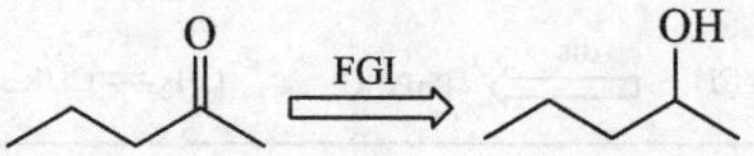

官能团添加
(functional group addition, FGA)

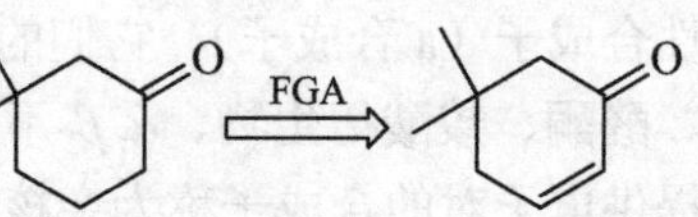

官能团消除
(functional group removal, FGR)

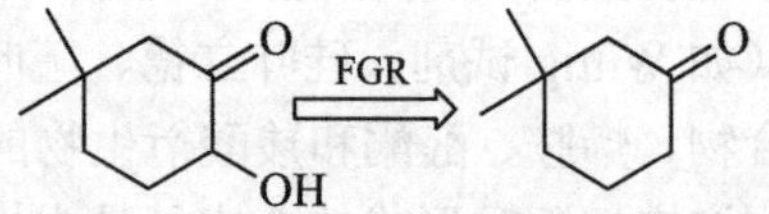

官能团变换的目的是：①为了便于作逆向切断、逆向连接和逆向重排等变换，将目标分子上原有不合适的官能团变换成合适的官能团，或者添加必需的官能团和消除不合适的官能团；②为了提高区域选择性或立体选择性，在碳架适当的位置添加致活、导向、阻断等基团。

例 10.1　2-烯丙基环戊醇的逆向合成分析：

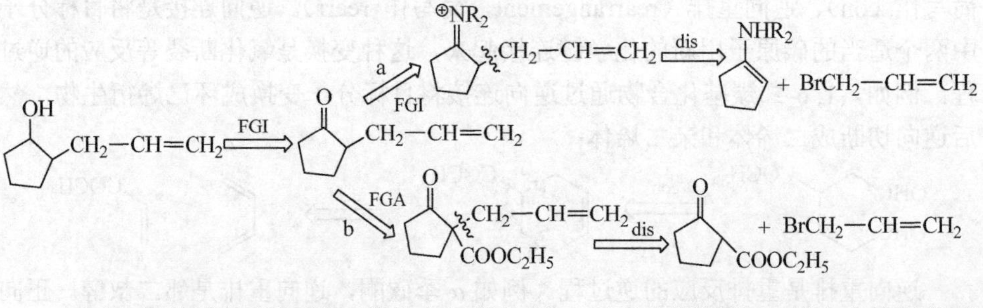

在环与链的连接处切断可获得良好的切断。但是在羟基的 β-碳上直接烃化是很困难的，因而先将羟基逆向变换为羰基。羰基的 α-碳上直接烃化需在很强的碱（如 LDA）和低温（$-78\,^{\circ}\!\mathrm{C}$）条件下进行，因此方法 a 是将羰基逆向变换为亚胺盐，然后切断，其正向合成是烯胺的烃化。方法 b 是在羰基旁 α-碳原子上添加致活基—$COOC_2H_5$ 后切断。致活基在烃化后可通过水解、酸化、脱羧除去。

合成路线 a：

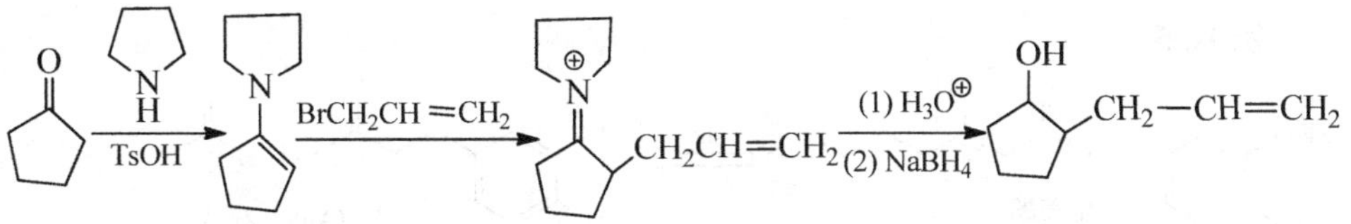

合成路线 b:

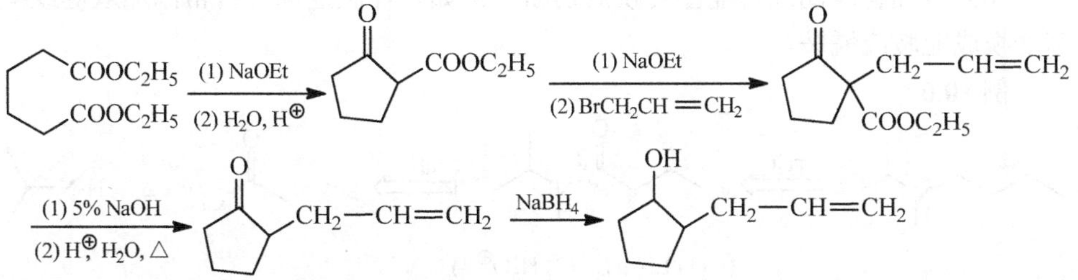

10.1.3　逆向切断的一般规律

目标分子的逆向切断一般遵循以下规律:

(1) 优先切断碳-杂原子键(卤代烃、醚、醇、胺等)、羰基碳-杂原子键(酯、酰胺等)以及目标分子中不稳定的部分。

例 10.2

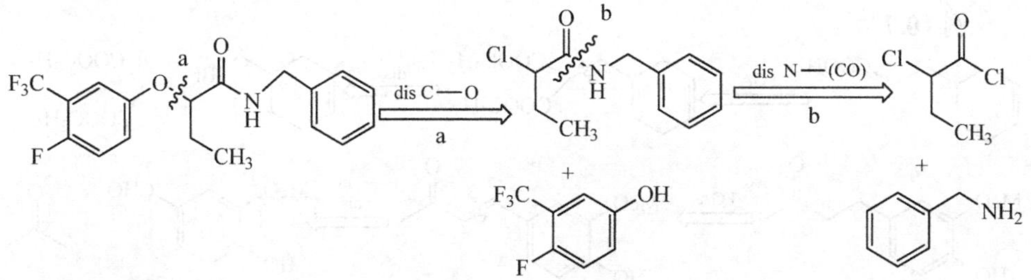

例 10.3

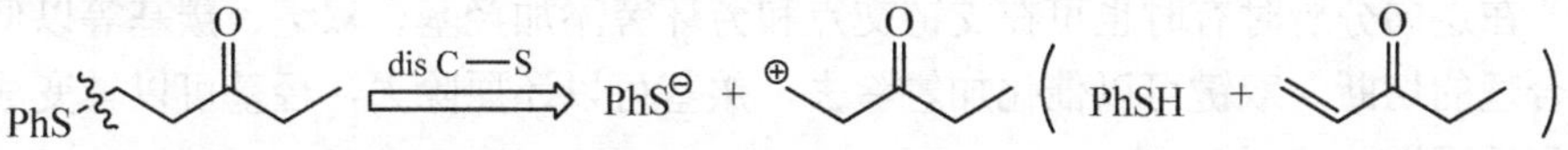

(2) 优先切断官能团附近的碳碳键。

例 10.4

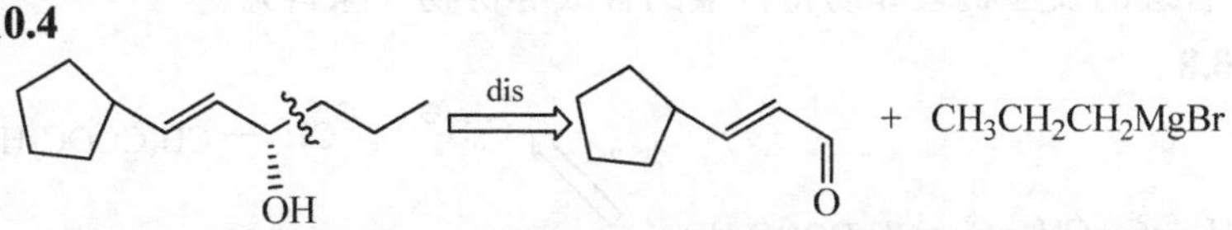

(3) 优先在分子的支链处或在环和链连接处切断(见例 10.1)。

(4) 优先在分子中部切断以获得总收率较高的汇聚式合成(见例 10.6 (1))。

(5) 官能团导向切断。例如,羰基化合物常以羰基为导向,对于 β-羟基羰基化合物或 α, β-不饱和羰基化合物,一般优先切断 α、β 之间的碳碳键。

例 10.5

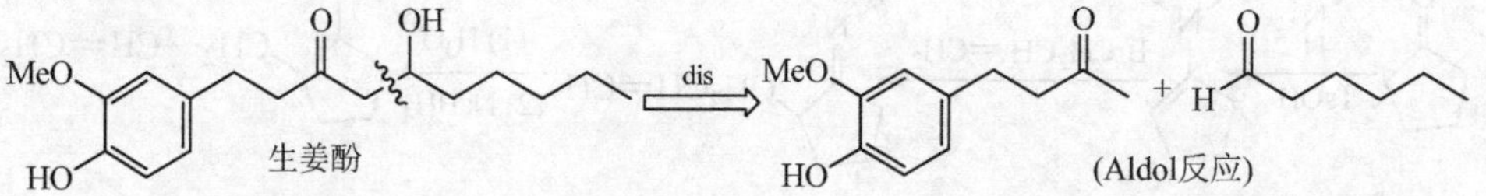

（6）添加官能团或官能团转换后切断。例如，仲胺逆向分析常添加双键或羰基变换成亚胺或酰胺。

例 10.6

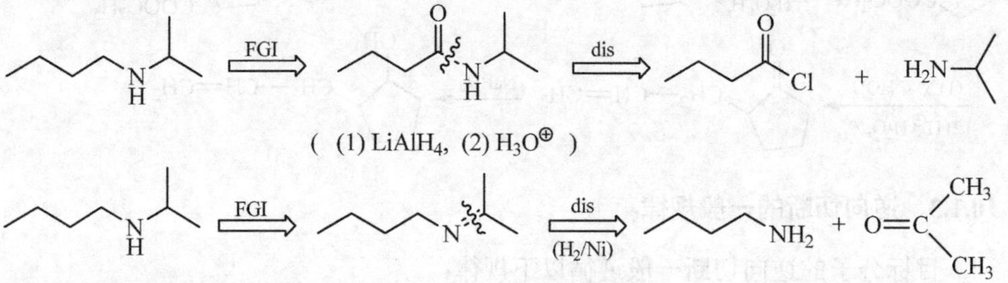

$(\ (1)\ LiAlH_4,\ (2)\ H_3O^{\oplus}\ )$

为了得到合理的逆向合成分析和方便有效的合成路线，可以引入导向基。导向基在达到目的后应易于除去。例如，在羰基的 α-位添加乙氧羰基致活基，反应后它们易于被水解除去。在羰基的 β-位添加羟基或在 α、β 之间添加双键。

例 10.7

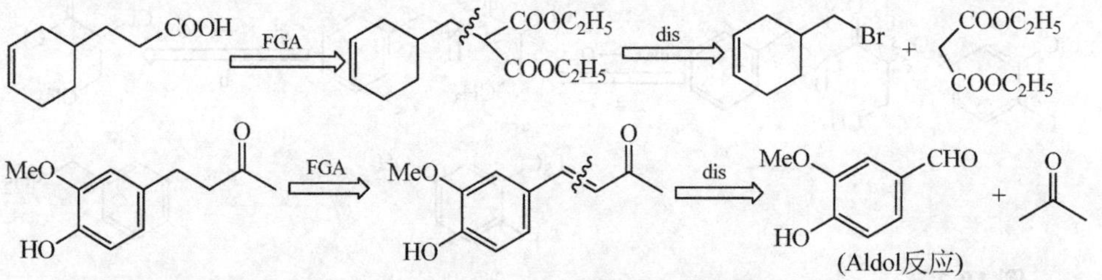

在逆向分析时有时也可在支链交点和芳环旁添加羟基、双键、羰基等以便得到合理的切断。双键可以催化加氢除去，羰基可以还原除去，羟基可以转变成磺酸酯后还原除去。

（7）合理的反应机理和易得价廉的合成等价物（原料）。

例 10.8

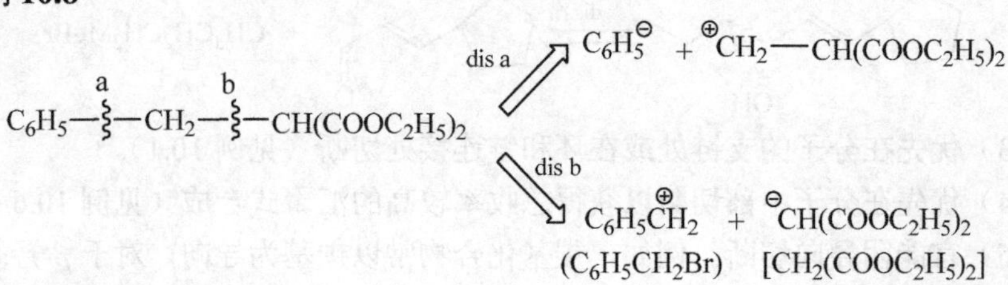

在 b 处逆向切断后得到合成子 $C_6H_5CH_2^+$ 和 $^-CH(COOC_2H_5)_2$，其合成等价物是苄溴和丙二酸二乙酯。因而，在 b 处切断具有合理的反应机理和简单易得的合成等价物。

10.2　离子型合成子的分类和极性转换

10.2.1　离子型合成子的分类

大多数形成碳碳键的反应是极性有机反应，亲核性碳（电子给予体，donor，d）和亲电性碳（电子接受体，acceptor，a）相结合形成碳碳键。按照反应中心碳原子的性质（d 或 a）和它与官能团的相对位置可将离子型合成子分类。

如果与基团 FG（X、OH、OR、OTs、NR$_2$ 等和金属 Mg、Li、Zn 等）相邻的 C1 碳原子是反应中心，则相应的合成子标记为 a^1 或 d^1 合成子；如果 C2 碳原子是反应中心，则相应的合成子标记为 a^2 或 d^2 合成子，依次类推。羰基化合物中的羰基碳（C1）是官能团的一部分，如果是反应中心，则羰基碳标记为 a^1 或 d^1 合成子。羰基化合物的 α-碳原子（C2 碳原子）相应的合成子标记为 a^2 或 d^2 合成子。羰基化合物的 β-碳原子（C3 碳原子）相应的合成子标记为 a^3 或 d^3 合成子。常见的亲电性/亲核性合成子和合成等价物分别列于表 10.2 和表 10.3。

表 10.2　常见的亲电性合成子和合成等价物

a 合成子	合成等价物（等价试剂）
a^1　$\overset{\oplus}{RCH_2}$	RCH$_2$Y (Y=Cl, Br, I, OTs, OMs, OTf , N$_2$X)
a^1	RCHO, RCOR′, RCN, RCOY (Y = X, OH, OR′, SR′, NR′$_2$, OCOR′)

续表

a 合成子	合成等价物（等价试剂）
a^2　（结构：—C$^+$—C—OH）	—C(Y)—C—OH　(Y = Cl, Br, OTs)；环氧乙烷；碳酸乙烯酯
a^2　（结构：—C$^+$—CH$_2$—Y）	—C=CH—Y　(Y = NO$_2$, SOR, SO$_2$R)
a^3　（结构：—C$^+$—CH$_2$—CO—Y）	—C=CH—CO—Y　(Y = H, R′, OR′, SR′, OH, NR$_2'$, X)
a^3　（结构：—C$^+$—CH$_2$—C≡N）	—C=CH—C≡N

表 10.3　常见的亲核性合成子和合成等价物

d 合成子	合成等价物（等价试剂）
d^1　RCH$_2^-$	RCH$_2$M (M = Na, K, Li, MgX, Cu); R$_2$M (M = CuLi, Zn)
d^1　（结构：）C$^-$—Y	叶立德：）C$^-$—PR$_3^+$、）C$^-$—SiR$_3$、）C$^-$—SR$_2^+$、）C$^-$—S(=O)(R)R
d^1　R—C(=O)$^-$	缩硫醛 CH$_2$(SR)$_2$ / 碱；R—二噻烷 / 碱；CH(SR)$_2$(SR) / 碱；R—CH$_2$NO$_2$ / 碱；CH$_2$=CH—SR / 碱；CH$_2$=CH—OR / 碱；R—CH(OY)(CN)　(Y = H, SiMe$_3$)
d^2　R—CH$^-$—C(=O)—Y	R—CH$_2$—C(=O)—Y / NaOEt　(Y = H, R′, OR′, SR′, NR$_2'$)；[）C=C(N(R′)R′) ↔ ）C$^-$—C(=N$^+$(R′)R′)]（烯胺）；R—CH$_2$—C=N—R / 碱（亚胺）
d^2　（结构：）C$^-$(X)(Y)）	（结构：）C(X)(Y)） / NaOEt　(X, Y = NO$_2$, CN, COR, COOEt, CONR$_2$, SOR, SO$_2$R)
d^3　ROOC—CH$_2$—CH$^-$—COOR	（丙二酸酯结构）—COOR（COOR） / 碱
d^3　$^-$C≡C—COOR	H—C≡C—COOR / 碱

续表

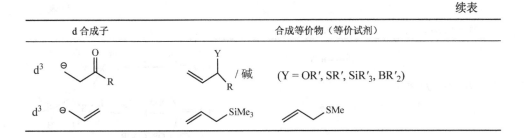

d 合成子	合成等价物（等价试剂）
d^3 （结构式）	（结构式）/ 碱　　(Y = OR′, SR′, SiR′$_3$, BR′$_2$)
d^3 （结构式）	（结构式）SiMe$_3$　　　（结构式）SMe

10.2.2　离子型合成子的极性转换

羰基化合物的羰基碳是电正性碳，具有 a^1 合成子性质；在酸性或碱性催化剂存在下，羰基化合物作为烯醇或烯醇盐参与反应，α-碳具有 d^2 合成子性质；α, β-不饱和羰基化合物的 β-碳是电正性碳，具有 a^3 合成子性质，与亲核试剂发生 Michael 加成反应生成 1, 5-二官能团化合物。这些反应模式认为是"常规的"反应，因而这些合成子被认为是"正常的"合成子。但是目标分子中含有 1, 2-或 1, 4-二官能团化合物的碳碳键被切断时却得到极性相反的合成子，如羰基化合物的 d^1 合成子（酰基碳负离子）、a^2 合成子（α-碳带正电荷）、d^3 合成子（β-碳带负电荷）。把亲核性碳/亲电性碳转变成亲电性碳/亲核性碳的过程称为极性转换或极性反转（dipole inversion or umpolung）。

$$O \overset{d^2}{\diagup} \underset{a^1 \quad a^3}{}$$ 　正常极性　　　　　　$$O \overset{a^2}{\diagup} \underset{d^1 \quad d^3}{}$$ 　极性反转

1. 极性转换的一般方法

极性转换的一般方法有导入金属或杂原子、杂原子交换和含碳碎片加合等（表 10.4）。

表 10.4　极性转换的一般方法

极性转换方法	转换类型	实例
导入金属或杂原子	$a^1 \longrightarrow d^1$	$R—CH_2Br \xrightarrow{Li} R—CH_2Li$ (a)　　　　　　　(d)
	$d^{1,2} \longrightarrow a^{1,2}$	（结构式）(d)　(d) $\xrightarrow{RCO_3H}$ （环氧结构式）(a) (a)
	$d^{1,2} \longrightarrow a^{1,2}$	（结构式）(d)　(d) $\xrightarrow{PdCl_2}$ （结构式）a a — Pd — Cl Cl

极性转换方法	转换类型	实例
导入金属或杂原子	$d^2 \longrightarrow a^2$	
	$a^3 \longrightarrow d^3$	$Z = CN, COR, COOR$
杂原子交换	$a^1 \longrightarrow d^1$	
	$a^1 \longrightarrow d^1$	
	$a^1 \longrightarrow d^1$	
含碳碎片加合	$a^1 \longrightarrow d^1$	
	$a^1 \longrightarrow d^3$	

通过极性转换过程，可以把某些亲核性合成子（或亲电性合成子）转变成极性相反的合成子。因此，在逆向合成分析时有一些常见基团既可以是 a 合成子，也可以是 d 合成子。

2. 羰基化合物的极性转换

羰基化合物的反应和合成是有机合成的核心内容，因而羰基化合物的极性转换相当重要，有必要进一步阐述。羰基化合物重要的极性反转合成子是 d^1（酰基负离子）、a^2（酰基 α-碳正离子）、d^3（酰基 β-碳负离子）等。

正常极性合成子　　　酰基正离子　　　酰基 α-碳负离子　　　酰基 β-碳正离子

极性反转合成子　　　酰基负离子　　　酰基 α-碳正离子　　　酰基 β-碳负离子

1）酰基负离子 d^1

羰基碳原子带有部分正电荷，亲电性是羰基碳的正常极性，因而酰基正离子是常规的合成子 a^1。酰基负离子是极性反转的合成子 d^1。在有机合成中，常用下列试剂作为酰基负离子的合成等价物。

（a）氰基负离子

氰基负离子是合成子甲酰基碳负离子、羧基碳负离子、氨基甲基碳负离子等的合成等价物。例如，氰基负离子与醛酮亲核加成后得到的氰醇通过水解或还原可以转变为一系列化合物：

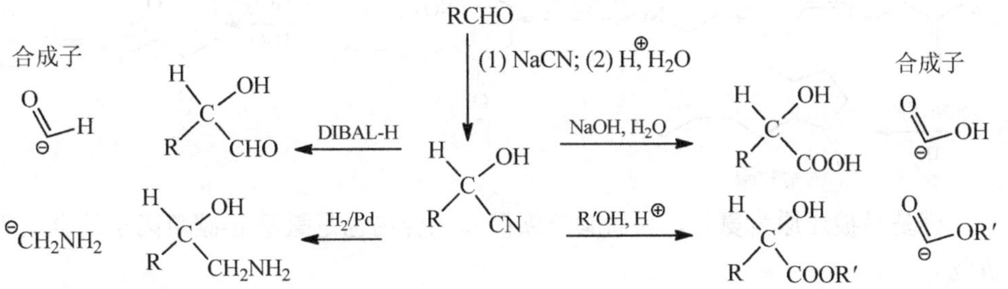

（b）α-氰醇、α-氰醚、α-氰胺

安息香缩合反应的中间体氰醇，失去质子形成的碳负离子与另一分子芳醛亲核加成，水解后生成羟基酮，因而氰醇是合成子酰基负离子的合成等价物。

α-氰醚、α-氰胺水解可以恢复羰基，因而也是酰基负离子的合成等价物。

例 10.9

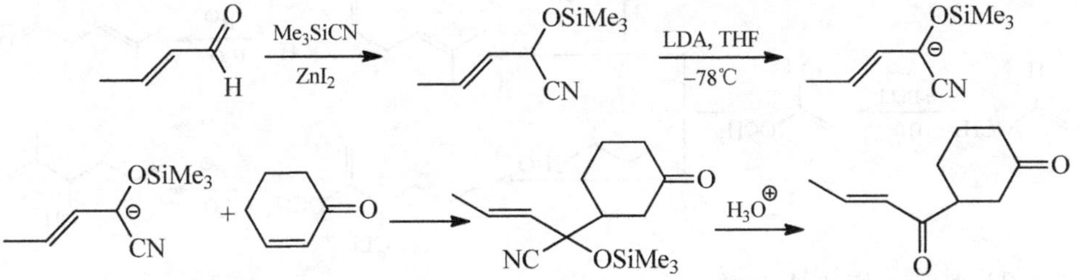

（c）1,3-二噻烷、2-烃基-1,3-二噻烷

1,3-二噻烷和 2-烃基-1,3-二噻烷是硫代缩醛，催化脱硫可以恢复羰基结构，同时在低温强碱条件下可以去质子形成碳负离子和亲电试剂反应。因此，1,3-二噻烷和 2-烃基-1,3-二噻烷分别是甲酰基负离子和烃基酰基负离子的合成等价物。

例 10.10

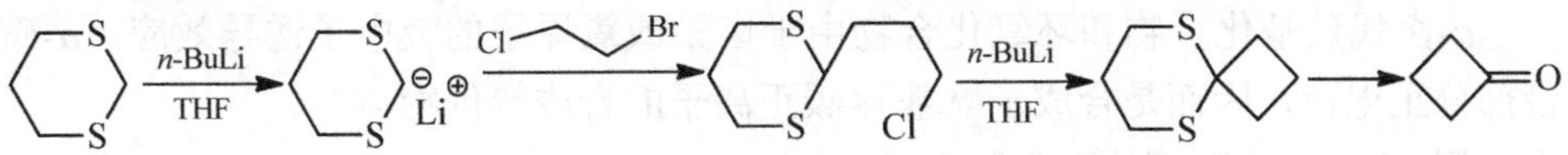

（d）脂肪族硝基化合物

脂肪族伯和仲硝基化合物通过 Nef 反应（依次与碱和酸作用或用三氯化钛水解），硝基可转变为羰基，因此脂肪族伯和仲硝基是"隐蔽"的羰基，在有机合成中是酰基负离子的合成等价物。例如，硝基乙烷在碱性条件下形成 α-碳负离子，然后对 α, β-不饱和酮共轭加成。加成产物经 Nef 反应生成 1, 4-二酮，二酮在碱性条件下发生分子内 Aldol 反应生成茉莉酮。

例 **10.11**

茉莉酮

硝基易被还原为氨基，因而脂肪族硝基化合物也是氨基-α-碳负离子的合成等价物。

（e）烯基醚、烯基硫醚、烯基硅醚

烯基醚、烯基硫醚和烯基硅醚在强碱如正丁基锂作用下可失去质子，形成的碳负离子与亲电试剂如卤代烃、磺酸酯、醛酮等反应，反应产物水解可得到相应的羰基化合物。

例 **10.12**

2）酰基 α-碳正离子 a^2

羰基 α-碳的正常极性是带部分负电荷，表现为烯醇负离子或烯醇的亲核性，因而正常极性的合成子是酰基 α-碳负离子 d^2。极性反转的合成子酰基 α-碳正离子 a^2 的合成等价物常是 α-碳上连有吸电子基取代（卤代或氧代）的化合物，以及硝基烯等具强吸电子基的 α, β-不饱和化合物。

（a）α-卤代羰基化合物和环氧化合物

α-卤代羰基化合物和环氧化合物由于卤素或氧原子的吸电子诱导效应，α-碳带部分正电荷，因而是合成子酰基 α-碳正离子的合成等价物。

例 **10.13** 止喘药沙丁醇胺合成：

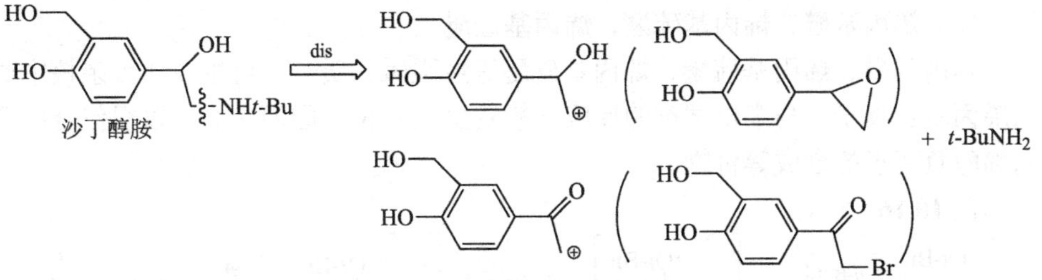

起始原料利用工业上现有乙酰水杨酸。卤代酮和环氧化合物活性很高，会与胺发生二次取代反应，因而采用苄基保护。反应式如下：

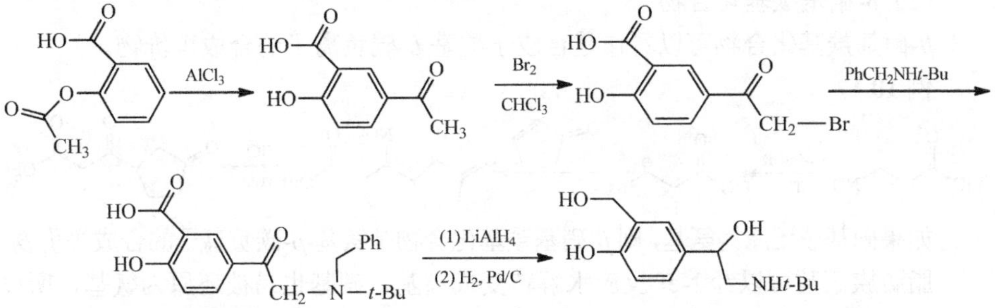

（b）硝基烯化合物

亲核试剂可以和硝基烯化合物发生类似于 α, β-不饱和羰基化合物的共轭加成反应，反应后经 Nef 反应使硝基转变成羰基，所以硝基烯是合成子酰基 α-碳正离子的合成等价物。

例 10.14

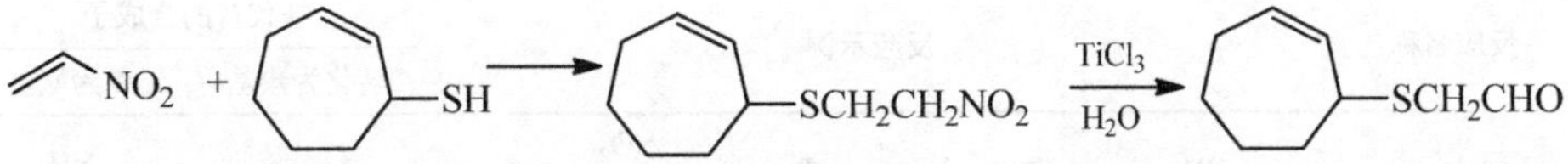

如果硝基被还原为氨基，则硝基烯化合物是氨基-β-碳正离子的合成等价物。

3）酰基 β-碳负离子 d^3

酰基 α-碳负离子（烯醇负离子）在温和碱性条件下形成，但酰基 β-碳负离子（高烯醇负离子）的形成需通过极性反转操作实现。

（a）β-卤代羰基化合物金属化

例 10.15

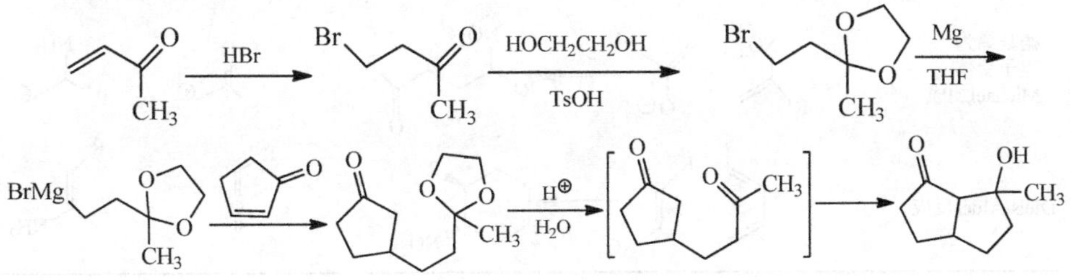

（b）烯丙基醚、烯丙基硫醚、烯丙基硅醚

烯丙基醚、烯丙基硫醚、烯丙基硅醚等经强碱去质子，可生成两可亲核中心的烯丙基负离子，与亲电试剂的反应一般发生在 β-位，因而它们可以视作合成子高烯醇负离子的合成等价物。

例 10.16

$$
\text{（反应式：烯丙基 Ot-Bu 醚} \xrightarrow[\text{THF, } -65\,^\circ\text{C}]{n\text{-BuLi}} [\text{烯丙基负离子 Li}^\oplus] \xrightarrow{n\text{-BuBr}} \text{Bu}\cdots\text{Ot-Bu 烯} \xrightarrow[\text{H}_2\text{O}]{\text{H}^\oplus} \text{Bu}\cdots\text{CHO}
$$

（c）β-硝基羰基化合物

β-硝基羰基化合物可以看作是合成子酰基 β-碳负离子的合成等价物。

例 10.17

$$
\text{EtO}_2\text{C}\cdots\text{NO}_2 \xrightarrow[\text{THF}]{t\text{-BuOK}} \text{EtO}_2\text{C}\cdots\text{NO}_2^\ominus \xrightarrow{\text{环戊烯酮}} \text{（环戊酮-NO}_2\text{-CO}_2\text{Et）} \xrightarrow[\text{H}_2\text{O}]{\text{TiCl}_3} \text{（3-氧代环戊基-CH}_2\text{-CO}_2\text{Et）}
$$

如果硝基被还原为氨基，则 β-硝基羰基化合物是氨基-β-碳负离子的合成等价物。

脂肪族硝基可以经 Nef 反应水解转变成羰基，硝基也易被还原为氨基，所以脂肪族硝基化合物可作为多种极性反转合成子的合成等价物，使原本复杂的合成问题化难为易，在有机合成中有广泛应用。表 10.5 小结了脂肪族硝基化合物代替的合成子及相关反应。

表 10.5　脂肪族硝基化合物代替的合成子及相关反应

反应名称	反应示例	被代替的合成子	
		转化为羰基	还原为氨基
烃基化反应	$\text{R}^1\!\!-\!\text{NO}_2 + \text{X}\!\!-\!\text{R}^2 \xrightarrow{\text{碱}} \text{R}^1\!\!-\!\text{CH(NO}_2)\!\!-\!\text{R}^2$	$\text{R}^1\!\!-\!\text{C(=O)}^\ominus$	$\text{R}^1\!\!-\!\text{CH(NH}_2)^\ominus$
Aldol反应	$\text{R}^1\!\!-\!\text{NO}_2 + \text{R}^2\!\!-\!\text{CHO} \xrightarrow{\text{碱}} \text{R}^1\!\!-\!\text{C(NO}_2)\!\!=\!\!\text{R}^2$	$\text{R}^1\!\!-\!\text{C(=O)}^\ominus$	$\text{R}^1\!\!-\!\text{CH(NH}_2)^\ominus$
Michael加成	$\text{R}^1\!\!-\!\text{NO}_2 + \text{CH}_2\!\!=\!\!\text{CH-C(=O)R}^2 \xrightarrow{\text{碱}}$ 加成产物	$\text{R}^1\!\!-\!\text{C(=O)}^\ominus$	$\text{R}^1\!\!-\!\text{CH(NH}_2)^\ominus$
硝基烯为电子受体 Michael加成	硝基烯 + 烯醇负离子 $\xrightarrow{\text{碱}}$ 加成产物	$\text{R}^1\!\!-\!\text{C(=O)}^\oplus$	$\text{R}^1\!\!-\!\text{CH(NH}_2)^\oplus$
Diels-Alder反应	丁二烯 + 硝基乙烯 $\longrightarrow$ 环己烷衍生物	$\text{R}\!\!-\!\text{C(=O)}$	$\text{R}\!\!-\!\text{CH=NH}_2$(烯胺)

10.3　双官能团化合物的逆向合成分析

在有机合成中，分子的碳架上两个官能团的相对位置分别为 1, 2-、1, 3-、1, 4-、1, 5-和 1, 6-位的双官能团化合物最为重要。含有奇数关系（如 1, 3-、1, 5-）的双官能团化合物的逆向切断一般是正常极性的合成子，而偶数关系（1, 2-、1, 4-）的双官能团化合物的逆向切断常是极性反转的合成子。本节介绍双官能团化合物的逆向合成分析和合成方法。

10.3.1　1, 3-二官能团化合物的逆向合成分析

1, 3-二官能团化合物包括 β-羟基羰基化合物、β-二羰基化合物、β-羟基腈化合物、β-羰基腈化合物、α, β-不饱和羰基化合物、α, β-不饱和腈化合物，以及可以通过官能团变换或添加转变为以上类似形式的化合物。这些化合物可以通过 α、β 之间的碳碳键的切断得到正常极性（a^1 和 d^2）合成子和它的合成等价物。

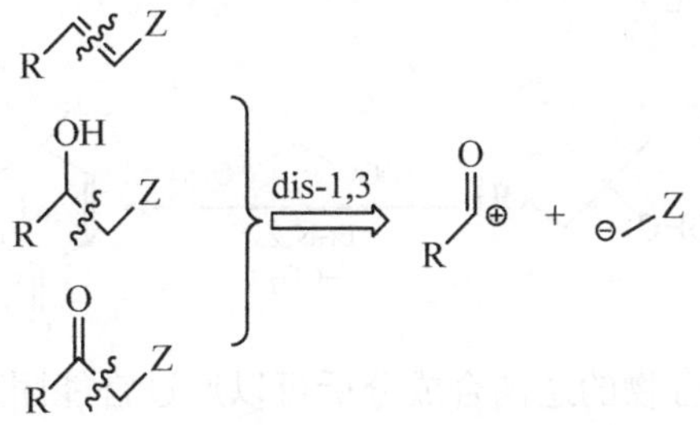

$(Z = CN, CHO, COR', COOR', CONR'_2, COSR')$

它们的正向合成反应主要包括醇醛缩合（Aldol）、克莱森（Claisen）缩合、列福尔马茨基（Reformatsky）反应、Knoevenagel 缩合、烯胺的酰化和活性亚甲基化合物的酰化等反应。

例 10.18

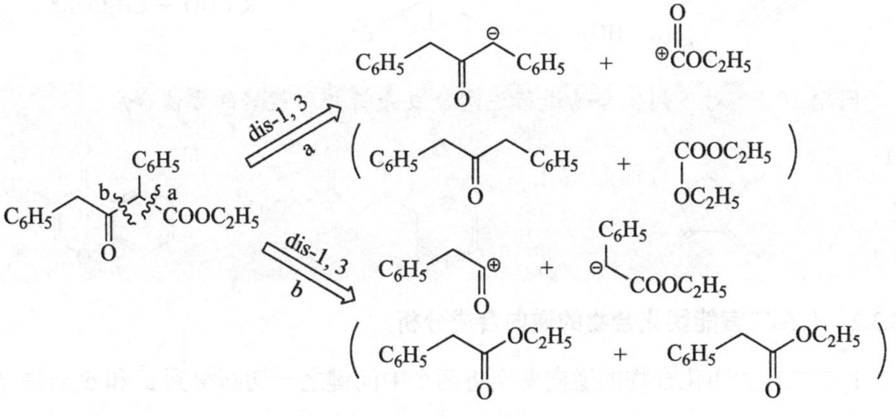

有两种 α,β-键的切断，但按 b 切断具有对称性，得到同一种合成等价物。因此，利用对称性切断是重要的简化方法。其正向合成是 Claisen 缩合反应。

合成：

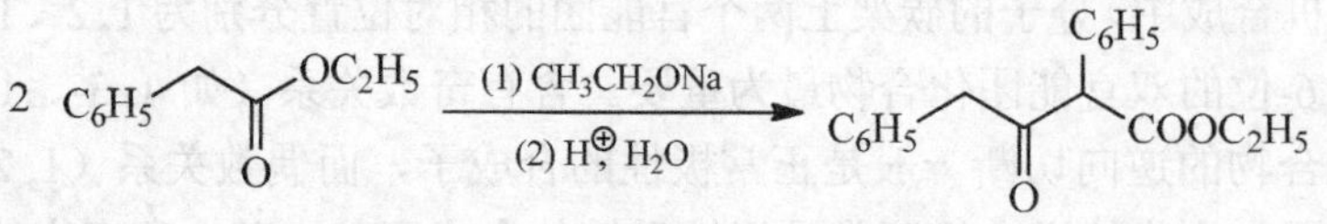

例 10.19

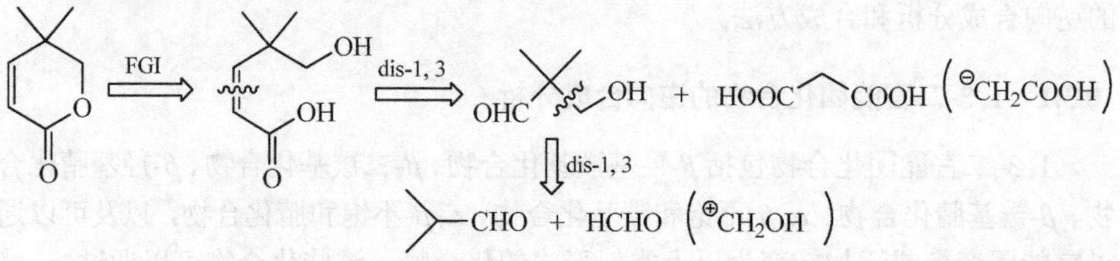

首先打开内酯环，然后两次切断 α,β-键。正向合成中使用丙二酸和醛基缩合，脱羧和环化反应同时发生。

合成：

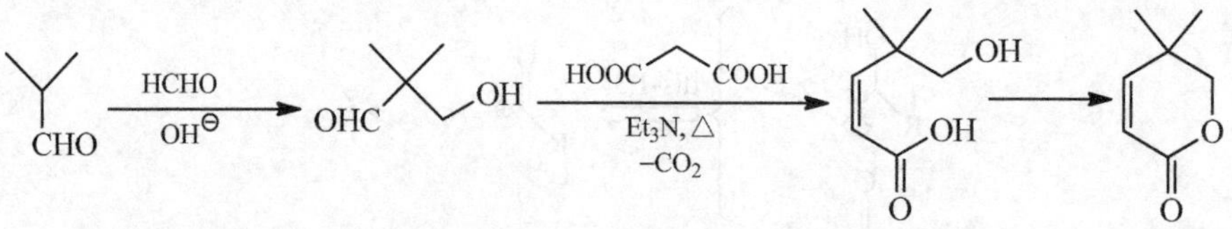

α,β-不饱和羟基化合物的逆向合成分析可以通过官能团互变为 α,β-不饱和羰基化合物，也可以逆向重排为环氧化合物。

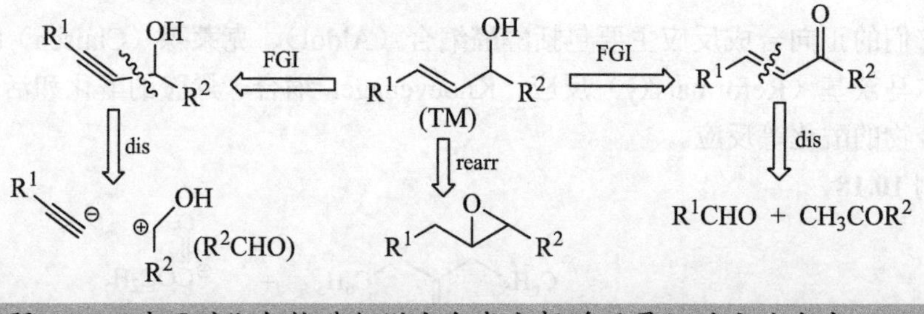

問題 10.1　对下列化合物进行逆向合成分析并用最好的方法合成。

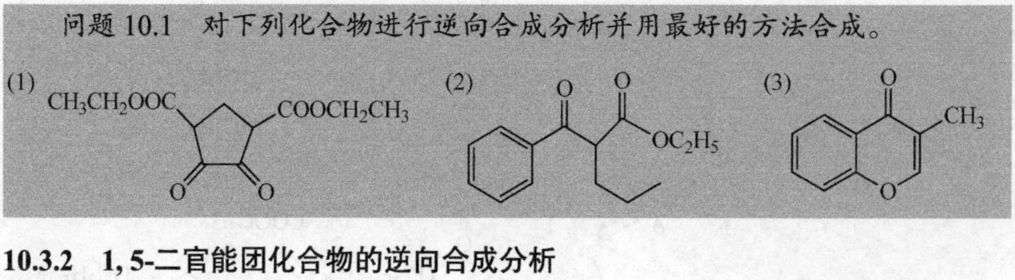

10.3.2　1,5-二官能团化合物的逆向合成分析

1,5-二官能团化合物的逆向变换将两个中间键之一切断得到 a^3 和 d^2 合成子。

其正向合成反应是 Michael 加成反应。

$$\underset{R}{\overset{O}{\shortmid}}\wwbar{}\ Z \xRightarrow{\text{dis-1, 5}} \underset{R}{\overset{O}{\shortmid}}{}^{\ominus} + {}^{\oplus}\wwbar{}Z \left(\diagup\hspace{-4pt}\diagup Z \right)$$

$$(Z = CN, CHO, COR', COOR', COSR', CONR_2')$$

例 10.20

合成：

例 10.21

　　羰基是形成碳碳键构造碳架反应的重要官能团，因而先将羟基变换成羰基，然后经 1, 3-和 1, 5-切断得到简单原料丙酮和丙二酸二乙酯。

合成：

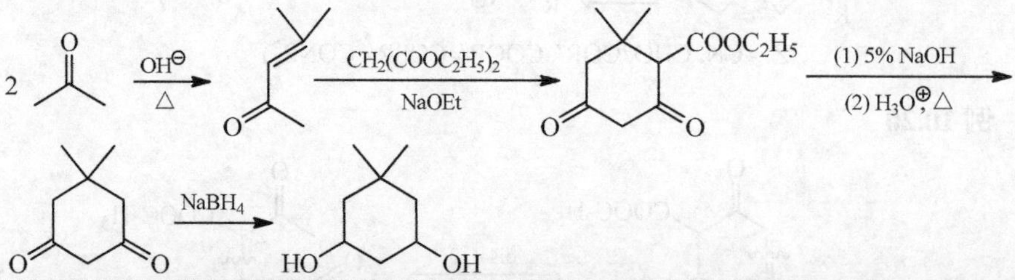

问题 10.2　对下列化合物进行逆向合成分析并用最好的方法合成。

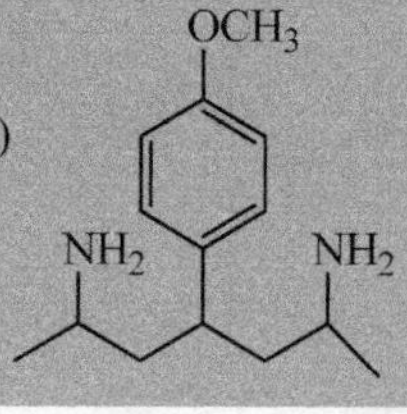

10.3.3　1, 2-二官能团化合物的逆向合成分析

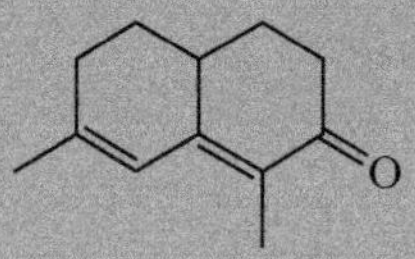

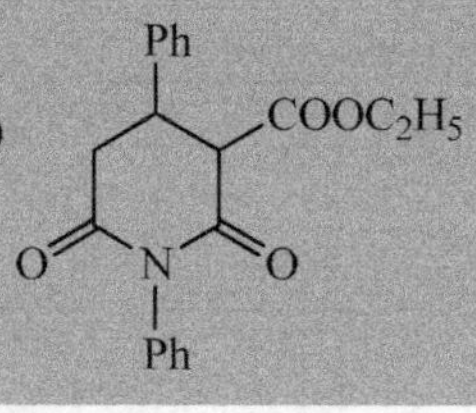

　　1, 2-二官能团化合物逆向切断时，常得到极性反转的合成子。例如：

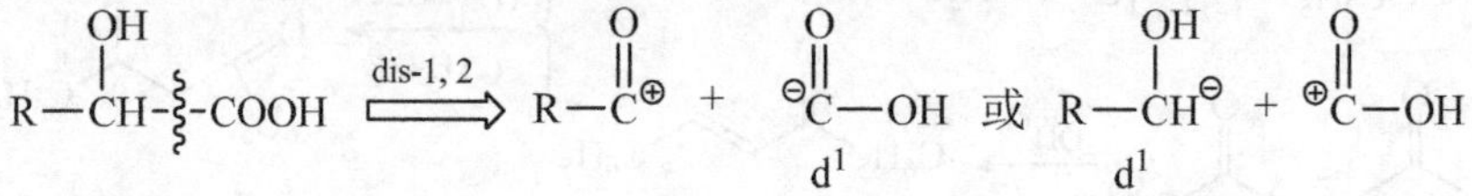

得到极性反转的 d^1 合成子（负电荷存在于羰基碳原子上）。因此必须用极性反转的合成等价物来替代。

例 10.22

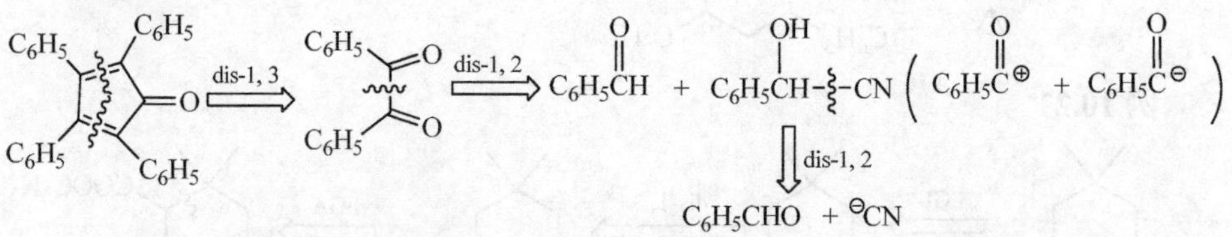

其正向合成反应是安息香缩合（benzoin condensation）反应。

例 10.23

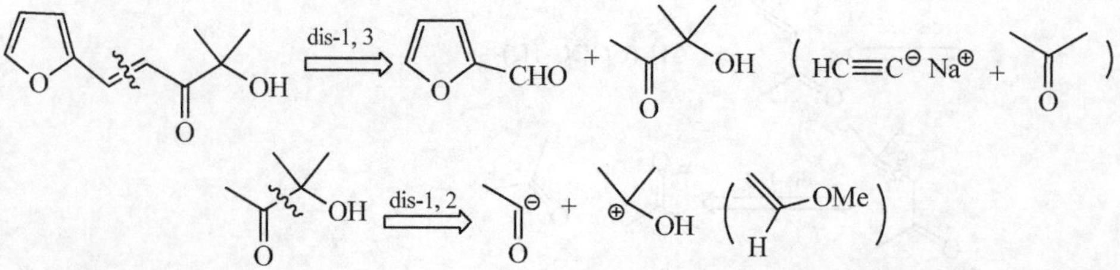

α-羟基酮切断后将得到极性反转的合成子 d^1（乙酰基负离子），乙酰基负离子的合成等价物可应用乙炔单钠或乙烯基醚。

合成：

$$HC{\equiv}CH \xrightarrow{NaNH_2} HC{\equiv}CNa \xrightarrow[\text{(2) } H_3O^{\oplus}]{\text{(1) } CH_3COCH_3} \cdots \xrightarrow{H_2O,\ Hg^{2\oplus}} \cdots$$

或

$$\cdots \xrightarrow{n\text{-BuLi}} \cdots \xrightarrow[\text{(2) } H^{\oplus},\ H_2O]{\text{(1) } CH_3COCH_3} \cdots$$

1, 2-二官能团化合物的合成也可以用酮或酯的双分子还原、烯烃的双羟基化、环氧化合物的开环反应、醛酮加 HCN 后水解、脂肪族硝基化合物与醛酮的 Aldol 反应产物经 Nef 反应等方法。1, 2-二羰基化合物也常通过羰基化合物的 α-氧化或 α-亚硝化产物互变异构为肟后水解得到。

$$R^1 \cdots R^2 \xrightarrow{HNO_2} R^1 \cdots R^2 \rightleftharpoons R^1 \cdots R^2 \xrightarrow{H_3O^{\oplus}} R^1 \cdots R^2$$

因此 1, 2-二官能团化合物常见的逆向分析方法归纳如下：

问题 10.3　对下列化合物进行逆向合成分析并用最好的方法合成。

(1)　(2)　(3)

10.3.4　1,4-二官能团化合物的逆向合成分析

1,4-二官能团化合物逆向切断时，常得到极性反转的合成子。例如：

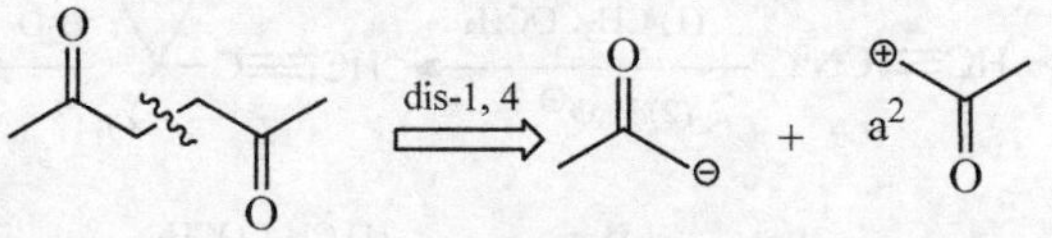

得到一个极性反转的 a^2 合成子（正电荷存在于羰基 α-碳原子上）。因此必须使用极性反转的合成等价物如 α-卤代羰基化合物、环氧化合物、脂肪族硝基化合物等替代。

乙酰乙酸乙酯、丙二酸二乙酯等活性亚甲基化合物和烯胺用 α-卤代羰基化合物烃化、对环氧化合物的亲核开环、脂肪族硝基化合物发生 Michael 加成经 Nef 反应等方法是合成 1,4-二羰基化合物的常用方法。因此 1,4-二官能团化合物常见的逆向分析方法如下：

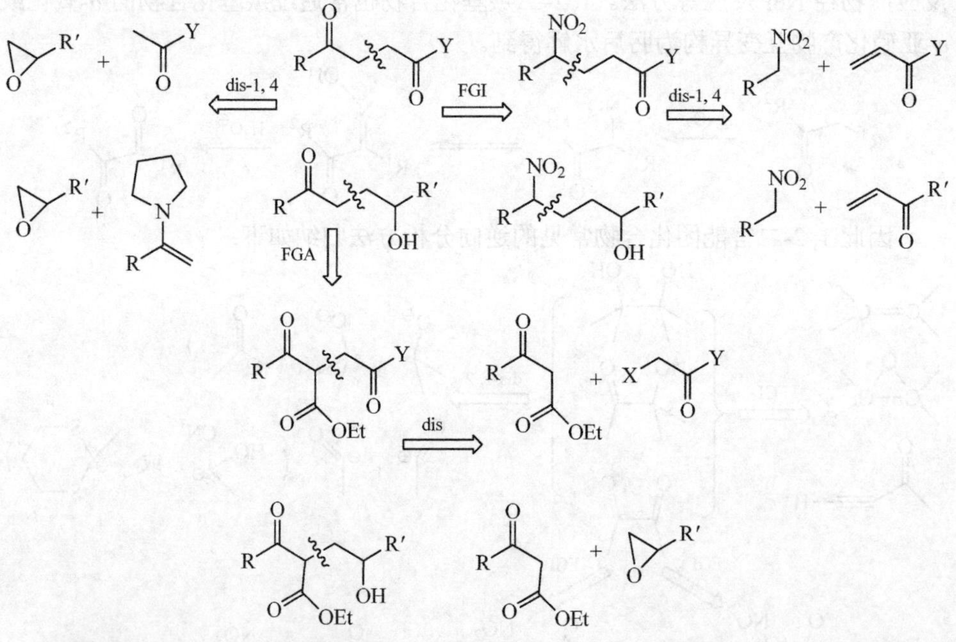

氰根离子与 α,β-不饱和羰基化合物发生 Michael 加成是合成 1,4-二羰基化合物的重要方法。其逆向合成如下：

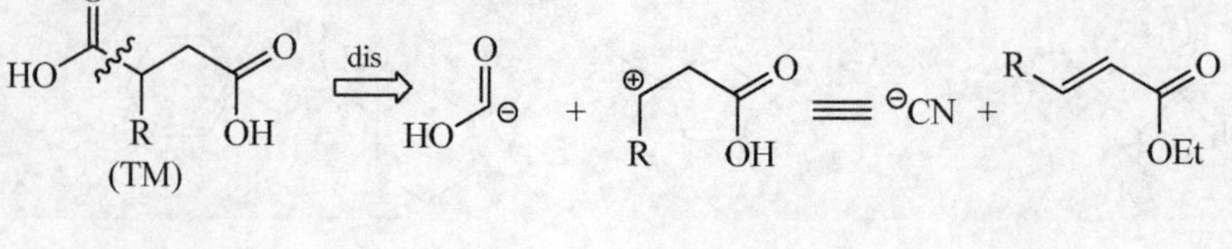

例 10.24

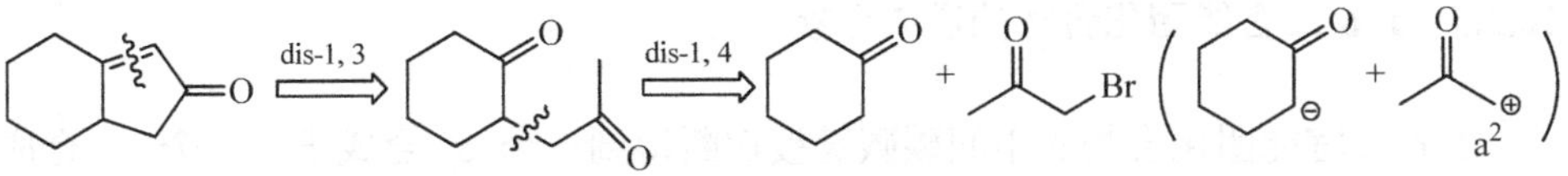

1,4-二羰基化合物被切断后形成极性反转的 a^2 合成子，用极性反转的合成等价物溴丙酮来代替。

合成：

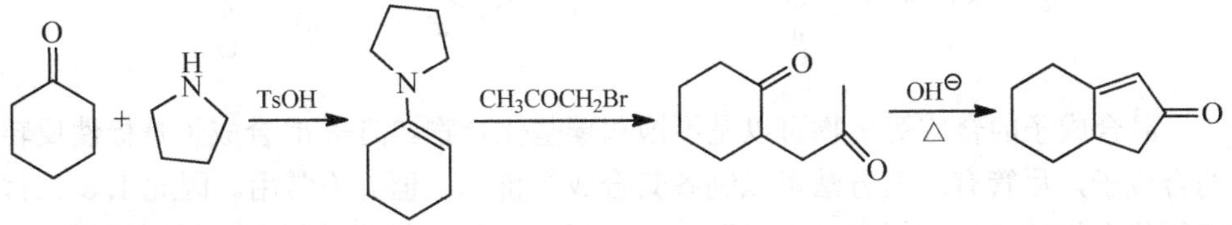

例 10.25

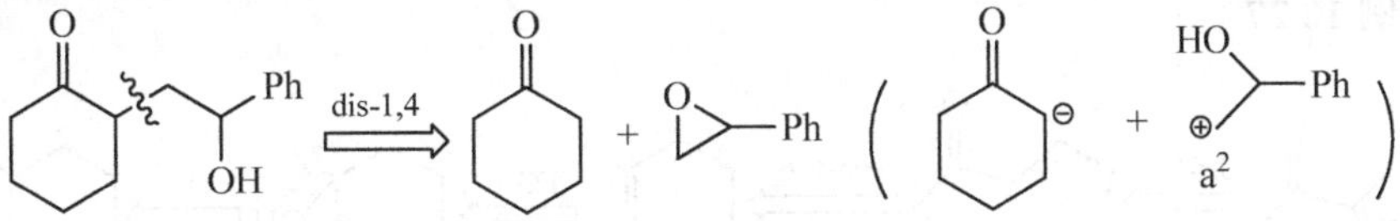

这一方法可以方便地合成 γ-羟基羰基化合物。

合成：

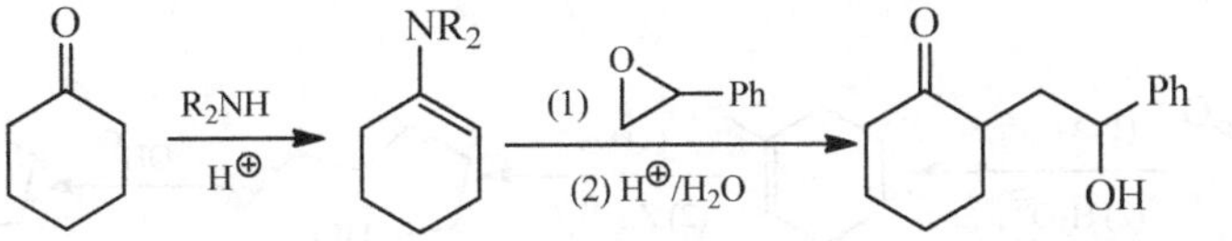

例 10.26

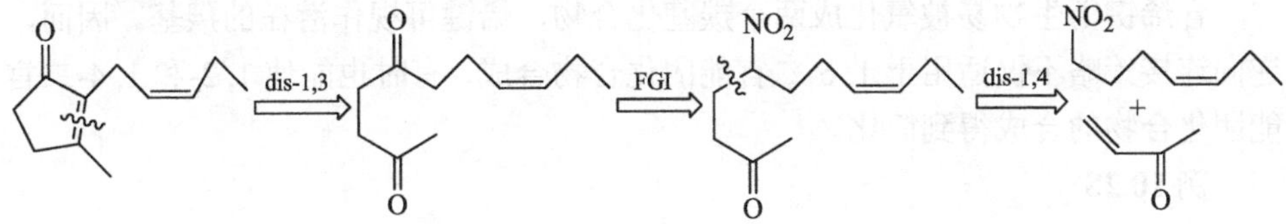

合成：

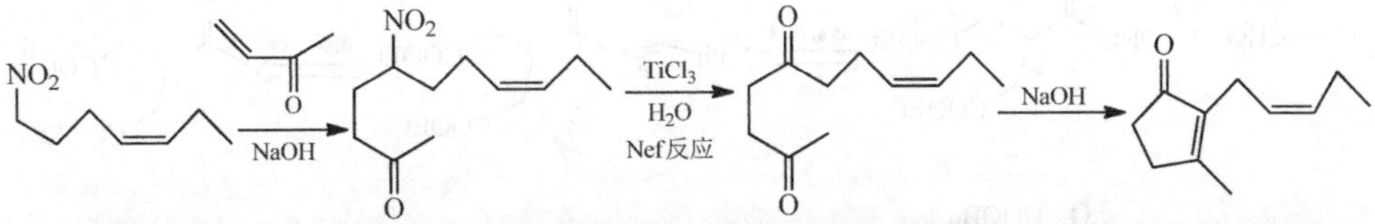

问题 10.4　对下列化合物进行逆向合成分析并用最好的方法合成。

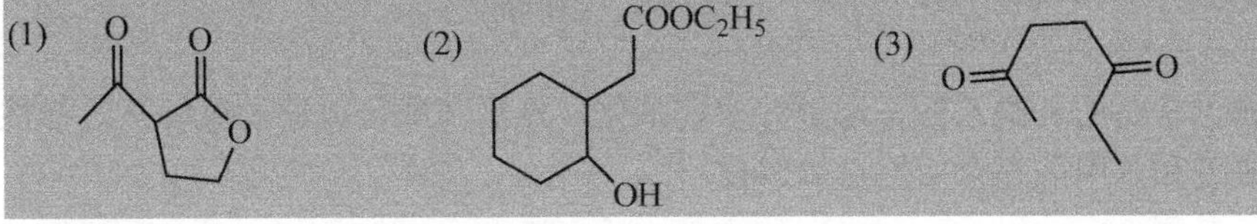

(1) 　(2) 　(3)

10.3.5　1, 6-二官能团化合物的逆向变换

1, 6-二官能团化合物的中间碳碳键被切断得到一个 a^3 合成子和一个 d^3 合成子。

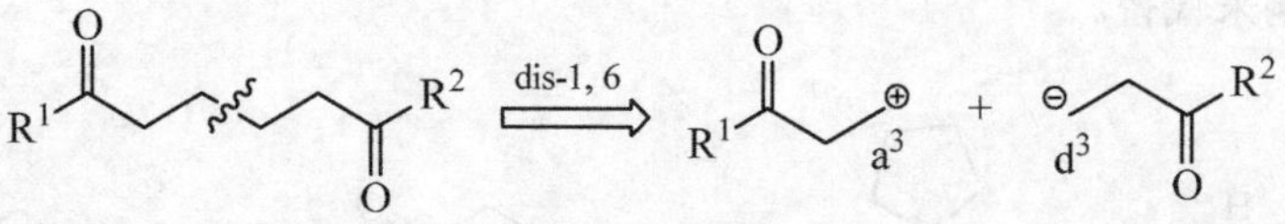

a^3 合成子的合成等价物可以是不饱和羰基化合物。但是 d^3 合成子是极性反转的合成子，尽管有一些方法可以制备其合成等价物，但并不常用。因此 1, 6-二官能团化合物的逆向分析变换常采取 1, 6-位逆向连接的策略，使合成得到简化。

例 10.27

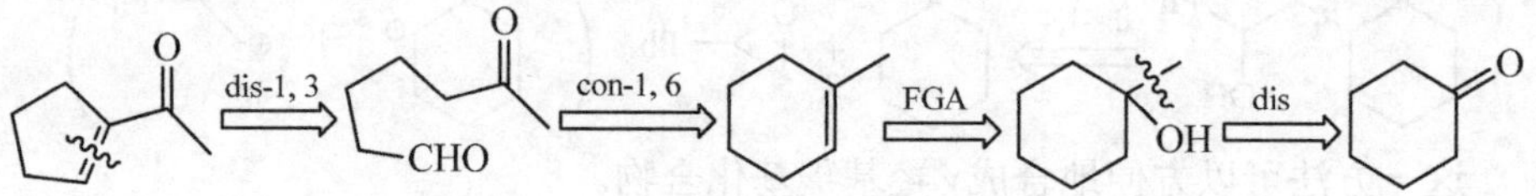

合成：

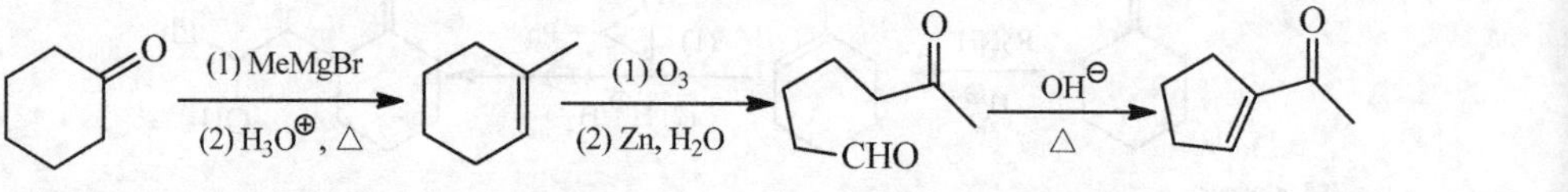

含烯键衍生物易被氧化成两个羰基化合物，烯键可视作潜在的羰基。因而，逆向连接策略不仅适用于 1, 6-二官能团化合物合成，有时也能使 1, 2-和 1, 4-二官能团化合物的合成得到简化。

例 10.28

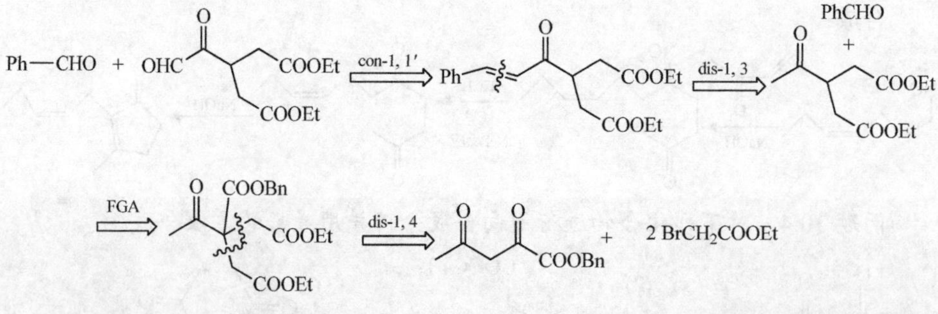

合成上常使用乙酰乙酸苄酯进行双烷基化，然后苄酯可以通过氢解被选择性脱苄，接着和苯甲醛缩合后用臭氧氧化。

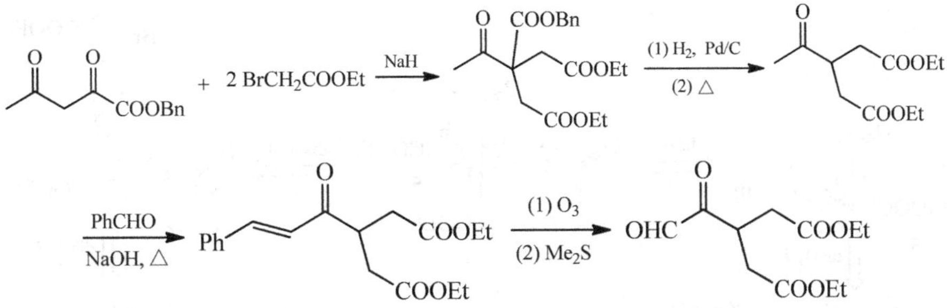

双官能团化合物的逆向切断小结：①通过官能团互换（FGI），转变成有利的拆分形式；②必要时，添加额外的官能团或致活基；③确定官能团在碳架上的相对位置（1,2-、1,3-、1,4-、1,5-、1,6-）；④必要时，可通过增长或缩短碳链调整官能团的相对位置；⑤1,3-和 1,5-含氧双官能团化合物逆向切断一般得到正常的合成子，而 1,2-、1,4-双官能团化合物切断常得到极性反转的合成子，应使用极性反转的合成等价物；⑥双官能团化合物有时通过逆向连接进行变换；⑦对于较复杂的化合物有必要考察所有可能的切断直至找到一个良好的合成途径。

例 10.29　尝试各种可能的切断，并分析讨论最合理的合成路线。

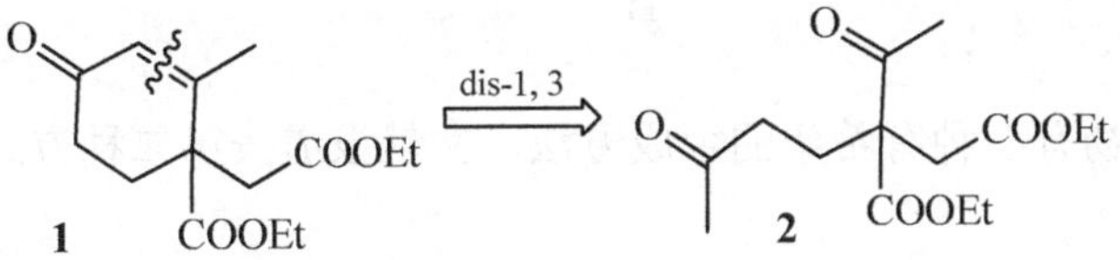

化合物 **1** 是抗癌活性化合物斑鸠菊素的中间体，首先可以 1,3-逆向切断得到化合物 **2**（正向反应为分子内醇醛缩合反应）。化合物 **2** 具有 1,3-、1,4-、1,5-和 1,6-二羰基关系，有四种逆向切断方式。第一种切断方式是 1,3-切断，无论是在 a 处切断还是在 b 处切断，得到的都是不稳定的难以控制的烯醇盐 **3** 和 **4**，合成方法难以得到简化。

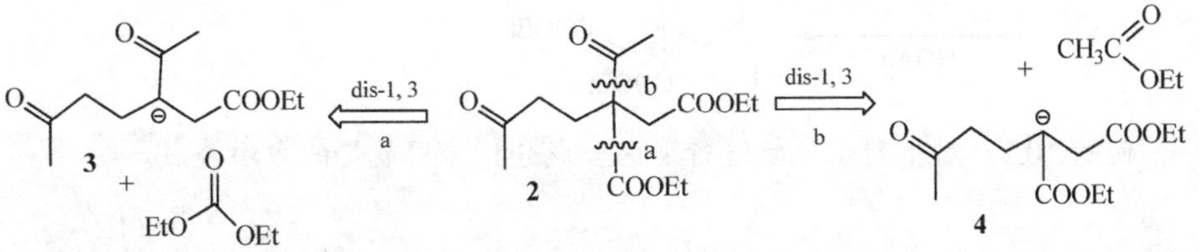

第二种切断方式是先 1,5-切断，然后 1,4-切断。第三种切断方式是先 1,4-切断，然后 1,5-切断。两种切断得到稳定的烯醇盐 **5** 和 **6**，所需原料都是乙酰乙酸乙酯、2-溴乙酸酯和 α,β-不饱和酮，只是反应的先后顺序不同。

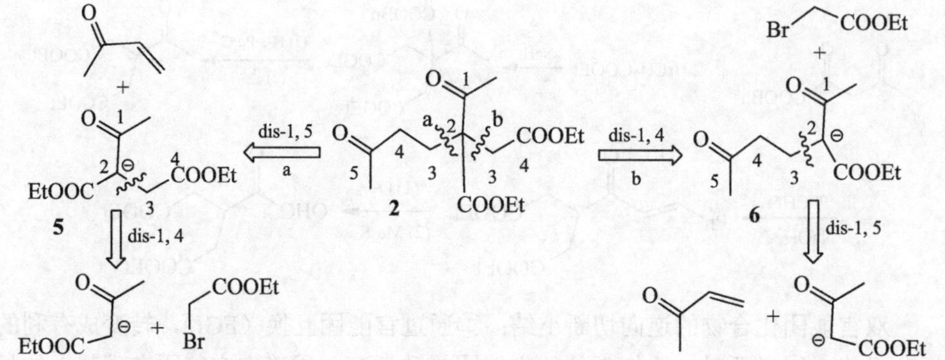

第四种逆向分析方式是先 1, 6-连接成环己烯衍生物 **7**, 然后逆向切断成二烯体（异戊二烯）和亲二烯体 **8**。化合物 **8** 可以由乙酰乙酸乙酯通过 Mannich 反应再烃化，最后季铵盐在碱性条件下经热消除合成。

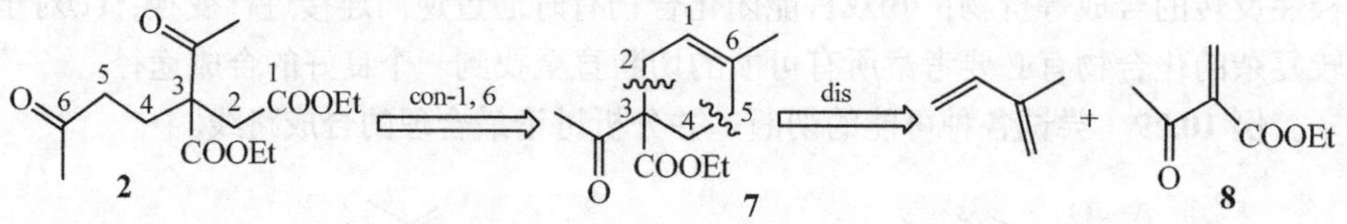

因此化合物有三种有希望的合成方法。文献报道按第二种方式获得较高的总产率。

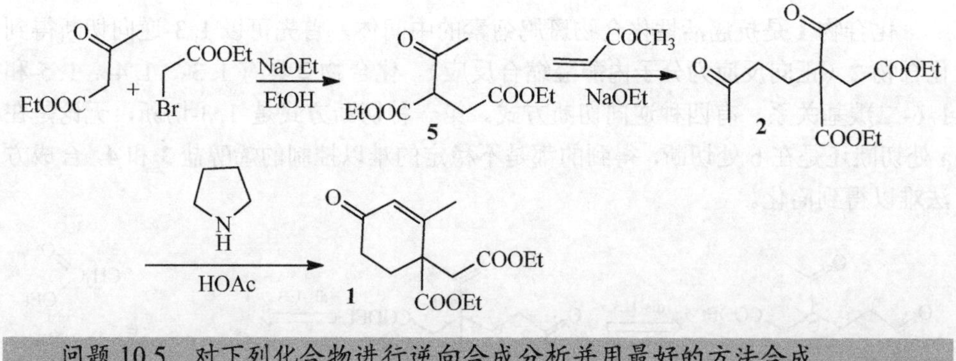

问题 10.5　对下列化合物进行逆向合成分析并用最好的方法合成。

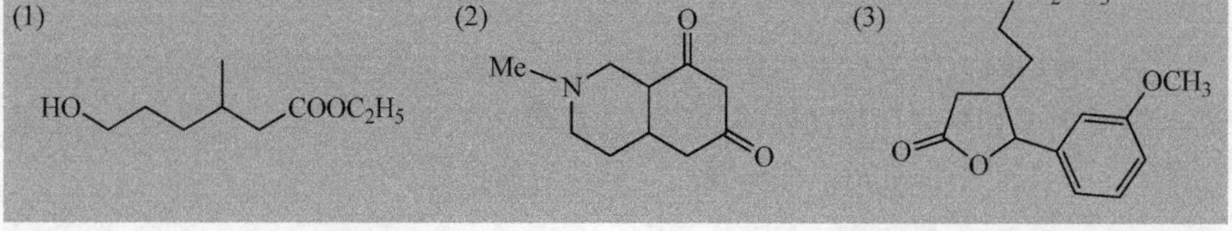

10.4　环状化合物的逆向合成分析

10.4.1　脂肪族碳环化合物的逆向合成分析

脂肪族碳环化合物的逆向合成分析可以通过切断碳环的一个碳碳键，正向合成为分子内环化反应如分子内亲核或亲电取代反应、分子内醇醛缩合反应、Claisen缩合反应、分子内 Michael 加成以及分子内的偶姻缩合反应、McMurry 反应、分子内自由基环化等反应。并且也可以同时切断碳环的两个碳碳键，正向合成为卡宾插入反应、[2+2]环加成和[4+2]Diels-Alder 反应等。

三元脂环常逆向切断成烯烃和卡宾。

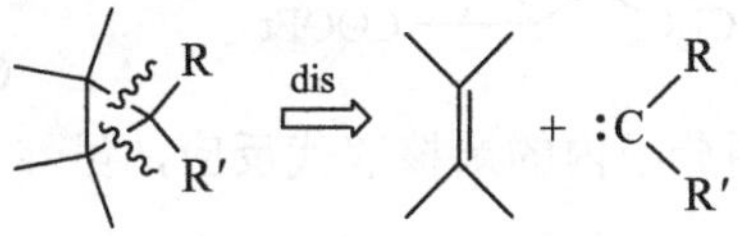

重氮甲烷（CH_2N_2）、重氮甲基酮（N_2CHCOR）、重氮乙酸酯（$N_2CHCOOR$）、多卤代烃（CHX_3）/碱、CH_2I_2/Zn(Cu)（Simmons-Smith 环丙烷化反应）都可以产生卡宾或类卡宾。如果环丙环与羰基相连，卡宾的合成等价物可以是硫叶立德。

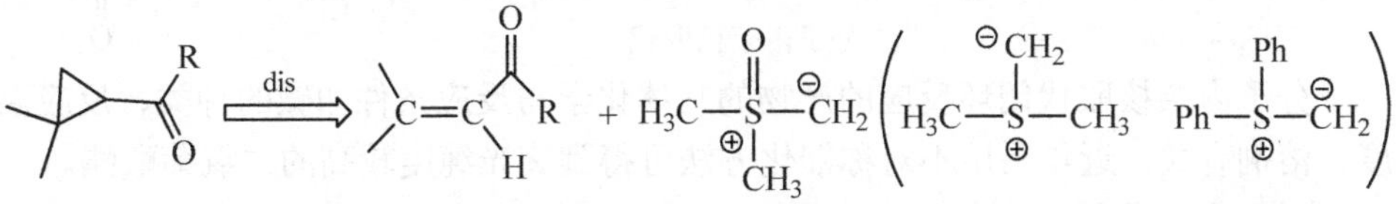

例 10.30　拟除虫菊酯是一类高效、低毒的杀虫剂，其中二氯苯醚菊酯应用最为广泛。

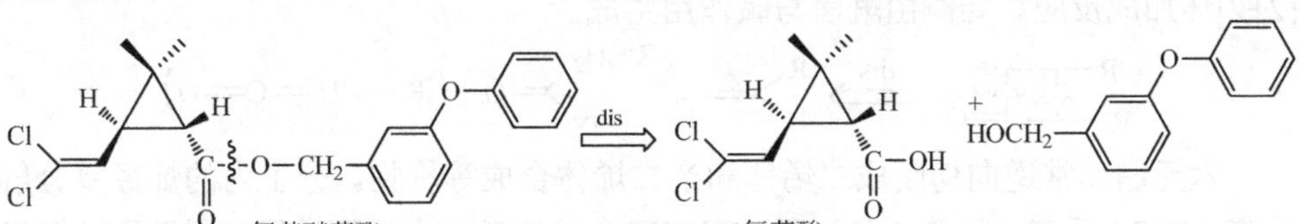

二氯苯醚菊酯（permethrin）的合成通常先合成外消旋二氯菊酸，后者用手性胺制备成非对映异构体盐，然后进行拆分获得旋光纯度高的二氯菊酸。二氯菊酸的合成常以三氯乙醛和异丁烯为起始原料。三元环的形成可用重氮乙酸酯或硫叶立德与 α, β-不饱和酯反应。

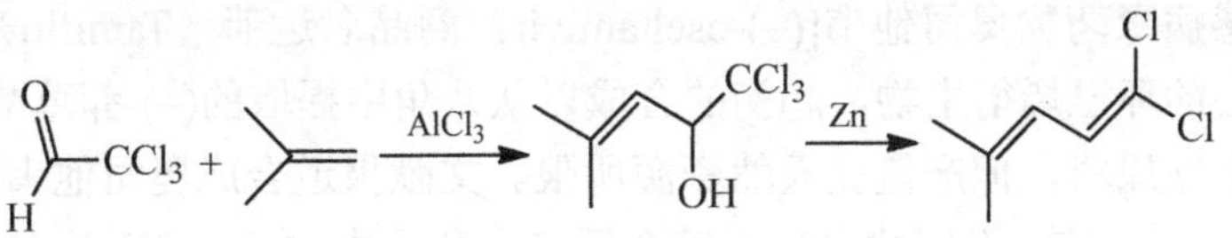

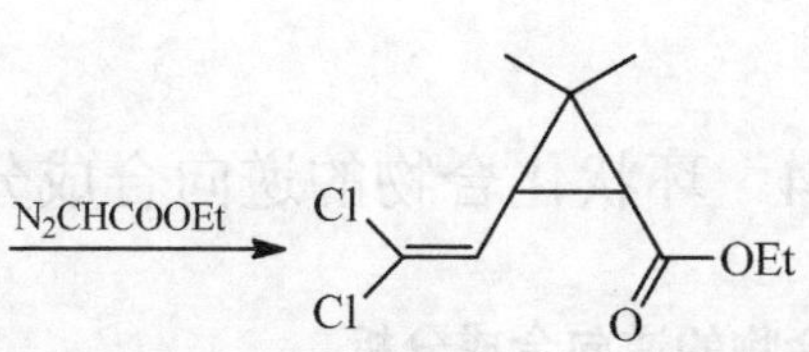

卤代酰卤与碱作用生成烯酮，后者可直接与烯键发生[2+2]环加成反应得到环丁酮衍生物。然后经 Favorskii 重排缩环形成三元环衍生物二氯菊酸酯。例如：

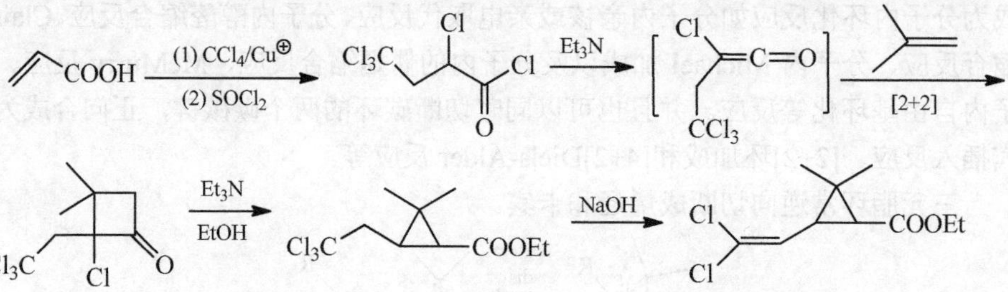

三元环的形成也常用分子内的亲核取代反应，虽然合成步骤较长，但仍在工业上采用。

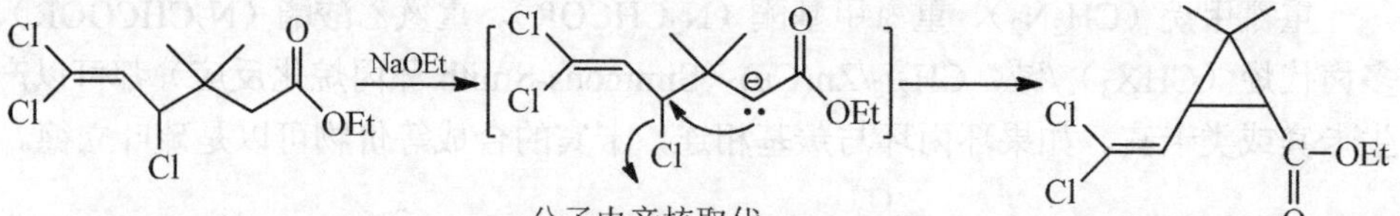

分子内亲核取代

分子内亲核取代闭环反应的产物的立体化学与反应条件如碱的种类、反应温度、溶剂有关。近年采用不对称催化方法可得到旋光纯度较高的二氯菊酸酯。

四元脂环逆向切断成两个烯烃合成等价物，正向反应为[2+2]环加成反应。四元脂环丁酮逆向切断成烯酮和一个烯烃合成等价物，正向反应为烯酮与烯键发生[2+2]环加成反应。烯酮由酰卤与碱作用生成。

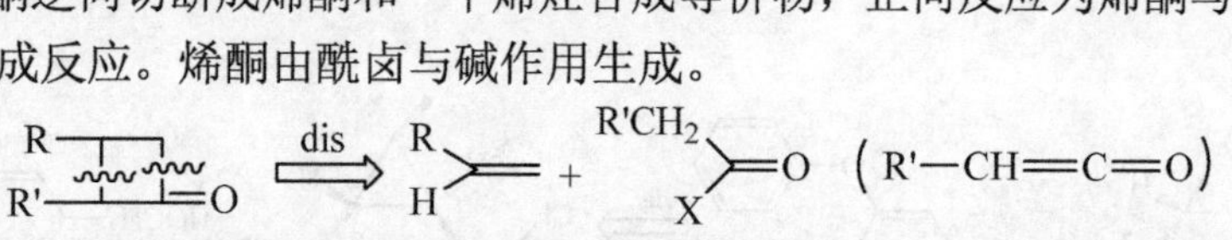

六元脂环常逆向切断成二烯体和亲二烯体合成等价物。分子内的烯烃复分解反应（RCM 反应，见第 6 章）可以高产率合成任意大小的环烯烃，因而脂环烯烃可逆向切断为二烯。

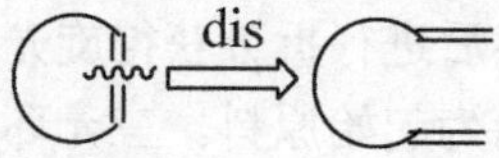

例 10.31 奥司他韦的合成

抗流感病毒药物奥司他韦[(–)-oseltamivir，商品名达菲（Tamiflu）]是具有三个手性中心的环己烯衍生物，起初的合成以从八角中提取的(–)-莽草酸或(–)-奎尼酸为起始手性原料，但产量受天然资源所限。文献报道合成奥司他韦的关环方法有 Diels-Alder 反应、分子内 Aldol 缩合反应、分子内 Horner-Wadsworth-Emmons

（HWE）反应、RCM 关环反应以及苯基衍生物的苯环的加氢还原（图 10.1）。分子中氮元素的引入使用不安全的叠氮化钠，同时反应步骤冗长，过渡金属参与的不对称催化构建手性中心成本高，因而大规模工业化生产受到限制。

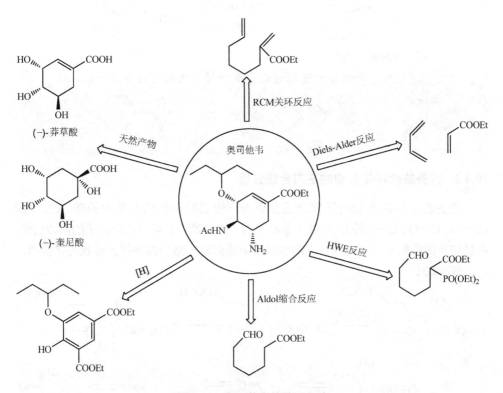

图 10.1　奥司他韦的关环方法

我国化学家马大为应用有机小分子脯氨酸衍生物催化，成功实现硝基乙烯胺、乙醛衍生物、乙烯基膦酸酯的不对称 Michael 加成/HWE 串联反应，三步反应"一锅"关环同时构建了与目标分子构型相同的三个手性中心的关键中间体，接着两步反应"一锅"得到奥司他韦。五步反应"两锅"总收率达 46%，这是目前奥司他韦最为高效、简捷、绿色、实用的工业化合成路线。

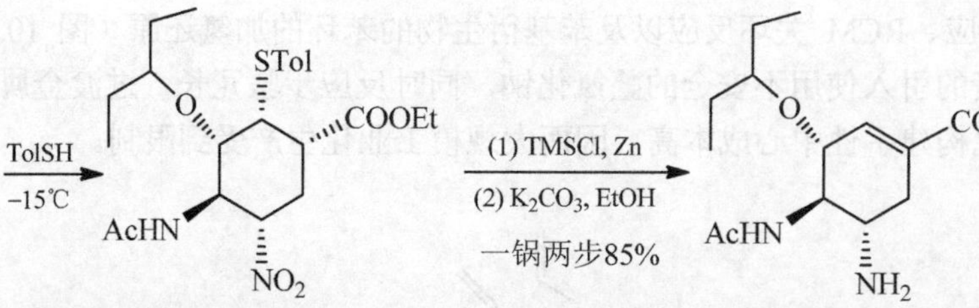

一锅三步54%, *ee* 98%　　　　　　　　　　　　　　　奥司他韦

问题 10.6　对下列化合物进行逆向合成分析并用最好的方法合成。

(1) 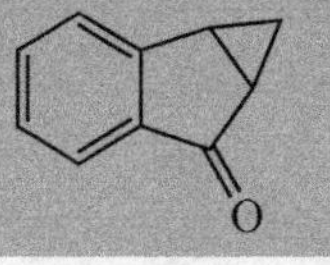　　　　　　　(2) 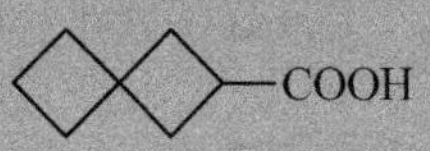　　COOH　　　　　　　(3)

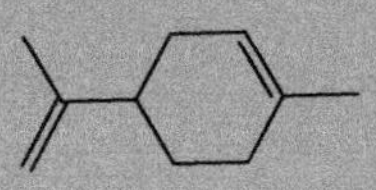

10.4.2　芳香族杂环化合物的逆向合成分析

芳香族杂环化合物的逆向合成分析的一般思路是先切断环中的碳-杂原子键（C—N、C—O、C—S 等），可以在杂原子的一边切断，也可以在杂原子的两边切断，在被切断的碳原子（亲电性）上添加氧原子或卤素，然后推导得到链状的化合物。

例 10.32

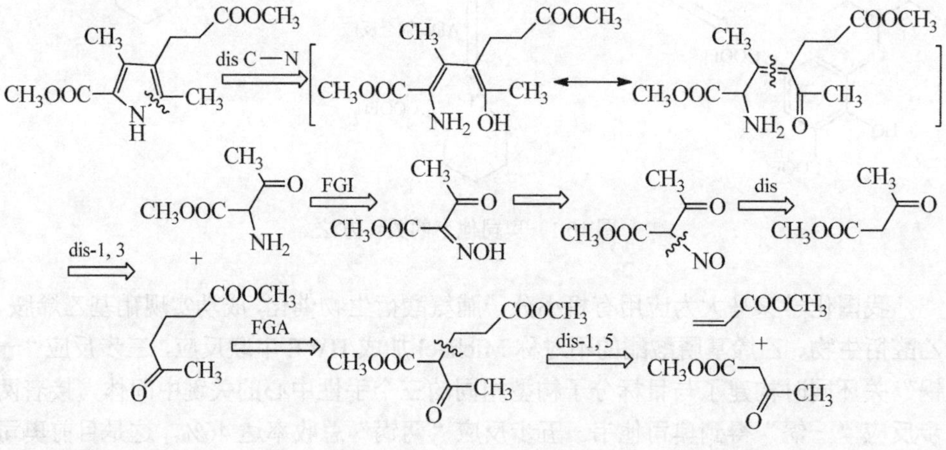

合成：

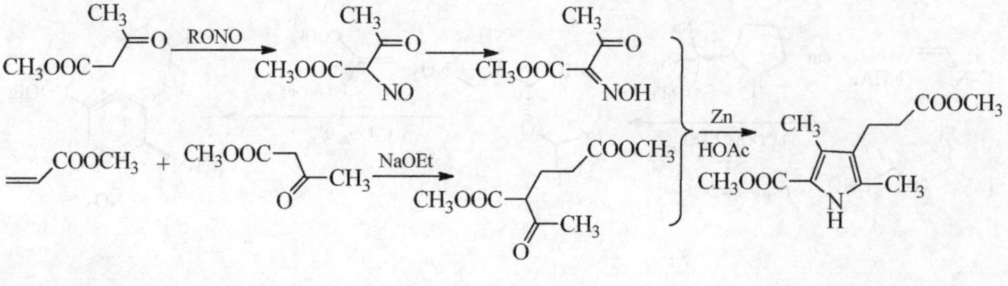

例 10.33　硫胺素（维生素 B₁，thiamine）

硫胺素分子含有两个杂环：嘧啶环和噻唑环。嘧啶环通过一个亚甲基桥与噻唑环的氮原子连接，因而噻唑环是季铵盐。因此，硫胺素的逆向合成分析首先可在两个环之间切断成两个部分，它们的正向连接可通过噻唑环的氮原子上的烃化完成。

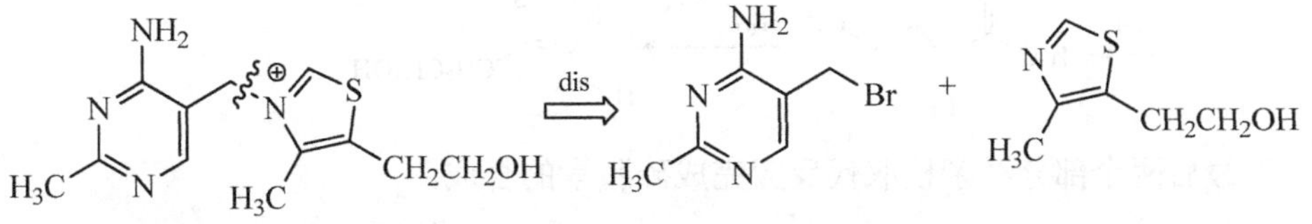

硫胺素

嘧啶环衍生物的逆向切断后，最长碳链是三个碳，因而添加氧原子后是 1,3-二羰基化合物，另一原料为乙脒，正向反应是羰-胺缩合（carbonyl-amine condensation）成环。

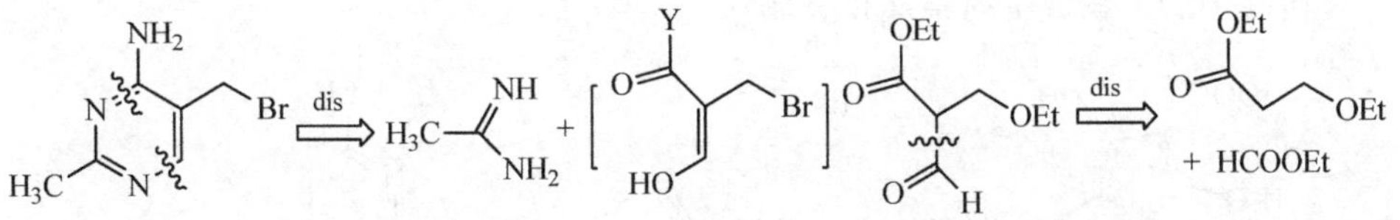

噻唑环部分切断为硫代甲酰胺和 α-卤代酮。可以发现 α-卤代酮是羟乙基衍生物，显然羟乙基可以通过用环氧乙烷或碳酸乙-1,2-叉基酯的烃化反应导入。为了实现区域选择性的烃化，可先在 α-位逆向添加致活基乙酰氧基后切断。

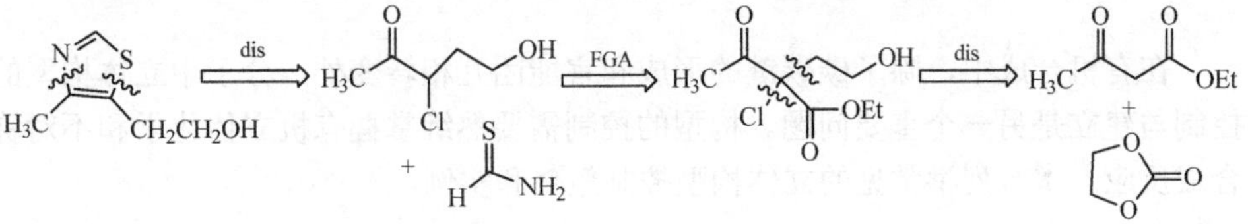

嘧啶环部分的合成：

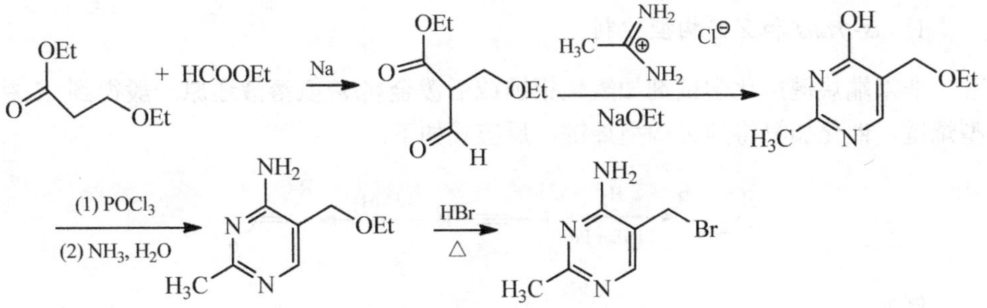

噻唑环部分的合成:

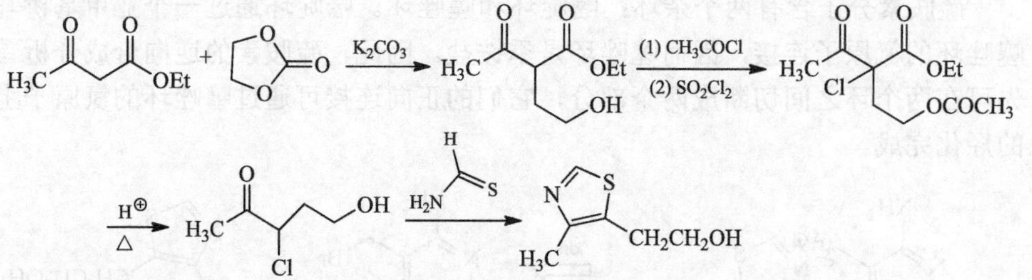

最后两个部分经亲核取代反应完成硫胺素的合成。

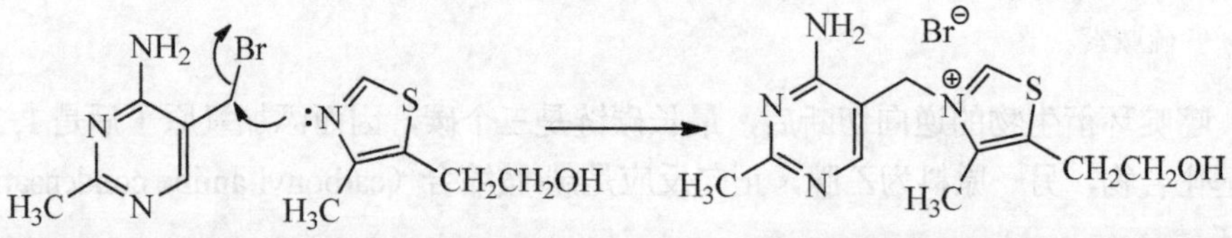

问题 10.7　合成下列杂环化合物。

(1) 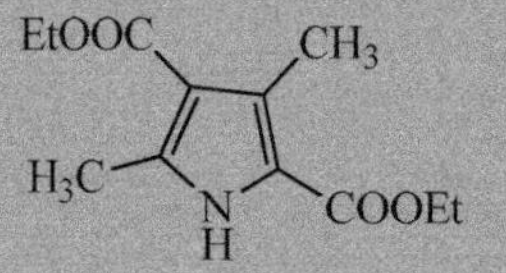 　　　(2)

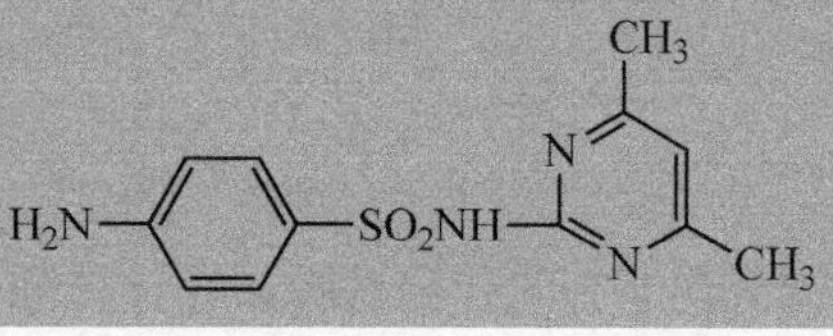

10.5　立体构型的控制

在有机合成中,除了碳碳键的形成和官能团互相转变外,分子中立体构型的控制与建立是另一个重要问题。构型的控制需要熟练掌握有机立体化学和不对称合成反应。本节列举常见的立体构型控制策略和实例。

10.5.1　立体构型的控制策略

1. *cis-trans* 和 *Z-E* 构型控制

非末端炔键用化学试剂如氢化铝锂或活泼金属/液氨溶液还原一般得到 *E* 构型烯键,催化加氢得到 *Z* 构型烯键。反应式如下:

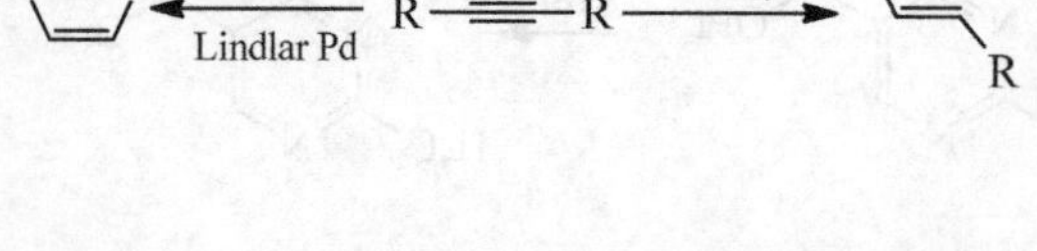

例如:

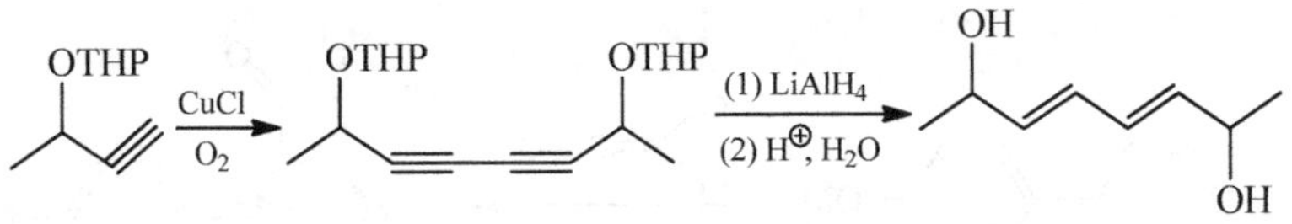

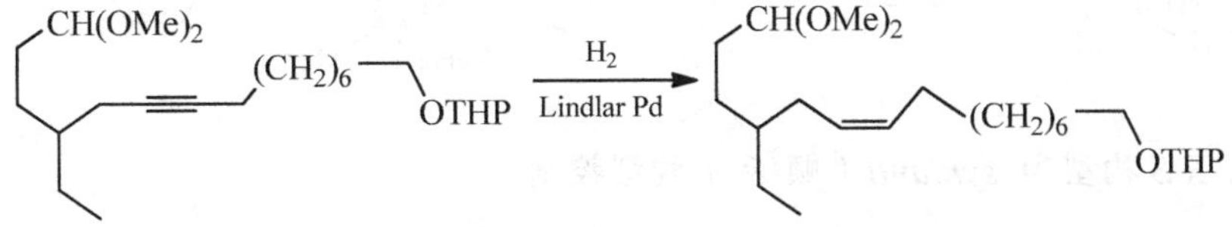

一些化学反应有很好的 *Z-E* 构型控制能力。醇醛缩合反应后脱水、脂肪族硝基化合物和醛在碱催化下的缩合（Henry 反应）主要形成 *E* 构型烯键产物。低价钛使两个羰基还原偶联的反应（McMurry 反应）也主要形成 *E* 构型烯键产物（第 3 章）。Oxy-Cope 重排（或 Claisen-Cope 重排）在[3, 3]-σ 迁移时采取椅式过渡态，因而有良好的 *E* 构型选择性（第 7 章）。例如：

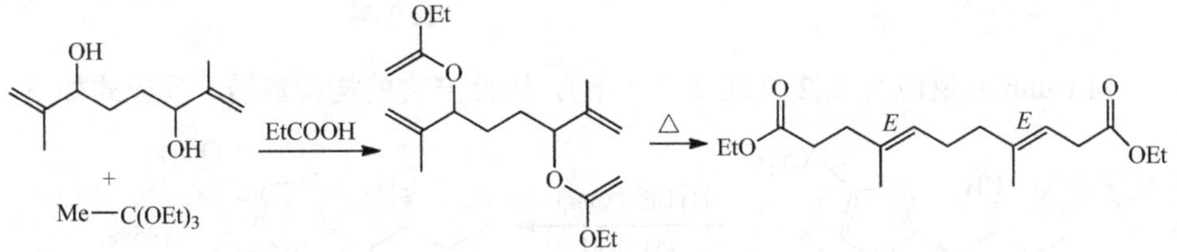

Wittig 反应中使用不稳定的磷叶立德主要生成 *Z* 构型烯键产物，使用稳定的磷叶立德或 HWE 反应主要生成 *E* 构型烯键产物（第 5 章）。例如：

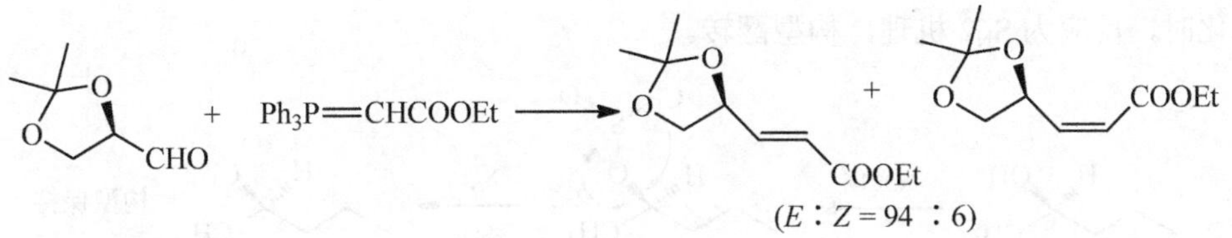

过渡金属催化的 Heck 反应、Suzuki 反应和 Stille 反应等交叉偶联反应中，原料中烯键的构型保持在偶联产物中（第 5 章）。例如：

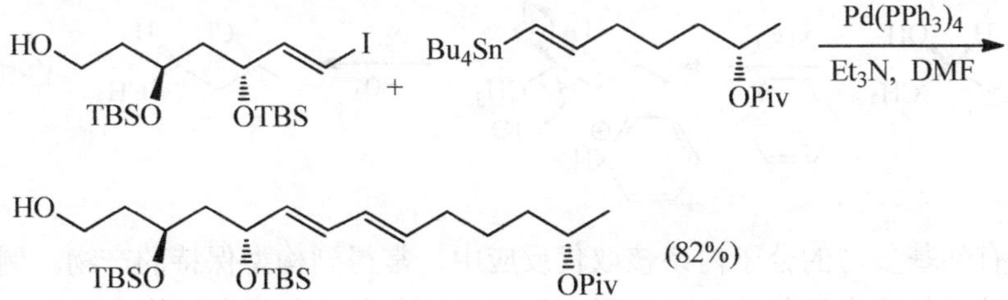

在[4+2]、[2+2]等环加成反应（第 6 章）中，原料烯键的构型保留在产物中。例如：

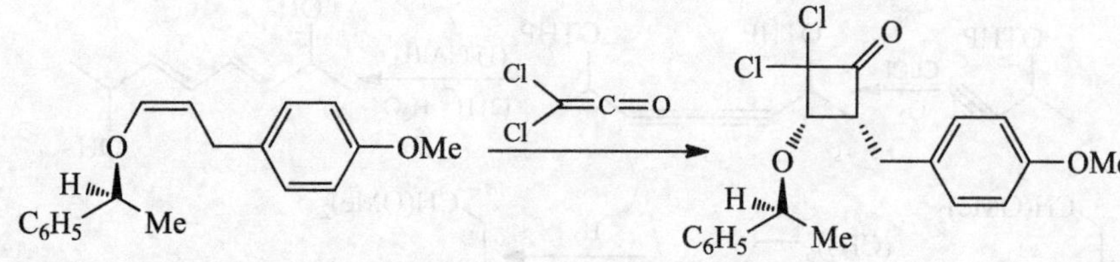

2. *R/S* 构型和 *syn/anti*（顺/反）构型控制

1）*R/S* 构型翻转（inversion of configuration）和构型保持（retention of configuration）

在 S_N2 机理的亲核取代反应中，产物的构型翻转。反应式如下：

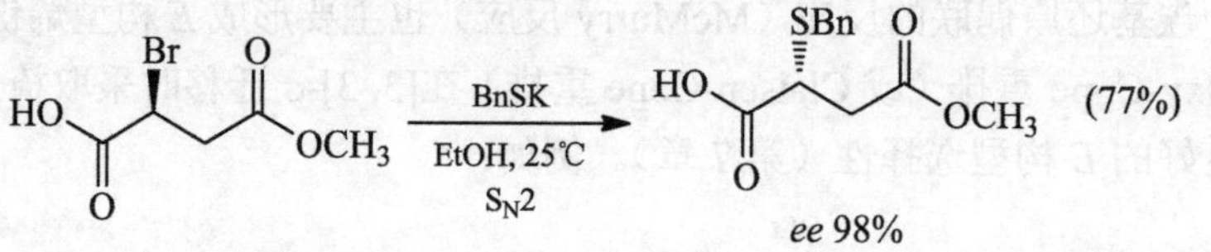

Mitsunobu 反应是 S_N2 机理（第 2 章），因此产物的构型翻转。反应式如下：

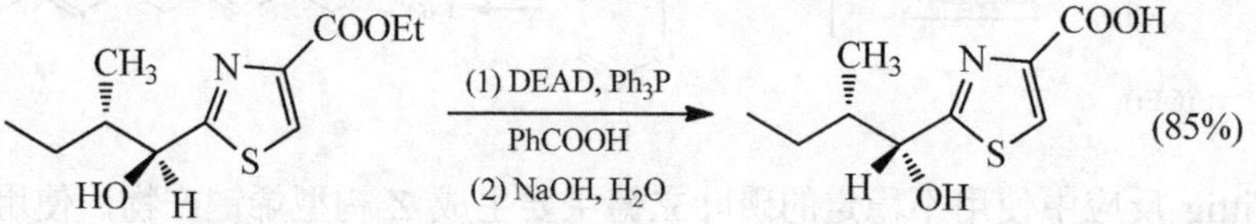

仲醇用氯化亚砜试剂氯化时，反应是 S_Ni 机理，产物的构型保持，用吡啶催化时，反应为 S_N2 机理，构型翻转。

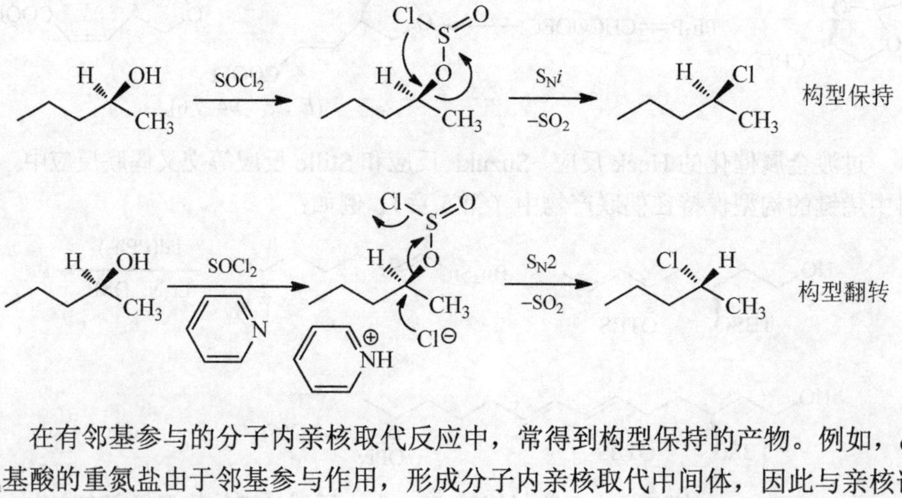

在有邻基参与的分子内亲核取代反应中，常得到构型保持的产物。例如，α-氨基酸的重氮盐由于邻基参与作用，形成分子内亲核取代中间体，因此与亲核试剂作用后产物的构型保持（与原料 α-氨基酸相同）：

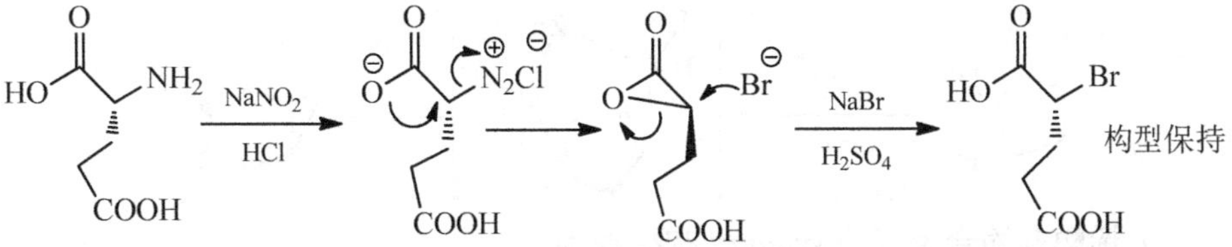

利用官能团反应活性的差异进行选择性反应有时也产生构型保持或构型翻转产物。例如，D-甘油醇经下列不同的路线分别得到 R 构型或 S 构型的环氧氯丙烷：

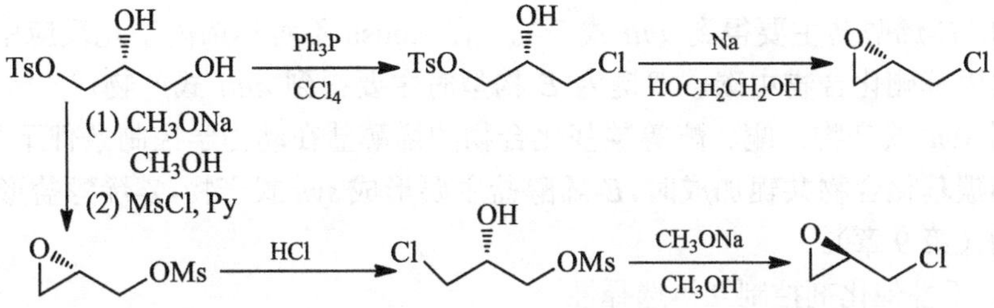

2）杂原子螯合效应控制立体选择性

在烯键、羰基等反应中心附近有含杂原子官能团时，常和某些试剂形成螯合环，从而导致反应具有非对映体选择性和对映选择性。因此杂原子螯合效应（heteroatom chelation effect）是控制许多反应立体选择性的重要方法。

Cram 螯合（环状）模型（第 9 章）是杂原子螯合效应的代表性例子。例如，用硼氢化锌还原 α-羟基酮时，由于羰基和羟基的氧原子与试剂螯合，因而控制负氢只能在羰基的一边加到羰基的碳原子上：

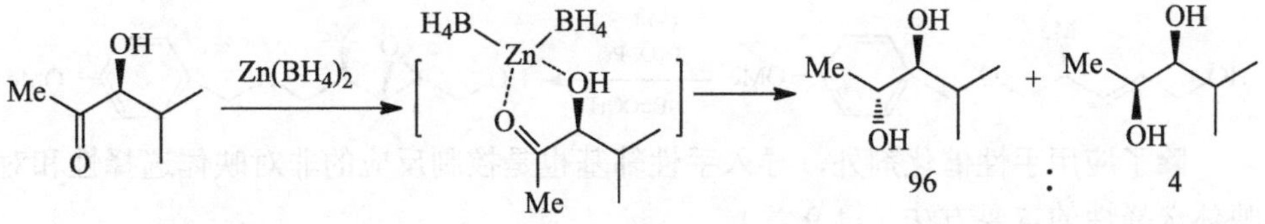

手性烯丙式醇用过氧酸环氧化时，相邻的醇羟基与过氧酸的羰基氧形成氢键，导致生成羟基和环氧基在同一边的环氧醇产物。例如：

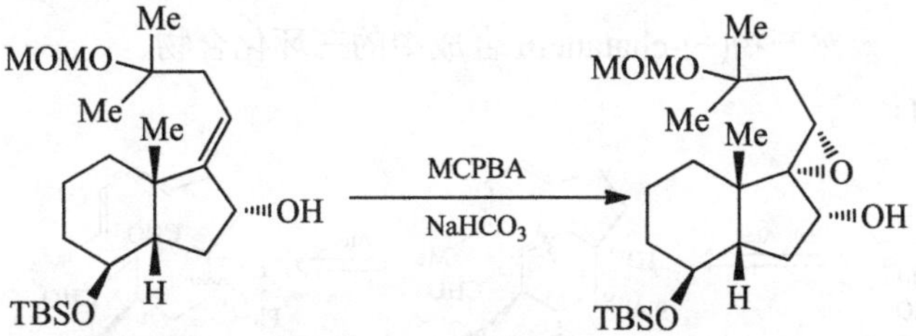

用二乙基锌为试剂、手性烯丙式醇为底物的 Simmons-Smith 环丙烷化反应（第 9 章）由于烯键的羟基氧原子和锌的配位也生成羟基和环丙基处于同侧的产物。例如：

3）烯醇盐缩合反应的 *syn/anti* 构型控制

许多反应具有 *syn/anti* 构型控制能力。例如，在醇醛缩合反应中，烯醇盐构型不同导致生成 *syn/anti* 非对映体选择性产物（第 9 章）：Z-烯醇盐主要得到 *syn* 式产物，E-烯醇盐主要得到 *anti* 式产物。在 Roush 不对称烯丙基化反应中（第 9 章）烯丙基硼化合物中碳碳双键为 *E* 构型时主要得到 *anti* 式产物，*Z* 构型时主要得到 *syn* 式产物。酮、酯等羰基化合物的烯醇盐在动力学控制条件下与 *α, β*-不饱和羰基化合物共轭加成时，*E*-烯醇盐主要形成 *syn* 式产物，*Z*-烯醇盐形成 *anti* 式产物（第 9 章）。

4）手性催化剂控制立体选择性

应用手性配体的过渡金属不对称催化和手性小分子"仿酶"不对称催化是实现非对映体选择性和对映体选择性最有效并发展最快的方法。碳碳双键的不对称氢化、不对称环氧化反应、不对称双羟基化反应，羰基和亚胺基的不对称还原，不对称 Michael 加成、不对称 Aldol 缩合、不对称烯丙基化、不对称环加成和不对称 Heck 反应等（第 9 章）都已广泛应用，一些不对称催化剂也已商品化。一些不对称催化反应产物的构型不仅可以预测，而且具有很高的对映体选择性和非对映体选择性。例如：

除了应用手性催化剂外，导入手性辅基也是控制反应的非对映体选择性和对映体选择性的重要方法（第 9 章）。

10.5.2 立体控制合成实例

例 10.34 天然产物(+)-chatancin 合成中的三环化合物

逆向分析：

利用手性四氢吡咯衍生物亚胺-烯胺（im-en）序列活化有机催化 Michael/Michael/Aldol 串联反应，随后路易斯酸催化分子内 Diels-Alder 反应，合成了 8 个立体中心的三环化合物。

合成：

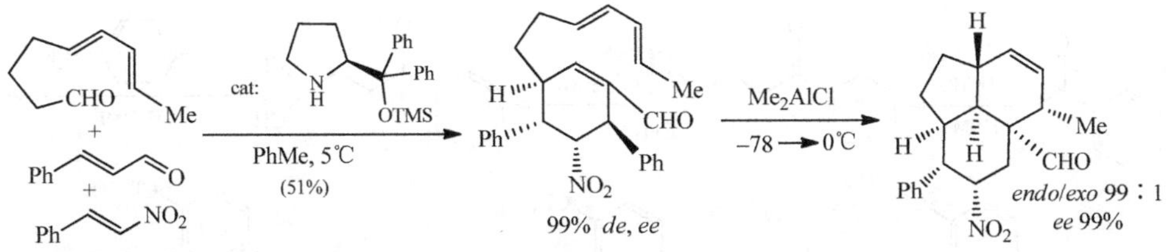

例 10.35

逆向分析：

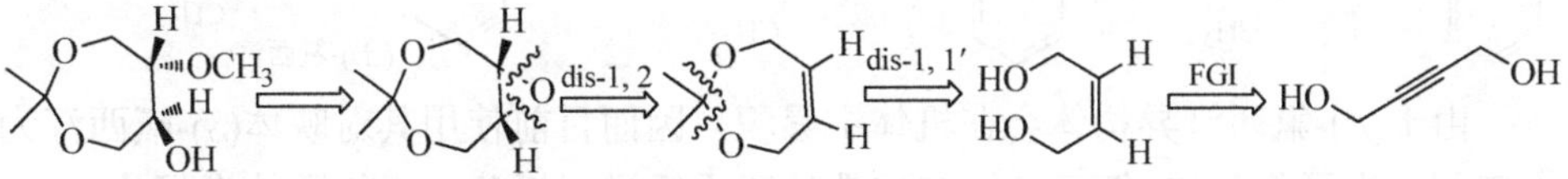

合成：炔烃在 Lindlar Pd 催化剂存在下加氢得(Z)-烯烃，后者环氧化为顺式加成，亲核试剂进攻环氧化合物为反式开环。

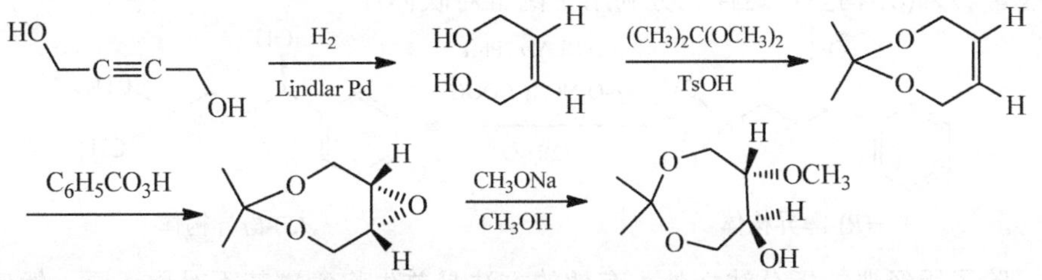

例 10.36　抗忧郁新药氟西汀（fluoxetine）

逆向分析：

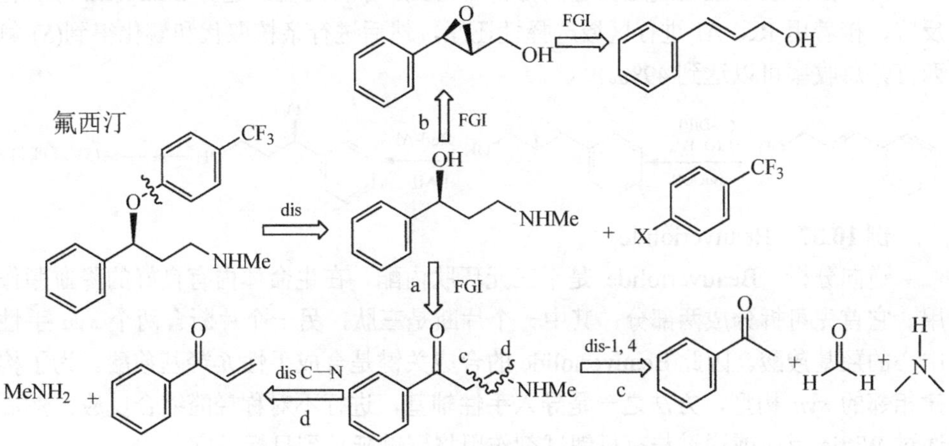

氟西汀是抗忧郁症治疗剂，开始时使用外消旋体。按逆向分析 a，由苯乙酮、甲醛、二甲胺经 Mannich 反应得到其 Mannich 碱，然后还原酮羰基为醇，再与对氟三氟甲苯进行亲核取代，产物经 von Braun 叔胺降解得到外消旋氟西汀。反应式如下：

由于(R)-氟西汀异构体会在机体中累积，因而目前使用其对映体(S)-氟西汀为治疗剂。为了得到(S)-氟西汀，在酮羰基还原后进行拆分，用相同的步骤从(S)-醇异构体可得到(S)-氟西汀。而(R)-醇异构体用 Mitsunobu 反应（第 2 章）使醇羟基构型翻转为(S)-构型，这样充分利用了两个对映体：

(R)-醇异构体　　　　　　　　　　　　　　(S)-醇异构体

除了用经典的拆分法之外，有效的方法是首先将酮羰基不对称还原，然后进行醚化。

另一条成功合成路线是按逆向分析 b 得到。即将肉桂醇进行 Sharpless 环氧化反应，接着用 Red-Al 进行区域选择性还原，然后进行亲核取代和醚化得到(S)-氟西汀，总收率可以达到 49%。

例 10.37　Beauveriolide

逆向分析：Beauveriolide 是十三元环肽内酯，在生命体内有良好的降血脂作用。它首先可拆分成两部分，其中一个片断是三肽，另一个片断含两个 *syn* 手性中心的羟基羧酸。因此 Beauveriolide 的合成关键是合成手性 *β*-羟基羧酸。为了构建相邻的 *syn* 构型，方法之一是导入手性辅基，进行不对称羟醛缩合反应。然后通过 Wittig 反应或通过与有机锂试剂作用将碳链延长到目标长度。

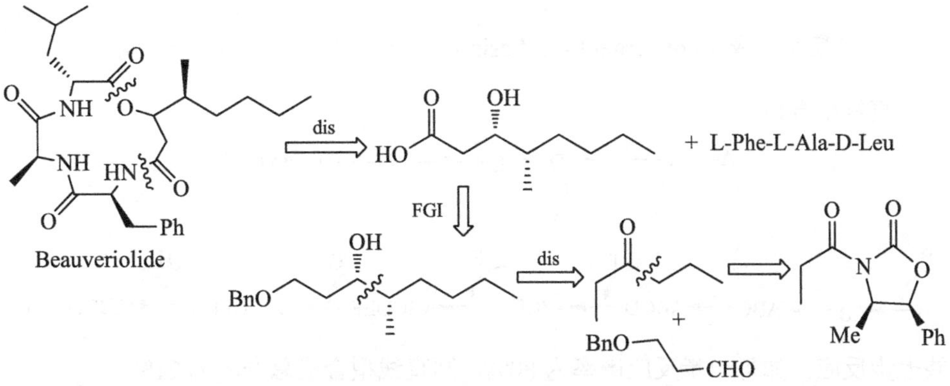

Beauveriolide

+ L-Phe-L-Ala-D-Leu

合成：

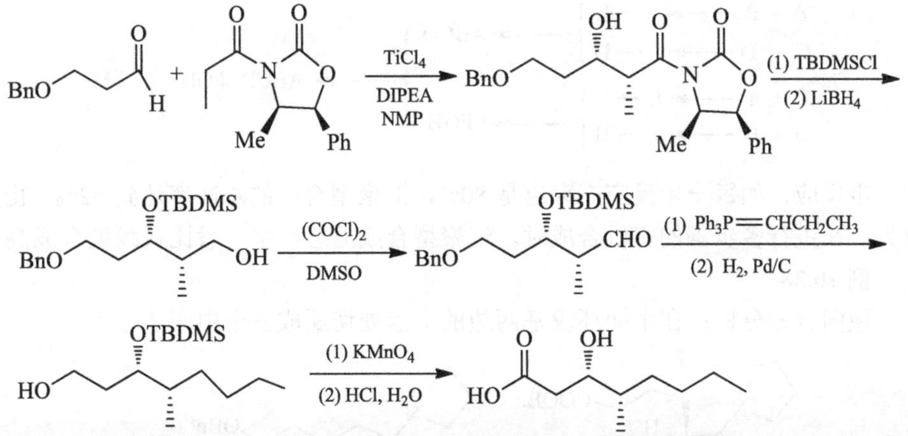

问题 10.8　含卤的手性环辛醚衍生物是从 Laurencia 类藻中分离得到的，对蚊子幼虫有很强的杀灭活性，其中化合物手性环辛醚是重要的中间体。试逆向合成分析并合成手性环辛醚。

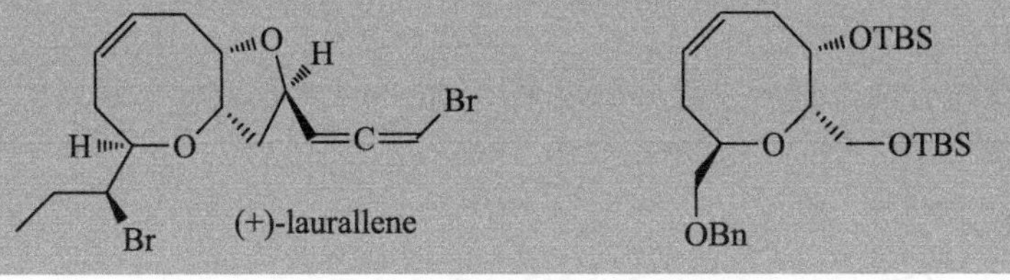

(+)-laurallene

10.6　合成简化的策略

在设计合成路线时，考察并抓住目标分子的结构特点，巧妙地进行逆向分析，往往可以得到简捷有效的合成路线，使合成简化。

1. 汇聚型合成（convergent synthesis）

直线型合成：

$$A \longrightarrow B \longrightarrow C \longrightarrow D \longrightarrow E \longrightarrow F \longrightarrow G \longrightarrow H \quad TM$$

$$\Downarrow$$

A→AB→ABC→ABCD→ABCDE→ABCDEF→ABCDEFG→ABCDEFGH

共七步反应，如每一步反应产率为 80%，则直线型合成总产率为 21%。

汇聚型合成：

$$
\begin{aligned}
A + B &\longrightarrow A\!-\!B \\
C + D &\longrightarrow C\!-\!D
\end{aligned}
\Bigg\} \longrightarrow ABCD
$$
$$
\begin{aligned}
E + F &\longrightarrow E\!-\!F \\
G + H &\longrightarrow G\!-\!H
\end{aligned}
\Bigg\} \longrightarrow EFGH
$$
$$\Bigg\} \longrightarrow ABCDEFGH \qquad TM$$

共七步反应，如每一步反应产率也是 80%，汇聚型合成的总产率达到 52%。由此可见，在进行多步骤的有机合成时，汇聚型合成的总产率一般比直线型合成高。

例 10.38

逆向合成分析：在中间环戊基两边的支点处切断成三个中间体分子。

用汇聚法合成，最后三组分可以采用 Michael 亲核取代串联反应"一锅煮"，步骤简捷。

合成：

在设计合成路线时，反应顺序的安排也很重要。由于在开始阶段原料较简单易得，一般将产率低的反应尽可能安排在开始阶段，如需拆分，也尽可能安排在早期，这样整个合成可以减少后处理工作量，同时尽可能使用串联反应"一锅煮"，省略中间的分离纯化步骤。

2. 对称性的利用

许多目标分子结构中有一定的对称性，在逆向合成分析时寻找分子中的对称单元，利用其对称性常能使合成简化。例如，生物碱鹰爪豆碱（sparteine）的分子结构有明显的对称性，添加羰基后切断，可以推导出从简单原料丙酮、甲醛和六氢吡啶经两次 Mannich 反应的合成路线：

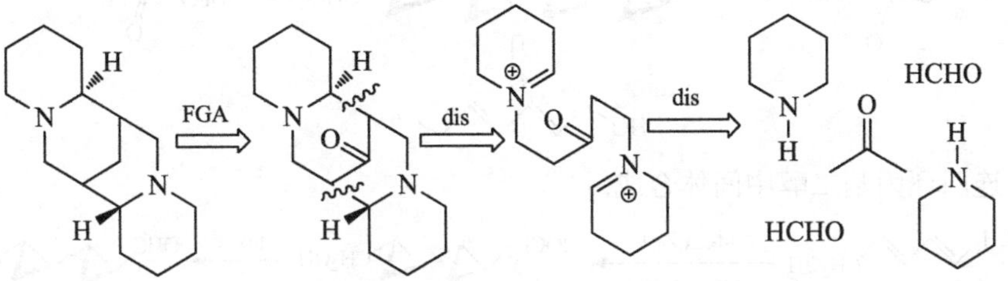

有些化合物并没有明显的对称因素，但经一定逆向转变可以得到对称的分子或中间体，逆向分析必须注意这种潜在的分子对称性。例如，天然产物(+)-boronolide 的逆向合成分析经对称的中间体，最终起始合成原料是 D-酒石酸（D-tartaric acid）。

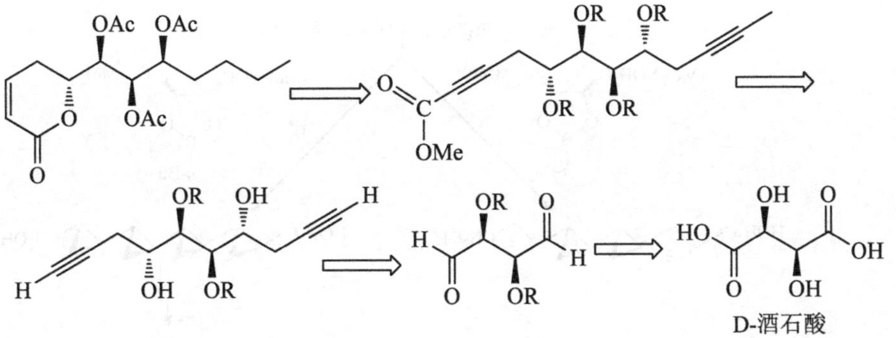

3. 重复单元的切断

目标分子中有重复单元时，注意切断适当的键以便利用相同的反应达到目的。例如，具有强烈抗真菌活性的天然产物 FR-900848，分子中有多个手性环丙基，逆向切断转变为烯丙醇衍生物，可反复应用 Wittig 反应、HWE 反应和不对称 Simmons-Smith 环丙烷化反应。

例 10.39　FR-900848　逆向合成分析：

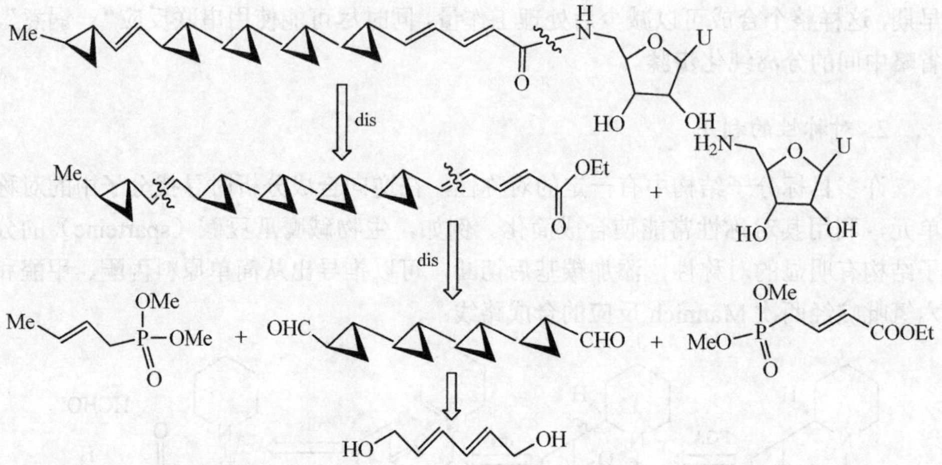

连四环丙基二醇中间体合成：

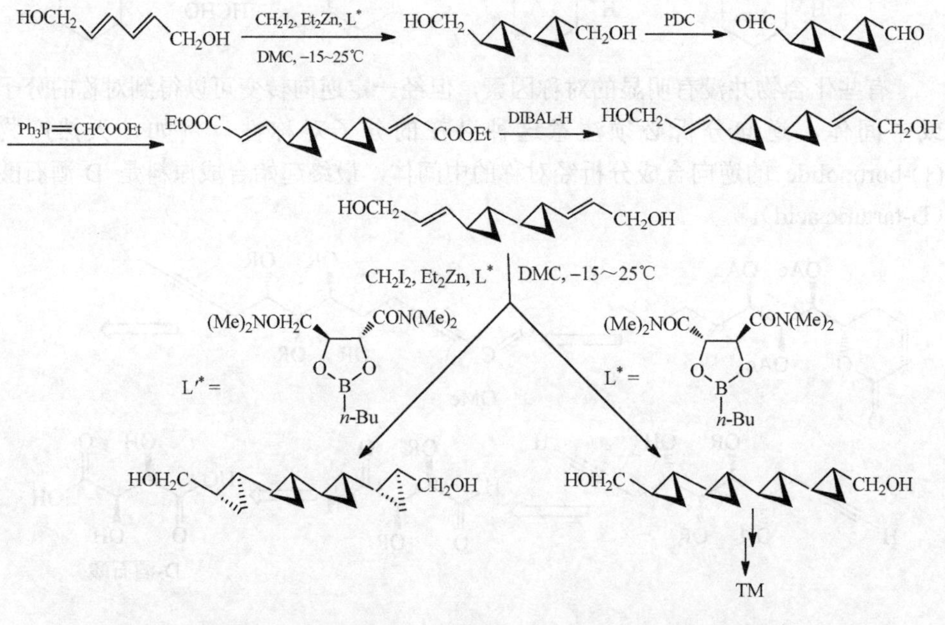

如果使用相反构型的手性配体，则得到立体构型相反的环丙基。

4. 共同原子键和多键的切断

共同原子法适用于稠环化合物的逆向合成分析，其方法是首先将连续共同原子的化学键切断，两个共同原子分别标记为 a 和 d，然后加上合成等价官能团。

例 10.40　扭烷的逆向分析和合成。

合成：

5. 重排反应的利用

在重排反应中，碳架（和官能团）改变成新的化合物，而碳原子并没有损失，因而重排反应是十分经济有效的反应，并且重排反应还具有良好的区域和立体选择性。因此利用重排反应常能简化反应，并得到通常反应难以构建的结构。

例 10.41　立方烷的合成中两次应用 Favorskii 重排。

在逆向分析目标分子时，必须熟练掌握发生重排反应的原料和产物的结构特点，并要不断实践，积累利用重排反应的经验。

6. 注意关键反应的应用

逆向分析时注意转换到某些重要反应的前体，以便作为关键反应构建分子碳架。

例 **10.42** *β*-lycorane

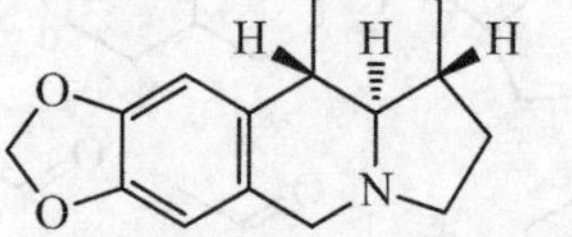

逆向合成分析：在目标化合物的六元环中添加烯键，利用 Diels-Alder 反应作为关键反应构建碳架。然后在氮原子旁添加羰基，切断 C—N 键。

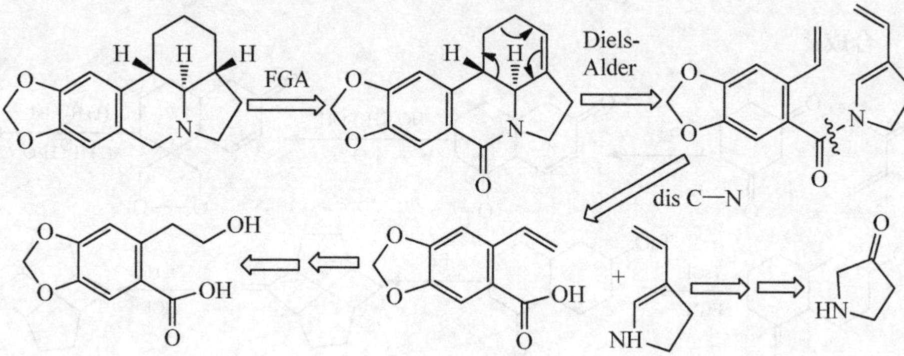

合成：

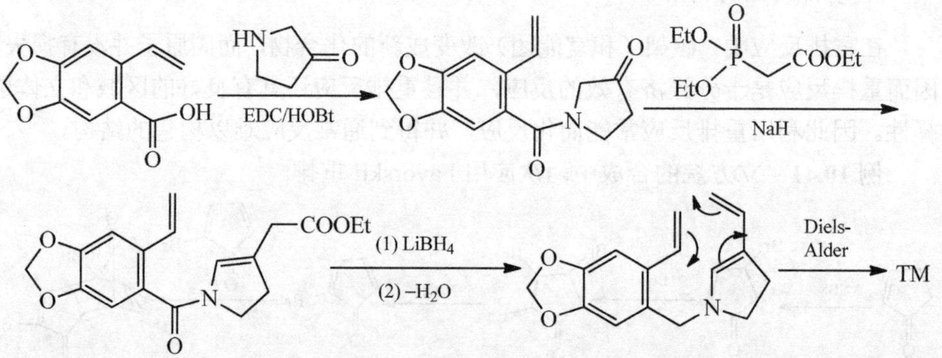

例 **10.43** 有机 π 共轭寡聚物是一类重要的光电功能材料，在有机场效应晶体管（organic field-effect trasistor）、有机发光二极管（organic light diodes）、光伏器件 photovoltaic devices）和基于有机电致发光的显示器（organic electroluminescence display，OELD）等光电器件中有重要应用。

逆向合成分析：目标分子是共轭芳环寡聚物，并且分子具有对称性。

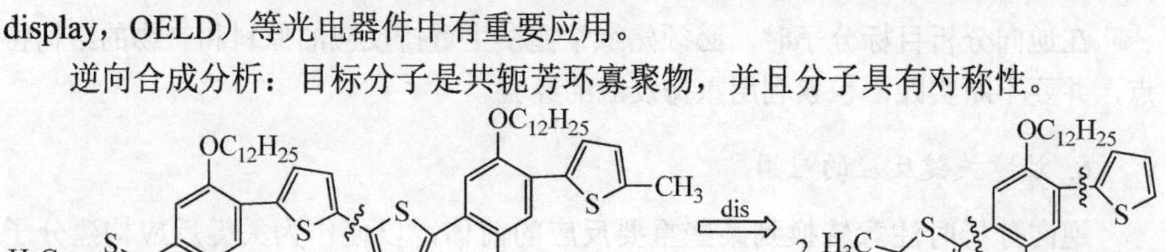

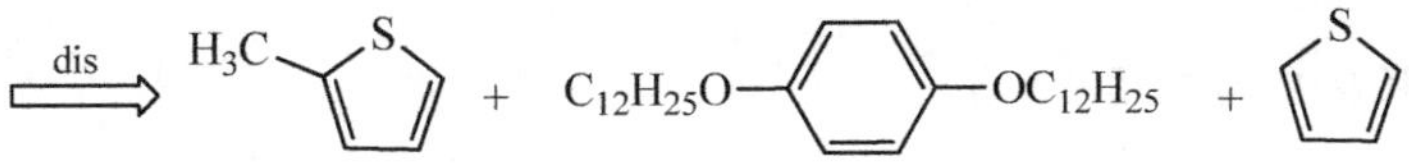

合成：芳环间的碳碳键偶合常用 Heck、Suzuki、Stille、Negishi、Ullmann 和氧化偶合等反应。

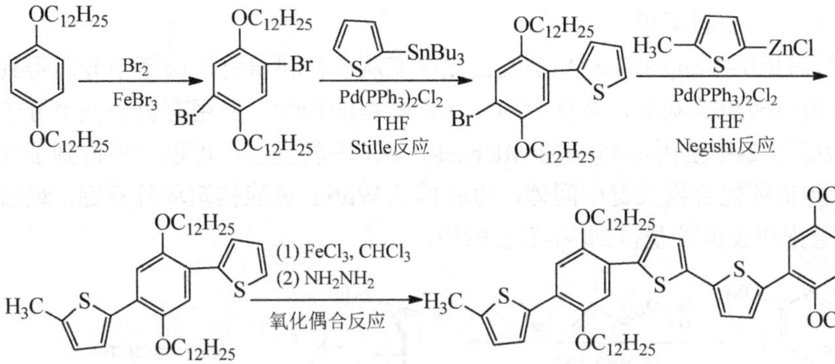

7. 潜在官能团策略

潜在官能团（latent functional group）是不同于官能团保护的策略。潜在官能团是反应物分子本身包含的反应活性较低的基团。在分子中其他官能团实现所希望的反应后再用合适方法使潜在官能团转化为目标官能团。利用潜在官能团的策略可以避免保护基的使用，提高合成效率，并且有时可以实现一般反应难以达到的目的。例如，在羰基的 α-位直接导入丙酮基是困难的，但用末端烯烃作为羰基的潜在官能团便可顺利达到目的。

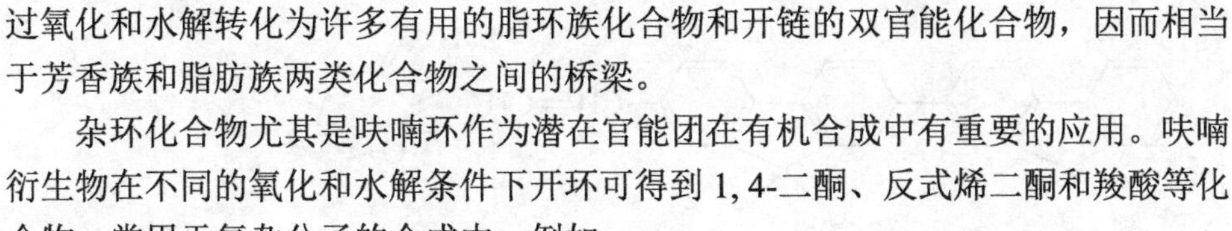

苯酚醚和芳胺经 Birch 还原可以得到非共轭的环己二烯衍生物，后者可以通过氧化和水解转化为许多有用的脂环族化合物和开链的双官能化合物，因而相当于芳香族和脂肪族两类化合物之间的桥梁。

杂环化合物尤其是呋喃环作为潜在官能团在有机合成中有重要的应用。呋喃衍生物在不同的氧化和水解条件下开环可得到 1,4-二酮、反式烯二酮和羧酸等化合物，常用于复杂分子的合成中。例如：

8. 串联反应的应用

串联反应可用一步操作实现多个化学键和多个立体中心的构建，是简化合成路线的有效方法。

例 10.44　(−)-石杉碱甲

(−)-石杉碱甲[(−)-huperzine A]是我国化学家从石松科植物千层塔中分离得到的一种乙酰胆碱酯酶抑制剂，是治疗阿尔茨海默病的药物。应用有机手性小分子催化 β-酮酸酯与 2-甲基丙-2-烯醛的 Michael-Aldol 串联反应，可以一步得到手性吡啶酮并三碳桥环化合物关键中间体，随后再经 Wittig 反应构筑环外双键，最后经 Curtius 重排和去保护基得到(−)-石杉碱甲。

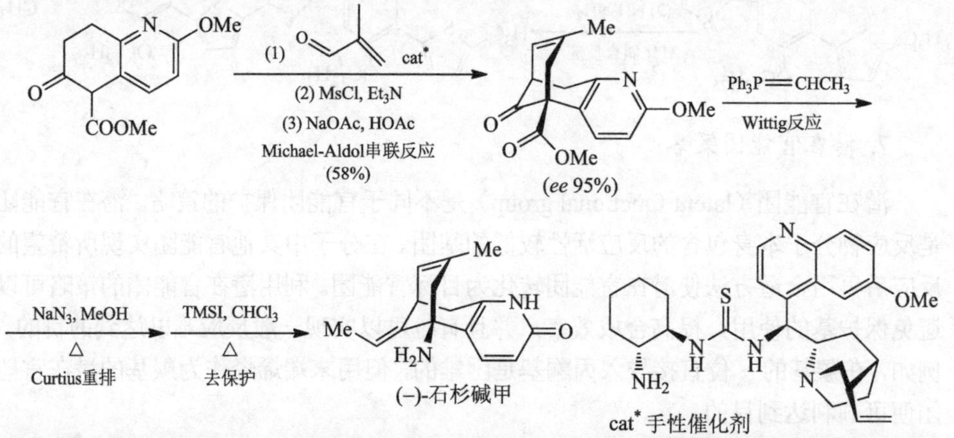

问题 10.9　对下列化合物进行逆向合成分析并用最好的方法合成。

(1)

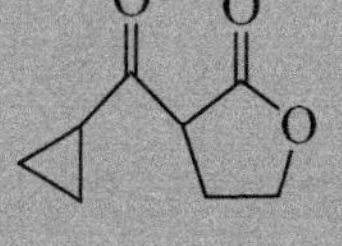

(2)

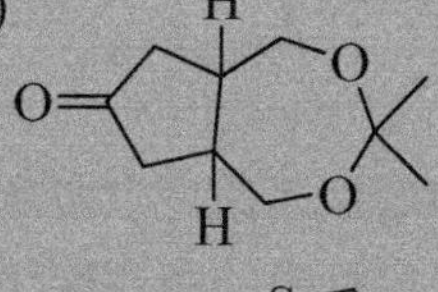

(3)

问题 10.10　逆向合成分析 Kröhnke 吡啶，并设计用串联反应合成。

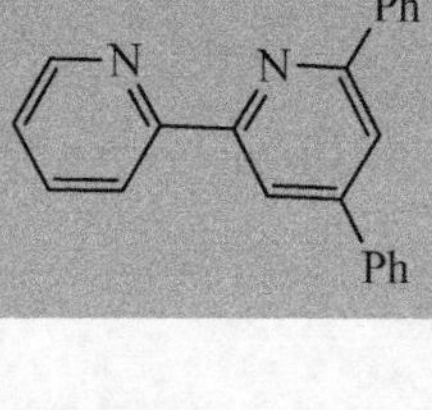

10.7　绿色有机合成

社会的可持续发展所涉及的生态、资源、环保、人类健康等方面的问题是人们关注的焦点。由于一些传统化学品的生产和使用对环境和人类健康产生的负面影响，我国已把节约资源和保护环境作为基本国策，实行严格的环境保护制度，要求"源头防治"，节能减排，清洁生产，实行可持续发展的绿色低碳循环经济。因此有机合成工作者的重要使命是必须从源头上消除污染的生成，从产品功能的设计、原料的来源、反应过程、生产工艺、副产物再利用以及产品的循环使用等都要绿色化，即使产品功能最大化，并对环境和人类有害最小化。2020 年，P. T. Anastas 和 L. Warner 提出了著名的绿色化学目标的十二原则，已得到人们的广泛认同。根据绿色化学的原则和特点，绿色化学有机合成的主要内容和任务简要概括在图 10.2 中。因此是否符合绿色化学的要求是评价有机合成设计优劣的重要方面。

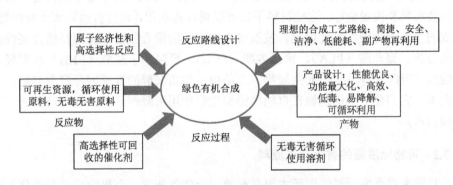

图 10.2　绿色有机合成示意图

10.7.1　可持续发展的有机产品设计

传统的有机合成产品设计常以化合物分子的功能为导向，如杀虫剂的杀虫效力，染料染色的色彩鲜艳度，洗涤剂的去污能力，镜片材料的折光率和透光性，包装材料的拉伸强度和耐候性等。这种单纯功能导向给环境和人类健康带来许多负面影响。因此有机合成产品设计不仅要提高产品技术性能，并且必须赋予产品可持续发展的特性。设计有机产品时，除应具有目标功能外，还必须考虑产品对人畜及食物链无害无毒，对环境安全，同时还必须考虑产品降解后对人畜及环境可能引发的直接或间接的危害。20 世纪曾被广泛使用的有机氯农药如 DDT、六六六、氯丹等虽有广谱有效的除灭害虫能力，但由于其毒性和难以代谢在环境和动植物体内的积累，对人类健康和环境造成了重大的危害。因此它们没有可持续发展的性质，已被淘汰和禁用。随后发展的拟除虫菊酯是一类高效低毒的农药，但缺点是对鱼类水生动物有害。为了克服这一缺点，已发展了非经典的菊酯农药氟硅菊酯（silafluofen）。氟硅菊酯对人畜和鱼类水生生物无毒，易降解，不易残留，用作农林牧业的杀虫剂。多杀霉素（spinosad）对哺乳动物毒性非常低且可快速降解，是高效、低毒、广谱、无公害的杀虫剂，因而已在果蔬作物的病虫害防治方面广泛使用。

20世纪迅速发展的石化工业导致塑料多达数千万吨，其中部分用作各种易耗的包装材料和快餐盒等。这些材料不仅难以循环再利用，并且自然降解十分缓慢，造成的"白色污染"到处可见。发展可生物降解的聚合物是保持可持续发展性的有效措施。聚乳酸（PLA）、聚己内酯（PCL）、聚羟基丁酸酯（PHB）和聚羟基戊酸酯（PHV）等及它们的共聚物，都是由生物质发酵的羟基酸缩聚得到的，无毒无害，它们分子中的酯键在自然界经微生物作用可降解，最终代谢产物为二氧化碳和水。

10.7.2　可持续发展的有机合成原料

目前有机合成原料的碳源主要是石油、天然气和煤。有机合成从石油化工十多个芳烃和短链烯烃的官能团化衍生数千万个有机化合物，形成有机合成的所谓石油树（petrolrum tree）。对化石碳源过度依赖导致环境的污染和气候的变化，同时化石碳源不断被消耗，终将枯竭。因此化石碳源不是一个可持续发展的选择，利用非化石碳源和可再生资源作为有机合成的原料是绿色有机合成的战略性目标。非化石碳源和可再生资源主要包括二氧化碳、木质素、纤维素、油脂等。

1. 二氧化碳为有机合成原料

二氧化碳是地球上最丰富的碳源之一，无毒、不易燃、价廉易得、可回收和循环利用。将二氧化碳转为有机合成的一碳合成砌块（building blocks）基本原料，变废为宝，不仅可生产有价值的有机产品，而且可降低二氧化碳排放。

二氧化碳的热力学稳定性高，需要高活性的催化剂降低其活化能。目前已能将二氧化碳转化为许多有机化工原料、精细化学品及高分子聚合物材料，并且有些已实现工业化。二氧化碳的转化反应主要体现在两个方面。

（1）以钌、铑等金属与三齿膦配体的配合物为催化剂，CO_2/H_2 的催化氢化和还原甲基化反应见图 10.3。

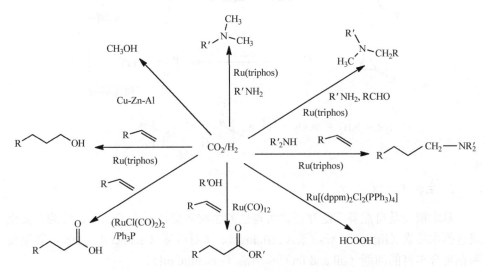

图 10.3　过渡金属催化 CO_2/H_2 的氢化和还原甲基化反应

triphos：1, 1, 1-三（二苯基膦甲基）乙烷

（2）在催化剂存在下将二氧化碳作为羰基化试剂，与有机金属试剂、卤代烃、醇类、环氧化物及胺类偶合合成羧酸、酯、碳酸酯、氨基甲酸酯和脲等及聚碳酸酯。例如：

$$R\text{—}MX + CO_2 \xrightarrow{\ H_3O^{\oplus}\ } RCOOH \quad 羧酸$$
$$M = Mg, Li, Zn, \cdots$$

$$Ar\text{—}Br + CO_2 \xrightarrow[Ph_3P]{Pd(OAc)_2} Ar\text{—}COOH \quad 羧酸$$

环碳酸酯

$$2\ R\text{—}NH_2 + CO_2 \xrightarrow{\ 碱\ } R\overset{}{\underset{H}{N}}\text{—}\overset{O}{\overset{\|}{C}}\text{—}\overset{}{\underset{H}{N}}R$$
脲

$$R-NH_2 + CO_2 \xrightarrow[\text{丁基脒}]{R^1Br} \text{（氨基甲酸酯）}$$

$$n \underset{R}{\triangle O} + nCO_2 \xrightarrow{\text{Cr-, Co-Salen配合物}} \text{（聚碳酸酯）}$$

$$m \underset{R}{\triangle O} + nCO_2 \xrightarrow{\text{Zn-, Co-Salen配合物}} \text{（聚醚碳酸酯）}$$

$$nNH_2R-NH_2 + nCO_2 \xrightarrow{\text{有机碱}} \text{（聚脲）}$$

2. 生物质资源

草木植物是自然界广泛存在的可再生的生物质资源，主干、茎、叶的主要组成包括木质素（lignin）、纤维素（cellulose）、半纤维素（hemicelluloses），其果实和花常含丰富的油脂（oil and fat）和精油（essential oil）。

1）木质素

木质素主要是由三个单元 3,5-二甲氧基-4-羟基肉桂基醇、3-甲氧基-4-羟基肉桂基醇和 4-羟基肉桂基醇通过醚键和碳碳键连接的天然聚合物，含有苯环和丙三碳侧链，经热解或催化水解、氢解可生成基本的苯系原料。例如：

$$\xrightarrow[\substack{t\text{-BuONa} \\ 100℃}]{H_2, Ni(COD)_2} \quad (89\%)$$

$$\xrightarrow[\substack{t\text{-BuONa} \\ 100℃}]{H_2, Ni(COD)_2} \quad (99\%)$$

从造纸工业的纸浆废液中萃取分离的有机化合物为原料，可以合成香兰素（3-甲氧基-4-羟基苯甲醛）等香料。

2）纤维素和半纤维素

纤维素（硬木）和半纤维素（软木）经催化水解，最终产物主要分别是六碳糖（主要是葡萄糖）和五碳糖（主要是木糖）。六碳糖和五碳糖脱水分别生成 5-

羟甲基糠醛和糠醛，以此为原料可以衍生许多化合物。例如：

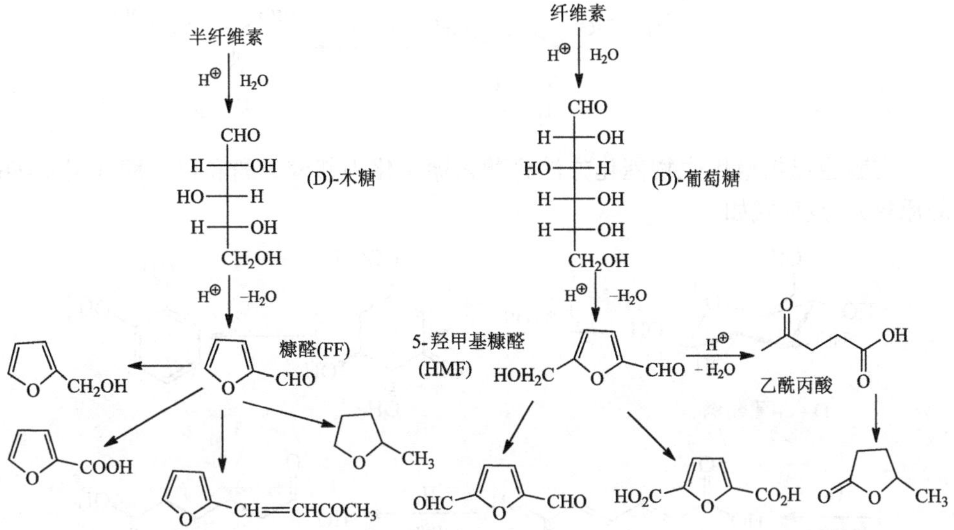

糖类通过发酵的方法可以得到多种重要羧酸。例如：

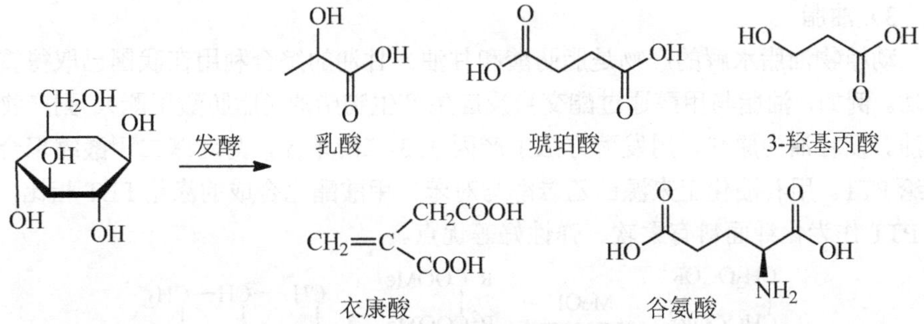

乳酸　　　　琥珀酸　　　　3-羟基丙酸

衣康酸　　　　谷氨酸

　　这些羧酸都可以作为基本的有机合成原料。例如，从 3-羟基丙酸出发可以衍生众多化合物和重要聚合物的单体：

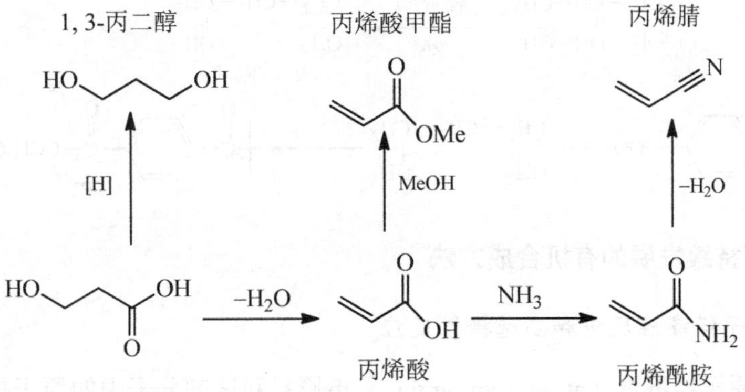

1,3-丙二醇　　　　丙烯酸甲酯　　　　丙烯腈

丙烯酸　　　　丙烯酰胺

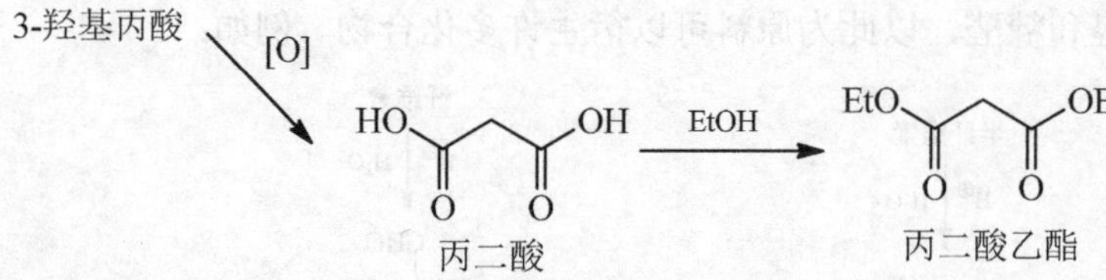

3-羟基丙酸

[O]

丙二酸 → (EtOH) → 丙二酸乙酯

文献也已报道用生物催化方法将葡萄糖转化为邻苯二酚和己二酸（尼龙-66 的原料）。反应式如下：

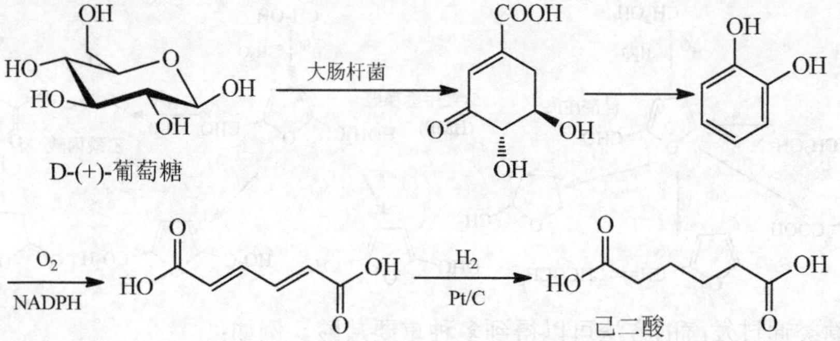

D-(+)-葡萄糖 → (大肠杆菌) → ... →

(O₂, NADPH) → ... → (H₂, Pt/C) → 己二酸

3）油脂

动植物油脂水解的产物是脂肪酸和甘油。甘油的综合利用在我国已取得重大成功。例如，油脂与甲醇通过酯交换反应生产生物柴油（脂肪酸甲酯），副产物是甘油。以甘油为原料，用发酵方法生产丙-1,3-二醇单体，与对苯二甲酸缩聚合成涤纶 PTT。用石油化工来源的乙二醇与对苯二甲酸酯化合成的涤纶 PET 相比，涤纶 PTT 作为化纤面料有柔软、弹性好等优点。

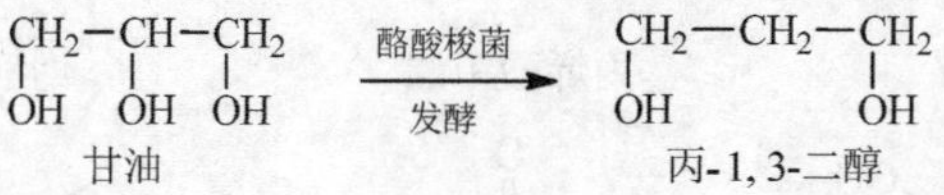

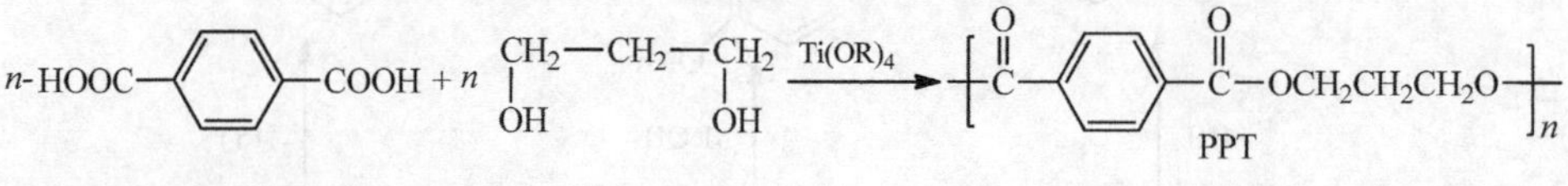

脂肪酸甲酯 + 甘油

甘油 → (酪酸梭菌 发酵) → 丙-1,3-二醇

n-HOOC—⬡—COOH + n ... → (Ti(OR)₄) → PPT

10.7.3　可持续发展的有机合成方法

1. 原子经济性反应和高选择性反应

所谓原子经济性（atom economy）是指原料和试剂分子中的原子最大限度地

结合到产物分子中，以达到减少以至无废弃物产生。用 MeOH/CO 为原料，过渡金属催化羰基合成法生产乙酸的反应、催化加氢反应、Diels-Alder 反应等周环反应、Ene 反应、Claisen 重排反应、Michael 加成反应、Mannich 反应、Heck 反应、Suzuki 反应、不对称催化反应、Ugi 反应等多组分反应以及多个反应串联的"一瓶"反应等都属于原子经济性反应。近年发展的烯烃复分解反应（olefin metathesis）仅排放副产物乙烯，并易于回收利用，因而也是具有发展潜力的原子经济性反应。

原子经济性反应一般也是高选择性（化学选择性、区域选择性、立体选择性）反应。应用高选择性和原子经济性的反应，可以减少甚至避免副产物和废物产生，避免使用有害有毒试剂。例如，用催化加氢的方法还原硝基、氰基、羰基等官能团不仅转化率高，并且可免除化学还原剂产生的废渣废液。又如，用高效高立体选择性的不对称催化反应，可得到单一的对映体，免除普通反应需要的外消旋体的拆分，并减少了废弃物。再如，用过渡金属催化交叉偶联反应（Suzuki 反应和Heck 反应等）实现了芳基与芳基、芳基与烯键的一步直接偶联，免除了这些化合物的多步反应合成，减少分离步骤，减少污染物。

抗菌药布替萘芬（butenafine）的合成新方法是原子经济性和高选择性合成的优秀例子。布替萘芬的传统生产需要 4 步反应，并使用有害的亚硫酰氯和易燃不安全的氢化铝锂，同时每步都产生大量有害废弃物。新的工艺仅一步反应，避免使用有害试剂。萘-1-醛和对叔丁基苄胺生成亚胺，接着利用亚胺在三齿膦配体和钌的配合物催化下还原氨甲基化反应得到产物，原子经济性 100%，副产物仅是水，同时利用二氧化碳为"碳源"，减少碳排放。

合成布替萘芬的传统工艺：

合成布替萘芬的新方法：

因此，必须寻求和利用既具有高选择性又有尽可能高的原子经济性反应，设计洁净合成路线，从源头上减少和消除废弃物，发展可持续发展的有机合成方法。

2. 无毒无害的试剂

在有机合成中，必须使用无毒安全的反应物。例如，用无毒的碳酸二甲酯代替有毒的硫酸二甲酯作为甲基化试剂，用无毒的碳酸乙-1, 2-叉基酯代替易爆的环氧乙烷、有毒的 2-氯乙醇或 2-溴乙醇作为羟乙基化试剂。例如：

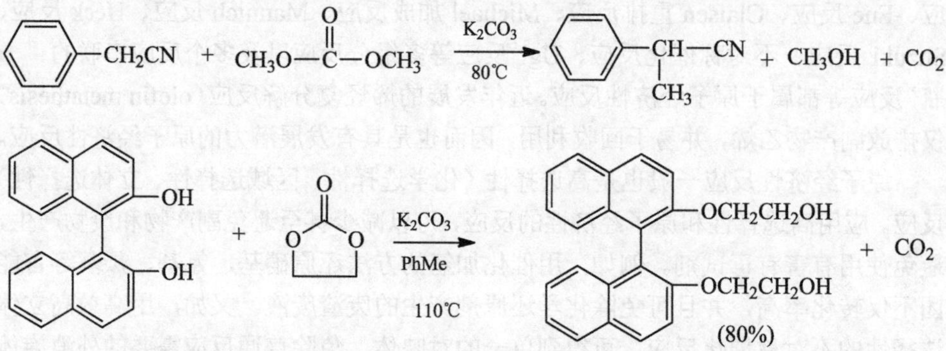

用重金属盐作为氧化剂的氧化还原反应，导致重金属污染产品和环境，所以应尽可能采用空气或氧气为氧化剂的催化氧化法。或者用过氧化氢为氧化剂，如氧化烯键为环氧化物，副产物是水。

3. 无毒无害环境友好的反应介质

有机合成中大量的有机溶剂的应用既会污染环境，又是不安全的重要根源。因此必须尽可能使用低毒或无毒的溶剂，或者用环境友好易回收的介质代替有机溶剂，甚至不用溶剂。仅搅拌、研磨或熔融反应物，对某些反应如 Michael 反应、Knoevenagel 缩合、Aldol 缩合等反应常获得很高的产率。例如：

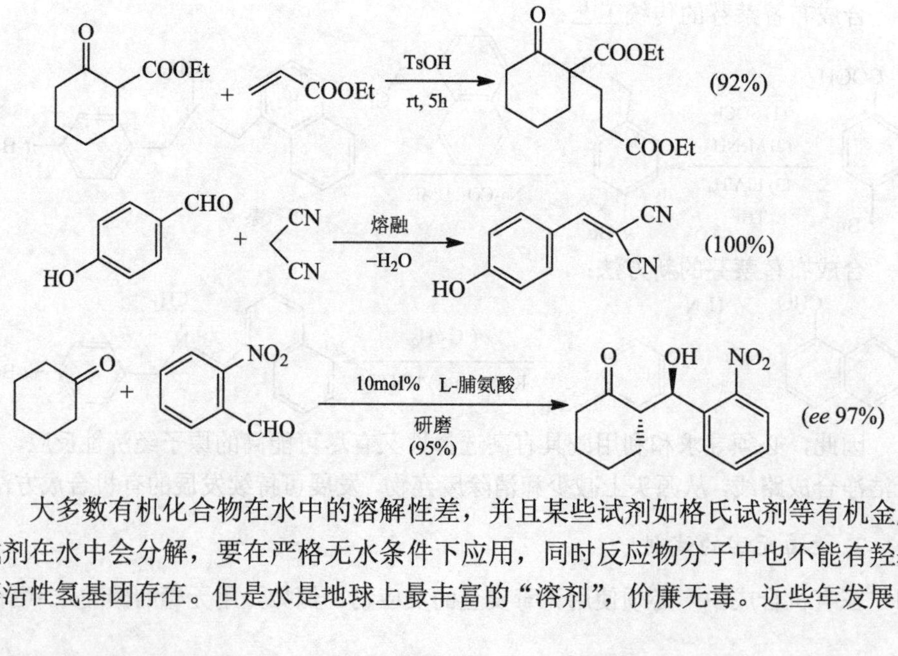

大多数有机化合物在水中的溶解性差，并且某些试剂如格氏试剂等有机金属试剂在水中会分解，要在严格无水条件下应用，同时反应物分子中也不能有羟基等活性氢基团存在。但是水是地球上最丰富的"溶剂"，价廉无毒。近些年发展的

铟催化的碳碳键形成可以以水为溶剂，同时具有良好的官能团兼容性。例如：

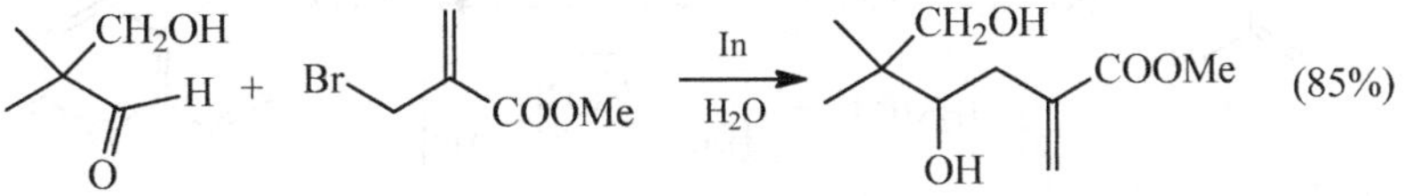

水相有机反应的研究已表明以水为介质溶剂对一些重要有机转化十分有益，有时可提高反应速率和选择性。例如：

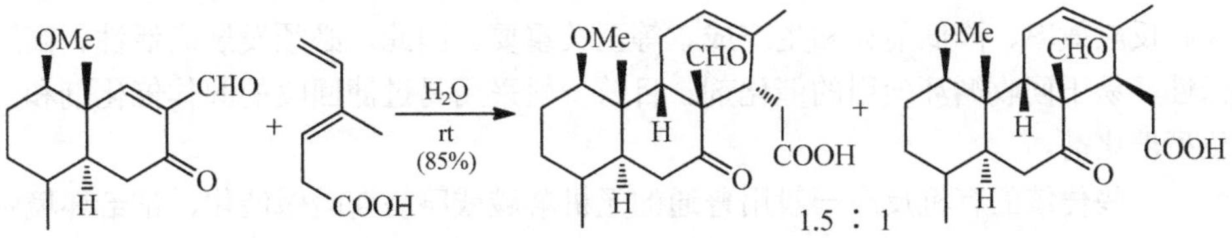

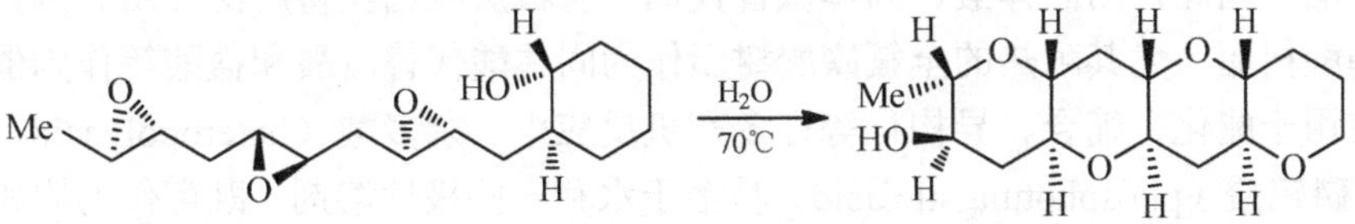

1.5 ∶ 1

超临界流体是指温度、压力超过其临界温度和临界压力时的状态的流体。常用的超临界流体为超临界二氧化碳（supercritical carbon dioxide，scCO₂）。超临界二氧化碳作为反应溶剂和萃取溶剂有许多优点，正受到广泛的重视。例如：

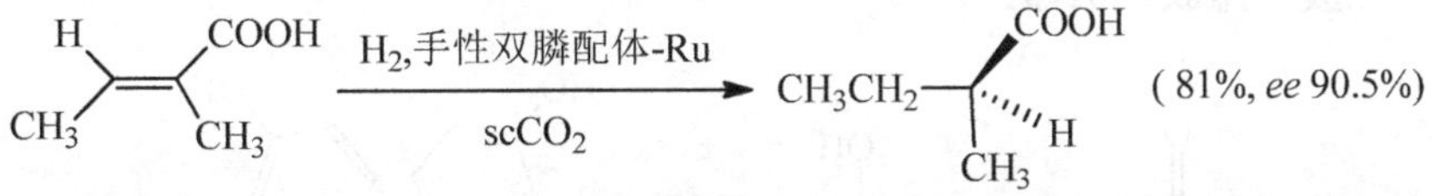

(81%, *ee* 90.5%)

超临界二氧化碳用于一些反应不仅免除使用有机溶剂，同时能提高转化率。例如：

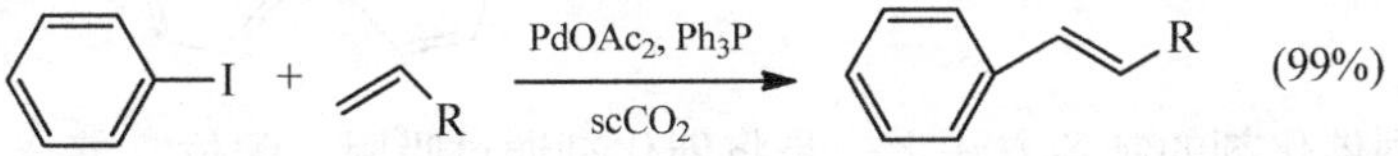

(99%)

离子液体（ionic liquid，IL）是有机盐，熔点一般低于 100℃，许多离子液体的熔点低于室温，称为室温离子液体。常见的室温离子液体是 *N, N′*-二烷基咪唑阳离子盐、*N*-烷基吡啶阳离子盐。离子液体具有温度区间大、热稳定性高、不挥发、非可燃性、可溶解许多无机、有机和有机金属化合物，容易回收等优点，因此离子液体能作为许多有机反应的良好介质，同时也作为催化剂。例如：

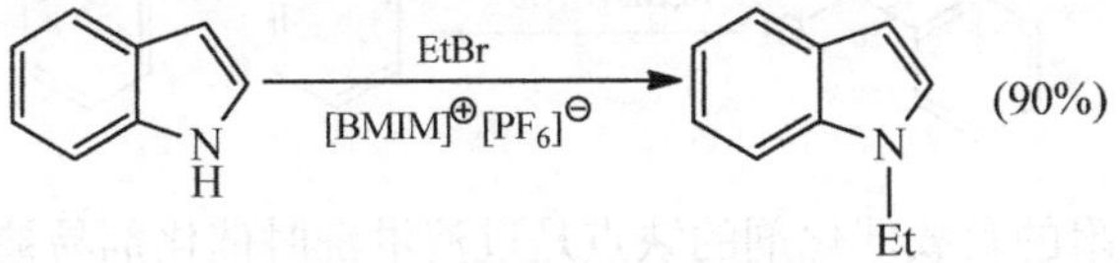

(90%)

4. 易回收循环使用的催化剂

大多数有机反应都需要催化剂。催化剂对于发展原子经济性、高选择性反应，提高反应效率、降低能耗和生产成本等至关重要。因此，必须发展高活性、高选择性、易于回收循环使用的催化剂。目前一般采用易过滤回收的固体催化剂和负载型催化剂。

一些传统的有机反应一般用普通的无机酸碱或路易斯酸碱催化，常给环境带来不利影响。因此，用固体酸、固体碱替代催化有机反应已获得广泛应用。例如大孔型磺酸树脂，尤其耐热的全氟磺酸树脂作为固体酸代替硫酸和盐酸等作为催化剂已应用于酯化、缩合、异构化等许多有机反应中。杂多酸（heteropolyacid，HPA）如磷钨酸（phosphotungstic acid）易溶于水和一些极性溶剂，既可作为均相催化剂也可作为非均相催化剂，可以回收循环使用。杂多酸催化已实现如烯烃水合、酚酮缩合等多类反应的工业化。例如，芴-9-酮与苯酚在磷钨酸催化下，在甲苯溶剂中回流脱水可高产率得到双酚芴。磷钨酸可回收循环使用，免除用硫酸催化的"三废"排放。例如：

负载型催化剂的制备方法之一是将催化剂通过吸附、配位、螯合、氢键等非共价作用力载于固体活性炭、硅胶、分子筛、黏土等载体上。例如，中孔分子筛MCM-41负载三氯化铝催化 Friedel-Crafts 酰化反应有很高的转化率，催化剂可过滤移去，并可活化循环使用数次。反应式如下：

单纯依赖吸附的负载催化剂的缺点是过滤淋洗时催化剂易被冲洗丢失，失去活性，难以循环使用。因此，制备负载型催化剂的另一种方法是将催化基团用共价键直接键合在载体聚合物上。例如，手性双氮氧配体铜配合物或脯氨酸共价连接于树脂，催化不对称 Aldol 等反应具有相当高的产率和对映选择性，并可以循环使用：

迄今能应用于工业的负载催化剂为数不多，设计具有高活性、高选择性同时具有稳定性好、易回收、重复率高的适合工业应用的催化剂是关键。

生物酶催化有机反应有很高选择性，反应条件温和并环境友好。联合应用生物酶催化和化学合成常可简化合成路线、提高总收率，并且减少废弃物。

5. 连续流动化学合成工艺

连续流动化学技术的发展值得关注。所谓连续流动化学技术是用泵提供动力，将反应物以连续流动方式在微通道（microchannel reactor）内进行化学反应的技术。连续流动化学技术反应时间短，副反应少，溶剂用量少，反应选择性和产率高。同时对于放热且有爆炸风险的反应，低温且对空气敏感的反应，或高温高压反应，连续流动化学技术具有安全性高、自动化程度高的优点。尤其近年来连续流动化学技术可以实现连续多步流动合成复杂有机化合物。例如，抗疟疾特效药青蒿素分子中的关键基团是稳定性差的过氧基，采用连续流动化学技术从发酵得到的二氢青蒿酸经光氧化合成青蒿素（artemisinin），提高了反应选择性，避免了副产物生成，收率达 72%、纯度 99%，是高效安全的合成工艺。

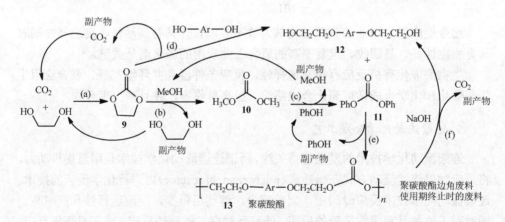

10.7.4　可持续发展的有机合成循环路线

在有机合成中，副产物和废物的产生往往难以避免，为了实现可持续发展，必须将副产物回收利用，并把合成中产生的废物和使用期后的产品废物（如聚合物材料）转化再生为可用资源，循环使用。例如，聚碳酸酯是光学镜片和光膜的主要材料，从原料到应用材料，其上下游产业链的合成可实现循环路线（图 10.4）。

图 10.4　聚碳酸酯产业链的循环路线

（a）二氧化碳与乙二醇在催化剂存在下环合生成环碳酸酯 **9**。（b）在碱性条件下环碳酸酯 **9** 与甲醇发生酯交换反应，生成碳酸二甲酯 **10**，副产物乙二醇回收循环利用。（c）碳酸二甲酯 **10** 与苯酚在碱性条件下发生酯交换反应生成碳酸二苯酯 **11**，副产物甲醇回收循环到前一步反应。（d）环碳酸酯 **9** 和二元酚在碳酸钾催化下发生羟乙基化反应生成二醇 **12**，捕集的副产物二氧化碳返回第一步反应。（e）碳酸二苯酯 **11** 与二醇 **12** 在碳酸氢钠催化下真空脱水缩聚得到聚碳酸酯 **13**，反应中释出的苯酚精制后循环到上一步制备碳酸二苯酯 **11**。（f）聚碳酸酯 **13** 加工成形制作各种镜片和光膜后的边角废料和聚碳酸酯成品使用期终止时的废料经碱性水解回收二醇 **12** 单体原料。整个上下游各步的副产品和废料都进入循环使用。

习　题

一、合成下列化合物：

(1)

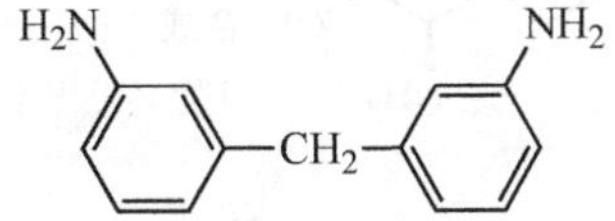

(2)

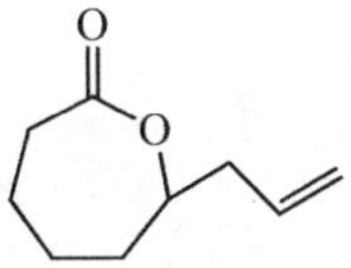

(3)

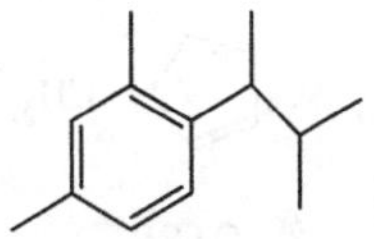

(4)

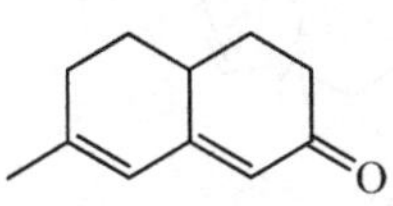

(5)

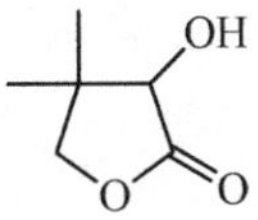

(6)

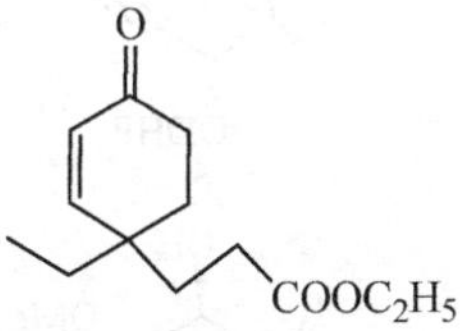

(7)

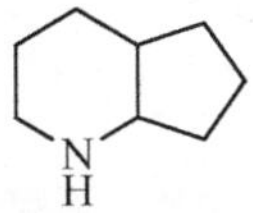

(8)

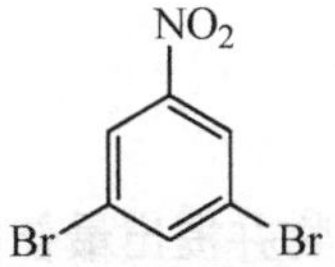

(9)

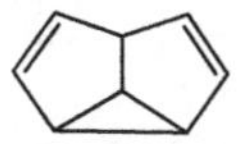

(10)

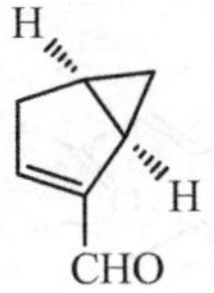

(11)

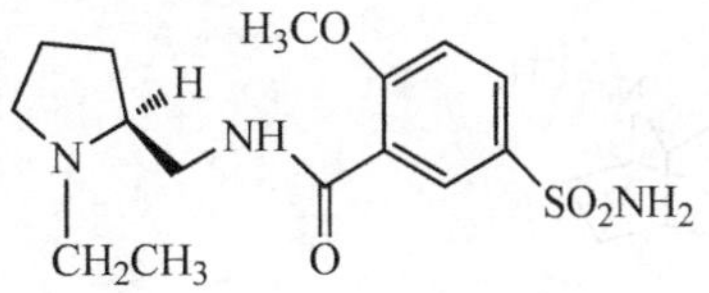

(12)

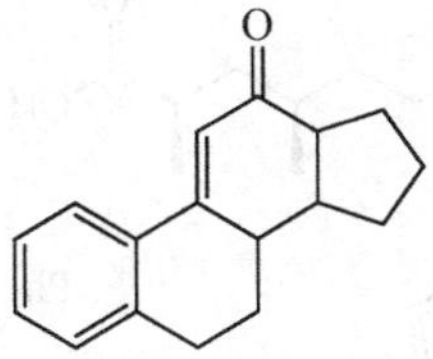

(13)

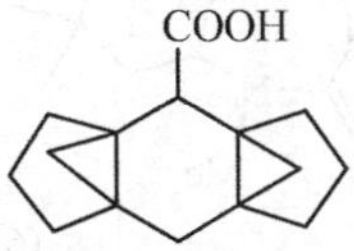

(14)

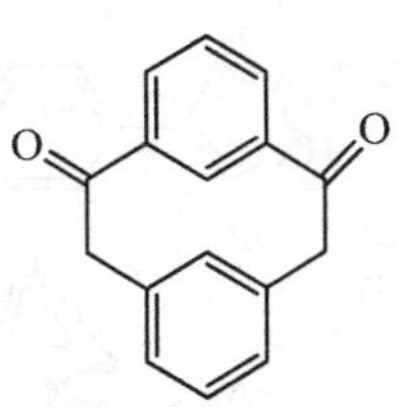

(15)

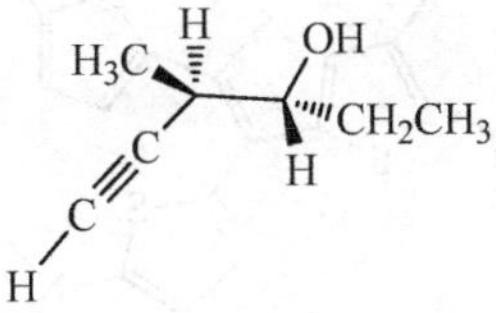

(16)

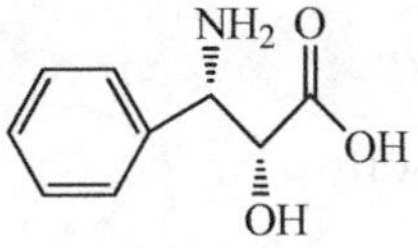

二、由指定原料设计合成下列产物：

(1)

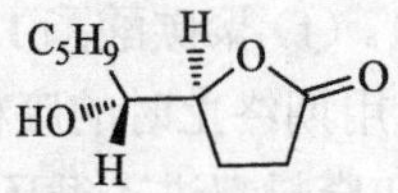

从D-核糖(D-ribose)合成

(2)

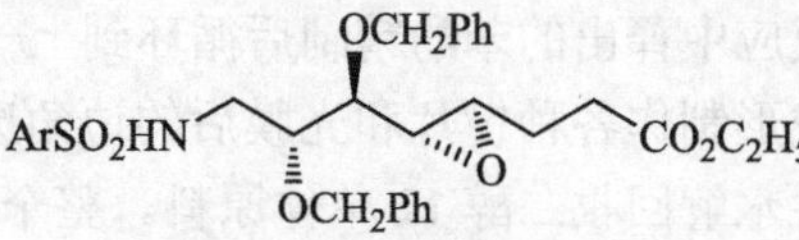

从 ArSO₂HN 合成

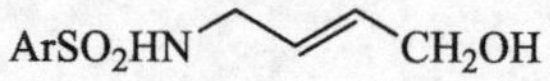

(3)

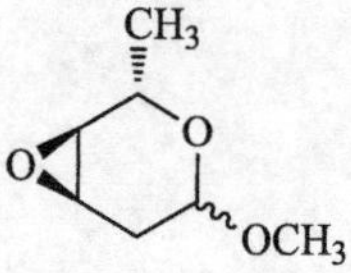

从 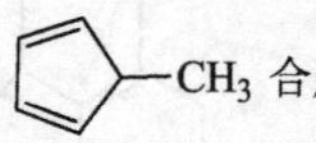 合成

(4)

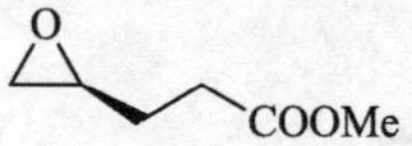

从 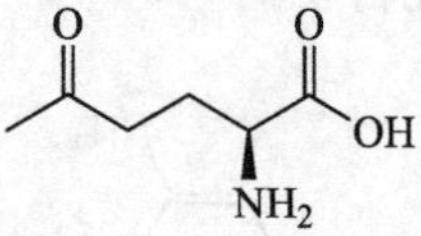 合成

(5)

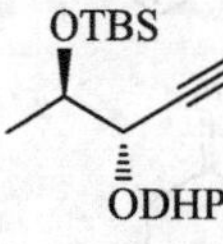

从 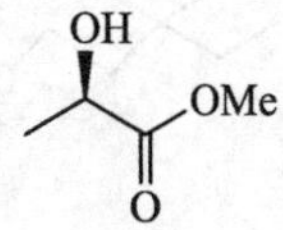 合成

(6)

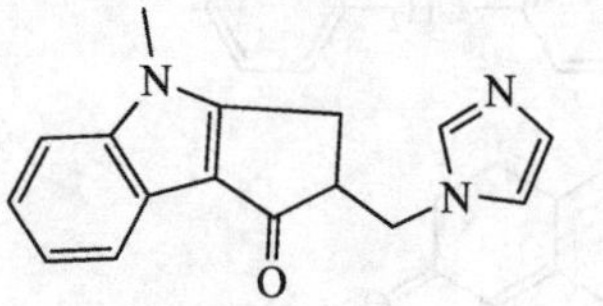

从 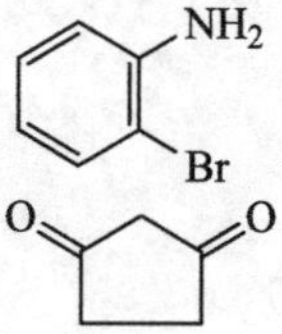 合成

三、逆向合成分析下列化合物并提出最佳的合成路线：

(1)

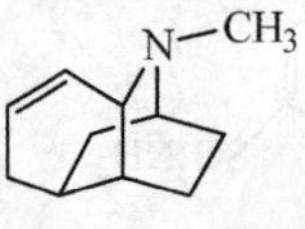

(2)

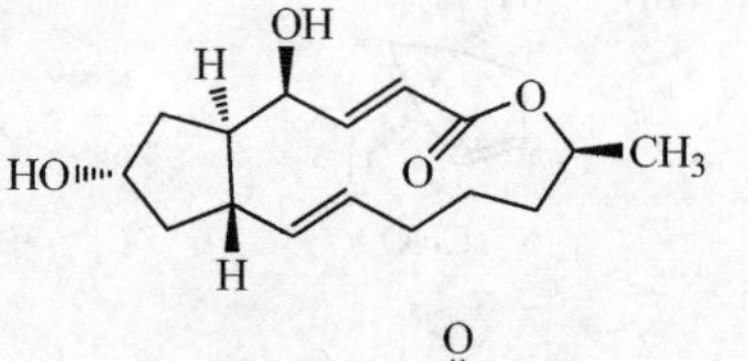

(3)

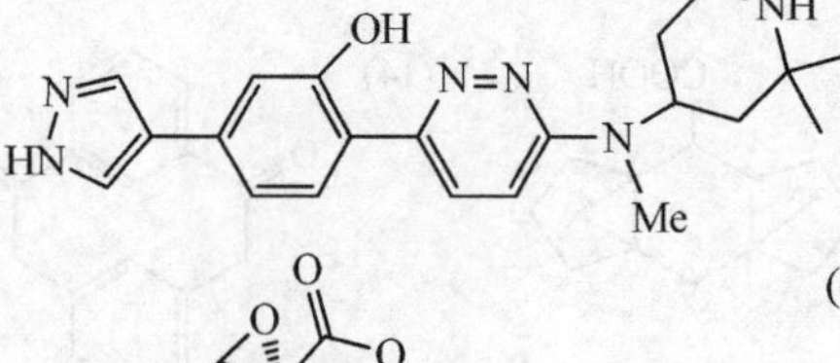

(4)

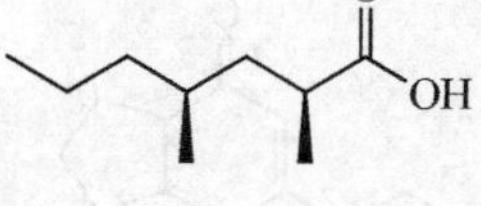

(5)

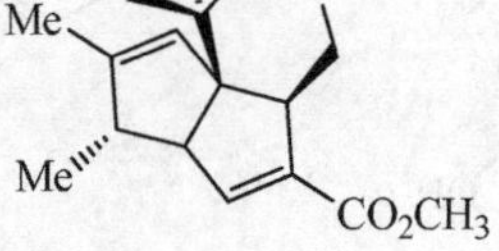

(6)

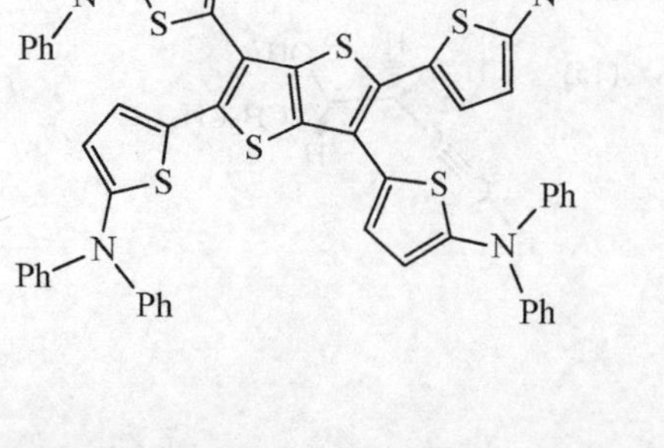

四、泽布替尼（zanubrutinib）是我国自主研发的抗癌新药，逆向分析并提出最佳的合成路线。

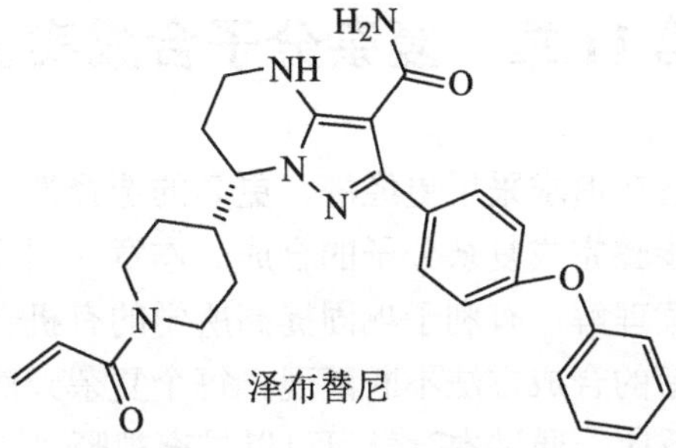

泽布替尼

五、(−)-石杉碱甲是我国化学家从石松科植物千层塔中分离出的一种高效、高选择性、可逆的乙酰胆碱酯酶抑制剂，是我国特有的治疗脑血管硬化和阿尔茨海默病的临床治疗药物。查阅全合成(−)-石杉碱甲的所有合成路线并评述其优缺点。

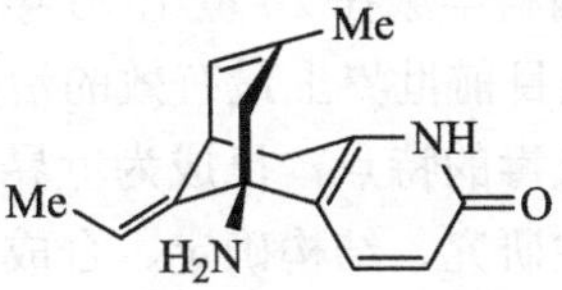

(−)-石杉碱甲

(一)-huperzine A

第 11 章 复杂分子合成实例

合成化学家们一直在追求采用更经济、更高的选择性、更新的合成方法、更高的产率以及更少的步骤完成复杂分子的合成。本章介绍几个结构较复杂的化合物的合成，供读者阅读理解，有利于巩固提高所学的有机合成知识。另外，有机合成反应浩如烟海，新的合成方法不断涌现。每个复杂天然产物全合成步骤中，都会有不熟悉的合成反应，通过本章学习可以扩充视野。

11.1 青蒿素的合成

青蒿素（artemisinin，**1**），是中国科学家在 20 世纪 70 年代初从药用植物黄花蒿中分离得到的抗疟有效成分[1]，是目前世界上最有效的治疗脑型疟疾和抗氯喹恶性疟疾药物，由于其具有速效和低毒的特点，已成为世界卫生组织推荐的治疗疟疾首选药物。青蒿素的发现、活性研究、结构确定、合成及相关研究是在国家科研计划组织下（"523"项目），多部门、多学科尽心协作、相互配合取得的重大成果，是继承发扬我国传统医药宝库的成功范例。

1972 年中国中医科学院中药研究所屠呦呦领导的研究组发现用沸点较低的乙醚在 60℃温度下制取青蒿提取物对疟原虫的抑制率达到了 100%，随后获得了青蒿结晶，并将青蒿结晶物命名为青蒿素，作为新药进行研发。鉴于在青蒿素发现及应用于疟疾治疗方面的杰出贡献，屠呦呦获得 2015 年度诺贝尔生理学或医学奖。近年来发现青蒿素除具有抗疟作用外，还有多种其他的药理作用，包括抗细菌脓毒症、放疗增敏、抗菌增敏及抗肿瘤等作用。

青蒿素结构测定由中国科学院上海有机化学研究所周维善研究组与屠呦呦研究组合作进行，结构测定工作在 1976 年基本结束（因为卫生部保密的要求未及时发表），1979 年论文"青蒿素的结构和反应"才发表在《化学学报》上[2]，但没有申请专利。青蒿素是一种含有内过氧桥结构的新型倍半萜内酯，分子中不仅包含过氧键在内的 1, 2, 4-三烷结构单元，还含有七个手性中心。这些结构特点使青蒿素成为富有合成挑战性的目标分子。文献中已报道多种青蒿素化学合成及生物合成路线，下面介绍几种代表性的化学全合成及半合成路线。

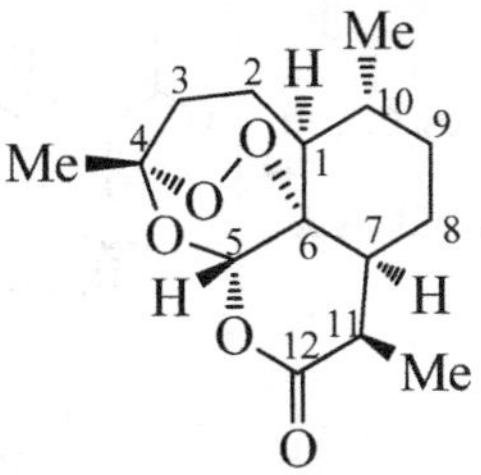

青蒿素 (1)

　　1983 年，W. Hofheinz 小组与周维善小组几乎同时以通讯论文首先报道了青蒿素的全合成。Hofheinz 小组以异胡薄荷醇为起始原料实现了青蒿素的全合成[3]。保护的异胡薄荷醇化合物 **2** 经硼氢化、氧化能以 80%收率得到目标(8*R*)-二醇化合物 **3** 和 10%的(8*S*)-非对映异构体。**3** 的伯醇用苄基保护，再用 PCC 将仲醇氧化得到酮 **5**。**5** 通过 LDA 在酮羰基邻位锂化，再与(*E*)-(3-碘-1-甲基-丙-1-烯基)-三甲基硅烷进行反应，得到的烷基化产物的非对映异构体的比例为 6∶1，目标化合物 **6** 为主要构型。酮 **6** 与甲氧基(三甲基硅基)甲基锂在−78℃下加成，能以 8∶1 的比例得到主要异构体 **7**，该立体选择性是动力学拆分的结果。**7** 脱苄后再经氧化和内酯化得到烯丙基硅烷 **8**，化合物 **8** 经 *m*-CPBA 氧化得到酮 **9**，**9** 再经四丁基氟化铵脱硅得到化合物 **10**。对 **10** 采用光氧化方法，得到中间体 **11** 来合成青蒿素。在制备中间体 **11** 时，反应产物复杂，无法分离鉴定 **11**，因此他们直接将反应混合物用于下一步青蒿素的合成，并最终通过结晶得到青蒿素，该步收率可达 30%。该路线通过 11 步反应实现了青蒿素的立体选择性全合成，总收率为 3%。

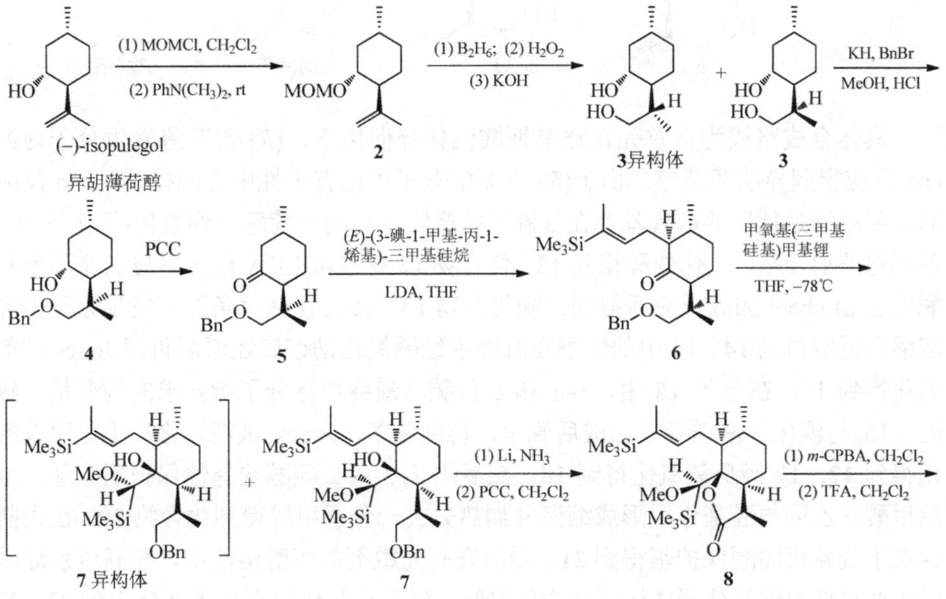

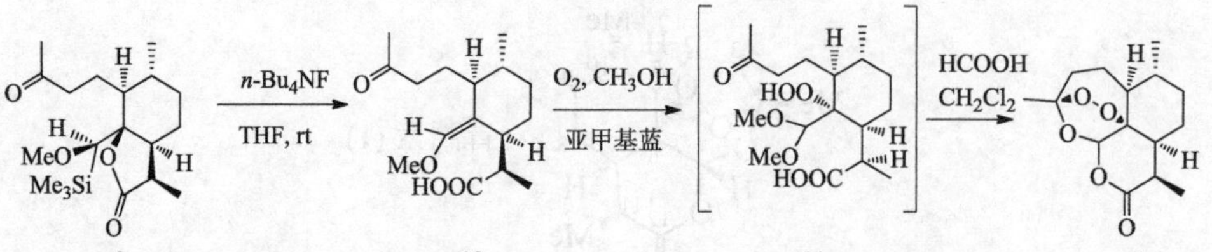

周维善课题组以(R)-香茅醛为原料实现了青蒿素的立体选择性的全合成[4]。他们在青蒿素的逆向合成分析中，首先切断不稳定的过氧桥，打开内酯和缩醛环，然后依次分拆去醛基、甲基乙基酮边链，推导得到异胡薄菏醇或香茅醛。

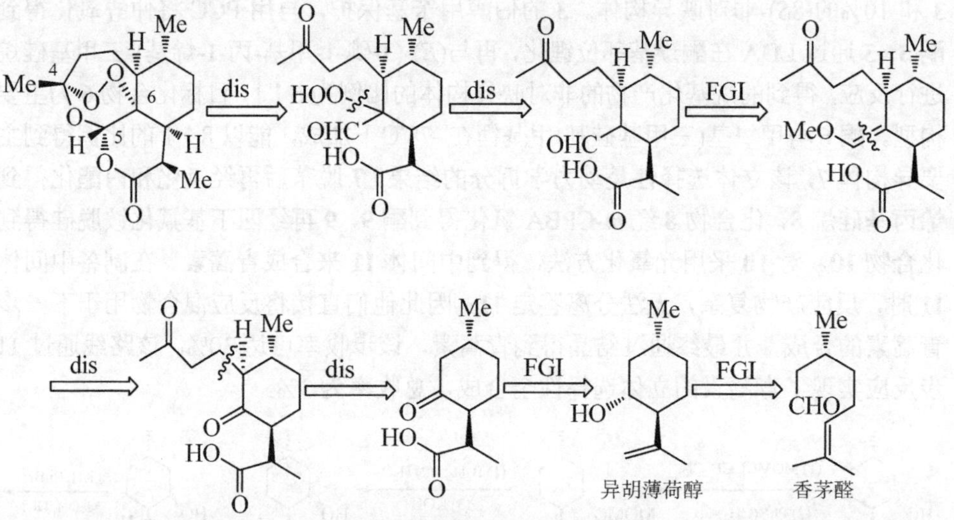

具体合成路线为：首先在路易斯酸溴化锌催化下，(R)-香茅醛发生分子内的 ene 反应得到异胡薄菏醇。由于(R)-香茅醛分子中已有手性中心的控制，ene 反应的主要产物是预期的取代基都在 e 键上的产物。异胡薄菏醇经硼氢化-氧化反应、苄基保护伯羟基、氧化仲醇得到 12。化合物 12 在过量 LDA 存在下与 α, β-不饱和酮发生 Michael 加成反应后得到二酮化合物 13，接着在碱性条件下发生分子内羟醛缩合反应得到 14。14 中的烯酮在吡啶中经硼氢化钠彻底还原后再用 Jones 试剂氧化得到 15。在分子 15 中，1-位和 6-位碳与最终目标分子所要求的构型是一致的。15 与溴化甲基镁亲核加成后脱水，再经脱苄、Jones 试剂氧化和重氮甲烷酯化得到 17。17 经臭氧氧化得到 18，然后用 1,3-丙二硫醇选择性保护酮羰基，用原甲酸三乙酯与醛基作用形成缩醛并加热失去一分子甲醇得到化合物 20。在汞盐存在下脱硫代缩酮保护基得到 21。最后在有光敏剂的甲醇溶液中，在高压汞灯照射下通氧使双键氧化形成过氧化中间产物，然后在氯化氢存在下环化得到 22。22

在高氯酸溶液中经分子内酯基-缩醛-缩酮之间的多米诺环化反应得到目标化合物青蒿素。

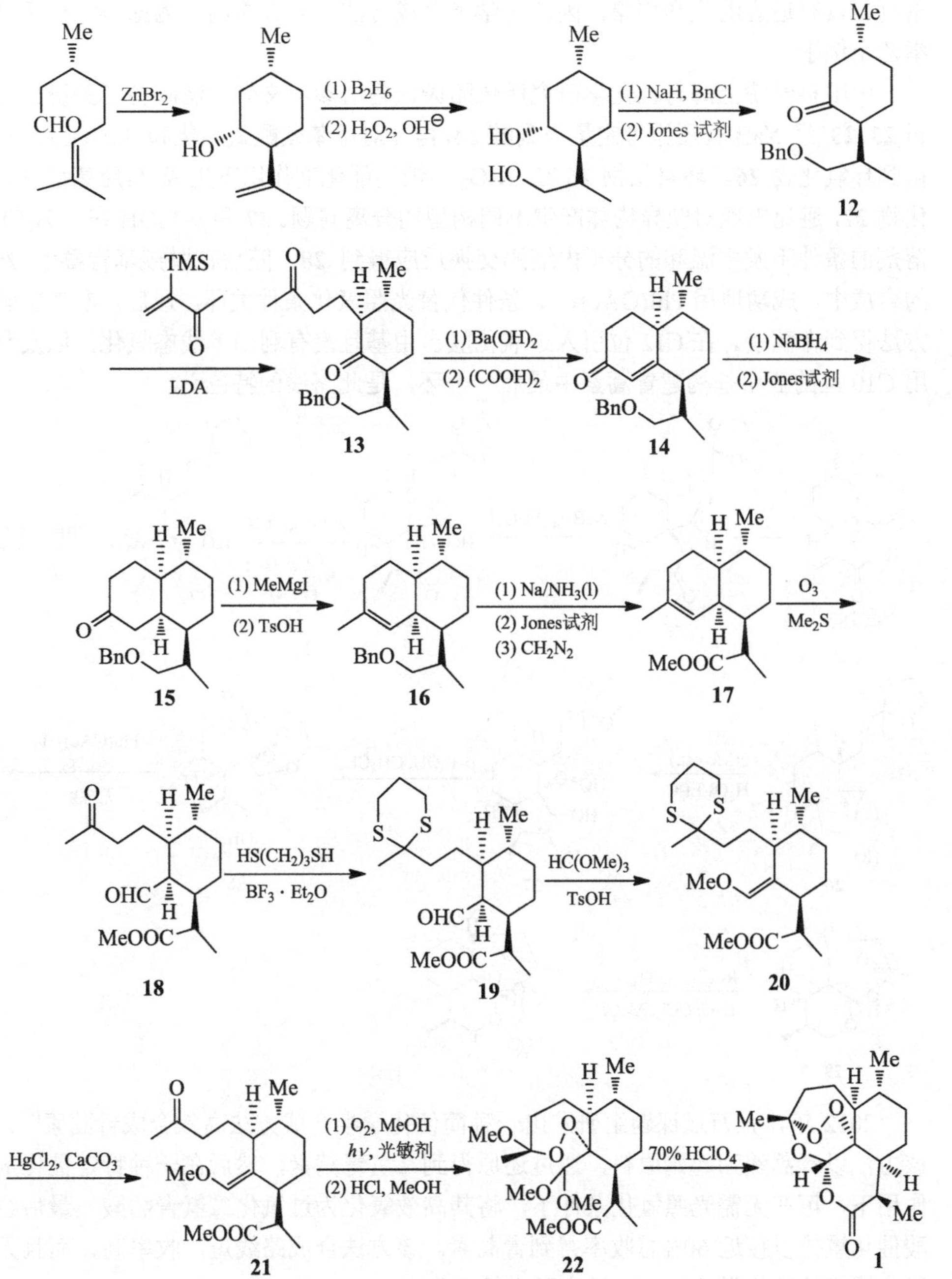

通过全合成方法来合成青蒿素，通常路线较长，因此总收率较低，成本也居

高不下。因此，利用具有适宜青蒿素骨架的青蒿素前体，如青蒿酸、青蒿素 B、青蒿烯等，采用半合成方法，可以有效减少合成步骤。由于青蒿酸在黄花蒿中含量高，具有适宜的化学构象，因此化学半合成方法大多以青蒿酸为原料。以下列举两个例子。

中国科学院上海有机化学研究所伍贻康课题组参考文献方法制备了关键醛原料 **23**。**23** 经 NaBH$_4$ 还原可定量得到醇 **24**，再经对甲苯磺酰氯酯化和 LiBH$_4$ 还原，得到环氧化物 **26**。环氧化物 **26** 在 H$_2$O$_2$ 和钼类催化剂作用下生成 β-羟基氢过氧化物 **27**，避免出现对映异构体产生不同构型的分离问题。**27** 和 p-TsOH 在 CH$_2$Cl$_2$ 溶剂的条件下发生温和的分子内缩酮交换反应得到 **28**，随后在脱羧基青蒿素 **29** 的合成中，成功地用 PhI(OAc)$_2$、I$_2$ 条件代替光照氧化条件关环。最后，参考文献方法得到青蒿素。在 C12 位引入过氧化氢自由基且没有利用单线态氧化，以及利用 C10 位的亚甲基构建青蒿素中最后一个环，是此路线的特色[5]。

2012 年，张万斌课题组研发出一种简便化学半合成方法高效合成青蒿素[6]。该方法以青蒿酸为起始原料，通过还原得到二氢青蒿素，然后在一种特定催化剂作用下，可在无需光照氧化条件下，将其高效氧化为过氧化二氢青蒿酸，最后经酸催化重排以接近 60%总收率得到青蒿素。该方法合成路线短，收率高、而且无需光照等特殊化学条件，已经实现大规模生产。

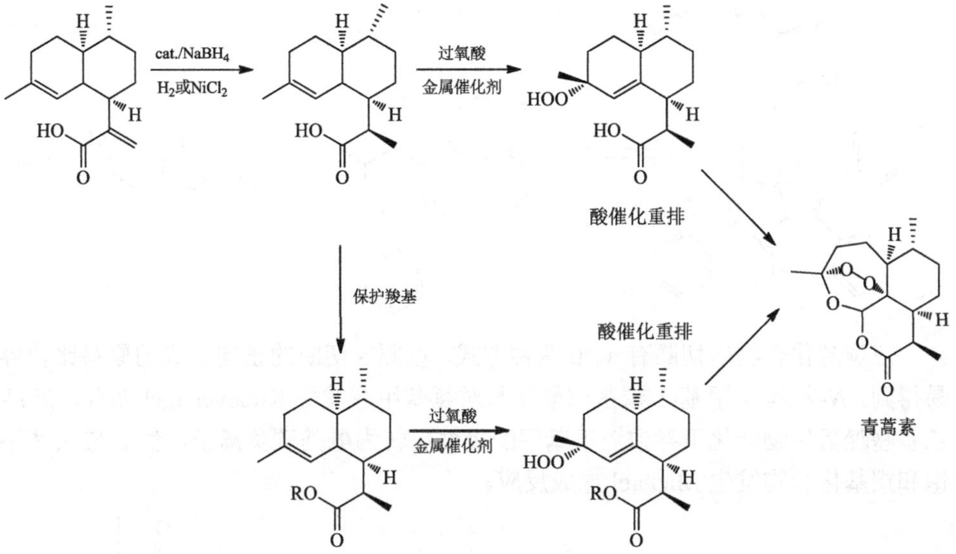

11.2　阿伐他汀钙的合成

他汀（tatin）类药物是 HMG-COA 还原酶的抑制剂，能有效地抑制体内胆固醇的合成，因而是目前降低血液中总胆固醇含量，治疗冠心病和动脉粥样硬化的重要药物。其中阿伐他汀钙（atorvastatin calcium，**30**）是第一个全合成的对映纯的手性他汀药物。

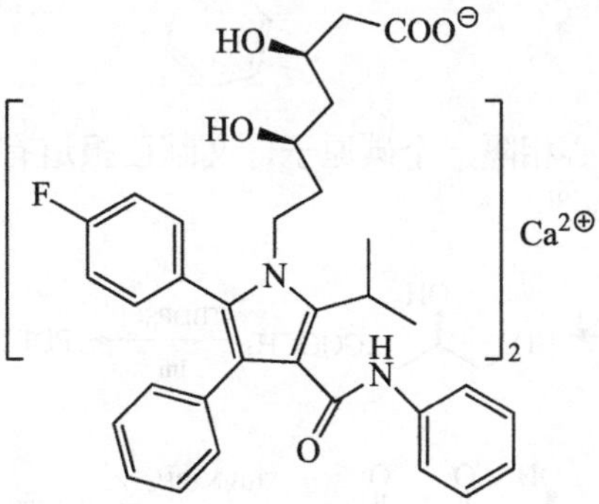

30

阿伐他汀逆向拆分为三羰基化合物和边链(3*R*, 5*R*)-7-氨基-3, 5-二羟基庚酸，三羰基化合物中三个羰基的位置是 1, 3-位和 1, 4-位，因而逆向切断时必然出现"极性反转"的合成子[7, 8]。

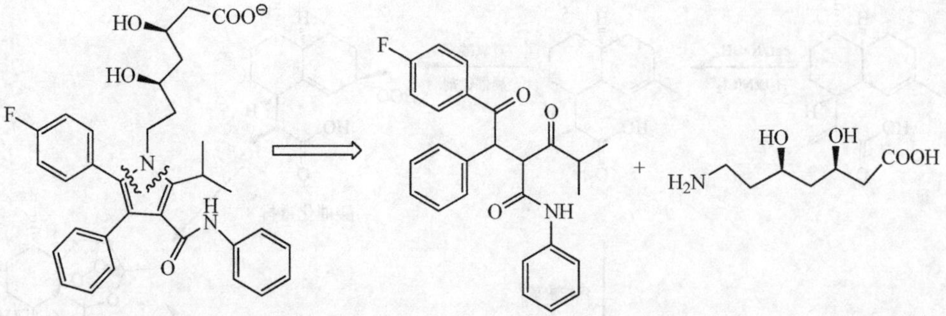

三羰基化合物的切断有 a、b 两种方式，按照 a 切断的正向合成的原料比较容易得到。N-苯基-4-甲基-3-羰基戊酰胺与对氟苯甲醛发生 Knoevenagel 缩合，在 N-乙基噻唑衍生物催化下导致对氟苯甲醛极性反转为酰基碳负离子，然后与 α,β-不饱和羰基化合物发生 Michael 加成反应。

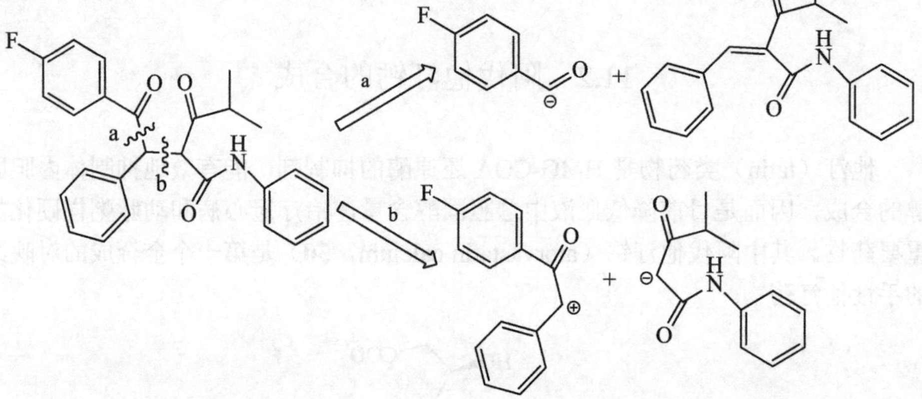

边链中两个手性中心相隔一个碳原子，文献已报道有多条合成路线。

1）以苹果酸为原料[9]

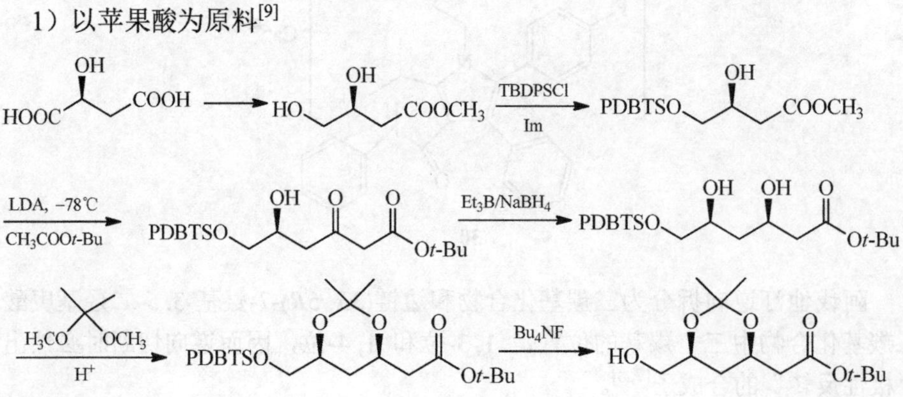

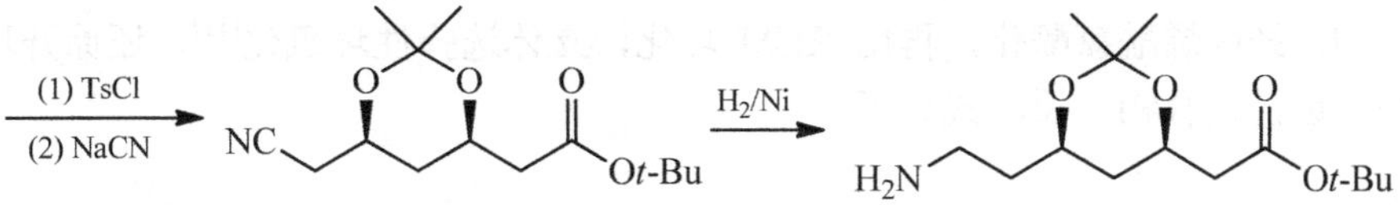

2）以异抗坏血酸为起始原料[10]

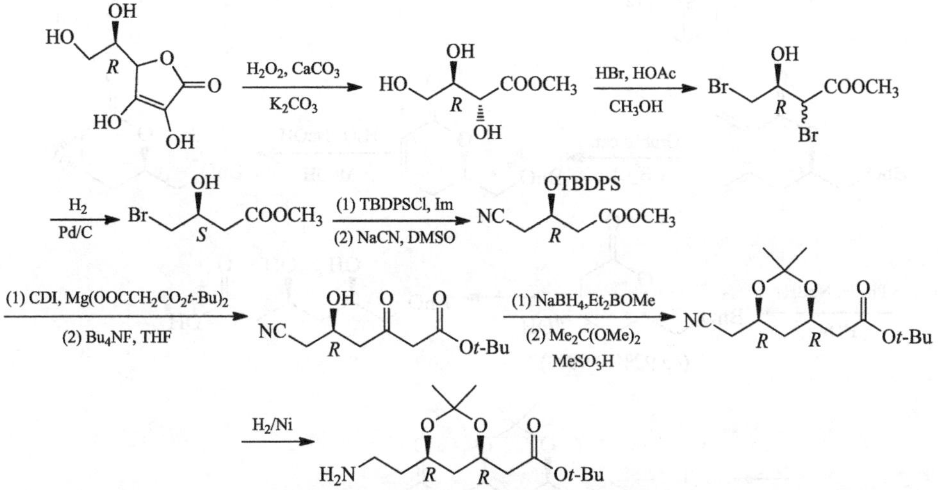

异抗坏血酸经氧化选择性氢化脱卤，硅醚保护醇羟基、氰化，然后在 CDI（N, N-羰基二咪唑）存在下，与丙二酸单叔丁酯镁盐反应增长碳链，去保护得到(R)-δ-羟基-β-酮酸酯。使用 NaBH$_4$ 和 Et$_2$BOMe 选择性还原酮羰基。二醇羟基经异丙叉保护后加氢还原氰基为氨基，脱保护基完成边链的合成，ee 值达 99.5%。

3）以非手性的氯乙酰乙酸酯为原料

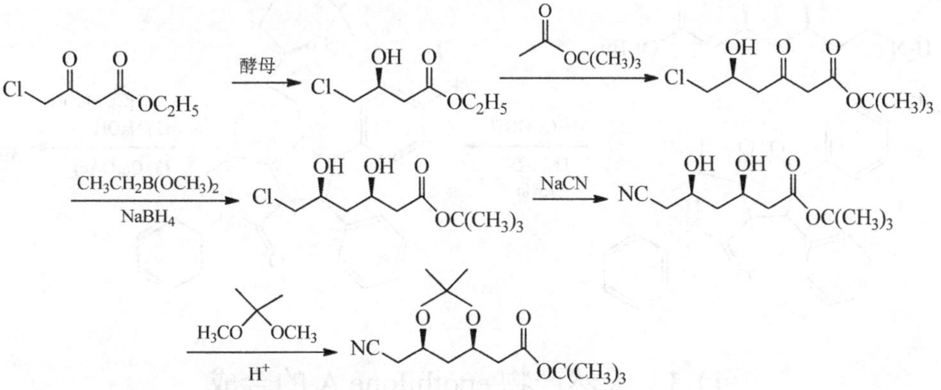

4）全不对称反应合成

采用手性烯丙基硼试剂与醛作用，不对称烯丙基化可得到 ee 值 96% 的高烯丙醇产物，经丙烯酰氯酰化，再用 RCM 环化，立体选择性环氧化[11]，还原开环反应得到边链化合物。反应式如下：

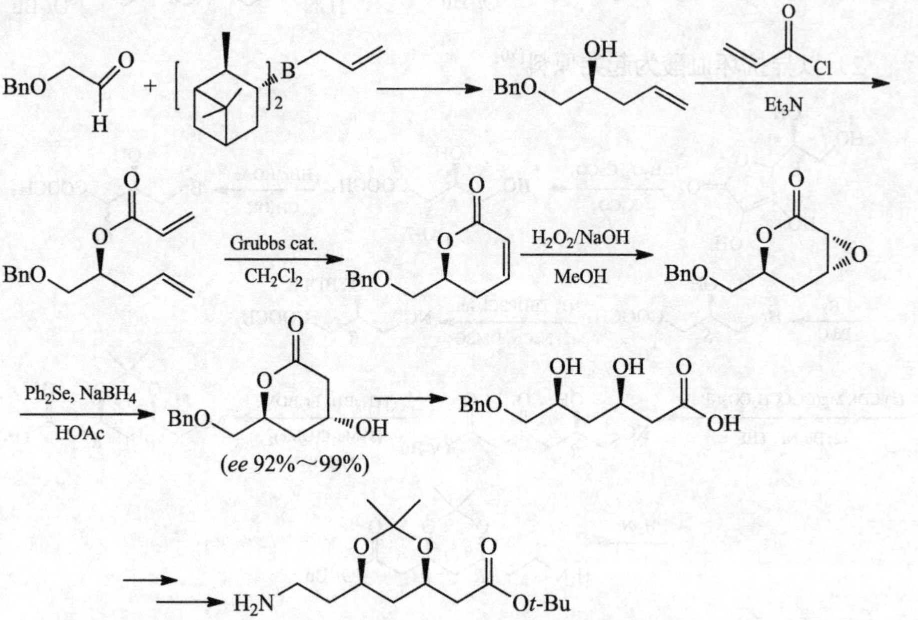

阿伐他汀钙的合成：三羰基化合物与含伯胺基的边链经 Paal-Knorr 吡咯合成反应得到阿伐他汀，然后水解除去叔丁基保护基，用氢氧化钙作用成盐得到阿伐他汀钙。

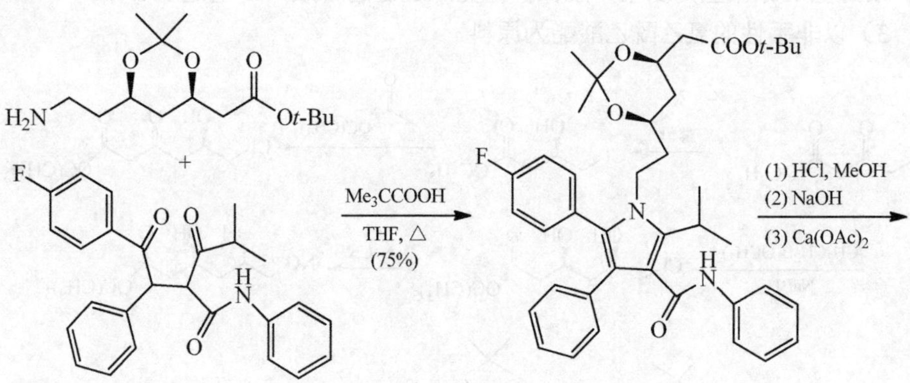

11.3　天然产物 epothilone A 的合成

埃博霉素（epothilone A）（**31**）是 1996 年从黏细菌中分离得到，是一类大环内酯类化合物[12]。具有类似紫杉醇微管蛋白聚合和抑制微管解聚的活性使它成为新一代抗有丝分裂药物，可与微管蛋白结合导致癌细胞无法顺利进行有丝分裂，进而使癌细胞凋亡。epothilone A 在抗肿瘤谱、抗肿瘤活性、安全性、水溶性及合成方法等方面均优于紫杉醇。

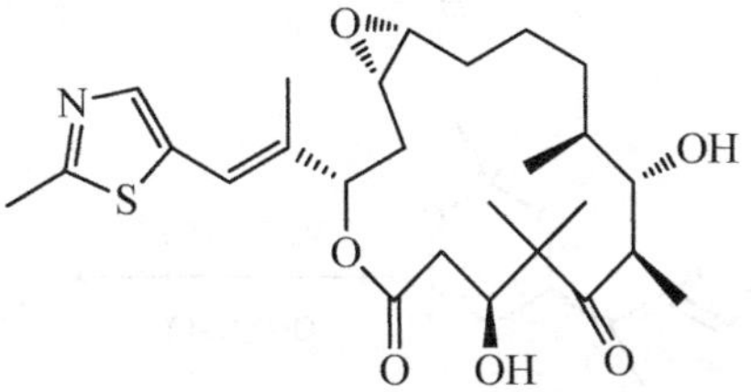

Schinzer 等[13]从丙二醇出发以 16 步反应 1.5%的收率完成其全合成。epothilone A 的逆向合成分析如下：

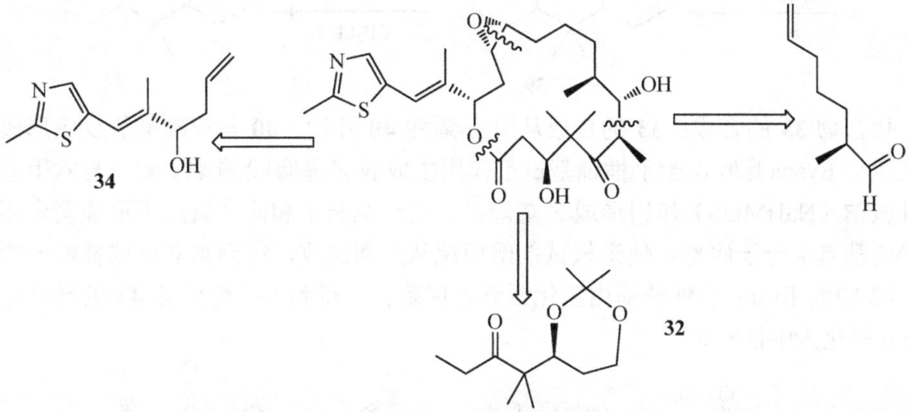

epothilone A 可以反向切断分成 32、33 和 34 三个建筑单元。32 和 33 可以通过高立体选择性的羟醛缩合反应偶联（C6/C7），然后酯化，最后通过 RCM 反应成环。

化合物 32 的合成：32 的合成从丙-1,3-二醇开始，一端的羟基由硅醚保护基（TBS）保护，另一端的羟基由 Swern 氧化为醛基 35。然后 35 和巴豆基手性硼试剂作用，反应经过六元环的椅式过渡状态，生成的产物经氧化水解得到手性醇 36。36 在含催化量的硫酸铜的乙酸作用下移去硅醚保护基，并和丙酮反应生成缩酮 37。接着 37 的烯键由 NaIO$_4$/OsO$_4$ 氧化断裂为醛 38，与格氏试剂 EtMgBr 亲核加成得到仲醇 39，后者由四正丙基过钌酸铵(TPAP)/N-甲基吗啉-N-氧化物（NMO）氧化为酮 32。

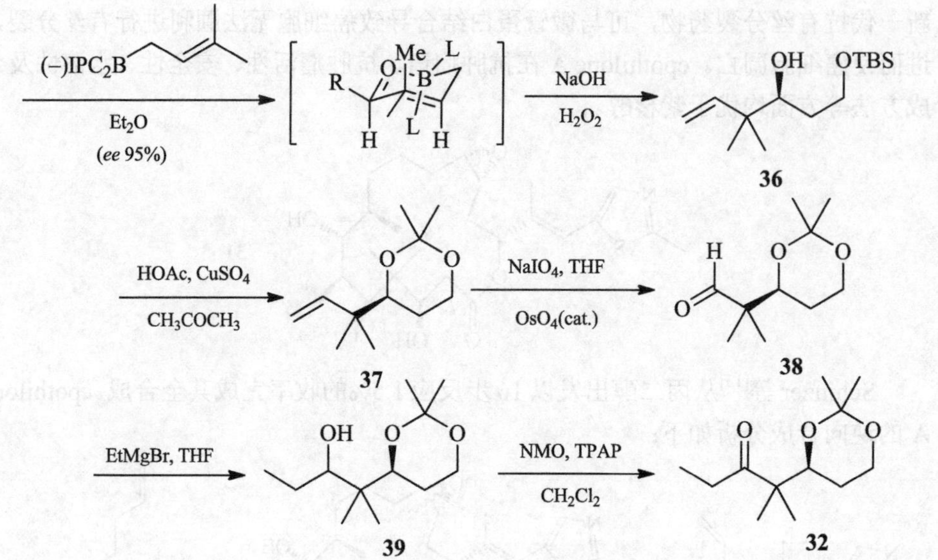

化合物 **33** 的合成：**33** 的合成从庚-6-烯酸 **40** 开始。**40** 与亚硫酰氯反应形成的酰氯与 Evans 噁唑烷酮手性辅基试剂作用生成 *N*-酰基噁唑酮 **41**。接着与六甲基二硅胺钠（NaHMDS）作用形成 *Z*-烯醇盐，由于钠离子和两个氧原子形成螯合环和异丙基遮盖分子底部，使亲核试剂碘甲烷从上面进攻，得到高立体选择性产物 **42**。**42** 中的 Evans 手性辅基由氢化铝锂还原除去，得到的手性伯醇 **43** 的羟基经 Swern 氧化为手性醛 **33**。

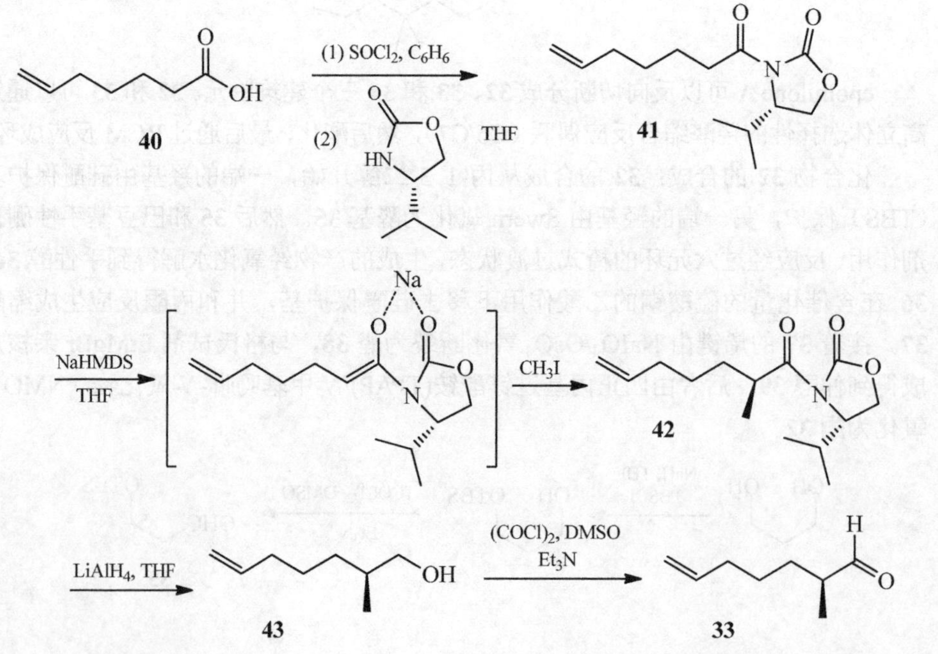

化合物 **34** 的合成：化合物 **44** 臭氧氧化后经 Wittig-Horner 反应形成 *E* 构型烯键的化合物 **46**。然后选择性除去伯羟基的硅醚保护基，经 Dess-Martin 氧化剂氧化为醛 **48**。**48** 经 Wittig 反应后除去硅醚保护基得到化合物 **34**。

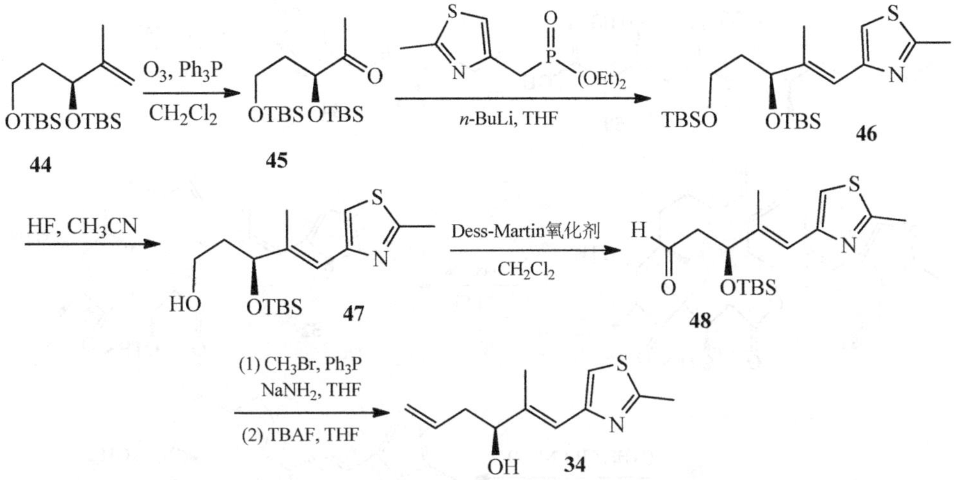

32+33 及衍生化：**32** 和 **33** 通过不对称羟醛缩合反应偶联。化合物 **32** 在 LDA 作用下形成 *Z* 构型的烯醇锂盐，亲核进攻化合物 **33** 的醛羰基，生成 *syn* 式异构体。由于 **32** 和 **33** 分子中手性结构的"匹配对"立体定向，因而只生成 *syn* 式非对映异构体 **49**。**49** 的环状缩酮结构在对甲苯磺酸吡啶盐（PPTS）存在下酸解，接着游离的醇羟基与十分活泼的硅烷基化试剂（TBSOTf）作用形成 TBS 硅醚。然后用樟脑磺酸（CSA）在温和条件下选择性除去伯羟基的硅醚保护基，接着用重铬酸吡啶盐（PDC）氧化为羧酸 **50**。

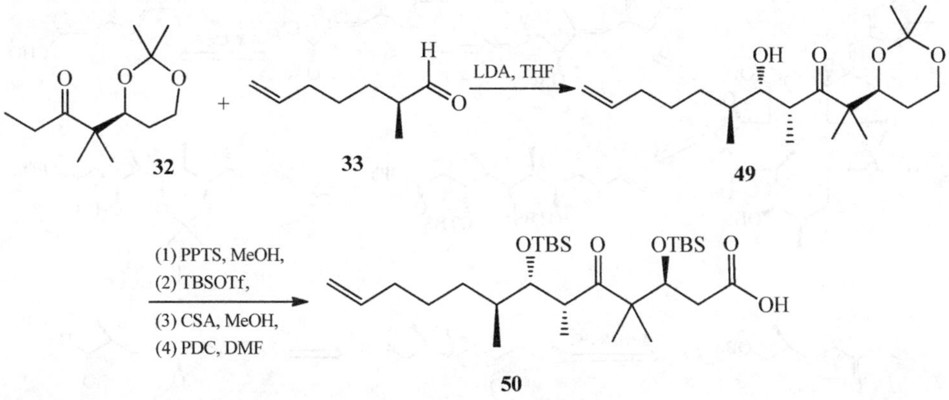

epothilone A 的合成：化合物 **50** 和化合物 **34** 在 DCC（*N, N'*-二环己基碳二亚胺）和 4-二甲氨基吡啶（DMAP）存在下发生酯化反应，生成 **51**，然后在 Grubbs

催化剂存在下两个末端烯键间发生 RCM 反应形成大环化合物 **52**，接着用氟离子除去所有硅醚保护基，最后用二甲基二氧杂环丙烷为氧化剂，选择性环氧化环内烯键为环氧化物最终完成 epothilone A 的全合成。

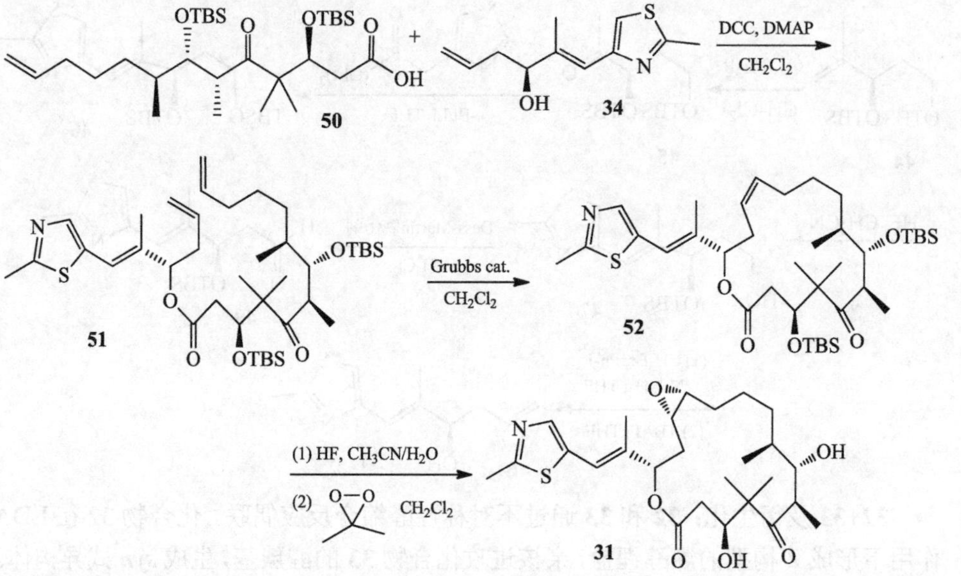

Shibasaki 小组利用多官能团不对称催化的策略实现了 epothilone A 的对映选择性全合成[14]，体现了不对称催化在全合成中的应用价值。其逆合成分析策略是把目标分子在酯基、环氧基团的邻位进行切断，形成两个链状片段，在两个片段的合成中不对称硅氰化反应和不对称 Aldol 反应分别作为关键步骤。

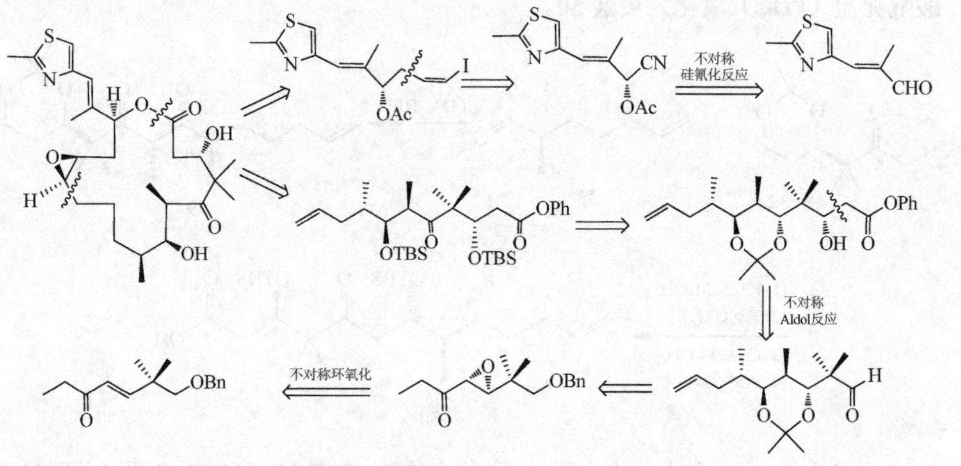

已知化合物 **53** 经过还原以及 Wittig 反应，得到相应的醛 **54**，然后采用由配体 **55** 与 Et$_2$AlCl 现场生成的路易斯酸-路易斯碱双官能团催化剂，对醛 **54** 进行

不对称硅氰化反应，继而进行水解，可以以 97% 的产率、99% 的 *ee* 值得到化合物 **56**。对 **56** 的羟基用硅基保护，再进行还原，得到化合物 **57**。炔基锂试剂与化合物 **57** 中的醛基加成生成相应醇的非对映体混合物，接着用氯代甲酸酯转化为碳酸酯，继而用 Pd 催化脱氧生成化合物 **58**。脱去化合物 **58** 中羟基的保护基团，然后进行钛氢化反应，生成顺式双键化合物 **59**，继而再转化为化合物 **60**。

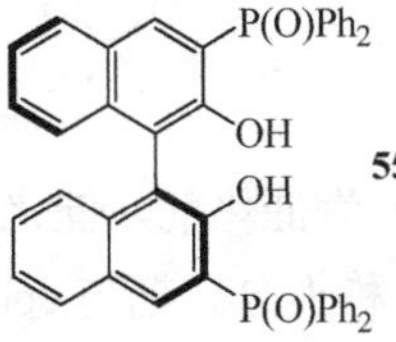

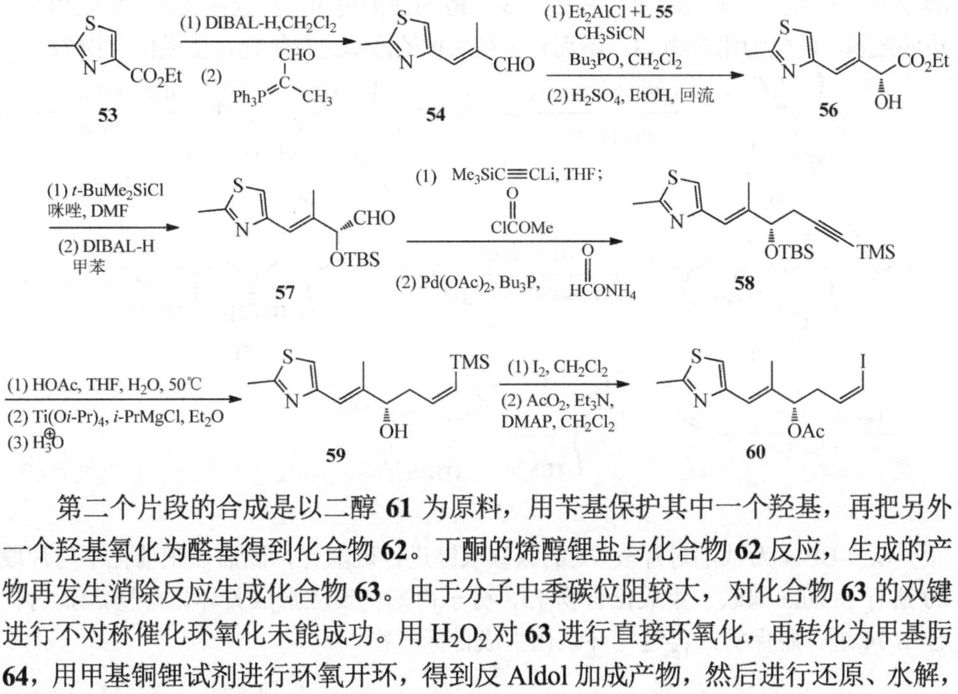

第二个片段的合成是以二醇 **61** 为原料，用苄基保护其中一个羟基，再把另外一个羟基氧化为醛基得到化合物 **62**。丁酮的烯醇锂盐与化合物 **62** 反应，生成的产物再发生消除反应生成化合物 **63**。由于分子中季碳位阻较大，对化合物 **63** 的双键进行不对称催化环氧化未能成功。用 H_2O_2 对 **63** 进行直接环氧化，再转化为甲基肟 **64**，用甲基铜锂试剂进行环氧开环，得到反 Aldol 加成产物，然后进行还原、水解，生成化合物 **65**。把化合物 **65** 转化为烯醇锂盐，然后与烯丙基溴反应，生成化合物 **66**，此反应具有很好的立体选择性。把化合物 **66** 中的酮羰基进行还原，再进行保护生成化合物 **67**，采用 Birch 还原脱去苄基，继而氧化伯醇生成醛 **68**。

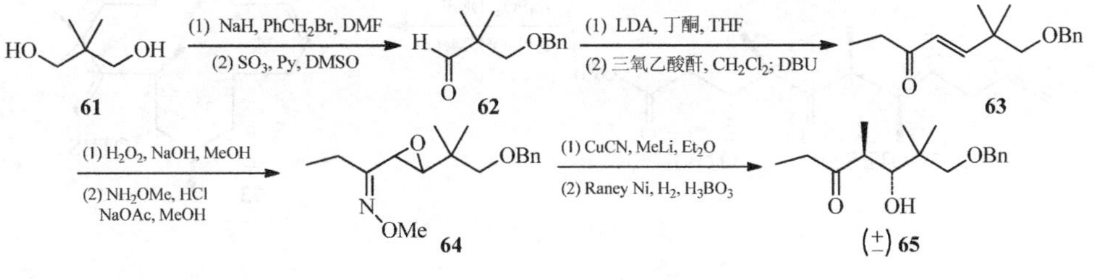

66　67　68

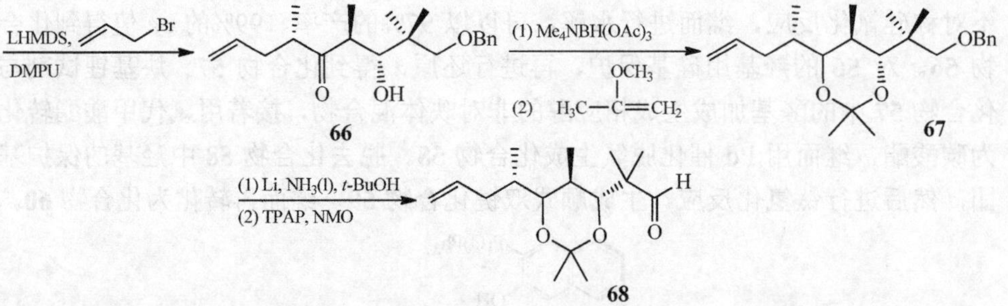

以杂多金属手性配合物（LLB）为催化剂，催化苯乙酮与 **68** 的不对称 Aldol 反应，实现了（±）-**68** 化合物的不对称拆分。把与 epothilone A 绝对构型一致的产物 **69** 进行氧化重排，生成酯 **70**。脱去 1, 3-二醇的保护基团，再选择性保护位阻相对较小的羟基，转化为化合物 **71**，继而对未被保护的羟基进行氧化，生成化合物 **72**。

68　69　70　71　72

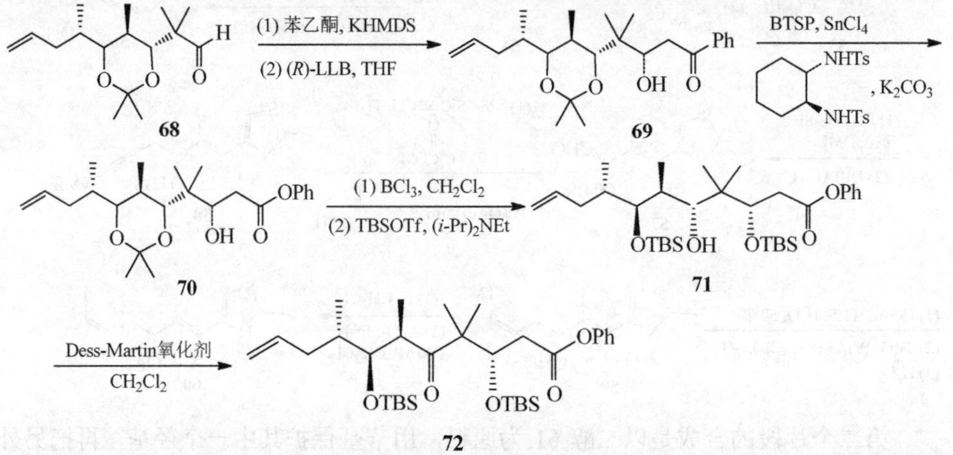

以 9-BBN 为试剂对片段 **72** 的碳碳双键进行硼氢化，随后在钯催化下与片段 **60** 进行 Suzuki 偶联，生成化合物 **73**，分子内酯化反应形成关环化合物 **74**，对化合物 **74** 进行脱保护，再进行环氧化生成目标产物。

60　72　73

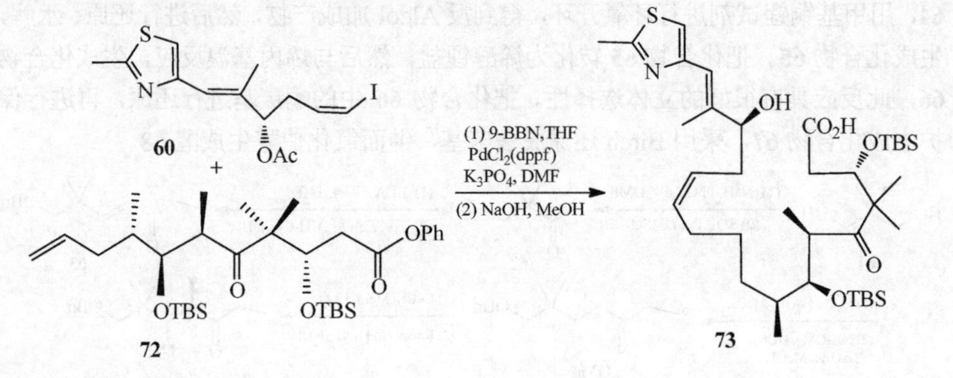

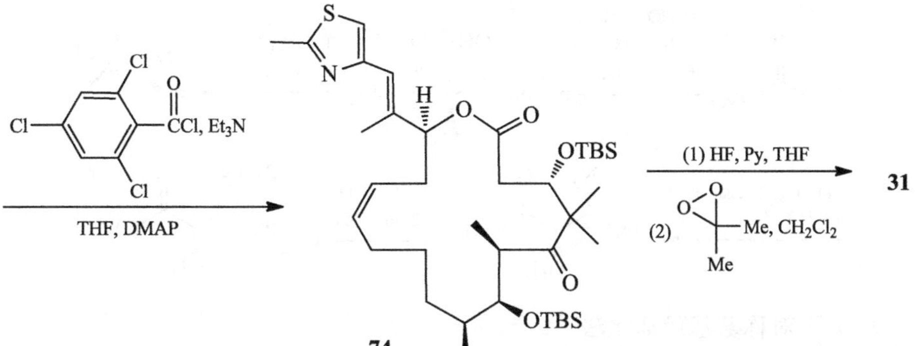

11.4　紫杉醇的合成

　　紫杉醇（taxol，**75**）是从红豆杉树皮中分离得到的，具有很强的抗癌活性化合物，已广泛用于临床治疗。紫杉醇分子中含稠合的两个六元环、一个八元环、一个四元醚环和一个侧链，共有 11 个手性碳[15]。由于红豆杉资源有限，因此合成紫杉醇是对有机合成的重大挑战。在迎接这场挑战中，再一次证明在天然产物作为目标的合成中，必定要发展新的合成方法，特别是具有重要意义的不对称合成方法。

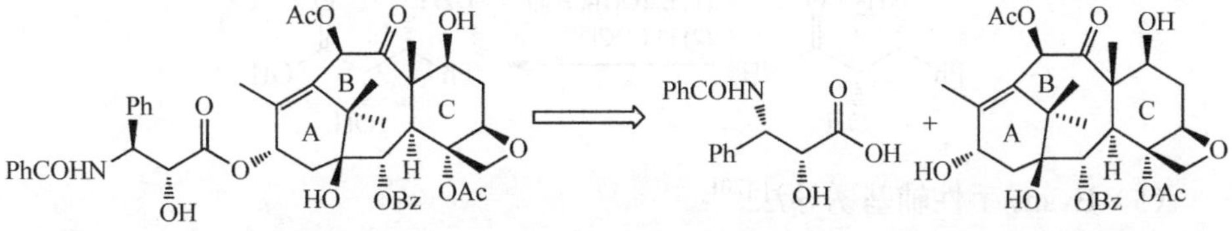

紫杉醇 (**75**)　　　　　　　　　　**76**　　　　　　**77**

　　紫杉醇侧链部分是 *N*-苯甲酰-(2*R*, 3*S*)-3-苯基异丝氨酸 **76**。文献已报道它的不对称合成有 Sharpless 环氧化法、不对称双羟基化法、不对称氨基羟基化法、Jacobsen 环氧化法、Evans 手性辅基诱导法、Mukaiyama 不对称醇醛反应法等多种方法。

　　（1）Sharpless 环氧化法[16]：

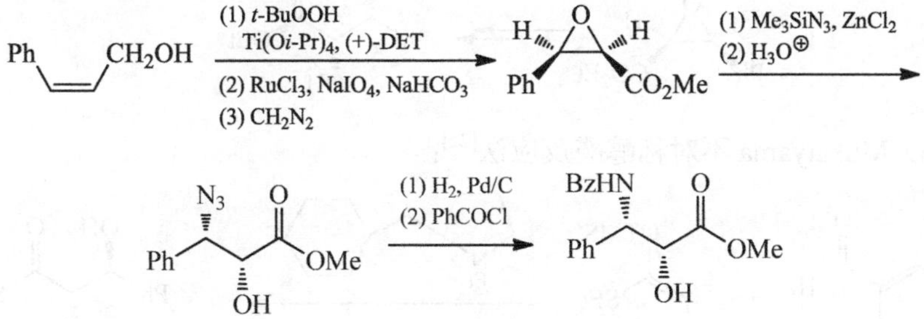

　　（2）不对称双羟基化法[17]：

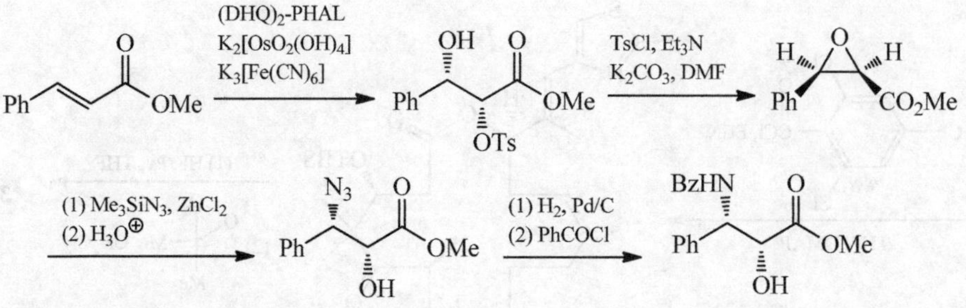

（3）不对称氨基羟基化法[18]：

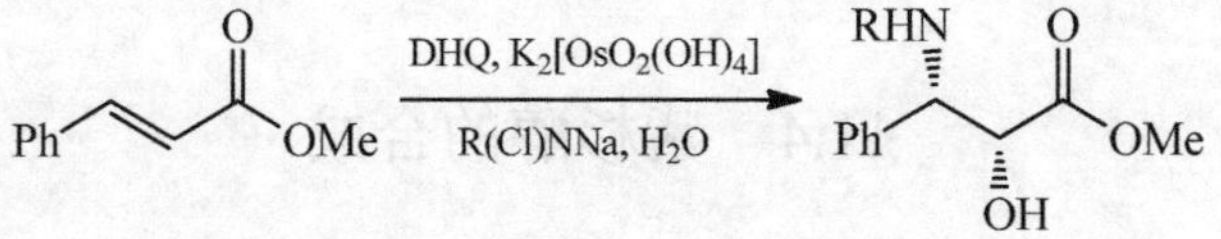

（4）Jacobsen 环氧化法[19]：

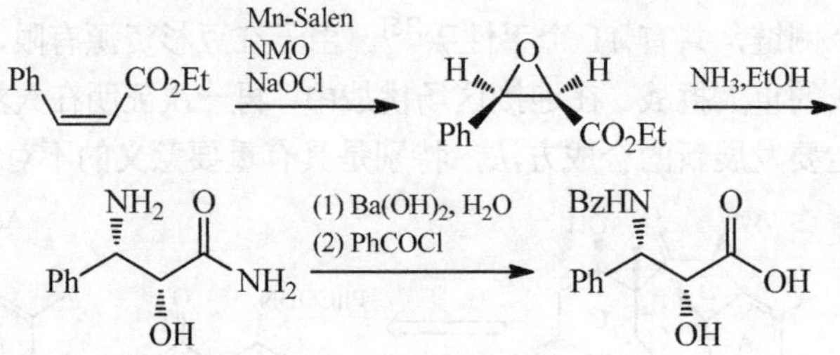

（5）Evans 手性辅基诱导法[20]：

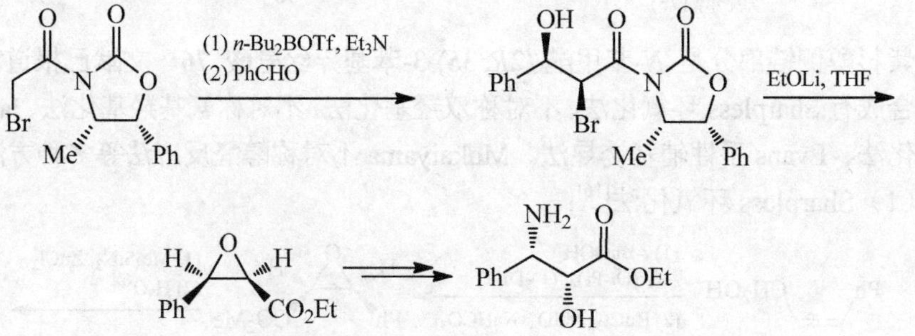

（6）Mukaiyama 不对称醇醛反应法[21]：

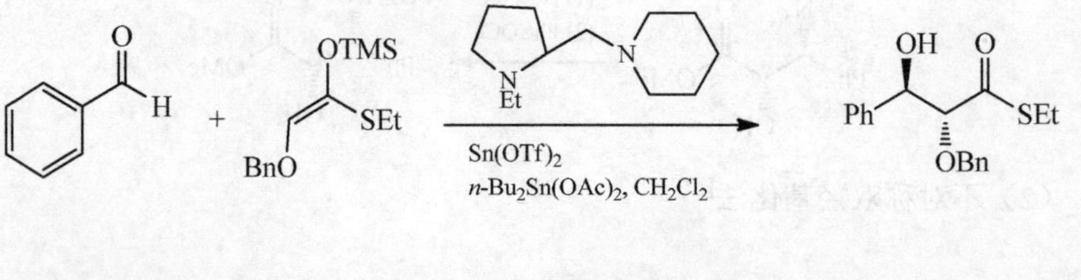

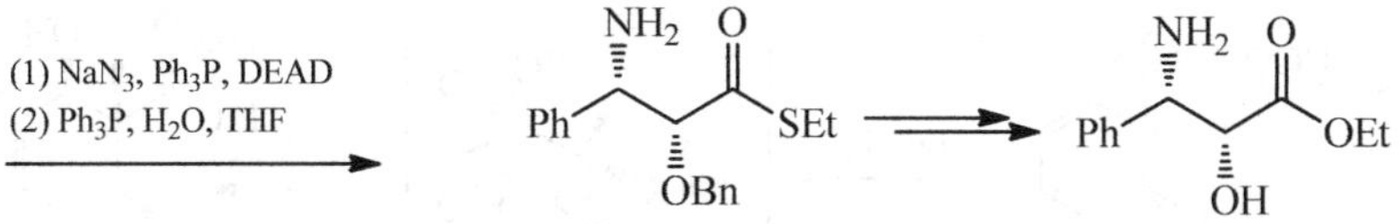

紫杉醇的全合成集中在其四环体系的构建上。中间的 B 环张力较大，围绕的手性中心较多，合成较难。氧杂丁环 D 环张力大，反应活性高，是紫杉醇的药效中心，也是合成路径中保护的难点。

1994 年，Holton 小组和 Nicolaou 小组几乎同时报道了紫杉醇的全合成[22-24]，在这里主要介绍 Nicolaou 小组报道的全合成路线，其路线更简明。该路线以两个六元环为母体，合成大环 B 环以及氧杂环丁烷环 D 环的策略。在反合成分析中，主要采用拆分 B 环、D 环的策略。

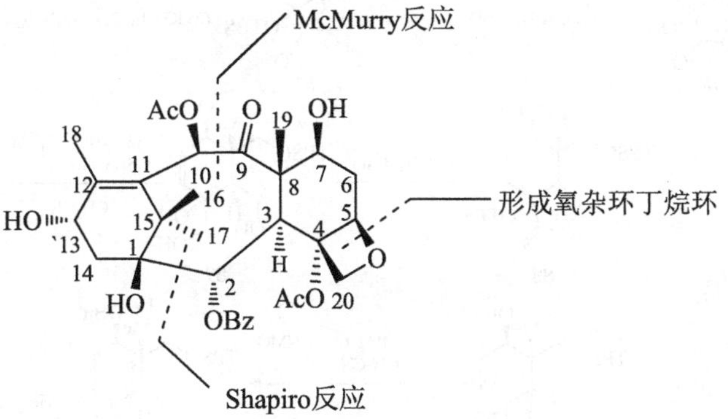

A 环的构建：化合物 78 与格氏试剂加成，之后发生消除反应形成双键，将酯基还原为羟基并保护得到 80，与 2-氯丙烯腈发生 Diels-Alder 反应得到产物 81，进行水解并保护羟基得到 82。将 82 进行肼化，得到了 Shapiro 反应的前体 83。

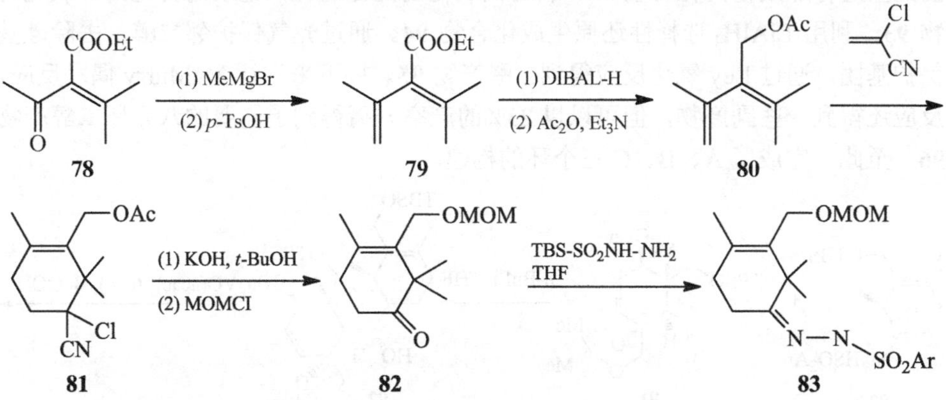

C 环的构建：使用化合物 84 与 85 进行 Diels-Alder 反应，加入苯基硼酸，利用硼酸的成醚反应使反应物保持特定构象，成功获得所需的产物。

84　85　86

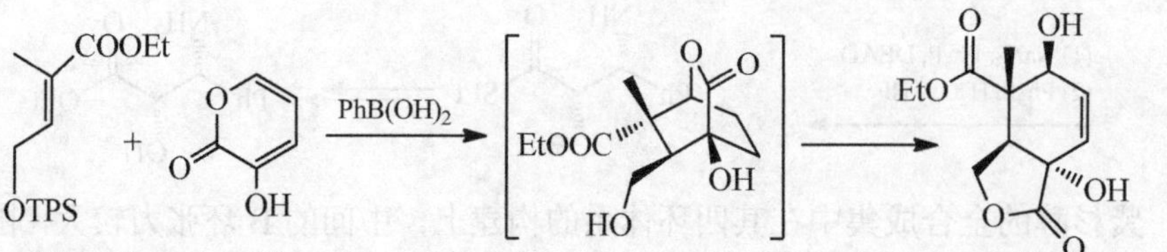

C 环的官能团转化：化合物 **86** 用硅基进行保护，再进行还原把酯基转化为伯醇 **87**，然后进行差异化保护，生成化合物 **88**，用 $LiAlH_4$ 还原转化为三羟基化合物 **89**，并通过叉丙酮进行保护得到热力学稳定的五元环缩酮化合物 **90**，再把伯醇氧化为醛 **91**。

86　87　88　89　90　91

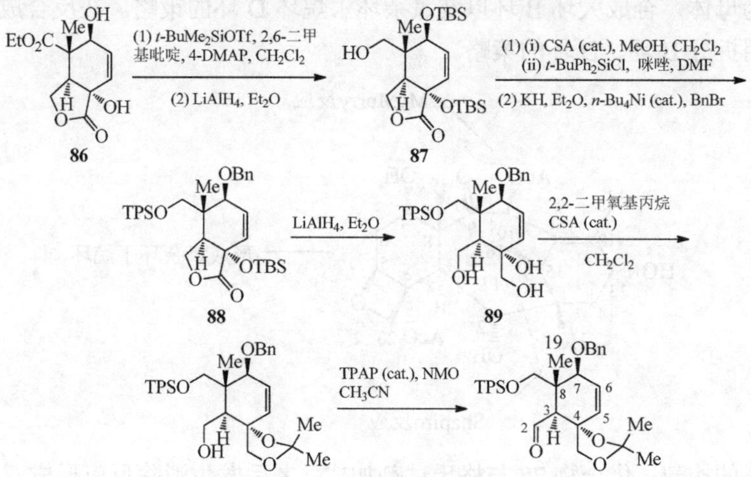

化合物 **83** 在 2eq.丁基锂的作用下生成烯基锂试剂（Shapiro 反应），对 **91** 中的醛基进行加成得到化合物 **92**。利用钒氧化物催化氧化，把双键转化为环氧化合物 **93**，利用 $LiAlH_4$ 选择性还原生成化合物 **94**。通过光气保护邻二醇，去除硅基保护基团，通过 Ley 氧化反应得到二醛产物 **95**。接下来进行 McMurry 偶联反应，反应还得到一些副产物，但可以以 23%的产率分离得到了需要的八元环二醇产物 **96**。至此，完成了 A、B、C 三个环的构建。

83　91　92

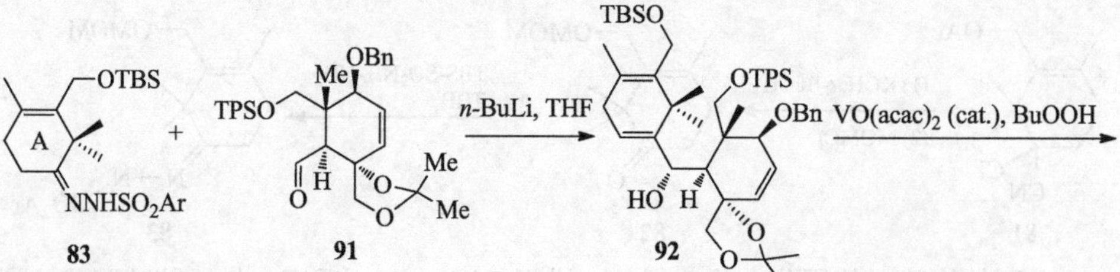

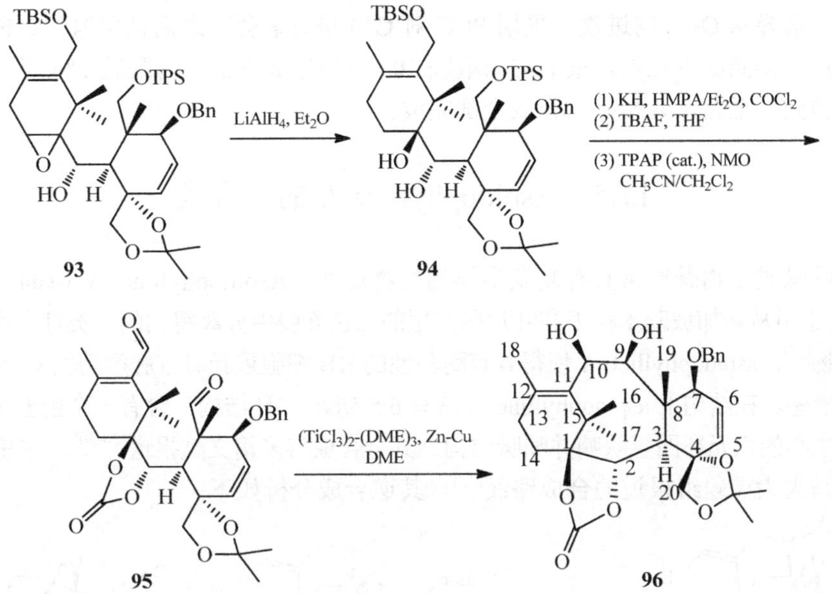

D 环的构建：首先对烯丙位的羟基进行选择性乙酰化，再把 9-位羟基氧化生成酮 **97**。对双取代的双键进行硼氢化氧化，生成化合物三醇 **98**。再对伯醇进行保护，生成化合物 **99**，脱去 7-位羟基的保护基，并转化为硅基保护，得到化合物 **100**。用 Me₃SiCl 把伯醇转化为硅醚，再把仲醇转化为三氟乙酸酯，继而酸催化下脱硅基，分子内 S_N2 反应生成氧杂环丁烷 **101**。

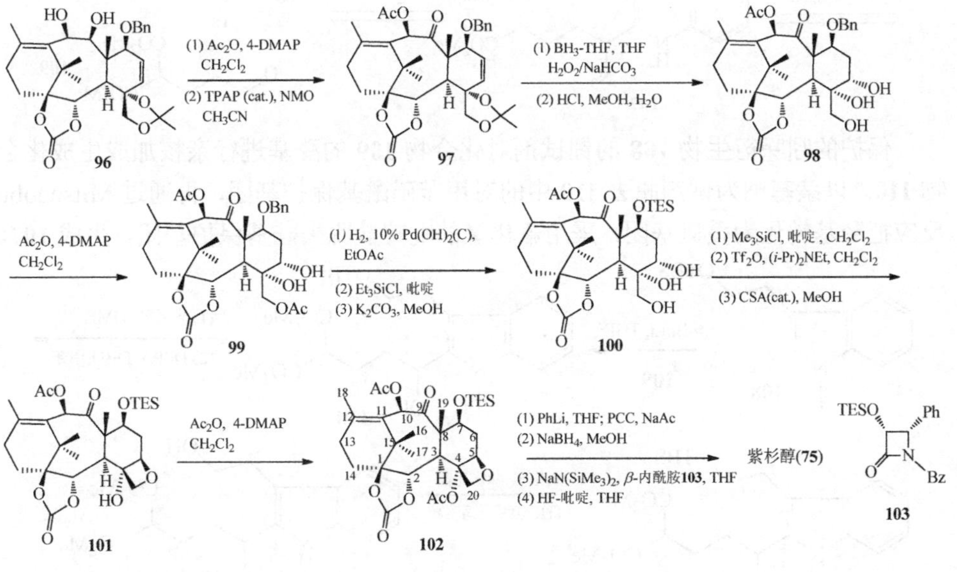

最后几步的反应已经研究过，利用苯基锂断裂碳酰基，由于邻位桥基位阻的

原因，选择从 O_2 方向进攻，采用 PCC 对 C13 进行氧化，之后使用氢化铝锂选择性还原，得到面下羟基。最后与内酰胺 **103** 反应生成侧链，内酰胺 **103** 可从前述侧链得到。至此，紫杉醇的合成全部完成。

11.5　Aspidophylline A 的全合成

吲哚类生物碱通常具有复杂多样的生物活性。Aspidophylline A（**104**）是由 Kam 小组从新加坡蕊木树干和叶片所产生的白色乳胶中分离得到的一类灯台生物碱化合物[25]，aspidophylline A 使得具有耐药性的 KB 细胞重新对抗肿瘤药物 vincristine 变得敏感。在结构上 aspidophylline A 具有 6/5/5/6/6 并环结构，含有一个由五个密集手性中心的六元环四氢呋喃并吲哚结构。其全合成有多篇文献报道[26-30]，这里介绍的是马大为课题组报道的合成路线[27]。其逆合成分析如下：

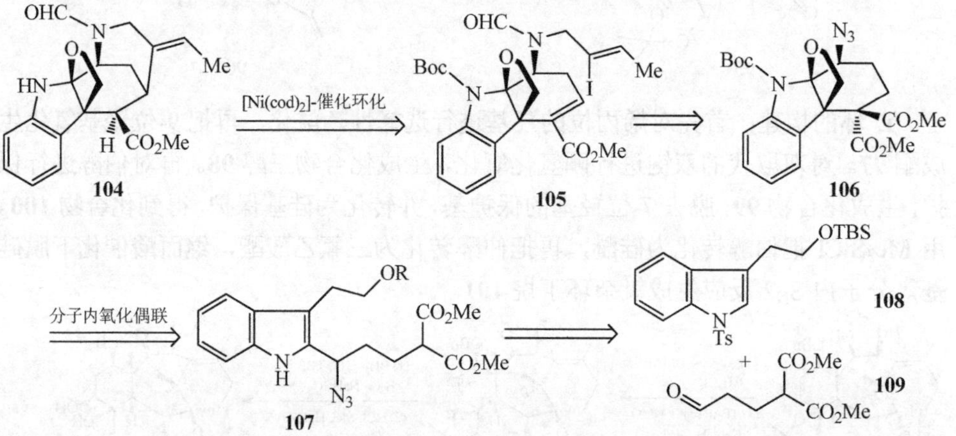

保护的吲哚衍生物 **108** 的锂试剂对化合物 **109** 的醛基进行亲核加成生成化合物 **110**。以萘基钠为试剂脱去 **110** 中的对甲苯磺酰基保护基团，再通过 Mitsunobu 反应把羟基转化为叠氮基团，采用氟化氢的吡啶盐脱去硅基保护基团，生成 **107**。

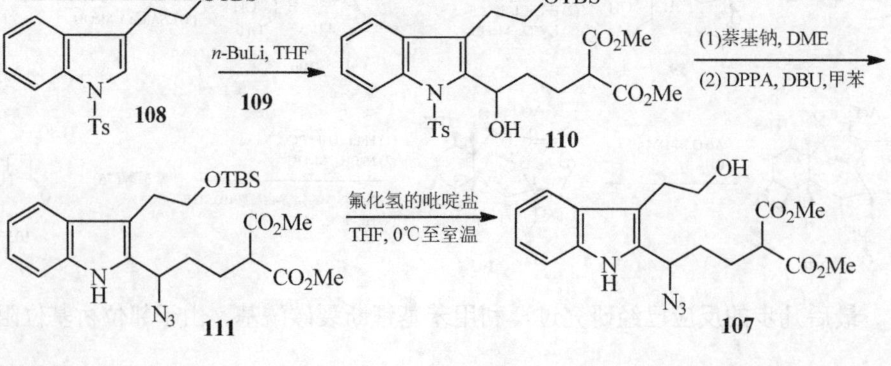

以化合物 **107** 为底物，对分子内的氧化偶联进行了不同反应条件下的研究，结果发现在下述反应条件下，可以以 54% 的产率得到目标成环化合物 **106** 及其非对映异构体。据研究者分析，基于锂离子螯合形成的中间体对于目标产物的形成至关重要。

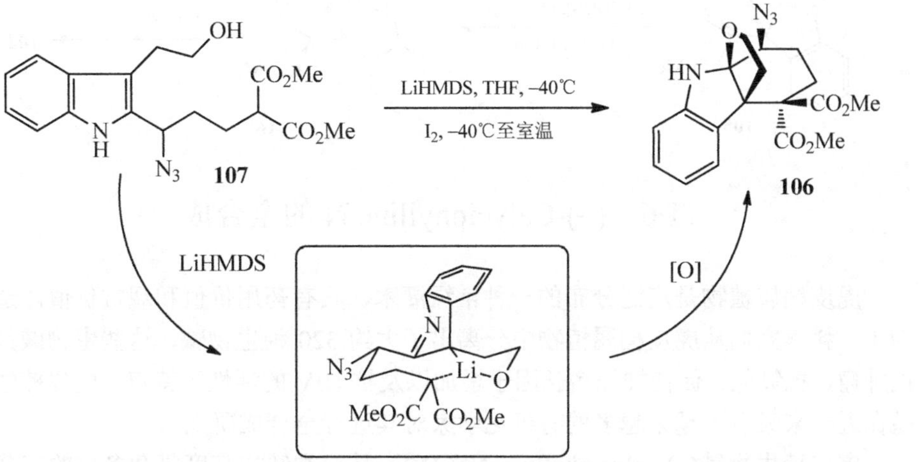

对化合物 **106** 及其非对映异构体的氨基进行保护，可分离得到化合物 **112**，用 LiCl 在 DMF 溶液中加热脱去一个酯基，并再对氨基进行保护生成化合物 **113**。在化合物 **113** 酯基的 α-位引入苯硒基，继而进行氧化消除，得到 α, β-不饱和酯 **114**。经过 Staudinger 还原，把叠氮基团还原为氨基，再与(Z)-1-溴-2-碘-丁-2-烯进行反应，然后对产物 **115** 进行甲酰化，得到化合物 **105**。

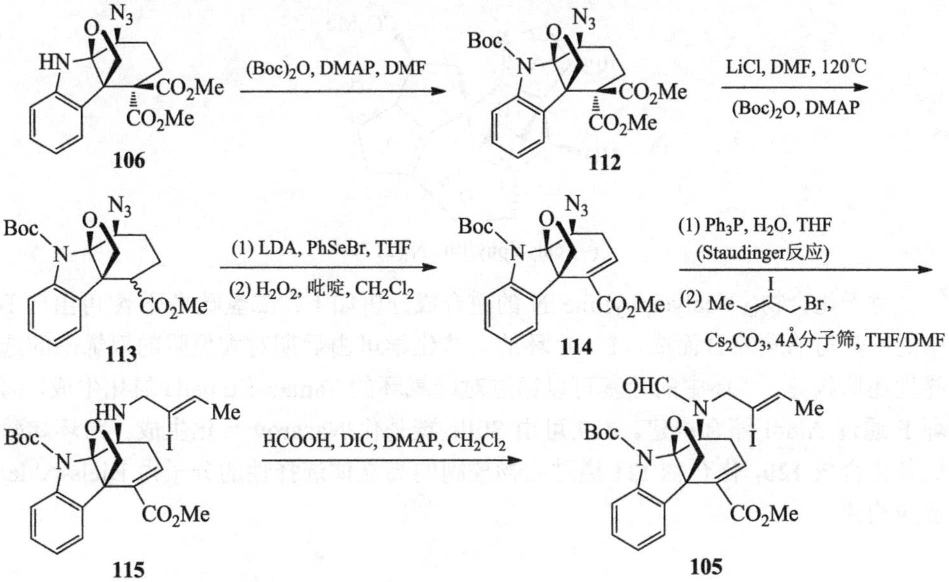

　　以乙腈和 DMF 为混合溶剂，采用[Ni(COD)$_2$]介导的环化反应，可以以 58%的收率得到哌啶桥环的化合物 **116**，脱去氨基的保护基团得到目标产物 aspidophylline A。

11.6　(–)-Calyciphylline N 的全合成

　　虎皮楠属植物是广泛分布的一种常绿灌木，具有药用价值和观赏价值。迄今为止，科学家们从虎皮楠属植物中分离出了大约 320 种生物碱，这些生物碱具有抗肿瘤、抗氧化、促使神经增长因子增加以及抗 HIV 的活性等特点。虎皮楠生物碱在近年来吸引了越来越多的有机化学家对其进行全合成研究。

　　虎皮楠生物碱(–)-calyciphylline N（**117**）是一类结构高度复杂多样的三萜类生物碱，具有复杂的立体化学及新颖的骨架[31]。(-)-calyciphylline N 的结构特点是包含 6 个连续的立体中心，其中 3 个是桥头季碳，bicyclo[2.2.2]octane 是此化合物的结构中心，周围是稠并的二氢吡咯 A 环，以及 D、E、F 环构成的十氢 cyclopentazulene 环系。这里讨论的是 Smith 课题组报道的 calyciphylline N 全合成步骤[32, 33]。

(–)-calyciphylline N (**117**)

　　对于化合物(–)-calyciphylline N 的逆合成分析如下：二氢吡咯环 A 可由环 B 中的羰基与伯胺缩合而成，E、F 环的立体化学可由后期对大位阻的双烯酯的选择性还原构建，C 环中的羟基可以通过对硅氧环的 Tamao-Kumada 氧化生成，而环 F 通过 Aldol 缩合构建。**119** 可由 Stille 羰基化/Nazarov 环化生成。跨环烯醇烷基化合成 **120**，化合物 **121** 通过底物控制的高立体选择性的分子内 Diels-Alder 反应构建。

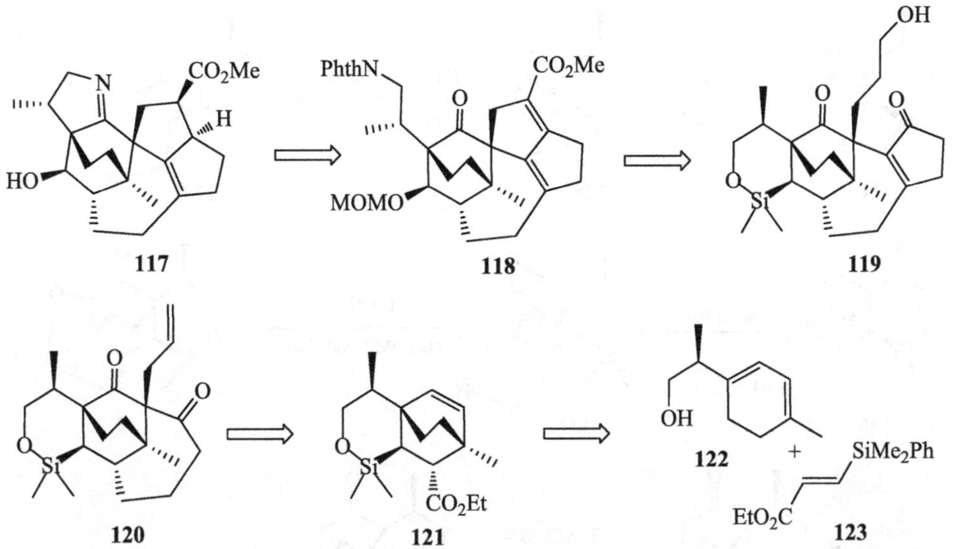

以(−)-**122** 为原料,通过 Birch 还原,再用 *t*-BuOK 在 DMSO 中进行异构化,可以得到化合物 **125**。苯基二甲基硅基丙烯酸酯与 **125** 反应,转化为三烯化合物 **127**,经路易斯酸 Et₂AlCl 催化的分子内 Diels-Alder 反应,生成环加成产物(−)-**121**。

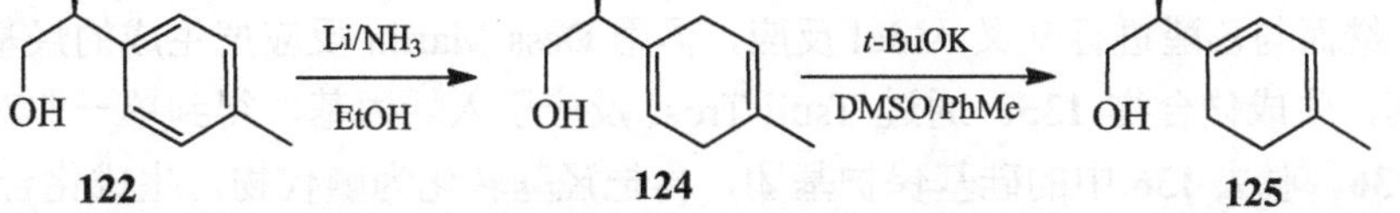

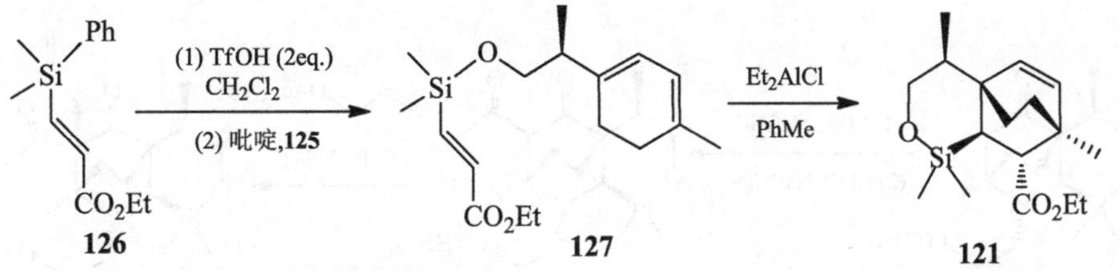

用 LiAlH₄ 把化合物 **121** 中的酯基还原为醇,再转化为相应的碘代物 **128**,经过取代反应转化为氰基,再用 DIBAL-H 还原为醛基,继而用 NaBH₄ 还原为醇 **130**。用 *m*-CPBA 把化合物 **130** 氧化为环氧化合物 **131**,再在酸性条件下进行分子内羟基对环氧的开环反应,继而用 Dess-Martin 试剂把开环后生成的羟基氧化为羰基,生成化合物 **132**。用 SmI₂ 还原断裂 C—O 键,并用硅基保护生成的羟基,得到化合物 **134**。

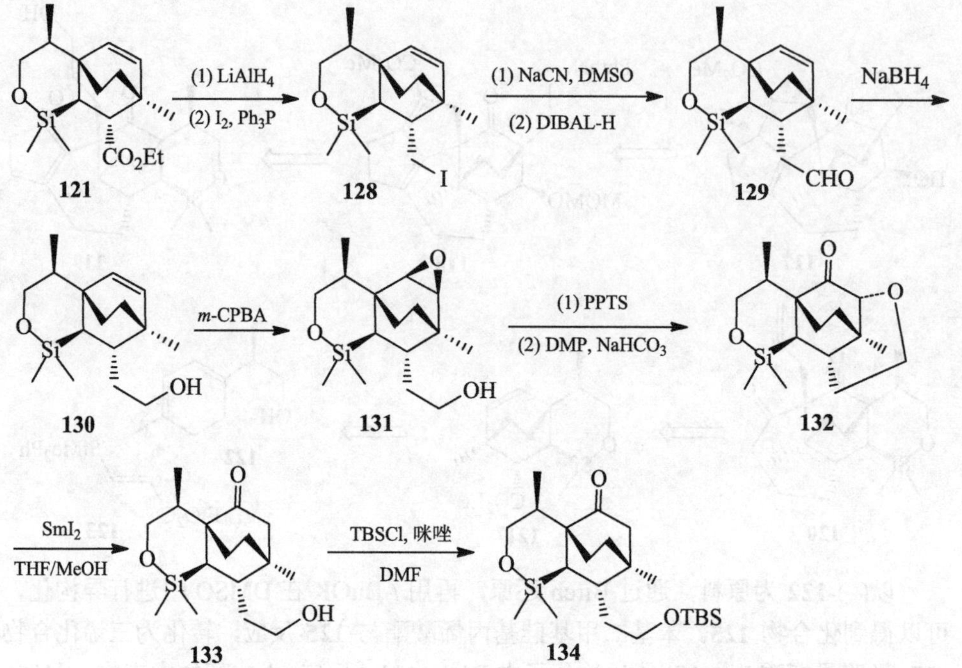

D 环的构建采用羰基 α-位的双烷基化思路。用 LDA 把 **134** 的羰基转化为烯醇盐，继而与乙醛进行交叉 Aldol 反应，再用 Dess-Martin 反应把生成的羟基氧化为羰基，生成化合物 **135**。通过 Tsuji-Trost 反应引入烯丙基，得到单一非对映异构体 **136**。脱去 **136** 中的硅基保护基团，再把羟基转化为碘代物，生成化合物 **138**。通过分子内烯醇盐的烷基化构建环 D，合成得到了四环化合物 **120**。

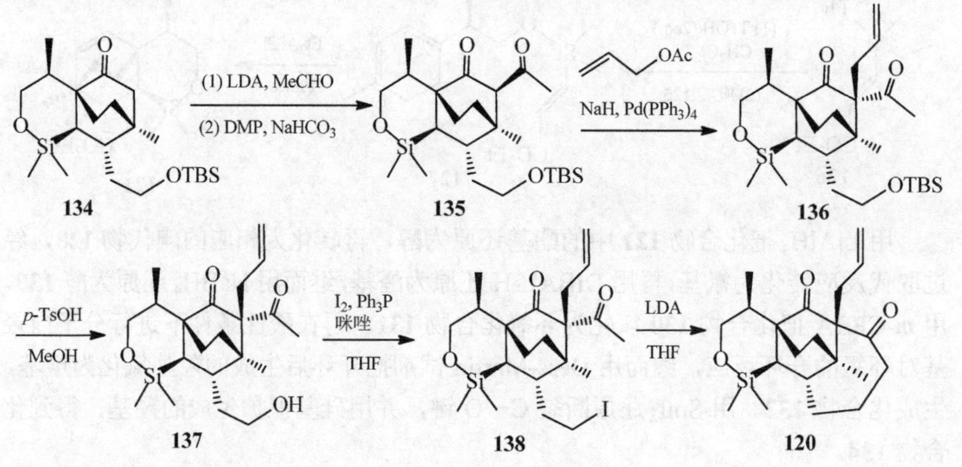

用 9-BBN 对化合物 **120** 的双键进行硼氢化氧化得到相应的醇, 再用硅基保护,

生成化合物 **139**。用 4-甲氧基苯基锂为试剂可以把 **139** 转化为芳基硅烷 **140**，芳基
硅烷更容易进行 Fleming-Tamao 氧化转化为羟基。通过 Mitsunobu 反应把 **140** 中
的羟基转化为保护的氨基。以 KHMDS 为试剂并与 PhN(Tf)$_2$ 反应，化合物 **141** 转
化为烯醇酯 **142**。化合物 **142** 进行钯催化的 Stille 羰基化反应，生成化合物 **143**。

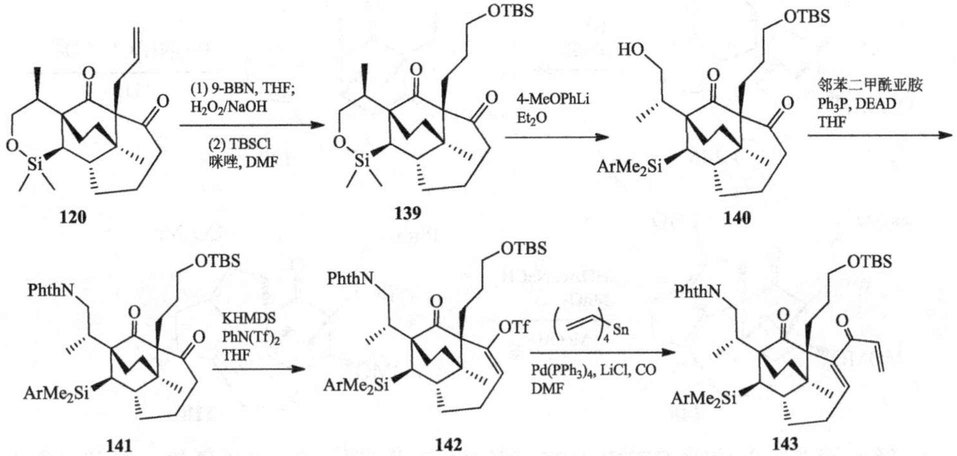

用 HBF$_4$·Et$_2$O 处理化合物 **143**，转化为氟代硅烷 **144**，此步反应羟基保护基
的硅氧键也被断裂。用 KF 和 *m*-CPBA 为试剂，化合物 **144** 成功进行了 Fleming-
Tamao 氧化把硅基转化为羟基，再把伯醇与仲醇分别用硅基和 MOM 保护，得到
化合物 **146**。

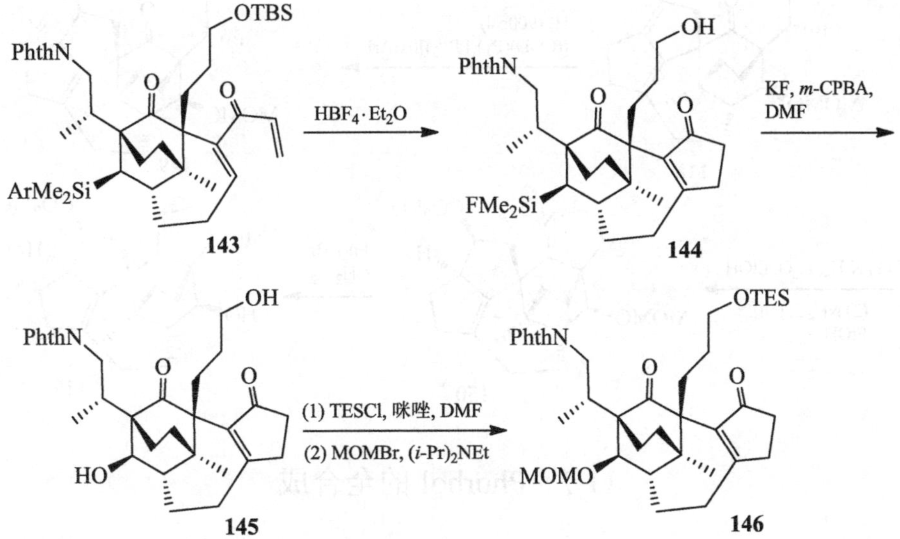

用 IBX 氧化硅醚，转化为醛基，再进行分子内的 Aldol 缩合，得到化合物 **148**。

对化合物 **148** 的双键进行选择性还原α, β-不饱和键未获成功。把 **148** 中的醛基转化为酯基，得到化合物 **118**。

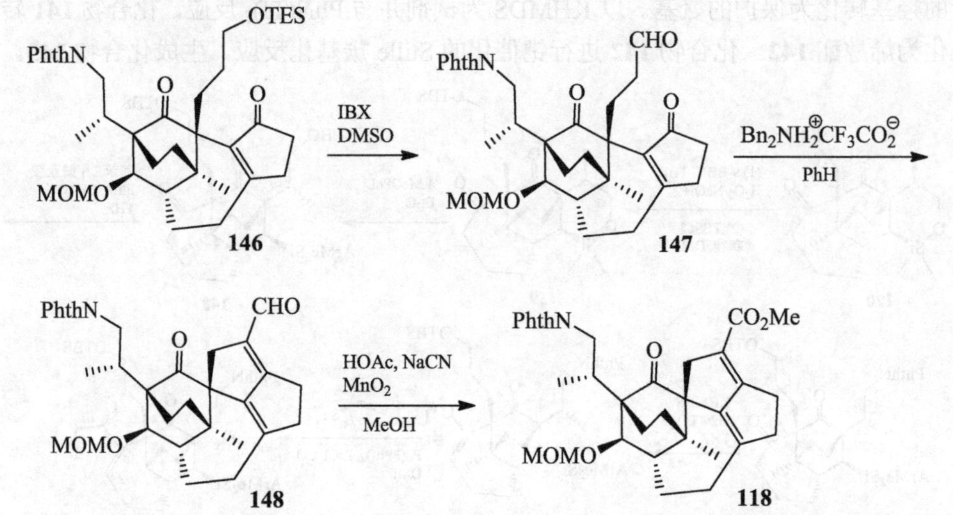

经过筛选，采用[(COD)(Py)(PPy₃)]IrBArF 为催化剂，高压氢化，得到选择性还原α, β-不饱和键产物 **149**（非对映选择性为 4∶1）。化合物 **149** 用水合肼处理，脱去邻苯二甲酰亚胺保护基，生成的氨基与羰基进行分子内缩合，形成 A 环。脱去化合物 **150** 中的 MOM 保护基团得到目标产物(–)-calyciphylline N。

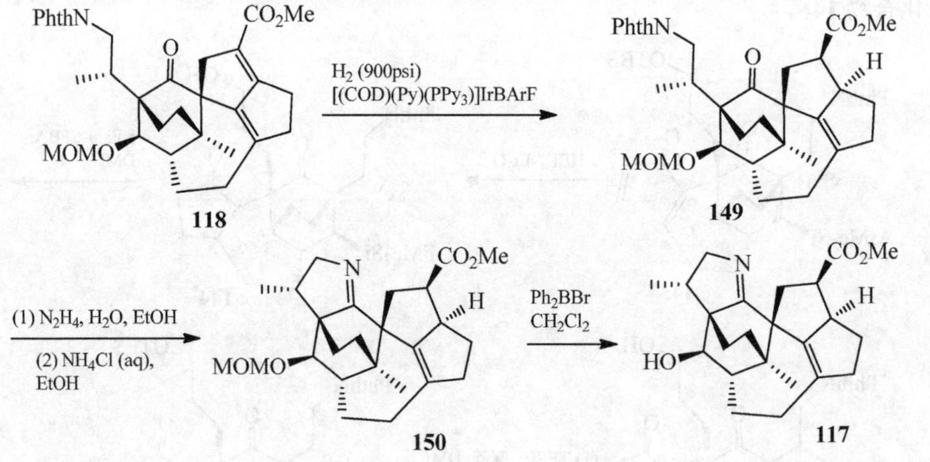

11.7　Phorbol 的全合成

Phorbol（佛波醇）是一类结构复杂的大环二萜类化合物[34]，是佛波醇酯的母核。佛波醇酯多来源于瑞香科和大戟科植物，如巴豆、大戟、麻风树和油桐等。

佛波醇双酯作为抗癌药物已经通过美国食品药品监督管理局（FDA）的一期临床试验。佛波醇酯在碱性条件下很容易水解为佛波醇及其类似物，而佛波醇又是合成具有抗艾滋病活性药物 prostratin 的重要前体。

　　Phorbol 具有巴豆萜烷骨架，该化合物具有四个环系，分别为五元环、七元环、六元环和三元环。2013 年，美国 Scripps 研究所的 Baran 课题组经过 14 步反应，成功合成了佛波醇类似物 ingenol（巨大戟二萜醇）[35]。该研究团队在此基础上继续努力，2016 年报道了通过 19 步反应合成化合物 phorbol 的策略[36]。

phorbol

　　首先采用他们已报道的方法从(+)-3-蒈烯[(+)-3-carene]出发，经过 6 步合成得到化合物 **151**[35]。

(+)-3-蒈烯　　　　　　　　6步　　　　　　　　**151**

　　通过 Mukaiyama 水和反应，即利用 Mn(acac)$_2$ 为催化剂，PhSiH$_3$ 为氢源，在氧化条件下，一锅法在 4-位引入羟基，并用硅基保护，得到化合物 **152**。经过对化合物 **152** 的结构计算分析以及根据 ^{13}C NMR 推断活性差异，研究者选择小分子氧化剂二氧杂环丙烷（TFDO），可选择性氧化 12-位的 C—H 键，引入羟基生成 **153**。接着用 MgI$_2$/ZnI$_2$ 处理进行脱水开环反应，将其转化为双烯化合物 **154**。再采用 Mukaiyama 水合反应，生成化合物 **155**，在反应中加入三苯基膦可以避免环氧化合物的生成。

151　　　　　　　　　　**152**　　　　　　　　　　**153**

154 → (Mn(acac)₂, O₂ / PhSiH₃ / Ph₃P) → **155**

以 RuCl₃ 为催化剂，NaBrO₃ 为氧化剂，可以选择性地把 C12/C13 位的双键转化为二酮 **156**。随后加入三氟乙酸酐，再加入双电子还原试剂 Zn，**156** 被还原为烯二醇中间体，接着与三氟乙酰基加成，得到化合物 **157**。研究者尝试用路易斯酸处理化合物 **157** 得到三元环未获成功。但可以用乙酸酐把化合物 **157** 先转化为化合物 **158**，再在三乙胺的作用下经过中间产物 **A**，转化为三元环化合物 **159**。

155 → (RuCl₃ / NaBrO₃) → **156** → (TFAA / Zn) → **157** → (Ac₂O) →

158 → (Et₃N) → **A** → **159**

尝试对化合物 **159** 的 α,β-不饱和羰基进行共轭还原,构建 C10 位的立体构型,未获成功。在 NaBH₃CN 存在下对甲苯磺酰肼把化合物 **159** 转化为化合物 **160**。采用 CrO₃ 为氧化剂,把烯丙位氧化为羰基,生成化合物 **161**。与 TMSN₃/I₂ 反应,化合物 **161** 转化为 α-位碘代的烯酮,再进行 Stille 偶联反应,在 C3 位成功引入甲基,生成化合物 **162**。用 HF 的吡啶复合物选择性地脱去 C7、C9 位的硅基保护基团,再用 Martin 脱水剂进行选择性脱水,紧接着用 SeO₂ 氧化烯丙位甲基,生成化合物 **163**。

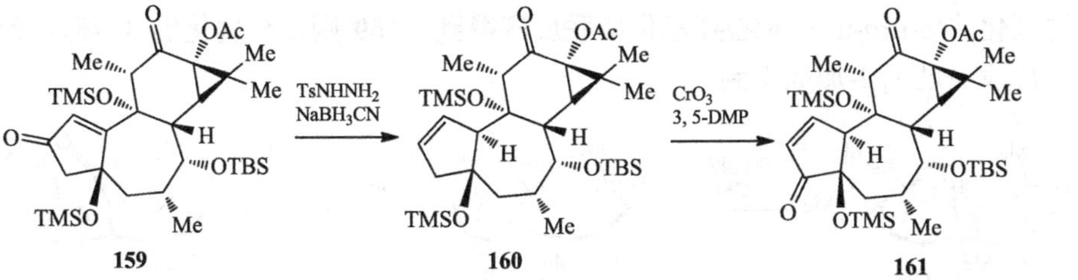

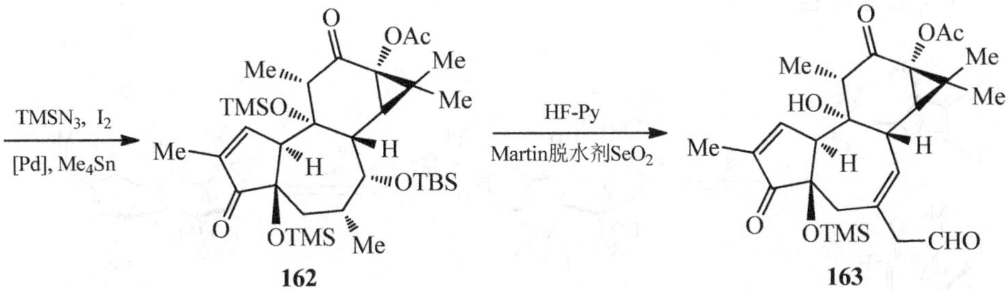

尝试直接还原 C12 的羰基以及 C20 的醛基未获成功。研究者先把化合物 **163** 中的醛基还原为羟基并保护为乙酸酯，再用 NaBH(OAc)$_3$ 把 C12 位的羰基还原为羟基，接着用 TBAF 及 Ba(OH)$_2$ 分别脱去硅基保护基及酯基，最终得到目标产物 (+)-phorbol。

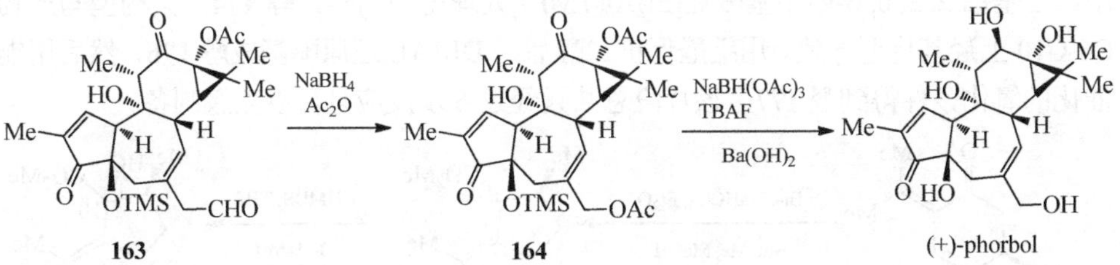

11.8　Perseanol 的全合成

(+)-Perseanol（**165**）是从热带灌木印度鳄梨中分离得到的一种 isoryanodane 型二萜，具有较强的拒食性和杀虫性，并且对哺乳动物毒性小[37]。2016 年加州理工学 Reisman 课题组用 15 步完成了(+)-ryanodol 的全合成[38]。(+)-perseanol 是 (+)-ryanodol 骨架异构体，是[5-6-5]笼状稠环体系，具有七元桥内酯环和两个含有 *syn*-二醇的季碳单元。2019 年，Reisman 课题组从(*R*)-胡薄荷酮出发用 16 步完成了(+)-perseanol 的全合成[39]。

逆合成分析如下：(+)-perseanol 可以通过 **166** 的双键环氧化/还原环化制备，后者可以通过关键中间体 **167** 的氧化得到。而 **167** 的内酯环则可以通过 **169** 发生

钯催化的 **6-*exo*-trig** 环化/羰基化串联反应得到，**169** 则是金属化的 A 环片段和 C 环片段通过 1, 2-加成得到。

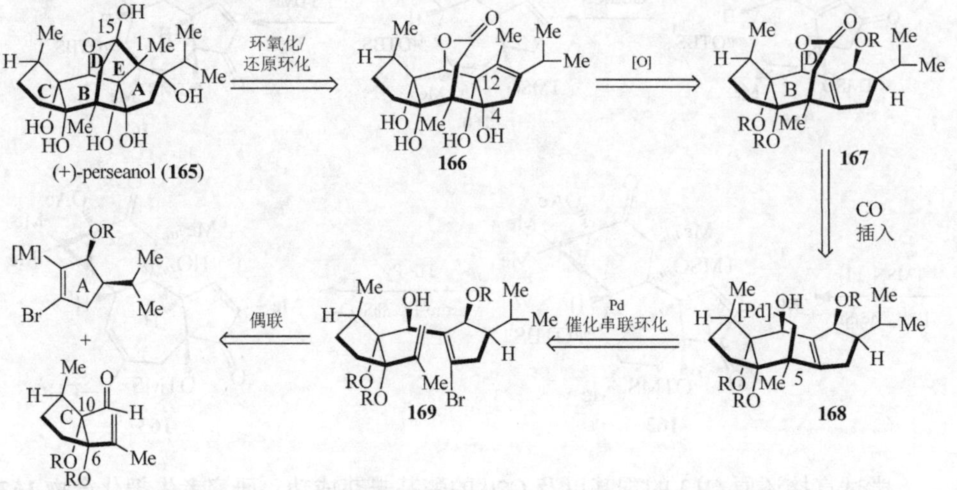

C 环片段的合成从(*R*)-(+)-胡薄荷酮（**170**）开始，通过氧化缩环（溴对双键加成后重排）得到非对映异构体混合物 **171**，被 KHMDS 烯醇化后暴露在 O_2/P(OMe)$_3$ 中得到醇 **172**（*dr* =9∶1），然后在 *m*-CPBA 下发生羟基导向的环氧化生成 **173**，后者用二乙基铝 2, 2, 6, 6-四甲基哌啶[Et$_2$Al(TMP)]处理得到 *syn*-二醇 **174**，其构型与产物 C6-C10 上羟基构型一致。用缩醛保护二醇后经 DIBAL 还原酯基成醇 **176**，然后用铜催化的氧化条件得到醛 **177**，该片段总共只经过 6 步反应且可以克级制备。

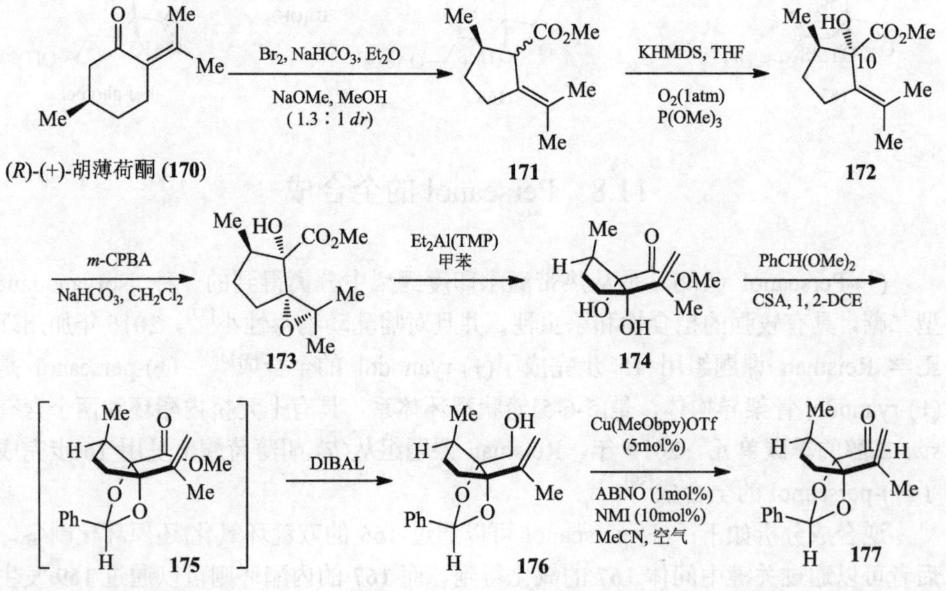

　　A 环片段的合成从烯酮 **178** 开始，通过烷基化后得到 **179** 再在 I$_2$/硝酸铈铵作用下得到碘代物 **180**，**180** 经过氢氧化钠水解后得到二酮 **181**，接着用草酰溴进行溴化得到 **182**。中间体 **182** 为外消旋体，可以通过 Corey-Bakshi-Shibata 条件进行动力学拆分以 91% 的 *ee* 值得到醇 **184**，然后经 PMB 保护得到 A 环片段 **185**。

　　得到上述两个片段后，(+)-perseanol 的全合成进入攻坚阶段。**185** 通过选择性的锂-碘交换后与醛 **177** 发生 1,2-加成得到 **186**（*dr* =3.2∶1），后者在 Pd(PPh$_3$)$_4$/*N*-甲酰基糖精催化体系下发生 6-*exo*-trig 环化-羰基化串联反应后被羟基捕获得到四环骨架 **187**。该步反应利用 *N*-甲酰基糖精作为 CO 源，使用 50mol% 的 Pd(PPh$_3$)$_4$，构建两个 C—C 键形成七元内酯环。

　　四环骨架 **187** 经 DDQ 脱去 PMB 保护后经 DMDO 氧化成酮 **189**，出乎意料的是缩醛被氧化成羟基苯甲酸酯。在 CeCl$_3$·2LiCl 存在下，**189** 与 MeMgCl 发生 1,2-加成得到含有 isoryanodane 碳骨架的醇 **190**，后者在 TFA 作用下发生邻基参与的 1,3-烯丙基迁移反应得到原苯甲酸酯 **192**。而这些巧妙的转化看上去只是通过苯次甲基缩醛这个保护基调控的。中间体 **192** 再经过烯丙位 C—H 键氧化和羟基导向的环氧化就能得到 **194**。研究人员经过多种尝试发现，在 2-苯基萘锂的苯/四氢呋喃混合溶剂中可以发生 5-*endo*-tet 环氧开环构筑四氢呋喃环，且可以以 25% 的分离收率得到 **197**。最后用 Pd(OH)$_2$/H$_2$ 脱去保护基完成 (+)-perseanol 的全合成。

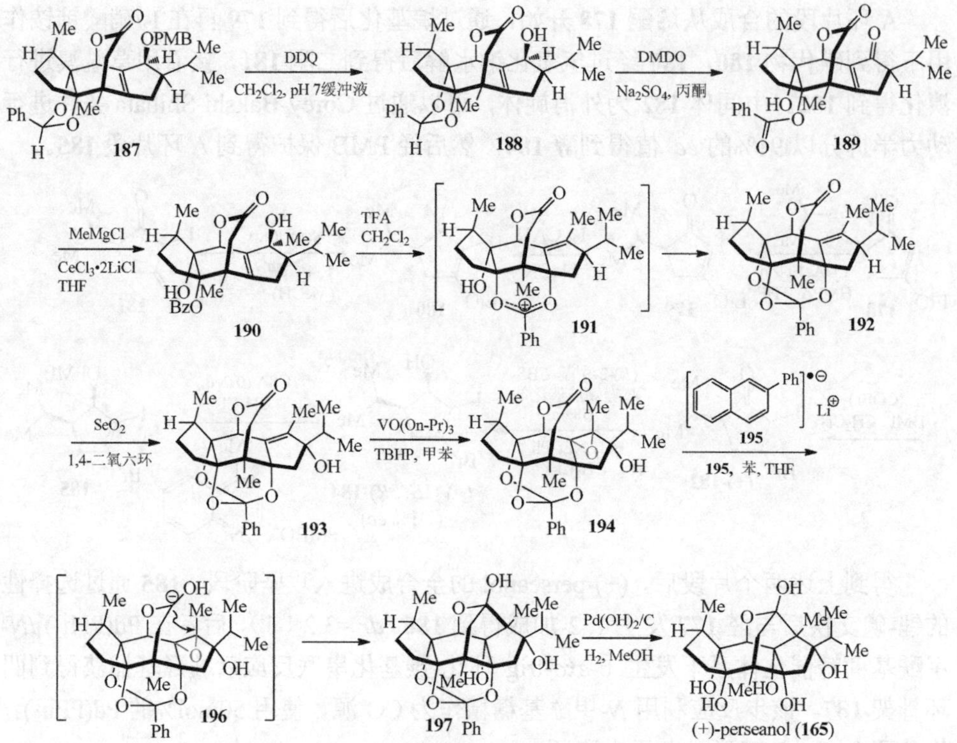

11.9　Bryostatin 3 的全合成

　　Bryostatins（草苔虫素）是从海洋生物草苔虫 *Bugula neritina* 中分离得到的一类结构复杂的大环内酯类天然产物[40, 41]。这类化合物具有潜在的抗癌、抗 HIV,免疫增强以及诱导突触产生等多种生物活性。基于它们潜在的药用价值和复杂的结构特征，合成化学家们围绕其全合成进行了大量研究。

　　Bryostatin 3（198）含有一个 26 元内酯大环和三个整合在大环中的高度官能化的四氢吡喃环，以及直接与大环稠合的第四个环——丁烯酸内酯环。Yamamura 课题组曾经完成了其全合成[42]，但最长线性步骤为 43 步，总步骤长达 88 步，因此实用性非常有限。2020 年，美国斯坦福大学的 Trost 课题组采用 31 步完成了 bryostatin 3 的全合成[43]，其中最长线性步骤仅为 22 步，反应的原子经济性较高、化学选择性较好。

　　逆合成路线如下：bryostatin 3（198）可通过大环中间体 199 的二氢吡喃环 C的后期氧化官能团化以及钯催化的烯基溴的插羰酯化反应得到，而中间体 199 可以通过片段 200 和 201 的三步转化实现：即钯催化的炔-炔偶联反应来构建 C20—C21 键、金催化的 6-*endo*-dig 环化构建二氢吡喃环 C、C1 的羧基和 C25 的羟基经Yamaguchi 大环内酯化构筑 26 元大环内酯。另外，中间体 200 可以通过片段 202

和 **203** 的两个关键反应得到：即钌催化的烯-炔偶联反应来构筑 C12—C13 键、C15 羟基和原位形成的烯酮发生分子内 Michael 加成构筑四氢吡喃环 B。因此，bryostatin 3 的全合成被拆解为三个基本片段 **201**、**202**、**203** 的合成。

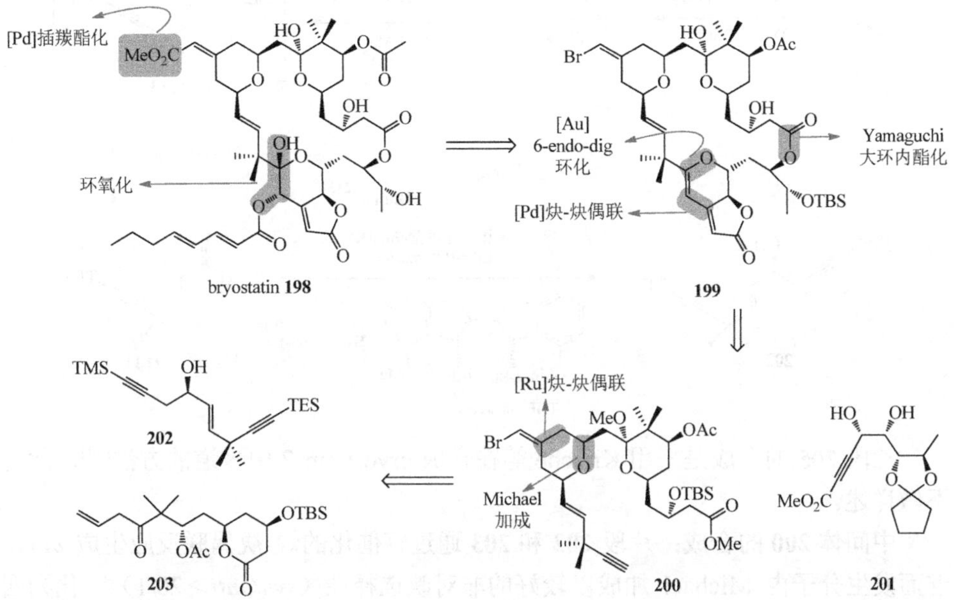

片段 **201** 的合成：从原料 3-戊烯腈出发，经 Sharpless 不对称双羟基化反应得到二醇 **205**。用缩酮保护二醇，接着用 DIBAL-H 对氰基进行还原得到醛 **207**，后者通过 Stork-Wittig 烯化反应转化为单一的几何异构体(Z)-烯基碘化物 **208**，接着在钯催化下，与丙炔酸甲酯发生偶联反应得到烯炔酸酯 **209**，双键的立体化学保持不变。化合物 **209** 再经过一次 Sharpless 不对称双羟基化反应便可以优异的收率和中等的非对映选择性完成片段 **201** 的合成。

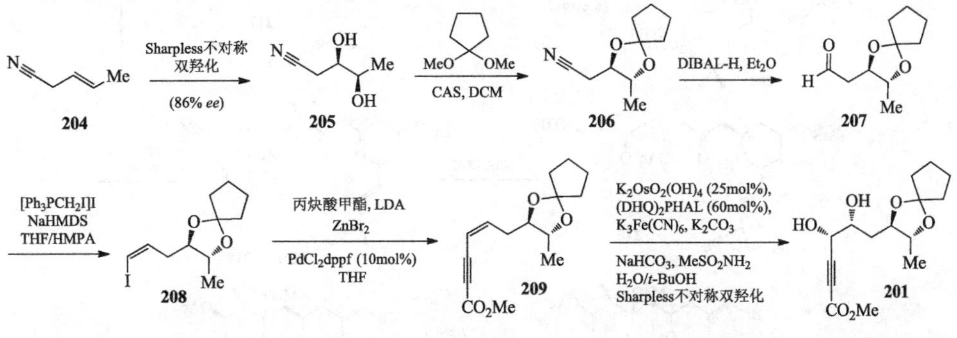

片段 **202** 的合成：从 3-甲基丁炔 **210** 出发，经正丁基锂双锂化后，被 N, N'-二甲基甲酰胺（DMF）和三乙基氯硅烷（TESCl）连续淬灭，以较好的区域选择性和化学选择性得到醛 **211**。随后与烯基溴 **212** 衍生的锌试剂发生亲核加成转化为醇 **213**，在

酸性条件下发生消除反应得到不饱和醛 **214**。以手性铜配合物为催化剂，与硼酸酯 **215** 发生不对称炔丙基化反应，以优异的对映选择性（*ee* 98%）合成得到 **202**。

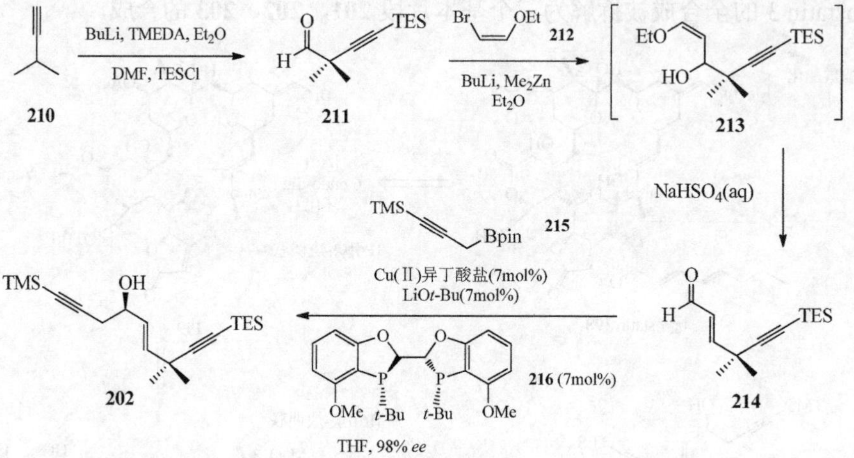

片段 **205** 的合成是采用 Krische 等在合成 bryostatin 7 中报道的方法[44]，此处不做详述。

中间体 **200** 的合成：片段 **202** 和 **203** 通过钌催化的烯-炔偶联反应生成 **217**，继而发生分子内 Michael 加成以较好的非对映选择性（*syn/anti* ＞20/1）转化为四氢吡喃 **218**。随后用 NBS 处理将烯基硅 **218** 转化为烯基溴 **219**。接着在甲醇中用 PPTS 处理 **219** 便可以发生开环酯交换和关环缩酮化得到双四氢吡喃 **220**，经过硝酸银处理发生选择性脱去炔基硅 TES 反应，得到中间体 **200**。

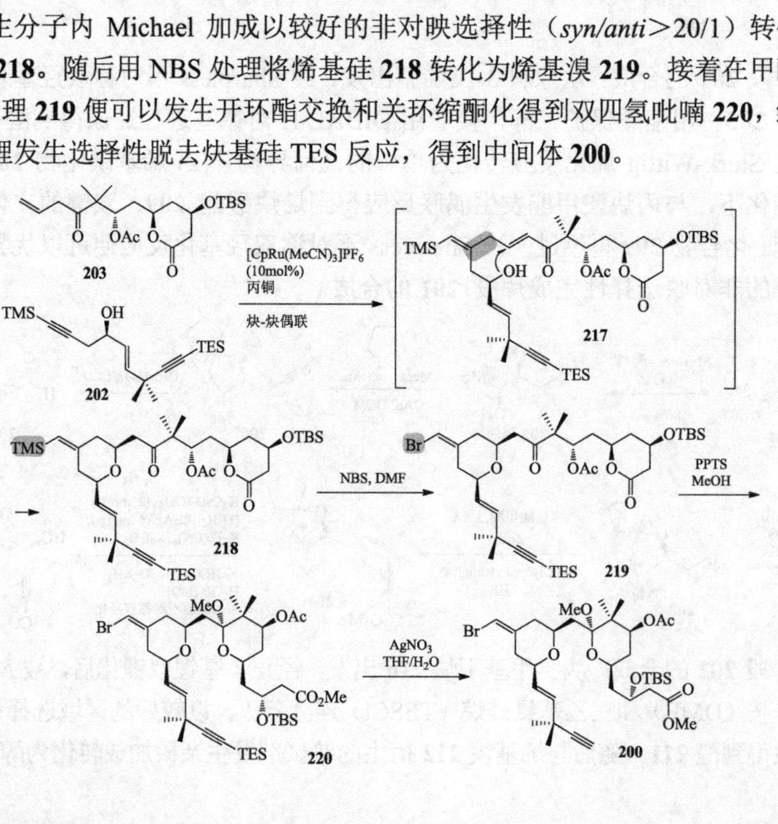

中间体 **199** 的合成：通过钯催化的炔-炔偶联反应将片段 **200** 和 **201** 转化为 **221**，继而发生关环酯化反应生成丁烯酸内酯 **222**。该反应可能是由动力学控制，没有生成六元环内酯。随后，向原反应液中加入金催化剂发生 6-*endo*-dig 环化反应生成二氢吡喃中间体 **223**，反应完全后，向反应混合物中加入 $ZrCl_4$ 的甲醇溶液便可原位进行去缩酮化，重复操作三次就能以 48%的总收率得到三醇 **224**。对化合物 **224** 的羟基进行选择性保护得到双硅醚 **225** 后，在 Me_3SnOH 的作用下选择性地水解甲酯生成酸 **226**，然后通过 Yamaguchi 大环内酯化反应便可以接近定量的收率完成中间体 **199** 的合成。

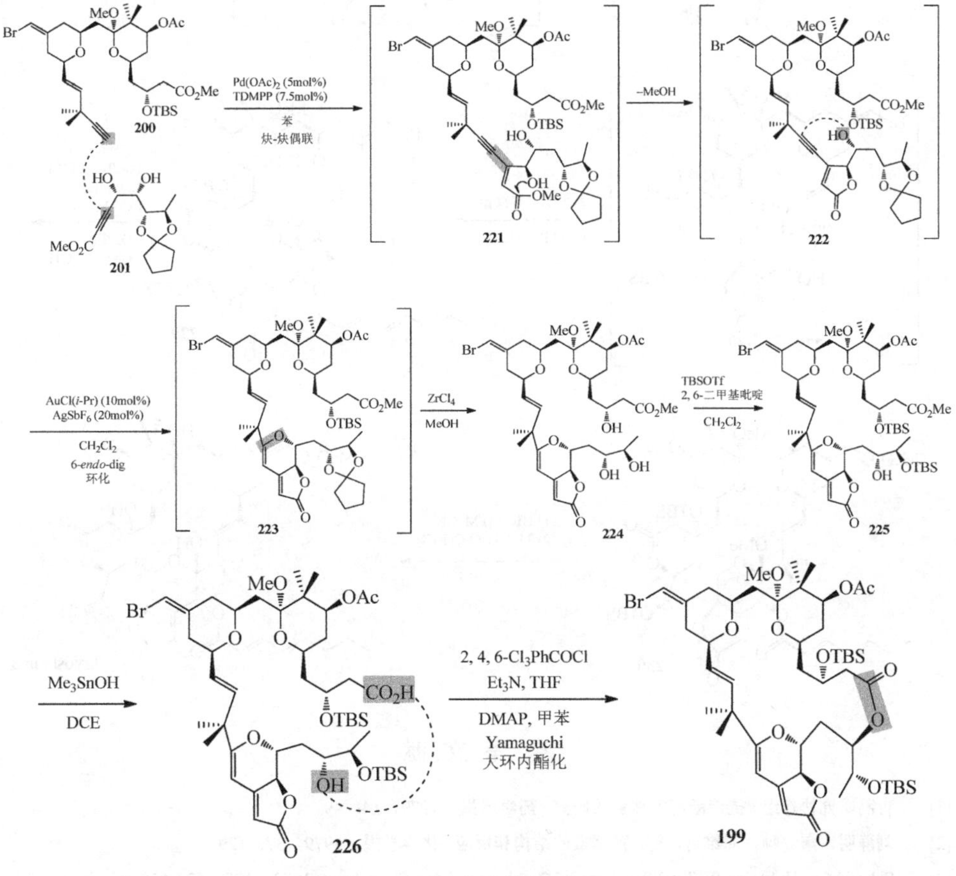

Bryostatin 3 的合成：研究人员通过二氢吡喃环 C 的氧化官能团化、B 环烯基溴化物的插羰酯化反应以及整体的脱保护来完成。首先，中间体 **199** 在甲基三氧化铼/过氧化脲（MTO/UHP）的作用下发生选择性的环氧化反应得到 **227**，简单处理后直接将粗产品进行甲醇解转化为中间体 **228**，该化合物仍然不稳定，将其进一步转化为酯 **229** 可以被分离出来。接着在钯催化剂的作用下，对烯基溴进行插

羧酯化反应得到所需的烯基酯 230。最后，参考 Yamamura 等合成 bryostatin 3 时所采用的"两步法"全局脱保护操作便完成了 bryostatin 3 的全合成。

参 考 文 献

[1]　青蒿研究协作组. 抗疟新药青蒿素的研究. 药学通报，1979，14：49.

[2]　刘静明，屠呦呦，周维善，等. 青蒿素的结构和反应. 化学学报，1979，37：129.

[3]　Schmid G，Hohfeinz W. Total Synthesis of Qinghaosu. J Am Chem Soc，1983，105：624-625.

[4]　许杏祥，朱杰，周维善，等. 青蒿素及其类似物结构和合成的研究. 化学学报，1983，41：574-576.

[5]　Hao H D，Li Y，Han W B，et al. A hydrogen peroxide based access to qinghaosu（artemisinin）. Org，Lett，2011，13：4212-4215.

[6]　张万斌，刘德龙，袁乾家. 一种由青蒿酸制备青蒿素的方法. 2013，CN102718773B.

[7]　Brower P L，Butler D E，Deering C F，et al. The synthesis of（4R-cis）-1，1-dimethylethyl 6-cyanomethyl-2，2-dimethyl-1，3-dioxane-4-acetate，a key intermediate for the preparation of CI-981，a highly potent，tissue

selective inhibitor of HMG-CoA reductase. Tetrahedron Lett, 1992, 33: 2279-2282.

[8] Roth B D. Preparation of anticholesteremic. 1991, EP 4091281.

[9] Wess G, Kesseler K, Baader E, et al. Stereoselective synthesis of HR 780 a new highly potent HMG-CoA reductase inhibitor. Tetrahedron Lett, 1990, 31: 2545-2548.

[10] Sletzinger M, Verhoeven T R, Volante R P, et al. A diastereospecific, non-racemic synthesis of a novel β-hydroxy-δ-lactone HMG-CoA reductase inhibitor. Tetrahedron Lett, 1985, 26: 2951-2954.

[11] Reddy M V R, Brown H C, Ramachandran P V. Asymmetric allylboration for the synthesis of β-hydroxy-δ-lactone unit of statin drug analogs. J Organomet Chem, 2001, 624: 239-243.

[12] Höfle G, Bedorf N, Steinmetz H, et al. Epothilone A and B: Novel 16-membered macrolides with cytotoxic activity: Isolation, crystal structure, and conformation in solution. Angew Chem Int Ed, 1996, 35: 1567-1569.

[13] Schinzer D, Limberg A, Bauer A, et al. Total synthesis of (−)-epothilone A. Angew Chem Int Ed, 1997, 36: 523-524.

[14] Sawada D, Shibasaki M. Enantioselective total synthesis of epothilone A using multifunctional asymmetric catalyses. Angew Chem, 2000, 112: 209-213.

[15] Hanessian S, Lavallee P. The preparation and synthetic utility of tert-butyldiphenylsilyl ethers. Can J Chem, 1975, 53: 2975-2977.

[16] Denis J N, Greene A E, Serra A A, et al. An efficient, enantioselective synthesis of the taxol side chain. J Org Chem, 1986, 51: 46-50.

[17] Denis J N, Correa A, Greene A E. An improved synthesis of the taxol side chain and of RP 56976. J Org Chem, 1990, 55: 1957-1959.

[18] Kolb H C, van Nieuwenhze M S, Sharpless K B. Catalytic asymmetric dihydroxylation. Chem Rev, 1994, 94: 2483-2547.

[19] Deng L, Jacobsen E N. A practical, highly enantioselective synthesis of the taxol side chain via asymmetric catalysis. J Org Chem, 1992, 57: 4320-4323.

[20] Commerçon A, Bézard D, Bernard F, et al. Improved protection and esterification of a precursor of the taxotere® and taxol side chains. Tetrahedron Lett, 1992, 33: 5185-5188.

[21] Mukaiyama T, Shiina I, Iwadare H, et al. Asymmetric total synthesis of taxol®. P Jpn Acad B, 1997, 73: 95-100.

[22] Holton R A, Somoza C, Kim H B, et al. First total synthesis of taxol. 1. Functionalization of the B ring. J Am Chem Soc, 1994, 116: 1597-1598.

[23] Holton R A, Kim H B, Somoza C, et al. First total synthesis of taxol. 2. Completion of the C and D rings. J Am Chem Soc, 1994, 116: 1599-1600.

[24] Nicolaou K C, Yang Z, Liu J J, et al. Total synthesis of taxol. Nature, 1994, 367: 630-634.

[25] Subramaniam G, Hiraku O, Hayashi M, et al. Biologically active aspidofractinine, rhazinilam, akuammiline, and vincorine alkaloids from kopsia. J Nat Prod, 2007, 70: 1783-1789.

[26] Zu L, Boal B W, Garg N K. Total synthesis of (±)-aspidophylline A. J Am Chem Soc, 2011, 133: 8877-8879.

[27] Teng M, Zi W, Ma D. Total Synthesis of the monoterpenoid indole alkaloid (±)-aspidophylline A. Angew Chem Int Ed, 2014, 53: 1814-1817.

[28] Ren W, Wang Q, Zhu J. Total synthesis of (±)-aspidophylline A. Angew Chem Int Ed, 2014, 53: 1818-1821.

[29] Jiang S Z, Zeng X Y, Liang X, et al. Iridium-catalyzed enantioselective indole cyclization: application to the total synthesis and absolute stereochemical assignment of (−)-aspidophylline A. Angew Chem Int Ed, 2016, 55: 4044-4048.

[30] Moreno J, Picazo E, Morrill L A, et al. Enantioselective total syntheses of akuammiline alkaloids (+)-strictamine, (−)-2(S)-cathafoline, and (−)-aspidophylline A. J Am Chem Soc, 2016, 138: 1162-1165.

[31] Yahata H, Kubota T, Kobayashi J I. Calyciphyllines N—P, alkaloids from daphniphyllum calyinum. J Nat Prod, 2009, 72: 148-151.

[32] Shvartsbart A, Smith A B. Total synthesis of (−)-calyiphylline N. J Am Chem Soc, 2014, 136: 870-873.

[33] Shvartsbart A, Smith A B. The daphniphyllum alkaloids: total synthesis of (−)-calyiphylline N. J Am Chem Soc, 2015, 137: 3510-3519.

[34] Wang H B, Wang X Y, Liu P, et al. Tigliane diterpenoids from the euphorbiaceae and thymelaeaceae families. Chem Rev, 2015, 115: 2975-3011.

[35] Jørgensen L, McKerrall S J, Kuttruff C A, et al. 14-Step synthesis of (+)-ingenol from (+)-3-carene. Science, 2013, 341: 878-882.

[36] Kawamura S, Chu H, Felding J, et al. Nineteen-step total synthesis of (+)-phorbol. Nature, 2016, 532: 90-93.

[37] González-Coloma A, Terrero D, Perales A, et al. Insect antifeedant ryanodane diterpenes from persea indica. J Agr Food Chem, 1996, 44: 296-300.

[38] Chuang K V, Xu C, Reisman S E. A 15-step synthesis of (+)-ryanodol. Science, 2016, 353: 912-915.

[39] Han A, Tao Y, Reisman S E. A 16-step synthesis of the isoryanodane diterpene (+)-perseanol. Nature, 2019, 573: 563-567.

[40] Pettit G R, Day J F, Hartwell J L, et al. Antineoplastic components of marine animals. Nature, 1970, 227: 962-963.

[41] Pettit G R, Herald C L, Doubek D L. Isolation and structure of bryostatin 1. J Am Chem Soc, 1982, 104: 6846-6848.

[42] Ohmori K, Ogawa Y, Obitsu T, et al. Total synthesis of bryostatin 3. Angew Chem Int Ed, 2000, 39: 2290-2294.

[43] Trost B M, Wang Y, Buckl A K, et al. Total synthesis of bryostatin 3. Science, 2020, 368: 1007-1011.

[44] Lu Y, Woo S K, Krische M J. Total synthesis of bryostatin 7 via C—C bond-forming hydrogenation. J Am Chem Soc, 2011, 133: 13876-13879.

附录1　常用缩略语

缩写	英文全称	中文全称
A	acceptor	电子接受体
AA	asymmetric aminohydroxylation	不对称羟胺化
Ac	acetyl	乙酰基
AD	asymmetric dihydroxylation	不对称邻羟基化
AE	asymmetricepoxidation	不对称环氧化
acac	acetylacetonate	乙酰乙酸酯
AIBN	2, 2′-azobis*iso*butyronitrile	偶氮二异丁腈
Alloc	allyloxycarbonyl	烯丙氧羰基
aq	aqueous	水的，水相的
Ar	aryl	芳基
atm	atmosphere	大气压
av	average	平均
BAST	bis (2-methethyl)amine sulfur trifluride	双(2-甲基乙基)胺三氟化硫
9-BBN	9-borabicyclo[3.3.1]nonane	9-硼双环[3.3.1]壬烷
BCME	*bis*(chloromethyl)ether	二氯甲醚
BHT	butylated hydroxytoluene (2, 6-di-*tert*-butyl-*p*-cresol)	2, 6-二叔丁基对甲酚
BINAL-H	2, 2′-dihydroxy-1, 1′-binaphthyllithium aluminum hydride	2, 2′-二羟基-1, 1′-联萘氢化铝锂
BINAP	2, 2′-bis(diphenylphosphino)-1, 1′-binaphthyl	2, 2′-双二苯膦基-1, 1′-联萘基
BINOL	1, 1′-bi-2, 2′-naphthol	1, 1′-联萘-2, 2′-酚
bipy	2, 2′-bipyridyl	2, 2′-联吡啶
BMIM	1-butyl-3-methylimidazolium	1-丁基-3-甲基咪唑盐
BMS	boranedimethyl sulfide	硼烷二甲硫醚
Bn	benzyl	苄基
Boc	*tert*-butoxycarbonyl	叔丁氧羰基

缩写	英文全称	中文全称
Boc$_2$O	di-*tert*-butyl dicarbonate	碳酸酐二叔丁酯
BOM	benzyloxymethyl	苄氧甲基
Bop-Cl	bis(2-oxo-3-oxazolidinyl)phosphinic chloride	双(2-氧代-3-噁唑烷基)次磷酰氯
bp	boiling point	沸点
Bs	brosyl(4-bromobenzenesulfonyl)	4-溴苯磺酰基
BSA	*N, O*-bis(trimethylsilyl)acetamide	*N, O*-双(三甲基甲硅烷基)乙酰胺
Bu	*n*-butyl	(正)丁基
Bz	benzoyl	苯甲酰基
CAN	cerium(IV) ammonium nitrate	硝酸铈铵
cat.	catalyst	催化剂
Cbz (Z)	benzyloxycarbonyl	苄氧羰基
CCL	Candida cylindracea lipase	假丝酵母脂肪酶
CDI	1, 1-carbonyldiimidazole	1, 1-羰基二咪唑
CHIRAPHOS	2, 3-bis(diphenylphosphino)butane	2, 3-双(二苯基膦基)丁烷
Chx	cyclohexyl	环己基
COD	cyclooctadiene	环辛二烯
compd	compound	化合物
con	connection	连接
concn	concentration	浓度
COT	cyclooctatetraene	环辛四烯
Cp	cyclopentadienyl	环戊二烯阴离子
CRA	complex reducing agent	配合物还原剂
CSA	camphorsulfonic acid	樟脑磺酸
CSI	chlorosulfonyl isocyanate	氯磺酰异氰酸酯
Cy (cy)	cyclohexyl	环己基(同 Chx)
d	donor	电子给予体
d	density	密度
d	day(s)	天
D-S		由 D-果糖制备的 Shi 催化剂

缩写	英文全称	中文全称
DABCO	1, 4-diazabicyclo[2.2.2]octane	1, 4-二氮杂双环[2.2.2]辛烷
DAST	diethylamine sulfur trifluride	二乙胺基三氟化硫
DBA	dibenzylideneacetone	二苄亚基丙酮
DBAD	di-*tert*-butyl azodicarboxylate	偶氮二甲酸二叔丁酯
DBN	1, 5-diazabicyclo[4.3.0]non-5-ene	1, 5-二氮杂双环[4.3.0]壬-5-烯
DBNE	2-(dibutylamino)-1-phenyl-1-propanol, *N*, *N*- dibutylnorephedrine	2-(二丁氨基)-1-苯基丙-1-醇
DBU	1, 8-diazabicyclo[5.4.0]undec-7-ene	1, 8-二氮杂双环[5.4.0]十一碳 -7-烯
DCC	*N*, *N'*-dicyclohexylcarbodiimide	*N*, *N'*-二环己基碳二亚胺
DCM	dichloromethane	二氯甲烷
DCME	dichloromethyl methyl ether	二氯甲基甲醚
DDO	dimethyldioxirane	二甲基过氧化酮
DDQ	2, 3-dichloro-5, 6-dicyano-1, 4-benzoquinone	2, 3-二氯-5, 6-二氰基-1, 4-苯醌
de	diastereomeric excess	非对映体过量值
DEAD	diethyl azodicarboxylate	偶氮二甲酸二乙酯
DEIPS	diethylisopropylsilyl	二乙基异丙基硅基
DET	diethyl tartrate	酒石酸二乙酯
DG	directing group	导向基
DHP	3, 4-dihydro-2*H*-pyran	3, 4-二氢-2*H*-吡喃
DHQ	dihydroquinine	二氢奎宁
DHQD	dihydroquinidine	二氢奎宁尼定
DIAD	diisopropyl azodicarboxylate	偶氮二甲酸二异丙酯
DIBAL(DIBAL H) (DIBAH)	diisobutylaluminum hydride	二异丁基氢化铝
DIC	diisopropylcarbodiimide	二异丙基碳二亚胺
DIEA	diisopropylethylamine	二异丙基乙胺
DIOP	2, 3-*O*-isopropylidene-2, 3-dihydroxy-1, 4-bis - (diphenylphosphino)butane	2, 3-*O*-异丙烯基-2, 3-二羟基-1, 4-双(二苯基膦)丁烷
DIPAMP	(*R*, *R*)-1, 2-Bis[(2-methoxyphenyl)phenylpho-sphino]ethane	(*R*, *R*)-1, 2-双[(2-甲氧苯基)苯膦基]乙烷
DIPEA	diisopropylethylamine	二异丙基乙胺(同 DIEA)

缩写	英文全称	中文全称
diphos	1, 2-bis(diphenylphosphino)ethane	双(二苯基膦基)乙烷
DIPT	diisopropyl tartrate	酒石酸二异丙酯
dis	disconnection	切断
DMA	dimethylacetamide	二甲基乙酰胺
DMAD	dimethyl acetylenedicarboxylate	丁炔二酸二甲酯
DMAP	4-(dimethylamino)pyridine	4-(二甲氨基)吡啶
DME	1, 2-dimethoxyethane	1, 2-二甲氧基乙烷
DMF	dimethylformamide	二甲基甲酰胺
dmgH$_2$	dimethylglyoxime	二甲基乙二肟
DMP	Dess-Martin periodinate	Dess-Martin 高碘酸盐
DMPU	N, N'-dimethylpropyleneurea	1, 3-二甲基-四氢-2-嘧啶酮
DMS	dimethyl sulfide	二甲硫醚
DMSO	dimethyl sulfoxide	二甲基亚砜
DMTSF	dimethyl(methylthio)sulfoniumtetrafluoroborate	二甲基(甲硫代)锍四氟硼酸盐
dopa	3, 4-dihydroxyphenylalanine	多巴, 3, 4-二羟基苯丙氨酸
DPPA	diphenyl phosphoryl azide	二苯基磷酰叠氮化物
dppb	1, 4-bis(diphenylphosphino)butane	1, 4-双(二苯基膦)丁烷
dppe	1, 2-bis(diphenylphosphino)ethane	1, 2-双(二苯基膦)乙烷(同diphos)
dppf	1, 1'-bis(diphenylphosphino)ferrocene	1, 1'-双(二苯基膦)二茂铁
dppp	1, 3-bis(diphenylphosphino)propane	1, 3-双(二苯基膦)丙烷
dr	diastereometric ratio	非对映体比例
DTBP	di-$tert$-butyl peroxide	二叔丁基过氧化物(过氧化二叔丁基)
EDA	ethyl diazoacetate	重氮乙酸乙酯
EDC(EDCI)	1-ethyl-3-(3-dimethylaminopropyl)carbodiimide	1-乙基-3-(3-二甲基氨基丙基)碳二亚胺
ee	enantiomeric excess	对映体过量值
er	enantiomeric ratio	对映体比例
EE	1-ethoxyethyl	1-乙氧基乙基
Et	ethyl	乙基

缩写	英文全称	中文全称
ETSA	ethyl trimethylsilylacetate	(三甲基硅基)乙酸乙酯
EWG	electron withdrawing group	吸电子基团、拉电子基团
Fc	ferrocenyl	二茂铁基
FGA	functional group addition	官能团添加
FGI	functional group interconversion	官能团变换
FGR	functional group removal	官能团消除
Fm	9-fluorenylmethyl	9-芴甲基
Fmoc	9-fluorenylmethoxycarbonyl	9-芴甲氧羰基
fp	flash point	闪点
GC	gas chromatography	气相色谱
h	hour(s)	小时
Hex	*n*-hexyl	(正)己基
HLADH	horse liver alcohol dehydrogenase	马肝醇脱氢酶
HMDS	hexamethyldisilazane	六甲基二硅基胺
HMPA	hexamethylphosphoricacidtriamide (hexamethylphosphoramide)	六甲基磷酰三胺
HOBt(HOBT)	1-hydroxybenzotriazole	1-羟基苯并三唑
HOMO	highest occupied molecular orbital	最高占据分子轨道
HOSu(NHS)	*N*-hydroxysuccinimide	*N*-羟基琥珀酰亚胺(*N*-羟基丁二酰亚胺)
HPA	heteropoly acid	杂多酸
HPLC	high performance liquid chromatography	高效液相色谱
HWE	Horner-Wadsworth-Emmons reaction	Horner-Wadsworth-Emmons 反应
hv.		光照
Im	imidazole(imidazolyl)	咪唑(咪唑基)
Im$_2$CS	1, 1'-thiocarbonyldiimidazole	1, 1'-硫代羰基二咪唑
IL	ionicliquid	离子液体
Ipc	isopinocamphenyl	二异松蒎基
IR	infrared	红外
IUPAC	International Union of Pure and Applied Chemistry	国际纯粹与应用化学联合会

缩写	英文全称	中文全称
KHDMS	potassium hexamethyldisilazide	六甲基二硅基氨基钾
L	leaving group	离去基团
L	ligand	配体
LAH	lithium aluminum hydride	氢化铝锂
LD_{50}	dose that is lethal to 50% of test subjects	半数致死量
LDA	lithium diisopropylamide	二异丙基氨基锂
LHMDS	lithium hexamethyldisilane	六甲基二硅基氨基锂
LICA	lithium isopropylcyclohexylamide	异丙基环己基氨基锂
L-S		由 L-果糖制备的 Shi 催化剂
LTMP	lithium 2, 2, 6, 6-tetramethylpiperidide	2, 2, 6, 6-四甲基哌啶锂
LTA	lead tetraacetate	四乙酸铅(四醋酸铅)
LUMO	lowestunoccupied molecular orbital	最低未占分子轨道
lut	2, 6-lutidine	2, 6-二甲基吡啶
m-CPBA (MCPBA)	*m*-chloroperbenzoic acid	间氯过氧苯甲酸
MA	maleic anhydride	马来酸酐(顺丁烯二酸酐)
MAD	methylaluminum bis(2, 6-di-*tert*-butyl-4methylphenoxide)	双(2, 6-二叔丁基-4-甲基酚氧基)甲基铝
MAT	methylaluminum bis(2, 4, 6-tri-*tert*-butylphenoxide)	双(2, 4, 6-三叔丁基酚氧基)甲基铝
MCR	multicomponent reaction	多组分反应
Me	methyl	甲基
Mes	2, 4, 6-trimethylphenyl	2, 4, 6-三甲基苯基
MEK	methyl ethyl ketone	甲基乙基(甲)酮
MEM	(2-methoxyethoxy)methyl	(2-甲氧基乙氧基)甲基
Men	menthyl	薄荷基
MIBK	methyl isobutyl ketone	甲基异丁基酮
MIC	methyl isocyanate	异氰酸甲酯
min.	minute(s)	分钟
MMPP(MMPT)	magnesium monoperoxyphthalate	单过氧邻苯二甲酸镁
MOM	methoxymethyl	甲氧基甲基

缩写	英文全称	中文全称
mp	melting point	熔点
MPM	methoxy(phenylthio)methyl	甲氧基(苯硫基)甲基
Ms	mesyl(methanesulfonyl)	甲磺酰基
MS	mass spectrometry (molecular sieves)	质谱 (分子筛)
MTBE	methyl *tert*-butyl ether	甲基叔丁基醚
MTM	methylthiomethyl	甲基巯甲基
MVK	methyl vinyl ketone	甲基乙烯基(甲)酮
n	refractive index	折光率
NaHDMS	sodium hexamethyldisilazide	六甲基二硅基氨基钠
Naph	naphthyl	萘基
NBA	*N*-bromoacetamide	*N*-溴乙酰胺
Nbd	norbornadiene	降冰片-2, 5-二烯
(NBD)	(bicyclo[2.2.1]hepta-2, 5-diene)	(双环[2.2.1]庚-2, 5-二烯)
NBS	*N*-bromosuccinimide	*N*-溴丁二酰亚胺
NCS	*N*-chlorosuccinimide	*N*-氯丁二酰亚胺
NIS	*N*-iodosuccinimide	*N*-碘丁二酰亚胺
NMM	*N*-methylmorpholine	*N*-甲基吗啡啉
NMO	*N*-methylmorpholineoxide	*N*-甲基吗啡啉氧化物
NMP	*N*-methyl-2-pyrrolidinone	*N*-甲基-2-吡咯烷酮
NMR	nuclear magnetic resonance	核磁共振
NORPHOS	bis(diphenylphosphino)bicycle[2.2.1]-hept-5-ene	双(二苯基膦基)双环[2.2.1]庚-5-烯
Ns	2-nitrobenzenesulfonyl	2-硝基苯磺酰基
Np	naphthyl	萘基(同 Naph)
OBO	2, 6, 7-trioxabicyclo[2.2.2]octane	2, 6, 7-三氧杂双环[2.2.2]辛烷
OELD	organic electroluminescence display	有机电致发光显示器
OP	optical purity	光学纯度
PBA	peroxybenzoic acid	过氧苯甲酸
PCC	pyridinium chlorochromate	氯铬酸吡啶盐
PDC	pyridinium dichromate	重铬酸吡啶盐

缩写	英文全称	中文全称
Ph	phenyl	苯基
phen	1, 10-phenanthroline	1, 10-菲咯啉(1, 10-二氮杂菲)
Phth	Phthaloyl	邻苯二甲酰基
Pip	piperridine	哌啶
pinB-Bpin	bis(pinacolato)diboron	联硼酸双哪哪醇酯
Piv	pivaloyl	2, 2-二甲基丙酰基
PLE	pig liver esterase	猪肝酯酶
PMB	*p*-methoxybenzyl	对甲氧基苄基
PMP	*p*-methoxyphenyl	对甲氧基苯基
PMDTA	*N, N, N', N'', N''*-pentamethyldiethylenetriami-ne	*N, N, N', N'', N''*-五甲基二乙烯基三胺
PPA	polyphosphoric acid	多聚磷酸
PPL	pig pancreatic lipase	猪胰酯酶
PPTS	pyridinium *p*-toluenesulfonate	对甲苯磺酸吡啶盐
Pr	*n*-propyl	(正)丙基
PSL	pancreatic sensitive lipase	假单胞菌脂肪酶
P. T	protone　transfer	质子转移
PTC	phase transfer catalysis/catalyst	相转移催化(剂)
PTS(PTSA)	*p*-toluenesulfonic acid	对甲苯磺酸
Py (Pyr)	pyridine	吡啶
quant.	quantitative	定量的
RAMA	rabbit muscle alsolase	兔肌肉醛缩酶
RAMP	(*R*)-1-amino-2-(methoxymethyl)pyrrolidine	(*R*)-1-氨基-2-(甲氧基甲基)吡咯烷酮
RCM	ring closure metathesis	闭环烯烃复分解
rear	rearrangement	逆向重排
Red-Al	sodium bis(2-methoxyethoxy)aluminum hydride	红铝，双(2-甲氧基乙氧基)氢化铝钠
ROM	ring opening metathesis	开环烯烃复分解
rt(r.t.)	room temperature	室温
salen	bis(salicylidene)ethylenediamine	*N, N'*-双(水杨亚基)乙二胺

缩写	英文全称	中文全称
SAMP	(*S*)-1-amino-2-(methoxymethyl)pyrrolidine	(*S*)-1-氨基-2-(甲氧基甲基)吡咯烷酮
sc-CO$_2$	supercritical carbon dioxide	超临界二氧化碳
SET	single electron transfer	单电子转移
Sia	1, 2-dimethylpropyl(secondary isoamyl)	1, 2-二甲基丙基
SPC	sodium percarbonate	过氧碳酸钠
SPPS	solid phase polypeptide synthesis	固相合成法
Su	succinimide	丁二酰亚胺
TASF	tris(diethylamino)sulfonium difluorotrimethylsilicate	二氟三甲基硅酸三(二乙氨基)硫盐
TBAB	tetrabutylammonium bromide	四丁基溴化铵
TBAD	di-*tert*-butyl azodicarboxylate	偶氮二甲酸二叔丁酯(同 DBAD)
TBAF	tetrabutylammonium fluoride	四丁基氟化铵
TBAI	tetrabutylammonium iodide	四丁基碘化铵
TBAP	tetrabutylammonium perchlorate	过氯酸四正丁铵
TBDMS	*tert*-butyldimethylsilyl	叔丁基二甲基硅基
TBDMSCl	*tert*-butyldimethylsilyl chloride	叔丁基二甲基氯硅烷
TBDPS	*tert*-butyldiphenylsilyl	叔丁基二苯基氯硅基
TBDPSCl	*tert*-butyldiphenylsilyl chloride	叔丁基二苯基氯硅烷
TBHP	*tert*-butyl hydroperoxide	叔丁基过氧化氢
'Bu (*t*-Bu)	*tert*-butyl	叔丁基
TBS	*tert*-butyldimethylsilyl	叔丁基二甲基硅基(同 TBDMS)
TCE	2, 2, 2-trichloroethanol	2, 2, 2-三氯乙醇
TCNE	tetracyanoethylene	四氰基乙烯
TCNQ	7, 7, 8, 8-tetracyanoquinodimethane	7, 7, 8, 8-四氰基对苯二醌二甲烷
TEA	triethylamine	三乙胺
TEBA(TEBAC)	benzyltriethylammonium chloride	苄基三乙基氯化铵
TEMPO	2, 2, 6, 6-tetramethylpiperidinoxyl	2, 2, 6, 6-四甲基哌啶氧化物
TESCl	triethylsilyl chloride	三乙基氯硅烷
TESOTf	triethylsilyl triflate	三氟甲磺酸三乙基硅酯
Tf	triflyl (trifluoromethanesulfonyl)	三氟甲烷磺酰基

缩写	英文全称	中文全称
TfOH	triflic acid	三氟甲烷磺酸
TFA	trifluoroacetic acid	三氟乙酸
TFAA	trifluoroacetic anhydride	三氟乙酸酐
THF	tetrahydrofuran	四氢呋喃
THP	tetrahydropyran(tetrahydropyranyl)	四氢吡喃
TIPS	triisopropylsilyl	三异丙基氯硅基
TIPSCl	triisopropylsilyl chloride	三异丙基氯硅烷
TM	target molecule	目标分子
TMANO	trimethylamine N-oxide	氧化三乙基胺
TMEDA	N, N, N′, N′-tetramethylethylenediamine	N, N, N′, N′-四甲基乙二胺
TMG	1, 1, 3, 3-tetramethylguanidine	1, 1, 3, 3-四甲基胍
TMS	trimethylsilyl	三甲基氯硅基
TMSCl	trimethylsilyl chloride	三甲基氯硅烷
TMSOTf	trimethylsilyl triflate	三甲基硅基三氟甲磺酸酯
TNT	2, 4, 6-trinitrotoluene	2, 4, 6-三硝基甲苯
Tol	p-totyl	对甲苯基
TPAP	tetrapropylammoniumperruthenate	四丙基高钌酸铵
TPP	tetraphenylporphyrin	四苯基卟啉
Tr	trityl (triphenylmethyl)	三苯基甲基
Troc	2, 2, 2-trichloroethoxycarbonyl	2, 2, 2-三氯乙氧羰基
Ts	tosyl(p-toluenesulfonyl)	对甲苯磺酰基
TsCl	tosylchloride(p-toluenesulfonylchloride)	对甲苯磺酰氯
UHP	urea-hydrogen peroxide complex	尿素-过氧化氢配合物
WSC	water-soluble carbodiimide	水溶性碳二亚胺
wt	weight	质量
Z	benzyloxycarbonyl	苄氧羰基(同 Cbz)

附录 2 问题和习题的参考答案或提示

第 2 章 问 题

问题 2.1

(1) 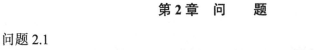 2-CH₂Br (四氢呋喃环)

(2) (CH₃)₃CCH₂Cl

(3) CH₂Cl (降冰片烷)

(4) CH₃ ... I (十氢萘)

问题 2.2

(1) CH₂CN / CH₂CN (环己烯)

(2) CN ... CH₃ (链状)

(3) ▷—CH₂COOCH₃

(4) [(CH₃)₂CHO]₂PCH₃ + (CH₃)₂CHI (带 O)

(5) Ph—N (吡咯烷) F, F

(6) CHF₂—H (萘基)

问题 2.3

(1) HO ... O ... =O (环戊烷并内酯)

(2) CH₃ ... I (十氢萘)

(3) ArSO₂O ... COOCH₃ / N / O=C—Ph

(4) C≡CH ... N (环己烷 + 丁二酰亚胺)

问题 2.4

(1) H₂C= ... COOCH₃ / COOCH₃ (环丁烷)

(2) HN ... NHTs / =O (吡咯烷酮)

(3) H₃CO, OCH₃ ... CONH(CH₂)₂COOCH₃ / N ... ⊕N / NH H H NH / Naphth—C=O Cl⁻ O=C—Napht

(4) CH₂CN / CONHPh (苯环)

(5) CH₃CH₂ ... COOCH₃ / OH

(6) H₃CO, OCH₃ ... 见上结构

问题 2.5

(1) 2-溴-4-甲基苯酚 (CH₃, Br, OH)

(2) 3-氯苯甲醛 (Cl, CHO)

(3) 4,4'-二氟联苯 (F—⟨⟩—⟨⟩—F)

(4) 邻羟基苯丙氨酸盐酸盐 (OH, COOH, $NH_3^{\oplus}Cl^{\ominus}$)

问题 2.6

(1)

$$\text{甲苯} \xrightarrow[\text{H}_2\text{SO}_4]{\text{HNO}_3} \xrightarrow{\text{KMnO}_4} \xrightarrow[\text{HCl}]{\text{Fe}} \xrightarrow[\text{HCl}]{\text{NaNO}_2} \xrightarrow{\text{HBF}_4} \xrightarrow{\Delta} \text{4-氟苯甲酸 (COOH, F)}$$

(2)

$$\text{甲苯} \xrightarrow[\text{H}_2\text{SO}_4]{\text{HNO}_3} \xrightarrow[\text{HCl}]{\text{Fe}} \xrightarrow{(\text{CH}_3\text{CO})_2\text{O}} \xrightarrow[\text{H}_2\text{SO}_4]{\text{HNO}_3} \xrightarrow[\Delta]{\text{NaOH/H}_2\text{O}} \xrightarrow[\text{HCl}]{\text{NaNO}_2}$$

$$\xrightarrow{\text{H}_3\text{PO}_2} \xrightarrow[\text{HCl}]{\text{Fe}} \xrightarrow[\text{HCl}]{\text{NaNO}_2} \xrightarrow[\Delta]{\text{H}_2\text{O}} \text{HO—⟨⟩—CH}_3 \text{ (3-甲基苯酚)}$$

问题 2.7

(1) $(CH_3)_2N$—⟨⟩—NO_2

(2) 2-(2,4-二硝基苯基)环己酮 (O=, NO₂, O₂N)

(3) MeO—⟨⟩—N(n-Bu)(n-Bu)

(4) $CH_2=CCH_2O$—⟨⟩—OMe (带 CH_3)

(5) MeO—⟨⟩—N-吲哚

(6) Me—⟨⟩—O—⟨⟩—OMe

问题 2.8

(1) 1-(溴甲基)环己醇 (CH₂Br, OH)

(2) 3-苯基-5-(碘甲基)-γ-丁内酯 (Ph, CH₂I, O=, O)

(3) 1-氟-1-(溴甲基)环己烷 (CH₂Br, F)

(4) 9-氟蒽 (F)

问题 2.9

(1) 环辛酮 (O)

(2) N-苯基环戊胺 (NH—Ph)

(3) 蒎烷胺 (CH₃, NH₂)

(4) 3-(2-碘乙基)环己烯 (CH₂CH₂I)

问题 2.10

(1) 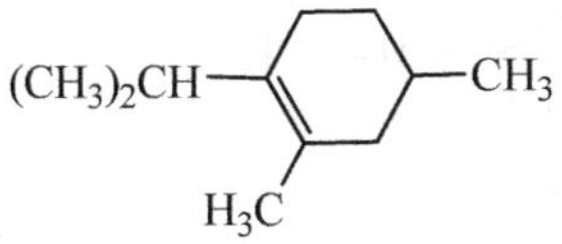 (CH₃)₂CH—[环己烯，H₃C，CH₃]

(2) 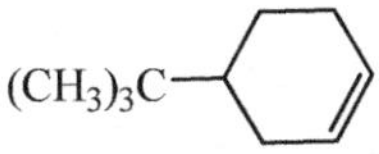 (CH₃)₃C—[环己烯]

(3) CH₂=CH—Cl+(CH₃)₂NCH₂CH₃

(4) 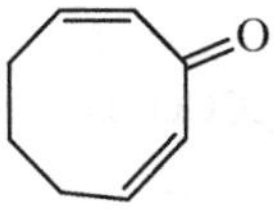 [环辛二烯酮，O]

问题 2.11

(1)  [降冰片烯]

(2)  H₂C=[环丙烷，H，CH₂—OH]

(3)  [三环结构]

(4) 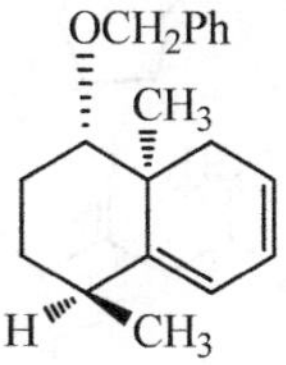 [十氢萘衍生物，OCH₂Ph，CH₃，H，CH₃]

第 2 章　习　　题

一、

(1) 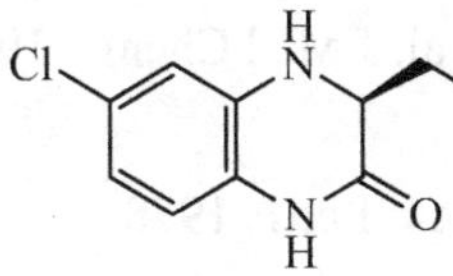 Cl—[喹喔啉酮，H，N，CH₃，N，H，O]

(2) 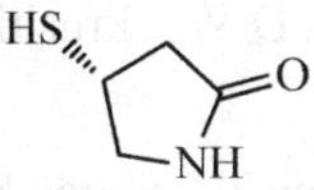 HS—[吡咯烷酮，NH，O]

(3) 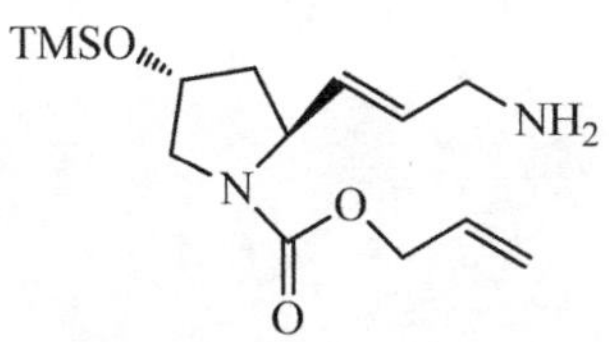 TMSO—[吡咯烷，N，O，O，NH₂]

(4) 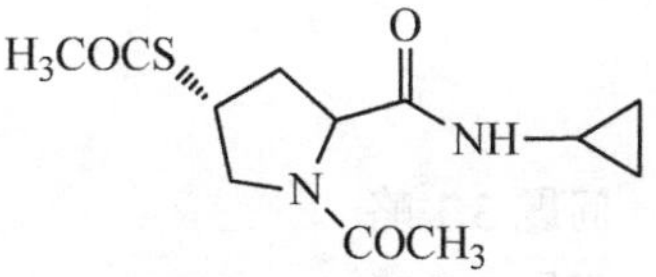 H₃COCS—[吡咯烷，N，O，NH—环丙基，COCH₃]

(5) 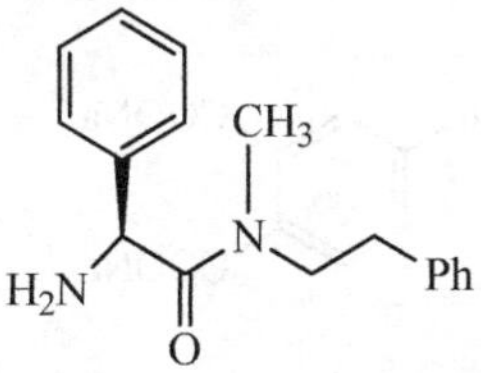 [苯基，CH₃，H₂N，N，O，Ph]

(6) 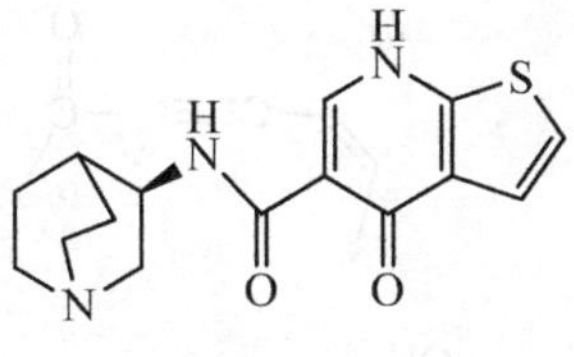 [喹啉环，H，N，S，N，O，O]

(7) 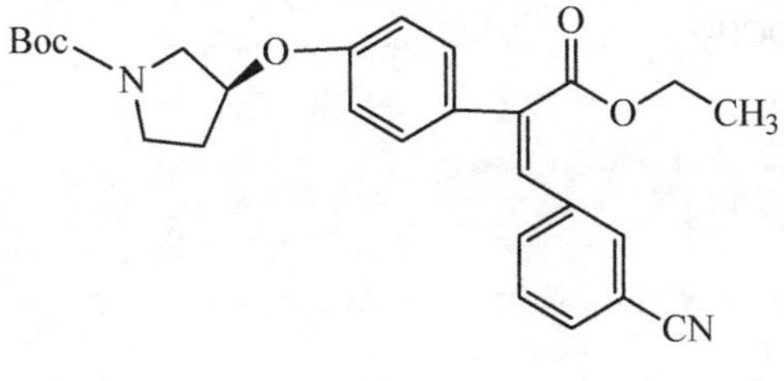 Boc—[吡咯烷，N，O，O，CH₃，CN]

(8) 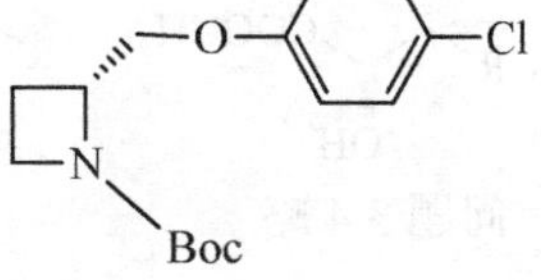 [氮杂环丁烷，O，O—苯基—Cl，N，Boc]

(9)

(10)

(11)

(12)

(13)

(14)

(15)

二、（1）Confalone P N，Pizzolato G，Baggiiolini E G，et al. J Am Chem Soc，1977，99：7020.

（2）Yu J，Falck J R，Mioskowski C. J Org Chem，1992，57：3757.

（3）Robertson D W，krushinski J H，Fuller R W，et al. J Med Chem，1988，31：1412.

（4）Mukaiyama T，Shoda S，Nakatsuka T，et al. Chem Lett，1978，7：605.

第 3 章　问　题

问题 3.1 略

问题 3.2 略

问题 3.3

(1)

(2)

(3)

(4)

问题 3.4 略

问题 3.5

(1)

$$CH_3—(CH_2)_4C≡C—CHO$$

(2)

$$C_6H_5—\underset{\underset{O}{\|}}{C}—C≡CH$$

(3)

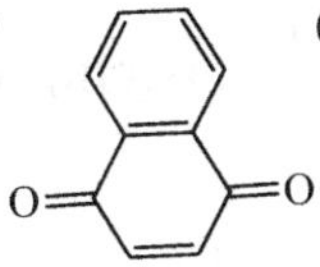

(4)

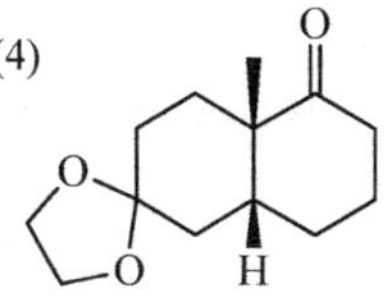

问题 3.6

(1)

$$HCHO\ +\ 5HCOOH$$

(2)

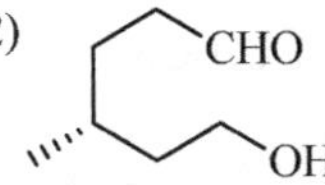

$$+\ CH_3COCH_3$$

问题 3.7

$$CH_3CH_2\underset{\underset{O}{\|}}{C}CH_2CH_2\underset{\underset{O}{\|}}{C}CH_3$$

问题 3.8

(1)

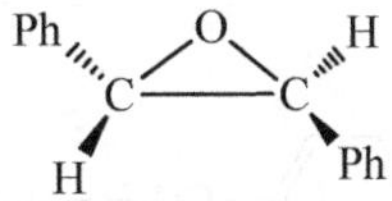

(2)

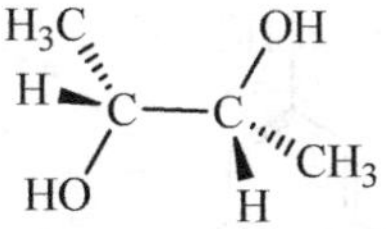

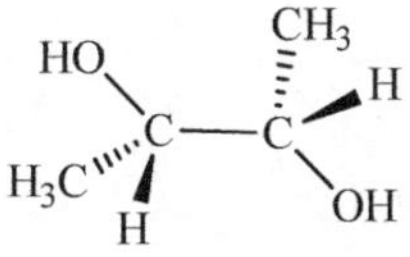

(3)

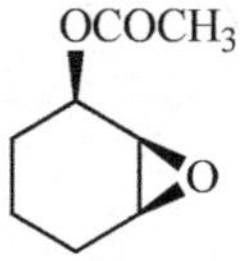

(4)

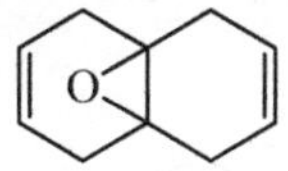

问题 3.9

(1)

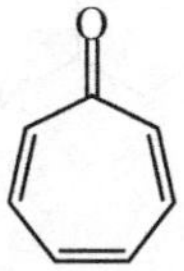

(2)

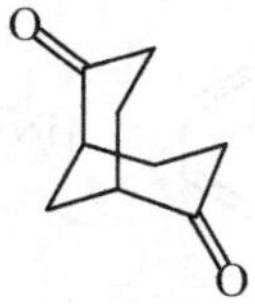

问题 3.10

(1)

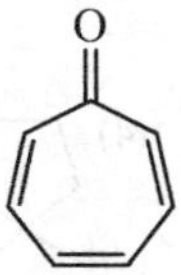

(2)

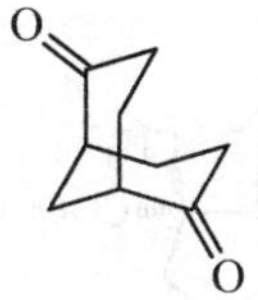

(3)

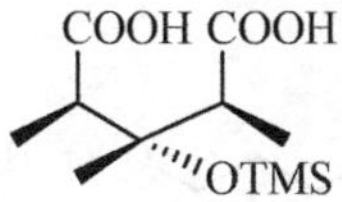

问题 3.11

(1)

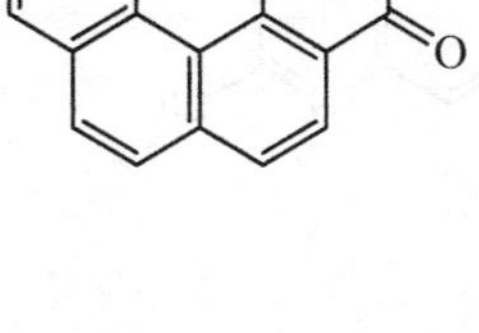

(2)

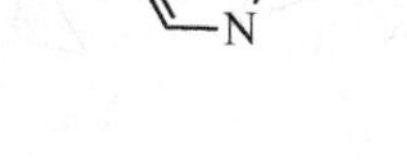

问题 3.12

(1) $(CH_3)_3C-NH_2$　　(2) $CH_3(CH_2)_4COOH$　　(3)

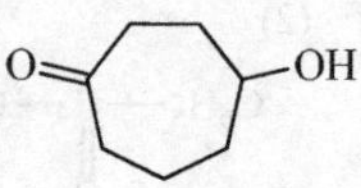

(4)

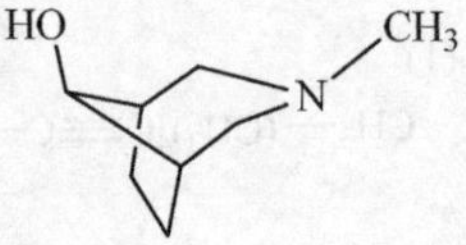

问题 3.13

(1)

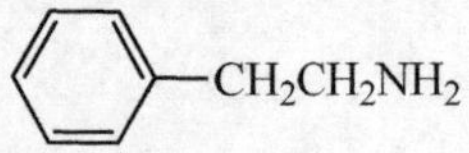

(2)

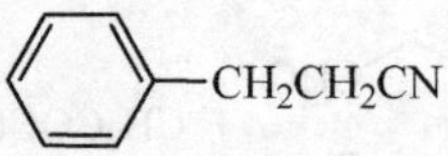

问题 3.14

(1)

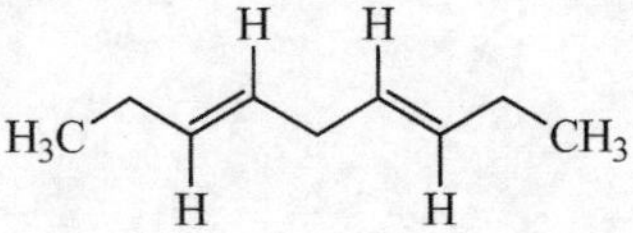

(2)

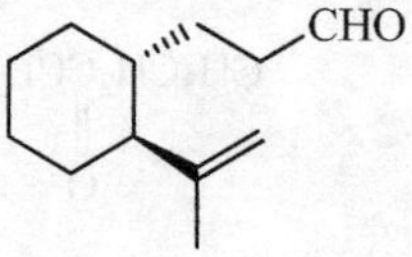

(3)

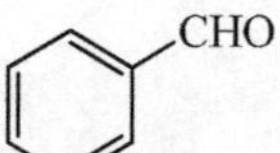

(4)

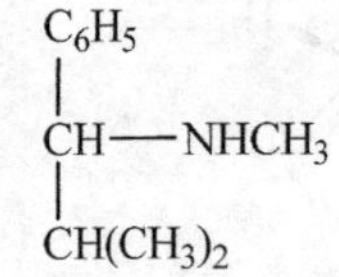

(5)

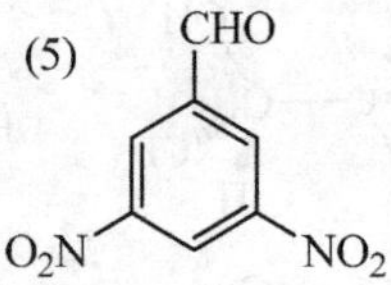

(6)

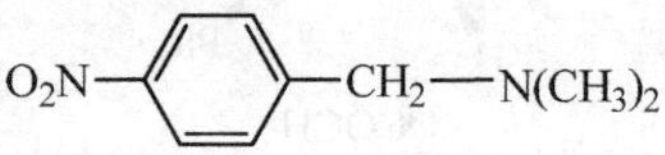

问题 3.15

(1)

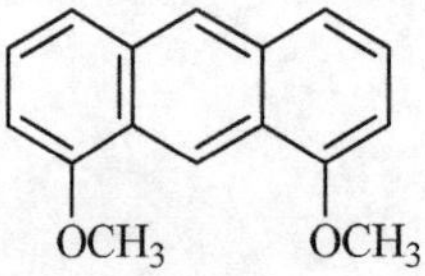

(2)

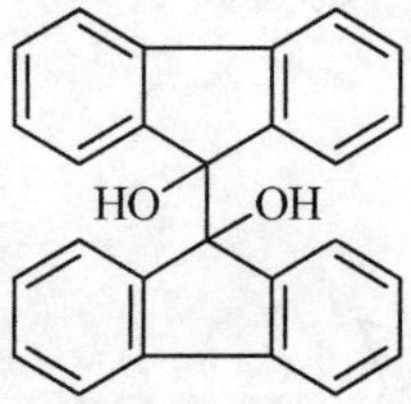

(3)

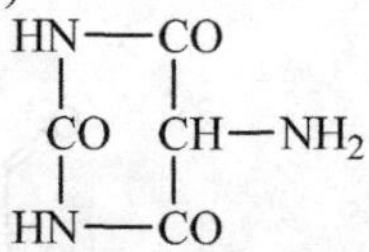

(4)

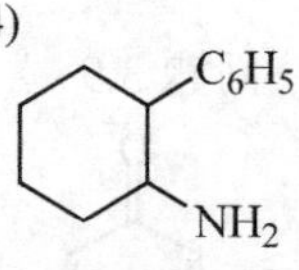

问题 3.16

提示：碳负离子与 α, β-不饱和酯发生 Michael 加成反应。

问题 3.17

(1)

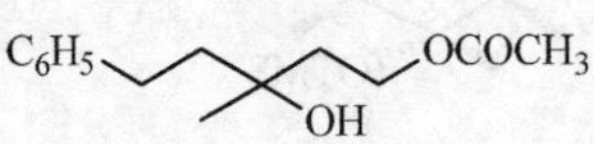

(2)

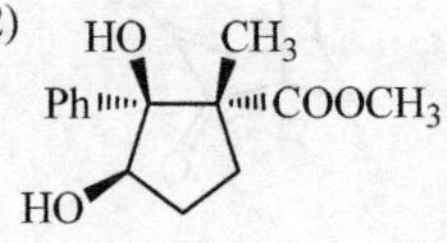

(3)

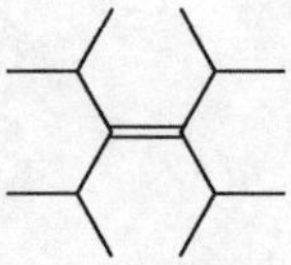

(4)

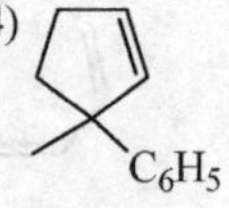

问题 3.18

(1)

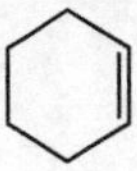

(2)

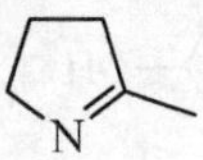

(3)

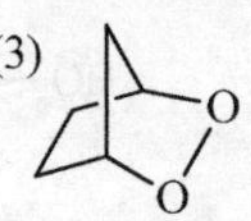

(4)

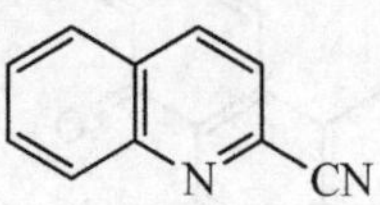

第 3 章　习　　题

一、

(1) 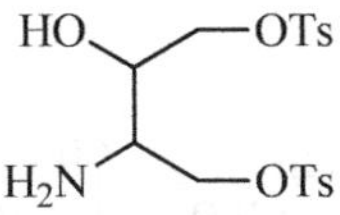

(2) 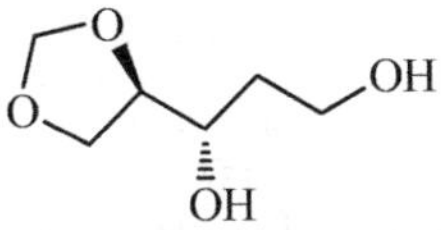

(3) 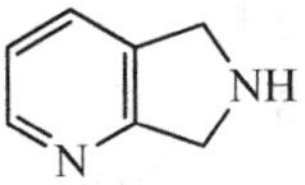

(4) 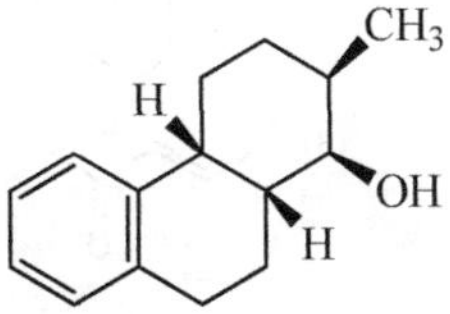

(5) 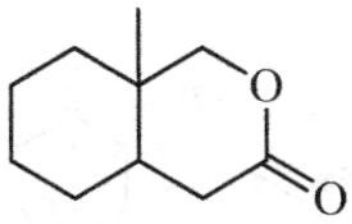

(6) 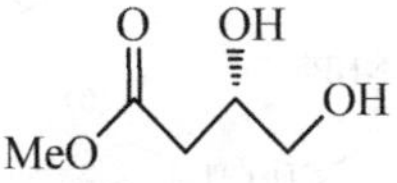

二、

(1) HIO_4　(2) O_3, Zn/H_2O; $OH^{\ominus}$　(3) SeO_2; $OH^{\ominus}$; HIO_4　(4) $AlCl_3$, CH_3COCl; $C_6H_5CO_3H$; $OH^{\ominus}/H_2O$

三、

（1）B_2H_6，CH_3SCH_3　　（2）AlH_3

四、

(1) 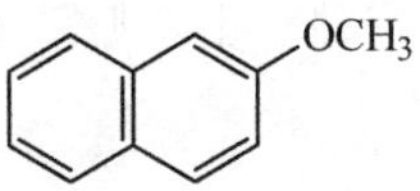　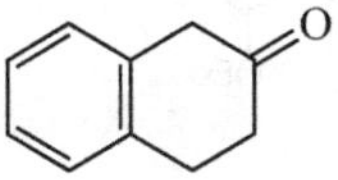

(2) 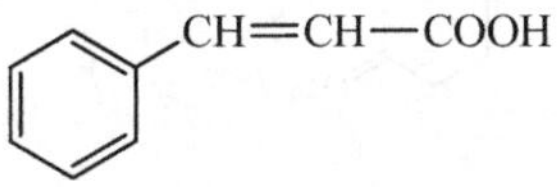　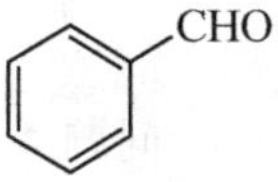

五、

(1) $\xrightarrow{Mg,\ C_6H_6}\ \xrightarrow[H_2O]{H^+,}\ \xrightarrow[HCl]{Zn(Hg)}$

(2) 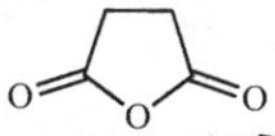 $\xrightarrow[AlCl_3]{}\ \xrightarrow[HCl]{Zn(Hg)}\ \xrightarrow{H_3PO_4}\ \xrightarrow[HCl]{Zn(Hg)}$

(3) $\xrightarrow{CH_3CO_3H}\ \xrightarrow[H_2O]{H^+}\ \xrightarrow{LiAlH_4}\ \xrightarrow{-2H_2O}$

(4) $\xrightarrow{Mg,\ C_6H_6}\ \xrightarrow[-2H_2O]{Al_2O_3}\ \xrightarrow{CH_2=CHCHO}\ \xrightarrow[\Delta]{CH_2(COOH)_2}$

(5) $\xrightarrow[Zn/Cu]{CH_2I_2}\ \xrightarrow[KMnO_4(cat.)]{NaIO_4}\ \xrightarrow[H^+]{CH_3OH}\ \xrightarrow[HOAc]{Cu(OAc)_2}$

(6) $\xrightarrow{Zn/NaOH}\ \xrightarrow{H^+}\ \xrightarrow[HCl]{NaNO_2}\ \xrightarrow{CuBr}$

六、（1）提示：在碱性条件下发生逆 Claisen 酯缩合反应后还原。

（2）略

（3）略

第 4 章　问　　题

问题 4.1

(1) $CH_3CH{=}CH_2$

(2) $RC{\equiv}C{-}MgX+R'H$

(3) $CH_3CH_2{-}CH(OH){-}C{\equiv}CPh$

(4) 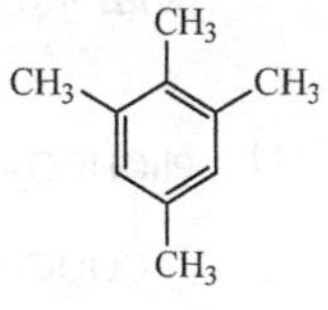

(5) (6) $CH_3-\overset{\overset{O}{\|}}{C}-OCH_3$ (7) (8)

问题 4.2 略

问题 4.3

(1) $PhCH=CH-COCH_3$ (2) (3) $(CH_3)_2CH-\overset{\overset{CH(CH_3)_2}{|}}{\underset{|}{\underset{OH}{C}}}-CH(CH_3)_2$ (4)

(5) $Ph_2\overset{\overset{NHPh}{|}}{\underset{|}{C}}CH_2CH_3$ (6) (7) (8)

问题 4.4

(1) $Ph-\overset{\overset{}{|}}{\underset{CH_3}{C}}=CH_2$ (2) (3) $(CH_3)_2CHCH_2\overset{O}{C}--\overset{O}{C}-OC_2H_5$ (4) $CH_3CH_2CH_2COOC_2H_5$

(5) (6) (7) (8)

问题 4.5

(1) $CH_3O--CHO$ $\xrightarrow[Zn]{BrCH_2COOC_2H_5}$ $\xrightarrow[\triangle]{H_3O^\oplus}$ $\xrightarrow{H_2, Pd}$ $\xrightarrow{LiAlH_4}$ $\xrightarrow[CH_2Cl_2]{PDC}$ TM

(2) $CH_3O--CHO$ $\xrightarrow[(2) H_3O^\oplus]{(1) CH_3MgBr}$ $\xrightarrow{POCl_3}$ $\xrightarrow{()_2CuLi}$ TM

问题 4.6

(1) $PhCH=CHCHO$ (2) (3) (4)

问题 4.7

(1) $\xrightarrow[P]{Br_2}$ $\xrightarrow[EtOH]{HCl}$ $\xrightarrow[NaOEt]{PhCHO}$ $\xrightarrow[(2) H_3O^\oplus]{(1) NaOH}$ TM

(2) $PhCH_2NO_2$ $\xrightarrow[(2) CH_3CH_2COCl]{(1) NaOH}$ TM

问题 4.8

(1) $Ph\overset{\overset{}{|}}{\underset{COOCH_3}{CH}}CO_2CH_3$ (2) $(CH_3)_2\overset{\overset{}{|}}{\underset{CHO}{C}}CO_2Et$ (3) (4)

问题 4.9

(1) [苯] $\xrightarrow[\text{AlCl}_3]{\text{PhCH}_2\text{COCl}}$ $\xrightarrow[\text{(2) (CH}_3\text{O)}_2\text{CO}]{\text{(1) NaOEt}}$ TM

(2) [环丁烷] $\begin{array}{l}\text{CO}_2\text{Et}\\\text{CO}_2\text{Et}\end{array}$ $\xrightarrow[\substack{\text{(2) NaOH, H}_2\text{O}\\\text{(3) H}_3\text{O}^{\oplus},\ \triangle}]{\text{(1) NaOEt (过量), (CH}_2\text{CO}_2\text{Et)}_2}$ TM

问题 4.10

(1) [structure] (2) [structure with OH] (3) [structure with CO$_2$Et] (4) [structure] (5) [structure with CO$_2$Et]

问题 4.11

(1) Ph—CO—CH$_3$ + Ph—CO—OCH$_3$ $\xrightarrow[\text{(2) H}_3\text{O}^{\oplus}]{\text{(1) NaOEt}}$ TM

(2) [structure with CO$_2$Et] $\xrightarrow[\text{(2) H}_3\text{O}^{\oplus}]{\text{(1) NaOEt}}$ TM

问题 4.12

(1) [structure with CO$_2$Et] (2) [structure] CH$_2$CHCCl$_3$ / OH (3) [structure with Ph, CN]

(4) [structure] (5) [structure] —CH==CCO$_2$Et / CH$_2$CO$_2$H

问题 4.13

(1) NC [structure] Ph (2) [structure] Ph / CHO (3) [structure with OCH$_3$]

问题 4.14

(1)

Ph—CH=CH—COCH₃ $\xrightarrow[\text{(2) H}_3\text{O}^\oplus]{\text{(1) NaOEt (过量), CH}_3\text{COCH}_2\text{CO}_2\text{Et}}$ TM

(2)

$\xrightarrow[\text{(2) 5\% NaOH, (3) H}_3\text{O}^\oplus]{\text{(1) NaOEt(过量), CH}_2\text{(CO}_2\text{Et)}_2}$ TM

问题 4.15

$CH_3COOH \xrightarrow[\text{H}_2\text{SO}_4, \triangle]{\text{CH}_3\text{CH}_2\text{OH}} CH_3CO_2CH_2CH_3 \xrightarrow[\text{(2) H}_3\text{O}^\oplus]{\text{(1) NaOEt (0.5eq.)}} CH_3COCH_2CO_2C_2H_5 \xrightarrow[\text{(2) H}_3\text{O}^\oplus, \triangle]{\text{(1) 5\% NaOH}}$

(1/2)

$\xuparrow[\text{H}_2\text{SO}_4]{\text{KMnO}_4}$

$CH_3CH_2OH \xrightarrow[\text{(3) Zn, H}_2\text{O}]{\text{(1) H}_2\text{SO}_4, \triangle; (2) O}_3} HCHO$

TM $\xleftarrow{\text{NaBH}_4}$ (1,3-cyclohexanedione) $\xleftarrow[\text{NaOEt}]{\text{CH}_3\text{CO}_2\text{C}_2\text{H}_5}$ (methyl vinyl ketone) $\xleftarrow[\text{NaOH}]{\text{HCHO} \triangle}$ (acetone)

问题 4.16

(1) [coumarin-3-CH₂OH structure with OH]

(2) [cyclohexene with OH, CH₃ and CO₂Et]

问题 4.17

[benzene] $\xrightarrow[\text{AlCl}_3]{\text{CH}_3\text{COCl}}$ $\xrightarrow[\text{NaOH} \triangle]{\text{HCHO}}$ $\xrightarrow[\text{acetone}]{\text{DABCO}}$ TM

问题 4.18

(1) CH₃COCHCOOC₂H₅
    |
    CH₂COCH₃

(2) [phthalimide-N-CH(COOEt)₂] [phthalimide-N-C(COOEt)₂CH₂COOC₂H₅] H₂N—CH—COOH
    |
    CH₂COOH

(3) CH₂COC̈HCO₂C₂H₅ (⊖)   CH₂COCH₂CH₂CO₂H   (4) [cyclohexanedione with CO₂C₂H₅]
   | |
  CH₂COCH₃   CH₂COCH₃

问题 4.19

(1) CH₃COCH₂COOC₂H₅ $\xrightarrow[\text{(2) PhCH}_2\text{Cl}]{\text{(1) NaOEt}}$ $\xrightarrow[\text{(2) H}_3\text{O}^\oplus, \triangle]{\text{(1) 5\% NaOH}}$ TM

(2)　$CH_3COCH_2COOC_2H_5$ $\xrightarrow[\text{(2) } BrCH_2CH_3]{\text{(1) NaOEt}}$ $\xrightarrow[\text{(2) } BrCH_2COOEt]{\text{(1) NaOEt}}$ $\xrightarrow[\text{(2) } H_3O^\oplus, \triangle]{\text{(1) 5\% NaOH}}$ TM

(3)　$CH_2(COOEt)_2$ $\xrightarrow[\text{(2) } Br{\sim}Br]{\text{(1) NaOEt (2eq.)}}$ $\xrightarrow[\text{(2) } H_3O^\oplus, \triangle]{\text{(1) 5\% NaOH}}$ TM

(4)　$CH_2(COOEt)_2$ $\xrightarrow[\text{(2) NBS}]{\text{(1) NaOEt}}$ （邻苯二甲酰亚胺钾盐）$\xrightarrow[\text{(2) } PhCH_2SCH_2CH_2Cl]{\text{(1) NaOEt}}$ $\xrightarrow[\text{(2) HF, } \triangle]{\text{(1) 5\% NaOH}}$ TM

(5)　$CH_3COCH_2CO_2Et$ $\xrightarrow[\text{(2) } Br{\sim}Br]{\text{(1) } NaNH_2 \text{ (2eq.)}}$ $\xrightarrow[\text{(2) } H_3O^\oplus, \triangle]{\text{(1) 5\% NaOH}}$ TM

(6)　$CH_2(CO_2Et)_2$ $\xrightarrow[\text{(2) cyclohexyl-Br}]{\text{(1) NaOEt}}$ $\xrightarrow[\text{(2) } H_3O^\oplus, \triangle]{\text{(1) 5\% NaOH}}$ TM

问题 4.20

(1)　$CH_2(COOEt)_2$ $\xrightarrow[\text{(2) 2-nitrobenzoyl chloride}]{\text{(1) } Mg(OC_2H_5)_2}$ $\xrightarrow[\text{(2) } H_3O^\oplus, \triangle]{\text{(1) 5\% NaOH}}$ TM

(2)　$CH_2(COOEt)_2$ $\xrightarrow[\text{(2) } PhCH_2Cl]{\text{(1) NaH}}$ $\xrightarrow[\text{(2) } O_2N\text{-}C_6H_4\text{-}COCl]{\text{(1) NaH}}$ $\xrightarrow[\text{(2) } H_3O^\oplus, \triangle]{\text{(1) 5\% NaOH}}$ TM

(3)　$CH_2(COOEt)_2$ $\xrightarrow[\text{(2) PhCOCl}]{\text{(1) } Mg(OC_2H_5)_2}$ $\xrightarrow[\text{(2) } H_2SO_4, \triangle]{\text{(1) } NaBH_4}$ $\xrightarrow[\text{(2) } H_3O^\oplus, \triangle]{\text{(1) 5\% NaOH}}$ TM

(4)　$CH_2(COOEt)_2$ $\xrightarrow[\substack{\text{(2) PhCOCl}\\\text{(3) } NaBH_4}]{\text{(1) NaH}}$ $\xrightarrow{H_2SO_4, \triangle}$ $\xrightarrow{LiAlH_4}$ $\xrightarrow[\text{TsOH (cat.)}]{\text{HCHO}}$ TM

问题 4.21

$CH_3COCH_2CH_2CH_3 + NC\!-\!CH_2\!-\!COOC_2H_5$ $\xrightarrow[\text{(2) Zn, HCl}]{\text{(1) } CH_3COONH_4, C_6H_6}$ $\xrightarrow[\text{(2) } CH_3CH_2Br]{\text{(1) NaOEt}}$ TM

问题 4.22

CH_3COCH_2COOEt + 环己酮$=\!O$ $\xrightarrow[\text{HOAc}]{\text{哌啶}}$ $\xrightarrow{(CH_3)_2CuLi}$ $\xrightarrow[\text{(2) } H_3O^\oplus, \triangle]{\text{(1) 5\% NaOH}}$ TM

问题 4.23

(1)

A　　　　　　　　B　　　　　　　　C

(2) $(CH_3)_2C=CH-COCH_3$

A　　　　　　　　B　　　　　　　　C

(3)

A　　　　　　　　B　　　　　　　　C　　　　　　　　D

问题 4.24

(1)

A　　　　　　　　B　　　　　　　　C　　　　　　　　D

(2)

A　　　　　　　　B　　　　　　　　C　　　　　　　　D

(3)

A　　　　　　　　B　　　　　　　　C　　　　　　　　D

第 4 章 习 题

一、

(1) 　(2) 　(3) 　(4)

(5) 2-甲基-4-甲氧基环己酮 (结构: 环己酮, CH₃, OCH₃)

(6) $PhCH_2-\overset{\displaystyle CN}{\underset{\displaystyle CONH_2}{\overset{|}{\underset{|}{C}}}}-CH_2CH_2CN$

(7) $Ph-\overset{\displaystyle CH_2COOC_2H_5}{\underset{\displaystyle CH-CH_2NO_2}{|}}$

(8) 2-甲基-6-(3-氧代丁基)环己酮 (CH_3, $CH_2CH_2CO\,CH_3$)

(9) 二甲基苯并环庚烯酮 (CH_3, O, CH_3)

(10) $Ph_2\overset{\displaystyle }{\underset{\displaystyle OH}{\overset{|}{C}}}-CH_2COOC_2H_5$

(11) $\overset{\displaystyle OH}{\underset{\displaystyle CH_2CON(CH_3)_2}{环己烷}}$

(12) 八氢萘酮 (CH_3, O)

(13) $Ph-\overset{\displaystyle COOH}{\underset{\displaystyle CH_2CH_3}{CH=C}}$

(14) 环戊烷 ($COOC_2H_5$, O, CH_3, $COOC_2H_5$)

(15) $CH_3O-\overset{O}{\overset{\|}{C}}-CH_2-\overset{O}{\overset{\|}{C}}-(CH_2)_{12}CH_3$

(16) 环庚酮 ($COOC_2H_5$)

(17) 含氮三环结构 (N—CH₃, Cl)

(18) 苯并噻喃结构 ((CH₃)₂, S)

(19) $Boc-N\underset{\underset{\displaystyle Cl}{}}{\overset{}{N}}-CH_2CH_2-\overset{\displaystyle COOCH_3}{\underset{\displaystyle COOCH_3}{CH}}$, NO_2

(20) $F-\text{(苯)}-\overset{O}{\overset{\|}{C}}-\overset{\displaystyle Ph}{\underset{\displaystyle O}{CH}}-\overset{O}{\overset{\|}{C}}-\overset{\displaystyle }{\underset{\displaystyle CONHPh}{CH}}-CH_3$

二、

(1) $CH_3NO_2 \xrightarrow[\text{Et}_2NH]{(CH_3)_2C=CHCOCH_3} TM$

(2) $PhCOCH_2COOC_2H_5 + \text{吡啶}-CH=CH_2 \xrightarrow[\substack{(2)\ 5\%\ NaOH,\ H_2O \\ (3)\ H_3O^\oplus,\ \triangle}]{(1)\ NaOEt} TM$

(3) 环己酮 $\xrightarrow[\text{TsOH (cat.)}]{\text{吡咯烷 (NH)}} \xrightarrow[(2)\ H_3O^\oplus]{(1)\ PhCH=CH-NO_2} TM$

(4) 环己酮-$COOC_2H_5$ $\xrightarrow[CH_3I]{NaOEt} \xrightarrow[HCl]{HOCH_2CH_2OH} \xrightarrow{LiAlH_4} \xrightarrow{TsCl} \xrightarrow{H_3O^\oplus} \xrightarrow{NaH} TM$

(5) $CH_3CH=CH-COOCH_3 + CH_2(COOC_2H_5)_2 \xrightarrow[(2)\ H_3O^\oplus,\ \triangle]{NaOEt} \xrightarrow{(1)\ 5\%\ NaOH} \xrightarrow{(CH_3CO)_2O} TM$

(6) 苯-$COCH_2COCH_3 \xrightarrow{NaH\ (2eq.)} \xrightarrow[(2)\ H_3O^\oplus]{(1)\ CH_3O-\text{(苯)}-COOC_2H_5} TM$

(7)

$(CH_3)_2CHCHO$ $\xrightarrow[\triangle]{\text{NH, } CH_2=CHCOCH_3}$ TM

(8) $\xrightarrow[(CH_3)_2CHCOOC_2H_5]{\text{NaOEt (2eq.)}}$ $\xrightarrow[\triangle]{H_3O^{\oplus}}$ TM

三、

(a) $H^{\oplus}$ (b) $LiAlH_4$ (c) MnO_2　(d) $K_2Cr_2O_7, H_2SO_4$　(e) (1) H_2/Pd; (2) CH_3OH, $H^{\oplus}$

(f) (1) $HOCH_2CH_2OH$, TsOH; (2) NaOH, H_2O　(g) (1) CH_3CH_2Li (2eq.); (2) $H_3O^{\oplus}$　(h) OH^-, $\triangle$

四、

(1)

$\xrightarrow[AlCl_3]{CH_3COCl}$ $\xrightarrow{H_2O_2}$ $\xrightarrow[HOAc]{Br_2}$ $\xrightarrow{PhCH_2COONa}$ $\xrightarrow[\triangle]{Et_3N}$

(2) 提示：先合成如下中间体：

（3）提示：Stobbe 反应后分子内芳环酰化成环。

五、

$\xrightarrow[\triangle]{BH_3 \cdot Me_2S}$　$\xrightarrow[NaOEt]{CH_3COCCOOCH_2CH_3}$ TM

第 5 章　问　题

问题 5.1

（1）16　　（2）18　　（3）16　　（4）18　　（5）18　　（6）16

问题 5.2

（1）配体的配位（2）还原消除（3）氧化加成（4）依次为：氧化加成、配体的配位、和金属配位的配体接收外来试剂的进攻、还原消除。

问题 5.3

(1)　　(2)

(3) 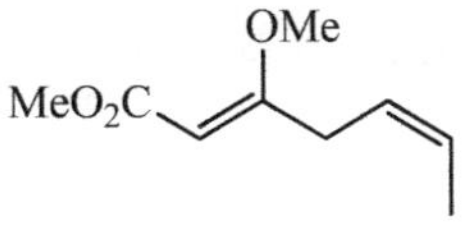 MeO_2C—（带 OMe 取代基的二烯酯结构）

(4)（带 OTBS、OTHP 取代基的结构）

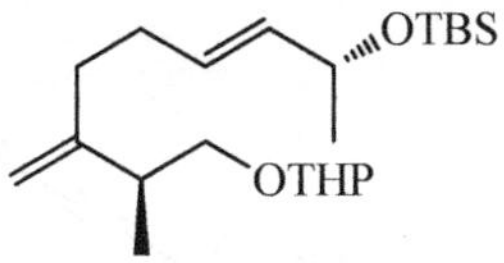

问题 5.4

(1)（聚合物结构，含联苯和二苯乙烯单元，下标 n）

(2) 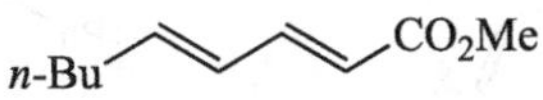 n-Bu—（二烯酸甲酯结构）—CO_2Me

(3)（含 N 的稠环结构，带亚甲基、甲基和羰基）

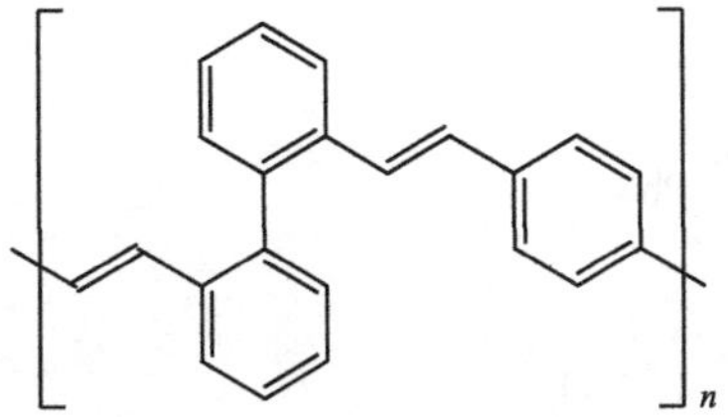

(4)（含 TBSO、OPMB、OH、PhO_2S、SO_2Ph 取代基的结构）

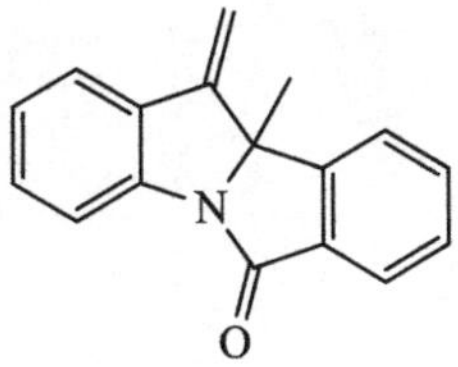

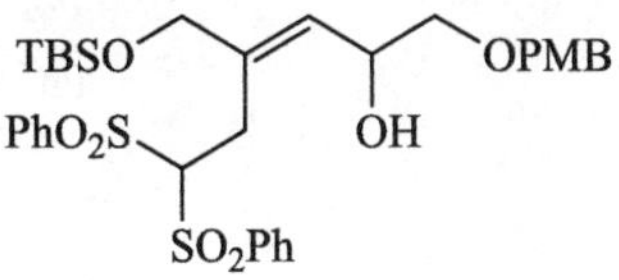

(5)（2-烯丙基环己酮结构）

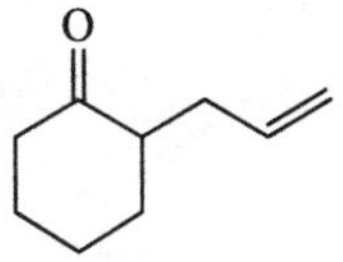

(6) 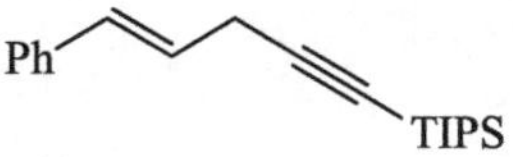 Ph—（烯炔结构）—TIPS

(7)（含 R、R′、Ar 取代基的酮结构）

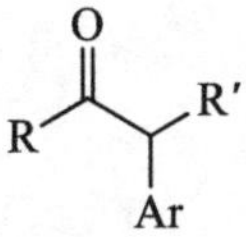

(8)（含 Ar 取代基的 N-甲基吲哚酮结构）

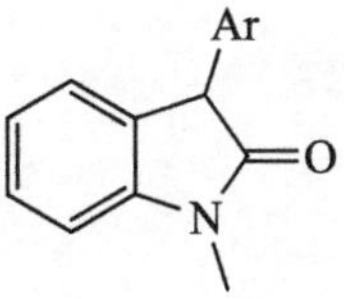

问题 5.5

(1)（含 OMOM 取代基的萘基稠环结构）

(2)（含 Ph、t-Bu 取代基的酯结构）

(3)（含 CF_3、CF_3、Ph 取代基的苯结构）

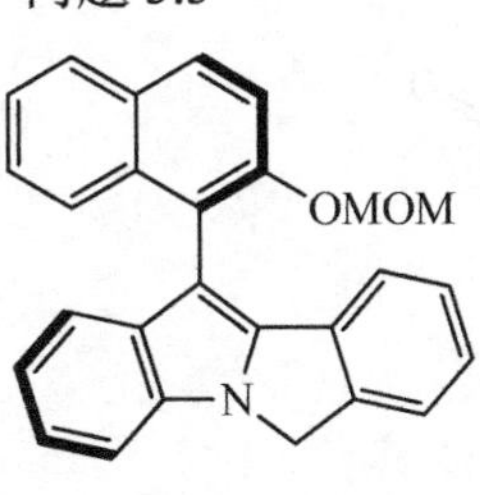

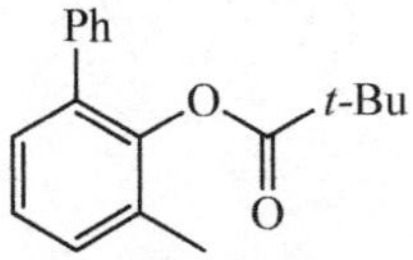

(4)（含 Ph、CO_2H 取代基的环戊烷结构）

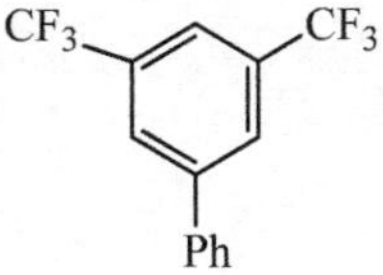

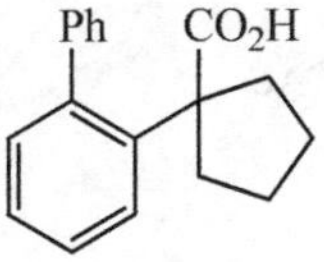

问题 5.6

(1)

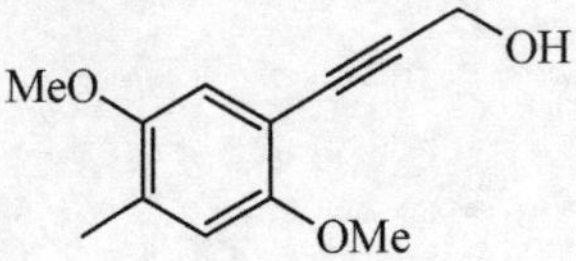

(2)

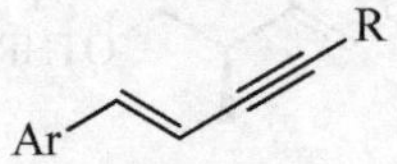

(3)

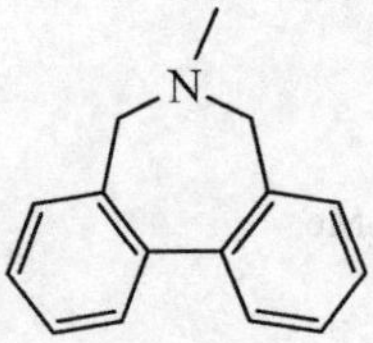

(4)

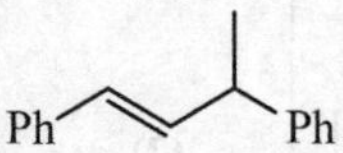

(5)

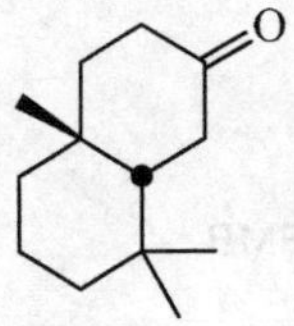

(6)

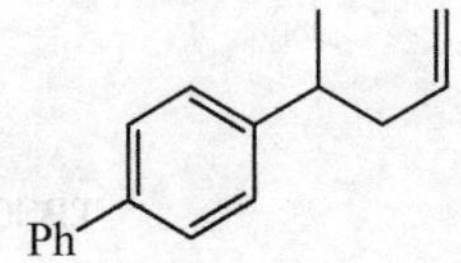

问题 5.7

(1)

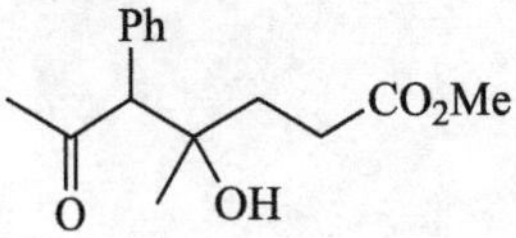

(2)

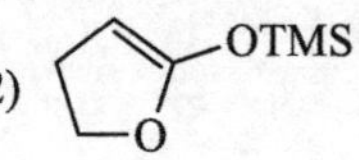

(3)

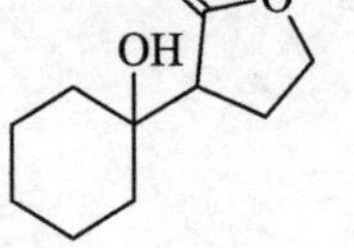

(4)

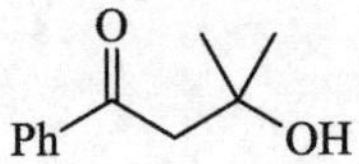

(5)

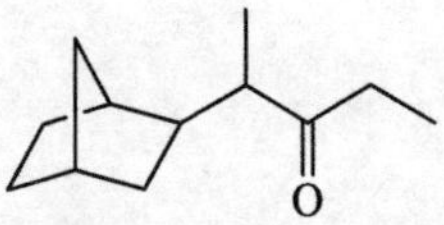

问题 5.8

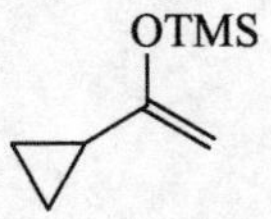

A

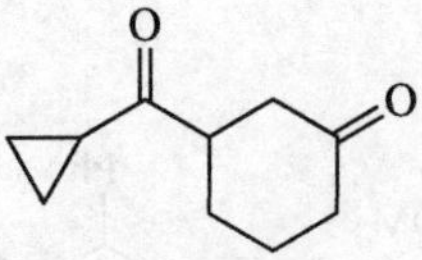

B

问题 5.9

(1)

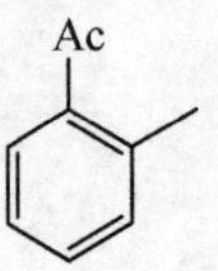

(2)

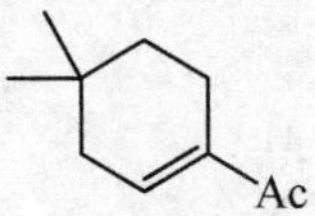

(3)

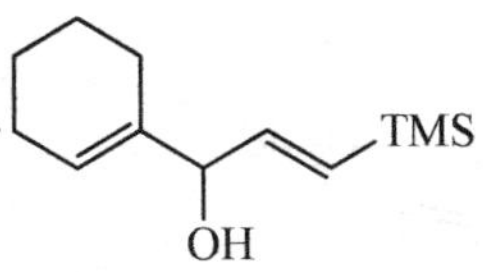

A

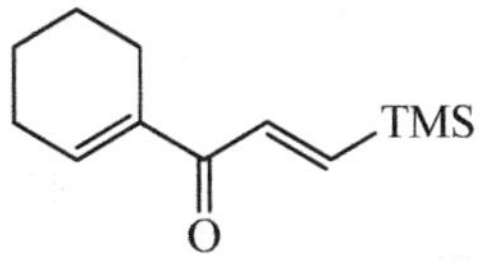

B

问题 5.10

(1)

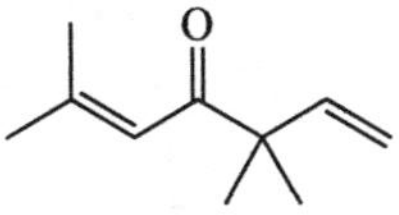

(2)

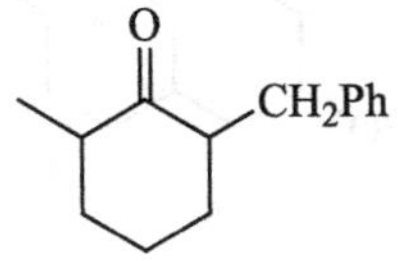

(3)

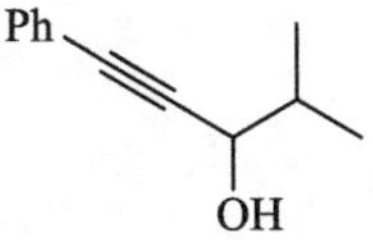

(4)

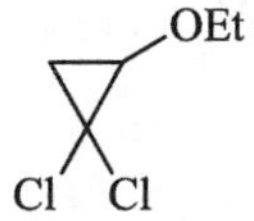

(5)

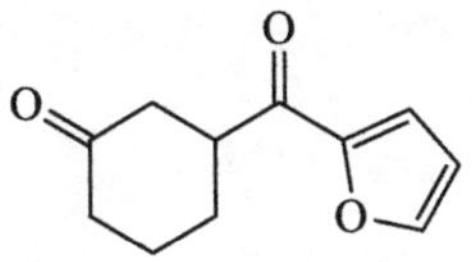

问题 5.11

(1)

(2)

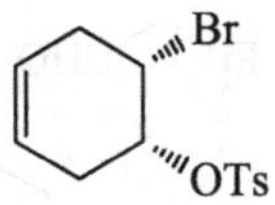

(3)

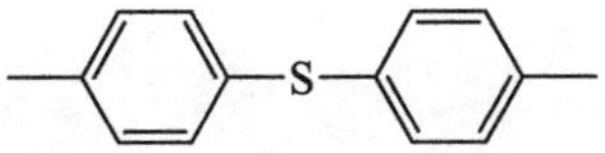

(4)

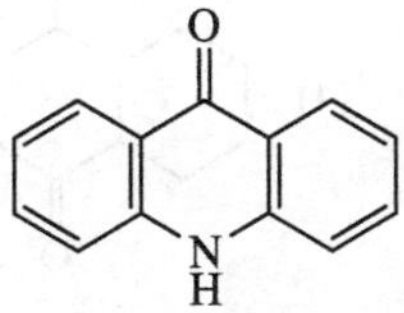

问题 5.12

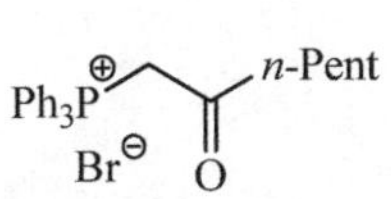

A

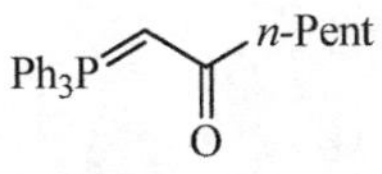

B

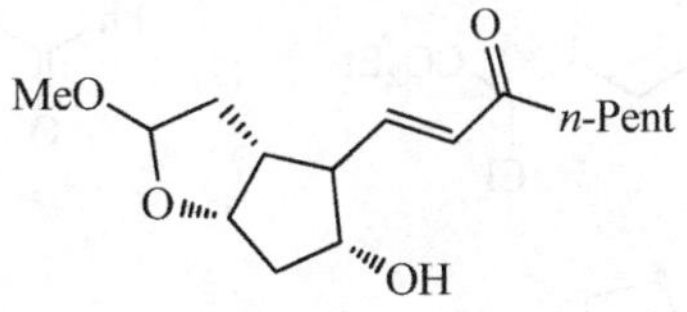

C

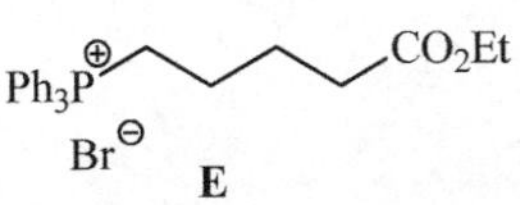

E

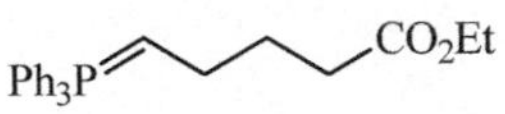

F

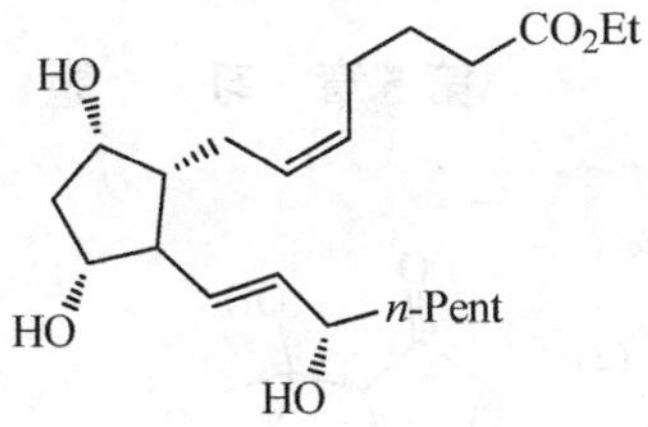

G

问题 5.13

(1) 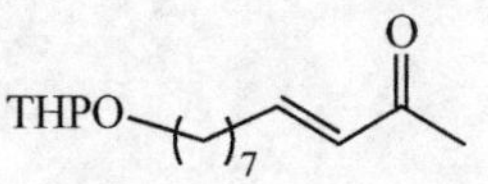 THPO$\displaystyle{()_7}$ ~~~~ 结构式

(2) 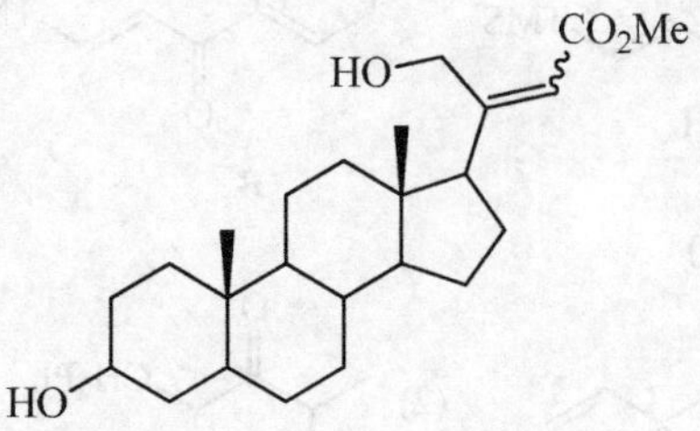 甾体结构 CO$_2$Me

(3) 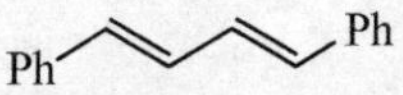 Ph ~~~~ Ph

问题 5.14

(1)  结构式

(2) 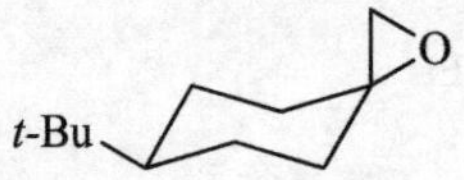 *t*-Bu ~~~~ O

(3) 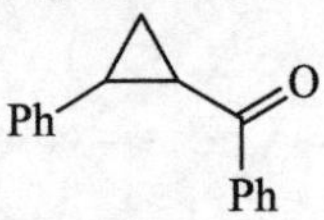 Ph ~~~~ O / Ph

(4) 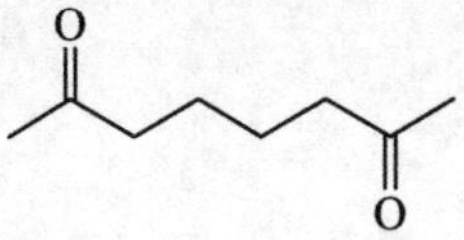 结构式

问题 5.15

(1) 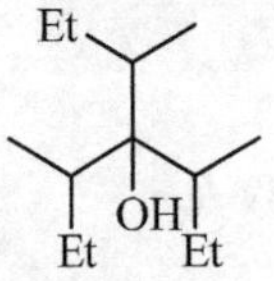 Et / Et / OH / Et

(2) 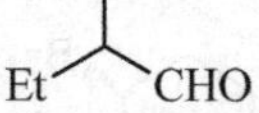 Et ~~~~ CHO

(3) 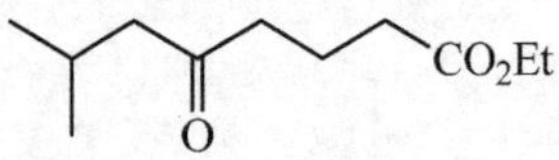 结构式 CO$_2$Et

(4) 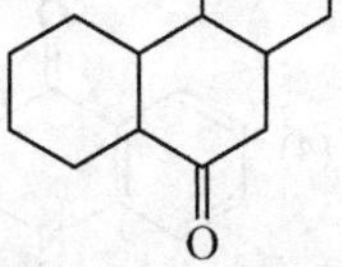 结构式

问题 5.16

(1) 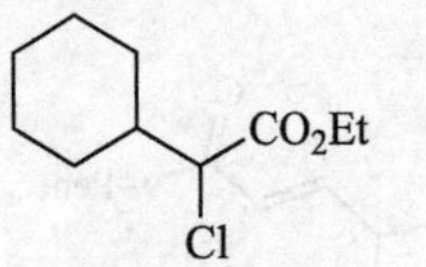 结构式 CO$_2$Et / Cl

(2) Ph ~~~~ O

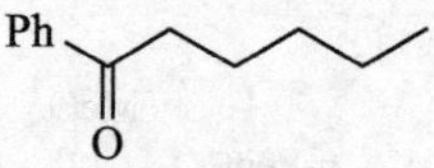

(3) 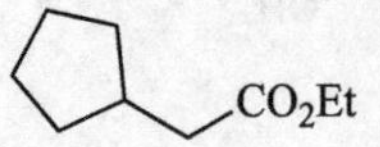 结构式 CO$_2$Et

(4) CH$_3$(CH$_2$)$_3$CN

第 5 章　习　　题

一、

(1) 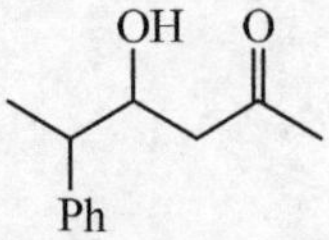 OH / O / Ph

(2) 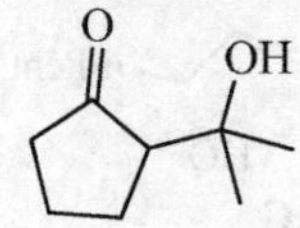 O / OH

(3)

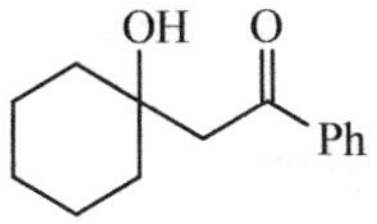

(4)

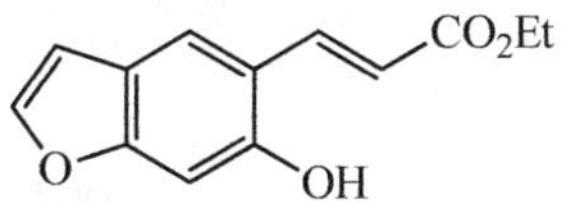

(5)

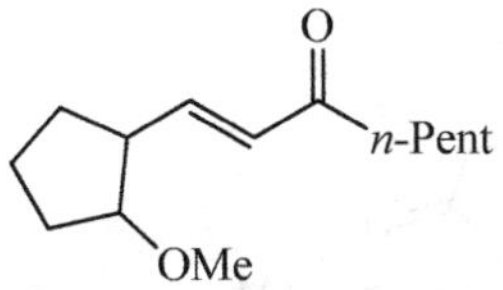

(6) $C_6H_5CH{=}CH{-}CH{=}CH{-}CN$

(7)

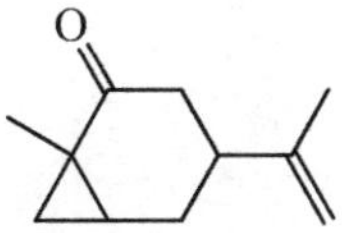

(8)

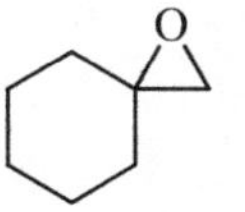

(9)

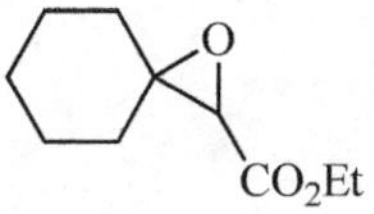

(10)

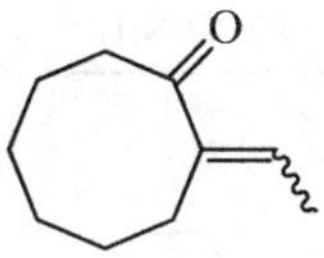

(11)

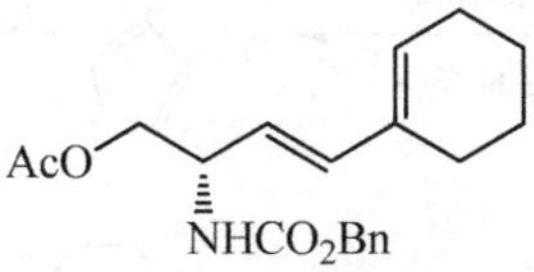

(12)

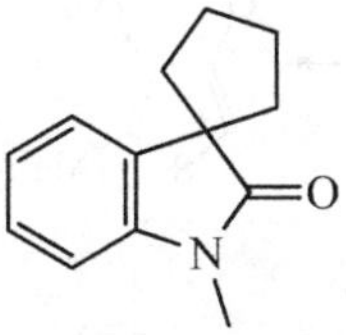

(13)

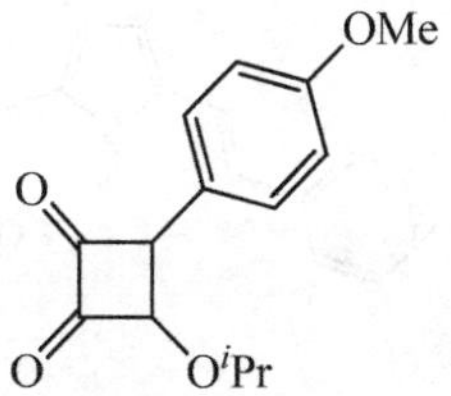

(14)

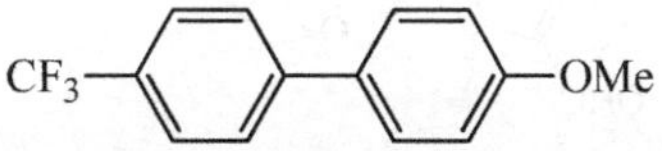

(15)

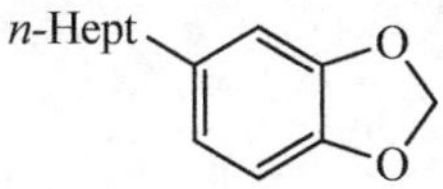

(16)

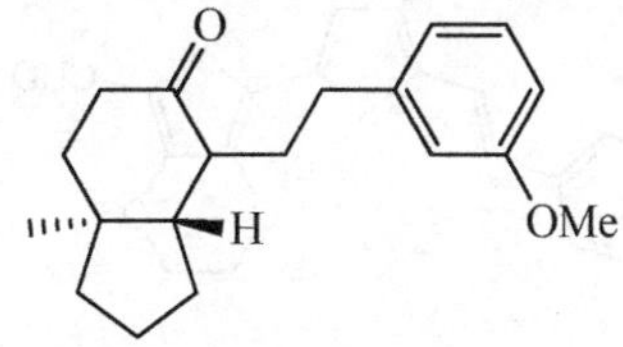

(17)

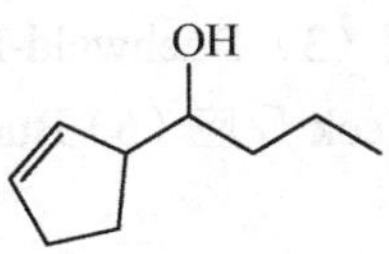

(18)

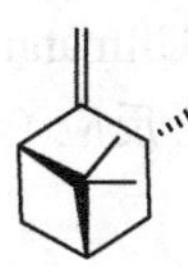

(19)

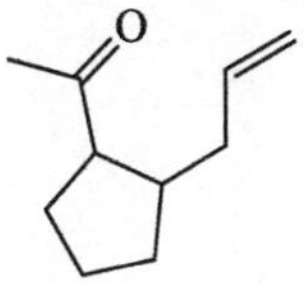

(20)

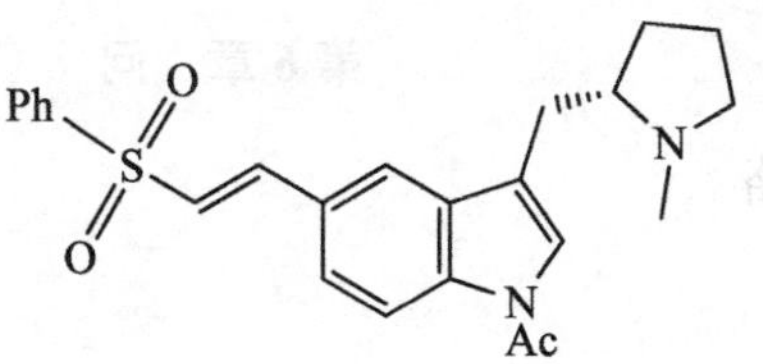

二、

(1)

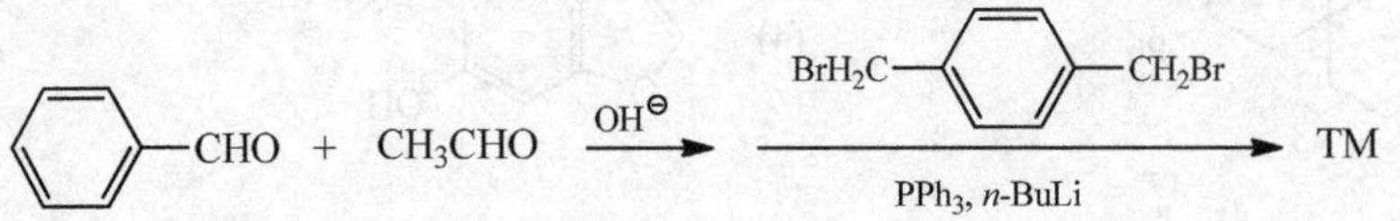

(2)

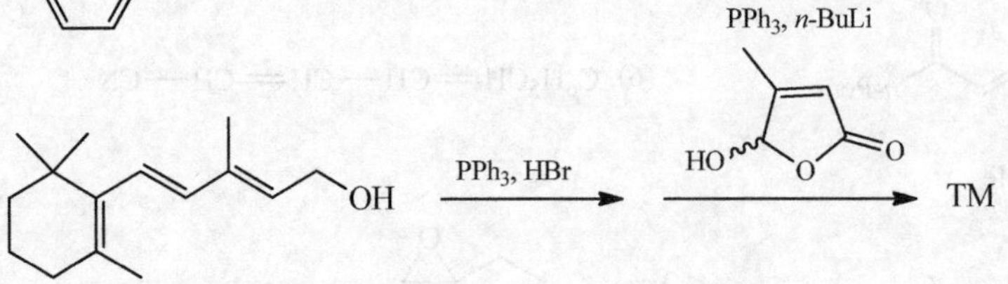

(3)

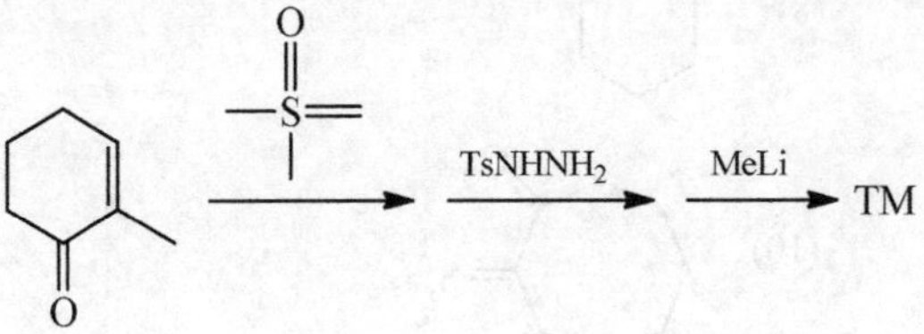

(4)

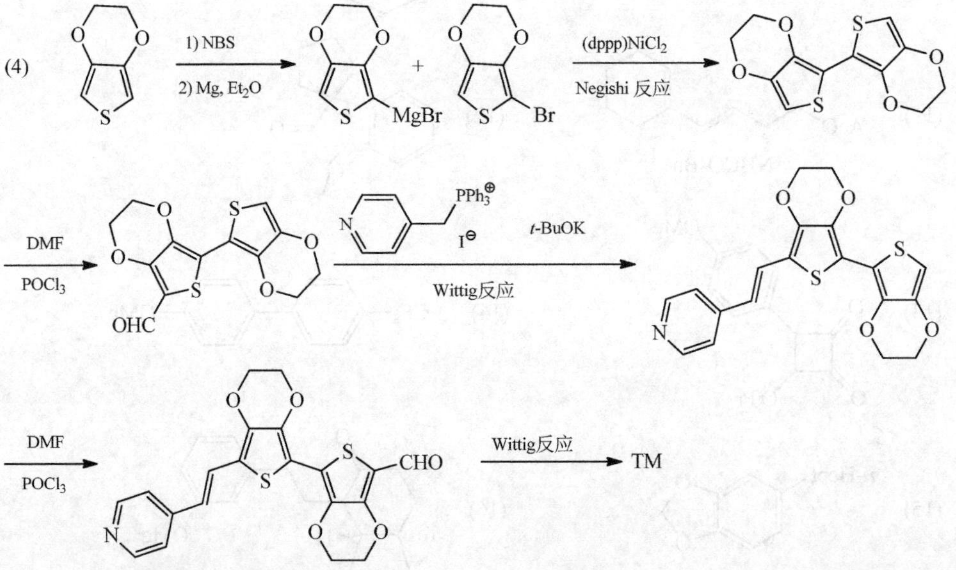

三、

（1）McMurry 反应（2）Ullmann 反应，Suzuki 反应（3）Buchwald-Hartwig 氨基化反应，Knoevenagel 缩合反应（4）Stille 反应（5）Heck 反应（6）Buchwald-Hartwig 氨基化反应

第 6 章　问　　题

问题 6.1 略

问题 6.2

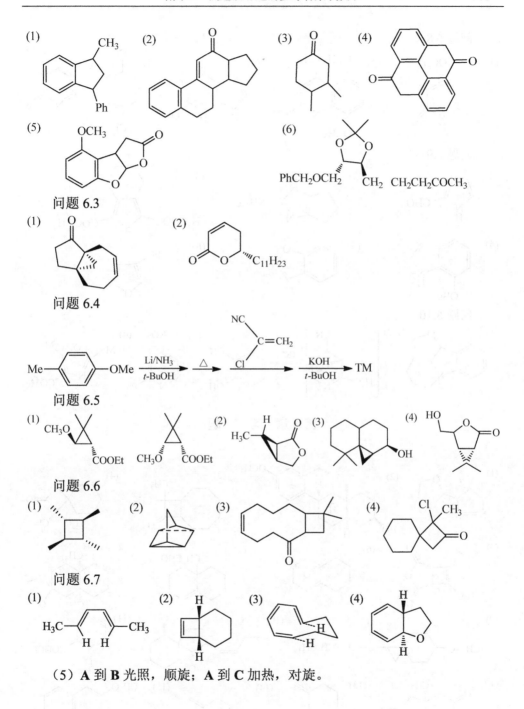

（5）**A** 到 **B** 光照，顺旋；**A** 到 **C** 加热，对旋。

问题 6.8

(1)

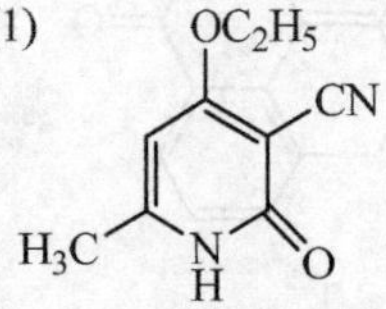

(2)

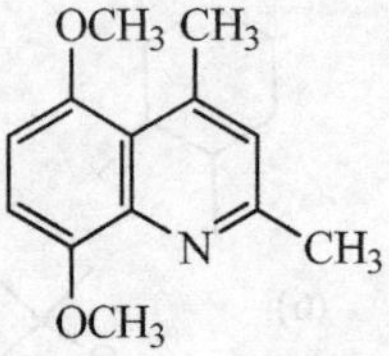

(3)

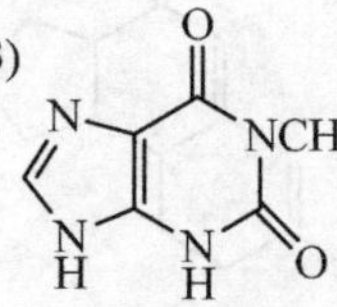

(4)

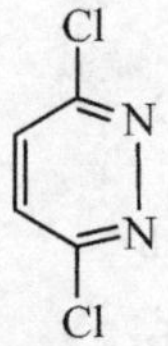

(5)

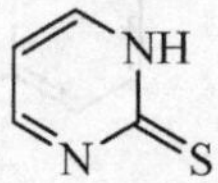

问题 6.9

(1)

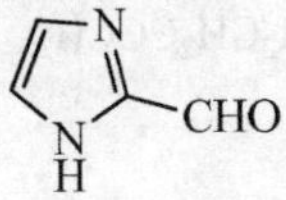

(2)

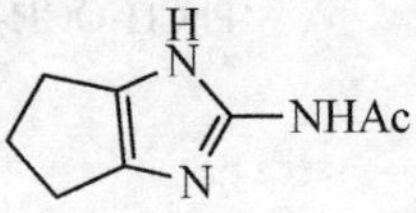

(3)

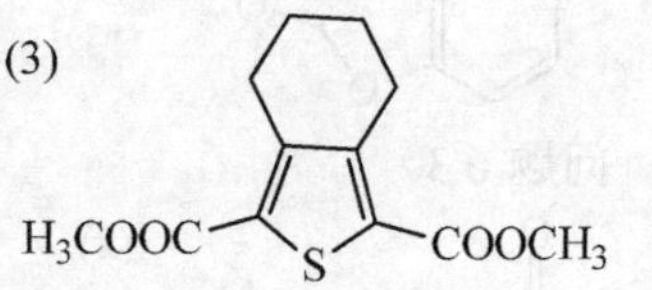

(4)

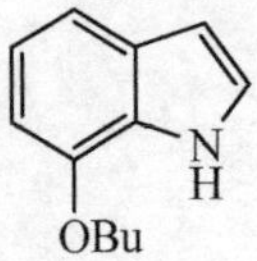

(5)

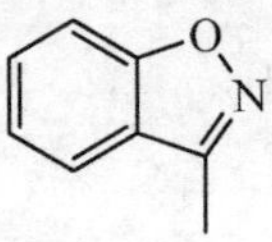

(6)

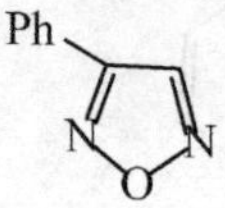

问题 6.10

(1)

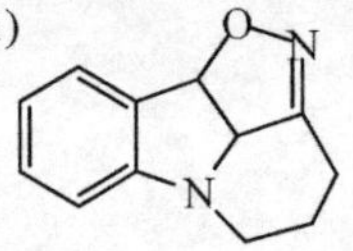

(2)

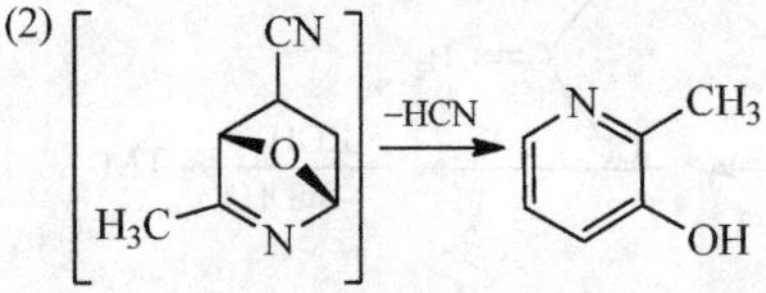

(3)

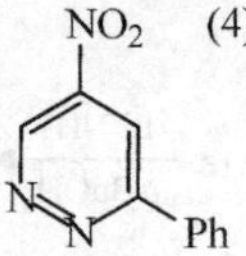

(4)

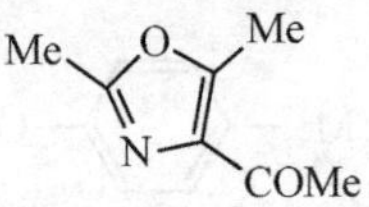

第 6 章　习　　题

一、

(1)

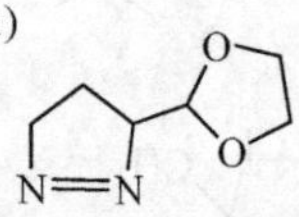

(2)

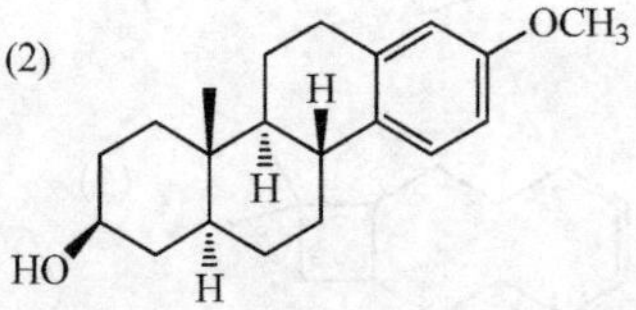

(3)

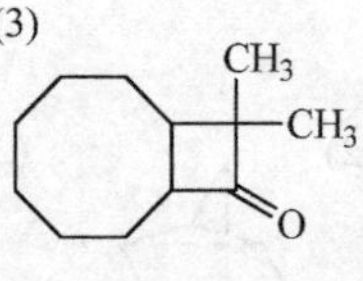

(4)

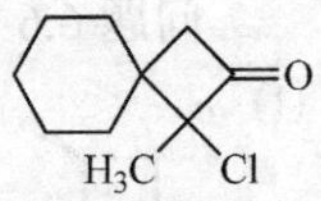

(5)

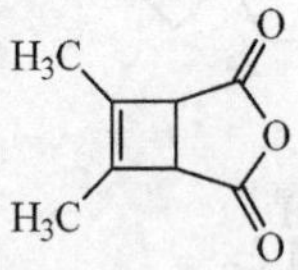

(6)

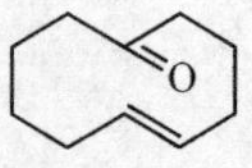

(7)

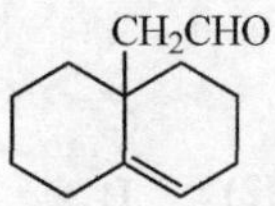

(8)

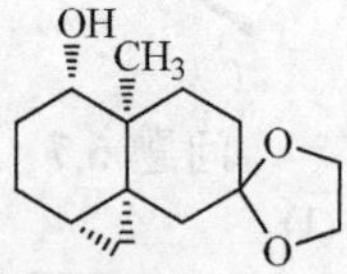

(9)

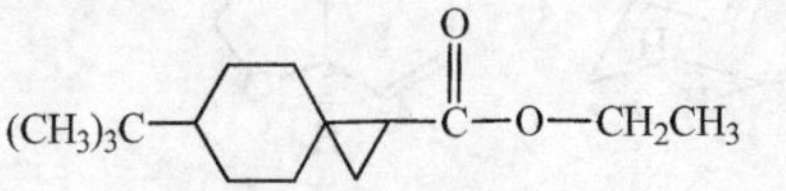

(10)

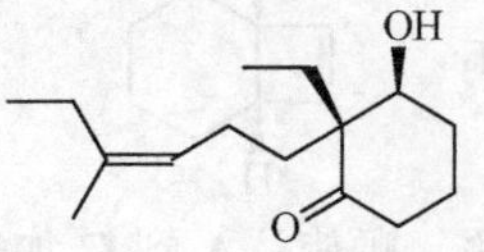

(11)

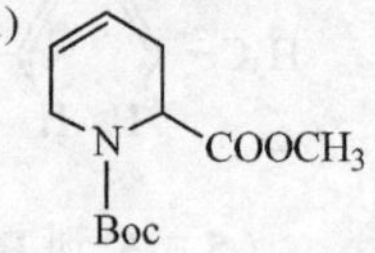

(12)

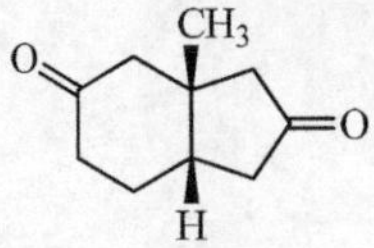

(13)

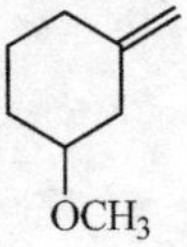

(14)

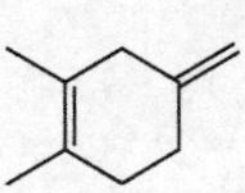

(15)

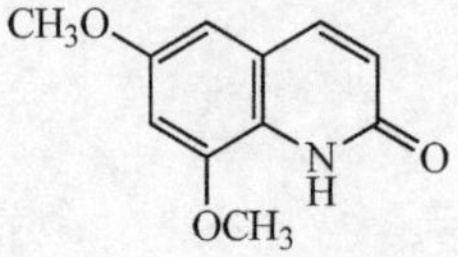

(16)

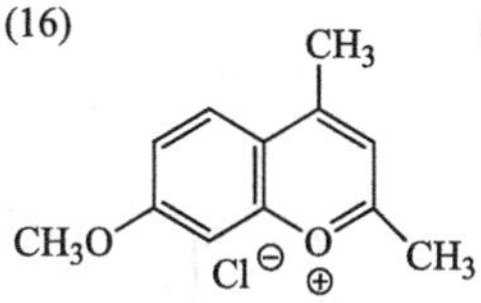

(17)

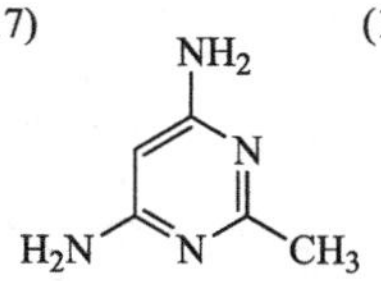

(18)

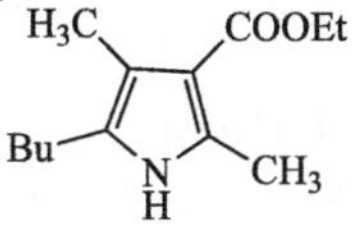

(19)

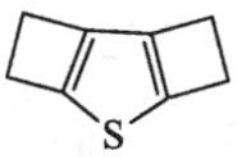

(20)

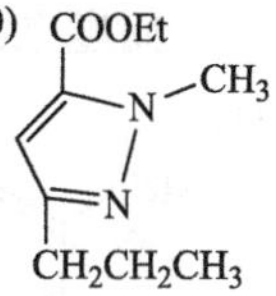

二、

(1)

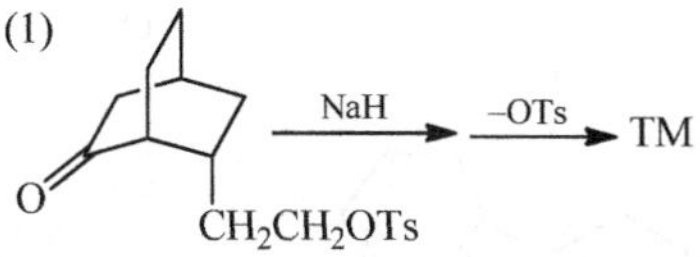

(2)

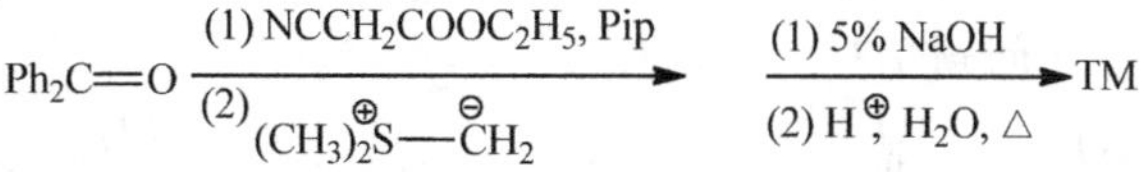

(3)

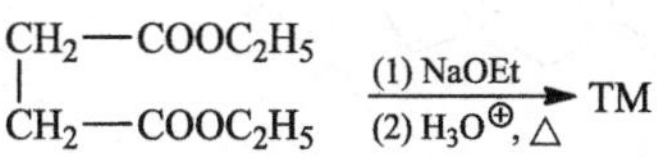

(4)

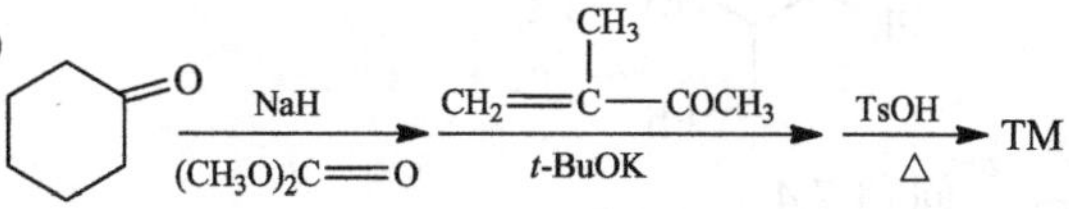

(5)

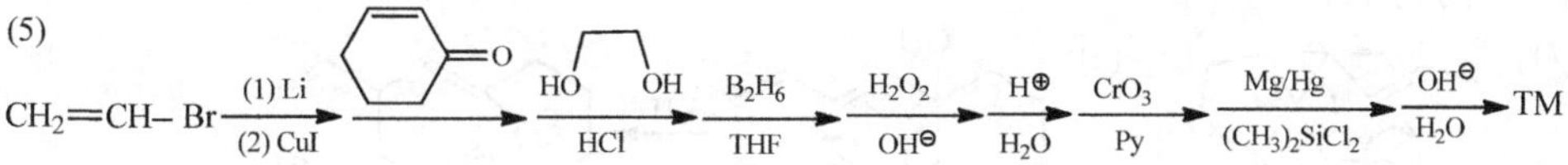

(6)

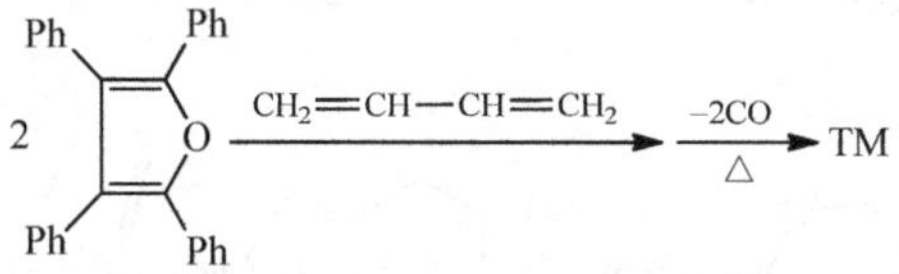

(7)

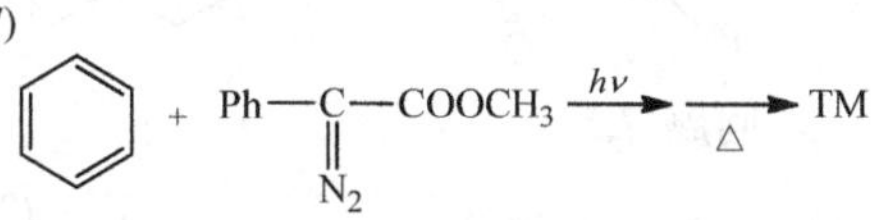

(8)

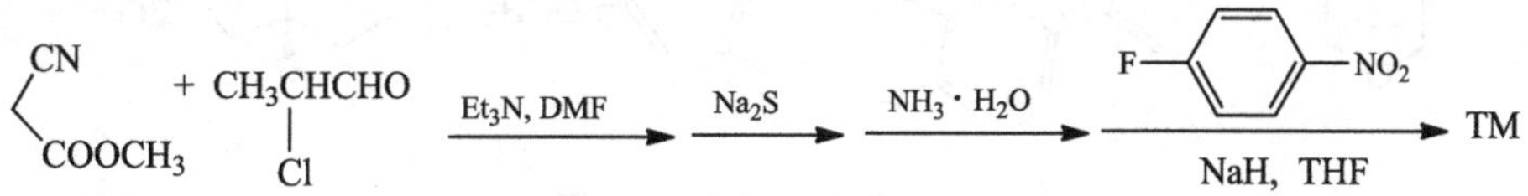

三、

(1) 略

(2)

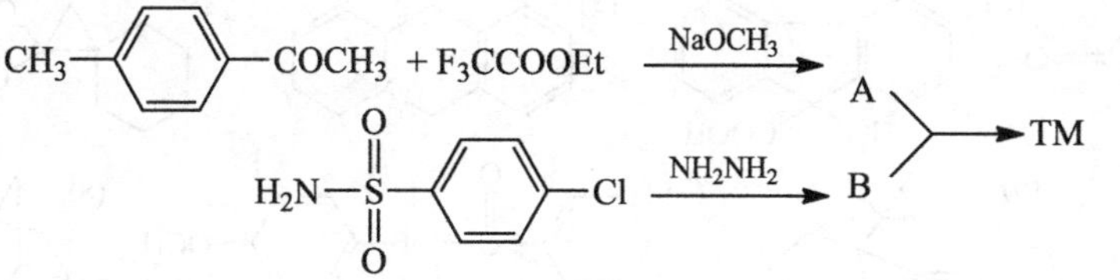

四、略

第 7 章　问　题

问题 7.1

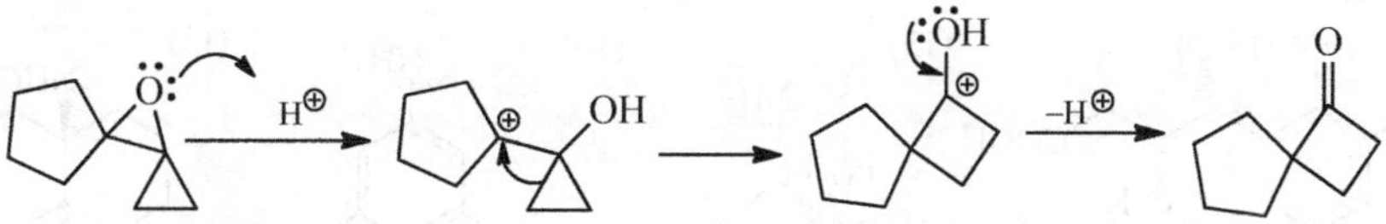

问题 7.2

(1) (2)

问题 7.3

(1) (2)

问题 7.4

(1) (2)

问题 7.5

(1) (2) (3) (4)

第 7 章 习   题

一、

(1) (2) (3) (4)

(5) (6) (7) (8)

(9) (10) (11)

(12) (13) (14) (15)

二、

(1) CrO_3；H^+；$\triangle$；H_2, Ni (2) $PhN(CH_3)_2$；$\triangle$；H^+

(3) $Ph_3P = CH_2$；TsOH (4) CH_3CO_3H；H^+, H_2O, $\triangle$

(5) Br_2；NaOH/EtOH, $\triangle$ (6) LDA, Me_3SiCl；$\triangle$

(7) Mg, $C_6H_5CH_3$；H^+, H_2O

三、

(1)

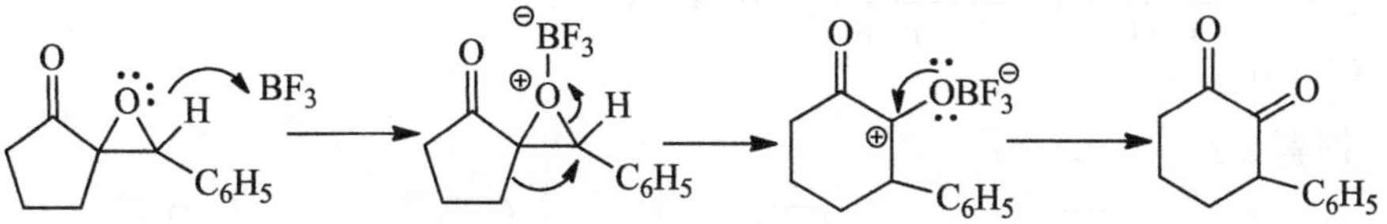

(2)

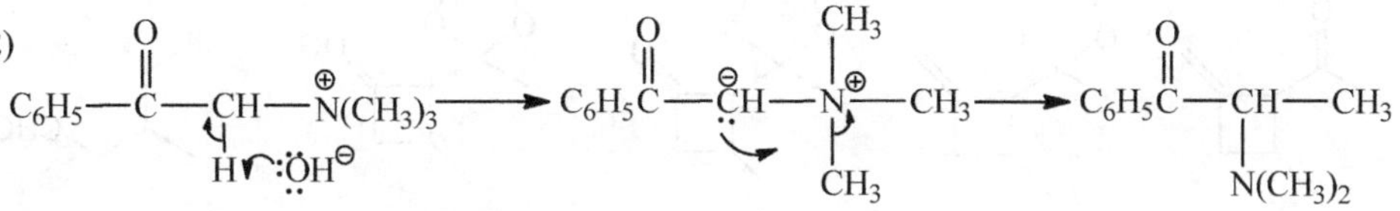

(3)

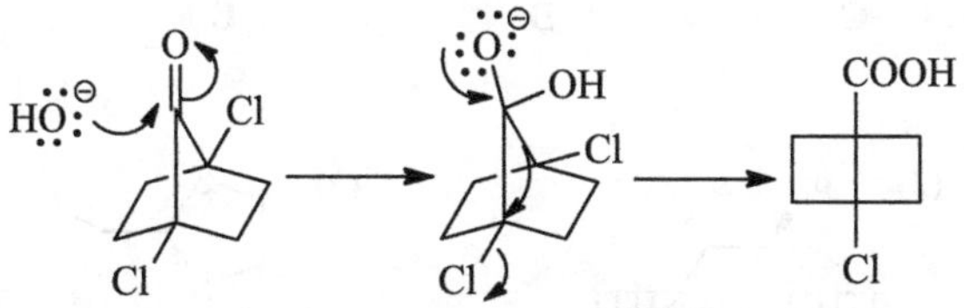

(4)

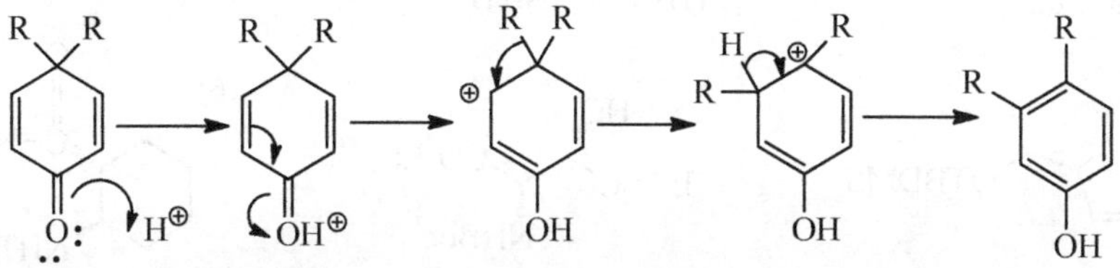

(5)

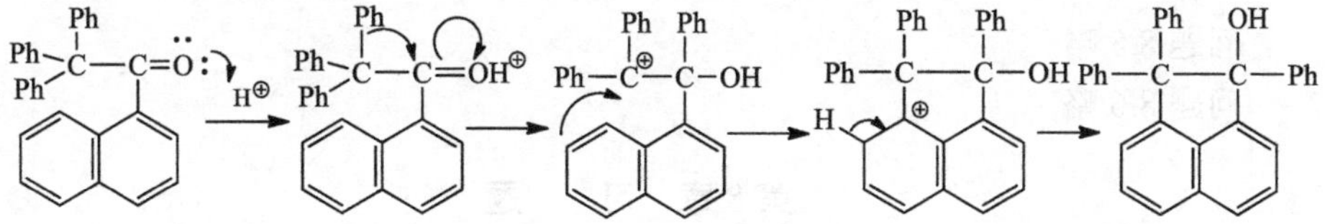

(6)

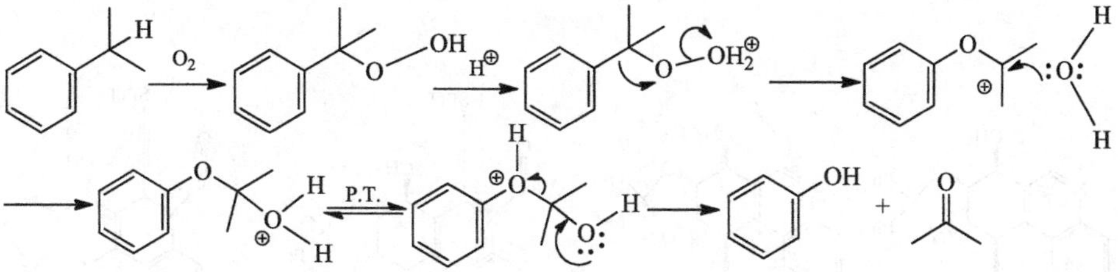

第8章 问 题

问题 8.1 略

问题 8.2

(1)
$$\begin{array}{c} CH_2OH \\ | \\ CHOH \\ | \\ CH_2OH \end{array} \xrightarrow[\text{TsOH}]{CH_3COCH_3} \xrightarrow[\text{(2) } H_3O^{\oplus}]{\text{(1) } CH_3(CH_2)_{14}COCl, Py} TM$$

(2)
$$\begin{array}{c} CH_2OH \\ | \\ CHOH \\ | \\ CH_2OH \end{array} \xrightarrow[\text{TsOH}]{C_6H_5CHO} \xrightarrow[\text{(2) } H_3O^{\oplus}]{\text{(1) } CH_3(CH_2)_{14}COCl, Py} TM$$

问题 8.3

A　　　**B**　　　**C**　　　**D**　　　**E**

问题 8.4

(1) HO—[COOCH₃, NHBoc 结构]

(2) Ph, Ph, TfHN, NHTf 结构

(3) [二硫环 CH₂Cl 结构]

(4) [内酯 OTBDMS 结构]

(5) HO, EtO₂C, CO₂Et, NHBoc 结构

(6) [环己烷 NHTs, C(=O)–N吡咯烷 结构]

问题 8.5 略

问题 8.6 略

第 8 章　习　　题

一、

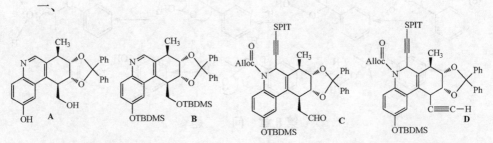

二、Li/NH₃(l)；H⁺，H₂O；NaBH₄；ROCH=CH₂，H⁺；△，Claisen 重排；
Ag(NH₃)₂NO₃；KMnO₄；△，−H₂O；OH⁻，△，−CO₂

三、（1）Corey E J，Gras J L，Ulrich P. Tetrahedron Lett，1976，17：809.

（2）Nicolaou K C，Seiyz S，Pavia M R. J Am Chem Soc，1981，103：1222.

（3）Corey E J，Venkateswarlu A. J Am Chem Soc，1972，94：6190.

（4-6）Meyer H H. Justus Liebigs Ann Chem，1977，5：732.

四、略

五、略

第9章　问　　题

问题 9.1

（1）对映面选择性（2）非对映选择性（3）非对映面选择性

问题 9.2

(1)
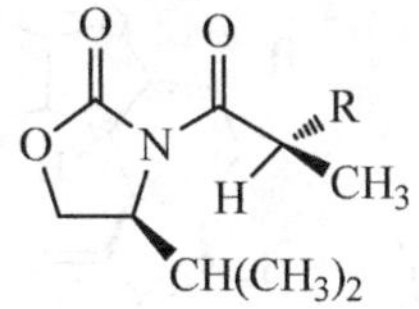

(2)
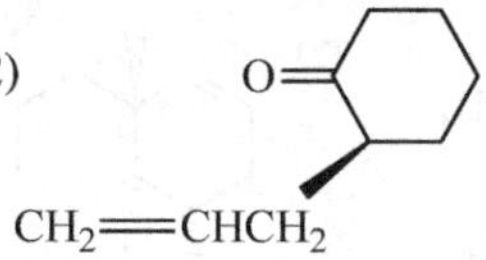

(3)

$$CH_3(CH_2)_5-\overset{\displaystyle O}{\overset{\|}{C}}-CH_2CH_2CH{=}CH_2$$

(4)
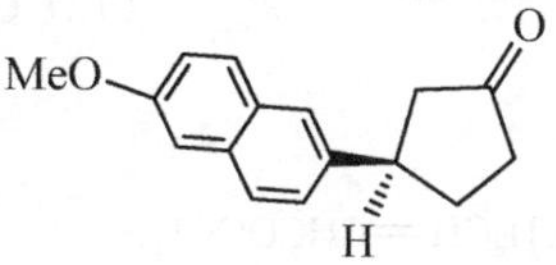

问题 9.3

(1)
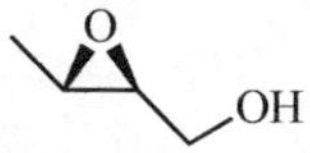

(2)
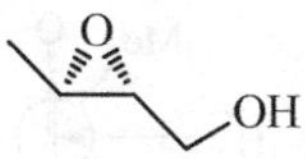

(3)
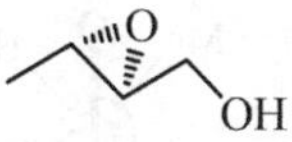

(4)
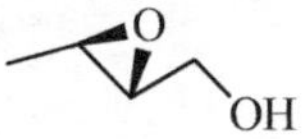

(5)
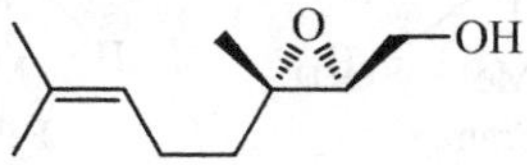

问题 9.4

Sharpless 反应生成的 *α*, *β*-环氧醇在碱存在下，能异构化生成新的环氧化合物，这一异构化反应称为 Payne 重排。Payne 重排产物与亲核试剂作用开环，生成 *anti* 式邻二醇衍生物。

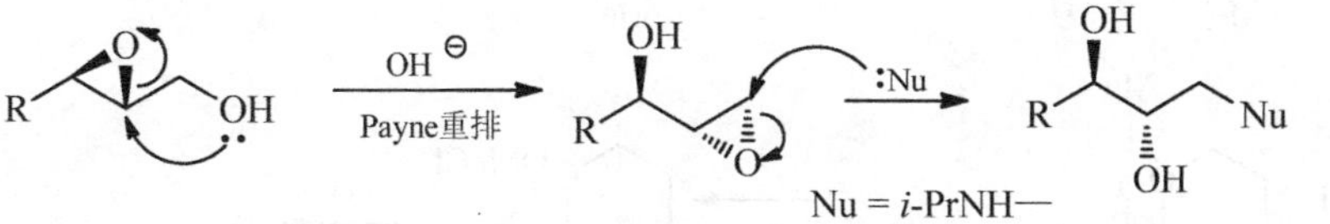

问题 9.5

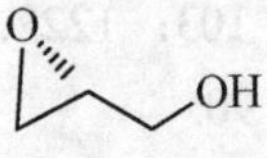
A
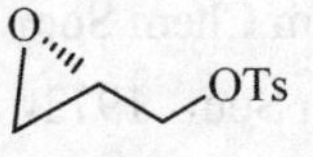
B
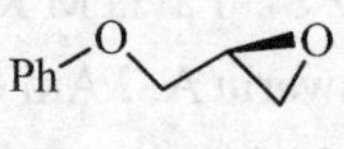
C
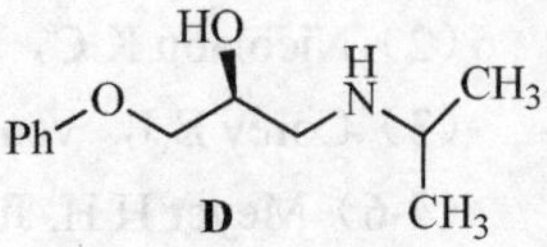
D

问题 9.6

(1)
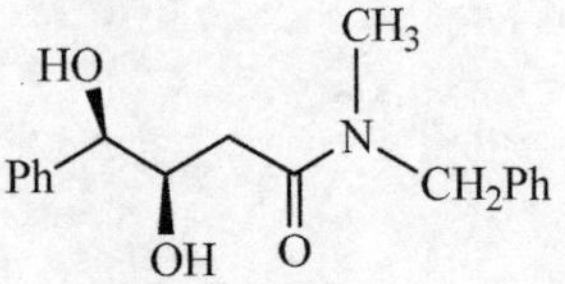
(2)
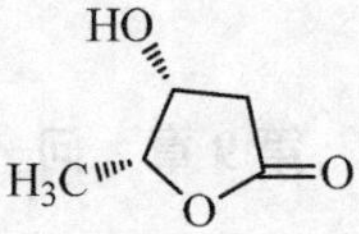
(3)
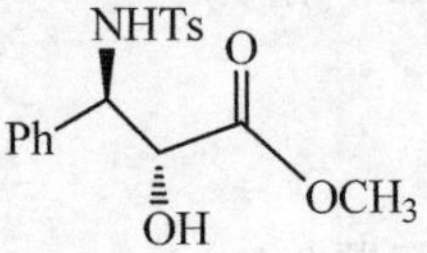

问题 9.7

提示：反复运用不对称 Simmons-Smith 反应、Wittig 反应。

问题 9.8

(1)
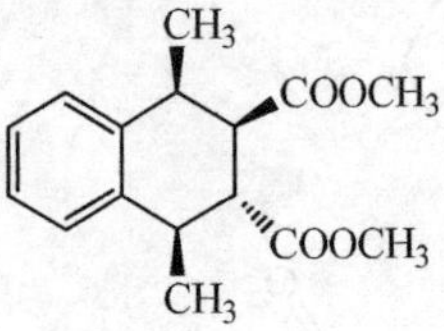
(2)
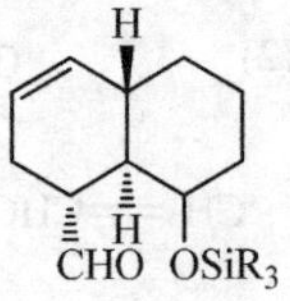
(3)
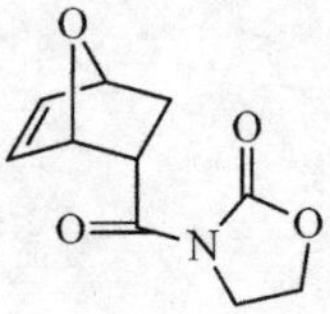
(4)
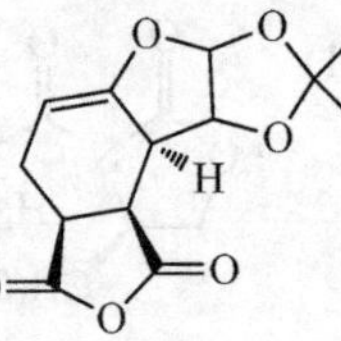

问题 9.9

(1) $CH_2{=}C(CH_3){-}CH_2CH{=}CHCOOCH_3$

(2)
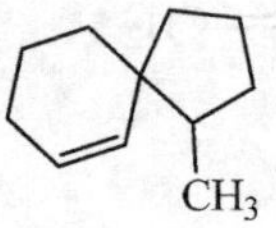
(3)
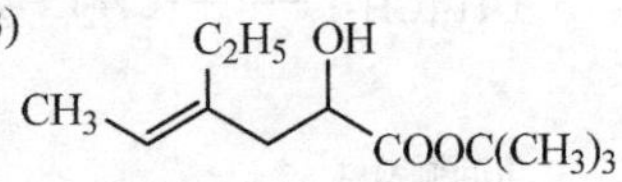

问题 9.10

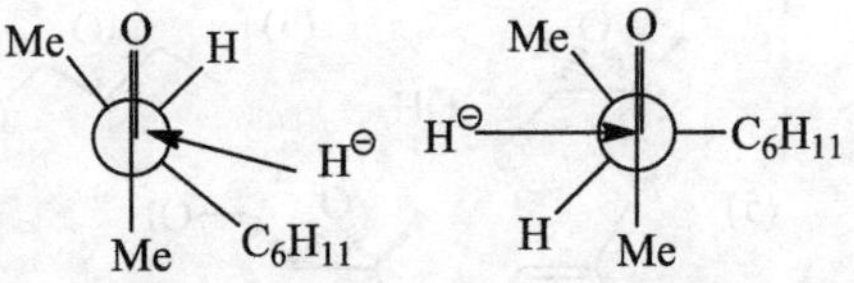
Cram　　Felkin

问题 9.11

A
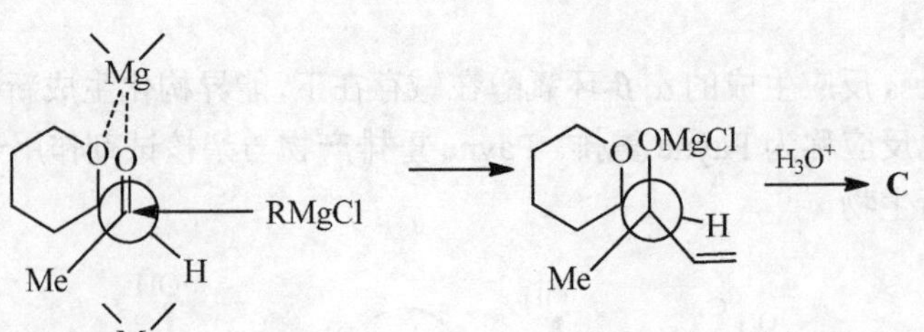
B
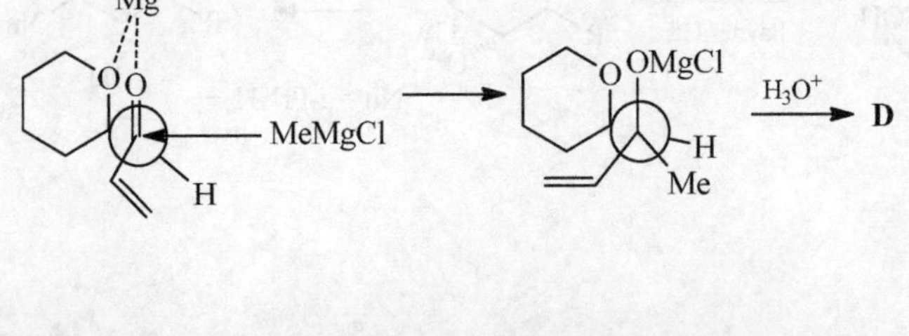

问题 9.12

(1)

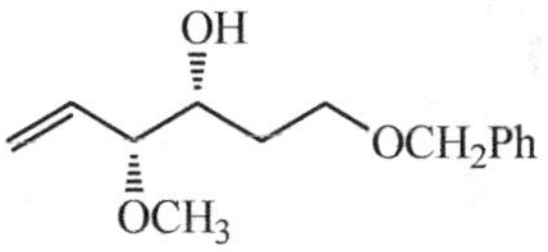

(2)

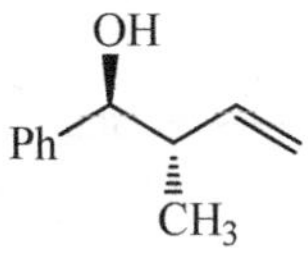

(3)

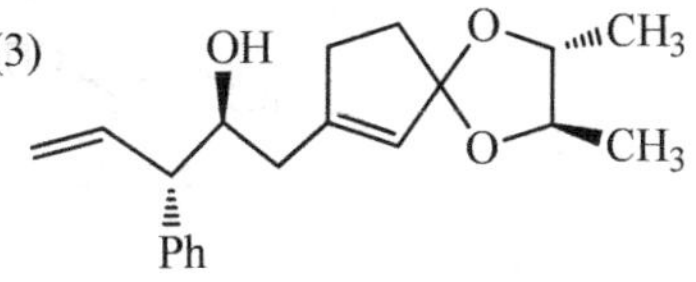

问题 9.13

提示：用反应的过渡态解释。

问题 9.14

(1)

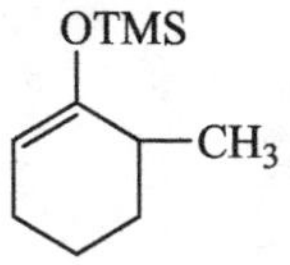

(2)

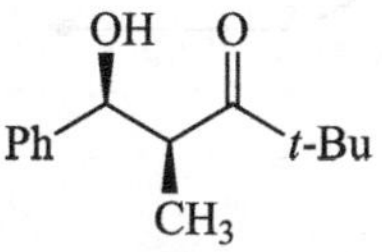

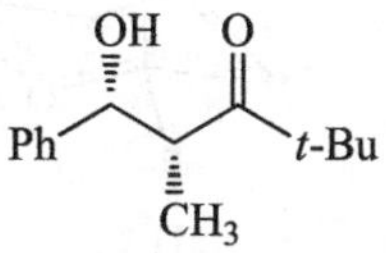

(3)

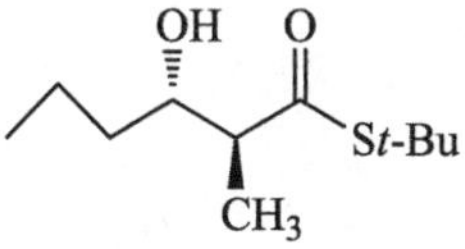

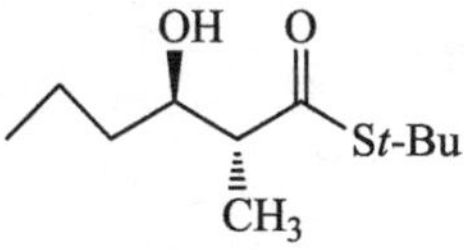

(4)

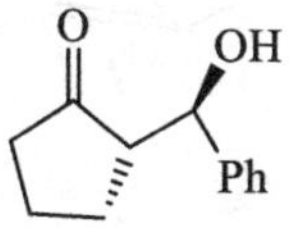

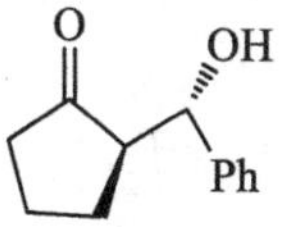

问题 9.15

(1)

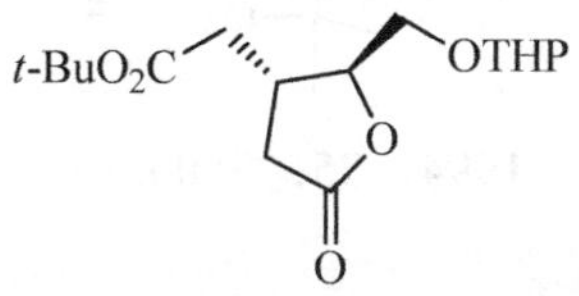

(2)

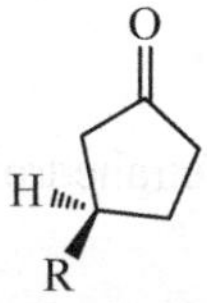

(3)

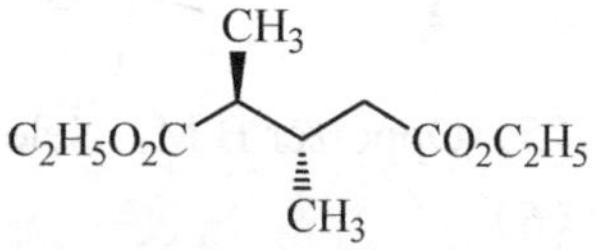

第 9 章 习 题

一、

（1）Choudhury A，Thomton E R. Tetrahedron Lett，1993，34：2221.

（2）Enders D，Prokopenko F，Raabe G，Runsink J. Synthesis，1996，9：1095.

（3）Martin S F，Guinn D E. J Org Chem，1987，52：5588.

二、Langlois N，Wang H S. Synth Commun，1997，27：3133.

三、

（1）Roush W R，Straub J A，van Nieuwenhze M S. J Org Chem，1991，56：1636.

（2）Ramachandran P V，Chen G M，Brown H C. Tetrahedran Lett，1997，38：2417.

（3）Quintard J P，Elissonde B，Pereyre M. J Org Chem，1983，48：1559.

四、

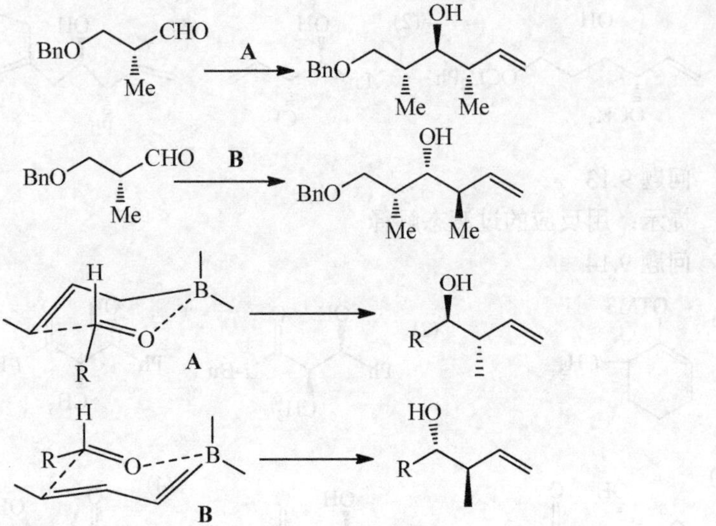

五、

(1) 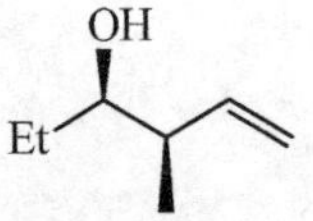 (2) 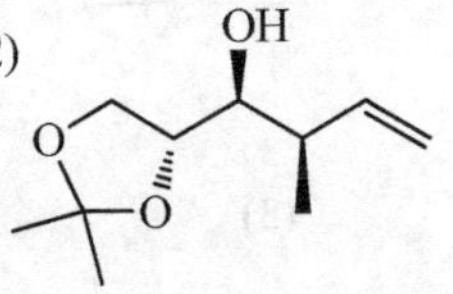 (3) 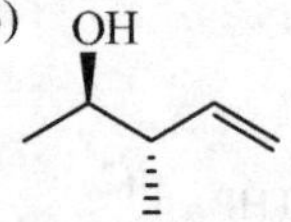 (4) 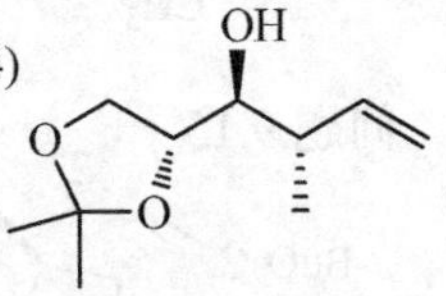

（5）Oppolzer B M，Seletsky G. Tetrahedron Lett，1994，35：3509.

（6）

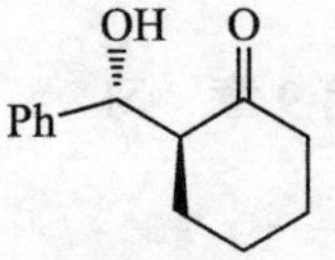

六、

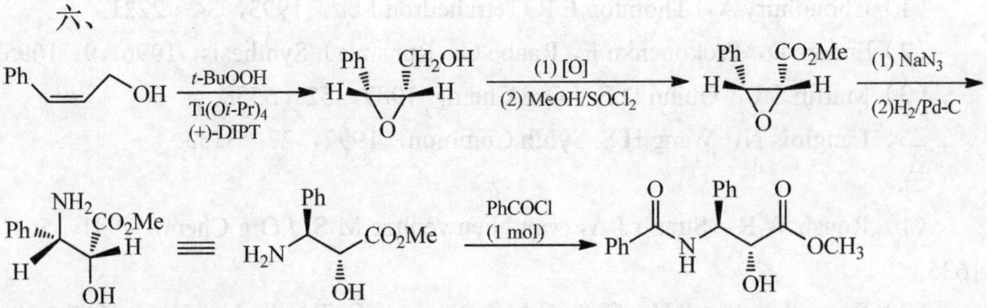

七、

A. $(EtO)_2POCH_2CO_2Et$, NaH ; B. BIBAL-H ; C. D-(−)-DIPT , *t*-BuOOH , Ti(O*i*-Pr)$_4$; D. H^+ , H_2O; E. TBSCl , Et_3N ; F. $CH_3C(OEt)_3$, H^+ ; G. TBAF ;H. L-(+)-DIPT , *t*-BuOOH , Ti(O*i*-Pr)$_4$.

八、

(1) 略　　(2)

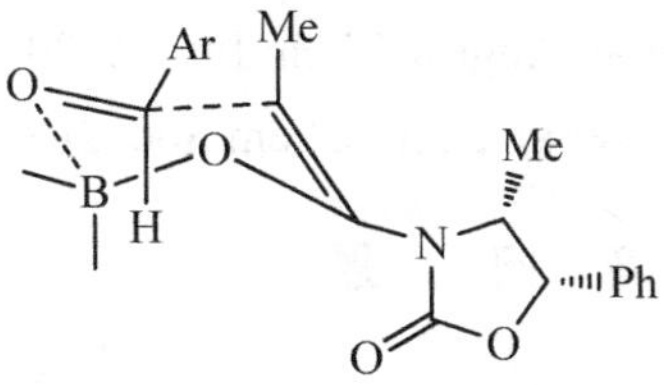

（3）略

九、提示：用 AE、AD、AA 反应或不对称醇醛缩合反应。

十、提示：第（1）步为 Sharpless 环氧化反应，有不对称诱导作用的动力学拆分。第（4）步用 Cram 规则说明。

(1) (−)-DIPT, t-BuOOH, Ti(Oi-Pr)$_4$；(2) NaH，PhCH$_2$Br;(3) O$_3$;(4)(a) CH$_2$=CHMgBr,
(b) EtCOCl

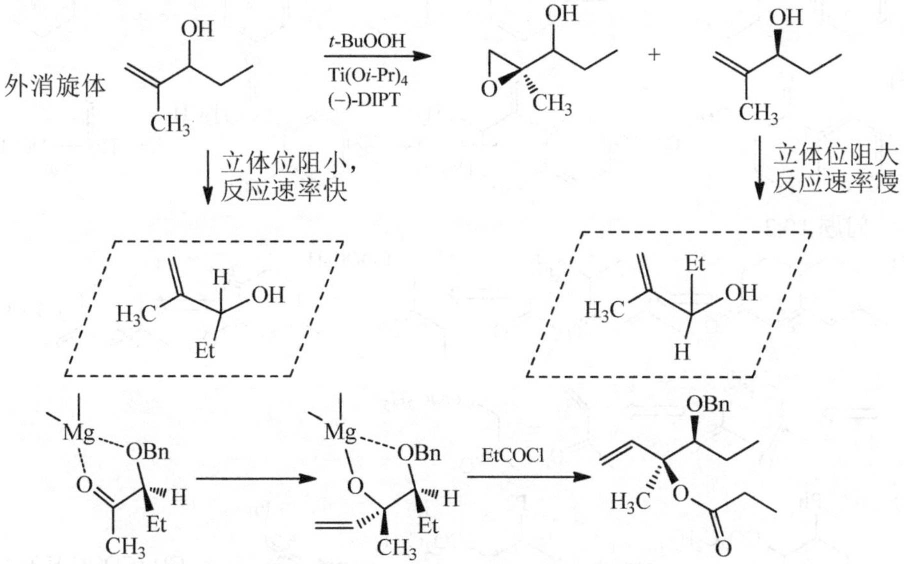

十一、前者是 *exo*-加成产物，后者是 *endo*-加成产物。

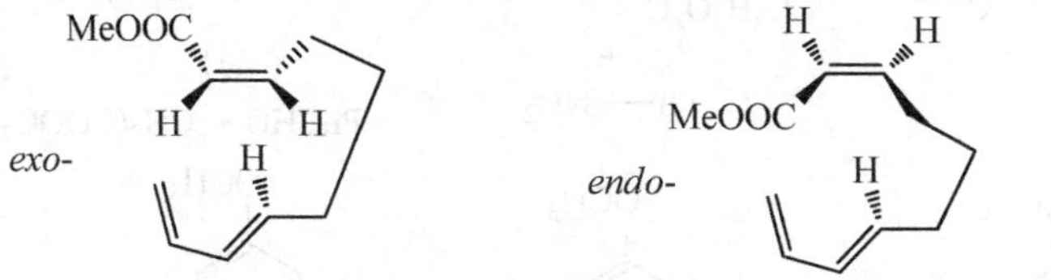

十二、（1）Tan L，Chen C，Tillyer R D. Angew Chem Int Ed，1999，38：711-713.

（2）Kossiter B E，Katssuki T，Sharpless K B. J Am Chem Soc，1981，103：464-465.

（3）Crimmins M T，Caussanel F. J Am Chem Soc，2006，128：3128-3129.

十三、（1）Shi X Y，Han X Y，Ma W J，et al. Chin J Org Chem，2011，31：

286-296；Li L，Yang Q，Jia Y X. Angew Chem Int Ed，2015，54：6255-6259.

（2）Chen P，Bao X，Zhang L F，et al. Angew Chem Int Ed，2011，50：8161-8166.

（3）Shieh F K，Wang S C，Yen C I，et al. J Am Chem Soc，2015，137：4276-4273.

第 10 章　问　题

问题 10.1

(1)

(2)

(3)

问题 10.2

(1)

(2)

(3)

问题 10.3

(1)

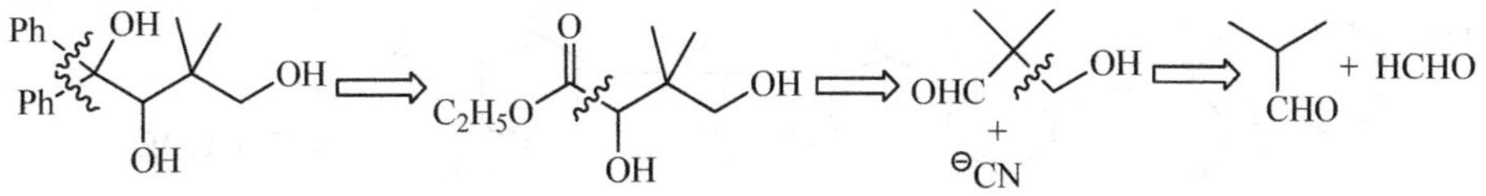

(2)

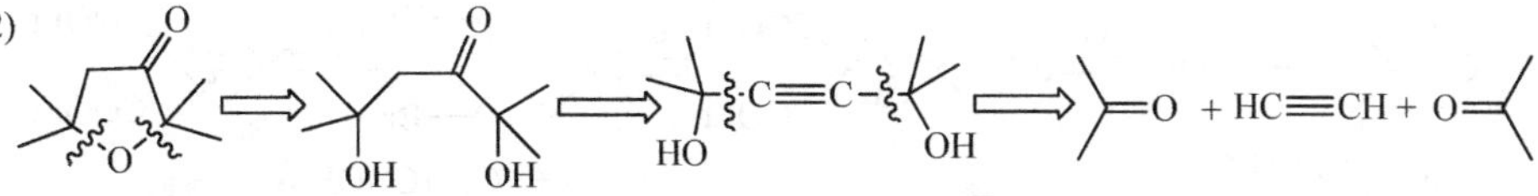

(3)

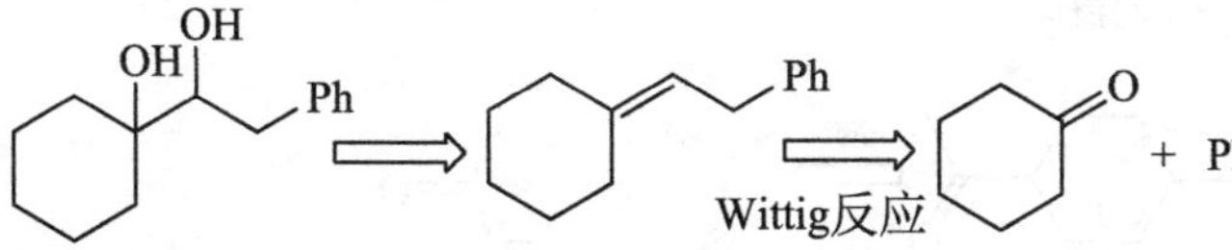

问题 10.4

(1)

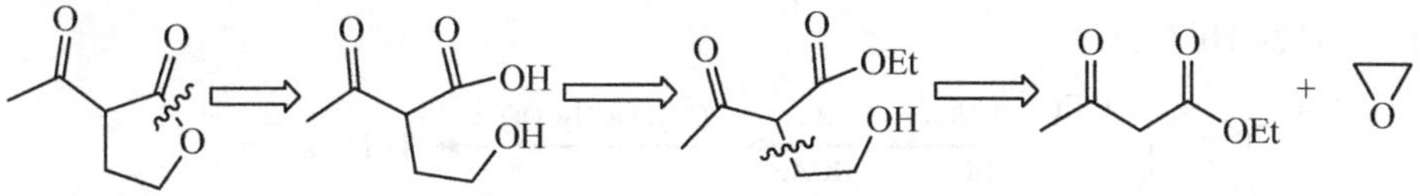

(2)

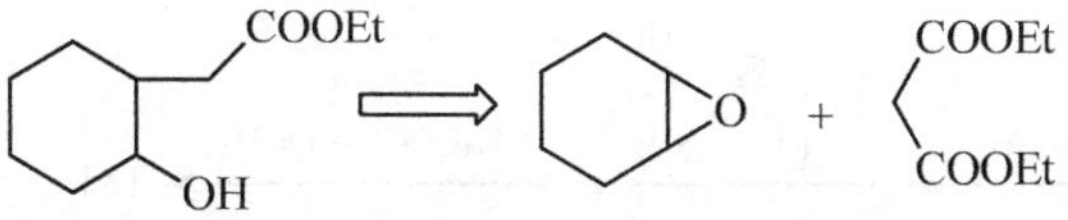

(3)

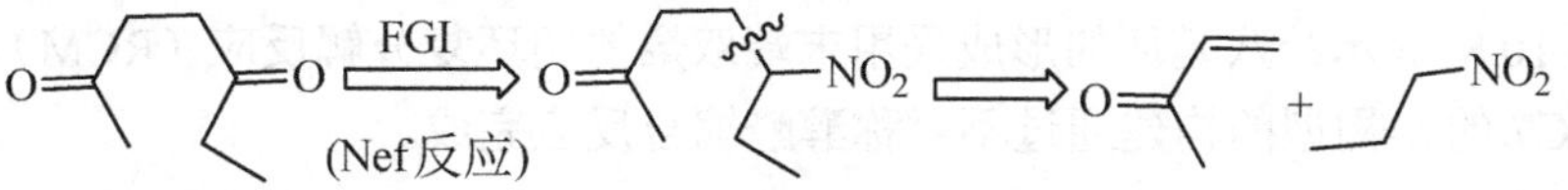

问题 10.5

(1)

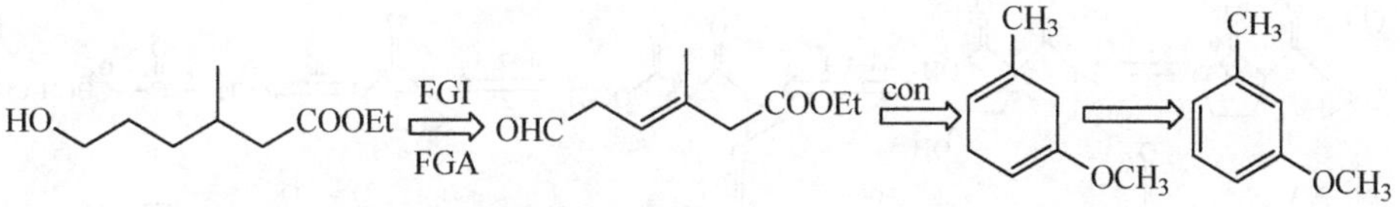

(2)

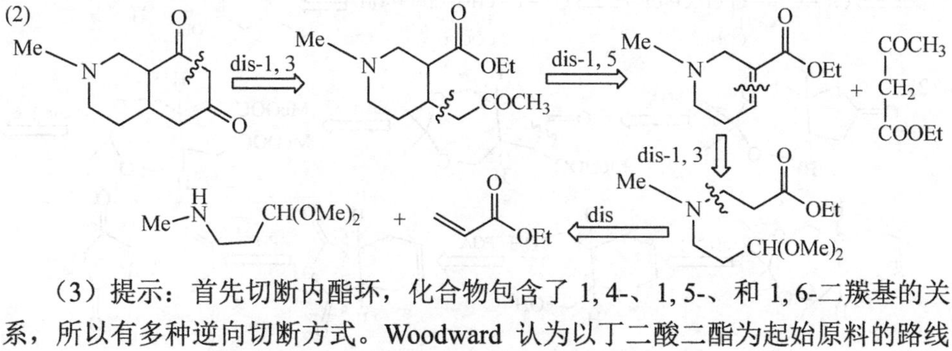

（3）提示：首先切断内酯环，化合物包含了 1,4-、1,5-、和 1,6-二羰基的关系，所以有多种逆向切断方式。Woodward 认为以丁二酸二酯为起始原料的路线最好。

问题 10.6

(1)

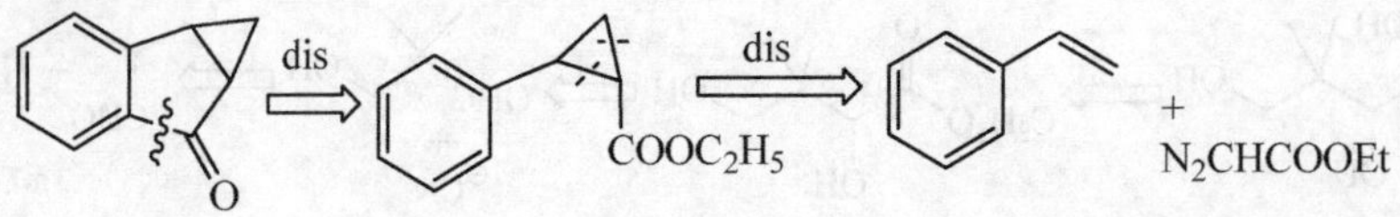

(2)

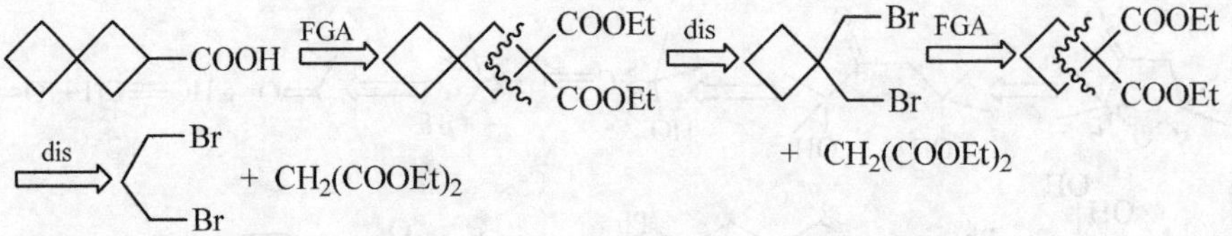

(3)

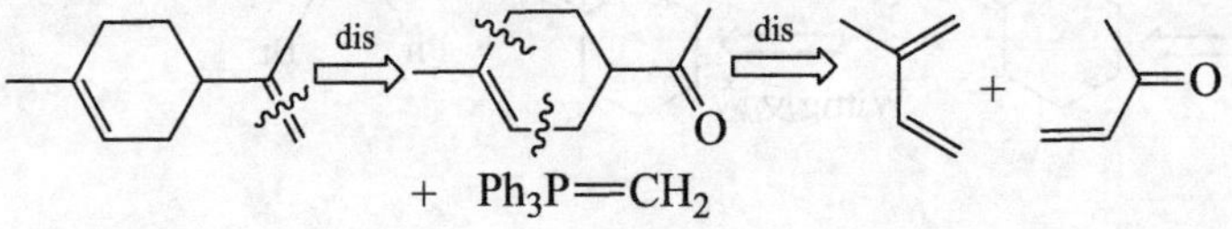

问题 10.7

(1)

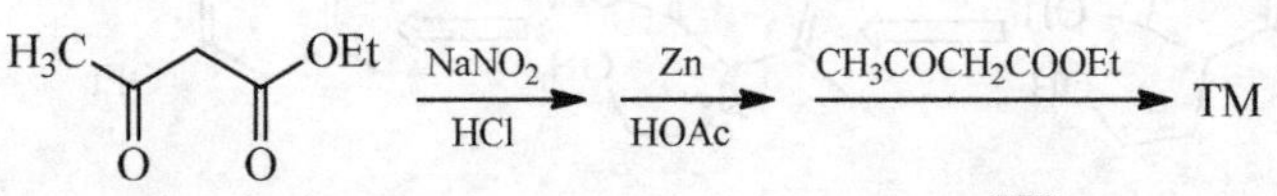

(2)

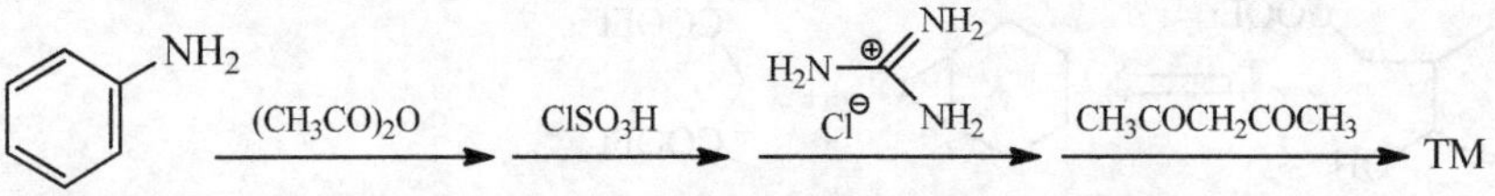

问题 10.8 提示：八元环的形成采用末端双烯的闭环复分解反应（RCM）。醚环 C6 和 C7 的 S-构型的构建通过不对称醇醛缩合反应完成。

问题 10.9

(1)

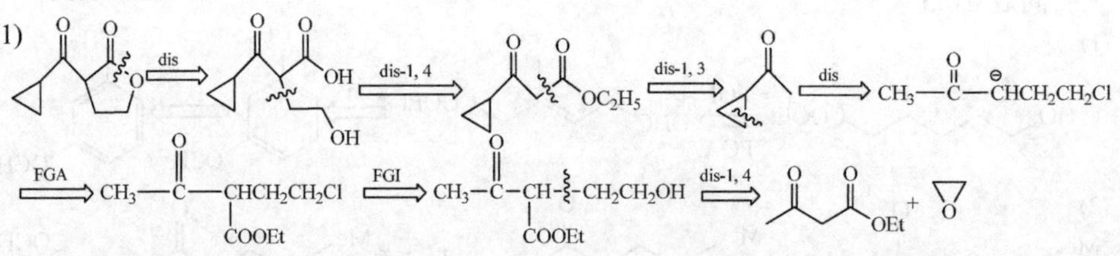

(2)

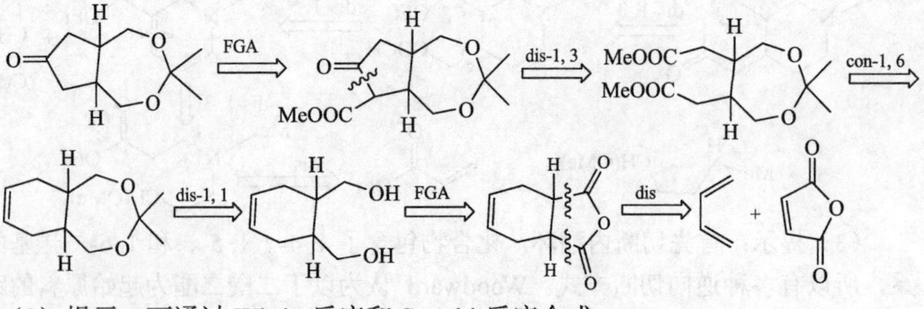

（3）提示：可通过 Wittig 反应和 Suzuki 反应合成。

问题 10.10

第 10 章　习　　题

一、

(1) $PhCH_3$ $\xrightarrow{KMnO_4}$ $\xrightarrow{SOCl_2}$ $\xrightarrow[AlCl_3]{C_6H_6}$ $\xrightarrow[H_2SO_4]{HNO_3}$ $\xrightarrow[Pd/C]{H_2}$ $\xrightarrow[HCl]{Zn(Hg)}$ TM

(2) $\xrightarrow[NaOEt]{HCOOC_2H_5}$ $\xrightarrow[NaOEt]{BrCH_2CH=CH_2}$ $\xrightarrow[H_2O]{H^\oplus}$ $\xrightarrow{CH_3CO_3H}$ TM

(3) $\xrightarrow[AlCl_3]{CH_3COCl}$ $\xrightarrow[Et_2O]{(CH_3)_2CHMgCl}$ $\xrightarrow{H^\oplus}$ $\xrightarrow[Pd/C]{H_2}$ TM

(4) $+$ $\xrightarrow[(2)\ H_3O^\oplus,\ \triangle]{(1)\ OH^\ominus}$ $\xrightarrow[OH^\ominus]{HCOOC_2H_5}$ $\xrightarrow[OH^\ominus]{CH_3COCH_2COOC_2H_5}$ $\xrightarrow[\triangle]{H_3O^\oplus}$ TM

(5) CHO $\xrightarrow[K_2CO_3]{HCHO}$ $\xrightarrow{KCN}$ $\xrightarrow{HCl}$ TM

(6) $CH_3CH_2CH_2CHO$ $\xrightarrow[TsOH]{Pip}$ $\xrightarrow[OH^\ominus]{CH_2=CHCO_2Et}$ $\xrightarrow[OH^\ominus]{CH_3COCH=CH_2}$ $\xrightarrow[\triangle]{OH^\ominus}$ TM

(7) $\begin{matrix} CH_2CH_2COOCH_2CH_3 \\ | \\ CH_2CH_2COOCH_2CH_3 \end{matrix}$ $\xrightarrow{NaOEt}$ $\xrightarrow{CH_2=CH-CN}$ $\xrightarrow[Pd/C]{H_2}$ $\xrightarrow[\triangle,\ -CO_2]{H_3O^\oplus}$ $\xrightarrow{[H]}$ TM

(8) $\xrightarrow[H_2SO_4]{(CH_3CO)_2O}$ $\xrightarrow[H_2O]{HNO_3}$ $\xrightarrow{OH^\ominus}$ $\xrightarrow{Br_2}$ $\xrightarrow[HCl]{NaNO_2}$ $\xrightarrow{NaBH_4}$ TM

(9) $+$ $\begin{matrix} Cl \\ | \\ C=C=O \\ | \\ Cl \end{matrix}$ $\xrightarrow{-2Cl}$ $\xrightarrow{MCPBA}$ $\xrightarrow[(2)\ H^\oplus]{(1)\ OH^\ominus}$ $\xrightarrow{CH_2N_2}$ $\xrightarrow{NaBH_4}$ $\xrightarrow[-H_2O]{TsOH}$ TM

(10) $\xrightarrow[NH_3(l)]{Na}$ $\xrightarrow[Zn(Cu)]{CH_2I_2}$ $\xrightarrow[(2)\ Zn,\ H_2O]{(1)\ O_3}$ $\xrightarrow{OH^\ominus}$ TM

(11)

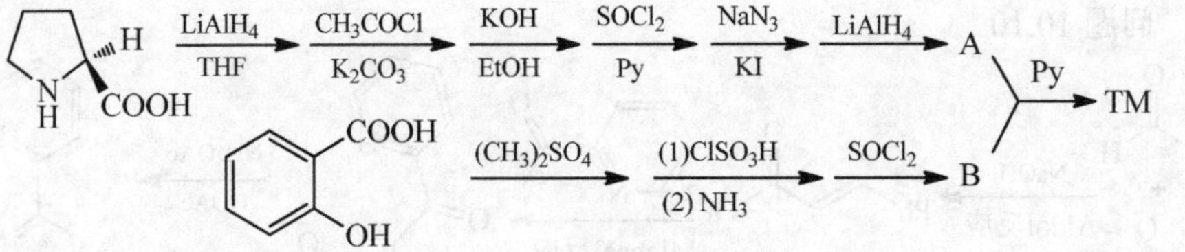

(12)

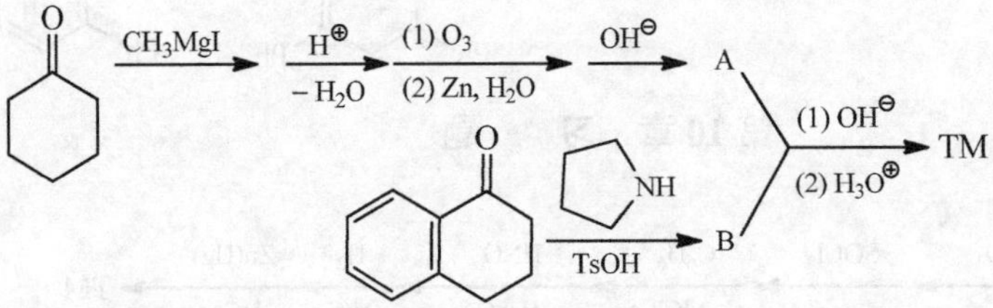

(13)

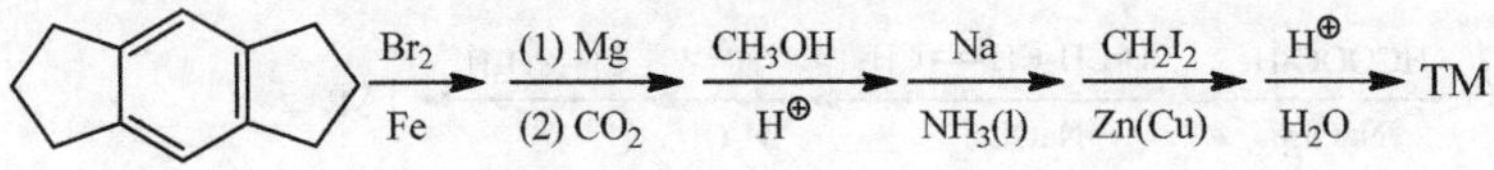

(14)

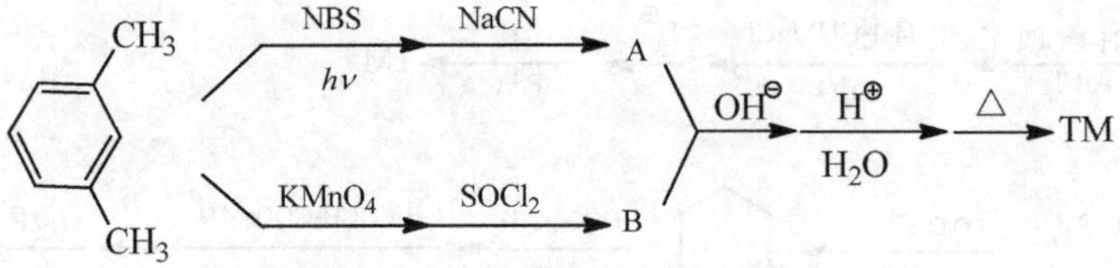

(15)

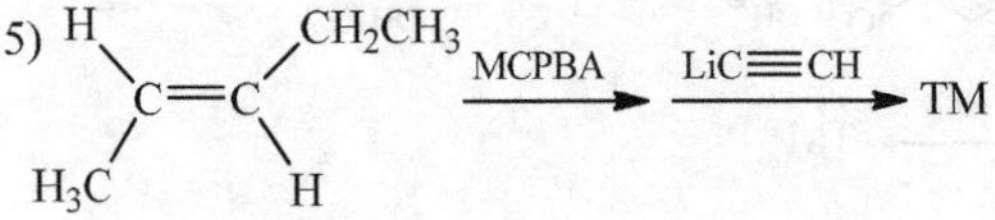

(16)

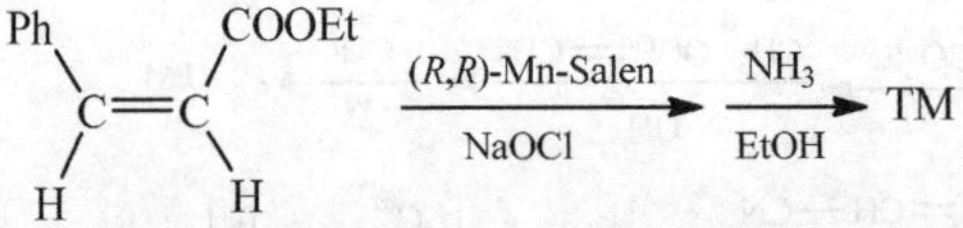

二、（1）Cooper R D，Jigajimmi V B，Wightman R H. Tertahedron Lett，1984，25：5215.

（2）Adams C E，Walker F J，sharpless K B. J Org Chem，1985，50：420.

（3）Grethe G，Sereno J，Williams T H，Uskokovic M R. J Org Chem，1983，48：5315.

（4）Haynes S W，Sydor P K，Corre C. J Am Chem Soc，2011，133：1793.

（5）Cheng C，Quintanilla C D，Zhang L. J Org Chem，2019，84：11054.

（6）Baumann M，Baxendale I R. Beilstein J Org Chem，2013，9：2265.

三、

（1）Evans D A，Golob A M，Mandel N S，Mandel G S. J Am Chem Soc，1978，100：8170；Corey E J，Balanson R D. J Am Chem Soc，1974，96：6516.

（2）Le Drain C，Greene A E. J Am Chem Soc，1982，104：5473；Kitahara T，

Mori K. Tetrahedron，1984，40：2935；Trost B M，Lunch J，Renaut P，et al. J Am Chem Soc，1986，108：284.

（3）Hussein A H，Laurent D. J Org Chem，2018，83：2954.

（4）Nobuaki T，Kensuke K，Hideaki K. J Org Chem，2020，85：4530.

（5）Danishefsky S，Hiraman M，Gombatz K，et al. J Am Chem Soc，1979，101：7020.

（6）Javier U M，Ines G B，Iwan Z. J Org Chem，2020，85：224.

四、Gao Y，Liu Y，Hu N，et al. J Med Chem，2019，62：7923.

五、略